“十二五”国家重点图书出版规划项目
中国森林生态网络体系建设出版工程

唐山生态城市建设

The Study on Ecological City Construction of Tangshan

彭镇华　等著
Peng Zhenhua etc.

中国林业出版社
China Forestry Publishing House

图书在版编目（CIP）数据

唐山生态城市建设 / 彭镇华等著 .—北京：
中国林业出版社，2014.12
“十二五”国家重点图书出版规划项目
中国森林生态网络体系建设出版工程
ISBN 978-7-5038-6948-8

Ⅰ. ①唐… Ⅱ. ①彭… Ⅲ. ①生态城市 – 城市建设 –
研究报告 – 唐山市 Ⅳ . ①X321.222.3

中国版本图书馆 CIP 数据核字（2013）第 019023 号

出版人：金 旻
中国森林生态网络体系建设出版工程
选题策划 刘先银 策划编辑 徐小英 李 伟

唐山生态城市建设
统　　筹 刘国华
责任编辑 刘香瑞 刘先银

出版发行 中国林业出版社
地　　址 北京西城区刘海胡同 7 号
邮　　编 100009
E - mail 896049158@qq.com
电　　话 （010）83143525 （010）83143545
制　　作 北京大汉方圆文化发展中心
印　　刷 北京中科印刷有限公司
版　　次 2014 年 12 月第 1 版
印　　次 2014 年 12 月第 1 次
开　　本 889mm × 1194mm 1/16
字　　数 1160 千字
印　　张 40
彩　　插 32
定　　价 199.00 元

序　一

FOREWORD ONE

唐山是一座具有百年历史的沿海重工业城市，地处环渤海湾中心地带，是连接华北、东北两大地区的咽喉要地和走廊，近代中国的老工业基地。举世瞻目的唐山大地震，给唐山城市留下一片废墟。近几年，国民经济和社会各项事业发展迅速，综合实力显著增强，在河北建设沿海经济社会发展强省中发挥着龙头作用。唐山市委、市政府高度重视生态环境建设，把唐山生态城市建设作为可持续发展战略的一个平台和切入点，改善人居环境，增进民生福祉，全面提升城市品位和形象，特别是唐山在采煤塌陷区建设南湖生态公园，在中国乃至全世界树立了环境治理的典范。

为了进一步推进唐山市的生态建设，2009 年，市委、市政府决定，由中国林业科学研究院和国际竹藤网络中心牵头，组织力量开展“唐山生态城市建设总体规划”编制工作。中国林业科学研究院首席科学家彭镇华教授，组织中国林业科学研究院、国际竹藤网络中心、北京林业大学、河北农业大学、上海师范大学、清华大学、中国社会科学院及唐山市林业局相关单位的专家，在深入调研唐山自然、经济和社会文化的基础上，围绕唐山生态城市建设理念、总体布局、发展指标、重点工程以及保障体系等方面开展深入研究，历时整整两年，专家们付出大量心血，编制完成了规划，形成“唐山生态城市建设总体规划”的总报告和七个专题报告。同时，唐山市政府于 2011 年 9 月，组织国内权威专家对该规划进行评审，获得与会评审专家的一致好评。

“唐山生态城市建设总体规划”，既有很强的理论性，又是具体的建设规划，涉及的部门多、范围广、政策性强，希望唐山市委、市政府通过该规划的实施，把唐山建设得更美好。

江泽慧

二〇一二年八月

序　二

FOREWORD TWO

唐山是一座创造奇迹与梦想的城市，它是历史悠久的福地、文化灿烂的名城、资源丰富的沃土、中国近代工业的摇篮、凤凰涅槃的奇迹、可持续发展的前沿、经济发达的沿海特大城市。它诞生了中国第一座现代化煤井、第一条标准轨距铁路、第一台蒸汽机车、第一袋机制水泥、第一件卫生瓷；它是我国科学发展的前沿阵地，是中国北方的一个重要沿海港口城市，是中国北方重要的对外门户，也是东北亚重要的国际航运中心、环渤海新型工业化基地、首都经济圈的重要支点，唐山是我国发达富裕、充满活力的大都市！

唐山以钢铁、煤炭、陶瓷、电力、建材、机械、化工等行业为主要支柱产业，伴随着城市建设、重化工业和采矿业快速发展，给全市生态环境造成了一定的负面影响。城市污水和工业废气、废水、废渣的排放和堆积，造成了水质、大气、土地、地质等环境的污染和破坏。因此，唐山市委、市政府高度重视城市城市可持续发展，制定了重点发展“四城一河”和以曹妃甸新区为核心的沿海“四点一带”战略，通过经济转型，构筑唐山市新型城镇化发展格局，建设生态城市。唐山市先后实施了“蓝天、碧水、绿地、生态环境”四大工程建设，全市生态恶化的趋势得到了控制。二氧化硫、烟尘、工业粉尘、化学需氧量等污染物排放量下降，水体环境质量和大气环境质量得到明显改善。目前，唐山荣获联合国“人居荣誉奖”，并先后获全国文明城市、国家卫生城市、国家园林城市等荣誉称号。

为进一步改善唐山城市生态环境，实现城市可持续发展，提升城市品牌和影响力，2009 年，唐山市决定聘请中国林业科学研究院和国际竹藤网络中心牵头制定“唐山生态城市建设总体规划”，国际竹藤网络中心主任、中国林业科学研究院首席科学家江泽慧教授和我为规划专家领导小组组长，彭镇华教授为专家组组长，带领全体规划专家组成员，历时两年的辛勤劳动，终于圆满完成规划，并获得权威评审专家的一致好评，感谢全体专家为此付出的大量心血，唐山市将按照规划的蓝图，努力实施，把唐山市建设得更加美好！

赵　勇

二〇一二年八月

前　言
PREFACE

生态城市是按照生态学原则建立起来的社会、经济、自然协调发展的新型社会关系载体，是有效地利用环境资源、实现可持续发展的新的生产和生活方式产物。当前，生态城市越来越成为全球的热点问题，美国、日本、澳大利亚等国相继开展了生态城市的建设计划。国际上先后召开五次国家生态城市会议，众多国内外学者从不同角度、不同领域、不同层面对生态城市进行了研究与探索，关于生态城市概念众说纷纭，至今还没有公认的确切的定义。

建设唐山生态城市，构建和谐家居环境，是唐山市委、市政府全面贯彻落实科学发展观，加快推进发展方式转变，建设生态文明社会的重要举措。唐山市为加强城市生态环境治理和保护，先后实施了"蓝天、碧水、绿地、生态环境"工程建设，推进经济发展方式的转变，着力实施资源型城市的转型，提出了打造七大主导产业链的决策提高经济核心竞争力，建设曹妃甸生态城、凤凰新城、南湖生态城和空港城"城市四大功能区"，构筑唐山市新型城镇化发展格局。同时，在乡村，唐山市还大胆探索推进农村现代化的科学发展模式。城乡居民对环境的满意率大幅度提升。目前唐山已摸索推出了新型工业化、新型城市化、农村现代化、社会管理创新等科学发展的模式。

为了科学指导唐山生态城市建设，2009 年 8 月唐山市委、市政府成立了"唐山生态城市建设总体规划"领导小组，国际竹藤网络中心主任、中国林业科学研究院首席科学家江泽慧教授和唐山市委原书记赵勇担任组长，以中国林科院首席科学家彭镇华教授为组长的专家组，由中国林业科学研究院和国际竹藤中心牵头，唐山市林业局协调，会同北京林业大学、河北农业大学、上海师范大学、清华大学、中国社会科学院等单位，组成分列建设理念、总体布局、建设指标、生态环境建设、生态产业建设、生态文化建设和政策保障七个部分开展了研究，近百人参与了项目研究与规划编写工作，整整进行两年的时间，前后共召开了十五次项目会和统稿会议，凝聚着专家组集体的智慧。

本书是在"唐山生态城市建设总体规划"项目基础上形成的，突破了过去概念性规划，在深入分析唐山生态城市建设现状、特点与焦点问题的基础上，提出了建设理念、总体布局和建设指标，明确了生态环境、生态产业与生态文化三大方面的重点工程建设内容，为唐山生态城市的建设提供了切实可行的抓手。

希望该书的出版能为生态城市的建设和规划提供借鉴，为高等院校广大师生对生态城市的认识提供参考。

著　者

二〇一二年五月

目 录
CONTENTS

总体布局篇

建设指标篇

生态环境建设篇

生态产业建设篇

生态文化建设篇

政策保障篇

建设理念篇

第一章　建设生态城市是唐山科学发展的必然选择

一、唐山市基本概况

（一）自然地理

唐山地处环渤海中心地带，东经 117° 31′~119° 19′，北纬 38° 55′~40° 28′，西与天津市毗邻，南临渤海，北依燕山隔长城与承德市接壤，是环渤海经济圈、京津冀都市圈的重要组成部分（图 1-1）。全市总面积 17168.65 平方公里，其中陆域面积 13472 平方公里，海域面积 3696.65 平方公里。

1. 地质地貌

唐山市地质构造状况复杂，在经历了多次运动强烈的构造分异之后，形成了北高南低的地域结构。地貌形态主要由新生代以来北部蒙古高原和燕山山地强烈上升，南部平原和渤海地区强烈下降形成的，由北向南呈梯形下降态势，逐渐形成以下 6 种地貌类型：①低山丘陵。位于京山公路以北，总面积 3396.6 平方公里，占全市总面积 23.74%。②山间河流谷地。主要有洒河—滦河河谷、迁西罗屯滦河河谷、滦河—还乡河河谷 3 条河谷。总面积 400.6 平方公里，占全市总面积 2.8%。③山间盆地。主要有遵化城关、平安城、迁安城关、新集、建昌营、野鸡坨、榛子镇 7 个盆地。面积 1931.5 平方公里，占全市面积 13.5%。④山麓台地。主要是丰润、开平两处山麓台地。共 309.1 平方公里，占全市面积 2.16%。⑤山前平原。包括玉田山前冲洪积平原、还乡河—陡河山前冲积平原、滦河—沙河山前冲洪积平原，共 3968.9 平方公里，占全市面积 27.74%，地下水较丰、水质较好，土壤较肥沃，是唐山主要农业区。⑥低平原区。主要包括滨海及窝洛沽两个低平原区，总面积 4300.9 平方公里，占全市面积 30.06%，多洼淀、沼泽，土质黏重，地下水埋藏浅，矿化度高，土壤盐渍化重。

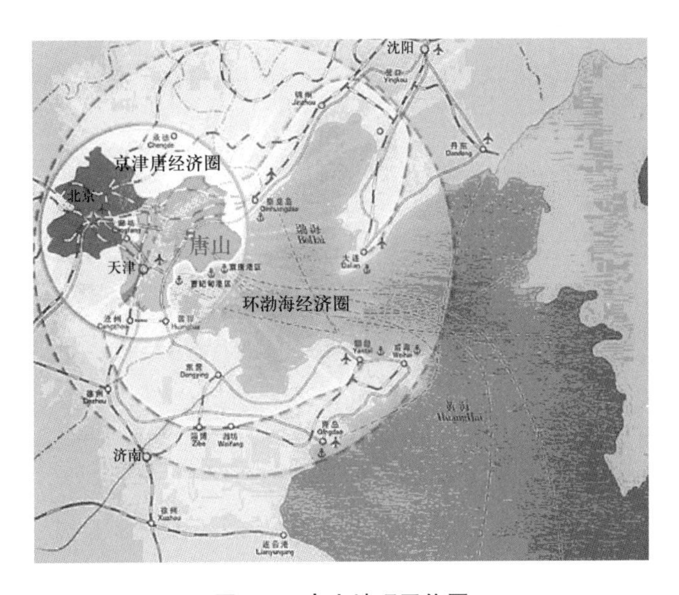

图 1-1　唐山地理区位图

2. 气　象

唐山市气候属暖温带半湿润大陆性季风气候。年均气温 10.6℃，多年平均降水量为 644 毫米，年平均风速 1.9~3.6 米 / 秒，全年无霜期平均 180 天。春季风多雨少，易旱；夏季高温高湿，多暴雨、冰雹、大风等灾害性天气；秋季气温变化大，空气清爽；冬季寒冷干燥，降水稀少。

3. 水资源

唐山市多年平均地表水资源量14.62亿立方米，地下水资源量14.36亿立方米，扣除重复计算水量，全市水资源总量为24.31亿立方米。水资源地区分布不均，年内年际变化大，人均水资源量略高于全省平均水平，是全省水资源条件相对较好地区。唐山境内共有大小河流70多条，分属滦河、蓟运河水系和冀东沿海河流。滦河水系有大小河流18条，其中流域面积大于200平方公里的支流有青龙河、冷口沙河、洒河、清河、长河。全市地下水分为山地丘陵淡水区、平原淡水区、滨海平原咸水区。

4. 土壤植被

唐山市土壤总面积112.2万公顷，主要有7个土纲，12个土类，29个亚类，85个土属，177个土种。土壤质地特点为东沙、西黏，分为砂质、砂壤、轻壤、中壤、重壤五级。全市土壤耕层养分状况为：大部分地区少氮、锰，缺磷、锌，有机质、钾含量中下，有效铜、铁较丰富。

唐山境内植被种类丰富，属暖温带落叶阔叶林植被区，处于华北、东北两植物区系的边缘，东西部植物系的各种树种兼有。按区域可分为低山丘陵植被、山前平原植被、内陆洼淀植被、滨海盐生植被。主要植被类型有针叶林、阔叶林、灌木丛和灌草丛。2009年，唐山林业用地面积503万亩，有林地面积580万亩，森林覆盖率为30.2%，森林单位面积蓄积量为13.35立方米/公顷，森林总蓄积量为516.4万立方米，人均公共绿地面积达到30平方米。

树木种类繁多，共有68科，103属，201种，其中乔木47科，67属，148种。山地主要造林树种有油松、侧柏、杨树、柞树、槲栎、板栗、椴树、朴树、栾树、槭树、胡桃楸等。平原主要造林树种有杨树、柳树、榆树、椿树、刺槐、国槐等。尤其是近几年引进的速生树种占平原造林面积的80%以上。灌木常见有榛子、酸枣、荆条、胡枝子、紫穗槐、鼠李、刺五加等。草本有白草、羊胡子草、黄麦草等。

5. 海　洋

唐山海区东起滦河口，西抵涧河口，地处辽东湾南段，渤海湾北部。整个海区由潮上带、潮间带、浅海、岛屿四个相邻部分组成，拥有海岸线334. 8公里，其中大陆岸线199.3公里；海岸带总面积4693.15平方公里，其中陆域面积996. 5平方公里，海域面积3696.65平方公里。唐山海区具有海面浩瀚无垠、滩涂平坦宽阔、气候条件优越、自然资源丰富等特点，适于渔业、盐业、养殖业、盐化工、旅游业的发展以及石油、天然气的开发。

唐山市海区海洋生物资源丰富，种类多，可分为浮游植物、浮游动物、仔稚鱼、游泳生物、底栖生物和潮间带生物6大类，660种。主要优势种为圆筛藻、鲤鱼、黄鲫、中国对虾、中国毛虾、四角蛤蜊、文蛤、青蛤、大连湾牡蛎等。唐山市沿海及海域矿产资源主要有石油、天然气、卤水等。唐山市有优越的盐业生产条件，海盐业和盐化学工业是唐山市沿海的传统产业之一，在河北省占有重要地位。

港址资源条件较好。唐山港京唐港区是经国务院批准的一类口岸，自然条件优良，不冻、不淤，已建成各种功能的1.5万~10万吨级泊位18个，最大通航能力可乘潮进出10万吨级船舶。唐山港京唐港区航线通达国内90多个港口、与34个国家和地区的港口建立了业务往来。曹妃甸港址是渤海唯一的25万吨级以上的超深水港址，拥有水深大、泊位多、冲淤少等建港优势，是渤海海域乃至全国最为良好的港址吐之一。王滩港址是早年孙中山先生在《建国方略》中选定的北方大港，水深条件好，港址岸线基本稳定，水域开敞，后方为未利用盐碱地，可为港口基本设施建设提供土地资源。其他各河口处还分布有若干中小型港址。

6. 矿　产

唐山市是河北省矿产资源较为丰富的地区，矿产资源种类多，分布广。已发现矿产 49 种，其中金属矿产 11 种，非金属矿产 38 种，重要矿产有煤、铁、石油、天然气、水泥灰岩、金、陶瓷用原料矿产等。目前已有 30 多种矿产被开发利用。

煤炭资源丰富。累计探明资源储量 57.05 亿吨，保有基础储量 33.24 亿吨，可采储量 19.41 亿吨，主要煤种有肥煤、焦煤和气煤等。共探明上表煤矿产地 43 处，其中，大型矿井 9 处、中型矿井 13 处、小型矿井 21 处，分别位于路南区、路北区、古冶区、开平区、丰南区、丰润区及玉田县境内。

铁矿资源储量大。累计探明铁矿资源储量 69.86 亿吨，保有资源储量 61.64 亿吨，可采储量 7.28 亿吨，位居全省之首。50 万吨以上的铁矿产地 156 处，其中，大型铁矿产地 2 处，中型铁矿产地 48 处，小型铁矿产地 97 处，主要分布于遵化市、迁西县、迁安市、滦县和滦南县境内，多为品位小于 40% 的贫铁矿。

石油及天然气主要分布在南堡及沿海大陆架水深 20 米以内的地区。目前，已探明 7 个含油区，石油地质储量 9 亿吨，天然气储量 67 亿立方米。在渤海湾冀东油田南堡区块最新发现大型油田，预计储量为 10 亿吨，是中国过去十年来发现的最大的石油资源。

水泥灰岩资源较为丰富。累计探明资源储量 13.41 亿吨，保有资源储量为 12.1 亿吨，主要分布于开平区、古冶区、丰润区、迁安市、滦县、迁西县等地。

（二）经济发展

唐山市是我国典型的资源型城市，国民经济和社会各项事业发展迅速，综合实力显著增强，作为河北省的重要沿海城市，在河北建设沿海经济社会发展强省中发挥着龙头作用。

2010 年全市实现地区生产总值 4469.08 亿元，约占河北省的 22.1%，其中第一产业产值 387.84 亿元，第二产业增加值 2632.43 亿元，第三产业增加值 1448.81 亿元，三次产业增加值结构为 8.7 : 58.9 : 32.4。财政收入达到 438.95 亿元，全市人均生产总值达到 59667 元，城市居民年人均可支配收入 19556 元，是全省城市居民人均可支配收入的 1.2 倍，农民人均纯收入达到 8310 元，是全省农民人均纯收入的 1.4 倍。

钢铁、装备制造、建材、化工、能源是唐山的五大主导产业，2010 年唐山五大主导产业规模以上企业产值占规模以上工业产值比重达到 97%，钢铁产业是唐山经济发展的第一大支柱，其产值占规模以上工业产值比重达 42.4%，是全国重要的钢铁基地之一，钢产量占河北省钢铁产量的 51%，中国首钢集团、河北钢铁集团是目前唐山最重要的钢铁龙头企业。近年来唐山工业结构调整取得明显成效，装备制造业规模化、集约化水平较高，竞争力显著增强，以现代物流业、现代商贸业和旅游业为主导的现代服务业比重日趋上升，服务体系逐步完善。

“四点一带”区域完成地区生产总值 1350 亿元，增长 13%，占全市经济总量的 32%。曹妃甸新区完成投资 1000 亿元。曹妃甸港区矿石码头二期建成，煤炭码头二期等港口建设进展顺利，LNG 码头、京唐港区 20 万吨级航道工程开工。唐山港全年吞吐量达到 2.4 亿吨，成为国内第 10 个吞吐量突破 2 亿吨的大港。“四点一带”区域实施重点产业项目 375 项，总投资 6172 亿元，完成投资 528.5 亿元。唐山湾生态城城市基础框架初步形成。

（三）社会人文

唐山是一座具有百年历史的沿海重工业城市。市辖路南区、路北区、古冶区、开平区、丰南区、丰润区等 6 个市辖区，滦县、滦南县、乐亭县、迁西县、玉田县、唐海县等 6 个县，代管遵化、迁安 2 个县级市，并设芦汉新区、高新技术开发区、南堡开发区、海港经济技术开发区、曹妃甸工业区等开发区（图 1-2）。

2009年末唐山市户籍总人口733.90万人，其中市区307.00万人。在总人口中，农业人口488.56万人，非农业人口245.34万人。城市化水平达到45%，高出河北省平均水平7个百分点。城市居民年人均可支配收入18053元，人均消费性支出12962元，在河北省11个城市中，唐山市城市居民家庭生活收支水平居首位。

图1-2 唐山行政区划图

唐山，因市城区中部的大诚山（原名唐山）而得名。唐山历史悠久，文化底蕴丰富，地灵人杰，“不食周粟”、“谙熟道路”、戚继光“改斗”等典故都产生在这里，唐山是中国近代工业发祥地之一，中国第一座近代煤井、第一条标准轨距铁路、第一台蒸汽机车、第一袋水泥、第一件卫生瓷均诞生在这里，被誉为“中国近代工业的摇篮”和“北方瓷都”。唐山自然景观品位独特，人文景观文化积淀深厚，拥有山、海、林、岛等多种独具特色的自然景观，境内有国家级文物保护单位2处，省级重点文物保护单位40处。唐山北部山区有明长城221公里，东接山海关、老龙头，西接慕田峪、八达岭，有名关险隘29处，敌楼603座，烽火台82个。水下长城、大理石长城、72券楼、监狱楼、水门、长城砖窑、养马圈、屯兵营等皆为长城沿线独秀，代表了明长城历史文化的精华。长城沿线已有清东陵、景忠山、鹫峰山、汤泉、潘家口、大黑汀、青山关、灵山、白羊峪等一系列旅游景区。清东陵是我国现存范围最大、建筑系统最完全的皇家陵寝，始建于康熙二年，是目前我国现存规模庞大、体系完整的帝王陵墓群之一，2000年11月列为世界文化遗产。陵区埋葬着5位皇帝、15位皇后、137位妃子、4位公主。清东陵的建筑恢宏、壮观、精美，庞大的建筑群中有中国现存最大的石牌坊，最长的神路。位于迁西县境内的景忠山，以其博大精深、源远流长的佛、道、儒三教合一的人文和自然景观闻名于世，曾被清康熙皇帝御题“灵山秀色”“天下名山”。李大钊纪念馆及其故居等人文天然景观，也逐渐成为旅游的热点。唐山有196.5公里海岸线，海滨风光秀丽，尤其是菩提岛、月坨岛、打网岗3个近海岛屿，正在开发建设以自然生态观光和休闲度假为主要内容的新型旅游区，成为华北地区特色旅游亮点。唐山市将昔日采煤沉降区改造为南湖城市生态公园，获联合国迪拜国际改善居住环境最佳范例奖。

1976年唐山地震给唐山人民带来过巨大的灾难，这次地震破坏范围超过3万平方公里，相当于国土面积的一半，共造成24.24万人死亡，重伤16万人，轻伤36万人。震后的唐山已是一片废墟，然而，坚强的唐山人民在中央政府和全国人民支持下，战胜了地震灾害给生产生活造成的巨大障碍，用30多年的时间重新建成了一座现代化的新兴城市，创造了灾后重建的奇迹。

凤凰涅槃的新唐山精神正一代一代地在新唐山人的手中传承。昔日采煤沉降区改造为南湖城市生态公园，获联合国迪拜国际改善居住环境最佳范例奖。随着科教兴市战略深入实施，人才队伍不断壮大，科技进步对经济增长的贡献率达到56%。2005年，唐山市再次被授予“全国科技进步先进市”称号，迁安市被评为“全国科技进步示范县（市）”。文化事业繁荣发展，城乡医疗卫生水平明显提高，社会保障体系建设积极推进，社会福利事业迈出新步伐。开发建设曹妃甸，把曹妃甸建成科学发展示范区是党中央、国务院和河北省委、省政府的重大战略决策。2008 年河北省人民政府批准成立了曹妃甸新区，此后国家批准把唐山建成国家级科学发展示范区。

二、唐山市生态城市的内涵与特点

（一）生态城市的概念

生态城市（ecological city）从广义上讲，是建立在人类对人与自然关系更深刻认识基础上的新的文化形态，是按照生态学原则建立起来的社会、经济、自然协调发展的新型社会关系载体，是有效地利用环境资源实现可持续发展的新的生产和生活方式产物。从狭义上讲，生态城市就是按照生态学原理进行城市设计，建立起来的高效、和谐、健康、可持续发展的人类聚居环境。

生态城市的发展模式一提出，就得到全球的广泛关注。生态城市作为人类一种新的聚居模式，越来越成为全球的热点问题，美国、日本、澳大利亚等国相继开展了生态城市的建设计划。国际上先后召开 5 次国家生态城市会议，众多国内外学者从不同角度、不同领域、不同层面对生态城市进行了研究与探索，关于生态城市概念众说纷纭，至今还没有公认的确切的定义。

20 世纪 70 年代联合国教科文组织发起的“人与生物圈”计划研究过程中，提出生态城市概念，认为生态城市是城市发展的最高形式，是在市域时空尺度下，技术与自然、社会充分融合，人的创造力和生产力得到最大限度发挥，人民的身心健康和环境质量得到最大限度的保护，物质、能量和信息高效利用，生态良性循环。

由加拿大生态经济学家 William 和 Wackernagel 于 20 世纪 90 年代提出的“生态足迹”理论，从一个崭新的角度使人们对生态城市有了更形象、更深刻的认识。生态足迹分析法是一种度量可持续发展程度的方法，是一组基于土地面积的量化指标。它由两个部分组成：一是生态足迹，二是生态承载力。生态足迹模型主要用来计算“在一定的人口与经济规模条件下，维持资源消费和废物消纳所必需的生物生产面积”，即在一定技术条件下，为维持某一物质消费水平下的某一人口、某一区域持续生存所必需的生态生产性土地面积；生态承载力则是一个区域所能提供给人类生态生产性土地面积的总和。将生态足迹与给定人口区域的生态承载力比较，来衡量区域的可持续发展状况。

前苏联生态学家 O.Yanitsy 于 1984 年提出生态城市概念，认为生态城市是一种理想城模式，其中技术和自然充分融合，人的创造力和生产力得到最大限度的发挥，而居民的身心健康和环境质量得到最大限度的保护，物质、能量、信息高效利用，生态良性循环。

中国学者黄光宇教授认为，生态城市是根据生态学原理综合研究城市生态系统中人与“住所”的关系，并应用科学与技术手段协调现代城市经济系统与生物的关系，保护与合理利用一切自然资源与能源，提高人类对城市生态系统的自我调节、修复、维持和发展的能力，使人、自然、环境融为一体，互惠共生。

还有些专家认为，生态城市是一个经济高度发达、社会繁荣昌盛、人民安居乐业、生态良性循环四者保持高度和谐，城市环境及人居环境清洁、优美、舒适、安全，失业率低、社会保障体系完善，高新技术占主导地位，技术与自然达到充分融合，最大限度地发挥人的创造力和生产力，有利于提高城市文明程度的稳定、协调、持续发展的人工复合生态系统。

可见，①生态城市是和谐的。反映在人与自然的关系上，不仅仅追求经济增长，而且更重视生态环境建设，实现人经济、社会和环境的整体协调。②生态城市是高效的。提高城市生态系统的效率，通过加强生态设计和管理，形成高效的能流、物流、信息流、价值流和人口流。③生态城市是公平的。反映在代际之间、城市居民之间的公平，团结协作，平等地享受宜居环境，共享技术与资源。④生态城市是文化的。城市发展厚德载物、和谐宜人、形成浓厚的文化艺术氛围，人文特色突出，充满生命的活力和文化光彩。

（二）唐山生态城市的基本内涵

生态城市作为对传统的以工业文明为核心的城市化运动的反思、扬弃，体现了工业化、城市化与现代文明的交融与协调，是人类自觉克服“城市病”、从灰色文明走向绿色文明的伟大创新。它在本质上适应了城市可持续发展的内在要求，标志着城市由传统的唯经济增长模式向经济、社会、生态有机融合的复合发展模式的转变。它体现了城市发展理念中传统的人本主义向理性的人本主义的转变，反映出城市发展在认识与处理人与自然、人与人关系上取得新的突破，使城市发展不仅仅追求物质形态的发展，更追求文化上、精神上的进步，即更加注重人与人、人与社会、人与自然之间的紧密联系。唐山市生态城市有共性内涵，主要体现在：

1. 具有健康稳定的生态系统

生态城市是根据生态学原理，综合研究社会经济自然复合生态系统，并应用生态工程、社会工程、系统工程等现代科学与技术手段来建设的社会、经济、自然可持续发展，居民满意、经济高效生态良性循环的人类住区。生态城市强调和谐，不仅反映在人与自然的关系上，而且体现在人与人之间的关系上，营造一个满足人类需求的安全、互助、具有文化气息的人居环境；不仅反映在代际之间的协调，还要求在不同区域之间实现公平、合理的资源配置；不单单追求经济增长，而且更重视经济、社会和环境的整体协调。

唐山北部山地森林、中南部丘岗森林、沿海湿地等自然保护区成片拓展，道路林网、水系林网、农田林网、沿海防护林网相互连接，城市、村镇、公园，工矿废弃地点状绿化，星罗棋布，形成全方位覆盖自然环境、产业环境及人居环境的森林生态网络，从而建设“山城田海，水脉相连”为一体的区域生态安全格局，突出“三山两水”城市风貌特色，成为京津大都市的“后花园”，保证城市社会经济健康、持续、协调发展。

2. 具有循环高效的产业体系

生态城市强调提高城市生态系统的效率，通过加强生态设计和管理，形成高效的能流、物流、信息流、价值流和人口流。在物质领域，运用生态理论指导经济活动，实现循环经济。采取可持续的消费模式，实现绿色消费。

唐山市对钢铁、装备制造、建材、化工、能源这五大主导产业进行循环经济改造，基本确立清洁生产机制，环境污染得到根本治理；全面实施工业、交通和建筑节能，单位GDP能耗下降，可再生能源利用占较大比例；形成北部山区丘陵、中部平原和南部沿海的三大特色农林业产业带，农林产品的生态化与加工增值水平高，生态旅游发达，形成众多的绿色产业品牌群。

3. 具有繁荣和谐的生态文化

生态城市的文化艺术氛围浓厚，人文特色突出，以人为本、崇文尚德、宽容包容，同时，生态城市建设要重视文化、重视教育、重视环境、重视医疗和社会保障事业，创造城市发展厚德载物、和谐宜人、形成浓厚的文化艺术氛围，人文特色突出，充满生命的活力和文化光彩。

唐山市要以构建生态文明社会为宗旨，形成以现代生态景观文化、工业景观文化、抗震景观文化为主体，历史文化与现代文明交相辉映，内涵丰富、形式多样、百花齐放、自由向上的唐山特色生态文化。文化品位高，创新能力强，文化产业繁荣，文化气息浓郁，促进人与自然、人与人和谐相处，社会富有生机与活力，各行各业具备较强的竞争软实力。

4. 具有统筹协调的发展格局

生态城市是一个区域概念，在地理空间上不局限于城市化地区，而是城乡统一体的协调。从广义上讲，生态城市是公平的，反映在代际之间、城市居民之间的公平，团结协作，平等地享受宜居环境，共享技术与资源，形成互惠共生的网络。

唐山生态城市发展需要根据不同区域的自然环境、经济发展和社会人文等条件，因地制宜，明确区域定位，制定发展战略，选择有特色的建设模式，进行主导功能利用。统筹兼顾社会、经济、生态三大效益，统筹城乡发展，统筹县区、部门发展，逐步实现城乡之间、区域之间、部门之间、产业之间的科学发展和协调共进。

（三）生态城市的特点

目前，生态城市理论研究已从最初的在城市中运用生态原理，发展到包括城市自然生态观、城市经济生态观、城市社会生态观和复合生态观等的综合城市生态理论，生态城市的特点也在研究和实践中日益深化。就唐山市生态城市与传统城市相比，主要有以下几大特点：

1. 工业转型，低碳循环

唐山以占河北省三分之一的能耗创造了不到四分之一的GDP，实现工业转型低碳循环势在必行。要转变工业结构，转变高耗能生产方式、调低化石能源利用的比例，调高技术密集型产业和可再生能源使用的比例，用丰富的资源优势带动欠缺的科技研发、金融保险等生产性服务业，以多样的资源种类发掘多元的生态产业增长方式，在传统工业改造过程中三次产业融合发展，走知识创新型增长道路。

2. 依托资源，集约发展

唐山市地处京津唐都市圈，高度集聚的资源特点和通达的区位优势造就了唐山独特的生态城市建设环境。唐山市煤炭、铁矿、油气、海盐等矿产资源和生物资源丰富，地貌和土地类型多样，应提高资源利用效率，集约发展。节约和集约利用土地，使单位面积的承载力大幅提升，坚持集中紧凑的发展模式。加强森林抚育、提高森林质量、加强湿地保护，提高单位面积的生物生产力。严格控制高耗能行业的发展，加强城市环境综合治理，创造出资源富集城市又好又快发展的成功模式。

3. 新兴产业，绿色港城

曹妃甸经济区建设开启了经济转型的大幕，在传统产业更新改造的同时，大力发展新能源、新材料、新技术、新产品、现代服务业等新兴产业，拓展生物资源、生态环保产业发展空间，发展特色林果、绿色农产品、生态旅游等具有地理特色的生态产业。加强港口基础建设和高起点设施配套建设，打造我国北方后来居上的绿色良港。

4. 山水城乡，宜居宜业

新建一批具有唐山特色的宜居园林及生态设施，使山地平原森林绿地总量增加，质量提升，人居生态环境质量全面优化，形成新、绿、美、洁的生态景观，保障和改善民生是加快转变经济发展方式的根本出发点和落脚点，南湖修复和环城水系建设吹响了生态改造的号角，唐山生态环境建设以提高唐山人民的生活品质作为基本目的，这将改变唐山工业污染城市的形象。通过生态城市建设创造出环境优美，人民安居乐业，精神文化丰富的宜居宜业城乡。

5. 凤凰涅槃，跨越发展

唐山是一座“凤凰涅槃”的城市，唐山人具有在废墟中建设新家园的坚强勇气和内涵丰富的人文精神。要在原有生态建设方式情况下改变思路，超常规、跨越式加快发展，应当充分发挥政府主导下的生态建设多元化优势，加快建设进程。应以二次涅槃的勇气，发扬新唐山精神，生态融入生活，文化凝聚力量，极大调动唐山人民生态建设的积极性，促进唐山生态城市建设加快发展。

（四）生态城市建设的主要任务

生态城市与普通意义上的现代城市相比，有着本质的不同。生态城市中的“生态”，已不再是单纯生物学的含义，而是综合的、整体的概念，蕴涵社会、经济、自然的复合内容，已经远远超出了过去所讲的纯自然生态，而已成为自然、经济、政治、社会、文化的载体。因此，生态城市建设的主要任务体现在生态环境建设、生态产业建设和生态文化建设三个方面。

1. 生态环境建设

生态城市建设是在区域水平上实施可持续发展战略的一个平台和切入点，同时也是全面提升城市生态环境保护工作的重要载体，是全民参与的生态环境保护运动，通过生态市建设才能最大限度地推动城市的可持续发展，改善城市的生态环境质量，为实现全面小康的目标打下坚实的基础。生态城市的生态环境建设，内容涵盖了森林生态屏障保护与建设，湿地和水环境保护与恢复，城乡一体化人居环境建设，环境污染防治与生态环境综合治理，生物多样性保育，矿区生态恢复、防灾避险工程建设等方面。

2. 生态产业建设

生态产业是按生态经济原理和知识经济规律组织起来的基于生态系统承载力、具有高效的经济过程及和谐的生态功能的网络型进化型产业。它通过两个或两个以上的生产体系或环节之间的系统耦合，使物质、能量能多次利用、高效产出，资源环境能系统开发、持续利用。企业发展的多样性与优势度，开放度与自主度，力度与柔度，速度与稳定度达到有机结合，污染负效应变为正效益。与传统产业相比较，具有显著特征。

不同于传统产业的是生态产业将生产、流通、消费、回收、环境保护及能力建设纵向结合，将不同行业的生产工艺横向耦合，将生产基地与周边环境纳入整个生态系统统一管理，谋求资源的高效利用和有害废弃物向系统外的零排放。以企业的社会服务功能而不是产品或利润为生产目标，谋求工艺流程和产品结构的多样化，增加而不是减少就业机会，有灵敏的内外信息网络和专家网络，能适应市场及环境变化随时改变生产工艺和产品结构。工人不再是机器的奴隶，而是一专多能的产业过程的自觉设计者和调控者。企业发展的多样性与优势度，开放度与自主度，力度与柔度，速度与稳度达到有机的结合，污染负效益变为资源正效益。生产产业建设需要在技术、体制和文化领域开展一场深刻的革命。

生态产业实质上是生态工程在各产业中的应用，从而形成生态农业、生态工业、生态三产业等生态产业体系。生态工程是为了人类社会和自然双双受益，着眼于生态系统，特别是社会-经济-自然复合生态系统的可持续发展能力的整合工程技术。促进人与自然调谐，经济与环境协调发展，从追求一维的经济增长或自然保护，走向富裕（经济与生态资产的增长与积累）、健康（人的身心健康及生态系统服务功能与代谢过程的健康）、文明（物质、精神和生态文明）三位一体的复合生态繁荣。

唐山生态产业建设，包括生态建设产业化，经济增长低碳化，新兴产业特色化，实现生态建设与产业发展的有机结合。

3. 生态文化建设

生态文化就是从人统治自然的文化过渡到人与自然和谐的文化。这是人的价值观念根本的转变，这种转变解决了人类中心主义价值取向过渡到人与自然和谐发展的价值取向。生态文化重要的特点在于用生态学的基本观点去观察现实事物，解释现实社会，处理现实问题，运用科学的态度去认识生态学的研究途径和基本观点，建立科学的生态思维理论。通过认识和实践，形成经济学和生态学相结合的生态化理论。生态化理论的形成，使人们在现实生活中逐步增加生态保护的色彩。

生态文化是人类从古到今认识和探索自然界的一高级形式体现，人类出生到死亡这个过程中要与自然界的万事发生和处理好关系，人类在实践的活动中认知人与自然中的环境中的关系，处理好这种关系我们才能长期和谐地生存和发展，生态文化就在这个环境的初步发展与完善，从而从大自然整体出发，把经济文化和伦理结合的产物。

生态文化是新的文化，要适应新的世界潮流，广泛宣传，提高人们对生态文化的认识和关注，通过传统文化和生态文化的对比，提高人们对生态文化的兴趣，有利于资源的开发，保护生态环境良性循环，促进经济发展，造福于子孙。

唐山生态文化建设，包括南湖生态文化博览园，纪念林，花鸟虫鱼文化市场，生态文化村，生态文化主题社区，观光农林产业园，滨海湿地公园，山地森林浴场，生态文化走廊，低碳文化馆，工业生态文化，生态文化活动等。

三、唐山建设生态城市的战略意义

生态城市建设是在生态系统承载能力的范围内，运用生态经济学原理和系统工程去改变生态环境相关的生产生活方式、决策和管理方法，挖掘可利用资源潜力。其目的是建设经济高效的生态产业，社会和谐的生态文化以及健康适宜的生态环境。生态城市建设是实现社会主义市场经济条件下物质文明和精神文明、自然生态和人工生态高度统一持续发展的重要方向。

建设生态城市是一项庞大而复杂的系统工程，是一项长期的战略任务，只有充分认识建设生态城市的深远影响和重要意义，才能加速推进生态城市建设的进程，抢占先机，顺应国内外形势，特别是应对气候变化的态势，促进生态环境、生态产业和生态文明建设的科学发展。

（一）建设科学发展示范区的战略任务

落实科学发展观，建设生态文明的必然要求。科学发展观是中国特色社会主义理论体系的重要组成部分，是同马克思列宁主义、毛泽东思想、邓小平理论和“三个代表”重要思想既一脉相承又与时俱进的科学理论，是我国经济社会发展的重要指导方针，是发展中国特色社会主义必须坚持和贯彻的重大战略思想。科学发展观，第一要义是发展，核心是以人为本，基本要求是全面协调可持续，根本方法是统筹兼顾。唐山提出在全国建设第一个科学发展示范区，不仅在理论上，而且在实践上都是一项前无古人的伟大创新，胡锦涛总书记在视察唐山时指出，一定要按照科学发展观的要求，着眼长远、整体规划，扬长避短、发挥优势，加快科技进步和创新，狠抓节约资源、保护环境，着力推进经济结构调整和产业优化升级，高起点、高质量、高水平地把曹妃甸工业区规划好、建设好、使用好，使之成为科学发展的示范区。建设科学发展示范区，坚持生态立市，推进科学发展是贯彻落实胡锦涛总书记视察唐山时重要讲话精神的重大举措，是唐山肩负的光荣而重大的历史使命。生态城市建设是建好科学发展示范区的必由之路。

一是唐山全面协调可持续发展的需要。胡锦涛总书记在视察唐山时强调，要认真落实国家宏观调控的政策措施，积极主动地调整经济结构和投资结构，坚决抑制高耗能、高污染和产能过剩行业盲目扩张，坚决把固定资产投资过快增长的势头降下来，切实把经济发展的着力点放在提高质量和效益上。唐山是一座典型的资源型城市，多年的资源开发导致生态环境受到不同程度的破坏，如果坐吃山空，固守陈旧观念，就必然会陷入各方面工作难以为继的境地，经济、社会和生态都得不到可持续发展。只有深刻领会科学发展观的科学内涵、精神实质、根本要求，紧紧抓住生态城市建设的主线，才能切实修复生态短板，着力转变不适应不符合科学发展观的发展方式，解决影响和制约科学发展的突出问题，并把科学发展观贯彻落实到经济社会发展的各个方面。

二是贯彻以人为本核心发展理念的需要。温家宝总理2009年视察唐山南湖城市中央生态公园时强调，无论是应对国际金融危机，还是进一步发展经济，我们的目的只有一个，就是要让人民群众过上好生活。唐山长期的资源消耗为主的发展方式，使得生态环境承载能力下降，经济持续快速增长动力不足，最终导致老百姓生活质量下降。解决这种尴尬局面的举措唯有建设生态城市。生态城市建设以改善生态环境为主要形式，切实改善人居环境，提高居民健康水平和居民收入水平，提升人民生活品质与幸福指数。

三是统筹兼顾发展的需要。长期以来，唐山工业城市建设的二元经济格局分化，园林与林业、市民与农民、生态与经济之间存在多种隔障，体系分离、差异显著、森林不能进城，园林不能下乡。科学发展要求统筹兼顾发展，兼顾城市与农村、兼顾生态经济，兼顾市民与农民，这促使唐山走生态城市发展道路，生态城市建设可以整合城市和农村的生态建设资源，减小城乡差距，减小生态与经济的不均衡性，实现各个方面的统筹协调。

四是生态文明建设的需要。生态文明是物质文明与精神文明在自然与社会生态关系上的具体体现。包括对天人关系的认知、人类行为的规范、社会经济体制、生产消费行为、有关天人关系的物态和心态产品、社会精神面貌等方面的体制合理性、决策科学性、资源节约性、环境友好性、生活俭朴性、行为自觉性、公众参与性和系统和谐性。唐山实现生态文明，首要条件是改善生态环境，转型发展方式，确保以最优的方式过渡到科学发展之路，生态城市建设是必然选择，也是伟大的创新实践。

五是改革创新的需要。唐山再走高耗能、高污染、大量消耗资源老路，将出现资源支撑难以为继，推进资源型城市转型，走科学发展的道路，唐山必须进一步解放思想，提高科学发展本领，必须创新发展理念、思路和举措，创新科学发展体制，创造科学发展业绩，在行动中解放思想，要想打开发展局面，只有走生态城市发展道路，并以此为契机带动各方面工作的机制创新，唐山生态城市建设就是在原有发展方式基础上的重大改革和创新。构建充满活力、富有效率、更加开放、有利于科学发展的机制体制。

总之，生态城市建设为全面落实科学发展观提供了新载体，能够推动生产力发展，加快产业结构调整、优化产业布局和提高资源利用效率；是贯彻落实可持续发展的国策，全面建设小康社会的进程，为建设和发展经济繁荣、人民富裕、环境健康和优美、社会文明进步的现代化区域，提供指导性、控制性的发展战略。生态城市建设有利于实现城市生态、经济、社会的跳跃式发展；把建设生态城市作为奋斗目标和发展模式，这是明智之举，更是现实选择。唐山建设生态城市，紧紧围绕经济、生态、社会这三大发展要素（图1-3），着力经济转型、生态文明和和谐社会建设，实现科学发展，这是在科学发展观指导下的理论创新和实践创新的历程，就是用马克思主义中国化最新成果推动唐山科学发展示范区建设的实践历程，就是科学发展示范区建设的整体思路不断丰富和完善的发展历程。一个面向现代化、面向世界、面向未来的新唐山，一个经济繁荣、社会和谐、生态优美、体制

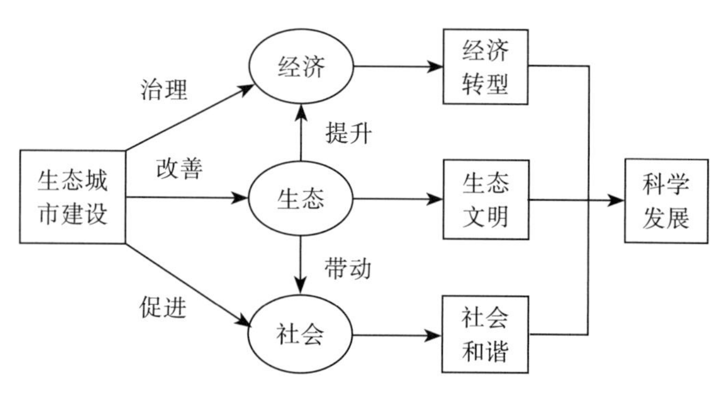

图 1-3　唐山生态城市建设与科学发展的关系

健全、人民幸福的全国第一个科学发展示范区，一个凤凰涅槃的生态城，一个人民群众的幸福之都——唐山，正昂首阔步走在科学发展的时代前列。

（二）提升区域竞争优势的必然选择

城市的发展跳不出区域发展的大局，只有区域发展水平全面提升，形成合力，城市发展才有后劲，当前，跳出唐山看唐山，站在区域发展的角度看唐山，唐山在河北省、京津唐、环渤海乃至东北亚经济区中占有重要的地理位置，其生态建设成为区域协调发展的关键，唐山建设生态城市对区域发展将起到重要的作用。

一是提升河北发展水平的重要砝码。唐山经济总量占全省四分之一，是河北省的发展龙头，其发展将有力带动冀东北经济区发展，唐山生态城市建设是贯彻落实河北省委确定的建设沿海经济社会发展强省目标任务的战略选择。河北省第七次党代会确定了河北建设沿海经济社会发展强省的奋斗目标，明确要求唐山当好建设沿海经济社会发展强省的领头羊，在打造沿海经济隆起带中发挥带头作用，在冀东城市群建设中发挥龙头作用，在建设社会主义新农村中发挥示范作用。但唐山走资源型道路带来的产品低端、经营粗放、能耗物耗居高不下、环境污染等问题已日益凸现，特别是2007年因污染问题被国家环保总局实行“区域限批”，省委对唐山人民的信任、对唐山发展的厚望，切实需要唐山人坚持以科学发展观为统领，坚定不移地走科学发展之路，实现经济社会又好又快发展，真正在建设沿海经济社会发展强省中发挥带头作用。从唐山未来发展角度，走生态城市之路是各种压力的结果，是来自于忧患发展意识，更来自于对河北省发展的责任。

二是京津唐城市群生态安全的保障。京津唐城市群位于华北平原北部，空间地域范围涉及两市一省，包括北京、天津两个直辖市和河北省的唐山、秦皇岛、保定、廊坊、张家口、承德、沧州等7个地级市，土地面积3.26万平方公里，占全国的0.34%；人口2762万，占全国的2.15%。受首都北京的影响，该城市群的第三产业比较发达，并已经形成了“三二一”型的产业结构，围绕大北京地区作为世界城市的发展目标进行规划与整合，提升总体竞争力，是京津唐城市群发展的主要方向。生态环境是制约京津唐城市群发展的重要因素，唐山在京津唐城市群的生态地位非常重要，起到生态屏障作用，可以改善城市气候，改善水质，保障区域的生态安全。唐山地区营造大片的森林，形成大面积的陆地湿地系统，将促进地表的蒸腾，在改善当地小气候的同时对其西北部干旱地区的降水量增加具有重要意义，由于森林及水体具有夏季降温和冬季增温的作用，唐山的生态环境建设对于周边区域的气温改善具有重要意义，冬季可以增加周边地区的温度和湿度，夏季可以增加湿度，降低温度。根据对京津唐地区的热岛面积和各热岛等级分布百分比统计（图1-4）：京津唐地区强热岛面积为1722平方公里，

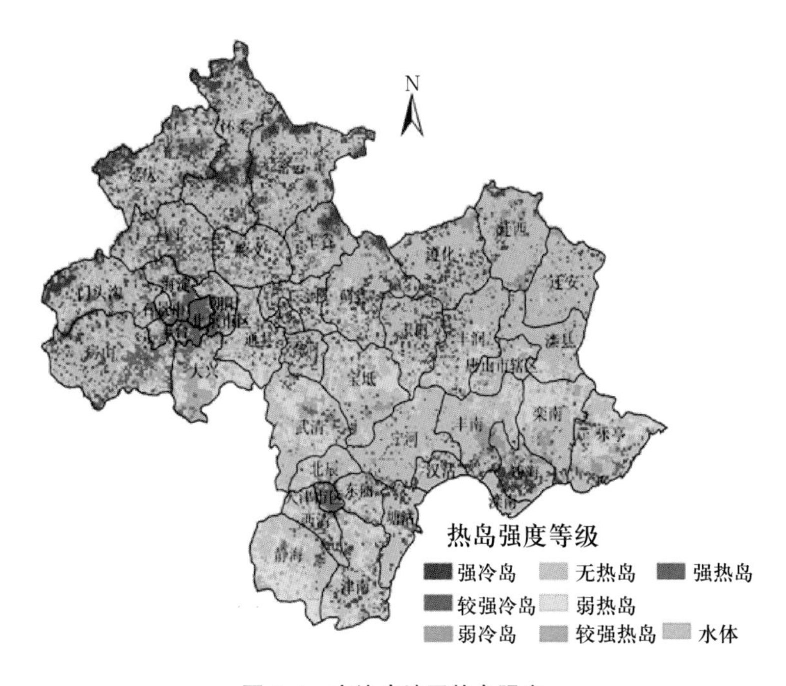

图1-4　京津唐地区热岛强度

图片来源　北京市气象中心

其中北京占83%，天津占15%，唐山仅2%；较强热岛面积为3233平方公里，其中北京、天津、唐山分别占62%、23%和11%；弱热岛面积为6920平方公里，其中北京、天津和唐山分别占30%、40%和26%，表明唐山对于酷暑天气引起的热岛效应具有较强的缓解作用十分显著。

唐山的沿海防护林在抗击台风、风暴潮等自然灾害中，发挥着防灾减灾的特殊作用。特别是夏季阻隔东南季风，为渤海西北部地区的生产发展、生态改善、农民增收发挥着重要作用。加强唐山的沿海防护林体系建设，是环渤海生态安全体系中的重要环节。唐山的森林可以有效地改善空气流动性，减少风速，同时可以沉降污染物，提高大气的清洁度（图1-5）。

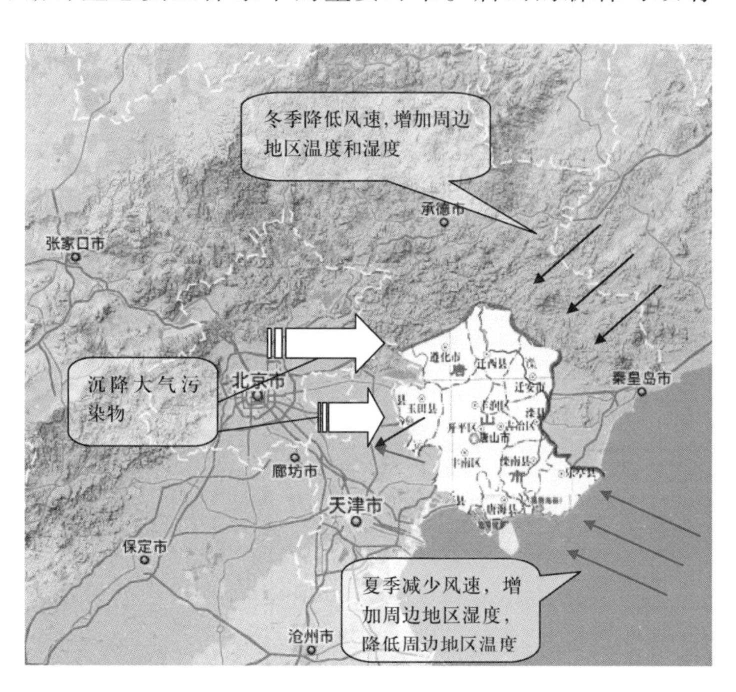

图1-5 唐山降低风速与沉降污染物示意图

三是环渤海地区发展的示范和引导。环渤海经济区作为中国最重要的经济区之一，产业基础雄厚，整体经济实力强大，目前已经形成了较为完备的制造业体系和一批优势产业。在港口经济、煤炭、石油化工、钢铁、船舶制造、加工制造等行业，无论是产业规模，还是经济效益，在国内都具有较大的竞争优势。在环渤海区域经济快速发展的同时，生态环境问题日益突出，入海径流量锐减，低盐区面积减小，近岸海域富营养化严重，海水氮磷比失衡，养殖引种导致局部海域生物群落结构改变等，水质污染使部分区域海洋功能受损，由于人类活动的强烈影响，环渤海区域河流水质急剧恶化，有的成为排污河，水污染进一步加剧了水资源的短缺。深层地下水位持续下降，引起地面沉降，严重地破坏了地质环境，大部分地区大气质量与国家二级大气环境质量标准相比仍然超标，陆源污染及人类活动的影响加剧，受森林植被破坏和草原退化的影响，水土流失问题严重。唐山处于环渤海经济区中间位置，南临渤海，北依燕山，海岸线长，水系纵横（图1-6），工业厂矿众多，大力发展循环经济、低碳经济，走新型工业化道路，是遏制环渤海生态环境下滑、保障生态环境有效改善的必然选择。

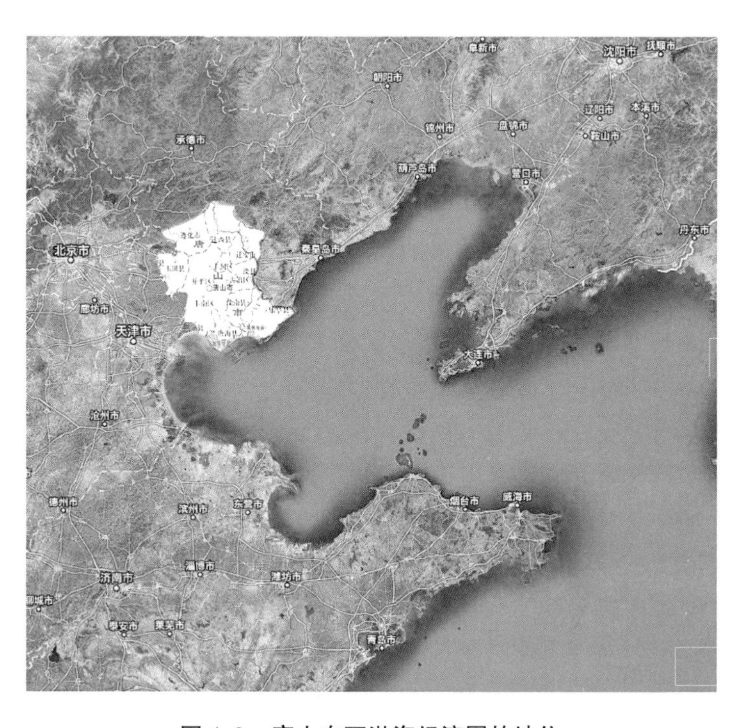

图1-6 唐山在环渤海经济圈的地位

唐山生态城市建设对于推动环渤

海经济发展方面具有不可替代的承接和传导作用。对调整优化我国北方地区重化工业生产力布局和产业结构，加快环渤海地区经济一体化发展具有重要的意义。唐山生态城市建设将在这一发展过程中起到引领生态经济发展的重要作用。唐山经济基础雄厚，工业门类齐全，其中，钢产量占到全国的10%，占河北省的50%，相当于整个德国的产量。随着资源型城市转型加快，合理调整经济结构，加快产业升级，转变经济发展方式，加强生态环境保护与建设，经济结构正发生变化，生态经济发展道路初现端倪。在产业生态化建设方面将走在环渤海地区的前列，具有重要的示范和引导作用。唐山生态城市建设将定位于环渤海经济区开发型生态经济领先城市，高起点规划，高标准实施，凸显出在环渤海地区的引领地位。唐山生态城市建设使其形成阶梯型的生态功能区体系，建立北部山区生态保护、中部平原优化开发、南部沿海重点开发的阶梯型生态功能区体系，有效保障燕山和渤海水体环境。

四是对促进东北亚合作具有战略意义。东北亚，是指亚洲的东北部地区，按地理位置的分布，包括俄罗斯的东部地区，中国的东北、华北地区，日本、韩国、朝鲜以及内蒙古。这个地区一直以来是大国力量交汇、冲突之地。近年来，随着世界经济一体化发展的深化，东北亚经济区内各成员国也不断通过加强交流与沟通，积极谋求削弱或消除彼此之间的贸易壁垒。唐山是东北亚区域的重要组成部分，独特的地理位置决定了唐山在连接国际国内两大市场、促进东北亚一体化方面具有不可替代的承接和传导作用。曹妃甸港的开发奠定了唐山在东北亚乃至亚太地区国际分工协作中具有的重要地位。唐山拥有百年产业历史基础、鲁尔式的煤钢复合体，以及同时拥有深水大港和大油田则奠定了唐山在东北亚乃至亚太地区国际分工协作中具有的区际优势和重要地位，决定了唐山在连接国际国内两大市场，成为重要的能源战略枢纽，随着机器的轰鸣，位于中国渤海湾的曹妃甸新区，正在东北亚乃至世界经济舞台扮演越来越重要的角色。这里将成为东北亚航运枢纽中心、国际性精品钢材生产交易中心、中国重型装备制造业生产基地和世界级化学工业生产基地。作为一个现代化的国际物流大进大出的绿色通道和中国北方最大的国际贸易窗口，唐山在对外开放和东北亚一体化进程中，必将发挥重要的纽带作用，而生态城市建设则是这一纽带建设中的重中之重。只有良好的生态环境，才有发展的自然基础，只有良好的生态产业，才能与国际全面接轨，只有建设和谐的生态人文，才能吸引大量的人才，而生态城市建设恰恰抓住了的天时、地利、人和这三个关键因素，对在东北亚发展中凸显唐山地位具有战略意义。

五是办好世界园艺博览会，提升唐山的国际知名度和美誉度的需要。唐山将举行2016年世界园艺博览会，向世人展示这座震后城市恢复重建的奇迹，让世人感受唐山的强劲发展势头，对塑造唐山城市新形象，推动唐山乃至河北的科学发展具有深远意义。生态建设正是这次博览会的基本大背景和亮点，为博览会起到衬托渲染作用，将诠释生态大园林的理念，以南湖为主的各个生态改造项目必将成为博览会期间备受关注的焦点。

（三）改善生态环境的客观要求

城市生态环境是人类生态环境的重要组成部分，随着社会经济的发展、人口的迅速增长及城市化的进程，如何实现城市经济社会发展与生态环境建设的协调统一，成为国内外城市建设共同面临的一个重大理论和实际问题。在物质文明空前繁荣、社会各项事业迅猛发展的同时，唐山面临着一系列环境污染、生态恶化问题，诸如大气污染、水污染、垃圾污染、地面沉降、噪声污染；城市的基础设施落后、水资源短缺、能源紧张；城市的人口膨胀、交通拥挤、住宅短缺、土地紧张以及城市的风景旅游资源被污染、名城特色被破坏等，至今，生态环境与人民需要之间的矛盾仍没有全面解决。建立人与自然关系协调与和谐的生态型城市，可以有效解决这些矛盾，对改善城市生态环境具有深远的意义。

一是实施以植树造林和园林绿化为主的生态建设，有利于全面改善生态环境质量。修复矿山生态，绿化平原三网，促进区域生态环境向绿化、净化、美化的山水园林生态景观发展，有利于建立一个健康、持续的生态支持体系，增加森林碳汇。加大环境治理力度，修复、保护自然生态环境，全面提高生态环境质量，保护和开发唐山自然山水资源，不断提升生态服务功能，保障生态安全，有利于建设良好的区域生态环境，形成城乡一体的生态绿地开放系统。

二是实施低碳循环经济发展模式，有利于减少对生态环境的损耗。生态城市建设促进经济主体生产模式的转变，不仅注重经济效益，而且注重复合生态整体效益。要建立生态净化和恢复—资源化处置回收利用系统，大力发展绿色经济，打造一个中国走节能减排和绿色低碳发展之路的典型和窗口，做应对气候变化的先锋。要以低碳排放、减量化、可回收、再利用为主要措施，从根本上转变经济发展方式，弥补自然资源的结构性缺陷，提高资源利用效率和经济效益，减少环境污染和生态破坏，缓解可持续发展的压力，建立生态净化和恢复系统，资源化处置回收利用系统，为公众提供一个整洁、健康、安全的环境。

三是实现土地的合理规划与利用，有利于促进景观生态环境优化。通过统筹规划、整合资源、优化产业、空间管制和发展协调，有利于协调局部与整体、城市与农村、发展与环境的关系。协调各种土地利用方式的比例，解决建设用地、生态用地、农业用地的比例，保持动态平衡，以山、水、城、田、路为框架，构筑多层次、多功能、立体化、复合型、网络型的生态结构体系，解决城市经济社会发展与生态环境建设之间的矛盾。把唐山市建设成为生态型、现代化的发展新区，协调城乡结构和布局形态，明确功能分区，实现城乡空间结构生态化。

（四）促进经济转型的强大动力

21 世纪是生态发展的世纪，即人类社会将从工业化社会逐步迈向生态化社会。下一轮的国际竞争实际上是生态环境的竞争。从一个城市来说，哪个城市生态环境好，就能更好地吸引人才、资金和物资，处于竞争的有利地位。因此，建设生态城市已成为下一轮城市竞争的焦点，许多城市把建设“生态城市”“森林城市”“生态园林城市”作为奋斗目标和发展模式，并且已有已经取得了不错的进展。唐山经济在相当一个时期内是比较典型的高消耗、高排放、高污染产业模式，虽然采取了一定的措施，提高资源利用效率，减少资源、能源消耗和污染物、废物的产生，推进新型工业化，但仍处在传统的发展方式向现代的生态发展方式转变时期。唐山作为河北省乃至全国生态建设的示范城市，完全有能力与实力使城市经济继续坚持走向生态化的发展道路，大力提倡建设生态城市，这既是顺应城市演变规律的必然要求，也是推进城市经济的持续快速健康发展的需要。生态城市建设可以改变唐山高投入、高消耗、高污染的粗放型生产方式。走科技含量高、经济效益好、资源消耗低、环境污染少、人力资源得到充分发挥的新型工业化道路，有效地解决经济发展与环境保护之间的矛盾，保证经济与环境的持续协调发展。

一是促进向循环经济方向转变。生态城市建设以经济发展为动力，促进传统链式经济向循环经济、产品经济向功能经济、效率经济向效用经济、自然经济向生态经济的转型。发展生态型、技术密集型的第二产业，逐步推行清洁生产与资源节约技术，尤其要重点发展轻污染工业，降低污染物排放量，实现资源效益提升，依靠科技，推进资源综合利用，切实提高资源的利用效率，促使生态资产持续增长与正向积累，为当代、后代的生存和发展创造有利条件。通过生产、消费、运输、回用、调控之间的系统耦合，企业及部门间的食物网式的横向耦合，产品生命周期全过程的纵向耦合，工厂生产与周边农业生产及社会系统的区域耦合，从产品导向型生产转向功能导向型生产，建立循环经济产业体系，达到资源高置换化、产业低碳化。

二是促进向持续高效方向转变。建设生态城市，有利于提升城市的整体素质和形象，促进城市核心竞争力的强化，建设生态城市，发展生态经济，按照市场导向竞争定位的要求，转向于以高新技术主导的制造业为主体，以信息技术为基础的高新技术产业并使之成为城市产业体系的核心，加快用高新技术改造传统产业，推广和使用各种新技术、新工艺、新设备，有利于降低经济发展的资源环境成本，提高经济增长质量和效益，优化唐山发展环境，创新发展动力，拓展发展空间，增强发展后劲，实现经济发展与环境保护共赢，提升整体竞争力和综合实力，做到企业发展与自然气候的和谐共处。充分挖掘自然、人文和社会资源，整合区域资源，实现区域资源优化配置。建设生态市，有利于加快京津冀都市圈和环渤海经济圈的发展。通过加强基础设施建设、国土与环境整治、农业综合开发、现代制造业基地培育、曹妃甸循环经济示范区建设，吸纳大量资金，培育大项目，带动唐山市经济发展，为打造沿海经济社会发展强省，培育沿海经济隆起带奠定基础。

三是促进向结构优化方向转变。生态城市建设需要进一步转变经济增长方式，要加快发展重化工业，坚持以信息化带动工业化，形成以高新技术产业为先导，先进制造业、现代服务业和农业全面发展的产业格局。依托区位优势，积极发展先进绿色制造业、都市农业以及现代旅游业，提高知识、科技等要素在经济增长中的贡献率，加强区域间的横向联合，建设具有竞争力的可持续经济体系。城市产业结构发展根据资源优化配置和有效利用的原则，突出发挥科技进步和信息化对产业升级的推动作用，形成市场适应性强和竞争力强的产业结构，建立起相当于自然生态系统的生产者、消费者、还原者的工业生态，要坚持三二一的产业结构，大力发展金融贸易科技信息服务等第三产业。

（五）提升城乡居民生活品质的重要途径

实现社会和谐，建设美好社会，始终是人类孜孜以求的一个社会理想。社会主义和谐社会是民主法治、公平正义、诚信友爱、充满活力、安定有序、人与自然和谐相处的社会。生态城市建设是提高人民生活质量，实现社会全面进步的需要。随着经济的日益增长，居民生活水平也逐步提高，生活的追求将从数量型转为质量型、从物质型转为精神型、从户内型转为户外型，生态休闲正在成为市民日益增长的生活需求。随着我国的经济发展水平不断提高，人们对于物质生活的要求以及对环境的要求也越来越高，在发展的同时必须更加注重人民的福利。唐山市在发展过程中，重视城市居民和农村居民的生活水平提高，积极促进农民增收及新农村建设，但与发达地区的居民福利水平相比仍然存在较大差距，为了进一步提升人民生活水平和社会进步程度，实施生态城市发展战略是重要的途径，生态城市建设不仅注重人与自然和谐发展、经济与社会协调发展，更注重人类生活的提高、注重生态文明的培育。生态城市是社会、经济、环境健康永续发展的有机统一体。建设生态城市促进人们生活方式和消费观念的转变，改善人民消费方式与水平，增强生态保护意识，提高人民群众的生活质量，实现社会的全面进步，是重大民生工程。

一是实现人与自然和谐的具体体现。建设生态市，有利于发展社会生产力，有利于促进生产方式、生活方式、消费观念的转变，有利于提高人民群众的生活质量，为子孙后代提供良好的发展基础和永续利用的资源与环境。生态城市的目标是追求人与自然的互惠共生，经济发展、社会进步和生态保护三者的高度统一，更重视发展的质量、可持续性及要素间的协调平衡，以不断提高其整体质量水平，持续保持人与自然的和谐。

二是全面建设小康社会的重要内容。生态城市是在卫生城市、园林城市、森林城市和环保模范城市等基础上发展形成的更高一级的经济、社会、环境协调发展模式。生态城市建设不仅需要营造健康怡人的自然环境，还要具有生态高效的经济环境；不仅要有和谐高效的社会环境，更需要积极向上的人文环境。因此，建设生态城市丰富了全面建设小康社会的内涵，有利于促进环境质量与现代化进程协调发展，引导实现全面建设小康社会的前进方向。

三是完善城市功能，推进城市总体进步的重要措施。通过生态城市建设，加强城市的生态设施建设，扩大城市基础设施承载能力，突破基础设施的瓶颈，建设适应社会稳定、经济发展和人民生活需要的、安全可靠的城市生态基础网络，有效发挥生态环境的服务功能，实现城市物流、能流、人流、信息流等各种生态流的通畅，保障城市各项事业的发展。

四是强化管理体制机制的重要契机。生态城市建设中，通过一系列的管理创新和制度创新，促进传统区域管理向可持续的生态管理转变。充分挖掘、全面整合历史文化资源，彰扬城市文化和人文精神，凸显充满诗意的城市文化底蕴。在综合决策、文化传承、认知能力、政策体系、公众参与、区域合作等方面形成成熟的可持续管理体系，同时建立激励机制和奖惩机制，提升政府管理的效率，增加政府与居民的沟通，促进政府的各项工作开展。

五是促进精神文明的重要方式。1976 年，一场大地震把素有凤凰城美誉的唐山夷为平地。然而，勤劳勇敢的唐山人民历经 30 多年拼搏，一座现代化新城又屹立在渤海之滨。当前，唐山人激情满怀，力图实现再度腾飞，把唐山这个污染严重的重工业城市建设成为靓丽宜居的生态之城，这是全市人民的共同心声。唐山生态城市建设以保持人口规模与资源供求平衡为原则，为公众提供休闲、娱乐、旅游的场所，公众健康与社会文明协同共进，人性得到充分发展。建立以“生态文化”为核心的新文化体系，倡导生态伦理道德和价值观，使生态文明观渗透到政策、制度、生产、生活的各个领域。生态建设融合人工环境与自然环境，达到物质形态、生态功能和美学效果上的创新，实现城市景观的人性化、生态化。提倡可持续的消费模式，改善消费结构，倡导消费文明，提高消费效益，实现社会生活的生态化。保护和继承历史文化遗产，扬弃村规民俗等地方文化，保持文化的多样性。弘扬传统文化，建立一个安全、公平、有序的社会人文体系，在“感恩、博爱、开发、超越”的新唐山精神支持下，彰显凤凰涅槃的光彩魅力。

（六）顺应国际应对气候变化的大势所趋

全球气候变化问题引起了国际社会的普遍关注。针对气候变化的国际响应是随着联合国气候变化框架条约的发展而逐渐成形的。1979 年第一次世界气候大会呼吁保护气候；1992 年通过的《联合国气候变化框架公约》（UNFCCC）确立了发达国家与发展中国家“共同但有区别的责任”原则。阐明了其行动框架，力求把温室气体的大气浓度稳定在某一水平，从而防止人类活动对气候系统产生“负面影响”；1997 年通过的《京都议定书》（以下简称《议定书》）确定了发达国家 2008~2012 年的量化减排指标；2007 年 12 月达成的巴厘岛路线图，确定就加强 UNFCCC 和《议定书》的实施分头展开谈判，并将于 2009 年 12 月在哥本哈根举行缔约方会议。到目前为止，UNFCCC 已经收到来自 185 个国家的批准、接受、支持或添改文件，并成功地举行了 6 次有各缔约国参加的缔约方大会。尽管目前各缔约方还没有就气候变化问题综合治理所采取的措施达成共识，但全球气候变化会给人带来难以估量的损失，气候变化会使人类付出巨额代价的观念已为世界所广泛接受，并成为广泛关注和研究的全球性环境问题。

我国政府高度重视发展绿色经济与应对气候变化，从自身实际出发，借鉴国际经验，把可持续发展作为国家战略，把建设节约资源、环境友好型社会作为重大任务，把节能减排作为国民经济和社会发展的约束性指标，并且对控制温室气体排放提出了明确的要求，而且公布了中国政府节能减排综合性工作方案和应对气候变化的国家方案。加快实施产业结构调整，大力关闭高耗能、高排放的落后生产力，努力从源头上减少消耗，推进重点领域、重点行业、重点工程和重点企业的节能，着力提高能源利用效率，积极发展循环经济、节能环保产业，采取多种方式推动节能增效，同时加大重点流域水污染防治力度，实施天然林保护、退耕还林、退牧还草等重点生态工程，增加了大量森林碳汇。在最近的四年间，我国单位国内生产总值能耗下降了 14.38%，化学需氧量和二氧化硫排放量分别下降了 9.66% 和 13.14%。这都是把国家节能减排行动落到实处的具体效果，可以说中国节能减排和发展绿色经济取得了积极的成效。但我们也清醒地看到，我国仍属于发展中国家，我国人均 GDP 去年不到 3900 美元，正处于工业化、城镇化的加快进程中，同时面临着发展经济、消除贫困和控制污染、减缓温室气体排放等多重压力。很多长期积累的环境矛盾尚未解决，新的环境问题又不断出现，尽管我们做出了很大的努力，但节约资源、保护环境、应对气候变化的形势依然严峻。

面向未来，我国将坚持走科学发展的道路，努力促进经济社会与环境资源相协调，坚持建设生态文明，加快形成有利于节能环保的产业结构、生产方式和消费模式，坚持以人为本，环保为民，着力解决影响群众健康的突出问题，使人民群众在经济生活发展当中，在不断提高生活水平的过程当中，提高生活质量。在改善环境的过程当中，不断享受发展带来的质量提高的成果。我国提出，到 2020 年，单位国内生产总值二氧化碳排放强度比 2005 年要下降 40% 到 45%，非化石能源的比重占一次能源比重达 15% 左右，大力增加森林碳汇，大力发展绿色经济，这不仅是中国加快经济结构调整和转变经济发展方式的自主行动，也是我们应对全球气候变化的重要举措，更是一个 13 亿人口的大国，实现现代化的目标，破解能源资源的瓶颈制约，实现和平发展的必然选择和客观要求。

唐山这座百年工业重镇在节能减排方面成果丰硕。几年之内，唐山市关闭了 1500 家高耗能、高污染企业，认真贯彻科学发展观，在没有增加排放量的前提下，使该市的 GDP 翻了一番。唐山在建设生态文明、走可持续发展道路方面进行了有益尝试，在推动绿色增长方面带了一个好头。曹妃甸国际生态城的建设成就有目共睹，“南湖一出唐山绿”的美好愿景也正在实现之中。作为一个负责任的大国，中央政府应对气候变化工作是从国内、国际两个大局谋划考虑的。唐山市认真履行中央政府应对气候变化工作的目标和措施，实实在在落到行动中来。

建设生态城市是政府推进低碳发展的职责。推进低碳发展，政府责无旁贷。各个国家、地区和城市政府应以对全人类长远发展高度负责的态度，确立低碳发展战略，抛弃片面追求经济增长的发展方式，自觉走可持续发展之路，研究制定好本国、本地区低碳发展路线图，明确控制温室气体排放的行动目标、工作重点和推进措施，做到言必信、行必果，切实采取严肃认真的实际行动。健全低碳发展政策，加强政府对安全、环保、节能、技术标准等方面的社会性管制，建立健全反映市场供求关系和资源稀缺程度的能源资源价格形成机制，使环境污染企业合理承担其生产经营中实际发生的环境要素成本；建立完善现代环境产权制度，搭建全球或区域范围的“碳交易”平台，采取招标、拍卖或其他市场化方式，将碳排放权或排放指标有偿出让给企业。在这种形势下，唐山市应进一步强化激励约束机制，切实解决好“搞绿色经济、低碳发展谁搞谁吃亏”的问题。大力推进生态城市建设，推动全民低碳行动，在全社会倡导低碳生活风尚，将低碳发展向生产生活延伸、向实践行为转化，用政府这一“看得见的手”去主导低碳发展、引导低碳发展、促进低碳发展，确保以最优的方式过渡到低碳未来。

建设生态城市促进产业低碳运营。企业是经济活动的主体，也是低碳发展的主体。各类企业都应主动承担起绿色发展的重任，增强低碳发展意识，将应对气候变化问题纳入企业生产、运营、管理等决策之中，加快思想观念转型、发展模式转型、管理方式转型、经营机制转型，做到企业发展与社会环境、自然环境的和谐共处。唐山生态城市建设将促进企业承担低碳发展责任，认真落实节能减排任务，从产品设计、生产、回收等环节加强监管，降低石化能源使用比例，努力减少温室气体排放数量；创新低碳发展技术，注重培养和引进科技人才，增加科研经费投入，建立低碳技术创新体系，在研发和推广气候友好技术上不断取得新突破，为低碳经济发展提供技术支撑。

建设生态城市促进社会低碳进步。低碳绿色生活就是为了让全人类拥有更美好的未来，全社会每个公民都应自觉转变传统的生产生活方式，人人争当低碳生活的先行者，大力践行绿色交通、绿色居住、绿色消费、绿色生活，使低碳理念融入日常的生产生活，让低碳生活成为一种社会风尚和行为习惯；人人争当低碳生活的创新者，主动参与低碳创新实践，积极推广使用、研发各种节能环保的新能源、新材料、新技术、新工艺，开创低碳生活“全民创造、全民创新”的新局面；人人争当低碳生活的守护者，主动参与绿色志愿服务，积极投身创建低碳社区（村）、低碳家庭、低碳学校、低碳企业等活动，自觉抵制不良生活习惯，充分享受低碳发展所带来的美好生活。唐山生态城市建设将促进社会公众应发挥主动作用，践行低碳生活，对促进低碳社会建设具有重大意义。

第二章　唐山生态城市建设的SWOT 分析

一、优　势

唐山市大力推进的生态城市建设是在全国科学可持续发展的大背景下的一次大的飞跃，这种战略构想的提出主要基于唐山在科学可持续发展选择过程中具有诸多先天的优势。

（一）独特的地理区位

唐山市地处环渤海中心地带，南临渤海，北依燕山，东与秦皇岛市接壤，西与京津毗邻，是连接华北、东北两大地区的咽喉要地和走廊。从区位分析上可以看出，地处京津唐都市圈之中，唐山与首都北京相距 150 公里，与天津市相距 120 公里。是华北、东北和西北地区的最近出海口，是沟通华北及东北的商品集散地。境内有京哈、通坨、京秦、大秦四条铁路干线横贯全境，高速公路密集，京沈、唐津、唐港、西外环四条高速公路在境内交汇互通。京津唐城市群将借助首都北京建设世界城市的影响而发展成为 21 世纪世界性的区域城市群之一。同时唐山与朝鲜、韩国、日本隔海相望，成为东北亚区域经济的重要组成部分，是中国东北亚战略中的桥头堡。唐山的交通十分发达，京哈、京秦、大秦三条国家干线铁路贯穿全境，京沈、唐津、唐港、唐曹、西外环等多条高速公路纵横交织。随着京秦城际高铁的规划和津秦城际客运铁路的修建，将使京津唐形成 30 分钟交通圈；张唐铁路的修建，将使唐山成为中国西北、东北、华北的入海大通道。建设中的唐山港共有京唐港和曹妃甸两个港区，已步入亿吨大港行列，与世界 120 多个国家和地区实现通航，未来吞吐量将突破 6 亿吨。特别是曹妃甸深水港区是渤海湾的最深点，最终将建成 5 亿吨的国际性深水大港，将使唐山成为东北亚经济圈的交通战略枢纽。

（二）强大的人文精神

唐山人在这块神奇的土地上铸就的开滦矿工“特别能战斗”精神、西铺“穷棒子”精神、沙石峪“当代愚公”精神，在抗震救灾中凝成的“发扬百折不挠、勇往直前”抗震精神，特别是“感恩、博爱、开放、超越”新唐山人文精神，已成为唐山的城市之魂，是唐山最具竞争力的核心价值，也是唐山这座城市发展的“软实力”。新唐山人文精神和唐山抗震精神无论是过去、现在，还是将来，这种精神都是传承和弘扬中华民族精神的具体体现，也是新时期全面建设科学发展示范区的客观要求，更是建设生态城市的强大精神支柱，将极大地调动唐山人民的建设热情，鼓舞干劲，不屈不挠。

（三）突出的建设成就

唐山市通过开展实践科学发展观，树立科学发展理念、制定科学发展战略、将生态建设作为市委市政府的重点来抓。加强城市生态环境治理和保护，集中力量建设了一批重点工程。生态城市建设的前期工作基础好，唐山市先后实施了“蓝天、碧水、绿地、生态环境”四大工程建设，全市生态恶化的趋势得到了控制。二氧化硫、烟尘、工业粉尘、化学需氧量等污染物排放量下降，水体环境质量和大气环境质量得到明显改善，共建成 12 个自然保护区、森林公园等受保护地。

推进资源型城市转型，核心是经济发展方式的转变。唐山市确定了打造七大主导产业链的决策提高经济核心竞争力，建设曹妃甸生态城、凤凰新城、南湖生态城和空港城“城市四大功能区”，构筑唐山市新型城镇化发展格局。合理推动工业企业“退二进三”，促进城市经济转型；积极实施环城水系、生态森林建设，带动城市生态恢复，构筑山水城市景观格局；统筹安排“五个一”博物馆等重点项目的规划设计，深入保护挖掘城市文脉资源，塑造城市特色；深入开展城镇面貌三年大变样工作，改善城市面貌。在乡村，唐山市大胆探索推进农村现代化的科学发展模式。城乡居民对环境的满意率大幅度提升。已摸索推出了新型工业化、新型城市化、农村现代化、社会管理创新等60个科学发展的具体模式。建设科学发展示范区的“唐山模式”在大胆的摸索中已现雏形，为下一步开展工作提供了经验的同时，夯实了技术与人才基础。

城市基础设施建设稳步推进，城市功能逐步完善。2005年，全市公路通车里程7698公里，公路密度53.7公里/平方公里，高于全省平均水平；港口基础设施条件好，运输能力强，货物吞吐量大幅增长，达到3365万吨；通讯设施条件得到较大改善，用户数量激增；城市供水能力稳步提高，现有大、中、小型水库36座，总库容达到43.09亿立方米，共有水厂11座，总供水能力达到118.05万立方米/日，自来水普及率保持在100%；供热和供气规模进一步扩大，集中供热率达到56.6%，气化率达到98%。人均公共绿地面积达到10.1平方米，建成区绿地率达到38.41%。这为唐山的生态市建设提供了良好的物质基础。

（四）雄厚的资金保障

唐山市历来是对河北省和全国有重要影响的重化工业基地和农业基地，是河北省首先进入全国城市综合实力100强的经济中心城市，在建设河北沿海经济社会发展强省，构建中国第三增长极、推进重化工业现代化过程中，发挥着十分重要的作用，2009唐山市以GDP总量3812.72亿元跻身中国GDP3000亿俱乐部。同时唐山还是中国投资环境50强城市、中国最具投资潜力10强城市，并进入福布斯中国大陆最佳商业城市榜。唐山创造并积累了大量的物质财富，唐山市的GDP占有河北省的五分之一。唐山人均GDP和财政总收入多年来稳居河北首位，这为生态建设和工业转型发展提供了充足的资金，可以集中力量抓大工程，抓技术革新，走生态—经济良性的循环的发展之路。

二、不　足

按照国家建设“科学发展示范区”的要求，唐山在实现经济增长和产业发展的同时，要在能源利用、环境治理、技术创新等多方面发挥先导、样板作用，成为全国建设资源节约型、环境友好型社会的示范城市。而目前唐山的现实状况与实现目标之间还有一定的距离。

（一）高能耗产业主导格局尚未改变

资源型城市一般都经历矿产资源开发的萌芽阶段，大规模开发利用和资源枯竭阶段。唐山正处在第二阶段的中后期。资源压力大，煤炭、铁矿石、石灰石等难以维持长期开采。目前煤炭的保有量和铁矿石的可开采量都还可维持50年。“依煤而建，由钢而兴”唐山的发展打下了资源型城市的深刻烙印。唐山的经济发展主要依靠大量不可再生资源的消耗、通过大量的投资实现外延式的经济增长模式，仍然用全省三分之一的能耗，实现了全省四分之一的GDP，并由此带来采煤沉降、空气污染、经济结构性矛盾突出等一系列问题。如果按照原有模式发展，未来唐山将有四大难：“资源支撑将难以为继，生态环境承载能力将难以为继，经济持续快速发展将难以为继，改善老百姓生活质量将难以为继。”

唐山作为老工业基地，在过去较长一段时间依靠粗放式发展换来了经济的增长。经济发展主要依靠大量的不可再生资源的消耗、通过大量的投资实现外延式的经济增长模式，工业企业一般技术含量都比较低，工业的可持续发展受到严重的制约。此外，“粗放发展”不仅仅存在于工业生产中，在经济社会生活的很多领域都不同程度地存在。一些地区、部门和行业片面追求GDP的增长，忽视了由此带来的资源和环境问题。这种粗放的发展模式早已不能适应当下经济发展的内在要求，唐山经济受到来自资源、土地、资金、环保等多个因素的制约。

经过多年的产业建设与调整，唐山产业结构向着经济效益高、环境污染少的方向发展取得一定的进步，但产业升级与调整的压力依然很大。产业结构调整还将受到工业技术结构层次偏低、高新技术产业和绿色生态产业发展水平低的制约。并由此带来采煤沉降、空气污染、经济结构性矛盾突出等一系列问题。首先，经济总量比较小，经济综合竞争力不强，工业外向度拓展乏力，不少企业还处于转制、调整期，区域经济发展不平衡性较为突出，县域经济中的工业化、城镇化及农业产业化水平较低，外需增长乏力，整体经济外向度低。其次，唐山在还没有全面工业化的背景下，又面临信息化和知识经济的挑战。随着信息技术、生物工程、新材料应用及其产业的迅猛发展，唐山资金、技术、人才等生产要素紧缺。以北京为中心的京津冀都市圈逐渐形成，在市场配置资源的作用下，优质、经营性的资源更多流向北京、天津等大城市。各大城市社会经济竞争日渐激烈，唐山作为河北省的重要中心城市，与天津、北京的差距还较大，在资源、资本、市场和人才的竞争中没有竞争优势。

（二）环境污染依然严重

唐山作为国家重要的能源、原材料工业基地，随着煤炭、钢铁、水泥等重工业企业的迅速扩张和城市管理的滞后，环境问题显现无疑。由于经济发展的结构性问题，局部区域生态问题仍比较突出。地方经济增长过多地依靠粗放式的经营，付出沉重的环境代价，为此唐山局部地区水土流失仍比较严重，工矿开采造成山体破坏、山区地质灾害时有发生。市内的大型水泥企业因环保问题经常被环保部通报批评。

唐山是一座严重缺水城市，水资源人均占有量仅为全国人均占有量的13%左右，作为重工业城市，唐山工业耗水量巨大，工业废水和生活污水排放造成河流水质污染问题日益突出，水污染问题非常严重，流经唐山市区的唐河、青龙河、还乡河由于大量的工业废水和生活污水排入河流之中，使水环境质量恶化，地表水和地下水受到不同程度的污染，不仅严重影响工农业生产，还影响到市民的身体健康和正常生活，水资源环境保护迫在眉睫。同时，唐山市域内滨海和内陆湿地面积萎缩，城镇周围、工矿企业、河流及周边土地污染问题比较突出，土地生态环境保护与建设任务艰巨。

（三）生态系统服务功能有待提升

唐山市域内存在大量的石灰岩山地，形成裸露的困难立地，造成植被稀少，造林难度大。矿山开采形成的受损山体，因立地条件较差，也不利于造林活动的展开。同时由于沿海盐碱重，也大大降低了盐碱地造林成活率，制约了沿海生态环境的恢复，不利于唐山的沿海防护林体系建设和河北生态省建设进程。

唐山有林地面积580万亩，森林覆盖率30.2%，森林总量在近年来虽有提高，但与国内北方的森林城市相比仍然有差距，唐山森林质量有待提升，全世界森林平均单位面积蓄积量是111立方米/公顷，我国约为86立方米/公顷，而唐山则仅为13.35立方米/公顷，森林质量提升的空间很大，森林的布局也需要完善，相应的森林服务功能如涵养水源、保持水土、防风固沙等也将会得到提升，此外农田生态系统面临着土壤流失、肥力减退、化肥农药过度等问题，生态服务功能有减少趋势，湿地及海洋生态系统也受到污染排放的压力，提供的生产、生活服务质量不高，需要进一步加强森林和湿地经营，改善农业生产环境，珍惜爱护自然，维护海洋生态健康。

随着社会经济迅速发展，唐山的城市化进程快速推进，但唐山的城市化明显滞后于工业化，这也是阻碍唐山经济社会发展的结构性矛盾，从而造成了唐山城乡空间结构不尽合理，中心城区辐射带动能力不强，城市化体系基础薄弱，沿海产业聚集优势尚未得到充分发挥等诸多问题。

城乡土地利用缺乏科学合理的规划和调控，土地资源开发利用不合理，破坏了城乡空间和自然山水的和谐统一。区域产业和城市空间布局不尽合理，造成功能、空间、资源之间的矛盾日益突出。以能源、原材料为主的产业结构特点突出，受资源、环境束缚明显，缺乏在全国有重大影响的企业和产业集群，综合竞争力不强。配套政策尚需进一步完善。城乡二元结构矛盾仍很突出，边缘城区普遍面临就业岗位不足的压力，社会保障制度尚不健全，促进农村富余劳动力向城镇有序转移的政策和体制有待进一步完善。

（四）生态建设的长效机制尚待健全

首先，政府职能转变还不到位。在市场经济条件下，企业是经济活动的主角，政府的职能是为经济发展创造良好条件。当前政府主导的生态城市建设势必会遇到“能够坚持多久”的疑问。其次，尚未建设生态城市建设的绩效考核评价体系。政府以经济调节、市场监管、社会管理、公共服务为基本职能，现在实际进行的考核体系存在着一定的片面性。第三，创新能力相对不足。唐山资源型城市的特点，依靠资源传统意识根深蒂固，创新科技落后，创新体系建设也相对滞后，全社会的创新创业意识不浓厚，严重影响唐山的社会经济发展和自主创新能力建设，这将会大大影响生态城市建设的后劲。第四，现有规划不健全。规划编制体系不完善，规划编制相对滞后于城市发展和新农村建设，生态市规划尚未全部覆盖各类建设地区，城市旧区、城乡结合部、村镇的规划编制不到位，城乡一体化管理不健全等问题。

符合转型发展要求的高素质人员相对缺乏。人才对经济增长的贡献率高是一个不争的事实，重视人才，就是重视财源建设；抓人才队伍建设，就是抓财源建设。要转变经济增长方式，提高企业经营效益，必须高度重视科技和人才队伍建设，切实把经济发展转移到依靠科技进步和提高劳动者素质的轨道上来。

从国内外的经验来看，由于唐山的主导产业均属于资源劳动密集型产业，人员的“转型”必然成为产业转型的难点，这是因为大多数从业人员受教育程度低，技能单一，适应能力差，转移到其他行业就业的难度很大。目前，唐山市经济社会发展正处在一个关键时期，特别是在生态城市的建设过程中更是急需相关的企业家和专业技术人才。而由于人才缺失尤其是高科技人才不足，加剧了唐山对与传统的资源型、加工型项目的依赖，而对于生态城市建设起关键作用的高科技含量的产业转型项目产生畏难心理。一方面，资源型产业缺乏转型的内在动力；另一方面，转型也面临资金制约的两难选择，资源型产业发展好时不愿转型，发展差时缺乏资金无法转型。

三、机　遇

随着区域经济的发展和曹妃甸深水大港的快速建设，唐山正处在经济社会加速转型、科学发展示范区建设加速推进的新阶段。河北省提出向沿海推进以及促进冀东区域协调发展的发展战略，使唐山处于一个新的历史发展的起点，面临不可多得的历史机遇。

（一）中央对唐山发展高度重视

胡锦涛总书记等中央领导同志先后视察唐山并作重要指示，为唐山科学发展指明了方向，胡锦涛总书记视察唐山时指出，一定要按照科学发展观的要求，把曹妃甸建成科学发展示范区。温家宝总理到曹妃甸视察时，进一步要求努力把曹妃甸建成科学发展示范区，建设成为环渤海地区的耀眼明珠。2011年初，国务院正式批复《唐山市城市总体规划（2011~2020年）》(简称《总体规划》)，结合新背景、新要求和新机遇，重新审视唐山在区域发展中的定位，《总体规划》批复中命令驻唐山市各单位都要遵守有关法规及《总体规划》，支持唐山市人民政府的工作，共同努力，把唐山市规划好、建设好、管理好，责令河北省和住房城乡建设部要对《总体规划》实施工作进行指导、监督和检查。这体现了中央政府对唐山发展的高度重视，为唐山建设生态城市提供了良好的政策环境，必将激发唐山生态城市建设的热潮。

曹妃甸新区和大油田的黄金组合带来的发展机遇。随着区域经济的发展和曹妃甸深水大港的快速建设，唐山正处在经济社会加速转型、科学发展示范区建设加速推进的新阶段。而曹妃甸新区和10亿吨大油田的黄金组合又给唐山带来了重大的发展机遇。曹妃甸新区以曹妃甸新城开发建设为突破口，按照"以低碳经济为发展模式，以低碳生活为行为特征，以低碳社会为建设蓝图"的理念，以先进的规划设计为基础，按照低碳标准、生态环保理念和可持续发展要求，运用低碳应用技术，打出技术研究和指标落实"两个拳头"，将141项生态指标分类，逐项落实到生态城建设之中，在全国率先打造真正意义上的低碳宜居示范城市和世界一流的滨海生态城市。积极推动曹妃甸新城和中心城区"双核"发展。合理布局城市建设用地，注重生态环境建设，积极打造冀东经济区服务中心，构建生态城市、宜居城市。建设曹妃甸新城，具有重大的现实意义和深远的历史意义，它关系到整个唐山的城市转型，关系到以曹妃甸为龙头的唐山湾地区的开发开放，关系到科学发展模式对城市建设理念的引领作用。

在曹妃甸内发现储量10亿吨的南堡油田，也将在极大程度上催生唐山市周边相关产业链条的繁荣。南堡油田的开发可能会推动中石油在该区域建设新的石化基地，由于新油田地处曹妃甸地区,未来一段时间内将对唐山市的固定资产投资产生巨大拉动作用。一个新兴的"唐山石油经济带"崛起将很快成为现实。该区域内的基础建设类和物流类企业，如首钢股份等钢铁企业、冀东水泥等建材类企业，以及曹妃甸深水大港等都有望在其建设、开发过程中受益。

（二）区域经济一体化发展态势良好

一是河北建设沿海强省带来的发展机遇。由于受历史条件的影响，唐山在之前的对外开放中没有抓住时机形成有带动作用的沿海城市群和沿海产业带；没有像上海开发浦东区、青岛开发西海岸那样，对区位和产业优势较大的沿海地区进行大规模新区开发，形成区域开放、产业培育和参与国际竞争的龙头，造成唐山经济实力和竞争力一直没有快速的提升。在国家提出区域统筹，协调发展的大背景下，河北省提出打造沿海经济隆起带，建设沿海经济社会发展强省，加快整合秦皇岛、京唐、曹妃甸、黄骅四大港区资源，形成布局合理、优势互补的港群体系，强力推进临港工业园区建设，大力发展临港工业和现代物流业，积极发展海洋经济的发展战略。唐山市作为河北省重要的沿海强市，其在环渤海地区的发展中具有引擎作用。通过提高唐山的城市竞争力，将极大地加快沿海地区的区域协调发展和省域海陆联动。而这些又都为唐山实现经济的飞跃式发展，提供了难得的历史机遇。

二是唐山在京津冀发展中定位于产业转移承接地位，京津冀和京津唐都市圈规划实施带来发展机遇。随着我国经济发展重心开始由南向北梯次推进，继"珠三角""长三角"之后，"渤三角"正在加速崛起，成为中国第三增长极，并作为国家发展战略，写进了"十一五"规划。目前，国家发改委已编制完成《京津冀都市圈区域规划》，并上报国务院待批，京津冀一体化即将上升为国家战略。目前，河北省环京津城市集群已进入快速发展阶段的初期，下一步将积极构筑以京津为核心的"双核多级"区域城镇规模等级结构，形成功能合理、组合有序的网络型城镇体系。河北省将力争到2020年，使环京津市、县（市、区）达到中等城市规模。

京津冀地区是当前我国经济发展的重要核心区，而京津冀合作的核心则是京津唐地区，京津唐的区域合作对于京津冀乃至我国经济整体协调发展都有着关键的作用。京津唐三地在经济发展上各有所长，北京拥有知识经济等优势，天津拥有加工制造业和海运等优势，唐山则拥有重化工业和资源以及港口等优势，三方优势有着很强的互补性。如果强化京津唐更深层次的合作，将更有利于三方合理分工、优势互补、提升区域的整体竞争力。目前，京津唐三地的合作趋势已经显现。

唐山地处环渤海腹地，拥有丰富的矿产资源，是全国重要的能源、原材料工业基地。唐山是环渤海经济圈的连接点和闭线段，可以凭借良好的产业基础、广阔的沿海滩涂资源和曹妃甸工业区的载体，吸引更多的项目，形成强大的产业集群。目前国务院已发布实施了京津冀都市圈发展规划，唐山以腹地和纵深的资源优势，可以发挥毗邻京津的区位优势（图 2-1），接收辐射带动，承接产业转移，加速城市化进程。冶金业是唐山第一支柱产业，不仅成规模，而且技术在升级换代，为与京津的产业对接提供了基础。

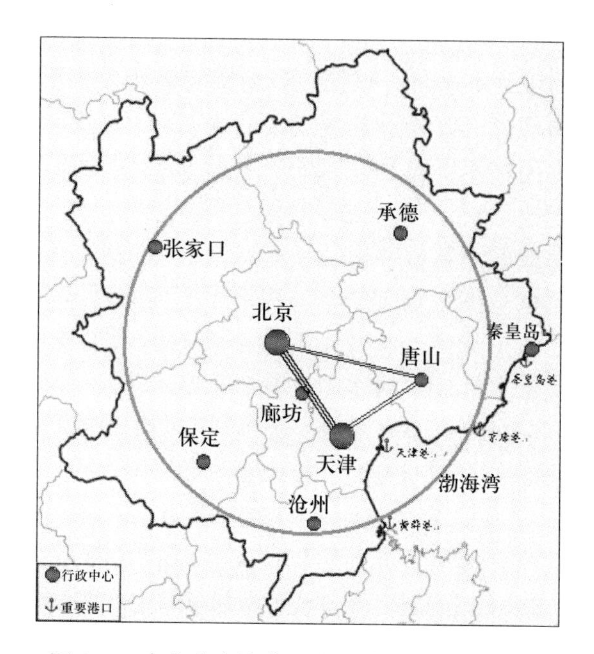

图 2-1 唐山在京津冀和京津唐都市圈中的位置

三是唐山在环渤海经济区处于连接带动地位。唐山市地处环渤海中心地带，是连接华北、东北两大地区的咽喉要地和走廊。在唐山建设科学发展示范区是一项既庞大又宏伟的实践创新工程，不仅在国内有重大的示范带动意义，而且在国际上也有着重大的形象影响。抓住曹妃甸发展的大好机遇，落实河北省向沿海推进的发展战略，提高城市竞争力，进一步发挥唐山市在环渤海地区的引擎作用，实现区域协调发展和省域海陆联动。唐山在宏观区域发生重大变化的背景下，积极融入环渤海经济区，加强唐山、承德、秦皇岛区域合作，提升唐山在区域中的地位，发挥其冀东地区综合服务中心作用，实现资源共享、优势互补、分工协作、互利共赢，促进区域经济协调发展。为此唐山市确定了“两核两带”的市域城镇空间发展格局。两带，即沿海发展带和山前发展带。两核，即主城区和曹妃甸新区。通过提高唐山的城市竞争力，将极大地加快沿海地区的区域协调发展和省域海陆联动，这些又都为唐山实现经济的飞跃式发展，提供了难得的历史机遇。

四是唐山在东北亚发展中处于开放窗口地位。进入 90 年代以来，世界经济发展重心逐渐向亚太地区，随着亚洲经济的迅速崛起，作为东北亚三个最主要的国家——中国、日本和韩国，从自身经济发展需要考虑，急需增强相互间的交流与合作，建立自由贸易区，实现资源和市场共享。未来东北亚区域合作发展的趋势主要表现为日韩制度性合作加快发展，虽然中日韩自由贸易区在短期内难以完全建立，但区域内部的分工与合作将不断加强。在以中、日、韩为核心的东北亚经济一体化加速发展进程中，唐山有着中国北方其他城市不可替代的优势，中、日、韩有着近百年的工业化协作传统，还互有大港对大港的优势，唐山面临与日韩等东北亚国家产业转移和市场对接的难得机遇，在东北亚区域合作中所承担的工业转移作用将日益明显。唐山是中国东北亚战略中的桥头堡，为加快整合港区资源，大力发展现代物流业，形成布局合理、生态良好、结构优化的循环经济产业体系，形成循环经济产业链提供了良好机遇。

（三）生态城市建设符合国家经济转型战略

当前我国宏观经济存在内外部失衡问题，实体产业处于低端、高耗、高污染比重偏大，科技创新严重不足，产业结构极不平衡的局面，也形成了较大的产能过剩。作为发展中的大国和世界供应链的超级工厂,我国迎来了产业与经济“大转型”的重大挑战和历史机遇。我国提出“十二五”期间要加快转变经济发展方式和调整经济结构。坚持走中国特色新型工业化道路，推动信息化和工业化深度融合，改造提升制造业，培育发展战略性新兴产业。产业结构由粗放、低端、高耗，向高新科技、高效、节能和环保的一次全面升级；经济增长模式由出口导向和投资拉动型，逐步转向加快内需市场发展和区域经济全面开发带动为主体。唐山作为资源依赖型城市，在生态城市建设中也需要产业转型发展，在调整优化产业结构，加快构建现代产业体系，推动产业转型升级，推进海洋经济发展等方面与国家经济转型的主旋律合拍，必将在我国经济转型的关键期有所作为。

国家实施新的能源和原材料战略带来的发展机遇。中国新的能源战略是要从现有的能源体系向可持续发展的现代体系过渡。2050 年前的四十年是我国能源体系的转型期，2030 年前的二十年是我国能源体系转型的攻坚期，“十二五”又是决定攻坚任务能否完成的关键期。中国“十二五期间”的能源战略重点是要抓实节能减排依靠科技创新，促进煤炭的绿色开采和清洁利用，建设以电力为核心的智慧能源网络。低碳化是“十二五”能源发展的重要特征。按照中央领导的重要指示和省委、省政府对唐山的新要求，曹妃甸工业区将建成全国循环经济示范区，唐山市将建成国家科学发展示范区。这为唐山市推进发展模式转变和资源型城市转型，加快经济结构的战略性调整和产业优化升级提供了难得的机遇。当前“原油资源匮乏，库存急剧下降，供求关系失衡，油价频频飙升”，已经成为限制中国经济大幅增长的瓶颈。唐山南堡 10 亿吨大油田的发现及开采，势必在我国实施的原材料战略中占有极为重要的地位和发挥不可估量的作用。

（四）改善生态环境顺应时代发展潮流

长期以来，人类对碳基能源的依赖，导致 CO_2 排放过度，带来温室效应，对全球环境、经济，乃至人类社会都产生巨大影响，严重危及人类生存，1992 年联合国环发大会后，可持续发展成为时代发展主题，我国在科学发展观指引下，提出了全面协调可持续发展原则，“十二五”期间，国家提出要扎实推进资源节约和环境保护。积极应对气候变化。加强资源节约和管理，提高资源保障能力，单位国内生产总值能耗和二氧化碳排放分别降低 16% 和 17%，主要污染物排放总量减少 8%~10%，森林蓄积量增加 6 亿立方米，森林覆盖率达到 21.66%。推进大江大河重要支流、湖泊和中小河流治理，明显提高水资源有效利用水平和防洪能力，国家对生态建设的投入也逐年增加，这对于唐山生态城市建设提供了良好的政策环境和正确的方针指引，必然推进唐山生态建设的发展。

（五）世界园艺博览会为生态建设创造大好发展时机

唐山获得了 2016 年世界园艺博览会的承办权。举办世园会，意义深远，作用重大。对塑造唐山城市新形象、提高城市档次、完善城市功能、提升城市品位，丰富唐山抗震精神和新唐山人文精神的内涵有着积极作用。承办 2016 年世界园艺博览会，要进一步改善、提升城市环境，为世园会营造一个水清城绿、整洁优美的环境，着力打造极具特色和魅力的绿色美丽城市。需要在绿化理念、设计思路、造林质量、造园模式等方面提升水平，以迎接世园盛会为契机，统一思想和行动，使办好世园会作为全民的共同目标，为全面、高效、优质地建设生态城市打下坚实的生态基础。

四、挑 战

唐山市实施以“四大新城”为重点的生态城市建设工程，围绕“双核两带”的总体思路和空间布局，高标准规划建设曹妃甸生态城、凤凰新城、南湖生态城、唐山空港城，努力把唐山这样一座资源型城市建设成为一座凤凰涅槃的生态城市。但在唐山生态城市建设的外部环境中，存在制约发展的限制因素。政府管理部门应当认识到这些潜在的威胁，评价该不利因素所带来的不利影响并采取相应的积极行动来抵消或减轻它们所产生的影响。唐山生态城市建设可能面临以下挑战：

（一）结构调整面临高经济增长目标压力

唐山经济结构性矛盾比较突出。产业结构层次低，产业集中度不高；一、二、三次产业发展不协调，第三产业发展相对滞后；经济增长方式还比较粗放。钢铁工业是唐山市最重要的战略支撑产业，钢铁行业利润占全市总量的大部分粗放型经济增长方式，与资源环境的矛盾越来越大。只有调整结构才能再次激活唐山的经济发展，只有产业转型才能实现唐山向生态城市跨越。但产业结构调整是建立在市场需求、技术进步、产能改善的基础上的，需要一个较长的动态过程，在这一过程中，一方面要经历产业整顿、淘汰和蜕变，另一方面还要保持经济的快速增长，企业和职工的利益要充分得到保障，唐山提出“十二五”时期主要经济指标要显著提升，确保地区生产总值、全部财政收入、财政一般预算收入年均分别增长11%、12%、13%，力争分别增长12.5%、15.9%、19%，占全省的比重分别提高到25%、23%和20%，这些指标普遍高于全国的发展指标，对于一个正在产业转型期的城市，对于企业减排转型面临艰巨的任务的城市，唐山经济增长的目标无疑为产业转型施加了更大的压力。

（二）城镇化进程带来资源环境问题

唐山提出“十二五”期间加快推进城镇化，不断拓展城市发展空间，建设生态宜居现代化城市。人口和劳动力的城市化，缓解了农村人口过剩、土地短缺的矛盾，提高了转移人口的收入水平，提升了资源配置效率，但同时，城市化使得人均生态足迹亦在同步增大，城市的资源与环境压力加大，资源安全包括水安全、土地资源安全和生产资料安全与生态环境安全包括生态环境和人工环境均面临较大的威胁。唐山由于过度依赖“高投入、高消耗、高排放”的增长方式，唐山市的能源消耗量占有河北省的三分之一，已经导致资源衰减、环境恶化、生态失衡等危机。已经严重呈现出不可持续发展的状态，生态环境处于不安全状态。若在此基础上更大力度地推进城镇化，不仅仅会受到资源短缺和环境容量的制约，唐山市的生态安全也将受到严重威胁，因此需要警惕城镇化过程中的粗放扩张倾向。

（三）土地和水资源稀缺制约生态建设

随着经济的发展，唐山土地资源与生态建设的关系紧张，由于建筑面积的逐年增大，加之市区的规划中热衷房地产而忽略原生态，致使可供绿化、娱乐、休闲的的面积逐年减少，基本没有大片森林建设土地资源可开发潜力。水资源处于极度亏缺状态，2010年唐山市水资源处于“负载”状态，预计2015年水资源承载处于临界状态，非常规水资源不能充分利用，总体用水效率和效益还处于低水平，水资源多的地方常常是水污染严重的地区，污水处理设施落后且不足，污水处理厂不能发挥最大效益，水资源的重复利用率低，水资源浪费现象存在。必须对唐山市水资源进行优化配置，以开发并提升其水资源承载力，满足生态建设对水资源的需求。

（四）自然灾害频发对生态建设提出更高要求

近几年来全球各地区自然灾害频繁发生。由于人类过度开发地下矿产资源，从而构成了地球内部的多“空区”和多“空洞”现象。在星际引力场、重力场以及地球自转离心力的共同作用下，它彻底改变了地球内部的原始地质平衡应力变化，这就是造成当前自然灾害频发的主要因素。我国是自然灾害较严重的地区，近几年有关我国自然灾害的报道频见报端。唐山是自然灾害较为严重的地区，这对生态建设提出了挑战，山体滑坡等地质灾害会损害森林；气温升高使森林火险等级偏高，发生雷击火的可能性较大，森林防火总体形势仍较严峻；冰雪寒害对于幼龄期的森林造成伤害，地面下降、地面塌陷造成土地资源利用受限，农林病虫害使得生态系统失衡，这些潜在的危险的存在，使唐山生态建设的同时，在灾害监测体系、生态基础设施建设、公众生态减灾意识等方面急需加强。

（五）宏观经济发展的不确定性增加

全球金融危机的阴霾尚未退去，我国迎来了严峻的通货膨胀，经济处于旧力消退，新力未生阶段，未来我国宏观经济仍然存在较大的不确定性，而主要矛盾仍然集中于通胀和房地产领域。令投资、出口、消费密切配合实现经济软着陆成为我国经济发展的重大举措，这一过程中存在不少难题，如通货膨胀严重、劳动力价值增加、货币价值不稳、周期性的产业技术改造等，使未来经济走向并不明朗。在这种形势下，唐山经济存在风险，一旦国内基础设施投资下降，对钢铁的需求减少，唐山的经济产值和财政收入将下降，由于生态建设的资金趋紧，同时由于悲观预期，对生态旅游和林产品的消费下降，绿色产业发展受阻，战略性新兴产业虽然存在机会，但在市场整体下滑的情况下机会不多，加之资源约束和社会约束的压力，对应于节能减排行业，政策坚决淘汰落后产能和行业本身的持续亏损限制了新产能投放。

五、对策分析

将调查得出的各种因素根据轻重缓急或影响程度等排序方式，构造 SWOT 矩阵，见表 2-1。

表 2-1　唐山生态城市建设 SWOT 分析矩阵

<table>
<tr><td colspan="2" rowspan="2">SWOT 分析</td><td colspan="2">外部因素</td></tr>
<tr><td>机遇（Opportunity）
1. 中央对唐山发展高度重视
2. 区域经济一体化发展态势良好
3. 生态城市建设符合国家经济转型战略
4. 改善生态环境顺应时代发展潮流</td><td>威胁（Threat）
1. 结构调整面临高经济增长目标压力
2. 城镇化进程带来资源环境问题
3. 土地和水资源稀缺制约生态建设
4. 自然灾害频发为生态建设提出更高要求
5. 宏观经济发展的不确定性增加</td></tr>
<tr><td rowspan="2">内部因素</td><td>优势（Strengths）
1. 独特的地理区位
2. 强大的人文精神
3. 突出的建设成就
4. 雄厚的资金保障</td><td>SO 战略
（增长型战略进攻）
借助优势，抓住机遇</td><td>ST 战略
（转变型调整战略）
借助优势，规避威胁</td></tr>
<tr><td>不足（Weaknesses）
1. 高能耗产业主导格局尚未改变
2. 环境污染依然严重
3. 生态系统服务功能有待提升
4. 生态建设的长效机制尚待健全</td><td>WO 战略
（扭转型投机战略）
抓住机遇，弥补弱势</td><td>WT 战略
（防御型生存战略）
规避威胁，弥补弱势</td></tr>
</table>

唐山市在生态城市建设需要选择正确的策略，应该结合唐山市特点，根据对外部的机遇和挑

战及内部的优势和不足综合分析，参照国内外生态城市开发建设经验，提出唐山市生态城市建设的策略。

（一）SO 战略（增长性进攻战略）：抓住机遇，生态发展

（1）利用多种政策叠加，巩固生态建设成果。中央扩内需政策力度进一步加大，境内外产业转移趋势不可逆转。要抓住扩内需、保增长的好时机，抓住转变发展方式、调整优化结构的好时机，加速构建和优化城市的生态环境系统，提高城市生态系统的承载能力，使自然生态系统和人工净化系统能持续有效地发挥作用。

（2）明确发展定位，加大资金投入发展。在国家提出区域统筹协调发展，河北省提出打造沿海经济隆起带，建设沿海经济社会发展强省的大背景下，明确发展定位，积极融入环渤海经济区，吸纳各方资金，调动企业和群众的参与，大力发展清洁能源，在新兴产业开发，绿色生态经济扶持等方面大胆探索，勇于实践。

（二）ST 战略（转变型调整战略）：发挥优势，转型发展

（1）利用资金优势，实现工业转型发展。高度重视资源和环境承载能力，转变经济增长方式，大力发展循环经济，构建节约发展、清洁发展、安全发展的经济格局，走经济发展快、环境污染少、能耗比较低、经济效益好的可持续发展道路。借此来抵御市场和生态风险。

（2）把拓宽公众参与，合力应对挑战。鼓励尽可能广泛的公众参与，无论从规划方案的制定、实际的建设推进过程、还是后续的监督监控，都需要有具体的措施保证公众广泛参与。使城镇化过程中的问题得到解决，号召全体人民参与生态建设，培养良好的消费习惯，化解资金短缺矛盾。

（三）WO 战略（扭转型投机战略）：乘势而行，消除积弊

（1）利用政策优势，把调整产业结构作为核心内容。唐山市要对城市产业的选择引导，对能源、物质利用进行结构优化和方式改造，降低城市资源消费总量，从而达到从源头控制污染产出的目的，把经济发展进一步引向"绿色增长"的发展道路。

（2）把提升城市功能作为突破核心。唐山市要按照建设宜居宜业的现代化城市目标，围绕构建以大中城市为主导、大中小城市和小城镇协调发展的城镇化体系，使城市发展功能、服务功能、人居功能、休闲功能更加完善。

（3）把坚持以民为本作为主要目标。唐山市在建设生态城市过程中要注重提升人民群众生活品质，使得人工环境与自然环境相融合，生态建筑得到广泛应用，培育建设新的城市文化，深刻挖掘历史文化资源，着力突显地域文化特色，构建以工业文化、地震文化、地域文化、休闲旅游文化、生态海洋文化为重点的文化产业发展新格局。不断提高百姓幸福指数。

（四）WT 战略（防御型生存战略）：休养生息，练好内功

（1）提高生态系统功能，增加生态承载力。大力修复森林、水、农田生态系统，用以防止环渤海地区海洋和陆地生态继续恶化，破解环渤海地区经济增长与资源环境的矛盾，为新型沿海城市及其产业提供可持续发展的生态环境，同时防灾减灾，为居民企业提供良好的生活环境。

（2）加大力度治理污染，加大资源供应。主要治理水污染，保障生态建设用水需求，进行矿山废弃地治理，保障生态建设用地需求，治理空气污染，保证城镇化过程中人居环境进一步改善。

（3）完善法律政策，依法建设生态环境。制定完善的法律、政策和管理上的保障体系，把工业转型、节能减排、污染资料作为共同责任，为生态城市快速健康发展提供强有力的保障和支撑。

展望未来，唐山市政府要树立"新形态、新水平、新取向"的发展思想，在资源节约、产业升级、结构调整和模式转变上进行突破，努力探索具有唐山特色的生态城市建设道路。

一是转变发展模式。要改变以资源、能源消耗带动城镇化发展的模式，通过制度规范、政策引导、政府推动，将生态城市各项发展指标落实到城镇规划、建设、管理的各个环节。完善城镇布局，形成以大中城市为主导、大中小城市和小城镇多元发展的城镇化体系，落实“双核两带”空间布局和总体思路，同步推进“大城市”、“大县城”、“大集镇”建设。

二是促进绿色发展。要建设宜居宜业的现代化城市，科学配置城市要素，加强城市功能区和市政公用设施建设，进一步提升城市发展功能、服务功能、人居功能。大力发展职业教育，提高进城农民素质，带动城市功能完善，促进城市发展量和质的同步提升；不断提升城市形象；加强路网、通信、能源等基础设施建设，进一步增强城市对经济社会发展的保障和承载能力。

在生态建设方面，打造绿色、魅力、宜居唐山。加速实现城市园林化、城郊森林化、道路与水系林荫化，农田林网化，村庄花园化、林水一体化的生态良好格局。在生态产业发展方面，转变高投入、高排放、高消耗的经济增长方式，实现资源节约型、环境友好型的产业的绿色转型发展。在生态文化建设方面，实施城市生态文化博览园、城市纪念林、山地森林文化体验园等生态文化载体建设工程，全面推荐城乡生态文化建设、形成覆盖全市、贴近自然、贴近生活、贴近百姓、引领潮流、提升城市品位和全面素质的生态文化体系。

三是加强城市管理。要提升城市形象和品位，以权力下放、责任到人、监督到位和采用现代化手段为重点，进一步理顺管理体制，创新管理手段，提升管理水平。以政府机构改革为契机，进一步简政放权，将管理重心下放到区和街道办事处，实现责、权、利相统一；完善公共服务管理体系，推进精细化、网格化、数字化管理。要推进城市资源资本化、资源配置市场化，树立科学经营城市理念，进一步提高城市经营水平。充分发挥各种投融资平台作用，以重点建设项目为依托，采取BOT、BT等方式，积极引进战略投资者，鼓励各类市场主体参与城镇建设，加快建立政府引导、金融机构支持、社会各方面参与的城市建设投融资体制。健全政府一级开发土地体制，完善城市建设用地一级市场收储经营办法，依法依规管好、集约节约用好土地资源。

第三章　唐山生态城市建设的模式选择

生态城市是社会生产力发展到一定历史阶段的必然产物，是人口高度密集、经济高度发达的人类居住区形式，世界生态城市建设的理论与实践的不断完善，促使人们用新的理念、新的战略去设计城市中人口—资源—经济—环境这一复合生态系统，建设以人为本、可持续发展的现代化生态城市。为此，探索更加理想的城市建设模式和人类聚居形式，建设高效、健康、公正的城市社会，创造最宜人居、最适创业的城市环境，追求人与人、人与环境更高程度的和谐，已成为全球生态城市发展的共识。

从 20 世纪 70 年代生态城市的概念提出至今，世界各国对生态城市的理论进行了不断的探索和实践。目前，发达国家和发展中国家的很多城市都已经成功地进行了生态城市建设。

中国城市生态学的理论研究起步较晚，与西方发达国家相比有一定的差距。我国关于城市生态的研究起步于 20 世纪 70 年代，实践开始于 20 世纪 80 年代。1986 年，我国江西省宜春市提出了建设生态城市的发展目标，并于 1988 年初进行试点工作，这是我国生态城市建设的第一次具体实践。 在宜春市开展生态城市建设试点之后，我国在 1996~1999 年间又先后分四批开展 154 个国家级生态示范区建设试点，其中生态省 2 个，生态地、市 16 个，生态县（市）129 个，其他 7 个。1996 年，威海市提出了生态城市建设的总体思路。

21 世纪以来，上海、广州、厦门、宁波、哈尔滨、扬州、常州、成都、张家港、秦皇岛、唐山、襄樊、十堰、日照等市纷纷提出建设生态城市，并开展了广泛的国际合作和交流，其中，中德两国开展的“扬州生态城市规划与管理”的合作研究就是一例。2006 年 4 月，建设部筹划编订《宜居城市科学评价标准》，将宜居城市科学评价指标体系研究列入 2006 年度软科学研究课题。2006 年 8 月 7 日，国务院在批复天津市城市总体规划中表示，要将天津市定位为国际港口城市，北方经济中心和生态城市。这些都表明了：建设生态城市正逐步成为我国城市发展的主流方向。

无论是国外生态城市建设还是国内生态城市发展，从土地利用模式、经济发展模式、交通运输方式、社区管理模式、城市空间绿化等方面，形成了鲜明的模式特点，为唐山生态城市建设与发展提供了宝贵经验。

一、生态治理与建设模式

生态治理与建设模式的核心指导思想是在城市化进程中体现了可持续发展理念。在城市化进程中统筹经济、社会、人与自然的协调发展，进一步转变经济增长方式，充分考虑区域社会、经济与资源、环境的协调发展，统筹城乡规划，促进人与自然和谐，实现经济、社会和环境效益的“共赢”。

生态治理与建设模式的发展，为唐山市在建设生态城市过程中，对于转变传统思维方式，树立自然资源有价论与资源环境价值观，遵循经济规律与自然规律的相统一，科学利用和节省资源，变资源型经济为生态型经济，保持生态平衡，以资源环境的持续利用，增强对经济社会可持续发展的保障作用，实现经济社会与人口资源环境的协调持续发展等方面提供了新的理念与经验。

（一）森林生态建设模式

案例 1：贵阳国家森林城市

贵阳的“名片”很多：2002 年，被确认为全国建设循环经济生态城市首家试点城市；2004 年被授予“国家森林城市”。在此基础上，2007 年 12 月，贵阳市委做出“关于建设生态文明城市的决定”，提出建设生态文明城市。

贵阳在循环经济生态城市建设中的基本思路，概括起来就是：按照三个基本原则，即减量化、再利用、再循环（3R）原则；划分三个时间阶段，即第一阶段是循环经济起步阶段，约 3~5 年时间，第二阶段是大规模建设形成生态城市体系阶段，约 8~10 年时间，第三阶段是生态城市体系完善健全阶段，约 3~5 年左右时间；在三个不同的层面上，即企业层面（小循环）、区域层面（中循环）、社会层面（大循环），对工业、农业和社会生活三大循环体系进行建设，在社会、经济和环境三个方面建成国际公认的循环经济生态城市。

从 2004 年起，全国绿化委员会、国家林业局启动了“国家森林城市”评定程序，并制定了《“国家森林城市”评价指标》和《“国家森林城市”申报办法》。2004 年 11 月，贵阳被授予“国家森林城市”称号，成为我国首座获此殊荣的城市。森林是贵阳市的标志性景观，也是它的绿色生态屏障，对改善市区生态环境，增强人民身体健康，发展生态产业，促进经济社会发展等方面发挥了巨大的作用。

2007 年 12 月，贵阳市委通过《关于建设生态文明城市的决定》，明确将建设生态文明城市作为贯彻落实党的十七大精神和科学发展观的总抓手，作为创建全国文明城市的切入点，以建设生态文明拓展、丰富创建全国文明城市的内涵，以创建全国文明城市为阶段性目标深入推进生态文明建设，积极探索有贵阳特色的创建之路。2008 年 10 月，贵阳市在全国率先发布“生态文明城市指标体系”，从生态经济、生态环境、民生改善、基础设施、生态文化、政府廉洁高效等六个方面，分 33 项指标，定量与定性相结合，量化各项重点任务并分解落实到责任部门。2009 年 10 月，《贵阳市促进生态文明建设条例》正式通过审议，成为全国第一部促进生态文明建设的地方性法规。同年，环保部正式批准贵阳为全国生态文明建设试点城市。

案例 2：沈阳国家森林城市

沈阳是全国知名的重化工业城市，曾被世界卫生组织列入全球十大重污染城市名单，生态环境脆弱，农村土地沙漠化和缺水少绿现象十分突出。到 2000 年，全市建成区绿地面积为 45.3 平方公里，绿地率仅为 20.87%，绿化覆盖面积 54.44 平方公里，绿化覆盖率仅为 23.91%，人均公共绿地 3.7 平方米，各项绿化指标在全国大城市中居于下游水平，这种状况使沈阳的人居环境和投资环境受到严重影响，损害了城市形象，同时也严重制约着沈阳的经济发展和对外开放。

“十五”期间，沈阳市委、市政府深刻认识到，沈阳要振兴，焦点在环境，没有良好的环境，就不可能实现老工业基地的全面振兴。为了从根本上改善沈阳的城市环境，从改善城市生态环境，提高城市品位入手，提出了建设“森林城市”的战略目标，带领全市人民以改天换地的气魄和一往无前的干劲，大打了一场建设“森林城市”的攻坚战。

2000~2005 年 5 年间，全市共投入资金 55 亿元，开展了大规模的植树造林活动，建城区新增绿地 69 平方公里，是 2000 年前绿化面积总和的 2.5 倍；农村森林面积增加 253 万亩，相当于从 1949~2000 年 50 年的总和；建成区绿化覆盖率提高到 40.65%，绿地率提高到 35.97%，人均公共绿地面积达到 12 平方米；农村有林面积 530 万亩，森林覆盖率 27%。

沈阳森林城市建设有五条经验，可供各地借鉴：首先，沈阳认识到环境是实现老工业基地振兴的焦点，因此，沈阳从改善城市生态环境入手，大胆提出建设森林城市的战略目标。第二，全民动员，城乡齐抓，打了一场建设森林城市的攻坚战。第三，舍得投入，5 年投入资金 55 亿元，开展大规模的植树造林活动。第四，坚持 5 年长抓不懈。第五，以城市森林建设为重点，推动城市环保建设，被国家评为“环保模范城市”。

在森林城市建设成功基础上，沈阳市乘胜追击，确定了“以建设体现循环经济和生态工业特色的国家生态城市为总目标，力争用 5 年左右的时间，在 24 项指标全面达标、建成国家生态市的基础上，把沈阳市建设成为在全国具有生态工业、静脉产业、生态环境改善、政府环境管理、公众参与环境保护五大示范意义的环境建设样板城”的规划目标。目前，沈阳市已被联合国环境规划署确定为“联合国生态城示范项目城市”，样板城建设相关工作已经启动。

截至 2009 年年末，沈阳生态市创建工作成果显著。空气质量优、良天数为 316 天，同比增加 4 天；其中优级天数为 15 天，生态市创建考核指标达标率达到 70.8%。东陵区通过国家生态区验收，成为东北地区首个国家生态区；沈北新区、棋盘山开发区通过了国家生态区技术核查；苏家屯区、辽中县、于洪区通过国家生态区（县）省级验收；和平区成为全省首个省级生态城区。目前，已有 30 个乡镇通过了全国环境优美乡镇验收，使沈阳市全国环境优美乡镇数量达到了 56 个，在全省遥遥领先；有 500 多个社区参与了绿色社区创建活动，101 个社区通过绿色社区的验收，使沈阳市绿色社区数量达到了 204 个。建成了 30 个村镇污水处理设施，建设了 2 个县域垃圾填埋场、20 个垃圾中转站，农村城镇污水和垃圾处理能力全面提高，污水和垃圾处理框架体系基本形成。

按照国家减排要求，完成重点污染源在线监测系统建设工作，超额完成市政府下达的年度污染减排指标，加强了三县一市医疗废物集中处置管理，实现全市医疗废物无害化处置率达到 100% 的工作目标。在全市街路、学校、社区、商场、医院、企事业机关单位等人群密集处设立废旧电池回收箱，初步建立全市废旧电池回收处置体系。全面整治建筑施工、餐饮娱乐、机动车、社会生活噪声污染。

案例 3：广州国家森林城市

2000 年，广州市在国内率先开展了城市战略规划，突出区域协调发展和生态优先的原则，开展了城市土地利用、城市生态环境、城市综合交通三项专项规划。2003 年，市政府颁布了《广州市生态城市规划纲要》，提出用 20 年左右的时间，分近期（至 2005 年）、中期（至 2010 年）、远期（至 2020 年），逐步建立起城市间结构优化、城乡及产业布局科学、人居环境优美的生态格局，在全国大城市中率先实现生产力发达、经济实力雄厚、文化底蕴深厚、人与自然高度和谐、生态环境优美、兼备岭南自然景观及山水特色的生态城市。

广州建设生态城市的重点包括：一是创建井然有序的社会秩序和高度文明的人文环境系统；二是形成较为合理的产业结构并构筑具有高效益的转换系统，坚持传统产业、高新技术产业和现代服务业协调发展，加强资源高置换化、产业高效益化工作，形成自然资源投入少、经济物质产出多、废弃物排放少的转换系统；三是形成快速高效的流转系统，加快现代化的城市基础设施建设，科学合理地拉开城市布局，以快捷的交通网络为支撑骨架，减少经济损耗和对城市生态环境的污染。四是构建多功能、立体化的绿化系统，着力加强森林公园和自然保护区为主体的城市森林生态体系建设，推进城区和庭院的绿化，构成点线面结合、高低错落有致的绿化系统，在更大程度上发挥调节城市空气、温度、美化城市景观和提供休闲场所的功效；五是建立高质量的环境保护系统，主要包括工业“三废”治理系统，城市垃圾处置、处理系统，城市废弃资源再生系统，城市废水处理系统等；六是创建高效率的城市管理系统，包括完备的法规体系，科学的决策机制，透明的信息制度，合理的职能分工，严格的监督系统等。

（二）污染治理模式

案例 1: 丹麦首都哥本哈根人口密集的 Indre Norrebro 城区

丹麦生态城市建设于 1997 年 2 月 1 日在丹麦首都哥本哈根人口密集的 Indre Norrebro 城区进行，区内有 3 万人。生态城市建设目的是为了建立一系列策略和方法，在地方规划和管理中把环境因素整合为一体，提高市民对地方环境和全球环境的责任感，减少资源消费量，推动有利于环境的地方生产和其他活动，并采取基层组织和区议会之间合作形式，增加市民治理污染的参与性。

1. 环境目标

试验区内水的消费量减少 10%；电消费量减少 10%；回收家庭垃圾减少城区垃圾生产；通过建立 60 个堆肥容器，回收 10% 的有机垃圾制作堆肥；回收 40% 的建筑材料。

2. 组织和制定实施办法

制定一套手册指导并促进地方居民和其他欧洲城市进行同样的建设；建立绿色账户作为地方管理、公共学校和住宅区进行一体化可持续发展的工具；制定适合于地方管理部门的 21 世纪议程行动计划；通过生态城市项目的准备和实施，促进不同层次民间组织和政府部门的密切协作。

3. 建设内容

（1）建立绿色账户。绿色账户记录了一个城市、一个学校或者一个家庭日常活动的资源消费，提供了有关环境保护的背景知识，有利于提高人们的环境意识。使用绿色账户，能够比较不同城区的资源消费结构，确定主要的资源消费量，并为有效削减资源消费和资源循环利用提供依据。在学校和居民区建立绿色账户，确定水、电、供热和其他物质材料的消费量和排放量。

（2）确定生态市场交易日。这是改善地方环境的又一创意活动。从 1997 年 8 月和 9 月开始，每个星期六，商贩们携带生态产品（包括生态食品）在城区的中心广场进行交易。通过生态交易日，一方面鼓励了生态食品的生产和销售，另一方面也让公众们了解到生态城市项目的其他内容。

（3）吸引学生参与。吸引学生参与是发动社区成员参与的一部分。丹麦生态城市项目十分注重吸引学生参与，其绿色账户和分配资源的生态参数和环境参数试验对象都选择了学校，在学生课程中加入生态课，甚至一些学校的所有课程设计都围绕生态城市主题，对学生和学生家长进行与项目实施有关的培训，还在一所学校建立了旨在培养青少年儿童对生态城市感兴趣、增加相关知识的生态游乐场。

4. 建设效果

生态城市建设效果良好，尤其在垃圾分拣和堆肥制作方面，取得了相当大的环境收益。初步的结果表明，垃圾量减少了 50%，垃圾回收也由原先的 13% 提高到 45%。

案例 2: 德国弗莱堡

德国西南的历史名城弗莱堡山清水秀，背靠黑森林，自然风光如诗如画。无论过去和现在，传统工业或冒烟的工厂从未在此立足。为了保护环境，这一地区甚至没有建立自己的火力发电厂，其电力一直靠外地输送。弗莱堡地区的另一大特点是阳光充足，是整个德国享受太阳光照射时间最长的地区。正是这两大优势使弗莱堡决心要保护好生态环境，发展太阳能产业。环保和太阳能是促进弗莱堡经济发展的重要支柱，这一支柱约有中小企业 2000 家，员工 1.2 万人，每年的产值约为 6.5 亿欧元。

弗莱堡无论是该城中央火车站的中转站，还是体育场或博览会的展馆，顶部全都是闪闪发光的太阳能光伏板。这里二氧化碳零排放的宾馆、低碳节能的住宅小区正不断涌现。虽然从世界范围看，这尚属新生事物，且规模不大，但其市场前景却相当可观。

以生态住宅为例，德国弗莱堡地区已经积累了相当丰富的经验。各种节能建筑比比皆是。从城市发展趋势看，传统住宅耗能太高，难以为继，因而新型节能或环保型住宅将大行其道。与传统建筑材料相比，新型环保建材的长处在于，可使建筑或住宅更节能、环保，且隔音。使用这些建材，上下楼之间、邻里之间不会产生干扰。因为绝缘，所以隔音效果非常好。走在这种材质制成的地板上，感觉特别舒服，有一种弹性，至少不像地面水泥板那样，给人以硬和凉的感觉。使用的材料很大一部分是谷物的空壳、锯末、麦秸或稻草，大大减少了对水泥的依赖，同时这类建材的生产环节也更加节能，也更加保护环境。新型建材的生产已经规模化和现代化，正是这种规模化和现代化，使得新型建材的价格大幅下降，普通市民可以承受，建设生态社区才成为可能。

另外，弗莱堡便捷的公交网络让许多人放弃了开车习惯。绿灯为公交而亮，乘客拼车政府报销。弗莱堡市民私家车拥有量非常低，街上公交车的数量是私家车的 15 倍，拥堵污染等城市病也离这座城市非常遥远。目前，弗莱堡所有的大城区均通有有轨电车，65% 的市民居住在有轨电车沿线附近，2008 年的乘客突破 7000 万人次。

弗莱堡的经济不存在转型问题，其经济是建立在面向未来的基础上，是建立在保护环境基础上的绿色经济，因此是可以持续发展的。这主要得益于当地的环境和环保政策，得益于民间的支持与参与。弗莱堡是德国环保运动的故乡。早在 20 世纪 80 年代，一部分民众就开始为了保护赖以生存的环境发出了强烈呼吁。正是这种民间大众力量的支持，才使政府得以成功地把发展环保和绿色经济置于最为优先发展的地位。

值得一提的是，弗莱堡的经济呈现出鲜明的绿色，这种绿色经济建立在知识的基础之上，弗莱堡的绿色经济政策无意中也带来了知识经济的崛起。无数的青年学者被这里的环境吸引，而来此求学，使弗莱堡成为了闻名遐迩的大学城。各学术科研机构纷纷前来这里安营扎寨，筑巢引鹊。同时，一些高科技产业，比如医学工程和生物医学等，也把这里作为发展基地。

案例 3：台北零垃圾模式

台北也曾为垃圾处理问题所困扰，生活水平越高，垃圾产出越多，“消灭垃圾”无非是焚化和掩埋。台北地少人多，想建垃圾焚烧厂、掩埋场，就会遭到附近市民的强烈反对。

20 世纪 90 年代，台北决心变被动的“垃圾处理”为主动的“垃圾管理”，策略是“减量化”与“资源化”，机制是制定法律、经济手段、全民动员，鼓励市民主动进行垃圾减量与资源分类回收，目标是通过技术突破，达到 2010 年“资源全回收，垃圾零掩埋”。

1996 年，台北开始推行“垃圾不落地”行动，培养市民形成定点送交垃圾的理念和习惯，这之前宣传工作持续了近一年。

2000 年 7 月 1 日起，台北实行“垃圾减量，资源回收”的“垃圾费”随袋征收政策，如果不使用附加了垃圾清运费用的专用垃圾袋，清洁队可拒收垃圾，偷扔垃圾者重罚，举报者重奖。

一周 5 个晚上，一辆垃圾回收车和一辆货车会准时停在小区附近，每当贝多芬的《致爱丽丝》乐曲响起，市民就走出家门，把垃圾分门别类交到随车来的清洁队员手中，队员们会把一般垃圾放入垃圾回收车，把可回收垃圾放入货车。

中国人的饮食习惯造成厨余垃圾特别多，2003 年，厨余垃圾被列入可回收类，但要求把做菜前丢弃的菜皮烂叶和吃剩下的残羹剩饭分成“堆肥厨余”和“养猪厨余”两类。清洁队对每天约 176 吨厨余垃圾的回收利用，每年可省下人民币 500 万 ~750 万元垃圾处理费用，还能获得近 30 吨堆肥。

台北环保其实不仅仅是垃圾分类。为了环保，一些台北市民开始素食以减少资源消耗；为了环保，台北推出了“台北好好看”兴绿计划；为了环保，当地企业不仅每年计算碳排放，同时还投入资金更新设备进行碳补偿……正是由这种从民间到政府合力推动的环保行动，让台北市敢定下 2010 年实现“资源全回收、垃圾零掩埋”的目标。

台北能实现垃圾“零掩埋”，在于法律配套、教育引导、志愿者和社区共同努力，而其中最主要的是市民配合。

政府在持之以恒的推进中做了许多工作，制定专门的垃圾回收法案，开始“垃圾减量，资源回收”后，政府垃圾处理费收入少了，工作量多了。要监制有防伪商标的塑料袋的生产，要和流通领域打交道让市民能方便买到，要制定政策鼓励厂商对回收的垃圾再利用。

清洁队的工作量也增加了，他们要对收集来的可回收垃圾进行分类处理，旧家电、旧家具会送去修好再低价卖给需要的人，一辆旧自行车修好后只卖 100 元，学生的校服处理后捐给贫穷国家的孩子。

目前，台北正在试验沟泥沟土再利用，规划论证焚化飞灰水洗后再利用于水泥原料，争取 2010 年年底就实现“零掩埋”目标。

据悉，未来台北还将再引进“垃圾全分类设施”，进一步减少焚化量，降低污染，并充分回收其中的资源物质，循环利用，让回收量极大化，达到“资源零浪费”的永续环境。

没有了街头随处可见、散发着恶臭的垃圾箱，环境干净了，地球减负了，市民们非常乐意为“垃圾减量，资源回收”出力。

2005 年，全球 100 多个城市签署“旧金山绿色都市宣言及城市环境协定”，台北也参与其中，共同承诺在 2040 年做到“资源全回收、垃圾零掩埋“。今年，台北将提前 30 年，领先世界上许多先进城市实现这一目标，这令台北市民无比自豪。

（三）紧缩城市开发模式

案例 1: 美国克利夫兰

美国克利夫兰是俄亥俄州最大的工业城市和湖港，是大湖区和大西洋沿岸的货物运转中心，经济支柱为钢铁工业。该市绿地众多，有“森林城市”之称。市政府选择气候变化、绿色建筑、绿色空间、基础设施、邻里社区、公共健康、精明增长、区域主义、交通选择等主要生态城市建设议题，采取政策措施如在城市建设中进行生态化设计、强化循环经济和资源再回收利用等，确保克利夫兰建设成为一个大湖沿岸的绿色城市。其中“精明增长”是该市生态城市建设的重要内容，核心是：用足够的城市存量空间，减少盲目扩张；加强对现有社区的重建，以节约基础设施和公共服务成本；城市建设密集组团，生活就业单元尽量混合，提供多样化的交通选择方式，优先公共交通，鼓励自行车、步行；提倡节能建筑，减少基础设施的建设使用成本。精明增长是一种较为紧凑，集中，高效的发展模式，其强调环境、社会和经济可持续发展，强调对现有社区的改建和对现有设施的利用，强调减少交通、能源需求以及环境污然来保证生活品质。

案例 2: 中国北京长兴生态城

北京在 2002 年发布了《北京奥运行动规划》，首次提出建设生态城市的目标，并以“绿色奥运”作为解决环境与发展问题的方案。2005 年初，生态城市的建设目标被写入新修订的《北京城市总体规划（2004~2020 年）》中，并确定 2010 年以前为生态城市起步阶段，此后 10 年为成型阶段。北京在生态城市建设的过程中，也引进了当前全球最先进的生态城开发模式，位于北京丰台区长辛店的长兴国际生态城成为北京第一个生态城。不同于天津中新生态城、上海崇明岛东滩生态城的政府背景，长兴国际生态城的推动者是民营企业北京万年基业建设投资有限公司。

长兴生态城规划主要从三个方面体现可持续城市化理念。首先，规划持节约用地的原则；其次，生态城能源的使用相对于现有的规范将减少 20%。在旧村改造上将保留历史保护建筑，并与重新改造的村落结合，实行保护与开发相结合的模式。长兴国际生态城的建设中将主要包括四个方面，有效的水资源管理、基于总控制的能源管理、清洁交通模式、降低交通负荷。2008 年，长兴生态城已经开发完成了一套系统的指标体系，包括 19 个详细的高于普通指标的生态指标，如节约用地、可再生能源、碳排放、水消耗、废水回用、产业和就业等，其多数指标明显高出常规指标。如可再生能源利用从常规 4% 提高到 20%；废水回用从常规的 30% 提升到 80%。

目前，长兴生态城与天津中新生态城、上海东滩生态城一同构筑了我国三大直辖市生态城开发的铁三角布局。在未来 20 年内，中国城市化的进程不可阻挡，走向可持续的城市是未来城市发展的必由之路，采用生态城开发模式，并结合本土化的策略建设，将为我国城市开发建设提供了新的模式样板。

（四）生态网络化开发模式

案例 1: 北京市

北京是我国的首都，也是国际化大都市，有着特殊的历史地位。同时，北京奥运会的申办和召开，也为北京的现代林业发展提供了前所未有的机遇。北京现代林业建设是以“建设绿色北京，构筑生态城市”为基本理念，以实现“新北京、新奥运”为重要任务。北京现代林业提出的战略目标是：到 2020 年，建成功能完备的山区、平原、城市绿化隔离地区三道绿色生态屏障，形成城市青山环抱、市区森林环绕、郊区绿海田园的生态景观，实现强化森林系统功能，健全森林安全保障，提升林业产业效益，弘扬古都绿色文明的总体目标，为建设山川秀美、人与自然和谐、经济社会可持续发展的生态城市奠定基础。

在奥运绿化重点工程的带动下，北京的城乡绿化建设水平明显提升，特别是包括城市森林、京东南生态保障带建设、林果产业、森林旅游、花卉林木种苗等为核心的绿色奥运工程，以及为配合绿色奥运的建设，围绕建立完善的林业生态体系、发达的林业产业体系、健全的森林安全体系的目标，加强了平原防护林与风沙治理、山区森林保育、湿地恢复与自然保护区建设、新城与村镇绿化、森林资源综合利用等工程。以百年奥运成功举办为标志，北京的现代林业建设进入了新的发展阶段。到 2009 年年底，北京的林木绿化率达到了 52.6%，森林覆盖率达到 36.7%，人均绿地达到 49.5 平方米。奥运会成功举办之后，特别是在北京林业机构重组的大背景下，北京现代林业又在“大园林、大绿化、大产业”发展理念的基础上，加快了建设“生态园林、科技园林、人文园林”发展战略的步伐，同时又提出了把握“世界眼光、国际标准、国内一流、首都特色”四大取向，构建高标准生态、高水平安全、高效益产业、高品位文化和高效率服务五大体系，努力形成与世界城市建设相适应的人与自然和谐发展、城乡一体统筹推进、全民参与共建共享、管理服务优质高效的发展格局。

案例 2: 日本千叶市

日本在生态城市开发过程中，将生态系统作为城市中的重要组成部分加以考虑，高度重视城市的自然资源，同时，倡导和实施可再生的绿色能源、生态化的建造技术。这种模式主要是在自然环境与城市发展相互作用的过程中，利用环境优化和区域网络结构培育这种既对立又统一的关系，通过工业技术来实现生态城市的目标。例如，日本的千叶市在规划上高度尊重原有自然地貌，精心规划城市地区的湖泊、河流、山地森林等，将其与市民交流活动设施紧密结合并辅以相应的景观设计，形成十几个大小不一、景观特色各异、均匀分布于城区的开放式公园。

案例 3: 扬州市

2000 年，中德两国开展了扬州生态城市规划与管理的合作，将扬州作为生态城市合作试点。2001 年 9 月，国家环保总局又将扬州列为全国环保重点城市。扬州市以此为契机，及时调整了城市总体规划，同时，调整经济发展空间，加速推进沿江开发和园区建设，以工厂进园区、生态在城区为目标，鼓励工业企业向园区集中，减少污染源，避免未来城市发展中污染集聚和热岛效应加剧。2002 年，扬州同时获得“国家环保模范城市”“国家卫生城市”“全国创建文明城市先进市”三项荣誉。在此过程中，扬州市区投入 20 多亿元，进行城市环境综合整治和绿地建设，实施大面积、大空间、多风格的绿化美化，新辟了 120 万平方米的公共绿地，强化了扬州“城在园中，园在城中”的传统特色。2003 年，扬州发布《扬州生态市建设规划》，确立了扬州生态市建设的内涵、原则、目标以及评价指标体系；提出了扬州市复合生态系统区划与生态环境保育，包括扬州市生态资产类型划分和水生态建设与管理规划等；发展扬州城镇体系与沿江主体城市景观生态建设，包括人口发展与区域城镇体系建设，城市景观结构与功能规划以及城市人居环境生态建设等；推进扬州市产业生态转型与生态产业建设规划，构建了扬州市循环经济的发展框架。《扬州生态市建设规划》为生态城市建设提供了方法论指导与技术支持，成为全国生态城市建设的“范本”。 2004 年，国家建设部提出了建设生态园林城市的要求，在全国选择了 13 个城市作为试点，扬州是其中之一，建设生态园林城市也成为扬州改善环境、保持城市可持续发展的有效载体。

（五）珍视自然开发模式

案例 1：新加坡城

新加坡城之所以能够成为世界瞩目的“花园城市”，与人们对自然的关爱和人与自然的和谐共处、追求天人合一的观念是分不开的。“园林城市” 和 “花园城市” 的本质应是“天人合一”，而非人为第一位，无限制地向自然索取。人类社会的繁荣发展应同自然界物种的繁衍进化协调进行，最终创造一个人与自然相和谐的城市。新加坡人深深地感到，城市化高度发达的新加坡留给自然的空间越来越少，因此更要珍视自然，让他们的后代能够看到真正的动植物活体而不仅仅是标本。

新加坡城市规划中专门有一章“绿色和蓝色规划”，相当于我国的城市绿地系统规划。该规划为确保在城市化进程飞速发展的条件下，新加坡仍拥有绿色和清洁的环境，充分利用水体和绿地提高新加坡人的生活质量。在规划和建设中特别注意到建设更多的公园和开放空间；将各主要公园用绿色廊道相连；重视保护自然环境；充分利用海岸线并使岛内的水系适合休闲的需求。在这个蓬勃发展的城市，是植物创造了凉爽的环境，弱化了钢筋混凝构架和玻璃幕墙僵硬的线条，增加了城市的色彩，新加坡城市建设的目标就是让人们在走出办公室、家或学校时，感到自己身处于一个花园式的城市之中。

案例 2：中新天津生态城

从 2002 年开始，天津用 3 年时间实施了创建国家环境保护模范城市工程，2005 年底顺利通过国家环保总局的考察验收，成为直辖市中唯一一个被命名的国家环境保护模范城市，为建设生态城市奠定了坚实基础。2007 年，天津市政府通过了《天津生态市建设规划纲要》，确立了到 2015 年建成生态城市的奋斗目标。2008 年，制定了《2008~2010 年天津生态市建设行动计划》，明确了具体工作目标、重点任务和建设项目。

2007 年 11 月 18 日，我国政府与新加坡政府共同签署《中华人民共和国政府与新加坡共和国政府关于在中华人民共和国建设一个生态城的框架协议》，国家建设部与新加坡国家发展部签署了《中华人民共和国政府与新加坡共和国政府关于在中华人民共和国建设一个生态城的框架协议的补充协议》，确定中国和新加坡政府合作建设中新天津生态城。规划期限：近期 2008~2010 年，中期 2011~2015 年，远期 2016~2020 年。

天津生态城市建设三年（2008~2010 年）行动计划，共包括七个方面重点任务：全面推进生态区县建设；改善全市水环境质量；改善空气环境质量；改善城乡生态环境；提升固体废物综合利用水平；加强农村环境污染防治；加快发展循环经济。截至 2010 年 5 月，计划确定的 149 项重点工程全部进入实施阶段，河道整治、供热燃煤锅炉烟气脱硫、蓟县大兴峪矿山地质环境整治等 88 个重点工程已经竣工，年度污染减排计划任务全部完成。

目前，中新生态城建设取得的主要成效体现在：第一，两年多来，天津开工建设的重点工业投资项目全部都符合国家节能减排要求，具有天津特色的泰达、子牙、临港、北疆、华明等五种循环经济发展模式，示范带动效应明显增强，循环经济产业链初具规模，再生资源回收利用网络初步形成，节能减排主要指标居全国领先水平，经初步核算，2009 年天津市万元 GDP 能耗为 0.84 吨标准煤，提前一年完成了国家下达的“十一五”节能降耗任务。第二，空气质量保持良好。2009 年，天津可吸入颗粒物、二氧化硫、二氧化氮年均值三项指标，首次全部达到国家二级标准，跨入了全国空气环境质量达标城市行列。第三，水环境得到明显改善。实施了大规模水环境专项治理工程，到 2010 年年底，工程的所有任务将全部完成，城镇污水集中处理率达到 85%，处理后的水质全部达到国家一级排放标准。第四，市容市貌发生巨大变化。两年共造林 48 万亩，林木覆盖率达到 20%，建成区绿化覆盖率达到 30.3%，中新生态城起步区基础设施建设基本完成，开工总面积达到 105 万平方米，天津“创建卫生城市”工作和文明村镇建设取得显著成效。

二、绿色经济发展模式

大力发展绿色经济将会有力促进发展，发展绿色经济是新一轮科技革命的要求。绿色经济是以知识经济为主导、生态经济理论为基础、发展绿色产业为重点的模式，这也是科学经济发展方式的一种内在要求。为此需要推进传统产业向绿色低碳经济转型，由此推动工业发展方式的转型。

随着都市化生活方式的普及，随着以能源密集和高废物产生率为特征的消费模式日益全球化，高消费的生活追求进一步加剧了对环境的负面影响。因此，唐山市生态城市建设需要着手协调经济发展与环境的关系，重视发展环境代价，改变“先污染，后治理”的发展模式，向绿色增长模式转变。

（一）绿色城市技术开发模式

案例：日本北九州市

日本北九州市从 20 世纪 90 年代开始以减少垃圾、实现循环型社会为主要内容的生态城市建设，提出了“从某种产业产生的废弃物为别的产业所利用，地区整体的废弃物排放为零”的生态城市建设构想，其具体规划包括：环境产业的建设（建设包括家电、废玻璃、废塑料等回收再利用的综合环境产业区）、环境新技术的开发（建设以开发环境新技术、并对所开发的技术进行实践研究为主的研究中心）、社会综合开发（建设以培养环境政策、环境技术方面的人才为中心的基础研究及教育基地）。

市民积极参与，政府鼓励引导，是北九州生态建设的经验之一。为了提高市民的环保意识，北九州开展了各种层次的宣传活动，例如，政府组织开展的汽车“无空转活动”，制作宣传标志，控制汽车尾气排放；家庭自发的“家庭记账本”活动，将家庭生活费用与二氧化硫的削减联系起来；开展了美化环境为主题的“清洁城市活动”等。

（二）回收循环经济模式

案例：瑞士

瑞士人口仅 700 多万，人均年收入超 4.57 万美元。瑞士在废弃物循环利用方面处于世界领先地位。为应对自然资源贫乏的国情，瑞士联邦政府早在上个世纪中叶就已经十分注重通过对各类废弃资源的回收利用来发展循环经济。在投资、生产、消费和废弃物处理的整个过程中，瑞士联邦政府以实现废弃物减量化、资源化和无害化的发展模式为目标。经过几十年的努力，废弃资源回收产业为瑞士国力的增强做出了重大贡献。

瑞士是欧洲最早回收利用塑料制品的国家。自从塑料制品普遍进入瑞士家庭，回收利用这种可再生资源就成了瑞士全社会关注的问题。为此，联邦政府采取了一系列配套鼓励措施。以回收利用废弃塑料瓶为例，目前，瑞士全国设有 1.76 万多个专门负责回收废弃塑料瓶的中心。国民每年人均送往回收中心各类大小不同塑料瓶达 120 多个，全国废弃塑料瓶回收率已超过 85%。而欧洲其他国家对塑料瓶的回收率则在 25%~45% 之间。

瑞士联邦政府能源局对外宣称，瑞士之所以能实现如此高的回收率，主要原因是政府明文规定，全国相关企业只有在对自己的塑料瓶达到 80% 以上的回收率后，才有资格继续生产或使用塑料瓶作为包装。瑞士政府则委派环保饮料包装协会代表环保局收集有关饮料包装的消费状况与回收比率等信息。所有销售塑料瓶包装饮料的零售商都有义务回收通过其网点销售出去的塑料瓶，而政府向回收协会授权，可向协会成员征收每个塑料瓶 0.04 瑞郎（约合人民币 0.25 元）的回收费。据瑞士联邦能源局的统计数据显示，瑞士 85% 以上的饮料零售商都是塑料瓶回收协会的成员，通过这个成员网络收集到的废弃塑料瓶约占据全国回收总量的 93%，而 5 年前的 2003 年度这个比率还只有大约 78%；统计数据还显示，这个塑料瓶网络的范围在不断扩大，特别是在城市与乡间的报纸分发中心和卖报亭、加油站、港口与车站码头等流动人口相对集中地区，近期又增设了不少新的收集点。

瑞士多数回收的塑料瓶均在国内自行处理加工。首先将回收到的塑料瓶成批运送到分拣中心。一般情况下，分别按照塑料的颜色进行分类处理。透明和浅蓝色的瓶子将会被碾成碎片，用于生产新的饮料制品，其他深颜色塑料瓶则大多被送往废料高分子回收公司加工成纤维、胶片或包装袋等产品。目前瑞士全国共有 7 个大型塑料回收、分拣、加工中心，其中在毗邻日内瓦的沃州新建的加工中心每小时塑料瓶处理量可达 15 万 ~17 万个。

除了塑料瓶回收外，废弃罐头盒子、各类旧电池、甚至手机都是瑞士工业再循环利用的资源对象。目前，瑞士全国拥有 4000 多个废弃罐头盒回收箱，年回收量在 1.7 万 ~1.9 万吨左右，平均每个居民年回收罐头盒量大概为 3.2 公斤。

旧电池回收和再利用技术复杂、耗资巨大，据悉，目前世界上仅有两家大型旧电池回收处理公司，其中就有一家落户瑞士日内瓦市郊。瑞士相关法规规定，居民不得随意丢弃普通旧电池，更不能任意遗弃汽车蓄电瓶，电池也不能与其他垃圾混合处理。居民必须将废旧电池投入专门回收箱由物业集中处理。据瑞士联邦统计局的数据显示，目前，瑞士全国的废旧电池回收处理率已达 75% 以上。政府期望能在近期达到 80% 左右。旧手机的回收利用则是个新工程。鉴于瑞士 700 多万人口中，每年约有 150 万 ~160 万部手机被更新换代，瑞士联邦政府于 2003 年成立专门机构，在全国 8000 多个邮局开展每个旧手机支付 5~10 瑞郎的回收业务。回收的旧手机，集中在日内瓦郊外的专门工厂进行检测、分拣、拆除等处理程序，取出可利用的零部件进行重新组装。对于报废的旧手机，则在科学处理后循环利用。

（三）功能转化模式

案例 1：法国洛林地区

资源型城市或区域的经济转型是一个世界性课题。法国洛林通过 30 多年的不懈努力，提供了一个可供借鉴的案例。

洛林大区位于法国东北部，包括孚日、默兹、默尔特—摩泽尔、摩泽尔 4 省。该区是法国矿产资源富集区。铁矿储量达 60 亿吨，占法国铁矿资源的 80% 以上，且埋藏较浅，便于开采，但铁矿品位较低，平均含铁量仅为 30% 上下。洛林大区煤矿储量也很丰富，占法国总储量的一半以上。

二战后，洛林的钢铁、煤炭生产有了很大发展，但是从 20 世纪 70 年代起，洛林的钢铁业景气不再，产量直线下滑。其后，欧共体开放国际钢铁市场规定，自 1987 年起，成员国必须停止一切补贴。洛林的钢铁业雪上加霜，陷入了更加严重的危机。

为了走出困境，法国政府早在 1966 年就提出整顿洛林冶金区，实施了“钢铁工业改组计划”，关闭一些生产效率低下的铁矿，裁减部分职工；同时增加投资，提高经济效益，但成效甚微。之后，政府又多次采取措施，在区内建立了一些新的工业部门，实现工业多样化，但收效仍然十分有限。直至 1984 年，洛林等东北部老工业区的整顿和改造才全面展开，目前还在进行之中。

洛林的经济转型是由传统的单一经济结构发展模式向多元化的可持续发展模式转变。为了确保转型顺利进行，法国政府和洛林地区政府采取了一系列措施。

一是从实际出发，调整发展思路。扶持青年扎根农村，尤其是支持山区农业发展，提高农产品的质量和增值，利用农业资源，大力发展种植业、畜牧业和食品业，促进农副产品的深加工。2007~2013 年，大区将拨出 5300 万欧元扶持农业和农业食品业。洛林的森林面积为 80 万公顷，占土地面积的 36%，今后 5 年将拨出 1100 万欧元支持木材生产。在城市及周边地区发展高新技术产业为重点，培育骨干企业。梅斯市建立了汽车、电力、机械制造、食品加工和烟草加工等工业，南锡发展化学、服装、食品等工业。目前，计算机、激光、电子、生物制药等新技术产业已占该区经济总量的近 15%，汽车工业占三成，成为支柱产业。

二是建立稳定的资金渠道。1984 年，法国政府出资成立矿区工业化基金，1990~2000 年每年提供 1500 万欧元，帮助矿区改善基础设施和发展高技术产业。此外，法国政府、大区政府和银行共同出资组建了矿区再工业化金融公司，为企业提供贷款，努力发展电子、化工等新兴工业部门，改变单一传统的经济结构，保证了老工业区“再工业化”的实现。

三是政府在转型之初就制定了一系列对外开放的优惠政策，吸引外资在洛林“筑巢”。尽管洛林地区土地价格比较便宜，但是，地方还要资助 50%，建设厂房可得到 20% 的资助；设备可得到 15% 的资助。对在以前的矿区建厂，国家将给予更多的优惠作为鼓励。由于政策力度大，外资纷纷赴洛林安家落户，今日的洛林已成为法国对外资最具吸引力的地区之一。

四是把解决就业等民生问题放在突出重要位置。地区专门成立机构进行创业咨询和提供小额优惠贷款，支持下岗员工创业；允许矿工提前退休，工龄满 25 年或年龄超过 45 岁的矿工提前退休，享受 80% 的退休工资，并确保医疗保险；对下岗人员免费提供不同类型、不同专业、不同层次的转岗培训，为再就业创造条件；由国家出资对矿工住房进行改造，安定员工生活。尽管大洛林地区煤矿业和钢铁工业已经彻底消失，然而，众多其他企业相继问世，地区的失业率低于法国的其他地区。

五是广泛开展国际合作。近些年来，洛林地区将国际合作作为政府的优先项目，吸引周边和邻近国家参与洛林地区的经济建设。1995 年 9 月，欧盟委员会批准了洛林与德国的一些州合作的 5 年计划，次年 4 月开始实施。计划的主要内容包括开展科研和技术转让，发展旅游业；整治领土，保护环境，建立跨地区的通信；开展就业培训，培养外语人才，以利法德交往；为社会文化网络提供技术支持。1996 年欧盟委员会又批准了洛林的发展经济跨国合作计划。计划的内容有：发展基础设施建设；扩大中小企业跨国经营风险基金；交流企业不动产金融工程技术；挖掘企业自身的潜力;培养创新人才，保护环境，提高水质，发展农村和山区，规划城镇居民区等。对于跨国计划，欧盟委员会给予了大量补贴，保证了资金的来源。

六是将转型与国土整治结合起来，创造优美舒适的环境。区政府从 1979 年起创立了工业专项基金，治理受矿区污染的土地，在关闭的矿区或建民宅、娱乐活动中心，或建新厂，或植树种草，给大地披上绿装。如今的洛林，在创建企业方面居法国第四位，出口方面列第七位。昔日的工业污染地已是满目葱绿，碧水蓝天，欣欣向荣，成为一个安居乐业的地区。

案例 2: 杭州市

2003 年 7 月，杭州市委、市政府做出了建设生态市的部署，出台了《杭州生态市建设规划》。规划的战略目标是以生态建设和社会经济持续发展为主体，全面推进现代化、信息化和生态化进程；以环境立市为基础，建立健康安全的生态支持体系；以工业兴市为主线，建立具有国际竞争力的生态产业经济体系；以生态景观为特征，全面推进“三江两湖”景观保护和建设；以生态文化为主脉，全面发展物质文明与精神文明；以长江三角洲和环杭州湾区域优势为依托，全面提升杭州市生态活力，实现经济发达、环境优美、社会持续发展的和谐目标。到 2010 年市区建成生态市，新建 3 个面积不小于 50 平方公里的市级以上自然保护区、5 个不同级别的珍稀植物群落自然保护小区和 15 个以上的森林公园；到 2015 年全面建成生态市。通过 12 年时间实现生态市建设目标，使社会、经济、人口和环境协调发展，社会经济发展与资源环境承载力相适应，生活质量和环境质量基本达到世界先进城市水平，把杭州建设成为经济高效、环境健康、社会公平、文化浓郁的江南生态名城。到 2020 年，杭州将在 15 年内投入 780 亿元，进行城市生态保护、水环境保护、大气污染控制、固体废弃物处理、绿色交通体系、土地资源保障、环境预警与应急等方面的建设。

《杭州生态市建设规划》的战略定位是从以粗放型经济为主导的产业体系向复合型、特色型和知识型经济为主导的高效型经济转型，建立长江三角洲南翼中心城市三足鼎立支撑的现代化生态型经济新模式；实现“城市东扩、旅游西进、沿江开发、跨江发展”的整体发展战略，建设空间整合的地域发展模式；建设山水城田和谐共生的生态环境。

在杭州生态市建设规划的基础上，全市各区县（市）已全部完成生态建设规划并通过论证，各乡镇和街道中大部分也编制了生态建设规划。2007 年，杭州市通过《杭州市生态带概念规划》，加快推进“三副六组团”建设和“六条生态带”保护，打造组团式生态型大都市。

三、低碳社会建设模式

从 20 世纪 90 年代以来，国际上很多科学家、政治家、社会学家和有识之士陆续提出了人类文明的低碳生态发展方向。低碳城市（low-carbon city），指以低碳经济为发展模式及方向、市民以低碳生活为理念和行为特征、政府公务管理层以低碳社会为建设标本和蓝图的城市。

在全球气候变化的大背景下，发展低碳经济正在成为世界各国发展的共识。节能减排、促进低碳经济发展，既是救治全球气候变暖的关键性方案，也是促进可持续发展的重要手段。低碳城市建设是节能减排和发展低碳经济的重要载体，将引领未来世界生态城市建设的新趋势。在世界许多国家，近几年低碳生态城已成为各地城市发展的新模式，不约而同地提出了建设低碳生态城的目标，其中有的城市已经启动生态城的规划建设，有的开始着手编制向低碳生态城转型的工作方案。

有效利用能源是低碳城市建设的核心内容，制定实施城市的低碳发展战略，加强城市公共治理力度，促进城市可持续发展，是低碳城市建设的发展方向。这就要求唐山建设生态城市要进行科学的城市规划，高效利用土地和能源，实现工业布局低碳化、循环化，构建绿色交通体系，发展绿色建筑，倡导绿色消费，建立量化的低碳城市评价指标体系，指导唐山市向着低碳城市方向发展。

（一）“绿色交通”开发模式

案例：巴西库里蒂巴市

绿色交通（green transport）与解决环境污染问题的可持续发展理念一脉相承。它强调的是城市交通的“绿色性”，即减轻交通拥挤，减少环境污染，促进社会公平，合理利用资源。其本质是建立维持城市可持续发展的交通体系，以满足人们的交通需求，以最小的社会成本实现最大的交通效率。绿色交通理念应该成为生态城市轨道交通网络规划的指导思想，将绿色交通理念注入城市轨道交通网络规划优化决策之中，研究城市的开发强度与交通容量和环境容量的关系，使土地使用和轨道交通系统两者协调发展。绿色交通在生态城市建设中的作用越来越凸显，即通过建立通达、有序；安全、舒适；低能耗、低污染的交通体系，促进生态城市发展。

“绿色交通”开发模式主要为了解决城市中人们过度依赖机动车所带来的局限及环境问题。例如巴西的库里蒂巴市是世界公认的公共交通模范城市，该市沿着5条交通轴线进行高密度线状开发，改造内城；优先发展公共交通而不是私人汽车，优先发展步行交通而不是机动车交通。

目前，该市75%的人出行乘坐公共汽车，日平均往返17300次，输送190万人次，行程23万英里，相当于绕地球9圈，全市一年节约700万加仑的燃料。“绿色交通”使得库里蒂巴走上了低成本（经济成本和环境成本）的交通方式和人与自然尽可能和谐的生态城市发展道路。

（二）绿色建筑发展模式

案例：瑞典马尔默市

瑞典的马尔默是一个面临转型的城市。当地政府基于对“生态可持续发展和未来福利社会”的认识，通过“明日之城”项目改造该城市西部的滨海地区使其成为可持续发展的地区。该项目的主要内容是推广可持续发展的建筑群。在马尔默的滨海旧工业区采用边建设边展览的形式，采取的主要措施有：土地利用和规划；城市复建和改造；增加使用清洁技术；使用生态建筑材料；使用可再生资源等。

马尔默在城市绿地系统设计、管理和维护方面是典范。城市的居住区大多数采用围合式的公寓形式。为保证住宅质量的一致性，制定了一系列绿地指标，聘请景观设计师，开发时遵循两方面的建设准则：绿色空间系数和绿色要点。马尔默的一个重要绿化措施是植被屋顶，这项措施可以调节降水，便于屋面保温隔热。

马尔默的能源项目获得欧盟可再生能源活动的支持。在可持续发展项目中实现了小区1000多户住宅单元100%依靠可再生能源，包括热能、风能、太阳能、生物质能等、通过光电系统和风能发电，将能源系统与废物处理系统相结合，用余热产生沼气，沼气经过处理后，通过城市天然气管道向地区供气。另外，该项目还设计当地能源、水和废物的循环系统。当地的雨水全部收集利用，建筑物内安装垃圾分类收集设备。

（三）社区驱动开发模式

案例：加拿大哈里法克斯市

哈里法克斯市已有250年历史。该市位于加拿大的大西洋海岸线，拥有世界上第二大的自然深水港，市区人口30万人。同时，哈里法克斯市（The City of Halifax）是加拿大东部新斯科舍省

（Nova Scotia）的省会所在地，因其位在北美洲圣罗伦斯河河运的关键位置，使得身为终年不冻港的 Halifax 为加拿大东部河流运输的重镇，也是 Nova Scotia 的经济命脉。也因为各类船只不断来回行始于北美洲五大湖区与大西洋岸，使得约 80% 的居民，其祖先来自英国或欧洲其他国家。城市风景秀丽，气候宜人，是世界著名的旅游城市，也是加拿大大西洋地区的最大经济、运输和文化的中心。因此，又是加拿大东海岸数省的金融、经济及研究中心。哈里法克斯人以友善、热情而著称。她既有大城市的繁华与便捷，却又不失小市镇的宁静与友善。哈里法克斯市在发展低碳生态城市的过程中，强调社区民众共同参与，不仅在对现有社区的改建和对现有设施的利用方面征求民众意愿，同时，也倡导减少私家车出行，细化垃圾分类，减少环境污染等来改善生态环境，保证生活质量。

（四）节能减排发展模式

案例：伦敦南部萨顿区贝丁顿 BedZED 生态村

贝丁顿零能耗发展项目（BedZED）位于英国的萨顿市（Sutton），设计者是英国著名的生态建筑师 Bill Dunster。整个项目占地 1.65 公顷，包括 82 套公寓和 2500 平方米的办公和商住面积，于 2002 年项目完成。这个项目被誉为英国最具创意的项目，是英国当今最先进的环保小区之一。其理念是给居民提供环保的生活，同时并不牺牲现代生活的舒适性。由于其在可持续发展方面做出的突出贡献，这个项目在设计和运作中，世界自然基金会（WWF）为其提供了资助，并且萨顿市政府也以低于正常价格的地价作为鼓励。

该方案所处的地区处于高纬度地区，夏季温度适中，冬季寒冷漫长，大约有半年的时间为采暖期。为了减少建筑能耗，设计者探索了一种零采暖（zero-heating）的住宅模式。建筑师针对这样的气候特点，通过各种措施减少建筑的热损失，同时积极开发太阳能的利用，以实现不用传统采暖系统的目标。

1. 小区节能措施

在建筑的规划与设计上，建筑师采用了各种积极的方法以减少建筑的热损失。首先是选用紧凑的体型，以减少建筑散热面积；在围护结构选用保温性能好的材料，屋面、外墙和楼板选用了 300 毫米厚的绝热材料，窗户玻璃选用内充氩气的三层玻璃，窗框选用木材以减少传热；此外，建筑的气密性做得很出色。

自然通风系统在该方案中也经过了精心的设计。经过特殊设计的“风帽”（wind cowl）可以随风转动，利用风压给建筑物提供新鲜的空气，并排出室内污浊的空气。“风帽”中的热交换模块可以利用废气的余热来加热进入室内的寒冷空气。根据实验，最多有 70% 的通风热损失可以在次热交换过程中挽回。

2. 小区的能源系统

该小区的生活用电和热水的供应由一台 130 千瓦的高效燃木锅炉提供。木材的来源则为其周边地区的木材废料和临近的速生林。整个小区需要一片 3 年生的 70 公顷速生林，每年砍伐 1/3，并补种上新的树苗，以此循环。速生林种植在与小区相邻的生态公园内。树木在成长过程中吸收了二氧化碳，在燃烧过程中等量地释放出来，因此是一种零室温气体排放的清洁能源。

太阳能在小区中得到了充分的利用。为了得到更多的太阳光，建筑做成退台的方式，减少了建筑之间的相互遮挡；南面设置有玻璃温室，作为其温度调节器：冬天双层玻璃的温室吸收了大量的热量来提高室温；夏天则可以打开作为开敞的阳台，组织建筑散热。小区的汽车以电力为能源，内共有 777 平方米的太阳能光电板，其峰值电量 109 千瓦时，可供 40 辆汽车使用。

建筑内设置了热量回收装置，回收了建筑内的灯具、电器、人体、热水等产生的热量，作为采暖能量的一部分。

3. 综合效益

相比传统生态项目的高造价带来的低收益，BedZED 在经济上获得了巨大的成功。以一幢典型的建筑单元来分析，和传统的相同面积的项目相比较，节能措施和环保措施导致投资额增加 521208 英镑。但由于政府的鼓励，在地价得到极大的优惠；由于市场反映良好，平均房价高于普通住宅 15.75%，增加收入 48 万英镑；由于规划上的高密度提高了土地的使用率，增加收入 20.88 万英镑。综合起来，开发商可获得大约 66.8 万英镑的回报。对于住户，每年单是账单就可以减少 3847 英镑。而环境方面的收益更多，二氧化碳排放每年可减少 147.1 吨，每年节约水 1025 吨。根据入住一年的监测数据，小区居民节约了采暖能耗的 88%，热水能耗的 57%，电力需求的 25%，用水的 50%。

在全世界能源问题日益紧张的今天，BedZED 的建成和杰出表现让我们看到了希望。这样的居住模式很值得研究和借鉴，具有广泛的前景。

图 3-1 伦敦南部贝丁顿生态村太阳能建筑

四、唐山选择：沿海工业城市绿色转型发展模式

从上述国际、国内生态城市建设案例可以看出，国外对生态城市理论研究与实践发展都非常注重结合城市自身特点，明确目标，确定发展模式。唐山市在生态城市建设模式选择方面，应该结合唐山市特点，参照国内外生态城市开发建设经验，努力实现沿海工业城市绿色转型发展。

（一）增绿提质，生态发展

（1）把坚持以民为本作为主要目标。唐山市在京津冀都市圈发展过程中，具有毗邻京津的区位优势，唐山市在建设生态城市过程中要注重提升人民群众生活品质，扩绿提质，使得人工环境与自然环境相融合，逐步建设完善的社会公用设施和基础设施，尤其要重视防灾、减灾设施体系的建设。城市生态要得到有效保护，环境污染要得到有效控制。生态建筑得到广泛应用，使城市具有宜人的建筑空间环境。努力实现地还民、绿还民、水还民、山还民，使路变畅、楼变新、夜变亮、天变蓝。同时，要保护和继承历史文化遗产，形成唐山市的个性景观，培育建设新的城市文化，大力倡导生态价值观，生态哲学，生态伦理，不断提高百姓幸福指数。

（2）把提升城市功能作为突破核心。唐山市要按照建设宜居宜业的现代化城市目标，围绕构建以大中城市为主导、大中小城市和小城镇协调发展的城镇化体系，落实“双核两带”空间布局和总体思路，同步推进“大城市”“大县城”和“中心镇”建设。要以曹妃甸生态城市指标体系为样板，通过制度规范、政策引导、政府推动，把指标体系贯彻到城镇规划、建设、管理的各个环节。加快城市“四大功能区”等新城建设，努力打造生态新城区。积极利用节能环保新材料、新技术，推进市县旧城区生态化改造，使城市发展功能、服务功能、人居功能、休闲功能更加完善。

（3）把生态驱动作为根本基础。绿是城市之魂。唐山这座昔日以钢铁、煤炭、水泥闻名的重工业城市，建设生态城市是解决唐山环境与发展间潜在矛盾的内在要求。一方面经济发展需要环境、资源的支持，另一方面又必然对环境、资源带来更多的压力，因此需要通过发展生态城市来缓解二者之间的冲突，实现环境与经济的和谐统一。这就需要唐山市在建设生态城市过程中要把促进可持续发展作为重要原则，结合城市的规模状况、产业结构和布局，构建和优化城市的生态环境系统，包括林业、农业、水利等方面的建设，以提高城市生态系统的承载能力，使自然生态系统和人工净化系统能持续有效地发挥作用，保障和促进城市的经济社会健康发展。

（二）绿色工业，转型发展

（1）把工业转型、节能减排作为共同责任。气候变化是世界各国共同面临的重大挑战，节能减排是主动应对气候变化、推进可持续发展的必然选择。世界各国应该积极制定应对气候变化的国际方案，大力调整产业结构，深入推动节能减排，为应对气候变化做出积极的贡献。在东北亚区域合作中，唐山面临与日韩等东北亚国家产业转移和市场对接的难得机遇，承担的工业转移作用日益明显。因此，唐山市在建设生态城市过程中要把“绿色增长”作为共同的目标和追求，促进“绿色港口城市”建设，把经济发展进一步引向“绿色增长”的发展道路。

（2）把调整产业结构作为核心内容。唐山市在建设生态城市过程中要对城市产业的选择引导，对能源、物质利用进行结构优化和方式改造。唐山现有的产业结构，正在逐渐地以第二产业为主向以第三产业为主转变，由工业品制造中心转变为对区域进行流通、金融、科技、信息支持的经济中心，唐山城市产业系统应加快这种转变，坚持走新型工业化道路，把推进产业结构战略性调整作为加快发展的核心内容，培育壮大高增长特色产业群，并有计划地使高能耗、高污染工业企业远离市区。同时，将可循环生产和消费模式引入到生态城市建设过程，大力推广节能、节水、节料技术，降低城市资源消费总量，从而达到从源头控制污染产出的目的。

（3）建成绿色沿海工业转型发展的生态城市。唐山市正在实施“依海强市、以港兴市”战略，全面推进曹妃甸工业区开发，整体推进沿海地区综合开发，构建产业高聚集度的沿海经济隆起带，使曹妃甸工业区和沿海经济隆起带成为带动全市经济社会发展、促进京津冀都市圈开发开放的战略增长极，建立“以现代港口物流、钢铁、石化和装备制造四大产业为主导的循环经济型产业体系”的理想日渐成为现实。曹妃甸“龙头”高高昂起，带动了唐山市沿海一线整个唐山湾经济社会的强势崛起，开放建设全面提速。曹妃甸新区、乐亭新区、丰南沿海工业区、芦汉经济技术开发区“四点”贯通而成的沿海经济隆起带，经济总量占到全市一半，再造一个新唐山。不仅沿海县区群起响应，中部和北部县（市）区也精心谋划和沿海经济的对接，引导各类生产要素向临港、沿路重点园区和中心城镇聚集，力争使区域内的经济社会发展跟上时代的节拍。积极融入京津冀都市圈和环渤海经济区合作，高度重视资源和环境承载能力，大力发展循环经济，构建节约发展、清洁发展、安全发展的经济格局，需要改变过分依赖自然资源的粗放型发展模式，使经济增长建立在依靠科技进步、高效利用资源、保护生态环境、提高质量效益的基础上，努力走出一条经济发展快、环境污染少、能耗比较低、经济效益好的可持续发展路子。

（三）人文和谐，统筹发展

（1）把完善法律政策作为根本保障。国内外的生态城市目前均制定了完善的法律、政策和管理上的保障体系，确保生态城市建设得以顺利健康发展。这些城市政府通过对自身的改革，包括政府的采购政策、建设计划、雇佣管理以及其他政策来明显减少对资源的使用，从而保证城市自身可持续性的发展。并且，在已有的生态城市经济区内，很多城市政府已认识到可持续发展是一条有利可图的经济发展之路，可以促进城市经济增长和增强竞争力。例如一些国外城市建立了生态城市的全球化对策和都市圈生态系统的管理政策等等。这些都给予了生态城市快速健康发展强有力的保障和支撑。所以唐山市在生态城市建设过程中要把完善法律政策作为根本保障。

（2）把拓宽公众参与作为重要途径。唐山市生态城市的建设是一项巨大的系统工程，离不开公众的参与。国内外成功的生态城市建设都鼓励尽可能广泛的公众参与，无论从规划方案的制定、实际的建设推进过程、还是后续的监督监控，都有具体的措施保证公众的广泛参与。国内外生态城市建设管理者都主动地与市民一起进行规划，有意与一些行动团队，特别是与环境有关的团队合作，使他们在一些具体项目中能作为合作伙伴，同时又使他们保持相对独立，可以抨击当局的某些决策。这种做法在很多城市收到了良好的效果。可以说，广泛的公众参与是唐山市生态城市建设得以成功的一个重要环节。

（3）把完善社会保障体系放在优先发展的战略地位。生态城市的建设需要加快发展教育事业，优化教育布局和结构，提升教育质量;加快构建学习型社会，强化人力资本对经济社会发展的支撑。努力扩大社会就业，增加城乡居民收入，加强公共卫生和医疗服务、先进文化和全民健身等公共服务体系建设，更好适应人们日益增长的生活消费需求，提高消费需求对经济增长的拉动力；深化住房制度改革，加大经济适用住房建设力度，鼓励和规范单位集资建房，完善住房公积金制度和廉价租房办法，努力实行住房补贴货币化；完善社会保障体系，强化社会救助体系的建设，推进社会公益事业社会化；加强社会主义民主政治和精神文明建设，维护和实现社会公平正义，促进人的全面发展和社会文明和谐。

第四章　唐山生态城市建设的战略定位

唐山是一座具有百年历史的沿海工业城市，地处环渤海湾中心地带，南临渤海，北依燕山，毗邻京津，是连接华北、东北两大地区的咽喉要地和走廊。当前，唐山正处于经济社会加速转型和现代化建设加速推进的一新阶段，发展势态强劲，2010年，全市生产总值达到4300亿元，是河北省第一经济强市。唐山以其强大的工业基础和良好的区位优势，成为京津唐城市群重要的经济增长极；在环渤海经济区工业化发展中，唐山起着承接产业投资，工业化转型改造的重要作用；在全国，唐山科学发展和生态文明示范作用异常突出；在全球城市发展中，唐山以其顽强的凤凰涅槃精神，树立了地震灾后重建城市的典范。未来唐山生态城市建设定位于：绿色发展领军城市、北方山水宜居城市、包容增长乐业城市、生态文明示范城市、绿色港口开放城市。

一、绿色发展领军城市

唐山市委市政府深入贯彻落实科学发展观，以科学发展示范区建设为总揽，把保持经济平稳较快发展与加快经济发展方式转变有机统一起来，推动发展观念、发展速度、发展方式“三个跨越”，实施科教立市、生态立市、港口立市、制度立市“四项战略”，统筹推进新型工业化、新型城镇化、城乡等值化、社会治理和谐化，打好以曹妃甸为龙头的唐山湾“四点一带”产业聚集、以“四城一河”为重点的城镇面貌三年大变样、结构优化升级、县域经济发展、城乡统筹发展、改善民生“六项攻坚战”，促进了生态、经济、社会和人的全面、协调、可持续发展，把科学发展示范区建设推向一个新水平。唐山建设科学发展示范区，打造科学发展的前沿，具有良好的思想基础、群众基础和经济基础，这为唐山建设科学发展示范区，打造科学发展前沿提供了新的强大根基。唐山人民有责任、有能力承担起建设科学发展示范区的重任，在推进科学发展上大胆探索、先行先试、发挥示范带动作用。加快建设科学发展示范区和人民群众幸福之都，开创一片科学发展的新天地，为全国各地贯彻落实科学发展观、推进科学发展积累经验，探索路径，当好示范。

（一）促进绿色低碳发展

低碳发展是人类社会应对气候变化，实现经济社会可持续发展的一种模式。低碳，意味着经济发展必须最大限度地减少或停止对碳基燃料的依赖，实现能源利用转型和经济转型；经济，意味着要在能源利用转型的基础上和过程中继续保持经济增长的稳定和可持续性，这种理念不能排斥发展和产出最大化，也不排斥长期经济增长。唐山具有发展低碳城市，改善生态环境的现实基础，发展定位于低碳城市，是对唐山发展现状研究后的正确判断。

唐山围绕建设科学发展示范区，资源型城市转型取得新突破。一批特色产业园区开始形成规模，一批生态重点工程组织实施，曹妃甸生态城、南湖生态城、凤凰新城、空港城“城市四大功能区”和环城水系建设齐头并进，这为绿色全面发展起到了一个好头。在唐山这样一个典型的以重化工业为主的地区，走出一条资源节约型、环境友好型、创新驱动型，符合新型工业化、新型城市化、新型社会化、新型国际化要求的科学发展之路。

唐山把推进城市转型作为科学发展示范区建设的重要突破口，在节约能源、治污减排、结构调整等方面加大工作力度，收到了积极成效。本地资源耗用速度开始放缓。关闭了一批小矿山，节能减排、淘汰落后取得实效。制定实施了产业发展指导政策和准入门槛，积极推广节能技术，扎实推进循环经济试点。组织开展了环保综合执法行动和治污减排，着力培育具有市场优势的七大主导产业链，钢铁、装备制造、化学工业等主导产业市场竞争力进一步增强。高新技术、现代服务业等新兴产业发展步伐加快。经济发展呈现新气象，一批特色产业园区开始形成规模。探索发展新路径、率先破解科学发展新矛盾、率先打造科学发展新平台、率先建立科学发展新体制，将在唐山这样一个典型的以重化工业为主的地区，走出一条低碳发展之路。

（二）建设资源节约型城市

唐山具备建设资源节约型城市的产业改造经验。唐山市以推进建设资源节约型城市为龙头，坚持资源开发与节约并重，把资源节约放在首位，积极利用节能环保新材料、新技术，以提高资源利用效率为核心，以节能、节水、节材、节地、资源综合利用和发展循环经济为重点，依靠体制改革和技术创新，综合运用经济、法律和行政手段，全面推进资源节约工作，实现资源节约的目标。把目光对准重点领域、重点行业、重点企业、重点区域，在节能、节水、节材、节地、节矿等方面全面出击，特别注意抓了热电联产、余热余压利用、建筑节能、绿色照明等综合工程项目，通过投资数十亿元实施技术改造，唐山在热电联产、余热余压利用、建筑节能、绿色照明等方面取得了显著进步。

唐山具备建设资源节约型城市的生态基础。长期以来，生态环境是唐山的短板，唐山市通过实施规划建绿、拆墙透绿、破硬增绿、见缝插绿、拓荒造绿、拆违扩绿、退市还绿、随景制绿等“八绿”工程使城市园林绿化工作取得显著成绩，持续开展绿化唐山攻坚行动，新增造林绿化面积 56 万亩，森林覆盖率达到 30%。并提出了要用 5~10 年的努力，把唐山打造成“文化名城、经济强城、宜居靓城、滨海新城”奋斗目标，并决定以城市绿化美化为突破口，全面打响城市建设总体战，加快城市现代化进程，努力把唐山建设成为适宜人居和创业的幸福家园。以曹妃甸生态城 141 项生态城市指标体系为样板，通过制度规范、政策引导、政府推动，把指标体系贯彻到城镇规划、建设、管理的各个环节。加快城市“四大功能区”等新城建设，努力打造生态新城区。推进市县旧城区生态化改造。以南湖为模板，加强对采煤沉降区、工业废弃地的生态治理和修复，打造生态城市新板块。

（三）建设环境友好型城市

唐山市按照循环经济理念，促进减量化、再利用、资源化发展，高标准建设一批高效、节能、环保、生态型的循环经济实体。曹妃甸已列为国家循环经济示范区试点，通过开发建设曹妃甸示范区，走出一条科技含量高、经济效益好、资源消耗低、环境污染少、人力资源优势得到充分发挥的新型工业化道路，对于创新我国重化工业发展模式，实现经济发展和环境保护双赢，具有重要的示范作用。

良好的生态环境成为产业发展的基础。改善基础设施、为工业发展提供动力、推进服务业、促进科技和人才发展，围绕转变发展方式，探索低碳循环经济发展。工业化是现代化的必由之路。坚持绿色增长的发展方向，以项目建设为载体，以结构调整为主线，以沿海临港产业发展为龙头，以节能减排为抓手，以科技创新为动力，实施产业结构调整三年攻坚，加速形成以高新技术为支撑的精品钢铁、装备制造、化工和新能源、环保、生物医药两个“三足鼎立”的产业发展新格局，打造具有唐山特色的新型工业体系，努力走出一条资源节约、环境友好、创新驱动、人力资源优势得到充分发挥的新型工业化道路。大力推进传统产业优化升级。抓住被列为国家信息化与工业化融合试验区的机遇，瞄准中外先进技术和水平，开展对标行动，加大用先进适用技术改造传统优势产业力度，做优做强钢铁、装备制造、化工三大支柱产业。着力培育发展新兴战略产业。着眼于构建唐山未来发展的战略支撑，以新能源、环保、生物医药产业为重点，加快发展新兴战略产业，形成绿色增长新板块。

建设完善的循环清洁生产机制。唐山市对水泥企业排污点源安了消烟除尘设备，造纸企业生料造纸全部实现了达标排污，熟料造纸生产线实现了闭路循环；新建轧钢企业净环水、浊环水全部循环利用，达到污水“零排放”。通过循环经济和清洁生产，“三废”排放和城市环保压力明显减小，腾出了更多资源和资金投入了生态环保工作。有必要按照循环经济理念，高标准建设一批高效、节能、环保、生态型的循环经济区。曹妃甸已列为国家循环经济示范区试点，通过开发建设曹妃甸示范区，走出一条科技含量高、经济效益好、资源消耗低、环境污染少、人力资源优势得到充分发挥的新型工业化道路，对于创新我国重化工业发展模式，实现经济发展和环境保护双赢，具有重要的示范作用。

二、北方山水宜居城市

山水宜居城市是具有宜人的生态环境和美好的城市景观，是人们在目前生态环境恶劣、城市景观特色不突出的状况下，渴望实现的一个理想城市建构模式。它是一个理性与感性的完美组合；山水宜居城市具有“生态城市”的科学因素和“园林城市”的美学感受，赋予人们健康的生活环境和审美意境。山水宜居城市的特色是使城市的自然风貌与城市的人文景观融为一体，其规划立意源于尊重自然生态环境，追求相契合的山环水绕的形意境界。唐山作为地震灾后重建的工业城市，未来在唐山生态城市建设中，以宜居为主要导向，应充分发挥山水的自然优势，满足唐山人安居乐业和美景的需求。兼具生态城市的科学因素和山水城市的美学感受，赋予人们健康的生活环境和审美意境。

（一）充分发挥自然山水优势

唐山生态城市建设要充分发挥山水相融、山城田海的景观优势，保护恢复和建设山水自然生态系统，统筹山水林田城乡布局，使唐山的生态环境得到明显改观，成为一座城中有山、环城是水、山水相依、水绿交融的山水城市。

唐山具备山水相依的自然生态系统。唐山市位居燕山南麓，地势北高南低，自西、西北向东及东南趋向平缓，直至沿海。北部和东北部多山，海拔在300~600米之间；中部为燕山山前平原，海拔在50米以下，地势平坦；南部和西部为滨海盐碱地和洼地草泊，唐山地势北高南低，为北山南海中部平原，全市总面积13472平方公里。地貌形态主要由新生代以来北部蒙古高原和燕山山地强烈上升，南部平原和渤海地区强烈下降形成的，由北向南呈梯形下降态势，位于京山公路以北为低山丘陵，总面积3396.6平方公里，占全市总面积23.74%。唐山市河流众多，共有大小河流70多条。其中较大河流有滦河、青龙河、陡河、还乡河、蓟运河、沙河等6条河流。唐山具有大量山间河流谷地。主要有洒河—滦河河谷、迁西罗屯滦河河谷、滦河—还乡河河谷3条河谷，河谷总面积400.6平方公里，占全市总面积2.8%。

唐山具有山水相融的城市生态景观。随着曹妃甸工业园区的建设及环渤海经济圈的崛起，唐山迎来了前所未有的发展契机，将从传统重污染工业城市转变为环境优美、功能齐全的现代宜居城市。为了适应城市生态建设和百姓生活需要，结合河北省“城乡三年大变样”，2008年年底到2009年初，唐山市委市政府对唐山城市水系进行了统一规划，计划用一到两年时间，彻底改造唐河、青龙河，并通过西北部新开13公里的河道形成57公里的环城水系，完善防洪排水体系、延伸河道功能、提升城市品位，打造融休闲、娱乐、健身和生态绿化为一体的滨水长廊。河河相连、河湖相通，环城水系全长 57 公里。周边近 100 平方公里的城区市民将生活在近水和滨水环境中，城市每个角落的老百姓走出家门不远都能亲水。这项工程使唐山的生态环境将得到明显改观，成为一座城中有山、环城是水、山水相依、水绿交融的宜居生态城市，环城水系的建设对改善唐山市整体生态环境和推动城市改造、经济发展具有重大意义。环城水系为唐山打造山水生态城市提供了必要条件，从根本上改善人民生活质量，在所有唐山人的眼睛里，环城水系被喻为一道蓝脉，沿河土地利用规划调整的开发与管理被纳入滨河景观改造中，滨河两岸用地与景观一体化设计，达到山水相融的景观格局，将彻底改变传统工业城市傻大黑粗的形象，为唐山的发展注入新鲜血液。实现“山水相映、玉带环城”的城市景观格局。

（二）提升生态系统功能

建设山水宜居城市关键在于努力提升生态系统的功能。一是通过森林生态工程建设，多功能森林经营，扩大森林资源的数量和质量，提高城市森林和园林绿化建设的水平，发挥森林生态系统的多种功能。二是建设生态水文工程，充分发挥水资源的效益。唐山市域范围河流众多，但这些河流大多自成体系，河道互不贯通，目前承担的主要功能是防洪和向下游农业输送灌溉，水资源得不到充分利用，城市河流的作用没有得到有效发挥，生态效益较低。水资源得不到充分利用，生态效益较低，可以通过建设生态水文工程，充分发挥水资源的效益。三是加大环境保护和污染治理的力度，提升城乡宜居水平。随着唐山城市化进程进一步加快，唐山的经济规模不断扩大，一些资源特别是煤炭、铁矿等不可再生资源日益减少。资源型城市一旦进入衰退期，将使城市经济和社会可持续发展后劲严重不足，并以乘数效应的方式，蔓延到城市的方方面面，造成负的“马太效应”。唐山市的部分地区，特别是城郊、山区生态环境形势十分严峻，环境污染严重。由于治理速度赶不上破坏的速度，生态破坏程度在不断加剧，资源衰竭与浪费相当严重，唐山市的可持续发展面临挑战，迫切需要山水城市建设。在改善城市生态环境的基础上继续保持经济的稳定增长。旧城区内低矮破旧建筑较多，多数小区管线严重老化、配套设施极不完善。为让人民群众共享品质生活，为了适应城市生态建设和百姓生活需要，唐山市需要彻底改造中心城区的主要河流，打造融市民休闲、娱乐、健身和生态绿化为一体的滨水长廊。做园林山水文章，变身休闲名城，进一步提升城市品位。

（三）促进生态与文化的结合

建设山水宜居城市，可加强生态与人文的结合，既通过生态系统综合科学经营提升生态功能，又运用历史、美学、园林等艺术手法充实文化内涵，打造融市民休闲、娱乐、健身和生态绿化为一体的森林公园、湿地公园、滨水长廊。

宜居是唐山生态城市建设的出发点和目的地。随城市的拓展和经济的迅速增长，逐步出现了城市拥挤、交通堵塞、环境污染、空间紧张、生态质量下降等一系列伴随而生的城市问题。与此同时，人们对生活环境、生活质量、生存状态的要求也在不断发生变化，并且总体上需求越来越复杂、要求越来越高，生态环境是制约唐山城市群发展的重要因素，部分地区大气质量与国家二级大气环境质量标准相比仍然超标，陆源污染及人类活动对京津唐城市群的影响加剧，森林植被破坏和草原退化的影响，区域水土流失问题严重。迫切的建设任务是改善人居环境，让居民安居乐业，为人们提供舒适、方便、有序的物质生活的生态基础。城市自然物质环境是宜居城市建设的基础，城市社会人文环境是宜居城市发展的深化。城市社会人文环境的营造需要以城市自然物质环境为载体，而城市自然物质环境的设计则需要体现城市的社会人文内容。把生态系统建设放在宜居城市建设的首要位置，突出园林绿化的作用，唐山的未来需要突出生态宜居城市的定位。

唐山山水城市建设是实现宜居的重要条件。宜居城市应该是景观优美怡人的城市。城市是一个人文景观与自然景观的复合体，景观的优美怡人是城市建设的基本要求。这既需要城市的人文景观与自然景观相互协调，又要求人文景观如道路、建筑、广场、小品、公园等的设计和建设具有人文尺度，体现人文关怀，从而起到陶冶居民心性的功效。宜居城市应该是具有公共安全的城市。公共安全度是指城市抵御自然灾害如地震、洪水、暴雨、瘟疫，防御和处理人为灾害如大暴乱、恐怖袭击、突发公共事件等，确保城市居民生命和财产安全的能力。公共安全度是宜居城市建设的前提条件，只有有了安全感，居民才能安居乐业。宜居城市是一个由自然物质环境和社会人文环境构成的复杂巨系统。其自然物质环境包括自然环境、人工环境和设施环境三个子系统，其社会人文环境包括社会环境、经济环境和文化环境三个子系统。各子系统有机结合、协调发展，共同创造出健康、优美、和谐的城市人居环境，构成宜居城市系统。宜居城市的自然物质环境主要包括城市自然环境、城市人工环境、城市设施环境三个子系统。主要包括美丽的河流、山峦、湖泊，大公园，一般树丛，富有魅力的景观，洁净的空气，非常适宜的气温条件等，山水因素尤为重要。

三、包容增长乐业城市

所谓包容性增长，寻求的是社会和经济协调发展、可持续发展，与单纯追求经济增长相对立。其最基本的含义是公平合理地分享经济增长，这是中国应对经济社会发展过程中新的矛盾和挑战所需要的新理念，也是对中国未来发展明确的方向性描述，中国经济社会实现了快速发展，人民平均生活水平得到了有效提高。但经济的快速增长也带来了一些负面效应，其中最重要的表现就是沿海和内陆之间、城乡之间以及城镇居民内部的收入差距日益扩大。因此提出包容增长的方针，旨在缩小收入分配差距。唐山生态城市建设，重点在经济转型发展过程中，提高人民生活水平，包容生态环境质量的提高，让人民群众安居乐业。

（一）拓展生态就业岗位

生态城市建设是生态、经济、社会、文化等众多领域全方位的建设和改造。一方面要求社会分工越来越细密，许多新行业不断产生；另一方面要求社会宏观统筹科学决策和调控能力越来越强，行业之间的衔接与融合越来越强，跨行业服务岗位不断产生。唐山市通过实施规划建绿、拆墙透绿、破硬增绿、见缝插绿、拓荒造绿、拆违扩绿、退市还绿、随景制绿等“八绿”工程，使城市园林绿化工作取得显著成绩，修复生态短板。组织开展了环保综合执法行动和治污减排，高新技术、现代服务业等新兴产业发展步伐加快。努力走出一条资源节约、环境友好、创新驱动、人力资源优势得到充分发挥的新型工业化道路。着力培育具有市场优势的七大主导产业链，钢铁、装备制造、化学工业等主导产业市场竞争力进一步增强，这些努力不仅为科学发展提供了基础，同时也为人们提供了就业岗位。

（二）提升社会生态参与能力

包容性增长要求加强企业、团体和个人能力建设。为实现企业的绿色转型和综合改造，必须加强其可持续发展能力，提高其产品的质量和市场竞争力。同样，为了解决就业和提高收入，必须让更多的人享有更多的受教育机会和培训机会，提升自身素质。唐山市通过制度规范、政策引导、政府推动，把相关指标体系贯彻到城镇规划、建设、管理的各个环节。提高企业、团体和个人积极利用生态节能环保新知识、新技术、新材料，推进市县生态化改造。

唐山在低碳社区建设中，进一步引导全市城乡居民树立低碳生活理念、倡导低碳生活方式，城乡开展“低碳生活全民行动”，围绕《市民文明公约》《市民公共行为规范》《市民低碳生活守则》等内容，动员城乡广大居民积极参与低碳生活全民行动，大力倡导低碳生活理念，普及低碳生活常识，推进低碳生活方式转变，加快低碳社会建设，为深入实施生态立市战略，加快建设科学发展示范区和人民群众幸福之都争做贡献。行动力求达到的直接结果是：宣传倡导低碳生活理念，引导广大居民争做低碳生活的先行者；大力推行低碳生活方式，引导广大居民争做低碳生活的有为者；积极应用低碳生活技巧，引导广大居民争做低碳生活的创新者。倡导家庭生活减排、绿色出行，提倡使用废旧报纸自制环保垃圾袋，清理社区草坪，甬路上清捡烟头、塑料袋等白色垃圾，表彰低碳家庭，已经初步探索出一条低碳社会建设的途径。

（三）提高居民生态幸福指数

唐山市着力推进社会治理和谐化，围绕建设科学发展示范区和人民群众幸福之都，合理安排人民就业，大力提高人民收入，努力把唐山建成城乡一体、山水相依、满眼皆绿、水绿交融、自然景观与人文景观相互辉映的现代化滨海宜居生态城市，改善人居环境，让更多的人享受生态建设成果，提高城乡居民生态幸福指数。

（1）建设生态宜居城市，提高城市居民生活质量。大地震过去了 30 年，今日的新唐山城市布局合理、城市景观优美、生活环境舒适，面貌日新月异。唐山市委、市政府以开放和超越的思维，树立建设科学发展示范区、打造人民群众幸福之都的全新理念，对南部采煤沉降区的生态化改造进行重新审视和定位，并组织国内外知名地质专家和规划设计专家对这一区域进行科学探测、科学论证、科学规划，从而打破了采煤沉降区不能环境开发和利用的误区和禁锢。使昔日人迹罕至的废弃地嬗变为城市中央生态公园，创造了“化腐朽为神奇”的奇迹，以加快“一湖一河一场四新城”建设为重点，努力把唐山建成城中有山、环城是水、山水相依、满眼皆绿、水绿交融、自然景观与人文景观相互辉映的现代化滨海宜居生态城市。1990 年唐山市荣获“联合国人居奖”，2003 年荣获“国家园林城市”称号，2004 年唐山南湖城市花园荣获联合国“国际改善居住环境最佳范例奖”。

（2）加强农村生态环境建设，改善农民生产生活。随着工程的顺利实施，唐山市生态环境建设进入了一个崭新阶段，林地面积大量增加，森林资源迅速增长，重点区域水土流失和土壤沙化的局面得到了初步遏制，自然灾害频度明显降低，生态效益初步显现。具体表现为大风扬沙、扬尘日数明显减少，北部山区地表径流明显缓解，降水增加，林地内各种生物种类明显增多，农村基础设施建设进一步加强，新建改造农村道路，实现硬化道路户户通，实施农村饮水安全完善改造工程、以推行新民居建设“六个一”模式为重点，科学发展示范村创建工作扎实开展。进行旧民居改造，农村人居环境有了新的提升，农村面貌发生较大变化。使农村居民的生产生活方式发生转变，生态幸福指数不断提升，符合包容增长城市发展的目的。

四、生态文明示范城市

一个城市的繁荣发展不仅仅在于物质建设，更在于它的精神建设。一个城市要想打造生态人文和谐美好的家园，无疑要靠大批具有高水平、高品位的生态人文思想、理论和技艺的建设者。生态良好的城市，必然拥有良好生态文明观的人文，使生态与人文和谐统一，相得益彰。唐山人民发扬“公而忘私、患难与共、百折不挠、勇往直前”的抗震精神，夺取了抗震救灾的伟大胜利，新时期，唐山发扬“感恩、博爱、开放、超越”的新唐山人文精神，用生态文明意识引领经济发展，用生态文化丰富本土文化，以生态促进文明，实现人与自然和谐发展。

（一）提高生态意识

面对唐山生态欠账多、环境形势严峻、发展压力大等诸多问题，转变唐山长期以来形成的重资源开采、轻环境保护的经济发展观念，树立生态保护优先、促进可持续发展的生态文明意识，对环境和自然采取合理、敬畏、友善的态度，探索生态城市发展道路，使人与自然和谐相处的重要价值观更加深入人心。

一切生物生存状态之间与环境环环相扣，生态道德是规范人类生态活动的行为，包括尊重生命和自然界、不损害生命和自然界、保护和促进生命和自然界在人类经济和社会活动中的生态化。唐山在历史上形成了以资源开发和利用为主的经济和社会活动，掠夺性和破坏性是其发展的最大特点。因此，改变在唐山经历百年开采利用资源的生产和生活过程中形成的意识，树立环境、生态优先，可持续、更美好的生态道德意识是实现生态文明建设的前提。唐山开展现代城市园林、生态文明观、人与自然、城市绿化、林权改革、资源保护六大生态教育行动，人与自然和谐相处的重要价值观更加深入人心。

（二）倡导生态行为

良好的生态行为是新唐山人文精神和现代绿色发展之间的桥梁，是解决经济增长与资源环境保护之间矛盾的必然要求。引导全市城乡居民积极参与生态建设与保护，养成资源节约的行为习惯，普及低碳生活常识，推进低碳生活方式转变。大力建设生态工业园区，鼓励企业实现产品、能源、废弃物的循环利用。生态文明示范城市建设初具规模。

资源型工业城市的发展，伴随工业繁荣而来的是大量产生的工业负环境。尤其是 1976 年大地震的毁灭性灾害，使得唐山生态环境的修复和完善更加依赖于绿化建设和植被恢复。因此，绿色生态建设成为实现生态文明的基础途径。唐山做出了有益的探索和实践，修复工业废弃地生态环境。唐山采煤、发电等产业对环境造成二次污染，通过水体还清、次生湿地保护、土壤改良和植被恢复等生态修复手段，建成了唐山城市中央生态公园。把新唐山建成科学发展示范区和人民群众满意的幸福之都、人文精神之城，良好的生态环境是在新唐山人文建设精神和现代经济文化之间架起一座通达的桥梁，使新唐山成为具有现代文化气质的经济繁荣、文明进步的现代化沿海大都市。

唐山把环保和节能作为招商选资的重要标准，转变经济发展方式，开展环境招商，建立严格的项目引进评估机制、项目核准程序及环境影响评价等制度，积极引进科技含量高、环境意识强、资源消耗少的企业。大力发展循环经济，转变传统的经济发展模式，追求更大的经济效益，减少资源消耗，降低环境污染，促进减量化、再利用、资源化发展的循环经济，解决经济增长与资源环境之间矛盾，大力建设生态工业园区，各企业实现产品、能源、废弃物的循环利用，企业间互惠互利，形成规模效益，企业由粗放型向集约型转变。

（三）繁荣生态文化

唐山的生态文化建设以生态为依托，以文化为核心内容，以产业为重要支撑及目标，将为环渤海生态文化建设做出突出贡献。唐山生态文化资源丰富，多年来，在全社会形成保护生态环境、崇尚生态文明的良好风尚，形成人与自然和谐的生产方式和生活方式。充分挖掘森林文化、花文化、湿地文化、野生动物文化、生态旅游文化等发展潜力，丰富生态文学艺术作品，构建生态文化宣传、教育、研究、推广平台，大力普及生态知识，建设具有唐山特色的生态文化体系，这为打造生态文明示范城市打下了坚实的基础。

（1）园林绿化建设彰显文化魅力。唐山高起点规划、高标准设计、高质量建设、高效能管理，依托重要交通通道、自然河湖水系、大型绿地及丰富的人文景观，构建西部生态园林、北部生态园林、东部生态园林、南湖生态景观核心区四大城市生态园林，这四大城市生态园林总面积约 163.91 平方公里，构筑区域生态屏障的同时彰显区域生态文化魅力。

（2）南湖生态工业改造成为生态文化典范。努力把南湖打造成世界一流的城市中央生态公园。

全力推进南湖生态、文化、旅游等新兴产业发展，全面加快南湖开发建设，2009年，中国生态文化协会授予唐山南湖城市中央生态公园“全国生态文化示范基地”称号，充分发挥南湖生态文化的优势，使其成为资源型城市转型的旗帜和“化腐朽为神奇”的典范。

（3）环城水系建设整合生态文化景观资源。环城水系景观规划将唐山市的地域文化、历史文化、工业文化融入到不同区段，在彰显文化特色的同时，打造出丰富多彩的滨水景观带，共分为六大功能区，即郊野生态涵养区、城市形象展示区、工业文化记忆区、度假休闲娱乐区、现代都市生活区和湿地水源净化区。

（4）新城建设彰显区域生态文化内涵。凤凰新城规划充分体现了关注城市文化、生态环境、公共空间建设的规划思想，新城规划布置商业、文化、生态绿化三条轴线。唐山曹妃甸国际生态城，总体规划面积150平方公里，学习借鉴国外可持续发展理念和技术，科学构建了水利用及处理、垃圾处理及利用、新能源开发及利用、交通保障、信息系统、绿化生态、公用设施、城市景观、绿色建筑等的技术体系；将建成一座文化创新、体制创新、环境创新的创新之城，一座产业协调、资源协调、生活协调的生态之城。丰富了我国北方的现代化港口城市的生态文化内涵。

五、绿色港口开放城市

唐山是一个重工业城市，被称为“现代工业的摇篮”。但陆地的资源有限，唐山的资源也正在减少，这就大大制约了唐山的经济发展，但唐山有广阔的海岸线，有着丰富的海洋资源。唐山市大陆岸线全长229.7公里。目前已进行开发的港口岸线主要包括京唐港区和曹妃甸港区两段，共计约32.5公里，占唐山大陆岸线总长14.1%。已开发的岸线主要用于港口航运、水产养殖和盐业。未来唐山将逐步建成生态城市、港口城市、滨海城市、示范性城市和环渤海中心城市，成为面向东北亚的生态、休闲和创意之城。发展与资源环境关系的关系逐步理顺，经济发展方式逐步转变，资源节约型和环境友好型社会逐步完善。唐山雄踞环渤海经济圈的核心位置，与日本和朝鲜半岛隔海相望，直接面向东北亚和迅速崛起的亚太经济圈，置身于世界经济的整体之中，拥有无限的发展机遇。向海洋要资源是唐山的一个高瞻远瞩的战略目标。唐山沿海港口城市建设和改革开放始终要坚持绿色发展方向，突出用生态思维打造曹妃甸，用生态环境促进开放合作，用生态文化引领区域发展，为打造绿色港口开放城市打下坚实基础。

（一）用生态思维打造绿色港口

唐山沿海港口城市建设和改革开放始终要坚持绿色发展方向，在港口城市建设中处处体现生态优先原则，促进港口、港区、港城协调发展，打破能源、交通、污水处理、垃圾处理等城市各个子系统各自为政的格局，强调循环协同效应。坚持高起点规划，高质量建设，高标准管理，建设低能耗之城，促进现代港口建设。生态城的能源消耗大部分来自工业区的废物再利用。开发建设曹妃甸循环经济示范区（以下简称曹妃甸示范区）是党中央、国务院根据国家能源交通发展战略，加快沿海临港产业聚集发展的决策。围绕壮大新型工业化龙头，以曹妃甸为重点，以产业聚集为核心，掀起唐山湾“四点一带”开发建设新高潮。广泛推行清洁生产，推进新装备、新工艺、新技术的应用。严格执行国家产业政策，坚决淘汰落后生产能力，最大限度地提高资源能源利用率、减少环境污染，在港口城市建设中处处体现生态优先原则。

（二）用绿色工业促进开放合作

生态与财富是对孪生姊妹，开放的唐山必须是生态的唐山，良好的生态环境是实现经济可持续发展的基础。而今，随着唐山生态区的巨大改变，国内外的投资商将也闻声而来。生态环境也是生产力。唐山人清楚地意识到，良好的生态环境是实现经济可持续发展的基础。他们把环保和节能作为招商选资的重要标准，转变经济发展方式，开展环境招商，建立严格的项目引进评估机制、项目核准程序及环境影响评价等制度，积极引进科技含量高、环境意识强、资源消耗少的企业。

（三）用高效物流带动区域发展

唐山的绿色港口开放城市的定位与发展将对区域发展具有重要的带动作用。唐山生态城市建设将引领环渤海经济区开发型生态经济发展，在环渤海经济区建设中，唐山起到重要的经济增长点作用，具有不可替代的承接和传导作用。对调整优化我国北方地区重化工业生产力布局和产业结构，加快环渤海地区经济一体化发展发挥重要的引领作用。今后尤其是要加强现代化港口建设，通过改进技术和装备，提高人员素质和加强综合管理，大力提高进出港人员、货物的流动效率，实现高效物流，发挥对区域经济的带动效应。

第五章　唐山生态城市建设的基本理念

建设生态城市的根本目的在于落实科学发展观的要求，实现唐山市经济社会的全面协调可持续发展。正是基于科学发展观的基本要求并结合唐山发展实际，经过研究和论证，提出了**“绿色唐山，幸福家园”**的唐山市生态城市建设理念。唐山的可持续发展既要满足当代人的需要，又不能损害后代人满足需要的能力。唐山的科学可持续发展涉及可持续经济、可持续生态和可持续社会三方面的协调统一，要求我们在发展中讲究经济效益、关注生态和谐和追求社会公平，最终达到社会和人的全面发展。实现唐山生态城市建设理念，需要构建健康安全的生态环境体系、绿色发展的生态产业体系和文明和谐的生态文化体系。

一、生态城市建设的指导思想与基本理念

（一）指导思想

以邓小平理论、“三个代表”重要思想和科学发展观为指导，以人与自然和谐发展为主线，以提高人民群众生活质量为根本出发点，按照“绿色唐山，幸福家园”的建设理念，立足于绿色发展领军、北方山水宜居、包容增长乐业、生态文明示范、绿色港口开放的城市战略定位，坚持走沿海工业城市绿色转型发展道路，着力开展生态环境、生态产业和生态文化建设，努力把唐山建成科学发展的示范区、生态文明的先行区、和谐社会的样板区——人民群众安居乐业的幸福家园。

（二）基本原则

1. 以人为本，生态优先

坚持以人为本，把满足最广大人民的生存和发展需要作为生态城市建设的出发点和落脚点。科学规划、积极保护、合理利用，构建生态安全格局，增强可持续发展能力。转变传统思维方式，树立自然资源有价论，资源环境价值观，遵循经济规律与自然规律的相统一，科学利用和节省资源，变资源型经济为生态型经济，保持生态平衡，以资源环境的持续利用，增强生态环境对经济社会可持续发展的保障作用，实现经济社会与人口资源环境的协调持续发展。

处理好加快发展和保护环境的关系。一方面，发展是第一要务，是解决一切问题的关键，也是解决环境问题的重要基础，要努力实现又好又快发展。以经济建设为中心，强化生态建设，为经济发展提供资源环境条件，不断提高人民的生活和环境质量，在保持经济持续稳定增长的同时，取得良好的生态和社会效益，促进精神文明和物质文明建设的共同发展。另一方面，环境是发展的重要前提，在发展过程中必须坚持生态环境优先，充分考虑生态环境的承载能力。突出保护资源与环境就是保护生产力，坚持保护优先、预防为主的原则，在保护中开发建设，在开发建设中保护，逐步建立循环经济和生态工业园区。积极促进经济、社会与生态环境之间的良性循环，协调好经济效益、社会效益与生态效益，实现经济、社会、生态环境之间的良性互动，实现社会经济发展与生态环境保护“双赢”。

2. 林水结合，系统优化

加强生态建设和环境保护，努力使唐山市山更青、水更秀、天更蓝。城市生态建设，要做好全面长期的科学规划，以实现“林网化、水网化”为目标，致力于“林水相依、林水相连、依水建林、以林涵水”，进一步加大和提高森林湿地生态体系建设的力度和标准。根据唐山自然地理特点，以山地森林、农田林网、道路林网、水系林网、城区绿化、散生木等多种方式，有效增加城市和郊区林木数量，实现林网化。将各种级别的河流、湖泊、沟渠、塘坝、水库等水体尽可能相互贯通，恢复和完善全市水系，改善水质，实现水网化。

构建“点、线、面、体”相结合的生态网络体系。以森林公园、野生动植物与湿地自然保护区、城市森林、城镇及乡村人居森林为重点，构建森林生态网络体系的“点”；以河流和沿海防护林带、公路铁路防护林带以及农田林网为重点，构建森林生态网络体系的“线”；以生态公益林、速生丰产林基地为重点，构建森林生态网络体系的“面”；以森林科学经营、提高森林质量为重点，构建森林生态网络体系的“体”。科学经营、强化管理，建设资源丰富、布局合理、结构稳定、功能完备、优质高效的林水一体化生态系统。

重视从源头上防治环境污染，采取综合措施标本兼治，做好环境保护工作。坚持保护优先、预防为主、防治结合，坚持源头控制与末端治理相结合，坚持开发与保护并重，加大生态环境建设和保护力度，彻底扭转局部地区边建设边破坏的被动局面。

3. 绿色转型，产业驱动

产业发展要坚持节约、集约、高效的原则，协调统一经济效益、社会效益和生态环境效益。转变发展方式，大力发展生态经济、循环经济、低碳经济，努力实现高碳行业的绿色转型发展。立足于“好区位、大资源、大工业、大港口”的地域特色，充分发挥生态资源优势和潜力，确定主导产业和优势产品，促进产业结构优化和产品结构升级。重点发展生态产业和推广绿色技术，把资源环境优势转变为现实生产力。牢牢把握产业定位，大力发展能源、原材料等临港大工业，积极推进绿色产业带建设。在努力打造先进制造业基地的同时，加大生态经济、生态环境、生态文化建设力度，确保产业发展与环境建设同步推进，实现经济效益与生态效益的良性互动。以生态产业和绿色经济驱动生态城市建设。

4. 文化引领，特色鲜明

生态文化是生态城市建设的灵魂，其文化精髓是促进人与自然和谐发展。要大力培育和传播生态科学、生态伦理、生态道德，让全社会牢固树立生态文明观念，并逐步养成保护生态、建设自然的生态文明习惯。以南湖公园为样板，大力实施精品战略，充分运用高科技手段、现代艺术表现手法，精巧构思、细致塑造，打造凝结人类文明智慧之大成、融真善美于一体、具有永恒存世价值的生态文明教育基地和各种生态文化精品，不仅满足广大市民的生态文化需求，发挥文化的引领作用，而且打造生态文化品牌，形成唐山鲜明的城市特色，提高城市综合实力和人文魅力。

5. 城乡统筹，行业协同

坚持因地制宜，一切从实际出发，统筹城乡规划、分步实施，循序渐进、协调发展。依据生态功能分区和各地特点，选择重点领域和重点区域进行突破，抓点示范，全面推进，确保经济社会发展与资源环境承载力相适应。积极推进区域之间、流域之间、上下游之间生态建设保护工作的协调合作，促进人员、技术交流，齐抓共管，优势互补，整体推进，共同加快生态环境建设。生态城市建设要同中长期经济社会发展及各行业发展规划相衔接，科学规划，优先抓好核心产业和重点工程，分期推进，分类指导，分步实施，建立不同类型、不同特点的生态示范区，以点带面，形成区域化格局。生态城市建设是一项长期的系统工程，在建设过程中既要重视具体建设指标，更要注重在过程中实现全面发展、不贪大求全，不盲目攀比。协同土地、规划、住建、农业、林业、水利、工业、商业、教育等多部门，整体规划，统筹协调，齐抓共管，形成合力，共同为生态城市建设做出贡献。

6. 科技支撑，法制保障

不仅要重视发展硬环境建设，更要注重发展理念、经营管理、人才培养等方面的软环境建设。充分发挥科技作为第一生产力和教育的先导性、全局性、基础性作用，发挥体制、机制优势，加快科技和管理创新步伐，切实增强生态城市建设的科教支撑能力、体制机制活力。坚持改革创新的发展导向，不断强化科技创新，优化科技、人才、信息资源配置，注重先进实用技术的集成配套、成果转化和技术推广应用，引进、吸收和消化国外高新技术成果，着力突破制约唐山生态城市建设中的技术和政策制度瓶颈。尤其是要把增加森林碳汇、促进工业节能减排作为重要切入点，组建创新团队，协同科技攻关，突破重点领域，支撑未来发展，不断增强城市可持续发展能力。健全生态城市建设相关法律、政策和规章，保障唐山生态城市健康发展。进一步拓展对外开放领域，扩大国内外交流与合作。

7. 政府主导、全民参与

政府要运用法律、法规、规划、政策、体制、机制等制度创新手段，促进生态城市建设的民主化、制度化、规范化。坚持全局观念，从实际出发，选择重点领域和重点区域，统筹兼顾，科学规划，遵循规律，循序渐进。实行谁开发谁保护，谁破坏谁恢复，谁使用谁建设的经济补偿制度，充分运用法律、经济、行政和技术手段，保护生态环境，缩短生态周期以增强可持续利用的支撑能力。强化可持续发展领域的立法工作，做好生态市建设的制度创新和法制保障。各级政府加大投入，强化监管，充分发挥在生态建设中的组织、引导和指导作用，提供良好的政策环境和公共服务。充分利用市场机制，统筹利用国际、国内两个市场和两种资源，调动企业和社会组织的积极性与创造性，建立多元化的投资机制和运行有效的生态环境保护补偿机制。广泛开展可持续发展理念和生态文化教育，提高公众参与的积极性、广泛性，鼓励与支持民间团体和社会公众参与创建生态城市的各项活动，形成个人、家庭、企业、社会共谋生态环境保护与建设的氛围。

（三）规划依据

- 《中华人民共和国宪法》（2004 年）
- 《中华人民共和国环境保护法》（1989 年）
- 《中国 21 世纪议程》（1994 年）
- 《中华人民共和国环境影响评价法》（2002 年）
- 《中华人民共和国清洁生产促进法》（2002 年）
- 《中华人民共和国水法》（2002 年）
- 《中华人民共和国土地管理法》（1998 年）
- 《中华人民共和国森林法》（1998 年）
- 《中华人民共和国农业法》（1993 年）
- 《中华人民共和国矿产资源法》（1996 年）
- 《中华人民共和国野生动物保护法》（1988 年）
- 《中华人民共和国城市规划法》（1989 年）
- 《中华人民共和国文物保护法》（2002 年）
- 《中华人民共和国防洪法》（1997 年）

- 《中华人民共和国大气污染防治法》(2000年)
- 《中华人民共和国水污染防治法》(1996年)
- 《中华人民共和国固体废物污染环境防治法》(1995年)
- 《中华人民共和国环境噪声污染防治法》(1996年)
- 《中华人民共和国自然保护区条例》(1994年)
- 《城市绿化条例》(1992年)
- 《全国生态环境建设规划》(1998年)
- 《中华人民共和国海洋环境保护法》(1999年)
- 《全国生态环境保护纲要》(2000年)
- 《中华人民共和国海域使用管理法》(2001年)
- 《生态功能保护区规划编制大纲》(2002年)
- 《国家级自然保护区总体规划大纲》(2002年)
- 《生态县、生态市、生态省建设指标》(试行)(2003年)
- 《河北省生态省建设规划纲要(2005~2030年)》(2006年)
- 《河北省生态功能区划》(2007年)
- 《关于进一步做好生态市、生态县建设规划编制工作的通知》(冀生态办发〔2007〕2号)
- 《河北省环境保护“十一五”规划》(2007年)
- 《唐山科学发展示范区战略规划》(2007年)
- 《唐山市土地利用总体规划(1997~2010年)》(1997年)
- 《唐山市城市总体规划(2011~2020年)》及《国务院关于唐山市城市总体规划的批复》(国函〔2011〕29号)
- 《唐山市国民经济和社会发展第十一个五年规划纲要》(2006年)
- 《唐山市“十一五”时期生态建设与环境保护规划》(2006年)
- 《唐山市“十二五”时期国民经济和社会发展规划纲要》(2010年)
- 唐山其他部门的相关规划

(四)建设理念——绿色唐山,幸福家园

唐山市是河北省中心城市之一,环渤海地区新型工业化基地和港口城市。要以科学发展观为指导,遵循生态城市建设规律,坚持经济社会与生态环境相协调的可持续发展战略,按照合理布局、集约发展的原则,推进经济结构调整和发展方式转变,不断增强城市综合实力和可持续发展能力,完善基础设施和城市功能,加强生态环境保护和建设,逐步把唐山市建设成为生态良好、绿色经济、和谐文明、特色鲜明的现代化城市。

唐山生态城市建设的基本理念是“绿色唐山,幸福家园”。之所以确定这样的理念,是因为生态城市的根本问题、核心目的在于实现人与自然的和谐发展。只有实现了人与自然的共同发展、和谐发展,才是科学发展的城市,才是生态文明的城市,才是可持续发展的城市。其基本内涵是“实现四个发展,构建三大体系”。

1. 实现四个发展

一是人与自然和谐发展。自然和人,两者互为条件,和谐共存,共生发展。一方面,“绿色唐山”是从自然规律的角度要实现“自然—经济—社会”大的生态系统的良性发展。唐山生态城市建设必须符合自然生态规律,即哲学上所谓的“合规律性”。自然的健康持续发展,为人的全面发展创造条件。另一方面,“幸福家园”是从人的需求的角度要实现“自然—经济—社会”大的生态系统的和谐发展。唐山生态城市建设必须符合人文社会规律，即哲学上所谓的“合目的性”。人的自由和全面发展，为保护自然、建设自然提供力量。

二是环境、经济、社会全面发展。“自然—经济—社会”大的生态系统又分为自然、经济、社会三个相对独立的子系统。不仅每个子系统要安全健康良好，而且三个子系统之间也要很好地融洽、均衡、协调运行。其中自然生态系统是基础，经济生态系统是驱动，社会生态系统是引导。我们建设的唐山生态城市，目的是提高人民群众的生活质量，不是要回到原始社会，不是要后退到经济不发达的状态。旨在从根本上解决经济和社会发展与生态保护之间的矛盾，最大限度地实现生态保护、经济发展、社会和谐之间的均衡发展。

三是城乡统筹协调发展。在唐山市域范围内，实行城乡生态经济社会文化的统一规划、建设和管理，缩小城乡差距，实现均衡发展。要合理确定唐山中心城区与曹妃甸城区的功能定位，优化空间布局，实现优势互补、协调发展，提高对周边地区经济社会发展的辐射带动能力。要根据市域内不同地区的条件，重点发展县城和基础条件好、发展潜力大的建制镇，优化村镇布局。发挥不同区域的优势，加强区域合作，处理好城乡之间、区域之间发展中的各种关系，实现协调发展。

四是生态城市建设和管理并重发展。生态城市建设要实现生态经济社会协调发展，生态文明、物质文明和精神文明共同进步。生态城市管理要健全民主法制，坚持依法治市，构建和谐社会。城乡规划行政主管部门要依法对城市建设用地与建设活动实行统一、严格的规划管理，结合国民经济和社会发展规划，明确实施重点和建设时序，切实保障规划的实施。加强公众和社会监督，提高全社会遵守生态城市规划的意识。

2. 构建三大体系

一是健康安全的生态环境体系。生态是人类生存的绿色环境，实现生态良好是生态城市建设的基本要求。唐山被誉为一座凤凰城市，象征着像“凤凰涅槃，浴火重生”那样，在经历过一次地震的涅槃之后，愈发生机勃勃。同样，生态城市建设也要使唐山的生态环境实现由生态退化向生态良好的质的跨越。通过保护、恢复和建设，提高森林、湿地生态系统的结构和功能，维护生态系统的健康发展，构建稳固的生态安全屏障，为经济、社会生态系统的良性运行和发展提供基础保障。主要包括节约和集约利用土地资源；强化森林、湿地生态系统功能；加强矿山生态恢复，防止各类生态灾害。

二是绿色发展的生态产业体系。通过生态城市建设，将唐山市的产业和经济体系建设成为产业发达、活力旺盛、效益突出、低碳循环、持续发展、适宜创业的生态经济示范区。一要通过生态产业建设，为唐山人民增加就业、提高收入创造条件。二要建设资源节约型和环境友好型城市。三要鼓励企业循环式生产，加快生态园区建设，开发清洁能源，发展低碳循环的生态工业。发展绿色交通，推广节能建筑，完善生态城市基础设施。

三是文明和谐的生态文化体系。建设文明和谐的生态文化体系要求促进唐山和谐社会的全面发展，包括人与自然的和谐发展，人与人、人与社会的和谐相处，人的身心和谐与健康。一要通过生态社会和文化建设，使唐山人民过上幸福美好生活。二要全面提升人民的生态文明意识。三要保护和建设生态文化载体，发展繁荣生态文化。

二、健康安全的生态环境体系建设

生态城市建设的第一项内容，是建设安全健康良好的生态环境，这是生态城市建设的基础。“健康安全”是针对生态环境而提出的建设理念。目的是克服和解决唐山市面临的一系列生态环境问题，实现生态环境质量的跨越式发展。

（一）基本内涵

生态是人类生存的绿色环境，实现生态良好是生态城市建设的基本要求。

所谓“健康安全”，是指通过生态城市建设，将整个市域建成森林资源丰富、湿地资源充足、山清水秀、生态环境优美、处处生机盎然、欣欣向荣、人与自然和谐美好的生态家园。建设健康安全良好的自然生态系统，有效发挥其在生态城市发展中的基础作用。通过保护、恢复和建设，提高森林、湿地生态系统的结构和功能，维护生态系统的健康发展，构建稳固的生态安全屏障，为经济、社会生态系统的良性运行和发展提供基础保障。

经过生态建设之后所达到的生态良好的唐山，意味着整个城市拥有生态系统健康和生态环境安全。生态系统健康是生态城市的必要条件和基本特征。健康的城市生态系统，不仅意味着为人类提供服务的生态系统健康和完整，也包括城市人群的健康和社会健康，具有合理的生态结构，和谐的生态秩序，良好的生命支持系统，完善的生态服务功能。生态环境安全包括自然生态安全、经济生态安全和社会生态安全，使人们在生活、健康、安全、基本权利、生活保障来源、必要资源、社会秩序和人类适应环境变化的能力等方面不受威胁，在环境承载力、经济承载力、社会承载力安全阈限内得到发展。

生态良好的建设理念，具有以下三方面的基本内涵：

（1）林更茂。森林资源更加丰富，森林生长更加茂盛，森林结构和布局更加合理，森林质量和效益更加强大。

（2）水更清。湿地资源和水资源更加丰富，空间布局和时间分配更加合理，水质更洁净，功能和效益更加突出。

（3）天更蓝。空气质量更加宜人，污染天气得到进一步治理，气候更加舒适，天空更加碧透而蔚蓝。

主要包括：

一是节约和集约利用土地资源。根据唐山市资源、环境的实际条件，坚持集中紧凑的发展模式，切实保护好林地、湿地、城市绿地等生态型用地，保护好耕地特别是基本农田。适度增加生态用地的面积，提高单位土地的生态效益。合理控制中心城区城市人口、城市建设用地规模。科学确定城市空间布局，引导人口合理分布。重视节约和集约利用土地，合理开发利用城市地下空间资源。

二是强化森林、湿地生态系统功能。加强水资源保护，严格控制地下水的开采和利用，提高水资源利用效率和效益，建设节水型城市。加强对自然保护区和森林公园、水源地、风景名胜区等特殊生态功能区的保护，制订保护措施并严格实施。加强森林多功能健康经营，提高森林总量和质量，发挥森林的综合效益。加强城市乡村人居森林生态建设和环境综合整治，改善城乡人居生态环境。

三是加强矿山生态恢复，防止各类生态灾害。重视城市防灾减灾工作，加强重点防灾设施和灾害监测预警系统的建设，合理规划布局应急避难场所和疏散通道，建立健全包括消防、人防、防震、防洪和防潮等在内的城市综合防灾体系。要特别重视城市抗震防灾工作，各类建设工程必须达到抗震设防要求。

（二）强化森林生态系统功能

森林作为陆地生态系统主体，建设良好的生态环境，必须保证有充足的森林资源。实现“林网化、水网化”的目标，第一项任务就是“森林网”建设。森林网，作为大地的绿色脉络，是生态系统的重要组成部分，对于保障生态安全发挥着主体性作用。

森林网由城区森林、村镇片林、经济林、用材林、森林公园，及农田林网、道路（公路、铁路）林网和水系林网等相互交织而构成。森林网建设所实现的目标是，无论是山地、内地、农村，还是平原、沿海、城市，都要通过植树造林、绿化荒山荒地、森林资源保育等措施，尽可能地增加森林资源，让绿色覆盖整个唐山，处处绿树成荫，四季花香鸟鸣。

（1）构筑点、线、面、体相结合功能齐备的森林生态网络体系。要根据唐山市山地、平原、城市、沿海地区的自然经济社会条件进行森林合理空间布局。以森林公园、野生动植物与湿地自然保护区、城市森林、城镇及乡村人居森林为重点，构建森林生态网络体系的“点”；以河湖防护林带、公路铁路防护林带以及农田林网为重点，构建森林生态网络体系的“线”；以生态公益林、速生丰产林基地为重点，构建森林生态网络体系的“面”；以森林科学经营、提高森林质量为重点，构建森林生态网络体系的“体”。从而形成资源丰富、布局合理、结构稳定、功能完备、优质高效的现代林业生态网络体系。森林生态网络体系具有整体性、多功能性、高效性和可操作性的特点，有利于长期发挥森林多目标、多功能、多效益的整体作用。要求根据本地的条件和特点，全面整合林地、林网、散生木等多种绿化类型，有效增加城市和郊区林木数量。建立以核心林地为森林生态基地，以贯通性主干森林廊道为生态连接，以各种林带、林网为生态脉络，实现远郊森林、近郊森林、市区森林三位一体，建构在整体上改善城市地区生态环境的完善的森林生态系统。

同时，对防护林、用材林、经济林、薪炭林及特殊用途林等林种要实现合理搭配，对公益林、商品林进行科学规划和合理分类经营。在人工林的树种配置方面，要选用乡土树种，尽可能地进行针阔叶树种混交和健康经营，提高森林资源的质量。按照区域特点，采取分类经营管理和多目标经营，以有效发挥森林的多种功能，尤其是生物多样性保护、固碳、水土保持、改善城市环境等生态功能，满足社会的多种需求。

（2）加强自然保护区建设。在自然保护区建设方面，唐山不断加大生态保护和建设力度，形成了“北部山区生态保护、中部平原生态恢复和南部沿海鸟类湿地保护”为主的生态特色。全市建成了一批自然保护区，其中包括：遵化市清东陵国家级风景名胜区和金银滩国家级森林公园、丰润区御带山和迁西县景忠山两处省级森林公园、遵化市鹫峰山县级森林公园、唐海湿地和鸟类省级自然保护区和乐亭县石臼坨列岛省级鸟类自然保护区、南湖国家城市湿地公园和唐山市集中式饮用水源地一级保护区等，自然保护区覆盖率达到 5.28%。

（3）构筑山地丘陵地区生态屏障。唐山北部为低山丘陵区，包括迁西、遵化全部，丰润、迁安、玉田、滦县北部。总面积 527705.8 公顷。林地占全市比重大，约为 88.6%。可见，做好这一地区的林业工作，搞好生态公益林建设，对于水土保持、涵养水源、实现生物多样性、促进生态旅游尤为重要。山区林业应处理好商品林业与生态林业的关系。按照分类经营原则，对公益林业和商品林业分别采取不同的经营机制和政策措施。山区是河流的源头，现在普遍存在着不同程度的水土流失，并且已成为生态环境建设的重点。山区林业的发展，不仅可为名特产品加工业提供充足的原料，为生态服务业创造条件，且将对经济社会的可持续发展起着重要的不可替代的生态保护作用。山区林业应将生态公益林建设放在重要位置。立足于公益林多功能多效益的发挥，加大退耕还林、封山管护、科学经营等森林经营管理力度，增强公益林的生态功能。加大对人工纯林的改造力度，促进形成混交林、近自然林；积极采用珍贵阔叶用材树种造林，采取补植、除密等特殊经营措施，实行定向培育。建设一批森林的保护管理与经营示范点，不断探索优化林分结构的最佳模式，提高森林保护及经营管理水平。

（4）加强生态公益林建设，健全森林生态效益补偿制度。一方面，为了促进数量的增长，应该制定科学的公益林发展规划。随着经济社会的不断发展、社会生态需求的进一步提高，公益林的规模应该不断增加。另一方面，为了提高公益林的质量，应该从增加投入、科学经营、规范管理等方面加强做好工作。要进一步完善森林生态效益补偿机制，调动务林人的生产积极性。加大政策倾斜，在森林生态效益补偿制度的基础上，提高补偿标准，规范补偿办法，并建立使林农直接受益的多种补偿渠道，使为保护生态而受到经济损失的农民得到相应的经济补偿，真正调动他们参与生态建设的积极性，巩固林业生态建设的成果。

（5）加强道路林网、水系林网和农田林网建设。在唐山的平原地区，要在已有建设成果的基础上进一步完善道路林网、水系林网和农田林网（简称“三网”）建设。三网是唐山市绿色生态系统的脉络，是连接各生态景观节点的纽带，是全市园林绿地系统的骨架。根据景观生态学的理论，“三网”既是生物迁徙的通道，起着生物廊道作用，同时又具有景观隔离功能。平原地区道路密集，水系纵横，而道路和水系两侧一般都是生态系统交替地带，生态学上属于生态脆弱带。以水定林、以路定林，建设水系林网、道路林网和农田林网可以起到良好的生态防护效应。在由“三网”构筑的绿地网格中，应以斑块状的农田、果园、绿地、公园等为主要形式，形成基质—斑块—廊道型的景观空间格局。

（6）提高森林资源的多功能经营利用水平。唐山森林资源的数量、质量和效益的提升，都有很大的发展空间。森林经营是提高森林资源质量、增强森林多种功能和效益的重要措施。要实施森林近自然、多功能、可持续经营。德国等欧洲国家所实行的“近自然林业”理论，美国的“森林生态系统经营理论”，联合国以及我国许多专家所倡导的“森林可持续经营”理论，都强调森林的科学经营，以高效持续地发挥森林的多种功能和效益。要加强可持续森林经营。“可持续森林经营意味着对森林、林地进行经营和利用时，以某种方式，一定的速度，在现在和将来保持生物多样性、生产力、更新能力、活力，实现自我恢复的能力，在地区、国家和全球水平上保持森林的生态、经济和社会功能，同时又不损害其他生态系统”。近自然林业是在多功能森林经营目标指导下的一种顺应自然地计划和管理森林的模式，其体系包括立足于生态学和伦理学的善待自然、善待森林的认识论基础和思想财富，对原始森林的基础研究及促成森林反应能力的“抚育性经营”技术核心等方面。近自然林业的理论体系总体上包括了善待森林的认识论基础；从整体出发观察森林，视其为永续的、多种多样功能并存的、生气勃勃的生态系统的多功能经营思想；把生态与经济要求结合起来培育近自然森林的具体目标；尝试和促成森林反应能力的技术和抚育性森林经营利用的核心思想。为实现多功能可持续林业目标，近自然林业提出的基本技术原则可简要归纳为：确保所有林地在生态和经济方面的效益和持续的木材产量同时发挥，实用技术知识和科学探索兼顾地经营森林，保持森林健康、稳定和混交的状态，适地适树的选择树种并保护所有本土植物、动物和其他遗传变异种，除小块的特殊地区外不做清林而要让林木自然枯死和再生，保持土壤肥力并避免各类有害物质在土壤中高富集的可能性，在森林作业设计中应用可能的技术来保护土地、固定样地和自然环境，维持森林产出与人口增长水平的适应关系。

（三）提升湿地生态系统效益

实现“林网化、水网化”的目标，第二项任务是“水网化”建设。湿地作为地球之肾，“水网化”建设对于维护生态健康、改善景观、服务社会具有重要作用。正是基于对湿地作用的科学认识，唐山市决定举全市之力把南湖打造成世界一流的城市中央生态公园，把唐山打造成全国闻名的“华北水城”。正如有的学者所说的，利用水的万千姿态和万种柔情改变震后重建的唐山简单僵硬的直线条规划方式，打造融群众休闲、娱乐、健身和生态绿化为一体的滨水绿色长廊，使得这座凤凰城能畅其生机。

水网由江、河、湖、沟、渠等面状与线状湿地相互交织而构成。主要任务是恢复城市水体，改善水质，使各种级别的河流、湖泊、沟渠、水面等连为一体，形成网络体系，以最大程度地发挥湿地生态系统的功能和效益，同时结合滨水绿色长廊建设，发挥森林、草本植物在湿地生态修复中的作用。

唐河青龙河环城水系建设工程，是唐山市近年来开展湿地生态修复的一大成功典范。唐山市内主要有唐河、青龙河、李各庄河等。这些河流目前承担的主要功能是防洪和向下游农业输送灌溉。为适应城市生态建设和百姓生活需要，市委市政府对城市水系进行了统一规划，计划用两年时间，综合治理唐河、青龙河，建成57公里的环城水系，完善防洪排水体系、延伸河道功能、提升城市品位，打造融市民休闲、娱乐、健身和生态绿化为一体的滨水长廊。工程主要包括唐河、青龙河、李各庄河改造，凤凰河道建设，唐河水库引水工程及滨河景观道路建设四项内容。通过新建13公里的凤凰河与南湖生态引水渠相连，并同南湖、东湖、凤凰湖相通，形成河河相连、河湖相通的水循环系统。工程建设对唐山防洪排涝、改善生态、推动城市改造和促进经济发展将发挥重大作用。

南湖生态公园建设，是唐山湿地生态修复所取得的又一成功典范。开滦煤矿100多年的煤炭开采，在市南部形成了一个28平方公里的采煤沉降区。由于在沉降区内不能进行大型、永久性建筑，所以整个市区的规划是向北发展。在南部便形成了一个倾倒生活垃圾、建筑垃圾、煤矸石、粉煤灰的场所。2007年以来，唐山市委市政府以“打造人民群众幸福之都”的全新理念，对南部采煤沉降区生态化改造进行重新审视和定位。市委、市政府高度重视南湖生态城的开发建设，多次召开会议就南湖生态城的开发建设进行研究和专家论证，并于市委八届四次全会明确提出建设南湖生态城的全新部署。2009年，唐山市委、市政府进一步完善建设目标，确定以生态修复、历史文化遗产挖掘、景观绿化、湖面拓宽为契机，建设集生态保护、休闲娱乐、旅游度假、文化会展、住宅建设、商业购物、高新技术产业为一体的新城区，使之成为资源型城市转型的典范、生态重建的旗帜，着力打造休闲度假胜地、文化创意园区、国家城市湿地公园，推动景观地产开发、促进城市结构更新。未来将建成世界一流的中央城市生态公园、全国闻名的“华北水城”和世界一流的中央城市生态旅游景区。中心景区正成为“好玩南湖、生态南湖、神奇南湖”。

坚持唐山南湖公园、城区水系建设的宝贵经验，保护和建设充足优质完善的湿地资源。根据唐山湿地资源的实际情况，加强科学规划和保护，使湿地资源保持在合理稳定的数量水平及空间结构。湿地资源在空间上有不同的类型、相互之间又存在一定的联系，要使河流、湖泊、沼泽等不同湿地类型保持合理的分布格局，发挥出较理想的整体功能。提高湿地资源的质量。防止污染、水土流失等对湿地资源的破坏，提高水质，改善水生动植物的生存环境，使湿地生态系统保持健康良好的生命活力，切实保障居民饮水安全。

（四）加强矿山生态恢复

矿山地质环境治理工作，是唐山生态城市建设的一项重要任务。今后应该总结和坚持绿色开采的经验，转变土地利用方式，由不可持续的资源利用转向可持续的生态资源利用。

唐钢棒磨山铁矿矿山地质环境治理工作，取得成功经验。矿山地质环境一期治理工作，于2006年4月开始动工，2008年6月30日竣工，工程历时26个月。在治理施工过程中，施工队伍严细操作，科学施工；监理单位认真负责，保证了工程质量，取得了较好的治理效果。工程要点是：尾矿库干滩生态治理，尾矿库坝坡治理及绿化，采场易滑坡部位的治理，废石场平整绿化。经过一期地质环境工程治理，完成了设计书的设计任务。取得了较好的效果。尾矿库干滩绿化面积达到860亩，治理绿化使昔日扬尘四起、寸草不生的不毛之地变成了一片绿洲，风沙得到遏制，环境得到有效改善，湿地候鸟成群栖息，野鸡、野兔繁衍增多，形成了碧水绿海，巍巍壮观的生态环境。废石场得到较好的规划治理，已具备了绿化条件，消除了泥石流和滑坡地质灾害危险；采场边坡稳定性得到保障，有效保障了采矿生产。该工程得到了专家、领导等的高度评价，迁安市政府把棒磨山铁矿作为"百矿披绿"活动示范单位，棒磨山铁矿成为唐山市国土资源局确定的科学发展实验示范点。该项工程受到很好的社会评价，积累了尾矿库干滩治理绿化的经验。

开滦（集团）有限责任公司吕家坨矿矿山地质环境治理及一期治理工程，是矿山治理的又一成功案例。工程于2006年6月启动，于2007年4月完工。工程的主要内容是，属于矿山地质环境综合治理项目，以采煤沉陷区回填矸石造地为主，通过对373.95亩内的大小不等的多处积水沉陷坑的回填造地，既治理生态环境，又改善地形地貌，同时获得宝贵的土地资源，为采煤沉陷区的村庄搬迁开辟了一条新途径。该项目完工后获得建筑用地373.95亩，用以矿区的搬迁村庄。正是由于矿山治理考虑了经济和社会双重效益，收到了很好的效果：利用采煤塌陷地作为新村址，减少占用基本农田552.81亩（该矿井田范围内基本农田达90%以上），保护了宝贵的耕地资源；利用煤矸石作为回填材料，减少矸石压占土地，减轻了因矸石堆放对空气的污染；缩短了搬迁村庄新、旧村址之间的距离，方便了农民回原村址附近进行耕作，也降低了村庄搬迁费用，减轻了煤矿经济负担。

今后唐山矿山地质环境治理和生态修复工作，就是要在总结上述案例及其他大量实际工作经验的基础上，运用科学手段和经济有效的方式，加快治理和建设步伐。

（五）改善城乡人居生态环境

改善城市和乡村人居生态环境，是唐山城市现代化与和新农村建设的需要。近年来，唐山城市化进程明显加快，城市化水平由2004年的43.76%，发展到2008年年底的51%。全市已经初步形成了以唐山城、曹妃甸新城为双核心，以各县级城市为骨干的城镇体系框架。据专家研究，根据工业化与城市化关系规律，按照城市化在时间上的一般规律，目前唐山市处于城市化加速发展阶段。

随着经济社会发展和城乡居民生活水平的提高，对全面建设全面小康社会提出了改善人居环境新的要求。城乡居民不仅要在吃穿住用等方面达到小康水平，更重要的是要有一个处处有草地树木、山清水秀、鸟语花香、街道整洁、空气清新、水体清洁的生活、出行和工作环境。然而，在城市化进程中大气污染、水污染、土壤污染、光污染、噪音污染、热岛效应等环境问题相应而生，建设城市森林和湿地生态系统，改善生态环境的任务日益重要。

加强城市森林建设对于改善人居生态环境尤为重要。城市森林是城市的天然水源，如果一座城市的区域30%被森林覆盖，那么雨水的流量将减少14%，有林地区比无林地区的空气湿度高15%~25%，夏天气温低3~5℃，冬季气温高2~3℃，会有效地缓解城市热岛效应。当城市的绿化覆盖率达到50%时，才能与人工环境达成较佳的协调效果，要想使整个城市保持CO_2与O_2的平衡，必须保证人均60平方米的绿地。城市森林在降低城市风速的同时,还是一道天然的隔音墙。据测定，70分贝的噪音通过40米宽的隔离带能降低10~15分贝，有绿化的街道比无绿化的街道噪音低8~10分贝，公园中的成片森林可降低噪音26~43分贝，为城市居民的生活、工作营造良好的环境。此外，城市森林在维持生物多样性，减弱光污染、净化城市地下水源等方面也发挥着重要的作用。

同时，唐山作为工业城市，改善大气质量，减少废气排放，对于改善生态环境至为关键。要使企业转变发展方式，从源头上减少污染源和废气的排放量。大力发展生态经济、低碳经济和循环经济，努力实现工业文明向生态文明的跨越。

在改善城乡人居生态环境方面，玉田县城市绿地系统规划为我们提供了很好的案例。为加快打造园林城市，优化城市人居环境、改善投资环境、促进城市可持续发展，玉田县城乡规划局于

2009年9月委托南京林业大学风景园林学院进行《玉田县城市绿地系统规划（2010~2020）》的修编工作。规划的指导思想是：以城市绿色体系现状为基础，以城市发展建设规划为指导，以园林城市为目标，立足新时期城市发展对绿色环境建设的要求，吸收借鉴国内外先进城市的成功经验，充分利用玉田县的生态自然、人文景观优势，因地制宜地进行城市绿地体系布局，追求城镇绿地与城镇空间整体协调化、城镇绿地布局生态网络化、绿地生态恢复化，以水系为纽带，以文化为脉络，以绿化为载体建设生态健全的城乡绿地系统，塑造玉田县“玉带融绿城，阡陌映青山”的城市风貌。规划分别就县域范围、城市规划区和中心城区三个层次开展了绿地系统规划。

要以建设生态城市为目标，以提高综合承载能力为重点，以城市建设改造为抓手，全方位提高城镇化发展水平。要大力实施以“四大新城”为重点的生态城市建设工程，围绕“双核两带”的总体思路和空间布局，高标准规划建设曹妃甸生态城、凤凰新城、南湖生态城、唐山空港城，努力把唐山这样一座资源型城市建设成为一座凤凰涅槃的生态城市。

建设绿色文明新村，改善乡村人居环境。党的十六届五中全会向全社会提出了新时期建设生产发展、生活宽裕、乡风文明、村容整洁、管理民主的社会主义新农村的战略任务。唐山森林资源主要集中在山区，山区又大多属于农村地区，在新农村建设中林业可以大有作为。大力发展乡村林业，推动城郊的休闲观光林、庭院和围庄型生态经济林、道路林、水岸林、风水特用林建设，促进社会主义新农村建设，推进唐山生态现代化，发挥林业富民、绿化美化和改善农村人居环境的作用。

（六）防止各类生态灾害

唐山市多发生干旱、干热风、冰雹、霜冻等自然灾害，并且存在河流冲积土地沙化、沿海土地盐碱化、北部山地丘陵土地的水土流失。且易发生比较严重的崩塌、滑坡、泥石流、地面塌陷、地裂缝、地面沉降等地质灾害。火灾、农林有害生物为害，是农业和林业上的生态灾害。此外，地震灾害也是需要高度注意防范的灾害。

对于上述灾害，要研究不同灾害发生的规律，寻找灾害形成的原因和机理，根据具体情况实施有针对性的防范控制措施。

以地质灾害防治为例。唐山市地质灾害的时空分布，与地质构造、岩土体结构特征、地形地貌和水文气象及人类工程活动等关系密切。在空间上，降雨集中的北部山区主要有崩塌、滑坡、泥石流等地质灾害，具有规模小、灾点多、分布广、突发性强、损失大等特点；在煤矿资源丰富的唐山市区、玉田林南仓等地，由于煤矿开采诱发的地面塌陷及由于超量开采岩溶水诱发的岩溶塌陷十分发育；南部沿海地区，由于地下水资源的过度开采，在地质构造及人类工程经济活动等内外动力作用影响下，地面沉降、地裂缝、海岸蚀退等地质灾害均很发育。在时间上，滑坡、崩塌、泥石流地质灾害主要集中在汛期，地面沉降和岩溶塌陷则滞后于地下水资源的开采。

地质灾害防治的指导思想是，以科学发展观为指导，落实唐山市政府关于全面建设和谐社会的总体部署，以最大限度地减少人员伤亡和财产损失为目标，以突发性地质灾害防治为重点，以科学技术为依托，以群测群防、群专结合为主要手段，从唐山市实际情况出发，遵循“以人为本，以防为主，合理避让，重点治理”的总原则，动员全社会力量，逐步建立起与全市经济社会发展相适应的地质灾害防治体系，努力提高地质灾害预测预警能力和防治水平，保障全市社会经济可持续发展，构建和谐社会。

地质灾害防治应坚持以下基本原则。第一，坚持预防为主，避让与治理相结合。地质灾害防治必须变被动应急救灾为积极主动防灾减灾，特别是要从源头遏制人为引发的地质灾害，使预防、避让与治理协调统一。第二，统筹规划、突出重点、分步实施、全面推进。根据不同地区的地质灾害特点和社会发展水平，统一规划，选择重点地区和重点工程，集中力量加以突破。优先安排对人民生命和财产危害大的地质灾害进行治理，做到近期与远期相结合，局部防治与区域环境治理相结合。第三，从实际出发，遵循自然规律，因地制宜，讲求实效，实现社会效益、环境效益、经济效益协调统一。第四，责任、利益、义务协调统一。正确处理政府、单位、个人之间的责任、利益和义务，把地质灾害防治工作落到实处。

到 2020 年，地质灾害防治的战略目标是：①健全与全面建设和谐社会相适应的地质灾害防治体系，完善与社会主义市场机制相适应的管理体制和运行机制，实现管理法制化、科学化、规范化。②完成全市陆域和海域地质灾害风险区划，全面掌握地质灾害现状、发展变化规律及危害程度，掌握区域和重点区地质环境承载能力，合理保护和利用地质环境，避免或减轻诱发地质灾害。③根据形势发展需要，定期编制、调整市、县（市）级地质灾害防治规划。④建立并完善覆盖全市的地质灾害监测预警网络系统，实现地质灾害中期预报、短期预报和临灾预报。⑤建立综合性地质灾害信息系统，重大地质灾害得到整治，最大限度地保障人民生命财产安全。⑥地质灾害防治工作从具体的单一防治扩大延伸到社会经济持续发展、资源环境技术利用、保障人类生存环境各个领域，对实现协调发展、全面建设和谐社会发挥基础作用及支撑作用。地质灾害预测预报成功率达到 60%，地质灾害治理和避让率达到 80%，地质灾害造成的人员伤亡和经济损失降低 80%。

三、绿色发展的生态产业体系建设

生态城市建设的第二项内容，是建设绿色低碳循环的经济发展方式。绿色发展是针对经济方式而提出的建设理念。目的是克服和解决唐山市面临的一系列经济发展问题，实现经济运行和发展方式的根本性转变。

（一）基本内涵

所谓“绿色发展”，是指通过生态城市建设，将唐山市的产业和经济体系建设成为产业发达、活力旺盛、效益突出、低碳循环、持续发展、适宜创业的生态经济示范区。

建设安全健康良好的经济生态系统，有效发挥其在生态城市发展中的驱动作用。经济生态系统是指从自然生态学规律角度来理解的经济运行系统，主要包括林业、农业、工业、交通、建筑、商业等生产和流通部门。通过科学规划、建设和管理，使经济发展过程不仅不对自然生态系统产生不良影响，甚至可以促进自然生态系统的发展。建设资源消耗低、能够再利用、剩余物可以再循环的绿色经济发展模式。

主要包括：

一是通过生态产业建设，为唐山人民增加就业、提高收入创造条件。发展生态产业，要求“政产学研用”等各方面协调运行，要求产业分工、事业分工越来越细，同时要求经营管理的信息化、标准化、科学化、系统化、国际化程度越来越高，这势必要拓展和创造新的就业岗位和就业渠道，对人的素质的要求也越来越高。这就对唐山社会的进步提出了新的要求，同时也为人的全面发展创造了条件。

二是建设资源节约型和环境友好型城市。城市发展要走节约资源、保护环境的集约化道路，坚持经济建设、城乡建设与环境建设同步规划，大力发展循环经济，切实做好节能减排工作，推进自然资源可持续利用。严格控制高耗能、高污染和产能过剩行业的发展，严格控制污染物排放总量，加强城市环境综合治理，提高污水处理率和垃圾无害化处理率，严格按照规划提出的各类环保标准限期达标。

三是鼓励企业循环式生产，加快生态园区建设，开发清洁能源，发展低碳循环的生态工业。发展绿色交通，推广节能建筑，完善生态城市基础设施。推广生态农业技术，发展生态畜牧业和生态渔业，强化集约高效的生态农业。提高果品质量，培育龙头企业，提升规模特色的林果产业。发展教育、医疗、艺术和科技创新等知识经济，加快产业结构调整，大力发展第三产业。

“绿色发展”的建设理念，要求实施低碳循环发展、绿色高效发展、可持续发展。

1. 低碳循环发展

实现经济的绿色发展，就是用大力发展生态经济、低碳经济和循环经济。其中最重要的就是用循环经济理论为指导。该理论最早是由美国经济学家肯尼思·鲍尔丁于1966年提出的。他在《一门科学——生态经济学》中形象化地提出“宇宙飞船理论”，认为如果不合理开发资源、不注重保护环境，地球就会像耗尽燃料的宇宙飞船那样走向毁灭。因此，要改变传统的“消耗型经济”，使经济系统被和谐地纳入到自然生态系统循环中，建立一种新的经济形态——循环经济（cyclic economy）。

循环经济要求运用生态学规律而不是机械论规律来指导人类社会的经济活动。与传统经济相比，循环经济的不同之处在于:传统经济是一种由“资源—产品—污染排放”单向流动的线性经济，其特征是高开采、低利用、高排放。循环经济要求把经济活动组织成一个“资源—产品—再生资源”的反馈式流程，其特征是低开采、高利用、低排放。所有的物质和能源要能在这个不断进行的经济循环中得到合理和持久的利用，以把经济活动对自然环境的影响降低到尽可能小的程度。

循环经济主要有三大原则，即“减量化、再利用、资源化”原则，每一原则对循环经济的成功实施都是必不可少的。减量化原则针对的是输入端，旨在减少进入生产和消费过程中物质和能源流量。换句话说，对废弃物的产生，是通过预防的方式而不是末端治理的方式来加以避免。再利用原则属于过程性方法，目的是延长产品和服务的时间强度。也就是说，尽可能多次或多种方式地使用物品，避免物品过早地成为垃圾。资源化原则是输出端方法，能把废弃物再次变成资源以减少最终处理量，也就是我们通常所说的废品的回收利用和废物的综合利用。资源化能够减少垃圾的产生，制成使用能源较少的新产品。

建设与绿色发展相适应的产业体系。加速资源型城市的产业转型，建立阶梯型的生态功能区体系。高度重视资源和环境承载能力，加快钢铁、能源、建材、装备制造和重化工业等重点行业清洁生产和循环经济改造，促进产业结构的优化升级，推进曹妃甸工业区和生态工业园区循环经济建设，实现资源依赖型发展模式向生态集约型发展模式转变。建立北部山区生态保护、中部平原优化开发、南部沿海重点开发的阶梯型生态功能区体系，实施分区分类指导，优化空间布局，实现区域经济、社会与生态环境协调发展。

2. 绿色高效发展

发展是硬道理，讲究生产的高效率、高效益，是现代社会的核心价值追求之一。高效，意味着用尽可能少的人力、物力和财力的投入，获得相对多的产出和价值。只有高效，才能在有限的资源条件下较好地满足社会的需求，也只有高效才能实现各种资源的节约，也才有可能实现可持续发展。

城市发展具有生态活力。活力是生态市旺盛生命力的象征，体现在社会、经济和自然各个方面，表现为城市生态系统的发展效率。通过生态支撑体系建设，城市发展与生态支持系统的互动调控及生态系统培育，提高城市生态系统活力水平。

为了实现绿色高效发展，就必须营造有利的外部环境。实施“东出西联”策略，加快开放步伐，借力促进绿色转型。改革开放30多年的实践经验证明，加快对内对外开放步伐，是实现快速发展、绿色发展的必由之路。要充分发挥唐山区位条件独特、港口优势显著、经济功能地位突出、沿海发展政策优越等比较优势，转变发展观念，改善投资环境，引用先进技术和管理，完善市域综合交通体系等基础设施和服务设施，加快对外开放步伐，积极参与全球经济一体化进程，在技术、资金、人才等方面开展全方位的对外交流与合作，推进沿海与腹地、唐山与京津、唐山与世界之间的良性互动，推动唐山市的超常规发展和绿色发展。

3. 可持续发展

可持续发展理论，是人类在20世纪90年代所提出的带有革命性的全新发展理念。被誉为人类20世纪科学发展的重大成果。它是对与工业文明时代所对应的传统发展理论的扬弃，而最能够体现生态文明的本质要求。其核心是强调一种既能满足当代人的需求而又不对满足后代人需求的能力构成危害的发展模式。这种发展模式符合人类的根本利益和长远利益。

可持续发展包括共同发展，协调发展，公平发展，高效发展，多维发展等项内涵。在内容方面，可持续发展涉及可持续经济、可持续生态和可持续社会三方面的协调统一，要求人类在发展中讲究经济效益、关注生态和谐和追求社会公平，最终达到人的全面发展。可持续发展，必须遵循公平性（fairness）、持续性（sustainability）、共同性（common）三大基本原则。

可持续发展的核心理论，目前主要包括以下几种。一是资源永续利用理论。认为人类社会能否可持续发展决定于人类社会赖以生存发展的自然资源是否可以被永远地使用下去。基于这一认识，该流派致力于探讨使自然资源得到永续利用的理论和方法。二是外部性理论。认为环境日益恶化和人类社会出现不可持续发展现象和趋势的根源，是人类迄今为止一直把自然（资源和环境）视为可以免费享用的“公共物品”，不承认自然资源具有经济学意义上的价值，并在经济生活中把自然的投入排除在经济核算体系之外。三是财富代际公平分配理论。认为人类社会出现不可持续发展现象和趋势的根源是当代人过多地占有和使用了本应属于后代人的财富，特别是自然财富。基于这一认识,该流派致力于探讨财富（包括自然财富）在代际之间能够得到公平分配的理论和方法。四是三种生产理论。认为可持续发展的物质基础在于人类社会和自然环境组成的世界系统中物质的流动是否通畅并构成良性循环。他们把人与自然组成的世界系统的物质运动分为三大“生产”活动，即人的生产、物资生产和环境生产，致力于探讨三大生产活动之间和谐运行的理论与方法。

保持城市可持续发展，要实现人与自然、人与人之间协调与和谐，在资源永续利用和环境得以保护的前提下实现经济与社会的发展。实现唐山城市的全面、高效、可持续发展，要求改变传统的以单纯强调GDP和经济效益为主的发展观和价值观，转变为以增加绿色GDP为核心的价值观念，调整经济发展的评价标准体系。

绿色GDP,是指从GDP中扣除自然资源耗减价值与环境污染损失价值后剩余的国内生产总值，又称可持续发展国内生产总值。它是20世纪90年代形成的新的国民经济核算概念。1993年联合国经济和社会事务部在修订的《国民经济核算体系》中提出。绿色GDP能够反映经济增长水平，体现经济增长与自然环境和谐统一的程度，实质上代表了国民经济增长的净正效应。绿色GDP占GDP比重越高，表明国民经济增长对自然的负面效应越低，经济增长与自然环境和谐度越高。若用这种发展观和价值观来衡量经济发展和生态建设，就会发现生态建设在区域绿色经济发展中的比重巨大，而且大力开展生态建设是实现区域绿色经济增长的必然途径。

构筑有利于城市可持续发展的城市格局。推进生产力重心向沿海转移，建设陆海双栖型城市格局，通过结构优化和功能提升，促进城市生态建设。立足京唐港区、曹妃甸港区两大现代化港区开发建设，全面推进区域生产力重心向沿海转移，大力实施“以港兴市”战略，加快构建以曹妃甸工业区为龙头，以沿海经济隆起带为轴线，以精品钢铁、基础能源、优质建材、装备制造、化学工业、海洋油气开采等重化工业为主导，综合交通运输、现代物流、房地产、金融贸易、滨海旅游及配套服务业全面发展，特色种植和养殖业加快升级的沿海经济体系。构建以中心城区、曹妃甸新城为核心的陆海双栖型、组团状城市格局，增强中心城区服务和辐射带动能力，促进周边城区协调发展，提升沿海城市功能和品位，更好发挥积聚效应，增强城市核心竞争力。

以低碳经济为主，建设发达的生态产业。必须充分发挥比较优势、转变发展观念、优化发展环境、创新发展模式、提高发展质量，落实“五个统筹”，把科学发展观贯穿于改革开放和现代化建设的全过程，落实到经济社会发展的各个环节，使经济社会转入全面协调可持续发展的轨道。在优化结构、提高效益和降低消耗的基础上，力求发展速度比全国、全省和周边城市的平均水平更高一些，赶超沿海先进城市的步伐更大一些。力求效益更佳，质量更优，结构更合理，活力更增强，发展更协调，使全市综合经济实力跃上新台阶，社会发展进入新阶段，城乡建设实现新跨越，人民生活提高到新水平，城市文明呈现出新面貌，和谐唐山建设取得新成就，全市人民共享发展成果。

（二）推进自然资源可持续利用

唐山以资源开采为主的经济发展方式所带来的土地资源紧张、耕地数量连年减少、采煤塌陷地面积逐渐扩大、土地生态环境恶化等问题，在一定程度上制约着土地资源的合理、高效利用，使比较紧张的人地矛盾更加突出，进而影响社会经济的可持续发展。

一是加强土地资源管理。为实现土地可持续利用，要实施主动性土地保护策略。在土地资源开发过程中杜绝“先破坏、后治理”的传统思路，而是在土地开发利用的同时，主动进行土地生态环境建设，维护土地生态系统良性化发展。

土地可持续利用模式，最重要的是达到总体协调。发挥良好的经济优势，凭借有利的区位条件和土地类型齐全的结构特点，以未利用土地和沿海滩涂为资源开发基础，科学处理和解决“吃饭”与“建设”、农业与工业、农村与城市之间的关系。城市基础建设和重大工程建设用地首先应当满足，而一般性工矿建设、城镇居民点建设用地应当提倡内涵挖潜、严格控制。对有限土地资源必须总量控制，在保持耕地总量动态平衡的前提下，实现耕地总量逐年增加，同时保证耕地质量的稳定和提高；稳定园地，增加林地，改善土地生态环境。

坚持实行最严格的土地管理制度，推进征地制度改革。加快土地利用方式向集约化、节约化转变，实现土地资源的可持续利用；严格耕地特别是基本农田保护制度；严格控制建设用地总量增长，优先保障基础设施和重点建设项目用地；优化土地利用结构和布局，积极开展土地整理和复垦。

二是加强水资源管理。全面节流，多方开源，厉行保护，优化配置，依法治水；统筹安排生活、生产、生态用水，上下游和地表、地下水调配，逐步形成保护有效、安全可靠、合理开发、高效利用的水资源供给保障体系，实现水资源供需平衡和可持续利用。

三是加强森林资源管理。坚持严格保护、科学经营、持续利用的原则，以建设生态城市和京津绿色屏障为目标，大力推进造林绿化，实现森林保存面积和蓄积量稳定增长，生态效益、经济效益和社会效益协调统一，促进全市生态环境的改善。

四是保护和开发海洋资源。强化海洋国土意识，实行海洋综合管理，严格执行海洋功能区划制度，合理配置用海空间布局，协调海洋资源综合开发，提高海洋经济发展能力；大力保护海洋生态，改善海域环境质量，优化生物资源开发结构，促进海洋资源开发、海洋环境保护与经济社会协调发展。

五是加强矿产资源管理。按照“开发与保护并举”的原则，合理开发和科学保护矿产资源；大力推广共生矿、伴生矿、尾矿、低品位矿开采和综合利用技术，提升回采率和回收率，提高资源综合利用水平；加大矿业市场治理整顿力度，推动资源整合和有序开发利用。

（三）发展低碳循环的生态工业

深入实践科学发展观，强力推进治污减排，统筹城市和农村污染防治，创新政策和体制机制，强化环境监管与服务，严厉打击环境违法行为，着力解决环境突出问题，使环境质量得到明显改善。

1. 鼓励企业循环式生产

采用先进工艺技术与设备，大力推行清洁生产。在冶金、建材、能源、化工等行业的重点企业，积极开发和推广资源节约、替代和循环利用技术与装备，从源头和全过程充分利用资源，促进企业循环式生产。通过流程再造、技术改造、管理现代化等有效途径，积极推广余热余压回收、废弃物无害化处理等清洁生产技术，在企业内部实现能量梯级利用、资源循环利用，从源头和全过程充分利用资源，减少资源消耗和污染物排放，实现节约、降耗、减污、增效。

2. 加快工业生态园区建设

以加快推进曹妃甸工业区循环经济示范区建设为重点，按照生态工业发展理念，以骨干行业和重点企业为突破口，加快推进重点开发区、县域特色园区循环经济布局和生态化整合改造；通过工艺联合、生态产业链组合，实现产业间煤气、余热、废弃物等能量梯级利用和资源循环利用，构建比较完善的生态产业体系。重点围绕钢铁、煤炭、电力、建材、化工等能源、原材料行业，发挥产业集聚效应，促进行业企业间的产业关联和布局调整，提高资源、能源综合利用率，最大限度减少废物排放。

3. 强化城市环境综合整治

一是努力改善大气环境。2009 年，全市大气环境质量呈好转趋势。大气污染物的主要成分为可吸入颗粒物、二氧化硫和二氧化氮。污染物主要来自汽车尾气、城市道路和建筑工地的二次扬尘以及工业企业排放的废气。2009 年，全市烟尘、工业粉尘和二氧化硫排放量分别为 12.72 万吨、18.23 万吨、25.44 万吨，比 2008 年度有不同程度的降低。

加强对城区周边重点行业企业实施脱硫工程改造，进一步削减二氧化硫排放量。积极推进城市燃煤锅炉整治工作，有效改善城区环境质量。加大环境执法工作力度，优化环境执法装备，开展污染源在线监测，争取在更多家企业安装在线监控设备，并与环保部门实现联网，进一步提高污染源在线监控的覆盖范围。建设大气黑度自动监控平台，时时监控企业排污情况，有效提高环境执法水平，严厉打击环境违法行为。

二是努力改善水环境。据 2009 年对市内陡河、滦河、黎河、淋河、还乡河、沙河 6 条主要河流监测，结果表明：陡河 6 个监测断面中有两个为Ⅱ类水质，达到功能区要求；一个为Ⅴ类水质，达到功能区要求；其余三个监测断面均为劣Ⅴ类水质，主要污染物为氨氮和化学需氧量，未达到功能区划要求。水质较差的主要原因为：地表径流较少，河流接纳的主要是沿岸的工业废水和城镇生活污水，致使水体自净能力较差。滦河、黎河、沙河均为Ⅱ类、Ⅲ类水质，达到功能区要求。2009 年，全市化学需氧量排放量为 8.04 万吨，其中，工业废水中化学需氧量排放量为 4.79 万吨，生活废水化学需氧量排放量为 3.25 万吨。

要积极开展饮用水源地和重点流域环境综合整治。①对全市城市集中式饮用水水源地保护区内污染源开展现场核查，安装饮用水水源地保护区边界和道路交通标志点位的标识；②开展全市典型乡镇饮用水水源地基础环境调查及评估工作；③开展陡河水库饮用水源环境综合整治。在污染源现状专项调查的基础上，落实《陡河水库环境综合整治实施方案》，全部取缔非法排污口。④开展重点流域水污染防治工作。

三是加强固体废物处理。工业固体废物排放情况。2009 年全市工业固体产生量为 9108 万吨，主要包括冶炼废渣、炉渣、粉煤灰、尾矿等，工业固体废物排放量为 25 万吨，工业固废综合利用量 7363 万吨，综合利用率为 80.53%。

4. 发展绿色交通

资源约束加剧，公路交通必须走可持续发展之路。与交通发展有关的土地资源比较缺乏，要求交通发展必须适应严格的耕地保护制度、节约能源制度、环境保护和监管制度，提高土地等稀缺或不可再生资源的使用效率，有效利用资源。

公路交通发展的指导思想是：依托区位优势和港口发展，全面提高区域公路交通网络的整体服务能力和服务水平，积极构建促进经济社会发展的公路网络和运输服务两大平台，努力实现高效交通、廉政交通、法制交通三大目标，推动唐山交通事业全面、快速、健康发展，为早日实现唐山交通现代化奠定坚实的基础。

公路交通建设发展目标是进一步奠定公路交通现代化基础。在基础设施建设方面，公路密度在“十一五”59.4 公里 / 百平方公里的基础上进一步提高，干线公路网络形成更为密集的“高速公路‘一纵两横三条线’、干线公路‘四纵五横六条线’”新格局；农村公路网络提高密度和等级，服务社会主义新农村建设；运输站场形成以公路主枢纽为中心、各县级站场（点）为节点、遍布全市的网络服务体系。在运输服务管理方面，进一步优化资源配置、规范市场秩序，加快信息技术的开发应用，形成安全、畅通、绿色、高效、智能的交通运输管理体系。

5. 节能减排，开发清洁能源

加快产业结构调整。要大力发展高技术产业，坚持走新型工业化道路，促进传统产业升级，提高高技术产业在工业中的比重。加快淘汰落后生产能力、工艺、技术和设备；对不按期淘汰的企业，要依法责令其停产或予以关闭。

大力发展循环经济。要按照循环经济理念，加快园区生态化改造，推进生态农业园区建设，构建跨产业生态链，推进行业间废物循环。要推进企业清洁生产，从源头减少废物的产生，实现由末端治理向污染预防和生产全过程控制转变，促进企业能源消费、工业固体废弃物、包装废弃物的减量化与资源化利用，控制和减少污染物排放，提高资源利用效率。

节电与余热发电。合理用电，节约用电，以及将一些废弃能源转化为电能已经成为节能减排工作中的重中之重。一是大力倡导节电；二是开发余热发电。

强化技术创新。要组织培育科技创新型企业，提高区域自主创新能力。加强与科研院校合作，构建技术研发服务平台，着力抓好技术标准示范企业建设。要围绕资源高效循环利用，积极开展替代技术、减量技术、再利用技术、资源化技术、系统化技术等关键技术研究，突破制约循环经济发展的技术瓶颈。

建设能源林栽培示范基地及能源树种种苗示范基地，在此基础上，与退耕还林、荒山造林、废弃矿山修复等生态建设工程相结合，规模化培育能源林。与此同时，推进林业生物质能源的开发利用。以盘活基地、提升生产能力为目标，对林业生物质固体成型燃料生产示范基地进行升级改造。建设林业生物质固体成型燃料生产基地。以生物质固体成型燃料替代燃煤为目标，开展绿色能源村镇、城市居民小区示范工程建设。从解决民生的角度出发，制定明确的促进生物质能开发与利用的政策和措施，重点在设备制造和生物质能源利用市场开拓方面予以大力支持。

加强组织领导，健全考核机制。要成立发展循环经济建设节约型社会工作机构，研究制定发展循环经济建设节约型社会的各项政策措施。要设立发展循环经济建设节约型社会专项资金，重点扶持循环经济发展项目、节能降耗活动、减量减排技术创新补助等。要把万元生产总值、化学需氧量和二氧化硫排放总量纳入国民经济和社会发展年度计划；要建立健全能源节约和环境保护的保障机制，将降耗减排指标纳入政府目标责任和干部考核体系。

（四）强化集约高效的生态农业

发展农业循环经济，坚持产业发展与生态文明并重。现代生态农业发展要实现节能、节水、节地、节材“四项节约”，开展资源综合利用、发展农业循环经济，加强废气、废水、废渣“三废”治理和生态保护与建设，逐步将节能、节水、节材培育成为新兴产业，推动农业领域的节能减排，加快推进生态文明建设，全面提高农业、农村经济可持续发展能力。

合理开发利用农业资源，推广生态农业技术，发展循环农业、生态农业，有条件的地方可加快发展有机农业，提高农业附加值。要推进北部丘陵山区森林保护、退耕还林、退牧还草等重大生态工程建设，实施沿海防护林工程。治理农村人居环境，搞好村庄治理规划和试点，节约农村建设用地。加快发展农村清洁能源，加强农村沼气建设、养殖场大中型沼气建设，在适宜地区积极发展秸秆气化和太阳能、风能等清洁能源，加快绿色能源示范县建设。加快实施乡村清洁工程，推进人畜粪便、农作物秸秆、生活垃圾和污水的综合治理和转化利用。加强农村环境保护，减少农村面源污染，有效治理水土流失和水源污染，加大力度保护湿地和生物多样性，推进农村饮水安全工程。加强农产品质量安全生产体系建设，全面加强动物疫病和植物病虫害的防控工作。

大力发展现代生态畜牧业。按照区域化布局、规模化养殖、标准化生产、产业化经营、机械化作业、组织化管理的思路，稳定提高畜牧业综合生产能力，走优质、高效、安全、生态的协调可持续发展道路，努力保障畜产品质量安全、公共卫生安全和生态环境安全。在生态建设方面，着重实施畜禽养殖排泄物治理和资源化利用工程，对大型畜禽养殖场（户）的畜禽排泄物进行综合治理，实现畜禽排泄物资源化利用和污水达标排放。

创新发展现代生态渔业。遵循资源节约、环境友好和可持续发展理念，以现代科技和装备为支撑，运用先进的生产方式和经营管理手段，形成农工贸、产加销一体化的产业体系，促进产业标准化、产业化、规模化，实现生态经济社会效益和谐统一。加快开发、引进和推广符合市场和加工需要的新品种、新技术，开发定向育种和规模化繁育技术；依海水工厂化养殖发展实际，采用生物工程等现代化技术装备来武装产业，构建多层次、多功能、多途径的高效人工仿真生产系统、自控环境，实现全年均衡上市；大力发展海水养殖，建设池塘、贝类、海水工厂化、网箱养殖及稻田养殖五大水产品基地；改善水质生态环境，推广绿色健康养殖方式；加强水产品加工薄弱环节，发展休闲渔业；加快水产品质量监督检测体系建设，为全面提高水产品质量和安全性提供保证。

（五）提升规模特色的林果产业

果品产业发展的总体工作思路是，以深化农业结构调整和绿化唐山持续攻坚行动为契机，以构建生态和谐新唐山和促进农民增收为目标，狠抓基地建设、标准化生产和果品质量安全，强化品牌带动和科技兴果两大战略，加速推进唐山由果品大市向果品强市转变，努力实现果业又好又快发展。确保果品产业持续快速发展，必须坚持“一个中心”，围绕“两大建设”，主攻“三向调整”，采取“四项措施”。

（1）坚持“提高果品质量”一个中心。坚持全面提高果品质量这个中心，不断提高果品的竞争力，大力推进果业增长方式由“数量速度型”向“质量效益型”转变，逐步实现“数量、速度、效益”三位一体共同发展。要做到对应不同的消费需求，生产不同等次的果品。面对大众消费者，以生产无公害果品为重点；面对高层消费和国际市场，要生产绿色果品和有机果品，特别是唐山市燕山一带的板栗、安梨、核桃等，耐旱、耐瘠薄、病虫害少，对自然环境形成了高度适应性，具有实施绿色和有机栽培的可能性和条件。因此要搞好规划，加强技术攻关，搞好示范研究，做好申报鉴定等工作，加大发展力度，扩大知名度，提高市场占有率。

（2）加强“龙头、市场”两大建设。一是加强龙头建设，提高带动能力。重点发展精深加工型、出口创汇型、市场带动型、贮藏增值型等各种类型龙头企业，谋划建设一批大项目，提升一批果品龙头企业经营水平和档次，加快龙头企业做大做强的步伐，增强带动能力。二是加强市场建设，拓宽销售渠道。加快产地市场建设。在完善提高现有市场交易功能的基础上，在国道沿线、主要交通干线的果品重点产区，结合当地的优势产品建设一批具有地方特色的产地交易市场，完善一批果品专业销售市场，建设大型果品贮藏库、气调库，开展果品分级、包装、贮运、加工、保鲜及交易结算等商品流通业务，为产品销售提供便利条件。加快销地市场建设。像迁西板栗那样，通过在主销区大中城市建立连锁店和设立专营店等形式，开展异地直销，逐步在全国各地建立巩固的市场窗口和销售渠道。

（3）搞好"横向、纵向、外向"三向调整。一是深入推进"横向调整"，做大基地规模。在传统特色果品开发和主导产业培育上，推行一个乡镇或几个乡镇共同发展的做法，促进优势产品向优势产区集中，建设规模大、效益高、品牌硬的特色果品产业带或产业群。同时，积极引进示范醋栗、黑莓等第三代果品，建设新的果品小区，增强唐山市果品产业发展后劲。二是深入推进"纵向调整"，延伸果品产业链条。加快果品商品化处理生产线的引进和建设步伐，使板栗、苹果等主要果品基本实现采用分级处理，改善分级包装条件，提高果品的商品质量和档次。重点发展大型现代化气调库，改善果品贮藏条件，提高果品的贮藏质量，尽快实现果品季产年销。三是深入推进"外向调整"，提高果品外向化水平。扩大对外开放，加快唐山市果品产业与国际市场接轨步伐。优化投资环境，加大招商引资力度，广泛吸引和利用市外、省外、国外资金、技术、人才、信息，提高唐山市果品产业发展水平。积极开拓国际市场，千方百计扩大果品出口；大力开拓国内市场，提高唐山市果品在国内市场的占有率。

（4）落实"扶持、培训、标准、科技"四项措施。即加大扶持力度，狠抓规划和示范培训，实施标准化生产，强化科技支撑。

（六）拓展知识经济的第三产业

唐山建设生态城市，促进城市可持续发展，必须走由资源经济向知识经济转变的发展道路。专家认为，知识经济（knowledge economy）是以人力资本为基本要素，以人的智慧为主要增长来源的经济结构、增长方式和社会形态。知识经济主要体现在教育、医疗、艺术和科技创新四个领域，其共同特征是脑力劳动和生产创新，学校、医院、艺术院和研究院是知识经济的主要领域。知识经济贯穿于人类社会发展的始终，只是到了现代由于教育、医疗的进步，知识经济越来越成为先进发达国家经济增长的源泉。教育是知识经济的起点，正是教育的进步才使人类具有知识，并转化为人力资本，创新科技，使用生产要素进行生产过程，创造经济增长。

"知识城市"是知识经济占主体地位的城市。这作为21世纪全球城市发展的新理念，与我国正在实施的创新城市战略不谋而合，并且从更宏观的战略高度拓宽了我国城市发展的思路。这种发展模式以知识经济为基础，促进产业结构调整，强化城市经济中科技创新的含量，将有效提高城市核心竞争力，提升城市品位。知识城市的构建是庞大的系统工程，应立足于唐山城市的基本条件和发展阶段，充分发挥自身优势。要重视提高城市的便捷性和通讯水平，整合信息基础设施，提高信息化程度。鼓励文化和科技创新，发展科技含量高潜力大的科技产业，充分发挥城市文化形态多样性优势，举办和承办更多的全国性和国际性的节事活动，扩大影响力，促进知识和文化创意产业发展。促进城市会展经济、旅游经济、商贸物流经济和文化创意产业发展，加速培植新兴产业。

加快产业结构调整。要大力发展第三产业，以专业化分工和提高社会效率为重点，积极发展生产性服务业；以满足人们需求和方便群众生活为中心，提升发展生活性服务业。

优先发展教育事业。坚持教育优先发展，按照“发展、改革、调整、建设”的原则，促进基础教育特别是农村义务教育均衡发展；加快普及学前三年教育和高中阶段教育；大力发展职业教育，着力培养技能型实用人才；稳步发展高等教育；发展多形式、多层次的再教育，全面推进以素质教育为核心的教育现代化进程，构建学习型社会和终身教育体系。

加快科技创新和技术进步。坚持以加强科学技术自主创新、重点跨越、支撑发展、引领未来能力建设为重点，大力优化科技创新环境，加快健全和完善以企业为主体、人才为核心、公共研发和服务体系平台为支撑的科技创新体系，加强原始创新、强化集成创新、加快引进消化吸收再创新，全面提高科技整体实力和产业技术水平。

改造提升商贸服务业。以调整、提升、创新、规范为主线，以主导产业为基础，以大型批发市场为纽带，大力发展和完善商贸流通体系，努力实现与京津两大市场的对接，基本形成以市中心区为重点，以县城和农村重点乡镇为依托，城乡协调、区域一体、布局合理、结构优化、功能完善、制度健全、具有特色的冀东区域性商贸中心和京津冀都市圈商品流通重要纽带。

加快培育现代物流业。充分发挥区域综合比较优势，以市场为导向，以企业为主体，以现代物流管理技术为支撑，以降低物流成本为核心，整合存量与优化增量有机结合，突出综合性物流，完善区域性物流，培育国际性物流，加快建立满足生产者、经营者和消费者多样化需求的现代物流服务体系，建设全省物流枢纽城市和全国物流节点城市。在市中心区和海港开发区建成具有较强区域性集聚辐射功能和与国际接轨的综合物流园区；在曹妃甸工业区建设功能完善、便捷高效的国际性物流枢纽。

积极发展旅游业。坚持以加快发展为主题，以市场为导向，以优势产品为依托，加大旅游资源开发力度；创新手段，打造精品，协调联动，提高品位，强化市场开发和营销；依法治旅，规范管理，优化环境；强化区域合作，实现互利共赢，打造与周边地区融会贯通的大旅游圈，建设成为京津冀都市圈旅游休闲度假地。

繁荣文化事业和文化产业。认真贯彻落实《唐山市建设文化大市规划纲要》，努力发展先进文化和与社会主义市场经济相适应的现代文化，充分挖掘和开发文化艺术资源，大力繁荣文化事业和文化产业；加大政府对文化事业的投入，促进投入主体多元化，逐步形成覆盖全社会比较完善的公共文化服务体系；优化文化资源配置，逐步建成一批体现唐山特色、与经济发展水平相适应的文化艺术产业集群；培育多种所有制并存、门类齐全、布局合理、面向市场、共同发展的文化产业体系，加快文化大市建设进程。

加快健全和完善社区服务体系。坚持以基础设施达标规范、管理体制改革创新、组织机构健全完善、服务功能齐全完备为目标，创新社区管理体制和运行机制；完善城镇社区居民自治体制，建设管理有序、服务完善、环境优美、治安良好、生活便利、人际关系和谐、与现代化沿海大城市建设相适应的新型现代化社区体系。

四、文明和谐的生态文化体系建设

生态城市建设的第三项内容，是建设文明和谐的生态文化体系。生态社会和生态文化建设是生态城市建设的重要目标，对于生态环境和生态经济建设将发挥精神引领作用。“文明和谐”是针对生态文化而提出的建设理念。目的是合理应对唐山市面临的一系列社会发展挑战，实现社会长治久安、文明进步、幸福和谐、持续发展。

（一）基本内涵

所谓“文明和谐”，是指通过生态城市建设，将唐山市建设成为生态宜居、社会和谐、文化繁荣、文明进步、人民健康、生活幸福的美好家园。

2007年以来，唐山市委市政府就提出了“打造人民群众幸福之都”的全新理念。“文明和谐”的理念，侧重强调生态城市建设的人文化，是指唐山生态城市建设按照“以人为本、有益民生、促进和谐、丰富文化”的建设理念，体现满足城市居民身心健康、促进郊区农民致富和城乡人居环境改善等方面的需求，精心构思设计，实现生态环境、生态产业和生态文化的有机统一，把唐山建设成既适合创业工作、又适宜生活居住的幸福家园。

建设“文明和谐”,要求促进唐山和谐社会的全面发展。“和”是中国文化的精髓所在。所谓“和实生物”“和而不同”“和为贵”,都是强调和谐的重要性。今天,科学发展观强调人与自然和谐发展,强调建设社会主义和谐社会，也都把“和谐”提高到十分重要的位置。“和谐”包括人与自然的和谐发展，人与人、人与社会的和谐相处，人的身心和谐与健康。

1. 人与自然的和谐发展

促进人与自然和谐发展，是科学发展观的一个重要观点。2004年3月10日，胡锦涛同志在中央人口资源环境工作座谈会上指出:“要牢固树立人与自然相和谐的观念。自然界是包括人类在内的一切生物的摇篮，是人类赖以生存和发展的基本条件。保护自然就是保护人类，建设自然就是造福人类。”2006年4月1日，胡锦涛同志在北京奥林匹克森林公园参加首都义务植树活动时说:“各级党委、政府要从全面落实科学发展观的高度，持之以恒地抓好生态环境保护和建设工作，着力解决生态环境保护和建设方面存在的突出问题，切实为人民群众创造良好的生产生活环境。要通过全社会长期不懈的努力，使我们的祖国天更蓝、地更绿、水更清、空气更洁净，人与自然的关系更和谐。”同时,促进人与自然和谐发展,也是生态文明的核心价值观。通过生态城市建设，使唐山森林、湿地等自然生态系统得到有效保护，城市、乡村等自然经济社会生态系统的结构和功能得到优化，可持续性得到加强。不仅实现人和社会的发展，还要实现自然界的发展，使两者协调共生、相互促进、共同进步和繁荣。

2. 人与人、人与社会的和谐相处

首先，城市与乡村的和谐发展。从目前情况看，唐山的城市经济发达，但生态环境问题相对突出；而乡村则是经济相对落后，生态环境相对良好。在生态和经济方面，城乡发展不够协调。发展理念是通过生态城市建设，完善生态补偿机制，发展城市生态产业，使城市和乡村的生态环境更加良好，经济发展前景更加广阔。其次，山区与沿海的和谐发展。山区和沿海的关系，不仅是上游与下游的关系，在一定程度上也是乡村与城市的关系，生态保护与经济发展的关系。这要求在生态城市发展中，对生态区域的布局，三次产业的布局，生态文化的布局，政策的制定都要统筹兼顾，做到分类指导，分区施策。再次，唐山与环环渤海地区内外之间的和谐发展。为了加强区域的经济文化合作交流，建设共同繁荣的环渤海经济区，借鉴发达地区生态建设经验，加强区域生态文化交流是一条重要途径。同时，唐山的生态城市建设，也需要借鉴长三角、珠三角、京津等国内其他地区的发展经验，以及国外生态城市建设的经验，加强相互间生态经济文化的合作与交流，促进区域协调发展。

3. 人的身心和谐与健康

促进人自身的和谐，提高市民幸福指数。随着唐山市经济社会的快速发展，人们的生活水平不断提高，广大市民对良好生态环境的需求越来越迫切，更渴望呼吸上清新的空气、喝上纯净充足的水、吃上绿色的食品、拥有健康优美的自然景观和人居环境。城市生态建设与城市居民的身心健康、生命安全紧密相关，完善的城市生态系统可发挥巨大的社会效益。城市生态环境的好坏不仅关系着人们的生活质量，也影响人类生命的质量。良好的生态环境可以使人赏心悦目、心旷神怡、增进健康、益寿延年，对个人、对社会都有极大的利益。首先，增强居民身体健康。城市森林像保健品一样，长期促进居民的身体健康。健康长寿是千百年来人类永恒的梦想，随着人们温饱问题的解决，健康长寿越来越受到重视。人的健康长寿，遗传只占到20%左右，最主要的是食物、水和空气的质量。城市生态系统不仅具有净化水质和改善空气质量的功能，而且可以释放大量的负氧离子。负氧离子能调节人体的生理机能，改善呼吸和血液循环，减缓人体器官衰竭，对多种疾病有辅助治疗作用，延年益寿。其次，促进居民心境和谐。城市森林通过对光线、色彩、气味、形状、声音等方面形成的特定环境影响居民的心理活动，同时也刺激居民进行体育锻炼，从而起到放松心身的作用。第三，丰富居民精神文化。森林植物种类繁多，形态、色彩、风韵、芳香变化创造出赏心悦目、千姿百态的艺术境界，在体现着自然节律的同时，为城市带来生命的气息，也为人们提供走进自然、亲近自然、人与人轻松交流的场所。可见，生态城市建设可以极大地丰富居民的精神文化生活。城市生态文化是城市文化和城市生态文明的重要组成部分，它所包含的城市森林美学、园林文化、旅游文化等，对人们的审美意识、道德情操起到了潜移默化的作用，也使城市森林成为城市文化品位与文明素养的标志。此外，配置合理的城区森林公园，在意外灾害（如火灾、地震等）出现的紧急情况下，还可为市民提供临时的避灾场所。

建设“幸福和谐家园”，旨在增添唐山市民的幸福指数。我们建设的生态城市，是融生态、经济、社会效益于一体，集科学、艺术、文化于一身，既充分考虑对自然生态系统的保护和发展，又充分考虑社会、人的全面发展与进步。主要任务是，以凤凰涅槃为主，建设优秀的生态文化。

建设安全健康良好的社会生态系统，有效发挥其在生态城市发展中的引领作用。社会生态系统是指从自然生态学规律角度来理解的社会运行系统。主要包括城市、乡村等区域，除经济活动之外，社会生活、消费活动对生态环境的影响不超出自然承载力，人口密度合理，生活垃圾能够得到有效资源化处理。进而使社会生态系统与自然生态系统相适应，能够保持健康、良性发展。

主要包括：

一是通过生态社会和文化建设，使唐山人民过上幸福美好生活。人与自然和谐发展，是一种全面、协调、可持续的科学发展，这种发展有利于人民的物质生活和精神生活水平的提高，目标是追求和实现人的健康、幸福美好生活，建设和谐、和美、温馨的幸福家园。

二是全面提升人民的生态文明意识。建设低碳环保的生态市区，创造良好的人居环境。要坚持以人为本，创建宜居环境。统筹安排关系人民群众切身利益的住房、教育、医疗、市政等公共服务设施的规划布局和建设。加强中心城区采煤塌陷区综合整治，稳步推进城市和国有工矿棚户区改造，提高城市居住和生活质量。建立以公共交通为主体，各种交通方式相结合的多层次、多类型的城市综合交通系统。统筹规划建设城市供水水源、给排水、污水和垃圾处理等基础设施。

三是保护和建设生态文化载体，发展繁荣生态文化。重视历史文化和风貌特色保护。统筹协调发展与保护的关系，按照整体保护的原则，切实保护好城市传统风貌和格局。重点保护好唐山大地震遗址等文物保护单位及其周围环境。加强大城山、凤凰山、弯道山和陡河水系、环城水系等自然景观的保护，突出“三山两水”城市风貌特色。通过优化旅游线路，丰富文化内涵，推动服务标准化，不断提升生态旅游业。加强古树名木保护，丰富节庆会展文化，建设教育示范基地等生态文化载体，发展繁荣各类生态文化，满足城乡居民生态文化需求。

（二）全面提升人民的生态文明意识

生态文化是人与自然和谐相处、协同发展的文化，是伴随着经济社会发展的历史进程形成的新的文化形态。发展生态文化，有利于贯彻落实科学发展观，推动经济社会又好又快发展；有利于建设生态文明，推动形成节约能源资源和保护生态环境的产业结构、增长方式、消费模式；有利于增强文化发展活力，推动社会主义文化大发展大繁荣。

生态文化是城市生态文明建设的重要组成部分，也是推进生态城市发展的重大精神动力。唐山应当做发展生态文化的先锋，尽可能多地创造生态文化成果，努力推进人与自然和谐重要价值观的树立和传播，为生态文明发展做出自己独特的贡献。深入普及生态知识，宣传生态典型，增强生态意识，繁荣生态文化，树立生态道德，弘扬生态文明，努力发展主题突出、内容丰富、贴近生活、富有感染力的生态文化。

有效发挥生态文化载体的作用。改造整合现有的生态文化基础设施，完善功能，丰富内涵。切实抓好自然保护区、森林公园、森林植物园、野生动物园、湿地公园、城市森林与园林等生态文化基础设施建设。充分利用现有的公共文化基础设施，积极融入生态文化内容，丰富和完善生态文化教育功能。广泛吸引社会投资，在有典型林区、湿地、城市，建设一批规模适当、独具特色的生态文化博物馆、文化馆、科技馆、标本馆、科普教育和生态文化教育示范基地，拓展生态文化展示宣传窗口。保护好旅游风景林、古树名木和各种纪念林，建设森林氧吧、生态休闲保健场所，充分发掘其美学价值、历史价值、游憩价值和教育价值，为人们了解森林、认识生态、探索自然、休闲保健提供场所和条件。

推动生态文化的传播。在采用报纸、杂志、广播、电视等传统传播媒介和手段的基础上，充分利用互联网、手机短信、博客等新兴媒体渠道，广泛传播生态文化；利用生态文化实体性渠道和平台，结合“世界地球日”“植树节”等纪念日和“生态文化论坛”等平台，积极开展群众性生态文化传播活动。特别重视生态文化在青少年和儿童中的传播，做到生态文化教育进教材、进课堂、进校园文化、进户外实践。继续做好“国家森林城市”、“生态文化示范基地”的评选活动，使生态文化理念成为全社会的共识与行动，最终建立健全形式多样、覆盖广泛的生态文化传播体系。

共享生态文明成果。在充分借鉴国内外生态城市建设先进经验的基础上，从经济社会发展的需求以及人的生理和心理需求出发，包括对植物和树种材料的选择、搭配、管护、经营，也包括对森林公园中相关配套服务设施的建设，生态道德基地硬件和软件环境的营造等，都要全面考虑其对社会、对人的影响，尽可能地满足不同年龄、不同群体、不同季节等居民的需要。为此，应借鉴国际上的先进做法，专门设计和建设连通城区与郊区的森林健身步道、与公共设施相结合的居民小区森林绿地、与自然保护相结合的各具特色的近郊和远郊森林湿地公园、星罗棋布的乡村绿化、特色高效的绿色产业等建设项目，真正使生态城市建设，与和谐社会建设、新农村建设和生态文明建设统一起来，做到以人为本、服务人民，努力把唐山建设成为生态良好、环境优美、生产发展、人民安居乐业的幸福家园。

（三）建设低碳环保的生态市区

市区是人们集中生活的地方，随着唐山城市化的发展，将有越来越多的人生活在城市当中。建设低碳环保的生态市区，对于增进人民身体健康、提高生活品质具有重要意义。

1. 努力改善城市市区环境质量

一是改善大气环境。2009 年唐山市区环境空气中可吸入颗粒物年均浓度值为 0.078 毫克 / 标准立方米、二氧化硫年均浓度值为 0.062 毫克 / 标准立方米、二氧化氮的年均值为 0.031 毫克 / 标准立方米，其中二氧化氮年均浓度值与2008年持平，其余两项污染物年均浓度值较2008年有所下降；二氧化氮和可吸入颗粒物年均浓度值达到国家二级标准，二氧化硫年均浓度值超过国家二级标准0.03倍。按照API指数等级划分，环境空气质量为二级及优于二级的天数为329天（其中一级天数为47天），占总天数的90.1%，比2008年增加1天；环境空气质量三级的天数为36天，占总天数的9.9%，比2008年减少2天。从环境空气质量二级及以上天数分布的月变化趋势看，唐山市区环境空气质量具有明显的季节性特征：冬季和春季受取暖期和风沙的影响污染物浓度较高，空气质量较差；而夏季和秋季因气象因素利于污染物扩散，污染物浓度较低，空气质量较好。2009年共监测市区大气降水29次，pH值的范围为6.18~8.45，未出现酸雨。

二是改善地下水环境。2009年对市区4处地下水饮用水源地（北郊水厂、大洪桥水厂、西郊水厂、龙王庙水厂）进行了12次监测，水质较好，全部达到集中式生活饮用水水源标准。

三是改善城市声环境质量。2009年，城市区域环境噪声、交通环境噪声监测值与去年相比均有所下降。区域环境噪声：年监测均值为53.1分贝，比2008年有所下降，达到省考核指标（56.0分贝），其中达标（监测值≤56.0分贝）网格数占总数的83.6%。造成部分网格区域环境噪声超标的主要原因是社会生活噪声源；其次为交通机动车辆噪声源和工业污染源。1999~2009年区域环境监测均值变化范围在53.1~56.6分贝之间，2009年监测均值为最低。道路交通噪声2009年监测均值为66.6分贝，与2008年相比略有下降，达到国家标准（70分贝），达标路段占96.8%。虽然唐山机动车保有量快速增加，但由于不断加强城市道路基础设施建设，强化了交通管理，交通噪声污染得到有效的控制。

2. 完善市区绿色交通体系

绿色交通是指建设和维护费用相对节省、低污染、有利于城市生态环境良好和谐的交通运输系统。它是一个全新的理念，它与解决环境污染问题的可持续发展概念一脉相承。它强调的是城市交通的“绿色性”，即减轻交通拥挤，减少环境污染，促进社会公平，合理利用资源。其本质是建立维持城市可持续发展的交通体系，以满足人们的交通需求，以最小的社会成本实现最大的交通效率。

从交通方式来看，绿色交通体系包括步行交通、自行车交通、常规公共交通和轨道交通。从交通工具上看，绿色交通工具包括各种低污染车辆，如双能源汽车、天然气汽车、电动汽车、氢气动力车、太阳能汽车等。绿色交通还包括各种电气化交通工具，如无轨电车、有轨电车、轻轨、地铁等。

绿色交通理念已成为现代城市交通规划的指导思想，这种理念要求达到三个方面的完整统一结合，即通达、有序；安全、舒适；低能耗、低污染。唐山市应将绿色交通理念注入城市交通规划优化决策之中，立足于城市开发强度与交通容量和环境容量的关系，使土地使用和交通系统两者协调发展。

3. 大力发展市区绿色建筑

“绿色建筑”不是指一般意义的立体绿化、屋顶花园，而是指建筑对环境无害，能充分利用环境自然资源，并且在不破坏环境基本生态平衡条件下建造的一种建筑。绿色建筑的室内布局十分合理，尽量减少使用合成材料，充分利用阳光，节省能源，为居住者创造一种接近自然的感觉。绿色建筑的基本内涵可归纳为：减轻建筑对环境的负荷，即节约能源及资源；提供安全、健康、舒适性良好的生活空间；与自然环境亲和，做到人及建筑与环境的和谐共处、永续发展。唐山生态城市建设，应加强绿色建筑方面的探索与实践。

绿色建筑设计理念包括以下几个方面：①节约能源。充分利用太阳能，采用节能的建筑围护结构以及采暖和空调，减少采暖和空调的使用。根据自然通风的原理设置风冷系统，使建筑能够有效地利用夏季的主导风向。建筑采用适应当地气候条件的平面形式及总体布局。②节约资源。在建筑设计、建造和建筑材料的选择中，均考虑资源的合理使用和处置。要减少资源的使用，力求使资源可再生利用。节约水资源，包括绿化的节约用水。③回归自然。绿色建筑外部要强调与周边环境相融合，和谐一致、动静互补，做到保护自然生态环境。舒适和健康的生活环境，建筑内部不使用对人体有害的建筑材料和装修材料。室内空气清新，温、湿度适当，使居住者感觉良好，身心健康。建筑的所在地土壤中不存在有毒、有害物质，地温适宜，地下水纯净，地磁适中。绿色建筑应尽量采用天然材料。建筑中采用的木材、竹材、石块、石灰、油漆等，要经过检验处理，确保对人体无害。应要根据实际条件，设置太阳能采暖、热水、发电及风力发电装置，以充分利用环境提供的天然可再生能源。

4. 倡导低碳文明的生活方式

结合唐山实际，制定参与式低碳文明社区规划。引导全社会参与低碳发展。广泛宣传低碳发展理念，充分调动企业、公众参与植树造林、保护森林等活动的积极性，通过参与义务植树、绿色认养、绿色消费、绿色出行等措施，实践低碳生活。积极创建“低碳文明单位”“低碳文明小区”“低碳文明村庄”，大力传播低碳发展和生态文明理念。建设融低密度住宅、生态建筑、森林式人居环境、人工湿地、太阳能供暖照明、资源节约、垃圾分类等于一体的低碳文明生活方式，提高绿地质量和增加碳汇能力，开展森林经营剩余物能源化利用，建设低碳社区示范点，并积极推广先进经验，示范带动全民参与低碳经济发展。

（四）用文化提升生态旅游业

唐山市旅游资源丰富，分布广阔。北有景忠山、灵山、鹫峰山、御带山、青龙山等五大名山；南有碧海浴场、金银滩、菩提岛等自然风光，又有现代化的京唐港区、曹妃甸港区、大清河盐场；古迹及建筑有世界文化遗产清东陵、西寨古文化遗址、潘家峪惨案遗址、李大钊故居和纪念馆等。

“十一五”期间，唐山充分利用国家和地方社会经济快速发展的良好机遇，采取有效措施，促进森林公园和森林旅游业持续、快速发展，取得了显著成效。全市新建省级森林公园 1 处。现共有 6 个森林公园。其中 2 个国家级森林公园（金银滩国家级森林公园林、清东陵国家级森林公园），4 个省级森林公园（御岱山省级森林公园、景忠山省级森林公园、鹫峰山省级森林公园、徐流口省级森林公园）。五年来，累计接待游客 500 万人次，森林旅游直接收入近 2 亿元，创造社会总产值 10 亿元。接待中外游人达 82.3 万人次，旅游总收入 2960 万元。森林旅游业已成为唐山市林业建设中一个新的经济增长点，对林业生态建设、产业结构调整、林农增收致富、地区经济发展及社会主义新农村建设等方面具有重要意义。

当前唐山市各森林公园资源丰富，兼之唐山大港口、大石油及环渤海经济圈的优越地理位置日益受世界瞩目，发展旅游正当其时。随着京津周围国家生态工程建设项目任务的日渐减少，后续产业将成为林业走路的支撑，森林旅游的发展将成为林业部门日渐关注的焦点。利用国家拉动内需的机会将森林旅游建设做大做强，利用国家棚户区建设机会建设好旅游基础设施，从产业上打开林业发展的困局。如金银滩国家森林公园地处唐山沿海旅游最重要的地理位置，区位优势得天独厚；清东陵、景忠山旅游蒸蒸日上，如日中天，如果得到林业部门资金的青睐，理顺管理体制，必将踏上发展的快车道。

坚持以加快发展为主题，以市场为导向，以优势产品为依托，加大旅游资源开发力度；创新手段，打造精品，协调联动，提高品位，强化市场开发和营销；依法治旅，规范管理，优化环境；

强化区域合作，实现互利共赢，打造与周边地区融会贯通的大旅游圈，把唐山森林公园建设成为京津冀都市圈旅游休闲度假地。

进一步增添唐山生态城市魅力。按照“绿满唐山、四季有花、诗情画意、景色优美”的建设理念，体现自然美与人工美的要求和原理，精心构思设计，实现生态绿化、园林美化、生态文化的有机统一，增添唐山城市特色和引人魅力。生态城市建设，不仅要注重城市生态系统功能的提高，也要吸收国外森林美学和我国传统园林建设注重艺术创造的经验和做法，提升城市的美化水平。国外以德国为代表崇尚森林的近自然经营，强调城市森林建设的自然美。园林作为一种空间艺术，是自然美与人工美高度的统一。中外园林都是因地制宜，巧妙借景，使建筑成为具有自然风趣的环境艺术。中国古典园林是风景式园林的典型，追求“师法自然、天人合一”的造园艺术，讲究“虽由人作，宛自天开”的艺术境界，最能体现人的自然化和自然的人化。它以自然界的山水为蓝本，由曲折之水、错落之山、迂回之径、参差之石、幽奇之洞所构成的建筑环境把自然界的景物荟萃一处，以此借景生情，托物言志。生态城市的建设，包括城市森林布局、森林公园、城市园林、新农村绿色家园建设等，都需要借鉴森林美学和园林艺术的精华，精心塑造唐山新城市形象，提升唐山景观水平。

推动生态旅游业标准化。遵照“立足保护、适度开发、引资共建、突出特色”的方针，大力发展森林旅游业。按照近郊公园农业休闲旅游文化区，中郊平原观光农业与生态农业休闲旅游文化区，山前丘陵观光采摘、民俗文化村、度假村旅游文化区，远郊山区自然观光、生态旅游文化区的总体布局，对旅游景区的设施采取标准化管理。充分发掘和利用民族文化的丰厚资源，借鉴世界文明的优秀成果，大力推进乡村森林旅游文化产品创新。突出重点，积极推介森林旅游线路。加强监督，推进乡村生态旅游产业标准化，着力开发生态旅游、特色旅游、专题旅游和乡情旅游等多种旅游产品，实施旅游文化精品战略，扶持原创性作品，着力打造一批代表唐山形象、具有生态特色的文化艺术精品。

（五）保护和建设生态文化载体

随着时代的发展，生态文化的表现形式日趋多元、丰富和开放。保护生态文化遗产、构建鲜活生动的生态文化载体，是传承唐山生态文化丰富内涵的重要途径。按照政府引导、社会参与、典型示范、政策支持的原则，整合现有精品生态资源，挖掘文化内涵，加快建设一批品位高、立意深的超大型综合生态文化精品服务基地，打造具有国际影响力的唐山生态文化知名品牌。

1. 加强古树名木保护

古树是指树龄在百年以上的树木。其中，300 年以上的为一级，其余的为二级。名木是指珍贵、稀有的树木和具有历史价值、纪念意义的树木。古树名木是一座城市文化的重要表现形式之一，对古树名木进行保护是城市生态文化建设的重要内容。加强对古树名木的保护与宣传，对于弘扬生态文化具有重要意义。

据调查，唐山市有古树 13 科，不完全统计，现存百年以上古树 6720 余株。唐山市古树资源以蝶形花科、银杏科、松科、杨柳科为主。唐山古树在各县（市）区都有分布，主要分布在寺院、旅游景区、村镇街头和田间。据 2006 年《唐山古树志》记载，2000 年以上的古树共约 10 株，1000 年以上的古树约 20 株。

提升古树名木资源信息化管理水平。建立古树名木和古树后备资源信息库，对市域内的古树名木和古树后备资源（树龄在 80~100 年的树木）进行登记造册，建立资源档案，并按规定进行统一编号：标明树名、学名、科属、等级、树龄、管理单位、树木编号等。对有特殊历史、文化、科研价值和纪念意义的古树名木及古树后备资源，应当有文字说明。建立科学完善的数据系统。

加强对古树名木的科学养护。古树生长主要面临干旱天气、大规模的城市改造影响生存环境两大威胁。尤其是由于古树根部土壤表层以大量混凝土、砖石覆盖，导致地表和土壤保水性差，土质贫瘠，使一些古树出现树冠萎缩，部分树干腐烂。针对古树衰弱的问题，加强养护管理。制定古树名木养护管理技术规范。清除古树周围的违章建筑。重设古树名木保护围栏与铭牌。抢救长势衰弱的古树，从改善土壤，叶面施肥、生物除虫、修补腐朽树洞、树体支撑等方面进行养护。

发掘并传播古树名木文化。采取古树名木与绿地建设、文物古迹开发等结合的办法，挖掘古树的价值资源、改善古树的生长环境，建设古树保护示范区。建立广大市民和单位对古树名木进行认捐认养的机制，使广大市民参与到古树名木保护中来。采取多种途径，加强古树名木的宣传、科研、科普工作。充分挖掘古树名木的历史价值、学术价值和文化内涵，使之发挥更大的效益。

2. 丰富节庆会展文化

唐山生态文化相关的节庆会展是伴随经济发展、人民生活水平提高和社会经济与文化的发展而成长起来的。已经形成节日庙会、花卉展览、季相展览、游园活动、林果采收活动等几大类别，初步形成有唐山特色的节庆会展活动，体现出一派繁荣的文化景象，对经济与文化发展产生巨大的促进作用。进一步挖掘生态节庆会展资源，统一规划、合理布局，开展节庆会展工程，对于提升唐山文化品位和经济实力具有重大意义。

建立与市场经济相适应，政府调控市场，市场引导企业的节庆会展运行管理机制。形成一批具有规模、品牌、经济效应和地方性、互动性、开放性、国际性的生态文化节庆会展精品项目。努力办好 2016 年 5~10 月唐山世界园艺博览会。加大节庆会展的宣传力度，开展一园一品活动，培育一批具有国内外重大影响的精品节庆会展。努力将生态节庆会展打造成为人民休闲娱乐的重要方式和经济社会发展的新增长点。

3. 建设生态文化教育示范基地

森林公园、湿地公园、自然保护区、自然博物馆、学校、青少年教育活动中心、风景名胜区等是开展生态文明教育的重要场所，有计划地建设和完善一批有深刻文化内涵的生态文化教育基地，对于开展丰富多彩的生态文化教育活动，吸引更多的公众受教育，不断提升生态文明教育的质量具有重要意义。唐山南湖公园是全国第一家生态文化教育示范基地，在全国生态文明建设中发挥了良好的示范表率作用。

今后可选择具备条件的公园、风景名胜区、自然保护区、湿地、博物馆等，联合有关部门加快建设一批有特色、有意义的生态文明教育基地。重点在森林公园和风景名胜区内建设森林动植物科普和生态科普宣传教育中心，展现森林文化。积极推动建设生态博物馆、园林博物馆等一批有影响的标志性重大生态文化建设项目。在各区县均应建成一片有文化保存价值的纪念林，使之成为各城市标志性的文化传承林。

建立社会公众参与机制，在生态文化教育基地开展有计划、有组织的社会公众参与生态文化教育的活动。切实把生态文明观的理念渗透到生产、生活的各个层面，不断增强社会公众的生态忧患意识、参与意识和责任意识，牢固树立生态文明观，为建设生态文明、全面建设小康社会提供强有力的思想保证。

（六）发展繁荣生态文化

发展各类生态文化，对于促进生态产业的发展，满足人民群众日益增长的文化需求具有重要作用。生态产业所承载的物种文化、休闲文化、旅游文化、花卉文化、森林食品文化、历史文化等内容丰富、形式多样，是生态文化传播的鲜活平台。充分发挥生态产业的文化功能来传播文化，充分发挥文化的产业功能来提升产业，这对于提升产业发展空间和公民文明素养，使更多市民享受生态文化，让更多农民依托秀美山川增收致富，不断提高唐山文化软实力具有重要的意义。

总体布局篇

第一章　唐山生态城市建设布局理论

生态城市是指在生态系统承载能力范围内运用生态经济学原理和系统工程方法去改变生产和消费方式、决策和管理方法，挖掘城市内外一切可以利用的资源潜力，建设一类产业发达、生态高效、体制合理、社会和谐的文化以及生态健康、景观适宜的城市，实现社会主义市场经济条件下的经济腾飞与环境保护、物质文明与精神文明、自然生态与人类生态的高度统一和可持续发展。简言之，是指按照生态学原理进行城市设计，建立高效、和谐、健康、可持续发展的人类聚居环境。它是一种理想的生态模式，其中技术与生态充分融合，人的创造力和生产力得到充分发挥，使居民的身心健康和环境质量得到最大限度的保护，物质、能量、信息高效利用，生态良性循环的一种理想栖地。生态城市建设布局遵从以下几个方面理论。

一、城市生态学理论

城市生态学是20世纪20年代由美国芝加哥人类生态学派兴起的一门以人类活动为中心，以人类栖息地为对象，研究城市人类生产和生活活动与周围环境关系的一门系统科学。20世纪60年代以来，城市生态学在理论、方法与实践上都取得新的突破。城市生态学理论上的一个重要突破是将生态系统的概念引入城市研究，并且正在逐步形成自己的理论体系。城市生态学是以生态学理论为基础，应用生态学和工程学的方法，与多学科的综合与融会，研究以人为核心的城市生态系统的结构、功能、动态，以及系统组成成分间和系统与周围生态系统间相互作用的规律，并利用这些规律优化系统结构，调节系统关系，提高物质转化和能量利用效率以及改善环境质量，实现结构合理、功能高效和关系协调的一门综合性学科。

城市生态系统可分为经济、社会、自然三个亚系统。城市经济子系统是以资源为核心、经济可持续发展的合理配置系统，是人类将自然资源和社会资源转化为生产资料和生活资料的过程；城市社会子系统包括人口及其人口分布优化、市民素质和生态意识、人居环境、城市就业状况和社会保障、城市的投资环境、文化产业和城市文明；自然子系统的发展指在自然力和人力共同作用下的环境对其自然结构和状态的维持，一方面对生产污染和消费污染进行还原净化，另一方面输出资源满足经济社会发展的需要。

城市化在为人们带来许多益处的同时，也产生一系列严重的生态环境问题，对自然生态系统和人民健康产生影响。这些问题主要表现在三个方面：一是资源的耗竭与短缺，特别是淡水、化石燃料、耕地的过度利用和生物多样性的减少；二是城市的气候变化（如热岛效应）和环境污染，包括水、空气、噪声和固体废弃物污染等；三是城市人口的增加导致大量的社会问题，如住房紧张、交通拥挤、绿地减少、教育与卫生滞后等。鉴于以上原因，世界各国都开始重视城市的生态建设问题，而生态城市的规划与建设，是以城市生态学的理论为指导，从城市的自然要素规律出发，分析其发展演变规律，确定人类如何进行社会经济生产和生活，有效地开发、利用、保护这些自然资源要素，促进社会经济和生态环境的协调发展，最终使得整个区域和城市实现可持续发展。

二、中国森林生态网络“点、线、面、体”理论

中国森林生态网络“点、线、面、体”理论以城市为“点”，以河流、海岸及交通干线为“线”，以我国林业区划中的八大林区为“面”，从而构建起我国“点、线、面”相结合的森林生态网络布局框架。我国生态环境面临植被系统不健全、森林植被的布局结构不合理这一困境，而要改变这种状况，其根本措施就是建立一个合理的森林生态网络。

首先，城市“点”加快城市森林建设，大力发展城市林业，为建设人与自然和谐的生态城市奠定基础。更强调在市域尺度上的城郊一体的思想。要求城市生态环境建设也必须转变单纯以美化为主的建设观念，突破建成区与郊区的界限，突破部门利益的制约，大力发展城郊一体的城市林业。其次，河流水系、道路等线域景观的防护林建设，可以把处于隔离状态的各个森林、湿地的土地斑块有效的连接起来，把点与面连接起来，保证中国森林生态网络体系的整体性、功能性。第三，面状森林地区是我国生态安全的基础，主要是采取多种措施强化森林保育，提质增效，发挥森林涵养水源、保持水土、保护生物多样性等生态功能和提供丰富林产品的生产功能。第四，目前森林生态系统的功能和效益与林业用地所具有的实际潜力还存在很大差距，直观反映是林地有“盖度”没有“厚度”，没有占据应该占据的应有空间，而实质就是林地包括城市绿地的森林质量不高，迫切需要增加空间“体”量，以使林地空间得到科学和充分利用。

三、城市功能区位理论

区位理论的研究最早可以追溯到 19 世纪初德国古典经济学家的古典区位论的研究。区位是指某一主体或事物所占据的场所。1826 年提出了农业区位论，主要是探讨在某特定区位寻求最佳的土地利用方式。20 世纪 60 年代，新古典主义学派研究了城市土地使用的空间模式，并详细解释了区位和土地利用之间的关系，人类各种活动之间、人类活动与自然之间经常存在着相互影响和冲突，通过分区对人类主要活动类型在空间上进行适当有所侧重地安排是解决冲突的有效办法，因此，功能区划是各类空间规划的基础。城市作为一个复杂系统，其功能区位布局在城市规划与发展中具有举足轻重的地位。然而随着城市的快速发展，一些城市问题不断显露，从生态角度来说就是城市某区域的功能定位不合理，并不是区域的生态系统和资源所能承受和支持的功能类型及所定义的功能，即某种人类活动对区域生态造成了破坏，对区域的资源进行了不合理的开发利用。

因此要从经济合理性、道路交通、空间形态、城市生活等要求进行城市功能区划分，生态城市要以城市功能区位理论为指导，针对城市功能区的不同定位，在对城市自然因素和社会经济因素综合分析的基础上，进行以服务城市分区功能为导向的生态城市总体布局，其目标是城市建设与城市功能相协调，最大限度地提升城市生态环境质量。

城市作为一个整体、一个系统，它的良性发展来自于内部各组成要素（各子系统）的相互协调与统一。区位作为一个开放的、复杂的、动态的环境子系统，只有保持区位系统与地理系统之间的协调与统一，在区位活动中不仅关注经济效益、同时要保持经济效益、社会效益和环境效益的统一。区位论可以从点、线、面等区位几何要素进行归纳演绎，从地理空间角度提示了人类社会经济活动的空间分布规律，揭示了各区位因子（因素）在地理空间形成发展中的作用机制。无论是从城市功能组织出发的空间组织理论还是从城市土地使用形态出发的空间组织理论（如同心圆、扇形、多核心等理论），都是生态城市布局的重要依据。

四、生态景观规划理论

景观由景观元素组成，景观元素指地面上相对同质的生态要素或单元，包括自然因素和人文因素，有斑块、廊道、基质三种类型。景观规划最初起源于园林设计和景观建筑设计。城市景观规划是以人为中心，将各种土地利用方式有机结合起来，以使人类活动与地表环境相协调。20世纪60年代以来，生态理念逐渐成为城市景观规划的主导方向之一。生态学思想的发展与古老的东方哲学相辅相成，从而使景观生态审美在我国尤其在经济文化发达的地区，与城市协同发展。生态景观规划设计的目的，是对土地及土地上的物体和空间进行安排，为人类创造安全、高效、健康和舒适的环境科学和艺术。其内容包括视觉景观（创造符合审美要素的环境形象）、环境生态（创造符合生态原则的环境空间）、人文景象（营造特定的精神环境）三大方面内容。

生态城市总体布局要充分分析景观组分和景观要素异质性，通过生态城市总体布局形成由基质—斑块—廊道构成生态城市景观格局，充分利用城市自然景观资源与人文景观资源，构建点、线、面、体相结合，绿色空间与灰色空间有效协调、景观连通度高、景观功能高效、生物多样性得到有效保护的城市环境。以市域范围内大型片林、水体，包括现有的森林公园、湿地公园、自然保护区和城市公园绿地为主体斑块依托，使之成为完备森林生态体系的核心，成为保护生物多样性的基础。完善道路、水系这些线状廊道沿线的防护林带建设，在主干水系、道路两侧形成比较宽的防护林带，并与上述林水主体斑块相连，共同构成整个市域的森林生态网络体系，为城市生态环境提供长期而稳定的保障。

从生态规划角度看，达到景观组分、生态单元、经济要素和生活要求的最佳生态利用配置，按生态规律和人类利益统一的要求，贯彻因地制宜、适地适用、适地适产、适地适生、合理布局的原则，通过对环境、资源、交通、产业、技术、人口、管理、资金、市场、效益等生态经济要素的严格生态经济区位分析与综合，来合理进行自然资源的开发利用、生产力配置、环境整治和生活安排。因此生态城市建设遵从区域原则、生态原则、发展原则、建设原则、优化原则、持续原则、经济原则等7项基本原则。依据景观生态学基本理论，深化景观生态系统空间结构分析与设计，结合生态区位论和区位生态学的理论和方法，进而有效地规划、组织和管理区域生态建设。

五、恢复生态学理论

恢复生态学是研究人与自然关系的集成生态学，与生态学的理论、方法密不可分，与持续发展紧密地结合在一起，其理论是对生物圈持续利用，是可持续发展模式的重要内容。1973年3月，在美国弗吉尼亚多种技术研究所和州立大学召开了题为“受害生态系统的恢复”国际会议，第一次专门讨论了受害生态系统的恢复和重建等许多重要的生态学问题。1985年，“恢复生态学”科学术语被提出。80年代以来，随着各类生态系统的日益退化以及相继引起的环境问题的加剧，有关恢复生态学的研究得到了迅速的发展，国际社会及各国都相继开展了有关恢复生态学的研究。

恢复生态学理论是在分析研究生态系统或景观退化原因的基础上，根据生态演替理论构建退化生态系统或退化景观恢复与重建技术和方法，揭示退化生态恢复的生态学过程和机理的学科。生态恢复并不是自然的生态系统次生演替，而是人们有目的地对生态系统进行改建；并不是物种的简单恢复，而是对系统的结构、功能、生物多样性和持续性进行全面的恢复。生态恢复是修复被人类损害的原生生态系统多样性及动态的过程，生态恢复是维持生态系统健康及更新的过程，生态恢复是研究生态整合性的恢复和管理过程的科学，生态整合性包括生物多样性、生态过程和结构、区域及历史情况、可持续的社会实践等广泛的范围。对退化的生态系统进行有效的恢复，达到城市生态环境的整体提升。

城市生态系统作为人类强度干扰条件下形成的具有高度异质性的生态系统，生态城市实质就是在城市内部进行生态重建工作，因而其关键是城市生态系统功能的恢复和合理结构的构建。结构和功能之间有密切的联系，合理的结构是功能发挥的重要基础，因而生态城市规划的关键就是构建合理的结构。

六、生态经济管理理论

生态经济管理，是指运用经济、技术、法律等手段，通过对生态经济系统的调节以提高生态经济系统生产力,实现生态经济持续协调发展的活动。生态经济管理是设计、建设和维持一个由人、生物和环境构成的系统条件，使人类、生物和环境都能更有效地发展和演化，以实现它们自身目标和系统整体发展目标的全过程。生态经济管理强调以较少或最少的人类经济投入实现最优整体管理目标，要通过整合人类、自然生物和环境的经济性来实现此目标，这是获得管理的整体效益和效率的根本途径。加强生态经济宏观管理是生态经济建设中的首要问题。生态经济管理是实现可持续发展的需要，它是以经济社会可持续发展为出发点，以提高生态经济效益为目标，以经济规划、产业政策、法律法规等多种手段进行调控。政府（包括立法和司法机构）是生态经济管理最关键、最重要的主体，应充分发挥宏观调控作用，实施一系列的生态经济管理手段，减少社会经济与自然生态之间的冲突，如生态恢复奖励制度、生态安全制度、生态负向影响税收制、生态文化教育制度等。

生态环境是经济发展的基础和根本，生态系统是经济系统赖以良性运转的物质源泉，当生态系统的生物资源和环境资源的结构、布局和自我更新能力遭到破坏时，经济系统本身也会陷于恶性循环之中。应当把生态环境建设与恢复和发展经济纳入统一的管理体系中，构建一个协调发展的生态经济系统，即生态与经济相协调。当前，循环经济理论的提出，为生态经济管理理论提供了支持。循环经济是可持续的新经济发展模式，是新型工业化的高级形式。在技术层次上，循环经济是与传统经济活动的“资源消费—产品—废物排放”开放型物质流动模式相对应的，是“资源消费—产品—再生资源”闭环型物质流动模式。其技术特征表现为资源消耗的减量化、再利用和资源再生化，其核心是提高生态环境的利用效率。

七、人地关系可持续发展理论

人地关系是一个多学科的综合问题。在哲学上，其思想可远溯至古希腊思想家柏拉图对理想城适度人口问题的论述。随着生产发展，人口增加及人类活动范围的扩大，土地资源经济供给的稀缺性与其社会需求增长之间的不协调，以及由于不合理的土地利用方式导致生态环境恶化等问题，迫使区域人地矛盾不断加剧，由此导致人地关系的地域系统结构紊乱和功能退化，严重制约着整个社会经济的持续与协调发展。

人地系统协调发展调控的实质就是从整体和可持续的角度，协调区域发展过程中的各种矛盾和利益分配，使整个人地系统处于循环再生、协调共生、持续自生，达到整体协调、共生协调、发展协调。其理论基础主要包括综合调控的控制论原理和综合调控的协调论原理。控制论原理是说在通过反馈机制联系在一起的多个子系统中必定存在一个或几个能够影响环境中某种现象传播和发展的位置点。在生态城市建设过程中，要重视这些点的生态建设。生态敏感区就是与这类控制点类似的区域。此外城市上游地区的水源涵养林也属于这类范畴。协调论是指整体协调，共生协调和发展协调。所谓“整体协调”，是指在系统中，不仅要考虑影响人类生存与发展的各种外部因素，而且还要考虑各种内部因素的相互作用。对于一个区域而言，整体协调要求站在全局的高度，从提高系统的整体功能出发，协调好区际之间的社会经济发展与资源、环境的关系。“共生协调”是以可持续发展系统中多要素的组合与匹配为基础，在不断发展过程中，通过调整、重组，构筑起相互依存、相互适应和相互促进的人地系统结构，确保整个系统朝着持续、有序的方向发展。“发展协调”是指影响经济社会发展的诸要素（包括自然、经济、社会、技术等）的相互作用以及在时空上的组合。通过人地系统综合协调调控实现经济发展，社会进步，资源永续利用，改善生态环境质量等目标，实现人地系统的可持续发展。

八、城市灾害学

城市灾害学是以城市防灾减灾为研究对象的学科。城市灾害学作为综合性学科重在体现其复杂性原理，它依据可持续发展观，考虑城市的发展前景、城市安全及面对风险的复杂性及多重性。城市的安全度既取决于风险又取决于控制能力。现代城市的发展建设中，对城市防灾问题考虑过少，仅把城市防灾减灾作为一项配套工程考虑，使城市布局上存在应对灾害的功能缺陷，而快速发展的城市化，更使得城市已愈发显得脆弱，因此，亟需将新的应对突发灾害的措施融入到城市的发展进程中，将城市综合防灾的思想应用到城市规划中，在城市总体布局上提高防灾减灾能力。

我国在城市灾害管理方面起步比较晚，20 世纪 70 年代之后，城市防灾作为一门学科被予以关注，1984 年通过的国家《城市规划法》对城市防灾提出要求。而真正从城市层面上重视灾害始于 20 世纪 90 年代联合国“国际减灾十年”活动。1998 年 4 月国务院批准《中国减灾规划》，特别强调要加强中国特大城市的减灾问题研究。

城市建筑集中，人口密集，发生地震、火灾等重大灾害时，为居民提供临时避难所非常重要。目前城市灾害主要有地震灾害、洪灾与水害、气象灾害、火灾与爆炸、地质灾害、公害致灾、“建设性”破坏致灾、高新技术事故、城市噪声危害、住宅建筑“综合征”、古建筑防灾、城市流行病及趋势、城市交通事故、工程质量事故致灾等 14 类。城市各种绿地不仅是居民休憩的场所，也是紧急情况下的“安全岛”、“安全绿洲”，尤其是城市大型公园绿地是重大灾害时应急厕所、应急物资储备、紧急医疗救助的场所和集散地，为市民提供了临时应急避险和长期应急避难场所。比如北京 2003 年 10 月建成的国内第一个避难公园——北京元大都城垣遗址公园，它拥有 39 个疏散区，具备了 10 种应急避难功能。据统计北京城区目前有 29 处公园、绿地具备应急避难场所功能，现有可利用作为避难场所用地的总规模为 5312.5 公顷，其中城区内公园共有 140 余处，市、区级大型体育场 13 处，还有学校操场等。同时，城市树木、林带还具有一定的防止火灾蔓延的作用。

因此，结合防灾减灾需要科学合理规划建设城市绿地，已经成为现代城市基础设施建设的重要组成部分。日本在 1986 年提出把城市公园绿地建成具有避难功能的场所，1993 年进一步修订《城市公园法》，明确提出了“防灾公园”的概念；1998 年制定了《防灾公园规划和设计指导方针》，将防灾列为城市公园的首要功能，就防灾公园的定义、功能、设置标准及有关设施等作了详细规定。近年来我国也开始重视城市临时应急避险和长期应急避难场所的规划和建设，特别是在四川汶川地震以后，许多城市都提出了规划包括城市绿地在内的城市避难所的建设规划。

第二章　唐山市生态功能区划

生态功能区划是依据生态系统特征、受胁迫过程与效应、生态服务功能重要性及生态环境敏感性等分异规律而进行的地理空间分区，是继自然区划、农业区划、生态区划之后有关生态环境保护与建设的重大基础性工作。其目的是明确区域生态安全重要区和保护关键区，辨析存在的生态问题与脆弱区，为产业布局、生态保护与建设规划提供科学依据，是实施区域生态环境分区管理的基础和前提。在全国生态区划中，唐山市属于东部湿润、半湿润生态大区，暖温带湿润、半湿润落叶阔叶林生态地区，环渤海城镇与城郊农业生态区。在河北省生态区划中，唐山市分属于冀北和燕山山地生态区、燕山山麓平原生态区和滨海平原生态区。但这些区划尺度较大，不能真正反映唐山市生态系统的功能差异，其结果不能直接用于指导唐山市的生态保护和生态建设。因此，开展唐山生态功能区划，将明确各生态功能区生态系统特征、功能、发展方向与保护目标，并提出相应的保护和建设方案，为自然资源合理开发利用和有效保护，社会、经济发展规划和重大工程建设布局提供科学依据，从而促进唐山市经济、社会与生态环境的协调发展。

一、生态功能区划原则

（1）可持续发展和前瞻性原则。生态功能区划的目的是促进资源的合理利用与开发，增强区域社会经济发展的生态环境支撑能力，促进区域社会的可持续发展；同时，生态功能区划要在充分把握生态系统结构与功能演变趋势的基础上，结合区域社会经济发展方向，高度重视区域未来社会经济发展而导致的生态环境效应、生态服务功能的变化，使区划具有前瞻性。

（2）生态过程地域分异原则。宏观生态系统是由不同生态系统相互组合、在空间上连续分布的整体，其内部次级系统结构、功能和过程具有分异特征，敏感性和服务功能不同，此为区划理论基础。

（3）发生学原则。生态服务功能的形成与生态系统结构、功能、演变过程和格局等密切相关，如生态系统水土保持功能的形成与降水特征、土壤结构、地形地貌特点、植被类型、土地利用类型等诸多因素相关。因此，在生态功能区划中应分析区域生态环境问题、生态环境敏感性、生态服务功能与生态系统结构、功能及其时空变化的关系，明确区划中的主导因子及区划的生态学基础与依据。

（4）相似性和差异性原则。相似性主要体现在一定范围内的区域间环境要素的相似以及区域环境分区间的差异。但必须注意到这种一致性是相对的，不同等级的区划单位有各自不同的一致性标准。

（5）区域共轭性原则。区域所划分的对象具有独特性，是空间上完整的自然区域，每个生态功能区都是完整的个体，不存在彼此分离的部分。

（6）行政区域完整性和可调整性原则。在区划过程中生态功能区划界线尽量与行政辖区接轨，这不仅有利于高层决策，同时有利于各类资料的收集、整理以及统计分析，便于行政地区综合管理措施的实施。同时，生态功能区是不断发展变化的，生态区划具有时效性，结合历史演变过程随时间调整区划以适应生态与环境的变化。

二、区划方法

本区划的分区系统分3个等级，即：一级区划单位——生态区、二级区划单位——生态亚区和三级区划单位——生态功能区。生态区主要考虑天然生态系统形成的自然地理环境条件，以气候、地貌等自然地理特征的差异为依据进行划分；生态亚区主要考虑自然生态区内生态系统的差异，根据生态系统类型与生态服务功能类型的差异划分出生态亚区；最后根据生态服务功能的重要性、生态环境敏感性及其在地理空间分配的相似性与差异性，并与唐山市生态环境问题相结合，在生态亚区内进一步划分出三级区划单位——生态功能区。

生态区（一级区）、生态亚区（二级区）和生态功能区（三级区）的命名规则如下：

（1）一级区命名要体现分区的地貌或气候特征，由地名+地貌特征+生态区构成。地貌特征包括平原、山地、丘陵、丘岗等，命名时选择重要或典型者。

（2）二级区命名要体现分区生态系统的结构、过程与生态服务功能的典型类型，由地名+生态系统类型（生态系统服务功能）+生态亚区构成。生态系统类型包括森林、草地、湿地、农业、城镇等，命名时选择其重要或典型者。

（3）三级区命名要体现出分区的生态服务功能重要性、生态环境敏感性或胁迫性的特点，由地名+生态功能特点（或生态环境敏感性特征）+生态功能区构成。生态系统服务功能包括生物多样性保护、水源涵养、水文调蓄、水土保持、景观保护等，命名时选择其重要或典型者。

三、生态功能区划方案

按生态功能区划的等级体系，采用空间叠置法、相关分析法、专家集成等方法，自上而下对唐山市域进行生态功能区划分。在充分考虑《河北省生态功能区划》成果的基础上，根据唐山市地形、地貌以及行政区划等因素，将唐山市划分为3个生态区，即北部低山丘陵生态区、中部平原生态区、南部滨海低平原生态区。在此基础上，通过将唐山市生态环境现状图、生态环境敏感性分析图、生态系统服务功能重要性评价图叠加，并充分考虑人类社会经济活动，包括城镇建设、农业生产方式、土地利用方式等要素，在生态区范围内划定9个生态亚区和36个生态功能区（图2-1）。

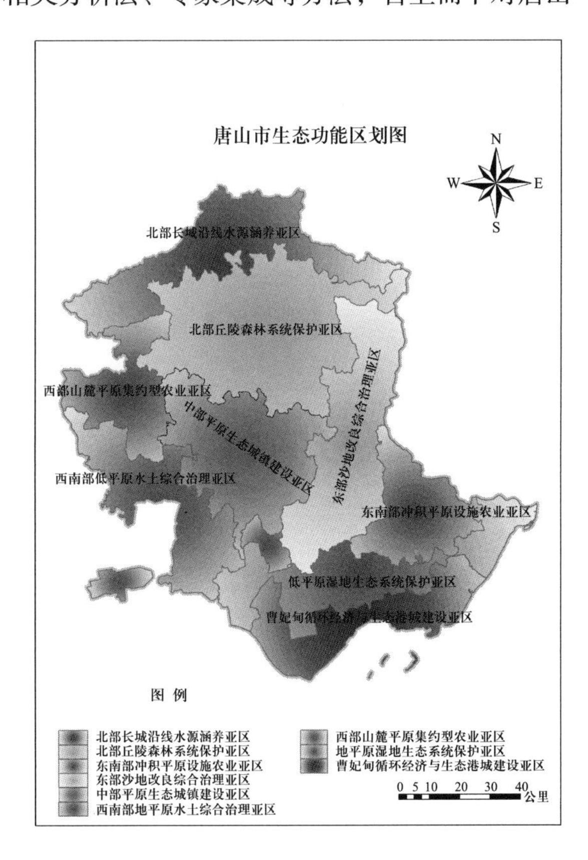

图2-1 唐山市生态功能区划图

（一）Ⅰ北部低山丘陵生态区

Ⅰ1 北部长城沿线水源涵养生态亚区

以300米等高线为界，大体在大秦铁路以北，主要包括遵化市、迁西县及迁安市的19个乡镇。地形以低山为主，气候属暖温带半湿润大陆性气候，土壤以山地棕壤、山地褐土为主，植被是以栎类为主的落叶阔叶林，在所有生态亚区中，森林覆盖率最高，达38.06%，生态敏感性程度高。该区矿产资源储量一般，矿山开采等因素破坏了部分山体植被，森林涵养水源功能较差，土地沙化较严重，而水土流失又造成河流淤塞，水库淤积，水质污染严重等，生态环境压力较大。区域主导生态功能为水源涵养与森林生态系统保护。

在未来的发展中，要严格保护好森林生态系统，充分发挥森林水土保持、水源涵养和生物多样性保护等生态服务功能；加强水环境治理；加大矿山开采区的生态恢复力度，统筹协调发展与环境的关系（表 2-1）。

表 2-1　北部低山丘陵生态区保护和建设方向

生态区	生态亚区	生态功能区	保护和建设方向
Ⅰ北部低山丘陵生态区	Ⅰ1 北部长城沿线水源涵养生态亚区	Ⅰ11 遵化、迁安北部生物多样性保护功能区	主要位于迁安、遵化的北部，要严格保护良好的森林生态系统，加大小流域综合治理，大力保护和治理上关水库及其周边地区的生态环境，保护野生动物，维持生物多样性，重点是保护清东陵国家级风景名胜区，加强历史遗产的保护
		Ⅰ12 遵化中部生态轻度退化恢复治理功能区	主要位于遵化中部，有黎河等河流穿过，水分条件较好，重点实施封山育林和造林绿化工程，强化退耕还林还草，营造水保林，实施生物和工程相结合的措施，遏制该区的生态退化。根据地势和土壤母质发展林果业和经济作物种植等
		Ⅰ13 遵化般若院水库水源涵养功能区	加大对般若院水库的保护，加快绿化工作，提高森林覆盖率。加大鹫峰山森林公园保护与建设，保持其生态系统稳定性
		Ⅰ14 迁西东北部水土保持功能区	受大黑汀水库移民的影响，迁西东北部的生态破坏、水土流失较为严重。不合理的矿山开采对这一区域也造成了一定影响。该区发展方向是退耕还林、封山育林，并增加多种经济林种植，加强矿山恢复治理工程建设
		Ⅰ15 潘家口、大黑汀水库水源涵养功能区	该区位于天津水源地潘家口、大黑汀水库上游。要加强对水库周边环境的保护，加大绿化进程，实施水源涵养林、封山育林、退耕还林和河滩、河系防护兼用材林等工程建设，提高植被覆盖率，搞好水土保持工作
	Ⅰ2 北部丘陵森林系统保护生态亚区	Ⅰ21 迁安矿产资源开采及生态恢复治理功能区	包括迁安西部、北部的蔡园镇、马兰庄镇等，属于首钢的主要采矿区，选矿尾矿砂等废弃物造成该区大量土地被占用，水土流失较为严重。该区应开展矿山的恢复治理，防止水土流失
		Ⅰ22 唐河水库上游水源涵养功能区	包括唐河上游的大小河流和水库，该区是唐山市重要的饮水水源地，因此在对该区进行开发时要保护区域的生态环境，防止水土流失。加大对上游地区工业点源和农业面源污染的治理力度，控制水库汇流区的污染物排放总量，加强水库上游及周边地区的退耕还林还草、造林绿化
		Ⅰ23 滦河两侧水质保障功能区	加强滦河两岸生态防护林网建设，改善生态环境；加大对周围农业生产的管理，科学合理施用农药化肥，在河流两侧设置防护林缓冲区，防止农业面源污染；加强对工业企业点源污染的综合治理
		Ⅰ24 邱庄水库水质保障功能区	该区的生态敏感性较强，水土流失状况较为严重，对水库的蓄水能力构成威胁。该区应在保护现有植被的基础上人工营造灌草丛林，提高生态系统的稳定性。防止乱采滥伐和过牧等现象发生，确保区域生态环境安全
		Ⅰ25 黎河源水土保持功能区	该区的水质直接影响遵化中部的农田和城镇生活用水，在生态安全中具有重要作用。应在大力营造生态林和经济林的基础上，发展林果业，进一步退耕还林还草，使生态、经济效益协调统一
		Ⅰ26 水土流失综合治理功能区	加强小流域综合治理，严禁陡坡开荒，重点实施封山育林和造林绿化工程，强化退耕还林还草，营造各种类型的水保林，提高森林覆盖率，改善水土流失状况

Ⅰ2 北部丘陵森林系统保护生态亚区

位于京哈公路以北，海拔 50 米以上，包括遵化市、迁西县、迁安市、丰润区及滦县的 45 个乡镇。地貌以低山丘陵为主，盆地散布其间，土壤类型多样；热量资源较少，降水量较大，水系分布较集中；森林覆盖率 25.44%，有油松、侧柏等天然次生林，也是全市主要的林果种植区；草地面积也较大，为 13.23%；本区矿产资源较丰富，主要有黄金、铁、白云岩等。本区中采矿场、废石场和尾矿场的不合理开采及选矿等对生态环境的破坏作用非常明显；同时，农药化肥的过量施用等致使水资源污染严重，并加速了水资源的匮乏。区域主导生态功能为森林生态系统保护与矿山废弃地生态恢复综合治理。

在未来的发展中，要重点实行林业与农业耕作相结合、治坡与治沟相结合的措施，加强小流域综合治理，彻底治理水土流失；严格限制采矿点数量，严禁乱采滥挖，加强矿山生态恢复；大力发展节水农业，合理利用水资源；利用丰富自然人文景观，适度开展生态旅游。

（二）Ⅱ中部平原生态区

Ⅱ1 西北部山麓平原集约型农业生态亚区

该区共包括玉田县、遵化市的 16 个乡镇，土地总面积 9.23 万公顷，地处山麓平原西部，以山前洪积平原为主，包括小部分盆地，土壤多为潮褐土，肥力较高，耕地为本区主导土地利用类型，占 68.36%，且地下水资源丰富；但林草地覆盖度低，合计只达 10.24%。本区生态农业生产相对落后，农药化肥的过量施用、畜禽粪便无组织的排放等对环境造成较大威胁，同时部分地区矿山的开采、废水废气的排放、粉尘、尾矿等致使大气、水环境受到一定程度的污染，生态环境体系较为脆弱。区域主导生态功能为以无公害、绿色及有机农产品生产和深加工为主的生态农业生产。

在未来的发展中，要着眼于生态农业建设，扩大无公害、绿色及有机食品生产，提高畜禽养殖粪便处理率和资源化水平；加大工业污染源治理，推进清洁生产和循环经济；加大矿区生态恢复治理，加快“绿色矿山”建设进程；完善城镇基础设施建设，加强农田防护林建设，提高绿化水平，改善城镇生态环境。

Ⅱ2 中部平原生态城镇建设生态亚区

包括唐山市中心区及其周围的 34 个乡镇，土地总面积 18.23 万公顷。地貌以山前冲积平原为主，地势平坦，土壤以潮褐土、潮土为主，土层深厚，多为壤质土壤，宜于耕作，但林草地覆盖度极低，仅为 1.84%。市区城镇基础设施建设不完善，城市集中供水、集中供气、集中供热、污水处理厂、生活垃圾处理场等均需进一步建设，城镇人均公共绿地面积较低，集中饮用水水源地保护不规范，水质存在超标隐患；农业生产服务城市的特征不明显，无公害、绿色食品生产认证进程缓慢，大部分地区存在农业面源污染；部分地区矿山开采对土地生态环境造成破坏，恢复治理率较低；工业以炼铁、炼钢、焦化、造纸、水泥等高能耗、高污染企业为主，对大气、水环境污染影响较大。区域主导生态功能为生态城镇建设。

在未来的发展中，要着力建设以服务城市为特征的“都市型”“城郊型”生态农业，不断提高无公害、绿色农产品的比重，调整产业结构，努力发展轻污染的第二产业和无污染的第三产业；进一步加大对各种工业污染源的治理力度，加快对矿区的生态恢复治理；全面开展森林城市建设，改善人居生态环境。

Ⅱ3 东部沙地改良综合治理生态亚区

位于唐山市东部滦河中、下游地区，包括滦县、滦南、迁安、丰南、唐海等 5 县（市）、区的 23 个乡镇（农场），土地总面积 18.97 万公顷。土壤主要为沙质、沙壤质潮褐土、淋溶褐土、潮土、褐土化潮土，林草地覆盖度低，导致土壤沙化严重，有机质和养分含量较低，蓄水保肥能力差；水资源较短缺，并且农药化肥的过量施用、工业废水的排放对区域内河流水系的污染日益严重，生态环境质量较差。区域主导生态功能为以沙地环境综合改良为主的生态农业建设。

在未来的发展中，要加快水土综合治理工程和土壤改良工程建设，调整用地结构，增加林、灌、草地面积比重，加速营造防风固沙生态经济防护林体系；大力开展节水农业，提高无公害、绿色农产品的比重；加大工业污染综合治理，推进清洁生产。

Ⅱ4 西南部低平原水土综合治理生态亚区

位于唐山市西南部，包括玉田、丰润、丰南、唐海、芦台、汉沽6县（区）的21个乡镇（农场），土地总面积14.46万公顷。土地利用类型多样，但几乎没有林草覆盖；水资源较为丰富，土壤土质黏重，耕性较差，生态农业基础相对较差，绿色产品生产比重较低，农业面源污染日益加重；工业企业发展迅速，污染物的排放对本区域水系、大气环境造成一定的影响；城镇基础设施不完善，绿化水平较低，生态城镇建设相对落后。区域主导生态功能为以低平原水土综合治理为主的生态农业建设。

在未来的发展中，要着眼于生态环境治理，加强造林绿化，加大生态防护林网建设；改善土壤耕性，保持水土，提高抗旱、治涝能力，从整体上改善工农业发展条件，大力发展无公害、绿色农产品生产，优化工业生产布局，节能减排，推广循环经济，开展清洁生产。

Ⅱ5 东南部冲积平原设施农业生态亚区

位于唐山市东南部滦河冲积平原，包括乐亭、滦南两县的14个乡镇，土地总面积8.55万公顷。地下水资源丰富，气候适中，土壤多为壤质潮褐土、潮土，土层深厚，土壤肥力较高，是唐山市蔬菜、果品、粮食的集中产区，也是全市鲜桃、葡萄主产区。但本区生态林较少，农田防护林网体系不完善，生态农业建设相对滞后，无公害、绿色农产品所占比重较小；焦化、水泥等重点工业污染源排放对区域内水、大气环境质量影响较大；生态人居体系建设相对滞后。区域主导生态功能为以设施农业为主的生态农业建设。

在未来的发展中，着力于设施农业建设，完善农业基础设施，率先建设绿色果蔬生产样板，建成唐山南部绿色及有机农产品生产和供应基地；加大对焦化、水泥等重点工业污染源的综合治理，采取行之有效的措施，减少污染物排放，大力推行循环经济生产模式；加强造林绿化，完善农田林网，改善城镇人居生态环境，提高人民生活质量（表2-2）。

表2-2　中部平原生态区保护和建设方向

生态区	生态亚区	生态功能区	保护和建设方向
Ⅱ中部平原生态区	Ⅱ1西部山麓平原集约型农业生态亚区	Ⅱ11 玉田、虹桥生态城镇建设功能区	建立适合居民生活的生态人居体系，完善城镇基础设施，在城镇建筑、布局设计和承载力方面都要符合未来发展要求；合理布局工业企业，建设生态工业园区
		Ⅱ12 林南仓矿山生态恢复建设功能区	该区包括林南仓镇全部，应合理开发利用矿产资源（煤、石灰岩、油墨岩），同时加大矿山生态恢复治理力度，改善矿山开发环境，建设"绿色矿山"
		Ⅱ13 遵化中南部和玉田中部生态农业建设功能区	包括遵化市的中南部乡镇和玉田县中部乡镇，主要有平安城、东新庄和团瓢庄，玉田的亮甲店、杨家套、虹桥、大安镇、郭屯、鸦鸿桥、散水头大部分村庄。该区地势平坦，土壤相对较肥沃，是开展生态农业的主要地区，要合理使用农药化肥、薄膜，提高农作物秸秆综合利用率，防止农业面源污染，增大绿色有机农产品在主要农产品中所占的比重
		Ⅱ14 玉田北部丘陵森林建设功能区	主要包括玉田县的北部地区，包括孤树镇、彩亭桥镇、唐自头镇、郭家屯乡和林头屯乡等，该区土层较薄，不宜开展农业，是林业建设重点区。要加大退耕还林力度，在增加水土保持林的同时，发挥苹果、桃和葡萄为主的农产品资源优势，发展经济树种，加大果品生产

（续）

生态区	生态亚区	生态功能区	保护和建设方向
Ⅱ中部平原生态区	Ⅱ2中部平原生态城镇建设生态亚区	Ⅱ21唐山市区生态城镇建设功能区	该区包括唐山市中心区、丰南、丰润、古冶的规划控制区，是唐山市政治、经济、文化中心，是唐山市人民政府所在地。要大力开展生态城镇建设，营造和谐发展、环境优美的生态人居体系；通过建立唐山抗震纪念馆、地震遗址园、国际地震科普博览园等，组建城市旅游体系；加大市中心区水源地保护区建设
		Ⅱ22矿山开采生态恢复治理功能区	该区包括开滦林西煤矿、开滦赵各庄煤矿、开滦矿务局唐山矿及范各庄煤矿等，要加大“绿色矿山”建设力度，加快矿山开采废弃地生态恢复治理工作
		Ⅱ23城郊型生态农业建设功能区	该区位于唐山市中心区、丰南、丰润、古冶等城区的外围，是环绕市中心区的农业区域。大力发展城郊型生态农业，为市中心区提供蔬菜、瓜果等绿色农副产品
		Ⅱ24唐河水库水源地保护生态功能区	该区作为唐山市中心区的水源地，要以保护唐河水源为主，全面推广生态农业建设，减少农业面源污染，加强对上游污染源的严格控制，保护水库及其河段的水环境质量，同时营造河流水库水源保持林，改善水库生态环境
	Ⅱ3东部沙地改良综合治理生态亚区	Ⅱ31迁安生态城镇建设功能区	围绕“中等城市，钢铁迁安”，大力开展生态城镇建设，创建“国家环境保护模范城市”、“生态市”、“生态园林城市”，建设“生态迁安”，打造生态人居体系。加大城市布局调整，合理布局工业企业，建设生态工业园区
		Ⅱ32滦县生态城镇建设功能区	按照“规模做大、功能做优、品味做高”的城市建设总体思路，打造工贸型生态宜居城市。努力打造河北省园林县城，争创国家级生态园林县城
		Ⅱ33滦南生态城镇建设功能区	建设滦南县经济社会发展中心，完善城镇基础设施，改善人居生态环境，科学合理布局县城工业企业，建设生态工业园区。建设适宜人居体系
		Ⅱ34矿山开采及恢复治理功能区	包括青坨营镇、安各庄，迁安的夏官营、彭店子、野鸡坨等。该区域矿山开采问题主要是：压占土地，污染环境，造成地下水失衡，诱发地质灾害等，要根据实际情况，逐一采取切实有效措施，解决矿山开采带来的生态环境破坏问题。要划定禁采区，合理开发和保护生态环境，加大矿山废弃的生态恢复治理
		Ⅱ35沙地改良治理农业建设功能区	加大农田基础设施建设和节水工程项目，包括渠道防渗、管灌、喷灌、微灌、膜下滴灌等；营造防风固沙型农田防护林网；增施有机肥，改善土壤理化性状；大力发展优质沙地梨等经济果树，改善生态环境，提高经济效益
	Ⅱ4西南部低平原水土综合治理生态亚区	Ⅱ41低平原生态农业建设功能区	大力发展小麦、玉米、水稻、棉花、花生和蔬菜等，加大农田林网建设，完善农田基础设施，合理使用农药化肥、提高农作物秸秆综合利用率，加大稻鱼、稻蟹混养和鱼蟹精养等养殖模式比例，发展淡水养殖，提高无公害、绿色及有机农副产品的比重
		Ⅱ42畜禽养殖协调发展功能区	包括唐海第八农场、丰南的西葛等镇（场），大力发展畜禽养殖，建设生态养殖园区，积极开展绿色、有机畜禽养殖产地认证，扩大绿色、有机畜产品养殖规模，开展大型养殖场沼气池建设，推广畜禽粪便烘干处理技术，科学合理处理畜禽粪便

（续）

生态区	生态亚区	生态功能区	保护和建设方向
Ⅱ中部平原生态区	Ⅱ5东南部冲积平原设施农业生态亚区	Ⅱ51乐亭生态城镇建设功能区	以“全国文明小城镇建设示范点”、“省级文明县城”、“创建文明城市工作先进县城”为依托，完善城镇基础设施，改善环境，建设适宜人居体系；合理调整城区工业企业布局，建设生态工业园区；以李大钊故居、李大钊纪念碑林、李大钊纪念馆为基础，开展红色生态旅游
		Ⅱ52冲积平原生态农业建设功能区	要规范农业产地，实现农业标准化，加快无公害、绿色、有机农产品产地认证，提高绿色及有机农产品的比重；加强农业基础设施建设，加速防洪围埝的维修、加固农田排水渠系和疏浚配套工程建设，提高泄洪排涝能力；充分利用本区种植业发达，饲草、饲料资源丰富的优势，就地取材，积极发展畜牧业
		Ⅱ53滦河口生态环境保护功能区	要减少农业面源污染，加大生态建设力度，防止河流水域被污染。建立和完善多元化投入机制，增加对滦河泛洪区的资金投入，完善防护林体系，形成护岸林、沙地林网布局合理，生态、经济功能完善的格局

（三）Ⅲ南部滨海低平原生态区

Ⅲ1 低平原湿地生态系统保护生态亚区

位于唐山市南部沿海，包括乐亭、滦南、唐海、丰南4县（区）的24个乡镇（场），为海退平原，海拔较低。土壤以盐渍型水稻土、滨海盐土、滨海草甸土为主，土壤盐渍化敏感性较高，风暴潮、大风、霜冻和沥涝等气象灾害较多，农业生产受到限制，滨海农田林网体系建设不完善。同时，部分地区以造纸厂废水灌溉稻田，部分废水水质超标，影响农产品质量；此外，湿地生态系统保护不到位，生态城镇建设相对落后。区域主导生态功能为湿地生态系统保护及合理开发利用。

在未来的发展中，要坚持“生态保护优先，农、渔、旅游并重”的方针，切实保护好以唐海湿地和鸟类自然保护区为主的湿地生态系统；调整发展玉米、花生、棉花、特色小杂粮和牧草等作物，促进农业节水技术的普及；实行海洋捕捞与人工养殖相结合的方针，大力发展水产业。

Ⅲ2 曹妃甸循环经济与生态港城建设生态亚区

包括唐山市南部沿海低平原和浅海海域两部分，包括乐亭、滦南、唐海3县的部分乡镇（场）和曹妃甸港口及其工业区规划范围，是唐山市沿海城市群主要建设区，曹妃甸港口和工业区主要建设区。但曹妃甸跨越式发展的开发建设规划尚不成熟、不完善，周边低平原地区生态农业发展尚不能满足曹妃甸新区农副产品的供应，曹妃甸生态港城基础设施建设不完善，林草地覆盖度低。区域主导生态功能为曹妃甸港口、曹妃甸工业区及曹妃甸港城建设。

在未来建设中，生态农业建设要着力打造曹妃甸新区农副产品供应基地。曹妃甸港建设成国际性能源原料集疏大港和战略资源流通储备配送中心、京津冀地区大流通贸易体系的重要战略支点。曹妃甸工业区建设成为世界级重化工基地和国家级循环经济示范区（表2-3）。

表 2-3 南部滨海低平原生态区保护和建设方向

生态区	生态亚区	生态功能区	保护和建设方向
Ⅲ南部滨海低平原—海域生态区	Ⅲ1低平原湿地生态系统保护生态亚区	Ⅲ11唐海镇生态城镇建设功能区	打造唐山市南部城市群滨海优美城市；作为曹妃甸工业区的直接腹地，全力建设曹妃甸港口及其工业园区的后方服务基地，以建设环境优美小城镇为依托，完善城镇基础设施，建设生态人居体系
		Ⅲ12沿海湿地生态农业建设功能区	大力发展水产养殖，淡水养殖以精养为主，提高单位水面产量,积极开发和引进养殖品种,探索新的养殖模式和养殖方法，建立稳产、高产的淡水养殖基地，摸索积累水稻改旱的经验，树立样板，加快无公害、绿色和有机农产品的认证工作，合理开发湿地资源，开展生态农业观光旅游
		Ⅲ13唐河、大清河水质保障功能区	主要包括唐河下游和大清河下游水质保障区。要避免农业、养殖业对水质的污染。该区的生态建设对保护南堡盐场和大清河盐场有着十分重要的意义
		Ⅲ14唐海湿地和鸟类保护功能区	唐海湿地和鸟类自然保护区是一个集自然生态系统保护、生物多样性保护为一体的综合性自然保护区。要加大力度对湿地和河道、支渠、斗渠、农渠进行清淤，并及时引水、蓄水，加强湿地水环境的综合治理和保护；进行生物资源的本底调查，公布区内重点保护动物、植物名录；建立鸟类繁殖场和动物救治中心；建立和完善湿地保护和合理利用的政策与法制体系，使湿地及动植物资源在法律制度上得到有效的保护
	Ⅲ2曹妃甸循环经济与生态港城建设生态亚区	Ⅲ21曹妃甸港口及循环经济建设功能区	曹妃甸“面向大海有深槽，背靠陆地有浅滩”，具有建设大型深水港口和发展临港产业的绝对优势，曹妃甸工业园区是国家循环经济试点，以建立循环经济产业体系、资源综合利用管理控制体系、生态建设和环境保护体系为重点，加快集聚钢铁、石化、电力和装备制造等循环经济示范产业群，形成完整的废旧物资和废弃物回收利用系统，努力建设引领中国循环经济发展的示范区
		Ⅲ22南堡、大清河盐田开发及保护功能区	以南堡盐场、大清河盐场为中心，加大海盐和新发现石油资源的开发力度，实施海盐深加工，合理调整产业结构，发展盐化工、石油化工，并有效控制石油污染，配套开展盐田观光游等
		Ⅲ23海港循环经济建设功能区	立足既有的码头资源和较为完善的基础设施体系，着重发展电力、焦炭和煤化工，加大重点污染企业的综合治理，逐步建立以循环经济为特色的、集“煤炭集输、资源调剂、煤电联合、煤化深加工及综合利用”为一体的新型煤炭综合利用基地

四、主体功能区划分

主体功能区划是根据资源环境承载能力、现有开发密度和发展潜力，统筹考虑未来人口分布、经济布局、国土利用和城镇化格局，将国土空间划分为重点开发、优化开发、限制开发和禁止开发4类主体功能区，规范空间开发秩序，形成合力空间开发构架，旨在发挥优势，加强薄弱，对于促进区域协调、构建和谐社会具有重大意义。

（一）重点开发区

重点开发区是指发展基础厚实、区位条件优越、资源环境支撑能力较强的地区，是区域未来工业化、城市化最适宜扩展区和人口集聚区。主要包括曹妃甸港口及其工业区、京唐港口及临港开发区、南堡经济技术开发区及各县（市）高新技术开发园区，唐山市中心区及各县（市）生态城镇建设区，生态农业建设区等。

唐山市各工业园区、开发区及各县（市）高新技术开发园区要全面推广清洁生产审核和ISO14000环境管理标准认证，形成资源循环利用的产业链。曹妃甸工业区要最大限度地节约资源、保护环境，实现人与自然的和谐发展，建设成为引领中国循环经济发展的示范园区。

唐山市市区及各县（市）生态城镇建设区要大力开展生态城镇建设，创建“国家环境保护模范城市”、“生态园林城市”、“国家文明城市”等，完善城镇基础设施，改善人居生态环境，建设生态人居体系。

生态农业建设区要提高无公害农产品比重，实现农业标准化生产，建设节水项目，重点加强中低产田的改造，使农业基本生产条件和生态环境得到明显改善，农业综合生产能力大幅度提高。

（二）优化开发区

优化开发区主要包括各县（市）矿山开采及生态恢复治理区、生态轻度退化恢复治理区、水产养殖区及各级各类城市(镇)的旧城区改造、城中村改造及不合理布局的工业密集区等。

矿山开采及生态恢复治理区要加强矿藏资源开发管理，严格执行矿产资源开采审批制度及矿山自然生态环境保护制度，推广“绿色开采”技术，加强生态恢复治理，最大限度地减轻环境破坏与污染，切实保护生态环境。

生态轻度退化恢复治理区要采用封山育林与人工营林相结合的方式，增加植被覆盖率，提高径流产流能力和水源涵养能力，形成较为完善的绿色生态屏障，保证平原地区的生态安全。

水产品养殖区要积极调整养殖模式和养殖结构，优化养殖布局，遏制水产养殖污染。

唐山市区、市（县）、镇建成区要加大旧城区改造，努力解决城中村、棚户区等问题。要按照城市功能区划进行工业企业的搬迁，建设高标准的工业园区，并对工业密集区工业企业进行合理布局和结构优化。

（三）限制开发区

限制开发区是指发展基础中等，区位条件一般，资源环境支撑能力不足，工业化、城市化发展条件一般的地区以及局部各方面发展条件较好，但由于受到土地开发总量的限制或者由于景观生态角度的考虑而无法列入重点发展区的地区。主要包括生态环境中度和重度敏感区，生态农业建设区中基本农田保护区二级区、畜禽养殖区等。

生态环境中度和重度敏感区的开发活动，必须在坚持保护优先的前提下，合理选择发展方向，发展特色优势产业，确保生态功能的恢复与保育，加快造林绿化，保护野生动植物栖息地，维护生物多样性。

生态农业建设区要切实保护耕地资源，逐步实现基本农田的标准化、基础工作规范化，全面提升基本农田管理和建设水平。畜禽养殖要向生态养殖园区方向发展，扩大绿色畜产品的养殖规模，形成特色突出、重点明确的现代化畜牧业生产基地。

（四）禁止开发区

禁止开发区是指工业化、城市化不适宜地区，这类区域的主体功能是生态环境功能。主要包括现有及规划建设的各类级别的自然保护区、森林公园、风景名胜区，城市集中饮用水水源地保护区，重要生态功能保护区，水库等水源涵养区等。发展方向要以严格保护为主，禁止任何不符合规定的开发活动，对具有特殊保护价值的地区依法实施保护。

第三章　唐山景观格局与动态分析

景观格局分析是景观生态学研究的核心内容，是进一步研究景观功能与动态变化的基础。景观格局既是景观异质性的具体体现，同时又是人类活动结果与各种生态过程在不同尺度上作用的最终结果。而土地利用过程就是自然景观向人文景观转变的过程，不同的土地利用方式组合形成了不同的景观和景观结构，因此，景观格局的变化也反映土地利用的变化。在人类活动起主导作用的景观里，土地利用是景观空间格局变化的主要决定因素。目前景观格局的动态变化研究已成为景观生态学研究的热点问题之一。开展土地利用景观格局变化的研究对于区域资源的有效保护与合理利用有着重要的现实意义。

唐山市地处环渤海腹地，是环渤海经济圈的连接点和闭线段，南临渤海，北依燕山，东与秦皇岛市接壤，西与京津毗邻，是连接华北、东北两大地区的咽喉要地和走廊。唐山市的景观格局变化规律，景观格局和社会经济活动之间关系的研究，为唐山市土地资源的合理规划与利用提供科学的决策依据，同时为唐山生态市的建立提供决策支撑。

收集 1985 年、1995 年、2000 年和 2008 年 4 个时期唐山市的 TM 影像，在对遥感影像进行几何纠正、检验配准和标准化的基础上，根据原有土地利用分类系统和研究区域的土地利用特点，依本次研究的具体目标，对影像进行解译。参考中科院遥感所刘纪远的分类系统，将土地利用类型统一划分为 6 个类型：耕地，林地，草地，水域，城乡、工矿、居民用地，未利用土地。再利用景观分析软件 Fragstats（栅格版）计算各景观组分的相关景观指数，并加以分析。

为了探讨同一行政单元内不同区域的景观格局差异性，依据唐山市生态功能区划，及地貌与气候条件的相对一致性和行政区划的相对完整性为原则，将唐山市划分为 3 个亚区：北部低山丘陵生态区、中部平原生态区、南部滨海低平原生态区。

一、唐山市域土地利用与景观格局变化

唐山市土地利用面积的变化特点：从表 3-1 中可以看出，首先唐山市的主要土地利用类型为耕地，1985 年、1995 年、2000 年、2005 年和 2008 年耕地面积占全市域土地面积分别达到 58.43%，56.29%，58.19%，58.16% 和 59.18%，均远高于其他土地利用类型所占的比率，这说明耕地是唐山市的景观基质，1985~2008 年，耕地的面积总体处于增长的态势下，23 年间共增长了 112.15 平方公里，所占比重也由 1985 年的 58.43% 增长到 2008 年的 59.18%；其次，城乡、工矿、居民用地占到唐山市域面积的 15% 以上，从 1985 年起，此类用地一直处于增长的趋势下，23 年共增长了 523.51 平方公里，所占比例也由 15.1% 增长到 19.53%，是所有土地类型中增长最快的用地，说明唐山市城市化进程一直在稳步前进；此外，唐山市的林业用地也在逐步增长，1985~2008 年共增长了 147.77 平方公里，增长的面积高于耕地所增长的面积，说明林业在唐山市发展良好；其次面积增长的还有水域；减少的用地类型有未利用土地和草地，未利用土地减少的幅度最大，所占比例由 3.36% 减少到 0.3%。

表 3-1 唐山景观板块面积总体变化 （单位：平方公里；%）

	1985 年		1995 年		2000 年		2008 年	
	面积	比例	面积	比例	面积	比例	面积	比例
耕地	7957.5479	58.43	7705.6615	56.29	7967.7821	58.19	8069.6925	59.18
林地	1317.6113	9.67	2208.1601	16.13	1313.6218	9.59	1465.3831	10.75
草地	1110.2892	8.15	662.8118	4.84	1077.5282	7.87	714.4350	5.24
水域	635.4451	4.67	733.9707	5.36	660.5542	4.82	681.7119	5.00
城乡、工矿、居民用地	2140.0447	15.71	2260.7195	6.51	2261.7446	16.52	2663.5456	19.53
未利用土地	458.1770	3.36	117.6344	0.86	412.3772	3.01	41.3695	0.30
	1985~1995 年变化面积		1995~2000 年变化面积		2000~2005 年面积变化		2005~2008 年面积变化	
耕地	−251.8864		262.1206		−37.3423		139.2527	
林地	890.5488		−894.5383		22.5363		129.225	
草地	−447.4774		414.7164		−85.9935		−277.1	
水域	98.5256		−73.4165		151.8793		−130.722	
城乡、工矿、居民用地	120.6748		1.0251		−63.4723		465.2733	
未利用土地	−340.5426		294.7428		−46.1901		−324.818	

（1）耕地的变化分析：由转移概率矩阵表 3-2 可以看出，耕地在 1985~2008 年转入面积为 1044.11 平方公里，转出面积为 932.45 平方公里，净增加 114.02 平方公里。从收支上看，主要来源为未利用土地（5.00%）和城乡、工矿、居民用地（3.27%），主要流向为城乡、工矿、居民用地（9.00%）和水域（1.28%）。

表 3-2 唐山市 1985~2008 年土地利用转移概率矩阵 （单位：平方公里；%）

1985 年 \ 2008 年	耕地	林地	草地	水域	城乡、工矿、居民用地	未利用土地	转出面积
耕地	7020.64	75.72	26.38	102.08	716.01	12.26	932.45
	88.28%	0.95%	0.33%	1.28%	9.00%	0.15%	
	87.05%	5.17%	3.69%	15.11%	26.98%	29.62%	
林地	64.14	1170.36	37.05	3.57	41.07	1.53	147.36
	4.87%	88.82%	2.81%	0.27%	3.12%	0.12%	
	0.80%	79.89%	5.19%	0.53%	1.55%	3.70%	
草地	205.36	198.43	646.26	8.84	43.62	7.63	463.88
	18.50%	17.87%	58.21%	0.80%	3.93%	0.69%	
	2.55%	13.54%	90.46%	1.31%	1.64%	18.43%	
水域	107.44	17.83	1.54	406.8	95.08	3.20	225.09
	17.00%	2.82%	0.24%	64.38%	15.05%	0.51%	
	1.33%	1.22%	0.22%	60.23%	3.58%	7.74%	
城乡、工矿、居民用地	263.84	2.61	2.17	138.99	1730.86	5.56	413.17
	12.31%	0.12%	0.10%	6.48%	80.73%	0.26%	
	3.27%	0.18%	0.30%	20.58%	65.21%	13.43%	
未利用土地	403.33	0.02	1	15.16	27.48	11.21	446.99
	88.03%	0.00%	0.22%	3.31%	6.00%	2.45%	
	5.00%	0.00%	0.14%	2.24%	1.04%	27.08%	
转入面积	1044.11	294.61	68.14	268.64	923.26	30.18	

（2）林地的变化分析：转入面积 294.61 平方公里，转出面积 147.36 平方公里，净增加 149.37 平方公里，转入的主要来源草地（13.54%），主要转化为了耕地（4.87%）。

（3）草地变化分析：转入面积 68.14 平方公里，转出面积 463.88 平方公里，净减少了 394.12 平方公里，主要转出的用地类型为耕地（18.50%）和林地（17.87%），主要转入的用地类型为林地（5.19%）和耕地（3.69%），说明 1985~2008 年间，耕地、林地和草地是相互转化的一个过程，但是草地转出的面积较大。

（4）水域用地类型变化分析：水域在 1985~2008 年间净增长了 45.24 平方公里，变化的面积较小，主要转化为水域的用地类型为未利用土地，占 36.65%，其次为城乡、工矿、居民用地，占到 20.39%，耕地也有少量转入为了水域，占 14.97%。

（5）未利用土地的变化：在 1985~2008 年，变化幅度最大的为未利用土地，共减少了 416.07 平方公里，主要转化为了耕地，占未利用土地的 88.03%；还有少量转化为水域和城乡、工矿、居民用地。

1. 唐山市总体土地利用变化分析

由图 3-1、表 3-3、表 3-4 和表 3-5，唐山市三个时期土地利用转移矩阵可以分析得出：

（1）耕地：在中部平原区的面积最为集中，前期（1985~1995 年）转入面积为 792.92 平方公里，转出面积为 1046.76 平方公里，净减少 253.84 平方公里，这个时期唐山市北部低山丘陵区、

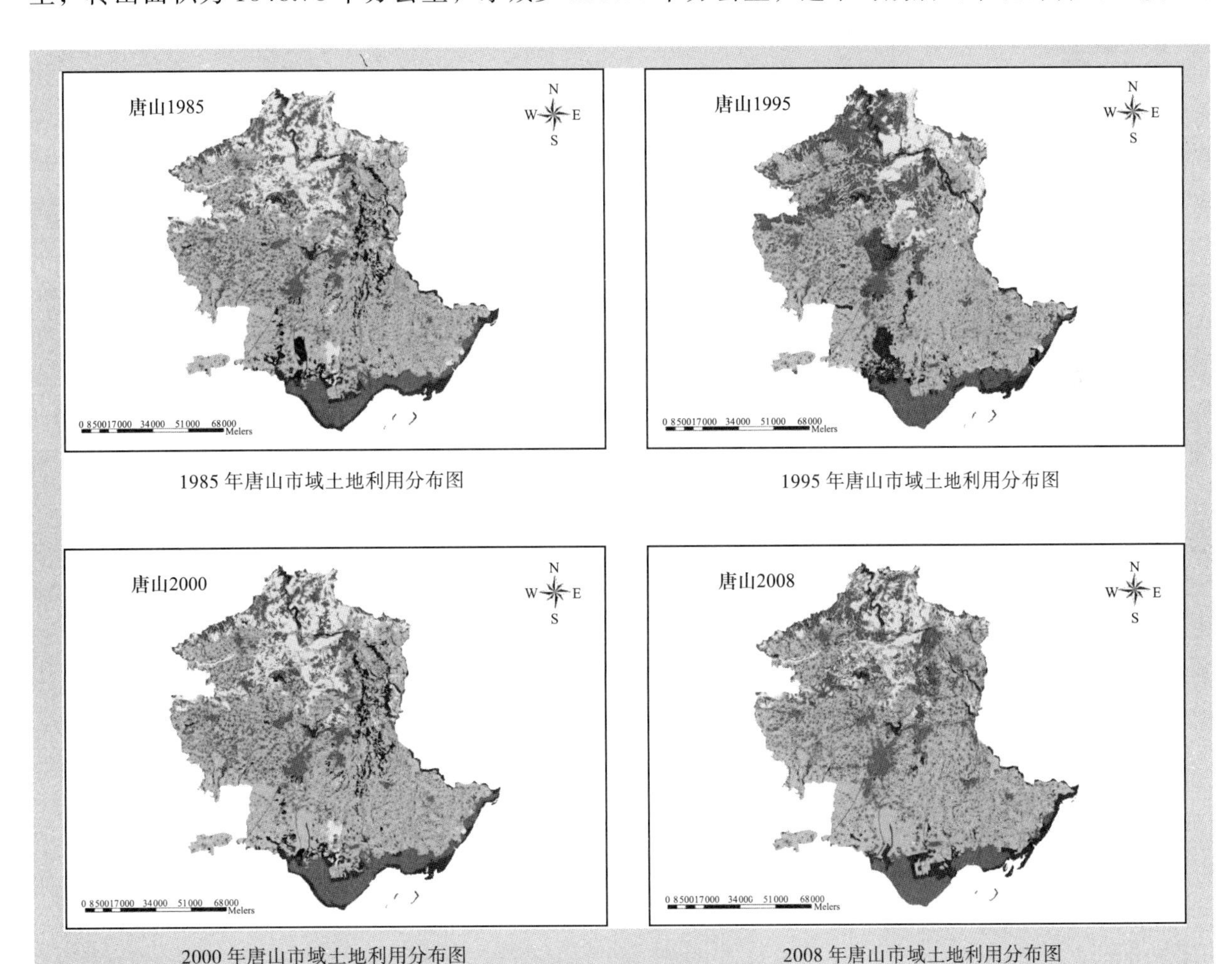

1985 年唐山市域土地利用分布图　　1995 年唐山市域土地利用分布图

2000 年唐山市域土地利用分布图　　2008 年唐山市域土地利用分布图

图 3-1 唐山市域不同时期土地利用分布图

表 3-3 唐山市 1985~1995 年土地利用转移矩阵 （单位：平方公里；%）

1995 年 / 1985 年	耕地	林地	草地	水域	城乡、工矿、居民用地	未利用土地	转出面积
耕地	6906.46	459.3	190.23	168.65	181.45	47.13	1046.76
	86.84%	5.78%	2.39%	2.12%	2.28%	0.59%	
	89.68%	20.80%	28.71%	24.86%	8.06%	40.13%	
林地	88.22	1100.66	114.95	1.35	11.96	0.16	216.64
	6.70%	83.55%	8.73%	0.10%	0.91%	0.01%	
	1.15%	49.85%	17.35%	0.20%	0.53%	0.14%	
草地	151.89	605.17	333.37	7.9	7.35	4.3	776.61
	13.68%	54.52%	30.03%	0.71%	0.66%	0.39%	
	1.97%	27.41%	50.31%	1.16%	0.33%	3.66%	
水域	102.51	13.86	7.12	373	117.37	21.35	262.21
	16.14%	2.18%	1.12%	58.72%	18.48%	3.36%	
	1.33%	0.63%	1.07%	54.98%	5.22%	18.18%	
城乡、工矿、居民用地	108.77	19.76	10.29	65.27	1924.19	15.77	219.86
	5.07%	0.92%	0.48%	3.04%	89.75%	0.74%	
	1.41%	0.89%	1.55%	9.62%	85.52%	13.43%	
未利用土地	343.53	9.34	6.73	62.22	7.64	28.74	429.46
	74.97%	2.04%	1.47%	13.58%	1.67%	6.27%	
	4.46%	0.42%	1.02%	9.17%	0.34%	24.47%	
转入面积	794.92	1107.43	329.32	305.39	325.77	88.71	

表 3-4 唐山市 1995~2000 年唐山市土地利用转移矩阵 （单位：平方公里；%）

2000 年 / 1995 年	耕地	林地	草地	水域	城乡、工矿、居民用地	未利用土地	转出面积
耕地	6907.08	84.77	131.06	99.75	130.08	349.26	794.92
	89.68%	1.10%	1.70%	1.30%	1.69%	4.53%	
	86.73%	6.45%	12.16%	15.20%	5.74%	84.69%	
林地	457.11	1101.83	599.85	14.33	23.12	11.94	1106.35
	20.70%	49.90%	27.16%	0.65%	1.05%	0.54%	
	5.74%	83.87%	55.68%	2.18%	1.02%	2.90%	
草地	192.55	114.87	331.06	6.11	11.24	6.89	331.66
	29.05%	17.33%	49.95%	0.92%	1.70%	1.04%	
	2.42%	8.74%	30.73%	0.93%	0.50%	1.67%	
水域	221.78	1.18	7.2	407.92	84.17	11.88	326.21
	30.21%	0.16%	0.98%	55.57%	11.47%	1.62%	
	2.78%	0.09%	0.67%	62.16%	3.72%	2.88%	

（续）

1995年 \ 2000年	耕地	林地	草地	水域	城乡、工矿、居民用地	未利用土地	转出面积
城乡、工矿、居民用地	134.21	10.95	7.25	107.45	1997.71	6.74	266.60
	5.93%	0.48%	0.32%	4.75%	88.23%	0.30%	
	1.69%	0.83%	0.67%	16.37%	88.18%	1.63%	
未利用土地	50.94	0.15	0.97	20.66	19.24	25.69	91.96
	43.30%	0.13%	0.82%	17.56%	16.35%	21.84%	
	0.64%	0.01%	0.09%	3.15%	0.85%	6.23%	
转入面积	1056.59	211.92	746.33	248.3	267.85	386.72	

表 3-5 唐山市 2000~2008 年土地利用转移矩阵 （单位：平方公里；%）

2000年 \ 2008年	耕地	林地	草地	水域	城乡、工矿、居民用地	未利用土地	转出面积
耕地	7074.05	79.85	27.62	102.22	666.34	12.83	888.86
	88.84%	1.00%	0.35%	1.28%	8.37%	0.16%	
	87.72%	5.45%	3.87%	15.01%	24.97%	31.01%	
林地	63.38	1166.43	39.34	3.58	39.37	1.53	147.20
	4.82%	88.79%	2.99%	0.27%	3.00%	0.12%	
	0.79%	79.65%	5.51%	0.53%	1.48%	3.70%	
草地	184.67	198.72	642.41	8.55	37.09	5.97	435.00
	17.14%	18.44%	59.63%	0.79%	3.44%	0.55%	
	2.29%	13.57%	89.93%	1.26%	1.39%	14.43%	
水域	96.39	16.21	1.69	389.17	97.25	2.71	214.25
	15.97%	2.69%	0.28%	64.49%	16.12%	0.45%	
	1.20%	1.11%	0.24%	57.13%	3.64%	6.54%	
城乡、工矿、居民用地	288.28	3.07	2.22	163.85	1799.68	7.21	464.63
	12.73%	0.14%	0.10%	7.24%	79.48%	0.32%	
	3.57%	0.21%	0.31%	24.05%	67.45%	17.42%	
未利用土地	357.8	0.11	1.03	13.82	28.51	11.13	401.27
	86.76%	0.03%	0.25%	3.35%	6.91%	2.70%	
	4.44%	0.01%	0.14%	2.03%	1.07%	26.89%	
转入面积	990.52	297.96	71.9	292.02	868.56	30.25	

中部平原区及南部滨海低平原区的耕地面积均在减少，主要转化的方向是：北部低山丘陵区主要转化为林地和草地，中部平原区主要为林地、城乡、工矿、居民用地和少量草地的转出，南部滨海地平原区耕地的转出方向则为未利用土地和水域。中期耕地的转入面积大于转出面积，净增加262.67平方公里的耕地，此阶段北部低山丘陵区增加115.57平方公里，中部平原区增加100.11平方公里，南部滨海地平原区增加的50.99平方公里；后期耕地转入面积仍然大于转出面积，净

增加 101.66 平方公里，这个时段内的北部丘陵区耕地面积处于减少的趋势下，但中部平原区和南部滨海地平原区的耕地面积均有所增加，说明此时唐山市域耕地整体的增加是中部平原区和南部滨海平原区耕地面积增大所导致。

（2）林地：前期林地的转入面积大于转出面积，净增加 890.79 平方公里，北部丘陵区在前期增加了 577.47 平方公里，中部平原区也有所增加，面积为 287.12 平方公里。中期林地变化面积较小，但是仍为增加态势，主要来源为耕地和草地。中期林地共转出 894.83 平方公里，北部丘陵区、中部平原区及南部滨海低平原区也均处于减少的态势下，主要转出方向为耕地和草地。后期，林地面积仍然在增加，北部丘陵区和中部平原区林地处于增加的趋势下，而南部滨海低平原区的林地则在减少，但减少的幅度小于增加的幅度，所以唐山市域整体林地面积在这个时期是增长的状态，其主要来源是草地，耕地也有少量的贡献。

（3）草地：草地在前期的转出面积较转入面积大，共转出了 447.29 平方公里，三个区域的草地面积此时都在减少，主要的转出方向：北部丘陵区和中部平原区主要转化为了耕地和林地，而南部滨海低平原区主要转化为了耕地和水域；中期草地开始增加，转入面积大于转出面积，净增加了 414.67 平方公里，这个时段内北部丘陵区和南部滨海低平原区的草地面积均在增加，只有中部平原区的草地面积在减少，但是减少的面积很小，所以唐山市整体草地面积在这个时期是增加的，主要来源于耕地和林地；后期草地面积开始减少，共减少 137.04 平方公里，主要是受三个区域草地的集体下降趋势的影响，北部丘陵区主要转化为林地和耕地，中部平原区主要转化为了耕地和城乡、工矿、居民用地，南部滨海低平原区则是向耕地和水域的转化。

（4）水域：前期水域的转入面积大于转出面积，水域处于增加的状态下，共增加 43.18 平方公里，主要来源为耕地，而此时在北部丘陵区和南部滨海低平原区，水域均在减少，只有在中部平原区水域略有增加，所以唐山市前期水域面积是受中部平原区水域面积的增加而增加的，主要来源是耕地和城乡、工矿、居民用地；中期水域转出面积大于转入面积，共减少了 77.91 平方公里，主要的转出方向为耕地和城乡、工矿、居民用地，主要集中在中部平原区；后期水域的用地类型有所增加，净增加 67.77 平方公里，这个时期的变化，主要受南部滨海低平原区水域的增加的影响，其来源主要为城乡、工矿、居民用地。整体看来，水域的剧烈变化主要集中于南部滨海低山丘陵区。

（5）城乡、工矿、居民用地：在三个时期一直处于增长的态势下，北部丘陵区和中部平原区在研究时段内的前、中、后期均处于增长的趋势下，这是城市快速发展的表现，但是在南部滨海低平原区，从中期开始，此类用地就开始持续减少，主要转化为了水域，但是减少的趋势不足影响唐山市此类用地增长的变化趋势。其主要转入来源是耕地。

（6）未利用土地：在三个时期变化为：减少—增加—减少，总体处于减少的趋势下；随着城市的快速发展，未利用土地会一直处于减少的趋势下，在研究时段内，北部丘陵区的未利用土地已经全部转出，三地区均主要转化为了耕地，在南部滨海地平原区，有少量的向水域和城乡、工矿、居民用地的转化。

2. 唐山市域景观格局指数变化分析

由表 3-6 可得，1995~2008 年斑块数量一直处于增加趋势，斑块密度随之上升，表示景观破碎度增大。形状指数增大，表示斑块形状趋于复杂。散布与并列指数在 1995~2000 年间增长，表示各类型斑块之间交错分布，某类型斑块邻接的斑块类型较多，各种类型用地分布较复杂；2000~2008 年间散布与并列指数减小，表示这一时间段里，各类型斑块邻接的斑块类型稍为单一，斑块分布趋于规律。香农多样性指数和香农均匀度指数 1995~2000 年都有所增加，表明这一时期各景观斑块比重向均衡化方向发展；2000~2008 年都有降低，表明这一时期有某些类型斑块比重增大，均衡程度有所下降。

表 3-6　唐山市景观格局指数

年份	斑块数量 NP	斑块密度 PD	形状指数 LSI	散布与并列指数 IJI	香农多样性指数 SHDI	香农均匀度指数 SHEI
1985	5463	0.4011	61.9091	68.6348	1.2926	0.7214
1995	5139	0.3754	51.7316	65.4174	1.2599	0.7032
2000	5372	0.3923	61.4959	68.4121	1.2896	0.7197
2008	5609	0.4113	66.1093	59.1525	1.1914	0.6649

综上，全市总体景观格局变化的主要原因是城乡、工矿、居民用地的大幅增加和林业用地被大量侵占，人们对于城市的建设使景观破碎度加大，多样性降低。

二、不同自然区划单元的景观格局比较分析

（一）北部低山丘陵区景观格局变化分析

1. 北部低山丘陵区土地利用变化分析

由表 3-7 和图 3-2 可以看出，北部低山丘陵区的主要景观类型为耕地、林地及草地。耕地在 1985 年、2000 年及 2008 年所占比例均在 40% 以上，林地在 1995 年所占比例在 40%，其他年份均在 30% 左右；草地在该地区所占的比率也较高，在 1985 年和 2000 年时，超过 20%；水域和未利用土地所占比例都较小，城乡、工矿、居民用地也较小，但在 1985~2008 年一直处于增加的趋势下。

表 3-7　北部低山丘陵区景观斑块面积总体变化　（单位：平方公里；%）

	1985 年		1995 年		2000 年		2008 年	
	面积	比例	面积	比例	面积	比例	面积	比例
耕地	1721.11	40.18%	1606.04	37.49%	1721.61	40.19%	1717.97	40.11%
林地	1167.79	27.26%	1745.3	40.74%	1164.87	27.19%	1289.96	30.11%
草地	945.68	22.08%	534.93	12.49%	935.15	21.83%	648.73	15.14%
水域	131.65	3.07%	123.84	2.89%	127.4	2.97%	124.15	2.90%
城乡、工矿、居民用地	270.92	6.32%	272.63	6.36%	281.56	6.57%	502.82	11.74%
未利用土地	46.54	1.09%	1	0.02%	53.13	1.24%	0	0.00%

由表 3-8、3-9、3-10 可以看出，在唐山市北部低山丘陵区 1985~1995 年、1995~2000 年及 2000~2008 年三个研究时段内，**耕地**的变化为：在前期（1985~1995 年）转入面积为 234.87 平方公里，转出面积为 349.96 平方公里，净减少 115.09 平方公里，从收支上看，主要转出的土地类型为林地（11.53%）和草地（6.32%），城乡、工矿、居民用地和水域有少量的转入；耕地的主要来源集中在草地（5.01%）、林地（4.76%）和未利用土地（2.45%）上。到中期（1995~2000 年间）耕地转入面积大于转出面积，净增加 115.57 平方公里，其主要来源为林地（11.54%）和草地（6.33%），依旧为耕地、林地、草地间的相互转化，基本上在 1985 年耕地所转出的面积又回归给了耕地；后期（2000~2008 年）耕地的转入面积为 279.15 平方公里，转出面积为 282.78 平方公里，净减少 3.63 平方公里，变化幅度非常小，但从转化概率上可以看出，在这个时期内，耕地主要转化为了城乡、

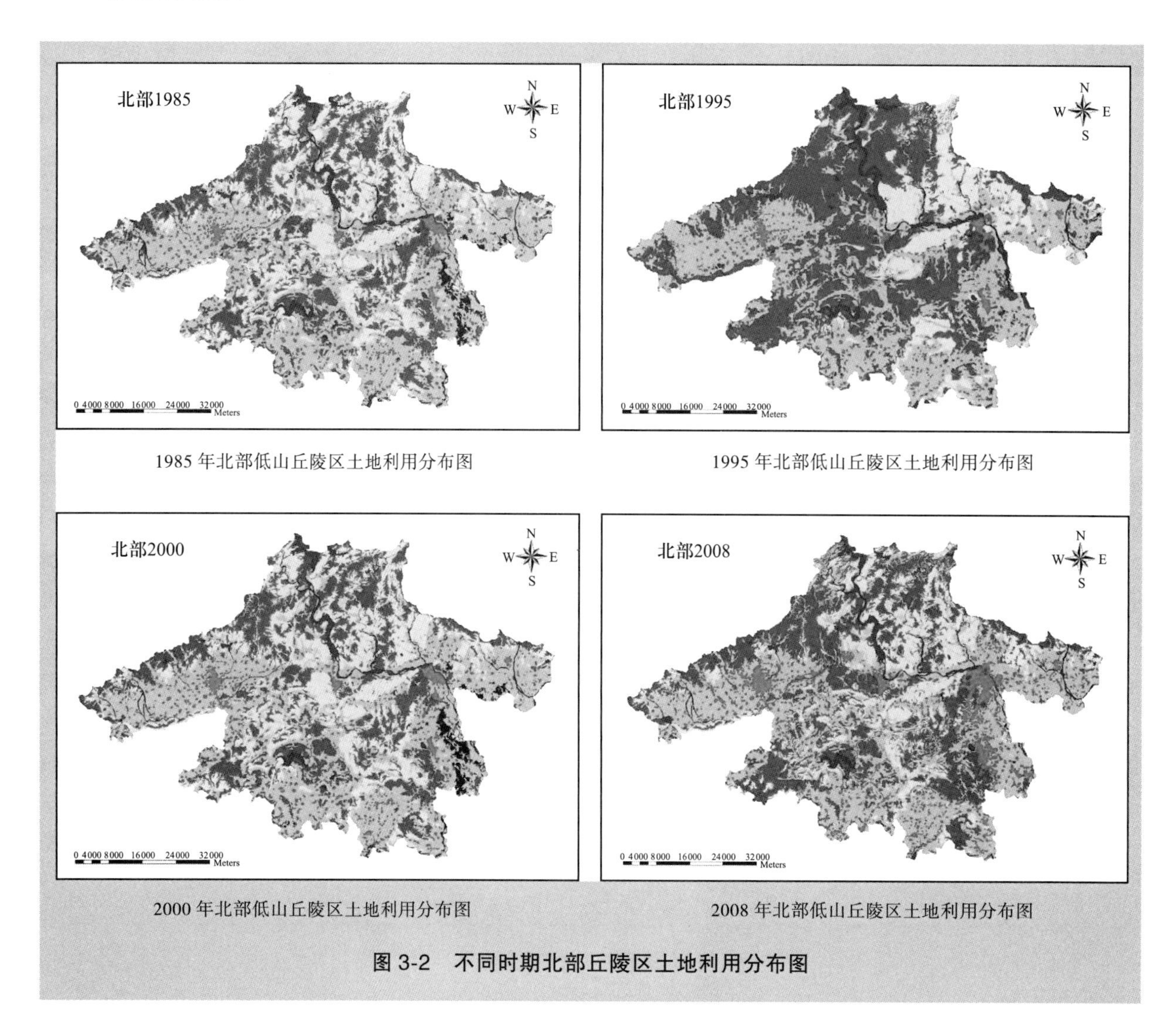

1985 年北部低山丘陵区土地利用分布图

1995 年北部低山丘陵区土地利用分布图

2000 年北部低山丘陵区土地利用分布图

2008 年北部低山丘陵区土地利用分布图

图 3-2 不同时期北部丘陵区土地利用分布图

工矿、居民用地（37.17%），又有少量的林地（3.11%）和草地（7.87%）转化为了耕地，填补了耕地的缺失，使其在此时段内的土地面积变化最小。

表 3-8 北部低山丘陵区 1985~1995 年土地利用转移概率矩阵 （单位：平方公里；%）

1995 年 / 1985 年	耕地	林地	草地	水域	城乡、工矿、居民用地	未利用土地	转出面积
耕地	1371.15	198.45	107.26	18.95	25.18	0.12	349.96
	79.67%	11.53%	6.23%	1.10%	1.46%	0.01%	
	85.38%	11.37%	20.05%	15.30%	9.24%	12.00%	
林地	76.46	976.52	109	0.58	5.09	0.14	191.27
	6.55%	83.62%	9.33%	0.05%	0.44%	0.01%	
	4.76%	55.95%	20.38%	0.47%	1.87%	14.00%	
草地	80.46	551.17	307.33	1.61	5.07	0.04	638.35
	8.51%	58.28%	32.50%	0.17%	0.54%	0.00%	
	5.01%	0.03%	0.06%	1.30%	1.86%	4.00%	

（续）

1985年＼1995年	耕地	林地	草地	水域	城乡、工矿、居民用地	未利用土地	转出面积
水域	19.83	5.84	2.18	101.76	2.04	0	29.89
	15.06%	4.44%	1.66%	77.30%	1.55%	0.00%	
	1.23%	0.33%	0.41%	82.17%	0.75%	0.00%	
城乡、工矿、居民用地	18.7	8.83	7.01	0.9	234.79	0.69	36.13
	6.90%	3.26%	2.59%	0.33%	86.66%	0.25%	
	1.16%	0.51%	1.31%	0.73%	86.11%	69.00%	
未利用土地	39.42	4.45	2.14	0.04	0.48	0.01	46.53
	84.70%	9.56%	4.60%	0.09%	1.03%	0.02%	
	2.45%	0.26%	0.40%	0.03%	0.18%	1.00%	
转入面积	234.87	768.74	227.59	22.08	37.86	0.99	

表 3-9 北部低山丘陵区 1995~2000 年土地利用转移矩阵 （单位：平方公里；%）

1995年＼2000年	耕地	林地	草地	水域	城乡、工矿、居民用地	未利用土地	转出面积
耕地	1371.01	73.18	77.47	19.49	21.52	43.37	235.03
	85.37%	4.56%	4.82%	1.21%	1.34%	2.70%	
	79.64%	6.28%	8.28%	15.29%	7.64%	81.63%	
林地	198.62	977.27	546.29	6.29	9.83	7	768.03
	11.38%	55.99%	31.30%	0.36%	0.56%	0.40%	
	11.54%	83.89%	58.42%	4.94%	3.49%	13.18%	
草地	109.02	108.92	305.36	2.61	6.87	2.15	229.57
	20.38%	20.36%	57.08%	0.49%	1.28%	0.40%	
	6.33%	9.35%	32.66%	2.05%	2.44%	4.04%	
水域	23.86	0.41	0.94	97.62	0.87	0.14	26.22
	19.27%	0.33%	0.76%	78.82%	0.70%	0.11%	
	1.39%	0.04%	0.10%	76.60%	0.31%	0.26%	
城乡、工矿、居民用地	18.98	4.99	5	1.42	241.77	0.47	30.87
	6.96%	1.83%	1.83%	0.52%	88.68%	0.17%	
	1.10%	0.43%	0.53%	1.12%	85.87%	0.89%	
未利用土地	0.12	0.14	0.04	0	0.7	0	1.01
	12.18%	14.41%	3.94%	0.00%	69.38%	0.00%	
	0.01%	0.01%	0.00%	0.00%	0.25%	0.00%	
转入面积	350.6	187.65	629.74	29.81	39.79	53.13	

表 3-10　北部低山丘陵区 2000~2008 年土地利用转移概率矩阵　（单位：平方公里；%）

2000年 \ 2008年	耕地	林地	草地	水域	城乡、工矿、居民用地	转出面积
耕地	1438.826	55.5687	26.8263	13.7889	186.5952	282.78
	83.57%	3.23%	1.56%	0.80%	10.84%	
	83.75%	4.31%	4.13%	11.11%	37.11%	
林地	53.424	1039.7232	37.2402	2.1042	32.3748	125.14
	4.59%	89.26%	3.20%	0.18%	2.78%	
	3.11%	80.60%	5.74%	1.69%	6.44%	
草地	135.1746	190.7631	581.5521	1.9557	25.7013	353.59
	14.45%	20.40%	62.19%	0.21%	2.75%	
	7.87%	14.79%	89.63%	1.58%	5.11%	
水域	12.6882	2.3418	1.6326	105.9534	4.7808	21.44
	9.96%	1.84%	1.28%	83.17%	3.75%	
	0.74%	0.18%	0.25%	85.34%	0.95%	
城乡、工矿、居民用地	28.7235	1.5516	1.4742	0.1854	249.6222	31.93
	10.20%	0.55%	0.52%	0.07%	88.66%	
	1.67%	0.12%	0.23%	0.15%	49.64%	
未利用土地	49.1364	0.0063	0.0774	0.1656	3.7413	53.13
	92.49%	0.01%	0.15%	0.31%	7.04%	
	2.86%	0.00%	0.01%	0.13%	0.74%	
转入面积	279.1467	250.2315	67.2507	18.1998	253.1934	

（1）林地的变化为：林地在前期转入面积为 768.74 平方公里，转出面积为 191.27 平方公里，净增加 577.47 平方公里，转入的面积大于这个时期其他土地类型的面积变化，它的主要来源为耕地 11.37%，水域也有少量的贡献，所占比率为 4.44%；转出的方向为草地（9.33%）和耕地（6.55%），但转出的面积较少。中期林地转入面积为 187.65 平方公里，转出面积为 768.03 平方公里，净减少 580.38 平方公里，主要转出的用地类型为耕地，又填补了耕地在前期的损失。后期，林地转入面积大于转出面积，净增加了 125.09 平方公里，此时主要来源为草地（14.79%）和耕地（4.31%），只有少量部分转化为了城乡、工矿、居民用地。

（2）草地的变化为：前期的转入面积 227.59 平方公里，转出面积为 638.35 平方公里，净减少 410.76 平方公里，转出的用地类型为林地占到了 58.28%，其次为耕地（8.51%）；中期草地的转入面积为 629.74 平方公里，转出面积为 229.57 平方公里，净增加 400.17 平方公里，主要转出的用地类型为耕地（20.38%）和林地（20.36%），林地、耕地和草地间的相互转化趋于平衡；后期草地面积净减少 286.34 平方公里，主要转化为林地（20.40%）和耕地（14.45%），说明草地持续地向林地和耕地转化。

（3）城乡、工矿、居民用地在研究时段内一直处在增长的状态下，其主要来源为耕地，所占比率由前期开始不断升高。

（4）未利用土地在前、中、后期的变化为：减少—增加—减少总体处于减少的趋势下，在后期全部转出，其转出的主要用地类型为耕地，在前期占 84.70%，后期为 92.49%。

（5）水域的变化与未利用土地相同，但是变化的面积很小，大部分为耕地做了贡献，到后期有小部分（3.75%）转化为城乡、工矿、居民用地。

2. 北部低山丘陵区景观格局指数分析

由表 3-11，1985~1995 年景观斑块经过整合，斑块数减少，破碎度降低，多样性和均匀度都有下降。1995~2008 年斑块数量一直处于增加趋势，斑块密度随之上升，景观破碎度增大。形状指数增大，表示斑块形状趋于复杂。散布与并列指数持续上升，表明斑块分布变得分散而交错。多样性指数 1995~2000 年在增加，斑块变得均匀，2000~2008 年时多样性指数减少，主要是因为未利用土地类型消失的原因。均匀度指数逐期增大，表示各类型用地逐渐变得均匀。

表 3-11 北部低山丘陵区景观格局指数表

年份	斑块数量 NP	斑块密度 PD	形状指数 LSI	散布与并列指数 IJI	香农多样性指数 SHDI	香农均匀度指数 SHEI
1985	1965	0.4587	49.5423	68.9368	1.3849	0.7729
1995	1462	0.3413	35.5258	65.2414	1.2731	0.7106
2000	1939	0.4526	49.5823	69.1951	1.3906	0.7761
2008	2353	0.5493	55.7607	79.2807	1.3678	0.8499

（二）中部平原区景观格局变化分析

1. 中部平原区土地利用变化分析

由表 3-12 和图 3-3 可以看出：中部平原区的景观基质为耕地，所占比率均在 70% 以上，其次景观类型为城乡、工矿、居民用地，其面积比例逐年增大；其他四种土地利用类型所占比例均比较小。

表 3-12 中部平原区景观斑块面积总体变化 （单位：平方公里；%）

	1985 年		1995 年		2000 年		2008 年	
	面积	比例	面积	比例	面积	比例	面积	比例
耕地	5075.55	74.47%	4942.68	72.51%	5042.38	73.98%	5103.9	74.88%
林地	102.6	1.51%	399.75	5.86%	101.8	1.49%	125.61	1.84%
草地	116.42	1.71%	102.95	1.51%	99.95	1.47%	52.94	0.78%
水域	154.93	2.27%	235.71	3.46%	152.91	2.24%	143.06	2.10%
城乡、工矿、居民用地	1081.75	15.87%	1127.2	16.54%	1139.23	16.71%	1381.71	20.27%
未利用土地	284.64	4.18%	7.94	0.12%	279.41	4.10%	8.46	0.12%

由表 3-13、3-14、3-15 可以看出，在唐山市中部平原区 1985~2008 年间的三个研究时段内各土地类型的变化为：

（1）耕地在前期的转出面积大于转入面积，净减少了 133.12 平方公里，主要转化了林地（4.84%）和城乡、工矿、居民用地（2.47%）及草地（2.08%），这个时期转化为耕地的用地类型为未利用土地（5.31%）；中期开始到后期，耕地的转入面积均大于转出面积，净增加了 161.64 平方公里，主要转入的用地类型有林地（4.83%）、水域（2.19%）、未利用土地（4.94%）和城乡、工矿、居民用地（4.27%），转出方向是未利用土地（5.31%）和城乡、工矿、居民用地（1.64%），且面积较小。

（2）林地在前期转入面积远大于转出面积，净增加了 287.12 平方公里，主要是耕地（61.40%）和草地（11.51%）的贡献，此时，林地仅有少量转化为了城乡、工矿、居民用地（6.63%）；中期

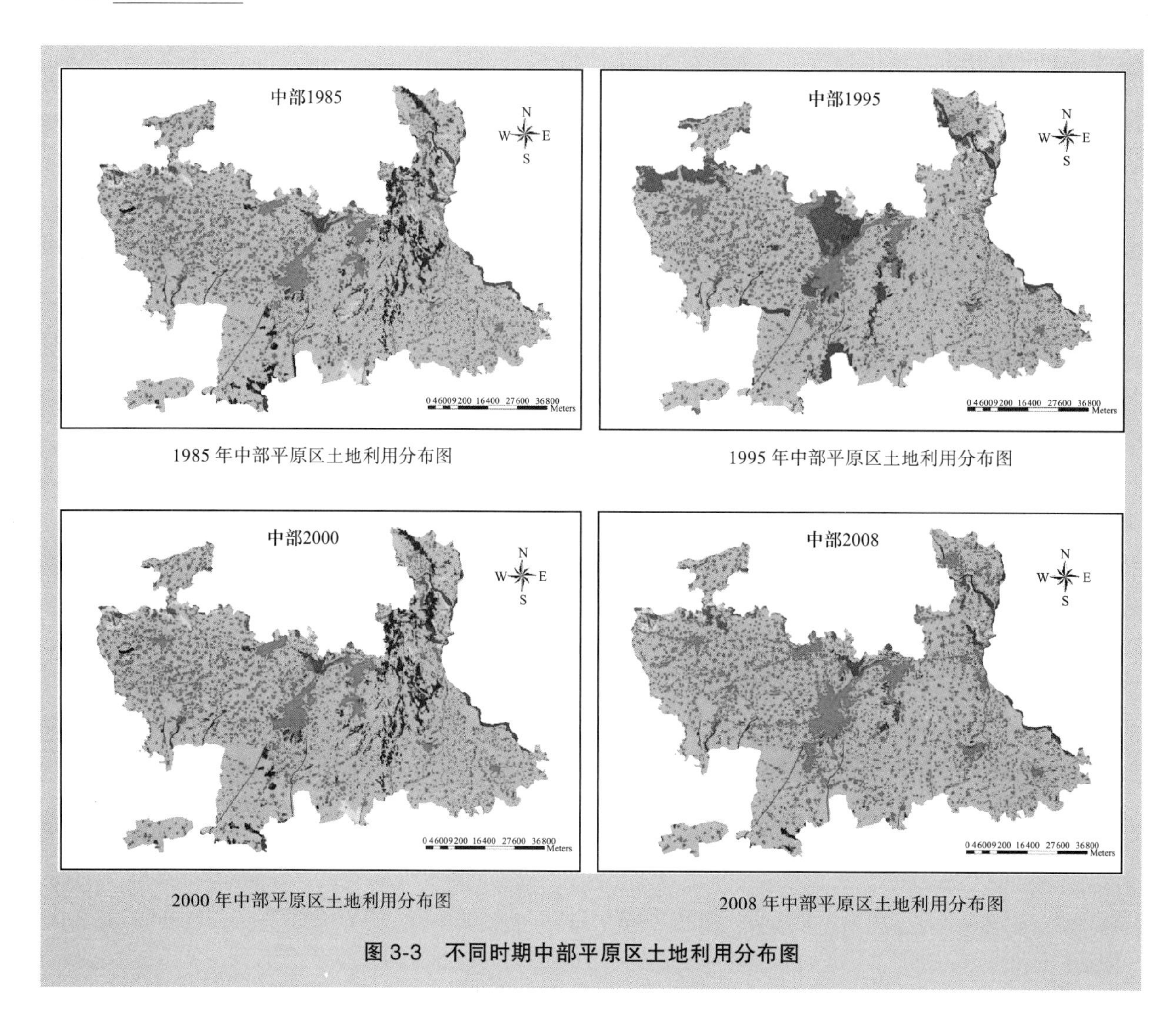

1985 年中部平原区土地利用分布图

1995 年中部平原区土地利用分布图

2000 年中部平原区土地利用分布图

2008 年中部平原区土地利用分布图

图 3-3 不同时期中部平原区土地利用分布图

表 3-13 中部平原区 1985~1995 年转移概率矩阵 （单位：平方公里；%）

1995 年 / 1985 年	耕地	林地	草地	水域	城乡、工矿、居民用地	未利用土地	转出面积
耕地	4525.94	245.43	72.86	105.43	125.42	0.47	549.62
	89.17%	4.84%	1.44%	2.08%	2.47%	0.01%	
	91.57%	61.40%	70.78%	44.74%	11.13%	5.98%	
林地	4.87	86.79	3.54	0.77	6.63	0	15.8
	4.75%	84.60%	3.45%	0.75%	6.46%	0.00%	
	0.10%	21.71%	3.44%	0.33%	0.59%	0.00%	
草地	46.68	46	18.67	2.49	1.94	0.64	97.75
	40.10%	39.51%	16.03%	2.14%	1.66%	0.55%	
	0.94%	11.51%	18.13%	1.06%	0.17%	8.02%	
水域	37.69	6.88	1.24	106.16	2.85	0.11	48.78
	24.33%	4.44%	0.80%	68.52%	1.84%	0.07%	
	0.76%	1.72%	1.21%	45.05%	0.25%	1.39%	

（续）

1985年 \ 1995年	耕地	林地	草地	水域	城乡、工矿、居民用地	未利用土地	转出面积
城乡、工矿、居民用地	64.96	10.48	2.15	14.87	989.22	0.07	92.53
	6.00%	0.97%	0.20%	1.37%	91.45%	0.01%	
	1.31%	2.62%	2.09%	6.31%	87.76%	0.94%	
未利用土地	262.3	4.13	4.48	5.96	1.13	6.64	278
	92.15%	1.45%	1.57%	2.09%	0.40%	2.33%	
	5.31%	1.03%	4.35%	2.53%	0.10%	83.67%	
转入面积	416.5	312.92	84.28	129.51	137.98	1.3	

表 3-14　中部平原区 1995~2000 年转移概率矩阵　（单位：平方公里；%）

1995年 \ 2000年	耕地	林地	草地	水域	城乡、工矿、居民用地	未利用土地	转出面积
耕地	4525.38	4.72	30.72	38.26	81.3	262.3	417.3
	91.56%	0.10%	0.62%	0.77%	1.64%	5.31%	
	89.74%	4.64%	30.73%	25.00%	7.14%	93.88%	
林地	243.49	87.1	45.56	6.62	12.81	4.17	312.65
	60.91%	21.79%	11.40%	1.66%	3.20%	1.04%	
	4.83%	85.53%	45.58%	4.33%	1.12%	1.49%	
草地	72.7	3.51	18.76	1.27	2.08	4.63	84.19
	70.62%	3.41%	18.22%	1.23%	2.02%	4.50%	
	1.44%	3.45%	18.77%	0.83%	0.18%	1.66%	
水域	110.21	0.76	2.36	104.87	16.78	0.73	130.84
	46.76%	0.32%	1.00%	44.49%	7.12%	0.31%	
	2.19%	0.75%	2.36%	68.53%	1.47%	0.26%	
城乡、工矿、居民用地	90.56	5.74	1.92	1.9	1026.17	0.91	101.03
	8.03%	0.51%	0.17%	0.17%	91.04%	0.08%	
	1.80%	5.64%	1.92%	1.24%	90.08%	0.33%	
未利用土地	0.45	0	0.64	0.11	0.07	6.67	1.27
	5.67%	0.00%	8.06%	1.39%	0.88%	84.01%	
	0.01%	0.00%	0.64%	0.07%	0.01%	2.39%	
转入面积	517.41	14.73	81.2	48.16	113.04	272.74	

表 3-15 中部平原区 2000~2008 年转移概率矩阵 （单位：平方公里；%）

2000 年 \ 2008 年	耕地	林地	草地	水域	城乡、工矿、居民用地	未利用土地	转出面积
耕地	4558.05	20.31	0.78	30.99	430.13	2.115	484.325
	90.39%	0.40%	0.02%	0.61%	8.53%	0.04%	
	89.31%	16.17%	1.47%	21.66%	31.13%	24.99%	
林地	7.55	86.23	0.9	0.37	6.75	0	15.57
	7.42%	84.71%	0.88%	0.36%	6.63%	0.00%	
	0.15%	68.65%	1.70%	0.26%	0.49%	0.00%	
草地	31.37	6.7	49.55	1.58	10.75	0	50.4
	31.39%	6.70%	49.57%	1.58%	10.76%	0.00%	
	0.61%	5.33%	93.60%	1.10%	0.78%	0.00%	
水域	36.95	10.76	0.02	99.32	5.65	0.2124	53.5924
	24.16%	7.04%	0.01%	64.95%	3.69%	0.14%	
	0.72%	8.57%	0.04%	69.43%	0.41%	2.51%	
城乡、工矿、居民用地	217.96	1.5	0.74	10.09	908.93	0.0063	230.2963
	19.13%	0.13%	0.07%	0.89%	79.78%	0.00%	
	4.27%	1.19%	1.40%	7.05%	65.78%	0.07%	
未利用土地	252.02	0.11	0.95	0.71	19.5	6.1281	273.29
	90.19%	0.04%	0.34%	0.25%	6.98%	2.19%	
	4.94%	0.09%	1.79%	0.50%	1.41%	72.42%	
转入面积	545.85	39.38	3.39	43.74	472.78	2.3337	

林地处于减少的状态下，净减少 297.92 平方公里，又转回了耕地（60.91%）和草地（11.40%）；后期林地开始增加，净增加 23.81 平方公里，主要由耕地（16.17%）和水域（8.57%）的转入，大于向城乡、工矿、居民用地的转出。

（3）草地在前期的转出面积为 97.75 平方公里，转入面积为 84.28 平方公里，净减少 13.47 平方公里，变化面积较小，主要转向了耕地（40.10%）和林地（39.51%），同时耕地也转入草地；中期草地的转出面积和转入面积变化不大，仅减少了 2.99 平方公里，主要转化为了耕地（70.62%）；后期草地还处于减少的趋势下，净减少了 47.01 平方公里，主要转化为了耕地（31.39%）和城乡、工矿、居民用地（10.76%）。

（4）水域在中部地区也有变化，前期转入面积大于转出面积，净增加 80.73 平方公里，主要转为水域的用地类型为耕地（44.74%）和城乡、工矿、居民用地（6.63%）；到中期、后期水域面积开始持续减少，净减少了 92.53 平方公里，主要转化为了耕地（46.76%）和城乡、工矿、居民用地（7.12%）。

（5）城乡、工矿、居民用地在研究时段内的前期、中期、后期有大量的转入，净增加 299.96 平方公里，主要来源为耕地。

（6）未利用土地在前期大部分转出，主要转化为了耕地，占到 92.15%，中期又所回转，耕地又转化为未利用土地，主要是由于这部分土地不适合耕种，盐碱化严重；后期未利用土地开始大量转出，转化方向为耕地。

2．中部平原区景观格局指数分析

表 3-16　中部平原区景观格局指数表

年份	斑块数量 NP	斑块密度 PD	形状指数 LSI	散布与并列指数 IJI	香农多样性指数 SHDI	香农均匀度指数 SHEI
1985	3260	0.4783	39.7125	46.0684	0.863	0.4817
1995	3090	0.4533	35.6013	42.8109	0.8845	0.4937
2000	3211	0.4711	39.5938	45.0367	0.8628	0.4816
2008	3112	0.4566	42.1708	29.4741	0.7409	0.4135

由表 3-16 所示，1995~2000 年和 2000~2008 年两个时间段，斑块数量和斑块密度先升后降，表明景观破碎度先增后减，后期景观斑块略有整合。两段时期形状指数都在增大，说明景观斑块的形状都变得复杂。散布与并列指数先增后减，并且在 2000~2008 年之间变化较为剧烈，表明前期景观破碎度增加，各类型斑块交错分布，而后期景观斑块经过整合，使邻近斑块较单一，景观斑块分布比较有规律化。多样性指数和均与度指数都持续降低，表示各类型斑块比重分布不均衡，某些类型斑块比重逐渐增加，变得突出起来。

（三）南部滨海低平原区景观格局变化分析

1．南部滨海低平原区土地利用变化分析

由表 3-17 和图 3-4 可以得出，在南部滨海地平原区的主要景观类型为耕地和城乡、工矿、居民用地，其次为水域，水域的面积较其他两区大。耕地所占比率在 1985 年、1995 年、2000 年和 2008 年分别为：46.43%、44.80%、47.86% 和 49.60%，说明耕地面积仅在 1995 年有所减少，从 2000 年起，耕地面积一直处于增加的态势下；城乡、工矿、居民用地所占比率为 32.44%、34.44%、34.35% 和 31.83%，此类用地在 1995 年、2000 年处于增长的趋势下，到 2008 年开始有所减少；水域，处于增长的趋势下；在南部滨海地平原区林地、草地和未利用土地在 1985~2008 年所占面积均在下降，下降幅度最大的为未利用土地，共减少 3.89%。此地区林地所占面积非常少。

表 3-17　南部滨海低平原区景观斑块面积总体变化　（单位：平方公里；%）

	1985 年		1995 年		2000 年		2008 年	
	面积	比例	面积	比例	面积	比例	面积	比例
耕地	1128.04	46.43%	1118.81	44.80%	1170.59	47.86%	1213.17	49.60%
林地	13.49	0.56%	30.58	1.22%	13.5	0.55%	12.34	0.50%
草地	38.54	1.59%	20.05	0.80%	32.97	1.35%	4.36	0.18%
水域	334.41	13.76%	360.1	14.42%	308.89	12.63%	404.7	16.55%
城乡、工矿、居民用地	788.22	32.44%	860.17	34.44%	840.27	34.35%	778.54	31.83%
未利用土地	127.05	5.23%	107.82	4.32%	79.78	3.26%	32.89	1.34%

由表 3-18、3-19、3-20 可以看出，在唐山市南部滨海低平原区 1985~2008 年间的三个研究时段内各土地类型的变化为：

（1）耕地在前、中、后三个时期的变化趋势为：先减少，后增加，前期主要转化为了未利用土地（4.13%）和水域（3.82%）；中期增加的主要来源为水域（7.40%）、未利用土地（4.30%）和

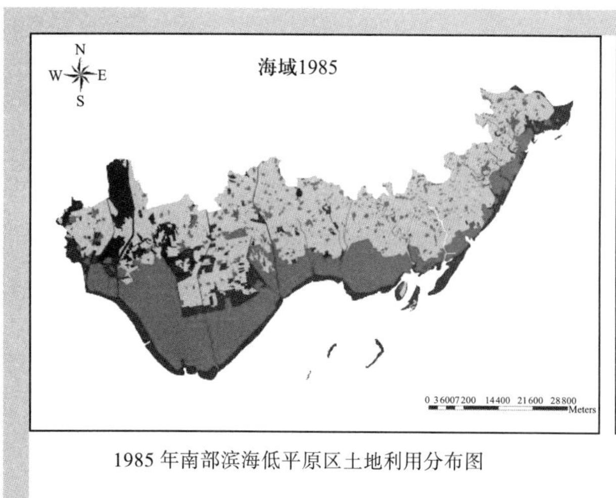

1985 年南部滨海低平原区土地利用分布图

1995 年南部滨海低平原区土地利用分布图

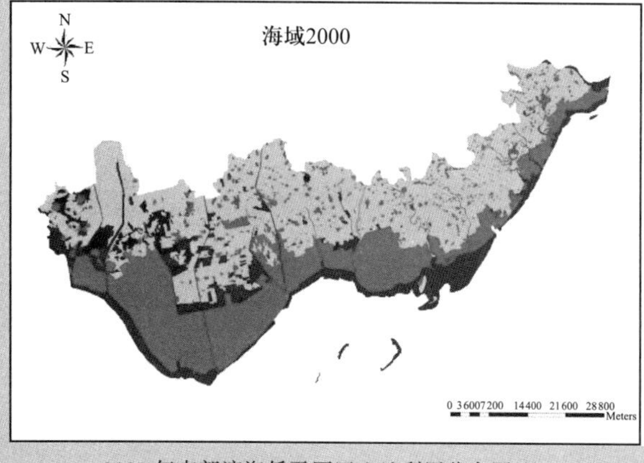

2000 年南部滨海低平原区土地利用分布图

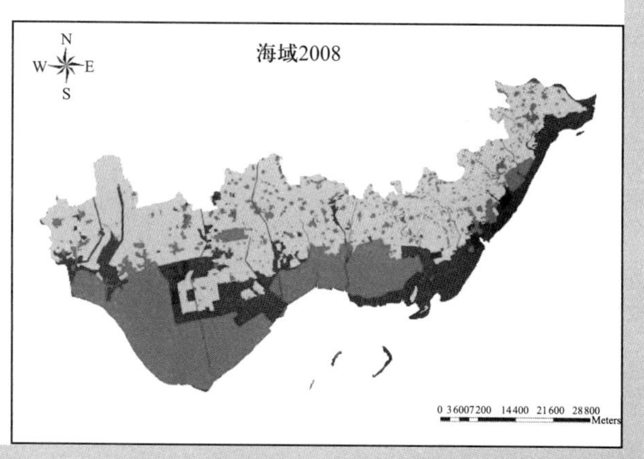

2008 年南部滨海低平原区土地利用分布图

图 3-4　不同时期唐山南部滨海低平原区土地利用分布图

表 3-18　南部滨海低平原区 1985~1995 年转移概率矩阵　（单位：平方公里；%）

1985 年 \ 1995 年	耕地	林地	草地	水域	城乡、工矿、居民用地	未利用土地	转出面积
耕地	984.08	13.71	10.09	43.11	30.48	46.5336	143.9236
	87.24%	1.22%	0.89%	3.82%	2.70%	4.13%	
	87.98%	44.83%	50.35%	14.06%	3.60%	43.23%	
林地	0.74	12.5	0	0	0.24	0.0135	0.9935
	5.48%	92.64%	0.00%	0.00%	1.78%	0.10%	
	0.07%	40.88%	0.00%	0.00%	0.03%	0.01%	
草地	23.42	2.36	5	3.8	0.34	3.6243	33.5443
	60.76%	6.12%	12.97%	9.86%	0.88%	9.40%	
	2.09%	7.72%	24.95%	1.24%	0.04%	3.37%	
水域	43.63	0.8	3.69	154.02	111.77	20.4966	180.3866
	13.05%	0.24%	1.10%	46.06%	33.42%	6.13%	
	3.90%	2.62%	18.41%	50.22%	13.21%	19.04%	

（续）

1985年＼1995年	耕地	林地	草地	水域	城乡、工矿、居民用地	未利用土地	转出面积
城乡、工矿、居民用地	24.85	0.45	1.14	49.48	697.37	14.9337	90.8537
	3.15%	0.06%	0.14%	6.28%	88.47%	1.89%	
	2.22%	1.47%	5.69%	16.13%	82.41%	13.87%	
未利用土地	41.84	0.76	0.12	56.27	6.03	22.032	105.02
	32.93%	0.60%	0.09%	44.29%	4.75%	17.34%	
	3.74%	2.49%	0.60%	18.35%	0.71%	20.47%	
转入面积	134.48	18.08	15.04	152.66	148.86	85.6017	

表 3-19　南部滨海低平原区 1995~2000 年转移概率矩阵　（单位：平方公里；%）

1995年＼2000年	耕地	林地	草地	水域	城乡、工矿、居民用地	未利用土地	转出面积
耕地	985.29	0.72	21.55	40.69	26.93	43.63	133.52
	88.07%	0.06%	1.93%	3.64%	2.41%	3.90%	
	84.16%	5.33%	65.36%	11.33%	3.20%	54.67%	
林地	13.27	12.57	2.36	1.13	0.48	0.77	18.01
	43.39%	41.11%	7.72%	3.70%	1.57%	2.52%	
	1.13%	93.04%	7.16%	0.31%	0.06%	0.96%	
草地	10.81	0	4.58	2.23	2.31	0.12	15.47
	53.92%	0.00%	22.84%	11.12%	11.52%	0.60%	
	0.92%	0.00%	13.89%	0.62%	0.27%	0.15%	
水域	86.62	0	3.86	192.19	66.47	10.96	167.91
	24.05%	0.00%	1.07%	53.37%	18.46%	3.04%	
	7.40%	0.00%	11.71%	53.52%	7.90%	13.73%	
城乡、工矿、居民用地	24.31	0.22	0.33	103.04	726.91	5.36	133.26
	2.83%	0.03%	0.04%	11.98%	84.51%	0.62%	
	2.08%	1.63%	1.00%	28.70%	86.38%	6.72%	
未利用土地	50.38	0	0.29	19.8	18.38	18.97	88.85
	46.73%	0.00%	0.27%	18.36%	17.05%	17.59%	
	4.30%	0.00%	0.88%	5.51%	2.18%	23.77%	
转入面积	185.39	0.94	28.39	166.89	114.57	60.84	

表 3-20　南部滨海低平原区 2000~2008 年转移概率矩阵　（单位：平方公里；%）

2000年＼2008年	耕地	林地	草地	水域	城乡、工矿、居民用地	未利用土地	转出面积
耕地	1051.38	2.91	0.01	57.16	48.39	10.7406	119.2106
	89.82%	0.25%	0.00%	4.88%	4.13%	0.92%	
	86.66%	23.58%	0.23%	14.12%	6.22%	32.66%	

（续）

2008年 2000年	耕地	林地	草地	水域	城乡、工矿、居民用地	未利用土地	转出面积
林地	2.15	8.59	0	1.09	0.14	1.5327	4.9127
	15.92%	63.62%	0.00%	8.07%	1.04%	11.35%	
	0.18%	69.61%	0.00%	0.27%	0.02%	4.66%	
草地	17.26	0.14	4.31	4.97	0.32	5.9706	28.6606
	52.35%	0.42%	13.07%	15.07%	0.97%	18.11%	
	1.42%	1.13%	98.85%	1.23%	0.04%	18.15%	
水域	45.11	0.69	0.03	175.08	85.48	2.4957	133.8057
	14.60%	0.22%	0.01%	56.68%	27.67%	0.81%	
	3.72%	5.59%	0.69%	43.26%	10.98%	7.59%	
城乡、工矿、居民用地	40.63	0.01	0.01	153.56	638.94	7.1226	201.3326
	4.84%	0.00%	0.00%	18.28%	76.04%	0.85%	
	3.35%	0.08%	0.23%	37.94%	82.07%	21.66%	
未利用土地	56.64	0	0	12.84	5.27	5.0256	74.75
	71.00%	0.00%	0.00%	16.10%	6.61%	6.30%	
	4.67%	0.00%	0.00%	3.17%	0.68%	15.28%	
转入面积	161.79	3.75	0.05	229.62	139.6	27.8622	

城乡、工矿、居民用地（2.08%），后期仍然处于增加的状态下，主要来源为未利用土地（4.67%）、水域（3.72%）和城乡、工矿、居民用地（3.35%），由此可以看出，在南部滨海低平原区，增加的耕地主要为未利用土地、水域和城乡、工矿、居民用地转化而来。

（2）林地在三个时期内的变化态势为：增加—减少—减少，但总体变化面积不大，前期的增加主要来源于耕地（44.83%）和草地（7.72%）的转化，中期林地减少，主要转化为了耕地（43.39%）、草地（7.72%）和水域（3.70%），后期主要转化为了耕地（15.92%）和未利用土地（11.35%）。

（3）草地的变化为：减少—增加—减少，前期和后期草地大量转出，主要转化为耕地、水域和未利用土地，中期草地的增加，主要来源于耕地、水域和林地，但是增加的面积较小。

（4）水域的变化为：减少—减少—增加，前期主要转化成为城乡、工矿、居民用地（33.42%）和耕地（13.05%），中期减少的面积很少，仅有1平方公里，主要为城乡、工矿、居民用地和耕地与水域之间的转化，后期水域面积有所增加，主要来源是城乡、工矿、居民用地（37.94%）和耕地（14.12%），未利用土地（3.17%）也有少量的贡献。

（5）城乡、工矿、居民用地的变化为：增加—减少—减少，前期的增加主要来源于水域（13.21%），中期、后期用地面积的减少，均转化为水域。

（6）未利用土地在三个时期内持续在减少，转化的方向为：前期主要转化为水域（44.29%）和耕地（32.93%），中期主要转化为耕地（46.73%）、水域（18.36%）及城乡、工矿、居民用地（17.05%），后期的转化方向仍然为耕地（71.00%）、水域（16.10%）和城乡、工矿、居民用地（6.61%）。

2. 南部滨海低平原区景观格局指数分析

表 3-21　南部滨海低平原区景观格局指数

年份	斑块数量 NP	斑块密度 PD	形状指数 LSI	散布与并列指数 IJI	香农多样性指数 SHDI	香农均匀度指数 SHEI
1985	720	0.2963	19.3082	63.709	1.2433	0.6939
1995	911	0.3648	20.8597	70.4557	1.2344	0.6889
2000	688	0.2751	18.6016	62.6331	1.1971	0.6681
2008	620	0.2534	16.7409	51.6419	1.1058	0.6171

如表 3-21 所示，1995~2008 年斑块数量一直处于减少趋势，斑块密度随之下降，表示景观破碎度减小，地块趋于整合。形状指数减小，斑块形状趋于简单，散布与并列指数减小，斑块分布趋于规律，与其他斑块的邻接程度变小。多样性指数和均与度指数都持续降低，表示各类型斑块比重变得不均衡。

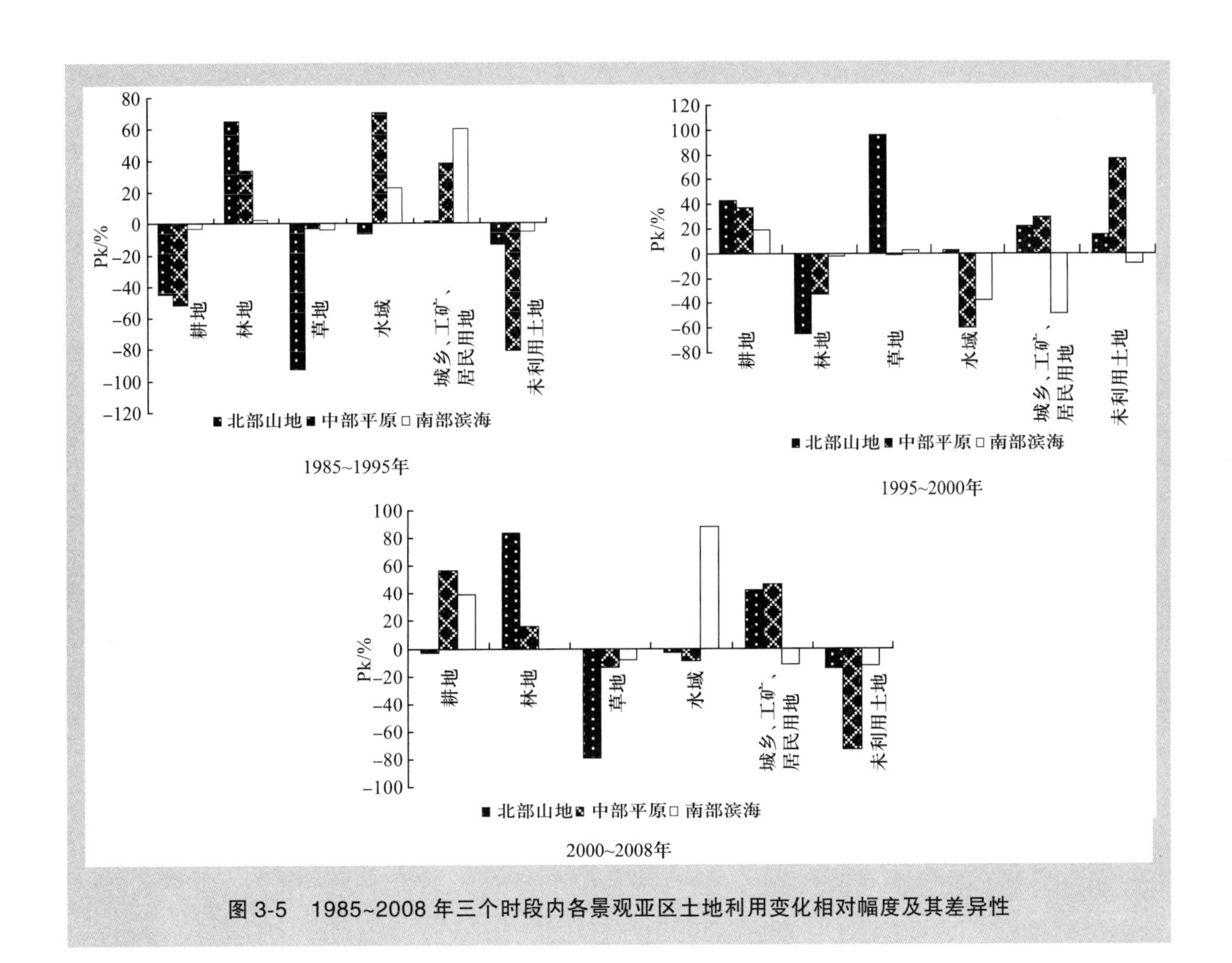

图 3-5　1985~2008 年三个时段内各景观亚区土地利用变化相对幅度及其差异性

三、土地利用变化的区域差异性分析

（一）景观亚区土地利用变化相对幅度的比较

如图 3-5 所示，1985~1995 年间，唐山市各景观亚区的耕地、草地、未利用土地都在减少，其中草地的减少集中在北部山地区，耕地的减少主要在中部平原区和北部山地区；林地和城乡、工矿、居民用地都在增加，林地增加是在北部山地区及中部平原区；城乡、工矿、居民用地的增长在中部平原区和南部滨海区均有明显的表现；水域在北部山地区略有减少，但在其他两区都有明显增加。

1995~2000 年此期间各景观亚区的土地利用变化相对幅度与上一阶段情况迥异，各景观亚区的耕地、草地都有增加，林地面积则均在减少。其中，耕地的增长在各区域都较为明显，草地面积的增长主要集中于北部山地区，林地的减少则以北部山地区最突出；水域在中部平原和南部滨海都有明显减少，城乡、工矿、居民用地在北部山地区和中部平原区都有增加，但在南部滨海区减少较为明显。

2000~2008 年间，与 1995~2000 年相比也发生了较大变化，耕地在中部平原区和南部滨海区增长明显，在北部山地区却稍有减少；林地的增长主要集中于北部山地区，中部平原区也略有增加；草地在各个区域都在减少，北部山地区表现尤为突出；水域的增加主要集中于南部滨海区，其他两区略有减少；城乡、工矿、居民用地在北部山地区和中部平原区的增长基本一致，在南部滨海区有所减少；未利用土地在各区都在减少，减少的幅度最大的是中部平原区。

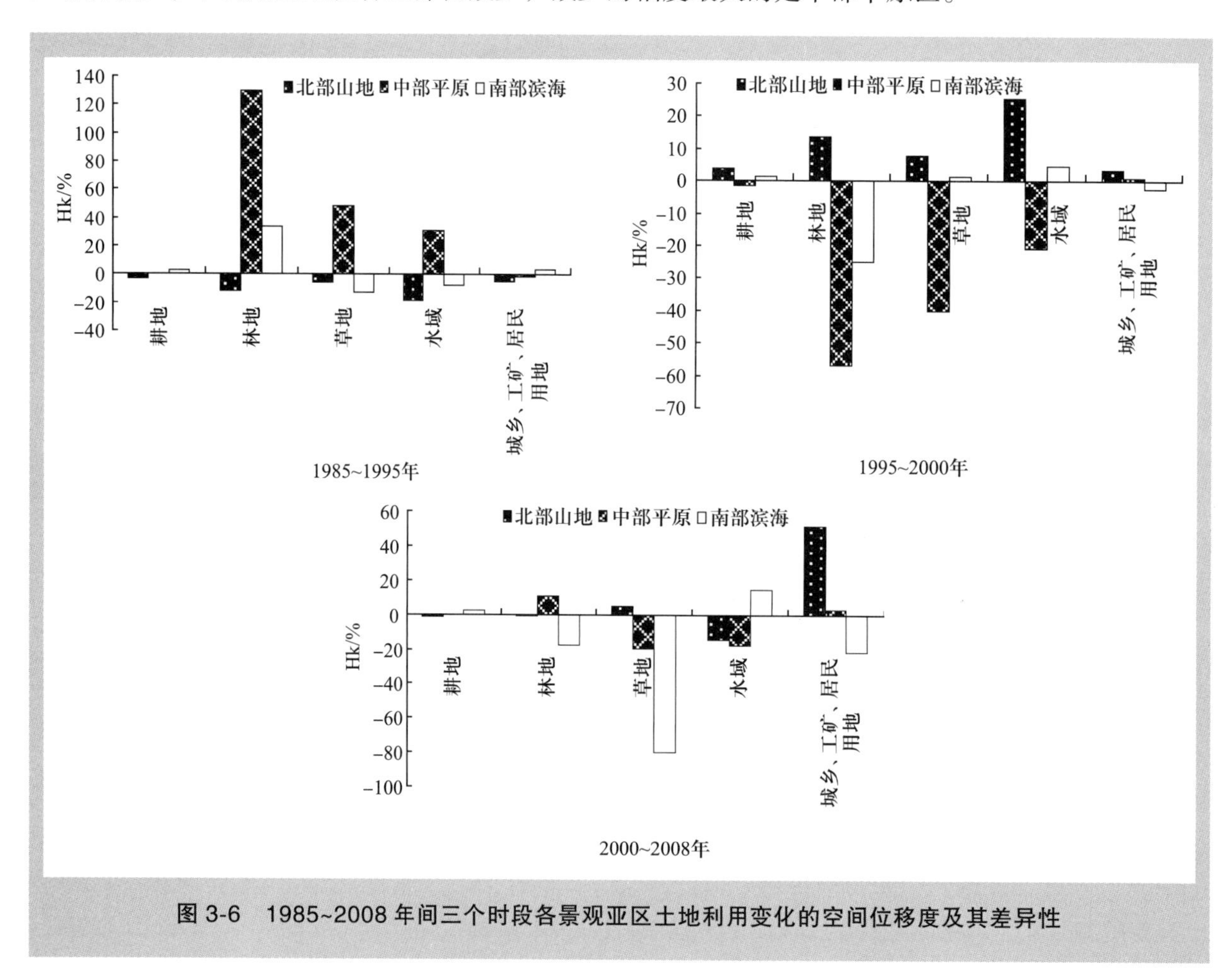

图 3-6 1985~2008 年间三个时段各景观亚区土地利用变化的空间位移度及其差异性

（二）土地利用类型在空间上的位移度比较

由图 3-6 可以看出，唐山市在 1985~1995 年间，林地的空间分布重心显著地向中部平原区和南部滨海区转移，草地、水域的空间分布重心则由北部山地和南部滨海向中部平原区转移，耕地的空间位移较小，主要向南部滨海区进行少量的转移，中部平原区的耕地基本上未发生变化；城乡、工矿、居民用地由北部山地和中部平原区向南部滨海区转移。

在1995~2000年间，唐山市的土地转移变化与前期不同，草地、水域及耕地的空间分布重心向北部山地和南部滨海区转移，林地则由中部平原区和南部滨海区向北部山地转移，城乡、工矿、居民用地是由南部滨海区向北部山区转移，但总体位移变化较小。

到后期2000~2008年间，草地的空间位移较大，主要由中部平原区和南部滨海区向北部山区转移，水域由北部山地和中部平原向南部滨海区转移，林地由南部滨海向中部平原区转移，北部山地区基本上未发生变化，城乡、工矿、居民用地由南部滨海向北部山地和中部平原区转移，耕地是由南部滨海向北部山地区进行空间位移。

从区域变化差异的动因来看，中部平原区是唐山市的主体部分，这个区域人口密集，为集中发展区。研究时段的前期林地、草地、水域用地是中部平原的发展重心，到后期时林业工程的逐步实施，政府对林业发展的逐渐重视，林业用地成为显著的发展重心。南部滨海区是唐山市地势最低之处，也是当地的汇水中心，水域面积在前期有所下降后，到中、后期均在增长，这是唐山市保护水资源成果的重要体现；林地在研究的前期是作为该区域的发展重心，耕地和城乡、工矿、居民用地也有所发展，耕地在南部滨海区也一直处于较为重要发展的状态下；北部山地区自然地貌以山地为主，矿产资源丰富，是唐山生态植被的基因库，也是唐山重要的生态屏障，但水流失较严重。中期开始林地和水域是该区域的建设重点，随着人口和经济的增长，到研究后期城乡、工矿、居民用地逐步发展成为了该区域建设重点，这为加速区域城镇化建设与唐山市成为京津唐地区的大城市发展提供了有力保障，并为基本农田保护、林地建设和城市林业的大范围发展提供了契机。

四、景观格局与动态变化的特征分析

（1）北部低山丘陵区，北部丘陵低山区在1985~2008年间，耕地的面积变化很小，主要是与草地和林地间的相互转化。在研究时段内增加的用地类型有：林地和城乡、工矿、居民用地，分别增加了125.09平方公里和231.26平方公里，林地的主要来源为草地，城乡、工矿、居民用地的主要来源为耕地。耕地、草地、水域及未利用土地在减少，面积变化最剧烈的为草地。在北部低山丘陵区林地、草地面积较大，为唐山市主要的林业发展区域，生态环境较为良好。未利用土地转化迅速，到2008年，基本上没有未利用土地存在。

北部低山丘陵区是唐山市林业用地面积最大的区域，是唐山生态植被的基因库，也是唐山重要的生态屏障。在1995~2000年段，对林业用地侵占，使得大量林地转化为耕地和草地，造成景观破碎度增加。草地面积大幅增加使得多样性指数和均匀度指数都有所增长，这是该阶段景观格局变化的主要表现。2000~2008年间的该区域的景观格局变化主要是因为城乡、工矿、居民用地的大幅增长，使景观变得趋于复杂而破碎。

（2）中部平原区，在1985~2008年间耕地、林地及城乡、工矿、居民用地处于增加的状态下。草地和未利用土地则一直处于减少的趋势下，主要转化为耕地和城乡、工矿、居民用地，有少量的转化为林地；水域的变化为先增加后减少，但总体面积变化不大。

中部平原区是唐山市传统的农耕区和城镇区，景观破碎度较高，用地类型以耕地和城乡、工矿、居民用地为主，多样性和均匀度较差。1995~2008年间，景观格局变化主要是城乡、工矿、居民用地增加和整合所带来的影响，这两种用地所占比重越来越大；因其他类型用地在减少，城乡、工矿、居民用地主要和耕地邻近，导致散布与并列指数变小。

（3）南部滨海低平原区，可以看出在唐山市南部滨海地平原区，用地面积增加的类型为耕地和水域，林地、草地、城乡、工矿、居民用地及未利用土地在减少。南部滨海低平原区景观破碎度较低，并且持续减小，斑块变得大而规则，景观斑块整合度很高，1995~2000 年间，对未利用土地的开发和对水域的侵占是景观格局变化的主要原因，2000~2008 年间，把城乡、工矿、居民用地退还成水域和开垦未利用土地，是用地类型变化的主要表现。因为景观斑块变得越来越规整，所以政府规划应该是这一时期景观变化的驱动力。

1985~1995 年我国提出农业结构调整，退耕还林还草，开辟果园或鱼塘，导致这一时期内，唐山市耕地面积下降，向林地和草地转换，水域面积有所增加。

1995 年以后我国计划经济向市场经济转型，经济快速增长，工业化进程的加速，建设用地快速发生变化，同时牧业、水域开始加速增长，使得水域面积有较稳定的上升，但农业、林业用地均出现了下降趋势。

2000 年以后，由于我国经济社会快速发展和生态建设力度加大，农业结构调整、三农政策的有力实施、减免农业税，耕地面积有所增加，同时我国经济的快速水平增长、建设用地在大范围的增长；林业用地也因受到政府对生态环境建设的重视，其面积也有所增长。

五、基于土地利用斑块空间稳定性的唐山市生态建设空间布局

在时间序列变化过程中，土地利用斑块一方面表现出数量上从一种类型到另外一种类型的变化，另一方面，当这种数量变化在空间上展示出来之后，便在一定能够程度上勾画出了土地利用斑块的空间脆弱性。在生态规划的过程中，数量变化固然重要，但对于规划而言，更重要的却是对其空间脆弱区域的关注。通过 GIS 的空间叠加分析功能，我们利用 1985 年和 2008 年的 10 万

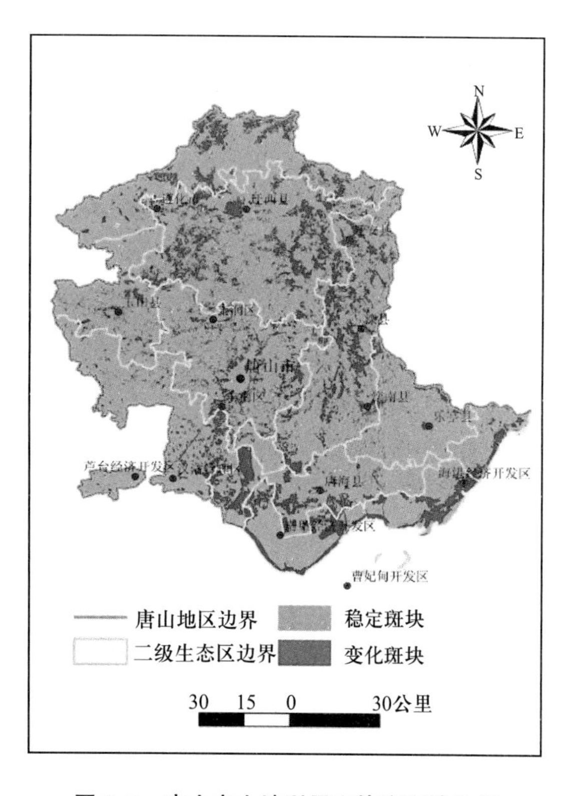

图 3-7 唐山市土地利用斑块稳定性分析

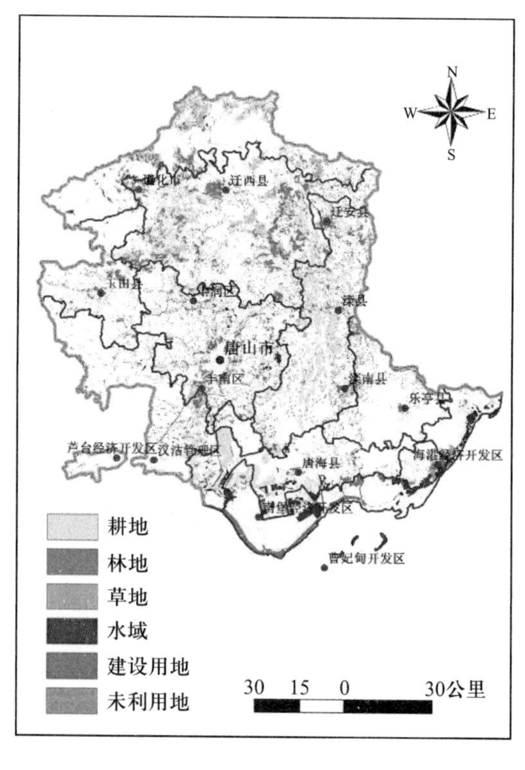

图 3-8 唐山土地利用斑块 1985 年转入分析（2008）

比例尺唐山市土地利用/土地覆盖图件在前面的空间数量变化分析的基础上，对其变化的空间分布情况也进行了分析（图 3-7、图 3-8、表 3-22）。

表 3-22　唐山 1985~2008 年不稳定斑块转出面积

	耕地	林地	草地	水域	建设用地	未利用地
栅格数	1164468	331005	78214	299490	1027098	33507
面积（公顷）	104802.1	29790.45	7039.26	26954.1	92438.82	3015.63
比例（%）	39.69	11.28	2.67	10.21	35.01	1.14

根据统计结果，唐山市 1985~2008 年的 23 年间，土地利用斑块空间属性与空间位置保持稳定的面积为 10970 平方公里，占全市面积的 80.59%，空间上变化的斑块面积占 19.90%。从不稳定斑块的空间分布来看，其主要分布在北部丘陵森林系统保护生态亚区、东部沙地改良综合治理生态亚区和南部滨海低平原生态区，其不稳定斑块面积分别占到了其相应区域总面积的 22.82%、25.32% 和 26.9%，均高于全市不稳定斑块的平均比率。

由图 3-7、图 3-8 可以看出，1985~2008 年唐山市的变化斑块较为均匀地分布于整个市域，说明唐山城市的发展较为平衡，主要表现为：耕地的转入主要集中在滦县的大部，唐海县的中部和西部以及迁西的东部；建设用地的变化分布最为广泛，全市域范围内均有变化，但主要集中在唐山市市区、迁安县东部、迁西县的北部，遵化市市区也有较为集中的建设用地的转入。水域的变化主要在海港经济开发区、南堡经济开发区等沿海地区；草地和未利用土地的变化斑块转化较少，变化不是非常显著。

根据 1985~2008 年唐山变化斑块转出面积表 3-22 分析得出，唐山市土地不稳定斑块的变化在 1985~2008 年间，变化最为剧烈的为耕地，共转出 1048.02 平方公里，占唐山市土地总面积的 39.69%；其次为建设用地，转出了 924.39 平方公里，占到总面积的 35.01%，仅次于耕地，这是因为我国经济社会快速发展和生态建设力度加大，农业结构调整、三农政策的有力实施、减免农业税，耕地面积有所增加，同时我国经济的快速水平增长、建设用地在大范围的增长；林地和水域的转出的面积相对较小，林地共转出 297.90 平方公里，占唐山土地总面积的 11.28%；水域转出 269.54 平方公里，占到总面积的 10.21%；草地和未利用土地的变化面积最少，分别转出了 70.39 平方公里和 30.16 平方公里，占到唐山总面积的 2.67% 和 1.14%。

从不同变化斑块的最终转出方向来看，以耕地和建设用地所占比例最大，其次为林地和水域。这一方面反映了唐山市快速的城镇化进程，同时也反映了唐山市在生态建设方面所做的巨大努力。

空间布局的核心目标是为今后的唐山区域生态建设指明重点。很显然，不稳定斑块的分布区域应该是今后生态工程建设重点应该加强和关注地区。根据其空间分布特点，我们提出的空间布局构架为“**两区两带一城**”。“两区”主要是指生态区划上的北部丘陵森林系统保护生态亚区、东部沙地改良综合治理生态亚区；“两带”分别指唐山市最南部的滨海生态带和北部边界区域的长城沿线一带；“一城”是指现在的唐山市建成区，虽然其不稳定斑块的比例为 19.35%，略低于全市的平均值（表 3-23），但这里的土地转换方向主要是生态功用极低的城乡建设用地，其对区域生态安全的威胁大，因此，应该引起特别关注，故这里单独提出（图 3-9）。

表 3-23 唐山市不同生态亚区土地利用斑块的空间稳定性 （单位：公顷）

生态亚区	亚区总面积	稳定斑块面积	不稳定斑块所占区域面积百分比
11 北部长城沿线水源涵养生态亚区	158182.38	132553.63	16.20
12 北部丘陵森林系统保护生态亚区	271536.21	209563.50	22.82
21 西部山麓平原集约型农业生态亚区	87555.96	77944.41	10.98
22 中部平原生态城镇建设生态亚区	175478.82	141524.11	19.35
23 东部沙地改良综合治理生态亚区	178526.76	133320.46	25.32
24 西南部低平原水土综合治理生态亚区	151012.10	133047.48	11.90
25 东南部冲积平原设施农业生态亚区	92617.42	83885.38	9.43
31 低平原湿地生态系统保护生态亚区	145551.55	109833.49	24.54
32 曹妃甸循环经济与生态港城建设生态亚区	107802.58	75369.75	30.09
合计	1369580.58	1097042.20	19.90

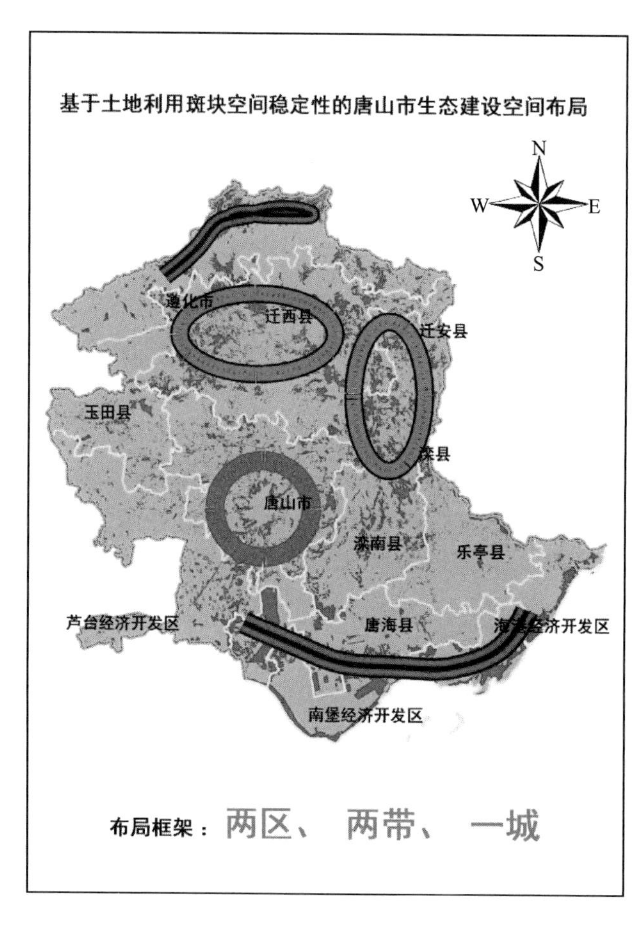

图 3-9 基于斑块稳定性的空间布局构架

第四章　唐山市植被分布及其变化分析

在全球变化和城市化日益发展的背景下，区域植被受到剧烈影响。鉴于植被在碳氧平衡、生物多样性保护、净化空气及提供农产品等多方面的生态服务功能，近年来，区域植被变化成为生态学的研究热点，也是土地利用 / 土地覆被变化科学研究计划（LUCC）研究的重要组成部分。结合 3S 技术对遥感影像进行判别和分析，利用植被指数侦测大尺度上的植被分布及动态情况是目前研究植被的主要手段。

植被指数是指卫星探测数据的线性或非线性组合，其目的在于反映植被的存在、数量、质量、状态及时空分布特点的指数。因为植被在蓝光和红光部分吸收，而在绿色和近红外波段反射，从而根据红光和近红外两个波段的反射光谱值建立数学变换。而不同的数学变换可得到不同的植被指数，现在使用的植被指数有几十个之多，主要有归一化差值植被指数（NDVI）、差值植被指数（DVI）、增强植被指数（EVI）、全球环境监测植被指数（GEMI）、绿色归一化差值植被指数（GNDVI）、再归一化植被指数（RDVI）、比值植被指数（RVI）、三波段梯度差值植被指数（TGDVI）、转换型植被指数（TNDVI）及垂直植被指数（PVI）。此外，有的研究针对不同数据源进行修正的植被指数，如张立福等人针对高光谱影像的特点，采用 VIUPD，或根据不同的生态系统构建适当的植被指数，如对湿地生态系统采用三波段比值指数（TRVI），对沙地生态系统构建沙地植被指数等。

虽然植被指数的类型很多，但是因为 NDVI 可以提高对土壤背景的鉴别能力，且能够削弱大气层和地形阴影的影响，消除大部分仪器定标、太阳高度角的干扰，进而增强对植被的响应力，因此对植物的生长势和生长量十分敏感，可以很好地反映地表植被覆盖变化，常用来监测植被状况和植被覆盖变化，是目前应用最为广泛的植被指数类型。NDVI 亦是地区植被初级生产力的有效反应指标，而初级生产力是生态系统活力的体现，且是维系整个生态系统的基础，故 NDVI 可作为区域生态系统的活力指标。

目前，植被指数的研究主要集中在植被分类、植被动态变化、植被覆盖度、植被叶面积、植被生物量及生物量估测等方面，涉及土地利用、城市扩展、农作物需水量、地理环境监测、自然灾害、沙漠化和干旱相关等相关领域。虽然气候要素对 NDVI 也有一定影响，但土地利用类型变化则是 NDVI 的直接影响因素，而城市化区域又是土地利用类型变化的集中区域。目前在城市化地区，植被指数虽然时有应用，如张春桂基于 MODIS 数据利用植被指数研究了福州城市的空间扩展情况，唐曦等研究了上海市 NDVI 与城市热岛之间的关系，以 NDVI 作为表征城市植被覆盖的有效指标，王艳娇在对北京城市热岛效应的研究中发现，2000 年以来由于北京郊区植被指数增加率高于城区，致使城区温度相对增高，城市热岛效应加强，而在王文杰的研究中，虽然发现自 2000 年以来北京四环内城市热岛的强度减弱，但通过植被指数反映城市植被覆盖状况及其降温效应这一结果是相同的。整体来看，植被指数在城市化区域的应用较多的应用在与热岛分布之间的关系上，而对如何通过植被指数反映城市化区域植被所受人为干扰的时空格局、在城市化进程中原先植被的时空动态情况以及城市绿化建设情况等方面的相关研究还相对较少，不能满足当前城市植被研究的需要。

由于全球变化的尺度较大，传统的生态学研究方法显然不能满足当下科学研究的需要。作为大尺度、可重复的一项技术方法，遥感技术在当前的生态学研究中渐趋重要。但当前的研究大多通过将遥感数据与地面实测资料相结合构建定量关系的阶段，按此方法计算区域乃至全球范围内植被的生物量就需依赖于地面生态监测站点的数量、分布以及尺度推绎方面的研究进展，这也就影响了 NDVI 在更大空间尺度上的直接应用；作为计算生物量等指标的中间数据，NDVI 计算的准确性是制约其应用性的瓶颈之一。但随着遥感技术的发展，NDVI 的应用前景相当广阔。

本书采用国家基础地理信息技术中心提供的 MODIS-NDVI 及 LAI 数据产品，1977 年 7 月 4 日、1979 年 7 月 9 日的 Landsat MSS 影像及 1991 年 7 月 5 日、1993 年 8 月 18 日、2009 年 8 月 23 日及 2009 年 8 月 30 日经过预处理的 Landsat TM 影像。MODIS 全称为中分辨率成像光谱仪，是搭载在 Terra 和 Aqua 卫星上的一个重要的传感器，其 NDVI 及 LAI 数字产品的空间分辨率均为 250 米。TM 是美国陆地卫星搭载的一种成像仪，其空间分辨率、光谱分辨率及辐射分辨率均较先前的 MSS 有较大改进，空间分辨率达 30 米，精度较高。

一、唐山市 NDVI 季节变化

由于 MODIS 数据的空间分辨率为 250 米，该空间分辨率可用于中尺度的景观研究；且其时间分辨率很高，对于接收 MODIS 数据来说，可以得到每天最少两次白天和两次黑夜更新数据。本书采用的 MODIS-NDVI 和 MODIS-LAI 数据产品。其中，MODIS-NDVI 数据产品为 16 天合成的、空间分辨率为 250 米的数据。基于如上优点，唐山市 NDVI 的季节变化分析采用 MODIS 数据。

利用 2007 年的 MODIS-NDVI 及 MODIS-LAI 数据产品，选取 NDVI 和 LAI 的极大值、极小值、均值及标准差反映唐山市整体的植被指数变化。结果如图 4-1。唐山市的 NDVI 及 LAI 在 4~5 月间开始增大，在 7~8 月达到年内最大值，9 月后两个指数值均开始下降；2 月份达到年内最小值；从 NDVI 的最值变化上来看，最小值的季节变化不明显，最大值由于植被的物候变化而有明显的波峰和波谷。

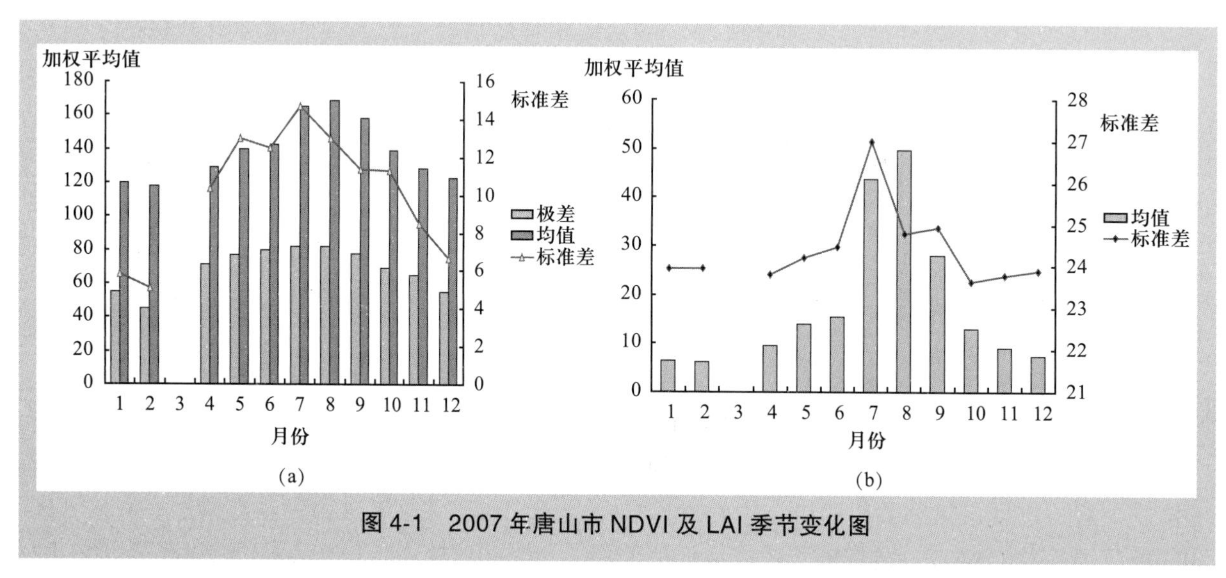

图 4-1 2007 年唐山市 NDVI 及 LAI 季节变化图

这表明唐山地区的植被类型特点：唐山地处暖温带北部，四季分明，是温带阔叶林和寒温带针叶林的过渡地带，植物的生长期和休眠期较为明显。自 4 月份进入生长季，到 9~10 月植被生长停止。而 8 月的 NDVI 和 LAI 取值均很大，其中 LAI 在 8 月达到年内最大值，说明植被在 8 月份达到生长最旺盛的时期。因为在植物生长旺季能够有效的区分植被及非植被区域，所以可以更好的侦测唐山市植被覆盖情况，下面的 NDVI 年际变化采用 8 月的数据。

二、唐山市 NDVI 年际变化

（一）唐山市 NDVI 总体变化

NDVI 的计算公式为：

$$NDVI=\frac{BAND4-BAND3}{BAND4+BAND3}$$

其中：BAND4 表示 TM 影像中反映植被反射中近红外光谱信息的第四波段，BAND3 表示 TM 影像中反映植被反射红光光谱信息的第三波段。参照唐古拉等人对三峡植被覆盖研究中所采用的方法，对 1979 年、1993 年、2009 年唐山市 NDVI 图以 0.37、0.505、0.64 和 0.775 为分级值；再结合 NDVI 自身数据的分布特点，即 NDVI<0 表示水域，NDVI 在 0~0.1 之间的表示裸岩、建筑地等，故将 1993 年、2009 年两期的 NDVI 分为 -1~0、0~0.1、0.1~0.37、0.37~0.505、0.505~0.64、0.64~0.775 和 0.775~1 这 7 个级别，分别以极低值、低值、较低值、一般值、较高值、高值和极高值命名。

根据 NDVI 计算结果（图 4-2）：总体来看，从 1979 年开始，NDVI 的高值区由北部向南部发展，且范围有所扩大，尤其是在唐山市西北部地区，1993 年在此区域内分布有多个 NDVI 的低值斑块，但到 2009 年该类斑块数量急剧减少；NDVI 的低值区主要集中在唐山市中心城区和北部地区，发展迅速，有连片发展趋势。就 NDVI 的统计指标来看，NDVI 的取值分布也发生变化：与 1979 年和 1993 年相比，2009 年的 NDVI 均值及标准差较大，NDVI 均值为 0.3，而 1979 年和 1993 年的 NDVI 均值分别只有 0.15 和 0.18；2009 年 NDVI 的标准差为 0.38，也高于 1979 年的 0.25 和 1993 年的 0.34。

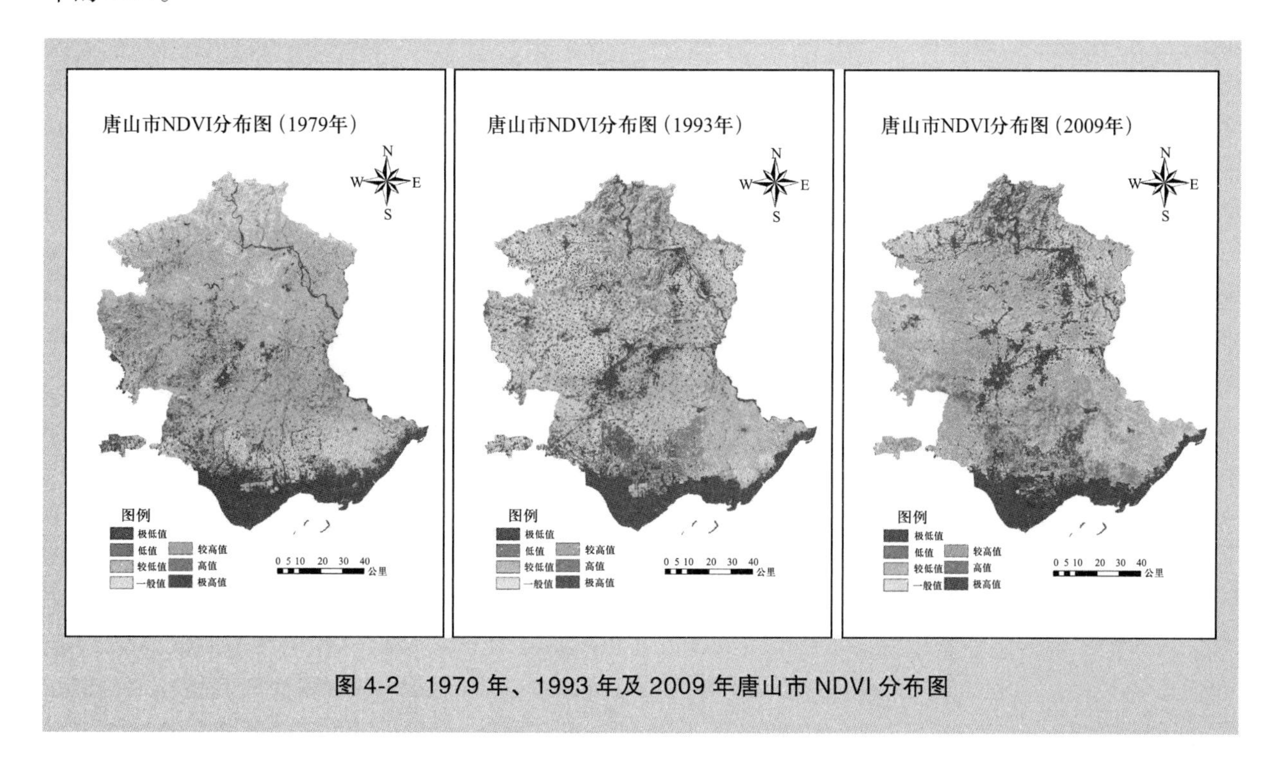

图 4-2　1979 年、1993 年及 2009 年唐山市 NDVI 分布图

将上述三个关键年份 NDVI 等分 20 份进行频数分析（图 4-3），表明虽然 1993 年和 2009 年唐山市 NDVI 的频数分布均称正偏态，但 2009 年的偏态性更强；峰态也有相同的差异，2009 年

显示出更明显的高狭峰。以上分析表明，与 1993 年相比，2009 年唐山市 NDVI 总体以增加为主，但 NDVI 的分布较分散。

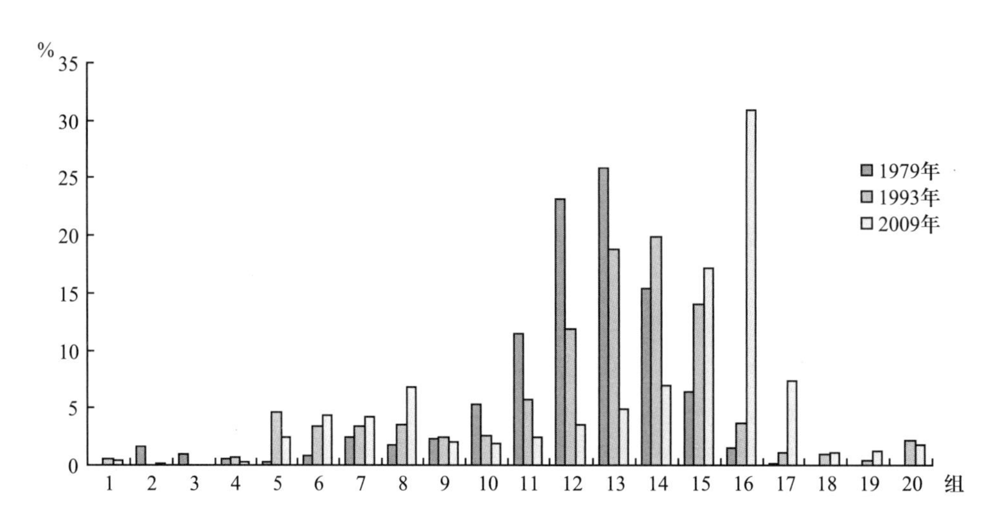

图 4-3　1979 年、1993 年、2009 年唐山市 NDVI 频数分布直方图

（二）唐山市 NDVI 的数量分析

1993~2009 年唐山市 NDVI 的变化采用两期 NDVI 的差值 GIS 计算得到，即：

$$NDVI=NDVI_a-NDVI_b$$

其中，$NDVI_a$ 和 $NDVI_b$ 分别表示 a、b 两个关键年份唐山市的 NDVI，△NDVI 的取值范围为［-2，2］。

为便于统计分析及制图展示，将 NDVI 变化划分为七个等级。考虑到△NDVI=0 表示 a 年到 b 年 NDVI 没有变化的部分，故在分类中将其单列为一类，其后以△NDVI 等级分布图的标准差为组距，在正值区和负值区分别再划分三个级别，其断点及各自意义为：［-2，-0.58］为极度减小区、［-0.58，-0.29］为显著减小区、［-0.29，-0.000001］为轻微减小区、［-0.000001，0.000001］为持平区、［0.000001，0.29］为轻微增加区、［0.29，0.58］显著增加区、［0.58，2］为极度增加区。

将 2009 年和 1993 年、2009 年和 1979 年的 NDVI 图分别做差值 GIS 运算，得到 1993~2009 年唐山市 NDVI 变化等级图（图 4-4）。图 a 显示：1993~2009 年，全市有近 60% 的土地其 NDVI 值轻微增加，显著增加和极度增加的区域面积比显著减小和极度减小的高出近 12%。这表明 1993~2009 年，唐山市植被有所恢复，生态系统没有发生退化，能够基本维持其功能。图 b 显示：全市以轻微增加为主体，显著减小和极度减小区主要分布在北部遵化、迁西和迁安，中南部唐山市区和唐海县城，极度增加和显著增加在全市零散分布，持平区集中在中南部和北部低山丘陵区。与 1979 年相比，2009 年唐山市 NDVI 的变化强度均更大，增加区分布较广，减少区集中于中心城区和北部低山丘陵区，NDVI 的变化幅度更大，这反映了 1979~2009 年唐山市城镇用地的扩张过程。

从 NDVI 各等级的变化方向来看（表 4-1），1993~2009 年间，极低值和较高值的保留率最高，而低值向较低值和极低值、较低值向一般值、一般值向较高值、高值向极高值以及极高值向较高值是 NDVI 变化主要方向。1979~2009 年（表 4-2），只有极低值和较高值的保留率最高，主要转化方向为 NDVI 的各等级向较高值的转化。可见，近二三十年来唐山市 NDVI 主要以增加为主，这也与上文图件分析相符。

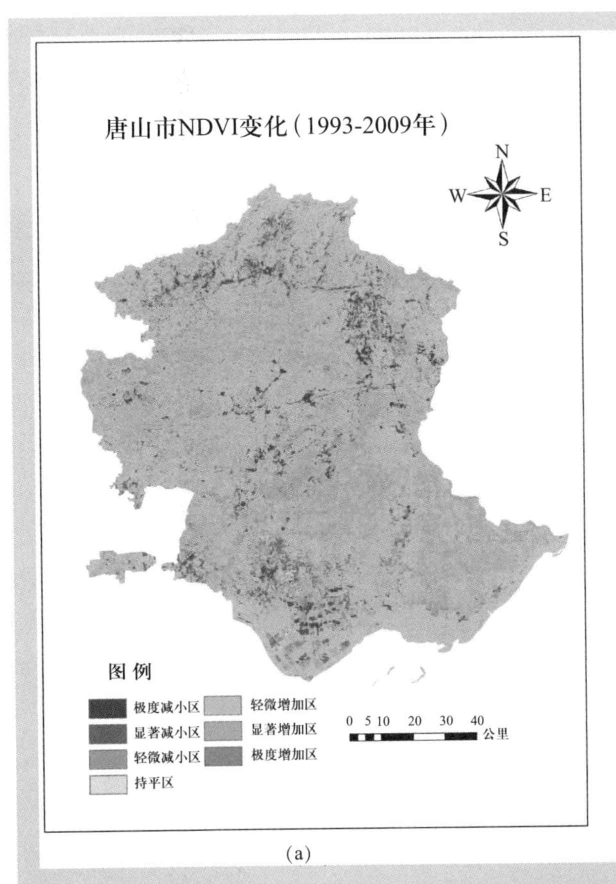

(a)

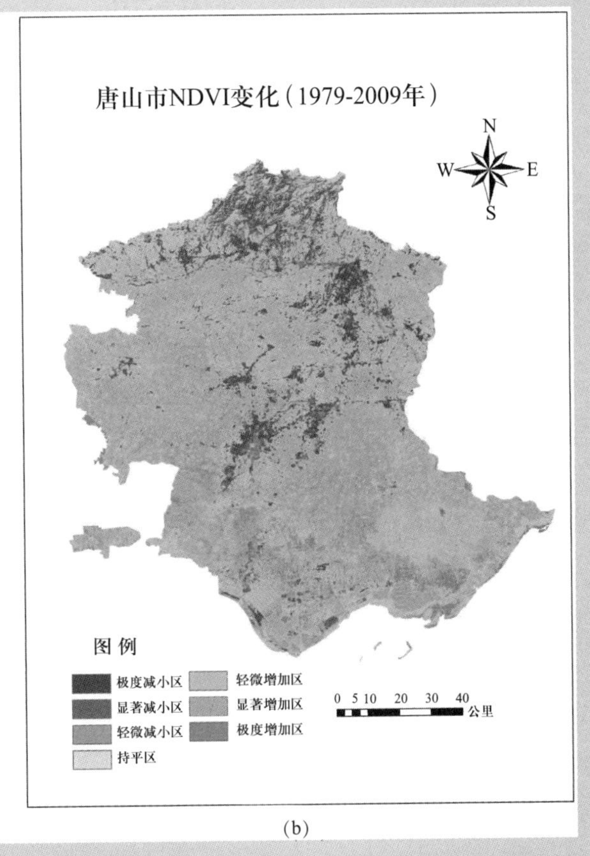

(b)

图 4-4 1993~2009 年唐山市 NDVI 变化等级分布图

注：图 a 为 1993~2009 年唐山市 NDVI 变化等级空间分布图；图 b 为 1979~2009 年唐山市 NDVI 变化等级空间分布图

表 4-1 1993~2009 年唐山市 NDVI 转移概率矩阵

单位：%

	极低值	低值	较低值	一般值	较高值	高值	极高值
极低值	70.56	4.66	15.26	6.19	2.83	0.15	0.35
低值	21.49	5.90	33.22	25.32	12.82	0.71	0.54
较低值	10.71	1.43	12.90	30.81	40.90	1.76	1.49
一般值	6.89	0.72	6.65	22.42	56.50	3.65	3.18
较高值	3.99	0.72	6.76	17.88	51.55	11.01	8.10
高值	1.03	0.38	5.98	11.81	25.09	8.81	46.91
极高值	5.47	0.75	3.57	7.68	47.52	2.82	32.18

表 4-2 1979~2009 年唐山市 NDVI 转移概率矩阵

单位：%

	极低值	低值	较低值	一般值	较高值	高值	极高值
极低值	60.37	3.89	10.23	7.77	13.79	2.43	1.52
低值	16.97	3.12	17.80	21.00	35.41	2.93	2.77
较低值	14.57	1.75	13.31	26.13	38.94	2.03	3.26
一般值	20.95	0.99	8.04	23.30	39.37	1.74	5.60
较高值	20.24	1.37	5.15	14.21	47.25	2.56	9.22
高值	7.50	1.12	3.51	10.32	61.86	11.81	3.88
极高值	33.33	0.00	8.33	20.83	37.50	0.00	0.00

三、不同区域的 NDVI 变化分析

（一）不同行政区 NDVI 变化分析

1993~2009 年，唐山市各行政区 NDVI 多以轻微增加为主，NDVI 的轻微增加区的面积占各行政区总面积的 40% 以上；NDVI 的减小区在汉沽、唐海、迁安、唐山市和迁西等县区的比重较大，且 NDVI 的极度减小区也在上述区县有较多分布（图 4-5）。

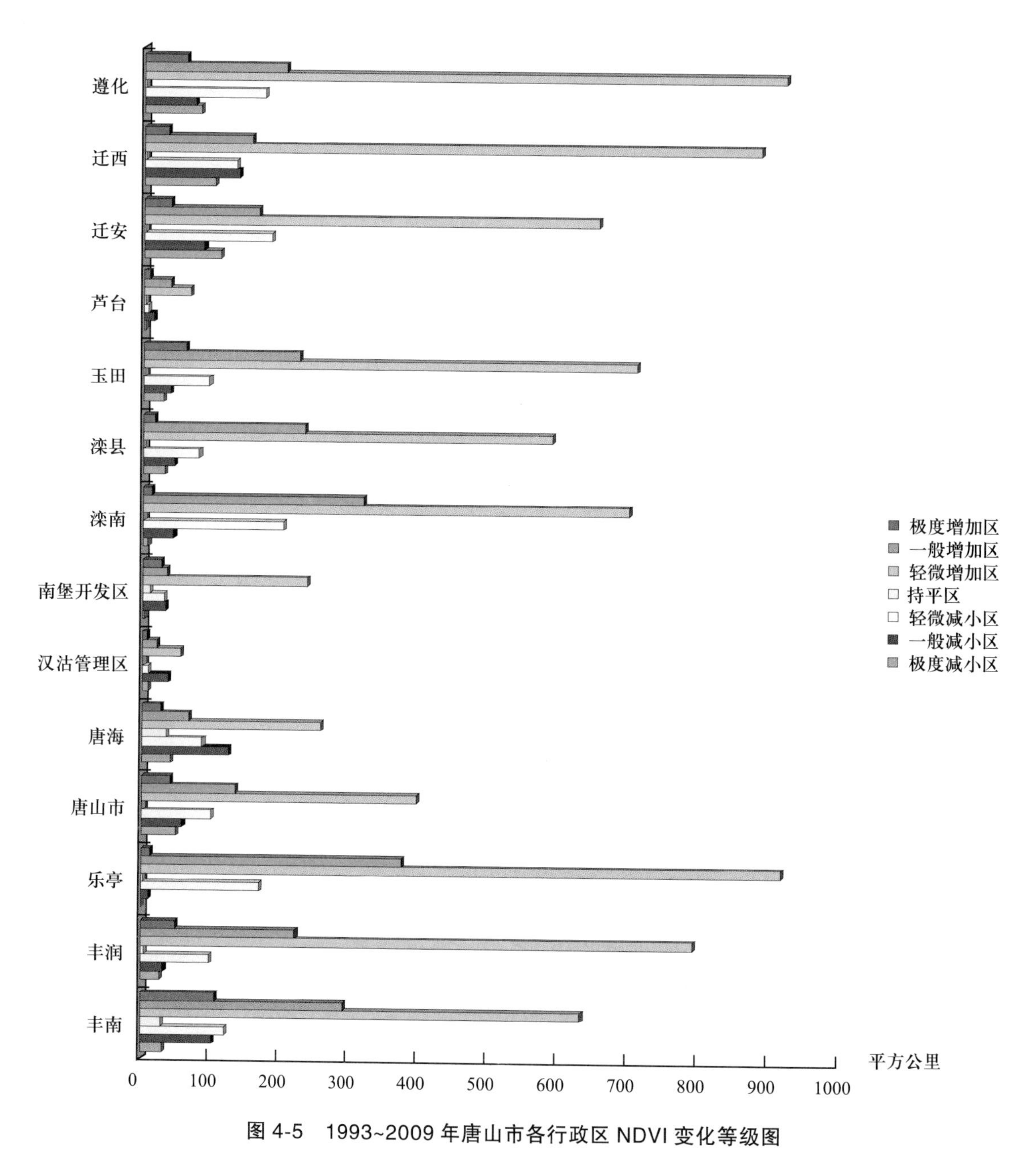

图 4-5　1993~2009 年唐山市各行政区 NDVI 变化等级图

以上分析表明，唐山市整体环境质量基本保持不变，区域生态系统可以维持其基本功能，但是，在个别地点，尤其实北部的迁安、迁西，中南部的唐山市区和唐海县，各自县域内 NDVI 发生负向变化的区域较多；在北部地区，土地利用变化导致的 NDVI 变化更为剧烈，NDVI 的极度减小区多分布在该地区。

（二）不同生态区的 NDVI 差异变化

1993~2009 年，唐山市 9 个生态亚区均有一半以上的面积其 NDVI 出现轻微增加，中部及北部长城沿线水源涵养生态亚区、低平原湿地生态系统保护生态亚区 NDVI 显著增加的面积比重仅次于轻微增加区，北部低山丘陵的两个亚区内，NDVI 发生显著减小和极度减小的面积比重较大，而 NDVI 的持平区则主要出现在西南部低平原水土综合治理生态亚区和南部两个亚区范围内（图 4-6）。唐山市这种生态区划水平上的差异说明在城市发展过程中比较注重植被保护和植被恢复，但在城市发展水平较为滞后的北部地区，植被的破坏仍然严重。

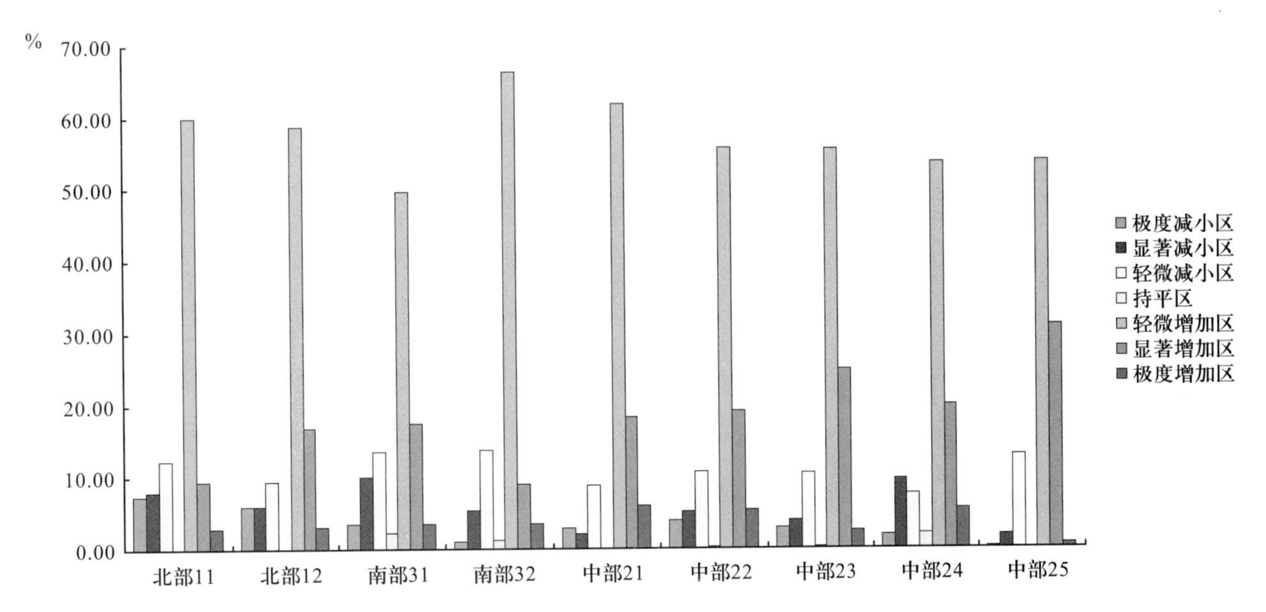

图 4-6　1993~2009 年唐山市各生态区 NDVI 变化等级面积分布图

注：上图中的横坐标均为唐山市生态区划名称的简写。北部 11 和北部 12 亚区分别为北部低山丘陵生态区下的北部长城沿线水源涵养生态亚区和北部丘陵森林系统保护生态亚区，中部 21、22、23、24 和 25 亚区分别为中部平原生态区下的西部山麓平原集约型农业生态亚区、中部平原生态城镇建设生态亚区、东部沙地改良综合治理生态亚区、西南部低平原水土综合治理生态亚区和东南部冲积平原设施农业生态亚区，南部 31 和 32 亚区分别为南部滨海低平原生态区下的低平原湿地生态系统保护生态亚区和曹妃甸循环经济与生态港城建设生态亚区

从斑块分布来看（图 4-7a），北部两个亚区的斑块数目最多，轻微减小区和显著减小区的数目也较多；除第四等级外，各等级在中部平原生态城镇建设生态亚区、东部沙地改良综合治理生态亚区、西南部低平原水土综合治理生态亚区的斑块数目有次高峰分布，而在南部滨海低平原生态区及东南部冲积平原设施农业生态亚区斑块数目较少。从平均斑块面积来看（图 4-7b），北部在各等级上的 MPS 较小，南部取值则较高，中部居中。这表明唐山市北部 NDVI 各等级变化多以较小面积分布，破碎化较大；而南部则多以较大斑块的等级变化为主。

四、基于 NDVI 的唐山市植被覆盖度及其变化分析

植被覆盖度的计算公式为：

$$COVERAGE=\frac{NDVI-NDVI_{MIN}}{NDVI_{MAX}+NDVI_{MIN}}$$

其中，NDVI 为 1993 年、2009 年某像元 NDVI 的实际值；$NDVI_{MAX}$、$NDVI_{MIN}$ 分别为该年度 NDVI 图的最大值与最小值。

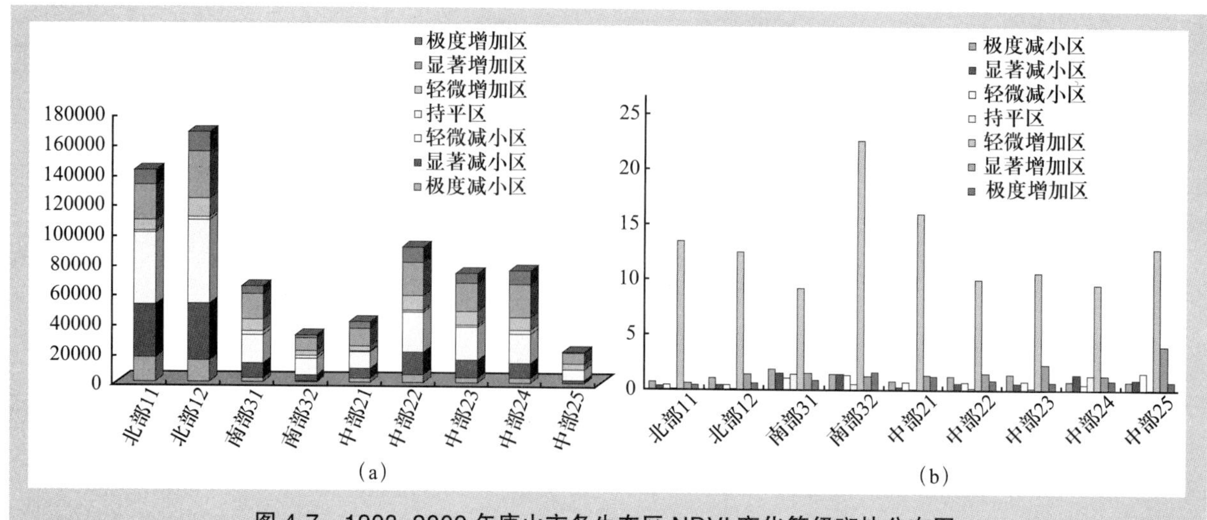

图 4-7 1993~2009 年唐山市各生态区 NDVI 变化等级斑块分布图

注：图 a 为唐山市 NDVI 变化各等级斑块数量在不同生态区的分布图；图 b 为各生态区内不同 NDVI 变化等级斑块的平均斑块面积图

参照唐古拉等人对三峡植被覆盖研究中所采用的方法，按照 0~30%、31%~45%、46%~60%、61%~75% 和 76%~100% 对唐山市植被覆盖度图进行重分类，重分类后各等级按从小到大分别命名为低覆盖度、较低覆盖度、一般覆盖度、较高覆盖度、高覆盖度。

（一）唐山市植被覆盖度分布特征

1993~2009 年，唐山市均以较高覆盖度和高覆盖度为主，两者总和分别占全市面积的 61% 和 71%（图 4-8）。但与 1993 年相比，2009 年唐山市高覆盖度区的面积增加较快，面积比例也由 1993 年的 8% 不到增加到 41%；一般覆盖度和较高覆盖度面积有所下降，同比下降 12% 和 23%；低覆盖度及较低覆盖度的变化较不明显。1979~2009 年，唐山市植被覆盖呈向低覆盖和高覆盖两个方向的发展。从植被覆盖图来看（见附图 5），2009 年，在整体植被覆盖度增加的背景下，唐山市低覆盖度和较低覆盖度主要分布在南部沿海、中心城区及北部县城附近，且不同分布区间有带状低覆盖度分布，这在北部尤其明显。

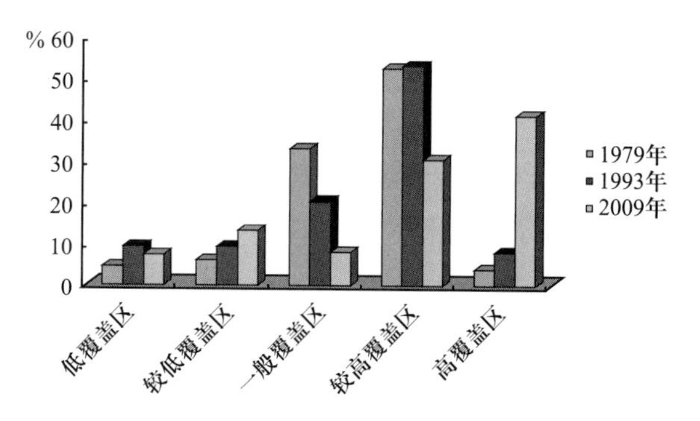

图 4-8 1979、1993 及 2009 年唐山市植被覆盖度面积统计图

（二）唐山市植被覆盖度总体变化

从表 4-3 可见，1993~2009 年间，唐山市的低覆盖度、较低覆盖度及高覆盖度植被区的保留率最大，其保持不变的面积分别占 1993 年各自面积的 49%、55% 和 77%；一般覆盖度和较高覆盖度植被区是唐山市 16 年内植被覆盖变化的主要转出类型，前者主要向较高覆盖度和高覆盖度转化，后者则主要向高覆盖度转化。从表 4-4 可知，2009 年的高覆盖度植被主要从 1993 年的较高覆盖区转化而来，该向转化占到 2009 年高覆盖区面积的 71%；较低覆盖度、一般覆盖度及较高覆盖度的主要来源也主要是 1993 年上述这三个等级；而低覆盖度则主要由 1993 年自身保留。从图 4-9 来看，1993~2009 年间唐山市植被覆盖度的减少区与其 NDVI 变化相同，北部县城、中心城区及唐海县是其主要分布区；植被覆盖增加的地区则主要在遵化、丰润、玉田、滦南及乐亭等县区。

五、唐山市NDVI变化方向及其原因分析

（一）唐山市NDVI变化的宏观原因分析

表 4-3　1993~2009 年唐山市各级植被覆盖度转移概率矩阵

	低覆盖度	较低覆盖度	一般覆盖度	较高覆盖度	高覆盖度
低覆盖度	48.96	31.12	9.31	9.27	1.34
较低覆盖度	6.72	55.16	19.16	15.04	3.92
一般覆盖度	4.90	10.13	15.09	45.94	23.93
较高覆盖度	2.30	5.43	3.81	32.85	55.62
高覆盖度	0.65	2.76	2.39	16.81	77.38

表 4-4　1993~2009 年唐山市各级植被覆盖度逆转移概率矩阵

	低覆盖度	较低覆盖度	一般覆盖度	较高覆盖度	高覆盖度
低覆盖度	61.01	21.79	10.86	2.83	0.30
较低覆盖度	8.51	39.23	22.70	4.66	0.90
一般覆盖度	13.39	15.56	38.62	30.74	11.86
较高覆盖度	16.39	21.76	25.43	57.38	71.95
高覆盖度	0.70	1.66	2.39	4.40	14.99

在唐山市NDVI和植被覆盖度整体有所提高的背景下，北部、中部中心城区和唐海县及南部沿海地区地区的NDVI和植被覆盖度下降剧烈。这与唐山市生态环境基础及城市化发展状况相关。唐山市北高南低，自北向南从山地过渡到丘陵台地再到沿海平原，从而在北部山地区林草地分布较多，在中南部则

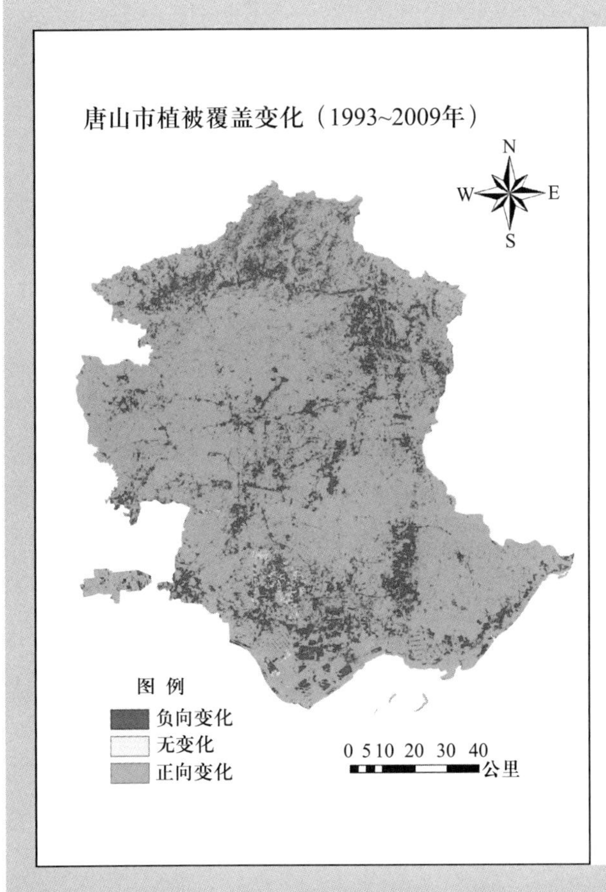

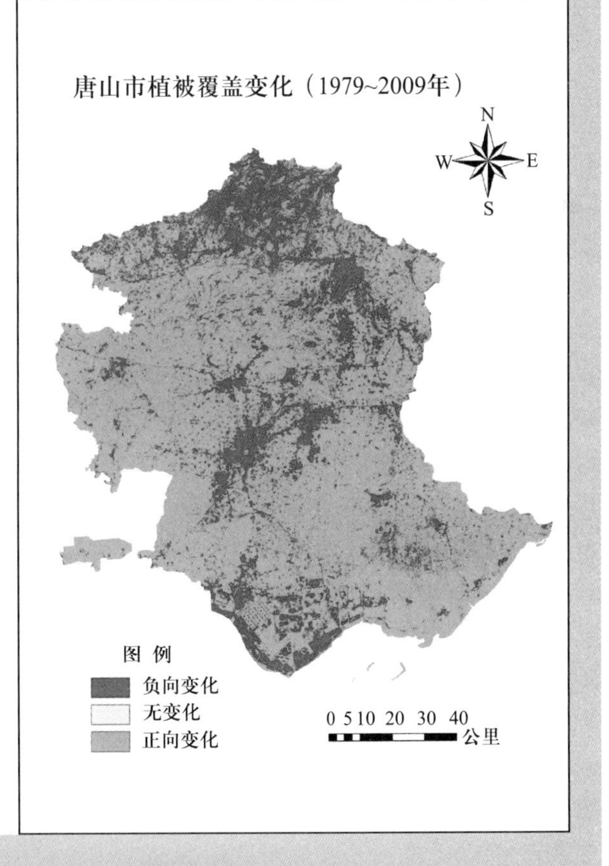

图 4-9　1993~2009 年唐山市植被覆盖变化图

更多的是耕地和城镇用地、居民点用地分布，在城市南部，由于沿海地区的开发，林草地的分布则更少，故唐山市整体的NDVI分布呈现北高南低的格局。城市发展方面，近年来唐山市提出“四点一带”的发展规划，旨在通过海港建设，整合市域内各项资源，快速融合进京津唐城市圈，带动环渤海经济圈的发展。唐山市2008~2020年城市总体规划也明确提出包括中部、南部两大发展核心以及沿海发展带的“两核一带”的城镇空间结构（图4-10）。全市主要以唐曹高速、唐海高速、唐柏高速、丰碱公路为发展轴，以唐山市中心城区、唐海县城和滨海新城三个城镇为城市服务轴。可见，唐山市近年及今后相当长的时间内的发展将集中在城市中南部地区，主要包括曹妃甸新区、乐亭新区、丰南沿海工业区及芦汉经济技术开发区，而位于唐山中心城区以北的地区则属于港口腹地。且由于北部为唐山市主要山地的分布地区，原有的工业基础较为薄弱，城市化建设相对缓慢。从而使唐山市整体的NDVI变化呈现出北部减少较轻微而南部较为剧烈的格局。目前，城市化发展导致NDVI降低已有较多研究。可见，唐山市NDVI的分布格局及变化差异是在原先自然地理环境差异的基础上，更多的由城市发展决策等人为因素形成的。譬如由于森林旅游过程中的开发过度，以及追求经济效益而重视林分卫生从而降低林分结构复杂性和功能稳定性的经济林果业，也可能是北部山地丘陵区原有林草地发生剧烈变化的原因。

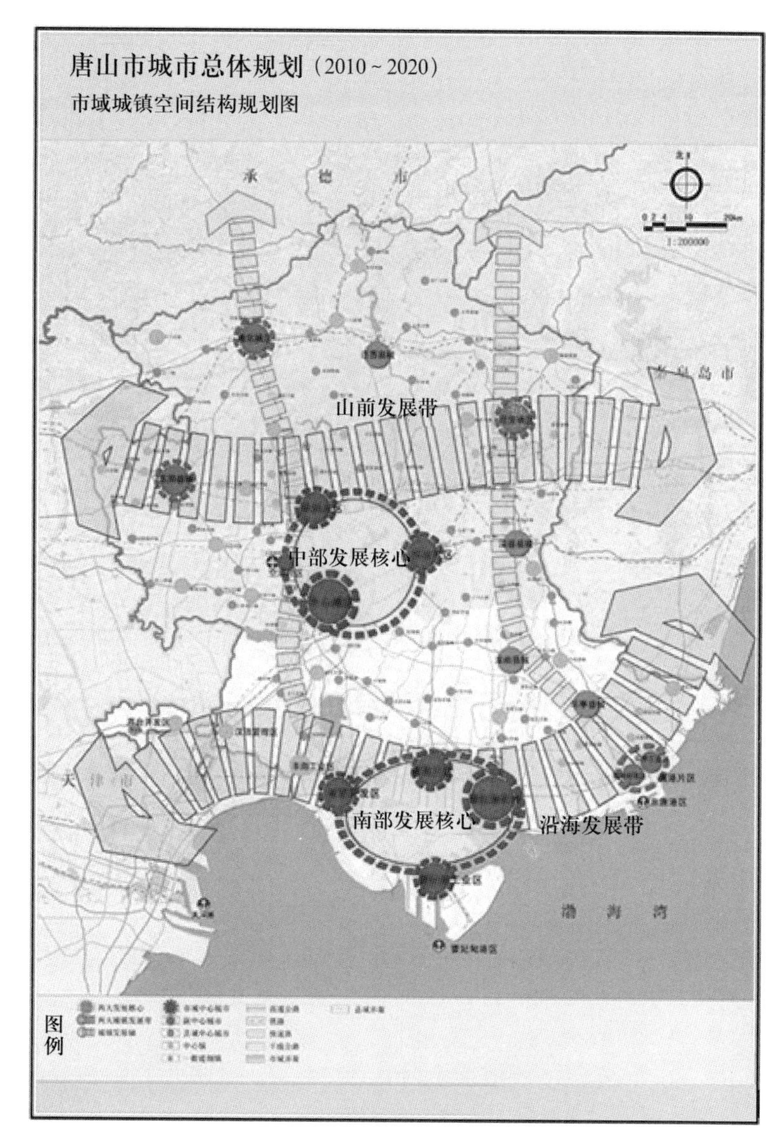

图 4-10 唐山市城市总体规划图

（二）唐山市NDVI变化中小尺度原因分析

1. 道路对居民点的影响

道路对NDVI的影响主要通过影响土地利用类型实现。已有的研究已表明道路对城市发展方向具有重要影响。道路的影响范围及缓冲区宽度一直是道路生态学的研究重点之一。综合考虑在该方面的研究成果，本文的道路缓冲区采用500米，统计缓冲带内的居民点个数。据表4-5，可见唐山

表 4-5 唐山市500米道路缓冲区内城镇及居民点个数统计表

	缓冲区内个数	总个数	比重（%）
村庄	599	1299	46.11
乡镇	213	257	82.88
县市	5	9	55.56

市各类公路500米缓冲区内集中有46%的村庄、近83%的乡镇及55.6%的县市，而公路500米缓冲区的面积却不足唐山市域面积的30%。这说明道路对于农村居民点及城市扩张的巨大作用。

2. 土地利用类型对NDVI的影响

根据唐山市土地利用类型图及NDVI变化等级分布图，对其进行区域统计，得到表4-6、4-7所示结果。可见，NDVI的不同类型在耕地分布区域上的面积比重最大，比例均在50%左右，其次便是城镇用地及林地；持平区、轻微和显著增加区在各土地利用类型上的分布差异稍大，相较于NDVI其他等级，更集中于耕地和城镇用地。从各用地类型的NDVI等级分布来看，各类型均以轻微增加为主，其次为显著增加和轻微减小；耕地和林地的NDVI变化强度分布较之于其他土地利用类型相对分散，土地利用范围内有稍高的NDVI减小等级分布。

表4-6 1993~2009年NDVI变化强度在各土地利用类型上的分布统计表 单位：%

	极度减小区	显著减小区	轻微减小区	持平区	轻微增加区	显著增加区	极度增加区
耕地	45.23	52.52	54.31	80.24	60.61	64.68	45.27
林地	12.27	14.65	7.43	0.98	10.98	11.48	6.88
草地	5.04	5.73	3.22	0.53	5.00	7.66	3.20
水域	5.74	5.49	7.02	3.18	5.31	2.34	5.88
城乡工矿居民用地	31.46	21.17	27.35	15.03	17.84	13.67	38.38
未利用土地	0.26	0.45	0.67	0.04	0.26	0.17	0.38

不同强度变化的NDVI在耕地和城镇用地中分布比例较大，说明在当前城市建设过程中，耕地和城乡工矿居民用地的稳定性不高。城乡工矿居民用地的稳定性较差多与唐山市工矿用地的废弃及城区的绿化建设有关。从表4-7中可见，耕地的变化很大，其中减小部分可能与城市扩展过程中城镇用地侵占农田这一情况相关，但与此同时，耕地还是呈现出NDVI上升的情况，这可能也部分地与农业生产的诸项投入，譬如肥料等的投入，以及气候变化，大气中CO_2浓度上升进而促进作物长势有关。

表4-7 1993~2009年各土地利用类型NDVI变化强度统计表 单位：%

	极度减小区	显著减小区	轻微减小区	持平区	轻微增加区	显著增加区	极度增加区
耕地	2.88	5.41	9.97	0.85	58.24	19.87	2.78
林地	4.30	8.31	7.51	0.06	58.09	19.41	2.33
草地	3.62	6.67	6.66	0.06	54.20	26.56	2.22
水域	4.33	6.70	15.27	0.40	60.48	8.53	4.28
城乡工矿居民用地	6.05	6.60	15.18	0.48	51.85	12.70	7.13
未利用土地	3.17	8.97	23.97	0.08	49.07	10.17	4.57

六、基于NDVI指数的唐山市生态环境质量评价

唐山市生态环境质量评价采用中国西部生态环境评价遥感图集中的方法，从格局、压力及反应三方面来评价唐山市的生态环境质量。具体来说，就是从各土地利用类型的组分构成、景观格局指数、人为干扰状况及生态环境的反应等方面进行评价。本项内容采用唐山市2008年土地利用变化图、2007年MODIS-NDVI产品及1993~2009年唐山市NDVI变化图。

此部分运用中国西部生态环境图集中所采用的方法，从组分、格局、活力及压力、反应等指

标对唐山市生态环境质量进行评价。其中组分分为较高、基本和较低生态组分，较高生态组分为有林地和高覆盖度的草地，基本生态组分包括耕地、林地、草地和水域的面积，较低的生态组分是指裸地、沙地、盐碱地和其他未利用土地，结合成组分指标。格局指标采用组分的破碎度作为评价指标。活力指标则采用 2007 年年均 NDVI 值。压力指标与反应指标以负值并入生态环境质量综合评价之中，其中压力指标采用人类干扰指数表示，人类干扰指数采用耕地和城镇建设用地与土地总面积的比例表示；反应指标采用未利用土地及退化耕地草地的面积作为指标，退化耕草地的面积通过几期影像 NDVI 的减小值的分级确定，本研究将 NDVI 显著和极度减小两个等级的土地作为退化耕草地的面积，据此计算土地退化覆盖率。上述各项结果最终经过代数运算得到总的得分值。因为最终的评价结果只在于相对意义，所以对上述各项指标取值并未做标准化处理，最终的结果存在负值。经过计算，各生态区的取值范围在具体的分级值在 –76.42~–113.6 之间，按照等间距方法将其划分为三类，即 –113.6~–101.2、–101.2~–88.8 和 –88.8~–76.4，分别定义为相对较差区、相对一般区和相对良好区。

根据以上诸项指标，得到唐山市整体生态环境质量图（图 4-11）。采用定性评价方法，将唐山市按生态区划划分为三个等级，即相对较差区、相对一般区、相对较好区。其中，北部低山丘陵生态区、西部山麓平原集约型农业生态亚区和东南部冲积平原设施农业生态亚区属于相对较好区，两区生态结构合理，生态系统的活力强，外界压力小，生态系统的生态功能完善；中部平原生态城镇建设生态亚区、东部沙地改良综合治理生态亚区、西南部低平原水土综合治理生态亚区和曹妃甸循环经济与生态港城建设生态亚区属于相对一般区，生态结构合理，系统具有一定的活力，外界压力较大，但系统尚稳定，敏感性较强，可发挥基本的生态功能；低平原湿地生态系统保护生态亚区属于相对极差区，生态结构很不合理，自然植被斑块的破碎化程度较高，活力极低，生态系统严重退化，随着今后城市发展方向的确定，该区的生态环境质量不容乐观。

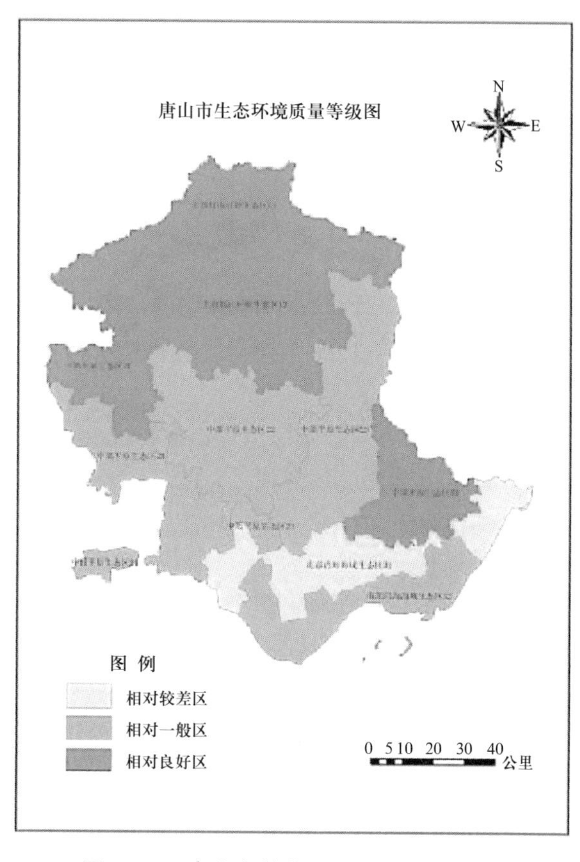

图 4-11　唐山市整体生态环境质量评价

七、基于 NDVI 的唐山市生态建设重点

据此，考虑到农作物生产制度等因素在短时间内不可能有较大的变化，具有一定面积的水体也具有一定的稳定性，以及草地和未利用地的面积较小等因素，在对土地利用变化与 NDVI 变化强度的关系方面只针对林地和城乡工矿居民用地两种类型，其中由于城市建设对城区绿化的重视，在对城镇用地的探讨中采用土地资源分类系统中的二级类型作为研究对象。

根据林地 NDVI 的分布频率（图 4-12），可见 2009 年唐山市林地的 NDVI 分布更为分散，有相当一部分林地 NDVI 值分布较小；2009 年工矿用地和林地一样，NDVI 的分布也较分散，且自 1979~2009 年分布均值也渐大；农村居民点的 NDVI 变化较为一致，而城镇用地则在更多地在较

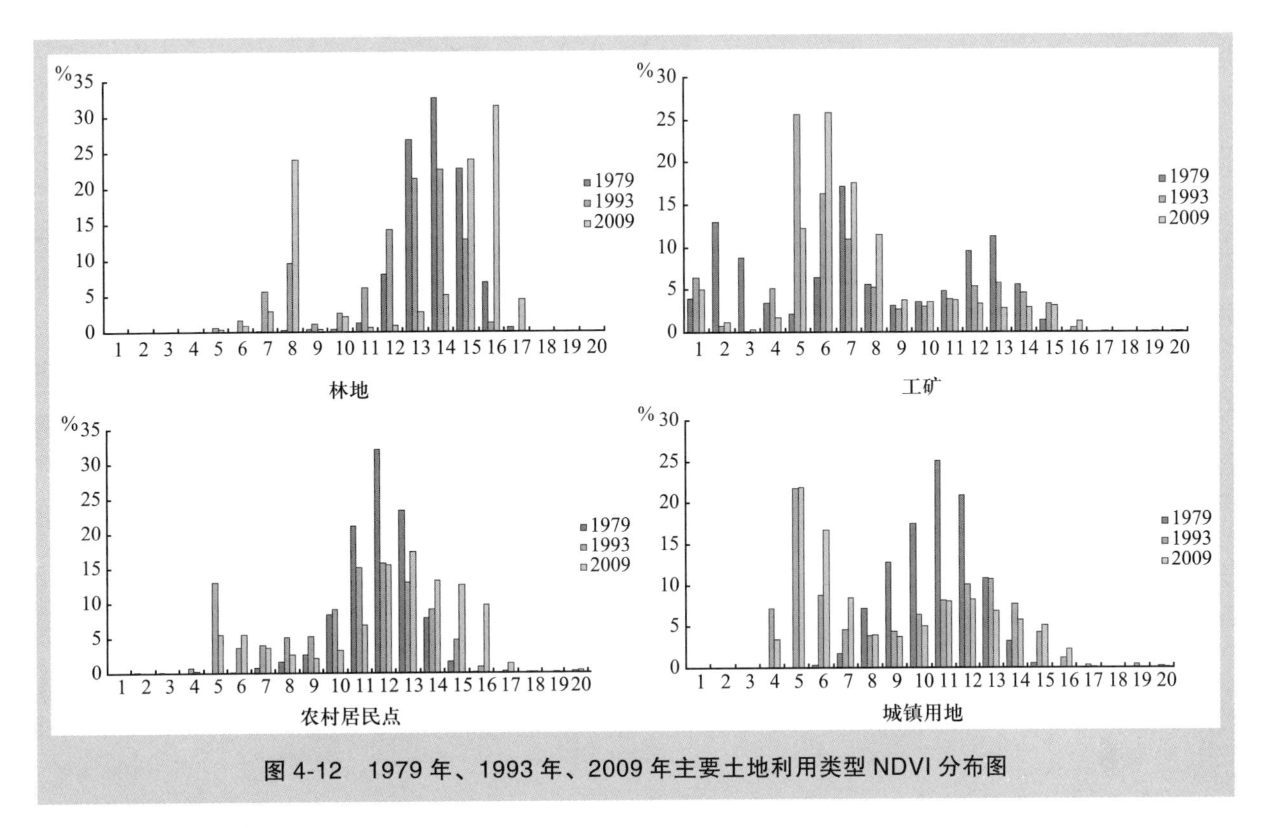

图 4-12　1979 年、1993 年、2009 年主要土地利用类型 NDVI 分布图

小的 NDVI 值上分布。

城镇用地的 NDVI 进一步减小，这可能与城镇的密集化发展有关，城镇高层建筑的增多、道路网的密集都是引发城镇 NDVI 减小的原因。但同时，工矿用地（包括道路）的 NDVI 有所上升，说明近年来唐山市针对工矿废弃地进行了修复和复垦，且通道绿化建设也较有成效。林地 NDVI 的变化表明林分的生长状况，虽然总体上来看，唐山市林地活力有所提高，但仍有部分地区林地出现退化。

从 2008 年土地利用类型图中分离出各生态区的林地、草地和城镇用地，再以此为掩膜，从 1993~2009 年 NDVI 变化等级图中切割出林地、草地和城镇用地的 NDVI 变化情况。由于林草地具有较高的生态功能且是 NDVI 表征的主要土地类型，而此两类土地利用类型在北部两个生态亚区的分布较多，所以土地利用类型对 NDVI 的影响主要针对北部生态区的两个亚区进行。此外，为表示市域范围内林草地和城镇用地的 NDVI 变化情况，本研究也加入了这三类土地利用类型在唐山市整体的 NDVI 变化情况。

图 4-13 显示，唐山市整体和北部两个生态亚区均以 NDVI 的轻微增加为主，但其他等级的分布上北部 11 亚区与 12 亚区、唐山市整体变化有所不同，其林草地和城镇用地 NDVI 的极度减小和显著减小区的面积比例均高于唐山市整体情况和北部 12 亚区，而城镇用地 NDVI 的极度增加区也高于整体水平和北部 12 亚区。这说明在北部 11 亚区，林草地和城镇用地的 NDVI 变化程度较为剧烈。

从以上分析可见，唐山市北部山地丘陵地区有较多的山地植被分布，土地利用类型中的林地也多在此区域分布，自然植被较为丰富；中部则多为耕地和城镇用地，由于遥感影像的时间为 8 月份，为植被生长的旺季，故中南部由于较多的耕地分布而使得 NDVI 值较高；南部沿海地区则多为水体和建设用地。虽然唐山市主要的土地利用类型和 NDVI 分布大体若此，但由于唐山市作为资源型城市，工矿等工业部门较多，矿山开采较多，加之近年来全国普遍的城市化发展，以上的总体格局有很大的变化，具体表现在：北部地区植被破坏严重，NDVI 减小幅度较大，呈现出带状沿道路扩展的格局，且由于矿山开采，NDVI 也呈现出小斑块局部减小的分布格局；中南部的变化则

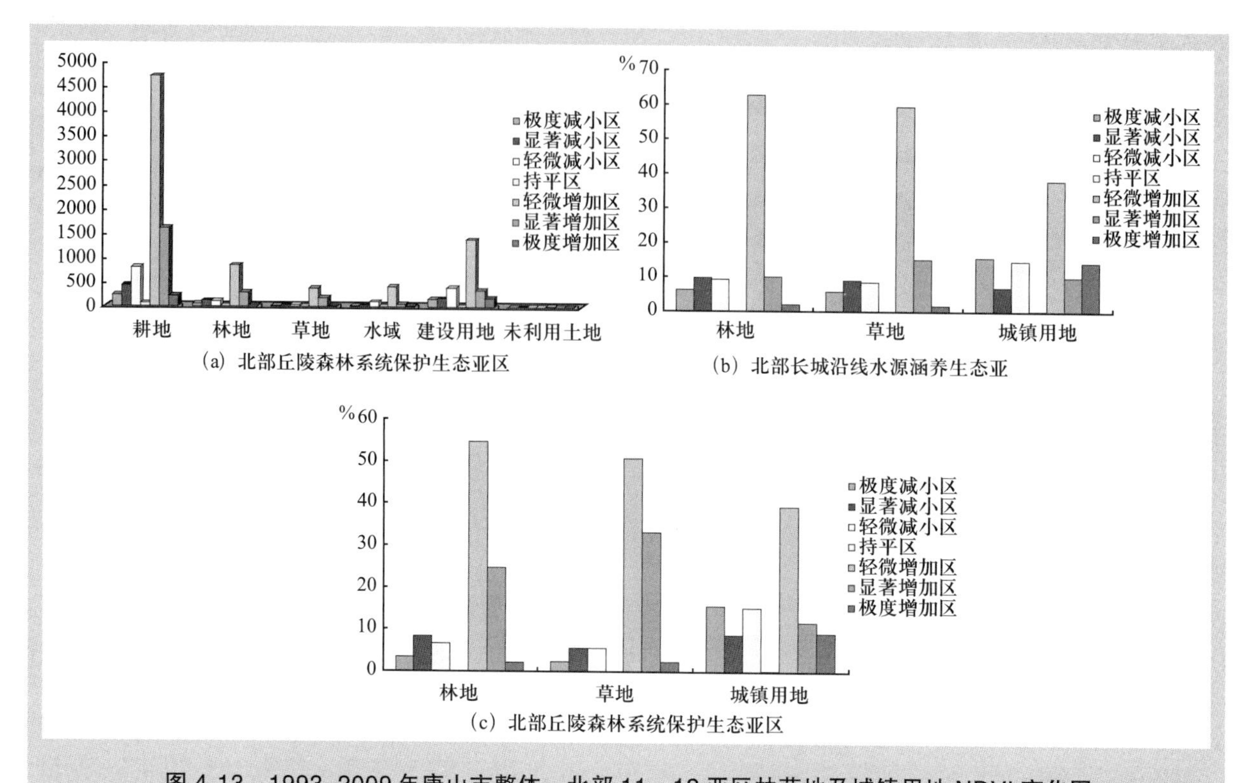

图 4-13　1993~2009 年唐山市整体、北部 11、12 亚区林草地及城镇用地 NDVI 变化图

注：此处的比例为某生态区某种土地利用类型在 NDVI 某个变化等级的面积与该生态区内该土地利用类型总面积的比例

主要表现在城市的扩展方面，因为城市扩展多在原来建成区的基础上发生，故中南部的 NDVI 减小区在空间上表现为多点发生，且有连片趋势。NDVI 持平区面积较小，主要分布在唐海西北部、丰南和丰润东南部。NDVI 保持不变的主要土地利用类型为耕地、建设用地及少量水域，林地和草地的比重较小。这反映出不同土地利用类型对 NDVI 的不同影响状况。

从唐山市 NDVI 的分布、变化及植被覆盖来看，唐山市生态建设可分为“两区一带”（图 4-14）。“两点”分为位于唐山市中心城区和唐海县境内，这两点主要为城市建设引起的植被覆盖度降低，因此需要在城市发展过程中提高绿化质量，加强绿地管护。“一带”位于遵化、迁西和迁安境内，该区域处于北部山地丘陵生态区，在经济发展过程中要做好山地植被的保护工作，做到开发有度。

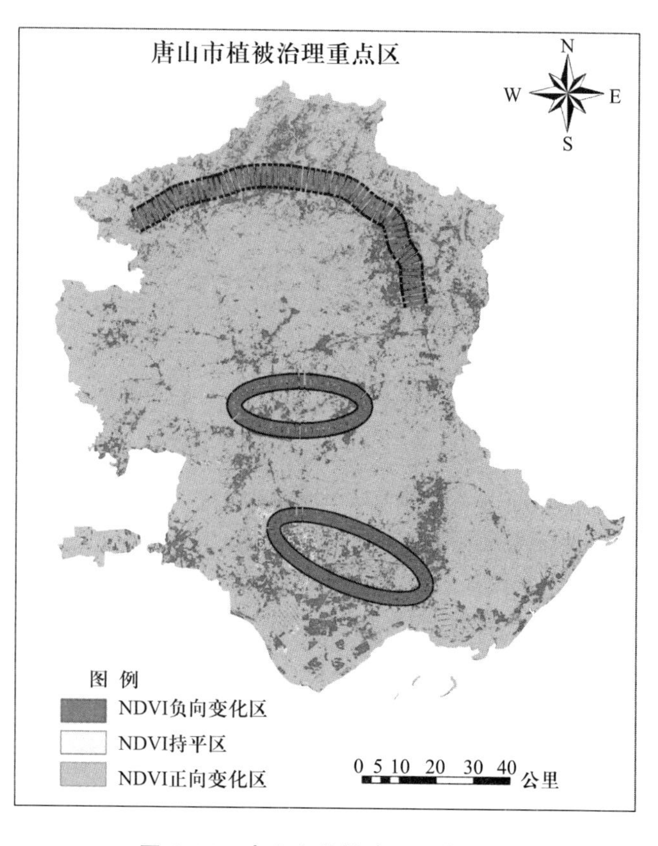

图 4-14　唐山市植被治理重点区图

第五章 唐山市域热场分布及其变化分析

城市热岛是城市化气候效应的最显著特征之一，指的是城市城区气温高、郊区低，城市宛如“热岛”的现象。如果绘制等温线图的话，则会形成闭合转台的城市高温区，人们把这个高温区比喻为独立于四周较低温度的乡村和城郊区域的岛状区域称为“城市热岛”，而这种城市气温明显高于周边地区的温差现象被称为“热岛效应”。这主要是由于城市内部工业、人口、机动车集中，而城市内部大量的人工建筑物又改变了下垫面的热属性，一方面城市的人工建筑物具有较小的热容量，另一方面工业、人口等人为大量排放热量。目前普遍认为，城市热岛效应是在不同的气候背景下，在人类活动特别是城市化因素影响下形成的一种特殊小气候，是城市生态环境失调引起的一种现代城市环境问题。随着城市化进程的加快，城市热岛问题正变得愈发突出，尤其在夏季，已经严重影响到了城市居民正常的生活与健康。

自从 1818 年 Lake Howard 在研究伦敦城市气候时首次发现伦敦城市中心气温比郊区高，并提出了“城市热岛”的概念以来，各国学者针对这一问题陆续开展了大量的研究工作。根据测量温度方法的不同，城市热岛又可以分为城市冠层热岛和城市边界层热岛。城市冠层热岛发生在地面到建筑物屋顶，可以采用表面温度来研究。城市边界层热岛发生在建筑物顶层到边界层顶，一般用城郊气象站的气温数据进行研究。

目前，对于城市热岛效应的研究主要有两种手段。第一种是通过城市和郊区历年气象资料的变化分析来确定城市热岛的现状与动态，这种根据有限观测点的研究很难全面地掌握城市地面热岛的空间分布情况；第二种是利用航空与航天遥感数据资料，通过计算机技术来分析城市热岛的空间特征及其变化过程。由于遥感手段具有省时、省工、直观等特点，因此航空航天遥感图像的热红外数据得到了越来越广泛地应用。

这里我们选择轨道号为 122/32 和 122/33 的 1993 年 8 月 18 日和 2009 年 8 月 30 日的 TM 卫星影像，主要利用其第 3、第 4 和第 6 波段数据，分别反演了唐山市的亮温，然后通过相对亮温及由 2009 年绝对亮温与 1993 年绝对亮温差值计算所形成的相对温度变化指数来定量刻画和研究唐山市的热场变化及其形成原因。

一、唐山市热场的空间分布特征

（一）唐山市热场的总体特征

根据相关算法所做出的唐山市 1993 年和 2009 年区域亮温和相对亮温图见附图 6。

从图 5-1 中可以看出唐山市的大部分区域热场都相对较弱，呈现出东部和中部热场较强、其余区域相对较较弱的空间特征。而从图 5-2 可以看出，就现状而言，目前唐山市主要的热场类型以中等热岛和强热岛为主，居民点和工矿用地区域主要以弱热岛类型为主。全市区域主要的热岛区域集中在唐山市区、县城和市域的东南角，以及迁西县与迁安县交界区域，这些区域集中了全市绝大部分的强热岛和极强热岛。另外从图 5-2 还可以看出，全市域的极强热岛虽有，但面积不大，除东南部面积较大、连片分布外，其余的主要呈现星点状分布。此外，除玉田、遵化和迁西三县县城外，其余县市的县城均有较大面积的强热岛分布。值得注意的是，在唐山市、滦县城、滦南县城和唐海县城所构成四边形区域内，呈现出大面积的小型分散的强热岛和中等热岛中心。从1993年和2009年的空间变化来看，其呈现出强热岛和极强热岛面积增大、空间集中外扩的特点。但在唐山市、滦县城、滦南县城和唐海县城所构成四边形区域内，热岛效应呈现出强度减小、空间破碎的变化特征。

就更小的空间尺度来看，极强热岛与强热岛、中等热岛和弱热岛具有一定的空间相关性，即极强热岛都不是孤立存在的，以极强热岛为中心，按照极强热岛、强热岛、中等热岛和弱热岛的次序，呈不规则的环状外推（图5-2）。

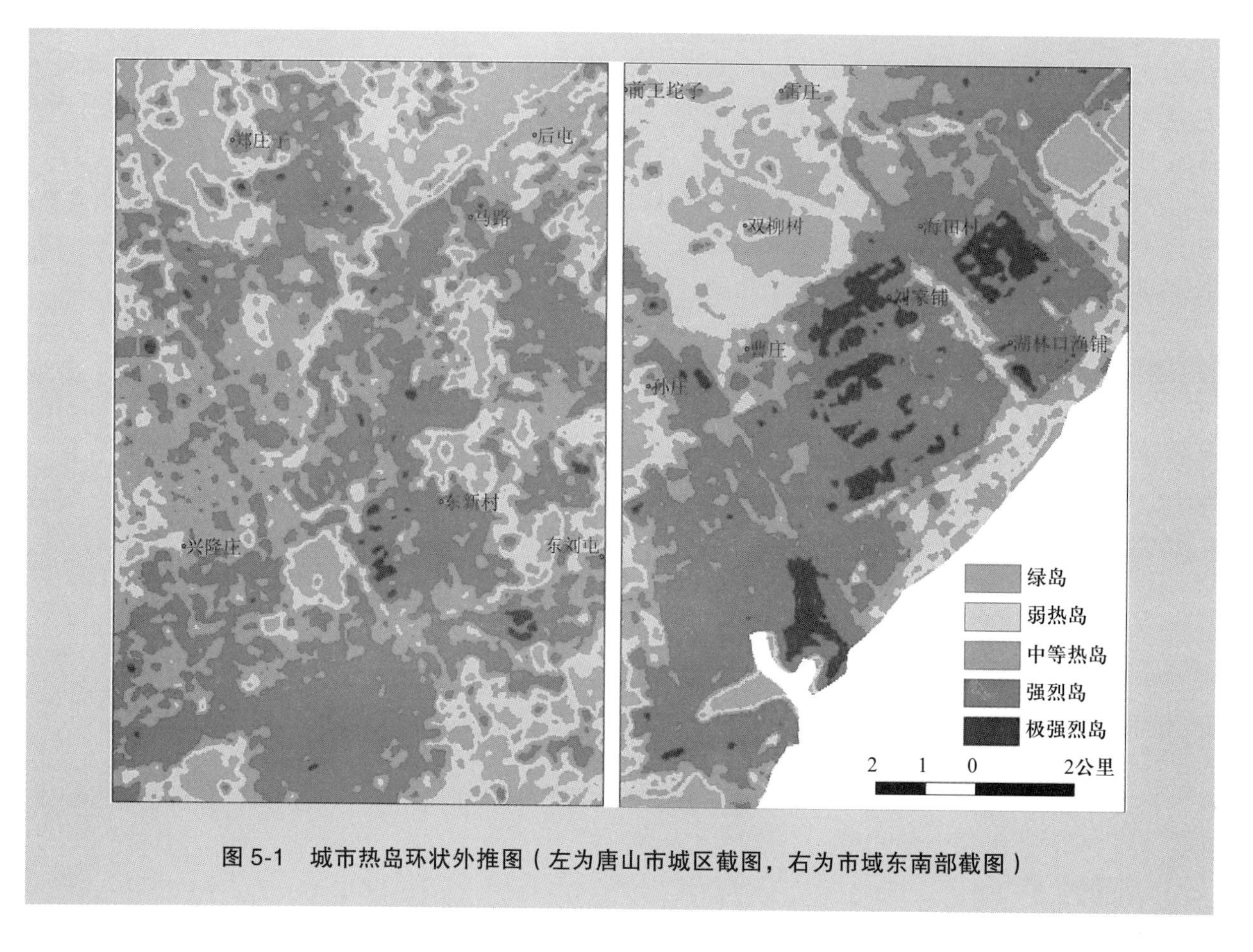

图5-1 城市热岛环状外推图（左为唐山市城区截图，右为市域东南部截图）

（二）不同生态区域热场变化特征

以相对亮温为基础，以生态区划成果为底图，我们对不同生态区域的亮温等级进行了面积统计汇总（表5-1、表5-2）。

从表5-1可以看出，就一级生态区而言，极强热岛主要集中在南部滨海低平原生态区，而强热岛主要集中在中部平原生态区和南部滨海低平原生态区，面积分别占到了相应生态区面积的3.81%和5.22%，其余强度的热岛分布则相对均匀。从城市热岛的环状外推图可以看出（图5-1），2009年，南部滨海地平原生态区的极强、强热岛和绿岛面积均较中心城区（中部平原生态区）的大，而其他热岛等级面积则减少，说明南部滨海区的开发建设活动正逐步展开。

表 5-1 一级生态区不同热岛强度所占比例

一级生态区	1 北部低山丘陵生态区		2 中部平原生态区		3 南部滨海低平原生态区	
年份	1993	2009	1993	2009	1993	2009
绿岛	63.63	66.87	47.69	48.76	57.97	64.69
弱热岛	29.21	25.61	35.38	34.67	29.39	18.76
中等热岛	6.57	6.09	15.02	12.71	10.79	11.01
强热岛	0.57	1.39	1.87	3.81	1.83	5.22
极强热岛	0.01	0.04	0.04	0.04	0.01	0.33
合计	100.00	100.00	100.00	100.00	100.00	100.00

从表 5-2 的二级生态区来看，强热岛主要集中在南部的低平原湿地生态系统保护亚区和曹妃甸循环经济与生态港城建设亚区，以及中部的平原生态城镇建设亚区，面积分别占相应区域总面积的 0.29%、0.37% 和 0.13%，虽然面积不大，但因其强度高，因而对区域热环境的影响很大。就绿岛而言，除北部丘陵森林系统保护亚区、东部沙地改良综合治理亚区、西南部低平原水土综合治理亚区和曹妃甸循环经济与生态港城建设亚区呈现 8%~10% 左右的增加外，其余区域均呈现出减小的趋势，最大降幅达到了 11.76%（西部山麓平原集约型农业亚区），最小的仅为 1.24%（中部平原生态城镇建设亚区）。从强热岛而言，1993~2009 年都呈现出增加的变化趋势。

表 5-2 二级生态区不同热岛强度所占比例

二级生态区	绿岛		弱热岛		中等热岛		强热岛		极强热岛	
年份	1993 年	2009 年	1993 年	2009 年	1993 年	2009 年	1993 年	2009 年	1993 年	2009 年
11 北部长城沿线水源涵养亚区	81.55	72.91	16.57	23.06	1.85	3.66	0.03	0.36	0.00	0.01
12 北部丘陵森林系统保护亚区	53.20	63.34	36.57	27.10	9.32	7.51	0.89	1.99	0.02	0.06
21 西部山麓平原集约型农业亚区	70.16	58.40	25.70	33.93	3.96	7.01	0.18	0.65	0.00	0.00
22 中部平原生态城镇建设亚区	44.42	43.18	33.89	29.95	18.35	17.69	3.31	9.05	0.03	0.13
23 东部沙地改良综合治理亚区	20.96	30.04	47.85	51.49	28.31	15.50	2.87	2.97	0.01	0.01
24 西南部低平原水土综合治理亚区	68.39	76.77	26.36	16.27	5.02	5.71	0.23	1.22	0.00	0.03
25 东南部冲积平原设施农业亚区	50.48	40.71	38.02	41.89	9.83	14.67	1.46	2.72	0.21	0.01
31 低平原湿地生态系统保护亚区	66.56	61.98	22.40	18.65	9.88	13.28	1.15	5.80	0.00	0.29
32 曹妃甸循环经济与生态港城建设亚区	46.72	68.38	38.48	18.88	12.02	7.91	2.77	4.45	0.01	0.37

二、唐山市热场的时间变化特征

（一）相对亮温变化

根据 1993 年和 2009 年唐山市相对亮温图件所做的统计结果见表 5-3。

从该表可以看出，在1993年和2009年之间，唐山市的绿岛面积和强热岛面积增加的数量很大，分别达到了38326.05公顷和25497.81公顷，极强热岛的面积也有所增加，2009年的面积是1993年相应面积的3.88倍，面积达到了上千公顷。绿岛面积的增加对于改善区域热场环境具有极其积极的意义，对于生态市建设而言，其最理想的区域热场格局应该是绿岛越来越多、面积越来越大，而相应的热岛，无论强弱都应该是面积越来越少、规模越来越小。很显然，目前的全市热场虽然弱热岛与中等热岛面积有所减少，但强热岛与极强热岛的增加，因其强度高、危害大，在一定程度上会抵消绿岛增加以及弱热岛和中等热岛减少所带来的正向格局效应。

表 5-3 唐山市相对亮温分级统计 （单位：公顷）

热岛等级	相对亮温	1993	2009	面积变化
绿岛	<0	747543	785869	38326.05
弱热岛	0~0.1	442275.4	394907.9	-47367.5
中等热岛	0.1~0.2	159063	141630.3	-17432.7
强热岛	0.2~0.4	20168.64	45666.45	25497.81
极强热岛	>0.4	338.49	1314.81	976.32

（二）相对温度变化指数变化

唐山市相对温度变化指数变化图见图5-2。根据相关标准对图5-2所做的统计结果见表5-4。可以看出，从1993年和2009年的比较来看，唐山市全市主要还是热场减弱为主要特征，其中以弱降温最为主要，其区域面积占到了全市的68.1%，强降温区的面积占到了18.59%，二者合计达到了86.69%。在热场增温方面，以弱增温为主要方面，其面积占全市总面积的9.49%，强增温面积占3.8%。这一方面反映出唐山市在生态建设，尤其是在以植被为主体的生态建设方面取得了非常可喜的成就，另一方面从这里也可以看出，唐山市在城乡发展、工业立市方面也还面临着一些亟待解决的生态问题。

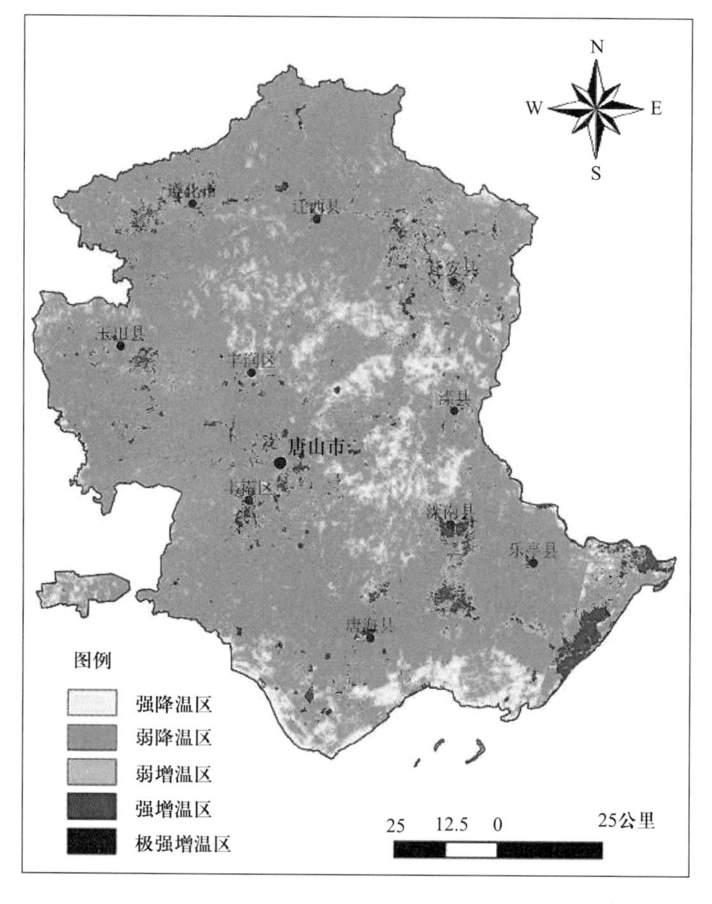

图 5-2 唐山市温度指数变化

表 5-4 唐山市 1993~2009 年热场变化统计

分级	亮温区间	含义	栅格数	面积（公顷）	百分比（%）
1	-17.5~-2.75	强降温区	2828864	254597.76	18.59
2	-2.75~0.00	弱降温区	10361973	932577.57	68.10
3	0.00~1.95	弱增温区	1444543	130008.87	9.49
4	1-95~14.86	强增温区	578785	52090.65	3.80
5	14.86~42.56	极强增温区	1263	113.67	0.02

三、唐山市域热力景观格局分析

（一）唐山市不同生态亚区的景观格局分析

根据 2009 年唐山市基于相对亮温数据所计算的主要景观格局指数见表 5-5。从该表可以看出，斑块多样性高于全市域的有 4 个区域：中部平原生态城镇建设亚区、东部沙地改良综合治理亚区、东南部冲积平原设施农业亚区和低平原湿地生态系统保护亚区，同时这 4 个区域的均匀度指数也高于全市域。这一方面说明这 4 个区域的热力景观斑块在各自生态亚区内的分布比较均匀，另外从斑块平均面积来看，除低平原湿地生态系统保护亚区外，其数值均小于全市域的平均斑块大小，也就是说其景观斑块的破碎化程度较高。对于区域热场景观而言，从环境管理的角度看，我们希望其热力景观斑块数目越多、平均面积越小、分布越均匀越好、景观斑块越破碎越好，这样才不至于形成大的区域热场中心。从面积加权分维数和平均斑块形状指数来看，中部平原生态城镇建设亚区、西南部低平原水土综合治理亚区和南部滨海低平原生态区相对较高，这说明这几个区域所受到的人类活动干扰强度较大。

表 5-5　唐山市 2009 年基与相对亮温的景观格局指数

生态亚区	多样性	均匀度	平均斑块形状指数	面积加权分维数	斑块数目	平均斑块大小
北部长城沿线水源涵养亚区	0.7103	0.4414	1.3948	1.4186	4175	37.89
北部丘陵森林系统保护亚区	0.9198	0.5715	1.4311	1.4307	7439	36.51
西部山麓平原集约型农业亚区	0.9001	0.5593	1.4027	1.424	2516	34.80
中部平原生态城镇建设亚区	1.2562	0.7805	1.4875	1.4245	5586	31.42
东部沙地改良综合治理亚区	1.0971	0.6817	1.4056	1.4325	6133	29.12
西南部低平原水土综合治理亚区	0.7181	0.4462	1.5009	1.3837	2875	52.52
东南部冲积平原设施农业亚区	1.1106	0.6901	1.4369	1.4145	2918	31.75
低平原湿地生态系统保护亚区	1.0601	0.6587	1.4943	1.3811	2908	50.07
曹妃甸循环经济与生态港城建设亚区	0.9347	0.5808	1.4973	1.3819	2119	50.88
全市域	1.0310	0.6406	1.4289	1.4350	35767	38.29

从景观格局指数的综合情况来看，中部平原生态城镇建设亚区和东部沙地改良综合治理亚区应该成为未来城市生态建设中热场强度控制的最重点区域。

（二）唐山市相对亮温斑块的景观格局分析

根据 1993 年、2009 年度的相对亮温 GIS 数据，以相对亮温等级为单元所做的热力景观格局主要指数见表 5-6。

从表 5-6 可以看出，无论 1993 年还是 2009 年，绿岛斑块的相对数目 2009 年虽较 1993 年有小幅的增加，但其平均斑块面积最大、平均斑块边缘最大的格局一直没有改变。从弱热岛和中等热岛来看，2009 年其分维数和形状指数相差无几，说明其遭受的人类活动影响强度相差不大，其分维数在 2009 年中处于全部斑块类型最低值说明，说明其在 2009 年是受到人类活动干扰最强的斑块类型，斑块数目的变化也间接印证了这一结论。强热岛与极强热岛是所有斑块类型中数量增加幅度最大的，分别达到了 39.6% 和 401.6%。强热岛平均斑块面积和平均斑块边缘的增加表明，强热岛斑块在数目增加的同时，其景观斑块有扩大、集中的变化趋势。极强热岛的形状指数在两个年度均是最低的，这说明其斑块形状相对规则，受人类干扰的强度最大，而数量的增加与斑块平均面积和平均斑块边缘的降低表明，一方面表明其破碎化程度在增加，但另一方面也显示，随着城市化进程与工业生产的发展使极强热岛的控制难度在加大。

表 5-6　唐山市 2009 年不同相对亮温斑块的景观格局指数

	形状指数		分维数		斑块数目		平均斑块面积		平均斑块边缘	
	1993	2009	1993	2009	1993	2009	1993	2009	1993	2009
绿岛	1.38	1.39	1.337	1.335	7411	7655	100.90	102.69	3657	3683
弱热岛	1.45	1.48	1.333	1.330	12374	11957	35.78	33.07	3450	3547
中等热岛	1.41	1.45	1.331	1.330	11265	10959	14.08	12.89	1672	1795
强热岛	1.32	1.33	1.336	1.336	3491	4875	5.70	9.30	869	1058
极强热岛	1.27	1.28	1.330	1.340	64	321	5.21	4.03	765	676

四、唐山市热力景观动态变化分析

（一）唐山市 1993~2009 年景观动态的转移概率矩阵分析

根据 1993 年和 2009 年唐山市相对亮温数据所做的 1993~2009 年转移概率矩阵见表 5-7。

从表 5-7 的结果来看，最稳定的热力景观斑块类型为绿岛斑块，1993~2009 年，其保持不变的面积达到了 77.6%；而最不稳定的景观类型为极强热岛，其发生变化的面积比例达到了 97.05%；其他类型的稳定性相对较小，均低于 50%。从其发展演化的主要方向来看，绿岛、弱热岛和中等热岛之间转换面积最大，其中 1993 年的绿岛面积中有 17.8% 转化为了弱热岛，而弱热岛中有高达 41.06% 的部分转化为了绿岛，与此同时中等热岛中则分别有 41.25% 和 13.7% 的面积转化为了弱热岛与绿岛。强热岛的转化主要发生在弱热岛和中等热岛之间，转化面积分别达到了 25.61% 和 33.81%。极强热岛其转化的主要方向为强热岛，转移概率达到了 45.07%，是所有转换中转移概率最大的。从不同热岛类型均有转化为绿岛与其他类型的热岛的情况来看，至少说明了两个事实：首先，热岛是可以改变的；其次，从极强热岛本身稳定性最差以及其他类型极少转化为极强热岛的情况看，热岛一方面有极大的不稳定性，另一方面也再次验证了热岛控制的极其困难性这一事实。

表 5-7　唐山市域 1993~2009 年相对亮温等级转移概率矩阵

	绿岛	弱热岛	中等热岛	强热岛	极强热岛
绿岛	77.60	17.82	3.46	1.06	0.07
弱热岛	41.06	43.16	12.59	3.08	0.11
中等热岛	13.70	41.25	33.43	11.47	0.14
强热岛	11.87	25.61	33.81	28.30	0.41
极强热岛	6.86	20.37	24.75	45.07	2.95

（二）唐山市 2009 年热力景观斑块来源分析

为了探讨 2009 年不同类型热力景观斑块的来源情况，我们利用 GIS 手段做了逆向的转移概率矩阵分析，结果见表 5-8。

表 5-8　唐山市域 2009 年相对亮温来源的转移概率矩阵

	绿岛	弱热岛	中等热岛	强热岛	极强热岛
绿岛	73.81	23.11	2.77	0.30	0.00
弱热岛	33.72	48.34	16.61	1.31	0.02
中等热岛	18.25	39.33	37.55	4.81	0.06
强热岛	17.39	29.82	39.95	12.50	0.33
极强热岛	39.40	36.35	17.23	6.26	0.76

从表 5-8 可以看出，2009 年绿岛的主要来源为 1993 年的绿岛和弱热岛，其百分比分别达 73.81% 和 23.11%；弱热岛主要来源于绿岛和中等热岛，比例分别为 33.72% 和 16.61；中等热岛主要来自绿岛和弱热岛，分别达 18.25% 和 39.33%，强热岛只有 12.5% 来自于 1993 年的强热岛，其余部分均来自于除极强热岛之外的其他类型，其中中等热岛面积比例最

大，达到了39.95%。对于极强热岛而言，其99%来自于其他类型，换言之，2009年的极强热岛几乎全部是新产生的，其中最大的两个来源为绿岛和弱热岛，分别为39.4%和36.35%，另分别由17.23%和6.26%来自于中等热岛和强热岛。

五、唐山市热场变化的影响因素分析

（一）热场与植被指数的关系

通过GIS的叠加分析功能得到的各相对亮温等级内NDVI平均状况如图5-3。

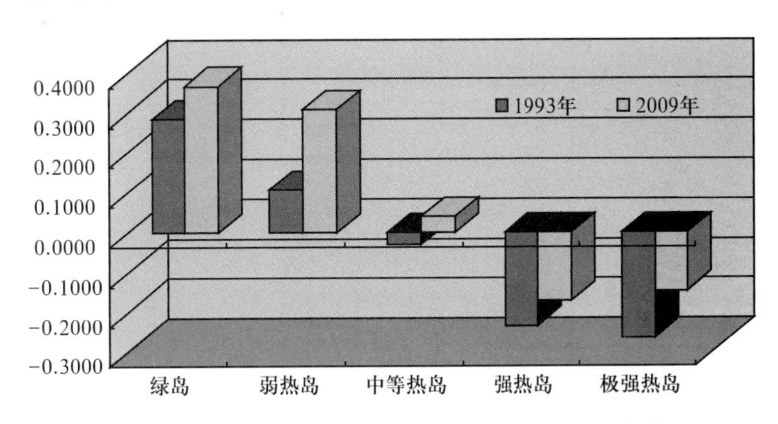

图5-3　唐山市域各相对亮温等级区内NDVI平均值

从图5-3可以看出各相对亮温等级内，无论是1993年还是2009年，按照由弱到强的次序，其NDVI值均呈现与热岛等级的负相关关系。同时还可以看出，在不同的相对亮温等级内，其NDVI的平均值2009年相比于1993年而言，均有较大幅度的提高，其中以弱热岛和极强热岛区域内的增加幅度最大，分别较1993年增加了0.2013和0.1176。

（二）热场与地表覆盖的关系

根据遥感所1995年和2008年土地利用图件，一级地类共有水域、未利用土地、草地、耕地、林地和建设用地等六类。利用GIS空间分析工具统计的1993年和2009年各种地类内部不同相对亮温等级的面积比例见表5-9和表5-10。

从表5-9和表5-10可以看出，不同土地利用类型各相对亮温等级所占比例相差很大，但1993年和2009年所反映的基本特征则是非常一致的。以2009年为例，建设用地和未利用土地基本上处于相对亮温等级最高的三个等级中，而水域、草地、林地和耕地其绿岛面积均占到了相应类别面积的60%以上，林地更是高达85.74%；同时这4个地类也同时拥有了较大面积的弱热岛区域。在1993年和2009年，水域所占有的极强热岛面积比例均大于建设用地的面积比例，表面上看这与城市热岛主要是城市建筑物所致的普遍认识有些矛盾，其实不然。这

表5-9　1993年各类土地利用类型内各相对亮温等级所占比例（%）

	水域	未利用土地	草地	耕地	林地	建设用地
绿岛	56.09	56.51	34.44	61.67	66.10	24.63
弱热岛	34.86	26.23	50.71	29.10	27.36	42.32
中等热岛	6.53	14.76	13.92	8.51	6.12	28.19
强热岛	2.17	2.48	0.91	0.72	0.42	4.83
极强热岛	0.35	0.01	0.01	0.00	0.00	0.03
合计	100	100	100	100	100	100

表5-10　2009年各类土地利用类型内各相对亮温等级所占比例（%）

	水域	未利用土地	草地	耕地	林地	建设用地
绿岛	63.38	49.77	62.15	61.47	85.74	26.30
弱热岛	22.58	12.60	34.89	31.08	12.41	31.92
中等热岛	9.07	10.05	2.81	6.34	1.19	29.75
强热岛	4.61	23.65	0.15	1.09	0.62	11.78
极强热岛	0.36	3.92	0.00	0.02	0.04	0.26
合计	100	100	100	100	100	100

里的水域属于一级分类系统，通过对两期土地利用图和热岛分布图的叠加后发现，目前强热岛所占据的土地利用类型主要有如下几类：城市建设用地、工矿建设用地、水库坑塘、沼泽地等类型。由于水库坑塘与沼泽地受季节性来水的影响大，有水时即为水面占据，而水位下降时出露部分则与裸土无异，上述差异应该是土地类型划分的原因所致。

（三）唐山市热场与城市建设和工业发展的关系

众所周知，区域热场，尤其是城市热岛的发展与城市化进程的变化息息相关，于淑秋等人的研究结果表明，城市化指数的变化与城市热岛强度的变化非常相似，二者具有良好的线性关系。而城市化指数则采用了城市人口、基本建设投资总额、城市基础设施投资总额、房屋竣工面积和住房竣工面积等指数来表述。

根据我们收集的唐山市相关统计资料数据来看，唐山市的城市热场也具有与北京市相似的变化规律。

从图 5-4 可以看出，唐山市经济实力的变化在 2001 年之后是最为突出的。2001 年之前地区生产总值的增长比较平缓，2001 年之后出现了急速的增加趋势，1995 年时为 116.4 亿元，2001 年时只有 1006.46 亿元，到 2009 年达到了 3781.44 亿元。随着经济实力的增强，固定资产投资与

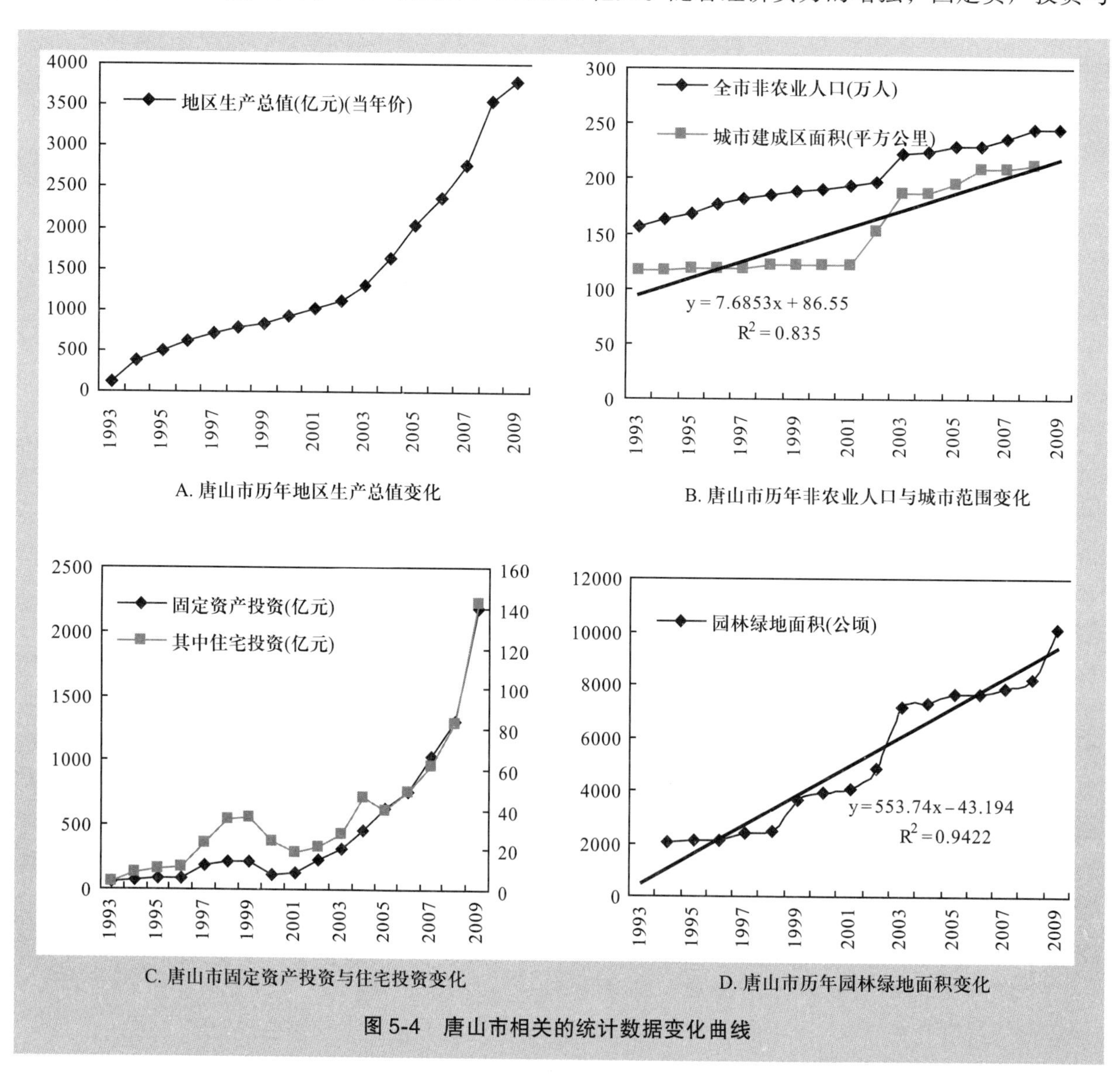

图 5-4 唐山市相关的统计数据变化曲线

住宅投资也出现了明显的变化，其变化分段与地区生产总值相似，也以 2001 年为转变的时间点，不同的是在 2001 年之前其变化趋势有高有低，呈现非平稳性变化。城市建成区面积变化同样以 2001 年为分水岭。而人口变化与城市园林绿地的变化虽然在时间点上与上述几个参数的变化有所不同，但 2001 年以后的变化均呈现明显加速的趋势。结合前面的城市区域强热岛和极强热岛的增加区域均以城市区域最为明显的状况来看，这一方明说明，随着唐山经济实力的急速增加，其与城市的固定资产投资和住宅投资的增加正向相关最为密切，从而导致了城市规模的急速扩大，进而对城市地区的热带效应起到了很强的促进作用；而另一方面，虽然城市内部的以园林绿地为主要标志的绿化建设力度也在不断加大，其增加的速率超过了城市建成增加的速率区，但其对城市热岛的抑制作用依然十分有限，因此，今后城市区域的热岛效应减缓措施，除了大力植树造林、加强城市森林建设外，更应该从其他方面，例如城市空间结构优化、产业结构调整、低碳经济、循环经济等方面来做工作，才有可能真正减缓城市热岛。

六、唐山市热力景观对于生态建设空间布局的重点

根据前面的热场分布及其动态演变的分析，从热场环境控制与优化的角度来看，唐山市的热力景观控制布局可以归结为“六点两区”的特点（图 5-5）。六点分别为遵化市城区、玉田县及其东南、唐山市区、迁西县与迁安市交界处的工矿集中分布区、滦南县城及其南部和海港开发区。这些区域要么是目前热岛效应明显的区域，要么是热场变化剧烈的区域。两区主要是生态区划中的东部沙地改良综合治理生态亚区和曹妃甸循环经济与生态港城建设生态亚区。这两个区域虽然不是现状下的强热岛中心，但都属于区域热场变化最剧烈的区域。

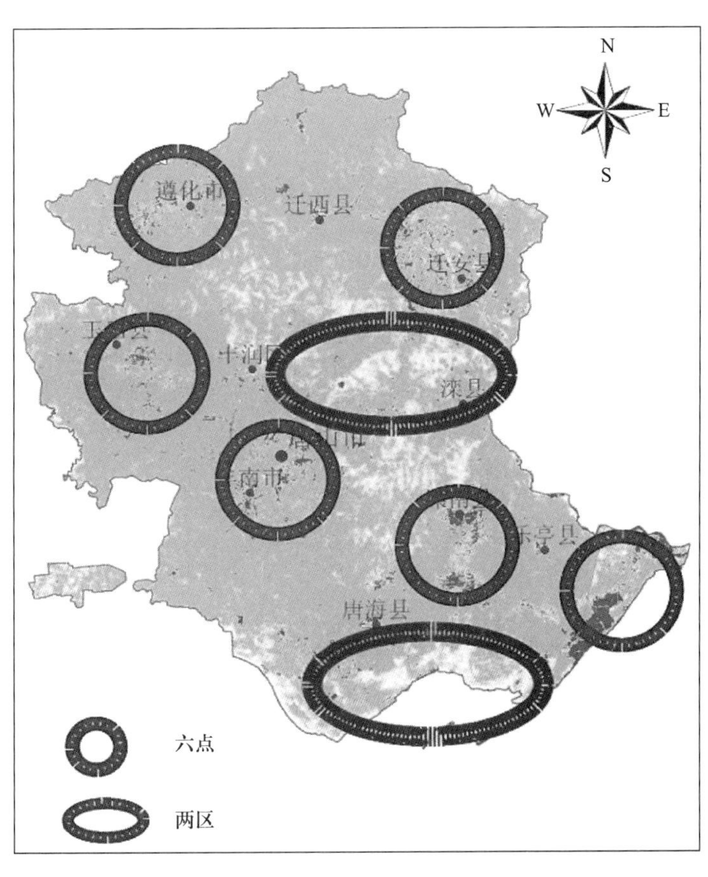

图 5-5　唐山市热场控制重点布局图

第六章　唐山市环境负荷分析

唐山是一个以能源、原材料生产为主的重工业城市，钢铁、煤炭、陶瓷、水泥、化工等行业成为全市经济的主要支柱产业。伴随着城市建设、重化工业和采矿业快速发展，给全市生态环境造成了一定的负面影响。城市污水和工业废气、废水、废渣的排放和堆积，造成了水质、大气、土地、地质等环境的污染和破坏。

一、水环境

（一）地表水环境

全市河流上游水库断面水质普遍较好，可达到Ⅱ类水质，而水库坝址以下河段流经城镇后，受生活污水和工业废水污染，水质普遍下降。由于连年干旱、跨区域调水量的增加，使全市各河流水量减少。工业废水和生活污水处理设施不足，在河道来水量不足的情况下，全市主要河道均存在不同程度的污染。2009 年，全市有 38.46% 的河段为Ⅱ类水质，7.69% 的河段为Ⅲ类水质，7.69% 的河段为Ⅴ类水质，23.08% 的河段为劣Ⅴ类水质，23.08% 的河段断流。县级监测站对境内的河流 45 个监测断面进行监测，其中 60% 的监测断面达到Ⅴ类水质要求。

唐山市水体的污染物主要来源于工业废水、生活污水和农业面源污染等方面。地表水主要污染物为化学需氧量和氨氮等有机污染类型。目前，多数河流的某些河段水质全年化学耗氧量、氨氮、挥发酚均超出国家规定标准。全市地表水环境 COD 排放在 2002~2007 年间呈逐渐增加的趋势（图 6-1），2007 年 COD 排放达最大为 9.65 万吨 / 年，较 2002 年增加了 8.81%；2007 年以后 COD 排放有所减小，至 2009 年 COD 排放为 8.04 万吨 / 年，较 2007 年减小了 16.7%。全市地表水环境 COD 排放趋势变化主要受工业废水 COD 排放影响，二者变化趋势基本一致。2009 年工业废水 COD 排放较 2007 年减少了 36.6%，为 4.79 万吨 / 年。生活污水 COD 排放趋势与工业废水排放趋势有所区别。2002~2004 年生活污水 COD 排放逐年减小，而 2004~2009 年则呈逐年增加的趋势。

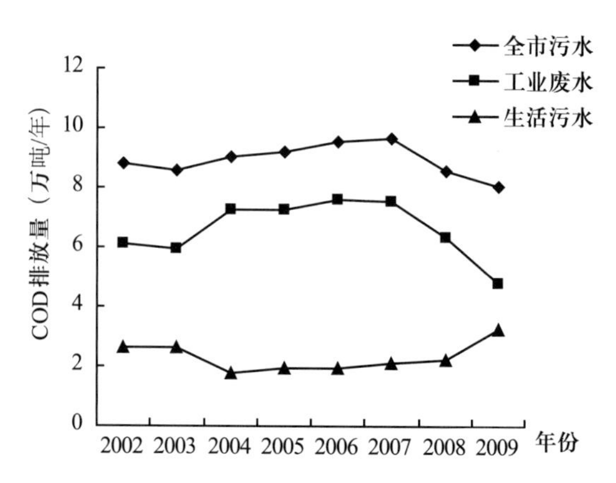

图 6-1　唐山市水污染化学需氧量 COD 年排放（万吨）

2008 年，全市废水排放总量为 38499.45 万吨。其中，工业废水排放量为 29469 万吨，占排放总量的 74.48%，工业废水排放达标率达到 96.74%；生活污水排放量为 9826 万吨，占排放总量的 25.52%。2009 年，污水中化学需氧量排放量为 8.04 万吨，比 2002 年减少了 8.53%。其中，工业废水中化学需氧量排放量为 63509 吨，减少 22%，生活废水化学需氧量排放量为 3.25 万吨，比 2002 年增加了 22.6%。

加强工业污染源深度治理及总量控制、畜禽养殖面源治理、主要河流生态环境综合整治、专项执法检查等将成为保证水质的首要任务。

唐山境内有多条河流分别属于滦河水系、沙唐河水系和蓟运河水系。除滦河、唐河外，其余河流水源均由降水补给，属季节性河流。监测部门对唐山市境内的滦河（唐山境内河段）、唐河、还乡河、沙河、淋河、黎河6条主要河流地表水水质监测结果（2008年）显示：

（1）滦河经潘家口进入唐山市境内，流经迁西、迁安、滦县，在乐亭县注入渤海。在唐山市境内河流长度为207公里，流域面积2690平方公里。在潘家口至大黑汀水库段年均为Ⅱ类水质，达到功能区划要求；大黑汀水库至滦县大桥段达到Ⅴ类水质；滦县至姜各庄年均值达到Ⅴ类水质。

（2）唐河位于滦河和蓟运河流域之间，独流入海，河长121.5公里，流域面积1340平方公里。唐河上游双桥以上分东、西两支，东支为管河，西支为泉水河，管河、泉水河自北向南至双桥附近汇合后称唐河，向南穿过唐山市市区，于市郊王盼庄汇石榴河，入丰南县境后，经稻地等地，于涧河村东入海。唐河中游修建有唐河水库。唐河自水库坝下至女织寨为市区河段，河段长27.7公里，汇水面积207平方公里，是流经唐山市区的一条主要河流。唐河水库及以上河段达到Ⅱ类水质标准；由于沿岸几十家工业企业的工业废水和居民的大部分生活污水都直接或间接排入，钢厂桥、女织寨、稻地等河段均为劣Ⅴ类水质，涧河口及以下河段年为Ⅴ类水质，达到功能区划要求。

（3）沙河、黎河等年均值达到Ⅲ类水质标准，达到功能区要求。还乡河等季节性河流因河流断流，水质未监测。

近几年，随着水污染治理力度的加大，取得了明显的治理效果。目前，唐山市已建成污水处理厂10座，日处理污水能力达到85.9万吨。其中，中心城区污水处理率已接近100%，在建污水处理厂7座，建成使用后可新增日处理污水能力47万吨，其中有两座污水处理项目已经完成前期工作。这些项目投入运营后，全市日处理污水能力接近132.9万吨，能够全面覆盖各县（市）区。在中水回用方面，唐山市已相继建成了日供中水7万吨的北郊中水工程和日供中水6万吨的西郊中水工程，并已经向多家大型钢铁企业、发电企业提供中水，同时为当地河流提供生态用水和绿地养护用水。迁安市的中水回用工程使中水回用率达到30%。重点行业的分布区内也建立了大量污水处理设施。造纸、钢铁、化工是唐山市工业水污染排放的三大行业，其污水排放量占全市工业污水排放总量的67%，COD排放量占全市工业COD排放总量的88.2%。在大型钢铁厂内，大部分已经实现了清浊分流，循环用水。大中型造纸企业基本上建立了污水处理设施。在玉田县28家小造纸企业联合投资6000万元兴建的二级造纸废水处理公司，日处理能力5万吨，处理达标后的中水80%用于造纸企业回用，20%排放，解决了这28家造纸企业的一级污染处理站达标不稳定和中水质量不高的问题。这一模式在解决中小企业污染方面具有重要的创新意义，为解决唐山市中小企业的污染问题提供了一种极有价值的新模式。

（二）地下水环境

唐山市年均地下水资源总量14.36亿立方米，其中，平原区8.94亿立方米，一般山区5.47亿立方米，盆地区1.89亿立方米。全市不重复地下水资源量9.69亿立方米。近年来，地下水供水量比重逐年增加。根据《唐山市水资源综合规划简要报告》，全市地下水供应量已达总供水量的54.6%，部分年份甚至高达84.1%。

截至2004年年底，唐山市共有机井13.3万眼，其中配套机井12.76万眼，配套率96.0%。机井中开采浅层地下水的12.61万眼，配套12.33万眼，配套率97.8%；开采深层地下水机井0.69万眼，配套0.69万眼，配套率100%。另外有真空井3229眼，砖石井3499眼。唐山市区地下水污染源主要为工矿企业废水、废气、废渣的排放及生活污水、生活垃圾、农药化肥等。唐山市区地下水水质目前基本达到饮用水水质标准，但局部地区污染较为严重，主要超标项目是六价铬、硝酸盐氮、亚硝酸盐氮、细菌等。

唐山市区及周边12眼井地下水水质监测结果表明，在地下水质监测项目中，pH、浊度、氟化物、亚硝酸盐、硝酸盐氮、氨氮、挥发酚、氢化物、高锰酸盐指数、砷、汞、铅、镉、细菌总数等14项指标均未超标，绝大部分地区地下水水质良好。局部区域地下水受到污染，主要超标污染物为六价铬、总硬度、总大肠菌群。根据历年的监测数据，2002年以来，市区4处地下水饮用水源地（北郊水厂、大洪桥水厂、西郊水厂、龙王庙水厂）水质较好，各类监测项目满足Ⅲ类标准，饮用水源水质达标率为100%，全部达到集中式生活饮用水水源标准。

唐山市地下水监测除上述4眼饮用水源井外，化肥厂、电厂、岳各庄各项监测项目均能达到地下水质Ⅲ类标准，水质状况良好，未受到污染；开滦战备井、唐钢综合污染指数 <0.5，在未受到污染范围内；原唐山市自行车厂、光明电镀厂等企业，每年使用铬酸酐126吨，并排放大量含铬废水，尤其唐山地震后清理废墟时，把部分铬渣误埋入地下，随着大气降水的冲淋、渗透，通过裂隙深入地下，地下水接受地面水的渗漏，造成钓鱼台附近10余平方公里的地下水遭受铬污染。此位置正是地下水位降落漏斗，使相邻三眼井开滦战备井、唐陶井受到一定程度的污染。唐陶井污染程度为中污染，污染物为六价铬。通过多年监测，该区域地下水六价铬浓度1986~1993年逐年上升，最高检出浓度为0.3毫克／升。唐山市政府和环保局高度重视地下水铬污染问题，从1989年开始实现闭路循环不再外排含铬废水，并对含铬水井分别采取处理措施，开滦战备井、唐陶井改为生产用水。到“八五”末期六价铬污染是逐年下降。“九五”期间下降不明显。近两年监测浓度值基本维持在0.1毫克／升以下，下降趋势不明显，仍需进一步加大治理力度，确保地下水水质质量和居民饮用水安全。

另外，由于唐山市所处地质结构，特别是含水层结构和人为污染，加之附近区域未经处理的工业废水和生活污水的渗漏，污水中大量有机物经过细菌的成氨硝化作用，形成可溶性硝酸盐和亚硝酸盐，并置换出地下水中的钙镁离子，造成地下水硬度偏高的总硬度污染。近年亚硝酸盐没有超标情况。为保护唐山市地下水清洁，合理利用地下水资源，应通过进一步加强环境卫生管理，逐步实现生活垃圾、工业废水和生活污水的集中处理，将大部分细菌消灭在源头，从而保证城市地下水达到饮用水的要求。

（三）海洋环境

唐山市近岸海域水质监测结果显示，大部分海域属于清洁海域，部分海域水质达不到海洋水环境功能区水质要求。唐山市近岸海域水质监测结果显示，大部分海域属于清洁海域，部分海域水质达不到海洋水环境功能区水质要求。未达到清洁海域水质标准的面积约为303平方公里，主要污染物是无机氮、活性磷酸盐和石油类。无机氮污染主要存在于曹妃甸至黑沿子近岸海域；活性磷酸盐污染主要分布于曹妃甸近岸海域；石油类污染主要分布于京唐港和曹妃甸近岸海域。随着曹妃甸开发的加快，沿海各区县已经意识到沿海生态建设产业对当地招商引资和生活质量改善的重要作用。目前比较突出的是唐海湿地保护与生态建设，已经编制了《河北省唐海县湿地和鸟类自然保护区总体规划》，大规模的生态建设已经起步。

滩涂因其丰富的生物资源，天然的净化功能以及脆弱的生态特性，越来越受到关注，特别是近海生态环境问题越来越受到各界重视。唐山市沿海共有污染企业28家，多为污染严重的化学工业，污染负荷为503.6，负荷比为74.1%，其次为造纸业，污染负荷为228.7，负荷比为36.7%。年排污水总量2450.4万吨，污染物总量18437吨。因此，必须高度重视和加速解决近海滩涂的污染问题。

目前，唐山市对湿地资源还缺乏有效的管理，大量的资源没有得到科学地开发利用，且破坏、浪费资源的现象非常严重。由于缺乏相应的管理机制，各种经济贝类的采捕规定得不到贯彻执行，资源破坏严重。其他生物资源也受到严重破坏，生态环境严重失衡。污染是湿地面临的最重大的威胁之一。全市有 20 多条河流流经湿地入海，已对沿河湿地的土壤及水源造成了不同程度的污染，而其境内的南堡碱厂、盐化厂、焦化厂和唐海县造纸厂、冀东油田等企业的排污对湿地环境污染仍在加重。加强立法治污，依法保护湿地生态系统已刻不容缓。

水污染加剧的态势尚未得到有效遏制，部分水体丧失其使用功能，更加剧了水资源供需矛盾。点源污染是造成地表和地下水污染的主要原因，但非点源污染的影响不容忽视，农田径流、水土流失、畜禽养殖、农村居民和城市径流等非点源污染造成的 COD、氨氮的入河贡献率已达到 44.2% 和 81.29%。

二、大气环境

唐山市是河北省唯一各县常设大气常规监测点的城市。从污染综合指数来看，唐山市环境空气质量等级为二级，主要污染物为从重到轻依次为：二氧化硫（SO_2）、可吸入颗粒物（PM_{10}）、二氧化氮（NO_2），环境质量状况为轻污染。市区环境空气质量尚未达到国家二级标准，唐山市环境空气污染从重到轻依次为：工业区、商业区、居住区、交通区和清洁区；各个功能区首要污染物均为 SO_2，次要污染物为 PM_{10}。各县（市）、区大气环境中首要污染物均为颗粒物，其中迁安市、丰南市、玉田县、丰润区、滦南县空气质量达到二级标准，其余县（区）达到三级标准。

从环境空气质量二级及以上天数分布的月变化趋势看，唐山市区环境空气质量具有明显的季节性特征：冬季和春季受取暖期和风沙的影响污染物浓度较高，空气质量较差；而夏季和秋季因气象因素利于污染物扩散，污染物浓度较低，空气质量较好。

从图 6-2 来看，主要大气污染物可吸入颗粒物、二氧化硫和二氧化氮总体上呈整体下降趋势。2009 年唐山市区环境空气中可吸入颗粒物年均浓度值为 0.078 毫克 / 标准立方米、二氧化硫年均浓度值为 0.062 毫克 / 标准立方米、二氧化氮的年均值为 0.031 毫克 / 标准立方米，分别比 2002 年降低了 50.3%、31.9% 和 34%，二氧化氮和可吸入颗粒物年均浓度值达到国家二级标准，二氧化硫年均浓度值超过国家二级标准 0.03 倍。降尘量由 2002 年 16.35 吨 /（平方公里・月）下降为 2009 年的 13.38 吨 /（平方公里・月），下降了 18.3%。按照 API 指数等级划分，环境空气质量为二级及优于二级的天数由 2002 年的 198 天增加到 2009 年的 329 天（其中一级天数为 47 天），占总天数的 90.1%，空气质量为三级的天数 160 天，占总天数的 43.9%，环境空气质量三级及以上的天数由 167 天减少为 36 天，占总天数的 9.9%，大气环境质量逐年得到显著改善。

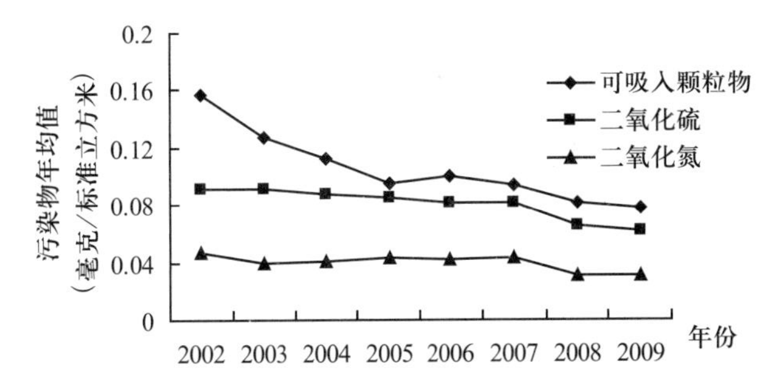

图 6-2　2002~2009 年主要大气污染物变化趋势图

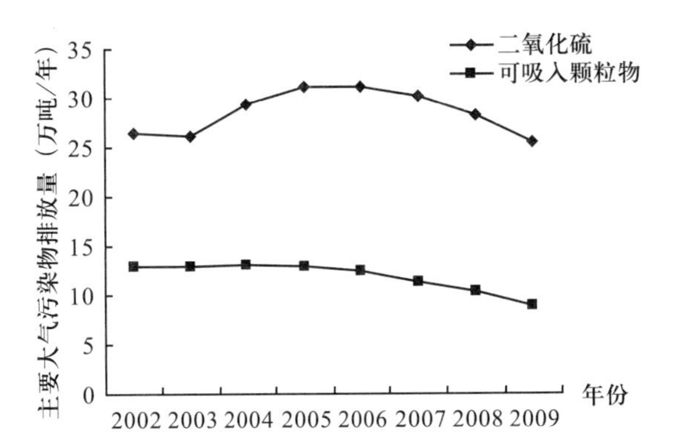

图 6-3　唐山市 2002~2009 大气污染物年排放情况（万吨）

唐山大气污染物主要来自汽车尾气、城市道路和建筑工地的二次扬尘以及工业企业排放的废气。从图 6-3 可以看出，唐山市 SO_2 污染物年排放两 2002~2009 年间整体呈先上升后下降趋势。2006 年二氧化硫污染物排放强度最大，为 31.17 万吨 / 年，较 2002 年增加了 17.8%，2006 年以后，二氧化硫污染物排放有所减小，至 2009 年，SO_2 年均排放 25.44 万吨 / 年，较 2006 年减少了 18.3%。唐山市 2002~2009 年可吸入颗粒物 PM_{10} 排放量总体呈逐渐下降趋势，其中，2002~2005 年变化趋势较不明显，而 2005~2009 年，PM_{10} 年均排放从 12.86 万吨 / 年下降至 8.90 万吨 / 年，2009 年较 2005 年减少 30.76%。

电力行业 2008 年在市区内 4 家发电厂建设脱硫塔 7 座，对 125 万千瓦装机容量的 13 台发电机组实施脱硫，年减排二氧化硫达 11.5 万吨。此外，丰润、迁安等地热电厂脱硫工程已经完成，遵化、润南等热电厂脱硫工程正在加紧实施。这些治理措施实施后，将对唐山市大气质量的总体改善逐渐起到了良好的改善作用。

三、土壤、土地环境

（一）水土流失

唐山境内的水土流失以水力侵蚀为主，其次为重力侵蚀和风力侵蚀。分布范围为遵化、迁西、迁安、丰润、滦县、玉田、古冶、开平等 8 个县（市）、区，其中水土流失严重区域主要分布在遵化东南部、迁西南部和丰润北部的石灰岩地区（图 6-4）。根据 2000 年遥感普查结果显示，全市水土流失面积 2902.45 平方公里（占土地总面积的 21.54%），侵蚀模数为 200~6500 吨 / 平方公里，年侵蚀总量 824.7 万吨左右。轻度流失面积 1596.25 平方公里（占流失总面积的 55%），中度流失面积 1277.54 平方公里（占流失总面积的 44.02%），强度流失面积 28.66 平方公里（占流失总面积的 0.98%）。山区侵蚀情况中轻度侵蚀面积大，强度侵蚀面积小。

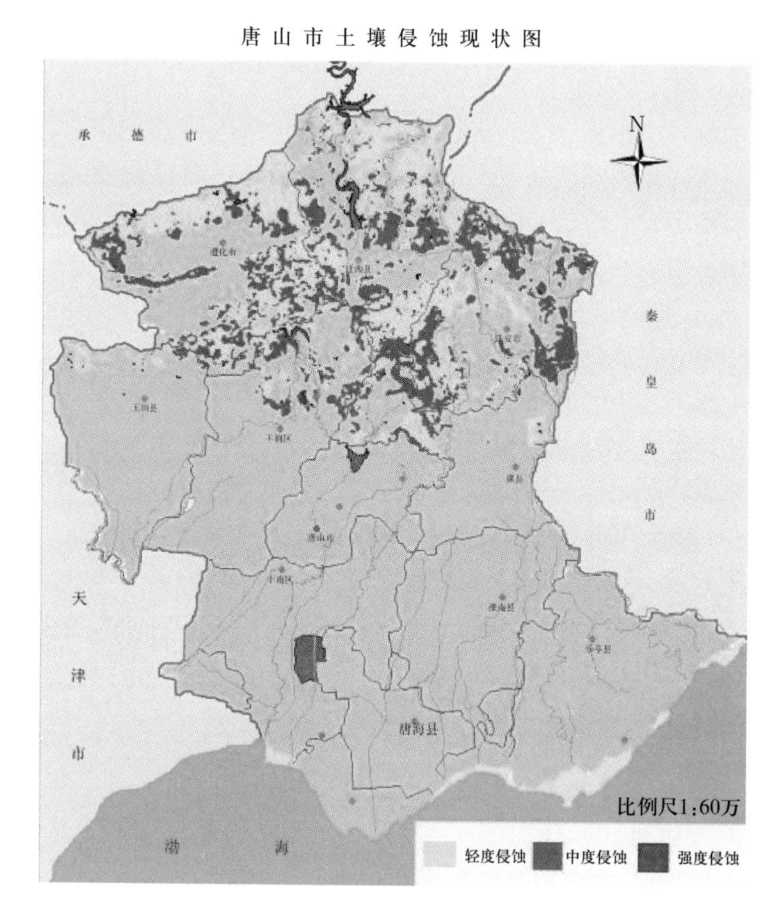

图 6-4　唐山市土壤侵蚀现状图

唐山市自 1986 年被列入“三北”防护林工程项目区，1991 年开始实施沿海防护林工程，2002 年开始实施退耕还林工程。在各级党委、政府的领导下，在上级部门的支持下，截至 2009 年年底统计，全市有林面积达到 560 万亩，森林覆盖率达到 28.7%。唐山市生态环境建设进入了一个崭新阶段，林地面积大量增加，森林资源迅速增长，重点区域水土流失和土壤沙化的局面得到了初步遏制，自然灾害频度明显降低，生态效益初步显现。

最为显著的是“围山转”的开发解决了山区水土保持的难题，它将工程措施和生物措施有机结合融为一体，增加了土壤蓄水保水能力，减少了地表径流，降低了土壤侵蚀模数。

近年来，唐山市水土保持工作取得长足发展。通过加强预防保护和监督管理，健全了一系列水土保持规范化文件，完善了贯彻实施《水土保持法》的配套政策；坚持治理与开发相结合，开展小流域综合治理、建设“围山转”工程、治理开发农村“四荒”资源；充分利用大自然的自我修复能力，在自然修复过程中实现治理水土流失的目的。全市开展了大规模的以小流域综合整治为主要形式的水土保持工作，累计治理面积达到1452平方公里，水土流失治理率达到50.1%。迁西、遵化等地片麻岩山区以大规模“围山转”开发为主的水土保持治理模式，在全市得到了大面积的推广，取得良好的经济效益和生态效益。

根据唐山市2009~2015年水土保持生态规划，到2015年完成治理面积700平方公里，将建成一批清洁小流域试点工程，实施唐河、邱庄水库上游水源地生态治理工程，到2025年水土流失治理面积达到2500平方公里。水土流失破坏现象杜绝，初步建立起适应国民经济可持续发展的良性生态系统。

（二）矿山开采

1. 开发利用现状

唐山市是河北省矿产资源较为丰富的地区，矿产资源种类多，分布广。截至2009年年底唐山市共发现各类矿产49种，其中金属矿产11种，非金属矿产38种，重要矿产有煤、铁、石油、天然气、水泥灰岩、金、陶瓷用原料矿产等。目前已有30多种矿产被开发利用，主要是煤、铁、金、石油、天然气、石灰岩（包括水泥用、制碱用、熔剂用等）、冶金用白云岩等。

煤炭资源丰富。累计探明资源储量57.05亿吨，保有基础储量33.24亿吨，可采储量19.41亿吨，主要煤种有肥煤、焦煤和气煤等。共探明上表煤矿产地43处，其中，大型矿井9处、中型矿井13处、小型矿井21处，分别位于路南区、路北区、古冶区、开平区、丰南区、丰润区及玉田县境内。

铁矿资源储量大。累计探明铁矿资源储量69.86亿吨，保有资源储量61.64亿吨，可采储量7.28亿吨，位居全省之首。50万吨以上的铁矿产地156处，其中，大型铁矿产地11处，中型铁矿产地48处，小型铁矿产地97处，主要分布于遵化市、迁西县、迁安市、滦县和滦南县境内，多为品位小于40%的贫铁矿。

石油及天然气主要分布在南堡及沿海大陆架水深20米以内的地区。目前，已探明7个含油区，石油地质储量9亿吨，天然气储量67亿立方米。在渤海湾冀东油田南堡区块最新发现大型油田，预计储量为10亿吨，是中国过去十年来发现的最大的石油资源。

水泥灰岩资源较为丰富。累计探明资源储量13.41亿吨，保有资源储量为12.1亿吨，主要分布于开平区、古冶区、丰润区、迁安市、滦县、迁西县等地。

2. 开发利用面临的形势及存在问题

总体来看，唐山市矿产资源总量相对丰富，但人均占有量不足，仅为世界人均占有量的60%，富铁矿、锰矿及部分有色金属、钾、金刚石等矿产紧缺，部分原本具有优势的矿产也因过度消耗，现有储量难以保证需求，建材、化工和冶金辅助原料非金属矿产在未来20~30年内需求量将大幅度增加，未来经济社会发展同矿产资源的矛盾会越来越突出。主要表现在：

一是长期以来，矿产资源开发浪费较大，总体利用水平不高。全市矿山企业中乡镇矿山企业占总数的90%以上。这些小矿山企业大多生产规模小，技术落后，生产设备简陋，导致矿产资源破坏、浪费严重。有些矿产开发缺乏科学、统一规划，乱采滥挖现象较为普遍。许多重要矿产地千疮百孔。在面积不大的同一个矿体上往往分布有多家矿山。有些矿山企业受地方保护和利益驱动，无规划开采，采富弃贫，采厚弃薄，采易弃难，越界开采，争抢资源。有些矿山开采工艺技术落后，矿产资源利用率不高，浪费严重，主要表现在矿产企业“三率”（回采率、贫化率、回收率）

低：煤矿平均回采率为60%左右，铁矿平均回采率为70%左右、铁矾土为60%左右，耐火黏土为48%左右，有些矿山实际回采率更低。

二是矿产资源粗放型开发，深加工矿产品较少。目前唐山市矿产品仍主要以原矿石、初选矿等初级产品进入市场，深加工产品较少。这种粗放型矿业经济阻碍了矿产资源社会经济效益的发挥。尤其是以乡镇集体、个体矿山为主的非金属矿产开发，进入市场的大多是廉价原始产品，价格极低，常因运费太高而不赚钱，如果就地进行粗加工、精加工，则矿产经济价值将成倍地增长。

三是生态环境遭到严重破坏。如采煤堆积成的煤矸石山，采空区的地面沉降，长期污水排放使地表污染；矿山露天采矿形成的采矿坑，大量剥离岩土、尾矿堆积，在雨季可造成崩塌、滑坡、泥石流等地质灾害；平原地区砖瓦窑厂开采黏土，占用大量土地；不少矿山在采、选、冶过程中造成的大量粉尘、烟雾致使空气加重等等，近几年矿产开发所造成的环境破坏有所加强。

3. 合理开发、节约利用矿产资源的对策

一是按规划科学开发利用和保护矿产资源。对矿产资源的开发规模、地区布局、结构调整、保护和合理利用等进行统筹规划，引导矿山企业开发利用符合市场需求的矿产资源，提出有效保护和合理开发利用矿产资源的调控措施。

二是加强矿产资源开发的“三率”管理，提高矿产资源的总回收率。引进国内外先进采选冶技术，依靠科技对质量差的矿石提高其采选利用率；加强矿业生产的科学管理，把各个环节的资源浪费降下来；加大矿业开发投入，用于陈旧设备的更新换代。

三是在开发利用矿产资源的同时，应加强生态环境的保护，降低资源开发的环境代价。

（三）固体废弃物与生活垃圾

1. 工业固体废物

唐山市工业固体废物排放以冶炼废渣、炉渣、粉煤灰、尾矿、煤矸石等为主。2008年，工业固体废物产生量为8582万吨，工业固体废物综合利用量6329万吨，工业固体废物综合利用率达到73.75%，工业固体废物储存量577万吨，工业固体废物处置量为4994万吨。2009年全市工业固体废物产生量为9108万吨，主要包括冶炼废渣、炉渣、粉煤灰、尾矿等，工业固体废物排放量为25万吨，工业固废综合利用量7363万吨，综合利用率为80.53%。灰渣利用量达到87万吨，节能折标煤17.5万吨，减少二氧化碳、二氧化硫温室有害气体排放分别达到21.9万吨和1050吨。

唐山市的工业固体废弃物主要是冶金渣、煤矸石、盐化工石膏、脱硫石膏、粉煤灰等。目前，冶金渣、粉煤灰综合利用率已接近100%，主要用于水泥建材。滦县的天隆冶金资源再生利用有限公司还将钢渣磨粉用来制造肥料和污水处理剂。目前已有近百家企业从事高炉和转炉废渣的综合利用。开滦集团林南仓劳动服务公司矸石砖厂的废弃物利用技术和效率已经达到很高水平，隧道窑生产线每年利用煤矸石近9万吨。古冶区、丰润区和玉田县已经建立了废旧轮胎回收利用企业，其中，玉田县废旧轮胎回收利用产业已粗具规模。以三友集团为代表的盐化工企业所产生的盐石膏都得到了利用。

2. 生活垃圾

截至2008年年底，唐山已建成生活垃圾填埋场5座：中心区垃圾填埋场、遵化市垃圾填埋场、滦南县垃圾填埋场、玉田县垃圾填埋场、乐亭县垃圾填埋场，垃圾日处理能力1730吨，城市中心区垃圾无害化处理达到了100%，并实现了垃圾收集袋装化、运输密闭化。全市在建和拟建垃圾填埋场5座，并将在未来两年内陆续完工并投入运营，届时市区和县城建成区生活垃圾无害化处理率将达到100%，垃圾处理总能量将达到3140吨/天，所有危险固废将在环保部门监控下由具备资质的处理机构进行安全处置。

3. 危险废物

唐山市产生的危险废物主要包括医疗废物和工业危险废物 2 类，全市共有产生危险废物的工业企业 1659 家。2005 年唐山市各类卫生机构年产生医疗废物超过 3 万吨。市中心区年产生医疗垃圾 1.74 万吨，全部运至保洁医疗垃圾处理公司实施无害化处理；各县市产生的医疗废物或者运至医疗垃圾集中焚烧站进行处置，或者由医院或卫生院自行焚烧处置，基本上能做到全部医疗垃圾的无害化处置。

（四）城市规模和建设用地

多年来，唐山市对耕地特别是对基本农田始终坚持“在保护中发展，在发展中保护”的原则，坚决守住基本农田这条“红线”。仅 2003~2007 年，全市建设占用耕地 3072.3 公顷，通过土地整理、废弃地复垦、城市土地整理盘活、农村旧庄址改造等，补充耕地 6371.5 公顷，除占用外尚节余 3299.2 公顷。全市基本农田始终稳定在 50.11 万公顷。同时，把保障科学发展示范区建设用地作为首要任务，结合实际探索出了保吃饭保建设用地的路子。一是实施生产力布局向沿海转移，努力减轻建设占用耕地压力。二是加强采矿废弃地复垦，实现土地资源循环利用。三是深入内涵挖潜，盘活城市存量土地资源。四是搞好砖瓦窑用地复垦，挖掘“空心村”潜力。

（1）供应总量。2010 年市本级计划供应国有建设用地总量为 5004.5591 公顷（75068.3865 亩），其中存量土地供应 3184.0271 公顷（47760.4065 亩），占 63.6%，增量土地供应 1820.532 公顷（27307.98 亩），占 36.4%。主城区（包括路南区、路北区、开平区、高新技术产业园区）土地供应 1354.8854 公顷（20323.3 亩），其中存量土地供应 1095.1433 公顷（16427.1495 亩），占 80.8%，增量土地供应 259.7421 公顷（3896.1 亩），占 19.2%。

（2）供应结构。在上述供地总量中，商服用地 243.0878 公顷，不包括配套的商服用地，占总量的 4.8%；工业用地 2551.2528 公顷，占总量的 51%；住宅用地 1748.3586 公顷，占 35%，其他用地 461.8559 公顷，占总量的 9.2%。其中：

商服用地 243.0878 公顷，主要通过盘活存量解决，共利用存量土地 209.8292 公顷，占 86.3%；新增用地 33.2586 公顷，占 13.7%。

工业用地 2551.2528 公顷，主要通过增量供应和利用未利用土地解决。其中新增用地 1260.0425 公顷，占 49.4%。

住宅用地包括商品住宅用地、保障性住房用地和其他住宅用地，面积 1748.3586 公顷。主要通过盘活存量解决，共利用存量土地 1550.0538 公顷，占 88.7%。其中，商品住宅用地 793.2481 公顷，占住宅用地面积的 45.4%；保障性住房（危旧房改造、经济适用住房和廉租住房）用地和其他住宅（平改楼等）用地 955.1105 公顷，占总量的 54.6%。

其他用地包括办公、公共建筑和公用设施、交通、水利特殊用地等，面积 461.8599 公顷。其中交通用地、曹妃甸区域用地、机场扩建用地和学校用地占的比重较大，达到 397.1554 公顷，占该项用地的 86%。

（3）保证发展建设用地任务艰巨复杂，今后还需要继续解决以下几个问题。

一是坚持“十分珍惜、合理利用土地和切实保护耕地”的基本国策，坚持与时俱进、开拓创新的要求，从行政、经济、技术三方面建立健全基本农田保护体系，“在保护中发展，在发展中保护”，把基本农田保护放在第一位，努力开创基本农田保护工作的新局面。

二是城市建设要坚持土地节约集约利用的理念。继续做好沿海滩涂改造为建设用地的文章。同时，在城市建设中改变摊煎饼式的外延扩张粗放利用，牢固树立“盘活存量内涵挖潜”的节约集约用地理念，把用地是否集约节约作为城市建设土地利用出发点和落脚点。

三是城市规划要凸显节约集约用地原则。唐山城市发展现状与城市未来规划要求不匹配，要合理配置城市资源，挖掘城市功能，完善城市基础设施，提升城市形象。有效整合公共建筑土地，合理配置建设运动场等公共资源用地；整合公共绿地资源，变花园小区为公共花园，变生态小区为生态城市。

四是城市运营要彰显土地的市场化配置。坚持土地有偿使用制度。除商业、住宅、旅游、娱乐等经营性用地和工业用地纳入土地市场化配置，采取竞价出让方式供地外，对经营性基础设施用地，也要采取有偿方式供地。同时，加大对闲置低效利用土地的收回和处置力度，有效促进土地的节约集约利用。

四、城市环境地质

（一）环境地质条件

唐山市地处燕山南麓，地势北高南低，北部为低山丘陵区，海拔高程50~530米，地形波状起伏，侵蚀较强，冲沟发育；南部为冲积、洪积倾斜平原区，是本区主体地貌形态，由滦河改道形成的多期冲洪积扇构成，高程5~50米，地形平坦，河流两岸断续发育Ⅰ、Ⅱ级阶地；市区东部、南部有多处采煤塌陷坑和矸石山，塌陷坑成积水洼地；东南部沿河两岸有砂丘分布；市区内零星出露剥蚀残丘。地层有蓟县系、青白口系、寒武系、奥陶系、石炭系、二叠系和第四系。基岩大部被第四系所覆盖，在北部山区和市区局部裸露地表。

唐山市位于燕山褶皱带东段南缘与华北凹陷区黄骅凹陷的交界地带，构造活动异常活跃。区内主要褶皱是开平复向斜，由一系列轴向北东、轴面北西倾、大致平行排列的背向斜隐伏构造组成，自西向东依次为车轴山向斜、碑子院背斜、开平向斜。其中开平向斜规模最大，长约50公里，宽15~20公里，总体轴向为北东40°，自开平向东渐转成近东西方向。唐山市区位于开平向斜西北翼的狭长型地垒构造带上，主要有大八里庄断层、唐河断层和唐山断层三条规模较大断层。唐山市区区域稳定性较差，属不稳定区，地震基本烈度为Ⅷ度。

（二）主要的环境地质问题

1. 岩溶塌陷

岩溶塌陷是唐山市严重的地质灾害之一，致灾形式有建筑物破裂、倒塌、路基坍塌及农田破坏等。唐山市区岩溶塌陷有100多处。岩溶塌陷具有一定的分布规律，主要分布于水位下降漏斗范围内的碳酸盐岩浅埋区（小于50米）及构造断裂带附近；设有液流管道和排水暗沟的马路两侧及地表水体沿边最为常见。主要分布在唐山市中心区浅埋岩溶区、中心区北部任信屯—郑庄子及东矿区唐家庄—范各庄一带浅埋岩溶区。唐山市主要岩溶塌陷状况。

近年来唐山市区地下水开采量受到控制，岩溶水位有所回升，市区现有的地下水漏斗面积趋于稳定，个别地段岩溶水略有回升，岩溶塌陷的发生率得到缓解。但由于导致岩溶塌陷的一些主要条件并未得到根本改变，因此仍然不断发现岩溶塌陷的现象。据连续几年的实地勘查，唐山市体育场主楼墙壁的“S”型裂缝及围墙上的张性裂缝仍有逐年扩大的迹象，证明本区的岩溶塌陷活动尚未停息。

2. 地下水水位下降漏斗

（1）唐山市第四系浅层水水位下降漏斗：唐山市第四系浅层水水位下降漏斗出现在1974年的枯水期，随着地下水开采量逐年增大，漏斗不断加深，范围不断扩大。1978~1981年，唐山市地震后恢复生产，地下水开采量急剧增加，使地下水水位急剧下降，1982年以后由于城市和农业开采量受到控制，漏斗进入相对稳定的阶段。据低水位期统计，漏斗区平均面积为320.07平方公里，1991~1995年平均面积301.03平方公里，1996~2000年平均面积为284.26平方公里，各阶段平均面积分别缩小19.04平方公里和16.77平方公里。其中2000年低水位期漏斗面积343.3平方公里，10年间面积最大，与1999、2000年降水偏少，地下水补给不足密切相关。

1990~1999漏斗区面积具有逐年减小，中心水位略有回升的趋势，表明该区遏制开采以初见成效。唯2000年由于干旱少雨，地下水补给不足，致使漏斗区面积增大，水位加深，属枯水年的正常现象，因此可以认为该漏斗目前处于稳定状态，如保持目前开采水平，今后漏斗面积将不会扩大，地下水位将保持稳定。

（2）古冶区第四系浅层水位下降漏斗：1975年开始形成以黑鸭子为中心的地下水位下降漏斗，当时漏斗中心水位埋深12.25米，水位标高17.59米。1980年以后，虽然第四系地下水开采量无明显的增加，但由于开滦唐家庄矿徐家楼矿井投产及巍峰山水源地的开采，增大了第四系地下水对石炭—二叠系裂隙水和奥陶系岩溶水的越流补给量，形成以前张亭为中心的又一个漏斗中心，两个漏斗合称古冶区第四系浅层水水位下降漏斗。漏斗北部以山区为界，南部以小马庄至范各庄一线的地下水分水岭为界，东界雷庄，西到刁家套至前殷庄与唐庄漏斗相接。

分析漏斗特征可以看出（表6-1），1996~1999年漏斗面积具有逐年缩小、中心水位埋深逐年变浅的趋势，1999~2000年出现漏斗面积扩大，中心水位加深的状况，显然与近两年干旱少雨具有密切的关系。但从多年动态变化来看，该漏斗仍处于稳定状态。

表6-1 2015年唐山市地下水位下降漏斗预测成果表

漏斗名称	漏斗面积（平方公里）	中心水位埋深（米）
唐山市第四系浅层地下水水位下降漏斗	280.0	44.40
古冶区第四系浅层地下水水位下降漏斗	160	24.00

（3）唐山市深层水水位下降漏斗：受矿井疏水的影响，第四系深层水急剧下降，形成以矿区为中心的深层水水位下降漏斗，由于该含水组观测点少，不能绘制成图，漏斗形成、范围很难确定。但开滦各个矿内，深层水位均低于浅层水位34.24~42.15米。其中开平向斜西北翼深层地下水水位低于浅层地下水水位34.24米。在漏斗中心区，深层地下水水位低于奥陶系岩溶水水位4.25~15.73米。

（4）奥陶系岩溶水水位降落漏斗：主要分布于开平向斜西北翼，1974年形成，漏斗沿奥陶系灰岩地层走向展布，呈不规则条带状，漏斗边界与水文地质单元一致，由于过量开采地下水，1978~1981年间岩溶水位以每年6.0米的速度下降，漏斗中心人民公园1982年低水位期水位埋深53.28米，水位标高–28.48米，从1982年起唐山市控制了岩溶水的开采量，水位下降缓慢。到1992年为控制唐山市岩溶塌陷的发生及发展，较大幅度地减少了开平向斜西北翼奥陶系岩溶水开采量，1992年比1991年减少1243.8万立方米，岩溶水位上升3.34米。

3. 含水层疏干

唐山市区地下水位降落漏斗区内被疏干的含水层主要为第二含水组，在基岩浅埋区内除第二含水组上部细砂层外，第二含水组中部砂砾卵石层同时被疏干。以唐河、沙河和小青龙河两岸分布的全新统第一含水组细砂含水层，由于补给条件较好，含水层并未被疏干。

4. 矿山环境地质问题

唐山矿业以煤矿为主，长期大量开掘地下煤层及围岩，改变乃至破坏了岩土体的自然平衡，导致地质环境日趋恶化，引发出一系列矿山环境地质问题。

5. 地震灾害

唐山7.8级地震发震断层为唐山矿V号断层，分布在唐山市路南区礼尚庄—丰南安机寨—小山东口— 29 中学，成北东 25°走向，断裂带宽为 50~300 米，长 10 公里，左旋矩最大 1.53 米。向北东循唐河断裂北段，延伸 20 公里，向南西方向延伸 50 公里。除地震构造地裂缝外，非构造地裂缝在地震区普遍出现，主要发生在河渠、河岸和古河道坑洼地带。此外，唐山 7.8 级地震引起的地面垂直变形，不论是范围和幅度都是很大的，强裂变形带主要分布在地震断层两侧，垂直错距 1.0 米左右；唐山 7.8 级地震加大了煤矿采空塌陷。由于地震效应，使原开滦煤矿采空塌陷区进一步扩大加深。

（三）环境地质问题发育程度及其发展趋势评价

环境地质问题发育程度：环境地质问题微弱发育区主要分布在西部和西北部，主要环境地质问题仅是零星分布城市废弃物；环境地质问题轻度发育区主要分布在东部的罗各庄、大丰谷庄、夏庄和魏峰山水厂一带，主要环境地质问题是地下水超采，局部地段有地下水污染和地裂缝，零星分布固体废弃物；环境地质问题中度发育区主要分布在开平区吕家坨、赵各庄一带，主要环境地质问题是矿山固体废弃物和城市废弃物较多，局部地段有地下水污染和采空塌陷，分布有地下水漏斗；环境地质问题严重发育区，主要环境地质问题是地下水严重超采，矿山固体废弃物和城市固体废物较多，局部地段有地下水污染和矿山采空塌陷（图 6-5）。

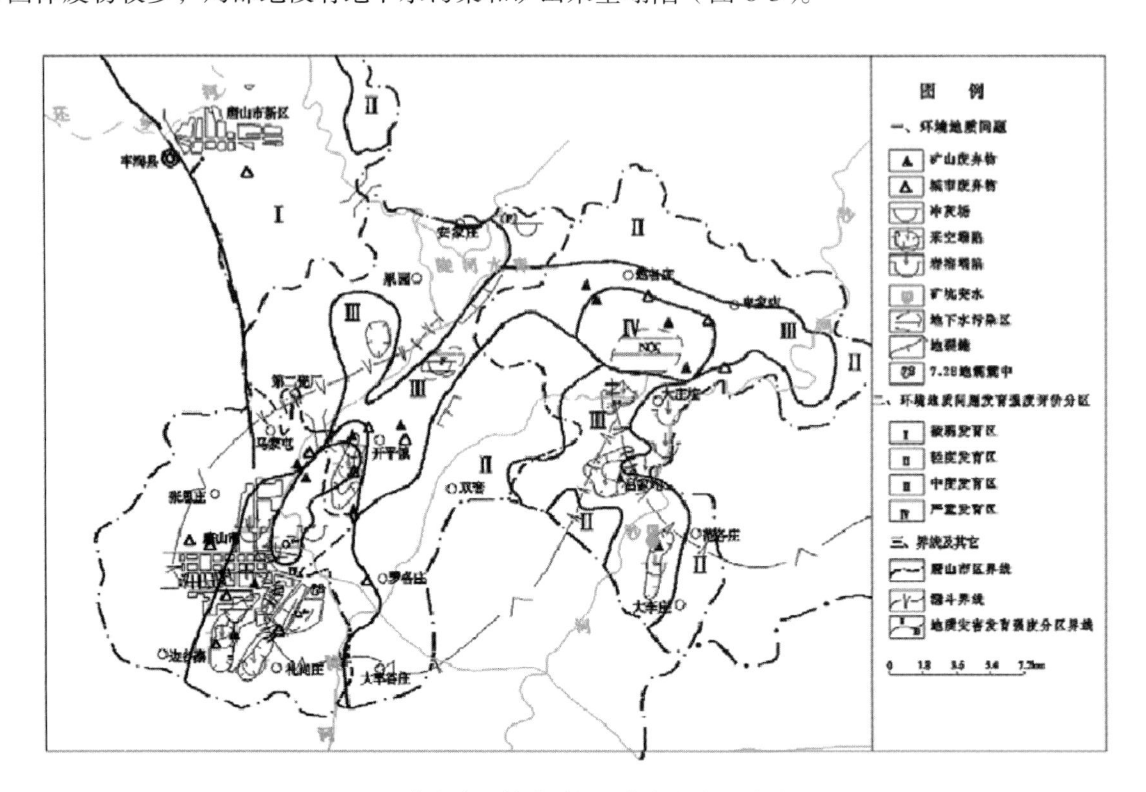

图 6-5　唐山市环境地质问题发育程度评价分区图

环境地质问题发展趋势：环境地质问题缓慢发育区要分布于城市的西部，主要是由于近几年唐山市有关部门已经加强了对城市废物的处理，使该区本就不多的城市垃圾得到有效的处理；较慢发育区主要分布于城区的东部大丰谷各庄、罗各庄、夏庄一带，主要是该区的点状污染得到有效治理，而该区的地下水开采量也已经大大减少；较快发育区主要分布于城区和东部的范各庄、吕家坨和魏峰水厂，主要是该区大量的固体废弃物部分已经处理，地下水开采量也在不断的降低，矿山采空塌陷和岩溶塌陷也已经部分进行治理；快速发育区主要分布于城市新区的东北部的赵各庄和唐家庄一带，主要是由于该区目前是唐山市的重点发展区，地下水将大量的开采，地下水下降将加快，而且污染也在不断加重。

五、工业三废及污染治理

（一）工业固体废物

唐山市工业固体废物排放以冶炼废渣、炉渣、粉煤灰、尾矿、煤矸石等为主。从2003~2009年工业固体废物排放及综合利用情况看（图6-6），随着工业规模的增大，唐山市工业固体废物排放及综合利用量呈现整体增长趋势。2003年全市工业固体产生量为4605.42万吨。排放量为34.07万吨，工业固废综合利用量1749.12万吨，综合利用率为38%。2009年全市工业固体废物产生量为9108万吨，主要包括冶炼废渣、炉渣、粉煤灰、尾矿等，工业固体废物排放量为25万吨，工业固废综合利用量7363万吨，综合利用率为80.53%，比2003年有了长足的增长。灰渣利用量达到87万吨，节能折标煤17.5万吨，减少二氧化碳、二氧化硫温室有害气体排放分别达到21.9万吨和1050吨。

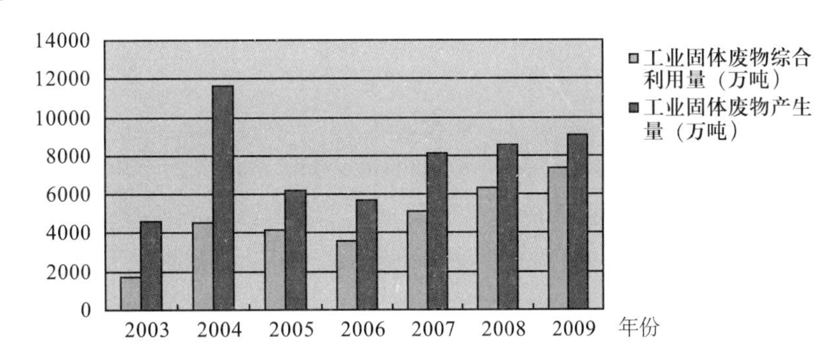

图6-6 2003~2009年唐山市工业固体废物排放及综合利用变化图

唐山市的工业固体废弃物主要是冶金渣、煤矸石、盐化工石膏、脱硫石膏、粉煤灰等等。目前，冶金渣、粉煤灰综合利用率已接近100%，主要用于水泥建材。滦县的天隆冶金资源再生利用有限公司还将钢渣磨粉用来制造肥料和污水处理剂。目前已有近百家企业从事高炉和转炉废渣的综合利用。开滦集团林南仓劳动服务公司矸石砖厂的废弃物利用技术和效率已经达到很高水平，隧道窑生产线每年利用煤矸石近9万吨。古冶区、丰润区和玉田县已经建立了废旧轮胎回收利用企业，其中，玉田县废旧轮胎回收利用产业已初具规模。以三友集团为代表的盐化工企业所产生的盐石膏都得到了利用。

十一五”期间，唐山高度重视节能降耗工作，开展了“双百”企业节能和“10100”工程，“十一五”期间，累计实现节能300万吨标准煤。同时，资源综合利用已成为许多企业调整结构、改善环境、增加就业机会和培育新的经济增长点的重要途径。全市墙体屋面材料企业，尤其是页岩、煤矸石、河淤泥烧结砖企业，2009年灰渣利用量达到87万吨，节能折标煤17.5万吨，减少二氧化碳、二氧化硫温室有害气体排放分别达到21.9万吨和1050吨。

（二）工业废水

2003年，全市废水排放总量为33083.73万吨。其中，生活废水排放量9147万吨，工业废水排放量为23936.73万吨。工业废水排放达标率为93.94%，废水中化学需氧量排放量为86007.77吨。其中，工业排放量为59621.37吨，生活排放量为26386.4吨。2003~2009年，工业废水排放总量持续增长，但工业废水中化学需氧量和工业废水氨氮量总量下降显著，工业废水处理成效显著。2009年，全市化学需氧量排放量为8.04万吨，其中，工业废水中化学需氧量排放量为4.7万吨（见图6-7），生活废水化学需氧量排放量

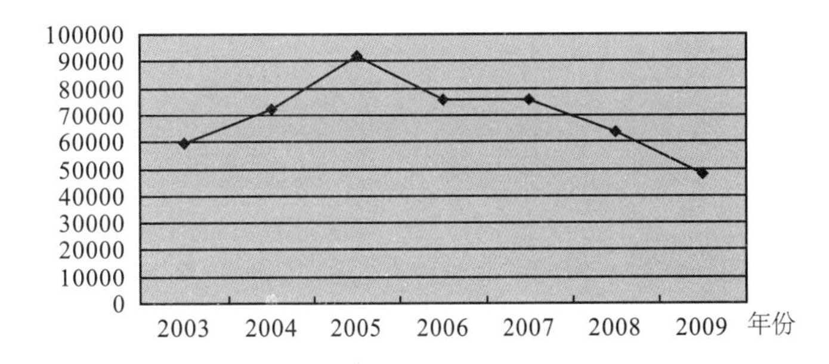

图6-7 2003~2009年唐山市工业废水化学需氧量变化（吨）

为 3.25 万吨。

（三）工业烟尘、粉尘

2003 年，全市烟尘、工业粉尘排放达标率分别为 98.44%、97.8% 和 97.3%，而全市烟尘、工业粉尘排放量分别为 18.35 万吨、13.68 万吨。2004 年以后，工业粉尘排放总量总体呈现逐减趋势，烟尘排放总量变化趋势与粉尘总体一致，年度变化不明显，年排放总量维持在 12.1 万 ~15 万吨。2009 年唐山市烟尘排放总量为 12.72 万吨，工业粉尘排放量为 18.23 万吨，其中生活排放量为 1.48 万吨，工业排放量为 29.65 万吨；各项指标比 2008 年均有不同程度的降低（图 6-8）。

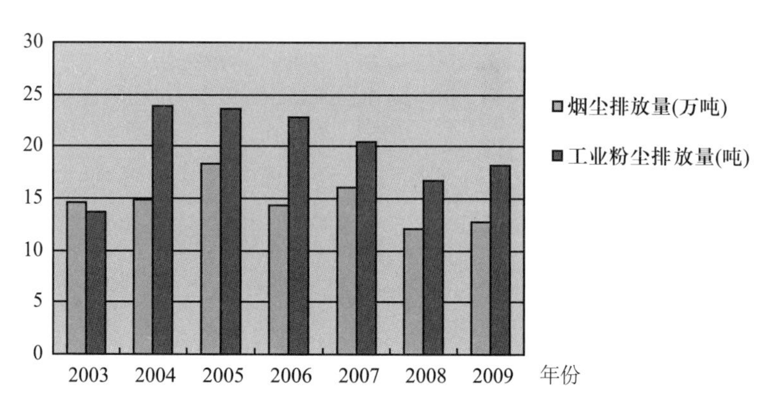

图 6-8　2003~2009 年唐山市烟尘、粉尘含量变化图

唐山市大气污染重点行业包括钢铁行业（含焦化行业）、电力及热力行业、造纸及纸制品业、水泥行业、陶瓷业等。目前全部钢铁企业都安装了除尘设施，多数企业安装了煤气回收设施，高炉煤气回收利用率超过 80%，转炉煤气回收利用率约为 50% 左右，焦炉煤气回收利用率超过 90%，部分钢铁企业已经开始实施烧结机烟气脱硫。

六、面源污染

唐山市面源污染主要由农业化肥、水土流失以及其他农业生产活动引起。唐山市 2005 年施用化肥总量为 363712 吨，施用强度为 624.9 公斤 / 公顷，农药使用量 5626 吨，施用强度 9.7 公斤 / 公顷，地膜使用量 11112 吨，地膜使用强度为 19.1 公斤 / 公顷，均高于河北省平均水平。由于大量施用农药、化肥，不断加大地膜的使用强度，造成地下水污染，地表水富营养化，土壤板结，对区域环境产生了多方面的不良影响。

唐山市共有土地 7881167.38 亩，土地类型多样，其中旱地面积 7186025.38 亩、水田面积 695142.00 亩、保护地面积 442819.18 亩、园地面积 1342340.10 亩，园地面积中果园占地 1310958.10 亩、桑园 500.00 亩、其他 30882.00 亩。在耕地中平地（坡度≤5°）有 7808281.85 亩、缓坡地（坡度 5°~15°）有 967177.93 亩、陡坡地（坡度 >15°）有 448047.70 亩。种植过程中使用的地膜、农药、化肥的品种繁多，数量也很大，对唐山市的农业（种植业）环境影响较大。

（1）化肥施用：唐山市的化肥施用总量为 293137.24 吨，其中五氧化二磷 96121.08 吨，氮肥 197016.16 吨。使用化肥量最大的为乐亭县，其次是滦南县、玉田县。化肥流失情况以地下淋溶总氮占比较大的比例（图 6-9、图 6-10）。

（2）农药使用：唐山市主要使用的农药种类有阿特拉津、乙草胺、2，4-D 丁酯等有机磷类、菊酯类、氨基甲酸酯类等，其中每年阿特拉津使用量最大，为 827308.36 公斤，乙草胺为 66.145.16 公斤，2，4-D 丁酯为 85499.49 公斤，其他有机磷类为 307737.75 公斤。化肥、农药的大量使用对附近饮用水源污染将造成极大的隐患。

（3）地膜情况：唐山市个县市区共使用地膜 6090.91 吨，残留量为 1333.13 吨，残留量占使用地膜总量的 22%（图 6-11）。

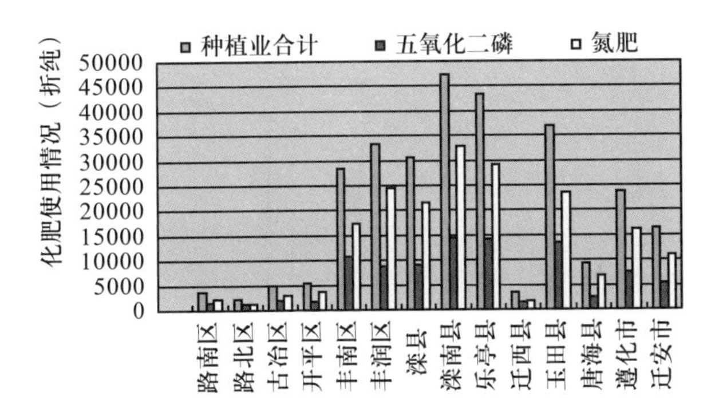

图 6-9 唐山市各区县化肥施用种类及数量情况（吨）（2008）

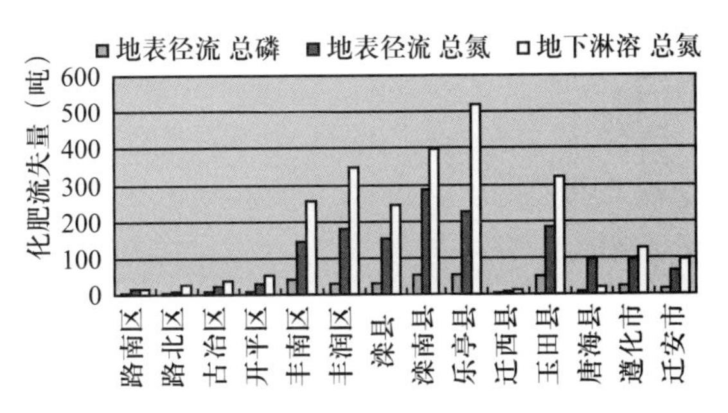

图 6-10 唐山市各区县化肥流失情况（吨）（2008）

（4）秸秆情况：唐山市有 51% 的秸秆用于燃烧，所占比例较大。30% 的秸秆被当作饲料，充分发挥了秸秆的利用价值。只有 1% 的秸秆在田间焚烧。

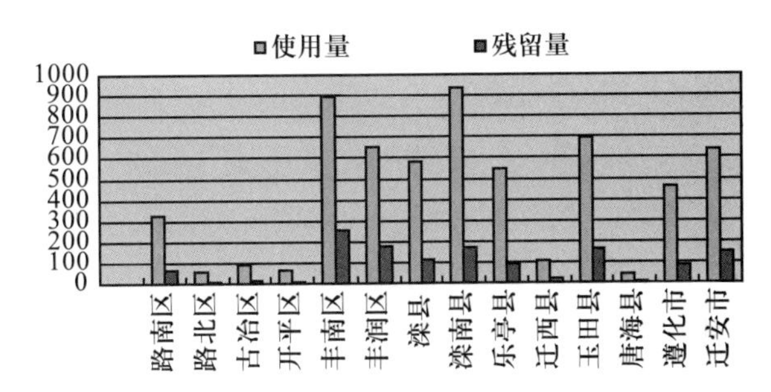

图 6-11 唐山市各区县地膜使用及残留情况（吨）（2008）

近年来，全市养殖业迅猛发展，产生的畜禽粪便总量达到 2544.64 万吨，而畜禽粪便的无害化处理相对滞后，对区域生态环境构成一定的威胁。唐山市着力实施农村“一池三改”生态家园建设工程，加大秸秆综合利用开发力度，大力推广机械化秸秆还田、留高茬、麦套玉米、秸秆气化和沼气、秸秆育菇、秸秆生物反应堆、秸秆青贮等秸秆利用模式，推广玉米、水稻、小麦等测土配方施肥技术以及推广使用高效、低毒、低残留农药，禁止使用和销售高毒农药等有效措施，同时强化监督管理，增强农业环保责任，在控制施用农药对地下水和土壤污染等农业面源污染控制方面已取得了显著效果。

依据唐山目前的环境现状及生态区划特点，可将唐山市生态城市建设空间布局重点为：“两区多点”。该区域主要环境问题表现为：“两区”该区域处于北部低山丘陵区，主要指遵化、迁西和迁安境内及玉田和丰润区和滦县北部的铁矿废弃地山区，以及包括唐山市区、古冶区、开平区、丰润区南部的以煤矿塌陷地为主的废弃地区，主要通过矿山植被恢复建设，重点解决矿山开发废弃水土流失、泥石流等问题，综合治理任务繁重。“多点”包括北部山区、中部平原区和南部沿海区在内的迁安、遵化、中心城区、开平区、曹妃甸工业园区、南堡开发区、海港开发区、汉沽管理区、芦台开发区等重点工业污染区和城镇聚集区，重点加强水系林网、道路林网和农田林网保护与建设，解决好主要工业污染和生活污染问题，通过控制化肥、农药、地膜等的使用量，减少农业生产所形成的面源污染。

第七章　经济社会发展格局分析

一、经济状况的时空变化

（一）GDP 的时空差异

1. 2001~2008 年国民经济发展及三次产业比重

唐山在河北经济社会发展中发挥着龙头作用，近几年来经济发展保持持续快速增长，2008 年唐山市生产总值 3561.19 亿元，人均生产总值达到 48054 元（按年平均汇率折合 7497 美元）。三次产业增加值结构为 9.6：59.3：31.1，处于工业化中期阶段。

总体来看（表 7-1），唐山市的经济发展水平在河北处于领先地位（2008 年河北省的人均生产总值 19363 元），主要表现为经济总量高，第二、第三产业发展强劲，特别是第二产业的发展是一枝独秀，成为唐山市经济发展的强劲增长极，总体经济发展速度较快。就业人口结构上，呈现二、三、一的状态。二产就业人口较多与第二产业产值增长速度快有关。随着工业的兴起，批发零售产业也有较明显的增长幅度，农业则处于一个相对缓慢的增长速度中，而且效率较低，未能有效发挥现代农业的特点。

表 7-1　唐山 2001~2008 年国民经济发展及三次产业比重

年份	人均GDP	GDP	第一产业			第二产业			第三产业		
			GDP亿元	GDP比重（%）	从业比重（%）	GDP亿元	GDP比重（%）	从业比重（%）	GDP亿元	GDP比重（%）	从业比重（%）
2001	14379	1006.45	179.6	17.85	17.84	514.27	51.10	29.34	312.56	31.06	26.43
2002	15683.	1102.29	187.10	16.97	16.97	570.28	51.74	29.41	344.91	31.29	27.77
2003	18335.4	1295.32	193.74	14.96	14.96	715.06	55.20	32.23	386.51	29.84	25.87
2004	22955.4	1630.04	213.40	13.09	13.10	909.97	55.82	34.12	506.68	31.08	25.91
2005	28466	2027.64	236.19	11.65	11.61	1161.73	57.29	35.74	629.72	31.10	27.30
2006	32380	2362.14	256.00	10.84	10.78	1370.58	58.02	36.94	735.56	31.20	28.90
2007	37765	2779.42	286.96	10.32	32.46	1596.07	57.42	37.97	896.39	32.30	29.35
2008	48054	3561.19	340.00	9.60	31.08	211.33	59.30	38.45	1107.89	31.10	30.48

2. 2001~2008 各县区国民生产总值及三次产业比重

（1）2008 年市域及各分县区三次产业比重：唐山市经济发展一直保持持续快速增长（表 7-2）。初步核算，2008 年全市实现生产总值（GDP）3561 亿元，增长 21.96%（比上年，下同），经济增长速度创历年以来最高水平，人均 GDP 达到 48054 元，增长 21.41%。分县市区看，实现经济增长速度高于全市平均水平的县市区有：遵化市（22.64%）、滦县（25.14%）和市区（25.27%）；实现人均 GDP 高于全市平均水平的县市区有迁安（7.04 万元）、遵化（5.33 万元）、迁西（7.19

万元）和市区（5.93 万元）。2008 年，全市三次产业结构由上年的 10.3∶57.4∶32.3 变化为 9.6∶59.3∶31.1，第一产业比重下降 0.7%，第二产业比重提高 1.9%，第三产业比重升高了 1.2%。各县市区产业结构均是以第二产业为主，第一产业比重较低，迁西县和遵化市 2008 第一产业比重最低，分别是 5.2% 和 6.7%。

表 7-2　2008 年唐山市市域及各市县生产总值

地区	GDP（亿元）	人均 GDP（元）	第一产业（亿元）	第二产业（亿元）	第三产业（亿元）	三次产业比重
全市	3561.19	48054	340.01	2113.29	1107.89	9.6∶59.3∶31.1
迁安市	495.58	70351	21.87	310.29	163.42	4.4∶62.6∶33.0
遵化市	379.70	53322	25.40	217.68	136.61	6.7∶57.3∶36.0
滦县	198.37	36150	26.57	10872	63.08	13.4∶54.8∶31.8
滦南县	225.29	38715	45.90	111.13	68.26	20.4∶49.3∶30.3
乐亭县	202.56	40860	48.84	82.22	71.51	24.1∶40.6∶35.3
迁西县	269.80	71936	14.05	179.79	75.96	5.2∶66.6∶28.2
玉田县	197.50	29658	40.00	93.52	63.98	20.2∶47.4∶32.4
唐海县	55.500	39431	12.15	21.54	21.91	21.9∶38.8∶39.3
市区	1807.73	59355	—	—	—	—
丰南区	347.76	65111	29.01	221.03	97.73	8.3∶63.6∶28.1
丰润区	328.44	26011	36.37	212.60	79.47	11.1∶64.7∶24.2
路南区	42.92	17918	0.8973	8.35	33.67	2.1∶19.5∶78.4
路北区	57.79	9861	2.12	13.40	42.27	3.7∶23.2∶73.1
古冶区	100.81	27925	6.60	71.37	22.83	6.5∶70.8∶22.7
开平区	112.45	45590	4.864	75.56	32.03	4.3∶67.2∶28.5
海港开发区	60.01	—	—	33.59	26.42	0∶56.0∶44.0
高新开发区	50.58	—	0.1231	39.25	11.21	0.2∶77.6∶22.2
南堡开发区	44.14	—	1.41	29.76	12.97	3.2∶67.4∶29.4
芦台开发区	16.13	40282	1.93	10.35	2.85	12.0∶64.2∶23.8
汉沽管理区	15.82	25606	2.42	7.32	6.08	15.3∶46.3∶38.4

（2）1999~2008 年各分县区三次产业比重变化：1999~2008 年间，唐山市经济总量明显提升（图 7-1），人民生活水平明显提高，全市平均 GDP 从 1999 年 832.56 亿元上升到 2008 年的 3561.19 亿元，人均收入也从 1999 年的 12029 元上升高 48054 元，增长了 2.99 倍。各县市迁安市 GDP 增长最快，其次是遵化市。迁安市和遵化市的 GDP 一直高于其他县区水平，而迁西县和

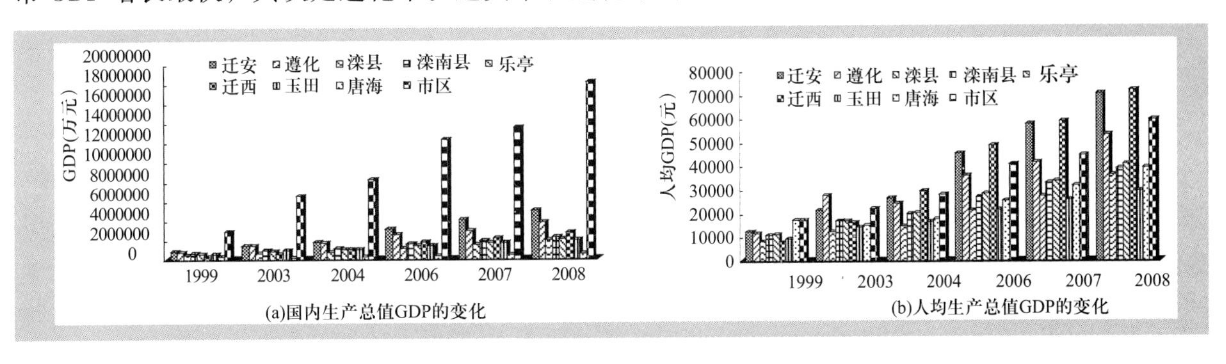

(a)国内生产总值GDP的变化　(b)人均生产总值GDP的变化

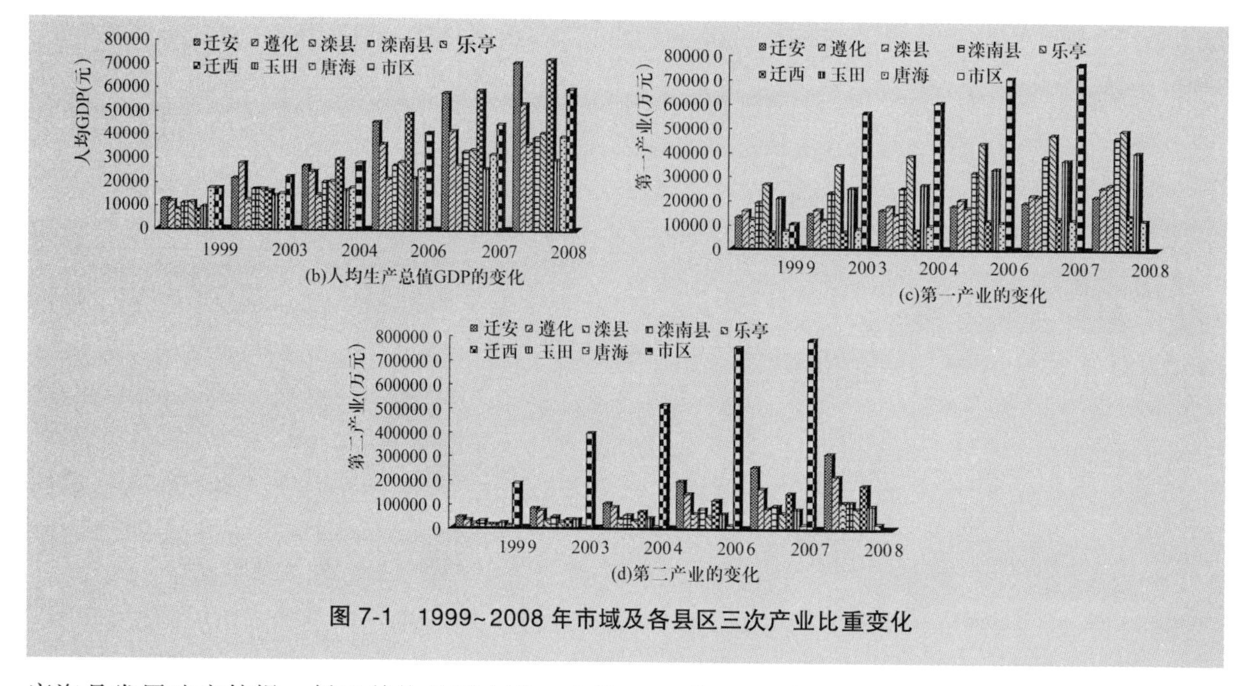

图 7-1　1999~2008 年市域及各县区三次产业比重变化

唐海县发展速度较慢，低于其他县区水平。人均 GDP 从 2006 年开始迁西县一直最高，2008 年达到 71936 元，其次是迁安市人均 GDP 是 70351 元。遵化市在 2003 年人均 GDP 高于其他县区，而 2004 年开始一直低于迁安、迁西和市区，其他县区水平相当，玉田人均 GDP 最低，2008 年也只有 29658 元。

在 1999~2008 年之间，全市的各个产业生产总值都有一定程度的增加，在相对速度上第二、第三产业的发展更为迅速，第二产业比重占有绝对优势，始终维持在 50% 左右的比重，同时第一产业的所占比重下降势头有所加快。由于第二产业的发展带动了相关的第三产业的发展，城市规模也有了一定的扩张。产业结构呈现“二、三、一”的格局。

各县区第二产业与第三产业保持了同步增长的速度，虽然增长率较为接近，但实际上第二产业的一枝独秀进一步拉大了与一产、三产的距离。特别是第二产业的发展较快，工业增加值占整体国民总收入的比重较大，进一步拉大了与第一产业、第三产业的距离。迁安市、遵化市和迁西县的第一产业的比重从 1999 年的 20% 左右下降到 2008 年的 5% 左右，而市区在这段时间第一产业比重的变化幅度不大，其他县区第一产业比重下降但 2008 年仍然维持较高，均在 20% 左右。可见工业化对市区和发达地区的发展起到了决定性的推动作用。城市的核心竞争力由第一产业转移至第二产业内。

可见，唐山市产业发展格局表现为：第一产业，在基本稳定粮油生产的基础上，大力发展蔬菜、果品、畜牧、水产等业；第二产业，特别是工业，形成了门类齐全、品种繁多，并以建筑机械、毛衫、针织、水产品加工等拳头产品为骨干的新格局；第三产业，随着经济的快速发展以及人民生活水平的提高，交通运输、批零贸易餐饮业等传统行业不断发展，电信、金融保险、房地产业、居民服务、商务服务等行业也快速发展。

（二）唐山全市农业产业分析

1. 全市农业产业分析

唐山市农业经济比较发达，尤其是农产值 2003~2008 年增长较快，增长了 80.34%。2008 年全年完成农林牧渔业总产值 555.3 亿元，比上年增长 18.5%，农业内部各业协调发展，农业产值 276.62 亿元，增长 14.58%；林业产值 9.8 亿元，下降 1.38%；牧业产值 200.25 亿元，增长 27.96%；渔业产值 50.68 亿元，增长 20.20%，农林牧渔服务业产值 17.93 亿元，下降 3.44%。2008 年各业占农林牧渔业的比重分别为：农业 49.82%，林业 1.77%，牧业 36.06%，渔业 9.13%，农林牧渔服务业 3.23%（图 7-2、图 7-3）。整体来看，唐山市的农业效益进一步提高，并已经调整优化了农业区域布局。

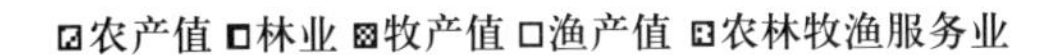

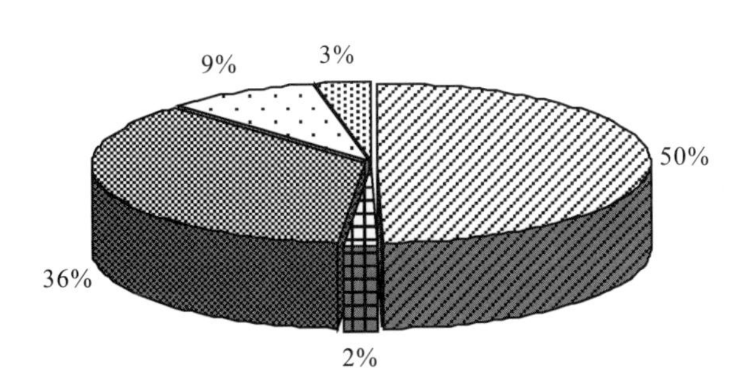

图 7-2　2008 年全市农业产业比重

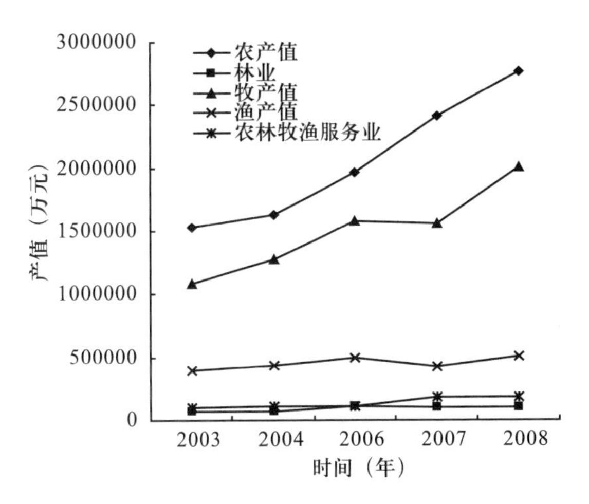

图 7-3　2003~2008 年唐山市农业产业历年变化

2. 各县区农业产业分析

2003~2008 年唐山市各县区农林牧渔业呈现积极变化趋势（图 7-4）。

农产值除乐亭县在 2006 年下降，但 2008 年又急剧上升以外，其他县区农产品生产稳步增长，玉田县、乐亭县、滦南县、丰南区的 2003~2008 年农产值一直维持较高水平，高于其他县区。而唐海县、迁西县、南堡经济开发区和汉沽管理区农产值在 2003~2008 年间一直处于较低水平，且变化幅度不大。

林业生产平稳发展。迁西县、遵化市林业产值显著高于其他区县水平，2003~2008 年林业产值出现最高值，迁西县是 2006 年的 62517 万元，遵化市是 2006 年的 25955 万元，而其他县区在这 6 年内林产值均没有超过 8000 万元，且林产值历年变化不大。

丰润区、滦县和滦南县牧业生产增长较快，2003~2008 年，牧业产值分别增长了 77.67%、137%、165.85%，2008 年这三个县区高于其他县区水平。丰南区、玉田县、遵化市和迁安市牧业产值均在 2003~2006 年呈现上升趋势，2007 年下降，2008 年又上升，其他县区牧业产值变化不大，且产值较低。

渔业生产有增有减。滦南县、乐亭县、唐海县和丰南区渔产值 2003~2008 年高于其他区县水平，

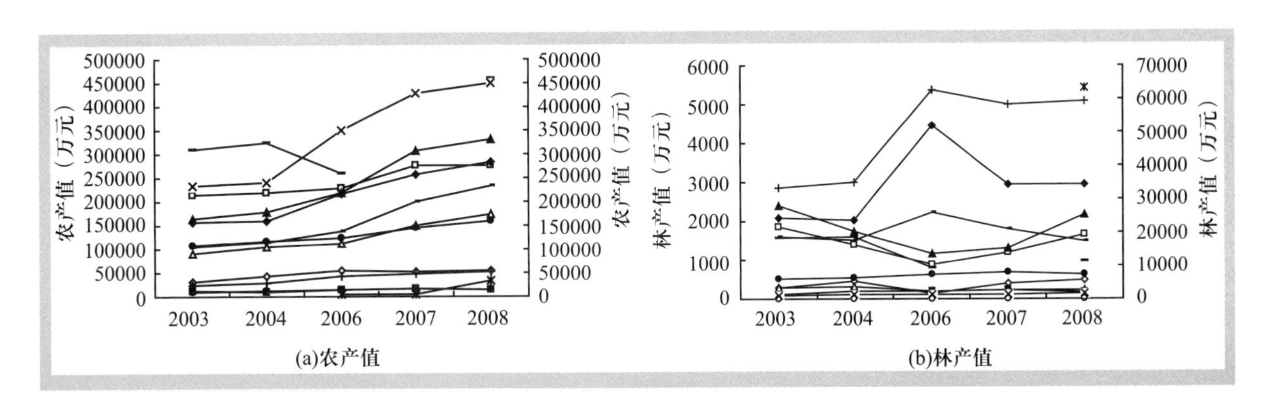

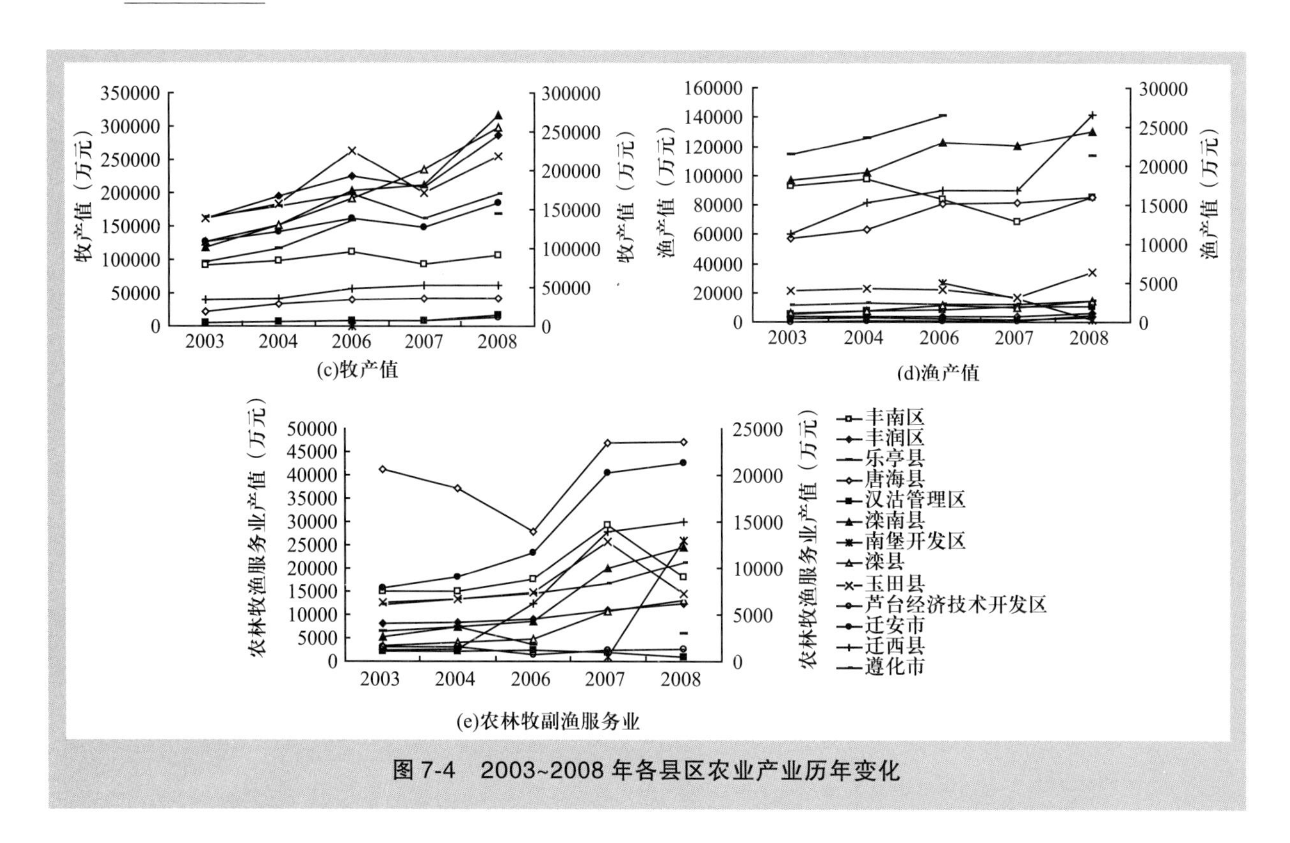

图 7-4　2003~2008 年各县区农业产业历年变化

其中唐海县和滦南县呈现上升趋势；而乐亭县 2006 年产值较高，2008 年下降；丰南区 2004 年渔产值较高，2004~2007 年一直呈现下降趋势，2008 年略有升高。其他县区由于所处地理位置离海岸线较远，渔产值一直较低。

农林牧副渔服务业生产和产量势头良好。唐海县农林牧副渔服务业产值多年一直最高，其次是丰南区，2003~2007 年一直处于上升趋势，2008 年有所下降。其他县区迁安县、滦南县、迁西县从 2004~2008 年增长较快，增长率分别达到了 134.59%、237.47%、1067.13%，而遵化市、芦台经济开发区呈现下降趋势，但降幅不大。

2008 年唐山市各县区农业和农村经济全面发展，滦南县农林牧副渔总产值最高，达到 80.36 亿元，其次是乐平县和玉田县分别达到了 70.01 亿元和 68.39 亿元。芦台经济开发区、汉沽管理区和南堡开发区总产值最低，分别只有 2.80 亿元、4.40 亿元、6.81 亿元。各产业比重来看，各县区农业产业产值均以农产值为主，其次是牧产值，丰润区、滦南县和滦县的牧产值与农产值比重相当。丰南县、乐亭县、唐海县和滦南县渔产值也占据相当比例。林产值和农林牧副渔服务业的产值较低，迁西县 2008 年林产值最高，为 5.95 亿元，唐海县 2008 年的农林牧副渔产值最高，值是 4.73 亿元（图 7-5）。

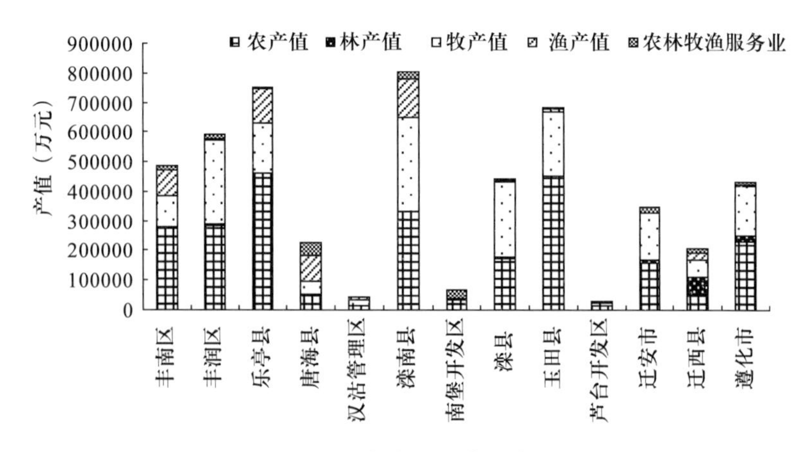

图 7-5　2008 年各县区农业产业比重

总之，多年来，唐山市以结构调整为主线，围绕产业创新，按照“市有区域，镇有特色，一村一品”的指导方针，依靠科技进步，不断推进农业产业结构和品种结构的优化升级，全市农业结构调整基本到位。目前，全市建成了山区丘陵林果经济带、平原粮菜畜牧经济带、沿海水产经济带的农业“三条经济带”产业格局，形成了粮食、果品、畜牧、蔬菜、水产五大支柱产业。

（三）固定资产投资和财政收入支出变化

2003~2008 年唐山市全社会固定资产投资增势强劲（图 7-6），对经济增长的拉动作用不断增强，投资数额从 2003 年的 314.86 亿元增长到 2008 年的 1361.32 亿元，增长了 332.32%，这期间 2004 年的投资增长速率最高，达到了 46.4%。2003~2008 年三次产业投资数额都呈现持续增长趋势，但二次产业投资比重最大，2008 年唐山市第一产业完成投资 7.77 亿元，第二产业完成投资 711.59 亿元，第三产业完成投资 389.23 亿元。

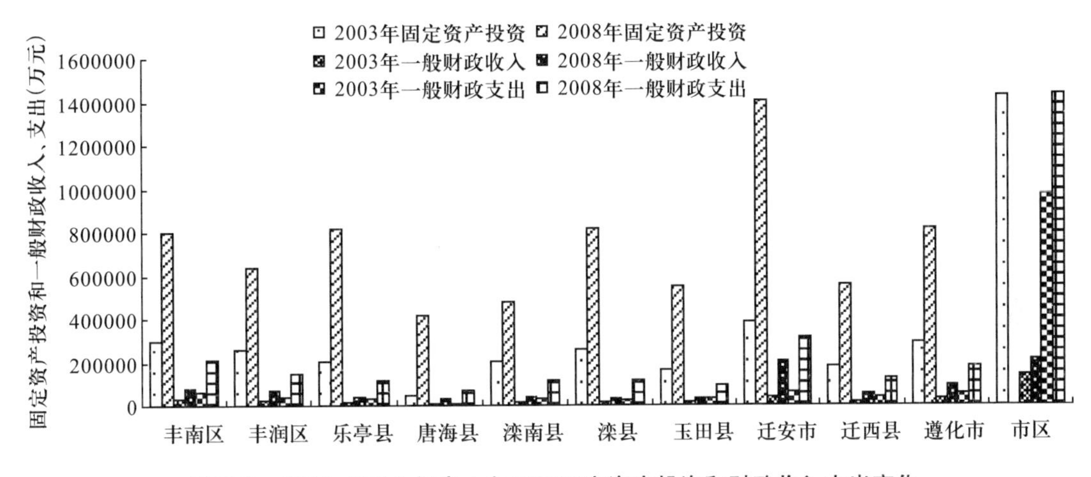

图 7-6　2003~2008 年唐山各县区固定资产投资和财政收入支出变化

2003~2008 年财政收入较快增长。2003 年全年全部财政收入完成 130 亿元，一般预算收入 41.43 亿元，基金收入 15.93 亿元，比上年增长 61.0%；一般预算支出 72.09 亿元，比上年增长 21.0%，社会保障、农业和医疗支出增长较快。2008 年全年全部财政收入 405.82 亿元，比上年增长 22.7%，其中，地方财政一般预算收入 146.66 亿元，增长 23.0%。财政公共服务、保障职能进一步向民生倾斜。地方财政一般预算支出 252.60 亿元，增长 30.9%。其中，农林水事务支出增长 33.2%，一般公共服务支出增长 6.1%，教育支出增长 29.5%，医疗卫生支出增长 45.3%，社会保障和就业支出增长 23.8%。发放粮食直补、综合直补资金 5.00 亿元，安排落实节能减排专项资金 1.88 亿元。

各县区比较发现，除市区固定资产、财政收入和支出最高，其次是迁安市，固定资产投资 2003 年 38.09 亿元，2008 年达到 140.36 亿元；财政收入 2003 年财政收入 4.28 亿元，2008 年财政收入是 20.10 亿元；财政支出是从 2003 年 6.57 亿元升高到 2008 年的 31.56 亿元。各县区唐海县的固定资产投资、财政收入和支出均低于其他县区，2008 年分别是 41.47 亿元、3.02 亿元和 7.18 亿元。

二、社会发展时空变化分析

（一）人口数量及其组成的时空变化

1. 全市人口数量及其组成的时空变化

2001~2008 年唐山市人口稳步增长（表 7-3），2008 年末唐山市户籍总人口 729.41 万人，其中市区 305.53 万人。在总人口中，农业人口 485.02 万人，非农业人口 244.39 万人。非农业人口近十年内增长了 26%，是由于中心城区的经济快速发展提供了更多的就业岗位，吸引了更多的人口从事非农劳动，今后随着经济的发展，必将提供更多的就业岗位，可以预计，市区非农人口占市域非农总人口的比重将进一步提高。2008 年唐山市人口密度达到 541 人 / 平方公里，高于河北省 351 人 / 平方公里的水平，相当于全国 135 人 / 平方公里的 4 倍。根据调查结果，唐山市域外来人口 2001~2008 年逐渐增多，但迁出人口的增长率缓于迁入人口。对唐山市域之外的外来暂住人口进行分析，可以看出在唐山市的外来人口中，市域外来流动人口总数已占到了外来流动人口总数的 40%，唐山市对外来人口的吸纳作用明显，未来经济将进一步发展，会提供更多的就业机会，外来暂住人口的比例将进一步上升，外来人口的增加在未来唐山市域人口增长中将占据主导地位。

表 7-3　2001~2008 年唐山市人口数量及其组成的变化

年份	全市人口（万人）	全市非农业人口（万人）	全市农业人口（万人）	人口密度（人 / 平方公里）	迁入（人）	迁出（人）
2001	700.15	193.89	506.26	519	59460	48572
2002	702.67	197.89	504.78	521		
2003	706.28	223.54	482.74	524	55253	46954
2004	710.07	224.38	485.69	527	54625	51386
2005	714.51	229.95	484.56	530		
2006	714.51	229.95	484.56	530	58420	53084
2007	724.66	236.23	488.43	537	57089	49737
2008	729.41	244.39	485.02	541	76005	58549

自然增长率是户籍人口增长的主要因素，根据 2001~2008 年唐山市历年人口数字，唐山市人口的自然增长率（图 7-7）一直保持在 6‰以下，在 2003 年略有升高。2001~2003 年唐山市出生率低于 10‰，2004~2008 年出生率高于 10‰，而死亡率一直保持较低水平，始终低于 7‰。从近几年唐山的出生率、死亡率和自然增长率来看，唐山市正处于典型的低出生率、低死亡率、低自然增长率的人口增长阶段。

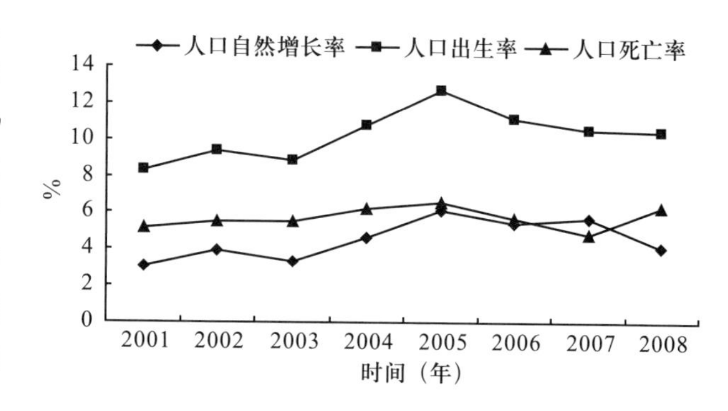

图 7-7　2001~2008 年唐山市人口增长变化情况

2. 各区县人口数量及其组成的时空变化

2008 年唐山市各区县人口结构可以看出（图 7-8），唐山市各区县人口除丰润区和市区农业人口占据较大比例，分别是 29.61% 和 58.00%，其他区县均以农业人口为主，汉沽管理区、南堡经济开发区、芦台经济开发区无农业人口，所有人口均是非农业人口。

对唐山市 2003~2008 年人口普查资料统计，丰润区、唐海县、玉田县、迁西县、遵化县和市区的非农人口占总人口的比重上升，说明非农人口有向这四区流动的趋势，其中市区四区从 2003 年占市域总人口比重的 53.40% 增为 58.00%，6 年内增加了 4.6%，年均增长 0.76%，增幅较大（图 7-9）。而市区非农人口的比重提高是由于中心城区的经济快速发展提供了更多的就业岗位，吸引了更多的人口从事非农劳动，今后随着唐山市城市建设的发展，必将提供更多的就业岗位，可以预计，市区非农人口占市域非农总人口的比重将进一步提高。

（二）社会发展格局分析

1. 各区县人均收入变化

2003~2008 年城乡居民收入稳步增长，社会保障体制继续完善，科技、教育、卫生等社会事业全面发展。如图 7-10，2003 年对农村 1250 户居民抽样调查，农民人均纯收入 3790 元，人均生活消费支出 2197 元，年末每百户农民家庭拥有彩电 95 台，电冰箱 60 台，洗衣机 90 台，摩托

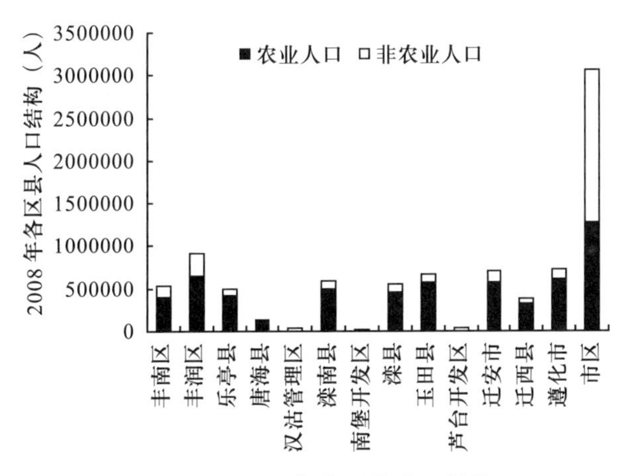

图 7-8　2008 年各区县人口结构

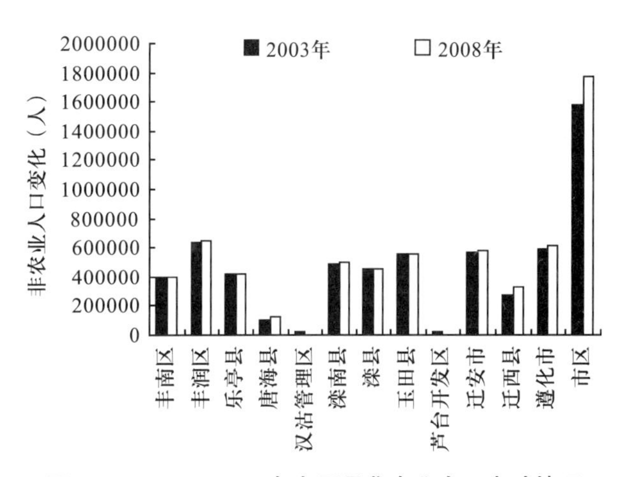

图 7-9　2003~2008 年各区县非农业人口变动情况

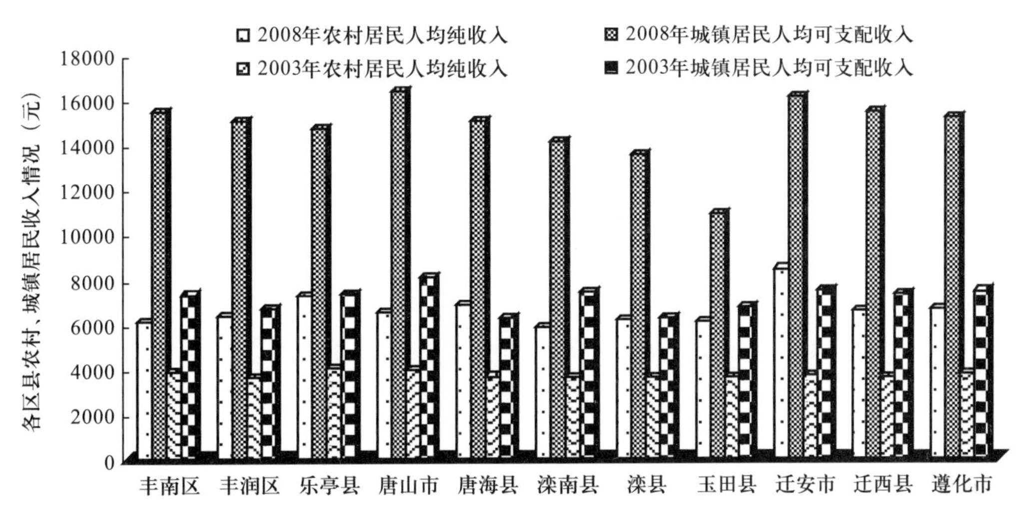

图 7-10　2003~2008 年各区县农村和城镇居民人均收入情况

车 55 辆。农民人均居住面积达到 28.5 平方米。对城市居民 200 户抽样调查，城市居民人均可支配收入 8068 元，消费结构进一步改善，年人均消费性支出 6530 元，年末每百户城市居民拥有彩电 131 台，电冰箱 99 台，冰柜 30 台，洗衣机 104 台，摩托车 32 辆，空调器 46 台，家用电脑 27 台，家用轿车 2.5 辆。居民居住条件进一步改善，城市居民人均住房使用面积 15.27 平方米。2008 年居民收入稳步增长。农村居民年人均纯收入 6625 元，人均消费性支出 4658 元；每百户农村居民家庭拥有空调器 15 台，热水器 56 台，移动电话 146 部。农村年末人均住房面积 32 平方米。城市居民年人均可支配收入 16382 元，人均消费性支出 12026 元；每百户城镇居民家庭拥有家用人均汽车消费支出 216 元，家用电脑 90 台。城镇居民人均住房建筑面积 31.6 平方米。

各区县比较，迁安市 2008 年农村居民人均纯收入和城镇居民可支配收入最高，分别达到了 8462 元和 16133 元，滦南县农村居民人均纯收入最低 5850 元，而玉田县城镇居民人均可支配收入最低 10912 元。

2. 全市教育科技发展

2003 年加速实施“科教兴市”战略，大力推进科技创新和技术进步，科学研究、技术开发及科技成果产业化取得新进展。2003 年科教支出 13.34 亿元（图 7-11），全市共取得科研成果 87 项，其中达到国际先进水平的 15 项，国内领先水平的 60 项，国内先进 12 项，获省级科技技术奖励 23 项（其中：一等奖 1 项、二等奖 1 项、三等奖 21 项）。全市共受理专利申请 650 项。技术交易额 1.66 亿元，比上年增长 2%。2003 年唐山市拥有各级各类学校 3167 所，在校生 133 万人，其中高校在校生同比增长 1 倍，各类学校专职教师 7 万人。高中阶段教育进一步发展，升学率达到 71.9%。小学生在校人数 50 万人，儿童入学率为 99.9%。幼儿园在园儿童 12 万人，全市拥有盲聋哑学校 14 所，就读学生 1883 人，素质教育取得明显成效。2003~2008 年 6 年间，科技自主创新能力提高，对经济社会发展引领和支撑作用加强。全市拥有市级以上重点实验室 18 个；企业工程技术研发中心 44 个；农业产业研发中心 20 个；民营特色科技研发机构 26 个。科技创新能力明显增强。荣获市级以上科技奖 116 项，其中：获河北省科学技术奖 35 项，获奖项目总数名列全省第 1 位，评选市级科技奖励 81 项；取得国内先进以上水平的科技成果 306 项，其中达到国际先进以上水平的 30 项；全年专利申请量 1229 件，专利授权量 709 件，分别增长 45.8% 和 7.9%。组织重大科技创新项目 21 项，承担“十一五”国家科技支撑计划项目 1 项，实施关键技术创新、科技成果转化课题 500 项，转化实施重大专利技术 150 项。各级各类教育协调发展。年末全市拥有各级各类学校 2238 所，在校生 117.87 万人，教职工 9.12 万人，其中专任教师 7.49 万人。高等教育办学水平不断提升。全市拥有普通高等学校 9 所，新招生 2.96 万人，增长 0.8%；在校学生 9.10 万人，增长 5.6%，其中，在校研究生 1585 人，增长 13.3%。河北理工大学北校区、华北煤炭医学院新校区一期工程完工投入使用。职业教育改革步伐加快。全市拥有中等职业技术学校 90 所，在校生 10.6 万人，国家级重点职业技术学校 17 所，职业学校专业设置达 91 个。基础教育进一步巩固和提高。全市普通中学在校学生 37.21 万人，高中阶段毛入学率达到 90%；小学在校生 43.57 万人，入学率和巩固率均达到 100%；学前三年入园率达到 93.8%。改造农村中小学陈旧校舍 10.3 万平方米，投入资金 8610 万元。全年新装备计算机 5100 台，多媒体设备 900 套，校园网 40 个。中学计算机教室和多媒体教室普及率均达到 100%，小学分别达到 95% 和 80%。残疾儿童少年入学率达到 97%。

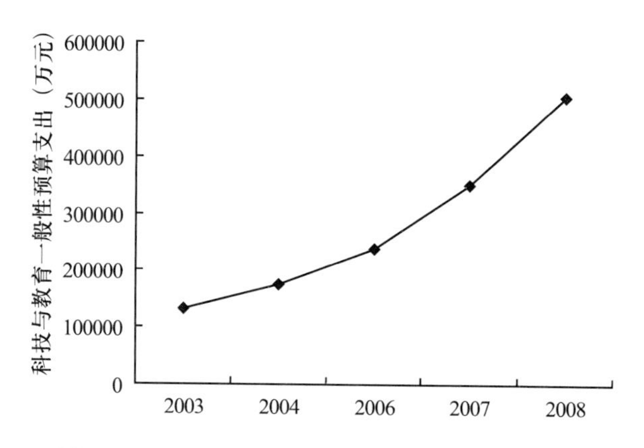

图 7-11　2003~2008 年全市教育科技支出变化

3. 各区县农业生产条件和农村基础设施变化

2003~2008 年唐山市全市农村农业生产条件和农村基础设施进步一增强。如图 7-12，2003 年全市财政用于农业生产支出 2.3 亿元，农田有效灌溉面积 47.96 万公顷，旱涝保收面积 38.20 万公顷，农村柴油使用量 31.86 万吨，农村用电来量 37.42 亿千瓦时。年末机电井 13.1 万眼，其中已配套机电井 12.6 万眼，农业科技推广网络体系初具规模。2008 年全年投入“三农”资金 22 亿元，比上年增长 22%。农田有效灌溉面积增幅不大，是 49.50 万公顷，其中，节水灌溉面积达到 27.92 万公顷。全市柴油使用量下降，农业机械总动力 984.28 万千瓦，农机综合作业率 71%，农村用电量明显增加，达到 118.47 亿千瓦时。这期间一批采用新技术，引进、培育的优质、高效农产品得到广泛推广，提高了农业的科技含量。

各区县农村基础设施和生产条件分析，农田有效灌溉面积和旱涝保收面积一直是市区面积最大，唐海县、迁西县和各经济开发区面积较小，其他区县在 6 年内面积变化不大。农村柴油使用量丰南区、乐亭县、迁安县、迁西县、玉田、滦县呈下降趋势，丰南区、迁安市 6 年内降幅较大，分别达到了 85.54%、76.87%，而市区、丰润区、滦南县和遵化市柴油使用量呈现上升趋势，

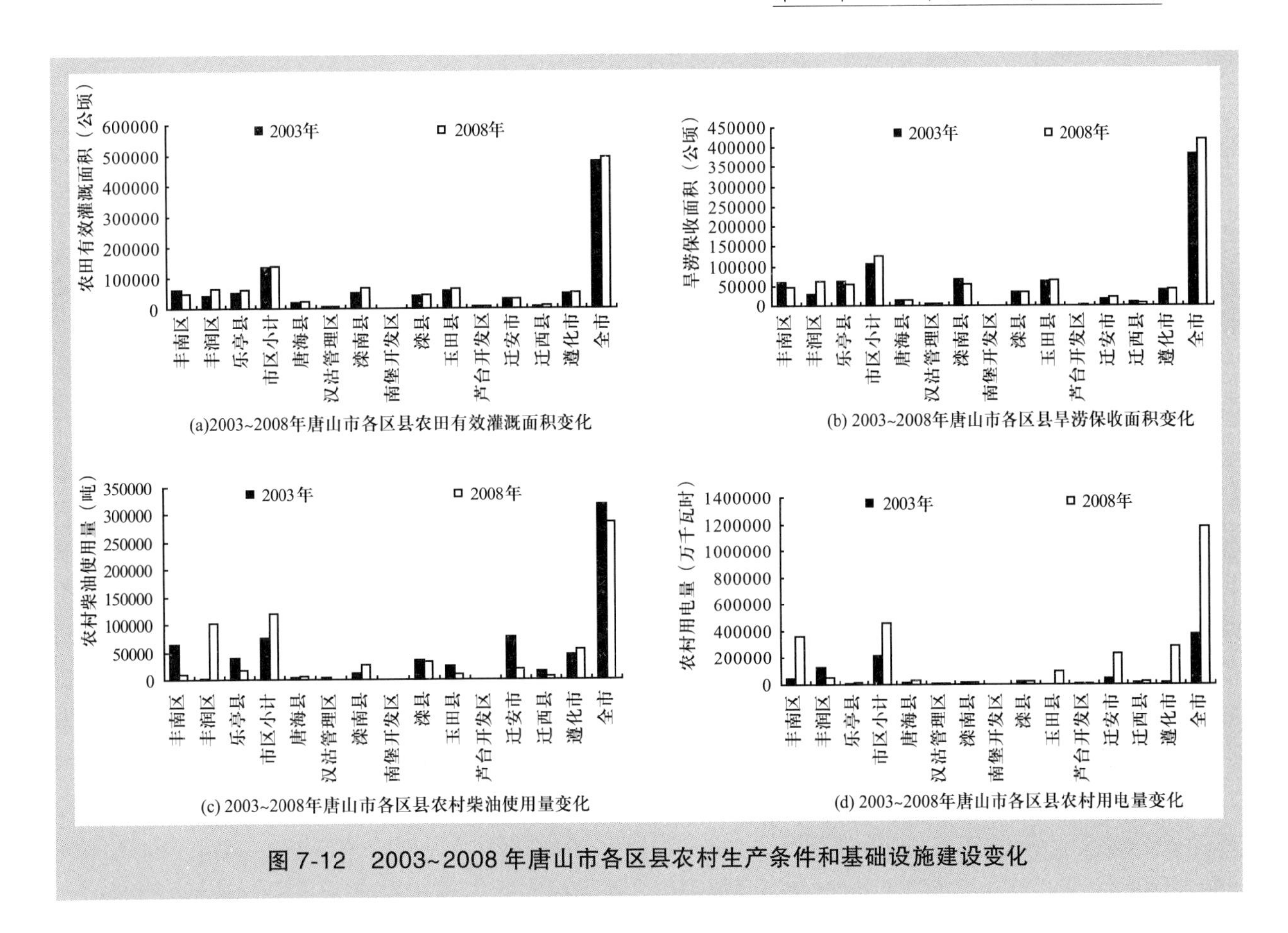

图 7-12　2003~2008 年唐山市各区县农村生产条件和基础设施建设变化

尤其是丰润区从 2003 年的 2686 吨时上升到 2008 年的 10.31 万吨时，上升了 3737%。农村用电量 2003 年市区最高，达到 21.92 亿千瓦时，其次是丰润区 12.96 亿千瓦时，其他区县均不超过 5 亿千瓦时，2008 年市区、丰南区、迁安市、遵化市的农村用电量急剧增加，增长率分别达到了 110.17%，685.74%，428.48%，1483.13%。，而丰润区农村用电量却降低了 60.18%。

依据经济建设格局及其发展动态变化分析可以发现，随着城市化的发展，唐山市产业结构逐步调整，各县区发展重点随着社会的需要发生变化，具体表现在：北部林业发展较快，包括遵化市、迁西县；中部经济发达，市区及其周边区域经济发展较快财政支出，人均收入均较高，同时是农牧发展重点区域，包括丰田县、路南区、滦南县农业发展较快，丰润区、滦县牧业发展较快；南部是渔业、农林牧副渔发展重点区域，唐海县、乐亭县渔业产值较高，丰南区农林牧副渔发展最快，此区唐海县经济发展相对落后，总 GDP，人均收入均低于其他区县水平。

从经济与社会发展格局的角度来看，唐山市生态建设空间布局重点可归纳为“两核三带”。“两核”是指南部产业发展核心区和中部产业发展核心区，中部发展核心区包括中心城区，古冶片区、丰润片区、空港片区，南部产业发展核心包括曹妃甸生态城、曹妃甸工业区、唐海县城和南堡开发区。“三带”是指三条生态产业带，其中北部绿色产业带包括遵化、迁西、迁安区域，发展方向是以森林产业为主导的三次产业融合建设。中部金色产业带包括丰润区、古冶区、开平区、路北区、路南区、高新技术产业园区等区域，发展方向是以农牧业和传统产业为主体的低碳循环建设。南部蓝色产业带包括唐海县、曹妃甸开发区、海港经济开发区、南堡经济开发区和丰南区的沿海区域，发展方向是以渔业和新兴产业为代表的产业结构合理化建设。

第八章　唐山生态城市建设总体布局

一、布局原则

（一）立足市域范围，兼顾周边发展

唐山生态城市建设布局以满足自身经济社会发展需求为主导，立足唐山市域范围，改善市域的生态环境，为唐山经济社会发展创造良好的环境。同时，唐山是环渤海经济圈的连接点，也是京津大都市的“后花园”，其生态建设、经济社会发展应按照国务院发布的京津冀都市圈发展规划的要求，与周边地区发展规划相衔接，按照区域生态、经济、社会功能区划，进行总体布局，服务于本地和京津冀都市圈一体化发展。

（二）突出功能分区，优化系统组合

唐山市地理区位特殊，地貌类型多样，地质构造复杂，区县资源禀赋各异，经济社会和生态环境差异较大。唐山生态城市的建设，应突出不同区块的功能，进行科学区划。同时，在功能区划的基础上，针对唐山生态城市建设的问题、需求和目标，运用现代技术和手段，挖掘资源潜力，进行优化系统组合，合理布局，指导唐山城市建设、布局及生产生活方式，使唐山物质、能量、信息得以高效利用，建立和谐、健康、可持续发展的人类聚居环境。

（三）统筹山城田海，健全生态网络

按照唐山市山水城田海的空间格局，贯彻生态建设一体化的理念，以北部山地森林、中南部丘岗森林、河湖湿地、城市地带大型片林、森林公园，以及现有的森林、湿地等自然保护区为主体依托，使之成为唐山核心生态斑块，成为保护生物多样性的基础；完善道路、水系、农田、沿海防护林网，把众多的森林绿岛、水体斑块连接起来，并连接主体生态斑块、主干廊道相连，使之成为遍布整个市域的生态脉络，从而建设“山城田海，水脉相连”为一体的区域生态安全格局，为唐山生态环境的改善与维持提供长期而稳定的保障。

（四）服务城乡发展，促进社会和谐

唐山的生态城市建设就是要结合城乡发展，为城市提供以生态为主的多种服务，突出服务城乡发展的特点，为唐山的人居环境改善、居民旅游休闲、城乡经济发展和生态文化繁荣服务。以唐山城区和曹妃甸新城为重点，统筹全市 6 区 8 县 1 市以及 178 个乡镇进行整体规划，加强生态城市建设，使唐山市在经济社会快速发展的同时，生态环境也得到不断的改善，促进社会和谐发展。

（五）协同一二三产，提升优势产业

唐山经济社会发展迅猛，是河北省经济建设的龙头城市。目前，唐山已形成钢铁、建材、能源、装备制造和化工等主导产业，现代物流、现代商贸和旅游等现代服务业已初现强劲发展态势。今后，生态城市建设的重要任务是根据区域资源优势与城市发展需求，调整产业结构，协同一二三产业，延伸产业链，实现优势产业结构升级，进一步增强城市综合竞争力。加强唐山传统高能耗产业的

改造和升级，加快现代服务业和生态农林业发展，培育新能源、新材料等新兴产业，推动循环经济、低碳经济发展，促进唐山产业发展生态化。

（六）传承历史文化，建设生态文明

唐山古代历史文化悠久，近代历史文化闻名。4 万年前唐山已有古人类居住，唐朝李世民东征因赐唐姓而得名；近代，唐山是座具有百年历史的重工业城市，被誉为“中国近代工业的摇篮”和“中国北方瓷都”。唐山生态城市的建设，必须与传统悠久的历史文化保护与传承相结合，着力打造现代生态景观文化、工业景观文化和抗震景观文化，丰富生态文化内涵，提升生态文化品位，大力发展生态旅游，彰显生态文明，把唐山建设成为历史文化与现代文明交相辉映的国际生态都市。

二、唐山市域生态建设布局及其空间建设重点

根据唐山生态功能区划、景观格局动态、植被与热场分布变化、环境负荷及唐山经济社会发展等分析，结合唐山城市发展规划及自然地理地貌，唐山生态城市建设空间布局为：形成以唐山市区和曹妃甸国际生态城为核心而辐射的城市环境和生态经济发展核，以乐亭、唐海和沿海开发区为南部沿海生态经济带，以中部平原为综合发展区，北部山区为生态保育区，以郊区的玉田、遵化、迁西、迁安、滦县、滦南县、乐亭等七个县（市）为人居生态环境发展极，以唐山农村居民点为多点，形成“两核、一带、二区、七极、多点”的格局（附图 7）。总体上，形成了点、片、网相连的生态空间格局。

（一）两核——唐山都市区和曹妃甸港城

1. 唐山都市区

由路南、路北、古冶、开平 4 区和丰南、丰润 2 个城区组成。该区是唐山市人口密度最高的地区，是唐山市政治、经济和文化中心；主要以钢铁、水泥、陶瓷、煤炭等传统资源型产业为主，经营较为粗放，造成生态、环境资源破坏较为严重；基础设施建设不能满足经济和社会发展需要；该区亦为唐山强热岛分布区，大气环境状况较差。因此，该区域应以打造现代宜居城市为主要目标，建设环境良好、经济发展、文化丰富的和谐城区。

（1）生态环境建设重点：

● 生态公园：重点建设南湖生态公园、东湖郊野公园及其他城市休闲公园。在丰润区和丰南区加强生态休闲观光园建设；在生态公园建设同时，建立灾难紧急避险场所，并完善相应的基础设施，为市民提供日常休闲和灾难应急避险的场所。

● 环城水系：依托唐河、青龙河改造，进行环城水系建设，按“林网化、水网化”建设理念，结合水岸景观建设，打造绿色环城景观林带。

● 绿色交通：加强城区道路景观林带建设，打造主干绿色景观廊道；加强城市出入口、火车站和公交客运站等节点的绿色景观建设；改善城市公交基础设施，打造城市林荫步道和绿色自行车道等，提倡绿色交通方式，推广低碳出行方式。

● 生态社区：结合社区基础设施改造，构建合理水资源再利用系统（如中水处理系统、雨水收集系统）、能源利用系统、固废收集处理系统、绿地系统、规划社区内部景观布局。

（2）生态产业建设重点：

● 降低资源消耗，减小能耗：通过控制或迁移高耗能、高污染、低技术的传统产业，采取实行关、停、并、转等措施，减少环境污染，降低资源与能量消耗，以减缓城区热岛效应、改善区域大气环境。

● 调整产业结构：改造传统工业向精深加工方向的现代工业方向转变，加强对钢铁、煤炭、电力、建材等传统优势产业的改造升级和产业结构调整，发展循环经济，进行清洁生产管理，优先发展新能源、环保和生物医药新产业。

● 培育电子、信息、机车等先进的制造业，发展物流、商贸、金融等现代服务业。

（3）生态文化建设重点：

● 现代生态景观文化：打造以南湖、东湖、北湖郊野公园和运河文化走廊为核心的现代生态景观文化。

● 现代工业景观文化：宣传以唐山矿产、钢铁、陶瓷、水泥博物馆为核心的现代工业景观文化。

● 抗震景观文化：建设以抗震纪念碑、地震遗址为核心的凤凰涅槃抗震景观文化。

● 现代城市景观文化：培育以凤凰城中心区、会展中心、唐山北站为核心的现代城市景观文化。

2. 曹妃甸港城

包括唐海县、南堡经济开发区、曹妃甸工业园区及曹妃甸生态城。该区自然植被斑块破碎化程度高，自然生态环境较差，但由于该区域是今后唐山经济的新引擎，环境负荷潜在的压力很大。该区域为经济开发区集中分布，是唐山经济科学发展先行区、现代产业聚集区、生态文明样板区、改革创新引领区，它将成为唐山跨越发展的引擎。因此，该区建设应以创业和宜居为目标，突出滨海港城特色，进行高起点、高标准的科学规划，合理利用宝贵的土地资源，完善区域循环经济体系，实现经济与环境的协调发展，把曹妃甸打造为物流发达、环境优美、宜居宜业的现代化港城。建设重点内容如下：

（1）生态环境建设重点：

● 生态社区：以生活方便、节能、低碳为目标，加强社区基础设施建设，构建雨水收集系统、中水处理系统，充分利用水资源；合理规划能源利用系统、固废收集处理系统、规划社区内部景观布局；充分利用太阳能及其他自然资源。

● 绿色厂区：借鉴国内外先进的设计理念和技术，进行环境协调设计，控制能源消耗，实现办公区低污染、低能耗和低成本。

● 绿地系统：加强城市社区、单位、学校等绿化，合理布局开放式休闲公园和街头绿地，加强城市道路、水网防护景观林建设。

● 绿色建筑：科学设计，利用环保建筑材料，节约资源。

● 环境治理：加强工业废水、废气、废渣的回收利用治理与生活污水处理，控制大气污染。

● 滨海湿地保护：加强唐海湿地及沿海湿地的保护。

（2）生态产业建设重点：

● 曹妃甸港口建设：建设现代港口物流中心。

● 生态产业发展：实行严格企业准入条件，将钢铁、石油化工、装备制造、高新技术等企业进行联合配置，

● 生态工业区建设：企业内部实现清洁生产，企业之间高效地分享信息、物资、水、基础设施、自然居留地等资源，实现资源的有效利用和物质循环。

（3）生态文化建设重点：

● 生态工业科技文化建设：依托曹妃甸港城优势产业，展示新城高科技产品，打造生态工业科技文化。

● 会议会展文化：利用良好的滨海优势，通过各种高端的休闲项目打造，营造优美的休闲环境，使其成为会议、会展、度假的理想场所，环境产业的展览展示中心、科学发展样板展示区。

唐海湿地文化：结合湿地保护，建设观鸟台，发展湿地休闲旅游。

（二）一带——南部沿海生态经济带

唐山南部沿海生态经济带由乐亭、滦南、唐海、丰南的部分地区及芦汉经济开发区组成。随着海洋经济及沿海经济的快速发展，该区域人口将急剧增加，产业进一步聚集，今后生态环境建设的压力很大。同时，南部海岸为泥质海岸，地势平坦，土壤重盐碱化，地下水位较高；沿海风暴和水涝自然灾害发生较为频繁，且有地震、海啸发生的隐患；森林覆盖率低，森林资源明显不足，树种较单一，基干林带不完整，质量不高。该区域建设重点如下：

（1）生态环境重点建设：

• 湿地生态环境保护：保护沿海滩涂湿地，加强海岛湿地自然保护区、唐海生态湿地及鸟类自然保护示范区基础设施建设和生态环境保护，为野生动植物创造良好的栖息环境。

• 沿海防护林：一方面加强沿海基干林带建设，另一方面，结合主干道路、骨干水道生态空间，高标准建设道路、水系景观防护林，使之成为沿海防护林的一个主要成分。

• 农田防护林：结合沿海防护林的建设，高标准建设农田防护林，提高防护林抗风沙能力。

（2）生态产业建设：

• 京唐港物流业发展：充分利用海岸线资源，加快港口建设，完善集疏港交通网络；加快港口物流基地建设，大力发展保税、装卸、分拨、配送、加工等现代商贸物流产业。

• 开发区产业园建设：发挥自然资源、区位交通等优势，加强生物科技、高新技术、滨海生态旅游等产业园建设。

• 滨海养殖业：发展海产品养殖业。

• 生态农业：发展绿色无公害农产品种植。

（3）生态文化建设：

• 滨海湿地生态文化：以唐海生态湿地及鸟类自然保护示范区和海岛湿地自然保护区为依托，结合沿海湿地生态旅游，打造唐山滨海湿地生态文化和岛屿生态文化。

• 滨海渔家文化：以滨海渔村为依托，开展旅游，体验滨海渔家民俗、饮食文化。

• 滦河口湿地文化：加强滦河口湿地体育休闲、滦河文化展示、文化产业创意园等内容建设，开展滦河口湿地文化科普与宣传。

• 盐生湿地公园：依托唐山沿海盐场，建设盐生湿地公园。

（三）二区——中部综合发展与北部生态保育区

1. 中部平原综合发展区

包括滦县、玉田、丰润、丰南及滦南北部等地平原区域。该区是唐山人口较为集中的区域，基础设施健全、产业基础良好，是唐山传统资源型优势产业和冀东粮仓的主要分布区。同时，该区域也是工业高能耗的主要分布区，乡镇工矿企业污染较为严重，生态环境经济增长方式较为粗放，节能减排任务较艰巨，资源环境压力较大；另外，该区域森林覆盖率还较低，生态破坏较为严重，生态建设任务还很重。

（1）生态环境建设重点：

该区水污染较为严重，污染主要来源是工业污染，生活污染和农业面源污染是次要的污染；区内高速公路及其他主干道路都有较好的绿化，但道路林网存在升级、补缺、改造等问题；农田林网发展不平衡，建设水平参差不齐，占地、胁地矛盾较大，工程建设难度日趋增大。针对以上问题，本区建设重点为：

• 水网建设：对人口居住集中区，如市区周边核心区、城镇居住密集区，实施重点污染企事业搬迁治理和污水治理，并加强生活污水处理；提高唐河水库及水源涵养区森林质量，加强重要生态功能区的保护；加强直排入海的非点源和养殖污染防治以及海边中小城镇污水滩涂污水处理系统建设；在满足防洪的前提下，加强唐河、滦河、青龙河、还乡河等水岸防护林带建设，以提高河流的自我净化功能。

● 骨干生态走廊建设：依托现有大规模森林、湿地板块，建设连接主城区与滨海港城贯穿南北的骨干生态走廊。

● 道路林网建设：加强县、乡、村等道路林网建设；更新改造部分已建林网，提升道路林网质量。

● 农田林网建设：加强平原地区农田林网建设，加强农田林网的更新和改造，对老龄化的农田林网进行更新；加强断带、缺带的农田林网建设，提高农田林网防护功能。

● 面源污染控制：发展节地、节水、节肥、节药等节约型农业生产，推广保护性耕作和秸秆综合利用技术，实现循环生产；引导农作物科学培育，控制化肥、农药、薄膜等的使用量，减少农业生产所形成的面源污染。

（2）产业建设的重点：

● 工业产业集群建设：加强乡镇工矿企业的改造、升级，提高产品技术含量，延伸产业链条，逐步形成产业集群。同时，加快转变经济发展方式和资源型城市转型的步伐，改善生态环境。

● 生态农业产业发展：利用紧靠唐山主城区的区位优势，发展观光、采摘园，绿色食品、无公害食品等都市型生态农业；加强现代农业示范园区建设，发展农产品精深加工业，促进现代农业与城乡一体化的发展，建设现代“冀东粮仓”。

● 现代服务业发展：发展金融保险、现代物流、科技与信息服务、软件和创意、商务商贸流通、旅游业和房地产业等服务产业，促进产业结构调整。

（3）生态文化建设重点：

● 冀东农耕文化：结合旅游和农家乐，开发农具、农事和民俗体验活动，以展现冀东农耕历史文化。

● 特色农林产业观光园：以优质特色鲜蔬菜、水果等农林产品为主，建立特色农林产业观光园，开展采摘、旅游活动。

2. 北部山区生态保育区

该区域主要指为遵化、迁西、迁安境内及玉田、丰润和滦县的北部山区，自然地貌以山地为主，矿产资源丰富，水流失较严重，是唐山生态植被的基因库，也是唐山重要的生态屏障，关系唐山饮水安全的水源地。因此，该区域应坚持保护优先、适度开发的原则，目的是进行水源涵养、生物多样性保育，增强水土保持，减少泥石流发生，保障唐山生态安全，同时，为人们提供休闲观光的场所。建设重点为：

（1）生态环境建设重点：

● 生物多样性保护：加强湿地和自然保护区建设与管理，提高生物多样性。

● 水源地植被保护：加强水源地植被保护，增强植被涵养水源能力。

● 矿山植被恢复：加强矿山植被恢复，恢复自然景观，减小水土流失，防止泥石流和山体滑坡等地质灾害。

● 风景林的改造：加强风景林的改造，建设森林公园和观光采摘园，为市民提供休闲游憩的场所。

（2）生态产业建设重点：

● 发展特色林果：按区域特色，发展板栗、核桃、鲜桃、苹果等林果，大力发展林果经济。

● 林下经济：发展林下食用菌、林下山野菜等，进行林下养养殖禽、畜，发展林果经济。

● 生态旅游：依托良好的森林资源，开展休闲度假旅游。

（3）生态文化建设重点：

● 森林休闲生态文化基地：依托良好的森林资源，建设森林浴、森林氧吧疗养基地，开展森林探险运动。

● 历史名胜文化：结合清东陵、长城及其他人类遗址保护，打造森林休闲生态文化基地。

（四）七极——田园生态城镇

包括玉田、遵化、迁西、迁安、滦县、滦南县、乐亭等7个县（市）的城区。该区以建设宜居、创业的田园生态城镇为目标，充分发挥区域生态环境的优势，合理利用和保护土地、水资源，优化城镇布局结构，拓展城市发展空间，缓解主城区城市人口过度集中而带来城市基础设施和服务等压力，引导城市有序发展，各极重点建设为：

1. 玉　田

（1）生态环境建设重点：结合城市扩容和开展环境整治行动，在构建由外环防护林带、京秦铁路穿城路段绿色景观廊道、南北主街道生态景观轴、东西主街道生态景观轴以及次要街路绿地组成的绿色网络骨架的基础上，通过城区公园、街头绿地、道路节点、单位和居住区庭院绿地建设，形成绿地类型丰富、绿地布局合理、绿地规模达标的城乡一体化绿地系统，创造生态、文明、开放的安居城镇。

（2）生态产业建设重点：采取林农、种养结合，建设现代农业示范园区、绿色食品生态示范观光基地；重点发展汽车配件、大型海上石油机械设备及配件、芯片、软件和电子器件等新兴产业创新基地。

（3）生态文化建设重点：借助玉田作为环京津休闲产业带重要一环的优势区位，依托独特的自然和人文资源，做活“古”字，做足“绿”字文章，发展以净觉寺、麻山寺为主体的宗教景观生态文化休闲项目，打造以彩亭石桥、玉田泥塑、孟家泉旧石器时代文化遗址、卧龟山生态园、翠屏湖碧花园、大盘龙古生态园、黄家山生态园为主体的生态人文景观群落。

2. 遵　化

（1）生态环境建设重点：遵化市结合城市扩容和旧城改造，在沙河治理改造、两岸增绿建设的基础上，对沙河上游、城区东二环东部采沙、选矿废弃地进行平整、回填、绿化，建设城市森林公园；加强环城路防护林带、城市街道绿地、小游园、庭院绿地建设，以水为脉，打造城市“绿肺”；利用丰富的旅游资源，结合世界文化遗产地及其他旅游景区景点建设，打造宜居典雅的优秀旅游生态城。

（2）生态产业建设重点：结合龙门口水库建设，开发打造自然景观与人文艺术相结合的旅游休闲园区，建设黎河、老虎沟等电站，开发汤泉地热项目、大河局蓄能电站；利用京沈高速公路优势，打造遵化现代物流集聚区；建设木化材料基地，电渣重熔生产线。

（3）生态文化建设重点：依托遵化“万里河山有燕塞，千年风气自荆轲”的独特区位优势和千年古城特色，加快市区生态文化设施建设，配套规划服务于清东陵、长城、万佛园、鹫峰山、禅林寺、汤泉、上关湖、长城狩猎场和鲁家峪爱国主义教育基地等生态休闲文化景区的辅助设施和服务窗口建设，大力提升城区环境的人文内涵，充分展示遵化作为一个古老而又年轻城市的丰富生态文化内涵。

3. 迁　西

（1）生态环境建设重点：以提高城区树冠覆盖率和生态系统稳定性为核心，提升城区绿化建设水平，加强环城防护林带、滦河滩防护林景观、城市周边园林景观林带建设，优化布局城市公园、街道小游园和道路景观，打造迁西生态宜居县。

（2）生态产业建设重点：利用河流、湿地、丘陵、山地资源优势，发展休闲、示范、观光、花卉功能组合的农林生态旅游；发展林板一体化和耐磨材料生产基地；高效、无碳能源产业建设：发展核电、清洁燃煤火电和光伏产业。

（3）生态文化建设重点：按照“环京津地区独具魅力的休闲旅游度假目的地”的定位，突出“青山、秀水、古长城”特色，加快县城生态基础设施及配套文化设施建设，形成以西寨、戚继光总兵府、大刀园等抗战文化为主的遗址生态文化园区，建设服务于以景忠山、青山关、栗香湖、塞上海、凤凰山等自然山水景观文化的绿色导引系统和相关配套服务文化体系，形成集自然山水景观、生态休闲景观、历史人文景观为一体的生态文化发展格局，全力打造“诗意山水、画境栗乡、休闲天堂”的生态休闲文化品牌。

4. 迁　安

（1）生态环境建设重点：结合防洪和城市建设，加强河道治理、沿滦河两侧沿岸生态景观再造，融路网建设、湿地保护、植被恢复、生态园林景观于一体，构建“清水环城”的迁安山水园林城市。

（2）生态产业建设重点：以魅力钢城为主题的钢铁产业链延伸、钢—煤—建材联合低碳化钢铁产业改造；完善灵山、白羊峪、红峪山庄等景区建设；太阳能高塔大棚新兴都市生态产业园区建设；建设大型煤炭储运中心，发展煤制天然气等现代能源物流中心。

（3）生态文化建设重点：依托迁安源远流长的历史文化资源，结合城市景观改善需求，以迁安市三里河生态文化走廊、工业生态文化展示、历史文化遗址和城市特色主题公园打造为重点，形成“两河相映、四面环水”的环城景观特色和生态历史文化相融的人文生态文化特色，实现自然环境与人文环境的有机结合。

5. 滦　县

（1）生态环境建设重点：结合古城开发、新城建设和环境整治，大力开展集生态、游憩、避险等功能于一体的城市公园和森林公园建设，加强城镇街道绿化、庭院绿化，提倡立体绿化，逐步提高城市绿量，构建集自然风光与人文环境于一体的生态城镇。

（2）生态产业建设重点：结合交通建设，打造以绿色食品冷链物流为特色的区域综合物流基地；依托钢联项目，打造汽车部件加工，大型综合管理装备和再制造业基地；依托城乡建筑节能一体化，打造旅游文化产业枢纽。

（3）生态文化建设重点：凭借滦县禀赋天成的山水文化资源和作为“关学东来”推进地、辛亥滦州起义“历史纪念地”、“东北易帜”决策地的独特生态人文景观文化特点，依托城区生态文化产业集群和滦河文化生态产业带开发，着力将滦县打造成集生态休闲、文化探求、旅游度假、科普教育为一体的冀东文化博览之城。

6. 滦　南

（1）生态环境建设重点：结合旧城改造和新城建设，构建环城生态林带，建设多个林水共融的绿色景观公园；加强居住小区、单位庭院绿地建设，不断提高园林式单位和园林式社区的数量和质量，形成兼顾减灾避震功能的、富有滦南特色的、引领城市规划发展的绿地系统，构建水绿、天蓝、文丰的宜居滨海水城。

（2）生态产业建设重点：建设现代化农业示范区和以沙地梨为主的特色林果绿色食品基地；依托马城、大贾庄铁矿资源，发展生产铁矿石、铁精粉等铁矿综合项目。

（3）生态文化建设重点：依托滦南丰富的传统民俗文化和滨海自然资源优势，以城区环境人文化内涵提升为重点，谋划实施北河水城文化、北美风情水城、开海节等项目，培育赋予滨海特色的生态文化休闲项目。

7. 乐　亭

（1）生态环境建设重点：建设水系为纽带、以文化为脉络、以绿化为载体的城镇绿地系统，重点进行长河治理改造、水系景观防护林带建设、城市公园建设、街路绿化及单位和居住区庭院绿化。

（2）生态产业建设重点：重点发展精品钢材、煤化工综合利用项目；开发海上风电新能源和海水淡化项目；结合国家级海岛森林公园、农业生态观光园、特色林果绿色食品基地建设，发展乐亭生态休闲产业。

（3）生态文化建设重点：依托乐亭作为“冀东三枝花”发源地、“中国民间艺术之乡”、“中国皮影之乡”、“中国曲艺之乡”的资源优势，以及李大钊纪念馆和赵蔡庄、黄湾等生态文化示范村的文化挖掘，结合城市景观和人文环境的提升需求，形成以乐亭曲艺生态文化走廊、红色文化基地和城郊绿色休闲文化打造为重点的三极互动、优势互补的生态文化发展格局。

（五）多　点

指遍布全市的农村居民点。由于唐山农村地貌类多样，按区域将其分为北部山区、中部平原区和南部滨海三种类型，进行分类建设。其中，北部山区乡村包括遵化市、迁安市、迁西县、玉田县两市两县所辖的 79 个乡镇、2349 个行政村；中部平原乡村包括丰润区、丰南区、芦台经济技术开发区、汉沽管理区四区及滦县、滦南县两县所辖的 71 个乡镇、2124 个行政村；南部滨海农村包括乐亭县、唐海县两县所辖的 15 个乡镇、533 个行政村。目前，唐山部分农村环境已存一定的污染现象，严重影响乡村景观，特别是垃圾、禽畜粪便随处可见，地表水污染严重，大气污染初现，极大地影响居民健康。唐山乡村建设重点是根据乡村特色进行科学规划，把保护乡村原有自然景观、人文景观与村容村貌整治结合起来，开展生态乡村建设。针对各区存在的问题，其建设重点为：

1. 北部山区乡村

- 生态乡村建设：对乡村居民点范围内的庭院、道路、水岸进行绿化建设，建成绿树围村、林荫盖路、花果满院的绿色乡村，改善农村人居生态环境；加强生活污水的治理和生活垃圾利用的村内环境治理。
- 生态休闲产业发展：依托乡村良好的生态环境资源，开发山区乡村生态农林旅游产品，结合皮影、玉田泥塑、评剧等乡村民俗文化，发展农家乐和生态文化旅游。
- 乡村生态文化传承与发展：依托乡村山区自然风光，挖掘具有冀东山区乡村特色的生态文化，发展传统民居、民俗和山区民间文艺，建设山区特色民俗文化村。

2. 中部平原乡村

- 生态乡村建设：发展以农户沼气池为中心，进行改圈、改厕、改厨为基本内容的乡村生态环境治理，改善乡村水质和空气质量；对乡村居民点范围内的庭院、道路、水岸及村周围进行绿化、美化的基础上，重点进行乡村居民休憩地绿化、绿色廊道建设。
- 生态农业发展：利用沼气，进行生态养殖和生态种植，生产生产无公害食品，在种植过程中，大力发展特色经济树种和景观优美的乡土树种，建设具有乡村特色的生态景观。
- 乡村生态文化传承与发展：依托乡村自然田园风光，结合乡村民众文化，开展冀东农耕文化体验，发展乡村生态文化旅游。

3. 南部滨海农村

- 环境整治：改善乡村给、排水系统，加强乡村环境卫生整治；利用低洼渍水废弃地，建设厌氧人工湿地，处理生活和生产污水。

- 乡村绿化建设：对乡村居民点范围内的庭院、道路、水岸及乡村游憩地进行绿化、美化的基础上，重点建设以耐盐碱、抗风的乡土树种为主的环村镇林带。
- 滨海湿地建设：提倡渔业“清洁生产”，进行水产品加工废弃物的综合利用；结合滨海湿地建设，充分发挥渔业生产在湿地物质、能量转换中的改善作用，促进湿地的良性循环。

乡村生态文化传承与发展：挖掘滨海渔村文化和湿地文化，发展乡村生态文化旅游。

建设指标篇

第一章　唐山生态城市建设指标体系构成与测算方法（分级、分区、分时段）

一、生态城市建设指标制定的理论依据

（一）可持续发展理论

可持续发展理论是人类总结反思自身发展经历之后，为克服全球性的环境污染、生态破坏等一系列问题，为了全人类共同的未来和理想，提出的新发展思想和模式。1987 年世界环境与发展委员会（WCED）发表了《我们共同的未来》报告，系统阐述了可持续发展的概念："既满足当代人的需要，又不对后代人满足其需要的能力构成危害的发展。"

可持续发展包含了发展与可持续性两个概念。其中"可持续"则应该理解为是自然资源能够为人类永远所用，不应其过度消耗而影响后代人的生存。"发展"的目的不仅在于经济的增长、国民生产总值的增加，还在于改善人们的生活质量，提高国民的素质，使社会秩序的和谐等多方面，既要有量的增长，还有质的提高。可持续发展是指是经济、生态和社会的动态平衡和稳定，人与自然的共生与共进，它反映了人与自然协调、有机统一的本质。因此，可持续发展以自然物质为基础，以经济为动力，以社会为组织，以技术为支撑，以环境为约束，要体现"公平性""持续性""共同性"的原则。

生态城市目标的是实现城市的可持续发展。生态城市是城市可持续发展的生态学表述，可持续发展是生态城市的基本属性，也是生态城市的发展本质。可持续发展理论是在充分认识到城市病及其原因的基础上，寻找到的一种新的发展观。它强调社会进步和经济增长的重要性的同时，更加注重城市物质文明和精神文明的不断提高，最终实现社会、经济和生态环境的综合均衡发展。可持续发展理论给予了生态城市建设丰富的内涵，促进城市人工复合生态系统的良性循环。它对生态城市发展起到指导性的作用，有助于提高城市的合理布局、完善基础设施、改善环境，有助于协调好城市环境、城市经济发展、城市社会发展的关系。所以生态城市的建设要遵从可持续发展理论。

（二）生态经济学理论

生态城市的经济学基础为生态经济，是人类对经济增长与生态环境关系的反思基础上，遵循生态学规律而建立的环境可持续经济，它的研究对象是生态经济复杂系统，其目的是研究人类经济活动与生态环境耦合而成的生态经济系统的结构状况和及其运行规律。周立华（2004）认为，生态经济是一种可持续发展的经济形态，是经济的生态化，其内涵包括三个方面的内容：①它是一种新型的经济形态，首先保证经济增长的可持续性；②经济增长应该在生态系统的承载力范围内；③生态系统和经济系统之间通过物质、能量、信息的流动与转化而构成一个生态经济复合系统。加快城市生态经济的发展是生态经济研究的核心问题之一，是生态经济学重要的组成部分，对于

保证城市生态安全，促进城市生态资源的合理配置，做到城市经济发展战略与生态安全战略的统一，具有重要的战略意义。

生态经济与传统经济不同。传统经济面临具有增长型机制的经济系统对自然资源需求的无限性与具有稳定型机制的生态系统对自然资源供给的有限性矛盾。这一矛盾贯穿于人类社会各个发展阶段。而针对上述基本矛盾，生态经济区别于传统经济，它是以可再生无污染资源为主，并且以人与自然的和谐共存为主旨，以大量高科技技术投入为标志的一种循环经济，高科技经济，也是可持续型经济。它以生态理性来绿化现代经济，要求经济政策的形成，经济活动的运作以生态原理为基础。同传统经济学相比，生态经济具有以下特征：

（1）系统性生态经济是一门系统科学。

（2）全面性建立在生态自然观基础上的生态经济发展体现了人与自然的和谐相处，体现经济发展与环境优化的良性互动。

（3）仿生性生态经济就是要运用生态学的基本规律，模仿和借鉴自然生态系统的运转过程，尤其是物质和能量的转化机理，使经济发展生态化，生态规律经济化。因此说生态经济水域仿生学，生态经济是一种仿生态经济，具有仿生特征。

（4）循环性。有生态经济的仿生性决定生态经是一种循环经济。在生态过程中，能量和物质的循环使整个生态系统的结构功能完备。但是能量的流动是单行，不可逆的，必须从外界获取能量。而物质的流动时循环式，任何物质都可以完成循环利用的目的。生态系统中任何一个环节产生的废弃物都可以被分解或降解被循环利用。但是经济系统内没有分解者，进入系统有用材料排出了废弃物。这是经济系统最需要被生态系统改造的关键。由于二者的相似性，利用生态系统改造经济系统有了可能。

（5）循环性生态经济主张低投入、高产出，资源利用高，浪费少或无浪费，是一种可持续资源观。生态经济改变传统的单程经济为可循环再生经济，是生态学的生态循环规律在经济学中的具体应用，所以生态经济是一种循环经济，而循环本身就意味着可持续。

（三）低碳社会理论

低碳社会，就是通过创建低碳生活，发展低碳经济，培养可持续发展、绿色环保、文明的低碳文化理念，形成低碳的生活方式和消费意识，最终实现城市的清洁发展、高效发展、低碳发展和可持续发展。

要深刻地理解低碳社会的理念，首先要区别理解低碳经济和低碳社会的概念。低碳经济是碳排放较低的经济体系，其实质在于提高能效技术、节能技术、可再生能源技术和温室气体减排技术，促进产品的低碳开发和维持全球的生态平衡，这是从高碳能源时代向低碳能源时代演化的一种经济发展模式。

低碳经济主张强调局部的社会变革，主要是经济系统的变革。从社会学的角度看，经济系统只是大的社会系统的一个组成部分，与政治系统、司法系统、宗教系统、教育系统等其他系统是密切相关的。在很大程度上，经济系统只是一个基础性系统，其功能在于满足其他系统的资源需求。由此看来，如果没有其他系统的变革，经济系统的导向机制就不会发生变化。在此情况下，经济系统内部的技术创新和制度变革可能提高单位经济产品的能效，降低单位经济产品的能耗和排放，但是其总能耗、总排放的趋势仍将是持续增加的。举例来说，如果不改变人们消费汽车的价值偏好，不改变人们贪求住大房子的价值偏好，即使每辆汽车的能耗再低、每条道路修得再好、每套房子再节能，其总消费以及由此带来的总能耗还是要增加的。

基于此种认识，要真正有效地应对全球环境变化，包括应对气候变化，在接受低碳排放理念的同时，需进一步扩展实现低碳排放的视界。在此，低碳社会应是指适应全球气候变化、能够有效降低碳排放的一种新的社会整体型态，它在全面反思传统工业社会之技术模式、组织制度、社会结构与文化价值的基础上，以可持续性为首要追求，包括了低碳经济、低碳政治、低碳文化、低碳生活的系统变革。在很大程度上，低碳社会建设是发展低碳经济的重要前提。

营造低碳社会是生态城市建设的主导方向。城市的低碳发展涉及经济、社会、人口、资源和环境等各个领域，是一项复杂的系统工程。从城市系统的输入端——能源入手，改变输入能源的基底，加快能源转变；调整经济结构，发展低碳技术，提高能源的利用效率；改变公众生活消费意识，鼓励低碳出行，低碳消费，推动能源节约理念。让每个生活其中的人参与，人的行为才是关键。在一栋绿色建筑建成以后，能否真正的节能并低碳排放，使用者的行为理念和正确使用才是其中的关键。

（四）生态城市结构优化理论

生态城市作为一个有机整体，是由各种相互、相互制约的因素构成的系统。生态城市是人类在自然环境基础上建设发展成的艺人为核心的人工生态系统，其不仅包括自然生态要素的各组成部分，还增加了围绕人类而产生的社会经济系统各要素。所以生态城市可看成是社会—经济—自然复合生态系统（马世骏、王如松，1984）。社会、经济和自然系统又由若干子系统构成，而这些子系统由众多因素组成。

自然生态系统是生态城市立地的基本物质基础，涉及生物和环境各要素，以及人工建造的设施等；经济生态系统是生态城市的物质生产和服务系统，涉及生产、分配、消费和流通各环节；社会社会生态系统是生态城市中人类及其自身活动所形成的非物质性生产的组合、涉及人及其相互关系，意识形态上和上层建筑等领域。在生态城市这个复合系统中，自然系统是本底基础，表现自然对人类社会和经济生产的根本支撑作用。经济系统表现为自然和社会联系的中介，社会系统则对系统起导向作用。自然、社会、经济三者综合和融合，表现为时空层次上的相互交叉，复合系统的整体属性大于三者属性之和（马世骏、王如松，1984）。

生态城市的结构优化就是从可持续发展的高度，协调人和自然之间以及本身的关系，实现“社会—经济—自然”复合生态系统的整体协调，达到一种稳定而有序的演替过程。城市结构和功能相互依存。结构的演变引起功能的转化，而功能的转化又促进结构的演变。

结构优化主要指的是产业结构优化。更确切地说，是城市功能的产业结构优化。城市功能的产业结构优化不仅意味着它的产业经济学涵义——合理化、高级化，而且意味着它的城市经济学涵义——功能化，即更好地服务于区域、推动区域经济的可持续增长。城市的产业结构作为城市功能赖以发挥的物质基础，其优化和升级对于推进城市功能转变具有十分重要的意义。依靠城市产业结构的优化，通过发挥产业结构承载、传导、联动效应，达到提升城市功能的目的。产业结构优化升级的根本动力是社会生产力的发展，直接动力是技术和组织创新，而技术和组织创新及其应用、传播有赖于城市经济微观主体的产业实践，创新的激励机制来源于高效率的制度框架。

（五）系统科学理论

生态城市是一个复杂的生物生态系统，又是一个经济系统、社会系统和资源系统，具有多目标、多功能、多制约的特性。现代城市的发展，出现了许多大型、复杂的工程技术和社会经济问题，这些问题都以系统的形式呈现，因此要求从整体上加以优化解决。系统科学从客观世界组分之间相互作用的过程出发，揭示出微观和宏观世界之间的联系和产生的特性，这为人类认识生态城市建设和发展提供了方法。

（六）景观生态学理论

景观生态学是生态学的一个重要层次，它是研究景观单元的类型组成、空间格局及其与生态过程相互作用的综合性学科。其核心是强调空间格局、生态过程与尺度之间的相互作用。

景观生态学的发展与土地规划、城市生态学等密切关系。城市作为自然基底中重要的斑块，一直是景观生态学研究的对象、城市是典型的人工景观，在空间结构上它属于紧密汇聚型，斑块组成大集中，小分散；在功能上城市景观变现为高能流、高容量、信息流的辐射传播以及文化上的多样性；在景观变化的速率上，城市景观变化快速。对于城市而言，其景观生态建设应该注意将自然引入城市，使文化融入建筑，实现多元汇聚、便捷沟通、高密度流、绿在其中。景观生态学的概念、理论和方法对解决实际的环境、资源和生态问题都有很大的应用价值。景观生态学在应用中突出特点体现在：①强调空间异质性的重要性；②强调尺度的重要性；强调斑块动态观点，明确地将干扰作为系统的一个组成部分来考虑；强调社会经济等人为因素与生态过程的密切联系。

城市发展要有蓝图，生态城市作为一种新的城市理念，在建设过程中也要有城市规划。景观生态学的目的之一就是理解空间结构如何影响生态学过程。现代景观和城市规划与设计强调人类与自然的协调性。自然保护思想在这些领域的研究日趋重要。所以，景观生态学可以为城市规划和设计提供一个必要的理论基础。

（七）城市生态、经济、社会分区理论

城市是一种以系统性空间结构关系存在的社会空间形态，任何城市都存在着多样性系统和系统结构关系，如生态系统空间和结构，经济系统空间和结构，交通系统空间与结构，等等。具有某种结构的空间同时具有某种功能，城市就是在这种条件小，积聚物化要素，集聚系统功能，最后成为人类生活的一种样态。

从空间布局来讲，城市总体布局是城市的社会、经济、自然条件以及工程技术与建筑艺术的综合反映。城市总体布局是在城市性质和规模大体确定的情况下，在城市用地基础上，对城市各组成部分进行统一安排，合理布局。一般城市有以下主要功能区：居住区、工业区、仓库区、对外交通区等；有些城市还有行政区、商业区、文教区、休养疗养区等。城市功能区的划分并不意味着机械地、绝对地划分城市用地。例如，居住区主要布置各种住房建筑和生活服务设施，但也可布置一些不污染环境，货运量不大的工业企业；工业区主要布置工厂和有关的动力、仓库、运输等设施，但也有必要设置一些生活服务设施，以及某些科研机构等。至于市级行政经济机构、高等院校、科学研究设计机构、大型体育设施等，一般可以相对集中地布置在独立的区域或地段内，有些也可以布置在居住区内。要保证城市各项活动的正常进行，必须把各功能区的位置安排得当，既保持相互联系，又避免相互干扰，需要合理的对城市进行功能分区。

（八）城市生态位与生态适宜度理论

生态位是生态学中的一个重要概念，主要指在自然生态系统中一个种群在时间、空间上的位置一起与相关种群之间的功能关系。明确这个概念对于正确认识五种在自然选择进化过程中的作用，以及在运用生态位理论指导人工群落建立中种群的配置等方面具有十分重要的意义。

20 世纪 70 年代末，生态学家和城市学家们首次将生态位的概念引申到了以人为主体的城市生态系统中。在城市中，“生态”即指人类的生存状态，“位”即水平或条件。因此，“城市生态位”即指城市具名生存状态水平的高低或条件的好坏。按照功能分类，城市生态位可以分为生产位和生活位两个方面。其中生产位描述了城市条件有利于生产经济发展的程度；生活位则是描述城市条件方便居民生活的程度。在生态城市的建设中，将城市的生态位进行横向对比（即将同一时期不同城市的生态位进行对比）或是纵向对比（即将同一城市不同时期的生态位进行对比），根据对比结果，可以帮助改善和提高城市生态位，寻找建设生态城市的更为合理的方向和更为可行的途径。

城市的发展是以资源为基础的，包括自然资源、社会经济条件及人力资源等，它们共同构成一个多维资源空间。某种发展方式所需求的最佳的资源多维空间称为该种发展方式的最佳资源生态位，简称最佳生态位。城市现实资源构成的对应资源多维空间，称为现实资源生态位。现实生态位与最佳生态位的匹配关系，反映了现实资源条件对某种发展方式的适宜性程度。所谓城市生态适宜度指的是城市多维资源的现实生态位与其最佳生态位的贴近程度，其度量采用多维资源生态位适宜度指数来估计、当生态位适宜度指数为 1 时，表示城市现实资源条件完全满足所选择的发展方式要求。当生态位适宜度指数为 0 时，则表示现实资源条件完全不满足所选择的发展方式。当一种资源的现实条件在数量或质量上不足，接近可利用限度时，及其生态位适宜度为 0，则整个生态位适宜度指数为 0。根据欧阳志云（1996）和胡春雷（2004）等研究，资源生态位适宜度指数可用下列模型估计：$X_j = (\prod_{i=1}^{n} X_{ij})^{1/n}$，等式中 X_j 为 j 发展方式的生态位适宜度指数，X_{ij} 为 i 的资源因素对 j 发展方式的生态位适宜度指数。

生态适宜度指数大小反映了城市资源条件对发展需求的适宜程度，实际也是扬长避短、充分利用地区资源的过程。它反映了城市生态系统的和谐型、城市居民生活的适宜程度、城市竞争力大小和可持续发展的能力，对于确定城市的经济发展方式，指导政府决策有重要意义。

（九）生态文化学理论

生态文化学起源于“文化生态学”。文化生态学是 19 世纪 70 年代由德国生物学家 E.H. 海克尔提出的，用以研究文化与整个环境生物集的关系。1955 年，美国文化人类学家 J.H. 斯图尔德首次提出“文化生态学”的概念，倡导建立专门学科，以探究具有地域性差异的特殊文化特征及文化模式的来源。此后，文化生态学为越来越多的人类学家和生态学家所重视，逐渐形成现在的生态文化学学科。生态文化学是研究人与自然、社会与自然、人与社会之间和睦相处、和谐发展的一种社会文化，主要涉及四个方面：

（1）生态对文化的影响。如：生态对人文、对生活方式、对社会进程的影响，诸如朝代兴衰、政治动荡、人口迁徙、战争等。

（2）影响生态的文化。主要有社会文化的发展水平与构成、文化观念（哲学、伦理）、文化法规策、文化群落、文化网链与传播等。

（3）区域生态文化圈的特点和比较。诸如各区、民族、社区的生态文化，涉及城乡建设、旅游景观、民情风俗、宗教信仰等。

（4）生态文化的发展轨迹，即生态文化的过去、现在和未来。生态文化学的任务就是要把自然生态与文化联系在一起研究，揭示两者之间关系，是用生态理论研究文化产生、发展规律，同时还用文化的观点来研究生态问题、通过文化手段解决生态问题的一门学科。生态文化学的宗旨在于掌握和协调生态与文化的关系，走交叉学科的道路，与现代文化地理学的多种相邻学科有着密切的联系。由于文化是一个历史范畴，有它的历史延续性，每个地区的文化物质都有它的文化传统，因此生态文化学与历史地理学和文化地理学关系最为密切。

生态文化认为，解决人类所面临的各种棘手问题的契机、方案和办法不可能产生于某种单一的理论、学科或文化，而只能得之于多种理论、学科的协同谐振，以及多种文化、思想的融汇互补。

生态文化作为一种现代性的观念，也促使了人们新的觉醒。提高人的生态意识，约束非理性行为，预防环境突变，是城市化过程中，生态文化系统和生态的保证，也是使城市生态系统成长进入良性循环的保证。

二、生态城市建设指标制定原则

唐山生态城市的指标体系，既要明确唐山市的未来发展方向，也要反映唐山的建设现状和成果。这些内容包括客观现状的评价、生态安全的保障、环境贡献的能力、可持续发展的基础等一系列的指标。以上这些内容的指标构成了指标体系的框架，在制定指标体系时，必须要有制定的原则以保证指标体系的科学准确、全面综合以及容易操作等，为制定科学的林业发展规划奠定坚实的基础。确定这些指标所遵循的原则是：

（一）系统性与代表性相结合的原则

城市生态系统是一个复杂的自然—社会—经济复合系统，指标体系既要全面反映城市三个子系统的主要属性及其相互协调关系，又要反映局部的、当前的和单项的特征。城市系统的复杂性，决定了只能通过抓住反映生态城市中关键问题的代表性指标、构建简明完备的指标体系来刻画出生态城市的轮廓。

（二）指导性与可操作性的原则

选取的指标体系要对城市生态建设的发展方向具有指导性，注重指标的可评价性和操作性，指标的选择必须兼顾数据的可获得性以及指标数据在时间上的连续性。

（三）分类监控与分步考核的原则

唐山城市生态建设指标要落实到部门，按建设规划的阶段进行分步考核。

（四）共性与个性相结合的原则

在承认存在共性的同时，对于不同城市来说，每个城市都会有其自生不同于其他城市的特色。因此在构建唐山市的规划指标体系时，应充分考虑其具体特点和特色。

（五）科学性原则

生态城市建设是一项长期的工作，生态环境的改善更是一项复杂的工程，任何不切实际的指标都会影响生态建设的步伐。指标的确定必须以科学为根本，突出科学性原则；保证指标的科学性的同时，就能达到超前性和新颖性。

（六）全面性与重要性相结合的原则

既能用不多的指标反映城市生态建设的发展目标，同时，这些有限的指标又能反映复杂的城市生态工程建设内容。因而，综合相关的标准，完善城市生态系统建设指标体系，突出综合性原则。

（七）动态性与相对稳定性

指标体系中的指标对时间、空间或系统结构的变化应具有一定的灵敏度，可以反映社会的努力和重视程度、可持续发展的态势。同时，因为生态城市建设和规划是一个长期过程，故指标应在相当长一个时段内具有引导和存在意义，短期问题不予考虑。

（八）基础数据的可靠性高与灵敏度强

指标确定的一项可执行原则就是，必须保证基础数据的可靠性高与灵敏度强，若基础数据条件不具备这些条件，这样的指标尽管理论上有意义也无法选。

（九）定性与定量相结合原则

将一些难以用定量数据描述的指标如文化指标，需要定性描述，则可以包含更多的信息。将指标现象数据定量化可以提高分析结果的精确度，但是在实际的操作过程中还有很多指标信息无法准确的定量，则需要通过对一系列定性数据定量化，这样就可以提高分析预测的能力。

三、生态城市建设指标体系

（一）唐山生态城市建设指标体系

本次唐山生态城市规划参照国际、国家、各省市，特别是河北省和唐山市已有的城市生态规划指标，依据指标确立原则，在广泛征求多方意见的基础上，提出了唐山市生态规划指标体系。规划主要分为三级指标体系，分别为绿色经济发展、生态环境、生态文化和社会进步四大类一级指标；15类二级指标和148个三级指标（表1-1）。

表1-1　唐山生态城市建设指标体

一级指标	二级指标	序号	三级指标
绿色经济发展	经济结构	1	城镇一、二、三产固定资产比例
		2	全社会固定资产投资总额占GDP的比例
		3	空气污染防治投资占GDP比例
		4	水污染防治投资占GDP比例
		5	固体废弃物污染防治投资占GDP比例
		6	工业资本密集度
		7	外商直接投资（FDI）额占GDP的比例
		8	耕地保有量
		9	人均耕地面积
		10	一、二、三产产值比例
		11	第三产业占地区生产总值比例
	经济增长	12	民营经济增加值
		13	“四点一带”生产总值
		14	园区经济生产总值
		15	生态环境产业产值
		16	生态文化创意产业产值
		17	低碳企业产值占全市GDP比值
		18	有机农产品产值
		19	无公害食品供给率
		20	非木质资源年产量
		21	高新技术产业增加值
		22	农村旅游产值
		23	可再生能源占总能耗（标煤）比率
		24	可再生能源产值增长率
绿色经济发展	经济增长	25	低碳材料产值增长率
		26	GDP增长率
		27	科技贡献率
	经济水平	28	一产单位面积产值
		29	二产单位面积产值
		30	三产单位面积产值
		31	一产全员劳动生产率
		32	二产全员劳动生产率
		33	三产全员劳动生产率
		34	百元固定资产原价实现产值
		35	人均地区生产总值
		36	一般预算财政收入
		37	年人均财政收入（一般预算）
		38	农民年人均纯收入
		39	城镇居民年人均可支配收入
	资源利用	40	万元GDP综合能耗（标煤）
		41	万元GDP的综合能耗降低率
		42	万元GDP用水量
		43	万元GDP的用水量降低率
		44	水资源利用率
		45	农业灌溉有效利用系数
		46	工业固体废弃物综合利用率
		47	木材综合利用率
		48	节能建筑面积率
	企业管理	49	应当实施清洁生产企业的比例
		50	规模化企业通过ISO-14000认证比率
		51	规模化企业通过ISO-18000认证比率

（续）

一级指标	二级指标	序号	三级指标
生态环境	生态建设	52	森林覆盖率
			山区
			丘陵区
			平原地区
		53	生态公益林面积比重
		54	生态用地保有量
		55	绿色通道率
		56	城镇人均绿地面积
		57	沿海地区森林覆盖率
		58	森林碳密度
		59	森林蓄积量
		60	成熟林单位面积蓄积量
		61	森林灾害发生面积比率
		62	“四城一河”
		63	矿山废弃地治理率
		64	矿山采空区环境治理率
		65	水土流失治理面积率
		66	森林（湿地）公园、自然保护区面积
		67	湿地保护面积率
		68	面源污染控制率
		69	林水结合度
		70	人均生态游憩地面积
		71	退化土地恢复率
		72	受保护地区占国土面积比例
	大气环境	73	城市空气质量好于或等于二级标准的天数
		74	城市环境空气质量综合污染指数
		75	城区可吸入颗粒物（PM_{10}）年均浓度
		76	城区 SO_2 年均浓度
		77	城区 NO_2 年均浓度
		78	万元 GDP 二氧化硫排放
		79	万元 GDPCO_2 排放
		80	人均碳排放量
		81	工业废气无害化处理率
		82	酸雨频率
生态环境	水环境	83	万元 GDP 工业污水排放量
		84	工业 COD 排放量
		85	获得安全饮用水的人口比例
		86	城市地表水源区水质Ⅱ类以上达标率
		87	城市地下水饮用水质达标率
		88	农村地下水饮用水质达标率
		89	湖泊水体Ⅰ~Ⅴ类水比例（全部测点年均值）
		90	河流水体Ⅰ~Ⅴ类水比例（全部量测断面年均值）
		91	水系水质达到 live 类以上比率
		92	集中式饮用水源水质达标率
		93	工业用水重复率
		94	工业污水排放达标率
		95	城镇生活污水处理率
		96	农村生活污水处理率
		97	近岸海域水环境质量达标率
		98	海洋赤潮发生累计面积
	土壤环境	99	农地单位面积使用化肥量
		100	农地单位面积使用农药量
		101	农田土壤污染面积
		102	城镇土壤污染面积
		103	污染土壤无害利用面积
	声环境	104	噪声达标区覆盖率
		105	居民区环境噪声平均值
		106	区域环境噪声平均值
		107	城市交通干线噪声平均值
	其他环境	108	城市热岛面积
		109	万元 GDP 工业固体废物排放量
		110	城镇生活垃圾无害化处理率
		111	工业固体废物无危险排放率
		112	农村生活垃圾无害化处理率
		113	旅游区环境达标率
生态文化	生态文化保护与建设	114	名木古树保护程度
		115	历史文化遗存受保护比例
		116	非物质文化遗产保护

（续）

一级指标	二级指标	序号	三级指标
生态文化	生态文化保护与建设	117	博物馆 / 纪念馆 / 生态科普基地 / 生态文化园 / 生态文化产业基地 / 公园数量
		118	博物馆 / 生态科普基地年接待人数
		119	城镇人均公园绿地面积
		120	公园年接待人数
		121	乡村绿化达标率
		122	生态文化产业基地数量
		123	城镇生态住区比例
社会进步	法律政策	124	生态城市法律政策健全配套状况
		125	生态城市法律政策执行状况
	城市公共事业	126	科技投入（财政一般预算支出）资金占 GDP 比重
		127	企业科技投入占企业产值比重
		128	地方科技支出占财政支出比例（一般预算）
		129	教育投入（一般预算支出）
		130	卫生投入（一般预算支出）
		131	信息化程度
社会进步	城市公共事业	132	社会公益性支出占一般预算财政支出比例
		133	城市生命线系统完好率
		134	城市燃气普及率
		135	采暖地区集中供热普及率
	城乡社会发展水平	136	城市化水平
		137	新农村建设（文明生态村占行政村总数比例）
		138	城镇生态住区比例
		139	恩格尔系数（城）
			恩格尔系数（乡）
		140	基尼系数
		141	城镇登记失业率
		142	生态建设岗位增长率
		143	就医保障
		144	城市公共文明指数
		145	高等教育入学率
		146	幸福指数
		147	环境保护宣传教育普及率
		148	公众对环境的满意率

唐山生态城市建设指标体系中各标准值的确定原则归纳如下：

（1）据现有的经济、生态环境与社会文化协调发展理论，力求将标准值定量化。

（2）凡已有国家标准、国际标准或地方标准的指标尽量采用规定的标准值。

（3）参考国际上发达国家对现代化城市的量化指标值作为标准值。

（4）参考国外生态化程度较高的城市现状值作为标准值。

（5）参考国内城市建设指标的标准及现状值，根据趋势外推。

（6）特殊指标标准值根据唐山市特定现状外推预期标准。

（二）规划范围、时限及编制依据

1. 规划范围

唐山市总面积 17040 平方公里。其中陆地总面积 13472 平方公里，唐山海域面积达 3568 平方公里。涵盖迁安、遵化两市，滦县、滦南、乐亭、迁西、玉田、唐海等六县，丰南、丰润、路南、路北、古冶和开平等六区，海港经济开发区、高新技术产业园区、南堡经济开发区、芦台经济开发区和汉沽管理区。

2. 规划时限

规划基准年为 2010 年，分 2011~2015 年（近期）、2016~2020 年（中期）和 2021~2030 年（远期）三个规划期。

3. 规划编制依据

- 《全国生态环境保护纲要》(国发〔2000〕38号)
- 《国家环境保护"十一五"计划和2010年发展规划纲要》
- 《全国生态环境建设规划大纲》
- 国家相关法律、规划与计划
- 河北省相关政策、规划与计划
- 唐山市各相关行业部门"十二五"规划及背景材料
- 唐山社会主义新农村建设暨农村经济发展"十二五"规划纲要
- 唐山市城市生态建设规划
- 唐山市经济、社会及生态环境相关基础资料
- 唐山市历年政府工作报告
- 唐山市城镇绿地规划2011~2020
- 唐山市历年统计年鉴
- 唐山市环境保护局历年环境公报
- 唐山市环境保护局历年的《唐山市环境质量报告书》

四、唐山生态城市建设指标测算方法

(一)标准规范测算法

在唐山生态城市建设指标的测算方法中，标准规范测算法是最重要的测算方法，包括使用一些简单的运算工具如excel等。在测算时数据来源主要有城市统计年鉴、国家统计年鉴、城市环境质量报告书和城市政府部门的调研数据。一般绝大多数指标都能找到相应的数据，对于个别数据在某一年份缺失的情况，可以通过回归分析法、均值法或者成果参照法来估计指标值。然而如果某一指标有超过3年的数据缺失情况，就要考虑是否采用这项指标。

(二)景观生态学测算法

景观生态学(landscape ecology)是研究在一个相当大的区域内，由许多不同生态系统所组成的整体(即景观)的空间结构、相互作用、协调功能及动态变化的一门生态学新分支。景观在自然等级系统中一般认为是属于比生态系统高一级的层次。景观生态学以整个景观为研究对象，强调空间异质性的维持与发展，生态系统之间的相互作用，大区域生物种群的保护与管理，环境资源的经营管理，以及人类对景观及其组分的影响。在景观这个层次上，低层次上的生态学研究可以得到必要的综合。景观生态学测算法是研究唐山生态城市建设指标体系的重要测算方法之一。

(三)运筹学测算法

运筹学是近代应用数学的一个分支，主要是将生产、管理等事件中出现的一些带有普遍性的运筹问题加以提炼，然后利用数学方法进行解决。前者提供模型，后者提供理论和方法。运筹学测算法以整体最优为目标，从系统的观点出发，力图以整个系统最佳的方式来解决该系统各部门之间的利害冲突。对所研究的问题求出最优解，寻求最佳的行动方案，所以它也可看成是一门优化技术，提供的是解决各类问题的优化方法。运筹学的具体内容包括：规划论(包括线性规划、非线性规划、整数规划和动态规划)、图论、决策论、对策论、排队论、存储论、可靠性理论等。其中主要的运筹学测算方法是规划论中的非线性规划。

非线性规划研究一个n元实函数在一组等式或不等式的约束条件下的极值问题，且目标函数和约束条件至少有一个是未知量的非线性函数。

数学模型建立，首先要选定适当的目标变量和决策变量，并建立起目标变量与决策变量之间的函数关系，称之为目标函数。然后将各种限制条件加以抽象，得出决策变量应满足的一些等式或不等式，称之为约束条件。非线性规划问题的一般数学模型可表述为求未知量 x_1，x_2，…，x_n，使满足约束条件：

$g_i(x_1, \cdots, x_n) \geqslant 0 \quad i=1, \cdots, m$

$h_j(x_1, \cdots, x_n) = 0 \quad j=1, \cdots, p$

并使目标函数 $f(x_1, \cdots, x_n)$ 达到最小值（或最大值）。其中 f，诸 g_i 和诸 h_j 都是定义在 n 维向量空间 Rn 的某子集 D（定义域）上的实值函数，且至少有一个是非线性函数。

上述模型可简记为：

$\min f(x)$

$\text{s.t.} g_i(x) \geqslant 0 \quad i=1, \cdots, m$

$h_j(x) = 0 \quad j=1, \cdots, p$

其中 $x = (x_1, \cdots, x_n)$ 属于定义域 D，符号 min 表示“求最小值”，符号 s.t. 表示“受约束于”。定义域 D 中满足约束条件的点称为问题的可行解。全体可行解所成的集合称为问题的可行集。对于一个可行解 x^*，如果存在 x^* 的一个邻域，使目标函数在 x^* 处的值 $f(x^*)$ 优于（指不大于或不小于）该邻域中任何其他可行解处的函数值，则称 x^* 为问题的局部最优解（简称局部解）。如果 $f(x^*)$ 优于一切可行解处的目标函数值，则称 x^* 为问题的整体最优解（简称整体解）。

（四）数理统计测算法

数理统计测算法是数学的一门分支学科。它以概率论为基础运用统计学的方法对数据进行分析、研究导出其概念规律性（即统计规律）。它主要研究随机现象中局部（字样）与整体（母体）之间。以及各有关因素之间相互联系的规律性。它主要是利用样本的平均数、标准差、标准误、变异系数率、均方、检验推断、相关、回归、聚类分析、判别分析、主成分分析、正交试验、模糊数学和灰色系统理论等有关统计量的计算来对实验所取得的数据和测量、调查所获得的数据进行有关分析研究得到所需结果的一种科学方法。在生态城市建设指标的测算方法中，数理统计测算法是其中重要的测算方法之一，因子分析也是不可忽略的重要方法之一。

在对该指标体系数据分析过程中，经常遇到指标很多，且指标之间存在较强的相关关系的情况，这不仅给区域可持续发展的分析和描述带来一定的问题，而且在使用某些方法时也会出现问题。如果简单的使用加和的方法来计算 EPIS 指数的得分，会重复计算某些信息而导致计算值失真；如果直接用选定的两三个不相关的变量进行分析，其他的变量的信息又会丢失。实际上，变量之间信息的高度相关意味着它们所反映的信息高度重合，因为，我们可以通过多元统计分析技术中的因子分析方法对数据处理，用几个假想因子来反映数据的基本结构和信息。因子分析（factor analysis）是多元统计分析技术的一个分支，其主要目的是用于浓缩数据。它通过研究众多指标之间的内部依赖关系，探索观测数据中的基本结构，最终用几个起支配作用、相互独立但又是不可观测的假想因子来描述基本的数据信息和结构。简单地说，因子分析就是研究如何以最少的信息丢失把众多的观测变量浓缩为少数几个因子。

数理统计测算法要求具有随机性，而且数据必须真实可靠，这是进行定量分析的基础。这种方法不可借助计算机来进行，亦更能达到快速、准确和实施大量计算的目的。因此使用此方法测算数据具有高度的可信度。

（五）系统动力学测算法

无论所研究区域的大小或范围如何，其城市生态效益系统的长周期运转特性，决定了对系统进行整体性实体结构调控是非常困难的。建立总体动态仿真模型，在计算机上进行仿真试验，不但使不可能进行的试验变为可能，而且多方案试验能在短时间内完成，也提高了试验结果的实用价值。

城市生态效益总体系统模型——系统动力学模型突出以下特点：以解决动态问题为目的，是一种源自反馈控制的系统动态仿真模型：由多变量、多方程互相联系组成，适宜于对非线性复杂大系统的模拟；能方便地进行能量、物质、信息多路循环，社会、经济、环境多因素多关系一体化运转的多方案总体动态仿真试验；不片面要求数据的精确性，适宜于对难以获得全部准确参数的系统进行模拟：通过近几年有关学者的努力研究，已形成了比较成熟的模拟技术。

SD模型作为复杂系统的重要研究方法之一，能模拟系统随时间变化的过程，虽然具有预测效果，但不是预测的工具。建立模型的过程，就是将真实系统经过特定的抽象，在计算机上转换成可调节控制的人工系统的过程。由此看来，对城市生态效益进行总体分析与未来发展的预测，采用系统动力学模型分析方法是必要的，也是可行的。

（六）其他测算法（层次分析法）

层次分析法（the analytic hierarchy process），简称AHP法，是美国运筹学家T. I. Seaty于20世纪70年代中期提出的一种实用于多准则的决策方法。该方法首先将复杂问题层次化，根据问题和要达到的目标，将问题分解为不同的组成因素，并按照因素间的相互关联及隶属关系将因素按不同层次聚集组合，形成一个层次的分析结构模型，根据系统的特点和基本原则，对各层的因素进行对比分析，引入1~9比率标度方法构造判断矩阵、求解判断矩阵最大特征值及其特征向量，并得到各因素的相对权重，其基本步骤如下：①通过系统分析，把复杂问题分解成有序的递阶层次结构；②构建判断矩阵，用九分法的相对重要性的比率标度，对指标进行两两比较判断；③经过层次单排序及一次性检验和层次总排序及一次性检验，将各指标的相对重要性数量化，并确定权重；④根据权重换算为相应的百分制评分标准。

唐山生态城市建设指标涉及的内容广泛，生态环境的改善更是一项复杂的工程，涉及的内容和类别方方面面，指标多且繁，各个指标不能简单的堆放在一起，需要以一种特定的方式进行将其整合成一个整体。对指标进行分析分类应用层次分析法，将唐山生态城市建设指标分为三个层次：目标层、组分功能层、指标层。最后进行核心指标的选择。

第二章　唐山生态城市建设目标与指标核算结果

一、唐山生态城市建设目标

（一）分阶段目标

从唐山生态城市的发展理念出发，基于资源环境的承载能力与潜力，以及需求与加速发展的可能，通过全面实施生态环境、生态产业、生态文化三大体系工程建设，分阶段实现以下目标：

1. 第一阶段

到2015年底，把新唐山基本建成科学发展示范区，展现唐山“文化名城、经济强城、宜居靓城、滨海新城”特色，实现80%的唐山生态城市核心指标，奠定生态城市基础构架体系。

- 实现GDP与城乡居民收入同步增长，与2010年相比，增长率超过50%；
- 提前五年实现国家降低单位GDP碳排放目标；
- 建成覆盖城乡的森林生态网络体系，森林覆盖率达34%；
- 城市人均公园绿地面积稳定在30平方米以上；
- 实现城市生活垃圾无害化处理率100%；
- 城市空气质量好于或等于二级标准的天数稳定在330天；
- 完成唐山世界园艺博览会园建设。

2. 第二阶段

到2020年，全面建成科学发展示范区，实现生态优美、经济发达、社会和谐、文化繁荣、宜居宜业，建成生态城市，成为生态文化示范城市。

- 继续保持GDP与城乡居民收入同步增长，比2010年翻一番；
- 与2010年比，单位GDP能耗削减40%；
- 森林质量明显提高，与2010年相比，森林蓄积量增加50%；
- 生态用地稳定在6500平方公里以上；
- 各级各类公园总数超过100个；
- 实现安全饮用水的人口比例100%；
- 行政村全部建成文明生态村；
- 城镇生态住区比例达到1/4；
- 城市空气质量好于或等于二级标准的天数稳定在335天；
- 实现水系水质达到Ⅳ类以上比率100%；
- 实现城市污水达标处理率100%；

◆ 矿山废弃地治理面积率达 80%；
◆ 无公害食品供给率达 100%；
◆ 确立完备的生态城市法律政策体系；
◆ 形成完备达标的旅游设施、旅游产品和服务网络体系，年旅游人数达到 2500 万人以上。

3. 第三阶段

到 2030 年，继续提升生态城市建设水平，建成生态体系完备、生态产业发达、生态文化繁荣的特色生态城市，使唐山生态城市建设处于我国大城市的前列。

（二）分区目标

——居于西部的山区，重点建设城市生态屏障和矿山生态环境治理，建成结构合理、功能强大的森林生态系统，山地水土流失基本得到遏制，矿山废弃地基本得到治理；

——平原丘陵区，重点建设城市森林网络体系和工矿区生态建设、城乡人居环境全面提升，工农业生产引发的水污染、面源污染等环境问题得到有效治理与控制，全面建成绿色无公害的种植、养殖与加工、运输、存贮、销售体系；

——沿海区，重点建设沿海防护林体系，实现沿海湿地、海洋生态环境的有效保护；

——唐山市区和开发区，重点发展高新产业、循环经济、低碳经济、现代服务业，生态产业成为产业主体，生态住区成为人居环境提升的主流，同时，建立起强有力的减灾防灾体系和发达繁荣的生态文化体系。

为了确保发展道路的科学性，有必要通过对支撑总体目标的分目标的指标量化，清晰地勾画出唐山生态城的各阶段各个侧面发展前景。本节根据唐山生态城的建设目标选取确定了 122 个总体指标，包括绿色经济发展指标（39 个），生态环境建设与保护指标（53 个），生态文化指标（6 个），社会进步指标（24 个）。其中核心指标 50 项。

二、唐山市生态城建设指标及指标值现状分析

（一）唐山市生态城建设指标值的发展变化

1. 唐山市生态城建设总体指标值的发展变化（表 2-1）

2. 唐山市生态城建设分区指标值的发展变化

唐山市生态城建设分区指标值的发展变化主要包括山区、平原及丘陵区、沿海区、开发区及唐山市区等四个主要分块。根据生态经济进行分区生态规划建设，包括一产生态经济分区和二、三产生态经济分区。其中在一产生态经济分区中：

① 山区：遵化市、迁安市、迁西县；

② 平原及丘陵区：开平区、古冶区、路南区、路北区、丰润区、玉田县、滦县、丰南、汉沽区、芦台区；

③ 沿海区：唐海、乐亭、滦南、南堡区；

④ 经济开发区及唐山市区：曹妃甸区、海港区、市区、市直区、高新区。

在二、三产生态经济分区中：

① 山区：遵化市、迁安市、迁西县；

② 平原及丘陵区：开平区、古冶区、路南区、路北区、丰润区、玉田县、滦县、丰南区；

③ 沿海区：唐海、乐亭、滦南；

④ 经济开发区及唐山市区：曹妃甸区、南堡区、海港区、市区、市直区、芦台区、高新区、汉沽区。

具体指标值变动率见表 2-2 至表 2-5。

表 2-1　唐山市生态建设总体指标值变动表

一级指标	二级指标	序号	三级指标	单位	2003 年现状	2004 年现状	2005 年现状	2006 年现状	2007 年现状	2008 年现状	2009 年现状	2010 年现状
绿色经济发展	绿色经济结构	1	城镇一、二、三产固定资产比例	%	1:135:78	1:121:60	1:113:52	1:103:76	1:76:70	1:84:53	1:55:78	1:47:102
		2	民营增加值	亿元	625.57	874.55	1227	1450	1862	2201	2471	
		3	全社会固定资产投资总额占 GDP 的比例	%	24.31	28.29	31.35	32.78	37.30	38.25	47.27	59.65
		4	工业资本密集度	万元/人	0.99	1.33	1.70	1.73	2.74	3.39		
		5	外商直接投资（FDI）额占 GDP 的比例	%	1.97	1.16	1.86	1.60	1.81	1.66	1.42	1.25
		6	人均耕地面积	亩	1.16	1.20	1.19	1.18	1.17	1.16	1.23	
		7	一、二、三产产值比例	%	15.0:55.2:29.8	13.1:55.8:31.1	11.7:57.3:31.1	9.82:58.7:31.5	10.3:57.4:32.3	9.60:59.3:31.1	9.40:57.8:32.8	8.7:58.9:32.4
		8	第三产业占地区生产总值比例	%	29.8	31.1	31.1	31.5	32.3	31.1	32.8	32.4
		9	生态环境产业产值增长率	%								
		10	生态文化创意产业产值增长率	%								
		11	无公害食品供给率	%								
		12	高新技术产业增加值	亿元	42.5	58.2	34.8	42.0	51.1	74.6	88.0	
		13	生态旅游产值增长率	%								
		14	可再生能源（标煤）产量	万吨					440			
		15	可再生能源产值增长率	%								
	绿色经济效率	16	GDP 增长率	%	13.2	14.9	15.1	14.6	15.0	13.1	11.3	13.1
		17	一产全员劳动生产率	万元/人	1.22	1.38	1.72	1.90	2.17	2.66	2.79	3.02
		18	二产全员劳动生产率	万元/人	5.87	6.94	8.44	9.41	10.4	13.3	13.0	15.9
		19	三产全员劳动生产率	万元/人	3.95	4.97	6.00	6.45	7.55	8.82	9.41	10.3
		20	百元固定资产原价实现产值	百元	411	353	324	309	262	261	175	168
	绿色经济水平	21	人均地区生产总值	元/人	18387	22965	28466	32380	37765	48054	51951	59667
		22	一般预算财政收入	万元	126.80	160.18	226.46	264.29	330.80	405.82	413.35	438.95
		23	年人均财政收入	元/人	1795	2256	3169	3675	4565	5564	5632	5972

（续）

一级指标	二级指标	序号	三级指标	单位	2003年现状	2004年现状	2005年现状	2006年现状	2007年现状	2008年现状	2009年现状	2010年现状
绿色经济发展	绿色经济水平	24	农民年人均纯收入	元/人	3790	4083	4582	5155	5825	7420	6625	8310
		25	城镇居民年人均可支配收入	元/人	8068	8902	10488	12376	14235	16382	18053	19556
	单位GDP资源利用	26	万元GDP综合能耗（标煤）	吨/万元	3.15	3.07	2.95	2.86	2.78	2.6	2.46	2.37
		27	万元GDP的综合能耗降低率	%	3.67	2.54	3.91	2.9	4.03	6.40	5.21	3.5
		28	万元GDP用水量	立方米/万元								
		29	万元GDP的用水量降低率	%			137.5					
		30	水资源利用率	%								
		31	工业固体废弃物综合利用率	%	73.3	80.4	66.3	61.6	63.5	73.8	80.5	
	绿色企业	32	应当实施清洁生产企业的比例	%			63.8				82.0	
		33	规模化企业通过ISO-14000认证比率	%			2.3					
生态环境	生态建设	34	森林覆盖率	%		21.9	21.9	23.3		26.5	28.7	30.2
			山区	%			70.2					
			丘陵区	%			41.1					
			平原地区	%			18.3					
		35	生态公益林面积比重	%			41.6					
		36	绿色通道率	%						59.24		
		37	城镇人均绿地面积	平方米/人	27.9	28.2	28.6	29.3	29.8	30.9		
		38	沿海地区森林覆盖率	%							16.12	
		39	森林碳密度	吨/公顷								
		40	森林蓄积量	万立方米							286.0380	
		41	森林灾害发生面积比率	%								
		42	矿山废弃地复绿治理率	%								
		43	矿山采空区环境治理率	%								
		44	水土流失治理面积率	%							27.89	

（续）

一级指标	二级指标	序号	三级指标	单位	2003年现状	2004年现状	2005年现状	2006年现状	2007年现状	2008年现状	2009年现状	2010年现状
生态环境	生态建设	45	林水结合度	%								
		46	人均生态游憩地面积	平方米/人							70.1	
		47	退化土地恢复率	%			49.3					
		48	受保护地区占国土面积比例	%			8.1				10	
	大气环境	49	城市空气质量好于或等于2级标准的天数	天/年	242	277	316	301	308	328	329	330
		50	城市环境空气质量综合污染指数		1.24	1.23	1.17	1.14	1.14	0.94	0.87	
		51	城区可吸入颗粒物（PM_{10}）年均浓度	毫克/立方米	0.127	0.112	0.095	0.100	0.094	0.082	0.078	
		52	城区SO_2年均浓度	毫克/立方米	0.091	0.088	0.085	0.082	0.082	0.066	0.062	
		53	城区NO_2年均浓度	毫克/立方米	0.039	0.041	0.043	0.042	0.043	0.031	0.031	
		54	万元GDP二氧化硫排放	公斤/万元	20.13	18.01	15.36	12.3	10.88	7.94	6.67	5.59
		55	万元GDPCO_2排放	公斤/万元			4.54					
		56	工业废气无害化处理率	%								
		57	酸雨频率	%	0	0	0	0	0	0	0	0
	水环境	58	万元GDP工业污水排放量	吨/万元	18.48	14.16	14.14	12.16	9.41	8.28		
		59	工业COD排放量	吨	50836	61666	72370	76005	75551	63509	47900	
		60	获得安全饮用水的人口比例	%								
		61	城市地表水源区水质二类以上达标率	%			65				50	
		62	城市地下水饮用水质达标率	%							100	
		63	农村地下水饮用水质达标率	%								
		64	无超4类地表水体	%			65					
		65	集中式饮用水源水质达标率	%			98.4					
		66	工业用水重复率	%			78	68	60	74		

（续）

一级指标	二级指标	序号	三级指标	单位	2003年现状	2004年现状	2005年现状	2006年现状	2007年现状	2008年现状	2009年现状	2010年现状
生态环境	水环境	67	工业污水排放达标率	%	93.94	96.38	96.39	96.40	96.53	96.74		
		68	城镇生活污水处理率	%			65					94.1
		69	农村生活污水处理率	%								
		70	近岸海域水环境质量达标率	%			100					
		71	海洋赤潮发生累计面积	平方公里								
	土壤环境	72	农地单位面积使用化肥量	吨/公顷	0.67	2.02	0.69	0.65	0.66	0.66		
		73	农地单位面积使用农药量	公斤/公顷	10.3	9.14	10.9	9.72	10.2	10.1		
		74	土壤污染面积率	%								
	声环境	75	噪声达标区覆盖率	%	85.2	80.7	79.7		58.5	74.9	83.6	
		76	居民区环境噪声平均值	分贝/年	53.7	52.8		53.4	53.7	50.7		
					46.8	46.6		47.7	44.9	46.0		
		77	区域环境噪声平均值	分贝/年	56	54.9	55.1	55.2	55.1	53.6	53.1	
	其他环境	78	城市交通干线噪声平均值	分贝/年	70	69.5	69.7	69.9	67.6	67.1	66.6	
		79	城市热岛面积	公顷							583519	
		80	万元GDP固体废物排放量	公斤/万元	26.3	13.7				15.0	6.56	
		81	城镇生活垃圾无害化处理率	%			58.8			86.23	91.13	91.3
		82	工业固体废物无危险排放率	%	100	无	89.0					
		83	农村生活垃圾无害化处理率	%								95
		84	旅游区环境达标率	%			66					
生态文化	生态文化保护与建设	85	名木古树保护程度	%								
		86	历史文化遗存受保护比例	%								
		87	博物馆/生态科普基地数量	个								
		88	人均公园绿地面积	平方米		9.9		9.4	9.73	10.5	13.8	15.12
		89	乡村绿化达标率	%								
		90	生态文化产业基地数量	个								

（续）

一级指标	二级指标	序号	三级指标	单位	2003年现状	2004年现状	2005年现状	2006年现状	2007年现状	2008年现状	2009年现状	2010年现状
社会进步	法律政策	91	生态城市法律政策健全配套状况									
		92	生态城市法律政策执行状况	%								
	社会公益事业投入	93	科技投入（财政一般预算支出）资金占GDP比重	%	0.11	0.086	0.091	0.095	0.094	0.11		
		94	企业科技投入占企业产值比重	%		3.20		2.34		2.98		
		95	地方科技支出占财政支出比例（一般预算）	%	1.89	1.43	1.47	1.49	1.24	1.52		
		96	科技贡献率	%		55	55.8	56.5	57.3	58.1		
		97	教育投入（一般预算支出）	万元	131388	174319	208236	233849	363410	472332	513967	588847
		98	卫生投入（一般预算支出）	万元	54486	58002	71291	90753	119285	177053	217240	259781
		99	信息化程度									
	城市公共设施建设	100	社会公益性支出占一般预算财政支出比例	%	23.7	24.4	27.4	24.5	40.7	35.5		
		101	城市生命线系统完好率	%			87.5					
		102	城市燃气普及率	%		97.5	98	89.5	99	99.5	99.8	
		103	采暖地区集中供热普及率	%	54.2	55.5	56.5	65.1	68.5	70.2	76	80.5
	城乡社会发展水平	104	城市化水平	%	41.75	43.76	45	48	49.5	51.25	53	54.9
		105	新农村建设（文明生态村占行政村比例）	%				44	53	61	78	79.7
		106	恩格尔系数（城）	%	35.93	36.6	36.4	35.0	35.8	35.5	35.9	32.3
			恩格尔系数（乡）			40.8	39.7	37.5	38.5	38.1	35.2	34.9
		107	基尼系数				0.55					
		108	城镇登记失业率	%	6.0	4.0		4.35	4.15	4.17	4.1	4.06
		109	就医保障	医生/万人	15.7	15.1	15.7	20.2	19.0	18.5	19.1	21.5
		110	高等教育入学率	%			22				25	27.5（毛）
		111	环境保护宣传教育普及率	%			86.8					
		112	公众对环境的满意率	%			91					

表 2-2 唐山市山区生态建设指标值变动表

一级指标	二级指标	序号	三级指标	单位	2003 年现状	2004 年现状	2005 年现状	2006 年现状	2007 年现状	2008 年现状	2009 年现状
绿色经济发展	绿色经济结构	1	全社会固定资产投资总额占 GDP 的比例	%	25.05	26.0	26.06	24.66	23.41	24.27	29.9
		2	外商直接投资（FDI）额占 GDP 的比例	%	0.84	0.90	0.80	1.10	0.79	0.95	1.04
		3	人均耕地面积	亩	1.0	1.0	0.99	0.98	0.97	0.95	
		4	一、二、三产产值比例	%	1:5:3	1:6:4	1:8:4	1:12:6.4	1:11:5	1:12:6	
		5	第三产业占地区生产总值比例	%	34.4	33.9	32.8	32.5	32.0	32.8	
		6	生态环境产业产值	%							
		7	无公害食品供给率	%							
		8	生态旅游产值增长率	%							
		9	可再生能源产值增长率	%							
	绿色经济效率	10	GDP 增长率	%		33.4	33.7	22.9	22.7	25.4	5.5
		11	百元固定资产原价实现产值	百元	3.99	3.84	3.84	4.05	4.3	4.1	3.34
	绿色经济水平	12	人均地区生产总值	元 / 人	1972	26159	34647	42194	51246	63585	
		13	财政收入	万元	91351	140844	208088	259275	318841	350329	375720
		14	年人均财政收入	元 / 人	531	814	1191	1470	1789	1945	
		15	农民年人均纯收入	元 / 人	3704	4082	4802	5535	6322	7259	8162
		16	城镇居民年人均可支配收入	元 / 人	7462	8371	9970	11829	13470	15587	
	单位 GDP 资源利用	17	万元 GDP 综合能耗（标煤）	吨 / 万元	3.15	3.07	2.95	2.86	2.78	2.6	
		18	万元 GDP 的综合能耗降低率	%	3.67	2.54	3.91	2.9	4.03	6.40	
		19	水资源利用率	%							
		20	工业固体废弃物综合利用率	%	73.3	80.4	66.3	61.6	63.5	73.8	80.5
	绿色企业	21	应当实施清洁生产企业的比例	%			63.8				82.0
		22	规模化企业通过 ISO-14000 认证比率	%			2.3				
生态环境	生态建设	23	森林覆盖率	%			70.2				
		24	生态公益林面积比重	%			41.6				
		25	绿色通道率	%						59.24	
		26	城镇人均绿地面积	平方米/人							
		27	森林碳密度	吨 / 立方米							
		28	森林蓄积量	立方米							
		29	森林灾害发生面积比率	%							
		30	矿山废弃地复绿治理率	%							
		31	矿山采空区环境治理率	%							
		32	水土流失治理面积率	%							28

（续）

一级指标	二级指标	序号	三级指标	单位	2003年现状	2004年现状	2005年现状	2006年现状	2007年现状	2008年现状	2009年现状
生态环境	生态建设	33	林水结合度	%							
		34	退化土地恢复率	%							
		35	万元GDP二氧化硫排放	公斤/万元	20.13	18.01	15.36	12.53	10. 88	7.94	6.67
		36	万元GDPCO_2排放	公斤/万元			4.54				
		37	工业废气无害化处理率	%							
		38	酸雨频率	%	0	0	0	0	0	0	0
	水环境	39	万元GDP工业污水排放量	公斤/万元	18.48	14.16	14.14	12.16	9.41	8.28	
		40	获得安全饮用水的人口比例	%							
		41	农村地下水饮用水质达标率	%							
		42	无超4类地表水体	%			65				
		43	集中式饮用水源水质达标率	%			98.4				
		44	工业用水重复率	%			78	68	60	74	
		45	工业污水排放达标率	%	93.94	96.38	96.39	96.40	96.53	96.74	
		46	城镇生活污水处理率	%			65				
		47	农村生活污水处理率	%							
	土壤环境	48	农地单位面积使用化肥量	吨/公顷	0.53	1.77	0.55	0.53	0.54	0.54	
		49	农地单位面积使用农药量	公斤/公顷	9.5	9.14	7.7	7.61	7.18	6.68	
		50	土壤污染面积率	%							
	声环境	51	噪声达标区覆盖率	%	85.2	80.7	79.7		58.5	74.9	83.6
		52	居民区环境噪声平均值（昼）	分贝/年	53.7	52.8		53.4	53.7	50.7	
			居民区环境噪声平均值（夜）	分贝/年	46.8	46.6		47.7	44.9	46.0	
		53	区域环境噪声平均值	分贝/年	56	54.9	55.1	55.2	55.1	53.6	53.1
		54	万元GDP固体废物排放量	公斤/万元	26.3	13.7	12.9	10.6	8.63	14.95	6.56
		55	城镇生活垃圾无害化处理率	%			58.8			86.23	91.13
		56	工业固体废物无危险排放率	%			89				
		57	农村生活垃圾无害化处理率	%							
		58	旅游区环境达标率	%							
生态文化	生态文化保护与建设	59	名木古树保护程度	%							
		60	历史文化遗存受保护比例	%							
		61	乡村绿化达标率	%							

（续）

一级指标	二级指标	序号	三级指标	单位	2003 年现状	2004 年现状	2005 年现状	2006 年现状	2007 年现状	2008 年现状	2009 年现状
社会进步	法律政策	62	生态城市法律政策健全配套状况								
		63	生态城市法律政策执行状况	%							
	社会公益事业投入	64	企业科技投入占企业产值比重	%		3.2		2.34		2.98	
		65	地方科技支出占财政支出比例	%	1.89	1.43	1.47	1.49	1.24	1.52	
		66	科技贡献率	%		55	55.8	56.5	57.3	58.1	
		67	信息化程度								
	城市公共设施建设	68	社会公益性支出占财政支出比例	%	23.7	24.4	27.4	24.5	40.7	35.5	
		69	城市生命线系统完好率	%			87.5				
	城乡社会发展水平	70	城市化水平	%	41.75	43.76	45	48	49.5	51.25	53
		71	新农村建设（文明生态村占行政村比例）	%				44	53	61	78
		72	恩格尔系数（城）	%	35.93	36.6	36.4	35.0	35.8	35.5	35.9
			恩格尔系数（乡）			40.8	39.7	37.5	38.5	38.1	35.2
		73	基尼系数				0.55				
		74	城镇登记失业率	%	6.0	4.0		4.35	4.15	4.17	4.1
		75	就医保障	医生 / 万人	15.7	15.1	15.7	20.2	19.0	18.5	19.1
		76	高等教育入学率	%			22				25
		77	环境保护宣传教育普及率	%			86.8				
		78	公众对环境的满意率	%			91				

表 2-3　唐山市平原及丘陵区生态建设指标值变动表

一级指标	二级指标	序号	三级指标	单位	2003 年现状	2004 年现状	2005 年现状	2006 年现状	2007 年现状	2008 年现状	2009 年现状
绿色经济发展	绿色经济结构	1	全社会固定资产投资总额占 GDP 的比例	%	22.80	24.56	28.43	30.63	9.29	49.16	45.58
		2	工业资本密集度	万元 / 人		0.99	1.33	1.70	1.73	2.74	3.39
		3	外商直接投资（FDI）额占 GDP 的比例	%	1.06	1.51	1.46	0.85	1.14	1.69	1.12
		4	人均耕地面积	亩	1.95	1.95	1.95	1.94	1.93	1.94	
		5	一、二、三产产值比例	%	1:1.2:0.9	1:1.3:1	1:1.4:1	1:1.6:1.2	1:2:1.4	1:1:1.5	
		6	第三产业占地区生产总值比例	%	28.8	28.8	30.1	31.2	31.3	46.5	
		7	生态环境产业产值增长率	%							
		8	生态文化创意产业产值增长率	%							
		9	无公害食品供给率	%							

（续）

一级指标	二级指标	序号	三级指标	单位	2003年现状	2004年现状	2005年现状	2006年现状	2007年现状	2008年现状	2009年现状
绿色经济发展	绿色经济结构	10	生态旅游产值增长率	%							
		11	可再生能源产值增长率	%							
	绿色经济效率	12	GDP增长率	%		18.9	18.3	18.3	32.6	—	61.3
		13	一产全员劳动生产率	万元/人	1.22	1.38	1.72	1.90	2.17	2.66	2.79
		14	二产全员劳动生产率	万元/人	5.87	6.94	8.44	9.41	10.4	13.3	13.0
		15	三产全员劳动生产率	万元/人	3.95	4.97	6.00	6.45	7.55	8.82	9.41
		16	百元固定资产原价实现产值	百元	4.39	4.07	3.52	3.26	10.8	2.03	
	绿色经济水平	17	人均地区生产总值	万元/人	16150	19152	22594	26651	35189	27981	42618
		18	财政收入	万元	36107	51201	72097	94668	116456	121844	159736
		19	年人均财政收入	元/人	294	416	583	764	935	981	1215
		20	农民年人均纯收入	元/人	3790	4019	4498	5168	5806	6654	
		21	城镇居民年人均可支配收入	元/人	7016	7476	8593	10542	12647	14618	16539
	单位GDP资源利用	22	万元GDP综合能耗（标煤）	吨/万元			2.95	2.86	2.78	2.6	2.46
		23	万元GDP的综合能耗降低率	%				2.9	4.03	6.40	5.21
		24	万元GDP的用水量降低率	%							
		25	水资源利用率	%							
		26	工业固体废弃物综合利用率	%	73.3	80.4	66.3	61.6	63.5	73.8	80.5
	绿色企业	27	应当实施清洁生产企业的比例	%			63.8				82.0
		28	规模化企业通过ISO-14000认证比率	%			2.3				
生态环境	生态建设	29	森林覆盖率	%			41.1				
		30	生态公益林面积比重	%			41.6				
		31	绿色通道率	%						59.24	
		32	城镇人均绿地面积	平方米/人	27.9	28.2	28.6	29.3	29.8	30.9	
		33	森林碳密度	吨/公顷							
		34	森林灾害发生面积比率	%							
		35	矿山废弃地复绿治理率	%							
		36	矿山采空区环境治理率	%							
		37	水土流失治理面积率	%						28	
		38	林水结合度	%							
		39	人均生态游憩地面积	平方米/人							70.1
		40	退化土地恢复率	%			49.3				
		41	受保护地区占国土面积比例	%			8.1				

（续）

一级指标	二级指标	序号	三级指标	单位	2003 年现状	2004 年现状	2005 年现状	2006 年现状	2007 年现状	2008 年现状	2009 年现状
生态环境	大气环境	42	城市空气质量好于或等于 2 级标准的天数	天 / 年	242	277	316	301	308	328	329
		43	城市环境空气质量综合污染指数		1.24	1.23	1.17	1.14	1.14	0.94	0.87
		44	城区可吸入颗粒物（PM_{10}）年均浓度	毫克 / 立方米	0.127	0.112	0.095	0.100	0.094	0.082	0.078
		45	城区 SO_2 年均浓度	毫克 / 立方米	0.091	0.088	0.085	0.082	0.082	0.066	0.062
		46	城区 NO_2 年均浓度	毫克 / 立方米	0.039	0.041	0.043	0.042	0.043	0.031	0.031
		47	万元 GDP 二氧化硫排放	公斤 / 万元	20.13	18.01	15.36	12.53	10.88	7.94	6.67
		48	万元 GDPCO_2 排放	公斤 / 万元			4.54				
		49	工业废气无害化处理率	%							
		50	酸雨频率	%	0	0	0	0	0	0	0
	水环境	51	万元 GDP 工业污水排放量	吨 / 万元		18.48	14.16	14.14	12.16	9.41	8.28
		52	获得安全饮用水的人口比例	%							
		53	城市地表水源区水质二类以上达标率	%			65		75		
		54	城市地下水饮用水质达标率	%							
		55	农村地下水饮用水质达标率	%							
		56	无超 4 类地表水体	%			65				
		57	集中式饮用水源水质达标率	%			98.4				
		58	工业用水重复率	%			78	68	60	74	
		59	工业污水排放达标率	%	93.94	96.38	96.39	96.40	96.53	96.74	
		60	城镇生活污水处理率	%			65				
		61	农村生活污水处理率	%							
	土壤环境	62	农地单位面积使用化肥量	吨 / 公顷	1.43	2.29	0.75	0.75	0.76	0.76	
		63	农地单位面积使用农药量	公斤 / 公顷	13.1	14.1	14.1	13.7	13.9	14.2	
		64	土壤污染面积率	%							
	声环境	65	噪声达标区覆盖率	%	85.2	80.7	79.7		58.5	74.9	83.6
		66	居民区环境噪声平均值（昼）	分贝 / 年	53.7	52.8		53.4	53.7	50.7	
			居民区环境噪声平均值（夜）	分贝 / 年	46.8	46.6		47.7	44.9	46.0	
		67	区域环境噪声平均值	分贝 / 年	56	54.9	55.1	55.2	55.1	53.6	53.1
		68	城市交通干线噪声平均值	分贝 / 年	70	69.5	69.7	69.9	67.6	67.1	66.6

（续）

一级指标	二级指标	序号	三级指标	单位	2003年现状	2004年现状	2005年现状	2006年现状	2007年现状	2008年现状	2009年现状
生态环境	其他环境	69	城市热岛面积	公顷							
		70	万元GDP固体废物排放量	公斤/万元	26.3	13.7	12.9	10.6	8.63	14.95	6.56
		71	城镇生活垃圾无害化处理率	%			58.8			86.23	91.13
		72	工业固体废物无危险排放率	%			89.0				
		73	农村生活垃圾无害化处理率	%							
		74	旅游区环境达标率	%			66				
生态文化	生态文化保护与建设	75	名木古树保护程度	%							
		76	历史文化遗存受保护比例	%							
		77	博物馆/生态科普基地数量	个							
		78	人均公园绿地面积	M^2		9.9		9.4	9.73	10.5	13.8
		79	乡村绿化达标率	%							
社会进步	法律政策	80	生态城市法律政策健全配套状况								
		81	生态城市法律政策执行状况	%							
		82	企业科技投入占企业产值比重	%		3.20		2.34		2.98	
		83	地方科技支出占财政支出比例	%	1.89	1.43	1.47	1.49	1.24	1.52	
		84	科技贡献率	%		55.0	55.8	56.5	57.3	58.1	
		85	信息化程度								
	城市公共设施建设	86	社会公益性支出占财政支出比例	%	23.7	24.4	27.4	24.5	40.7	35.5	
		87	城市生命线系统完好率	%			87.5				
		88	城市燃气普及率	%		97.5	98	89.5	99	99.5	99.8
		89	采暖地区集中供热普及率	%	54.2	55.5	56.5	65.1	68.5	70.2	76
	城乡社会发展水平	90	城市化水平	%	41.75	43.76	45	48	49.5	51.25	53
		91	新农村建设（文明生态村占行政村比例	%				44	53	61	78
		92	恩格尔系数（城）	%	35.93	36.6	36.4	35.0	35.8	35.5	35.9
			恩格尔系数（乡）			40.8	39.7	37.5	38.5	38.1	35.2
		93	基尼系数				0.55				
		94	城镇登记失业率	%	6.0	4.0		4.35	4.15	4.17	4.1
		95	就医保障	医生/万人	15.7	15.1	15.7	20.2	19.0	18.5	19.1
		96	高等教育入学率	%			22				25
		97	环境保护宣传教育普及率	%			86.8				
		98	公众对环境的满意率	%			91				

表 2-4 唐山市沿海区生态建设指标值变动表

一级指标	二级指标	序号	三级指标	单位	2003 年现状	2004 年现状	2005 年现状	2006 年现状	2007 年现状	2008 年现状	2009 年现状
绿色经济发展	绿色经济结构	1	全社会固定资产投资总额占 GDP 的比例	%	24.01	26.39	26.52	27.03	25.15	27.12	34.17
		2	工业资本密集度	万元 / 人	0.99	1.33	1.70	1.73	2.74	3.39	
		3	外商直接投资（FDI）额占 GDP 的比例	%	1.84	1.96	1.63	1.98	2.46	2.45	1.81
		4	人均耕地面积	亩	1.0	1.1	1.05	1.04	1.04	1.03	
		5	一、二、三产产值比例	%	1:3:2	1:3:5	1:4:2	1:4:2	1:5:3	1:5:3	
		6	第三产业占地区生产总值比例	%	33.2	32.2	30.6	30.8	29.9	30.7	
		7	生态环境产业产值增长率	%							
		8	生态文化创意产业产值增长率	%							
		9	无公害食品供给率	%							
		10	生态旅游产值增长率	%							
		11	可再生能源产值增长率	%							
	绿色经济效率	12	GDP 增长率	%	20.6	21.0	17.9	23.3	22.5	9.9	20.6
		13	一产全员劳动生产率	万元 / 人	1.22	1.38	1.72	1.90	2.17	2.66	2.79
		14	二产全员劳动生产率	万元 / 人	5.87	6.94	8.44	9.41	10.4	13.3	13.0
		15	三产全员劳动生产率	万元 / 人	3.95	4.97	6.00	6.45	7.55	8.82	9.41
		16	百元固定资产原价实现产值	百元	4.16	3.79	3.77	3.7	3.98	3.69	2.93
	绿色经济水平	17	人均地区生产总值	万元 / 人	13361	16040	19309	22683	27773	33832	38013
		18	财政收入	万元	132788	170844	232291	268335	350740	359161	452931
		19	年人均财政收入	元 / 人	325	426	563	648	842	850	1105
		20	农民年人均纯收入	元 / 人	3949	4198	4566	5085	5734	6432	7225
		21	城镇居民年人均可支配收入	元 / 人	6775	7381	8346	9746	11485	13436	15849
	单位 GDP 资源利用	22	万元 GDP 综合能耗（标煤）	吨 / 万元			2.95	2.86	2.78	2.6	2.46
		23	万元 GDP 的综合能耗降低率	%				2.9	4.03	6.40	5.21
		24	万元 GDP 的用水量降低率	%							
		25	水资源利用率	%							
		26	工业固体废弃物综合利用率	%	73.3	80.4	66.3	61.6	63.5	73.8	80.5
	绿色企业	27	应当实施清洁生产企业的比例	%			63.8				82.0
		28	规模化企业通过 ISO-14000 认证比率	%			2.3				

（续）

一级指标	二级指标	序号	三级指标	单位	2003年现状	2004年现状	2005年现状	2006年现状	2007年现状	2008年现状	2009年现状
生态环境	生态建设	29	森林覆盖率	%							16.12
		30	生态公益林面积比重	%							
		31	绿色通道率	%						59.24	
		32	城镇人均绿地面积	平方米/人	27.9	28.2	28.6	29.3	29.8	30.9	
		33	森林碳密度	吨/公顷							
		34	森林灾害发生面积比率	%							
		35	矿山采空区环境治理率	%							
		36	林水结合度	%							
		37	人均生态游憩地面积	平方米/人							
		38	退化土地恢复率	%			49.3				
		39	受保护地区占国土面积比例	%			8.1				
	大气环境	40	城市空气质量好于或等于2级标准的天数	天/年	242	277	316	301	308	328	329
		41	城市环境空气质量综合污染指数		1.24	1.23	1.17	1.14	1.14	0.94	0.87
		42	城区可吸入颗粒物（PM_{10}）年均浓度	毫克/立方米	0.127	0.112	0.095	0.100	0.094	0.082	0.078
		43	城区 SO_2 年均浓度	毫克/立方米	0.091	0.088	0.085	0.082	0.082	0.066	0.062
		44	城区 NO_2 年均浓度	毫克/立方米	0.039	0.041	0.043	0.042	0.043	0.031	0.031
		45	万元GDP二氧化硫排放	公斤/万元	20.13	18.01	15.36	12.53	10.88	7.94	6.67
		46	万元 GDPCO_2 排放	公斤/万元			4.54				
		47	人均碳排放量	公斤/人年							
		48	工业废气无害化处理率	%							
		49	酸雨频率	%	0	0	0	0	0	0	0
	水环境	50	万元GDP工业污水排放量	公斤/万元	18.48	14.16	14.14	12.16	9.41	8.28	
		51	工业COD排放量	吨	50836	61666	72370	76005	75551	63509	47900
		52	获得安全饮用水的人口比例	%							
		53	城市地表水源区水质二类以上达标率	%			65		75		
		54	城市地下水饮用水质达标率	%							
		55	农村地下水饮用水质达标率	%							
		56	无超4类地表水体	%			65				

（续）

一级指标	二级指标	序号	三级指标	单位	2003年现状	2004年现状	2005年现状	2006年现状	2007年现状	2008年现状	2009年现状
生态环境	水环境	57	集中式饮用水源水质达标率	%			98.4				
		58	工业用水重复率	%			78	68	60	74	
		59	工业污水排放达标率	%	93.94	96.38	96.39	96.40	96.53	96.74	
		60	城镇生活污水处理率	%			65				
		61	农村生活污水处理率	%							
		62	近岸海域水环境质量达标率	%	100						
		63	海洋赤潮发生累计面积	公顷							
	土壤环境	64	农地单位面积使用化肥量	吨/公顷	0.64	1.97	0.71	0.65	0.66	0.65	
		65	农地单位面积使用农药量	公斤/公顷	7.5	6.44	10.4	8.35	9.3	9.19	
		66	土壤污染面积率	%							
	声环境	67	噪声达标区覆盖率	%	85.2	80.7	79.7		58.5	74.9	83.6
		68	居民区环境噪声平均值（昼）	分贝/年	53.7	52.8		53.4	53.7	50.7	
			居民区环境噪声平均值（夜）	分贝/年	46.8	46.6		47.7	44.9	46.0	
		69	区域环境噪声平均值	分贝/年	56	54.9	55.1	55.2	55.1	53.6	53.1
		70	城市交通干线噪声平均值	分贝/年	70	69.5	69.7	69.9	67.6	67.1	66.6
	其他环境	71	城市热岛面积	公顷							
		72	万元GDP固体废物排放量	公斤/万元	26.3	13.7	12.9	10.6	8.63	14.95	6.56
		73	城镇生活垃圾无害化处理率	%			58.8			86.23	91.13
		74	工业固体废物无危险排放率	%			89.0				
		75	农村生活垃圾无害化处理率	%							
		76	旅游区环境达标率	%							
生态文化	生态文化保护与建设	77	名木古树保护程度	%							
		78	历史文化遗存受保护比例	%							
		79	人均公园绿地面积	平方米		9.9		9.4	9.73	10.5	13.8
		80	乡村绿化达标率	%							
社会进步	法律政策	81	生态城市法律政策健全配套状况								
		82	生态城市法律政策执行状况	%							
		83	企业科技投入占企业产值比重	%		3.20		2.34		2.98	
		84	地方科技支出占财政支出比例	%	1.89	1.43	1.47	1.49	1.24	1.52	
		85	科技贡献率	%		55	55.8	56.5	57.3	58.1	
		86	信息化程度								

（续）

一级指标	二级指标	序号	三级指标	单位	2003 年现状	2004 年现状	2005 年现状	2006 年现状	2007 年现状	2008 年现状	2009 年现状
社会进步	城市公共设施建设	87	社会公益性支出占财政支出比例	%	23.7	24.4	27.4	24.5	40.7	35.5	
		88	城市生命线系统完好率	%			87.5				
		89	城市燃气普及率	%		97.5	98	89.5	99	99.5	99.8
		90	采暖地区集中供热普及率	%	54.2	55.5	56.5	65.1	68.5	70.2	76
	城乡社会发展水平	91	城市化水平	%	41.75	43.76	45	48	49.5	51.25	53
		92	新农村建设（文明生态村占行政村比例）	%				44	53	61	78
		93	恩格尔系数（城）	%	35.93	36.6	36.4	35.0	35.8	35.5	35.9
			恩格尔系数（乡）			40.8	39.7	37.5	38.5	38.1	35.2
		94	基尼系数				0.55				
		95	城镇登记失业率	%	6.0	4.0		4.35	4.15	4.17	4.1
		96	就医保障	医生 / 万人	15.7	15.1	15.7	20.2	19.0	18.5	19.1
		97	高等教育入学率	%			22				25
		98	环境保护宣传教育普及率	%			86.8				
		99	公众对环境的满意率	%			91				

表 2-5　唐山市经济开发区及唐山市区生态建设指标值变动表

一级指标	二级指标	序号	三级指标	单位	2003 年现状	2004 年现状	2005 年现状	2006 年现状	2007 年现状	2008 年现状	2009 年现状
绿色经济发展	绿色经济结构	1	城镇一、二、三产固定资产比例	%	1:135:78	1:121:60	1:113:52	1:103:76	1:76:70	1:84:53	1:55:78
		2	全社会固定资产投资总额占 GDP 的比例	%	30.3	41.0	30.38	50.66	14.6	41.2	65.5
		3	工业资本密集度	万元 / 人	0.99	1.33	1.70	1.73	2.74	3.39	
		4	外商直接投资（FDI）额占 GDP 的比例	%	2.53	4.30	3.10	3.12	2.92	2.34	2.29
		5	人均耕地面积	亩	0.84	0.84	0.83	0.82	0.81	0.80	
		6	一、二、三产产值比例	%	1:7:4	1:9:4	1:10:5	1:11:6	1:12:7		
		7	第三产业占地区生产总值比例	%	62.0	31.7	32.5	33.4	35.0		
		8	生态环境产业产值增长率	%							
		9	生态文化创意产业产值增长率	%							
		10	无公害食品供给率	%							
		11	高新技术产业增加值	亿元	42.5	58.2	34.8	42.0	51.1	74.6	88.0
		12	生态旅游产值增长率	%							
		13	可再生能源产值增长率	%							
	绿色经济效率	14	GDP 增长率	%		27.7	29.7	14.0	21.1	34.0	8.0
		15	一产全员劳动生产率	万元 / 人	1.22	1.38	1.72	1.90	2.17	2.66	2.79
		16	二产全员劳动生产率	万元 / 人	5.87	6.94	8.44	9.41	10.4	13.3	13.0

（续）

一级指标	二级指标	序号	三级指标	单位	2003年现状	2004年现状	2005年现状	2006年现状	2007年现状	2008年现状	2009年现状
绿色经济发展	绿色经济效率	17	三产全员劳动生产率	万元/人	3.95	4.97	6.00	6.45	7.55	8.82	9.41
		18	百元固定资产原价实现产值	百元	3.30	2.46	3.29	1.97	6.85	2.43	1.53
	绿色经济水平	19	人均地区生产总值	万元/人	21784	27577	35479	40025	48012	63803	62671
		20	财政收入	万元	154012	214353	724570	853167	1121063	1158918	1794955
		21	年人均财政收入	元/人	517	714	2393	2787	3629	3720	5241
		22	农民年人均纯收入	元/人	3932	4186	4573	5141	5867	6523	7473
		23	城镇居民年人均可支配收入	元/人	8068	8902	10488	12376	14235	16382	18053
	单位GDP资源利用	24	万元GDP综合能耗（标煤）	吨/万元			2.95	2.86	2.78	2.6	2.46
		25	万元GDP的综合能耗降低率	%				2.9	4.03	6.40	5.21
		26	万元GDP用水量（市区）	立方米/万元	49.8	39.0	19.8	18.2	14.7	11.1	14.4
		27	万元GDP的用水量降低率	%		21.7	49.2	8.1	19.2	24.5	
		28	水资源利用率	%							
		29	工业固体废弃物综合利用率	%	73.3	80.4	66.3	61.6	63.5	73.8	80.5
	绿色企业	30	应当实施清洁生产企业的比例	%			63.8				82.0
		31	规模化企业通过ISO-14000认证比率	%			2.3				
生态环境	生态建设	32	森林覆盖率	%			18.3				
		33	生态公益林面积比重	%			41.6				
		34	绿色通道率	%						59.24	
		35	城镇人均绿地面积	平方米/人	27.9	28.2	28.6	29.3	29.8	30.9	
		36	水土流失治理面积率	%						28	
		37	人均生态游憩地面积	平方米/人							
		38	退化土地恢复率	%			49.3				
		39	受保护地区占国土面积比例	%			8.1				
	大气环境	40	城市空气质量好于或等于2级标准的天数	天/年	242	277	316	301	308	328	329
		41	城市环境空气质量综合污染指数		1.24	1.23	1.17	1.14	1.14	0.94	0.87
		42	城区可吸入颗粒物（PM_{10}）年均浓度	毫克/立方米	0.127	0.112	0.095	0.100	0.094	0.082	0.078
		43	城区SO_2年均浓度	毫克/立方米	0.091	0.088	0.085	0.082	0.082	0.066	0.062
		44	城区NO_2年均浓度	毫克/立方米	0.039	0.041	0.043	0.042	0.043	0.031	0.031

（续）

一级指标	二级指标	序号	三级指标	单位	2003年现状	2004年现状	2005年现状	2006年现状	2007年现状	2008年现状	2009年现状
生态环境	大气环境	45	万元GDP二氧化硫排放	公斤/万元	20.13	18.01	15.36	12.53	10.88	7.94	6.67
		46	万元GDPCO_2排放	公斤/万元			4.54				
		47	工业废气无害化处理率	%							
		48	酸雨频率	%	0	0	0	0	0	0	0
	水环境	49	万元GDP工业污水排放量	公斤/万元	18.48	14.16	14.14	12.16	9.41	8.28	
		50	工业COD排放量	吨	50836	61666	72370	76005	75551	63509	47900
		51	获得安全饮用水的人口比例	%							
		52	城市地表水源区水质二类以上达标率	%			65		75		
		53	城市地下水饮用水质达标率	%							
		54	农村地下水饮用水质达标率	%							
		55	无超Ⅳ类地表水体	%			65				
		56	集中式饮用水源水质达标率	%			98.4				
		57	工业用水重复率	%			78	68	60	74	
		58	工业污水排放达标率	%	93.94	96.38	96.39	96.40	96.53	96.74	
		59	城镇生活污水处理率	%			65				
		60	农村生活污水处理率	%							
		61	近岸海域水环境质量达标率	%							
		62	海洋赤潮发生累计面积	公顷							
	土壤环境	63	农地单位面积使用化肥量	吨/公顷	0.57	1.63	0.58	0.58	0.6	0.59	
		64	农地单位面积使用农药量	公斤/公顷	7.8	4.56	9.6	8.84	10.4	10.2	
		65	土壤污染面积率	%							
	声环境	66	噪声达标区覆盖率	%	85.2	80.7	79.7		58.5	74.9	83.6
		67	居民区环境噪声平均值（昼）	分贝/年	53.7	52.8		53.4	53.7	50.7	
			居民区环境噪声平均值（夜）	分贝/年	46.8	46.6		47.7	44.9	46.0	
		68	区域环境噪声平均值	分贝/年	56	54.9	55.1	55.2	55.1	53.6	53.1
		69	城市交通干线噪声平均值	分贝/年	70	69.5	69.7	69.9	67.6	67.1	66.6
	其他环境	70	城市热岛面积	公顷							
		71	万元GDP固体废物排放量	公斤/万元	26.3	13.7	12.9	10.6	8.63	14.95	6.56
		72	城镇生活垃圾无害化处理率	%			58.8			86.23	91.13

（续）

一级指标	二级指标	序号	三级指标	单位	2003年现状	2004年现状	2005年现状	2006年现状	2007年现状	2008年现状	2009年现状
生态环境	其他环境	73	工业固体废物无危险排放率	%			89.0				
		80	农村生活垃圾无害化处理率	%							
		81	旅游区环境达标率	%			66				
生态文化	生态文化保护与建设	82	名木古树保护程度	%							
		83	历史文化遗存受保护比例	%							
		84	博物馆/生态科普基地数量	个							
		85	人均公园绿地面积	平方米		9.9		9.4	9.73	10.5	13.8
		86	乡村绿化达标率	%							
		87	生态文化产业基地数量	个							
社会进步	法律政策	88	生态城市法律政策健全配套状况								
		89	生态城市法律政策执行状况	%							
		90	企业科技投入占企业产值比重	%		3.2		2.34		2.98	
		91	地方科技支出占财政支出比例	%	1.89	1.43	1.47	1.49	1.24	1.52	
		92	科技贡献率	%		55	55.8	56.5	57.3	58.1	
		93	信息化程度								
	城市公共设施建设	94	社会公益性支出占财政支出比例	%	23.7	24.4	27.4	24.5	40.7	35.5	
		95	城市生命线系统完好率	%			87.5				
		96	城市燃气普及率	%		97.5	98	89.5	99	99.5	99.8
		97	采暖地区集中供热普及率	%	54.2	55.5	56.5	65.1	68.5	70.2	76
	城乡社会发展水平	98	城市化水平	%	41.75	43.76	45	48	49.5	51.25	53
		99	新农村建设（文明生态村数占总行政村比例）	%				44	53	61	78
		100	恩格尔系数（城）	%	35.93	36.6	36.4	35.0	35.8	35.5	35.9
			恩格尔系数（乡）			40.8	39.7	37.5	38.5	38.1	35.2
		101	基尼系数				0.55				
		102	城镇登记失业率	%	6.0	4.0		4.35	4.15	4.17	4.1
		103	就医保障	医生/万人	15.7	15.1	15.7	20.2	19.0	18.5	19.1
		104	高等教育入学率	%			22				25
		105	环境保护宣传教育普及率	%			86.8				
		106	公众对环境的满意率	%			91				

（二）唐山市生态城市建设指标核算方法及分析预测

1. 曲线方法指标计算分析

根据 2003~2004 年的统计数据采用：

① 线形曲线（$y=b_0+b_1x$）

② S 型曲线（$y=eb_0+b_1/x$）

③ 平方曲线（$y=b_0+b_1x+b_2x_2$）

④ 立方曲线（$y=b_0+b_1x+b_2x_2+b_3x_3$）

⑤ 指数曲线（$b_0^e b_1x$）

⑥ 逆变换曲线（$y=b_0+b_1/x$）

用以上曲线进行拟合，选择曲线拟合优者对唐山市 2015 年、2020 年、2030 年总体及分区的规划值进行测算。各种测算曲线参数值见表 2-6 至表 2-10：

表 2-6　唐山生态城市建设总体指标测算曲线参数表

指标	测算曲线	b_0	b_1	b_2	b_3
城镇二产占固定资产比例	线形曲线	173.357	−12.536		
	S 曲线	3.907	3.373		
城镇三产占固定资产比例	线形曲线	48.676	2.486		
	S 曲线	4.505	−2.233		
	立方曲线	160.929	−46.433	6.81	−0.306
	平方曲线	107.762	−15.571	1.31	
	指数曲线	50.384	0.037		
民营增加值	线形曲线	−360.738	315.15		
	S 曲线	8.418	−6.234		
全社会固定资产投资	线形曲线	16.371	2.847		
	S 曲线	3.801	−1.828		
	逆变换曲线	50.48	−85.638		
工业资本密集度	线形曲线	−0.575	0.465		
	S 曲线	1.706	−5.465		
外商直接投资	线形曲线	1.79	−0.025		
	S 曲线	0.414	0.354		
人均耕地面积	线形曲线	1.161	0.004		
	S 曲线	0.185	−0.083		
一产值比例	线形曲线	16.67	−0.9		
	S 曲线	1.99	2.204		
二产值比例	线形曲线	54.164	0.532		
	S 曲线	4.102	−0.28		
三产值比例	线形曲线	29.2	0.364		
	S 曲线	3.509	−0.331		

（续）

指标	测算曲线	b_0	b_1	b_2	b_3
三产业增加值占 GDP	线形曲线	29.143	0.371		
	S 曲线	3.509	-0.336		
高新技术产业增加值	线形曲线	16.114	6.629		
	S 曲线	4.407	-2.277		
GDP 增长率	线形曲线	15.9	-0.336		
	S 曲线	2.56	0.348		
一产全员劳动生产率	线形曲线	0.323	0.276		
	S 曲线	1.361	-3.794		
二产全员劳动生产率	线形曲线	1.894	1.288		
	S 曲线	2.933	-3.73		
三产全员劳动生产率	线形曲线	1.244	0.915		
	S 曲线	2.598	-3.85		
百元固定资产实现产值	线形曲线	503.714	-34.071		
	S 曲线	5.099	3.014		
人均地区生产总值	线形曲线	-40.8	5720.321		
	S 曲线	11.261	-4.624		
一般预算财政收入	线形曲线	-36.458	51.974		
	S 曲线	6.603	-5.623		
年人均财政收入	线形曲线	-375.5	697.25		
	S 曲线	9.203	-5.456		
农民年人均纯收入	线形曲线	1835.286	586.5		
	S 曲线	9.109	-2.896		
城镇居民人均可支配收入	线形曲线	2215.857	1737.929		
	S 曲线	10.102	-3.667		
万元 GDP 综合能耗（标煤）	线形曲线	3.598	-0.124		
	S 曲线	0.708	1.971		
万元 GDP 综合能耗降低率	线形曲线	-2.34	0.93		
	S 曲线	3.207	-12.581		
工业固体废弃物综合利用率	线形曲线	70.143	0.2		
	S 曲线	4.224	0.2		
森林覆盖率	线形曲线	15.351	1.423		
	S 曲线	3.524	-1.953		
城镇人均绿地面积	线形曲线	25.895	0.586		
	S 曲线	3.46	-0.439		
城市空气质量达二级天数	线形曲线	224.071	12.679		
	S 曲线	5.95	-1.32		
	逆变换曲线	371.308	-374.842		

（续）

指标	测算曲线	b_0	b_1	b_2	b_3
城市空气质量综合污染指数	线形曲线	1.473	-0.061		
	S 曲线	-0.165	1.353		
城区可吸入颗粒物年均浓度	线形曲线	0.143	-0.007		
	S 曲线	-2.717	2.027		
城区 SO_2 年均浓度	线形曲线	0.108	-0.005		
	S 曲线	-2.824	1.486		
城区 NO_2 年均浓度	线形曲线	0.048	-0.002		
	S 曲线	-3.42	0.818		
万元 GDP 二氧化硫排放	线形曲线	26.97	-2.321		
	S 曲线	1.596	4.757		
万元 GDP 工业污水排放量	线形曲线	23.336	-1.921		
	S 曲线	1.795	3.528		
工业 COD 排放量	线形曲线	64392.643	-69.321		
	S 曲线	11.166	-0.601		
工业污水排放达标率	线形曲线	93.791	0.413		
	S 曲线	4.59	-0.124		
农地单位面积使用化肥量	线形曲线	1.547	-0.119		
	S 曲线	-0.591	1.819		
农地单位面积使用农药量	线形曲线	9.903	0.029		
	S 曲线	2.318	-0.052		
居民区环境噪声（昼）	线形曲线	54.774	-0.342		
	S 曲线	3.941	0.13		
居民区环境噪声（夜）	线形曲线	47.67	-0.227		
	S 曲线	3.817	0.098		
区域环境噪声平均值	线形曲线	57.136	-0.404		
	S 曲线	3.968	0.181		
城市交通干线噪声平均值	线形曲线	72.293	-0.611		
	S 曲线	4.189	0.21		
万元 GDP 固体废物排放量	线形曲线	28.456	-2.178		
	S 曲线	1.734	4.319		
城镇生活垃圾无害化处理率	逆变换曲线	131.691	-364.388		
	立方曲线	-29.35	22.934	-1.061	
人均公园绿地面积	线形曲线	6.225	0.653		
	S 曲线	2.595	-1.499		
科技投入	线形曲线	0.093	0.001		
	S 曲线	-2.356	0.125		

（续）

指标	测算曲线	b_0	b_1	b_2	b_3
企业科技投入占企业产值比重	线形曲线	4.92	-0.43		
	S 曲线	0.224	3.756		
地方科技支出占财政支出	线形曲线	1.884	0.069		
	S 曲线	0.143	1.277		
科技贡献率	线形曲线	51.92	0.77		
	S 曲线	4.11	-0.425		
教育投入	线形曲线	-107000	67819.179		
	S 曲线	13.663	-6.137		
卫生投入	线形曲线	-53300	27655.643		
	S 曲线	12.657	-6.073		
社会公益性支出	线形曲线	12.9	3		
	S 曲线	3.789	-2.127		
采暖地区集中供热普及率	线形曲线	40.8	3.814		
	S 曲线	4.435	-1.516		
城市化水平	线形曲线	36.1	1.901		
	S 曲线	4.058	-1.061		
	立方曲线	15.647	15.407	-2.648	0.14
恩格尔系数（城）	线形曲线	36.5	-0.103		
	S 曲线	3.565	0.077		
恩格尔系数（乡）	线形曲线	44.2	-0.909		
	S 曲线	3.506	0.837		
城镇登记失业率	线形曲线	5.77	-0.211		
	S 曲线	1.229	1.362		
就医保障	线形曲线	13.3	0.725		
	S 曲线	3.082	-1.154		
城镇生活垃圾无害化处理率	线形曲线	17.7	8.327		
	S 曲线	5.073	-4.988		

表 2-7 唐山市山区生态建设指标测算曲线参数表

指标	测算曲线	b_0	b_1	b_2
全社会固定资产投资	线形曲线	20.648	1.092	
	S 曲线	3.469	-0.905	
外商直接投资	线形曲线	1.65	0.061	
	S 曲线	0.844	-0.802	
城镇二产占固定资产比例	线形曲线	0.514	1.543	
	S 曲线	3.083	-4.641	

（续）

指标	测算曲线	b_0	b_1	b_2
城镇三产占固定资产比例	线形曲线	1.528	0.583	
	S 曲线	2.19	-3.295	
三产业增加值占 GDP	线形曲线	34.25	-0.549	
	S 曲线	3.347	0.461	
	平方曲线	39.611	-2.148	0.159
百元固定资产实现产值	线形曲线	4.506	-0.131	
	S 曲线	1.138	0.896	
	逆变换曲线	3.834	0.468	
人均地区生产总值	线形曲线	-24800	11167.8	
	S 曲线	13.249	-15.38	
	逆变换曲线	91611.623	-270858.32	
一般预算财政收入	线形曲线	-30882.57	51982.571	
	S 曲线	13.494	-5.4	
年人均财政收入	线形曲线	-324.486	293.543	
	S 曲线	8.369	-6.403	
农民年人均纯收入	线形曲线	1142	758.857	
	S 曲线	9.279	-3.519	
城镇居民人均可支配收入	线形曲线	2034.962	1650.886	
	S 曲线	9.989	-3.478	
农地单位面积使用化肥量	线形曲线	1.318	-0.105	
	S 曲线	-0.784	1.787	
农地单位面积使用农药量	线形曲线	11.122	-0.573	
	S 曲线	1.724	1.692	
居民区环境噪声（昼）	线形曲线	738.495	-0.342	
	S 曲线	-9.219	26446.064	
居民区环境噪声（夜）	线形曲线	501.158	-0.227	
	S 曲线	-6.061	19852.282	
区域环境噪声平均值	线形曲线	864.279	-0.404	
	S 曲线	-10.857	29806.177	
城市交通干线噪声平均值	线形曲线	1293.721	-0.611	
	S 曲线	-13.696	35955.688	
万元 GDP 固体废物排放量	线形曲线	4383.841	-2.178	
	S 曲线	-304.778	616637.353	
人均公园绿地面积	线形曲线	-1299.991	0.653	
	S 曲线	116.036	-228131.568	

（续）

指标	测算曲线	b_0	b_1	b_2
科技投入	线形曲线	-1.507	0.001	
	S 曲线	15.358	-35473.936	
企业科技投入占企业产值比重	线形曲线	864.92	-0.43	
	S 曲线	-312.776	629133.516	
地方科技支出占财政支出	线形曲线	139.027	-0.069	
	S 曲线	-85.809	172895.294	
科技贡献率	线形曲线	-1488.08	0.77	
	S 曲线	31.355	-54803.881	
教育投入	线形曲线	-136000000	67819.179	
	S 曲线	488.379	-954617.177	
卫生投入	线形曲线	-55400000	27655.643	
	S 曲线	505.481	-990917.715	
社会公益性支出	线形曲线	12.9	3	
	S 曲线	3.789	-2.127	
就医保障	线形曲线	13.3	0.725	
	S 曲线	3.082	-1.154	

表 2-8　唐山市平原及丘陵区生态建设指标测算曲线参数表

指标	测算曲线	b_0	b_1
全社会固定资产投资	线形曲线	8.979	3.514
	S 曲线	3.607	-1.663
外商直接投资	线形曲线	1.214	0.008
	S 曲线	0.25	-0.223
城镇二产占固定资产比例	线形曲线	1.212	0.037
	S 曲线	0.483	-0.782
城镇三产占固定资产比例	线形曲线	0.475	0.126
	S 曲线	0.621	-2.389
三产业增加值占 GDP	线形曲线	17.525	2.774
	S 曲线	3.78	-1.502
	逆变换曲线	43.672	-53.645
百元固定资产实现产值	线形曲线	3.401	0.232
	S 曲线	1.308	0.461
	逆变换曲线	3.834	0.468
人均地区生产总值	线形曲线	3690	3916.321
	S 曲线	10.905	-3.914
	逆变换曲线	91611.623	-270858.32

（续）

指标	测算曲线	b_0	b_1
一般预算财政收入	线形曲线	-26098.429	19876.143
	S 曲线	12.577	-6.549
年人均财政收入	线形曲线	-168.5	151.607
	S 曲线	7.717	-6.369
农民年人均纯收入	线形曲线	1791.152	581.457
	S 曲线	9.022	-2.599
城镇居民人均可支配收入	线形曲线	1010.071	1675.25
	S 曲线	10.006	-3.908
农地单位面积使用化肥量	线形曲线	2.371	-0.227
	S 曲线	-0.895	4.459
农地单位面积使用农药量	线形曲线	13.143	0.129
	S 曲线	2.683	-0.273
居民区环境噪声（昼）	线形曲线	738.495	-0.342
	S 曲线	-9.219	26446.064
居民区环境噪声（夜）	线形曲线	501.158	-0.227
	S 曲线	-6.061	19852.282
区域环境噪声平均值	线形曲线	864.279	-0.404
	S 曲线	-10.857	29806.177
城市交通干线噪声平均值	线形曲线	1293.721	-0.611
	S 曲线	-13.696	35955.688
万元 GDP 固体废物排放量	线形曲线	4383.841	-2.178
	S 曲线	-304.778	616637.353
人均公园绿地面积	线形曲线	-1299.991	0.653
	S 曲线	116.036	-228131.568
科技投入	线形曲线	-1.507	0.001
	S 曲线	15.358	-35473.936
企业科技投入占企业产值比重	线形曲线	864.92	-0.43
	S 曲线	-312.776	629133.516
地方科技支出占财政支出	线形曲线	139.027	-0.069
	S 曲线	-85.809	172895.294
科技贡献率	线形曲线	-1488.08	0.77
	S 曲线	31.355	-54803.881
教育投入	线形曲线	-136000000	67819.179
	S 曲线	488.379	-954617.177
卫生投入	线形曲线	-55400000	27655.643
	S 曲线	505.481	-990917.715

（续）

指标	测算曲线	b_0	b_1
社会公益性支出	线形曲线	12.9	3
	S 曲线	3.789	−2.127
就医保障	线形曲线	13.3	0.725
	S 曲线	3.082	−1.154

表 2-9　唐山市沿海区生态建设指标测算曲线参数表

指标	测算曲线	b_0	b_1	b_2
全社会固定资产投资	线形曲线	20.648	1.092	
	S 曲线	3.469	−0.905	
外商直接投资	线形曲线	1.65	0.061	
	S 曲线	0.844	−0.802	
城镇二产占固定资产比例	线形曲线	1.486	0.457	
	S 曲线	1.914	−2.708	
城镇三产占固定资产比例	线形曲线	2.99	−0.029	
	S 曲线	1.068	−0.427	
	二次曲线	3.479	−0.225	0.018
三产业增加值占 GDP	线形曲线	34.25	−0.549	
	S 曲线	3.347	0.461	
	二次曲线	40.01	−2.866	0.211
百元固定资产实现产值	线形曲线	4.131	−0.035	
	S 曲线	1.335	0.152	
人均地区生产总值	线形曲线	−856	4214.429	
	S 曲线	10.926	−4.659	
一般预算财政收入	线形曲线	−30882.571	51982.571	
	S 曲线	13.494	−5.4	
年人均财政收入	线形曲线	−63.071	123.821	
	S 曲线	7.449	−5.275	
农民年人均纯收入	线形曲线	1999	552.286	
	S 曲线	9.05	−2.601	
城镇居民人均可支配收入	线形曲线	1330.214	1516.821	
	S 曲线	9.905	−3.665	
农地单位面积使用化肥量	线形曲线	1.499	−0.113	
	S 曲线	−0.56	1.619	
农地单位面积使用农药量	线形曲线	6.176	0.428	
	S 曲线	2.406	−1.35	
	逆变换曲线	10.742	−10.896	

（续）

指标	测算曲线	b_0	b_1	b_2
居民区环境噪声（昼）	线形曲线	738.495	-0.342	
	S 曲线	-9.219	26446.064	
居民区环境噪声（夜）	线形曲线	501.158	-0.227	
	S 曲线	-6.061	19852.282	
区域环境噪声平均值	线形曲线	864.279	-0.404	
	S 曲线	-10.857	29806.177	
城市交通干线噪声平均值	线形曲线	1293.721	-0.611	
	S 曲线	-13.696	35955.688	
万元 GDP 固体废物排放量	线形曲线	4383.841	-2.178	
	S 曲线	-304.778	616637.353	
人均公园绿地面积	线形曲线	-1299.991	0.653	
	S 曲线	116.036	-228131.568	
科技投入	线形曲线	-1.507	0.001	
	S 曲线	15.358	-35473.936	
企业科技投入占企业产值比重	线形曲线	864.92	-0.43	
	S 曲线	-312.776	629133.516	
地方科技支出占财政支出	线形曲线	139.027	-0.069	
	S 曲线	-85.809	172895.294	
科技贡献率	线形曲线	-1488.08	0.77	
	S 曲线	31.355	-54803.881	
教育投入	线形曲线	-136000000	67819.179	
	S 曲线	488.379	-954617.177	
卫生投入	线形曲线	-55400000	27655.643	
	S 曲线	505.481	-990917.715	
社会公益性支出	线形曲线	12.9	3	
	S 曲线	3.789	-2.127	
就医保障	线形曲线	13.3	0.725	
	S 曲线	3.082	-1.154	
人均耕地面积	线形曲线	1.05	-0.001	
	S 曲线	0.054	-0.058	
	逆变换曲线	1.054	-0.054	

表 2-10　唐山市经济开发区及唐山市区生态建设指标测算曲线参数表

指标	测算曲线	b_0	b_1	b_2
全社会固定资产投资	线形曲线	19.759	3.222	
	S 曲线	3.781	-1.068	
	逆变换曲线	42.109	-68.566	

（续）

指标	测算曲线	b_0	b_1	b_2
外商直接投资	线形曲线	3.976	-0.172	
	S 曲线	0.879	0.942	
城镇二产占固定资产比例	线形曲线	3.8	1.2	
	S 曲线	2.866	-2.747	
城镇三产占固定资产比例	线形曲线	1.2	0.8	
	S 曲线	2.268	-2.946	
三产业增加值占 GDP	线形曲线	65.07	-5.23	
	S 曲线	2.994	2.892	
	二次曲线	170.049	-50.873	4.564
百元固定资产实现产值	线形曲线	3.506	-0.065	
	S 曲线	0.824	1.076	
	逆变换曲线	3.072	0.245	
人均地区生产总值	线形曲线	-1730	7415.929	
	S 曲线	11.534	-4.939	
一般预算财政收入	线形曲线	-684520	257444.714	
	S 曲线	15.517	-11.256	
年人均财政收入	线形曲线	-1875.571	765	
	S 曲线	9.703	-10.839	
农民年人均纯收入	线形曲线	1829.786	592.536	
	S 曲线	9.09	-2.753	
城镇居民人均可支配收入	线形曲线	2215.857	1737.929	
	S 曲线	10.102	-3.667	
农地单位面积使用化肥量	线形曲线	1.228	-0.085	
	S 曲线	-0.655	1.421	
农地单位面积使用农药量	线形曲线	4.047	0.822	
	S 曲线	2.574	-2.27	
	逆变换曲线	12.186	-17.83	
居民区环境噪声（昼）	线形曲线	738.495	-0.342	
	S 曲线	-9.219	26446.064	
居民区环境噪声（夜）	线形曲线	501.158	-0.227	
	S 曲线	-6.061	19852.282	
区域环境噪声平均值	线形曲线	864.279	-0.404	
	S 曲线	-10.857	29806.177	
城市交通干线噪声平均值	线形曲线	1293.721	-0.611	
	S 曲线	-13.696	35955.688	

（续）

指标	测算曲线	b_0	b_1	b_2
万元 GDP 固体废物排放量	线形曲线	4383.841	–2.178	
	S 曲线	–304.778	616637.353	
人均公园绿地面积	线形曲线	–1299.991	0.653	
	S 曲线	116.036	–228131.568	
科技投入	线形曲线	–1.507	0.001	
	S 曲线	15.358	–35473.936	
企业科技投入占企业产值比重	线形曲线	864.92	–0.43	
	S 曲线	–312.776	629133.516	
地方科技支出占财政支出	线形曲线	139.027	–0.069	
	S 曲线	–85.809	172895.294	
科技贡献率	线形曲线	–1488.08	0.77	
	S 曲线	31.355	–54803.881	
教育投入	线形曲线	–136000000	67819.179	
	S 曲线	488.379	–954617.177	
卫生投入	线形曲线	–55400000	27655.643	
	S 曲线	505.481	–990917.715	
社会公益性支出	线形曲线	12.9	3	
	S 曲线	3.789	–2.127	
就医保障	线形曲线	13.3	0.725	
	S 曲线	3.082	–1.154	
人均耕地面积	线形曲线	0.87	–0.009	
	S 曲线	–0.241	0.228	

（三）唐山生态城市建设部分指标计算分析示例

1. 绿色经济发展

（1）工业资本密集度。资本密集度指把投入转化为产出所使用资源的集中程度，它是反映工业集约化程度的一个定量指标。亚当·斯密、李嘉图和马歇尔等著名经济学家都认为资本积累是促进经济增长的重要因素，这也是现代西方经济学界的共识，资本投资已成为现代企业发展必不可少的因素。资本密集度越高，资本有机构成越高，技术装备水平比较高；历史和现实说明，随着技术进步的不断提高，自动化（半自动化）程度越高，直接人工越来越少。

工业资本密集度 = 资本总额 / 企业从业人员总数

以 2008 年为例，唐山市资本形成总额为 13966492 万元，全市从业人员 412.01 万人，工业资本密集度 =13966492/4120100 ≈ 3.9。

随着唐山市社会经济发展水平的不断提升，投入转化为产出的能力会逐渐增强，工业资本的密集度也会有所增加，其预测值见表 2-11。

表 2-11 工业资本密集度预测值

年份	2015	2020	2030
工业资本密集度	5.11	6.45	8.98

（2）人均耕地面积。人均耕地面积是指人均占有种植各种农作物的土地面积。我国占世界人口总数的22%，而人均耕地面积却只占世界的7%。随着城市化的发展越来越多的耕地受到破坏。土地是不可再生资源，是农业生产的最基本的要素，人均占有可耕地面积是衡量农业可持续发展能力的重要指标，它反映了城市处理耕地资源不足矛盾的力度和效果。城市自我供给的能力，体现了城市人口、经济与环境的协调程度。

目前，唐山的人均耕地仅有1.2亩，低于全省1.45亩和全国1.48亩的平均水平，且补充耕地的潜力也非常有限。所以根据唐山市目前发展水平和利用耕地状况，在必须保证的基本农田前提下，对其人均耕地面积进行预测，见表2-12。

表 2-12 唐山市人均耕地面积及预测值（单位：亩）

年份		2008	2015	2020	2030
总体及各分区	唐山市总体	1.16	1.22	1.24	1.28
	山区	0.95	1	1	1
	沿海区	1.03	1.2	1.2	1.2
	平原及丘陵区	1.94	1.95	1.95	1.95
	开发区及市区	0.80	1.0	1.0	1.2

（3）一、二、三产产值比例和第三产业占地区生产总值比例。

第一产业（primary industry），又称第一次产业。按“三次产业分类法”划分的国民经济中的一个产业部门。指以利用自然力为主，生产不必经过深度加工就可消费的产品或工业原料的部门。其范围各国不尽相同。一般包括农业、林业、渔业、畜牧业和采集业。有的国家还包括采矿业。国家统计局对三次产业的划分规定，第一产业指农业（包括林业、牧业、渔业等）。

第二产业是指采矿业，制造业，电力、燃气及水的生产和供应业，建筑业。第三产业是指除第一、二产业以外的其他行业。第三产业包括：交通运输、仓储和邮政业，信息传输、计算机服务和软件业，批发和零售业，住宿和餐饮业，金融业，房地产业，租赁和商务服务业，科学研究、技术服务和地质勘查业，水利、环境和公共设施管理业，居民服务和其他服务业，教育，卫生、社会保障和社会福利业，文化、体育和娱乐业，公共管理和社会组织，国际组织等。

2009年，唐山市实现地区生产总值3812.72亿元，比上年增长11.3%。分产业看，第一产业产值360.18亿元，增长5.8%；第二产业产值2202.13亿元，增长11.2%；第三产业产值1250.41亿元，增长13.0%。按常住人口计算，全市人均生产总值达到51179元（按年平均汇率折合7497美元），比上年增长10.8%。三次产业产值结构由上年的9.5∶59.4∶31.1调整为9.4∶57.8∶32.8。其中山区、沿海区、平原及丘陵区、开发区和市区的三产比值及其预测值见表2-13。

随着唐山市社会经济的不断发展，经济结构也在不断发生变化。其中主要趋势是一产比例逐渐降低，二三产比例逐渐上升。全市及各分区的第三产业增加值占GDP的比重预测值见表2-14。

表 2-13　唐山市一、二、三产产值比例及预测值

年份		2008	2015	2020	2030
总体及各分区	唐山市总体	1 : 6.15 : 3.49	1 : 8.76 : 5.49	1 : 10.1 : 11.22	1 : 13.33 : 19
	山区	1 : 12 : 6	1 : 16 : 10.2	1 : 17 : 13.2	1 : 18 : 19
	沿海区	1 : 5 : 3	1 : 6 : 3	1 : 6 : 3	1 : 6 : 3
	平原及丘陵区	1 : 1 : 1.5	1 : 1.7 : 1.6	1 : 1.9 : 1.7	1 : 2.3 : 1.7
	开发区和市区	—	1 : 14 : 7	1 : 15 : 8	1 : 16 : 9

表 2-14　唐山市第三产业占地区生产总值比例及预测值

年份		2008	2015	2020	2030
总体及各分区	唐山市总体	32.8	35.34	3757	42.03
	山区	32.8	32	32	32
	沿海区	30.7	30	32	35
	平原及丘陵区	46.5	49.6	50.6	51.7
	开发区和市区		35	36	40

（4）高新技术产业增加值。高新技术产业是以高新技术为基础，从事一种或多种高新技术及其产品的研究、开发、生产和技术服务的企业集合，这种产业所拥有的关键技术往往开发难度很大，但一旦开发成功，却具有高于一般的经济效益和社会效益。高新技术产业是知识密集、技术密集的产业。产品的主导技术必须属于所确定的高技术领域，而且必须包括高技术领域中处于技术前沿的工艺或技术突破。根据这一标准，目前高新技术产业主要包括信息技术、生物技术、新材料技术三大领域。

据唐山市“十二五”高新技术产业发展规划课题研究报告指出，近年来唐山市高新技术产业增加值平均每年增长 20% 左右。2006 年唐山市高新技术产业增加值为 41.98 亿元，增速为 20.6%；2007 年唐山市高新技术产业增加值为 51.09 亿元，增速为 21.7%；2008 年唐山市高新技术产业增加值为 74.6 亿元，增速为 22.03%；预计 2009 年将实现高新技术产业增加值 88 亿元；2010 年为 100 亿元。目前全市通过认定的高新技术企业 38 家，规模以上高新技术企业 161 家，销售收入达亿元以上的高新技术企业 16 家。其中，电子信息产业、新材料产业、新能源产业、新能源汽车、生物医药产业、先进制造业和节能环保产业等高新技术产业蓬勃发展。同时，唐山市科技园区经济活力也在逐步显现。唐山高新技术产业园区自建区以来，累计引进和设立国内外研发机构 52 家，其中被认定为省级企业技术中心 8 家、市级工程技术研究中心 28 家、民营特色研发机构 19 家。园区共有 397 个项目被列入各级各类科技计划，其中国家级项目 43 项、省级项目 92 项，70% 达到国内领先或国际水平。企业累计获得专利授权 567 项，具有自主知识产权的企业达到 110 家。在全区现有的 245 家工业企业中，科技型企业约占 80% 左右，成功培育了一批高新技术企业。并初步形成了焊接产业、汽车零部件产业、新型建材产业、生物医药产业、智能仪器仪表产业、节能环保产业六大高新技术产业集群，唐山高新技术产业园区经济年均增长速度在 25% 以上。

综上所述，唐山市高新技术产业发展欣欣向荣，产业增加值逐渐体现优势。但也有诸如产业

基础薄弱、对全市经济的带动能力不够，企业技术创新能力较弱、包括资金和人才匮乏，产业集群尚未形成，产业发展环境不完善等诸多问题亟待解决。因此，高新技术产业增加值预测值见表 2-15。

表 2-15 唐山市高新技术产业增加值预测值

年份	2015	2020	2030
高新技术产业增加值（亿元）	365	591	1376

（5）可再生能源（标煤）产量和可再生能源产值增长率。可再生能源是指可以再生的能源总称，包括生物质能源、太阳能、光能、沼气等。生物质能源主要是指雅津甜高粱等，泛指多种取之不竭的能源，严格来说，是人类历史时期内都不会耗尽的能源。可再生能源不包含现时有限的能源，如化石燃料和核能。

目前唐山市的可再生能源主要是实现了沼气的开发利用。2009 年唐山市共建户用沼气池 46.9 万户，占全市总农户的 34.3%，占适宜建池户的 58.6%。年处理粪便、污水 1172.5 万吨，年产沼气 12.6 亿立方米，二氧化碳减排量达到 69.7 万吨。为解决大中型养殖场的粪便污染问题，建 50 立方米以上大中型沼气工程 905 处，年处理废弃物 13.5 万吨，年产沼气 1369 万立方米，二氧化碳减排量达到 6.8 万吨。其中 500 立方米以上大型沼气工程 5 处，已投入使用 5 处。同时，秸秆沼气技术不断突破，在滦县燕山新村结合新农村建设用能问题，有一可联 6000 户的秸秆沼气工程正在建设中，预计在 2009 年 7 月底可实现试通气。该项目不仅解决了该村及周边 6000 户居民的生活燃料，解决做饭及取暖问题，还可年消耗秸秆等污染物 2 万吨，生产沼气 330 吨，年减排二氧化碳 3978 吨。同时也存在大量问题，诸如户用沼气发展过快、服务滞后、大型沼气工程技术发展缓慢等一系列困难亟待解决。

在其他使用新能源方面主要是不断利用发展节能技术，使用新材料等。2009 年唐山市成为了第一批国家级可再生能源建筑应用示范城市，并争得国家无偿支持资金 8000 万元。可再生能源（标煤）产量及可再生能源产值增长率预测值见表 2-16。

表 2-16 唐山市可再生能源（标煤）产量及可再生能源产值增长率预测值

年份	2015	2020	2030
可再生能源（标煤）产量（万吨）	141.3	351.6	911.9
可再生能源产值增长率（%）	30	20	10

（6）人均地区生产总值和 GDP 增长率。地区生产总值（gross domestic product，简称 GDP）指在一定时期内（一个季度或一年），一个地区的经济中所生产出的全部最终产品和劳务的价值，常被公认为衡量地区经济状况的最佳指标。它不但可反映该地区的经济表现，更可以反映地区的综合能力与财富。人均地区生产总值是指平均每人所创造的地区生产总值，以“元 / 人”表示。

GDP 不是实实在在流通的财富，它只是用标准的货币平均值来表示财富的多少。但是生产出来的东西能不能完全的转化成流通的财富，这个是不一定的。在 GDP 的增长率中，有些是无效和无用 GDP，并不能完全反映居民生活水平，在反映财富过程中有一定的缺陷。在当代，更多国家和地区追求绿色 GDP，寻求以最小能耗产生最大财富。例如表 2-17，在 2009 年世界各国国内生产总值排名及 GDP 增长率中，前十五名国家只有中国、巴西、印度和韩国 GDP 增长率呈正增长，而一些发达国家呈不同程度的负增长。因此根据唐山市目前经济发展水平对其进行预测见表 2-18、表 2-19。

表 2-17　2009 年世界各国 GDP 排名及其增长率

排名	国家	GDP 总量（亿美元）	GDP 增长率
1	美国	139230（亿美元）	-2.4%
2	日本	50849（4749240 亿日元）	-5.0%
3	中国	49090（335353 亿人民币）	8.7%
4	德国	32986（23649.3 亿欧元）	-5.0%
5	法国	26429.5（18948.59 亿欧元）	-2.7%
6	英国	21512.9（13736.61 亿英镑）	-4.8%
7	意大利	16960.768（12160 亿欧元）	-5.0%
8	巴西	15568 .7（31030 亿雷亚尔）	0.7%
9	西班牙	14661.27（10511.51 亿欧元）	-3.0%
10	加拿大	13699 .36（15624.12 亿加元）	-2.5%
11	俄罗斯	12043.58（382587.1 亿卢布）	-7.9%
12	印度	11672.47（564373.27 亿卢比）	7.2%
13	澳大利亚	9163.78（11664.58 亿澳元）	-1.4%
14	墨西哥	8557.5（115503.47 亿比索）	-3.7%
15	韩国	8200（1050 万亿韩元）	0.2%

表 2-18　唐山市人均地区生产总值预测值　（单位：元）

年份	2009	2015	2020	2030
唐山市总体	51951	86446	115048	172252
山区	67894	104272	128566	210244
沿海区	38013	62360	83432	125576
平原及丘陵区	42618	62437	82019	121185
开发区及市区	62671	112970	150049	224209

表 2-19　唐山市 GDP 增长率预测值　（单位：%）

年份	2009	2015	2020	2030
唐山市总体	11.3	13.2	13.16	13.09
山区	5.5	6	6	6
沿海区	9.9	12	10	8
平原及丘陵区	61.3	12	10	8
开发区及市区	8.0	12.5	10.5	9.5

（7）万元 GDP 综合能耗（标煤）和万元 GDP 综合能耗降低率。万元 GDP 综合能耗（标煤）是指城市总能耗与城市国内生产总值之比值。不同国家和地区由于其经济发展水平、使用能源结

构的不同，该指标的差值也大不相同。原国家环保总局规定小于 1.4 为建设生态城市指标标准，而唐山市依然是我国典型的重工业城市，清洁能源使用量依然偏少。目前我国城市中香港较低，为 0.50。根据 2009 唐山市统计年鉴，近年能源消费指标见表 2-20。

表 2-20 唐山市近年能源消费指标

年份	2005	2006	2007	2008
全社会能源消费量（等价值）（万吨标准煤）	5973.37	6649.32	7342.02	7775.68
全社会能源消费量发展速度（%）		111.30	110.40	105.90
单位 GDP 能耗（吨标准煤 / 万元）	2.95	2.89	2.78	2.60
单位 GDP 能耗降低率（%）		2.90	4.03	6.40

从表 2-20 可以看出，唐山市全社会能源消费依然处于增长趋势，单位 GDP 能耗虽有下降但依然未能达到国家关于生态市建设标准。因此，在未来使用能源过程中，唐山市必须改变传统的能源消费模式：①不断优化能源结构，加大石油、天然气的开发和引进力度，形成以天然气、石油、电力为主的优质能源消费结构；②同时要加快发展新能源和可再生能源，积极开发利用太阳能、风能、水能、地热能、生物质能等，促进能源消费结构由以煤炭为主向多元化方向转变，逐步降低煤炭在一次能源中的比重；③大幅度降低重点用能部门的能耗，确保能源总消费在满足经济发展的前提下逐步降低增速；④加快新技术的推广与应用，提高能源使用的效率，降低能耗。以天然气建设为重点，大力引进天然气，大幅度提高天然气的供应量，提高清洁能源使用比例，合理利用焦炉煤气，并逐步推广扩大使用范围。对指标进行预测见表 2-21。

表 2-21 唐山市能源消费预测值

年份	2015	2020	2030
万元 GDP 综合能耗（吨标准煤 / 万元）	2.00	1.65	0.99
万元 GDP 综合能耗降低率（%）	3.12	3.5	4.0

2. 生态环境

2.1 森林覆盖率

2.1.1 唐山市土地利用多目标规划

2.1.1.1 土地资源利用现状及生态用地结构

到 2008 年年底，全市土地总面积为 1347200 公顷。全市农用地（包括耕地、林地、牧草地和水面面积）为 1079603.091 公顷，占土地总面积的 80.13%；建设用地（包括居民点及工矿用地、交通用地、水利设施用地）面积为 263498.49 公顷，占土地总面积的 19.56%；未利用地（包括苇地、滩涂和其他未利用地）面积 4098.42 公顷，占土地总面积的 0.3%。在农用地中，耕地面积为 796927.7602 公顷，占土地总面积的 59.15%，占农用地面积的 73.82%；林地面积为 144756.13 公顷，占土地总面积的 10.74%，占农用地面积的 13.41%；牧草地面积 70586.05 公顷；而水面达 67333.14815 公顷，占土地总面积的 5%，占农用地面积的 6.24%。在建设用地中，居民点及工矿用地 263498.491 公顷，占土地总面积的 19.56%。在未利用地中，盐碱地 70.83 公顷，沼泽地 4019.68 公顷。

2.1.1.2 土地利用存在的主要问题

人多地少，耕地缺乏，人地矛盾突出。唐山市 2008 年人均土地面积为 0.18 公顷，低于河北省人均土地面积（0.26 公顷）；全市人均耕地 0.1085 公顷，略高于河北省人均耕地（0.09 公顷）

和全国的平均水平（0.0916 公顷）。伴随着人口的不断增长和非农业建设用地的不断增加。人均土地面积和人均耕地面积亦将继续下降，人地矛盾将日趋尖锐。

土地破坏现象依然存在。随着经济建设的快速发展，经济开发区、乡镇工业小区、小城镇建设用地日趋增加，乱占滥用耕地的现象日益突出。另外，由于唐山市矿产资源丰富，矿产资源的开采造成土地的破坏亦相当严重。由于自身利益的驱动，一些地方擅自占用非法买卖或转让土地等现象也时有发生。

城镇和村庄居民点人均用地普遍偏高，用地结构不合理，挖潜改造任务大，难度大。唐山市城市建设受大地震、煤炭开采和重工业项目多的影响：城市布局分散，容积率和建筑密度低；小城市及村镇受建筑传统和经济条件制约，用地额也偏高。城镇居民点用地结构中工业用地比例大，金融、商住用地比例小，绿地比例更小，结构明显不合理。城镇、村庄、工矿等建设用地挖潜、结构调整受到地质、煤炭采空塌陷等影响，任务十分艰巨，难度相当大。

土地生态环境脆弱，土地质量退化。随着城市建设，重化工业和采矿业的发展，工业废水、废渣、废气的排放和堆积，地面的塌陷和采空造成的潜在塌陷，这些都已经和正在对土地资源造成侵害。乡镇企业迅速发展，由于其管理落后和利益驱动，对土地资源的污染、损坏范围不断扩大。农业大量使用化学肥料和农药，影响土地质量。

2.1.1.3 唐山土地利用多目标优化

土地利用规划就是根据社会生产的发展，国民经济建设的需要，以及土地本身的自然、经济特性，在时（间）空（间）上所进行的总体的、战略的，在一定区域内对土地资源进行配置和组织开发利用的最优化安排。土地利用规划的任务概括地说，是对土地利用进行控制、协调、组织和监督，为国民经济建设和满足人民的物质生活需要服务，也是为创造良好的土地生态环境服务。

（1）优化方法：土地是农业生产的主要生产资料，是农作物生长发育的重要场所。土地利用优化是保证农业长期稳定、社会安定和谐和地区生态平衡的前提和基础。多目标优化是一种先进的优化方法。和单目标优化相比，多目标优化能解决同时满足多个目标要求这一类的优化问题。土地利用涉及方方面面的因素，如经济发展、自然环境等，优化目标也多种多样。因此，在进行土地优化时，要根据当地的自然、社会、经济条件，选择主要目标作为目标函数，采用多目标决策法，建立数学模型，形成合理、高效、集约的土地利用结构，增加有效耕地面积，提高土地利用效率，适应社会经济发展对土地的需求。

目标线性规划的基本思想：在充分利用各种资源和满足各种需求的前提下，尽可能地达到预期目标，使得各项规划目标的偏离变量值达到最小，并按照目标的优先级序依次实现每个目标。目标规划摒弃了单一目标规划只求目标最大（或最小）的缺陷，能够充分体现规划者的决策意图，极大地发挥人的主观能动性，更接近现实。

（2）技术路线：多目标优化方法的技术路线：①优化目标的确定，包括经济目标、社会目标和环境目标；②确定有关土地利用的各个决策变量；③确定优化目标值，包括由预测得到的各业用地数量；④确定与决策变量有关的约束条件：如总土地面积约束、耕地动态平衡约束、专项约束以及非负约束等；⑤建立总目标函数，确定各个目标的优先级及其权重，加和形成总目标函数；⑥求一系列非劣解，得到多个方案，根据决策者的要求进行多方案比较，从中选定一个较满意的优化方案，形成最终的优化方案。

（3）多目标函数模型：多目标优化中目标函数模型主要有以下五个方面构成：①决策变量；②目标函数；③约束方程；④参变常量；⑤变量参数。

约束条件：$\sum a_{ij}x_j=$（$\geqslant$，$\leqslant$）b_j（$i=1$，$2\cdots$，m；$j=1$，$2\cdots$，n）；且 $x_j\geqslant 0$。

其中：x_j——各种类型土地面积（单位：公顷），决策变量；

a_{ij}——约束系数（单位依具体情况而定）；

b_j——约束常数（单位依具体情况而定）。

目标函数 $\max fL(x)=\sum_{j=1}^{n}C_jx_j$ （j=1，2…，n）

其中：x_j——各类型土地面积（公顷），决策变量；

C_j——利益系数（单位依具体情况而定）；

$f(x)$——利益，即目标函数（单位依具体情况而定）。

它的一组解称为最优解，即最优的土地利用结构。

建立模型时要尽可能全面考虑，并找出主要因素，使问题尽可能地简化。考虑多目标函数时，也应使目标函数尽可能少，约束条件可因问题的需要而设，不需要的则可去掉。

（4）模型求解：多目标优化问题可用逐步法求解。逐步法是一种迭代法，在求解时，每进行一步，分析者把计算结果告诉决策者，决策者对计算结果做出评价。如果决策者认为满意，则迭代停止；否则分析者要根据决策者的意见进行修改和再计算，直至决策者认为结果满意为止。

设有 k 个目标的线性优化问题。$\text{V-}\underset{x\in R}{\text{Max}}\ Cx$

其中 $R=\{x|Ax\leqslant b，x\geqslant 0\}$，$A$ 为 $m\times n$ 矩阵。

C 为 $k\times n$ 矩阵，也可表示为

$$C=\begin{pmatrix} c^1 \\ \vdots \\ c^k \end{pmatrix}=\begin{pmatrix} c_1^1 & c_2^1 & \cdots & c_n^1 \\ \cdots & \cdots & \cdots & \cdots \\ c_1^k & c_2^k & \cdots & c_n^k \end{pmatrix}$$

求解的计算步骤为：

第一步：分别求 k 个单项目标线性优化问题的解。

$$\underset{x\in R}{\text{Max}}\ c_j x,\ j=1,\ 2,\ \cdots,\ k$$

得到最优解 $x(j)$，j=1，2，…，k 及其相应 $c_j x(j)$。

并作表 Z=（Z_i^j），其中 $z_i^j=c_j x(j)$，$z_i^j=\underset{x\in R}{\text{Max}}\ c_j x=c_j x(j)=M_j$

表 2-22　z 值列表

	z_1	z_2	z_3	z_4
$x^{(1)}$	z_1^1	z_2^1	$\cdots\ \cdots\ z_i^1\ \cdots$	z_k^1
⋮	⋮	⋮	⋮	⋮
$x^{(i)}$	z_1^i	z_2^i	$\cdots\ \cdots\ z_i^i\ \cdots$	z_k^i
⋮	⋮	⋮	⋮	⋮
$x^{(k)}$	z_1^k	z_2^k	$\cdots\ \cdots\ z_i^k\ \cdots$	z_k^k
M_j	z_1^1	z_2^2	z_i^i	z_k^k

注：表中 M_j 为第 j 个目标的最优值，z 为总目标函数

第二步：求权系数。

从上表中得到，M_j 及 $m_j=\min\limits_{1\leq i\leq k}$，$j=1$，2，…，$k$

为了找出目标值的相对偏差以及消除不同目标值的量纲不同的问题，进行如下处理。

当 $M_j\geqslant0$，$\alpha_i=\frac{M_j-m_j}{M_j}\cdot-\frac{1}{\sqrt{\sum\limits_{i=1}^{n}(c_i^j)^2}}$；当 $M_j<0$，$\alpha_i=\frac{m_j-M_j}{M_j}\cdot-\frac{1}{\sqrt{\sum\limits_{i=1}^{n}(c_i^j)^2}}$

经归一化后，得权系数 $\pi j=\frac{a_j}{\sum\limits_{j=1}^{k}a_j}$，$0\leqslant\pi j\leqslant1$，$\sum\pi j=1$，$0=1$，2，…，$k$。

第三步：构造以下线性优化问题，并求解。

假定求得的解为$\bar{x}^{(1)}$，相应的 k 个目标值为 $c^1\bar{x}^{(1)}$，$c^2\bar{x}^{(1)}$，…，$c^k\bar{x}^{(1)}$，若 $x^{(1)}$ 为决策者的理想解，其相应的 k 个目标值为 $c^1x^{(1)}$，$c^2x^{(1)}$，…，$c^kx^{(1)}$。这时决策者将$\bar{x}^{(1)}$的目标值进行比较后，认为满意了可停止计算。如果相差太远，则进行适当修正。如考虑对 j 个目标宽容一下，减少或增加一个 Δc^j，并将约束集 R 改为

$$R1:\begin{cases}c^jx\geqslant c\bar{x}^{(1)}-\Delta c^j\\ c^ix\geqslant c^i\bar{x}^{(1)} & i\neq j\\ x\in R\end{cases}$$

并令 j 个目标的权系数 $\pi j=0$，这表示降低这个目标的要求。再求解以下线性优化问题

$$LP(2):\begin{cases}\mathrm{Min}\lambda\\ \lambda\geqslant(M_i-c^ix)\pi_i & i=1,2,\cdots,k,\ i\neq j\\ x\in R^1,\ \lambda\geqslant0\end{cases}$$

若求得的解为$\bar{x}^{(2)}$，再与决策者进行对话，如此反复，直到决策者认为满意为止。

2.1.1.4　土地利用近期（2008~2020 年）优化研究

（1）变量设置：变量主要是根据现有土地利用类型来设置，本优化方案共设 8 个基本变量。其意义如下：X_1 耕地面积；X_2 林地面积；X_3 牧草地面积；X_4 水域面积；X_5 城乡居民点工矿用地面积；X_6 未利用地面积（表 2-23）。

表 2-23　土地利用类型决策变量设置　（单位：公顷）

耕地	林地	草地	水域	城乡工矿居民用地	未利用地
X_1	X_2	X_3	X_4	X_5	X_6
796927.8	144756.1	70586.05	67333.15	263498.5	4098.41

（2008 年唐山市土地利用图）

（2）土地约束分析：约束条件主要是根据各类土地资源的限制、城市发展需求以及某些发展战略来确定的。

• 耕地：国家要求唐山基本农田稳定在 483900 公顷。国家“十一五”规划纲要明确提出，到 2010 年，全国耕地保有量不低于 18 亿亩。唐山市的任务是到 2010 年全市基本农田不低于 48.39 万公顷，这是一条不可逾越的红线。根据国家对耕地的保护政策，基本农田保护区经依法划定后，任何单位和个人不得改变或者占用。因此规划耕地面积要不小于 483900 公顷。

考虑到建设用地、生态绿地的增加，以及科技因素使单位面积耕地产出效率的提高，未来耕地面积将有减少的趋势。结合现有耕地的条件（表 2-24）和认真贯彻落实严格保护耕地政策，1995 年人均耕地面积为 1.29 亩，2000 年为 1.24 亩，2005 年为 1.19 亩，2006 年为 1.18 亩，2007 年为 1.17 亩。人均耕地面积的减少率为 0.83%。2005 年、2007 年单位面积耕地的产量为 22.74 吨、24.81 吨；到 2020 年耕地面积减少率为 0.41% 按年均最多减少 3.8% 且要大于基本农田保护面积，得到以下约束方程：$483900 \leqslant X_1 \leqslant 758591.1$。

表 2-24　主要年份耕地面积变化　（单位：公顷）

年份	1985	1995	2000	2005	2008
耕地总资源	784755.55	758018.23	783476.03	783123.62	796927.76

（唐山土地利用图）

● 林地：林木具有防止水土流失、调节气候、涵养水源、防风固沙、减少污染、美化环境、改善生态等重要作用。唐山林业在唐山和谐发展中具有关键地位；在中北部生态建设中具有基础地位；在实施以生态建设为主的全国林业发展中具有重要地位。

因此，要改善城市的环境要在保护原有的林地面积的基础上，努力增加林地的面积有：$X_2 \geqslant 144756.13$。

● 草地：草地多为土层较薄、坡度较大的草灌坡，对于保持水土具有重要意义，因此至少应保留现有牧草地面积，2007 年唐山年末实有耕牛、奶牛、猪、羊存栏量为 41055 百头；1995 年牧草地的面积为 65219.01 公顷，2008 年的面积为 70586.05 公顷，考虑到对奶、肉类产品的需求将会有大幅度增加。到 2020 年牧草地面积至少增加 7.5%，有 $X_3 \geqslant 75931.44$。

● 水域用地：由于用于滦下灌区扩建、小青龙河治理、南堡供水工程、蓟运河治理、平原水库的修建沿海湿地的修复以及滦河下游省级湿地的自然保湖区等建设，2020 年唐山水利水工用地面积有 $67333.15 \leqslant X_4 \leqslant 70965.3538$。

● 城乡居民点及独立工矿：据《唐山市统计年鉴》，2000 年唐山人口 699.79 万人，2005 年人口 298.95 万人，2006 年人口为 719.12 万人，2007 年人口为 724.66 万人。2000~2005 年的人口增长曲线为 $y=0.465x^2+3.215x+710.8$，按此曲线预计 2020 年常住人口可以达到 827.536 万人。按照 2007 年人均居民点及独立工矿用地面积 327.47 公顷 / 万人计算，则到 2020 年最大居民点及独立工矿用地面积为 252035.7 公顷。则有 $263498.49 \leqslant X_5 \leqslant 271000.9$。

● 未利用地：考虑到土地资源的特殊性质要留有一定数量的后备土地资源，方程约束中未利用地要不小于 2008 年未利用地的 70%，约束为：$4098.41 \leqslant X_6 \leqslant 5327.943$。

土地总量不变约束：无论土地利用结构如何优化，土地总面积是保持不变的。

土地总面积保持不变方程如下：$X_1+X_2+X_3+X_4+X_5+X_6=1347200$

约束方程见表 2-25。

表 2-25　约束方程

	X_1	X_2	X_3	X_4	X_5	X_6	约束	约束值
1	1						≤	758591.1
2				1			≤	70965.35
3					1		≤	271000.9
4						1	≤	5327.94

（续）

	X_1	X_2	X_3	X_4	X_5	X_6	约束	约束值
5	1	1	1	1	1	1	=	1347200
7	1						⩾	483900
8		1					⩾	144756.1
9			1				⩾	75931.44
10				1			⩾	67333.15
11					1		⩾	263498.5
12						1	⩾	4098.41

（3）目标函数：目标的设定主要从生态目标、经济目标和社会目标三个方面来考虑。生态目标涉及的方面很多，本优化从土壤保持量、碳储量、绿量三个方面来考虑；经济目标可用产值最大化来设定；社会目标主要考虑就业价值。

优化系数值的设置基于以下三点考虑：①已有研究资料的收集、综合分析；②不同地区变动范围与平均值；③今后 20 年变化趋势。根据唐山土地利用优化的实际情况以及所能收集到的资料，拟采用以下三个目标函数。

A. 自然价值最大：生态环境恶化是当今世界面临的重大问题，其主要特征就是水土流失严重；水质恶化，形成水质性缺水；生物多样性锐减等。因此，计算土地的单位面积自然价值包括水土保持、水循环、净化污染、气候调节和生物多样性几个方面，结果表 2-26。

表 2-26　唐山市不同用地类型单位面积价值　（单位：万元 / 公顷）

类型	耕地	林地	水域	居民点	工矿
水土保持	0.002	0.011			
水循环	–0.07		0.4	–1.76	–132.91
污染净化				–3.4	–0.78
固碳释氧	1.37	1.74			
生物多样性		5.93			
自然价值	1.302	7.681	0.4	–5.16	–133.69

整理自：杨志峰等．生态城区环境规划理论与实践．北京：化学工业出版社，2004.

参照统计资料，唐山市单位土地面积自然价值拟采用以下数值：耕地 1.302 万元 / 公顷，林地 7.681 万元 / 公顷，草地按林地的 2/3 取 5.121 万元 / 公顷，其他农用地取水面的 0.40 万元 / 公顷，水利水工用地取工矿的污染净化价值 –0.78 万元 / 公顷，居民点及工矿总价值（–5.16 × 15806142）+（–133.69 × 1433903）/（15806142+1433903）=–15.85 万元 / 公顷，未利用地 0。

B. 经济价值最大：土地是人类赖以生存的最基本的自然资源。土地利用结构优化的主要标准就是使有限的土地生产出尽可能多的产品和服务。即让有限的投入生产出尽可能多的符合需要的产品和服务。

唐山市可利用的土地资源紧缺。因此，必须合理利用土地资源，鼓励集约用地，提高土地产出率，提高土地的经济效益。特别是随着社会经济的发展，人类对土地资源开发利用强度加大，导致了严重的水土流失，生态环境恶化，农林牧生产质量降低。土地利用现状及经济效益分析，对促进土地利用结构的调整与优化、保护土地、充分挖掘土地利用潜力以及国民经济持续发展具重要意义。

依据唐山市经济情况，确定唐山单位面积价值量（表 2-27）。耕地：10.23 万元 / 公顷；林地 81.99 万元 / 公顷；草地经济价值与林地一致，即 163.98 万元 / 公顷；其他农用地取 3.65 万元 / 公顷；居民点及工矿按总价值（12.92 × 15806142）+（302.32 × 1433903）/（15806142+1433903）= 36.99 万元 / 公顷；水利水工用地按工矿的建筑价值 5.38 万元 / 公顷计；未利用地取 0。

表 2-27　唐山市不同用地生态系统单位面积价值　（单位：万元 / 公顷）

类型	耕地	林地	水域	居民点	工矿
农业价值	10.23				
林业价值		3.25			
水产价值			3.65		
果业价值					
工业价值		50.38			262.93
建筑价值					5.38
运输价值					
电信价值				12.92	
商饮价值					34.01
旅游价值		28.36			
总经济价值	10.23	81.99	3.65	12.92	302.32

整理自：杨志峰等 . 生态城区环境规划理论与实践 . 北京：化学工业出版社，2004.

C. 社会价值最大：一个规划必须要考虑土地利用组成的要求和它们的位置形式上的要求，必须确定社会可以利用的种种手段。首先要对自然演替过程中固有的社会价值有所识别，这样才能最有效、最适当地利用土地，提高土地的社会价值。这里单位面积社会价值主要从居住价值、就业价值、文教价值、医疗价值、行政价值等方面进行计算。

依据唐山经济情况，唐山省单位面积社会价值可以近似来定。即耕地：0.02 万元 / 公顷；林地 0.085 万元 / 公顷；草地社会价值取林地 2 倍，即 0.17 万元 / 公顷；其他农用地取 0.01 万元 / 公顷；居民点及工矿（11.524 × 15806142）+（0.42 × 1433903）/（15806142+1433903）=10.6 万元 / 公顷；水利水工用地按耕地就业价值即 0.01 万元 / 公顷计；未利用地取 0。

表 2-28　唐山市不同用地类型单位面积社会价值　（单位：万元 / 公顷）

类型	耕地	林地	水域	居民点	工矿
居住				6.33	
就业	0.02	0.125	0.01	0.084	0.42
文教				2.18	
医疗				1.54	
行政				1.39	
总社会价值	0.02	0.125	0.01	11.524	0.42

整理自：杨志峰等 . 生态城区环境规划理论与实践 . 北京：化学工业出版社，2004.

（4）求解：

表 2-29 为多目标线性模型，利用逐步法求解该模型。先求单项目标，即分别按自然价值、经济价值、社会价值目标计算，结果见表 2-30：

表 2-29　目标函数及参变系数　（单位：万元 / 公顷）

地类	耕地	林地	草地	水域	居民点及工矿用地	未利用土地
变量	X_1	X_2	X_3	X_4	X_5	X_6
自然价值	1.302	7.681	5.121	0.4	–10.32	0
经济价值	2.13	0.858	1.715	3.53	13.58	0
社会价值	0.01	0.065	0.13	0.01	20.524	0

表 2-30　按单项目标优化土地利用情况（2020 年）　（单位：万公顷）

	X_1	X_2	X_3	X_4	X_5	X_6
自然价值	50.100	43.534	7.593	6.733	26.350	0.410
经济价值	75.859	14.476	9.779	7.097	27.100	0.410
社会价值	50.100	14.476	35.901	6.733	27.100	0.410

求系数　①权系数；② α 系数；③ π 系数

输入参变常量系数和约束方程，启动程序，会自动求出上述系数，结果见表 2-31。

表 2-31　参变常量系数表

	X_1	X_2	X_3	X_4	X_5	X_6
自然价值	50.100	43.534	7.593	6.733	26.350	0.410
经济价值	75.859	14.476	9.779	7.097	27.100	0.410
社会价值	50.100	14.476	35.901	6.733	27.100	0.410

新构造的优化问题：新目标函数：Minλ（x_{10}）（表 2-32）：

表 2-32　新约束方程（松弛变量、剩余变量、人工变量未列出）

X_1	X_2	X_3	X_4	X_5	X_6	X_7	约束	约束值 b
1.19757	7.064929	4.710259	0.367917	–9.49226	0	1	⩾	1556851
0.133914	0.053943	0.107822	0.221932	0.853777	0	1	⩾	367061.8
0.000173	0.001127	0.002254	0.000173	0.355824	0	1	⩾	97499.31
1							⩽	758591.1
			1				⩽	70965.35
				1			⩽	271000.9
					1		⩽	5327.94

（续）

X_1	X_2	X_3	X_4	X_5	X_6	X_7	约束	约束值 b
1	1	1	1	1	1		=	1347200
1							≥	501000
	1						≥	144756.1
		1					≥	75931.44
			1				≥	67333.15
				1			≥	263498.5
					1		≥	4098.41

满意解（表 2-33）：

表 2-33　2020 年土地利用多目标优化结果（单位：公顷）

耕地	林地	草地	水域	城乡、工矿居民用地	未利用地
X_1	X_2	X_3	X_4	X_5	X_6
501000	433703	75931.44	67333.15	265134	4098.41

（5）优化结果分析：

A. 结构优化分析：土地利用优化是一个极为纷繁复杂的问题，采用常规的优化方法，人为因素很强，而且也难以综合处理多方面的关系。多目标优化通过协调经济效益、社会效益和生态效益的平衡关系，实现土地的综合效益最大化。

总的看来，多目标优化的结果，基本满足优化的原则，也满足了提高综合效益的目标，因此，优化方案是可行的。

B. 影子价格分析（表 2-34）：影子价格是现代经济学中的重要参量，广泛应用于宏观经济分析和微观经营活动。它是企业适应市场变化，优化配置人、财、物等资源，正确做出经营管理决策的有力工具。它是指某种资源或劳务被用于一种用途、放弃另一种用途时的价值。是资源利用问题的数学优化中，对偶模型最优解。

表 2-34　影子价格分析

影子价格	（单位资源增量对目标贡献值）	影子价格	（单位资源增量对目标贡献值）
资源 1	0.046875	资源 8	−0.375
资源 2	0.953125	资源 9	0.1875
资源 3	0	资源 10	0
资源 4	0	资源 11	0.0625
资源 5	0	资源 12	0.140625
资源 6	0	资源 13	0
资源 7	0	资源 14	0.375

影子价格是衡量生产资源达到最优配合的一种尺度。计算结果表明：资源 1、2、9、11、12、14 等所对应的影子价格为正，表明它们为限制性资源。资源 3、4、5、6、7、13 等所对应的影子

价格为0，说明它们不是限制性资源，能够满足国民经济发展的需要。

C. 灵敏度分析：灵敏度分析又称最优化后分析。是指系统或事物因周围条件发生变化而显示出来的敏感程度的分析，即要分析为决策所用的数据可在多大范围内变动，原最优方案继续有效。在求出线性优化的最优解后，如果市场、资源发生变化，以致目标函数的系数 C_j、约束条件的右端项 b_i 或左边的系数 a_{ij} 发生变化，那么会使最优解发生什么样的变化，又如何用最简单的办法求出新的最优解，此类问题就是线性优化最优解的灵敏度分析。

唐山市土地利用结构优化的线性优化模型的灵敏度分析分为：①对约束条件右端常数（即约束条件 b_j）范围的分析（表2-35）：从应用的角度出发，仅对松弛变量取0值的约束条件右端常数进行灵敏度分析，这类约束条件对应的影子价格不为0。②对目标函数系数（即利益系数 c_j）的范围分析：是对非基变量的目标函数系数的灵敏度分析（表2-36），既要合乎数学模型，又要合乎实际。

表2-35　对约束条件右端常数值变化范围

b值	现有值	可减少值	可增加值	最低值	最高值
b（1）	1556851	101831.2	28388.28	1455020	1585240
b（2）	367061.8	25329.76	101831.2	341732	468893
b（3）	97499.31	无限制	24680.15	0	122179.5
b（4）	758591.1	257591.1	无限制	501000	无限制
b（5）	70965.35	3632.2	无限制	67333.15	无限制
b（6）	271000.9	5866.86	无限制	265134	无限制
b（7）	5327.94	1229.53	无限制	4098.41	无限制
b（8）	1347200	4049.114	14524.52	1343151	1361725
b（9）	501000	17122.18	4773.282	483877.8	505773.3
b（10）	144756.1	无限制	288946.8	0	433703
b（11）	75931.44	42279.07	11786.46	33652.37	87717.9
b（12）	67333.15	14833.39	3632.2	52499.76	70965.35
b（13）	263498.5	无限制	1635.55	0	265134
b（14）	4098.41	4098.41	1229.53	0	5327.94

表2-36　目标函数值变化范围

决策变量	现有系数值	可减少值	可增加值	最低值	最高值
x（1）	0	0.19409	1.00E+14	−0.19409	1.00E+14
x（2）	0	0.799835	0.066311	−0.79983	0.066311
x（3）	0	0.057109	1.00E+14	−0.05711	1.00E+14
x（4）	0	0.148359	1.00E+14	−0.14836	1.00E+14
x（5）	0	16.55719	0.375102	−16.5572	0.375102
x（6）	0	0.377018	1.00E+14	−0.37702	1.00E+14
x（7）	1	1	无限制	0	无限制

2.1.1.5 土地利用远期（2021~2030 年）优化研究

优化方法、计算步骤均与 2008~2020 年土地利用优化研究相同，只是约束条件有所变化，这里就不再一一详述，只将变动部分（约束条件）介绍如下：

（1）约束条件：

- 耕地：考虑到建设用地、生态绿地的增加，以及科技因素使单位面积耕地产出效率的提高，未来耕地面积将有减少的趋势。结合现有耕地的条件和认真贯彻落实严格保护耕地政策，耕地面积减少率为 0.41% 且要大于基本农田保护面积，得到以下约束方程：$483900 \leqslant X_1 \leqslant 514942.2$
- 林地：要改善城市的环境要在保护原有的林地面积的基础上，努力增加林地的面积，不限制林地的发展。有：$X_2 \geqslant 433702.96$。
- 草地：草地多为土层较薄、坡度较大的草灌坡，对于保持水土具有重要意义，因此至少应保留现有牧草地面积，考虑到对奶、肉类产品的需求将会有大幅度增加。到 2030 年牧草地面积至少增加 6.27%，有 $X_3 \geqslant 75931.44$。
- 水域用地：由于用于滦下灌区扩建、小青龙河治理、南堡供水工程、蓟运河治理、平原水库的修建沿海湿地的修复以及滦河下游省级湿地的自然保湖区等建设，2030 年唐山水利水工用地面积有 $67333.15 \leqslant X_4 \leqslant 70965.35$。
- 城乡居民点及独立工矿：据《唐山市统计年鉴》，2000 年唐山人口 699.79 万人，2005 年人口 298.95 万人，2006 年人口为 719.12 万人，2007 年为 724.66 万人。2000~2005 年的人口增长曲线为 $y=0.465x^2+3.215x+710.8$，按此曲线预计 2010 年人口为 863.65 万人，2020 年常住人口可以达到 827.536 万人，2030 年常住人口 1225.75 万人，按照 2007 年人均居民点及独立工矿用地面积 327.47 公顷 / 万人计算，则到 2030 年最大居民点及独立工矿用地面积为 301396.4 公顷。则有 $265134.04 \leqslant X_5 \leqslant 301396.4$。
- 未利用地：考虑到土地资源的特殊性质要留有一定数量的后备土地资源，方程约束中未利用地要不小于 2020 年未利用地的 70%，约束为：$2868.894 \leqslant X_6 \leqslant 4098.41$。
- 土地总量不变约束：无论土地利用结构如何优化，土地总面积是保持不变的。
- 土地总面积保持不变方程如下：$X_1+X_2+X_3+X_4+X_5+X_6=1347200$。

约束方程见表 2-37。

表 2-37 约束方程

	X_1	X_2	X_3	X_4	X_5	X_6	约束	约束值
1	1						≤	514942.2
2				1			≤	70965.35
3					1		≤	301396.4
4						1	≤	4098.41
5	1	1	1	1	1	1	=	1347200
7	1						≥	501000
8		1					≥	433703
9			1				≥	75931.44
10				1			≥	67333.15
11					1		≥	265134
12						1	≥	2868.894

（2）求解：见表 2-38、表 2-39。

表 2-38　按单项目标优化土地利用情况（2030 年）　（单位：公顷）

	X_1	X_2	X_3	X_4	X_5	X_6
自然价值	501000	434932.5	75931.44	67333.15	265134	2868.894
经济价值	501000	433703	75931.44	67333.15	266363.6	2868.894
社会价值	501000	433703	75931.44	67333.15	266363.6	2868.894

表 2-39　2030 年土地利用多目标优化结果　（单位：公顷）

耕地	林地	草地	水域	城乡、工矿居民用地	未利用地
X_1	X_2	X_3	X_4	X_5	X_6
501000	434674.3	75931.44	67333.15	265392.2	2868.894

2.1.2　唐山市森林覆盖率预测

根据唐山市林业用地多目标规划的结果及唐山市土地利用现状图，将未利用地中的一部分苇地、荒草地、沙地等纳入林地，故预测唐山及其各个分区森林覆盖率见表 2-40。

表 2-40　唐山市森林覆盖率预测　（单位：%）

年份		2015	2020	2030
森林覆盖率	唐山市	34	35	35
	山区	73.5	75	75
	平原及丘陵区	40	41	42
	经济开发区及市区	15	16	17

2.2　生态公益林面积比重

2005 年，唐山市现有林地面积 500 万亩，其中经济林 220 万亩，用材林 30 万亩，国家重点生态公益林 98.23 万亩，一般公益林 110 万亩，其他林地 20 万亩。主要树种山区以油松为主，平原丘陵以杨树为主。林木总蓄积 700 万立方米。年生长量 50 万立方米，年采伐限额 13.9 万立方米，实际消耗 6 万立方米。全市森林资源丰富，森林覆盖率 22%。共有野生动物 430 余种，其中鸟类 400 余种，野兽类 40 余种。

2.2.1　存在的问题

林木管护亟待加强。由于林地面积的不断增加，林木管护任务十分繁重。当前北部山区有近 67000 公顷的油松、侧柏天然次生林，是森林防火的重点区域，遵化的清东陵，迁西的景忠山国有林区就在范围之内，每年人员活动频繁，旅游、赶庙会、上山烧香的人很多，防火任务非常艰巨。平原地区，林木管护队伍不健全，原有的乡镇林业站职能不能有效发挥，造成林木管护措施不到位，人畜毁坏林木的现象时有发生，个别国有林场因资金缺乏，护林人员明显减少。

林业采伐制度亟需完善。当前国家政策偏重鼓励造林，但采伐制度鲜做更新，仍为“大木头指标”，且未见扩大。唐山市目前几十万亩的速生丰产林趋于成熟，林产工业发展带来的市场效益最大化理论（造纸、制板不要求木材过熟；苗木效益未见差于成品木材）渐入人心，如采伐制度不做完善的话，必将影响社会新一轮的造林热情，也难以将剩余地块造林推向深入。

林业资金严重不足。当前国家林业资金投入太低。如三北防护林、沿海防护林、退耕还林匹配造林工程建设每亩造林费200元，这与唐山市绿化攻坚中平原地区工程队造林2500元/亩、山区造林3200元/亩相比，差距太大，因而也导致得国家级工程造林为激励引导类型造林，不能定义为严格的工程造林。尽管如此，但上述工程国家、省要求必须严格工程化管理，确保工程质量，验收方法严厉，查验很频。下拨工程资金皆为建设资金，管理经费规定地方配套，地方配套还时有不足，所有这些导致得工程建设及管理难以尽如人意。

2.2.2 生态公益林指标预测结果

据唐山现状预测唐山市及分区生态公益林面积比重见表2-41。

表2-41 唐山市及分区生态公益林面积比重 （单位 %）

年份		2015	2020	2030
生态公益林面积比重	唐山市	35	37	39
	山区	60	70	80
	沿海区	30	40	45
	平原及丘陵区	30	35	40
	经济开发区及市区	50	60	60

2.3 绿色通道率

森林绿色带对与维护道路交通安全，改善道路交通环境，提高驾驶员和乘客舒适度等方面都可以发挥十分重要的作用。因此，根据唐山市道路交通网络布局，开展绿色通道率的规划指标研究，重点围绕京沈、唐津、京港、西外环、唐曹、沿海、唐承等7条高速公路，迁曹线、京山线、大秦线等6条铁路，国道102、112、205等国道，境内条重点省道以及县道等城市外环道路等建成乔、灌、花、草合理配植且具有较高绿化水平的绿色通道。

2.3.1 绿色通道模式

2.3.1.1 高速公路及国道林带模式

（1）高速公路、国道景观生态型林带（10~30米）：对于高速公路及国道的景观生态型林带，其模式应选择既有较好观赏效果，又有较高生态功能的植物组成。林带配置方式以行列式规则种植为主，局部景观节点也可进行自然式块状混交，并使植物配置体现北方地域植物特色和城市风格。

该林带模式靠近道路的5~10米以常绿树种、为主，其余5~20米为彩叶树种和花灌木等。

（2）高速公路、国道生态防护型林带模式（10~30米）：对于高速公路及国道的生态防护型林带，其模式为近自然的人工森林群落型林带。一是选择具有较高生态效益的乡土树种为基调树种，二是结合较为适应当地环境、生长稳定的归化树种。采取带状、块状或株间混交等配置方式，以高大乔木或喜光树种构成森林群落的上层乔木层，以耐阴中小乔木和灌木构成下木层，从而组成稳定的森林群落。

高速公路及国道两侧林带模式的技术思路是以国道102、112、205以及京沈、唐津、京港、西外环、唐曹、沿海、唐承等高速公路纵横向主干道路的林带为主体，形成贯通性生物廊道和通风廊道，加强城市的自然生态系统的生态连接，改善生态环境和保护生物多样性。

2.3.1.2 省道景观生态型林带模式（5~15米）

该模式以行列式规则种植为林带的主要配置方式。靠近道路的5米以常绿树种、彩叶树种和花灌木为主，丰富道路两侧的景观，形成一定的景观序列；其余5~10米可选用速生用材树种如速生杨、刺槐等，以及生态经济树种如柿树、枣树、石榴、樱桃等，在体现道路森林景观效应的同时，还能产生一定的经济效益。

2.3.1.3 城市快速路林带模式

（1）城市快速环路景观生态型林带模式（5~30米）：对于一些大中城市，其城市快速路林带模式是选择既有较好观赏效果，又有较高生态价值的植物，在保障通道绿化基本生态功能的基础上，增加景观效果。以观花观叶灌木为前景，以中小乔木和高大乔木构成中后景，形成景观空间层次。

采取行列式规则种植与自然式块状混交相结合的植物配置方式。一是以行列式规则种植形成简洁流畅的景观效果；二是通过乔灌草高低、远近、疏密的合理搭配，自然式块状混交，形成错落有致、富有韵律的林冠线和天际线，提高景观多样性和自然度。

此外，可根据道路特色的需要选择观叶观花观果等植物，形成不同的季相特色和景观序列，增强各路段的识别功能。

（2）城市快速环路生态防护型林带模式（30米）：对于城市快速环路的生态防护型林带，其模式应借鉴自然森林群落的层次结构和植物间的伴生习性，选择具有较高防护和生态效益的乡土树种，以及经引种驯化多年、较为适应当地环境的归化树种，构成人工近自然森林群落型林带。该林带模式以形成森林廊道为目标，突出林带的生态隔离、防护功能和维护城市生物多样性的作用，以至于以多样化的森林群落，组成结构稳定的林带，提高景观异质性和增强林带的生态功能。

2.3.1.4 铁路生态防护型林带模式（25米）

每侧林带植物配置可采用带状或行间混交方式，两边栽植灌木和中小乔木，中间栽植高大乔木的密林式，使林带横断面成“山”字形，以增强林带的抗风能力。距铁路路基12米以内及填方路基的边坡应种植紫穗槐等灌木，以便于养路施工；12米以外可开始栽植乔木。高大乔木可选用毛白杨、刺槐、国槐、白榆、泡桐等，中小乔木可选用桧柏、珊瑚树、大叶女贞、黄连木、合欢等。以速生乡土树种为主构成群落式林带，形成贯通性主干森林廊道。

2.3.2 唐山市道路现状

2009年唐山市全市公路通车里程达到了12445公里，其中国道主干线174公里，国道312公里，升到1046公里，县道1287公里，乡道4914公里。其中高速公路在形成“O+X”型主骨架的基础上，沿海、承唐及唐曹高速相继开工建设，通车里程达到306公里，密度为每百平方公里2.28公里；一般干线公路“四纵四横”骨架进一步完善，全市所有县市区均有二级或以上公路连接。唐山地处交通要塞，是华北通往东北的咽喉地带，大秦线、京秦线、京山线、七滦线四条铁路干线横贯境内，并有汉南。唐遵等铁路支线，已经形成东、西、南、北交织的铁路网络，是全国铁路密度最高的地区之一，另有地方铁路线为滦港线，工业企业线有卑水线、吕范线等。煤运通道起自大秦线迁安北站，终于曹妃甸。唐山港主要包括京唐港区和近年开工建设的曹妃甸港区，京唐港区目前以煤炭、一般散杂货和集装箱内贸、内支线、建材等运输为主。到2005年底，京唐港区共有各类生产泊位17个，其中万吨级以上泊位16个，年综合通过能力2588万吨。曹妃甸港区到2005年底，已建成30万吨级矿石码头和5万级通用散杂或泊位各2个，设计通过能力分别为3000万吨和300万吨，当年完成货物吞吐量43万吨。

“十一五”以来，唐山市已初步建成了以港口为龙头，铁路为骨干，公路为基础、航空为补充的海陆空综合交通运输体系，有力地支撑和促进了全市经济社会又好又快发展。重点推进了对区域经济发展具有重要支撑作用的津秦客运专线，承唐高速公路，京唐港3000万吨专业煤码头、曹妃甸煤码头一期、曹妃甸通用码头、唐山机场军民合用工程等项目建设及京唐秦城际铁路，张唐铁路，京秦高速二通道（遵蓟高速），曹妃甸矿石码头二期、曹妃甸煤码头续建、曹妃甸煤码头二期等项目前期工作，促进了国家及区域综合运输大通道和大枢纽格局的形成。

规划目标：根据唐山市“十二五”规划，铁路：①积极推进北京—唐山—秦皇岛城际铁路建设。计划于2010年开工，2014年建成。②适时启动司（家营）—曹（妃甸）铁路二期工程，满足曹妃甸造地运土需求。计划2011年开工，2013年完工。③适应现代化大城市建设需要，推进唐山市城市轨道交通建设，提高城市交通运输水平。为满足城市发展及旅客出行快速化、舒适化的需求，“十二五”期间启动并实施唐山中心城区至丰润区轨道交通项目（从铁路唐山站经唐北站到唐山轨道客车公司，约30公里）、曹妃甸工业区至生态城快速轨道交通项目（全长约39公里）、唐山南湖生态公园轨道交通项目（全长约6公里）。④全力推进利用七滦线整合地方铁路项目，缓解唐山港集疏运瓶颈制约。公路：①进一步完善高速公路路网结构，现高速公路网覆盖港口及各县（市）、区。“十二五”期间，续建京秦高速公路迁安、迁西连接线，开工建设京沈高速公路第二通道唐山段，启动滦曹高速（京沈高速至沿海公路段）建设。②着力提高一般干线公路技术等级，完善中心城区过境通行能力，加速构建北部山前带和南部沿海带的干线公路骨架。“十二五”期间，续建205国道丰南至古冶段改建工程，重点改造沿海公路、滦县至曹妃甸公路、玉田至天津滨海新区公路、唐山至滨海新城公路等路线。

2.3.3 绿色通道率指标预测结果

根据以上模式，确定唐山市高速公路、省道、国道，可以采用单侧林带宽度为50米景观林带模式；铁路采用单侧林带宽度为30米的景观林带模式；县道沿线采用单侧林带宽度为20米景观林带模式来进行道路绿化。

由于现有高速公路和一些等级公路的道路绿化工作还没有完成，因而在计算现有绿色通道率时，参考其他大城市的已有模式，按照理论值的60%进行了本研究的通道绿化，采用唐山市林业局提供的“全省绿色通道规划表（唐山新1）”中的相关数据，具体数据见表2-42。唐山市可绿化里程达2481.58公里，铁路、高速公路、国道、省道和县道的已绿化里程分别为281.5公里，392.5公里，146.5公里，295公里和354.6公里，分别占总里程的39.18%、78.57%、42.75%、31.46%和27.10%。唐山市这种通道绿化情况多是由不同等级的道路特征多确定，所以高速公路以及国道等的结合度都比较高，这和政府规定通道两边有一定的林带政策有关。规划值参照唐山市“十二五”和“十三五”规划的相关数据（表2-43）。总体上看，唐山市的线状通道绿化率达59.24%。从面积来看，唐山市的通道绿化率为3.59%。通道绿化面积有9.11平方公里，缓冲面积是利用GIS将2008年的土地利用图做不同道路的缓冲得到。2020年线状和面状通道率分别提高了0.01个百分点和0.64个百分点，说明唐山市的线状通道绿化可增加的空间不多，基本被农田或建筑用地占用，想增加通道绿化率只有进行退耕还林或者是增加林带的宽度。

表2-42 唐山市通道绿化情况 （单位：公里）

	总里程	可绿化里程	已达标绿化里程	已绿化但未达标里程	未绿化里程
铁路	718.4	560.9	147	134.5	279.4
高速公路	499.53	421	251.1	141.4	28.5
国道	342.67	242.8	54.8	91.7	96.3
省道	937.6	500.77	189.2	105.8	205.77
县道	1308.6	756.11	189.8	164.8	401.51
合计	3806.8	2481.58	831.9	638.2	1011.48

表 2-43　唐山市通道绿化规划及预测值

年份	2008	2015	2020	2030
绿色通道率（%）	59.2	80	85	95

2.4　城镇人均绿地面积

唐山市为加快城市建设，加大了城市绿地系统的建设力度，建设包括各类城市公园、城市广场、街头公共绿地、道路和沿河、沿江、沿湖绿化，居住区和单位绿化及城市防护绿化、城郊绿化组成的城市绿地系统，2010 年唐山市人均公共绿地面积为 11.34 平方米，其中遵化县为 11.2 平方米，迁安 12.95 平方米、迁西 17.46 平方米、乐亭 11.2 平方米 、滦县 13.46 平方米、滦南 7.17 平方米、玉田 2.4 平方米、唐海 2.22 平方米。根据表 2-44，唐山市 2009 年的城市人均绿地面积统计情况以及唐山市城市绿地系统规划，完成主要干道两侧绿化整治，年内完成新建道路绿化；完成大城山、凤凰山和大钊公园扩绿改造工程，增建一批街头绿地，中心城区街头绿地不少于 50 个；到 2020 年绿地面积将到达 6690.28 平方米，考虑现有城市的绿地容量，预测唐山市城市人均绿地面积，见表 2-45。

表 2-44　唐山市历年城镇人均绿地面积

年份	2003	2004	2005	2006	2007	2008
人均绿地面积（平方米 / 人）	27.9	28.2	28.6	29.3	29.8	30.9

表 2-45　唐山市人均绿地面积预测值　（单位：平方米）

年份		2015	2020	2030
人均绿地面积	唐山市	30.9	31.1	31.4
	山区	20	20	20
	沿海区	33	35	35
	平原及丘陵区	33.3	35.3	35.3
	开发区及市区	33.3	35.3	35.3

2.5　矿山废弃地复绿治理率

矿山废弃地是指在采矿活动中被破坏、未经治理而无法使用的土地。它包括：①由剥离表土、开采的岩石碎块和低品位矿石堆积而成的废石堆积地；②矿体采完后留下的采空区和塌陷区形成的采矿废弃地；③开采矿石经选出精矿后产生的尾矿堆积形成的尾矿废弃地；④采矿作业面、机械设施、矿山辅助建筑和道路交通等先占用后废弃的土地。矿山废弃地的生态恢复与重建，已被看作是矿山土地恢复的主要组成部分，是改善唐山市居民生活条件的有效途径，也是唐山矿山实施可持续发展战略应优先关注的问题之一。

近年来，唐山市对采煤塌陷区、铁矿废弃土地、尾矿库等实施了较大规模的生态修复工程。以开滦煤矿、包官营铁矿、马兰庄铁矿、王爷陵铁矿等典型矿山为代表，因地制宜地进行综合开发复垦，在复垦区域全面发展农、林、副、渔各业，形成了具有代表性的生态修复模式。迁安市选择了几个国有废弃矿山，政府投资 1100 多万元，企业按照 1∶1 投入配套资金，进行尾矿库治理，改善了景观，减轻了扬尘对下风向村庄生态环境的影响。根据唐山市矿山生态修复规划，对所有矿山实行边开采边恢复，对闭矿山废弃地、煤矿塌陷地进行生态环境恢复治理，在建矿山企业按照“绿色”矿山的治理理念制定矿山生态修复方案，把生态恢复治理资金列入企业成本核算。

唐山市矿山开发对区域生态保护与建设造成巨大破坏，矿山废弃土地面积 278 平方公里，其中煤矿塌陷区面积 224.6 平方公里，铁矿废弃地 53.4 平方公里。近年来，唐山市对铁矿废弃地和采煤塌陷地进行了大量的综合整治工作，以开滦煤矿、包官营铁矿、马兰庄铁矿、王爷陵铁矿等矿山为典型，形成了一些具有代表性的生态重建模式。矿山复垦面积达 117 平方公里，矿山土地复垦率达 42.1%。但是，矿山生态保护与恢复的任务仍然十分繁重。故预测唐山市矿山废弃地复垦治理率见表 2-46。

表 2-46　唐山市矿山废弃地复垦治理率预测值

年份	2015	2020	2030
矿山废弃地复垦治理率（%）	60	80	90

2.6　矿山采空区环境治理率

在煤矿采空区地表下沉区域生态建设方面，唐山市已经取得了良好的进展，南湖采煤塌陷区治理工程荣获“迪拜国际改善居住环境最佳范例奖”。煤矿采空区主要涉及路南、古冶区和开平区。采空区的生态修复和环境治理主要依据地势、地况等立地条件，采用造湖、填充、绿化等综合生态修复方式，以南湖生态城开发建设为标志的路南采煤采空区生态修复工程，是唐山市“四大主体功能区”重点建设项目之一。在南湖湿地公园基础上，全面建设水系规划建设、生态园林建设、文化景观建设、旅游休闲设施建设，最终是南湖生态城成为唐山作为宜居城市的象征，成为全国矿山采空塌陷区生态修复和治理的典范。古冶区、开平区因采煤造成的地表塌陷面积也高达 1000 多公顷，下沉最深达 10 余米，因此采取绿化技术、生态开发进行综合治理迫在眉睫，同时也要积极探索新的采空塌陷区资源综合利用的新模式（表 2-47）。

表 2-47　唐山市矿山采空区环境治理率预测值

年份		2015	2020	2030
矿山采空区环境治理率（%）	唐山市	60	80	90
	山区	60	80	90
	沿海区	60	80	90
	平原及丘陵区	60	80	90
	开发区及市区	60	65	85

2.7　林水结合度

2.7.1　林水结合度计算方法与步骤

林水结合度计算采用 2008 年唐山市土地利用矢量数据及唐山市基础地理数据库中所给出的河流水系图件计算。通过对河流水系缓冲区，分别统计各缓冲区内林草地的面积，计算河流水系沿线一定宽度内的林草地分布现状。计算公式为：

线状林水结合度 = 沿水岸线森林的总长度 / 水岸线总长度

水岸线总长度 = 河流两岸长度 + 河渠两岸长度 + 海岸长度 + 湖泊长度 + 水库长度

水岸线林带长度 = 河流两岸林带长度 + 河渠两岸林带长度 + 海岸林带长度 + 湖泊林带长度 + 水库林带长度

面积林水结合度 = 沿水岸线森林的总面积 / 水岸线应有的森林总面积

沿水岸线森林的总面积 = 河流两岸林带面积 + 河渠两岸林带面积 + 海岸林带面积 + 湖泊林带面积 + 水库林带面积

沿水岸线应有森林总面积＝河流两岸林带应有面积＋河渠两岸林带应有面积＋海岸林带应有面积＋湖泊林带应有面积＋水库林带应有面积

式中：应有林带缓冲宽度为100米。

2.7.2　空间林水结合度计算

由表2-48、表2-49可以看出，唐山市水系林水结合度为0.54%，规划值为3.36%，说明水系沿线可供绿化的空余用地很少，基本被农田或城镇用地所占用，所以只能提高2.82个百分点，而各水系的规划值都在50%左右，只有水库的规划值为0.14%，说明水库沿岸可供绿化的空间非常少。河流的线状结合度为13.38%，规划值为80.09%。说明唐山市要想提高林水结合度只能加大沿线林地的面积，增加面积的方法之一是增大林带的宽度，之二是退耕还林或者拆除沿线生产或生活占用地。唐山面状林水结合度为3.97%，其中水库的面状结合度为29.57%，相对于其他而言林水结合度很高，河流的林水结合度为6.65%，而河渠和湖泊都没有达到1%，海岸线的面状结合度达到1.48%。

图2-1　唐山市林水结合规划图

表2-48　唐山市线状林水结合计算汇总表

	现有林草地长度（米）	规划长度（米）	缓冲（米）	实际长度（米）	线状林水结合度	规划林水结合度
河流	637313.6	2407376	80	4764827	0.134	0.505
主要河渠	11355.7	461942	80	903801.7	0.013	0.511
二级河渠	77117.19	1915685	80	3836736	0.020	0.499
海岸线	20380	340382.8	80	759792.6	0.027	0.448
湖泊	10932.3	714467.1	80	1655198	0.007	0.432
水库	221604	234322	80	1.68E+08	0.001	0.001
总计	978702.8	6074175	80	1.8E+08	0.005	0.034

表2-49　唐山市面状林水结合计算汇总表

	现有林草地面积（平方公里）	规划面积（平方公里）	缓冲（米）	适宜绿化面积（平方公里）	面状林水结合度	规划面状林水结合度
河流	31.846	382.443	80	478.467	0.067	0.799
主要河渠	0.817	73.055	80	91.555	0.009	0.798
二级河渠	3.814	306.606	80	383.083	0.010	0.800
海岸线	1.072	59.557	80	72.570	0.015	0.821
湖泊	0.338	66.375	80	82.936	0.004	0.800
水库	7.077	19.068	80	23.928	0.296	0.797
总计	44.964	907.105	80	1132.539	0.040	0.801

综上所述，可以预测唐山林水结合度见表 2-50。

表 2-50 唐山市林水结合度预测值

年份	2015	2020	2030
林水结合度（%）	80	85	95

2.9 森林蓄积量

森林蓄积量亦称木材蓄积量或蓄积量，指一定面积森林中现存各种活立木的材积总量，以立方米为计量单位。“蓄积量”一词，只限于尚未采伐的森林，有继续生长和不断蓄积之意，通常包括有林地蓄积、疏林地蓄积、散生树木蓄积、“四旁”树蓄积等，一般多用于统计较大的地区范围各种活立木的材积总量。森林蓄积量是反映一个国家或地区森林资源总规模和水平的重要指标，随树种和立地条件等的不同而发生有规律的变化。

唐山市森林蓄积量指标体系框架：

2.9.1 建立的依据和原则

指标是可以定性描述或定量测定的变量，能反映总体现象的特定概念和具体数值，并可定期检测其变化趋势。所谓指标体系就是由一系列相互联系、相互制约的指标组成的科学的、完整的总体。

从理论上讲，指标体系的设置方法有分析法和综合法两种。综合法是指对已存在的一些指标群按一定的标准进行聚类，使之体系化的一种构造指标体系的方法。分析法是对指标度量对象和度量目标划分为若干个部分、侧面，并逐步细分直到用具体的统计指标来描述。自 20 世纪 80 年代以来，国内外学者所提出的建立指标体系的原则不尽相同，这充分反映了他们研究领域与具体评价对象的不同，但科学性和可行性却是普遍的共识。因此，借鉴前人的相关研究成果和研究经验，结合本项研究的实际情况，在建立唐山市森林蓄积量指标体系时，应遵循以下基本原则：

（1）真实性原则。所选指标应反映森林蓄积量的本质特征及其发生发展规律。

（2）科学性原则。指标体系要建立在科学的基础上，并能反映对象的本质内涵。所选指标的物理及生物意义必须明确，测算方法标准，统计方法规范。

（3）系统性原则。指标体系是一个多属性、多层次、多变化的体系。所选指标要求全面、系统地反映森林蓄积量建设的各个方面，指标间应相互补充，充分体现森林蓄积量建设的一体性和协调性。

（4）独立性原则。在全面性的基础上，应力求简洁、实用，指标间应尽可能独立，尽量选择那些有代表性的综合指标和主要指标，辅之以一些次要指标。所选指标应相互独立。不应存在相互包含和交叉关系及大同小异现象。

（5）实用性原则。所选指标应具有可监测性，指标内容简单明了，概念明确，容易获取，其计算和测量方法简便，可操作性强，实现理论科学性和现实可行性的合理统一。

2.9.2 指标体系的确立和指标筛选方法

在唐山市森林蓄积量指标体系中，所选指标应吸收前人研究成果中的优良指标，应能够反映森林蓄积量建设的静态和动态特征，促进林业可持续发展，促进区域内社会、经济和生态环境的协调发展。

（1）用 K.J 法制订供专家咨询用初始方案集合。K.J 法由日本东京工大教授川喜二郎提出，采用专家会议法审定研究构思的各种方案，参加人数每次 10~15 人，一小时左右，每人发言集中于评论意见上，记录要点结构通常为，A 方案的 a 点不可行，因为 B。欲可行，需有 C 等。发言均不反驳或阐述，专家意见一般编成卡片，分门别类整理后，使之系统化为供广泛讨论的方案提纲，这种提纲包括战略选择模式的精练概括，部门用地结构调整顺位，人口、生产力水平、生产消费指标与用地需求、实现前提条件、实现后效益估计等部分，对定性描述也要尽量编码准确刻画。

（2）专家咨询。主要是请选定的专家对各种备选方案或方案的各争议要素进行评论。评论方式两种，均可在表格上进行，一种是对各方案间或方案要素各种水平间的满意可行程度进行直接评价，量化值为4，3，2，1或7，4，2，1，另一种则对各方案（或要素各种水平）之间两两比较，按Satty的5等9级法评价。

（3）Delphi法。这种专家匿名填写意见后，进行统计处理，再把结果反馈给咨询专家的多轮协调收集专家意见方法，是众所周知的。

（4）会内会外法。Delphi法的过程繁琐，周期长，耗资多。大多数的咨询均用会内会外法快速灵活地集中专家意见。它的作法基本上同Delphi法，但将专家分作2组，一组与会，先讨论，再填表（注明参加过会议），另一组是未与会专家，只填表，2组专家的咨询表格分开作统计处理，对处理结果如满意就结束，否则再重复一轮或由总课题组内部集中。

统计方法是：设会内组N人，会外组M人，第i项目重要程度的第j专家评分值C_{ij}，于是第i项目的评分是

$C_i=IC\cdot a+OC_i(1-a)$。其中，$IC_i=\sum IC_{ij}/N$，$OCi=\sum OC_{ij}/M$。

a（$0\leqslant a\leqslant 1$）为协调系数，通常取为2/3或3/4。

根据以上原则并指标筛选过程，最后确定为一级指标一个，二级指标4个，三级指标10个。

2.9.3 指标权重的确定方法

将所选指标按照层次分析法标度的含义对各指标的重要性赋值。通过两两比较构成矩阵，计算矩阵的标准化特征向量，并进行一致性检验，得到各指标的权重值。

2.9.4 唐山市森林蓄积量指标体系的计算方法

权重值q_{ij}越大，说明该指标因子的重要性越大；反之q_{ii}值小，说明重要性差。为了便于计算，每个要素的F_j之和以及同一要素q_{jx}之和都等于1.0。其计算公式如下：

$$F=\sum_{j=1}^{n}F_j=1.0 \qquad \mathrm{Qi}=\sum_{j}^{n}q_{ij}=1.0$$

F为唐山市森林蓄积量总的权重值，F_j为j二级指标要素的权重值。

q为二级指标要素总的权重值，q_{ij}为二级指标要素三级指标因子权重值。

根据Delphi法，取得了不同级数指标的指标值，然后通过下列公式计算唐山市森林蓄积量指标体系的系数：

$$M_{jx}=\sum_{i=1}^{n}c_{jx}q_{ij}=c_{1x}q_{1j}+\cdots+c_{nx}q_{nj}$$

C_{ix}为x二级指标要素i三级指标因子等级的指标值，q_{ix}为j二级指标要素i三级指标因子权重值，M_{jx}为j二级指标要素总的指标值，M_{jx}评价系数是反映二级指标的各评价因子的综合作用，可作为二级指标之间对比分析的依据。

2.10 水土流失治理面积率

水土流失作为国土安全的重要指标对唐山市森林生态安全也起着重要作用。唐山境内的水土流失以水力侵蚀为主，其次为重力侵蚀和风力侵蚀。分布范围为遵化、迁西、迁安、丰润、滦县、玉田、古冶、开平等8个县（市）、区，其中水土流失严重区域主要分布在遵化东南部、迁西南部和丰润北部的石灰岩地区。根据2000年遥感普查结果显示，全市水土流失面积2902.45平方公

里（占土地总面积的 21.54%），侵蚀模数为 200~6500 吨 / 平方公里，年侵蚀总量 824.7 万吨左右。轻度流失面积 1596.25 平方公里（占流失总面积的 55%），中度流失面积 1277.54 平方公里（占流失总面积的 44.02%），强度流失面积 28.66 平方公里（占流失总面积的 0.98%）。山区侵蚀情况中轻度侵蚀面积大，强度侵蚀面积小。

唐山市自 1986 年被列入“三北”防护林工程项目区，1991 年开始实施沿海工程，2002 年开始实施退耕还林工程。在各级党委、政府的领导下，在上级部门的支持下，截至 2009 年年底统计，全市有林面积达到 560 万亩，森林覆盖率达到 28.7%。唐山市生态环境建设进入了一个崭新阶段，林地面积大量增加，森林资源迅速增长，重点区域水土流失和土壤沙化的局面得到了初步遏制，自然灾害频度明显降低，生态效益初步显现。

最为显著的是“围山转”的开发解决了山区水土保持的难题，它将工程措施和生物措施有机结合融为一体，增加了土壤蓄水保水能力，减少了地表径流，降低了土壤侵蚀模数。据水利专家测算，“围山转”纯蓄水量最低 159.97 毫米，加上生物截留、自然蒸腾，可承受一次降水 379.94 毫米。迁西县林业局曾经搞过实地观测与调查，1989 年迁西县小寨村 40 分钟降水 113 毫米，该村 2000 多亩“围山转”安然无恙，无一处冲坏跑水。1994 年 7 月 13 日和 8 月 7 日该县遭受百年不遇的水灾，两次降水 577 毫米，全县 34.2 万亩“围山转”工程完好无损，并在“围山转”工程造林控制的 170 万亩区域内大大降低了水灾损失，凡是搞“围山转”生态经济林的地区，土壤侵蚀模数由 1000~1300 吨 /（平方公里・年），下降到 30~200 吨 /（平方公里・年），有许多地方呈现出“小雨中雨不下山，大雨暴雨缓出川，一年四季流清泉”的自然景观。

近年来，唐山市水土保持工作取得长足发展。通过加强预防保护和监督管理，健全了一系列水土保持规范化文件，完善了贯彻实施《水土保持法》的配套政策；坚持治理与开发相结合，开展小流域综合治理、建设“围山转”工程、治理开发农村“四荒”资源；充分利用大自然的自我修复能力，在自然修复过程中实现治理水土流失的目的。

根据唐山市 2009~2015 年水土保持生态规划，到 2015 年完成治理面积 700 平方公里，将建成一批清洁小流域十点工程，实施陡河、邱庄水库上游水源地生态治理工程，到 2025 年水土流失治理面积达到 2500 平方公里。水土流失破坏现象基本不存在，初步建立起适应国民经济可持续发展的良性生态系统。加快水土流失的速度，有水土流失的地方基本经过一次初步治理。预测唐山市水土流失面积见表 2-51。

表 2-51 唐山市水土流失治理面积率预测值

年份		2015	2020	2030
水土流失治理面积率（%）	唐山市	50	60	80
	山区	50	60	80
	平原及丘陵区	60	70	90
	开发区及市区	50	60	80

2.11 人均生态游憩地面积

生态游憩地包括生态风景林、观光果园、森林公园、湿地公园。唐山市旅游资源丰富，分布广阔。北有景忠山、灵山、鹫峰山、御带山、青龙山等五大名山；南有碧海浴场、金银滩、菩提岛等自然风光，又有现代化的京唐港区、曹妃甸港区、大清河盐场；古迹及建筑有世界文化遗产清东陵、西寨古文化遗址、潘家峪惨案遗址、李大钊故居和纪念馆等。唐山是中国近代工业发祥地之一，中国第一座近代煤井、第一条标准轨距铁路、第一台蒸汽机车、第一袋水泥、第一件卫生瓷均诞生在这里，被誉为“中国近代工业的摇篮”和“北方瓷都”。

近几年，唐山市生态环境建设明显加强，2008年，南湖生态城拓展湖面面积8平方公里；城市公园绿地面积2075公顷，比上年增长10.2%；人均公园绿地面积10.5平方米；建成区绿化面积9437公顷，增长4.2%，绿化覆盖率达到44.31%；湿地公园17061.8公顷；森林公园7708.3公顷；唐海湿地和鸟类自然保护区和石臼坨、月坨野生生物自然保护区面积共有14834公顷，同时城镇绿化也得到了新的突破。全市县村镇绿化建设投资64亿元，比上年增长0.8%。有钱营镇压煤搬迁、黑沿子镇蓝海新村住宅小区和沙河驿镇区道路改造等项目进展迅速；道路硬化、村庄绿化、街院绿化的村庄“三化”整治建设成效明显，全市新创建文明村454个，累积到达总村数的61%。

唐山市“十二五”规划中，森林风景资源保护与建设包括风景林建设714公顷，林相改造520公顷，景观保护969公顷，病虫害防治2036公顷，修建防火道36公里，新建瞭望塔27座，防火生物隔离带68公里，购置防火设备416套等。湿地公园建设总面积达到7510公顷，其中国家级新增3个，面积共6890公顷；省级5个，面积620公顷。将唐海湿地和鸟类自然保护区建设成为国家自然保护区。规划生态科普中心1处，科普宣传基地1处，建解说牌89座。故预测唐山市人均生态游憩地面积见表2-52。

表2-52　唐山市人均生态游憩地面积预测值

	2015	2020	2030
人均生态游憩地面积（平方米/人）	100	150	200

2.12　沿海地区森林覆盖率

2.12.1　唐山市沿海地区森林现状及建设成就

沿海防护林是唐山市森林生态系统的重要组成部分，除了具有森林所固有的涵养水源、净化空气、美化环境、维护生态平衡、增加生物多样性等作用外，在抗击台风、风暴潮等自然灾害中，发挥着防灾减灾的特殊作用。为沿海地区的生产发展、生态改善、农民增收发挥着重要作用。因此，必须把建设与之相适应的良好生态环境放在突出位置，着力构建高标准的沿海防护林体系，这是改善沿海地区生态状况、维护生态安全的需要，也是促进经济社会可持续发展的客观要求，更是建设科学发展示范区的重要内容。加强沿海防护林体系建设，是唐山市林业发展一项重要而紧迫的任务。

沿海三县、一区、一管理区、两个开发区，总土地面积512700公顷。位于东经117°53'~119°15'之间，为冲击三角洲平原。东起乐亭县滦河口，西到丰南区的洒金坨插窝铺，大陆海岸线全长196.4公里，分为沙质岸和泥质岸两个类型。潮间带地貌多为海滩、潮滩、泻湖、河流三角洲等类型。近年来，唐山市岸线总体态势为向海推进，曹妃甸建设、养殖池塘、盐田开发是海岸线变化的主要原因。1984年调查，唐山岸线长199.3公里，2004年调查岸线长215.62公里，2007年调查的岸线长度为229.7公里，呈逐年增长的态势。人为活动成为影响现代海岸地貌的主因。1991年，唐山市明确提出加强沿海防护林体系建设以来，通过组织工程的、义务的以及结构调整等各种形式，大力发展林业生态和林果富民产业，促进了沿海防护林体系的发展。

一是建成了较为完善的沿海农田林网，初步形成了网、片、带相结合的防护林体系。沿海地区农田林网植树面积达到23.9万亩，庇护农田面积达到191万亩，农田林网控制率达到52%，提高了森林覆盖率。二是开展了以沿海基干林带为主的通道绿化。从1992年起，沿沿海公路两侧和输水干渠两侧，主要通过工程造林方式，组织实施沿海基干林带建设，完成干线绿化129公里，绿化面积达5669亩；同时，高标准完成了唐港、唐津两条高速公路绿化，绿化面积4988亩，形成了通道景观线。三是建设了一批名优果品基地。通过实施调整农业结构、发展高效优质农业和林业产业化经营战略，在沿海适宜地区建设了一批名优果品基地，面积达到 36.4 万亩。四是规划建设了沿海湿地保护区。利用沿海地区丰富的湿地资源，通过项目形式，组织开展了沿海湿地保护区的规划建设。五是建设了一批用材林基地。利用国家“三北”防护林工程、退耕还林工程和沿海防护林工程等一些大的项目，在沿海沙薄地、河渠两侧等生态脆弱地区，组织实施了造林绿化，建设了成片成规模速生丰产用材林基地 44 万亩，不仅增加了农民收入，而且有效改善了环境条件。六是实施了村庄绿化工程。从 2003 年开始实施的文明生态村镇绿化工程，按照每年 10% 的行政村比例连续推进，沿海地区已经完成达标村 776 个，村庄林木覆盖率达到了 20% 以上，农村人居环境得到了显著改善。

2.12.2 沿海地区森林覆盖率预测

根据唐山市沿海防护林建设规划，2009~2013 年，完成沿海防护林建设面积 30 万亩。完善提高沿海基干林带、沿海通道绿化、沿海农田防护林，调整扩大沿海经济林，基本建成生态结构稳定、防灾减灾功能强大、与经济社会可持续发展相适应的生态防御防护体系。实施八大工程，整体构建沿海防护林体系：①耐盐种苗基地工程。②农田林网恢复和建设工程。③沿海基干林带恢复和再造工程。④河系、沙地速生用材林基地工程。⑤湿地自然保护区工程。⑥通道绿化工程。⑦防护经济林基地工程。⑧村庄绿化工程。故预测唐山市沿海地区森林覆盖率见表 2-53。

表 2-53 唐山市沿海地区森林覆盖率及预测值

年份	2009	2015	2020	2030
沿海地区森林覆盖率（%）	16.12	17	18	18

2.13 森林（湿地）公园、自然保护区面积

2.13.1 森林公园

森林公园是以大面积森林为基础，生物资源丰富 ，自然景观、人文景观相对集中的具有一定规模的林区或郊野公园。它是以保护为前提，利用森林的多种功能为人们提供各种形式的旅游服务和可进行科学文化活动的经营管理区域。森林公园建设以生态学理论为指导，以合理利用森林资源、优化森林生态环境为目的。

“十一五”期间，唐山市充分利用国家和地方社会经济快速发展的良好机遇，采取有效措施，促进森林公园和森林旅游业持续、快速发展，取得了显著成效。全市新建省级森林公园 1 处。现共有 6 个森林公园。其中 2 个国家级森林公园（金银滩国家级森林公园林、清东陵国家级森林公园），4 个省级森林公园（御岱山省级森林公园、景忠山省级森林公园、鹫峰山省级森林公园、徐流口省级森林公园）。五年来，累计接待游客 500 万人次，森林旅游直接收入近 2 亿元，创造社会总产值 10 亿元。接待中外游人达 82.3 万人次，旅游总收入 2960 万元。森林旅游业已成为全市林业建设中一个新的经济增长点，对林业生态建设、产业结构调整、林农增收致富、地区经济发展及社会主义新农村建设等方面具有重要意义。根据唐山市“十二五”规划，唐山市将建成森林公园 8 个，国家级森林公园 1 个，市内游客年均增长 10%，海外游客年均增长 5%。年接待游客 100 万人次，森林旅游总收入 4 亿元，社会产值 20 亿元。其中丰润区森林公园面积将达到 640 公顷，鹫峰山省级森林公园面积将达到 692 公顷、迁西县景忠山森林公园面积将达到 1500 公顷、清东陵国家森林公园面积将达到 2236 公顷、翔云岛森林公园面积将达到 1907 公顷、徐流口省级森林公园面积将达到 733.3 公顷。故唐山森林公园面积预测值见表 2-54。

表 2-54 唐山市森林公园面积及预测值

年份	2009	2015	2020	2030
森林公园面积（公顷）	4637.59	6118.65	7708.3	12233.88

2.13.2　自然保护区（包括湿地）

自然保护区是指是指对有代表性的自然生态系统、珍稀濒危野生生物种群的天然生境地集中分布区、有特殊意义的自然遗迹等保护对象所在的陆地、陆地水体或者海域，依法划出一定面积予以特殊保护和管理的区域。建立自然保护区的意义在于：保留自然本底，它是今后在利用、改造自然中应循的途径，为人们提供评价标准以及预计人类活动将会引起的后果；贮备物种，它是拯救濒危生物物种的庇护所；科研、教育基地，它是研究各类生态系统的自然过程、各种生物的生态和生物学特性的重要基地，也是教育实验的场所；保留自然界的美学价值，它是人类健康、灵感和创作的源泉。自然保护区对促进国家的国民经济持续发展和科技文化事业发展具有十分重大的意义。自然保护区的作用：①为人类提供研究自然生态系统的场所。②提供生态系统的天然"本底"。对于人类活动的后果，提供评价的准则。③各种生态研究的天然实验室，便于进行连续、系统的长期观测以及珍稀物种的繁殖、驯化的研究。④宣传教育的活的自然博物馆。⑤保护区中的部分地域可以开展旅游活动。⑥能在涵养水源、保持水土、改善环境和保持生态平衡等方面发挥重要作用。

2005年唐山市建设自然保护区4个：沿海湿地自然保护区3万亩，包括滦河口0.7万亩、石臼坨岛0.3万亩、唐海1万亩、滦南和丰南各0.5万亩；长城沿线森林自然保护区93万亩，包括遵化市洪山口森林及野生动物自然保护区6万亩、侯家寨森林自然保护区2万亩、迁西县喜峰口森林自然保护区10万亩、潘家口和大黑汀水库水源涵养林自然保护区65万亩、大峪林区自然保护区5万亩、迁安市长城沿线自然保护区5万亩；滦县青龙山林区森林自然保护区5万亩；沿海防护林自然保护区（乐亭、滦南、唐海、丰南）2.6万亩。还要谋划建设6万亩的遵化市清东陵风景名胜区（不包括清东陵森林公园）。2005年底，唐山已建成乐亭石臼坨岛海洋自然保护区、遵化市清东陵国家级风景名胜区等各类自然保护区9个，累计363.64平方公里，自然保护区覆盖率为2.38%。

表2-55　唐山市自然保护区面积及预测值

年份	2009	2015	2020
自然保护区数（个）	18	22	32
总面积（公顷）	31895.8（78133）	164789.3	324757.3
占国土面积比率（%）	2.36（5.80）	12.23	24.11
国家级数量（个）	0	1	3
省级数量（个）	2	2	4
市级数量（个）	16	1	3
重点保护地区及类型		滦河河口自然保护区（国家级）；潘家口、大黑汀水库及滦河流域野生动植物自然保护区（省级）；滦河套湿地自然保护区陡河水资源自然保护区（市县级）；石臼坨、月坨野生生物自然保护区	滦河河口自然保护区（国家级）；潘家口、大黑汀水库及滦河流域野生动植物自然保护区（省级）；滦河套湿地自然保护区陡河水资源自然保护区（市县级）景忠山、御带山、青龙山等

2.14　森林灾害发生面积比例

2009年全市发生森林火警3起，没有发生森林火灾，与去年相比基本持平。森林病虫害中，美国白蛾点多面广，不仅根除灭疫非常困难，而且完成防治达标也非常不易。森林防火范围逐年扩大，火险等级居高不下，防火压力越来越大，全市防火的基础设施建设还需要进一步加强；一是生态安全。重点是四项工作。①强化森林防火。坚持“预防为主”方针，完善森林防火预案，积极探索生物防火阻隔林带建设等新举措，启动实施国家燕山森林防火二期项目，狠抓基础设施和专业队伍建设，强化宣传教育、隐患排查、信息联络和应急准备四个环节，实现三个到位（防火经费纳入财政支出预算到位，6个重点防火县专业扑火队落实到位，森林防火行政领导负责制落实到位）和三个确保（确保不发生人员伤亡事件，确保不发生重大森林火灾，确保森林火灾受害率控制在0.3‰以下）。②加强林业有害生物防治。认真实施京津冀联防联治方案，增加投入，落实责任，科学防控，群防群治，确保美国白蛾不蔓延、不扩散，实现防治达标。加快林业有害生物检测预警、检疫御灾、防治减灾、应急反应体系建设，加强技术检测，积极开展无公害防治，保护生物多样性，提高林分抵御有害生物的能力。坚持常规监测及专项调查、普查相结合，强化检疫检查，特别是加大产地检疫、调运检疫和复检力度，防外来有害生物入侵。根据唐山市十二五规划，病虫害防治2036公顷，建设防火生物隔离带68公里。

规划缺失历年森林灾害发生面积数据资料，但依据唐山市生态林业的建设。未来发生面积比例均需小于0.01%。

2.15　退化土地恢复率

土地复垦是指对在生产建设过程中，因挖损、塌陷、压占等原因造成破坏的土地，采取整治措施，使其恢复到可供利用状态的活动。土地复垦率是已恢复的土地面积与被破坏土地的面积之比（以百分率表示）。土地复垦技术质量控制原则：①符合土地利用总体规划及土地复垦规划；②依靠技术经济合理的原则，兼顾自然条件与土地类型，选择复垦土地的用途，因地制宜，综合治理；③复垦后地形地貌与当地自然环境和景观相协调；④保护土壤、水源和环境质量，保护文化古迹，保护生态，防止水土流失，防止次生污染；⑤坚持经济效益、生态效益和社会效益相统一的原则（表2-56）。

表 2-56　唐山市退化土地恢复率及预测值

		2005	2015	2020	2030
退化土地恢复率（%）	其他区	49.3	80	90	95
	山区		50	60	80

2.16　受保护地区占国土面积比

受保护地区占国土面积比例指辖区内各类（级）自然保护区、风景名胜区、森林公园、地质公园、生态功能保护区、水源保护区、封山育林地等面积占全部陆地（湿地）面积的百分比，生态城市达标大于17%。唐山地处环渤海中心地带，南滨渤海，北依燕山，现辖两市、六县、六区、六个开发区（园区、工业区、管理区），总面积13472平方公里，唐山历史悠久，文化积淀深厚，自然景观独特，是文化灿烂的名城，国家A级以上景区34个。北部山区有明长城222公里，两侧连缀清东陵、万佛园、鹫峰山、上关湖、潘家口、景忠山、青山关、灵山、白羊峪等一系列旅游景区；南部海滨风光秀丽，唐海湿地景观独特，菩提岛、月（坨）岛、打网岗3个近海岛屿，已经成为自然生态观光和休闲度假的新型旅游区；唐山市区城中有山，环城是水，风光迷人，世人惊羡。生态南湖如绿凤涅槃，环城水系似绿锦绕城，开滦国家矿山公园见证着唐山近代工业文明的历程。位于唐山市区建设南路，距市中心仅670米，面积350公顷，是集经典风景、生态功能、历史文化、城市活动、体育旅游等多项功能为一体的中国北方最大的城市中央公园等。

表 2-57　唐山市受保护地区占国土面积及预测值

	2009	2015	2020	2030
受保护地区占国土面积比（%）	10	13	17	17

2.17　万元 $GDPSO_2$ 排放

SO_2 排放量包括工业 SO_2 排放量和生活及其他 SO_2 排放量。万元 $GDPSO_2$ 排放是指单位万元 $GDPSO_2$ 的排放量。2009 年，按照市委、市政府《改善民生攻坚行动实施方案》《三年大变样方案》和《健康唐山幸福人民工作方案》的安排部署，强化城市环境综合整治。对城区周边 10 家重点行业企业实施了脱硫工程改造，年可削减 SO_2 排放量 6314 吨。同时，唐山市积极推进城市燃煤锅炉整治工作，完成 225 台燃煤锅炉整治，超额完成市政府下达的 160 台锅炉整治任务，有效改善了城区环境质量。在加大环境执法工作力度的基础上，不断优化环境执法装备。根据唐山市 2009 统计年鉴，2008 年唐山市地区生产总值 3561.19 亿元，SO_2 排放量为 272075 吨，万元 $GDPSO_2$ 排放量为 7.94 公斤 / 万元。据此预测唐山市未来万元 $GDPSO_2$ 排放见表 2-58。

表 2-58　唐山市万元 $GDPSO_2$ 排放及预测值

	2009	2015	2020	2030
万元 GDP SO_2 排放（公斤 / 万元）	6.67	5.51	4.49	3.67

3. 生态文化指标

3.1　生态文化产业基地数量和博物馆 / 生态科普基地数量

生态文化就是指从人统治自然的文化过渡到人与自然和谐的文化。生态文化重要的特点在于用生态学的基本观点去观察现实事物，解释现实社会，处理现实问题，运用科学的态度去认识生态学的研究途径和基本观点，建立科学的生态思维理论。生态文化是新的文化，要适应新的世界潮流，广泛宣传，提高人们对生态文化的认识和关注，通过传统文化和生态文化的对比，提高人们对生态文化的兴趣，有利于资源的开发，保护生态环境良性循环，促进经济发展，造福于子孙。

生态文化产业基地数量就是指符合生态文化产业的基地个数。

博物馆和生物科普基地是充分展示和学习丰富的生态城市资源和城市发展成就，以及揭示生态城市的优势及其与人类的密切关系的处所，是人类进步的体现。博物馆、生态科普基地数量指标主要是博物馆，生态科普基地数量及年接待人数。其年接待人数是衡量博物馆和科普基地对游客的接待容纳量以及当地居民对生态城市、环境科普知识的了解程度的重要标准。现阶段唐山市关于此类文化基地建设不足，而要实现真正意义上的生态城市，建设生态文化产业基地，博物馆，生态科普基地是必不可少的重要保证，它是提高地区人口素质，完善生态城市建设的重要途径。因此在未来唐山生态城市的建设中，一定数量的基地显得尤为重要。在长期的规划中，唐山市至少有一个生态文化产业基地和至少 10 个博物馆 / 生态科普基地。

3.2　人均公园绿地面积

“公园绿地”是城市中向公众开放的、以游憩为主要功能，有一定的游憩设施和服务设施，同时兼有健全生态、美化景观、防灾减灾等综合作用的绿化用地。包括综合公园，社区公园、专类公园、带状公园和街旁绿地。其中综合公园、专类公园和带状公园面积之和为公园面积。它是城市建设用地、城市绿地系统和城市市政公用设施的重要组成部分，是表示城市整体环境水平和居民生活质量的一项重要指标。人均公园绿地面积是指单位平均每人可占有的公园绿地面积。

根据南湖生态公园建设历程及成功经验，2009 年，唐山市委、市政府进一步完善建设公园目标，确定以生态修复、历史文化遗产挖掘、景观绿化、湖面拓宽为契机，建设集生态保护、休闲娱乐、旅游度假、文化会展、住宅建设、商业购物、高新技术产业为一体的新城区，使之成为资源型城市转型的典范、生态重建的旗帜，着力打造休闲度假胜地、文化创意园区、国家城市湿地公园，推动景观地产开发、促进城市结构更新。并确定未来将建成世界一流的中央城市生态公园、全国闻名的“华北水城”和世界一流的中央城市生态旅游景区的目标。

据唐山市历年统计年鉴，唐山市近年人均公园绿地面积及其预测值见表 2-59。

表 2-59 唐山市人均公园绿地面积及预测值

年份	2006	2007	2008	2009	2015	2020	2030
人均公园绿地面积（平方米 / 人）	9.4	9.73	10.5	13.8	15.8	19.1	25.6

3.3 名木古树保护程度和历史文化遗存受保护比例

古树名木的数量和保护是一个城市悠久文明的见证，是城市在发展现代林业过程中保护古木古树这一历史文化意识的体现。古树名木是一种绿化文化，为灿烂的城市文化增光添彩。一座城市如果缺少绿化文化，无疑是不完美的。保护古树名木就是保护城市文化。古树名木不仅具有绿化价值，而且是有生命力的“绿色古董”，它见证着中华民族的古老文明，失而不可复得，从某种意义上讲，古树被毁意味着一段历史的缺失。因此生态城市的建设，名木古树的保护必不可少，这也是建设生态城市的必要条件，也在一定程度上反映生态城市的建设水平。所以名木古树的保护必须达到 100%，才是建设生态城市的基础。

同样，一个城市的历史文化遗存是其历史存在的证据，是人类社会发生和发展过的，是不可磨灭的痕迹。它能够时刻提醒我们要尊重历史，尊重规律。有异于其他城市，唐山市在经历了大地震之后，一定的历史文化遗物遭受的破坏可能是不可恢复的，但同时地震的遗存和因地震而存在的诸如纪念碑等见证是有别于其他城市、作为独特的文化自然遗存而存在，留给当代及后代子孙的是深深的思考和怀念。要实现唐山市建设生态城市的建设，文化遗存的保护尤为重要，希冀政府和社会广大群众要加以保护。

4. 社会进步指标

实现唐山市生态城市的建设，必须具备一定的保障条件，即必须完善其保障体系，保障体系创新是生态城市的驱动力；本部分指标在一定程度上影响生态城市建设进程。城市的现代化不仅体现在经济现代化和社会现代化，而且要体现制度的现代化。生态城市的建设也要体现社会法规制度的现代化，体现法规的完善程度和影响效果情况。

法律政策属于上层建筑的范畴，直接或间接地调整着社会生产关系，具有指导、促进、规范生态城市建设的作用。法律政策的具体内容包括：进出口政策、投融资政策、税费政策、产业政策、资源利用政策等。

采用以下指标定性分析：

4.1 生态城市法律政策健全配套状况

不健全的法律和法律监管框架是生态城市发展的瓶颈。创造适当的法律政策及监管网络，完善法律法规，为城市的发展创造和营建良好的法制环境，是生态城市发展的重要保障。建设生态城市的过程同时也是法律政策不断完善的过程，同样完善的配套法律政策也是生态城市的发展必备条件。唐山生态城市建设的过程也是法律政策由不完备不完善到逐步完备完善的过程。

4.2 科技贡献率

近年来，唐山市坚持以科学发展观为指导，紧紧围绕“开放创新、富民强市，把新唐山建成科学发展示范区、建成人民群众幸福之都”的总战略和总目标，积极引进消化吸收再创新、大力推进集成创新和原始创新，充分发挥科技创新的引领支撑作用，实现了经济社会又好又快发展。2006 年胡锦涛总书记视察唐山，提出了在唐山建设科学发展示范区的战略构想。2008 年唐山实现高新技术产业总产值、增加值分别为 190 亿元和 67 亿元，增速达到 22% 以上。2009 年唐山市科技创新又取得显著成果。全市拥有市级以上重点实验室 18 个，企业工程技术研发中心 50 个，农业产业研发中心 23 个，民营特色研发机构 26 个。5 项重大关键共性技术专项和 5 项重大科技成果转化促进专项计划项目取得明显成效。全年专利申请量 1393 件，专利授权量 1049 件，分别增长 13.2% 和 85.2%。

《唐山市国家创新型城市试点工作实施方案》中明确规定唐山市 2015 年科技发展目标，包括：①重点建设十大特色产业基地和十大研发中心，打造一批国内知名的企业工程技术中心；②提升自主创新能力，专利申请量和授权量年均增长 15% 以上，高新技术产业增加值年均增长 20% 以上，以科技创新加速培育十大名牌产品；③增加创新投入，市本级财政科技拨款占财政一般预算支出达到 2% 以上；全社会研究与发展（R&D）经费支出占全市 GDP 的比重达到 2% 以上；④壮大创新人才队伍，集聚海内外高层次人才，培养支撑产业结构调整的领军人才和职业技能人才，打造若干与唐山主导产业紧密相关的产业创新团队等。据唐山市统计局，2004 年唐山市科技贡献率 55%，2005 年为 55.8%，2006 年为 56.5%，2007 年为 57.3%，2008 年为 58.1%。据此，唐山市科技贡献率预测值见表 2-60。

表 2-60　唐山市科技贡献率预测值

年份	2015	2020	2030
科技贡献率（%）	61.4	63.5	67.6

4.3　社会公益性支出占一般预算财政支出比例

社会公益性支出占财政支出比例是指用于社会公益性项目的支出费用占地方总财政支出的百分比。公益性项目是指那些非盈利性和具有社会效益性的项目。公共服务是政府职能。社会公共服务是指在社会发展领域中的公共服务。基本公共服务的范围确定为两大类八项内容。基础服务类包括公共教育、公共卫生、公共文化体育、公共环境等四项。基本保障类包括生活保障、住房保障、就业保障、医疗保障等四项。发展社会基本公共服务，对于实现人的全面发展，保障人民群众的基本权益，维护社会公平，构建社会主义和谐社会，具有十分重要的意义。本次规划中社会公益性支主要包括一般公共服务支出、公共安全、社会保障和就业等支出。支出比例在一定程度上反映了唐山市社会保障体系的完善状况，根据历年唐山市支出比例预测未来值见表 2-61。

表 2-61　唐山市社会公益性支出占财政支出比例及预测值

年份	2008	2015	2020	2030
社会公益性支出占财政支出比例（%）	35.5	38.4	39.8	41.2

4.4　城市生命线系统完好率

城市生命线系统包括：供水线路、供电线路、供热线路、供气线路、交通线路、消防系统、医疗应急救援系统、地震等自然灾害应急救援系统。完好率最高为 1，前 4 项以事故发生率计算，每条生命线 4 季年发生 10 次以上扣 0.1，100 次以上扣 0.3，1000 次以上为 0；交通线路每年发生交通事故死亡 5 人以上扣 0.1，死亡 10 人扣 0.3，死亡 30 人以上扣 0.5，死亡 50 人以上则为 0。后 3 项以是否建立了应急救援系统为准，若已建立则为 1，未建立则为 0。城市生命线系统完好率是衡量一个城市社会发展、城市基础建设水平及生态安全的重要指标。

4.5　新农村建设

2005 年 10 月，中国共产党十六届五中全会通过《十一五规划纲要建议》，提出要按照“生产发展、生活宽裕、乡风文明、村容整洁、管理民主”的要求，扎实推进社会主义新农村建设。社会主义新农村建设是指在社会主义制度下，按照新时代的要求，对农村进行经济、政治、文化和社会等方面的建设，最终实现把农村建设成为经济繁荣、设施完善、环境优美、文明和谐的社会主义新农村的目标。

自中央发布文件以来，唐山市从各个方面不断积极开展新农村建设。一是在开展文明生态村方面，自2003年起，唐山市按照省委、省政府工作部署，在全市组织开展了文明生态村创建活动。不断着眼于改善农村人居环境，坚持以“三化”（道路硬化、村街净化、村庄绿化）建设为突破口，按照每年全市行政村总数10%的比例，组织动员社会各界力量予以大力推进。据2010年10月9日的《唐山市社会主义新农村建设情况汇报》，2009年底，全市各级各部门累计投入创建资金37.8亿元，创建文明生态村3936个，占全市总村（队）数的78.4%。2010年全市继续组织建设文明生态村500个，到年底，全市文明生态村创建总数将达到4436个，占全市总村数比例将达到88.3%。预计到2012年底，全市所有村庄将初步达到文明生态村建设标准，到2013年底，全市每个村基础实现“户户通”。二是在新型农村合作医疗及农村低保方面，2009年，全市新型农村合作医疗保险参合率达到96.1%，有8个县（市）区建立了新型农村养老保险制度，农村低保和五保供养实现了“应保尽保”，农村低保标准达到每人每年1300元，农村五保人员集中供养率达到53.31%，农村五保供养保障标准实现了不低于当地群众平均生活水平的要求。2010年，全市进一步提高农村社会保障水平，农村低保标准由每人每年1300元提高到每人每年1540元，新农合筹资标准由每人每年100元提高到每人每年140元，新型农村养老保险在全市实现了全覆盖，全市农村保障水平得到了进一步提高。三是在促进农民创业就业方面，唐山市相继颁布了《鼓励和支持农民进城的若干政策（试行）》，出台了一系列关于城乡劳动者公共就业服务政策和公共就业扶持政策，构筑了市、县、乡、村“三级管理、四级服务”城乡一体的劳动就业服务平台。大力实施“阳光培训工程”，组织开展农业实用技术培训，提高农民创业就业能力，引导鼓励全民创业。引导发展“劳务经济”，促进农村剩余劳动力向非农产业转移就业，加速农村人口向城镇聚集。自2007年以来，全市累计有36万农民进入城镇落户，全市城镇化水平有了显著提高。

本次唐山生态城市建设规划主要从文明生态村方面来进行规划，反映新农村建设状况。表2-62为文明生态村占总村数的比例预测。

表2-62 唐山市文明生态村占总村数的比例及预测值

年份	2009	2015	2020	2030
文明生态村占总村数比例（%）	78	85	90	95

4.6 城市化水平

城市化从地理学角度理解，是一个地区的人口在城镇和城市相对集中的过程。在人口学角度上，城市化是农村人口转化为城镇人口的过程，指的是“人口向城市地区集中、或农业人口变为非农业人口的过程”。由于自然条件、地理环境、总人口数量的差异和社会经济发展的不平衡，世界各国城市化的水平和速度相差很大。经济发达的工业化国家的城市化程度要远远高于经济比较落后的农业国家。城市化程度是一个国家经济发展，特别是工业生产发展的一个重要标志。目前我国人口依然多是农民，城镇人口为36%左右，因此加快我国人口城市化的步伐对于促进农村剩余劳动力的转移、实现农村经济的增长有着很重要的战略意义。

城市化水平指的是地区城（镇）总人口占地区总人口的比重。城市化水平与人均国民生产总值的增长成正比，城市化水平高，不仅是建立在二、三产业发展的基础上，也是农业现代化的结果。2007年中国城市化率已达到44.9%，根据美日韩城市化发展的经验，中国城市化还处于加速发展阶段，城市化总体每年还将继续快速提高。2009年唐山市县城扩容和小城镇建设加快推进，全市城镇化率达到53%，同比提高2个百分点，城镇化发展指数位居全省首位，在全国也处于先进水平。参照国内外发达国家和发达地区经验，根据唐山市经济发展阶段和发展状况预测未来城市化水平见表2-63。

表2-63 唐山市城市化水平预测值

年份	2015	2020	2030
城市化水平（%）	62	65	75

4.7 恩格尔系数

恩格尔系数（Engel's coefficient）是指居民的食品消费支出占家庭总收入的比例。比例越高表明收入越低，生活越贫困，联合国粮农组织判定，恩格尔系数60%以上为贫困，50%~60%为温饱，40%~50%为小康，40%以下为富裕。19世纪德国统计学家恩格尔根据统计资料，对消费结构的变化得出一个规律：一个家庭收入越少，家庭收入中（或总支出中）用来购买食物的支出所占的比例就越大，随着家庭收入的增加，家庭收入中（或总支出中）用来购买食物的支出比例则会下降。推而广之，一个国家或地区越穷，每个国民的平均收入中（或平均支出中）用于购买食物的支出所占比例就越大，随着国家或地区的富裕，这个比例呈下降趋势。在总支出金额不变的条件下，恩格尔系数越大，说明用于食物支出的金额越多；恩格尔系数越小，说明用于食用支出的金额越少，二者成正比。反过来，当食物支出金额不变的条件下，总支出金额与恩格尔系数成反比。因此，恩格尔系数是衡量一个家庭或一个国家或地区富裕程度的主要标准之一。

2009年唐山市居民收入稳步增长。城市居民年人均可支配收入18053元，比上年增长10.2%；人均消费性支出12962元，增长7.8%；城市居民恩格尔系数为35.9%，比上年提高0.4个百分点。每百户城镇居民家庭拥有家用汽车11辆，家用电脑56台。城镇居民人均住房建筑面积22.6平方米。农村居民年人均纯收入7420元，比上年增长12.0%；人均消费性支出5441元，增长16.8%；农村居民恩格尔系数为35.2%，比上年下降2.9个百分点。历年恩格尔系数见表2-64、图2-2。

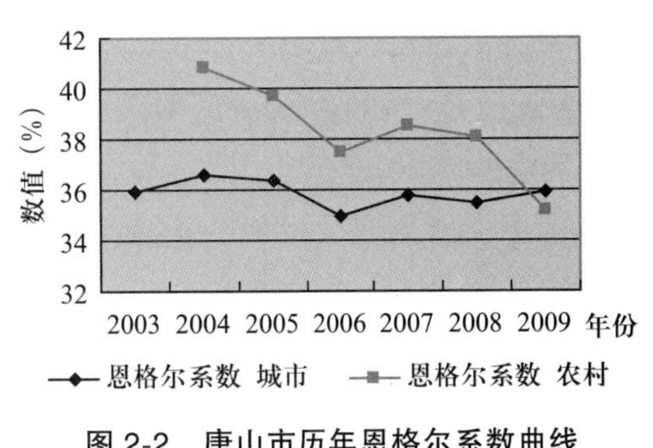

图2-2 唐山市历年恩格尔系数曲线

表2-64 唐山市历年恩格尔系数

年份		2003	2004	2005	2006	2007	2008	2009
恩格尔系数（%）	城市	35.93	36.6	36.4	35.0	35.8	35.5	35.9
	农村		40.8	39.7	37.5	38.5	38.1	35.2

近年随着唐山市经济社会发展水平的飞速发展，城乡居民生活观念不断改变，居民生活水平也在不断提高，居民的食品消费种类和消费金额也在不断增加。据此对其恩格尔系数进行预测，见表2-65。

表2-65 唐山市恩格尔系数预测值

年份		2015	2020	2030
恩格尔系数（%）	城市	34.9	34.4	33.4
	农村	35.2	34.7	34.3

4.8 就医保障

随着经济水平的提高，2009年唐山市公共卫生服务能力继续提高。“健康唐山，幸福人民”全民健身行动扎实推进，年末全市拥有各类卫生机构1612个，其中医院114所，卫生院179个，疾病预防控制中心17个，妇幼保健院（站）15个，诊所、卫生所、医务室1157个；卫生机构床位2.99万张，其中医院2.21万张；卫生技术人员3.30万人，其中医生1.40万人，每万人医生数达19.1，较去年18.5增加了0.6，但相对于发达地区仍然处于滞后水平；社区卫生服务中心（站）114个，人口覆盖率达100%。同时全市120.4万人建立了健康档案，53.2万人制定了健康计划，82.7万人进行了体检。在农村新型合作医疗方面，参加农民达468.64万人，参合率达到96.06%（不包括参加城镇居民医保农民），而且在全省率先实现了“农民进城医疗报销无障碍”。规划使用万人医生数来体现唐山市医疗保障程度，因此预测值见表2-66。

4.9 城镇登记失业率

表 2-66 唐山市就医保障预测值

年份	2015	2020	2030
就医保障（医生 / 万人）	23	24	25

失业率（Unemployment Rate）是指失业人口占劳动人口的比率（一定时期全部就业人口中有工作意愿而仍未有工作的劳动力数字），旨在衡量闲置中的劳动产能，是反映一个国家或地区失业状况的主要指标。世界上大多数国家都采用两种失业统计方法。一种是行政登记失业率，另一种是劳动力抽样调查失业率。城镇登记失业率统计的是到城镇公共就业服务机构进行失业登记、享受失业保险待遇并求职的失业人员数量。抽样调查失业率基本依据的是国际化的失业定义。

城镇登记失业率和失业率是两种不同的概念，使用的统计方法也不同。我国公布的城镇登记失业率，是劳动保障部门就业服务机构对失业人员登记统计汇总的结果，也是政府制定就业政策的主要参考依据。由于我国就业服务体系和社会保障体系还不完善，到劳动保障部门就业服务机构登记求职的失业人员数量不够全面，再加上就业和失业登记办法还不健全和规范，因此，存在着实际失业率高于登记失业率的现象。

2009 年唐山市就业再就业工作加快推进。年末全市从业人员 432.18 万人。其中第一产业从业人员 129.22 万人，比上年增加 1.18 万人；第二产业从业人员 170.10 万人，增加 11.7 万人；第三产业从业人员 132.86 万人，增加 7.29 万人。全市城镇新增就业 6.9 万人，下岗失业人员再就业 3.4 万人，实现了“零就业家庭”动态归零。年末城镇登记失业率为 4.1%，低于省达控制目标 0.4 个百分点。同时，随着唐山市经济社会的快速发展，城市化水平不断提高，二三产业在 GDP 中的比重不断提升，农业劳动力持续转移，因而预测未来唐山市城镇登记失业率见表 2-67。

表 2-67 唐山市城镇登记失业率预测值

年份	2009	2015	2020	2030
城镇登记失业率（%）	4.1	3.74	3.66	3.58

4.10 公众对环境的满意率

近年来唐山市在原有的各级绿色学校平稳有序地开展环境教育工作基础上，进一步开展环境教育宣传工作，并争创带到绿色学校的活动中。

2009 年在“6・5”世界环境日，全市召开纪念大会，市委、市人大、市政府、市政协有关领导出席了会议，会议发布 2008 年度唐山环境质量状况公告，表彰了 2008 年度为环保工作做出突出贡献的单位和个人，并启动唐山市“6・5”世界环境日宣传周活动。

同时，唐山继续拓宽宣传阵地，拓宽宣传渠道。通过发表电视讲话，报纸上的宣传报道，走进电视台、电台直播间等多种形式，围绕治污减排、企业达标建设、查处环境违法行为专项行动、禁烧秸秆等行动，表彰先进、鞭策落后，较好地发挥了新闻媒体对环保工作的舆论导向作用。

在推进环保志愿者工作方面，除了充分学习省内外环保志愿者活动先进经验外，结合全市今年开展的志愿者活动情况，逐渐探索出一条贴近群众、符合实际、效果明显的环保志愿者健康发展之路。高校志愿者在“世界环境日”“世界水日”“世界地球日”等环境纪念日起了积极的带头作用，为全市环境保护工作的开展创立了良好的环境，在一定程度上也反映了公民积极参与环保活动和对环境的满意程度。

2009 年唐山市圆满完成环境信访受理及处理工作。全年监察支队受理环境信访案件较 2008 年下降 12.5%，受理率、办理率和办结率均为 100%。省环境监察局批办和转办件，全部按期进行了反馈。绝大多数信访问题在本市范围内得到了有效化解。市长公开电话的反馈和回访率达到了 100%。全市全年没有出现由于环保部门工作不当原因，而导致群众向国家、省再次举报或越级上访的情况发生。这也在一定程度上说明了唐山市民对其生活环境的满意状况。据 2005 年唐山

《生态市规划》调查显示唐山公众对其环境满意率为 91%，超过了原国家环保总局关于生态城市建设的标准。随着唐山生态城市建设的逐步完善，唐山未来的城市环境会越来越好。据此预测未来唐山市公众环境满意率见表 2-68。

表 2-68　唐山市公众对环境满意率预测值

年份	2005	2015	2020	2030
公众对环境满意率（%）	91	95	98	99

（四）唐山市生态城建设总体及分区指标及目标值核算结果

1. 唐山市总体生态建设指标及目标值

表 2-69　唐山生态城市建设总体指标及目标值

一级指标	二级指标	序号	三级指标	单位	标准	现状值	达标情况	2015 年目标	2020 年目标	2030 年目标
绿色经济发展	经济结构	1	城镇一、二、三产固定资产比例	%		1 : 47 : 102		1 : 51 : 96	1 : 45 : 112	1 : 39 : 142
		2	民营增加值	亿元		2471*		3677	4628	6386
		3	全社会固定资产投资总额占 GDP 的比例	%		59.65		63.78	76.62	97.64
		4	工业资本密集度	万元 / 人		3.39*		5.11	6.45	8.98
		5	外商直接投资（FDI）额占 GDP 的比例	%		1.25		1.48	1.41	1.29
		6	耕地保有量	万亩				710	710	710
		7	人均耕地面积	亩	1.2	1.23*	已达标	1.2	1.2	1.2
		8	一、二、三产产值比例	%		1:6.75:3.72		1:7.11:4.43	1:7.42:5.09	1:7.74:6.34
		9	第三产业占地区生产总值比例	%	≥40	32.4	未达标	35.41	37.66	42.16
	经济增长	10	可再生能源占总能耗（标煤）比率	%				1.6	4.0	10.5
		11	生态环境产业产值年增长率	%				6	6	6
		12	生态文化创意产业产值年增长率	%				6	6	6
		13	有机农产品产值年增长率	%				6	6	6
		14	无公害食品供给率	%				60	100	100
		15	高新技术产业增加值	亿元		88.0*		365	591	1376
		16	生态旅游产值年增长率	%				17	10	10
		17	可再生能源产值增长率	%				30	20	10
		18	GDP 增长率	%	5.0	13.1		11.33	9.89	7.0
		19	一产全员劳动生产率	万元 / 人		3.02		3.78	4.57	6.04
		20	二产全员劳动生产率	万元 / 人		15.9		18.9	22.9	30.4
		21	三产全员劳动生产率	万元 / 人		10.3		12.8	15.5	20.4
		22	百元固定资产原价实现产值	百元		168		161	156	141
		23	科技贡献率	%	75	58.1		61.4	63.5	67.6
	经济水平	24	人均地区生产总值	元 / 人	≥33000	60803	已达标	99970	134640	203970
		25	财政收入	亿元		438.95		796.4	1080.8	1649.8

（续）

一级指标	二级指标	序号	三级指标	单位	标准	现状值	达标情况	2015 年目标	2020 年目标	2030 年目标
绿色经济发展	经济水平	26	年人均财政收入	元 / 人	≥5000	5972	已达标	9997	13464	20397
		27	农民年人均纯收入	元 / 人	≥8000	8310	未达标	12952	17137	25509
		28	城镇居民年人均可支配收入	元 / 人	≥16000	19556	已达标	29158	37352	53299
	资源利用	29	万元 GDP 综合能耗（标煤）	吨 / 万元	≤0.9	2.42	未达标	1.74	1.35	0.65
		30	万元 GDP 的综合能耗递减率	%		2.37		4.45	4.54	4.62
		31	节能建筑面积率	%		3.5		25	30	70
		32	万元 GDP 用水量	立方米 / 万元	≤150			30.0	28.5	25.8
		33	万元 GDP 的用水量递减率	%			已达标	1	1	1
		34	工业用水重复率	%	≥50	74*		95	97	99
		35	农业灌溉有效利用系数		≥0.55			0.6	0.65	0.7
		36	工业固体废弃物综合利用率	%		80.5*		90	100	100
	企业管理	37	应当实施清洁生产企业的比例	%	100	80.5	未达标	95	100	100
		38	规模化企业通过 ISO-14000 认证比率	%	≥20	82	未达标	90	95	100
		39	规模化企业通过 ISO-18000 认证比率	%				30	50	90
生态环境	生态建设	40	森林覆盖率	%	≥30	30.2	已达标	34	35	35
			其中：山区	%	≥70	70.2*	已达标	73.5	75	75
			丘陵区	%	≥40	41.1*	已达标	45	46	46
			平原地区	%	≥15	18.3*	未达标	22	24	24
		41	生态公益林面积比重	%		41.6*		45	47	49
		42	绿色通道率	%		59.24*		80	85	95
		43	城镇人均绿地面积	平方米 / 人	≥11	30.9*	已达标	30.9	31.1	31.4
		44	沿海地区森林覆盖率	%		16.12*		17	18	18
		45	森林碳密度	吨 / 公顷				4.45	5.33	8.00
		46	森林蓄积量	万立方米		286.038*		617.2	719.0	975.7
		47	森林灾害发生面积比率	%				<0.01	<0.01	<0.01
		48	生态用地保有量	平方公里				6313	6582	6582
		49	矿山废弃地治理率	%				60	80	90
		50	农业面源污染控制率	%				60	80	90

（续）

一级指标	二级指标	序号	三级指标	单位	标准	现状值	达标情况	2015年目标	2020年目标	2030年目标
生态环境	生态建设	51	水土流失治理面积率	%	≥70	27.89*		50	60	80
		52	湿地保护面积率	%				60	70	80
		53	林水结合度	%				80	85	95
		54	人均生态游憩地面积	平方米/人		70.1*		100	120	150
		55	退化土地恢复率	%	≥90	49.3*	未达标	60	90	95
		56	受保护地区占国土面积比例	%	≥17	（自然保护区5.28）	未达标	10	15	17
	大气环境	57	城市空气质量好于或等于二级标准的天数	天/年	≥280	330	已达标	333	335	340
		58	城市环境空气质量综合污染指数		0.6~1.0	0.87*	已达标	0.80	0.69	0.47
		59	城区可吸入颗粒物（PM_{10}）年均浓度	毫克/立方米	<0.10（*）	0.078*	已达标	0.074	0.071	0.068
		60	城区SO_2年均浓度	毫克/立方米	<0.06	0.062*	未达标	0.057	0.047	0.029
		61	城区NO_2年均浓度	毫克/立方米	<0.08	0.031*	已达标	0.026	0.021	0.01
		62	万元GDPSO_2排放	公斤/万元	<5.0	5.59	未达标	5.46	4.66	3.89
		63	万元GDPCO_2排放	公斤/万元	<5.0	4.54*	未达标	3	2.7	2
		64	工业废气无害化处理率	%	100			70	90	100
		65	酸雨频率	%	0	0	已达标	0	0	0
		66	城市热岛面积率	%		43.3		<35	<35	<30
	水环境	67	万元GDP工业污水排放量	吨/万元		8.28*		7.61	7.18	6.78
		68	工业COD排放量	吨		47900*		73936	63006	62313
		69	化学需氧量（COD）	公斤/万元GDP	<5.0			1.02	0.82	0.58
		70	获得安全饮用水的人口比例	%	100			97	100	100
		71	城市地表水源区水质Ⅱ类以上达标率	%	100	50*	未达标	60	70	90
		72	城市地下水饮用水质达标率	%	100	100*	已达标	100	100	100
		73	农村地下水饮用水质达标率	%	100			95	100	100
		74	水系水质达到Ⅳ类以上比率	%	100	65*	未达标	90	100	100
		75	集中式饮用水源水质达标率	%	100	98.4*	未达标	100	100	100
		76	工业污水排放达标率	%	100	94.1		96.32	98	100

（续）

一级指标	二级指标	序号	三级指标	单位	标准	现状值	达标情况	2015年目标	2020年目标	2030年目标
生态环境	水环境	77	城镇生活污水达标处理率	%	100	65*	未达标	98	100	100
		78	农村生活污水达标处理率	%	≥90		未达标	75	85	95
		79	近岸海域水环境质量达标率	%	100	100	已达标	100	100	100
		80	海洋赤潮发生累计面积	公顷		0		0	0	0
	土壤环境	81	农地单位面积使用化肥量	吨/公顷	≤0.28	0.66*	未达标	0.625	0.607	0.588
		82	农地单位面积使用农药量	公斤/公顷	≤3	10.1*	未达标	10.1	10.1	10.1
		83	土壤污染控制面积率	%				60	80	90
	声环境	84	噪声达标区覆盖率	%	≥95	83.6*	未达标	90	95	98
		85	居民区环境噪声平均值	分贝/年	55（昼）	50.7*	已达标	50.8	49.9	48.1
					45（夜）	46.0*	未达标	45.0	44.4	43.2
		86	区域环境噪声平均值	分贝/年	56	53.1*	已达标	52.3	51.2	49.1
		87	城市交通干线噪声平均值	分贝/年	70	66.6*	已达标	65.0	63.4	60.2
	其他环境	88	万元GDP固体废物排放量	公斤/万元		6.56*		7.56	7.03	6.54
		89	城镇生活垃圾无害化处理率	%	100	91. 3	未达标	100	100	100
		90	工业固体废物无危险排放率	%	≥80	89.0*	未达标	95	98	100
		91	农村生活垃圾无害化处理率	%	≥90		未达标	95	98	100
		92	旅游区环境达标率	%	100	66*	未达标	90	100	100
生态文化	生态文化保护与建设	93	名木古树保护程度	%	100			>98	>98	>98
		94	历史文化遗存受保护比例	%	100			100	100	100
		95	非物质文化遗产保护					完好	完好	完好
		96	博物馆/纪念馆/生态科普基地/生态文化园/生态文化产业基地/公园数量	个				10	15	20
		97	人均公园绿地面积	平方米/人	16	15.12		16.1	18.7	23.6
		98	乡村绿化达标率	%	100			100	100	100
社会文明	法律政策	99	生态城市法律政策健全配套状况		完备		未达标	基本完备	完备	完备

（续）

一级指标	二级指标	序号	三级指标	单位	标准	现状值	达标情况	2015年目标	2020年目标	2030年目标
社会文明	法律政策	100	生态城市法律政策执行状况		良好			良好	良好	良好
	城市公共事业	101	社会公益性支出占一般预算财政支出比例	%		35.5*		44.8	50.8	61.7
		102	科技投入（财政一般预算支出）资金占GDP比重	%		0.11*		0.108	0.113	0.123
		103	企业科技投入占企业产值比重	%		2.98*		2.5	3	4
		104	地方科技支出占财政支出比例（一般预算）	%	2.5	1.52*		2	2.22	2.77
		105	教育投入（一般预算支出）	万元		588847		813769	1039287	1456240
		106	卫生投入（一般预算支出）	万元		259781		315806	406968	576620
		107	环境保护投资占GDP的比重	%	≥3.5			1.5	2	3.5
		108	信息化程度		完善			基本完善	完善	完善
		109	城市生命线系统完好率	%	≥80	87.5*	已达标	95	98	100
		110	城市燃气普及率	%	≥92	99.8	已达标	100	100	100
		111	采暖地区集中供热普及率	%	≥65	80.5	已达标	85	89	98
	城乡社会发展水平	112	城市化水平	%	≥65	54.9	未达标	59.65	64.9	74.9
		113	新农村建设（文明生态村占行政村比例）	%		79.7		98	100	100
		114	城镇生态住区比例	%				20	25	40
		115	恩格尔系数（城）	%	<40	32.3	已达标	32.3	30.5	26.8
			恩格尔系数（乡）			34.9	已达标	32.5	29.9	25.0
		116	基尼系数		0.3~0.4	0.55	未达标	0.45	0.38	0.3
		117	城镇登记失业率	%	4.20	4.06	已达标	3.79	3.71	3.63
		118	就医保障	医生/万人	20	21.5	未达标	22.2	23.8	26.8
		119	高等教育入学率	%	≥30	27.5（毛）	未达标	31.8	36.8	46.8
		120	居民幸福指数					80	85	90
		121	环境保护宣传教育普及率	%	>85	86.8*	已达标	95	100	100
		122	公众对环境的满意率	%	>90	91*	已达标	95	96	98

注：现状值一栏中带“*”号的数字为2010年之前的数值

2. 唐山市山区生态建设指标及目标值

表 2-70　唐山市山区生态建设指标及目标值

一级指标	二级指标	序号	三级指标	单位	国家标准	现状值	达标情况	2015 年目标	2020 年目标	2030 年目标
绿色经济	经济结构	1	全社会固定资产投资总额占GDP的比例	%		29.9		30.2	30.7	31.2
		2	外商直接投资（FDI）额占GDP的比例	%		1.04		2.38	2.55	2.87
		3	人均耕地面积	亩	1.2	0.95	未达标	0.95	0.95	0.95
		4	一、二、三产产值比例	%		1:12:6		1:16:10.2	1:17:13.2	1:18:19
		5	第三产业占地区生产总值比例	%	≥45	32.8	未达标	37.5	42.3	50.0
	经济增长	6	生态环境产业产值增长率	%				6	6	6
		7	有机农产品产值增长率	%				6	6	6
		8	无公害食品供给率	%				80	100	100
		9	生态旅游产值增长率	%				17	10	10
		10	可再生能源产值增长率	%				30	20	10
		11	GDP 增长率	%	5	5.5		17.6	16.1	14.6
		12	科技贡献率	%				63.5	67.3	75.0
	经济水平	13	人均地区生产总值	元 / 人	≥33000	63585	已达标	72371	138317	196414
		14	财政收入	万元		375720		627352	781127	1067102
		15	年人均财政收入	元 / 人	≥1800	1945	已达标	4079	5546	8482
		16	农民年人均纯收入	元 / 人	≥8000	8162	未达标	12525	16319	23908
		17	城镇居民年人均可支配收入	元 / 人	≥16000	15587	未达标	26798	35052	51561
	资源利用	18	万元 GDP 综合能耗（标煤）	吨 / 万元	≤0.9			1.74	1.35	0.65
		19	万元 GDP 的综合能耗降低率	%				4.45	4.54	4.62
		20	万元 GDP 用水量	立方米 / 万元	≤150			30.0	28.5	25.8
		21	工业用水重复率	%	≥50			95	97	99
		22	农业灌溉有效利用系数		≥0.55			0.6	0.65	0.7
		23	工业固体废弃物综合利用率	%				90	100	100
	企业管理	24	应当实施清洁生产企业的比例	%	100			95	100	100
		25	规模化企业通过 ISO-14000 认证比率	%	≥20			90	95	99
		26	规模化企业通过 ISO-18000 认证比率	%	≥40			30	50	90
生态环境	生态建设	27	森林覆盖率	%	≥70	70.2	已达标	73.5	75	75
		28	生态公益林面积比重	%		41.6		60	70	80
		29	绿色通道率	%				80	85	95
		30	城镇人均绿地面积	平方米 / 人	≥11		已达标	30.9	31.1	31.4
		31	森林碳密度	吨 / 公顷				4.45	5.33	8.00
		32	森林单位面积蓄积量	立方米 / 公顷				12	14	20
		33	森林灾害发生面积比率	%				<0.01	<0.01	<0.01

（续）

一级指标	二级指标	序号	三级指标	单位	国家标准	现状值	达标情况	2015年目标	2020年目标	2030年目标
生态环境	生态建设	34	矿山废弃地治理率	%				60	80	90
		35	农业面源污染控制率	%				60	80	90
		36	水土流失治理面积率	%				50	60	80
		37	林水结合度	%				80	85	95
		38	退化土地恢复率	%	≥90			60	90	95
	大气环境	39	万元 GDPSO_2 排放	公斤/万元	<5.0			5.46	4.66	3.89
		40	万元 GDPCO_2 排放	公斤/万元	<5.0			3	2.7	2
		41	工业废气无害化处理率	%				70	90	100
	水环境	42	万元 GDP 工业污水排放量	公斤/万元				7.61	7.18	6.78
		43	获得安全饮用水的人口比例	%	100			97	100	100
		44	农村地下水饮用水质达标率	%	100			100	100	100
		45	无超Ⅳ类地表水体	%	100			100	100	100
		46	集中式饮用水源水质达标率	%	100			100	100	100
		47	工业污水排放达标率	%	100			96.32	98	100
		48	城镇生活污水处理率	%	100			98	100	100
		49	农村生活污水处理率	%	≥90			75	85	95
		50	农地单位面积使用化肥量	吨/公顷	≤0.28		未达标	0.51	0.5	0.48
	土壤环境	51	农地单位面积使用农药量	公斤/公顷	≤3		未达标	6.28	6.10	5.93
		52	土壤污染面积率	%				<0.01	<0.01	<0.01
		53	噪声达标区覆盖率	%	≥95			90	95	98
	声环境	54	居民区环境噪声平均值	分贝/年	55（昼）		已达标	50.8	49.9	48.1
					45（夜）		未达标	45.0	44.4	43.2
		55	区域环境噪声平均值	分贝/年	56(省标)		已达标	52.3	51.2	49.1
	其他环境	56	万元 GDP 固体废物排放量	公斤/万元				7.56	7.03	6.54
		57	城镇生活垃圾无害化处理率	%	100		未达标	100	100	100
		58	工业固体废物无危险排放率	%	≥80			95	98	100
		59	农村生活垃圾无害化处理率	%	≥90		未达标	95	98	100
		60	旅游区环境达标率	%	100		未达标	90	100	100
生态文化	生态文化保护与建设	61	名木古树保护程度	%	100			>98	>98	>98
		62	历史文化遗存受保护比例	%	100			100	100	100
		63	非物质文化遗产保护					完好	完好	完好
		64	乡村绿化达标率	%	100			100	100	100
		65	博物馆/纪念馆/生态科普基地/生态文化园/生态文化产业基地/公园数量	个				2	2	2

（续）

一级指标	二级指标	序号	三级指标	单位	国家标准	现状值	达标情况	2015年目标	2020年目标	2030年目标
社会进步	法律政策	66	生态城市法律政策健全配套状况		完备			基本完备	完备	完备
		67	生态城市法律政策执行状况		良好			良好	良好	良好
	社会公共事业	68	企业科技投入占企业产值比重	%				2	3	5
		69	地方科技支出占财政支出比例	%				2	3.25	4.41
		70	社会公益性支出占财政支出比例	%				44.8	50.8	61.7
		71	城镇市生命线系统完好率	%	≥80		已达标	92	95	99
		72	信息化程度		完善			基本完善	完善	完善
	城乡社会发展水平	73	新农村建设（文明生态村占行政村总数）	%				85	95	100
		74	城镇生态住区比例	%				20	25	40
		75	恩格尔系数（城）	%	<40		已达标	32.3	30.5	26.8
			恩格尔系数（乡）				已达标	32.5	29.9	25.0
		76	基尼系数		0.3~0.4			0.45	0.38	0.3
		77	城镇登记失业率	%	4.20（省标）		已达标	3.79	3.71	3.63
		78	就医保障	医生/万人	≥20		未达标	23	24	25
		79	高等教育入学率	%	≥30		未达标	31.8	36.8	46.8
		80	居民幸福指数					80	85	90
		81	环境保护宣传教育普及率	%	>85			95	100	100
		82	公众对环境的满意率	%	>90			95	96	98

3. 唐山市平原及丘陵区生态建设指标及目标值

表 2-71　唐山市平原及丘陵区生态建设指标及目标值

一级指标	二级指标	序号	三级指标	单位	国家标准	现状值	达标情况	2015年目标	2020年目标	2030年目标
绿色经济	经济结构	1	全社会固定资产投资总额占 GDP 的比例	%		45.58		47.34	56.57	74.63
		2	工业资本密集度	万元/人				5.04	6.51	9.19
		3	外商直接投资（FDI）额占 GDP 的比例	%		1.12		1.33	1.37	1.45
		4	人均耕地面积	亩	1.2	1.94	已达标	1.94	1.94	1.94
		5	一、二、三产产值比例	%		1:1:1.5		1:1.7:2.0	1:1.8:2.3	1:2.0:3.0
		6	第三产业占地区生产总值比例	%	≥45	42.9	已达标	42.6	45.1	50.0
	经济增长	7	生态环境产业产值增长率	%				6	6	6
		8	生态文化创意产业产值增长率	%				6	6	6

（续）

一级指标	二级指标	序号	三级指标	单位	国家标准	现状值	达标情况	2015年目标	2020年目标	2030年目标
绿色经济	经济增长	9	有机农产品产值增长率	%				6	6	6
		10	无公害食品供给率	%				60	100	100
		11	生态旅游产值增长率	%				17	10	10
		12	可再生能源产值增长率	%				30	20	10
		13	GDP 增长率	%	5.0	61.3		24	25	27
		14	一产全员劳动生产率	万元 / 人		2.79		3.75	4.53	6.02
		15	二产全员劳动生产率	万元 / 人		13.0		17.9	21.6	28.6
		16	三产全员劳动生产率	万元 / 人		9.41		12.7	15.3	20.3
		17	科技贡献率	%	≥75	58.1		61.4	63.5	67.6
	经济水平	18	人均地区生产总值	元 / 人	≥33000	42618	已达标	62437	82019	121182
		19	财政收入	万元		159736		229664	290154	401581
		20	年人均财政收入	元 / 人	≥1800	1215	未达标	1787	22248	3098
		21	农民年人均纯收入	元 / 人	≥8000	6654	未达标	10513	13420	19235
		22	城镇居民年人均可支配收入	元 / 人	≥16000	16539	已达标	26139	34515	51268
	资源利用	23	万元 GDP 综合能耗（标煤）	吨 / 万元	≤0.9			1.89	1.51	0.96
		24	万元 GDP 的综合能耗降低率	%				11.6	16.3	25.6
		25	万元 GDP 的用水量	立方米 / 万元	≤150			30.0	28.5	25.8
		26	工业用水重复率	%	≥50			95	97	99
		27	农业灌溉有效利用系数		≥0.55			0.6	0.65	0.7
		28	工业固体废弃物综合利用率	%				90	100	100
	企业管理	29	应当实施清洁生产企业的比例	%	100			95	100	100
		30	规模化企业通过 ISO-14000 认证比率	%	≥20			90	95	99
		31	规模化企业通过 ISO-18000 认证比率	%				30	50	90
生态环境	生态建设	32	森林覆盖率	%	≥40	16.12	已达标	33.5	35	35
		33	生态公益林面积比重	%				35	37	39
		34	绿色通道率	%				80	85	95
		35	城镇人均绿地面积	平方米 / 人	≥11		已达标	30.9	31.1	31.4
		36	森林碳密度	吨 / 公顷				4.45	5.33	8.00
		37	森林灾害发生面积比率	%				<0.01	<0.01	<0.01
		38	矿山废弃地治理率	%				60	80	90
		39	农业面源污染控制率	%				60	80	90
		40	水土流失治理面积率	%				60	70	90
		41	林水结合度	%				80	85	95
		42	人均生态游憩地面积	平方米 / 人				100	120	150
		43	退化土地恢复率	%	≥90			80	90	95
		44	受保护地区占国土面积比例	%	≥17			10	15	17

（续）

一级指标	二级指标	序号	三级指标	单位	国家标准	现状值	达标情况	2015年目标	2020年目标	2030年目标
生态环境	大气环境	45	城市空气质量好于或等于二级标准的天数	天/年	≥280		已达标	335	340	345
		46	城市环境空气质量综合污染指数		0.6~1.0		已达标	0.65	0.49	0.28
		47	城区可吸入颗粒物（PM_{10}）年均浓度	毫克/立方米	<0.10（*）		已达标	0.05	0.034	0.016
		48	城区 SO_2 年均浓度	毫克/立方米	<0.06		未达标	0.048	0.033	0.018
		49	城区 NO_2 年均浓度	毫克/立方米	<0.08		已达标	0.026	0.021	0.013
		50	万元 GDPSO_2 排放	公斤/万元	<5.0		未达标	5.46	4.66	3.89
		51	万元 GDPCO_2 排放	公斤/万元	<5.0			3	2.7	2
		52	工业废气无害化处理率	%	100		未达标	70	90	98
		53	酸雨频率	%	0		已达标	0	0	0
	水环境	54	万元 GDP 工业污水排放量	公斤/万元				7.61	7.18	6.78
		55	获得安全饮用水的人口比例	%	100			97	100	100
		56	城市地表水源区水质Ⅱ类以上达标率	%	100			60	70	90
		57	城市地下水饮用水质达标率	%	100			100	100	100
		58	农村地下水饮用水质达标率	%	100			95	100	100
		59	水系水质达到Ⅳ类以上比率	%	100		未达标	90	100	100
		60	集中式饮用水源水质达标率	%	100			100	100	100
		61	工业污水排放达标率	%	100		未达标	96.32	98	100
		62	城镇生活污水处理率	%	100			98	100	100
		63	农村生活污水处理率	%	≥90		未达标	75	85	95
	土壤环境	64	农地单位面积使用化肥量	吨/公顷	≤0.28	0.65	未达标	0.55	0.51	0.48
		65	农地单位面积使用农药量	公斤/公顷	≤3	14.2	未达标	14.4	14.4	14.5
		66	土壤污染面积率	%				<0.01	<0.01	<0.01
	声环境	67	噪声达标区覆盖率	%	≥95		未达标	90	95	98
		68	居民区环境噪声平均值	分贝/年	55（昼）		已达标	50.8	49.9	48.1
					45（夜）		未达标	45.0	44.4	43.2
		69	区域环境噪声平均值	分贝/年	56（省标）		已达标	51.2	49.3	25.9
		70	城市交通干线噪声平均值	分贝/年	70（国标）		已达标	63.3	60.6	55.5
		71	万元 GDP 固体废物排放量	公斤/万元				3.47	1.63	0.36
		72	城镇生活垃圾无害化处理率	%	100		未达标	95	100	100

（续）

一级指标	二级指标	序号	三级指标	单位	国家标准	现状值	达标情况	2015年目标	2020年目标	2030年目标
生态环境	声环境	73	工业固体废物无危险排放率	%	≥80			95	98	100
		74	农村生活垃圾无害化处理率	%	≥90		未达标	70	80	100
		75	旅游区环境达标率	%	100		未达标	90	100	100
生态文化	生态文化保护与建设	76	名木古树保护程度	%	100			>98	>98	>98
		77	历史文化遗存受保护比例	%	100			100	100	100
		78	非物质文化遗产保护					完好	完好	完好
		79	博物馆/纪念馆/生态科普基地/生态文化园/生态文化产业基地/公园数量	个				3	3	3
		80	人均公园绿地面积	平方米/人	16		未达标	14.1	15.8	19.2
		81	乡村绿化达标率	%	100			100	100	100
社会进步	法律政策	82	生态城市法律政策健全配套状况		完备			基本完备	完备	完备
		83	生态城市法律政策执行状况	%	良好			良好	良好	良好
	社会公共事业	84	企业科技投入占企业产值比重	%				2	3	4
		85	地方科技支出占财政支出比例	%				2	2.22	2.77
		86	信息化程度		完善		未达标	基本完善	完善	完善
		87	社会公益性支出占财政支出比例	%				44.8	50.8	61.7
		88	城市生命线系统完好率	%	≥80		已达标	95	98	100
		89	城市燃气普及率	%	≥92		已达标	100	100	100
		90	采暖地区集中供热普及率	%	≥65		已达标	85	89	98
	城乡社会发展水平	91	新农村建设（文明生态村占行政村总数）	%				98	100	100
		92	城镇生态住区比例	%				20	25	40
		93	恩格尔系数（城）	%	<40		已达标	34.9	34.4	33.4
			恩格尔系数（乡）				已达标	35.2	34.7	34.3
		94	基尼系数		0.3~0.4			0.45	0.38	0.3
		95	城镇登记失业率	%	4.20（省标）		已达标	3.79	3.71	3.63
		96	就医保障	医生/万人	≥20		未达标	22.2	23.8	26.8
		97	高等教育入学率	%	≥30		未达标	31.8	36.8	46.8
			居民幸福指数					80	85	90
		98	环境保护宣传教育普及率	%	>85		已达标	95	100	100
		99	公众对环境的满意率	%	>90		已达标	95	98	99

4. 唐山市沿海区生态建设指标及目标值

表 2-72 唐山市沿海区生态建设指标及指标值

一级指标	二级指标	序号	三级指标	单位	国家标准	现状值	达标情况	2015 年目标	2020 年目标	2030 年目标
绿色经济	经济结构	1	全社会固定资产投资总额占 GDP 的比例	%		34.17		37.03	42.49	53.41
		2	工业资本密集度	万元 / 人				5.11	6.45	8.98
		3	外商直接投资（FDI）额占 GDP 的比例	%		1.81		2.20	2.23	2.26
		4	人均耕地面积	亩	1.2	1.03	未达标	1.03	1.03	1.03
		5	一、二、三产产值比例	%				1:7:3	1:8:4	1:10:8
		6	第三产业占地区生产总值比例	%	≥45		未达标	27.3	30.8	42.1
	经济增长	7	生态环境产业产值增长率	%				6	6	6
		8	生态文化创意产业产值增长率	%				6	6	6
		9	有机农产品产值增长率	%				6	6	6
		10	无公害食品供给率	%				60	100	100
		11	生态旅游产值增长率	%				17	10	10
		12	可再生能源产值增长率	%				30	20	10
		13	GDP 增长率	%		20.6		15.1	13.4	10.1
		14	一产全员劳动生产率	万元 / 人				3.78	4.57	6.04
		15	二产全员劳动生产率	万元 / 人				18.9	22.9	30.4
		16	三产全员劳动生产率	万元 / 人				12.8	15.5	20.4
		17	科技贡献率	%	≥75		未达标	61.4	63.5	67.6
	经济水平	18	人均地区生产总值	元 / 人	≥33000	38013	已达标	62340	83432	125576
		19	财政收入	万元		452931		627351	781127	1067102
		20	年人均财政收入	元 / 人	≥1800	1105	未达标	1794	2413	3652
		21	农民年人均纯收入	元 / 人	≥8000	7225	未达标	10283	13044	18567
		22	城镇居民年人均可支配收入	元 / 人	≥16000	15849	未达标	24082	31666	46834
	资源利用	23	万元 GDP 综合能耗（标煤）	吨 / 万元	≤0.9		未达标	1.74	1.35	0.65
		24	万元 GDP 的综合能耗降低率	%				4.45	4.54	4.62
		25	万元 GDP 用水量	立方米 / 万元	≤150			30.0	28.5	25.8
		26	万元 GDP 的用水量递减率	%				1	1	1
		27	工业用水重复率	%	≥50			95	97	99
		28	农业灌溉有效利用系数		≥0.55			0.6	0.65	0.7
		29	工业固体废弃物综合利用率	%				90	100	100
	企业管理	30	应当实施清洁生产企业的比例	%	100			95	100	100
		31	规模化企业通过 ISO-14000 认证比率	%	≥20			90	95	100
		32	规模化企业通过 ISO-18000 认证比率					30	50	90
生态环境	生态建设	33	森林覆盖率	%	≥30	16.12	未达标	17	18	20
		34	生态公益林面积比重	%				30	40	45

（续）

一级指标	二级指标	序号	三级指标	单位	国家标准	现状值	达标情况	2015年目标	2020年目标	2030年目标
生态环境	生态建设	35	绿色通道率	%				80	85	95
		36	城镇人均绿地面积	平方米/人	≥11		已达标	30.9	31.1	31.4
		37	森林灾害发生面积比率	%				<0.01	<0.01	<0.01
		38	矿山废弃地治理率	%				60	80	90
		38	农业面源污染控制率	%				60	80	90
		39	林水结合度	%				80	85	95
		40	人均生态游憩地面积	平方米/人				100	120	150
		41	退化土地恢复率	%	≥90			80	90	95
		42	受保护地区占国土面积比例	%	≥17			10	15	17
	大气环境	43	城市空气质量好于或等于二级标准的天数	天/年	≥280		已达标	333	335	340
		44	城市环境空气质量综合污染指数		0.6~1.0		已达标	0.80	0.69	0.47
		45	城区可吸入颗粒物（PM_{10}）年均浓度	毫克/立方米	<0.10		已达标	0.074	0.071	0.068
		46	城区 SO_2 年均浓度	毫克/立方米	<0.06		未达标	0.057	0.047	0.029
		47	城区 NO_2 年均浓度	毫克/立方米	<0.08		已达标	0.026	0.021	0.01
		48	万元 GDPSO_2 排放	公斤/万元	<5.0		未达标	5.46	4.66	3.89
		49	万元 GDPCO_2 排放	公斤/万元	<5.0			3	2.7	2
		50	工业废气无害化处理率	%	100			70	90	100
		51	酸雨频率	%			已达标	0	0	0
	水环境	52	万元 GDP 工业污水排放量	公斤/万元				7.61	7.18	6.78
		53	获得安全饮用水的人口比例	吨				97	100	100
		54	城市地表水源区水质Ⅱ类以上达标率	%				60	70	90
		55	城市地下水饮用水质达标率	%	100			100	100	100
		56	农村地下水饮用水质达标率	%	100			95	100	100
		57	无超Ⅳ类地表水体	%	100			90	100	100
		58	集中式饮用水源水质达标率	%	100			100	100	100
		59	工业污水排放达标率	%	100		未达标	96.32	98	100
		60	城镇生活污水处理率	%	100		未达标	98	100	100
		61	农村生活污水处理率	%	≥90		未达标	75	85	95
		62	近岸海域水环境质量达标率	%	100			100	100	100
		63	海洋赤潮发生累计面积	平方公里				0	0	0
	土壤环境	64	农地单位面积使用化肥量	吨/公顷	≤0.28		未达标	0.64	0.62	0.6
		65	农地单位面积使用农药量	公斤/公顷	≤3		未达标	10.01	10.20	10.38
		66	土壤污染控制面积率	%				60	80	90

（续）

一级指标	二级指标	序号	三级指标	单位	国家标准	现状值	达标情况	2015年目标	2020年目标	2030年目标
生态环境	声环境	67	噪声达标区覆盖率	%	≥95		未达标	90	95	98
		68	居民区环境噪声平均值	分贝/年	55（昼）		已达标	50.8	49.9	48.1
					45（夜）		未达标	45.0	44.4	43.2
		69	区域环境噪声平均值	分贝/年	56（省标）		已达标	51.2	49.3	25.9
		70	城市交通干线噪声平均值	分贝/年	70（国标）		已达标	65.0	63.4	60.2
	其他环境	71	城市热岛面积	%				<35	<35	<30
		72	万元GDP固体废物排放量	公斤/万元				7.56	7.03	6.54
		73	城镇生活垃圾无害化处理率	%	100		未达标	90	100	100
		74	工业固体废物处置利用率	%	≥80，无危险排放（国标）		已达标	95	98	100
		75	农村生活垃圾无害化处理率	%	≥80			95	98	100
		76	旅游区环境达标率	%	100		未达标	90	100	100
生态文化	生态文化保护与建设	77	名木古树保护程度	%	100			>98	>98	>98
		78	历史文化遗存受保护比例	%	100			100	100	100
		79	非物质文化遗产保护					完好	完好	完好
		80	博物馆/纪念馆/生态科普基地/生态文化园/生态文化产业基地/公园数量	个				1	1	1
		81	人均公园绿地面积	平方米/人	≥16		未达标	16.1	18.7	23.6
		82	乡村绿化达标率	%	100			100	100	100
社会进步	法律政策	83	生态城市法律政策健全配套状况		完备			基本完备	完备	完备
		84	生态城市法律政策执行状况		良好			良好	良好	良好
	社会公共事业	85	企业科技投入占企业产值比重	%				2.5	3	4
		86	地方科技支出占财政支出比例	%				2	2.22	2.77
		87	信息化程度		完善			基本完善	完善	完善
		88	社会公益性支出占财政支出比例					44.8	50.8	61.7
		89	城市生命线系统完好率	%	≥80		已达标	95	98	99
		90	城市燃气普及率	%	≥92		已达标	100	100	100
		91	采暖地区集中供热普及率	%	≥65		已达标	85	89	98
	城乡社会发展水平	92	新农村建设（文明生态村占行政村总数比例）	%				98	100	100
		93	城镇生态住区比例	%				20	25	40
		94	恩格尔系数（城）	%	<40		已达标	32.3	30.5	26.8
			恩格尔系数（乡）				已达标	32.5	29.9	25.0
		95	基尼系数	%	0.3~0.4			0.45	0.38	0.3
		96	城镇登记失业率	%	4.20(省标)		已达标	3.79	3.71	3.63
		98	就医保障	医生/万人	≥20		未达标	22.2	23.8	26.8
		99	高等教育入学率	%	≥30		未达标	31.8	36.8	46.8
		100	居民幸福指数					80	85	90
		101	环境保护宣传教育普及率	%	>85		已达标	95	100	100
		102	公众对环境的满意率	%	>90		已达标	95	96	98

5. 唐山市经济开发区及唐山市区生态建设指标及目标值

表 2-73　唐山市经济开发区及唐山市区生态建设指标及指标值

一级指标	二级指标	序号	三级指标	单位	国家标准	现状值	达标情况	2015年目标	2020年目标	2030年目标
绿色经济	经济结构	1	城镇一、二、三产固定资产比例			1:47:102		1:51:96	1:45:112	1:39:142
		2	全社会固定资产投资总额占GDP的比例	%		65.5		68.1	84.2	116.4
		3	工业资本密集度	万元/人				5.11	6.45	8.98
		4	外商直接投资（FDI）额占GDP的比例	%		2.29		2.56	2.52	2.49
		5	人均耕地面积	亩	1.2	0.8	未达标	0.77	0.74	0.70
		6	一、二、三产产值比例					1:18:13	1:22:17	1:28:25
		7	第三产业占地区生产总值比例	%	≥45		未达标	40.1	42.5	46.3
	经济增长	8	生态环境产业产值增长率	%				6	6	6
		9	生态文化创意产业产值增长率	%				6	6	6
		10	有机农产品产值增长率	%				6	6	6
		11	无公害食品供给率	%				60	100	100
		12	生态旅游产值增长率	%				17	10	10
		13	可再生能源产值增长率	%				30	20	10
		14	GDP增长率	%	5.0			14.8	13.5	12.2
		15	一产全员劳动生产率	万元/人				5.03	6.41	9.17
		16	二产全员劳动生产率	万元/人				20.8	27.2	40.1
		17	三产全员劳动生产率	万元/人				14.3	18.8	27.9
		18	科技贡献率	%	≥75		未达标	61.4	63.5	67.6
	经济水平	19	人均地区生产总值	元/人	≥33000	62671	已达标	109507	146587	220746
		20	财政收入	万元		1794955		2882826	3793508	5402911
		21	年人均财政收入	元/人	≥1800	5241	已达标	8772	11471	16239
		22	农民年人均纯收入	元/人	≥8000	7473	未达标	10717	13680	19605
		23	城镇居民年人均可支配收入	元/人	≥16000	19556	已达标	32800	45066	76203
	资源利用	24	万元GDP综合能耗（标煤）	吨/万元	≤0.9		未达标	1.74	1.35	0.65
		25	万元GDP的综合能耗降低率	%				4.45	4.54	4.62
		26	节能建筑面积率	%				25	30	70
		27	万元GDP用水量	立方米/万元	≤150			30.0	28.5	25.8
		28	万元GDP的用水量降低率	%				1	1	1
		29	工业用水重复率	%	≥50			95	97	99
		30	农业灌溉有效利用系数		≥0.55			0.6	0.65	0.7
		31	工业固体废弃物综合利用率	%				90	100	100
	企业管理	32	应当实施清洁生产企业的比例	%	100			95	100	100
		33	规模化企业通过ISO-14000认证比率	%	≥20			90	95	100
		34	规模化企业通过ISO-18000认证比率					30	50	90
生态环境	生态建设	35	森林覆盖率	%	≥15	18.3	未达标	22	24	24
		36	生态公益林面积比重	%				45	47	49
		37	绿色通道率	%				80	85	95

（续）

一级指标	二级指标	序号	三级指标	单位	国家标准	现状值	达标情况	2015年目标	2020年目标	2030年目标
生态环境	生态建设	38	城镇人均绿地面积	平方米/人	≥11		已达标	30.9	31.1	31.4
		39	沿海地区森林覆盖率	%				17	18	18
		40	森林碳密度	吨/公顷				4.45	5.33	8.00
		41	森林灾害发生面积比率	%				<0.01	<0.01	<0.01
		42	矿山废弃地治理率	%				60	80	90
		43	水土流失治理面积率	%	≥70		未达标	50	60	80
		44	湿地保护面积率	%				60	70	80
		45	林水结合度	%				80	85	95
		46	人均生态游憩地面积	平方米/人				100	120	150
		47	退化土地恢复率	%	≥90		未达标	80	90	95
		48	受保护地区占国土面积比例	%	≥17		未达标	10	15	17
	大气环境	49	城市空气质量好于或等于二级标准的天数	天/年	≥280		已达标	333	335	340
		50	城市环境空气质量综合污染指数		0.6~1.0		已达标	0.80	0.69	0.47
		51	城区可吸入颗粒物（PM_{10}）年均浓度	毫克/立方米	<0.10		已达标	0.074	0.071	0.068
		52	城区 SO_2 年均浓度	毫克/立方米	<0.06		未达标	0.057	0.047	0.029
		53	城区 NO_2 年均浓度	毫克/立方米	<0.08		已达标	0.026	0.021	0.01
		54	万元 GDP 二氧化硫排放	公斤/万元	<5.0		未达标	5.46	4.66	3.89
		55	万元 GDPCO_2 排放	公斤/万元	<5.0			3	2.7	2
		56	工业废气无害化处理率	%				70	90	100
		57	酸雨频率	%	0		已达标	0	0	0
	水环境	58	万元 GDP 工业污水排放量	公斤/万元				7.61	7.18	6.78
		59	获得安全饮用水的人口比例	%	100			97	100	100
		60	城市地表水源区水质Ⅱ类以上达标率	%	100			60	70	90
		61	城市地下水饮用水质达标率	%	100			100	100	100
		62	农村地下水饮用水质达标率	%	100			95	100	100
		63	水系水质达到Ⅳ类以上比率	%	100		未达标	90	100	100
		64	集中式饮用水源水质达标率	%	100			100	100	100
		65	工业用水重复率	%	≥50		已达标	95	97	99
		66	工业污水排放达标率	%	100		未达标	96.32	98	100
		67	城镇生活污水处理率	%	100			98	100	100
		68	农村生活污水处理率	%	≥90			75	85	95
		69	近岸海域水环境质量达标率	%	100			100	100	100
		70	海洋赤潮发生累计面积	平方公里				0	0	0
	土壤环境	71	农地单位面积使用化肥量	吨/公顷	≤0.28		未达标	0.57	0.56	0.54
		72	农地单位面积使用农药量	公斤/公顷	≤3		未达标	11.0	11.3	11.6
		73	土壤污染面积率	%				<0.01	<0.01	<0.01

（续）

一级指标	二级指标	序号	三级指标	单位	国家标准	现状值	达标情况	2015年目标	2020年目标	2030年目标
生态环境	声环境	74	噪声达标区覆盖率	%	≥95		未达标	90	95	98
		75	居民区环境噪声平均值	分贝 / 年	55（昼）		已达标	50.8	49.9	48.1
					45（夜）		未达标	45.0	44.4	43.2
		76	区域环境噪声平均值	分贝 / 年	56(省标)		已达标	52.3	51.2	49.1
		77	城市交通干线噪声平均值	分贝 / 年	70(国标)		已达标	65.0	63.4	60.2
	其他环境	78	万元 GDP 固体废弃物排放量	公斤 / 万元				7.56	7.03	6.54
		79	城镇生活垃圾无害化处理率	%	100		未达标	90	100	100
		80	工业固体废弃物无危险排放率	%	≥80		已达标	95	98	100
		81	农村生活垃圾无害化处理率	%			未达标	95	98	100
		82	旅游区环境达标率	%	100			90	100	100
生态文化	生态文化保护与建设	83	名木古树保护程度	%	100			>98	>98	>98
		84	历史文化遗存受保护比例	%	100			100	100	100
		85	非物质文化遗产保护					完好	完好	完好
		86	博物馆 / 纪念馆 / 生态科普基地 / 生态文化园 / 生态文化产业基地 / 公园数量	个				8	13	18
		87	人均公园绿地面积	平方米/人	≥16		未达标	16.1	18.7	23.6
		88	乡村绿化达标率	%	100			100	100	100
社会进步	法律政策	89	生态城市法律政策健全配套状况		完备		未达标	基本完备	完备	完备
		90	生态城市法律政策执行状况		良好			良好	良好	良好
	社会公共事业	91	企业科技投入占企业产值比重	%				2.5	3	4
		92	地方科技支出占财政支出比例	%	2.5			2	2.22	2.77
		93	社会公益性支出占财政支出比例	%				44.8	50.8	61.7
		94	城市生命线系统完好率	%	≥80		已达标	95	98	100
		95	城市燃气普及率	%	≥92		已达标	100	100	100
		96	采暖地区集中供热普及率	%	≥65		已达标	85	89	98
		97	信息化程度		完善		未达标	基本完善	完善	完善
	城乡社会发展水平	98	新农村建设（文明生态村占自然村总数比例）	%				98	100	100
		99	城镇生态住区比例	%				20	25	40
		100	恩格尔系数（城）	%	<40		已达标	32.3	30.5	26.8
			恩格尔系数（乡）				已达标	32.5	29.9	25.0
		101	基尼系数		0.3~0.4			0.45	0.38	0.3
		102	城镇登记失业率	%	4.20（省标）		已达标	3.79	3.71	3.63
		103	就医保障	医生 / 万人	20		未达标	22.2	23.8	26.8
		104	高等教育入学率	%	≥30		未达标	31.8	36.8	46.8
		105	居民幸福指数					80	85	90
		106	环境保护宣传教育普及率	%	>85		已达标	95	100	100
		107	公众对环境的满意率	%	>90		已达标	95	96	98

三、唐山市生态城建设核心指标及指标值

（一）核心指标的筛选及筛选结果

核心指标是指在建设生态城市发展规划中更具优先发展的内容，在指标体系中处于重中之重的地位，对实现生态城市建设的战略目标，发挥基础作用、关键作用、骨架作用、导向作用、支配作用的指标。

在唐山生态城市建设核心指标的过程中，参照国家环境保护总局关于印发《生态县、生态市、生态省建设指标（试行）》的通知（环发〔2003〕91 号）与国家环境保护总局关于调整《生态县、生态市建设指标》的通知（环办〔2005〕121 号），并结合唐山市的社会、经济和环境现状，坚持科学合理的原则，使用层次分析法确定唐山生态市核心指标体系。

1. 基本算法

1.1 层次分析法步骤

（1）分析系统中各因素之间的关系，建立系统的递阶层次结构。

（2）对同一层次的各元素关于上一层次中某一准则的重要性进行两两比较，构造两两比较判断矩阵。

（3）由判断矩阵计算被比较元素对于该准则的相对权重。

（4）计算各层元素对系统目标的合成权重，并进行排序。

1.2 计算相对权重

- **和法**

对于 n 阶判断矩阵权重向量：

$$w_i=\frac{1}{n}\sum_{j=1}^{n}\frac{a_{ij}}{\sum_{j=1}^{n}a_{kj}}\quad i=1,\ 2,\ \cdots,\ n$$

- **根法**

对于 n 阶判断矩阵权重向量：

$$w_i=\frac{\left(\prod_{j=1}^{n}a_{ij}\right)^{1/n}}{\sum_{k=1}^{n}\left(\prod_{j=1}^{n}a_{ikj}\right)^{1/n}}\quad i=1,\ 2,\ \cdots,\ n$$

- **特征根方法**

对于 n 阶判断矩阵权重向量：

解判断矩阵 A 的特征根

$$Aw=\lambda_{\max}w$$

这里 $\lambda_{\max}$ 是 A 的最大特征根，w 是相应的特征向量。

1.3 一致性检验

- 计算一致性指标 $C.I.$

$$C.I.=\frac{\lambda_{\max}-n}{n-1}$$

- 计算一致性比例 $C.R.$

$$C.R.=\frac{C.I.}{R.I.}$$

当 $C.R.<0.1$ 时，判断矩阵的一致性可以接受。

式中 *R.I.* 为平均随机一致性指标。

这里的层次分析法采用根法。

2. 核心指标判断矩阵与筛选结果

● A. 目标层—— 一级指标判断矩阵

表 2-74 一级指标判断矩阵

唐山生态城市建设	绿色经济发展	生态环境	生态文化	社会进步	权值
绿色经济发展	1	0.735849055	6.49999998	1.625000003	0.31967213
生态环境		1	8.83333332	2.208333341	0.43442623
生态文化				0.250000001	0.04918033
社会进步				1	0.19672131

● B. 准则层—— 二级指标判断矩阵

（1）绿色经济发展

表 2-75 绿色经济发展指标权重值

绿色经济发展	经济结构	经济增长	经济水平	资源利用	企业管理	权值
经济结构	1	0.727272752	0.888888918	1.000000034	2.66666675	0.205128204
经济增长		1	1.222222221	1.375000001	3.66666666	0.282051271
经济水平			1	1.125000002	3	0.230769222
资源利用				1	2.66666666	0.205128197
企业管理					1	0.076923074

（2）生态环境

表 2-76 生态环境指标权重值

生态环境	生态建设	大气环境	水环境	土壤环境	声环境	其他环境	权值
生态建设	1	1.700000013	1.214285715	5.666666749	4.25000004	3.400000025	0.320755
大气环境		1	0.714285709	3.333333357	2.50000001	2	0.188679
水环境			1	4.666666731	3.50000003	2.800000019	0.264151
土壤环境				1	0.75	0.599999996	0.056604
声环境					1	0.799999998	0.075472
其他环境						1	0.09434

（3）生态文化

表 2-77 生态文化指标权重值

生态文化	生态文化保护	生态文化建设	权值
生态文化保护	1	1	0.5
生态文化建设		1	0.5

（4）社会文明

表 2-78 社会文明指标权重值

社会文明	法律政策	社会公益事业投入	城市公共设施建设	城乡社会发展水平	权值
法律政策	1	0.285714285	0.499999997	0.181818181	0.08333333
社会公益事业投入		1	1.749999995	0.636363636	0.29166667
城市公共设施建设			1	0.363636364	0.16666667
城乡社会发展水平				1	0.45833333

- C. 最低层—— 三级指标层判断矩阵

（1）经济结构

表 2-79 经济结构指标权重值

经济结构	城镇一、二、三产固定资产比例	全社会固定资产投资总额占 GDP 的比例	工业资本密集度	外商直接投资额占 GDP 的比例	耕地保有量	人均耕地面积	一、二、三产产值比例	第三产业占地区生产总值比例	权值
城镇一、二、三产固定资产比例	1	0.888888904	0.888888904	0.888888904	0.61538465	0.888888904	0.888889	0.57142861	0.1
全社会固定资产投资总额占 GDP 的比例		1	1	1	0.69230772	1	1	0.64285717	0.1125
工业资本密集度			1	1	0.69230772	1	1	0.64285717	0.1125
外商直接投资额占 GDP 的比例				1	0.69230772	1	1	0.64285717	0.1125
耕地保有量					1	1.444444384	1.444444	0.92857143	0.1625
人均耕地面积						1	1	0.64285717	0.1125
一、二、三产产值比例							1	0.64285717	0.1125
第三产业占地区生产总值比例								1	0.175

（2）经济增长

表 2-80 经济增长指标权重值

经济增长	民营增加值	生态环境产业产值增长率	生态文化创意产业产值增长率	有机农产品产值增长率	绿色食品无公害供给率	高新技术产业增加值	生态旅游产值增长率	可再生能源占总能耗（标煤）比率	可再生能源产值增长率	GDP 增长率	科技贡献率	权值
民营增加值	1	1	1	1	0.499999952	0.492307665	0.512	0.48484843	1	0.474074	0.492307665	0.05818182
生态环境产业产值增长率		1	1	1	0.499999952	0.492307665	0.512	0.48484843	1	0.474074	0.492307665	0.05818182
生态文化创意产业产值增长率			1	1	0.499999952	0.492307665	0.512	0.48484843	1	0.474074	0.492307665	0.05818182
有机农产品产值增长率				1	0.499999952	0.492307665	0.512	0.48484843	1	0.474074	0.492307665	0.05818182
无公害食品供给率					1	0.984615424	1.024	0.96969696	2	0.948148	0.984615424	0.11636364
高新技术产业增加值						1	1.04	0.98484843	2.03125	0.962963	1	0.11818182
生态旅游产值增长率							1	0.94696965	1.953125	0.925926	0.961538465	0.11363636
可再生能源占总能耗（标煤）比率								1	2.0625	0.977778	1.01538467	0.12000001
可再生能源产值增长率									1	0.474074	0.492307665	0.05818182
GDP 增长率										1	1.038461535	0.12272727
科技贡献率											1	0.11818182

（3）经济水平

表 2-81　经济水平指标权重值

经济水平	一产全员劳动生产率	二产全员劳动生产率	三产全员劳动生产率	百元固定资产原价实现产值	人均地区生产总值	一般预算财政收入	年人均财政收入	农民年人均纯收入	城镇居民年人均可支配收入	权值
一产全员劳动生产率	1	1	1	1	0.719999985	1	0.514286	0.47999997	0.48	0.08
二产全员劳动生产率		1	1	1	0.719999985	1	0.514286	0.47999997	0.48	0.08
三产全员劳动生产率			1	1	0.719999985	1	0.514286	0.47999997	0.48	0.08
百元固定资产原价实现产值				1	0.719999985	1	0.514286	0.47999997	0.48	0.08
人均地区生产总值					1	1.388888917	0.714286	0.66666664	0.666667	0.111111
一般预算财政收入						1	0.514286	0.47999997	0.48	0.08
年人均财政收入							1	0.93333326	0.933333	0.155556
农民年人均纯收入								1	1	0.166667
城镇居民年人均可支配收入									1	0.166667

（4）资源利用

表 2-82　资源利用指标权重值

资源利用	万元GDP综合能耗（标煤）	万元GDP的综合能耗降低率	节能建筑面积率	万元GDP用水量	万元GDP用水量降低率	工业用水重复率	农业灌溉有效利用系数	工业固体废弃物综合利用率	权值
万元GDP综合能耗（标煤）	1	2.545454203	1.07692307	1	2.5454542	1.399999951	1.12	2.5454542	0.175
万元GDP的综合能耗递减率		1	0.423076977	0.392857196	1	0.550000055	0.44	1	0.06875
节能建筑面积率			1	0.928571435	2.36363606	1.299999963	1.04	2.36363606	0.1625
万元GDP用水量				1	2.5454542	1.399999951	1.12	2.5454542	0.175
万元GDP用水量降低率					1	0.550000055	0.44	1	0.06875
工业用水重复率						1	0.8	1.81818164	0.125
农业灌溉有效利用系数							1	2.27272699	0.15625
工业固体废弃物综合利用率								1	0.06875

（5）企业管理

表 2-83　企业管理指标权重值

企业管理	应当实施清洁生产企业的比例	规模化企业通过ISO-14000认证比率	规模化企业通过ISO-18000认证比率	权值
应当实施清洁生产企业的比例	1	0.307692279	0.307692279	0.133333322
规模化企业通过ISO-14000认证比率		1	1	0.433333339
规模化企业通过ISO-18000认证比率			1	0.433333339

（6）生态建设

表 2-84　生态建设

生态建设	森林覆盖率	生态公益林面积比重	绿色通道率	城镇人均绿地面积	沿海地区森林覆盖率	森林碳密度	森林蓄积量	森林灾害发生面积比率
森林覆盖率	1	1.807228773	1	1.249999969	1.24999997	1.807228773	0.862069	1.80722877
生态公益林面积比重		1	0.553333377	0.691666704	0.6916667	1	0.477012	1
绿色通道率			1	1.249999969	1.24999997	1.807228773	0.862069	1.80722877
城镇人均绿地面积				1	1	1.445783054	0.689655	1.44578305
沿海地区森林覆盖率					1	1.445783054	0.689655	1.44578305
森林碳密度						1	0.477012	1
森林蓄积量							1	2.09638535
森林灾害发生面积比率								1
生态用地保有量								
矿山废弃地治理率								
农业面源污染控制率								
水土流失治理面积率								
湿地保护面积率								
林水结合度								
人均生态游憩地面积								
退化土地恢复率								
受保护地区占国土面积比例								

指标权重值

生态用地保有量	矿山废弃地治理率	农业面源污染控制率	水土流失治理面积率	湿地保护面积率	林水结合度	人均生态游憩地面积	退化土地恢复率	受保护地区占国土面积比例	权值
0.961538	0.961538	0.961538465	1.80722877	1.25	1.25	1.24999997	1.807229	1.807229	0.073529
0.532051	0.532051	0.532051326	1	0.691667	0.6916667	0.6916667	1	1	0.040686
0.961538	0.961538	0.961538465	1.80722877	1.25	1.25	1.24999997	1.807229	1.807229	0.073529
0.769231	0.769231	0.769230791	1.44578305	1	1	1	1.445783	1.445783	0.058824
0.769231	0.769231	0.769230791	1.44578305	1	1	1	1.445783	1.445783	0.058824
0.532051	0.532051	0.532051326	1	0.691667	0.6916667	0.6916667	1	1	0.040686
1.115385	1.115385	1.115384605	2.09638535	1.45	1.4499999	1.44999995	2.096385	2.096385	0.085294
0.532051	0.532051	0.532051326	1	0.691667	0.6916667	0.6916667	1	1	0.040686
1	1	1	1.87951792	1.3	1.3	1.29999996	1.879518	1.879518	0.076471
	1	1	1.87951792	1.3	1.3	1.29999996	1.879518	1.879518	0.076471
		1	1.87951792	1.3	1.3	1.29999996	1.879518	1.879518	0.076471
			1	0.691667	0.6916667	0.6916667	1	1	0.040686
				1	1	1	1.445783	1.445783	0.058824
					1	1	1.445783	1.445783	0.058824
						1	1.445783	1.445783	0.058824
							1	1	0.040686
								1	0.040686

（7）大气环境

表 2-85　大气环境指标权重值

大气环境	城市空气质量好于或等于二级标准的天数	城市环境空气质量综合污染指数	城区可吸入颗粒物年均浓度	城区 SO_2 年均浓度	城区 NO_2 年均浓度	万元 GDPSO_2 排放	万元 GDPCO_2 排放	工业废气无害化处理率	酸雨频率	城市热岛面积	权值
城市空气质量好于或等于二级标准的天数	1	1.986301404	1.986301404	1.986301404	1.9863014	1	1	1.44999995	1.986301	1.45	0.145
城市环境空气质量综合污染指数		1	1	1	1	0.503448267	0.503448	0.72999996	1	0.73	0.072999999
城区可吸入颗粒物年均浓度			1	1	1	0.503448267	0.503448	0.72999996	1	0.73	0.072999999
城区 SO_2 年均浓度				1	1	0.503448267	0.503448	0.72999996	1	0.73	0.072999999
城区 NO_2 年均浓度					1	0.503448267	0.503448	0.72999996	1	0.73	0.072999999
万元 GDPSO_2 排放						1	1	1.44999995	1.986301	1.45	0.145
万元 GDPCO_2 排放							1	1.44999995	1.986301	1.45	0.145
工业废气无害化处理率								1	1.369863	1	0.100000004
酸雨频率									1	0.73	0.072999999
城市热岛面积										1	0.100000004

（8）水环境

表 2-86　水环境指标权重值

水环境	万元 GDP 工业污水排放量	工业 COD 排放量	化学需氧量（COD）	获得安全饮用水的人口比例	城市地表水源区水质Ⅱ类以上达标率	城市地下水饮用水质达标率	农村地下水饮用水质达标率
万元 GDP 工业污水排放量	1	2.076922875	2.076922875	1	1.34999996	2.076922875	2.076923
工业 COD 排放量		1	1	0.481481528	0.65000004	1	1
化学需氧量（COD）			1	0.481481528	0.65000004	1	1
获得安全饮用水的人口比例				1	1.34999996	2.076922875	2.076923
城市地表水源区水质Ⅱ类以上达标率					1	1.538461437	1.538461
城市地下水饮用水质达标率						1	1
农村地下水饮用水质达标率							1
无超Ⅳ类地表水体							
集中式饮用水源水质达标率							
工业污水排放达标率							
城镇生活污水处理率							
农村生活污水处理率							
近岸海域水环境质量达标率							
海洋赤潮发生累计面积							

（续）

水环境	无超Ⅳ类地表水体	集中式饮用水源水质达标率	工业污水排放达标率	城镇生活污水处理率	农村生活污水处理率	近岸海域水环境质量达标率	海洋赤潮发生累计面积	权值
万元 GDP 工业污水排放量	1.34999996	2.076923	1	1	1	1	2.0769229	0.09656004
工业 COD 排放量	0.65000004	1	0.481482	0.481481528	0.48148153	0.481482	1	0.04649188
化学需氧量（COD）	0.65000004	1	0.481482	0.481481528	0.48148153	0.481482	1	0.04649188
获得安全饮用水的人口比例	1.34999996	2.076923	1	1	1	1	2.0769229	0.09656004
城市地表水源区水质Ⅱ类以上达标率	1	1.538461	0.740741	0.740740764	0.74074076	0.740741	1.5384614	0.07152596
城市地下水饮用水质达标率	1	1	0.481482	0.481481528	0.48148153	0.481482	1	0.04794468
农村地下水饮用水质达标率	1	1	0.481482	0.481481528	0.48148153	0.481482	1	0.04794468
无超Ⅳ类地表水体	1	1.538461	0.740741	0.740740764	0.74074076	0.740741	1.5384614	0.06725693
集中式饮用水源水质达标率		1	0.481482	0.481481528	0.48148153	0.481482	1	0.04649188
工业污水排放达标率			1	1	1	1	2.0769229	0.09656004
城镇生活污水处理率				1	1	1	2.0769229	0.09656004
农村生活污水处理率					1	1	2.0769229	0.09656004
近岸海域水环境质量达标率						1	2.0769229	0.09656004
海洋赤潮发生累计面积							1	0.04649188

（9）土壤环境

表 2-87　土壤环境指标权重值

土壤环境	农地单位面积使用化肥量	农地单位面积使用农药量	土壤污染面积率	权值
农地单位面积使用化肥量	1	1	1	0.333333333
农地单位面积使用农药量		1	1	0.333333333
土壤污染面积率			1	0.333333333

（10）声环境

表 2-88　声环境指标权重值

声环境	噪声达标区覆盖率	居民区环境噪声平均值	区域环境噪声平均值	城市交通干线噪声平均值	权值
噪声达标区覆盖率	1	0.619047652	1	1	0.21666667
居民区环境噪声平均值		1	1.615384529	1.615384529	0.34999999
区域环境噪声平均值			1	1	0.21666667
城市交通干线噪声平均值				1	0.21666667

（11）其他环境

表 2-89　其他环境指标权重值

其他环境	万元 GDP 固体废物排放量	城镇生活垃圾无害化处理率	工业固体废物无危险排放率	农村生活垃圾无害化处理率	旅游区环境达标率	权值
万元 GDP 固体废物排放量	1	1	2.206896661	1	2.20689666	0.256000003
城镇生活垃圾无害化处理率		1	2.206896661	1	2.20689666	0.256000003

（续）

其他环境	万元GDP固体废物排放量	城镇生活垃圾无害化处理率	工业固体废物无危险排放率	农村生活垃圾无害化处理率	旅游区环境达标率	权值
工业固体废物无危险排放率			1	0.453124978	1	0.115999996
农村生活垃圾无害化处理率				1	2.20689666	0.256000003
旅游区环境达标率					1	0.115999996

（12）生态文化保护

表 2-90　生态文化保护指标权重值

生态文化保护	名木古树保护程度	历史文化遗存受保护比例	非物质文化遗产保护	权值
名木古树保护程度	1	1	0.653846186	0.283333339
历史文化遗存受保护比例		1	0.653846186	0.283333339
非物质文化遗产保护			1	0.433333321

（13）生态文化建设

表 2-91　生态文化建设指标权重值

生态文化建设	博物馆/纪念馆/生态科普基地/生态文化园/生态文化产业基地/公园数量	人均公园绿地面积	乡村绿化达标率	权值
博物馆/纪念馆/生态科普基地/生态文化园/生态文化产业基地/公园数量	1	1	2.499999634	0.416666657
人均公园绿地面积		1	2.499999634	0.416666657
乡村绿化达标率			1	0.166666687

（14）法律政策

表 2-92　法律政策指标权重值

法律政策	生态城市法律政策健全配套状况	生态城市法律政策执行状况	权值
生态城市法律政策健全配套状况	1	2.999999756	0.749999985
生态城市法律政策执行状况		1	0.250000015

（15）社会公益事业投入

表 2-93　社会公益事业投入指标权重值

社会公益事业投入	社会公益性支出占一般预算财政支出比例	科技投入（财政一般预算支出）资金占GDP比重	企业科技投入占企业产值比重	地方科技支出占财政支出比例（一般预算）	教育投入（一般预算支出）	卫生投入（一般预算支出）	环境保护投资占GDP的比重	权值
社会公益性支出占一般预算财政支出比例	1	2.14285706	2.14285706	2.14285706	2.14285706	2.14285706	1.8	0.25714285

（续）

社会公益事业投入	社会公益性支出占一般预算财政支出比例	科技投入（财政一般预算支出）资金占 GDP 比重	企业科技投入占企业产值比重	地方科技支出占财政支出比例（一般预算）	教育投入（一般预算支出）	卫生投入（一般预算支出）	环境保护投资占 GDP 的比重	权值
科技投入（财政一般预算支出）资金占 GDP 比重		1	1	1	1	1	0.84	0.12
企业科技投入占企业产值比重			1	1	1	1	0.84	0.12
地方科技支出占财政支出比例（一般预算）				1	1	1	0.84	0.12
教育投入（一般预算支出）					1	1	0.84	0.12
卫生投入（一般预算支出）						1	0.84	0.12
环境保护投资占 GDP 的比重							1	0.14285714

（16）城市公共设施建设

表 2-94 城市公共设施建设指标权重值

城市公共设施建设	信息化程度	城市生命线系统完好率	城市燃气普及率	采暖地区集中供热普及率	权值
信息化程度	1	0.555555547	1	1	0.20833333
城市生命线系统完好率		1	1.800000029	1.800000029	0.375
城市燃气普及率			1	1	0.20833333
采暖地区集中供热普及率				1	0.20833333

（17）城乡社会发展水平

表 2-95 城乡社会发展水平指标权重值

城乡社会发展水平	城市化水平	新农村建设（文明生态村总个数）	城镇生态住区比例	恩格尔系数	基尼系数	城镇登记失业率	就医保障	高等教育入学率	居民幸福指数	环境保护宣传教育普及率	公众对环境的满意率	权值
城市化水平	1	1	1	1	1	1	1	3.23684214	3.236842	3.236842	0.984000041	0.11181818
新农村建设（文明生态村总个数）		1	1	1	1	1	1	3.23684214	3.236842	3.236842	0.984000041	0.11181818
城镇生态住区比例			1	1	1	1	1	3.23684214	3.236842	3.236842	0.984000041	0.11181818
恩格尔系数				1	1	1	1	3.23684214	3.236842	3.236842	0.984000041	0.11181818
基尼系数					1	1	1	3.23684214	3.236842	3.236842	0.984000041	0.11181818
城镇登记失业率						1	1	3.23684214	3.236842	3.236842	0.984000041	0.11181818
就医保障							1	3.23684214	3.236842	3.236842	0.984000041	0.11181818
高等教育入学率								1	1	1	0.304000009	0.03454545
居民幸福指数									1	1	0.304000009	0.03454545
环境保护宣传教育普及率										1	0.304000009	0.03454545
公众对环境的满意率											1	0.11363636

3. 最终综合权值及核心指标的选择

表 2-96 最终指标综合权值及核心指标的选择

指标	指标权值	最终指标权值	选择的核心指标
城镇一、二、三产固定资产比例	0.100000003	0.006557377	
全社会固定资产投资总额占 GDP 的比例	0.112500002	0.007377049	
工业资本密集度	0.112500002	0.007377049	
外商直接投资额占 GDP 的比例	0.112500002	0.007377049	
耕地保有量	0.162499995	0.010655737	*
人均耕地面积	0.112500002	0.007377049	
一、二、三产产值比例	0.112500002	0.007377049	
第三产业占地区生产总值比例	0.174999994	0.011475409	*
民营增加值	0.058181815	0.005245901	
生态环境产业产值增长率	0.058181815	0.005245901	
生态文化创意产业产值增长率	0.058181815	0.005245901	
有机农产品产值增长率	0.058181815	0.005245901	
无公害食品供给率	0.116363642	0.010491803	*
高新技术产业增加值	0.118181819	0.010655737	*
生态旅游产值增长率	0.113636365	0.010245901	*
可再生能源占总能耗（标煤）比率	0.120000007	0.010819672	*
可再生能源产值增长率	0.058181815	0.005245901	
GDP 增长率	0.122727273	0.011065573	*
科技贡献率	0.118181819	0.010655737	*
一产全员劳动生产率	0.079999998	0.005901639	
二产全员劳动生产率	0.079999998	0.005901639	
三产全员劳动生产率	0.079999998	0.005901639	
百元固定资产原价实现产值	0.079999998	0.005901639	
人均地区生产总值	0.111111111	0.008196721	
一般预算财政收入	0.079999998	0.005901639	
年人均财政收入	0.15555555	0.011475409	*
农民年人均纯收入	0.166666673	0.012295082	*
城镇居民年人均可支配收入	0.166666673	0.012295082	*
万元 GDP 综合能耗（标煤）	0.174999994	0.011475409	*
万元 GDP 的综合能耗递减率	0.068750007	0.004508197	
节能建筑面积率	0.162499995	0.010655737	*
万元 GDP 用水量	0.174999994	0.011475409	*
万元 GDP 的用水量降低率	0.068750007	0.004508197	
工业用水重复率	0.125	0.008196721	

（续）

指标	指标权值	最终指标权值	选择的核心指标
农业灌溉有效利用系数	0.156249996	0.010245901	*
工业固体废弃物综合利用率	0.068750007	0.004508197	
应当实施清洁生产企业的比例	0.133333322	0.003278688	
规模化企业通过 ISO-14000 认证比率	0.433333339	0.010655737	*
规模化企业通过 ISO-18000 认证比率	0.433333339	0.010655737	*
森林覆盖率	0.07352941	0.010245901	*
生态公益林面积比重	0.040686277	0.005669399	
绿色通道率	0.07352941	0.010245901	*
城镇人均绿地面积	0.058823529	0.008196721	
沿海地区森林覆盖率	0.058823529	0.008196721	
森林碳密度	0.040686277	0.005669399	
森林蓄积量	0.085294114	0.011885245	*
森林灾害发生面积比率	0.040686277	0.005669399	
生态用地保有量	0.076470586	0.010655737	*
矿山废弃地治理率	0.076470586	0.010655737	*
农业面源污染控制率	0.076470586	0.010655737	*
水土流失治理面积率	0.040686277	0.005669399	
湿地保护面积率	0.058823529	0.008196721	
林水结合度	0.058823529	0.008196721	
人均生态游憩地面积	0.058823529	0.008196721	
退化土地恢复率	0.040686277	0.005669399	
受保护地区占国土面积比例	0.040686277	0.005669399	
城市空气质量好于或等于二级标准的天数	0.145	0.011885245	*
城市环境空气质量综合污染指数	0.072999999	0.005983606	
城区可吸入颗粒物年均浓度	0.072999999	0.005983606	
城区 SO_2 年均浓度	0.072999999	0.005983606	
城区 NO_2 年均浓度	0.072999999	0.005983606	
万元 GDP 二氧化硫排放	0.145	0.011885245	*
万元 GDPCO_2 排放	0.145	0.011885245	*
工业废气无害化处理率	0.100000004	0.008196721	
酸雨频率	0.072999999	0.005983606	
城市热岛面积	0.100000004	0.008196721	
万元 GDP 工业污水排放量	0.096560042	0.01108066	*
工业 COD 排放量	0.046491876	0.005335133	
化学需氧量（COD）	0.046491876	0.005335133	

（续）

指标	指标权值	最终指标权值	选择的核心指标
获得安全饮用水的人口比例	0.096560042	0.01108066	*
城市地表水源区水质Ⅱ类以上达标率	0.071525959	0.008207897	
城市地下水饮用水质达标率	0.047944678	0.005501848	
农村地下水饮用水质达标率	0.047944678	0.005501848	
无超Ⅳ类地表水体	0.067256929	0.007718008	
集中式饮用水源水质达标率	0.046491876	0.005335133	
工业污水排放达标率	0.096560042	0.01108066	*
城镇生活污水处理率	0.096560042	0.01108066	*
农村生活污水处理率	0.096560042	0.01108066	*
近岸海域水环境质量达标率	0.096560042	0.01108066	*
海洋赤潮发生累计面积	0.046491876	0.005335133	
农地单位面积使用化肥量	0.333333333	0.008196721	
农地单位面积使用农药量	0.333333333	0.008196721	
土壤污染面积率	0.333333333	0.008196721	
噪声达标区覆盖率	0.216666671	0.007103825	
居民区环境噪声平均值	0.349999988	0.011475409	*
区域环境噪声平均值	0.216666671	0.007103825	
城市交通干线噪声平均值	0.216666671	0.007103825	
万元 GDP 固体废物排放量	0.256000003	0.010491803	*
城镇生活垃圾无害化处理率	0.256000003	0.010491803	*
工业固体废物无危险排放率	0.115999996	0.004754098	
农村生活垃圾无害化处理率	0.256000003	0.010491803	*
旅游区环境达标率	0.115999996	0.004754098	
名木古树保护程度	0.283333339	0.006967213	
历史文化遗存受保护比例	0.283333339	0.006967213	
非物质文化遗产保护	0.433333321	0.010655737	*
博物馆 / 纪念馆 / 生态科普基地 / 生态文化园 / 生态文化产业基地 / 公园数量	0.416666657	0.010245901	*
人均公园绿地面积	0.416666657	0.010245901	*
乡村绿化达标率	0.166666687	0.004098361	
生态城市法律政策健全配套状况	0.749999985	0.012295081	*
生态城市法律政策执行状况	0.250000015	0.004098361	
社会公益性支出占一般预算财政支出比例	0.257142852	0.014754098	*
科技投入（财政一般预算支出）资金占 GDP 比重	0.120000002	0.006885246	
企业科技投入占企业产值比重	0.120000002	0.006885246	
地方科技支出占财政支出比例（一般预算）	0.120000002	0.006885246	

（续）

指标	指标权值	最终指标权值	选择的核心指标
教育投入（一般预算支出）	0.120000002	0.006885246	
卫生投入（一般预算支出）	0.120000002	0.006885246	
环境保护投资占 GDP 的比重	0.142857138	0.008196721	
信息化程度	0.208333332	0.006830601	
城市生命线系统完好率	0.375000004	0.012295082	*
城市燃气普及率	0.208333332	0.006830601	
采暖地区集中供热普及率	0.208333332	0.006830601	
城市化水平	0.111818182	0.010081967	*
新农村建设（文明生态村总个数）	0.111818182	0.010081967	*
城镇生态住区比例	0.111818182	0.010081967	*
恩格尔系数	0.111818182	0.010081967	*
基尼系数	0.111818182	0.010081967	*
城镇登记失业率	0.111818182	0.010081967	*
就医保障	0.111818182	0.010081967	*
高等教育入学率	0.034545454	0.003114754	
居民幸福指数	0.034545454	0.003114754	
环境保护宣传教育普及率	0.034545454	0.003114754	
公众对环境的满意率	0.11363636	0.010245901	*

注：表中“*”为筛选出的核心指标

（二）唐山市生态城建设总体核心指标及指标值

表 2-97　唐山生态城市建设总体核心指标

一级指标	二级指标	序号	三级指标	单位	国家标准	2015 年目标	2020 年目标	2030 年目标
绿色经济	经济结构	1	耕地保有量	万亩		710	710	710
		2	第三产业产值占 GDP 的比重	%	≥45	35.41	37.66	42.16
	经济增长	3	高新技术产业增加值	亿元		365	591	1376
		4	生态旅游产值增长率	%		17	10	10
		5	无公害食品供给率	%		60	100	100
		6	可再生能源占总能耗（标煤）比率	%		1.6	4.0	10.5
		7	GDP 增长率	%		11.33	9.89	7.0
		8	科技贡献率	%		61.4	63.5	67.6
	经济水平	9	人均地区生产总值	元 / 人	≥33000	9997	13464	20397
		10	农民年人均纯收入	元 / 人	≥8000	12952	17137	25509
		11	城镇居民年人均可支配收入	元 / 人	≥16000	27132	33236	44562
	资源利用	12	万元 GDP 综合能耗（标煤）	吨 / 万元	≤0.9	1.74	1.35	0.65
		13	节能建筑面积率	%		25	30	70

（续）

一级指标	二级指标	序号	三级指标	单位	国家标准	2015 年目标	2020 年目标	2030 年目标
绿色经济	资源利用	14	万元 GDP 用水量（工业）	立方米 / 万元	≤150	30.0	28.5	25.8
		15	农业灌溉有效利用系数			0.6	0.65	0.7
	企业管理	16	规模化企业通过 ISO-14000 认证比率	%	≥20	90	95	100
		17	规模化企业通过 ISO-18000 认证比率	%		30	50	90
生态环境	生态建设	18	森林覆盖率	%	≥30	34	35	35
		19	森林蓄积量	万立方米		617.2	719.0	975.7
		20	生态用地保有量	公顷		6313	6582	6582
		21	绿色通道率	%		80	85	95
		22	矿山废弃地治理率	%		60	80	90
		23	农业面源污染控制率	%		60	80	90
	大气环境	24	城市空气质量好于或等于二级标准的天数	天 / 年	≥280	333	335	340
		25	万元 $GDPSO_2$ 排放	公斤 / 万元	<5.0	5.46	4.66	3.89
		26	万元 $GDPCO_2$ 排放	公斤 / 万元	<5.0	3	2.7	2
	水环境	27	万元 GDP 工业污水排放量	吨 / 万元		7.61	7.18	6.78
		28	工业污水排放达标率	%		96.32	98	100
		29	城镇生活污水处理率	%	100	98	100	100
		30	农村生活污水处理率	%	≥90	75	85	95
		31	近岸海域水环境质量达标率	%	100	100	100	100
		32	获得安全饮用水的人口比例	%		97	100	100
	声环境	33	居民区环境噪声平均值	分贝 / 年	55（昼）	50.8	49.9	48.1
					45（夜）	45	44.4	43.2
	固体废弃物	34	万元 GDP 固体废弃物排放量	公斤 / 万元		7.56	7.03	6.54
		35	城镇生活垃圾无害化处理率	%	100	100	100	100
		36	农村生活垃圾无害化处理率	%	≥90	95	98	100
生态文化	生态文化保护与建设	37	非物质文化遗产保护		完好	完好	完好	完好
		38	博物馆 / 纪念馆 / 生态科普基地 / 生态文化园 / 生态文化产业基地 / 公园数量	个		10	15	20
		39	城镇人均公园绿地面积	平方米 / 人	≥11	16.1	18.7	23.6
社会进步	城市公共事业	40	生态城市法律政策健全配套状况			基本完备	完备	完备
		41	社会公益性支出占一般预算财政支出比例	%		44.8	50.8	61.7
		42	城市生命线系统完好率	%	≥80	95	98	100

（续）

一级指标	二级指标	序号	三级指标	单位	国家标准	2015年目标	2020年目标	2030年目标
社会进步	城乡社会发展水平	43	城市化水平	%	≥55	59.65	64.9	74.9
		44	新农村建设（文明生态村占行政村总数比例）	%		98	100	100
		45	城镇生态住区比例	%		20	25	40
		46	恩格尔系数（城）	%	<40	32.3	30.5	26.8
			恩格尔系数（乡）			32.5	29.9	25.0
		47	基尼系数		0.3~0.4	0.45	0.38	0.3
		48	城镇登记失业率	%	4.20	3.79	3.71	3.63
		49	就医保障	医生 / 万人		22.2	23.8	26.8
		50	公众对环境的满意率	%	>90	95	96	98

（三）唐山市生态城建设分区核心指标及指标值

1. 唐山生态城市建设山区核心指标及指标值

表 2-98　唐山生态城市建设山区核心指标

一级指标	二级指标	序号	三级指标	单位	国家标准	2015年目标	2020年目标	2030年目标
绿色经济	经济结构	1	人均耕地面积	亩	1.2	0.95	0.95	0.95
		2	第三产业占地区生产总值比例	%	≥45	37.5	42.3	50.0
	经济增长	3	生态环境产业产值率	%		6	6	6
		4	无公害食品供给率	%		80	100	100
		5	生态旅游产值增长率	%		17	10	10
		6	可再生能源产值增长率	%		30	20	10
		7	GDP 增长率	%		17.6	16.1	14.6
		8	科技贡献率	%	≥75	63.5	67.3	75.0
	经济水平	9	人均地区生产总值	元 / 人	≥33000	72371	138317	196414
	资源利用	10	万元 GDP 综合能耗（标煤）	吨 / 万元	≤0.9	1.74	1.35	0.65
		11	万元 GDP 用水量	立方米 / 万元	≤150	30.0	28.5	25.8
		12	工业固体废弃物综合利用率	%		90	100	100
	企业管理	13	规模化企业通过 ISO-14000 认证比率	%	≥20	90	95	99
		14	规模化企业通过 ISO-18000 认证比率	%	≥40	30	50	90
生态环境	生态建设	15	森林覆盖率	%	≥70	73.5	75	75
		16	森林单位面积蓄积量	立方米 / 公顷		12	14	20
		17	绿色通道率	%		80	85	95

（续）

一级指标	二级指标	序号	三级指标	单位	国家标准	2015 年目标	2020 年目标	2030 年目标
生态环境	生态建设	18	城镇人均绿地面积	平方米 / 人	≥11	30.9	31.1	31.4
		19	矿山废弃地治理率	%		60	80	90
		20	水土流失治理面积率	%	≥70	50	60	80
	大气环境	21	万元 GDPSO_2 排放	公斤 / 万元	<5.0	5.46	4.66	3.89
		22	万元 GDPCO_2 排放	公斤 / 万元	<5.0	3	2.7	2
	水环境	23	万元 GDP 工业污水排放量	公斤 / 万元		7.61	7.18	6.78
		24	工业污水排放达标率	%	100	96.32	98	100
		25	城镇生活污水处理率	%	100	98	100	100
		26	农村生活污水处理率	%	≥90	75	85	95
		27	获得安全饮用水的人口比例	%	100	97	100	100
	声环境	28	居民区环境噪声平均值	分贝 / 年	55（昼）	50.8	49.9	48.1
					45（夜）	45.0	44.4	43.2
	固体废弃物	29	万元 GDP 固体废弃物排放量	公斤 / 万元		7.56	7.03	6.54
		30	工业固体废弃物无危险排放率	%	≥80	95	98	100
		31	城镇生活垃圾无害化处理率	%	100	100	100	100
		32	农村生活垃圾无害化处理率	%	≥90	95	98	100
生态文化	生态文化保护与建设	33	历史文化遗存受保护比例	%	100	100	100	100
		34	博物馆 / 纪念馆 / 生态科普基地 / 生态文化园 / 生态文化产业基地 / 公园数量	个		2	2	2
社会进步	法律政策	35	生态城市法律政策健全配套状况		完备	基本完备	完备	完备
	城市公共事业	36	社会公益性支出占财政支出比例	%		44.8	50.8	61.7
		37	城镇市生命线系统完好率	%	≥80	92	95	99
	城乡社会发展水平	38	新农村建设（文明生态村占行政村总数比例）	%		85	95	100
		39	城镇生态住区比例	%		20	25	40
		40	恩格尔系数（城）	%	<40	34.9	34.4	33.4
			恩格尔系数（乡）			35.2	34.7	34.3
		41	基尼系数		0.3~0.4	0.45	0.38	0.3
		42	城镇登记失业率	%	4.20（省标）	3.74	3.66	3.58
		43	就医保障	医生 / 万人	20	23	24	25
		44	公众对环境的满意率	%	>90	95	98	99

2. 唐山生态城市建设平原及丘陵区核心指标及指标值

表 2-99　唐山生态城市建设平原及丘陵区核心指标

一级指标	二级指标	序号	三级指标	单位	国家标准	2015 年目标	2020 年目标	2030 年目标
绿色经济	经济结构	1	人均耕地面积	亩	1.2	1.94	1.94	1.94
		2	第三产业占地区生产总值比例	%	≥45	42.6	45.1	50.0
	经济增长	3	生态文化创意产业产值增长率	%		6	6	6
		4	无公害食品供给率	%		60	100	100
		5	可再生能源产值增长率	%		1.6	4.0	10.5
		6	GDP 增长率	%	5.0	24	25	27
		7	科技贡献率	%	≥75	61.4	63.5	67.6
	经济水平	8	人均地区生产总值	元 / 人	≥33000	62437	82019	121182
	资源利用	9	万元 GDP 综合能耗（标煤）	吨 / 万元	≤1.4	1.89	1.51	0.96
		10	万元 GDP 用水量	立方米 / 万元	≤150	30.0	28.5	25.8
		11	农业灌溉有效利用系数		≥0.55	0.6	0.65	0.7
	企业管理	12	规模化企业通过 ISO-14000 认证比率	%	≥20	90	95	99
		13	规模化企业通过 ISO-18000 认证比率	%		30	50	90
生态环境	生态建设	14	森林覆盖率	%	≥40	33.5	35	35
		15	森林单位面积蓄积量	立方米 / 公顷		12	14	20
		16	绿色通道率	%		70	80	90
		17	林水结合度	%		70	80	90
		18	城镇人均绿地面积	平方米 / 人	≥11	30.9	31.1	31.4
		19	矿山废弃地治理率	%		60	80	90
	大气环境	20	城市空气质量好于或等于二级标准的天数	天 / 年	≥280	335	340	345
		21	万元 $GDPSO_2$ 排放	公斤 / 万元	<5.0	5.46	4.66	3.89
		22	万元 $GDPCO_2$ 排放	公斤 / 万元	<5.0	3	2.7	2
	水环境	23	万元 GDP 工业污水排放量	公斤 / 万元		7.61	7.18	6.78
		24	工业污水排放达标率	%	100	96.32	98	100
		25	城镇生活污水处理率	%	100	98	100	100
		26	农村生活污水处理率	%	≥90	75	85	95
		27	获得安全饮用水的人口比例	%	100	97	100	100
	声环境	28	居民区环境噪声平均值	分贝 / 年	55（昼）	50.8	49.9	48.1
					45（夜）	45.0	44.4	43.2
	土壤环境	29	农地单位面积使用化肥量	吨 / 公顷	≤0.28	0.55	0.51	0.48
		30	农地单位面积使用农药量	公斤 / 公顷	≤3	14.4	14.4	14.5

（续）

一级指标	二级指标	序号	三级指标	单位	国家标准	2015年目标	2020年目标	2030年目标
生态环境	固体废弃物	31	万元GDP固体废弃物排放量	公斤/万元		3.47	1.63	0.36
		32	工业固体废弃物无危险排放率	%	100	95	98	100
		33	城镇生活垃圾无害化处理率	%	100	95	100	100
		34	农村生活垃圾无害化处理率	%	≥80	70	80	100
生态文化	生态文化保护	35	历史文化遗存受保护比例	%	100	100	100	100
		36	非物质文化遗产保护		完好	完好	完好	完好
	生态文化建设	37	博物馆/纪念馆/生态科普基地/生态文化园/生态文化产业基地/公园数量	个		3	3	3
		38	人均公园绿地面积	平方米/人	≥16	14.1	15.8	19.2
社会进步	法律政策	42	生态城市法律政策健全配套状况		完备	基本完备	完备	完备
	城市公共事业	43	社会公益性支出占财政支出比例	%		44.8	50.8	61.7
		44	城市生命线系统完好率	%	≥80	95	98	100
	城乡社会发展水平	45	新农村建设（文明生态村占行政村总数比例）	%		80	90	95
		46	城镇生态住区比例	%		20	25	40
		47	恩格尔系数（城）	%	<40	34.9	34.4	33.4
			恩格尔系数（乡）			35.2	34.7	34.3
		48	基尼系数		0.3~0.4	0.45	0.38	0.3
		49	就医保障	医生/万人	20	22.2	23.8	26.8
		50	公众对环境的满意率	%	>90	95	98	99

3. 唐山生态城市建设沿海区核心指标及目标值

表2-100 唐山生态城市建设沿海区核心指标目标值

一级指标	二级指标	序号	三级指标	单位	国家标准	2015年目标	2020年目标	2030年目标
绿色经济	经济结构	1	人均耕地面积	亩	1.2	1.05	1.05	1.05
		2	第三产业占地区生产总值比例	%	≥45	33.3	39.8	63.5
	经济增长	3	无公害食品供给率	%		60	100	100
		4	生态旅游产值增长率	%		17	10	10
		5	可再生能源产值增长率	%		30	20	10
		6	GDP增长率	%	5.0	15.1	13.4	10.1
		7	科技贡献率	%		61.4	63.5	67.6

（续）

一级指标	二级指标	序号	三级指标	单位	国家标准	2015 年目标	2020 年目标	2030 年目标
绿色经济	经济水平	8	人均地区生产总值	元 / 人	≥33000	62340	83432	125576
	资源利用	9	万元 GDP 综合能耗（标煤）	吨 / 万元	≤0.9	1.74	1.35	0.65
		10	万元 GDP 用水量		≤150	30.0	28.5	25.8
		11	农业灌溉有效利用系数		≥0.55	0.6	0.65	0.7
	企业管理	12	规模化企业通过 ISO-14000 认证比率	%	≥20	90	95	100
		13	规模化企业通过 ISO-18000 认证比率	%		30	50	90
生态环境	生态建设	14	森林覆盖率	%	≥30	17	18	20
		15	绿色通道率	%		80	85	95
		16	城镇人均绿地面积	平方米 / 人	≥11	30.9	31.1	31.4
		17	矿山废弃地治理率	%		60	80	90
	大气环境	18	万元 GDPSO_2 排放	公斤 / 万元	<5.0	5.46	4.66	3.89
		19	万元 GDPCO_2 排放	公斤 / 万元	<5.0	3	2.7	2
	水环境	20	万元 GDP 工业污水排放量	公斤 / 万元		7.61	7.18	6.78
		21	工业污水排放达标率	%	100	96.32	98	100
		22	城镇生活污水处理率	%	100	98	100	100
		23	农村生活污水处理率	%	≥90	75	85	95
		24	近岸海域水环境质量达标率	%	100	100	100	100
		25	获得安全饮用水的人口比例	%	100	97	100	100
	声环境	26	居民区环境噪声平均值	分贝 / 年	55（昼）	50.8	49.9	48.1
					45（夜）	45.0	44.4	43.2
	固体废弃物	27	万元 GDP 固体废弃物排放量	公斤 / 万元		7.56	7.03	6.54
		28	工业固体废弃物处置利用率	%	≥80，无危险排放	95	98	100
		29	城镇生活垃圾无害化处理率	%	100	90	100	100
		30	农村生活垃圾无害化处理率	%	≥90	95	98	100
生态文化	生态文化保护与建设	31	历史文化遗存受保护比例	%	100	100	100	100
		32	博物馆 / 纪念馆 / 生态科普基地 / 生态文化园 / 生态文化产业基地 / 公园数量	个		1	1	1
社会进步	社会公共事业	33	生态城市法律政策健全配套状况		完备	基本完备	完备	完备
		34	社会公益性支出占财政支出比例	%		44.8	50.8	61.7
		35	城市生命线系统完好率	%	≥80	95	98	99

（续）

一级指标	二级指标	序号	三级指标	单位	国家标准	2015 年目标	2020 年目标	2030 年目标
社会进步	城乡社会发展水平	36	新农村建设（文明生态村占行政村比例）	%		80	90	95
		37	城镇生态住区比例	%		20	25	40
		38	恩格尔系数（城）	%	<40	32.3	30.5	26.8
		39	恩格尔系数（乡）	%		32.5	29.9	25.0
		40	基尼系数	%	0.3~0.4	0.45	0.38	0.3
		41	城镇登记失业率	%	4.20（省标）	3.79	3.71	3.63
		42	就医保障	医生 / 万人	≥20	22.2	23.8	26.8
		43	公众对环境的满意率	%	>90	95	96	98

4. 唐山生态城市建设经济开发区及唐山市区核心指标及目标值

表 2-101　唐山生态城市建设经济开发区及唐山市区核心指标目标值

一级指标	二级指标	序号	三级指标	单位	国家标准	2015 年目标	2020 年目标	2030 年目标
绿色经济	经济结构	1	人均耕地面积	亩	1.2	0.80	0.79	0.79
		2	第三产业产值占 GDP 的比重	%	≥45	40.1	42.5	46.3
	经济增长	3	无公害食品供给率	%		60	100	100
		4	生态旅游产值增长率	%		17	10	10
		5	可再生能源产值增长率	%		30	20	10
		6	GDP 增长率	%	5.0	14.8	13.5	12.2
		7	科技贡献率	%	≥75	61.4	63.5	67.6
	经济水平	8	人均地区生产总值	元 / 人	≥33000	109507	146587	220746
	资源利用	9	万元 GDP 综合能耗（标煤）	吨 / 万元	≤1.4	1.74	1.35	0.65
		10	万元 GDP 用水量	立方米 / 万元	≤150	30.0	28.5	25.8
		11	农业灌溉有效利用系数	%	≥0.55	0.6	0.65	0.7
	企业管理	12	规模化企业通过 ISO-14000 认证比率	%	≥20	90	95	100
		13	规模化企业通过 ISO-18000 认证比率	%		30	50	90
生态环境	生态建设	14	森林覆盖率	%	≥15	22	24	24
		15	绿色通道率	%		70	80	90
		16	城镇人均绿地面积	平方米 / 人	≥11	30.9	31.1	31.4
		17	沿海地区森林覆盖率	%		17	18	20

（续）

一级指标	二级指标	序号	三级指标	单位	国家标准	2015 年目标	2020 年目标	2030 年目标
生态环境	生态建设	18	矿山废弃地治理率	%		60	80	90
		19	人均生态游憩地面积	平方米 / 人		80	120	150
	大气环境	20	城市空气质量好于或等于二级标准的天数	天 / 年	≥280	333	335	340
		21	万元 GDPSO_2 排放	公斤 / 万元	<5.0	5.46	4.66	3.89
		22	万元 GDPCO_2 排放	公斤 / 万元	<5.0	3	2.7	2
	水环境	23	万元 GDP 工业污水排放量	公斤 / 万元		7.61	7.18	6.78
		24	工业污水排放达标率	%	100	96.32	98	100
		25	城镇生活污水处理率	%	100	98	100	100
		26	农村生活污水处理率	%	≥90	75	85	95
		27	近岸海域水环境质量达标率	%	100	100	100	100
		28	获得安全饮用水的人口比例	%	100	97	100	100
	声环境	29	居民区环境噪声平均值	分贝 / 年	55（昼）	50.8	49.9	48.1
					45（夜）	45.0	44.4	43.2
	固体废弃物	30	万元 GDP 固体废弃物排放量	公斤 / 万元		7.56	7.03	6.54
		31	城镇生活垃圾无害化处理率	%	100	100	100	100
		32	工业固体废弃物无危险排放率	%	≥80	95	98	100
		33	农村生活垃圾无害化处理率	%	≥90	95	98	100
	生态文化保护与建设	34	历史文化遗存受保护比例	%	100	100	100	100
		35	博物馆 / 生态科普 / 生态文化产业基地数量	个		8	12	16
		36	人均公园绿地面积	平方米 / 人		16.1	18.7	23.6
社会进步	法律政策	37	生态城市法律政策健全配套状况		完备	基本完备	完备	完备
	城市公共事业	38	社会公益性支出占财政支出比例	%		44.8	50.8	61.7
		39	城市生命线系统完好率	%	≥80	95	98	100
	城乡社会发展水平	40	城镇生态住区比例	%		20	25	40
		41	恩格尔系数（城）	%	<40	32.3	30.5	26.8
			恩格尔系数（乡）			32.5	29.9	25.0
		42	基尼系数	%	0.3~0.4	0.45	0.38	0.3
		43	就医保障	医生 / 万人	>20	22.2	24.1	28
		44	公众对环境的满意率	%	>90	95	96	98

四、实现唐山市生态城建设目标值的变率分析

唐山市生态城建设目标值的实现过程将会受到各种各样的因素影响，因此，必须留有余地，既要考虑到需求又要兼顾到可能，二者不可偏废。然而不管会有多少因素的影响，集中到一点就是速度问题，下表所列为实现唐山市生态城建设部分指标的年变率，从中可以看到指标实现的年均变率中等偏小，因此规划指标值的实现是可行的。

表 2-102 实现唐山生态城市建设部分指标年变率表

一级指标	二级指标	序号	三级指标	指标计算基值	实现 2015 年目标的变率	实现 2020 年目标的变率	实现 2030 年目标的变率
绿色经济	经济结构	1	人均耕地面积	1.16（08）	0.00593	0.00149	0.00155
		2	第三产业产值占 GDP 的比重	32.8（09）	0.00943	0.01017	0.00945
	经济增长	3	高新技术产业增加值	88（09）	0.009252	0.035832	0.027527
		4	可再生能源产量（标煤）	440（07）	0.0161073	0.037137	0.0291859
		5	GDP 增长率	11.3（09）	0.026228	−0.000592	−0.000526
		6	科技贡献率	58.1（08）	0.007921	0.006746	0.006275
	经济水平	7	人均地区生产总值	51951（09）	0.0545177	0.0426482	0.0306934
	资源利用	8	万元 GDP 综合能耗（标煤）	2.46（09）	−0.032231	−0.036075	−0.048582
		9	万元 GDP 用水量（工业）	137.5（05）	−0.031343	0	0
		10	水资源利用率（农业）	40（09）	0.037888	0.019242	0.008738
	企业管理	11	规模化企业通过 ISO-14000 认证比率	2.3（05）	0.241447	0.148693	0.084471
		12	规模化企业通过 ISO-18000 认证比率	2（05）	0.25892	0.20112	0.06054
生态环境	生态建设	13	森林覆盖率	28.7（09）	0.006283	0.006617	0.003198
		14	森林单位面积蓄积量	45（09）	0.017712	0.037134	0.041379
		15	生态公益林面积比重	41.6（05）	0.018561	0.037134	0
		16	绿色通道率	59.24（08）	0.012426	0.027064	0.011847
		17	林水结合度	65（09）	0.012426	0.027064	0.011847
		18	城镇人均绿地面积	30.9	0	0.001285	0.000958
		19	矿山废弃地复绿治理面积率	30（09）	0.049111	0.045636	0.018398
		20	矿山采空区环境治理面积率	30（09）	0.049111	0.045636	0.018398
		21	水土流失治理面积率	28（08）	0.037888	0.037134	0.029185
	大气环境	22	城市空气质量好于或等于二级标准的天数	329（09）	0.003017	0.002967	0.001461
		23	万元 GDPSO_2 排放	6.67（09）	−0.031312	−0.040073	−0.019938
		24	万元 GDPCO_2 排放	4.54（05）	−0.040553	−0.035731	−0.022019
	水环境	25	万元 GDP 工业污水排放量	8.28（08）	−0.011964	−0.011538	−0.005702
		26	工业污水排放达标率	96.74（08）	0.001849	0.004047	0

（续）

一级指标	二级指标	序号	三级指标	指标计算基值	实现 2015 年目标的变率	实现 2020 年目标的变率	实现 2030 年目标的变率
生态环境	水环境	27	城镇生活污水处理率	65（05）	0.044019	0	0
		28	农村生活污水处理率	20（09）	0.232188	0.027064	0.011847
		29	近岸海域水环境质量达标率	100（09）	0	0	0
		30	获得安全饮用水的人口比例	100（09）	0	0	0
	声环境	31	居民区环境噪声平均值	50.7（08）	0.000279	−0.003565	−0.003666
				46.0（08）	−0.003132	−0.002677	−0.002734
	固体废物	32	万元 GDP 固体废物排放量	15.0（08）	−0.093228	−0.014404	−0.007184
		33	工业固体废物处置利用率	89（05）	0.006545	0.006236	0.002022
		34	城镇生活垃圾无害化处理率	91.13（09）	0.006954	0.01031	0
		35	农村生活垃圾无害化处理率	30（09）	0.151671	0.027064	0.022565
生态文化	生态文化保护	36	名木古树保护程度	99（09）	−0.006849	0	0
		37	历史文化遗存受保护比例	100（09）	0	0	0
		38	非物质文化遗产保护	基本完好	完好	完好	完好
	生态文化建设	39	博物馆 / 生态科普基地 / 生态文化产业基地数量	8（09）	0.037874	0	0
		40	人均公园绿地面积	13.8（09）	0.003579	0.023016	0.019676
社会文明	法律政策	41	生态城市法律政策健全配套状况	欠完备	基本完备	完备	完备
	城市公共事业	42	社会公益性支出占一般预算财政支出比例	35.5（08）	0.033795	0.025453	0.019628
		43	城市生命线系统完好率	87.5（05）	0.024611	0.016951	0.014517
	城乡社会发展水平	44	城市化水平	51.25（09）	0.018894	0.016951	0.014517
		45	新农村建设（文明生态村百分数）	61（09）	0.259919	0.023834	0.005421
		46	恩格尔系数（城）	35.9（09）	−0.004693	−0.002877	−0.002943
			恩格尔系数（乡）	35.2（09）	0	−0.002852	−0.001156
		47	基尼系数	0.55（05）	−0.01965	−0.032742	−0.023037
		48	城镇登记失业率	4.1（09）	−0.015157	−0.004261	−0.00218
		49	就医保障	19.1（09）	0.025377	0.016552	0.015109
		50	公众对环境的满意率	91（05）	0.00431	0.006236	0.001015

注：现值中括弧数字为计算基准年度

第三章　唐山生态城市建设水平评价

一、生态化水平评价

生态城市是城市生态化的结果，是人类住区的理想形式。对生态城市的测度研究以往多侧重于城市市自然、经济和社会各个子系统的分析。本章根据第一、二章所构建的唐山生态城市建设指标，从绿色经济、生态环境、生态文化以及生态文明四方面的指标进行分析评价。

（一）计算方法及步骤

本文采用线性加权法，即按不同指标所占的权重进行加权，最后得出综合指数。

计算步骤如下：

（1）指标层每一指标指数：$S_j=\dfrac{T_j}{X_j}$（适合逆向指标）　$S_j=\dfrac{X_j}{T_j}$（适合于正向指标）

式中：S_j 为指标层某一指标指数；X_j 为该指标规划值；T_j 为该指标的标准值。

$$V_i=\sum_{j=1}^{m} S_jW_j$$

（2）因素层每一指标指数：

式中：V_i 为因素层某一指标指数；m 为该指标所包含的次级指标总项数；S_j 为指标层某一指标指数；W_i 为该指标所占的权重。

$$ECI=\sum_{j=1}^{m} V_iW_i$$

（3）生态化综合指数：

式中：V_i 为因素层某一指标指数；W_i 为该指标的权重。

需要说明的是由于标准值的数据收集有限，有一些指标是参考传统生态城市建设指标，可以查阅到国家标准或者是地区标准，有一些指标是具有唐山特色的，因此没有可遵循的标准值，这里我们采用 2015 年的规划值作为标准值（规划到 2015 年唐山市基本达到生态城市标准）。指标的权重是用层次分析法得出。

得出生态化综合指数后，再根据生态化程度分等级表（表 3-1）来判定唐山市生态化水平等级。

表 3-1　生态化程度分级标准

生态化综合指数	<0.2	0.20~0.45	0.45~0.65	0.65~0.75	>0.75
级别	Ⅴ级	Ⅳ级	Ⅲ级	Ⅱ级	Ⅰ级
评语	生态化程度差	生态化程度较差	生态化程度一般	生态化程度较高	生态化程度高

（二）结果与分析

1. 全市分区分阶段生态化水平分析

根据计算得到的生态化水平综合指数可以看出，2009 年唐山市生态化水平达到 0.94，已经处于生态化程度高的水平；2015~2030 年，唐山市综合指数逐渐升高：2015 年综合指数值达到 1.07，处于Ⅰ级生态化水平，基本达到生态城市的标准；2020 年指数值达 1.21，可实现结构稳定生态环境良好的现代生态城的建设目标；2030 年指数值高达 1.41，可达到中等发达国家的水平并可建成我国华北地区独具特色的现代生态城，生态城建设水平处于我国大城市的前列。其中经济开发和市区的综合指数值均为最大，三期的生态化水平指数分别为 1.26，1.41 和 1.64，明显高于全市平均水平，而山区和平原丘陵区的指数值则低于全市水平，沿海地区基本与全市水平一致。值得注意的是，山区的生态化水平综合指数增长缓慢，在规划期内，其指数值由 1.06 变化为 1.30，在规划期末其综合指数值在唐山四个分区中最低（图 3-1）。这种分布格局的原因可能与城市规划与自然地理条件有关。近年来，唐山城市的主要向南部沿海地区发展，北部山地丘陵地区发展较慢，其经济社会发展水平均较中南部地区低，在注重经济社会和生态三方面可持续发展的生态化水平综合指数的取值上便小于中南部地区；虽然北部丘陵地区更有利于植被生长，但目前的不合理的旅游开发活动及经济林果业的发展对生态环境保护不利，而且规划目标是一个循序渐进的过程，也可能导致其综合指数低。表 3-2 为唐山市全市生态化水平综合指数计算结果，其他分区就不再列出。

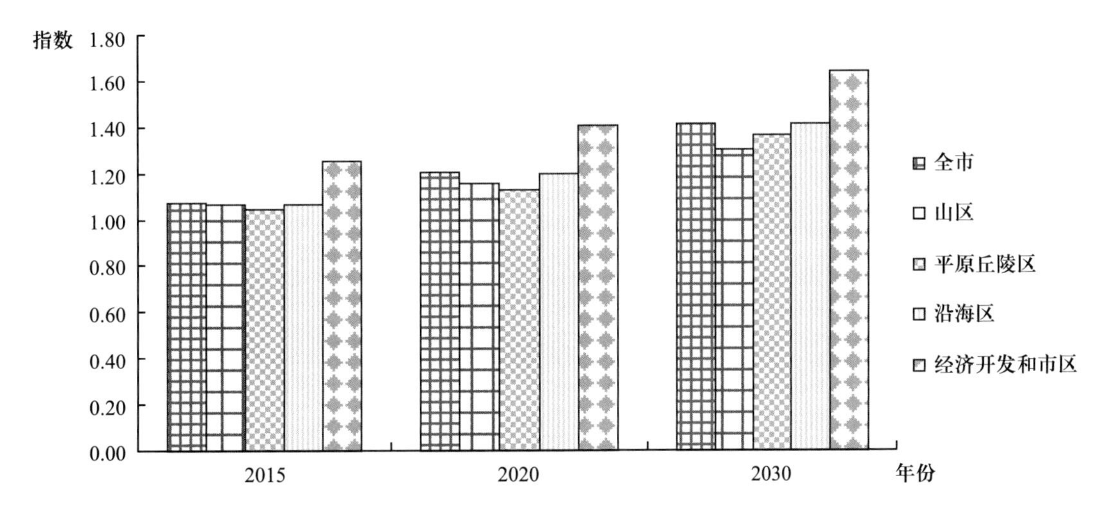

图 3-1 唐山市分区分阶段生态化水平综合指数图

表 3-2 唐山全市生态化水平指数计算表

一级指标	二级指标	权重	规划年			
			2009	2015	2020	2030
			指数	指数	指数	指数
绿色经济（0.3）	经济结构	0.25	0.95	1	1.12	1.34
	经济增长	0.25	1.16	1	1.01	1.04
	经济水平	0.2	1.57	2.16	2.67	3.61
	资源利用率	0.2	0.57	1.03	1.11	1.11
	企业管理	0.1	0.11	1	2.25	4.5
	综合指数		0.97	1.24	1.51	1.99

（续）

一级指标	二级指标	权重	规划年			
			2009	2015	2020	2030
			指数	指数	指数	指数
生态环境（0.3）	生态建设	0.35	0.95	1.15	1.3	1.51
	大气环境	0.2	0.69	0.75	0.82	0.9
	水环境	0.2	0.90	0.96	0.98	1
	声环境	0.05	1.10	1.04	1.06	1.09
	固体废弃物排放	0.2	0.95	0.97	1.04	1.13
	综合指数		0.89	0.99	1.08	1.19
生态文化（0.15）	生态文化保护建设	1	0.94	1	1.03	1.09
	综合指数		0.94	1	1.03	1.09
社会进步、生态文明（0.25）	社会政策	0.3	1.00	1	1	1
	社会公益事业	0.35	0.98	1.08	1.16	1.31
	城乡社会发展	0.35	0.94	1	1.11	1.23
	综合指数		0.97	1.03	1.1	1.19
生态城市综合发展指数			0.94	1.07	1.21	1.41

2. 分区分阶段绿色经济生态化水平分析

绿色经济方面，2015 年、2020 年和 2030 年全市平均水平指数分别为 1.24、1.51 和 1.99，山区和沿海地区的生态化水平指数均低于全市平均水平，平原区的生态化水平指数则高于全市平均水平，其中，平原区的绿色经济生态化水平指数值增长较快，从 2015 年的 1.30 增长到 2020 年的 1.5，直至 2030 年的 2.0。而经济开发区和市区的取值在 2015~2030 年均高于全市平均水平。说明在规划期间，重视了城市发展方向，逐步向中南部延伸，重视平原区域的经济转型，矿山修复等，提高节能减排，科技转化，高新技术投入力度，从而保证了地区经济健康平稳均衡的发展（图 3-2）。

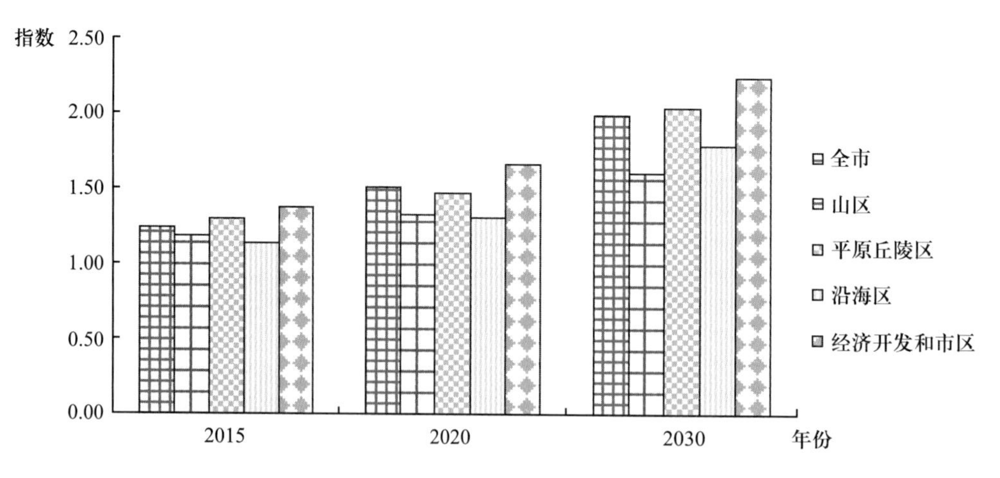

图 3-2　分区分阶段绿色经济生态化水平指数图

3. 分区分阶段生态环境生态化水平分析

生态环境方面，全市水平增长幅度较小，从 2015 年的 0.99 逐步增长到 2030 年的 1.19；全市除了平原区的生态环境生态化指数低于全市水平之外，其他三区均高于全市水平，且增长速率均高于全市平均水平；经济开发区和市区的取值最高，说明在规划期该区的经济社会发展过程中更加重视生态环境保护，对生活垃圾、生产垃圾的处理能力较强（图 3-3）。

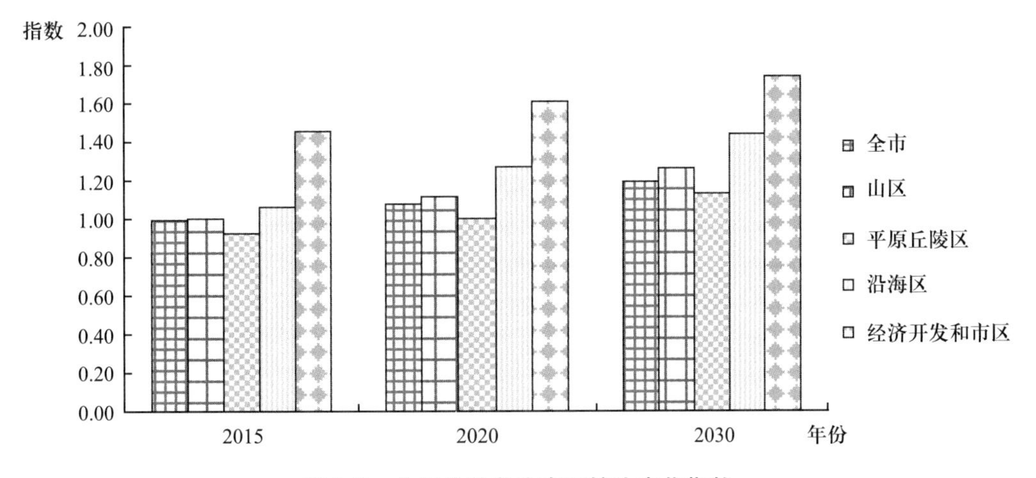

图 3-3 分区分阶段生态环境生态化指数

4. 分区分阶段生态文化和生态文明生态化水平分析

生态文化和生态文明方面，唐山市整体的生态化水平指数高于各分区，这种情况与生态文化和生态文明的指标来源有关。生态文化方面，古树名木、历史文物、博物馆等是其主要指标，而生态文明方面，社会政策、城乡发展等是主要指标；对前者而言，全市范围内分布的古树名木、历史文物等肯定多于各分区，而对于后者，市域尺度上的政策、城乡统筹发展也许更有意义，也就是说，更符合相对于各分区的市域大尺度的研究对象。值得注意的是，与其他各区相比，平原区的生态文化与生态文明呈现出不同的变化趋势：在规划期，平原区的生态文化生态化水平指数逐步高于其他各区，而生态文明生态化水平指数则与之相反。结合平原区的经济社会发展及生态化水平指数计算所选取的指标来看，这可能与该地区矿产开发等经济活动有关，在规划期内及以后更长时间内，该区需重视工矿废弃地的修复，注重当地城市基础设施的建设及居民生产方式的转变，切实提高居民生活质量（图 3-4 至图 3-6）。

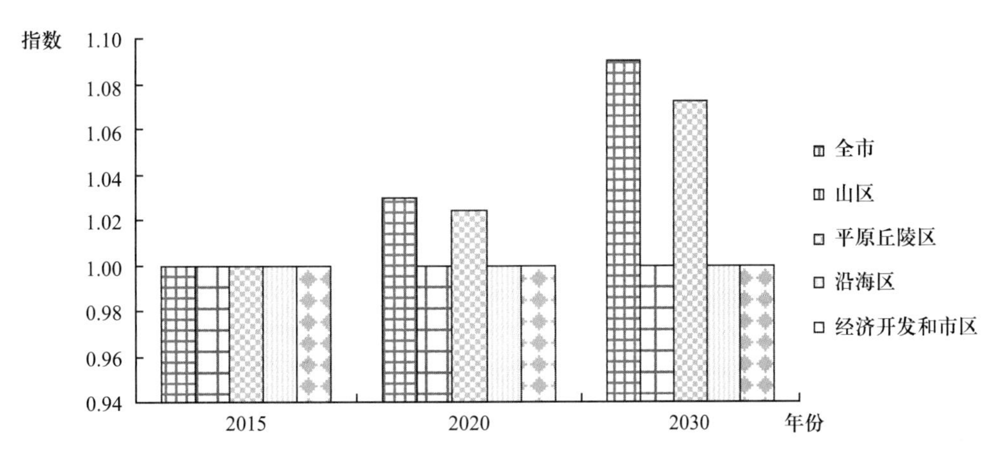

图 3-4 分区分阶段生态文化生态化指标

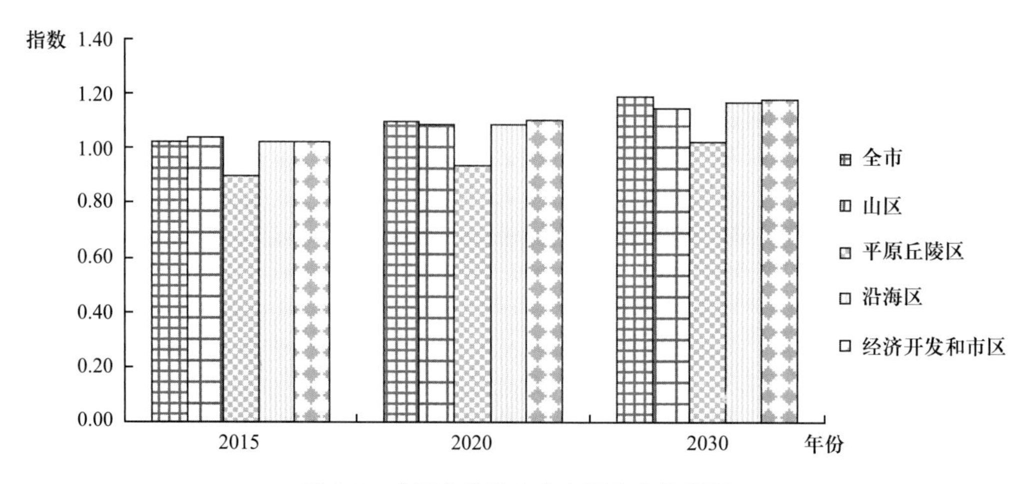

图 3-5 分区分阶段生态文明生态化指标

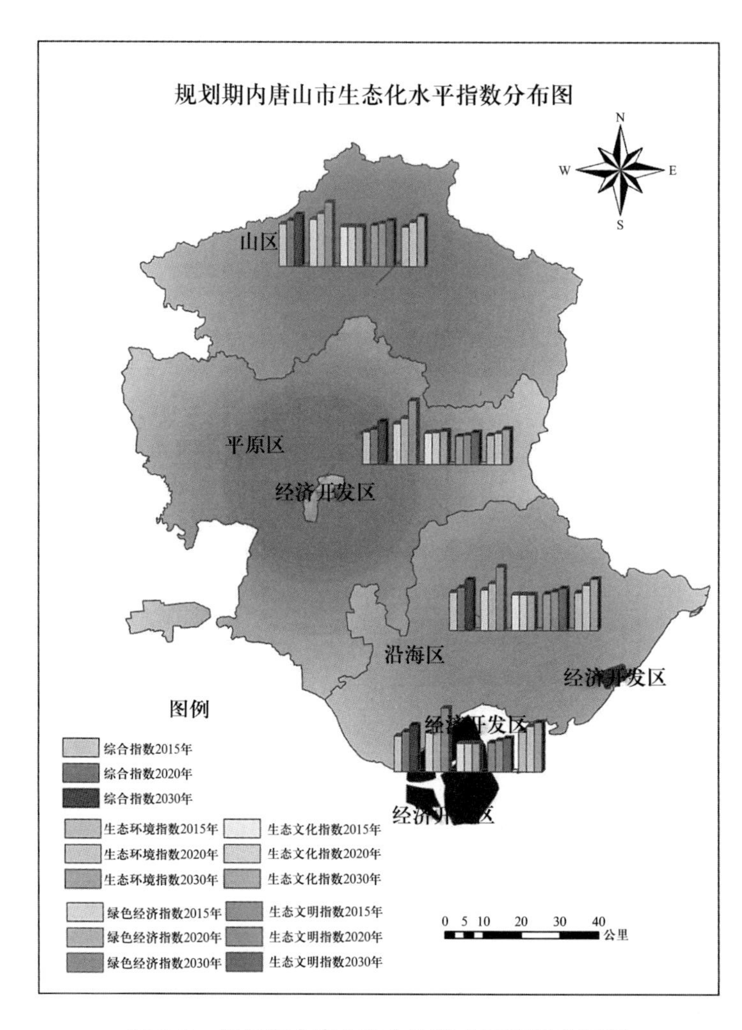

图 3-6 规划期内唐山市生态化水平指数分区图

二、生态城市建设可达性分析

对比前述唐山市生态城市建设核心指标体系现状值与目标值之间的差距，可将唐山生态城市建设的指标达标情况大致分为三个层次，包括：已达性指标、易达性指标和难达性指标。已达性指标是现状已经达到生态城市标准值的指标；易达性指标是接近或容易达标的指标，在短期内可接近于标准值；难达性指标是指与标准相差很多，需要经过中长期的发展建设才能达到标准的指标。以下分别按唐山总体及分区对唐山生态城市建设达标情况进行分析。

（一）唐山市总体生态城建设可达性分析

表 3-3 为唐山市总体生态城市建设指标达标情况。整体来看，在所建立的核心指标体系中，唐山 37.3% 的指标为已达性指标，而 45.1% 的指标为易达性指标，难达性指标仅为 17.6%，表明唐山生态城市建设现状已具备优良基础，生态城市建设可达性非常强。但从一级指标来看，指标可达性仍存在分布不均衡现象。其中，生态文化可达性最强，已达指标和易达性指标总和约 100%，难达性指标比例几近为 0；生态环境和社会进步的难达性指标均小于 20%；而绿色经济则难达性指标较大，为 36.4%，主要反映在第三产业产值占 GDP 比重、万元 GDP 综合能耗、规模化企业通过 ISO-14000 认证比率，以及规模化企业通过 ISO-18000 认证比率等具体指标上，认为唐山经济发展方面仍存在有不足。除绿色经济以外，生态环境进一步改善亦是唐山生态城建设的另一重点，主要反映在如何有效提高森林单位面积蓄积量、水土流失治理面积率、农村生活污水处理率以及农村生活垃圾无害化处理率等具体指标上。

表 3-3　唐山市总体生态城市建设指标达标比例（%）

		已达标	易达标	难达标
一级指标	绿色经济	45.5	18.2	36.4
	生态环境	33.3	50.0	16.7
	生态文化	40.0	60.0	0.0
	社会进步	36.4	54.5	9.1
总指标		37.3	45.1	17.6

（二）唐山市分区生态城建设可达性分析

表 3-4 反映了唐山各区生态城建设可达性结果。整体来看，各区易达性指标占 50%~60%，已达性指标比例次之，而难达性指标比例最小，这与唐山全市的达标分布趋势一致。但是，各区指标可达性亦有部分差异。其中，平原和丘陵区可达性最好，已达性和易达性指标之和约 88%，难达性指标则仅为 12%。山区、沿海区以及经济开发区等各区已达性指标与易达性指标之和均约 80% 左右，但是，其中山区已达性指标相对较低，约为 21%，而沿海和经济开发区已达性指标均已为 31% 左右，表明山区生态城市建设可达性仍较沿海和经济开发区相对要弱。

表 3-4　唐山市分区生态城建设指标达标比例（%）

分区	已达标	易达标	难达标
山区	20.8	58.3	20.8
平原及丘陵区	29.4	58.8	11.8
沿海区	31.8	50.0	18.2
经济开发区	31.4	49.0	19.6

图 3-7 至图 3-9 集中反映了唐山各区生态城市建设一级指标达标分布情况。总体来看，各区生态文化可达性程度优势明显，生态文化几无难达性指标，但各区在绿色经济、生态环境以及社会进步方面表现有各自可达性特征。从山区来看（图 3-7），其经济发展可达性相对较弱，难达性

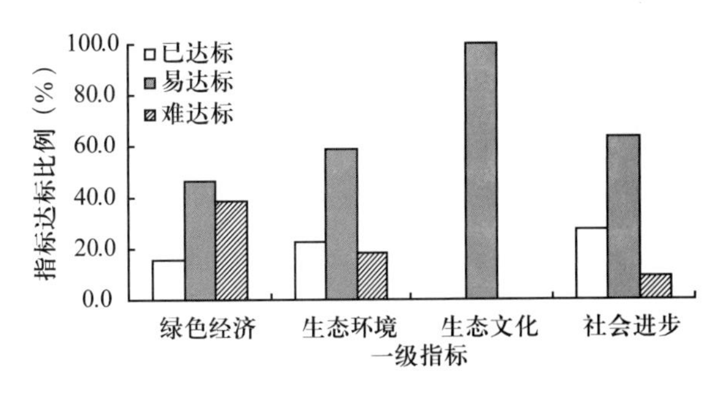

图 3-7　唐山山区生态城市建设一级指标达标分布

指标比例将近 40%，主要表现在人均耕地面积、第三产业占地区生产总值比例、万元 GDP 综合能耗、规模化企业通过 ISO-14000 认证比率以及规模化企业通过 ISO-18000 认证比率等具体指标上，加快发展山区经济应是该区生态城市建设的重点。山区生态环境难达性指标比例亦相对较高，约 18%，主要表现在森林单位面积蓄积量、水土流失治理面积率、农村生活污水处理率、农村生活垃圾无害化处理率等具体指标上。生态环境改善将有助于增强该区生态城市建设可达性。山区社会进步难达性指标主要体现在科技贡献率，提高该区科技投入将有助于提高生态城市建设可达性。

与山区经济可达性相区别，平原及丘陵区经济可达性相对较强（图 3-8），其绿色经济已达性指标与易达性指标之和约 91%，而难达性指标仅约 9%。平原及丘陵区生态环境可达性较其他方面（包括:绿色经济、生态文化、社会进步）要弱，难达性指标比例约为 16%，具体表现在水土流失治理面积率，农村生活污水处理率、农地单位面积使用农药量、农村生活垃圾无害化处理率等具体指标上。平原及丘陵区社会文明亦存在一定比例难达性指标，仍体现为科技贡献率。

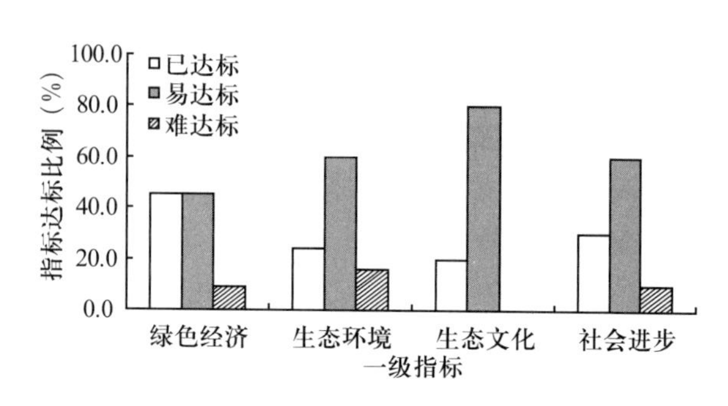

图 3-8　唐山平原及丘陵区生态城市建设一级指标达标分布

沿海区绿色经济已达性指标与易达性指标之和约 60%（图 3-9），较平原及丘陵区来看，绿色经济可达性相对要弱。尽管沿海区绿色经济已达性指标比例较山区稍高，但其已达性与易达性指标比例之和比山区低，因此，其绿色经济可达性较山区也要稍弱。沿海区难达性指标仍主要体现在绿色经济，其绿色经济难达性指标比例高达约 50%，其次是生态环境，难达性指标比例约 19%。制约沿海区绿色经济快速发展的主要指标具体体现为人均耕地面积、第三产业产值占地区生产总值比例、万元 GDP 综合能耗、规模化企业通过 ISO-14000 认证比率以及规模化企业通过 ISO-18000 认证比率等，而制约其生态环境建设快速发展的具体指标为森林覆盖率、生态公益林面积比重、城镇生活污水处理率以及农村生活垃圾无害化处理率。

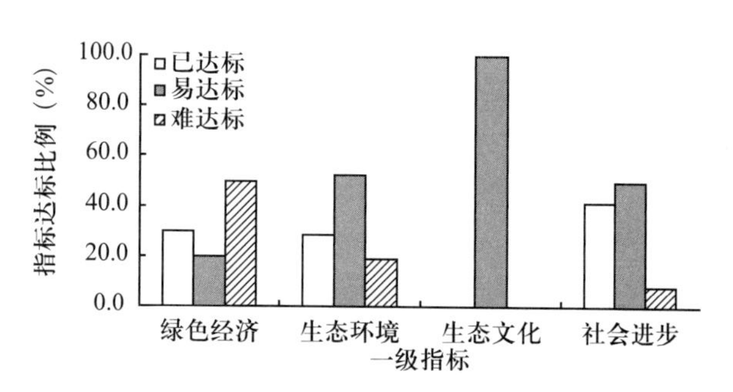

图 3-9　唐山沿海区生态城市建设一级指标达标分布

经济开发区制约其整体生态城市建设快速发展的主要因素为绿色经济可达性较弱。经济开发区绿色经济已达性指标与易达性指标比例之和约 50%，难达性指标比例几近一半，表明该区经济建设并没有体现绿色经济发展的优势，并不有利于生态城市建设。绿色经济中主要难达性指标具体体现为工业资本密集度、人均耕地面积、第三产业占 GDP 比重、万元 GDP 综合能耗、规模化企业通过 ISO-14000 认证比率以及规模化企业通过 ISO-18000 认证比率等。提高上述经济发展具体指标，将有助于显著增强该区生态城市建设可达性。此外，该区生态环境建设亦存在一定比例的难达性指标，如：农村生活垃圾无害化处理率、农村生活污水处理率等。

生态环境建设篇

第一章　唐山生态环境建设总体布局

一、生态环境建设基础

（一）生态环境建设背景（优势）与成就

唐山社会经济发展具备难得的发展机遇，东北亚经济一体化进程加快、国家实施新的能源原材料战略、环渤海地区快速崛起、京津冀都市圈快速发展，不仅对唐山市生态建设和发展提出更高要求，更为重要的是为生态建设提供了新的机遇。

1. 建设背景

（1）十分有利的政治形势。“十二五”时期，是我国全面建设小康社会的关键时期，是深化改革开放、加快转变经济发展方式的攻坚时期，也是加快唐山市生态环境建设和保护战略机遇期。科学发展观的第一要义是发展，核心是以人为本，基本要求是全面协调可持续，根本方法是统筹兼顾。即在转变经济发展方式摆脱拼资源、拼能源、高排放、高污染的旧发展模式的同时，必须加强生态建设与保护力度。生态建设与保护的核心是“三个系统一个多样性”，即维护森林生态系统——地球之肺；保护湿地生态系统——地球之肾；治理荒漠化生态系统——地球之癌症；保护生物多样性——地球之免疫力。森林的增汇减排功能已经得到国际社会的一致认可，成为一些国家履行减排承诺的重要途径，我国党和政府高度重视林业在应对气候变化中的特殊重要作用。2009 年召开的中央林业工作会议明确赋予了林业在应对气候变化中的特殊地位，并强调应对气候变化，必须把发展林业作为战略选择。在 2009 年联合国气候变化峰会上，胡锦涛主席向世界做出争取到 2020 年实现森林面积和蓄积量“双增”的庄严承诺，使发展林业成为应对气候变化的国家行为。为此，在国家“十二五”规划中，已明确将森林覆盖率和森林蓄积量确定为约束性指标。从唐山市自身来看，唐山市市委八届七次全会上，确定了“十二五”要加快把唐山市建设成为东北亚地区经济合作的窗口城市、环渤海地区新型工业化基地和首都经济圈的重要支点，建设成为科学发展示范区和人民群众幸福之都的宏伟目标。在这样的大背景下，唐山市市委、市政府对唐山市生态建设与保护工作，建设科学发展示范区认识高度统一。特别是在转变经济增长方式、环境治理、水资源保护、矿山废弃地植被恢复、生态城建设、城乡生态建设、湿地保护等生态建设领域等开展的持续攻坚行动，深入人心，深得民心，形成了全社会的高度共识。唐山市获得 2016 年世界园艺博览会的承办权，使得唐山成为我国第一个承办世界园艺博览会的地市级城市，是世界园艺博览会首次利用采煤沉降地，在不占用一分耕地的情况下举办世界园艺博览会。对于提升唐山市在全球的影响力具有重要意义。因此，唐山市生态环境建设与保护，具有极其有利的政治环境。

（2）经济增长方式正在发生深刻转变。唐山市政府坚持绿色增长发展方向，以项目建设为载体，以结构调整为主线，以高新技术为支撑，以循环经济为重点，以沿海临港产业发展为龙头，以节能减排为抓手，以科技创新为动力，推进产业结构优化升级，发展绿色产业，打造具有唐山特色的新型工业体系，正在走出一条资源节约、环境友好的新型工业化道路。以建设适宜人居和创业的现代化生态城市为目标，以城市建设改造为抓手，全方位提高城镇化发展水平。通过加快城市“四大功能区”等开发建设，同步推进“大城市”、“大县城”和“中心镇”建设，加快构建以大中城市为主导、大中小城市和小城镇协调发展的城镇化体系，进一步提高城镇综合承载能力。

（3）区位优势明显，交通条件便利。唐山市地处京津唐三角地带，位于海路运输相衔接的环渤海西岸，是连接关内外的咽喉和走廊。铁路有京山、京秦、大秦三条干线横贯全境，并有滦港、碑水、唐遵、汉南、迁曹等多条铁路支线，是全国铁路网密度最高的地区之一，正在建设的京秦客运专线和规划建设的京唐城际铁路、蒙冀铁路，将使唐山未来的物流和出行更加便捷。铁路营业里程达 1017 公里，铁路网密度 7.55 公里 / 百平方公里，是全国铁路网密度较高的地区之一。唐山境内“六横三纵”格局和与京、津城市构成的半小时交通圈正在加速形成。公路通车总里程达到 13215 公里，其中高速公路 464 公里，一般干线公路 1318 公里，农村公路 11433 公里，公路网密度达到 98.1 公里 / 百平方公里，其中高速公路密度 3.44 公里 / 百平方公里，相当于世界发达国家的水平。市中心区形成 92 公里的环城高速公路，唐山市所有县（市）、区均有二级以上公路连接，所有行政村实现村村通油路（水泥路）。2008 年年底，唐山港共建成生产性泊位 33 个，吞吐能力达到 1.2 亿吨，跃居国家亿吨大港行列，并在国内沿海各港口排序在第 15 位。即将启用的唐山三女河军民合用机场更会给唐山经济的腾飞插上便捷的翅膀。

（4）雄厚的经济实力。唐山市工业历史悠久，基础坚实，经济实力雄厚。唐山市已形成煤炭、钢铁、电力、建材、机械和装备制造、化工、陶瓷、纺织、造纸等十大支柱产业。“十一五”期间，唐山市通过确立“双核两带”城市发展总体思路，加速唐山湾“四点一带”开发建设，推进“城市四大功能区”开发，生产力布局调整取得了显著成效。2008 年，唐山市完成地区生产总值 3561.19 亿元，其中：工业增加值达到 1956 亿元，占唐山市地区生产总值的 54.9%，唐山市人均生产总值 48054 元。2008 年全部财政收入为 405.8 亿元，唐山市城镇化率达到 65%。雄厚的经济基础，为工业资本向生态建设领域转移，进一步加大生态建设力度提供了巨大经济支撑。

从农业结构布局来看，唐山市农业初步形成了北部山区绿色干鲜果品、中部平原高效种养和南部沿海水产养殖捕捞“三大特色产业带”；鲜果、板栗、花卉、食用菌、林产品等“五大新型产业”，为唐山市生态建设与区域农业经济有机结合奠定了基础。

（5）相对优越的自然条件。唐山市背倚燕山山地，南临渤海，属于东部季风区暖温带滨海半湿润气候区，唐山市多年平均降雨量 625 毫米，年蒸发能力为 1022 毫米，是年降雨量的 1.64 倍。唐山市多年平均气温 10.6℃，年平均气温由南向北、由西向东递减。唐山市最冷月为 1 月，月平均气温 -6.5℃；最热月为 7 月，月平均气温 25.1℃。地形由北向南呈梯形下降态势，地貌类型多样，气候资源丰富，呈现出冬干、夏湿、降水集中、季风显著、四季分明的显著区域特征。唐山市动植物资源多样，物产品种丰富。唐山市属暖温带半湿润针阔叶混交林区，处于华北、东北两植物区系的交界处，东西部植物系的各种树种兼有。树木种类共有 68 科 103 属 201 种，其中乔木 47 科 67 属 148 种。山地主要造林树种有油松、侧柏、柞树、榔榆、椴树、朴树、槭树、胡桃楸、桦树、花椒等。平原主要造林树种有杨树、柳树、榆树、椿树、刺槐、国槐等。北部山区盛产板栗、核桃、苹果、红果等干鲜果品。板栗、核桃、苹果、桃是四大果树树种，具有较大产业规模。中草药资源与野生植物资源丰富，共有高等野生植物 958 种，分属 130 科，478 属。丰富的生物资源，为生态环境建设和发展提供了物质保障。唐山市地质古老，地貌复杂且类型多样，不仅对林业生态建设提出了不同的要求，并且也为唐山市生态建设多样化提供了广阔空间。北部低山丘陵，山场广阔，林果、矿产、建材资源十分丰富。构成唐山市的天然生态屏障和重要的水源地。采矿业既是当地重要的经济来源，也是引发山地生态系统退化的重要因素，由此带来了地表严重破坏。以板栗、苹果为主的林果业发展迅速，具有独特品质的燕山板栗享誉中外，已成为支撑山区经济发展的重要产业。决定了山地稳定、功能强大的森林生态系统重建和维护任务极其繁重。中部平原地势平坦，土层深厚，土质肥沃，气候适宜，是唐山市的重点农区，素有“冀东粮仓”之美誉，是河北省的主要粮、油产区和商品粮油生产基地。近年来，随着农业结构的不断调整和优化，该区的农业和农村经济发生了质的飞跃，高产、高效的种、养、加各业得到了全面快速发展。该地区也是唐山市生态防护林体系建设重点区域。南部沿海拥有丰富的滩涂、水面、土地和水生生物资源，具有发展海洋经济的独特优势和巨大潜力。近年来，随着滩涂和水域资源的综合开发，沿海地区以对虾、贝类、海珍品、淡水鱼、虾、蟹为重点的水产养殖业飞速发展。特别是随着唐山市“以港兴市”战略的深入实施和“四点一带”地区的快速发展与强劲引领，为该区乃至之唐山市经济的快速腾飞提供了难得的机遇。该地区也成为唐山市重要的湿地资源保护、沿海防护林体系建设的主战场。

2. 主要建设成效

唐山市委、市政府十分重视区域发展与建设规划的制定与落实。所制定的《唐山科学发展示范区战略规划》《唐山市城市总体规划》《唐山市生态市建设规划》《唐山湾“四点一带”产业发展与空间布局规划》《唐山城乡发展一体化战略规划》《绿化唐山攻坚行动大会战实施方案》等规划的逐步落实，唐山市生态环境建设和保护取得了显著成效。

（1）生态环境建设成效显著。唐山市不断加大生态保护和建设力度，形成了北部山区森林生态屏障建设与保护、中部平原矿区生态恢复与林水路网建设，南部沿海鸟类和湿地保护为主的生态建设格局。在水土流失严重区、沿海风沙活动区以及恢复植被较困难的封育区，依据封山育林规划，因地制宜采取围封方式，进行封山育林；北部山区绿色屏障建设中，按照宜林则林，宜果则果的原则，全面完善北部山区的生态林业体系建设；在河道风沙较为严重的生态脆弱区开展河道绿色屏障生态建设；不断完善农田林网工程建设。特别是 2008 年市委、市政府决定启动《绿化唐山攻坚行动计划》以来，北部山区生态建设取得显著成效。矿山开发，在给唐山市带来巨大经济收益的同时，对生态环境造成了巨大破坏。唐山市矿山废弃土地面积 278 平方公里，其中煤矿塌陷区面积 224.6 平方公里，铁矿废弃地 53.4 平方公里。唐山市政府加大了铁矿废弃地和采煤塌陷地综合整治工作。通过开展“百矿披绿”、“绿色矿山”、矿山生态环境保护专项执法检查和自然保护区专项执法检查等一系列活动，使生态恶化趋势得到一定程度的遏制。以开滦煤矿、包官营铁矿、马兰庄铁矿、王爷陵铁矿等矿山为典型，形成了一些具有代表性的生态重建模式。各种形式的复绿工程，已使全市森林覆盖率提高了近 5 个百分点。目前，全市已投入资金 1.5 亿元，栽植各类苗木 600 多万株，绿化面积近 10 平方公里。过去寸草不生的尾矿渣已披上了绿装。矿山复垦面积达 117 平方公里，矿山土地复垦率达 42.1%。2008 年以来，按照唐山市委八届四次全会提出的“实施绿化唐山攻坚行动”的要求，以建设生态文明、改善生态环境，打造绿色、魅力、宜居唐山为目标，坚持生态优先、农民增收和生态、经济、社会三效统一的原则，加速实现“城市园林化、城郊森林化、道路林荫化、农田林网化、村庄花园化”的城乡绿化一体化目标，通过组织实施城镇及周边绿化、通道绿化、村庄绿化、农田及四荒绿化、工业园区及企业绿化、矿山修复绿化等六大绿化工程，三年累计绿化面积达到 68467 公顷。使得唐山市有林地面积达到 33.3 万公顷（500 万亩），森林覆盖率 28.70%，山区森林覆盖率达到 36.4%，活立木总蓄积 458.8 万立方米。唐山市属于生物资源较丰富地区，目前拥有乐亭石臼坨诸岛和唐海湿地两个省级自然保护区，属岛屿和湿地生态类型，保护对象主要为海岛生态环境和珍稀鸟类。唐山市对于已建的自然保护区建设，以保护和改善湿地生态系统为重点，通过加大投入力度，采用自然恢复和人工改造等多种方式，加强湿地中心区域保护、缓冲区域经营利用和示范区域开发建设，逐步建立起了与沿海经济带建设相协调，与全市经济社会可持续发展适应的湿地生态系统。此外还结合唐山市生态环境保护实际需要，开展河流湿地和河流入海口湿地保护区建设。滦河河口自然保护区、潘家口—大黑汀水库及滦河流域野生动植物自然保护区（省级）、滦河套湿地自然保护区、陡河水资源自然保护区等规划也在同步实施。建成了一批不同类型、不同级别的自然保护区、森林公园、风景名胜区等，面积达到 1092.47 平方公里，占全市国土面积的 8.1%。

（2）宜居城市建设力度逐年加强。唐山市全面提升城市建设管理水平，打造宜居宜业的现代化生态城市。唐山市围绕构筑现代化新城区，推动南湖生态城、唐山湾生态城、凤凰新城、空港城、环城水系和唐山湾国际旅游岛开发建设“六个提速”。南湖生态城，以建成国家 5A 级景区为目标，南湖景观大道、访客中心、西北片区路网等基础设施建设正在进行中。老唐山风情小镇、市民中心、文化广场等公建设施建设加快。在唐山湾生态城建设中，以建设绿色生态城市为目标，加快造地、路网、市政、生活配套设施等工程建设。凤凰新城，路网和市政配套设施进一步完善。空港城，路网和污水处理等基础设施建设加快。环城水系，正在实施水系周边大城山、弯道山、凤山、青龙湖、大洪桥、河北桥区域六大片区改造，打造环城产业发展带、生态景观带。唐山湾国际旅游岛建设中，启动并实施温泉度假区、祥云岛海上影视城等项目开发，加快打造独具特色的国际旅游岛。2016 年世界园艺博览会各项筹备工作，正在科学有序推进。旧城区改造速度加快。一是加快震后危旧平房改造，力争市区 229 万平方米安置住房主体完工。二是凤山区域改造即将启动，结合环城水系开发，建设集休闲度假、居住旅游、文化运动为一体的多功能郊野生态风景区。三是即将启动新火车站区域综合改造，发展高端商业、服务业，打造现代化新城区。四是加快弯道山区域综合改造，建设以陶瓷文化展示、商务办公、贸易物流、居住休闲为主的综合性城市新区。五是启动大城山区域改造，建设唐人文化园，打造体现唐山根源文化的新城区。六是加快市区城中村改造步伐，年内市区建成区城中村改造全面完成，南湖西北片区回迁房主体完工，外环线周边村庄改造全部启动。围绕提升城市形象、加速产业和人口向城镇聚集，唐山市政府正在集中力量组织开展“六项攻坚战役”。一是拆违拆迁攻坚，年内完成 400 万平方米以上。二是园林绿化攻坚，建成区绿地率、绿化覆盖率分别提高 1 个百分点以上。三是基础设施建设攻坚，新建、扩宽、改造 15 条城市主次干道，加快西郊、北郊、南郊三个热电厂建设。四是标志性建筑攻坚，确保新火车站、新青少年宫等 20 个标志性建筑主体工程竣工。五是市容环境整治攻坚，对城市主要街道两侧既有建筑实施景观改造、亮化升级。六是县城扩容攻坚，实现县（市）城控制性详规全覆盖，每个县（市）扩容 1 平方公里以上。以重点镇为龙头，加快小城镇建设步伐，增强承载和辐射带动能力。

（3）节能减排成绩斐然。唐山市资源利用效率稳步提高，节能降耗工作扎实推进，可持续发展能力显著增强。2008 年唐山市单位 GDP 能耗下降 6.4%，前三年累计降低 12.78%，完成规划目标的 61.2%。2008 年唐山市万元工业增加值水耗 29.7 立方米 / 万元，比 2005 年降低 43.75%，提前完成规划目标任务。2008 年唐山市工业固体废弃物综合利用率为 73.27%，已超额完成规划期末达到 70% 的目标。2008 年唐山市森林覆盖率达到 26.97%，基本完成规划期末达到 27% 的目标。节能减排工作力度不断加大。按年度将节能减排目标任务分解下达到各县（市）区和重点企业，实施了年度目标、累计进度、排放总量或能耗增量三重控制措施，实行节能减排“一票否决制”。严格执行节能评估审查制度和环境影响评价制度，开展了治污减排安全整顿百日攻坚联合行动和节能减排安全生产整顿攻坚行动，累计治理整顿企业 2432 家。全力推进“10100”节能减排工程，累计实施节能项目 385 个、减排项目 272 个。加强重点企业、重点行业节能减排管理，对 101 家重点企业进行了节能监察和监测。加大落后产能淘汰力度，三年累计淘汰落后炼铁能力 1122 万吨、炼钢能力 558 万吨，水泥产能 900 多万吨。设立了节能减排专项资金，严格落实差别电价、差别水价政策。资源节约集约利用水平提高。大力发展循环经济，培育了曹妃甸工业区、司家营生态工业园区、三友化纤等国家级、省级循环经济示范区和企业，创建了迁西、迁安、唐海湿地、南湖 4 个可持续发展生态示范园区和 8 家清洁生产示范企业。水资源污染控制力度加大。关闭取缔了陡河水库饮用水源二级保护区内 22 个工业排污口，实施了重点流域河流跨界断面水质目标责任考核并试行扣缴生态补偿金政策，排污费征收力度加大。污水处理、大气污染治理等工程建设进展顺利，环境质量有所改善。2009 年唐山市区环境空气质量二级及优于二级的天数达到 329 天，各县（市）、区环境空气质量二级及优于二级的天数为 298~334 天；13 个地表水监测断面中，8 个断面达到功能区划要求。

（4）城乡一体化进程逐步加快。近几年，唐山市新农村建设和城乡一体化进程得到了快速的发展。2008 年，唐山市在国内第一个编制完成了《城乡发展一体化战略规划》并逐步实施；农村生产生活条件日益改善，基本解决了唐山市 2450 个村、213 万农民群众的饮水安全问题；农村沼气池建设累计达到 39 万户；启动实施了 17 个中心镇和 148 个新民居建设示范点工程；累计创建文明生态村 3487 个，占唐山市总村（队）数的 61.2%。县城和小城镇建设改造力度加大，组织实施了以道路硬化、村庄绿化、街院净化为核心的村庄“三化”工程。城乡“五个一体化”、落实农民进城“五个无障碍”、农村“五个亮起来”均取得了良好的阶段性进展。

（5）林业生态建设与林业产业协调发展。唐山市依托自身丰富的自然资源优势，在加强林业生态建设的同时，林业产业不断发展壮大，实现了生态建设与林业产业协调发展。林业生态建设方面，积极争取国家和省林业重点项目，靠项目建设加快唐山市生态建设步伐。依托三北防护林、退耕还林、沿海防护林、荒山绿化、通道绿化、农村林网建设等重点工程，高标准的北部山区水土保持林体系、东部沙区防风固沙林体系、南部沿海防护林体系和交通干道绿色走廊体系正在构筑。林业产业发展方面，唐山市人工原料林基地稳定在 3.3 万公顷（50 万亩），实现林板产业产值 30 亿元。在遵化、迁西、迁安三个县（市）长城沿线片麻岩山区巩固建设板栗生产基地，2008 年，基地板栗种植面积 6.9 万公顷（104 万亩），产量 4.6 万吨。发展核桃、安梨等特色果品的种植，2008 年，该基地核桃、安梨种植面积 9667 公顷（14.5 万亩），产量 16 万吨。在遵化、玉田、丰润、迁安、滦县等县（市）、区山前平原区建设苹果生产基地，2008 年，基地苹果种植面积 2.5 万公顷（38 万亩），产量 47.2 万吨。在滦南、滦县、丰南、古冶等沙区巩固建设优质沙地梨基地，2008 年，基地沙地梨种植规模 1.1 万公顷（16.5 万亩），产量 15.4 万吨。在乐亭、唐海、开平、古冶、丰南等县（市）、区建设鲜桃和葡萄基地，2008 年，基地鲜桃和葡萄种植面积 2.3 万公顷（35 万亩），产量 68.2 万吨。

（二）面临的主要问题与挑战

唐山市生态建设与保护取得了巨大的成绩，环境质量逐步好转。然而，随着国家环保标准越来越高，群众生活水平与环境意识的提高，对环境质量的要求也越来越高，经济社会发展与资源环境矛盾越来越突出，与此相对应，在土地、水资源约束的前提下，生态环境治理与保护难度增大、成本提高、攻坚任务繁重。

1. 资源约束导致生态建设成本持续提高

土地资源紧张和水资源短缺，必然导致生态环境建设和保护成本提高。

随着人口增长，以及城市建设、重化工业和采矿业的发展，工业废水、废渣、废气的排放和堆积，地面的塌陷和采空造成的潜在塌陷，已经和正在对土地资源和土地质量造成大的侵害。这不仅使生态环境遭受不同程度的破坏，也使土地开发、复垦、整理难度进一步加大。唐山市耕地总面积与人均数量持续减少，2008年，唐山市人均土地1845平方米，人均耕地794平方米，分别比全国和全省人均少5462平方米、206.7平方米和740平方米、140平方米，人地矛盾在今后一个相当长的时期内将持续难以逆转。唐山的土壤类型主要为褐土、潮土和滨海盐土，土壤肥力不高，氮、钾含量低，有机质含量低，土地改良成本巨大，曹妃甸开发区每亩绿化成本高达17万元。

唐山市年人均水资源量为333立方米，为严重缺水地区，唐山市平水年缺水约4.49亿立方米，偏枯水年缺水7.67亿立方米，由于地表水不足，致使浅层地下水超采和严重超采面积达4817平方公里，深层地下水超采和严重超采区域面积达2497平方公里。水资源短缺必然会影响到唐山市社会经济的发展，也会制约生态环境建设与保护。

2. 环境治理任务依然艰巨

唐山受产业特征的影响，在矿石和煤炭开采过程中，形成了大量的采石尾矿和采煤塌陷区，对区域生态保护与建设造成巨大破坏，矿山废弃土地面积278平方公里，其中煤矿塌陷区面积224.6平方公里，铁矿废弃地53.4平方公里。这不仅使生态环境遭受不同程度的破坏，也使土地开发、复垦、整理难度进一步加大。尽管唐山市对铁矿废弃地和采煤塌陷地进行了大量的综合整治工作，形成了一些具有代表性的生态重建模式，但是矿山土地复垦率仅为42.1%，矿山退化生态恢复的任务仍然十分繁重。

工业污染控制和减排任务巨大。2009年唐山市工业二氧化硫、化学需氧量排放量分别为26.85万吨、8.04万吨，整体呈现排放量减少趋势。但唐山市作为全国和华北地区的重化工和原材料基地，经济发展正处于工业化中期阶段，是工业污染较为突出的时期，在当前与将来相当长的一个工业转型期内，工业污染控制和减排任务相当艰巨，面临着包括二氧化硫、化学需氧量以及氮氧化物、氨氮等其他工业污染物的减排任务。

城镇环境基础设施建设相对滞后。2008年唐山市城市污水集中处理率为90.61%，生活垃圾无害化处理率为86.86%，部分县城和大部分重点镇还没有污水集中处理厂和标准化的垃圾处置设施，医疗垃圾和危险废物还没有得到有效处置，城市环境基础设施建设相对滞后。到2020年，城市居民饮用水安全、污水处理、垃圾处置等问题将更为复杂，环境基础设施建设远远不能适应城市化进程和环境保护的需要，已经成为制约环境质量改善的瓶颈。

农村环境问题日益突出。随着唐山市城乡一体化及乡村生活城市化的发展，农村环境问题日益突出，生活污染加剧，面源污染加重。在古冶区、迁西县，饮用水源地受到严重污染威胁;开平区、古冶区、丰南区、丰润区、遵化市、滦南县，成为乡镇工矿企业污染与生态破坏严重最为集中的区域;在开平区、丰南区、丰润区、唐海县、乐亭县、玉田县、滦县、迁西县、遵化市、迁安市村庄生活污染普遍严重；古冶区、开平区、丰南区、乐亭县、迁安市畜禽养殖污染逐年加大。

3. 森林生态屏障建设与保护任务繁重

森林资源总量不足、质量亟待提高、生态服务功能与现实需求存在较大差异。经过多年的发展，唐山市山区林业建设取得巨大成就，但森林资源总量仍显不足。目前，山地有林地面积162927公顷，森林覆盖率为37.78%，山区仍有26710.3公顷荒山荒地有待绿化造林。虽然唐山市森林覆盖率位列全省第四，但是人均有林地面积没有达到全省平均水平，不及世界平均水平的1/10。森林资源主要集中在北部偏远山区，结构不合理，林地生产力水平低，水源涵养、水土保持等生态服务功能尚不能确保水资源安全。具体表现在：

第一，山区森林经营工作基本停滞，存在着“青山常在、永不成林，青山常在、永不利用”的被动局面。究其原因，一是人工造林缺乏明确的培育目标，造林方式机械，形成造林密度大、树种、年龄结构不合理的局面。二是造林后森林经营工作普遍没有进行，中幼林抚育滞后，加剧了森林质量差的现象。三是森林经营工作缺乏必要的资金投入。

第二，通道建设，存在着以短期见绿思想指导，所营造的通道林，树种单一、林层结构单一、密度偏大等普遍现象。

第三，农田防护林尽管主体框架已经形成，但是，面临着局部林网老化，呈现杨树造林一家独大的局面。近几年，绿化树种不断丰富，部分地区发展了柳树、椿、榆树等树种，并注意到不同的配置与混交，部分景观道路的绿化采用了银杏、法桐等树种，提高了观赏度。但总体来说，所占其他树种面积较少，树种相对单一。单一树种多、纯林多的现状，使得平原生态防护体系缺乏生态多样性，抵御自然灾害的能力差，系统稳定性还较低。

第四，森林资源保护任务和压力较大，林业基础设施建设滞后、尚未建立起森林资源管理信息系统；森林病虫害危害仍较为严重，需要进一步加强病虫防治工作，特别是美国白蛾点多面广，根除灭疫十分困难；森林火险的等级长期居高不下，防火范围逐年增加，防火压力越来越大，特别是基础设施建设还不能适应防火形势的需要，森林防火工作形势严峻，任务艰巨。

4. 沿海湿地保护带建设任重道远

近年来，唐山市政府不断加大沿海湿地保护力度，沿海防护林体系建设也受到越来越多的重视，但是唐山市沿海湿地生态系统的恢复与保护依然面临许多问题。

沿海地区森林覆盖率低于全市平均数 9.9 个百分点，资源总量不足，增长缓慢，与沿海地区经济的快速发展明显不相适应，与人民群众日益增长的生态需求不相适应。现有沿海防护林总量不足，树种单一，分布不均，林分质量差，防护功能低。基干林带建设质量不高，断带、空档地段很多，特别是泥质海岸地段建设缓慢，抵御风暴潮等自然灾害的能力薄弱；农田防护林网不健全，个别地方毁坏严重，生态庇护作用很难发挥。湿地保护的力度不够。唐山市沿海滩涂养殖涉及千家万户利益，湿地保护和管理难度大，尤其是工业化的快速发展，使近海滩涂区湿地保护很难落实到位，湿地遭到侵蚀和人为破坏现象比较严重。客观上讲，一是沿海地区自然条件差，土壤盐碱度高，用工程的办法很难长时间控制表层土壤返盐，造林难，成林更难，以至在一些地区形成了“当年活、二年黄、三年进灶膛”的现象。距海岸线 5 公里范围内重盐碱区，林木稀少；距海岸线 5~10 公里范围内的轻微盐碱地，只有少部分林地，生态环境极其脆弱。特别是在泥质海岸盐碱涝洼地，造林基本还是空白。二是沿海地区自然灾害发生频繁，对林业造成的损失很大。风雹、水涝经常发生，尤其是风暴潮和海啸影响更大。

二、生态环境建设分区布局

（一）建设目标与建设思路

1. 建设目标

从“安全、健康、生态良好的自然生态系统”建设理念出发，围绕“打造绿色、魅力、宜居唐山”这一核心目标，以山地森林生态系统、平原防护林体系和沿海湿地保护带建设为主导，水系、道路林网为一体，结构合理、功能强大的森林生态系统网络基本形成，山地水土流失基本得到遏制，水源地得到彻底保护、平原和沿海生态安全基本得到保障；退化湿地生态系统完全修复，湿地功能逐步完善，依托湿地栖息的生物多样性得到有效保护；山地平原矿山废弃地基本得到恢复，土地生产力得到提高、综合效益逐步增强；结构合理、功能强大的唐山、曹妃甸生态城全面建成，具有唐山特色的城镇、乡村人居环境质量全面提升；山地（泥石流）、平原（避灾）和沿海（降低海啸危害）防灾减灾能力全面提高；工农业生产引发的环境问题（水污染、废气污染、固体污染、面源污染）得到有效治理。

到 2015 年，山区森林覆盖率达到 41.37%；平原基本形成“田成方、林成网”的防护林格局。沿海地区林网控制率达到 70%；建成国家级湿地公园 1 个。建成区范围内绿化指标全部达到国家园林城市标准。矿山环境治理率达到 60%；全市空气质量二级及优于二级标准天数保持在 310 天以上；工业固体废弃物综合利用率达到 90%，城镇污水、垃圾集中处理率均达到 100%。农药、化肥施用量减少 20%，高效、低毒、低残留农药推广面积提高 20%；规模化畜禽养殖场粪便综合利用率达到 70% 以上，水产养殖区域监测面积占总养殖面积的 40% 以上；建立乡村清洁工程示范村 5~10 个，适宜地区 100% 的农户用上沼气。完成唐山市城镇灾害疏散道路及疏散地的规划及建成区的建设。

到 2020 年，山区森林覆盖率提高并稳定在 45% 左右。平原农田林网控制率达 90% 以上，通道两侧可绿化里程绿化率达到 100%，沿海地区林网控制率达到 85%，建立国家级滨海湿地自然保护区 2 个，滨海湿地公园 2 个。各县城的建成区范围内环境指标全部达到国家生态城市标准。矿山环境治理率达到 100%。全市空气质量二级及优于二级标准天数保持在 320 天以上；工业固体废弃物综合利用率达到 100%，城镇污水、垃圾集中处理率均达到 100%。农药、化肥施用量减少率 30%；规模化畜禽养殖场粪便综合利用率达到 90% 以上；乡村清洁工程普及率达到 30%。完成城区疏散通道、疏散地及生命线保障系统建设。

2. 建设思路

从唐山市生态建设目标出发，《唐山生态环境建设布局与工程规划》，将按照如图 1-1 所示的思路展开。

（二）指导思想与原则

1. 指导思想

以科学发展观为指导，建设高标准生态唐山为目标，以人为本，改善人居环境为出发点和落脚点，以提高森林、湿地、水系环境承载功能为主线，重点项目为支撑，通过优化生态布局、生态修复、增加绿量、提升质量，进一步改善和优化唐山市生态环境，促进人与自然和谐，实现人口、资源、环境与经济、社会的协调发展。

2. 布局原则

（1）统筹规划突出森林与湿地生态屏障建设。唐山市生态建设与保护，在正确处理好局部与全局的关系的同时，必须突出森林生态系统和湿地生态系统的建设与保护。结构合理、功能强大的森林与湿地生态系统的存在，是唐山市生态环境持续健康的基础。

（2）以地域分异规律为基础，突出唐山地域特色。山地、平原和沿海三种地域类型，构成唐山地域特色的基础，也是孕育唐山市特有的人文特征和产业发展的物质基础。这种差异也决定了不同区域生态建设重点和建设内容必须反映出唐山地域特色。

（3）生态建设与产业、文化发展相协调的原则。生态环境建设与保护，必须为唐山市产业发展和文化建设服务，最终体现出以人为本的发展理念。因此，唐山市生态建设布局，必须与唐山市产业布局和文化建设布局相协调，使得生态建设成为唐山市社会经济可持续发展的有机组成。

（4）资源环境适宜性原则。唐山市生态环境建设和保护，必须充分考虑唐山市自然生态系统

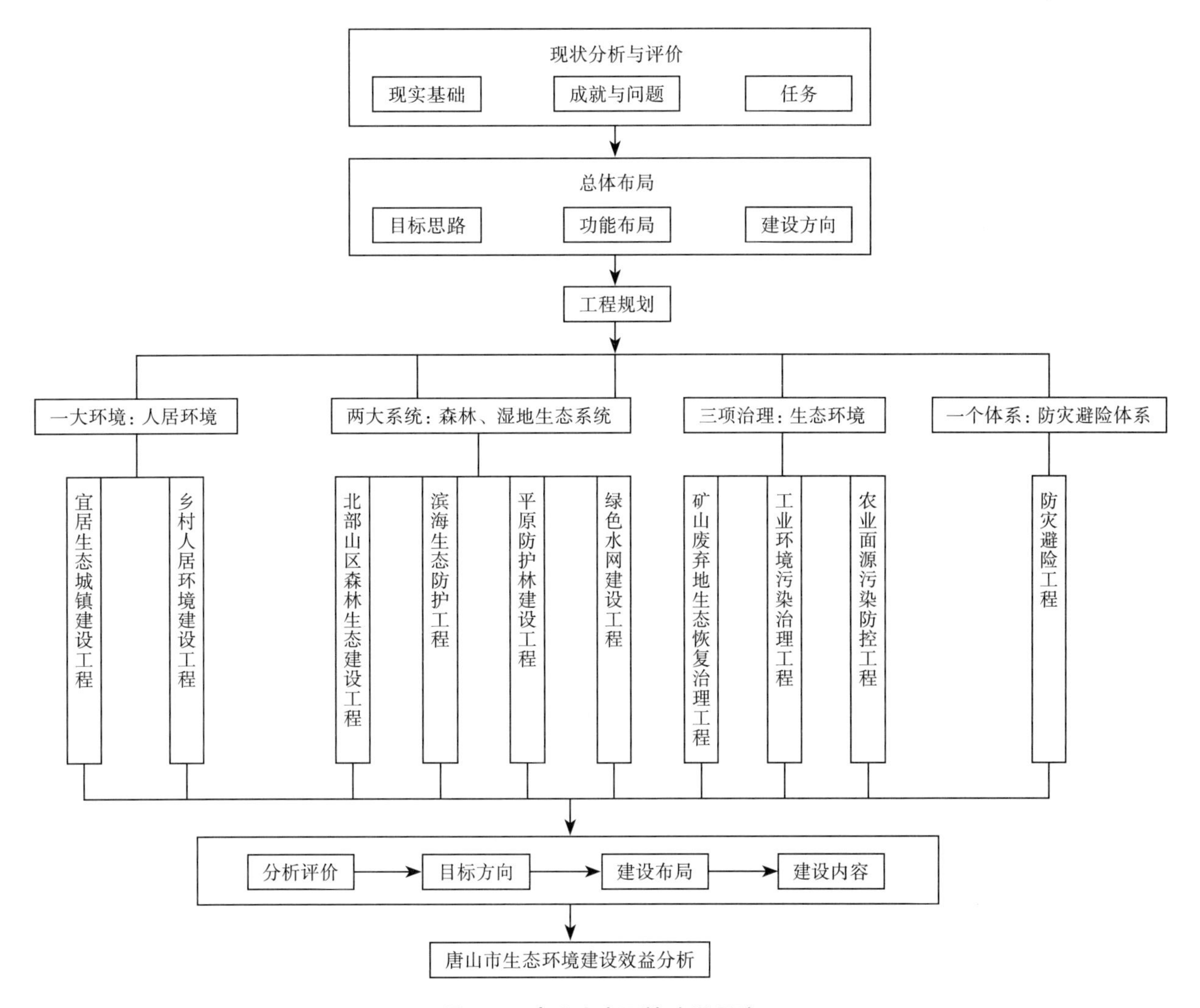

图 1-1　唐山生态环境建设思路

的状况和发展规律，在区域环境和资源容量限制下，科学合理安排生态环境建设所需土地资源和水资源。

（5）坚持立足当前着眼长远的原则。建设布局必须充分处理好近期、中期和远期的关系，既要明确唐山市生态建设中远期目标，又要突出近期工作重点，解决当前重大生态环境问题，使环境建设在短期内取得明显突破。

（6）坚持因地制宜整体推进的原则。唐山市生态建设必须正确处理好局部与全局的关系，在强化重点建设工程、重点建设领域和重点建设内容的同时，合理兼顾整个唐山市生态建设和保护整体推进，制定具体实施规划，形成整体推进、分级实施的建设格局。

（三）总体布局与建设任务

基于唐山市生态建设理念，按照唐山生态城市建设总体布局，结合唐山市政府“双核两带”城市发展总体思路，提出唐山市生态环境建设功能布局框架。

1. 建设布局

1.1　一大环境——人居环境

（1）唐山、曹妃甸城市宜居环境。范围包括唐山市中心城区及丰南、丰润、古冶城区所构成的唐山中部城市区；唐海县城区、南堡开发区、曹妃甸工业园区和曹妃甸生态城所构成的唐山南部城市区。该区域生态环境建设重点是:结合唐山市正在加速推进曹妃甸生态城、凤凰新城、南湖生态城和空港城“四大功能区”和环城水系建设，依托重要交通通道、自然河湖水系、大型绿地及丰富的人文景观，构建以生态农业观光为主要特色的西部生态园林、以休闲观光为主要特色北部生态园林、以开平区采煤塌陷区生态恢复为特色东部生态园林和正在建设中的南湖生态景观核心区四大城市生态园林为主导，将两大生态城打造成全球闻名的中国北方宜居城市。

（2）县城宜居环境。范围包括玉田、遵化、迁西、迁安、滦县、滦南县、乐亭等七个县（市）县级城区。依托主要交通通道和水系林网、庭院绿化、大型绿地及各具唐山特色的人文景观建设，将遵化、迁西、迁安三个山区县市，打造成具有唐山山区特色的人居环境，将玉田、滦县、滦南县、乐亭等四个平原县，打造成具有唐山平原或沿海人文特色的人居环境。

（3）乡村宜居环境。范围包括唐山市境内所有村镇。按照地域分异规律，分别山区、平原和沿海三种类型区，结合新农村建设和各具特色农村产业结构调整，以村屯绿化、美化为重点，选择若干具有典型带动意义、基础好的村屯作为典范，将唐山市广大农村建设成为村容整洁、环境优美的宜居村。

1.2 两大系统——森林湿地生态系统

（1）森林生态系统。唐山北部山区，以 50 米等高线为界，包括遵化市、迁西县、迁安市、丰润区及滦县的 64 个乡镇。该地区生态环境建设和保护的重点是，以现有森林生态系统科学经营和保护及其宜林荒山荒地植被恢复为主导，兼顾长城沿线生物多样性保护，结合矿山废弃地生态恢复，提高山地生态系统稳定性，提升山地系统水土保持、水源涵养和生态服务功能。平原地区，该区域包括地处山麓平原西部,玉田县、遵化市的 16 个乡镇,唐山市中心区及其周围的 34 个乡镇，唐山市东部滦河中、下游，滦县、滦南、迁安、丰南、唐海等 5 县（市）、区的 23 个乡镇（农场），唐山市西南部，玉田、丰润、丰南、唐海、芦台、汉沽 6 县、区的 21 个乡镇（农场），以及唐山市东南部包括乐亭、滦南两县的 14 个乡镇的滦河冲积平原。该地区生态环境建设重点是，以保障平原农业持续、稳定、健康发展为核心，兼顾平原美化、绿化和园林城镇、新农村建设，在现有农田林网适度经营、更新改造的基础上，进一步完善农田林网体系，最终形成以农田林网为主体，包括环村镇林带、护路林带、护岸（渠）林带、防风固沙林带等多林种为一体，结构合理、生长健康稳定、生态功能强大的平原森林生态系统。

（2）湿地生态系统。沿海湿地系统，主要包括乐亭、滦南、唐海、丰南、丰润、玉田等 6 县区的 43 个乡镇（农场），1136 个行政村。湿地总面积 3678.5 平方公里，占全市总面积的 25.71%。以南浦、滦河口、唐海、石臼坨 4 个湿地保护区为核心，通过湿地修复、沿海防护林体系建设和保护，结合沿海公路海防林、滨海大道海防林、唐曹高速景观廊道建设，逐步打造起湿地、沿海防护林有机结合，沿海湿地生态系统基本修复、湿地生态服务功能强大、生物多样性保护与产业发展相协调的沿海湿地生态保护带。河流水系湿地系统，包括北部丘陵、山地，自成体系入海。滦河、陡河、还乡河、沙河、蓟运河和青龙河 6 条较大河流，以及境内 4 座大型水库、3 座中型水库和 29 座小型水库。该区域生态环境建设的重点是，以防治水土流失和山洪、泥石流灾害及涵养水源、净化水质为重点，通过人工造林和封山育林等技术措施，提高库区造林森林覆盖率，加强库区低质水源林改造，改善库区森林资源结构，提高整个库区森林生态系统水源涵养功能；以滦河、陡河、还乡河、沙河、蓟运河和青龙河等 6 条较大河流绿化美化为重点，结合沿河城镇环城水系绿化，提高主要河流林水结合度。

1.3　三项治理——生态环境

（1）矿山废弃地治理修复。包括北部山区以铁矿废弃地为主废弃地，建设范围包括遵化市、迁西县、迁安市、丰润区及滦县北部的铁矿、金矿和采石场形成的尾矿库、废石堆、露采矿坑。中部平原区构建以煤矿塌陷地为主的废弃地，主要包括唐山市区、古冶区、开平区、丰润区南部的煤矿塌陷地、采石场和滦县部分铁矿区。在矿山生态修复的基础上，结合产业发展，把北部山区矿山废弃地建成富山保绿林果生态屏障，中部平原区建成矿山废弃地绿色生态农业基地，公路、铁路“两线”沿途退化矿山建成景色优美的绿色通道。

（2）工业污染治理。北部山区构建山前产业带污染防控区，建设范围包括以迁安、遵化为龙头的现代装备制造业聚集区；中部地区布局都市工业污染防控区，主要包括中心城区、开平区和两个郊区；南部主要在曹妃甸工业园区、南堡开发区、海港开发区（京唐港）、汉沽管理区和芦台开发区构建沿海地区工业污染防控区。对于大气污染重点行业（钢铁、电力、水泥、陶瓷业等），实施大气污染物减排工程，逐步推广清洁能源替代燃煤和集中供热，加强机动车污染治理，鼓励发展城市公共交通。强化水源保护区环境综合整治，加快城镇污水处理厂和污水收集系统建设，提高城镇生活污水处理率。加强工业区工业固体废物综合利用，积极发展无渣、少渣工艺，从源头减少工业固体废弃物的产生量。大力开发工业废弃物综合利用技术，进一步提高综合利用水平。加强医疗废弃物、化学废弃物等有毒有害物品全过程监测、监控和管理，实行专业收集、专线清运和集中处置。建设完善市区和各县（市）城镇生活垃圾无害化处置系统，分阶段提高生活垃圾无害化处置率。

（3）农业面源污染治理。北部山区林果杂粮种植污染防控带，范围包括遵化、迁西、迁安等北部山区县市为主的林果、杂粮种植区；现代农业综合污染防控圈，范围包括以种植业、养殖业为主的丰南区、丰润区、开平区、古冶区、芦台经济技术开发区、汉沽管理区、滦南县、滦县、乐亭县、玉田县、遵化市、迁安市。南部沿海水产养殖污染防控带，范围包括南部沿海地区的滦南、乐亭、丰南、唐海及南堡开发区布局。主要任务是科学施用化肥，采用低毒农药，采用易消解农膜等先进技术，严格控制农业面源污染。集中圈养，建立养殖小区，对畜禽粪便进行集中收集，并建设专用沼气池进行粪便的综合利用。推广节水灌溉技术，科学耕作，降低农田土壤侵蚀和流失。

1.4　一个防灾体系——防灾避险体系

北部山区灾害防治区，范围包括迁西、迁安、遵化等暴雨中心泥石流、崩塌、滑坡高易发区。建立预测预警系统，提高应急反应能力。开展迁西金厂峪金矿区、迁安铁矿区等重要矿区地质环境保护与地质灾害调查，建立矿山地质灾害监测网，开展矿山地质灾害监测、预测，针对矿区存在的地质灾害与隐患，走矿山开发综合治理的道路，提高防治效果。冀东平原地面塌陷灾害防治区，范围包括平原区的市中心区、路北区、路南区、古冶区、开平区、丰润区东欢坨煤矿区、玉田县林南仓煤矿区和滦县雷庄镇黄家庄村，面积约 5466.2 平方公里。严格控制开滦煤矿、滦县铁矿等大水矿区矿山开发对地质环境的破坏，防止诱发严重地面塌陷、地裂缝；建立健全唐山市区岩溶塌陷危险区预测预警系统，提高地质灾害预测预报水平和防灾减灾能力。沿海地面沉降及海岸蚀退灾害防治区，范围包括滨海平原区的芦台、汉沽、唐海县、南堡开发区地下水位降落漏斗中心区，分布面积 2874.8 平方公里。建立健全地下水、地面沉降监测网络，严格控制地下水开采量，防止曹妃甸港区及腹地产生地面沉降和地面不均匀变形，建立南堡、唐海地面沉降中心区预测预警系统，提高地质灾害预测预报水平和防灾减灾能力。

2. 建设任务

（1）森林生态屏障建设。唐山生态屏障建设主要包括北部燕山山地生态屏障、平原农田防护林和沿海生态防护林主体，涉及山地生态环境建设区、平原生态环境建设区和沿海生态环境建设区三种类型区。山地生态环境建设区，以提高山地生态系统生态安全保障能力为目标取向，一是采取工程造林与人工促进天然更新等相结合，进一步扩大森林面积；二是加强现有林经营，改善森林结构、提高森林生态系统稳定性和生态服务功能。平原生态环境建设区，以保障农业生态安全为目标取向，一是通过优化、补建现有防护林体系，完善现有防护林体系；二是加强防护林体系更新改造，提高农田防护林防护功能。沿海生态环境建设区，以提高抵御台风、海啸等自然灾害防控能力为目标取向，构建沿海防护林体系。

（2）水环境保护。水环境保护主要包括水源地、库区、河道和湿地保育。涉及山地生态环境建设区、平原生态环境建设区和沿海生态环境建设区三种类型区。山地生态环境建设区，以提高水资源生态安全为目标取向，一是采取工程造林与人工促进天然更新等相结合，提高饮用水水源地和库区森林覆盖率；二是加强现有水源林经营，改善森林结构、提高水源林持水保土能力；三是加强山区河流两岸植被建设，保障水资源输送渠道生态安全。平原生态环境建设区，以保障水资源输送渠道为目标取向，一是通过优化现有平原区河流、渠道美化绿化，保障河流渠道安全；二是加强河流渠道防护林更新改造，提高防护功能。沿海生态环境建设区，以科学保护和开发利用沿海湿地为目标取向，通过进一步完善沿海湿地保护区各项措施，在科学保护沿海湿地的基础上，提高湿地功能。

（3）生态环境治理（工业三废）。生态环境治理主要包括强矿山废弃地高效利用与生态复绿、工业生产废弃物综合治理和农业面源污染防控。涉及山地生态环境建设区、平原生态环境建设区两种类型区。山地生态环境建设区，以加速矿山废弃地植被恢复、提高土地利用率、减少水土流失为目标取向，工程措施与生物措施相结合，在土地整理的基础上，结合经济林等产业发展，提高矿山废弃地利用率和林木绿化率。平原生态环境建设区，以降低农业面源污染、促进绿色农产品生产，工业生产废弃物有效治理为目标取向，加强化肥、农药和农用薄膜等面源污染控制，提高化肥利用率、减少农药污染、逐步降低白色污染。

（4）林水一体化宜居环境。林水一体化宜居环境建设，是突出体现以人为本，满足唐山市城乡居民生存需求的民生工程。主要包括唐山、曹妃甸两个生态城为核心，唐山特色城镇、乡村为重点，绿色通道为纽带的环境建设。涉及山地生态环境建设区、平原生态环境建设区和沿海生态环境建设区三种类型区。山地生态环境建设区，以打造遵化市、迁安市和迁西县三个山区特色县级城市为核心，具有唐山山区特色的乡村宜居环境为目标取向，一是山、水、林、居协调配套，形成各具地域文化特色的山区城市；二是与新农村建设相结合，山区农村产业发展相结合，建立一批具有典型地域特色的新山村。平原生态环境建设区，以打造中外驰名、中国北方最适宜人居的新唐山为核心，具有唐山平原特色的丰润、滦县和玉田三个县级城市建设和平原乡村宜居环境为目标取向，一是林、水、路协调配套，形成具有地域文化特色的平原城市；二是与新农村建设相结合，平原农村产业发展相结合，建立一批具有典型地域特色的新农村。沿海生态环境建设区。以打造独具特色和渤海湾最具发展魅力的曹妃甸循环经济与生态港城建设开发区为核心，具有唐山沿海特色的滦南县、丰南市、乐亭县、唐海县、芦台、汉沽等县级城市建设和沿海乡村宜居环境为目标取向，一是林、水、路协调配套，形成具有地域文化特色的沿海平原城市；二是与新农村建设相结合，沿海平原农村产业发展相结合，建立一批具有典型地域特色的新农村。

（5）防灾避险体系。防灾避险体系建设，主要包括山地灾害防治与城镇防灾避险为重点的建设内容。涉及山地生态环境建设区、平原生态环境建设区和沿海生态环境建设区三种类型区。山地生态环境建设区，以提高山地生态系统抵御泥石流等地质灾害为目标取向，通过尾矿治理、增加森林植被，以及必要的山区道路固坡等工程措施，提高山地持水保土能力，减少泥石流等的发生，在城镇和乡村，通过避险通道、避险应急场地建设，提高城乡防灾避险能力。平原生态环境建设区，以控制和减少平原地区塌陷和地震等地质灾害为目标取向，采取必要的工程措施，减少地质灾害的发生，在城镇和乡村，通过避险通道、避险应急场地建设，提高城乡防灾避险能力。沿海生态环境建设区，以控制和减少沿海地区地震、海啸等地质灾害为目标取向，采取必要的工程措施，减少地质灾害的发生，在城镇和乡村，通过避险通道、避险应急场地建设，提高城乡防灾避险能力。

第二章 森林、湿地生态系统建设

一、平原防护林建设工程

（一）现状分析与评价

1. 建设区概况

工程建设范围主要包括唐山市的平原地区及各级道路分布区。主要涉及唐山市除山地丘陵与沿海之外的其他地区，包括遵化市南部、迁安市南部、丰润区南部、滦县南部、滦南县、乐亭县、迁西县、玉田县、唐海县、丰南区、路南区、路北区、古冶区、开平区、芦台开发区、汉沽管理区的农田林网和市内铁路、高速公路、国道、省道、县道、农村公路与其他农村道路的通道绿化。平原区域土地总面积 9925.79 平方公里，占唐山市总面积的 69.73%。至 2010 年年底，唐山市的铁路运营里程达 943.6 公里；公路通车总里程达到 13855 公里，其中高速公路公路 6 条，总里程为 507.5 公里；国道 3 条，总里程 311.7 公里；省道 25 条，总里程 999.26 公里；县道 31 条，总里程 1275.4 公里；乡道总里程 5063 公里；村道总里程 5698 公里。

2. 建设现状与成效

平原地区是粮、棉、油等主要农业商品的生产基地，也是经济发展较快与人口较为聚集地区，平原地区的生态防护体系对于保障农业生产、调节气候、改善人居环境、促进农村经济发展具有重要作用。平原地区的生态防护体系是以农田林网为主体，包括环村镇林带、护路林带、护岸（渠）林带、防风固沙林带等多林种、多功能的综合生态防护体系。

近年来，唐山市组织实施了以农田林网为主体，河渠路绿化为骨架，村庄绿化为基点，果品经济林为突破口的平原综合防护林体系建设，初步形成了带、网、片、点相结合的绿化格局，平原生态防护体系得到了快速发展，生态防护体系不断完善，防护功能不断提高。

唐山市制定出台了《绿化唐山攻坚行动工程技术指导标准》，按照国道及高速公路每侧边沟以外 50 米、省道每侧边沟以外 40 米、县道每侧边沟以外 30 米、乡道每侧边沟以外 20 米、通村路每侧 2 行树的标准建设绿化带，部分路段的单侧绿化宽度更是达到了 180 米，形成了蔚为壮观的带状森林。特别是县级以上的道路绿化，绿化里程达到 1470.1 公里，多数高速公路可绿化里程绿化率达到 100%，建成了多条较为完整的绿色长廊。但从整体来看，全市公路通车总里程达到 13855 公里，农村公路 10761 公里，占总公路里程的 78%，还包括农村大量的乡村道路与农田机耕路，绿化水平较低。

农田林网建设也取得了长足发展，全市农田面积 52.3 万公顷，农田林网面积达 4.1 万公顷，农田林网控制率为 70% 左右，初步形成了网、带、片、点相结合的农田防护林体系，但存在建设标准参差不齐、占地胁地矛盾较大、资金投入不足等问题。全市果树总面积和干鲜果品总产量达到了 14.7 万公顷和 153.62 万吨，并形成了南部平原苹果、鲜桃和葡萄基地（乐亭、滦南等县）与设施果品基地（乐亭、滦县等县），在平原经济林果不断发展壮大的同时，也发挥了较大的生态防护功能。城市园林绿化与景观建设取得了较大提高，城市绿化覆盖率与绿地率不断提高，但乡村绿化滞后于城镇绿化，绿化发展不平衡，乡村绿化总体上显得相对薄弱，环城、环村镇林带建设受到忽视。

3. 存在的主要问题

（1）土地资源相对紧张与防护林胁地相耦合。唐山市耕地资源相对不足，人均耕地面积 0.079 公顷 / 人，低于全国总体水平 0.093 公顷 / 人，保护基本农田、稳定耕地面积的任务还比较艰巨。平原是粮食生产的主要地区，土地资源较为紧张，但生态防护体系建设要占用一定数量的土地资源，防护林建设与保护耕地会产生矛盾冲突。并且，由于人口增加，人口增长与耕地减少的矛盾日趋尖锐。

农田防护林是平原生态防护体系的主体，虽然农田防护林网整体上能促进粮食的增产增收，但局部会有胁地效应，由于农田防护林的增产增收体现在整体区域，比较差距小，而胁地作用影响的是具体的农户，表现明显，除部分受风沙危害较为严重的区域外，农田防护林网的建设会使相关的农户产生抵触情绪，影响防护林建设的顺利实施。农田防护林体系由于分田承包和经济利益驱动已受到严重破坏，防护林建设急需重视加强。

（2）森林总量不足、功能较低。唐山市平原地区森林总量较少，森林覆盖率较低。随着经济的发展与生活水平的提高，平原地区对良好生态环境的需求不断增加，但属于少林地区，森林总量较少与日益增加的良好生态环境需求的矛盾不断扩大。

从平原防护体系的构成来看，农田防护林网面积还较少，且主要分布在滦县、迁安、丰润、唐海等少数县区，整体上林网控制率较低，乡村道路绿化率较低，部分生态退地未进行生态恢复，乡村的绿化美化未得到足够重视。同时存在着幼龄林较多、龄级结构不合理,林分质量不高等问题。森林总量不足、分布不均限制了平原生态防护体系功能的发挥，没有反映出区域大规模防护林体系所展现的景观与生态功能。

现有的生态防护体系，由于分田承包和经济利益驱动已受到严重破坏，部分地区林带残破，林木受损现象严重，防护功能低下。同时，对于已成熟的防护林带，由于各种政策、制度的限制，林分的更新改造工作没有受到足够的重视，重造轻管、只采伐不更新的现象未得到根本扭转。由于更新不及时，防护林地改变用途、林地被蚕食、流失的现象时有发生。

（3）树种类型单一，稳定性差。由于具有较高的经济效益，平原生态防护体系的主要树种为杨树，呈现杨树造林一家独大的局面。近几年，绿化树种不断丰富，部分地区发展了柳、椿、榆等树种，并注意到不同的配置与混交，部分景观道路的绿化采用了银杏、法桐等树种，提高了观赏度。但总体来说，其他树种所占面积较少，树种相对单一。单一树种多、纯林多的现状，使得平原生态防护体系缺乏生态多样性，抵御自然灾害的能力差，系统稳定性还较低。

（4）造林绿化重城市、轻乡村。平原防护体系建设要体现以人为本的思想，以改善生产生活环境、提高人民生活质量作为出发点和落脚点。随着城市经济的快速发展与生活水平的不断提高，城市绿化受到较大的关注，城市绿化率与绿地率不断提高，但乡村由于经济水平相对较弱、更多地关注经济水平的提高与生活的改善，乡村生态受到忽视，原有的农田林网、四旁树、片林破坏严重，总体上绿量较低。

广大的乡村是城市的自然基底，乡村绿化是生态城市建设不可或缺的重要内容。要加强乡村的生态建设，特别是城乡交错地带的生态建设，使乡村绿化与城市绿地系统贯通，城市通向自然，自然引入城市。城市外围大面积的绿化可以提高城市抵御自然灾害的能力，增加对城市居民的吸引，减缓城市环境压力，并提高乡村居民的生活质量，促进乡镇经济发展。

（5）对平原生态体系建设的认识不足。随着经济的快速发展与生态环境意识的不断提高，山区与沿海生态脆弱区的生态建设受到较多重视，重点地区的廊道与节点的生态建设也蓬勃发展，但广大的平原地区的整体性、综合性的生态防护体系建设却受到了忽视。目前，对于平原生态体系保护农田、促进农业增产增收、保护路渠、防止风沙的作用有较深的认识作用，但对其改善乡村生产与生活环境、美化环境、提高生活品质的作用认识还不充分。城镇与乡村的绿化还主要集中于建成区以内重要的道路与节点，而对于作为整体区域基底的生态防护体系缺乏重视。

对于农田防护林来说，由于农业生态环境恶化，自然灾害频繁，农田减产或绝收，严峻的现实就会使农户具有营造农田防护林的愿望。唐山平原地区虽然有风沙危害，但大多数地区农业生产条件较好，农民对农田防护林的作用认识不深刻，在 20 世纪五六十年代营造的防护林采伐后，更新不及时，再造林的愿望淡泊。特别是由于土地承包到户，再加上防护林的胁地效应，缺乏建设农田防护林的主动性与积极性。

（二）工程建设目标

1. 总体目标

到本规划期末，通过农田防护林网及通道绿化带的改造和建设，不断提高平原防护林的结构与功能，构建路渠林木成行、农田林网如织、村镇林带环绕、林果苗花成片的乡村生态景观，使自然生态环境不断好转、自然生态系统良性循环，形成功能良好、经济高效、景色秀美的平原防护林体系。

2. 阶段目标

到 2015 年，平原农田林网控制率达 80%，通道两侧可绿化里程绿化率达到 90%，林带完整度达到 80%，混交树种比例达到 20%，零星小片宜林荒地、荒滩、荒沙全部造林，集中连片的大面积宜林沙荒地造林面积达 60% 以上，基本形成“田成方、林成网”的防护林格局。

到 2020 年，平原农田林网控制率达 95% 以上，通道两侧可绿化里程绿化率达到 100%，林带完整无断带，低劣林带全部改造，混交树种比例达到 30% 以上，集中连片的大面积宜林沙荒地造林面积达 80% 以上，建立起功能良好、经济高效、景色秀美的完善的平原防护林体系。

（三）工程建设范围

长期以来，由于平原地区土地平缓、水浇地比例高、土地保蓄水能力强，自然生态条件较好，生态建设存在重山区与沿海、轻平原的状况。平原生态建设缺乏大的工程项目与资金支撑，也缺乏系统的科学规划与整体布局。平原生态防护体系要综合考虑区域的自然条件、农业主要灾害、生态环境现状与社会经济发展水平等多种因素，考虑区域的差异性与相似性，进行综合系统的规划与布局。生态防护体系的建设要以农田防护林网为主，充分结合道路绿化、河渠绿化与人居环境建设，体现城乡绿化一体化的思想，统筹兼顾，科学布局，系统实施（附图 8）。

1. 西部山麓平原生态保育型防护林区

本区地处山麓平原西部，共 16 个乡镇，土地总面积 9.23 万公顷，占全市土地总面积的 6.45%。地势平坦，农业用地所占比重高，热量、水分均较丰富，粮食生产优势明显，产量高，农业现代化水平高，农村劳动力文化素质也较高。主要气象灾害是冰雹、暴雨和干热风。

防护林体系建设以保障农田高产稳产、防止干热风危害为重点，兼顾防护林的景观与其他生态功能。农田防护林要少占耕地，充分结合道路、沟渠绿化与生态文明村建设，建设较大网格林网。并适度发展苹果、桃等生态经济林，形成网、带、片相结合的生态经济体系。

2. 中部平原景观生态型防护林区

本区地处唐山市区周围，共 34 个乡镇。土地总面积 18.23 万公顷（含高新技术开发区），占全市土地总面积的12.74%；耕地8.97万公顷，占全市总耕地的15.76%。

本区地势平坦，交通便利，是粮食主要产区。本区建设用地比重高，耕地减少速度快，林地、园地比重低。热量较丰富，降水略偏少。区位优势明显，经济水平较发达，旅游资源较丰富。本区的主要气象灾害是暴雨、霜冻和干热风。

防护林体系建设要兼顾生态与景观功能。在改善农业生产环境、保障农田高产稳产、防止干热风危害的同时，注重人居环境与生活质量的改善与提高，提高防护林的生态与景观功能。满足休闲、游憩需求，适度发展具有观赏和采摘功能的林带与片林。

3. 东部沙地防风固沙型防护林区

本区位于唐山市东部滦河中、下游地区，土地总面积18.97万公顷，占全市土地总面积的13.26%，耕地11.73万公顷。

本区土壤风蚀严重，农田生态失调，冬春风沙满天，沙随风移，生态环境日趋恶化，沿滦河故道沙地面积还在不断扩展。因受风蚀严重，土壤蓄水保肥力差，养分含量较低。林木覆盖率低，垦殖指数高。农田林网有一定基础，经济林偏少，生态环境质量较差。农作物种植规模大，但产量低而不稳。

本区是防护林体系建设的重点地区。防护林建设要结合退耕还林与三北防护林工程，进行沙地改良与农田保护，以小网格为主营造高标准的农田防护林网，发展乔灌、乔灌草相结合的立体模式。大力推广已应用多年且行之有效的桑农间作模式。

4. 西南部低平原生态治理型防护林区

本区位于唐山市西南部，土地总面积14.46万公顷，占全市土地总面积的10.11%；耕地8.42万公顷，占全市总耕地的14.79%。

本区地势低洼，易沥涝成灾。是玉米、棉花、蔬菜的集中产区。林业生产制约因素多，林果生产发展缓慢，林网没有更新造林，林木老化，林木覆盖率低。农机化水平较高，农民收入偏低。主要气象灾害是干热风和沥涝。

防护林体系建设侧重于农田生态环境的改善，减少干热风危害。应结合农田水利建设，科学发展农田防护林，树种选择耐涝树种，并结合必需的工程措施。林网以大网格为主，减少造林难度并保障农机作业的方便。

5. 东南部冲积平原生态经济型防护林区

本区位于唐山市东南部滦河冲积平原，土地总面积8.55万公顷，占全市土地总面积的5.97%；耕地4.74万公顷，占全市总耕地的8.33%。范围涉及乐亭、滦南两县的14个乡镇。

本区是唐山市重要的商品粮棉基地，农业生产的基础条件好，土地垦殖指数高。粮食作物种植以小麦、玉米、水稻为主，经济作物则主要是棉花。是全市鲜桃、葡萄主产区。在滦河下游两岸，有部分沙化土地，春、冬季有大风危害。

防护林体系建设以生态防护功能为主，并兼顾经济与景观功能。重点要建设滦河沿线沙化土地的农田防护林体系，以小网格为主，形成乔、灌、草立体结构。其他地区农田防护林以大网格为主。防护林建设要充分结合经济林的发展，建设具有地域特色的经济林防护带，兼顾景观功能。

6. 南部滨海平原湿地型防护林区

本区位于唐山市南部沿海，土地总面积29.81万公顷（含南堡开发区、海港开发区），占全市土地总面积的20.84%；耕地6.44万公顷，占全市总耕地的11.3%。

本区地势低平，气候温和适中，土壤养分含量较高，土质黏重，淡水资源缺乏。是全市水稻集中产区，农机化水平较高。主要气象灾害是风暴潮、大风、霜冻和沥涝。

受自然条件和滨海环境的影响，本区营林条件差，林果生产发展缓慢，是全市林木覆盖率最低的地区。防护林体系建设以改善农田生态环境，保障农业生产安全为目标，结合渠道防护林构建综合的防护林体系。加强适生树种选择，提高防护林标准。

（四）工程建设内容

结合唐山平原区自然条件较好、人多地少的局面，依据因地制宜、因害设防，少占耕地的原则，建设以道路、沟渠林带为骨架，农田林网为本底，网、带、片、点相结合的平原防护体系，构建人与自然和谐的乡村生态系统，形成耕地、村庄的生态安全屏障，打造农村良好耕作环境、出行环境与优美人居环境。

平原生态防护体系建设包括农田防护林网、通道绿化美化、局部退化土地植被建设等，在防护体系建设中，要注重宏观大环境中的重点地区、重点部位的精细化，提高林带与片林的建设标准，提高林带的整齐度与完好率。

1. 农田防护林网建设

1.1 林网设计

农田林网不局限于固定的形状与大小要求，要因地制宜，因势利导，充分利用道路、沟渠、河堤等构建基本骨架，并结合环城林、环村林建设，着重于基本防护网格的构建。避免林带斜切耕地与机械建设网格，要便于农机作业。

采用三级林网结构：

一级：通过铁路、高速公路、一般干线道路与河流两侧的林带构建基干林带。

二级：通过其他乡村道路、沟渠林带，结合速生丰产林与片林形成基础网格。

三级：在一级基干林带与二级网格的基础上，按照主害风方向进行主、副林带加密，并结合其他片林建设形成完善的平原防护林体系。

林网设计主要采用“窄林带、小网格”与“窄林带、大网格”的设计。网格面积以 15~25 公顷左右为一方。在风沙危害较为严重的地区宜采用小网格，其他地区采用大网格。林网以长方形为宜。

林带方向在有主害风的地段，主林带与主害风向垂直，无主害风的地段，林网方位可因地制宜。林带间距以 300~500 米为宜，大小取决于主害风速、林带结构和主栽树种的高度。主林带 4 行以上，副林带两行以上。农田道路两侧以“一路两沟四行树”的模式建设，在经济发达或植树积极性高的地区可沿路栽植 10~20 米宽的林带。林带结构采用疏透结构与通风结构。

1.2 树种选择与配置

主林带选择干形通直、高大、抗风力强、抗病能力强的优良树种，兼顾景观与防护功能，在主干道路两侧可栽植观赏树种。可选择速生杨、旱柳、刺槐、国槐、臭椿、千头椿等树种。

副林带以窄冠乔木或经济林木为主，小乔木或灌木可采用浅根性树种，但需要与深根性树种搭配，以增强林带的防风性能。树种可选择窄冠白杨、窄冠黑青杨、窄冠黑杨、窄冠刺槐、桃、苹果、枣、柿等。灌木可选择紫穗槐、沙棘、月季等。

林网中林带可分别营造不同树种，整体上主栽树种比例不能超过 80%，混交林的比例要大于 30%，可采用株间或行间混交。乔、灌结合的林带比例要大于 30%。

1.3 整地与造林

可采用人工或机械整地，可提前整地或随造随整。可采用带状、穴状或筑高台整地。

选择良种壮苗，采用植苗或容器苗造林，有条件的地方可增施有机肥。造林季节可选择春季、秋季、雨季。造林后要加强苗木的水肥管理，保证造林成活率与保存率 90% 以上。

到 2015 年，完成重点风沙区与景观区农田防护林网建设，新增农田防护林面积 1.67 万公顷，林网控制率达到 80%。到 2020 年，再新增农田防护林面积 1 万公顷，林网控制率达到 95% 以上。

2. 通道绿化美化

通道绿化包括唐山市内铁路、高速公路、国道、省道、县道、农村公路与其他农村道路。

2.1　铁路通道绿化

唐山市境内公路通道绿化已取得了长足发展，但铁路两侧绿化还有待加强。在平原区铁路两侧栽植 20~50 米宽的防护林带，兼顾生态与景观功能。山区铁路两侧第一可视面内全部绿化，注重坡面绿化与水土保持。城区范围内铁路两侧绿化侧重于绿化与美化功能，结合城市园林绿化，可选择建立园林小品、带状公园、苗圃花卉基地等，宽度结合具体环境与位置确定。

树种以乡土树种为主，可选择针阔混交或阔叶混交，边坡以深根性乔灌木为主，以提高路基的稳定性。铁路两侧绿化不便维护，宜栽植耐旱的乔、灌、草植被。城区范围内可多选择景观树种、常绿与落叶相结合，针叶与阔叶相结合，普通树种与观赏树种相结合，乔灌花草立体配置。

由于车速较快，乘客很难细致观赏周边景物，绿化景观要简洁。

2.2　高速公路通道绿化

高速公路通道绿化包括分车绿带防眩绿化、路堤边坡防护绿化、行道树种植绿化、绿篱护网绿化、路堑坡面绿化、服务区环境绿化、外侧防护林带绿化。

绿带防眩绿化以减轻车辆高速行驶造成的眩晕和夜间行车车灯眩光，保障车辆高速行驶的安全。防眩树要四季常青，低矮丛生，抗逆性强，耐粗放管理。可采用全遮光绿篱与半遮光绿篱，并合理设置防眩树株距。

高速公路的路基一般比普通公路高，形成的边坡绿化面积也大，对稳定路基、保障安全、防止冲刷、保持水土具有重要功能。边坡绿化植物要选择能适应边坡特殊立地条件，根系发达、固土能力强、生长缓慢、较为低矮的植物，以草本与小灌木为主，草本植物可种植于边坡的上部，灌木种植于边坡的下部。

行道树种植绿化主要位于路堤下方金属防护网内侧，要与边坡绿化相协调，可采用由内向外呈现低高低或低高的结构，树种以乡土树种为主，采用多树种混交、乔灌木相结合，适量增加常绿树种与观赏树种，丰富道路沿线景观。避免封闭式绿化，展现高速公路的优美曲线与沿线自然风光。

绿篱护网绿化在金属护网内，多栽植带刺的灌木，形成封闭性绿篱。植物要选择抗性强、易繁殖、成活率高的的品种，要求成篱快、外形美观。

路堑坡面绿化一般坡度较大，绿化难度较大。可采用机械喷播绿化与人工沟、穴绿化，可选择小灌木、草本。石灰坡面可在坡底、坡顶栽植攀缘植物、藤本植物进行立体绿化，也可在坡底栽植高大乔木、灌木，形成屏障。

服务区环境绿化体现功能性与观赏性，按园林景观进行绿化，以植物配置为主，可采用园林小品与小游园的形式，既有艺术性，又有生态性。

外侧防护林带绿化要体现一段一景或一区一景，要与周边的农田防护林网、沟渠绿化与村镇绿化相映衬。做到乔木与灌木相结合，常绿树种与落叶树种相结合，经济与景观树种相结合。平原区外侧林带为 50 米左右宽，但不强求固定的宽度，应结合自然地形而定。山区要求第一可视面内全部绿化，并要注意坡面绿化与水土保持。在高速公路沿线，要尽量展现周边景色，在发挥降尘除噪、保持水土、美化环境的同时，显现沿途的地域文化与村镇风貌。平原区水土条件较好，条件适宜地区可选择速生树种或经济树种，营造较宽的林带或片林，兼顾防护、景观与经济功能。

2.3 国道、省道通道绿化

国道、省道分布广、里程长，平原区两侧绿化宽度 40 米左右，并结合自然地形与周边景观综合确定，山区第一可视面内全部绿化。国道、省道的绿化要结合生态与经济区位，确定具体的单一或综合防护目的，在山区与风沙区要着重防风固沙与水土保持功能，在城镇与村屯附近要突出生态防护与降尘除噪等功能，城区连接线与穿越村镇的要加强景观美化与降尘除噪等功能。

绿化可结合沿线的实际情况与地域特色，发展速生林、风景林、苗木基地、经济林果等，兼顾生态、景观与经济效益。在重要的道路与节点营建针阔叶相结合、观花观叶观果相结合、树木与花草相结合、乡土树种与珍贵树种相结合的观赏风景林。较长的景观通道可在内侧建设 2~5 行的景观林带，在外侧建设较宽的具有较高经济价值的速生林带，形成高低错落、景观丰富、经济效益较好的复合林带。在特色经济林果基地，可在道路两侧建设以观赏、采摘为目的的桃树、板栗、苹果、葡萄等经济林带。

道路沿线的村庄、学校靠路侧较近的防护林带要进行全封闭栽植，以隔离车辆噪声与尘土。对具有污染的企业与货物、垃圾场附近的林带，要选择抗污染、耐性强的树种。高低压线路地段，要保证绿化带不断档，栽植低矮的乔灌木、果树，实现绿化和经济效益双赢。道路交叉口绿化节点，要保证通视，保障交通安全，栽植低矮的灌木、花卉、草坪，形成多层次、多品种、多色彩的园林绿化景观效果。

2.4 农村公路通道绿化

农村公路包括县道、乡道与通村油路，已成为连接乡镇与村庄的重要交通纽带，但一般道路较窄、曲折多、里程长，并通常与农田相邻。农村公路的绿化要尽量少占耕地，树种要选择干形通直、病虫害较少、树冠较小的树种，减少胁地效应。

绿化宽度县道 30 米、乡道 20 米，村道可采取“一路两沟四行树”的模式，或在路两侧直接栽植 1~2 行树。由于公路建设简单，通常边沟较窄或没有边沟，树木要同时具有保护路基、防止冲刷、景观美化的作用。等级较高的县道可采用国省道的绿化模式。农村公路纵横交错，可在不同的路段进行不同的模式、树种的配置，既可以丰富景观类型，也可在大尺度上形成树种的混交，增加多样性与稳定性。在道路交叉口或与国、省道相交的地段，在保证交通安全的情况下，可改变树种，阻断同质性，达到改变景观与色彩、部分混交的效果。

到 2015 年，新建道路两侧全部绿化，已建道路绿化质量提升 2000 公里，其中铁路与干线公路 500 公里，农村公路 1500 公里；重要节点建设 200 个；通道环境整治 8000 公里。到 2020 年，新建道路两侧全部绿化，已建道路绿化质量提升 800 公里，其中铁路与干线公路 300 公里，农村公路 500 公里；重要节点建设 100 个；通道环境整治 6000 公里。

3. 局部退化土地的植被建设

主要包括宜林荒地、荒滩、荒沙、坑、塘等，特别是风沙危害较重的滦河沿岸和滨海一带。依自然条件和难易程度，合理选择树种，提高混交树种比例，使用优良苗木，提高成活率，做到树体健康、林相整齐。注重生态功能与景观功能相结合。树种以乡土树种为主。

到 2015 年，零星小片宜林荒地、荒滩、荒沙、坑、塘全部造林，完成退化土地造林面积 1333 公顷。到 2020 年，集中连片的大面积宜林沙荒地造林面积达 80% 以上，完成退化土地造林面积 667 公顷。

4. 防护林网的更新与改造

农田林网更新。农田林网进行防护成熟后，要及时进行林网更新。一般采用伐后更新，先副林带、后主林带交错间隔进行。更新次序上可选择全带更新、滚带更新或半带更新、隔带更新等方式，最大限度地维护林带的生态防护功能。更新可选择植苗造林或伐根嫁接、萌蘖更新等方式。

林带采伐后，更新要及时，防止更新不及时降低防护功能，更要防止因更新不及时引发的林地流失。

残次林网改造。残次林的存在，降低了林网的有效防护面积，影响了整体功能的发挥，并会引发大面积的病虫害，降低农田防护林的系统稳定性。要结合残次林形成原因，有计划、有步骤的进行改造。林网残缺不全的，要进行补带与补植。林带残缺严重，难以发挥防护功能的，要进行更新改造。

到 2015 年，完成防护林带更新与改造面积 1 万公顷，其中，林带更新 0.67 万公顷，林带改造 0.33 万公顷。到 2020 年，完成防护林带更新与改造面积 0.67 万公顷，其中，林带更新 0.53 万公顷，林带改造 0.14 万公顷。

二、北部山区森林生态建设工程

（一）现状分析与评价

1. 森林资源概况

唐山市森林资源主要分布在北部山区，位于京哈公路以北，主要包括迁西县全境，遵化和迁安两县大部，丰润和滦县的北部地区。面积 419904 公顷，占全市总面积的 30.89%。山地中上部区域土壤质量较差，以石质土、粗骨土为主，土层薄、砾石多，质地粗，主要分布有油松、侧柏、柞树、槲栎、椴树等生态树种，在山地中下部区域土壤质量较好，主要为淋溶褐土，土层较厚，砾石少，质地细，肥力较高，植被以板栗、核桃、苹果、桃等经济树种为主。

（1）林地面积、蓄积。在山地区域，林业用地占有绝对优势，面积达到 242311 公顷，占山地总面积的 57.71%。其中，有林地、疏林地、灌木林地、未成林地、苗圃地和无林地面积分别为 162927 公顷、3863 公顷、10661 公顷、30226 公顷、6368 公顷、28265 公顷，分别占林业用地面积的 67.24%、1.59%、4.40%、12.47%、2.63% 和 11.66%。唐山市北部山区林分蓄积量为 1931490 立方米，其中，公益林蓄积量为 1064157 立方米，占总蓄积量的 55.1%；商品林蓄积量为 867333 立方米，占总蓄积量的 44.9%；纯林蓄积量为 1714349 立方米，混交林蓄积量为 217141 立方米。

（2）森林结构。唐山市山地森林资源丰富，据 2005 年二类调查统计，山地有林地面积 162927 公顷，森林覆盖率达到 37.78%。其中，天然起源的有林地面积为 40295 公顷，占有林地面积的 24.73%，人工林面积为 122632 公顷，占有林地面积的 75.27%；按组成结构划分，纯林面积 124232 公顷，占有林地面积的 76.28%，混交林面积仅 38639 公顷；按林种结构划分，生态公益林面积 54203 公顷，仅占有林地面积的 33.27%，而商品林面积达到 108724 公顷，占有林地面积的 66.73%，其中，80.20% 为经济林；按龄组结构划分，人工林幼龄林、中龄林、近熟林、成熟林和过熟林的面积分别占总有林地面积的 9.56%、11.98%、72.45%、5.9%、0.1%，而 99.92% 的天然林均为中幼龄林。

2. 建设现状与成效

（1）造林绿化成效显著。唐山市以保护天然林和扩大人工林为重点，以果品增收为重点，以资源管护为保障，扎实推进三北防护林工程、退耕还林工程、封山育林工程、绿化唐山攻坚行动等重点林业工程，持续把造林绿化，增加森林资源总量作为首要工作。截止到目前，唐山市山地森林蓄积为 1931490 立方米，占总蓄积的 47.26%，山地有林地面积 162927 公顷，森林覆盖率达到 37.78%；仅“十一五”期间规划完成造林绿化合格面积就达 8 万公顷，2010 年 10 月 25 日，唐山市人民政府又下发了《唐山市绿色家园创建活动实施方案》的通知，坚持由易到难、稳步推进的原则，在北部荒山等生态脆弱地区实施大规模造林绿化，快速提高森林覆盖率，北部深山区逐步形成绿水青山、满目苍绿的景观，构筑良好的生态屏障。

（2）森林抚育稳步推进。多年来，唐山市林业的抚育工作比较落后，主要注重森林防火和病虫害的防治，而对林木生长的调控抚育比较缺乏，管理水平低，发展速度缓慢，随着国家森林抚育补贴试点工作的开展，唐山市森林抚育工作逐步推进。唐山市在2007~2009年三年时间内，完成38359.6公顷的中幼林抚育工作，其中，割灌917公顷，修枝37132公顷，抚育采伐310.6公顷。并且森林抚育项目自2010年开始扩大规模，将利用3年时间，在北部山区，封山育林2万公顷，中幼林累计抚育面积达到43666.67公顷。

（3）林果产业健康发展。唐山市充分发挥资源和区域比较优势，顺应市场需求，扬长避短，大力发展特色经济林产业。坚持以市场为导向，以增加农民收入为目标，积极稳妥进行结构调整，建设规模化果品生产基地，推动果品贮藏加工企业和果品批发市场建设，构筑市场牵龙头，龙头带基地，基地连农户的果品产业化新格局，取得了显著成绩。唐山市以板栗、核桃、苹果、桃等果品为主体，全市果树总面积达16万公顷，干鲜果品总产量达到146.5万吨，实现产值38.69亿元，形成了以“围山转”为主体的百万亩优质板栗基地，遵化市8家企业获河北省林果产业重点龙头企业称号，迁西县、遵化市被先后命名为“中国板栗之乡”。

（4）生物资源保护和利用成效较为明显。在山地生物资源保护方面，唐山市主要依托已建成的风景名胜区和森林公园进行保护。已建成了7个山地风景名胜区和森林公园，包括遵化市清东陵国家级森林公园、遵化汤泉风景名胜区、遵化万佛园风景名胜区，遵化鹫峰山旅游区森林公园、迁西县景忠山省级森林公园、迁安市徐流口省级森林公园、丰润御带山省级森林公园等，总面积共67平方公里，占唐山总面积的0.5%。这些风景名胜区和森林公园的建立，对保护山地风景资源、森林生态系统和野生动植物资源起到了一定的作用。在山地生物资源保护方面，同时也依托总规划面积22平方公里的迁西县青山关长城古堡保护区进行保护，这对古长城及周边区域森林生态系统及野生动植物资源的保护也起到了一定的作用。其次唐山市政府为了构建一个生态唐山，也在积极转变山地生物资源的保护策略，通过建立自然保护区对山地森林生态系统以及野生动植物资源进行保护，目前规划建设2个自然保护区，一个是长城沿线自然保护区，另外一个是滦县青龙林区自然保护区。

3. 存在的主要问题

（1）森林资源总量不足。经过多年的发展，唐山市林业建设取得了一定成就，但森林资源总量仍显不足，生态环境脆弱，尤其是在打造京津唐城市群进程中，林业资源更显不足，有待进一步增加。目前，北部山区有林地面积162927公顷，森林覆盖率为37.78%，森林蓄积仅为1946108立方米，山区仍有26710.3公顷荒山荒地有待绿化造林。

（2）森林质量不高。唐山山地森林尽管面积较大，但森林质量不高，结构不尽合理，尤其人工公益林，由于抚育管理不及时，森林质量差，物种多样性低，空间利用不充分，蓄积量较低，导致森林生态功能未能充分发挥。据统计，唐山北部山区有林地每公顷蓄积量25.5立方米，远远低于全国的每公顷76.30立方米。因此，必须通过调整森林布局，加强低效林改造，提高森林营造和经营管理水平，进一步改善森林的质量。

（3）森林结构不合理。唐山市森林资源丰富，但结构不合理，生态服务功能不强。北部山区有林地面积为162927公顷，其中，天然林比重不高，面积为40295公顷，仅占有林地面积的24.73%，人工林面积为122632公顷，占有林地面积的75.27%；林分中混交林比重较小，面积38639公顷，仅占有林地面积的23.72%，纯林面积124232公顷，占有林地面积的76.28%；生态公益林面积仍显不足，仅有54203公顷，占有林地面积的33.27%，商品林面积108724公顷，所占比重达66.73%，并且，80.20%为经济林。急需对唐山林业资源进行抚育改造，充分发挥林业的多种功能。

（4）林果产业化经营水平不高。近年来，唐山的林果业、林产品加工业、花卉种苗等林业产业得到一定发展。但集约化生产水平不高，产业链条短，产后储藏加工能力弱，增值潜力不足；林板加工业企业规模小，布局分散，产品技术含量不高，档次较低，知名企业和名牌产品少。急需加强在打造果品基地、企业龙头、知名品牌等方面的建设。

（5）森林生态系统类型的自然保护区尚未建立。唐山山地森林生态系统类型的自然保护区的建设和管理不仅对改善唐山生态环境及其维护生态系统平衡和保护生物多样性具有重要的作用，而且也是唐山生态城市建设的一项重要内容。但以森林生态系统和野生动植物保护为主要目的自然保护区尚未建立，在一定程度上会影响唐山生态城市建设的成效。目前，问题是自然保护区只停留在规划阶段，规划建设的 2 个自然保护区，没有实际的工程建设，也没有相应的管理措施，在规划区内仍有人为破坏和干扰，森林生态系统和野生动植物保护形势严峻，急需规划建设自然保护区，从而实施有效的保护。

（二）工程建设目标

1. 总体目标

全面实施可持续发展战略，以唐山市经济发展转型为契机，通过实施荒山荒地人工造林、封山育林、抚育采伐、低值林改造等措施，逐步恢复良好的区域生态环境，建成功能完备的绿色生态屏障，形成高山远山松柏山，低山丘陵花果山的生态景观，积极发展包括生态林果业、生态旅游业，提升林业产业效益。最终构建起结构合理、功能强大、稳定的森林生态生态系统。同时以生态学和保护生物学理论为指导，紧紧围绕唐山山地生物资源保护面临的突出问题和矛盾，遵循自然规律和经济规律。全面有效地保护唐山山地的森林生态系统、珍稀濒危动植物、生物多样性及其赖以生存的栖息环境，建成长城沿线森林及野生动植物自然保护带。

2. 阶段目标

到 2015 年，通过人工造林、封山育林等措施，唐山市北部山区有林地面积达到 173727 公顷，其中公益林 605003 公顷，山区森林覆盖率达到 41.37%，50% 低效林得到改造，林果产业化经营面积达到 16.7 万公顷，林业产业总产值达到 100 亿元，山区绿色生态屏障基本构建。建成长城沿线森林及野生动植物省级自然保护区。

到 2020 年，生态环境明显改观，北部山区有林地面积达到 189000 公顷，其中公益林 80276 公顷，山区森林覆盖率提高并稳定在 45% 左右，80% 低效林得到改造，林果产业化经营面积达到 18.7 万公顷，林业产业总产值达到 120 亿元，山区绿色生态屏障逐步完善。建成长城沿线森林及野生动植物国家级自然保护区。

（三）工程建设范围

根据生态功能区划原则、指标体系和唐山市地形、地貌以及行政区划等因素，在唐山市生态城市建设总体布局的基础上，将唐山市北部山区划分为 2 个生态区，即北部长城沿线生态防护区和北部低山丘陵林农果区。同时在北部长城沿线生态防护区内布局长城沿线自然保护区（附图 10）。

1. 北部长城沿线生态防护区

该区以 300 米等高线为界，大体在大秦铁路以北，主要包括遵化市、迁西县及迁安市的马兰峪镇、侯家寨乡、渔户寨乡、太平寨镇、五重安乡等 19 个乡镇。地形以低山为主，气候属暖温带半湿润大陆性气候，土壤以山地棕壤、山地褐土为主，植被以油松、侧柏和栎类为主，为全市森林覆盖率最高的地区，生态敏感性程度高。区域主导生态功能为山区水源涵养与森林生态系统保护。该区有一定储量的矿产资源，矿山开采等人为因素使部分山体植被遭到破坏，土地沙化，水土流失造成河流淤塞，水库淤积，水质污染等，森林涵养水源功能较差，生态环境压力较大。

本区具有潘家口、大黑汀水库，是津唐两市重要的水源地，减少水源污染和泥沙淤积十分重要，必须重视水源涵养林的建设，以封山育林、退耕还林、绿色家园创建活动等造林绿化工程为依托，提高植被覆盖率，以涵养水源、净化水质及防治水土流失和山洪、泥石流灾害为重点，严格保护良好的森林生态系统，加大矿山开采的生态恢复力度，充分发挥水土保持、水源涵养、净化水质和防风固沙等生态服务功能。

本区域具有丰富的野生动植物种类和森林生态系统类型，必须加强自然保护工程建设，以保护森林生态系统和野生动植物资源。长城沿线自然保护区，包括遵化市洪山口、侯家寨，迁西县喜峰口、大峪林区和迁安市长城沿线，以此形成长城沿线自然保护区带。

2. 北部低山丘陵林农果区

该区位于京哈公路以北，海拔50米以上，包括遵化市、迁西县、迁安市、丰润区、滦县的娘娘庄乡、火石营镇、新集镇等45个乡镇。该区以低山丘陵地貌为主，盆地散布于山地丘陵之间，热量资源较少，降水量较大，土壤类型多样，是全市主要的林果种植区，该区域矿山开采的采矿场、废石场和尾矿场对生态环境的破坏作用也非常明显。

在未来的发展中，要重点实行生态经济型水土保持林的建设，加强小流域综合治理，彻底治理水土流失，并提高人民群众收入。

（四）工程建设内容

1. 北部深山区水源涵养型防护林建设

该项建设内容主要在大秦铁路以北，包括遵化市、迁安市、迁西县的北部山区进行。在土层较厚，25度以上的深山区，以天然更新为主导，采取封山育林、飞播造林、人工造林等技术措施增加森林面积；在土层较薄、分布不均的荒山荒地，采取镶嵌状的大鱼鳞坑整地，选择侧柏、油松、刺槐、栓皮栎、沙棘、紫穗槐等乡土耐旱树种，开展以人工造林为主的工程造林，构建坡面多林种、多树种、乔灌草、不规则斑块状、镶嵌复合的高效空间配置结构的防护林体系。

到2015年，北部山区完成绿化荒山2.1万公顷；到2020年北部山区再完成1.3万公顷。建立起完备的山地森林综合防护体系，防范和减轻风沙、山洪、泥石流等灾害，增强水源涵养能力和防治水土流失。

2. 北部低山缓坡区生态经济型防护林建设

该项建设内容主要在京哈公路以北，包括遵化市、迁西县、迁安市、丰润区的低海拔区域开展。在土层较厚、土壤有机质含量较高的地区，采用“等高线、整平面、外噘嘴、里汪水”的整地模式，选择板栗、核桃等经济林树种造林，畦埂用紫穗槐护坡，在空间上形成立体配置的种植结构，构建防护效益高、经济效益好的生态经济型防护林体系。在发挥水土保持、水源涵养的同时，提供优质的林副产品。对于土层较薄的立地，采用大鱼鳞坑整地的方式，选择侧柏、油松等用材树种和板栗等经济树种，进行工程造林，构建防护林体系。

到2015年，完成0.8万公顷；到2020年，完成0.56万公顷，确立板栗、核桃在山区经济林体系的主体地位，构建低山区生态经济型防护林体系。

3. 北部山区生态公益林中幼林抚育

该项建设内容主要涉及遵化市、迁西县及迁安市的北部山区公益林。对于幼龄林，主要实施割灌、扩穴等林地抚育措施；对于中龄林，因密度较大，导致自然整枝严重、质量低下的林分，主要实施人工修枝和抚育采伐等林木抚育措施；因造林树种选择不当等原因而导致生态效益、生物产量、质量低下的林分，主要实施更替树种、树种混交、补植补播等抚育改造措施，最终将林分培育成密度合理、林相整齐、结构优化、生长迅速、森林功能强大、稳定的防护林。

至 2015 年，幼、中龄抚育面积分别完成 4.72 万公顷和 1.72 万公顷；至 2020 年，幼、中龄抚育面积分别再完成 4.56 万公顷和 1.74 万公顷。通过森林抚育，优化森林结构，提升林分质量，增强森林功能，建立一个稳定、高质、高效的防护林生态系统。

4. 长城沿线自然保护区建设

主要在遵化市洪山口、侯家寨，迁西县喜峰口、大峪林区和迁安市长城沿线等生态区位重要、森林动植物资源丰富地区，开展野生动植物保护和植被恢复、资源环境监测与评价、自然保护科普知识宣传教育以及自然保护区基础设施的建设等工作，建立一系列的自然保护区，形成长城沿线自然保护带。

到 2015 年，完成该区动植物资源的调查、重点野生动植物保护规划以及自然保护区基础设施的建设工作，申报唐山市长城沿线省级自然保护区。到 2020 年，完善自然保护区基础设施建设，落实野生动植物保护规划，建成资源监测体系，建成唐山长城沿线国家级自然保护区。

三、滨海生态防护工程

（一）现状分析与评价

1. 唐山沿海地区的自然概况

（1）地理位置与海岸类型。唐山市沿海地区位于东经 117° 53′ ~119° 15′ 之间，为冲击三角洲平原。大陆海岸线东起乐亭县滦河口，与秦皇岛市接壤，西到丰南区的洒金坨插窝铺。包括乐亭、唐海、滦南、丰南四县（区），汉沽管理区，芦台及南堡经济技术开发区。大陆岸线全长 196.4 公里，岛屿海岸线 135.5 公里。按海岸基质的性质划分，唐山市海岸可分为沙质海岸和泥质海岸。沙质海岸东起乐亭县滦河口西至大清河口，全长 75 公里。从滦河口至浪窝口为沙咀、沙坎。沙坎内浅水泻潮带，退潮时，大部分退出水面为陆地。从浪窝口至大清河口，为沙坝环绕的粉沙平原岸段，海岸受潮水冲击时，沙坝逐渐降低。泥质岸段从大清河口至丰南区与天津交界处，均为泥质岸段，全长 121.4 公里，海岸平直，滩涂广阔，土壤盐碱程度较重，形成了大面积重盐碱荒地。总的来看海岸地貌类型为冲击三角洲平原，潮间带地貌则多为海滩、潮滩、潟湖、河流三角洲等类型。沿岸浅滩区域滩面平缓，阳光充足，气候干燥，生物资源丰富。大清河口至涧河口的淤泥质海岸目前的土地利用方式以盐田和养殖为主，大清河口以东的沙质海岸目前以耕地及养殖为主。近年来，随着堤坝工程、港口及配套工程、养殖工程、石油开采工程、临港工业、旅游设施建设、采砂等活动的不断增加，特别是近年来的曹妃甸建设、养殖池塘、盐田开发等活动，海岸线处于不断的变动之中，其总体势态为向海推进。海岸线有不断增加的趋势。1984 年调查，海岸线长 199.3 公里，2004 年调查岸线长 215.62 公里，2007 年调查的岸线长度为 229.7 公里，呈逐年增长的态势。

（2）土壤与植被。土壤主要有沼泽土、盐土、水稻土、潮土、风沙土五个土类。以盐土面积最大，滨海盐土含盐量一般在 1.1%~3.66%，土壤肥力低，有机质含量不足 1%，含氮量 0.05%。当地原生植物早已被破坏，现有盐吸、柽柳、芦草、三棱草等盐碱植物。人工栽培树种有洋槐、紫穗槐、枸杞等。内地及沙质地带有杨、柳、椿、苹果、梨、桃等树种。

（3）滨海湿地。唐山市滨海湿地资源丰富，主要分布于乐亭、唐海、滦南和丰南四县，其中乐亭有 4.32 万公顷，唐海有 2.07 万公顷，滦南 2.09 万公顷，丰南有 0.48 万公顷。唐山市滨海湿地物种丰富。现已发现以双壳类和甲壳类为主的潮间带生物 163 种，资源量达 4.0 万吨，鱼类资源 63 种，各种野生植物资源 183 种。该区域还是候鸟自东南亚、澳大利亚向俄罗斯、阿拉斯加迁徙的必经之地。有鸟类150余种，其中有国家一级保护鸟类5种，二级保护鸟类17种，每年约有200多万只水鸟飞经唐山市沿海湿地。2001年4月下旬湿地国际专家组对唐海县完成的考察表明，以唐海县七农场为代表的唐山市沿海湿地生态系统保存完整，具有典型的湿地特征和很高的保护价值，符合“国际重要湿地”标准。滦河入海口湿地已列入“中国重要湿地名录”。

（4）风暴潮灾害。唐山市沿海地区风暴潮和海啸等自然灾害频繁，对当地的工农业生产带来极大威胁，经常带来严重损失。唐山市1992年、1997年先后发生了两次风暴潮和海啸，造成树木折断拔起1万多株，果树受灾面积5万多亩，使很多地段多年的造林成果毁于一旦，损失惨重。另据与唐山市相邻的秦皇岛风暴潮灾害的记载，秦皇岛沿海最早的风暴潮记载为1634年，当时的情景是：海啸，漂没沿海民房，地生土阜。另一次为1845年，当时有“海啸上溢20余里，鱼舍尽没”的记载。新中国成立以来，有5次台风引起的风暴潮记载。经济损失最严重的记录是2003年10月11~12日渤海湾沿岸发生特大强冷空气南下大风、风暴潮灾。

2. 滨海生态防护工程建设现状与成效

唐山市自20世纪60年代以后，沿海地区大兴农田水利工程，修河渠，筑堤坝，挖台田，打机井，大大改善了农业生产条件，林果产业随之也得到了不同程度的发展，栽植了一些林木和果树。特别是1991年，唐山市明确提出加强沿海防护林体系建设以来，通过组织工程的、义务的以及结构调整等各种形式，大力发展林业生态和林果富民产业，促进了沿海防护林体系的发展。主要取得了以下几个方面的成就。

（1）建成了较为完善的沿海农田林网。在对农田林网作用认识不断提高的基础上，大力组织实施了平原绿化达标，试验栽种山海关杨、毛白杨、南京柳、中林46等适宜树种，初步形成了网、片、带相结合的防护林体系。沿海地区农田林网植树面积达到1.56万公顷，庇护农田面积达到12.73万公顷，农田林网控制率达到52%，不仅提高了森林覆盖率，而且显著改善了农田小气候，促进了农村经济的发展。

（2）开展了以沿海基干林带为主的通道绿化。从1992年起，沿海公路两侧和输水干渠两侧，主要通过工程造林方式，组织实施沿海基干林带建设，完成干线绿化129公里，绿化面积达377.93公顷；同时，高标准完成了唐港、唐津两条高速公路绿化，绿化面积332.53公顷，形成了通道景观线。

（3）建设了一批名优果品基地。通过实施调整农业结构、发展高效优质农业和林业产业化经营战略，在沿海适宜地区建设了一批名优果品基地，面积达到2.43万公顷。温室果、沙地梨、鲜食葡萄、苹果、鲜桃等果品，不仅品质好，而且注册了商标，形成了品牌，走向了全国，为农民增收发挥着重要作用。

（4）规划建设了沿海湿地保护区。利用沿海地区丰富的湿地资源，通过项目形式，组织开展了沿海湿地保护区的规划建设。唐海湿地和鸟类自然保护区已被省政府批准，列为省级自然保护区；乐亭石臼坨岛被省海洋局批准为海岛湿地保护区；滦河河口湿地自然保护区、滦河套湿地自然保护区也都列入了全省自然保护区建设工程的总体规划中。沿海自然保护区总面积达到2.04万公顷。

（5）建设了一批用材林基地。利用国家三北防护林工程、退耕还林工程和沿海防护林工程等一些大的项目，在沿海沙薄地、河渠两侧等生态脆弱地区，组织实施了造林绿化，建设了成片成规模速生丰产用材林基地2.93万公顷，不仅增加了农民收入，而且有效改善了环境条件。

（6）实施了村庄绿化工程。从2003年开始实施的文明生态村镇绿化工程，按照每年10%的行政村比例连续推进，沿海地区已经完成达标村776个，村庄林木覆盖率达到了20%以上，农村人居环境得到了显著改善。

3. 滨海生态防护工程存在的主要问题

3.1 沿海防护林体系建设中存在的问题

唐山市沿海防护林体系，经过多年的建设发展，取得了显著成绩，但是，也必须清醒地看到，唐山市沿海防护林体系建设仍然存在很多问题。主要表现在：

（1）森林覆盖率低，沿海防护林总量不足，抵御风暴潮的能力差。沿海地区森林覆盖率明显偏低，低于全市平均数 9.9 个百分点。同时，基干林带建设质量不高，断带、空档地段很多。另外，现有的沿海防护林普遍存在着树种单一、结构简单的问题，很多海岸基干林带、农田防护林网，都是单一树种的纯林，没有形成多树种、多林种的林分结构，生态系统稳定性差。同时，海防林结构不健全，个别地方毁坏严重，生态庇护作用很难发挥。

（2）现有海防林布局结构不尽合理，体系不够完善、质量不高。首先，现有基干林带主要沿道路建设，多是从道路绿化的角度设计，而从防灾角度考虑较少，因此设计不尽合理；其次，沿海基干林带尚未合拢，林带宽度过窄，尤其是海岸基干林带普遍宽度不够，不足 100 米，还有相当数量的农田林网断带严重，农田林网不够完善，整体控制率不足 80%，难以达到有效防御台风等自然灾害的目的。

（3）沿海防护林的定位不高，整体功能低下。沿海防护林启动之初，由于受到当时认识水平的限制，突出海岸基干林带、农田林网建设，而忽视了滨海湿地的保护管理和城乡一体化等方面的内容。没有真正形成从滨海湿地到海岸基干林带、城乡防护林网，这样一个多层次、相互衔接的复合型防护林体系，在一定程度上削弱了沿海防护林抵御海啸和风暴潮等自然灾害的作用。

（4）各项经济建设对沿海防护林“蚕食”严重。沿海防护林处在经济活动频繁的海岸地带，随着沿海经济的快速发展，各项工程建设和群众生产生活“蚕食”沿海防护林现象加剧，造成沿海防护林的大量破坏。

（5）沿海防护林体系建设资金短缺。近些年来，虽然在沿海防护林建设上取得了一定成效，但是总体造林面积还不够大，对区域生态环境改善还不够理想，问题的关键是林业建设资金投入不足，投入渠道单一，主要是依靠中央国债和省财政投入，且投入标准低，无法满足沿海防护林建设的实际需要。

3.2 滨海湿地保护中存在的问题

长期以来，唐山市沿海开发利用活动不断增加，大量工农业废水、生活污水的排放、酷渔滥捕和油气资源的开发等严重污染和破坏了海岸带湿地生态系统，一些海岸带湿地自然环境出现退化，海洋生物多样性受到严重威胁，引发了一系列生态环境问题。

（1）沿海地区经济发展快速，滨海湿地面临巨大的环境保护压力。自上世纪 80 年代以来，湿地围垦的规模不断扩大，大面积滨海湿地变成水田、旱田或水产养殖区，使得湿地面积大量减少，以湿地为栖息地的野生动物及水生植物大量消亡，有些物种已彻底绝迹。另外，滨海湿地作为沿海地区一种特殊的生态系统类型，有其特殊的景观及开发价值，因此成为当地政府旅游开发、港口建设、盐业及渔业生产、商业地产开发的重点发展区域，这在一定程度上影响了滨海湿地的保护。近年来，在唐山市沿海，冶金、电力、化工、加工工业、仓储物流、海洋捕捞、滨海旅游、海上养殖业迅速发展。1995 年以来，唐山市临海工业总产值的增长速度保持在 13% 以上，临海工业总产值占全市工业总产值的比重增加到 25% 以上。临海地区相关产业的迅速发展，对海岸带湿地保护造成巨大压力。

（2）海洋捕捞和海岸带养殖强度不断增大，严重影响湿地生态状况。海洋水产业是唐山市的重点海洋产业之一。目前，海洋渔业人口达到 6 万多人，海洋机动船总吨位达到 8.9 万吨，总功率16.4万千瓦。在环渤海地区15个沿海城市中，唐山市的海洋捕捞强度排名第三位、海洋水产业总体强度排名第五位。由于渔业捕捞马力加大和船只的迅速增长，近岸海域的主要经济鱼类资源已出现衰退现象，捕获量明显下降，传统的经济鱼类出现了低龄化、小型化现象，种类日趋单一，严重地影响着湿地的生态环境，威胁着其他水生物种的安全。由于滩涂、浅海养殖密度过高，导致大面积的鱼病、虾病，经济损失巨大。

（3）海岸带湿地环境状况不容乐观。由于唐山市的工业、农业、养殖业的快速发展和海上油、气资源的开发，尤其是来自陆地污染源的污染，造成一些近岸海域、河口区域的水质下降。根据监测，各河流入海口水质较差，均超过Ⅳ类海水水质标准。主要超标因子为无机氮、高锰酸盐指数、化学需氧量和活性磷酸盐。在污染物来源中，陆源有机污染物对河流入海口近岸海域的污染影响较严重。唐山市有多条河流流经湿地入海，已对沿河湿地的土壤及水源造成了不同程度的污染，而其境内的南堡碱厂、盐化厂、焦化厂和唐海县造纸厂、冀东油田等厂企的排污对湿地环境污染仍在加重。另外，农药及化肥的不合理使用，近海水产养殖过程中过剩的饵料、排泄物及清池废水中有机物的排放都对滨海湿地的保护构成了严重威胁。

（4）湿地多部门管理，管理体制不顺。目前，滨海湿地的保护是依靠政府多部门管理，环保部门、土地、林业、农业等部门分管一片，多头管理，各自为政，管理主体多，难以实现对湿地的有效保护。另外，不同地区和部门在湿地保护、利用和管理方面的目标和利益不同，矛盾较为突出。例如，在海洋管理部门和沿海行政管理之间存在管理权限不清、管理范围不明的现象；在海岸带湿地管理与海域管理、国土资源管理与生态环境管理之间存在职能界限不清的现象；不同的行政管理区域之间也存在着纠纷。

（5）湿地保护宣传教育滞后，公众缺乏湿地保护意识。湿地保护与合理利用的宣传教育工作滞后于经济发展和资源保护形势的要求，宣传教育工作的广度、力度、深度不够。公众对于湿地保护的意义缺乏认识和理解。公众缺乏湿地保护意识，对湿地的价值和重要性认识不足，使得湿地保护缺乏群众基础。

（二）工程建设目标

1. 总体目标

通过工程建设，在沿海地区基本建成生态功能稳定、防灾减灾效果显著的生态防护林体系，实现从层次相对单一的基干林带向滨海湿地、基干林带、纵深防护林多层次的综合防护体系方向扩展；从一般的防风固沙等防护功能向包括增强应对台风、风暴潮等重大的突发性生态灾难在内的、相对巩固完善的多功能防灾减灾能力的方向扩展；从传统的防护林体系建设向包括乡村绿化在内的良好人居环境和林业现代化的方向扩展。有效防止海浪、海潮对周围城镇、农田的危害，同时使沿海的盐沼湿地等原生生态系统得到有效保护。

2. 阶段目标

到2015年，沿海防护林建设方面，按照规划要求对现有的129公里的基干林带进行改造，补齐断带，增加宽度。通过纵深防护林网及基干林带的建设，沿海地区林网控制率达到70%，沿海地区所有村庄全部实现覆盖率20%以上的目标。滨海湿地保护方面完成滨海湿地资源清查及监测体系的建设，构建滨海湿地资源数据库，使滨海生态系统的退化趋势得到有效抑制，退化生态系统得到初步恢复，完成唐海湿地国家级自然保护区及滦河口滨海湿地公园的建设工作。

到2020年，完成横贯唐山市整个沿海地区的基干林带的建设，主干林带总长度达到230公里。沿海地区林网控制率达到85%，沿海地区所有村庄全部实现覆盖率30%以上的目标。通过滨海湿地自然保护区及湿地公园的建设使得唐山市滨海湿地的重点区域得到有效的保护。建立国家级滨海湿地自然保护区 2 个（石臼坨国家级自然保护区的及唐海湿地国家级自然保护区），滨海湿地公园 2 个（滦河口湿地公园和南堡滨海湿地公园）。

（三）工程建设范围

建设范围包括 4 县 2 区。4 县指乐亭、唐海、滦南、丰南，2 区分别是汉沽管理区、芦台及南堡经济技术开发区。按照“1 带 1 区 4 点多廊”的设计进行建设。“1 带”是指滨海防护林主干林带，由西部的泥质海岸基干林带和东部沙质基干林带构成。“1 区”是指滨海地区主干林带内侧的广大区域。在该区，构建由近海地区农田防护林网、水系林网、用材林基地、近海地区优质果品基地及村镇绿化等组成的生态经济型纵深防护林体系。4 点是指 4 个主要的滨海湿地分布区，分别是唐海湿地和鸟类自然保护区、石臼坨列岛海洋自然保护区、滦河口湿地和南堡湿地。“多廊”是指在滨海地区沿滨海高速公路及其他各级道路所进行的通道绿化（附图 11）。

（四）工程建设内容

1. 沿海防护林体系建设

该工程主要在东部沿海地区开展海岸基干林带及纵深防护林的建设。基干林带建设主要包括沙质海岸地区原有基干林带缺口的合拢、林带加宽、残次林的改造，以及泥质海岸地区海岸基干林带的营造，实现基干林带的林分质量和生态功能的全面提升。尤其是在土壤含盐量高于 4‰的泥质海岸区，可结合沿海高速公路的建设，采取工程措施与生物措施相结合的方法，营造高质量的海岸基干林带。在海岸基干林带内侧，与沿海地区高标准农田林网、速生用材林及六大果品基地（绿色鲜桃、沙地梨、优质葡萄、苹果、热杂果和设施果）建设相结合，营造生态经济型纵深防护林体系。

到 2015 年，完成对现有的 129 公里的基干林带的合拢、改造，同时使沿海地区林网控制率达到 70%，沿海地区所有村庄全部实现覆盖率达到 20%。到 2020 年，完成横贯唐山市整个沿海地区的基干林带的建设，主干林带总长度达到 230 公里。沿海地区林网控制率达到 85%，沿海地区所有村庄全部实现覆盖率 30% 以上的目标。

2. 北方耐盐植物培育基地建设

与中国科学院等科研单位合作，建立中国北方耐盐植物培育基地，开展重度盐碱地治理开发技术、滨海盐碱地绿化技术、耐盐碱优良绿化植物及其繁育技术等方面的研究工作，重点突破滨海盐碱土原土水盐调控、土壤改良培肥、绿化植物栽培等关键技术，筛选和培育一批耐盐乔木、灌木、花卉和草坪品种，研究出低成本、快速、节水的盐碱地道路、园区和吹沙造地绿化美化技术体系，并进行耐盐碱植物品种栽培技术的试验示范，建立样板绿化带，为沿海绿化发挥辐射带动作用。

到 2015 年，建成 1 个面积 120 亩左右的黏质滨海盐碱土原土绿化美化试验示范基地、1 个面积 120 亩左右的吹沙造地原土快速绿化试验示范基地，推广总面积达到 10 万平方米以上。到 2020 年，建成总面积达到 1000 亩的北方耐盐植物培育基地，推广总面积达到 50 万平方米。

3. 滨海湿地资源监测体系建设

该工程以地理信息系统（GIS）、遥感系统（RS）、全球定位系统（GPS）等先进技术为基础，建立滨海湿地生态监测站、滨海湿地资源数据库以及湿地资源定期清查制度，通过网络及数据库技术实现地面台站监测数据与卫星图片数据的整合，形成滨海湿地资源监测体系，实现对于滨海湿地的结构功能状况的实时监测和定期清查，以及时排除可能导致湿地生态状况退化的各种外来干扰行为和事件，实现湿地资源的有效保护和合理利用。

到 2015 年，完成 100 个滨海湿地生态监测站和唐山市滨海湿地资源数据库的建设；到 2020 年，各种数据源整合系统的建设，构建起完善的滨海湿地资源监测体系。

4. 滨海湿地生态系统的恢复和保护

该工程在东部及南部滨海湿地分布区开展滨海湿地生态系统的恢复和保护工作。基于滨海湿地生态系统的退化状况，制定滨海湿地生态系统的恢复规划，指导滨海湿地生态系统的恢复工作；通过退田还湿和拆除不必要的堤坝，恢复滨海湿地原有的水文过程，促进滨海湿地水体的恢复；采取生物、物理和化学相结合的措施，对被污染的水体进行净化；通过清除被污染的土壤，恢复滨海湿地的土壤环境；通过引进原有乡土植物及清除外来入侵植物恢复滨海湿地的植被，从而使滨海湿地生物栖息地得到恢复。同时，通过加强滨海湿地保护立法工作，建立滨海湿地自然保护区、湿地公园、空间隔离区以及水污染监测及控制系统，实现滨海湿地生态系统的有效保护。

到 2015 年，使滨海湿地生态系统的退化趋势得到有效控制，80% 的退化湿地生态系统得到初步恢复；将石臼坨列岛海洋自然保护区和唐海湿地和鸟类自然保护区 2 个省级自然保护区提升为国家级湿地自然保护区。

到 2020 年，使滨海生态系统的退化趋势得到完全控制，已退化湿地生态系统基本得到恢复。完成滦河口和南堡 2 个湿地公园的建设。

四、绿色水网建设工程

（一）现状分析与评价

1. 唐山市水系自然概况

唐山市包括 4 大流域，分别是滦河流域、唐河流域、还乡河流域、北三河流域（蓟运河、潮白河、北运河），共有河流 70 多条，其中主要有滦河、唐河、还乡河、沙河、蓟运河、青龙河 6 条较大河流。唐山市河流多发源于北部丘陵、山地，流程较短，自成体系入海。其中，滦河为过境第一大河，在唐山市境内 207 公里，流域面积 2690.6 平方公里。唐山市境内大型水库 4 座（邱庄、唐河、潘家口和大黑汀水库），总库容 41.22 亿立方米；中型水库 3 座，分别为般若院水库、上关水库和房官营水库，总库容 1.02 亿立方米；小型水库 29 座，总库容 0.85 亿立方米。另外，唐山市有饮水工程 417 处，提扬工程 3495 处。

2. 唐山市水系林网工程现状

建设水系林网工程具有多方面的意义，如涵养水源、保护水质、加固堤岸、改善景观等等。目前，唐山市已完成多个城区水系工程的建设规划，如唐山市的环城水系规划。唐山市环城水系建设工程总长 57 公里，包括唐河、青龙河、李各庄河改造，凤凰河道，唐河水库引水工程及滨河景观道路建设四项内容，通过新建 13 公里的凤凰河与正在建设的南湖生态引水渠相连，并同南湖、东湖、凤凰湖相通，形成河河相连、河湖相通的水循环系统。实现完善防洪排水体系、延伸河道功能、提升城市品位，打造融市民休闲、娱乐、健身和生态绿化为一体的滨水长廊的目标。另外，唐山的迁安市、丰南区也都制订了城区水系工程建设规划，如迁安市的三里河环城水系工程已经建设完毕。城区水系工程的建设对城市防洪、城市景观水平的提升具有重要意义。与城区水系工程的建设注重城市的景观的改善不同，市域水系防护工程建设在兼顾景观效果的同时，更注重保护水质、加固堤岸、涵养水源等方面的生态作用。通过水系防护林工程的建设，构建水系防护林，与唐山市的农田防护林网、通道绿化相结合，形成相互交织、相互补充的结构完整、功能强大的绿色廊道系统。

3. 水系林网建设存在的问题

（1）缺乏针对水系林网建设的专项规划。唐山市近年来重视水系保护和生态修复工作，并制定了相关的建设规划，如唐山市环城水系建设规划、迁安市三里河生态廊道建设规划等，但是，已有的规划多侧重于城区水系保护工程的建设，而非城区部分水系的保护重视不够；因此，急需制定专门面向全唐山市域的水系林网建设规划，指导唐山市的水系林网建设。

（2）水系林网建设不成体系。由于没有专项的建设规划，水系防护林建设往往只是作为其他工程的一个组成部分而有所体现，如农田防护林、道路林网建设等，这样形成的水系防护林不成体系，防护能力差。而水系防护林强调对水系、水环境的保护，因此对林分的结构、物种组成往往有特殊要求。

（3）过于强调景观效果，忽视防护功能。已有的水系工程建设过于强调景观效果，多侧重于景观的提升或再造，而对水系的生态保护作用重视不够，其防护功能较弱，水系防护林应具有涵养水源、保护水质、加固堤岸、改善景观等多方面的功能。

（4）淡水湿地资源未得到有效保护。在唐山市河流水系中，淡水湿地是其重要的组成部分，淡水湿地在维护水系水质、保护生物资源方面发挥着重要作用，这些湿地资源尚未得到有效的保护。已规划建设的淡水湿地自然保护区只占总面积的4.9%，还有许多淡水湿地，仍然没有纳入规划进行保护。

（5）部分水利工程渠化硬化现象严重。河流水系是重要的生态廊道，然而一些不合理的水资源开发利用方式和水利工程，特别是部分水利工程渠化硬化现象严重，导致水系生态系统遭到破坏，不但加大了区域发生洪涝灾害的风险，同时也导致自然水系的消失和退化、生物栖息地的减少、地下水水位下降以及人水关系的割裂等。

（二）工程建设目标

1. 总体目标

规划期内，在唐山市主要水源地、水库集水区、主要河流及其支流及主要引水工程周围营造高质量的防护林，构建完善的水系防护林体系，发挥涵养水源、净化水质、保持水土、巩固堤岸、美化景观的作用，同时通过水源地保护工程和湿地保护工程使唐山市饮用水源及淡水湿地得到良好的保护，有效保障唐山市水系生态安全及唐山市的用水安全。

2. 阶段目标

到2015年，完成主要库区、湖泊周围及上游集水区和主要河流一、二级河流周围防护林的建设。河流源头集水区及库区周围第一条山脊线内森林覆盖率达到50%以上，一、二级河流、人工渠道防护林完成80%以上；完成重点水源地保护工程建设。

到2020年，完成主要河流源头集水区、库区、湖泊及主要河流一、二、三级河流周围防护林的建设任务。河流源头集水区的森林植被覆盖率达到60%以上，一、二、三级河流、人工渠道防护林完成90%以上；完成所有水源地保护工程。

（三）工程建设范围

建设范围包括唐山市所辖的各个县区。按照“6轴7点多线”的工程设计进行建设。6轴是指境内6条较大河流，分别是滦河、青龙河、唐河、还乡河、蓟运河、沙河。7点是指唐山市境内4座大型水库（邱庄、唐河、潘家口和大黑汀水库）和3座中型水库（般若院水库、上关水库、房官营水库）；多线是指的各级支流。在7座水库周围及其集水区营造兼有水源涵养和水土保持作用的防护林；沿6条河流的主干河道及其支流营造水系防护林带。库区防护林与水系防护林共同构成绿色水网工程（附图12）。

（四）工程建设内容

1. 重点水源地保护

该工程在唐山市主要水源区（邱庄水库、唐河水库、潘家口水库、大黑汀水库、般若院水库、上关水库、房官营水库）开展水源保护区的划分（划分一级保护区、二级保护区和准保护区）、雨污分流工程的建设、有害有毒物质的防控、农业面源污染的监控、畜禽养殖业的科学管理、生态农业、循环农业和节水农业的推广等工作，实现唐山市水源水质及水量的保护。

到 2015 年，完成 7 个水库水源保护区的划分及库区雨污分流工程的建设，实现库区有害有毒物质的装卸、堆放和排放的全面禁止，使库区水质有明显提高；到 2020 年，实现库区农业及畜禽养殖业生产污染物的“零排放”，库区水质普遍达到Ⅱ级以上。

2. 水系防护林网建设

该工程在唐山市 6 大水系（分别是滦河、青龙河、唐河、还乡河、蓟运河、沙河）的上游集水区及水库库区周围通过人工造林与封山育林相结合的方式营造水土保持林及水源涵养林，提高森林覆盖率，开展森林植被的严格保护及合理经营，提高森林植被水源涵养功能和水土保持功能。在各级河流及引水渠道的两侧，采用根系发达、抗逆性强的乡土树种营造防护林，按照乔灌草相结合的方式营造防护林，保护水质。

到 2015 年，水源区及库区森林植被覆盖率达到 50%，一、二、三级河流及引水渠道防护林建设率 80% 以上；到 2020 年，水源区及库区森林植被覆盖率达到 60%，一、二、三级河流及引水渠道防护林建设率 90% 以上。

3. 淡水湿地自然保护区建设

该工程在潘家口水库、大黑汀水库、唐河水库及邱庄水库等主要淡水湿地资源分布地开展湿地野生动植物资源的调查、功能区划分、湿生植物的恢复、周边植被的保护等工作，并进行相关基础设施、科研条件、监测体系和宣教工程的建设，建立淡水湿地自然保护区。

到 2015 年，将潘家口—大黑汀水库及滦河流域野生动植物自然保护区及唐河水资源保护区建成国家级自然保护区；到 2020 年，将邱庄水库、般若院水库、上关水库、房官营水库建成省级湿地自然保护区。

第三章　人居环境建设

一、宜居生态城镇建设工程

（一）现状分析与评价

1. 唐山市主城区生态环境现状分析与评价

1.1　生态环境基本概况

唐山市东经 117° 31′ ~119° 19′，北纬 38° 55′ ~40° 28′，位于华北平原东北部，北依燕山、南临渤海，东与秦皇岛市相接，西与天津市毗邻。唐山属暖温带季风气候，冬季气候寒冷，雨雪稀少；春季偏北或偏西风盛行，干旱少雨；夏季为主要降水季节；秋季为秋高气爽的少雨季节。全市多年平均气温 10.6℃，1 月份气温最低，月平均气温 -5~-8℃，最低气温可达 -26℃；7 月份气温最高，月平均气温 25~26℃，最高气温 40℃。全市多年平均降水量 644.2 毫米，其中 7~9 月汛期降水量 526.5 毫米，占年降水量的 82%左右。市区地处燕山山前冲积平原的滦河中早期冲洪积扇的中部，其间零星散布一些剥蚀残丘。北部为低山丘陵区，南部为滨海平原区。青龙河自西北进入市区、注入南湖，唐河（也称陡河）从中心市区穿过，另有沙河从古冶区穿过。唐山市主城区包括中心城区、丰润城区和古冶城区，总面积 3586 平方公里。其中中心城区包括路南区和路北区的城市建成区部分、丰南城区、开平城区，即由京哈高速、津唐高速、唐港高速和西外环高速共同构成的“O”型环城高速公路区域内的城市建成区。中心城区路网纵横交错,形成南北向龙泽路、文化路、建设路、华岩路、卫国路、学院路、友谊路、大理路、光明路等，东西向南新道、国防道、新华道、西山道、北新道、煤医道、建华道、翔云道、长虹道、朝阳道、裕华道、长宁道等。对外交通发达，在中心城区外围有“O+X”高速公路主骨架，其中“O”形环城高速公路网 92 公里；京秦铁路从中心城区北侧通过，老京山铁路和 205 国道从中心城区南部通过，改线后的新京山铁路从中心城区西部通过，另有唐遵铁路从中心城区东部通过。

1.2　生态环境建设现状与成效

（1）国家生态园林城创建工作成效显著。唐山市 1994 年、1999 年、2003 年先后 3 次被评为“全国城市绿化先进城市”，2003 年荣获国内第一个能源工业特色的园林城市称号，2001 年、2002 年南部采沉区生态治理工程分别获得“河北省人居环境奖”和“中国人居环境范例奖”,2004 年获得“迪拜国际改善居住环境最佳范例奖”，2005 年采沉区部分区域被国家建设部命名为国家城市湿地公园，2005 年唐山市园林局获得“全国城市园林绿化先进集体”称号。

（2）城市园林绿化体系初步形成。随着创建国家生态园林城活动的持续开展，以及环境绿化的大规模实施，初步建成了以一个生态绿环、6 条生态绿廊为纽带，以 14 个城市公园和四大绿色组团为点缀，街头绿地和庭院绿地为补充的园林绿化新体系。综合整治“四山、六河”（大城山、凤凰山、弯道山、古冶北山，唐河、青龙河、还乡河、煤河、李各庄河、津唐运河），通过整合连接南湖公园、大钊公园、中心广场、文化路绿带、凤凰山公园、大城山公园、唐河带状公园、青少年宫公园等10块大型绿地，基本形成了一个具有北方特色的城市森林景观公园群。

（3）环城水系初具规模。以唐河、青龙河为核心的57公里环城水系初步建成。水系分七大功能区：郊野自然生态区、城市形象展示区、工业文化生活区、湿地生态恢复区、都市文化景观区、滨河大道景观区、都市休闲生活区、湿地修复景观区。

（4）距离生态园林城目标的差距仍然存在。唐山园林建设取得了一定的成绩，但离建设国家科学发展示范区的生态园林城的要求还有很大差距。主要存在以下问题：现有1999年编制的《城市绿地系统规划》远远落后于城市发展的需要，急需更新和完善；城郊森林公园、风景游憩地规模小，生态功能弱小；“三圈”生态防护体系建设，待建项目达一半以上；环城高速公路绿化完成不足规划的三分之一；工业区“内匣外防”工程进展缓慢，除几个典型厂企外，工业区内多数厂企、庭院、小区、道路的绿化不达标，甚至逐年滑坡；园林建设管理体制还不完善；园林建设的地方特色、厂企特色有待进一步体现。

1.3 生态环境建设需解决的主要问题

一是从低技术到高技术的经济发展中资源、能源消耗过度，大气、水体污染严重，导致生态环境质量下降迅速。二是城郊绿化面积减少，硬质地面积增加，“城市热岛”效应明显。三是煤矿、铁矿资源开采过度，在城区形成了大面积的采空区、沉降塌陷区。四是城市绿地系统不完善，主要体现在：空间布局不合理；城市绿地植物群落人工干扰剧烈；生态园林养护措施不得力。

2. 曹妃甸新区生态环境现状分析

2.1 生态环境基本概况

曹妃甸新区行政辖区在唐山市南部，南临渤海，包括唐海县、曹妃甸工业区、南堡经济开发区（含大清河盐场及相应的海域、滩涂、丰南区的滨海镇）、滦南县的南堡镇、柳赞镇等，面积1943.7平方公里。曹妃甸围海吹（沙）填（海）的“人造土壤”没有自然成土过程，没有土壤生物及其演变过程，没有植物生长必需的水、肥、气等自然条件，并且含盐高，水盐在土壤中运动活跃，土壤盐碱化严重，植物在这样的土壤上难以存活。新区滨海盐碱地大多地形单调，地势平缓，海拔低，自然坡降很小，地上排水和地下水径流不畅，造林绿化存在较大难度。地质灾害以地面沉降、砂土震动液化为主，盐渍土和软土广泛分布，风暴潮潜在威胁始终存在。

2.2 生态环境建设现状与成效

（1）滨海湿地保护建设成效显著。曹妃甸湿地公园地处唐海县西南部，占地3.16万亩，规划建设项目包括：曹妃湖旅游休闲区（通港水库）、曹妃甸科学发展论坛会址、金熊国际商务休闲中心、湿地文化长廊、唐文化村等。湿地公园距曹妃甸岛25公里，现已有京沈、唐曹、唐港、沿海高速等铁路公路干线环绕通达，交通便利。园内拥有野生植物238种，野生动物622种，其中国家级保护动物55种。曹妃甸湿地公园已逐步成为唐山南部沿海优美的旅游休闲胜地。

（2）临海景观林带初具规模，但造林及维护成本较高。曹妃甸临海景观林带规划形成海防堤防护林带、滨海大道景观带、通港大道景观带及北部运河景观林带，通过绿色廊道的建设，将加强曹妃甸绿地斑块之间的联系，形成网络状连续性的绿地系统。但曹妃甸土壤含盐量高、土质黏重、渗透力差，地下水位浅且水质差，淡水资源缺乏，不利于植物生长。现有绿化方法即远距离运输好土替换盐碱土，工程量大、成本高、维护费用大，且难以控制土壤返盐，植被生长难以持续。

（3）生态环境建设与经济发展脱节。曹妃甸新区跨越式发展的开发建设规划尚不成熟、不完善，周边低平原地区生态农业发展尚不能满足曹妃甸新区农副产品的供应，曹妃甸生态港城基础设施建设不完善，生态环境的建设有待大力加强。

2.3 生态环境建设要解决的主要问题

在曹妃甸新区生态环境建设中急需解决的主要问题是如何将工业区建设、农业生产、石油开采、能源利用与生态环境保护结合起来，建立适宜的发展格局，开展实效的生态规划，进而把曹妃甸打造成独具特色的宜业新城。

3. 县级城镇生态环境建设现状分析与评价

3.1 城镇生态环境概况

规划涉及的城镇包括北部的遵化市、迁西县、迁安市，中部的玉田县、滦县、滦南县、芦台经济技术开发区、汉沽管理区，南部的乐亭县、海港开发区，共两市五县三区的县城建成区所在地，总面积15058公顷。

3.2 城镇生态工程建设现状与成效

（1）造林绿化全面铺开，城镇绿化控制规划基本完成。2008年5月开始到2010年6月结束，唐山市及各县组织开展了“绿化攻坚行动”，以造林绿化、林果生产、产业化经营、科教兴林、资源管护为重点，新增了造林绿化面积4万多公顷，全市森林覆盖率提高了2.25个百分点，完成了全部县城和19个中心镇规划（含绿控规划）修编工作,有力地促进了县城扩容和小城镇建设步伐。

（2）县域范围的绿化成效显著，成为城区绿地系统的有效屏障。遵化县城区绿地面积714公顷，绿地率36.5%，绿化覆盖率41.3%，人均公共绿地面积达11.2平方米，城郊防护林带12公顷，森林公园90公顷。迁西县有林地面积80多万公顷，森林覆盖率达60%，实现了人均3.5亩林地，为全国造林绿化模范县。迁安市公园绿地总面积242.4公顷，绿化总面积和公园绿地总面积居唐山各县首位，绿化覆盖率、绿地率和人均公园绿地面积分别达到了43.68%、38.36%和13.25平方米。已被授予“国家园林城市”“全国风景园林行业管理与法制建设先进集体”“北方半干旱地区创建园林城楷模”称号。玉田县全县新增造林绿化面积2600公顷，森林覆盖率增加2.3个百分点，达到22.8%。初步完成了六项重点工程：城镇及周边绿化工程 、通道绿化工程、村庄绿化工程、农田及荒山绿化工程、工业园区及企业绿化工程、矿山修复绿化工程。滦县是国家园林县城和国家卫生县城，新城建成区绿化覆盖率、绿地率分别达到40.8%和36.1%，人均公共绿地面积达到10.9平方米。滦南县城区绿地面积370公顷，绿地率27.4%，绿化覆盖率38.4%，人均公共绿地面积达7.17平方米，城郊防护林带667公顷，城郊森林667公顷。乐亭县本着“城市建在园林中”的理念，重点建设“一环、一带、五节点、两园”，新增绿化面积8893.6亩，植树110万株，绿化覆盖率达到67.5%，绿地率达到50.2%，人均公园绿地面积达到18.97平方米。县域绿地总面积482.5公顷，绿地率40.3%；其中公共绿地面积118.8公顷，有公园、游园11个；居住区绿地59.6公顷；单位附属绿地43.8公顷；防护绿地54.1公顷；生产绿地36.9公顷；风景林地面积113公顷；建成区绿化覆盖率41.3%，人均公共绿地面积11.2平方米，建成城郊防护林带100公顷；城镇中心区绿化27.42公顷，公共绿化建设112.25公顷，新建和改建公园游园14个。

3.3 城镇生态工程建设面临的主要问题

（1）城区绿地系统不完善。由于城区在早期缺乏有效的规划和控制，城区建设发展的无序性，城市绿地缺乏系统性，需要进一步完善。

（2）北部山区城镇生态环境建设形势严峻。北部山地尤其是迁西、迁安两地，矿区分布广泛，矿区居住环境恶化。由于矿区人口的大量迁入，城区及其近郊成为人口居住的密集区，生态环境建设的形势紧迫而严峻。

（3）中南部地区生态建设用地紧张。中部、南部地区地势起伏较小，农业用地、工业用地、城区建设用地和绿化用地的矛盾突出，土地资源紧张。

（二）工程建设目标

1. 总体目标

以创建国家“生态城市”为目标，通过唐山市各市、县级城镇绿地系统建设，逐步改善城市生态环境质量和城市景观效果，使城区出现空气新鲜、河湖清洁、绿树成荫、生态健康的景观风貌，改善城市形象，提高居民生活水平和质量，创造人与自然和谐共生的宜居环境。

2. 阶段目标

到 2015 年，各级城镇绿地数量与质量大幅度提升，绿地系统逐步完善，基本形成城乡一体化的绿地系统，各县城的建成区范围内绿化指标全部达到国家园林城市标准。

到 2020 年，各级城镇生态系统更加完善，城市绿地的物种丰富度大幅提高，城区生态环境质量和城市景观风貌全面改善，形成了完善的城市绿地景观系统和完备的城市游憩系统，各县城的建成区范围内环境指标全部达到国家生态城市标准。

（三）工程建设范围

基于唐山市各级城镇城区的空间格局，依托自然河湖水系、山系、大型绿地及丰富的人文景观，按照唐山都市区、曹妃甸港城、县级宜居生态城镇三个平面空间格局进行建设。

唐山都市区以凤凰新城绿地系统建设为核心，重点开展“两河”水系生态复绿、“三片”城市森林建设、“十廊”绿色廊道建设、“十二节点”互通绿地建设，形成市区区域自然生态网络格局；曹妃甸港城以曹妃甸国际生态城建设为核心，重点开展青龙河、溯河水网湿地的建设；县级宜居生态城镇则根据山区、平原、滨海的地理空间特征和自然资源优势，重点开展遵化优秀旅游生态城、迁安山水园林城市、迁西生态宜居城、乐亭海滨休闲城市等各具特色的国家园林城市建设（附图 13）。

1. 唐山都市区生态环境建设区

建设范围即唐山市主城区，该工程基于唐山市城区的空间格局，依托自然河湖水系、山系、大型绿地及丰富的人文景观，构建“两河”“三片”“十廊”“十二节点”的区域自然生态网络格局，连通大型生态用地，保障区域生态安全。

“两河”即沿唐河、青龙河水系绿化，全长约 57 公里。

“三片”即北部生态防护片区、东部生态恢复片区、南部风景游览片区。北部生态防护片区南起中心城区北部生态园林区域，北至丰润组团；东部生态恢复片区位于唐山原马家沟矿矿址一带；南部风景游览片区北起建设中的南湖生态城，南至丰南组团。生态环境建设总面积约 12500 公顷。

“十廊”即唐山市主城区内外连接的京沈高速—西外环高速、西外环高速—机场连接线等 10 条主要道路绿化带，包括主城区的京沈高速、西外环高速、唐津高速 + 唐津高速、京山铁路、唐遵铁路、唐丰路、西外环公路 + 唐丰快速路、老京山铁路 + 唐古路、机场连接线、西外环连接线的绿色廊道。全长约 280 公里。

“十二节点”即外环、铁路和高速公路等主要对外道路的交汇节点绿化，包括京沈高速—西外环高速、西外环高速—机场连接线、京沈高速—唐丰路、长宁立交、西外环公路—南环路、西外环高速出口、唐古路—唐津高速、东外环公路—唐津高速、京沈高速—唐津高速、唐津高速—唐港高速、唐津高速—唐曹高速、西外环连接线—西外环公路的交汇节点绿地。建设总面积约 1200 公顷。

2. 曹妃甸港城生态环境建设区

建设范围即曹妃甸新区，工程基于曹妃甸新区的产业格局，分成生产型工业区和服务型产业区两部分进行生态环境建设。

生产型工业区即曹妃甸工业园区，生态环境建设总面积约 3100 公顷。

服务型产业区即以曹妃甸国际生态城为核心的、除曹妃甸工业园区之外的曹妃甸新区其他部分，包括唐海县、南堡经济开发区、曹妃甸国际生态城等。生态环境建设总面积约 6000 公顷。

3. 县级宜居生态城镇建设区

（1）山地县级城镇建设区。建设范围包括位于燕山山地的遵化市、迁安市、迁西县两市一县的城区，总面积约 5931 公顷。

（2）平原县级城镇建设区。建设范围包括玉田县、滦县、滦南县三县的县城建成区，面积约 5520 公顷，以及芦台经济技术开发区、汉沽管理区两区的建成区，面积 2153 公顷。

（3）滨海县级城镇建设区。建设范围包括乐亭县的县城建成区，面积 1135 公顷，以及海港开发区，面积 738 公顷。

（四）工程建设内容

1. 唐山都市区生态环境建设

基于唐山市城区的空间格局，依托自然河湖水系、山系、大型绿地及丰富的人文景观，以凤凰新城绿地系统建设为核心，重点开展园林式单位、园林式小区和园林式街道建设，以及“两河”水系生态复绿、“三片”城市森林建设、“十廊”绿色廊道建设、“十二节点”互通绿地建设，形成区域自然生态网络格局。

到 2015 年绿地率达到 30%，2020 年绿地率达到 35%。

1.1　园林式单位、园林式小区和园林式街道建设

参照国家园林城市标准，按照国家《城市绿化条例》《河北省城市绿化管理条例》《唐山市城市绿化管理条例》，从绿化面积、绿化率、绿化覆盖率、人均绿地面积、绿化管理规范性、绿化管护科学性和有效性、三维绿量、绿视率、义务植树尽责率等指标入手，开展省、市、县三级园林式单位、园林式小区和园林式街道创建工作，促进单位庭院、居住小区、城镇街道的绿化建设，使建设区园林式单位、园林式小区和园林式街道的达标保有率在 80% 以上，从而形成乔灌草比例合理、多层次复合型群落为主、园林小品点缀为辅、生态与景观效益兼顾、数量众多的城市绿色斑块（点）。

1.2　“两河”水系生态复绿

唐河和青龙河不仅承载防洪排涝、农业灌溉等多种功能，而且提供了巨大的生态环境空间，是唐山市中心城区进一步发展的宝贵资源。为提高城市水系建设水平，把河道治理更好地融于城市建设，需对这两条河道进行全面规划，突出“生态水利、环保水利、科技水利、人文水利”的特色，达到“两条碧水穿城过，十里湖山尽入城”的生态人居环境。“两河”水系生态复绿工程主要包括两方面的内容：

第一，通过截污、清淤、河坡整治、周边环境改造等生态修复手段进行综合整治，开展水环境整治工作。利用生物酶净化剂和生物抑藻剂的共同作用转化水体中的总磷、总氮、氨氮等、消除藻类遗留下的腥臭味、增加水体透明度、恢复土著微生物群体、培育优势菌种群，控制“水华”，提高水质指标，达到国家规定标准（水质Ⅳ类以上），逐步恢复“水清岸洁”的河道风貌。

第二，对“两河”沿线景观进行规划设计，以绿为主，以美取胜，突出植物造景，适当点缀园林小品，做到植物配置与周围环境相协调，集艺术性、观赏性于一体，建成多层次、全方位的生态绿化系统。每一个河段、每一块绿地都应突出主题，观花、观果、观枝、观叶等具有不同景观效果的植物材料烘托美化不同的环境，充分体现植物造景的艺术效果，根据植物材料生长规律确定速生树种与慢生树种搭配比例，遵循乔灌草相结合的原则，增强景观的快速形成和植物群落的演替更新，形成三季有花、四季常绿、季相分明、层次丰富的河道绿化景观。

1.3 “三片”城市森林建设

（1）北部生态防护片区。北部生态防护片区为唐山市主城区北部生态屏障。该区域位于唐山市主导风向（西北风）上风处，规划设计应注重生态防护功能，加强防护林建设。此外，规划京山铁路、唐遵铁路以及唐丰路穿过该区域，因此在道路两侧的设计上应注重不同车速对景观观赏造成的影响。同时考虑到该区域距离城市中心地带较近，可达性较强，因此在绿地内活动项目的设置上可以增添文化内涵。以时尚休闲活动、绿色和文化体验为特色，尽显都市绿色休闲风采，使该区域成为连接中心城区北部的绿谷氧吧。规划范围内存有较多村庄，规划设计时应考虑能够促进地区综合发展的模式，使生态园林的建设能够起到加强城乡联合、促进城乡交流的作用。由于该区域距离城市较近，因此在规划设计时应考虑同城市总体规划以及相关规划的结合。总之，北部生态防护、新农村建设生态园区规划设计在注重生态园林的防护功能，形成连接中心城区和丰润片区的北部“氧吧”公园的同时，充分考虑促进地区乡村的综合发展，使之成为社会主义新农村建设、城乡和谐发展的示范样本的生态园林区。

（2）东部生态恢复片区。东部生态恢复片区可利用废弃的矿坑或工业设备营造富有工业气息的景观，突出具有唐山特色的工业文化，重点在于建设东部生态园林。在东部生态园林内可以增加运动、健康休闲类游憩项目。东部生态园林宜倡导现代的生态文化和休闲观，营造森林神秘幽深感觉，开发具有乡野气息的节假日度假游憩项目。朴实清新的乡野景观、径深林茂的幽静空间将吸引大量市民，让久居都市的市民体会大自然的绿色意蕴。东部生态园林的部分场地位于采煤塌陷区内，因此应考虑当地生态恢复的需要。在煤炭采空区通过生态恢复技术，建设生态农业园、休闲农业园、观光农业园、采煤塌陷坑人工湖改造等一批项目，将原来的荒芜废弃地改造成人文景观和休闲娱乐场所。此外，由于唐河过境，因此在建设时应将河流水系的规划纳入考虑范畴。

（3）南部风景游览片区。南部风景游览片区是连接唐山市中心城区和曹妃甸新城的绿色生态廊道。此区域在唐山外围以连绵不断的植被为喧嚣拥挤的城市形成一道清新的自然景观风景线，成为唐山主城区新的自然表征。同时作为居民游憩休闲的理想场所，服务于生态园林周边的居民，为市民提供一个游憩休闲、文化娱乐的户外绿色活动的场所，以满足现代城市生活的需求。未来的唐山，将实现北部生态防护片区、东部生态恢复片区、南部风景游览片区的无缝连接，进而形成一条横穿东西、纵贯南北的景观生态廊道。

1.4 “十廊”绿色廊道建设

根据一般城市干道、景观游憩型干道、防护型干道、高速公路、高架道路等道路类型的特点，从树种选择、植物配置等方面充分体现植物引导交通、组织街景、改善小气候的三大功能，以丰富的景观效果、多样的绿地形式和多变的季相色彩，形成环绕唐山内外的绿色飘带。

1.5 “十二节点”绿化建设

建设内容为高速公路和城市快速道的互通绿化。互通绿化位于高速公路和城市快速道的交叉口，最容易成为人们的视觉焦点，其绿化形式主要有两种：一是大型模纹图案，其花灌木根据不同的线条造型种植，形成大气简洁的植物景观；二是苗圃景观模式，人工植物群落按乔、灌、草的种植形式种植，密度相对较高，在发挥其生态和景观功能的同时，还兼顾了经济功能，为城市绿化发展所需的苗木提供了有力的保障。

2. 曹妃甸港城生态环境建设

（1）曹妃甸生产型工业区生态建设。主要在生产型企业的厂区、生活区及单位庭院进行绿化。通过厂区周边生态环境整治、强化绿化管护等措施进行主厂区绿化。对于主厂区的绿化要注意以下几个方面的问题：一是加大厂区周边环境的整治力度，对各种违章侵占绿地的现象进行清理整治，清理出来的土地及时补种，逐步形成厂区周边水土保持、生产防护、土地资源保护的“缓冲区域”。二是加强现有绿化成果的管护工作。制订《绿化责任区管理办法》，将厂区的土地资源以绿化责任区的形式分解落实到各单位，调动各单位和广大职工建设和保护生态环境的积极性。三是厂区绿化植物的选育、栽培技术措施要到位。在钢厂的渣场边缘大面积栽种含油少的植物，作为防火隔离带；与园林科研单位合作，人工种植抗盐碱植物；对特殊区域进行覆土，栽植深根性灌木，改善生态环境。根据工厂性质以及车间、仓库等的差异，选择不同抗性的绿化树种进行生产区绿化。由于地形复杂，绿化面积不等，周围环境不同，建设时要在充分了解工厂排污情况下合理选择不同抗性的绿化树种。以耐盐碱、抗寒抗旱的品种作为主要绿化植物，进行生活区绿化和单位庭院绿化。其中，主配景植物控制在 5 种以内，而且，植物品种选择要与整体庭院风格相协调，植物层次清楚、简洁而美观。

2015 年工业区绿地率达到 15%，2020 年绿地率达到 25%。

（2）曹妃甸服务型产业区生态建设。以曹妃甸国际生态城为核心，以青龙河、溯河的水网湿地为基本骨架，利用陆地再造、淡盐分离、土壤改良、绿植改良、湿地恢复等工程措施，在各组团间利用水系、湿地构成生态屏障，形成组团间隔离和防护系统，建构多样化的滨水空间，形成地方特色浓郁、蓝绿交融的独特新型服务型产业区景观。人工湿地内种植耐盐碱、喜潮湿的芦苇、碱蓬等植物，逐步进行土壤改良。雨季洪水如果超过人工渠顶面标高，还可以通过较宽的湿地蓄水滞洪，确保产业区安全。建设功能合理的城市绿地体系，便于全区居民使用，确保居民出行 500 米见绿；加强道路和河涌岸线绿化整治对青龙河、溯河岸线进行绿化，注重对生态的维护，注重对滨水空间的利用和亲水空间的营造；努力增加植物种类，保护生物多样性。在城市景观方面，应展示个性景观风格，营造特色明晰的景观带，强化重要的景观轴线和视廊以及风格各样的景观风貌区，激活不同类型的景观节点，建构多样化的滨水空间，设计亮丽的绿色照明景观。

3. 县级宜居生态城镇建设

该工程以迁西山水旅游城市绿地系统、迁安环城绿色廊道、乐亭海滨休闲城市绿地系统等建设项目为切入点，在县级城镇建城区通过景观优美的居住区绿色体系建设、网络化的街道绿色体系建设、生态稳定的厂区绿色体系建设、布局合理的公园绿地建设、文化特色鲜明的单位庭院绿化建设，形成功能完备的县级城区绿地体系。

2015 年绿地率达到 30%，2020 年绿地率达到 38%。

（1）山地县级城镇建设区。此区域面临的主要问题是地质灾害生态防护，尤其是迁西作为唐山市唯一的纯山区县面临的挑战更加严峻。生态防护林建设是这一区域的生态环境建设的重点。遵化市结合城市扩容和旧城改造，在沙河治理改造、两岸增绿建设的基础上，对沙河上游、城区东二环东部采砂、选矿废弃地进行平整、回填、绿化，建设城市森林公园；加强环城路防护林带、城市街道绿地、小游园、庭院绿地建设，以水为脉，打造城市“绿肺”；利用丰富的旅游资源，结合两处世界文化遗产地及近 15 个旅游景区景点建设，打造宜居典雅的优秀旅游生态城。迁安市基于“一河（滦河迁安市区段）两区（河东区、河西区）”的城区格局，以黄台山公园和黄台湖水利风景区建设为核心，通过滦河迁安市区的河道治理、沿岸生态景观再造，将生态、防洪和城市建设有机结合起来，融路网建设、湿地保护、植被恢复、生态园林景观于一体，构建“清水环城”的迁安山水园林城市。迁西县结合现有的“2345”绿化工程（即“两沿、三环、四园、五带”绿化工程，两沿即沿通道两侧绿化工程和沿河系防护林工程；三环即环县城、环乡村、环厂企绿化工程；四园即栗乡文化公园、栗乡植物园、沙河滨河公园和滦水湾带状公园四大公园建设；五带即长城及潘家口水库沿线的生态观光林带，以滦河滩涂为主的用材防护林带，片麻岩地区板栗经济林带，石灰岩地区核桃、安梨经济林带，城市周边园林景观林带），在城区重点开展环城防护林带、滦河滩防护林景观、城市周边园林景观林带建设，通过城区纵横绿色道路网络、城市公园、街道小游园建设，以提高森林覆盖率和生态系统稳定性为核心，不断提升城区绿化建设水平，打造迁西生态宜居县。

（2）平原县级城镇建设区。此区域面临的主要问题是生态环境建设用地紧张。该区域的生态环境建设应以城市绿色体系现状为基础，以城市发展建设规划为指导，以园林城市为目标，立足新时期城市发展对绿色环境建设的要求，吸收借鉴国内外先进城市的成功经验，充分利用自然生态、人文景观优势，因地制宜地进行城市绿地体系布局，加强城市立体绿化，逐步提高城市绿量，实现城镇绿地与城镇空间整体协调化、城镇绿地布局生态网络化、绿地生态自然化，塑造优美的城市风貌。玉田县结合城市扩容和开展环境整治行动，在构建由外环防护林带、京秦铁路穿城路段绿色景观廊道、南北主街道生态景观轴、东西主街道生态景观轴以及次要街路绿地组成的绿色网络骨架的基础上，通过城区公园、街头绿地、道路节点、单位和居住区庭院绿地建设，形成绿地类型丰富、绿地布局合理、绿地规模达标的城乡一体化绿地系统，创造生态、文明、开放的安居城镇。滦县在“三点（主城区、老城区和响嘡镇）联动”的大城区发展格局的基础上，以园林城市为目标，结合古城开发、新城建设和环境整治，大力开展集生态、游憩、避险等功能于一体的城市公园和森林公园建设，加强城郊宜林荒地绿化、城镇街道绿化、庭院绿化，提倡立体绿化，逐步提高城市绿量，实现城镇绿地与城镇空间整体协调化、城镇绿地布局生态网络化、绿地生态自然化，塑造优美的城市风貌，构建集自然风光与人文环境于一体的生态城镇。滦南县基于“一河两区”县城建设规划，结合旧城改造和新城建设，利用北河水体的天然分割线，构建一条环城生态林带，建设多个水林共融的绿色景观公园；通过“见缝插绿、退硬还绿、拆墙透绿”等措施，加强居住小区、单位庭院绿地建设，不断提高园林式单位和园林式社区的数量和质量，形成兼顾减灾避震功能的、富有滦南特色的、引领城市规划发展的绿地系统，构建水绿、天蓝、文丰的宜居滨海水城。

（3）滨海县级城镇建设区。此区域绿化面临的主要问题是海潮灾害生态防护与盐碱地改良。沿海防护林体系建立和完善、盐碱地工程改良及耐盐植物选育是该区域生态环境建设的重点。沿海防护林体系既是沿海地区防灾减灾的重要屏障，也是沿海城市绿地系统的重要组成部分。该区域生态环境建设要以构建沿海防护林体系为核心，大力实施公路绿色通道、城市万亩片林、农田林网绿化、村庄城镇绿化等绿色工程建设，以取得良好的生态、经济和社会效益；推进城市片林工程建设，在城区周边新建片林；大力实施生态河道绿化造林；加快基干林带建设；深化城镇公共绿地建设和绿化示范小区建设；以创建国家级园林城市为抓手，全面开展全民义务植树活动。在此基础上，逐步形成以水系为纽带、以文化为脉络、以绿化为载体的，生态健全的滨海城镇绿地系统。乐亭县基于“一心、一带、两轴、两环、三区”的城区空间布局，以创建国家级园林城市为抓手，全面开展全民义务植树活动；以长河治理改造、水系景观防护林带建设、城市园林生态公园建设为着重点，开展高标准的纵横街路绿化、单位和居住区庭院绿化。在此基础上，逐步形成以水系为纽带、以文化为脉络、以绿化为载体的城镇绿地系统。

二、乡村人居环境建设工程

（一）现状分析与评价

1. 乡村生态环境概况

唐山市域共辖 178 个乡镇，5472 个行政村。

北部山区由于矿产资源开采，地面植被受到严重破坏，地表土壤瘠薄，石漠化严重，乡村的植物生长环境受到严重破坏，乡村居住环境的沙尘污染严重。

南部平原人口大量聚集，乡村人均建设用地较少，环境卫生条件有待于进一步改善。由于民居建设的无序化，相应的生态环境建设也趋于无序化。

2. 乡村生态环境建设现状与成效

（1）乡村建设管理体系基本健全，农村人居环境质量建设得到重视。唐山市大力推进农村新民居建设，农村新民居建设是省委省政府部署的一项重点工作。随着农村改革不断深化，唐山成立市县农村土地经营权流转交易中心，构建了覆盖县、乡、村的土地经营权流转交易服务管理网络；在市县两级设立了农民进城受理服务中心。以推行新民居建设“六个一”模式为重点，科学发展示范村创建工作扎实开展。新民居建设开工 175 个村，累计完工 645.7 万平方米，旧民居改造开工 200 个村，农村人居环境有了新的提升，农村面貌发生较大变化。

（2）“文明生态村”创建活动持续开展，建设成效显著。自 2003 年起，唐山市组织开展了“文明生态村”创建活动。8 年来，唐山市坚持以“三化”（道路硬化、村街净化、村庄绿化）建设为突破口，按照每年全市行政村总数 10% 的比例，组织动员社会各界力量予以大力推进。到 2009 年底，全市各级各部门累计投入创建资金 37.8 亿元，创建文明生态村 3936 个，占全市总村（队）数的 78.4%。2011 年全市继续组织建设文明生态村 500 个，到年底，全市文明生态村创建总数将达到 4436 个，占全市总村（队）数比例将达到 88.3%。预计到 2012 年年底，全市所有村庄将初步达到文明生态村建设标准，到 2013 年年底，全市每个村基础实现“户户通”。截至目前，唐山市 300 个新民居建设示范村已开工建设 286 个，开工率达 95.3%，开工户数 5.98 万户，开工面积 565.8 万平方米，累计完成建筑面积 235.1 万平方米，完成投资 45.88 亿元。预计到 2011 年年底，全市省级新民居建设启动示范村将达到 440 个，继续占据全省第一的位置。

3. 乡村生态环境建设存在的主要问题

（1）村庄生态安全体系不完善。生态安全隐患指在人类与自然环境相互作用过程中客观存在的威胁人类生产、生活和生存安全空间的“环境”不安全因素。由于人口增长、经济腾飞、城镇化推进和工业化进程加速，以及农业发展和农村建设中存在的思想观念不新、生活水平不高、技术手段不完善等原因，唐山乡村建设中存在生态安全隐患，乡村生态安全体系不健全，农村可持续发展的基础受到威胁。

（2）农村经济发展相对滞后，农村人居环境建设受到严重制约。农村农业经济效益和规模经营低下，经营方式落后，气候、土壤差别和农村经济起点、地区差别、城乡收入的差别都很大，造成发展不平衡，加之缺乏投资资金来源，农村经济发展相对滞后。由于经济建设发展的重心在城市规划区内，村庄规划建设管理体制不适应发展需要。现行管理体制对于解决当前村庄建设布局混乱、公共设施匮乏、村容村貌落后等问题，机制缺失、管理乏力。农村居民点的建设由于缺少资金和规划指导，加之管理不到位，基本处于自发状态，缺乏有效的约束、监督和管理机制。村落人居环境出现用地布局散乱、基础设施缺乏、居住环境差、民宅破旧、新村建设不合理等问题。

（3）农村乡土风貌和景观受到破坏。改革开放以来，随着农村城市化进程的推进和农业技术革新深化或水平的提高，大部分民居面临着改建更新的局面，农村的生活水平和居住条件在经济大发展的背景下，得到逐步改善。伴随城市化进程的逐步加快，农村一些废弃用地或使用率不高的用地渐渐转化为城镇用地，农村建设用地规模缩减严重，村落景观出现倒退景象，乡村固有的乡土风貌和文化景观受到破坏，使原有的自然景观荡然无存，建设后的农村景观和城市的景观大多雷同，丧失了乡土特色，淡化了和自然环境的和谐关系。

（4）乡村公园体系不健全。近年来，在城市郊区以及广大乡村形式多样、内容丰富的乡村旅游地正在与日俱增，乡村公园建设的紧迫性不言而喻。但是，由于对乡村公园没有一个明确的界定，对乡村公园的分类和发展趋势缺乏深入的探讨，使得乡村公园的建设不能产生由量到质的飞越，导致乡村公园体系不合理，主要体现在以下几个方面。一是这一特殊绿地形式在乡村整体风貌协调和区域规划方面没有得到进一步提高，不能为广大游客营造更美好、更人性化、更适合农业生产和休闲游憩的绿色空间环境；二是乡村公园没有很好地满足当代人休闲、学习、审美等多方面的心理和生理需求；三是乡村公园在经济、社会和生态三者效益的协调统一方面没能很好地体现出来。

（二）工程建设目标

1. 总体目标

基于唐山市域乡村经济发展现状和地域特征，按照禁止建设、适宜建设、限制建设的乡村用地类型划分原则，结合生态文明村镇建设，以乡村资源高效利用、乡村环境有效保护为宗旨，实施乡村的美化、绿化、亮化、净化工程，建设生态稳定、村容整洁、绿量丰富、空气清新的社会主义新农村。

2. 阶段目标

到 2015 年，50% 的农村庭院生态环境建设任务基本完成。

到 2020 年，全部行政村实现净化、亮化、美化目标。

（三）工程建设范围

乡村人居环境建设包括唐山市所辖的 178 个乡镇、5472 个行政村，其中非城区地域的行政村约 5096 个，人居环境建设用地总面积约 547200 公顷，分成北部山区绿色乡村建设区、中部平原生态家园建设区、中部平原都市周边绿色乡村建设区、南部滨海生态渔村建设区四个区域（附图 14）。

（四）工程建设内容

1. 北部山区绿色乡村建设

在遵化市、迁安市、迁西县、玉田县两市两县所辖的 79 个乡镇、2349 个行政村，实施道路绿化、四旁绿化和庭院绿化，形成“环村绿化—街道绿化—庭院绿化”三级绿化体系，建设“绿树围村、林荫盖路、花果满院”的绿色乡村。

2015 年完成 1200 个行政村，2020 年完成全部 2349 个行政村。

（1）环村绿化。基于环村河、溪、沟、渠防护林带，结合荒山绿化和道路绿化建设，构建环村绿化带。

（2）街道绿化。结合乡村改造建设，针对村中主要道路和宅间空地，以生态和经济效益为主，考虑植物的景观效益，以乔木为主、花灌草为辅进行乡村街道绿化建设。

（3）庭院绿化。按照园林产业模式、乡村生态旅游模式和复合生态经济模式等庭院绿化建设生态模式，在充分考虑居家院落停放车辆、晾晒农作物收获物、家庭休闲等功能用途的基础上，结合林果种植、畜禽养殖、沼气利用各类生产要素，合理选择植物，充分利用空间资源和营养资源，形成生态系统的良性发展，保障庭院经济和生态效益的协调统一，实现物质、能量的循环利用。

2. 中部平原生态家园建设

在滦县、滦南县两县所辖的 29 个乡镇、1098 个行政村，以乡村庭院为基本单元，实施“养殖—沼气—种植”发展模式，发展生态庭院、生态养殖、生态种植等多种庭院生产模式，以庭院多种经营模式为主，发展园林产业、乡村生态旅游和复合生态经济，打造生态系统良性循环的田园风光式的生态家园。

2015 年完成 600 个行政村，2020 年完成全部 1098 个行政村。

（1）生态庭院。在乡村庭院的房前、屋后、宅旁，根据其面积大小、立地条件等不同，组合用材林（或经济林果）—蔬菜瓜果（或蔓藤植物）种植、畜禽养殖、沼气利用各类生产要素，发展以农户沼气池为中心，改圈、改厕、改厨为基本内容的生态庭院模式。

（2）生态养殖。进行规模化的林下养殖鸡、鸭、牛、羊等家禽家畜，以中型沼气池集中处理养殖区人畜粪便，沼气作为农村生活用燃料，沼气废液作为林木和其他植物的优质肥源、农药源成为农药、化肥的优良替代品，从而实现生产—治污一体化的生态养殖模式。

（3）生态种植。以日光温室配建小型沼气池，发展以生产无公害蔬菜为基本内容的生态种植模式，实现生态建设和绿色生产并举。

（4）生态旅游。以庭院绿化、美化为基础，通过平面、垂直和攀缘绿化，形成田园风情浓郁的农家特色环境，发展乡村旅游。

3. 中部平原都市周边绿色乡村建设

在丰润区、丰南区、芦台经济技术开发区、汉沽管理区四区所辖的 42 个乡镇、1116 个行政村，针对其城市近郊区位特色，按照生活居住、公共服务的功能分区格局，实施镇级垃圾集中处理；开展人居住宅社区化的公园绿地、绿色廊道和路面整洁建设；充分利用都市客源市场，开展乡村公园建设。

2015 年完成 600 个行政村，2020 年完成全部 1116 个行政村。

1.1 乡村“绿色长廊”建设

在乡村间连通道路两侧，以速生的乡土树种为主，形成乡村之间的“绿色长廊”。

1.2 中心广场绿化建设

在村庄中心设置供村民共享环境的中心广场，在保证车流顺畅、人流便捷安全的基础上，进行以绿化为核心的广场景观环境建设，形成村民休闲娱乐、沟通交流的主要活动空间。

1.3 路面整洁建设

基于乡村道路网络，将乡村道路分为主路、次路和支路三个等级，按照 7~8、5~6、2~4 米的基准宽度进行硬化建设，同时进行边沟排水系统建设，并设置一定数量的垃圾回收设施。

1.4 乡村公园建设

（1）以开展田园农业为主题的乡村公园模式。以乡村田园景观、农业生产活动和特色农产品展示为景观内容，发展各级各类田园风光园、观光采摘园、特色蔬菜园、市民农园，开展农业游、林果游、花卉游、渔业游、牧业游等不同特色的游园活动项目，满足游客体验农业，回归自然的心理需求。

田园风光园：位于大田农业生产场所，形成梯田、茶园、麦浪、油菜花、向日葵以及渔场、牧场等田园风光，开展欣赏农业的绝景和胜景、观看农业生产活动、品尝和购买绿色食品等旅游活动。

观光采摘园：位于果林生产区，主要开展观景、采摘、踏青、购置果品等旅游活动，还可以观赏果树个体的树形，叶形、叶色，花形、花色，花期，以及果色、果形、果实成熟期表现等特征，构成一个独立而又有特色的区域景点。

特色蔬菜园：位于温室大棚，将传统蔬菜栽培经验精髓与现代高科技技术结合，引进诸如樱桃番茄、香蕉西葫芦、七彩椒、抱子甘蓝、飞碟瓜等营养丰富、色彩艳丽、形态美丽的优良农作物品种，发展生态型“新、优、奇、特”品种蔬菜种植，开展以特色蔬菜为主的美食品尝、加工包装及销售。

市民农园：由政府或农民将位于都市或近郊的农业用地规划为若干小区，出租给市民参与耕作（或称“耕地认养”）。通过参加农业生产活动，与农民同吃、同住、同劳动，让游客接触实际的农业生产、农耕文化和特殊的乡土气息。

（2）以休闲度假为主题的乡村公园模式。依托乡村自然优美的乡野风景、舒适宜人的清新气候，独特的地热温泉、环保生态的绿色空间，结合周围的田园景观和民俗文化，发展各级各类休闲度假村、休闲农庄、农家度假庭院，兴建休闲、娱乐设施，为游客提供休憩、度假、娱乐、餐饮、健身等服务。

休闲度假村：以山水、森林、温泉为依托，以高档、齐全的设施和优质服务为游客提供休闲、度假、疗养等活动。

休闲农庄：以规划区域资源和地方特色为主要观光要点的综合性乡村公园，园区内的休闲活动一般有田园景观游赏、农业体验、饲养、垂钓、野味品尝等。游客不仅可观光、采果，体验农作，了解农民生活，享受乡土情趣，而且可住宿、娱乐、会议和度假。

农家度假：以“农家乐”为主要代表，依托自然风景优美、气候舒适宜人、生态优势明显的乡村，建设休闲度假旅游特色村，并挖掘利用农家庭院、民俗风情、农家生活和乡村文化，开展以“吃农家饭、住农家屋、干农家活、享农家乐”为主题的休闲体验活动。

4. 南部滨海生态渔村建设

在乐亭县、唐海县两县所辖的15个乡镇、533个行政村，针对城镇化、长期高强度土地利用、盐碱土地面积大和渔业生产占地等突出问题，以耐盐碱、抗风的乡土树种为主，构建具有防风固沙、水土保持、美化景观等作用，并有一定经济效益的环村镇林带；提倡渔业“清洁生产”，进行水产品加工废弃物的综合利用；利用低洼渍水废弃地，建设厌氧人工湿地，处理生活和生产污水；结合滨海湿地建设，充分发挥渔业生产在湿地物质、能量转换中的改善作用，促进湿地的良性循环；改善乡村给、排水系统，加强乡村环境卫生整治，恢复水清、林茂、天蓝、沙洁的滨海乡村自然生态格局，构建生态渔村。

2015年完成300个行政村，2020年完成全部533个行政村。

（1）环村镇林带。结合沿海防护林和环村道路绿化建设，构建以防风固沙、水土保持等生态效益为主的环村镇林带。

（2）渔业“清洁生产”。遵循生态经济原理，从渔业生产、加工、消费等环节入手，建设水循环处理系统，实现渔业生产用水高效利用；结合水产品加工废弃物的工农业利用措施，加强渔业生产和消费的垃圾处理，从而实现资源合理利用和生态环境有效保护。

（3）乡村给、排水系统。配套建设集集中供水、雨水收集、雨污分离、污水处理、中水利用于一体的乡村给排水系统。

第四章 工农业生态环境建设

一、矿山废弃地高效利用、生态复绿工程

唐山市矿产资源丰富，采矿业所占比重较大，具有典型矿业城镇特点。与矿产资源有关的煤、钢铁业等是唐山市最大的支柱产业，区内有矿山企业 990 家，矿区面积近 1500 平方公里。多年的持续开发在提供优质资源的同时，也造成大量矿山生态环境破坏，形成大面积的矿山废弃地，不仅影响了生态环境和城市形象，而且制约了经济社会可持续发展。所以，矿区生态环境的恢复是唐山生态城市建设的主要内容之一，矿山废弃地生态恢复工程也是唐山市由资源城市向生态城市转变，提升城市品位的标志性工程和形象工程。

（一）现状分析与评价

1. 矿产资源地概况

矿产资源的开采，势必造成诸如水土流失、植被破坏等环境问题。所以，掌握矿产资源分布及其土地利用现状是合理规划矿区土地治理、开展矿区生态环境修复的主要依据。

1.1 矿产资源分布及其类型特征

（1）煤炭资源。唐山市煤炭资源开采历史悠久，其资源量多集中在开平向斜两翼，位于唐山中部的唐山市区和周边郊区，以古冶区、开平区和丰南区最多。其中大型采煤矿井 9 个（钱家营、吕家坨、范各庄、林西、赵各庄、唐山矿、东欢坨一号井、荆各庄、林南仓），中型 2 个（马家沟、国各庄）。其他储煤构造较小。-800 米以浅保有资源量约 50 亿吨，-800~-1500 米预测资源量约 40 亿吨，-1500 米以深预测资源量多于 50 亿吨。目前开采均在 -800 米以浅部位，-800 米以下受开采技术的制约，尚未开采。

（2）金属矿资源。唐山市金属矿主要以铁矿资源为主，另外在北部山区也有部分金矿分布，其他地区还有零星其他金属矿藏资源。铁矿主要是鞍山式沉积变质型贫磁铁矿，其资源量多数集中在唐山北部的迁安、遵化、迁西一带，滦南、滦县也有分布。其中大型铁矿山 1 处（首钢水厂），中型铁矿山 4 处（唐钢石人沟、首钢大石河、棒槌山、马兰庄）。保有资源量约 15 亿吨。其他地区资源量较小，大型金矿只有一处（金厂峪）。铁矿资源的开发利用自首钢在迁安一带的建厂开始，到唐钢及中小型钢厂的建成是本地铁矿资源进入大规模的开发时期。

（3）石油、天然气资源。石油天然气资源主要集中在渤海大陆架，唐海、滦南及其相邻海域已查明石油资源量超过 10 亿吨。石油的开采对曹妃甸新区的规划、建设会有一定影响，但尚未形成大面积的废弃地。大型盐田 2 处（南堡、大清河），中型盐田 1 处（大港盐业），小型油田 1 处（冀东）。

（4）非金属资源。主要包括熔剂石灰岩、制碱石灰岩、水泥石灰岩。用于熔剂、制碱和水泥的石灰岩等，其查明资源量分别为 4.1 亿吨（熔剂石灰岩）、1.5 亿吨（制碱石灰岩）、6.3 亿吨（水泥石灰岩）。主要分布在丰润、古冶、开平，其他地区也有分布。其中大型水泥灰岩矿 1 处（王官营），中型水泥灰岩 1 处（域山），大型制碱灰岩矿山 1 处（巍山），大型耐火黏土矿山 1 处（开滦国各

庄耐火黏土矿），中型熔剂灰岩 1 处（后屯），中型冶金白云岩 1 处（魏家井）。

1.2 矿山生态环境现状及其废弃土地类型

1.2.1 现 状

矿山废弃地整治虽然取得一定成效，但是矿产开发缺乏科学、统一规划，乱采滥挖现象较为普遍。高度分散的矿产采选业和粗放的矿产资源采选方式，导致许多重要矿产地千疮百孔、斑痕累累。加之治理规划不到位，治理技术不成熟，资金不足，导致治理工作滞后，历史遗留的矿山环境问题仍然十分突出。主要表现在以下四方面：

（1）矿山环境保护设施不完善，环境污染仍有发生。有的矿主未按有关规定建立与采矿规模相配套的尾矿库、废矿堆拦石坝和废水处理池等环境保护基础设施，“三废”缺乏有效处理；一些建筑石料非金属矿山没有降尘设施，粉尘严重污染空气。

（2）尾矿库管理工作薄弱，个别库坝坍塌隐患仍然存在。多数关停闭矿的尾矿库处于无人管理状态，缺乏行之有效的管理、监测与维护，造成尾矿散失严重，并存在坍塌的安全隐患。个别矿山尾矿库超负荷排放，易造成突发性坍塌。

（3）矿山环境治理不彻底，影响唐山市的整体形象。煤炭采矿塌陷区与城市近在咫尺，铁矿尾矿库高过老百姓房屋好几倍。大量的露采矿山技术落后，尤其是水泥、石灰等建筑材料的大量开采，严重破坏森林植被，影响自然景观。有的矿山位于自然保护区、风景名胜区、旅游度假区、历史文化保护区、水源保护区、铁路公路沿线区及城镇周边，严重影响唐山市构建生态城市的整体形象。

（4）生态整治欠账多，治理任务艰巨。目前，形成矿山废弃土地面积 278 平方公里，至 2010 年，煤矿塌陷区面积还将每年以 133.3 公顷速度递增，铁矿废弃地 53.4 平方公里。矿山开采、排土场以及选矿厂、尾矿库的总面积约 1400 平方公里，尾矿库 1360 个，总库容 2.8 亿立方米。总体而言，生态整治欠账多，整治点多、面广、任务艰巨，治理工作严重滞后矿区经济社会发展和人们对环境质量改善的需求。

1.2.2 废弃土地类型

（1）塌陷地：由于地下开采而造成地面沉降的低凹地，包括煤矿、内生金属矿及磷、石膏采空塌陷和岩溶塌陷。主要集中在市区附近的煤矿采集区，直接影响到市区的规划、建设。

（2）挖损地：由于地表开采形成的矿坑，破损面等破碎地形。包括积水、非积水矿坑和采石场形成的白茬山、掌子面。主要集中在北部山区和中部平原区。地表开采使山地植被破坏，引起水土流失，加重了河流、湖泊的污染，其粉尘加重空气污染。

（3）占压地：采矿废弃物堆积占压地表，形成结构松散的不毛之地。包括矸石山、排土场、尾矿库。主要集中在煤矿和铁矿开采区。

2. 建设现状与成效

2.1 总体治理成效评价

“九五”期间开滦集团公司对采煤塌陷地、矸石山、矿井疏干水的资源化利用，首钢矿山公司对尾矿库、排土场土地复垦，石人沟铁矿填沟绿化工程，棒磨山铁矿小流域综合治理，程家沟、汉儿庄铁矿尾矿库治理工程，滦县机砖厂土地复垦工程等一批规模矿山都取得了很好成效，对全市的矿山生态环境恢复与治理工作起到了示范作用。开滦、首钢矿山生态恢复治理示范区的工程如期完成。初步建成矿山环境保护、监测、预报系统。鼓励支持企业工业废水综合利用。唐山市区、古冶区地下水下降漏斗不再扩大，沿海平原咸水区深层淡水超采区扩展速度得到有效延缓。

近年来，唐山市对铁矿废弃地和采煤塌陷地开展了大量的综合整治工作，编制了《矿山生态环境恢复治理实施方案》,对全市矿山开展全面治理,县（市）区、涉矿企业乡镇也成立了相关机构，要求3年内矿山环境恢复治理率达标。通过矿山自筹和财政拨款,2008年唐山市已投入治理资金1.3亿元，共治理矿区面积1000公顷。以开滦煤矿、包官营铁矿、马兰庄铁矿、王爷陵铁矿等矿山为典型，形成了一些具有代表性的生态重建模式。矿山复垦面积达117平方公里，矿山土地复垦率达42.1%。十一五期间,以矿山开采进入河北省首富的迁安市还制订了《百矿披绿实施方案》,"复绿"工作不到位"一票否决"，明确各乡镇长为"复绿"工作第一负责人，本着"谁开采，谁治理"的原则，严格落实矿山环境恢复治理保证金制度。目前，包括迁安、迁西、遵化主采矿区全市共收缴治理保证金1.7亿元。同时，唐山市还按照"谁治理、谁受益"的原则，建立多元化资金投入机制，引入社会资本参与治理。由于监管、资金、措施做到三到位，唐山市北部山区大小矿山的"复绿"整治工程进展顺利，多年形成的尾矿荒山已开始改变面貌。但是，统观全市，治理矿山生态环境的投入远滞后于矿业经济的发展，形成欠账较多，矿山生态保护与恢复的任务仍然十分繁重。

2.2 主要的生态修复工程评价

（1）南湖生态城。南湖生态城是采煤积水塌陷地生态修复的成功范例。南湖曾经是开滦采煤沉降区，上百年不间断的开采，致使这一带地表塌陷，污水横流，垃圾如山，严重影响了生态环境和城市形象。早在几年前，唐山就着眼于南湖的治理，随着南湖周边环境的逐年好转，唐山具体规划了南湖的未来。仅用一年时间，唐山人就从南湖搬走了800万立方米粉煤灰、350万立方米煤矸石,清运了800万立方米垃圾。如今,以南湖生态城28平方公里核心区为中心,完成了扩湖、景观绿化、市民广场、地震遗址公园、垃圾山封山绿化等工程，形成了近12平方公里水面，相当于两个杭州西湖的湖面。南湖城市中央生态公园被联合国人居署授予"HBA中国范例卓越贡献最佳奖"，现已成为华北最大的市区生态公园，全市人民娱乐休闲的好去处。

（2）古冶区。唐山古冶区是全国闻名的开滦煤矿主矿区，上百年的煤炭开采，使得区内大面积土地塌陷。截至1994年年底，全区荒废地达到2500公顷，波及地3700公顷，导致全区人均耕地不足0.1公顷。近年来，该区按照科学发展观的要求，在申报国家、省、市复垦项目的同时，还制定了"谁复垦、谁受益"等优惠政策，积极发动社会力量进行复垦开发。截至目前，累计投入2亿多元，连续多年实施了国家级采煤塌陷地综合复垦工程，成功探索出居全国领先水平的稳沉塌陷区矸石充填复田模式、动态塌陷区可移动蔬菜大棚栽培模式、陈旧塌陷区的水面养殖模式，全区已对3600公顷塌陷地进行了整理，对2500公顷波及地进行了平整，新增土地930公顷，实现经济效益4.6亿元，农民人均纯收入5200多元。古冶区共有1100公顷塌陷水面，通过深度治理,目前已全部建成标准化鱼塘,精养面积达到800公顷,其中城市休闲垂钓渔业发展到200公顷,平均每公顷水面增收万元以上。同时还在煤炭采空区通过生态恢复建设，成功建成了驾驶员考试中心、生态农业园、休闲农业园、观光农业园、采煤塌陷坑人工湖改造等一批工程项目，将原来的荒芜废弃地改造成了人文景观和休闲娱乐场所。

（3）百矿披绿工程。治理与修复并重，围绕破解生态脆弱的难题，对北部山区117个矿山大力推进生态修复绿化工程。由于矿山开采的地理条件不一，在"复绿"工程中，唐山因地制宜采取多种模式整治尾矿秃岭，有的填坑造地，有的治坡造林，有的拓宽改道，充分利用尾矿的现有条件，在改造中扬长避短，使其最大限度恢复自然原貌。各种形式的复绿工程，已使全市森林覆盖率提高了近5个百分点。目前，全市已投入资金1.5亿元，栽植各类苗木600多万株，绿化面积近10平方公里。过去寸草不生的尾矿渣已披上了绿装。

3. 存在的主要问题

（1）思想上重视采矿经济效益，忽视生态治理。部分采矿权人对矿山生态环境保护意义理解不够，思想观念落后，资源忧患意识、环境保护意识淡薄，只注重矿产资源开发的经济效益，忽视生态恢复治理。

（2）规划上缺乏统一规划，难以形成体系工程。生态恢复工程布局与规模缺乏统一规划、部署，随意性强、尚处于被动状态，而且工程结构不尽合理，尚未形成自然恢复与人工修复相结合、生态效益与经济效益相结合的体系工程。

（3）技术上不成熟，缺少精品型示范工程。目前河北省矿山生态恢复工作尚处于起步阶段，许多治理、复绿技术还处于尝试阶段。虽然首钢最早在唐山尝试生态复绿，但未形成成熟技术体系。加之我国矿山废弃地有关生态恢复工程技术标准出台颁布的很少，导致一些工程施工粗放，质量不高，缺少精品型示范工程。

（4）法规上操作性不强，监督管理不规范。目前我国涉及矿山环境保护的法律法规较多，但在实际运行中难以操作，导致矿山生态环境保护与治理的监督管理不规范，存在多套管理和管理不到位的现象。唐山和其他地区一样，由于这些问题的存在，严重影响恢复治理工作的全面实施、生态环境的调查、恢复工程的评价和后续的监督、管理。

（5）资金上融资渠道有待拓宽，资金的使用和管理有待完善。目前，唐山市出台的有关矿山生态恢复资金管理办法只有《唐山市资源生态环境恢复治理保证金管理暂行办法》，资金投入渠道较少，保证金在其使用、投向和管理上也应进一步明确资金的定位，实行分类管理，避免重复投入和与矿山生态治理无关的区域使用。

（二）工程建设目标

1. 总体目标

建立生态功能强大、水土资源高效利用、经济效益和景观效益好的生态恢复工程体系，矿山治理率达到100%。为全国矿山废弃地生态治理提供技术支撑和示范样板，打造世界一流的精品工程1~2个。

2. 阶段目标

到2015年，在巩固、完善现有工程的基础上，全面启动重点工程的建设，完善南湖工程、全面展开北部山区的百矿披绿工程建设。初步形成工程体系框架，矿山环境治理率达到60%。

到2020年，全面完成规划任务。建立起功能完善、体系健全的矿山废弃地生态复绿景观体系和产业体系工程。矿山环境治理率达到100%。

（三）工程建设范围

按照唐山市矿山废弃地分布地域特点和全市生态功能分区特点，矿山废弃地生态复绿工程布局为三大体系工程，即："北部山区矿山废弃地富山保绿林果生态屏障体系""中部平原区矿山废弃地生态农业工程体系"和"铁路、公路沿线绿色景观再造形象工程体系"（附图15）。

1. 北部山区矿山废弃地富山保绿林果生态屏障体系

针对北部山区以铁尾矿为主的矿山废弃地带来的土地占压、滑坡、水土流失、土壤贫瘠等问题，实施水土保持、土壤改良和土地再造、土地绿化系列工程，进而建立以经济林果为主导的乔灌草相结合、平面与立体配置相结合、生态效益与经济效益相结合、生物措施与工程措施相结合、封育与人工造林相结合的绿色林果植被恢复工程体系，结合北部山区生态屏障建设工程，全面建设北部山区绿色生态屏障体系和经济林果产业体系工程。建设范围包括遵化市、迁西县、迁安市、丰润区及滦县北部的铁矿、金矿和采石场形成的尾矿库、废石堆、露采矿坑100平方公里（主要矿山如表 4-1），需治理尾矿库 1306 座，总库容 2.8 亿立方米。

表 4-1 北部山区主要治理矿山一览表

治理矿山名称	所在行政区	治理矿山名称	所在行政区	治理矿山名称	所在行政区
三道硐金矿	遵化市	马冯峪铁矿	遵化市	西乔山铁矿	迁安市
马兰关金矿	遵化市	力田庄铁矿	遵化市	孟官营乔庄子铁矿	迁安市
马兰峪砂金矿	遵化市	梗子峪铁矿	遵化市	小蔡庄铁矿	迁安市
惠陵铁矿	遵化市	王市庄铁矿	遵化市	孟官营寺山铁矿	迁安市
三道沟金矿	遵化市	铁山岭铁矿	遵化市	大石河铁矿赤家山矿	迁安市
三义金矿	遵化市	西双城铁矿	遵化市	孟家沟铁矿	迁安市
西大峪铁矿	遵化市	大于家沟铁矿	遵化市	北屯北铁矿（北端）	迁安市
冯庄子铁矿	遵化市	白马峪铁矿	遵化市	影壁山及贾家山铁矿	迁安市
水泉沟东山铁矿	遵化市	大安乐庄铁矿	遵化市	王家湾铁矿	迁安市
茅山金矿	遵化市	西杨庄铁矿	遵化市	塔山铁矿	迁安市
双义金矿	遵化市	才家沟铁矿	迁安市	赵店子铁矿	迁安市
冷嘴头金矿	遵化市	水厂铁矿	迁安市	杏山铁矿	迁安市
化石峪金矿	遵化市	篓子山铁矿	迁安市	脑玉门铁矿	迁安市
石人沟铁矿区花椒园矿	遵化市	柳河峪铁矿	迁安市	影壁山铁矿	迁安市
石人沟铁矿区石人沟矿	遵化市	西峪口铁矿	迁安市	新房子金矿	迁安市
王爷岭铁矿	遵化市	西峪口北猴山铁矿	迁安市	云峰山铁矿	迁安市
西下营东沟铁矿	遵化市	隔滦河西铁矿	迁安市	棒槌山铁矿	迁安市
塔头寺铁矿	遵化市	东峡口铁矿	迁安市	包官营铁矿	迁安市
花椒园西山铁矿	遵化市	羊崖山铁矿	迁安市	磨峰山白蟒山铁矿	迁安市
安平庄铁矿	遵化市	马兰庄铁矿	迁安市	磨盘山铁矿	迁安市
闫家沟铁矿	遵化市	大石河铁矿松木庄矿	迁安市	花庄铁矿	迁安市
闫家坟铁矿	遵化市	刘家湾子铁矿	迁安市	彭庄子铁矿	迁安市
小王庄铁矿	遵化市	大石河铁矿	迁安市	尖山铁矿	迁安市
白方寺铁矿	遵化市	大五里南山铁矿	迁安市	莱园西沟铁矿	迁安市
程家沟铁矿	遵化市	耗子沟铁矿	迁安市	莱园铁矿	迁安市
巩固山铁矿	遵化市	玄家洼铁矿	迁安市	水厂铁矿达峪沟矿体	迁安市
李家沟铁矿	遵化市	王家湾铁矿	迁安市	胖子梁铁矿	迁西县
枣林庄铁矿	遵化市	护国寺铁矿	迁安市	岔沟金矿	迁西县
洪山口金矿	遵化市	彭店子铁矿	迁安市	沙峪铁矿	迁西县
南城子铁矿	遵化市	松汀铁矿	迁安市	汉儿庄铁矿	迁西县
谢家沟金矿	遵化市	后裴庄铁矿	迁安市	汉儿庄二道域子铁矿	迁西县
龙湾铁矿	遵化市	马兰庄镇北马铁矿	迁安市	苇庄铁矿	迁西县
田家村金矿	遵化市	北屯北铁矿	迁安市	亮甲峪铁矿	迁西县
片石峪金矿	遵化市	大杨庄铁矿	迁安市	杨渣子铁矿	迁西县
马石沟铁矿	遵化市	二郎庙马家山铁矿	迁安市	王寺峪西山铁矿	迁西县
驸马寨北山铁矿	遵化市	前裴庄铁矿	迁安市	史家庄铁矿	迁西县
吴家沟铁矿	遵化市	北屯南铁矿	迁安市	马蹄峪铁矿	迁西县
高家店金矿麻家峪段	遵化市	红石崖铁矿	迁安市	杏儿峪铁矿	迁西县

（续）

治理矿山名称	所在行政区	治理矿山名称	所在行政区	治理矿山名称	所在行政区
胡家店金矿	迁西县	榆木岭铁矿	迁西县	高家店金矿麻家峪段	迁西县
松树胡同铁矿	迁西县	崔家堡子铁矿	迁西县	太平寨铁矿	迁西县
张家店铁矿	迁西县	大牛峪铁矿	迁西县	庙岭头东沟铁矿	迁西县
岔拉沟铁矿	迁西县	水峪铁矿	迁西县	二拨子范家峪铁矿	迁西县
大西沟铁矿	迁西县	麻达峪铁矿	迁西县	王家峪铁矿	迁西县
达草峪铁矿	迁西县	龙辛庄铁矿	迁西县	金家沟铁矿	迁西县
黄槐峪铁矿	迁西县	洪门店铁矿	迁西县	强庄子铁矿	迁西县
金厂峪金矿深部	迁西县	西青河砂金矿	迁西县	赵庄子铁矿	迁西县
金厂峪金矿	迁西县	十八盘金矿Ⅱ号脉	迁西县	炸糕店铁矿	迁西县
金厂峪金矿黑石峪段	迁西县	牺河烈马峪铁矿	迁西县	牌楼沟铁矿	迁西县
金厂峪金矿桑家峪段	迁西县	石门铁矿	迁西县	首阳山铁矿	滦县
青山口铁矿	迁西县	牛店子铁矿	迁西县	高家峪铁矿	滦县
于家沟铁矿	迁西县	安家峪铁矿	迁西县	油榨仓库营铁矿	滦县
栗树沟铁矿	迁西县	王寺峪铁矿	迁西县	贾营铁矿	滦县
横河东沟铁矿	迁西县	平房子铁矿	迁西县	前所营铁矿	滦县
长河流域砂金矿	迁西县	高家店金矿	迁西县	油榨仓库营铁矿	滦县

来源于 2004 年唐山矿产资源区分布表（唐山市国土资源局提供）

2. 中部平原区矿山废弃地生态农业工程体系

针对中部平原区以煤矿塌陷地、矸石山为主的矿山废弃地带来的地形破碎、积水、土地占压、土壤贫瘠等问题，实施土地整理、土地再造、水体还清、环境绿化系列工程，实行土、水、田、林、路综合治理和鱼、果、禽、林综合开发，进而在发展森林湿地、水产业的同时，发展畜禽养殖及加工业，结合土地利用总体规划，在塌陷区上创建农—林—渔—禽—畜生态立体与生态安全相结合、生态效益与经济效益相结合、生物措施与工程措施相结合的高效生态农业工程体系。工程建设区主要包括唐山市区、古冶区、开平区、丰润区南部的煤矿塌陷地、采石场和滦县部分铁矿区，治理面积 280 平方公里。

3.“两线”绿色景观再造形象工程体系

以铁路、高速公路直观可视范围内的矿山环境恢复治理工作为重点，实施环境整治、水体还清、景观再造、休闲观光的系列工程。结合城市规划和环城水系规划，构建从工业文明向生态文明转变、资源城市向生态城市转变、历史文化与生态文化相结合的综合治理形象工程体系。建设范围包括承唐高速（南小营至唐山市段和承唐界至南小营段）、唐曹高速（唐山至林雀堡）、迁安高速（沙河驿至大崔庄）、京沈高速（玉田立交 — 迁安立交）、唐津高速（丰河立交 — 陡河立交）西外环高速公路和一级公路（石门 — 堡子店 — 三屯营 — 白庙子 — 罗家屯 — 建昌营段）以及北部和唐山周边的铁路沿线。

（四）工程建设内容

1. 北部山区矿山废弃地富山保绿林果生态屏障体系

（1）矿山废弃地坡面生态恢复整地工程。针对矿山废弃地挖损以及废杂堆积带来的滑坡、土壤侵蚀等问题，实施坡面整理、坡面加固、坡面排水等工程技术措施，重点解决矿山废弃地的土壤侵蚀、塌陷、滑坡等问题，同时为坡面的植被恢复创造适宜的微地形环境。

（2）矿山废弃地高效利用土壤改良工程。针对矿山废弃地构成基质结构松散、养分贫瘠等问题，应用客土、培肥、保水等技术，实施矿山废弃地土壤改良工程。从而为矿山复垦及农作物、果树的栽培提供适宜的基础条件。

（3）矿山剥岩废料造地工程。针对矿区土地紧缺、地形破碎问题，利用采矿过程中产生的剥岩废料对非积水矿坑等低洼地实施造地工程。从地点的选择、剥岩废料的分选、填埋、覆土等几个技术环节入手制订实施方案。一方面解决剥岩废料的处置问题，另一方面增加矿区的土地面积。

（4）采石场裸岩立面绿化工程。在对采石场进行坡面稳固，消除安全隐患的基础上，采取坡顶覆土、种植垂藤植物的方式进行坡顶绿化，借助垂藤植物下垂生长的特性覆盖采面，创造创伤面绿色景观的视觉效果；同时稳定采面基质，减少风蚀、水蚀侵害；经济条件允许的条件下，可以通过植生槽种植、喷播等技术直接进行采面绿化。

（5）塌陷地、挖损地坡面的植物护坡工程。在整地工程的基础上，选择根系发达、耐瘠薄、具有固氮功能的、以豆科植物为主的树种进行造林护坡。

（6）排土场、尾矿库高效利用林果植被恢复工程。在阶梯式整地工程和土壤改良工程基础上，采用经济林与水保林相结合的乔、灌、草搭配的植被配置模式，在排土场、尾矿库全面实施植被恢复工程。大力营造生态型经济林，不留缺口、断带，全面构建北方矿区经济林果生态屏障体系。

到 2015 年，完成 500 座尾矿库复绿治理任务，新增林地面积 40 平方公里，矿山废弃地治理率达到 60%；到 2020 年，完成 506 座尾矿库复绿治理任务，新增林地面积 40 平方公里，矿山废弃地治理率达到 100%。

2. 中部平原区矿山废弃地绿色生态农业工程体系

中部平原区构建以煤矿塌陷地为主的生态农业工程体系。

（1）城中采煤塌陷地。对城镇中心的积水塌陷地，改建湿地公园，发展旅游业。非积水塌陷地，建设生态景观公园。

（2）稳沉采煤塌陷地。对稳沉的采煤塌陷地，采用矸石充填复田模式，优先复垦为耕地或建设用地。通过挖浅、垫深、平整土地等方式，种植水稻、大豆、玉米等农作物，栽植果树、牧草等或建设养猪场、养鸡场，发展多种经营的生态农业。

（3）动态塌陷地。对不稳定的动态塌陷区，采用可移动蔬菜大棚栽植模式，或通过工程措施加固稳定后发展生态农业。

（4）积水塌陷地。对塌陷程度严重，形成大面积积水、无法进行土地复垦的，通过平整、地表覆土隔离、抗变形沉降等方法，采用水面养殖模式，优先发展渔业。

到 2015 年，新增土地 140 平方公里，土地复垦率达到 60%；到 2020 年，新增土地 140 平方公里，土地复垦率达到 80%。

3.“两线”沿途绿色景观再造形象工程体系

3.1　土地清理、坡面加固工程

全面整理公路、铁路“两线”沿途废弃采石场、矿坑和矸石山、尾矿库。清理污染、垃圾物，对于坡面不稳，有安全隐患的地段实施削坡减载工程和水保加固工程，使其具有稳定的边坡和合理的堆高。

3.2　绿色景观再造工程

生态园林与沿线景观改造相结合，重点实施采石场裸岩立面绿化工程和尾矿库绿色立体景观再造工程。

（1）采石场裸岩立面绿色景观快速重建工程。对严重影响城市形象、景观破碎、粉尘污染严重的“两线”沿途采石场，通过阶梯法、框格法、喷播法、植生袋法等国内外先进技术措施，实施裸岩立面植被快速重建工程。

（2）尾矿库绿色立体景观再造工程。采取砌坡防护并在坡面覆土散植草本植物和低矮灌木的方式消除安全隐患。在此基础上，选择耐贫瘠性强、观赏价值高的灌木、乔木，逐步形成草、灌、乔立体景观。

到2015年，治理采石场5个，尾矿库200个，治理铁路与干线公路长300公里，新增绿色景观面积40平方公里。到2020年，治理尾矿库100个，治理铁路与干线公路长500公里，新增绿色景观面积10平方公里。

二、工业环境污染治理工程

（一）现状分析与评价

1. 工业环境污染现状

唐山工业污染的种类主要有水污染、大气污染、固体废弃物污染和噪声污染。

（1）水污染。2009年，全市化学需氧量排放量为8.04万吨，其中，工业废水中化学需氧量排放量为4.79万吨。2009年，全市工业废水中化学需氧量排放量为4.79万吨，生活废水化学需氧量排放量为3.25万吨。2009年对北郊水厂、大洪桥水厂、西郊水厂和龙王庙水厂进行了12次监测，水质较好，全部达到集中式生活饮用水水源标准。2009年共监测城市大气降水29次，pH值的范围为6.18~8.45，没有出现酸雨。

（2）大气污染。2009年，全市大气环境质量呈好转趋势。大气污染物的主要成分为可吸入颗粒物、二氧化硫和二氧化氮。2009年城市环境空气质量二级及优于二级的天数达到329天，比上年增加1天。2009年，全市烟尘、工业粉尘和二氧化硫排放量分别为 12.72万吨、18.23万吨、25.44万吨，比上年有不同程度的降低。

（3）固体废弃物污染。唐山市固体废弃物包括采矿废石、选矿尾矿、燃料废渣、化工生产及冶炼废渣等固体废物。根据统计数据显示，2009年全市工业固体产生量为9108万吨，主要包括冶炼废渣、炉渣、粉煤灰、尾矿等，工业固体废弃物排放量为25万吨，工业固体废弃物综合利用量7363万吨，综合利用率为80.53%。固体废弃物的回收利用率有所提高。

（4）噪声污染。根据监测的噪声数据显示，唐山市近几年，城市工业噪声，城市区域环境噪声、交通环境噪声监测值均有所下降。2009年工业环境噪声比上年有所降低，区域环境监测均值为最低。2009年道路交通噪声监测均值为66.6分贝，与上年相比略有下降，低于国家标准的70分贝，达标路段占96.8%。

2. 治理现状与成效

唐山市针对出现的工业污染问题，制定了《唐山市环保产业发展规划》（2009~2015年），《唐山生态市建设规划》（2006~2020年，环保局）等，通过以上规划和措施的实施以及政府和企业的努力，在水污染、固体废弃物污染、大气污染和噪声污染方面取得了一定成效。

（1）在大气污染治理方面。2009年，全市烟尘、工业粉尘和二氧化硫排放量分别为12.72万吨、18.23万吨和25.44万吨，比2008年有不同程度的降低。对城区周边10家重点行业企业实施了脱硫工程改造，年可削减二氧化硫排放量6314吨。同时，积极推进城市燃煤锅炉整治工作，完成225台燃煤锅炉整治，有效改善了城区环境质量。实施了污染源在线监测项目和大气黑度自动监控平台，时时监控企业排污情况，有效提高了环境执法水平，严厉打击了环境违法行为。

（2）水污染治理方面。目前，唐山市已建成污水处理厂10座，日处理污水能力达到85.9万吨。

其中，中心城区污水处理率已接近100%。在建污水处理厂7座，建成使用后日处理能力会大大增加。在中水回用方面，唐山市已相继建成了日供中水7万吨和6万吨的北郊中水工程和西郊中水工程，并已经向多家大型企业提供中水。2009年全市地表水国控断面没有出现劣Ⅴ类水质，地表水国控断面达Ⅴ类水质标准以上的比例为100%；截止到2009年，城市集中式饮用水源地水质达标率为100%。

（3）在固体废弃物治理方面。目前，唐山市冶金渣和粉煤灰综合利用率已接近100%。已有近百家企业从事高炉和转炉废渣的综合利用。古冶区、丰润区和玉田县已经建立废旧轮胎回收利用企业，到2009年年底工业废弃物综合利用率达到80.53%。唐山市已建成5座生活垃圾填埋场，城市中心区垃圾无害化处理率达到了100%。同时唐山市已建成医疗废物处理厂1座，处理全市医疗垃圾。

（4）在噪声治理方面。由于加强了对噪声的管理，从几年的噪声统计数据来看，工业噪声，区域环境噪声、交通环境噪声监测值均有所下降。一些企业选用了低噪声振动设备，降低了噪声声强。区域环境噪声达到了省考核指标56.0分贝的标准。对于一些道路实施了分流，道路交通噪声低于国家标准70分贝，达标路段占96.8%。

3. 存在的主要问题

（1）工业污染减排任务艰巨。近年来唐山市工业二氧化硫、化学需氧量排放量等整体呈现减少的趋势。但钢铁、电力、焦化、煤化工和水泥等污染企业多。唐山经济正处于快速发展阶段，工业污染问题较为突出，主要面临着包括二氧化硫、化学需氧量以及氮氧化物、氨氮等工业污染物的减排任务，从当前情况来看，工业污染减排任务还相当艰巨。

（2）经济增长方式仍然粗放。近年来，唐山市通过实施污染企业的搬迁、合并重组、加大治理环境力度来治理环境，环境质量呈现好转的趋势。但产业结构不合理，以钢铁、煤化工、水泥企业居多，资源能源利用效率较低，高耗能、高污染行业的产能扩张尚未完全遏制，致使唐山环境治理的改善难度和压力依然很大，所以要加快产业结构的调整，转变经济增长方式，由粗放增长向集约增长方式转变。

（3）城镇环境基础设施建设相对滞后。近几年，唐山市城市污水、生活垃圾、固体废弃物等处理率虽然明显提高。但部分县城和大部分重点镇还没有污水集中处理厂，致使大量污水直接排入河道，对水环境造成一定的影响。垃圾处理厂建设也不完善，垃圾处理率低。固体废弃物资源化利用率低。城市集中供热工程也不完善，大气污染依然严重。另外医疗垃圾和危险废物也没有得到有效处置，这些都严重影响着城市生态环境的改善。唐山城镇环境基础设施建设，包括污水处理厂，垃圾处理厂、集中供热工程等基础设施还不完善，还需要加快城镇环境设施的建设。

（4）环保执法能力远不能适应新形势的需要。唐山市经济增长迅速，所带来的环境问题也很突出，致使唐山市环保工作日益繁重，需要有力的环保执法能力。但唐山各区市县环境监管体系尚未建立起来，致使各级环保部门对大气污染、水污染、固体废弃物污染和噪声污染的执法能力薄弱，这严重制约着环保执法工作的质量，环境违法问题仍然突出。

（二）工程建设目标

1. 总体目标

使主要污染物排放得到有效控制，排出污染物得到有效治理，常规因子环境质量得到明显改善，环境安全得到基本保障，环境保护能力得到明显提升，奠定唐山市全面建设小康社会的环境基础，完成环境保护工作的历史性转变。

2. 阶段目标

到2015年，化学需氧量削减率达到10%，二氧化硫削减率达到10%，氨氮和氮氧化物达到国家和河北省标准。全市空气质量二级及优于二级标准天数保持在 310 天以上；工业固体废弃物综合利用率达到 90%，城镇污水、垃圾集中处理率均达到 100%；噪声达标率达到 90%。

到 2020 年，化学需氧量削减率达到 15%，二氧化硫削减率达到 15%，氨氮和氮氧化物控制高于国家和河北省标准。全市空气质量二级及优于二级标准天数保持在 320 天以上；工业固体废弃物综合利用率达到 100%，城镇污水、垃圾集中处理率均达到 100%；噪声达标率达到 95%。

（三）工程建设范围

依据唐山市经济发展模式、速度、规模以及污染情况。将唐山市工业污染治理划分 3 个区，分别为北部山区山前产业带污染防控区，都市工业污染防控区和南部沿海地区工业污染防控区（附图 16）。

涉及唐山市的主要工业发展县市区。包括以下三区：北部山区山前产业带污染防控区，包括以迁安、遵化为龙头的现代装备制造业聚集区；中部地区都市工业污染防控区，包括中心城区（包括路北、路南、开平和古冶）、2 个郊区（丰润和丰南）和滦县、滦南、迁西、玉田、乐亭、唐海县等 6 个县；南部沿海地区工业污染防控区，主要包括曹妃甸工业园区、南堡开发区、海港开发区（京唐港）、汉沽管理区和芦台开发区。

（四）工程建设内容

1. 北部山前产业带污染防控

北部以迁安、遵化为龙头的山前产业发展带是采矿业、现代装备制造业聚集区，本区域主要有固体废弃物（尾矿、废渣）污染和大气污染以及水污染等。对固体废弃物的防控，一方面，建立区域性固体废弃物集中处置利用中心，对废弃物进行集中处理，另一方面，大力发展循环经济，提高固体废弃物利用率。对于大气污染的防控，一方面提高大气污染监测水平，采取自动检测手段，对大气污染状况进行实时监测，另一方面采取污染物排放达标管理、排污点源安装除尘设备、集中供热等措施减少污染物的排放。对于水污染，主要采取增加污水处理厂的数量与规模的措施，来提高污水的处理能力。

到 2015 年，分别在迁安和遵化各建成 1 座污水处理厂、1 个集中供热工程和 1 个小型固体废物集中处置利用中心、1 个垃圾填埋场和 1 个小型垃圾转运站。污水处理率和再生水处理率达到 60%；集中供热率达到 70%；固体废物集中处理率达到 70%；垃圾处理率达到 75%。

到 2020 年，完成 2 座污水处理厂及其配套再生水深度处理设施建设；扩建和完善 2 个集中供热工程；建立 2 个大型固体废物集中处置利用中心；2 个中大型垃圾填埋场，建成 2 个大型垃圾转运站。污水处理率和再生水处理率达到 95%；集中供热率达到 100%；固体废物集中处理率达到 90%；垃圾处理率达到 90%。

2. 中部都市工业污染防控

中心都市工业区是高新技术产业、现代装备制造业、钢铁产业、陶瓷产业的聚集区，面临着大气污染、水污染、固体废弃物污染和噪声污染等环境问题。对中心城区的一些污染大的企业，逐步迁入城市周边规划的产业聚集区。逐步实现城市中心区无污染企业、形成城市中心区布局都市型工业，郊区集中布局大中型制造业企业、配套工业、基础原料工业的城市绿色工业空间新格局。通过逐步实施集中供热工程、对重点污染不达标企业实施限期治理、重点企业污染安装除尘设备等措施实现大气污染的治理；通过新建、扩建污水处理厂以及再生水利用工程，增加中部污水和再生水处理率，实现水污染的治理；通过发展循环经济，建立固体废弃物处理中心，提高资源化利用水平，实现固体污染的治理；通过选用低噪声设备，大力发展公交，发展道路及厂区的绿化，治理噪声污染。

到 2015 年，完成市区（西郊、西郊二厂、东郊、北郊、丰润、古冶、丰南）污水处理厂及再生水深度处理设施建设以及滦县、滦南、玉田、乐亭和唐海县的污水处理厂建设。完成市区的集中供热配套工程建设。滦县、滦南、玉田、乐亭、迁西和唐海县新建集中供热工程和 6 个小型垃圾转运站。在市区建立 2 个区域性固体废物集中处置利用中心，2 个垃圾填埋场和 1 座综合型生活垃圾焚烧厂。污水处理率和再生水处理率达到 70%；集中供热率达到 75%；固体废物集中处理率达到 75%；垃圾处理率达到 75%。噪声达标率达到 90%。

到 2020 年，建成滦县、滦南、玉田、乐亭和唐海县的再生水深度处理设施建设及集中供热工程。 建成 8 个大型垃圾转运站，8 个区域性固体废物集中处置利用中心和 8 个垃圾填埋场。污水处理率和再生水处理率达到 95%；集中供热率达到 90%；固体废物集中处理率达到 90%；垃圾处理率达到 90%。噪声达标率达到 95%。

3. 南部沿海工业污染防控

针对曹妃甸为龙头的唐山湾“四点一带”沿海重点开发带的工业污染状况，开展工业“三废”治理和噪声治理。在水污染治理方面,在园区内建立公共污水处理厂,对排放的污水进行集中处理；同时建立再生水利用工程,实现中水循环利用。在大气污染治理方面,在园区内建设集中供热工程，扩大液化气、煤气、电能、太阳能和天然气等清洁能源的使用，减少原煤的使用。在固体废弃物治理方面，在工业园区内实施清洁生产工程，构建合理的废物、原料、产品、用户的废物循环网链，提高固体废物利用率，实现园区内的固体废弃物的循环利用。在噪声污染方面，噪声污染企业要选用低噪声设备，工厂车间内要实施降噪措施，大力发展园区内公交事业，降低噪声污染。同时，在工业园区内开展绿化，植树造林，改善厂区生态环境。

到 2015 年，在曹妃甸工业园区、南堡开发区、海港开发区（京唐港）、汉沽管理区和芦台开发区内各建立 1 座污水处理厂及其配套再生水深度处理设施建设和 1 个集中供热工程；在曹妃甸建立 1 个区域性固体废物集中处置利用中心，建立 2 个垃圾填埋场，并且在曹妃甸新城建设 1 个大型垃圾转运站。污水处理率和再生水处理率达到 100% ；集中供热率达到 80%；固体废物集中处理率达到 80%；垃圾处理率达到 85%；噪声达标率达到 90%。

到 2020 年，扩建 5 座污水处理厂及其配套再生水深度处理设施建设；完善 5 个集中供热工程建设；建立 5 个区域性固体废物集中处置利用中心；建立 5 个垃圾填埋场，在曹妃甸建成 2 个大型垃圾转运站，在曹妃甸新区建成 1 座综合型生活垃圾焚烧厂。污水处理率和再生水处理率达到 100% ；集中供热率达到 100%；固体废物集中处理率达到 100%；垃圾处理率达到 100%；噪声达标率达到 95%。

三、农业面源污染防控工程

（一）现状分析与评价

1. 主要面源污染源类型

唐山市引起农业面源污染的原因主要集中在种植业、畜禽养殖业、水产养殖业和农村生活废弃物等。其中,种植业的面源污染主要体现在化肥、农药、薄膜的不科学使用和秸秆的不合理利用。畜禽养殖业污染主要体现在养殖过程中会使含有大量病原微生物、寄生虫、抗生素、重金属等的圈舍污水和粪尿等进入大气、水体、土壤中，进而危害人类、动植物的健康。水产养殖造成的污染主要是大量的水产动物排泄物、残余饵料、消毒药剂等有机物沉淀水底，有机物被分解释放大量有害物质，使养殖水质环境恶化；其次，养殖密度增加，水体环境恶化，养殖病害也日益加剧，许多病害已经严重威胁养殖效益；再次，面对加剧的养殖病害，消毒剂、杀菌剂和化学药物的大量使用又带来了病菌的抗药性及药物残留等问题，最终威胁到人类健康。农村生活废弃物污染主要体现在未经集中处理的农村生活污水直接排放造成污染，同时村容村貌脏、乱、差，生活垃圾乱堆乱放，对土壤、地下水以及周边生活环境造成一定的污染。

2. 现状分析

唐山市的农业面源污染虽然比以前有所控制，但是，由于养殖业导致的点源污染、作物种植导致的非点源污染、农村生活垃圾不能无害化处理以及工业废水排放等问题，这些污染影响面大，而且具有分散性、隐蔽性、随机性，不易监测。难以量化，治理困难，如果不加以防治，必将影响到唐山市生态城市的建设步伐，影响绿色无公害农产品名市的良好实施，影响到农业的可持续发展，影响到农产品的安全生产。

2.1 种植业污染现状

（1）化肥。根据唐山市 2008 年、2009 年对化肥施用情况的调查结果，唐山市的化肥施用总量为 293137.24 吨，以滦南县、乐亭县用量最多，纵观各县区，氮肥的施用量较高，相应的氮肥的流失情况亦较严重，滦南、乐亭县的地表径流流失量和地下淋溶流失量分别为 287.70 吨、395.73 吨和 225.00 吨、520.60 吨。

（2）农药。唐山市农户所涉及的农药种类有 14 种以上（图 4-1），种类繁多，用量较大，农药残留问题亦较严重。

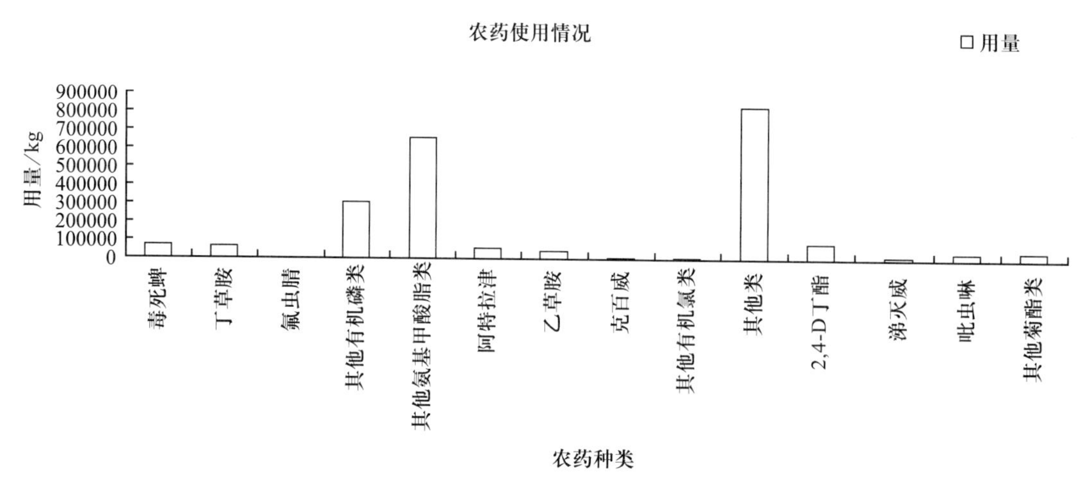

图 4-1 唐山市农药使用状况

（3）农用薄膜。唐山市各个县市区共使用地膜 6090.91 吨，残留量为 1333.13 吨，残留量占使用地膜总量的 22%，可见，唐山的“白色污染”问题很严重。

（4）农作物秸秆等废弃物的产生。据唐山市农业局调查，唐山市秸秆产生量为 373.05 万吨，其中丢弃 16.22 万吨，田间焚烧 4.35 万吨，还田量为 24.51 万吨，堆肥量为 1.18 万吨，饲料 112.92 万吨，燃烧 187.97 万吨，原料 15.46 万吨，用于其他为 10.45 万吨。

唐山市有 51% 的秸秆用于燃烧，所占比例较大；30% 的秸秆被当作饲料，7% 用于秸秆还田，只有 1% 的秸秆在田间焚烧，充分发挥了秸秆的利用价值。

2.2 水产养殖业污染

全市水产养殖面积达到 7 万公顷，其中海水养殖面积 4.6 万公顷（包括滩贝养殖），淡水养殖面积 2.4 万公顷，水产养殖饲料以人工料为主，养殖的同时，精饵料残饵、鲜活饵料残饵和消毒剂、驱杀虫剂、水质改良剂、抗菌剂以及水产排泄物也通过养殖场换水、清塘等途径流入周围水体。

2.3　畜牧业污染

唐山市共有畜牧污染源普查点 31551 个，不同畜禽品种清粪仍然是以干清为主。全市畜禽粪便产生量为 333.95 万吨，污染物产排量最多主要县区依次为：滦南、遵化、丰润、丰南、玉田、滦县、迁安。

2.4　农村生活废弃物污染

农村生活污水也是面源污染主要源，其主要来源为厨房洗菜洗碗污水、洗衣污水、洗浴污水等，主要污染物是洗涤剂，其应用量随经济发展而逐步增长。唐山市涉及村庄生活污染村庄共 24 个，主要集中在开平区、丰南区、丰润区、唐海县、乐亭县、玉田县、滦县、迁西县、遵化市、迁安市。

3. 治理现状与成效

（1）摸清了唐山市种植业的污染现状。唐山市 2008~2009 年对所辖的 6 个区，6 个县，2 个县级市的 194 个乡镇进行了种植业污染普查。发现种植过程中使用的地膜、农药、化肥的品种繁多，数量也很大，对唐山市的农业（种植业）环境影响较大。

（2）净化了唐山市农资市场。结合农业执法大队等相关机构对唐山市农资市场进行了 3 次拉网式检查处理，初步净化了农资市场，收缴了部分高毒、高残留农药，正在努力把农业污染源的损害程度降到最低。

（3）推广了测土配方施肥技术。全市共完成沃土工程建设面积 41 万公顷，测土配方施肥技术推广面积 39 万公顷，共节约化肥 1.85 万吨，实现节本增效 5.4 亿元，惠及农民 42 万户。农民科学施肥意识增强，使用肥料由单质肥料向配方肥料、商品有机肥转变，科学施肥水平不断提高。

（4）加大秸秆综合利用开发力度。大力推广机械化秸秆还田、留高茬、麦套玉米、秸秆气化和沼气、秸秆育菇、秸秆生物反应堆、秸秆青贮等秸秆利用模式。

（5）部分实现了面源污染防控的政策性倾斜。财政支农资金要在重点地区发展有机食品、绿色食品和无公害农产品认证上给予补贴，政策性地推动这些地区的基本农田基本实现无公害认证，逐步推进标准化村建设。探索并尽快出台与农业环境保护相关的管理机制、长效监管制度和地方法规。

4. 存在的主要问题

（1）农业污染防控被边缘化。长期以来，唐山市环境管理体系以城市和工业点源污染防治为中心，忽略了农村环境保护和农业污染防控，导致农村环境管理体系发展相对滞后于农村环境与农业污染变化形势。随着人口社会和经济发展尤其是城镇化进程加快，农村环境受到的外部威胁越来越大，农业污染问题日益严重和尖锐。

（2）存在严重的利益冲突。农村环境保护与农业污染防控涉及诸多部门利益关系，使得部分地区农村环境被破坏、农业污染无人监管成了常态，甚至存在部分环境监管者主动污染和破坏环境，而不是实施污染防控，在许多农村地区，乡镇企业既是污染排放大户，也是地方基层政府的利税大户。

（3）农民对面源污染的认知程度不够、防控的积极性不高。农民包括政府对因农业活动导致面源污染造成的生态环境危害及其对农业可持续发展的影响认识不足。很多农民对农药带来的污染和危害有所了解，但不知道化肥会造成严重污染，也并不了解滥用最后将导致土地肥力枯竭和作物的减产，实际上是在竭泽而渔。唐山是资源性城市，农业生产收益比较低，农民生产积极性不高，对并不能为自己带来直接经济收益的环境保护和污染防控事宜更缺乏积极性。

（4）缺乏有利于农业污染防控的经济与政策激励机制。现行的农村污染防控政策，很多没有充分考虑到农民的实际情况和需求，更缺乏有效的经济和政策激励机制，甚至某些“经济激励政策”

反而侵害了农民的利益，加重了农民负担。

（二）工程建设目标

1. 总体目标

通过农业面源污染治理，促进农业的可持续发展，提高农民收入和改善农村环境条件，从而促进了农村全面小康社会的建设；同时减少对城市的污染，实现城乡协调发展。

2. 阶段目标

到 2015 年，唐山市普及测土配方施肥技术，逐步实现配方施肥生产的产业化；农药、化肥施用量减少 20%，用药结构得到优化，高效、低毒、低残留农药推广面积提高 20%；农用塑料薄膜回收率达到 75%；秸秆综合利用率达到 90%。全面完成禁养区、限养区实施，积极引导散养户出村入区，规模化、标准化畜禽养殖场粪便综合利用率达到 70% 以上。水产养殖区域建立水质测报点，使监测面积占总养殖面积的 40% 以上；积极开展水生动物病害测报和水生动物防检疫工作，使测报面积占总面积的 30%。

到 2020 年，大力推广生物肥料，推行农药、化肥减量化生产，农药、化肥施用量减少率 30%；农用塑料薄膜回收率达到 85%；秸秆综合利用率达到 100%。规模化畜禽养殖场粪便综合利用率达到 90% 以上，实现对养殖废弃物的综合无害化处理处置；引进新技术，加强畜禽粪便的综合利用。水产养殖区监测面积达到总养殖面积的 50% 以上；水生动物病害测报占总面积的 40%。乡村清洁工程大面积开展，普及率达到 30%。

（三）工程建设范围

按照唐山市各地地形地貌、自然条件、社会经济条件与生产状况及其发展方向的地域特征，结合唐山市现代农业规划，提出“两带一圈”型农业面源污染防控区域布局。即：北部山区林果杂粮种植污染防控带、中部平原现代农业综合污染防控圈和南部沿海水产养殖污染防控带（附图 17）。

1. 北部山区林果杂粮种植污染防控带

以遵化、迁西、迁安等北部山区县市为主的林果、杂粮种植区，产量占全市的 55% 以上，该区域面源污染的防控突出体现在杂粮生产、林果经营过程中的化肥、农药、农用塑料薄膜等的不合理使用和农用塑料薄膜等农资产品的综合利用。

2. 中部平原现代农业综合污染防控圈

中部平原是唐山地区现代种植业和畜禽养殖业的主要基地。小麦、玉米、花生、蔬菜等重点产区集中于此，以玉田县、丰润区、滦南县、丰南区、遵化市、迁安市、滦县、乐亭县为主的小麦、玉米重点产区；花生重点产区为滦县、滦南县、迁安市、丰润区、遵化市、丰南区；蔬菜重点产区为乐亭县、丰南区、滦南县、玉田县、滦县、遵化市和迁安市。种植业一直是面源污染防控的主要对象，在种植过程中化肥、农药、农用塑料薄膜等农资产品的过量使用导致土体、水体污染是面源污染防控的主要方面。

唐山市畜禽养殖优势区也集中于此圈内，如奶牛养殖优势区以丰润区、滦南县、滦县、丰南区、遵化市、迁安市、乐亭县、玉田县、开平区、古冶区、芦台经济技术开发区、汉沽管理区为重点区域；生猪养殖优势区以玉田县、丰润区、遵化市、滦南县、迁安市、丰南区、滦县为重点区域。在畜禽养殖基地，开展畜禽养殖排泄物治理和建设沼气综合利用等改造措施是防控面源污染的重点。

3. 南部沿海水产养殖污染防控带

主要包括唐山市南部沿海地区的滦南、乐亭、丰南、唐海及南堡开发区，拟打造环渤海出口水产品优势养殖带。该养殖带在渔业饲料使用、粪便清理、病害防治等养殖生产过程中所造成的水域污染正是面源污染防治的重点。

（四）工程建设内容

1. 种植业的清洁生产

该项内容在唐山地区主要的农业种植区开展。通过制订玉米、冬小麦、水稻等测土配方施肥技术规程，推广普及以测土配方施肥技术为主的农业节水、节肥、节药、节种清洁生产，实施化肥农药减量、增效、控污技术，积极开发推广应用生物型、植物型农药，推广病虫害综合防治技术，建立生物防治网。推进标准化、规模化生产基地的建设进程。

至2015年，完成推广面积40万公顷；2020年，推广面积7.2万公顷，测土配方施肥在粮食主产区应用达到100%。

2. 养殖业的清洁生产

畜牧业的清洁生产主要在肉牛、瘦肉型猪、奶业等特色经济区开展，水产养殖业的清洁生产主要在以沿海乐亭、滦南、唐海、南堡和丰南五县区为重点的海水池塘养殖区开展。畜牧养殖要建立禁养区和宜养区，宜养区内以中小养殖场（户）的粪便和废水处理为重点，推广生态养殖技术，实行雨污分流、清洁生产、干湿分离，实现畜禽粪便能源化、肥料化利用，加快推进规模化畜禽养殖场和养殖小区的污染治理。水产养殖重点推广水产生态健康养殖技术，同时，加强水产养殖生态环境监控工作。

到2015年，70%以上的畜禽养殖场粪便得到综合利用，海水池塘生态健康养殖规模达到1.3万公顷；到2020年，90%以上的畜禽养殖场粪便得到综合利用，海水池塘生态健康养殖规模达到2万公顷。

第五章　防灾避险体系建设

一、现状分析与评价

（一）主要灾害现状

1. 地质灾害分析

（1）崩塌、滑坡、泥石流等地质灾害。据资料统计，近年来，全市共发生崩塌、滑坡、泥石流灾害 268 处，其中崩塌灾害 5 处、滑坡灾害 65 处、泥石流灾害 198 处，以泥石流灾害最为严重，崩塌、滑坡次之。泥石流以迁西县、遵化市山区最发育，造成人员伤亡及经济损失最严重。

（2）矿区地面塌陷。矿区地面塌陷主要原因是煤矿业开发造成采空区，主要分布于京山铁路西侧、缸窑、国各庄、东矿区、吕家坨、范各庄等地。主要采空塌陷有 20 处，塌陷面积 79.63 平方公里。地面塌陷，严重破坏了矿区周围生态环境，大片可耕地塌陷后积水，出现地裂成为不毛之地。

（3）地面沉降灾害。地面沉降主要指巨厚松散沉积物分布区，因长期超量开采深层地下水资源，引起水位大幅下降，在上部重力和自重作用下，土体孔隙被压缩变形，造成地面垂直下降的地质现象，唐山南部沿海地区地面沉降量已达到 200~803 毫米，沉降面积 906.25 平方公里，沉降中心在唐海县城。地面沉降造成了地面标高损失，加剧了沿海风暴潮、海岸蚀退等灾害。

2. 城镇灾害分析

（1）地震。唐山市位于我国华北地震带中的海河（河北）平原带和燕山带上，是地震多发城市。发生于 1976 年的唐山大地震，震级达到 7.8 级，死亡 24.2 万人，重伤 16 万人，一座重工业城市毁于一旦，直接经济损失 100 亿元以上，是 20 世纪世界上人员伤亡最大的地震。

（2）火灾。唐山市历史上发生过多次重大火灾，教训惨痛。1993 年 2 月 14 日唐山市东矿区（现古冶区）林西百货大楼发生特大火灾引起全国震惊。此次火灾烧死 80 人，伤 54 人，直接财产损失 400 余万元。根据 2010 年唐山市公安局公布的数据，2010 年 1 至 10 月唐山市火灾情况：全市共发生火灾 251 起，死亡 1 人，直接经济财产损失 148 万元。与 2009 年同期相比，火灾起数下降了 13.75%，死亡人数下降了 50%，直接财产损失下降了 11.17%。火灾呈现如下特点：从火灾原因分析，电气、生活用火不慎和生产作业不慎是主要原因。其中电气引发火灾占总数的 32.27%；生活用火不慎引发火灾占总起数的 15.94%；生产作业不慎引发火灾占总起数的 12.35%；玩火、吸烟、自燃及其他原因引发火灾占总起数的 23.9%；故意放火占总起数的 2.39%。从起火区域上分析，农村和县城集镇所占比例最大，共 181 起，占总起数的 72.11%。其中，农村火灾 103 起，占总起数的 41.04%；县城集镇火灾 78 起，占总起数的 31.07%。

（3）次生灾害。在一种城镇灾害发生时，可能会产生的次生灾害主要是火灾，有毒、有害物质外泄污染，水灾以及崩塌滑坡等。火灾引发的源头主要是：加油站、电力线、锅炉房、煤气、易燃易爆化工产品及其原材料的生产和储存的建筑设备以及民用炉灶火源等；有毒、有害物质外泄污染源主要是：储存和输送有害物质的管道和储罐，储存医用放射物、病菌疫苗的建筑和设备，农药和其他有毒、有害化工产品和原材料的生产及其储存的建筑物和设备；引发水灾的原因是防洪堤坝在灾害发生时可能发生局部开裂甚至溃破，导致洪水侵入；崩塌滑坡主要是指地震等灾害发生时由于人工切坡过高过陡，容易形成滑坡、崩塌等。因此对已发生次生灾害的源头应加强管理，预防次生灾害的发生。

3. 森林灾害分析

（1）森林火灾。森林火灾是对森林、森林生态系统和人类带来一定危害和损失的林火行为。森林火灾是一种突发性强、破坏性大、处置救助较为困难的自然灾害。唐山市特别是北部山区，森林资源丰富，林相不整齐，隐患较多，需要引起高度重视，最近发生的森林火灾是 2011 年 4 月 4 日，迁西县发生森林火灾，历时 13 个小时，过火面积 86 公顷。因此，各地应采取主动积极的态度应对森林火灾，防患于未然，特别是加强防火期的防火管理。

（2）病虫害。唐山市由于树种单一，森林病虫害危害仍较为严重，需要进一步加强病虫害防治工作，特别是美国白蛾点多面广，根除灭疫十分困难，应加强森林抚育，健全森林病虫害防治体系，提高预测预报水平，有效遏制危险性病虫害的蔓延和外来有害生物的入侵。

（二）建设现状与成效

（1）制度法规体系逐步完善。认真贯彻执行《地质灾害防治条例》《河北省地质环境管理条例》《河北省地质灾害防治管理办法》；认真实施建设项目地质灾害危险性评估制度、矿山地质环境影响（含地质灾害）评估制度；制定汛期地质灾害预案编制、汛期值班、灾情速报、抢险救灾等工作制度；确立地质灾害防治相关的市级地质环境质量状况公报编制与汇报制度。增强全社会地质灾害防治意识，明确地质灾害防治的执法地位，使唐山市地质灾害防治工作步入法制轨道。

（2）地质灾害调查工作成绩显著。开展了唐山市 1∶20 万山区地质灾害调查和以地质灾害为主的 1∶50 万环境地质调查与评价，1996 年完成了 1∶10 万环境地质图编制。2001 年完成唐山市北部山区 7 个县（市）及唐山市区地质灾害调查与区划、唐山市沿海环境地质调查等。在此基础上制定了较为详细的唐山地质灾害防治规划。

（3）城镇防灾规划备受重视。在《唐山市总体发展规划》中有专门的城市防灾规划部分，其中包括了防震规划、防洪规划、消防规划及人防规划等内容。已经完成的专项防灾规划有《唐山市地质灾害防治规划》。唐山市重视各种突发城市灾害的应对和处理机制的建设，编制了《唐山市火灾应急预案》《唐山市突发地质灾害应急预案》《唐山市地震应急预案》等针对各种灾害的应急预案。

（4）强化了城镇疏散地及疏散通道的建设。目前，唐山市绿地总面积为 1033 万平方米，人均 8.47 平方米，远期规划为 3170.68 万平方米和 14.41 平方米（唐山市城市总体规划 2009~2020 年），远大于城市抗震防灾规划标准（GB50413-2007）规定的紧急避震场所人均有效避难面积不小于 1 平方米、固定避震疏散场所人均有效避难面积不小于 2 平方米的要求。

（5）地质灾害监测网络粗具规模。在全市 7 个山区县（市）地质调查基础上，初步建立了群专结合的县、乡、村群测群防网络及地质灾害应急反应体系。唐山市地质环境监测自 20 世纪 60 年代以来，先后布设地下水监测点 311 个，形成了覆盖平原区及部分山区的监测网络，并建立部分区段的突发性地质灾害隐患监测点，其中专业监测 6 处，群测群防 60 处。

（6）灾害勘查治理效果明显。唐山市先后进行了唐山市区岩溶塌陷灾害前期勘查、古冶巍山裂缝灾害，滦县黄庄、遵化刘备寨岩溶塌陷灾害勘查工作，完成了唐山市区岩溶塌陷预警工程、唐山市体育场岩溶塌陷治理工程、唐山市中心区岩溶塌陷监测工程、迁西县金厂峪金矿矿山地质灾害及隐患点的整治等，其中唐山市南湖公园的建设，为采空塌陷区综合治理树立了典范。

（三）存在的主要问题

（1）地质灾害防治经费不足。地质灾害防治投入保障机制尚未建立，经费单一，地质灾害治理仍依托政府投资，造成一些重大的地质灾害隐患点得不到勘查与治理，依然对人民生命财产造成极大威胁，特别是历史“欠账”问题。

（2）地质灾害监测体系及信息系统薄弱。唐山市地质灾害监测仅停留在山区地质灾害汛前的检查、汛后的复查，现有的群测群防运行不够规范，一些重大的地质灾害隐患点尚未达到利用现代技术手段建立专业化的动态监测；唐山市尚未建立基于 GIS 的地质灾害信息系统，不能提供动态查询，难以实现信息资源共享和提供快速决策服务。

（3）地质灾害防治技术手段落后。唐山市是全省地质灾害严重地区之一，但不论是在地质灾害研究预测，还是在地质灾害勘查、治理、监测中，以及新技术、新方法、新理论的应用与推广方面，尚不能适应新时期对地质灾害防治的需要。

（4）矿区开发监管力度不够。长期以来，由于矿山地质环境保护立法缺乏、监管手段乏力、矿山地质环境保护和恢复治理专项资金不足，使唐山市矿山开采生态破坏和环境污染十分严重；普遍存在“重开发、轻保护”的现象。急需有效的监管手段、责任制度和专门的立法规范。

（5）森林防灾减灾水平低。唐山市森林火险的等级长期居高不下，防火范围逐年增加，防火压力越来越大，特别是基础设施建设还不能适应防火形势的需要；森林抚育改造工作进展缓慢，特别是用材林、防护林，多年处于几乎停滞状态；由于树种单一，森林病虫害危害仍较为严重，需要进一步加强病虫害防治工作，特别是美国白蛾点多面广，根除灭疫十分困难；而唐山市林业资源的管护手段仍停留在 20 世纪 90 年代水平，急需加强管护手段的信息化建设，提高林业现代化水平，巩固造林绿化成果。

（6）城镇防灾规划编制工作有待加强。虽然唐山市较为重视城镇防灾规划的编制工作，在《唐山市总体发展规划》中也有专门的城市防灾规划部分，其中有针对地震、洪灾、火灾等城市灾害的防震规划、防洪规划、消防规划及人防规划等，但是这些规划过于宽泛，不够详细，因此还需制定专门的针对各种城镇灾害的防灾规划，目前，已经完成的专项防灾规划只有《唐山市地质灾害防治规划》。有待加强其他专项规划的编制。

（7）城镇灾害疏散地及疏散通道建设需进一步完善。唐山市是地震多发城市，因此较为重视城镇疏散地及疏散通道的建设。目前，唐山市绿地总面积为 1033 万平方米和人均 8.47 平方米，都远远大于城市抗震防灾规划标准（GB50413-2007）的要求。但目前存在的问题是城市绿地的分布不够均衡，有些城区绿地分布面积较大，而有些城区则相对较小，因此需要在绿地面积较小的城区增加绿地面积作为疏散地使用。

二、工程建设目标

（一）总体目标

建立健全与全面建设和谐社会相适应的灾害防治体系，建立完善与社会主义市场机制相适应的灾害防灾减灾监督管理体制；建立健全灾害监测预报系统、群专结合的防御体系和信息系统；严重的地质灾害及隐患点基本得到整治；拓宽服务领域，更好地为国土开发和经济建设服务。

（二）阶段目标

通过预测预防工程的建设，建立完善的防灾减灾监督管理体制；建立健全的灾害监测预报系统、群专结合的防御体系和信息系统，完善的全市灾害预测预警机制；使严重的地质灾害及隐患点基本得到整治；通过疏散通道及疏散地及生命线保障系统的建设，提升唐山市应对突发灾害的能力，保证在任何城镇灾害发生的情况下，城市功能得以正常进行，市民的生命财产安全得到最大的保证。

到 2015 年，地质灾害预测预报成功率达到 50%，构建起较为完善的灾害预警机制；需要治理或避让的地质灾害隐患点 50% 得到基本治理和避让，各种灾害造成的人员伤亡和经济损失降低 50%；完成唐山市城镇灾害疏散道路及疏散地的规划及部分建设工作；完成市、山区县、乡镇三级森林防火机构与扑火队伍建设，建立起监测网络与防火隔离带，使森林火灾受灾率控制在 0.3‰以下；完成林业有害生物的三级防治站与监测点建设工作，建立起有害生物防治信息系统，林业有害生物灾害成灾率控制在 5‰以下，无公害防治率达到 80% 以上，测报准确率达到 85% 以上。

到 2020 年，将各种灾害预测预报成功率提高到 60%，地质灾害治理和避让率达到 80%，灾害造成的人员伤亡和经济损失降低 80% 以上；完成城区疏散通道、疏散地及生命线保障系统建设；重点火险区建立起现代化的森林防火体系，森林火灾得到有效控制；有效遏制危险性病虫害的蔓延和外来有害生物的入侵。

三、工程建设范围

防灾避险工程建设范围包括地质灾害防治区、城镇灾害防治区和森林火灾及病虫害防治区。从唐山市实际情况出发，遵循“以人为本，以防为主，防治结合，全面规划，综合治理”的总原则，结合国民经济和社会发展规划部署及国土开发整治工作部署，以及人口密集和重大工程建设区布局确定灾害的防治区划布局（附图 18）。

（一）地质灾害防控范围

根据不同地质灾害类型、时空强度分布规律、地貌地质特征、人类工程经济活动等，结合经济发展水平、生产力布局、人口密度、国土开发整治、地质灾害防治能力和行政区的完整性，将唐山市划分为北部山区崩塌、滑坡、泥石流、地面塌陷灾害防治区；冀东平原地面塌陷灾害防治区和沿海地面沉降灾害防治区。

1. 北部山区崩塌、滑坡、泥石流、地面塌陷灾害防治区

本区位于唐山市北部低山丘陵区县（市），包括遵化、迁西、迁安、玉田、丰润及滦县北部，面积约 5351 平方公里。属低山地形，山高坡陡，地形切割强烈，沟谷发育，岩石强烈风化，土体疏松，且降水集中、多暴雨，崩塌、滑坡、泥石流等地质灾害严重。

地质灾害防治重点是建立健全迁西、迁安、遵化暴雨中心泥石流、崩塌、滑坡高易发区群专结合的监测网络，建立预测预警系统，提高应急反应能力。针对矿区存在的地质灾害与隐患，走矿山开发综合治理的道路，提高防治效果。

2. 冀东平原地面塌陷灾害防治区

主要分布在平原区的市中心区、路北区、路南区、古冶区、开平区、丰润区东欢坨煤矿区、玉田县林南仓煤矿区和滦县雷庄镇黄家庄村，面积约 5466.2 平方公里。地质灾害以人为诱发的地质灾害为主，过量开采深层地下水和地下采矿活动及工程经济活动引起地面塌陷等地质灾害。

地质灾害防治重点是在综合调查的基础上，调整规范不合理的工程经济建设及矿产资源开发规划布局，避免将重大的工程建在岩溶塌陷、采空塌陷危险区。严格控制开滦煤矿、滦县铁矿等大水矿区矿山开发对地质环境的破坏，防止诱发严重地面塌陷、地裂缝，破坏地下水系统，加剧水资源危机；建立健全唐山市区岩溶塌陷危险区预测预警系统，提高地质灾害预测预报水平和防

灾减灾能力。

3. 沿海地带沉降及海岸蚀退灾害防治区

主要分布在滨海平原区的芦台、汉沽、唐海县、南堡开发区地下水位降落漏斗中心区，分布面积2874.8平方公里。

地质灾害防治重点是建立健全地下水、地面沉降监测网络，严格控制地下水开采量，调整地下水开采布局，减缓南堡、唐海等沿海地区地面沉降速率，防止曹妃甸港区及腹地产生地面沉降和地面不均匀变形，以保障港区及腹地交通干线和输油管道安全；建立南堡、唐海地面沉降中心区预测预警系统，提高地质灾害预测预报水平和防灾减灾能力。

（二）城镇灾害防控范围

唐山市城镇灾害防治区主要指唐山市城区的建成区。

（三）森林灾害防控范围

森林防火体系建设主要是北部地区，包括丰润、玉田、滦县、迁西、迁安、遵化、开平、古冶等县市，重点是迁西县、迁安市、遵化市。森林病虫害防治涉及唐山全市，北部山区主要是水源涵养林与生态经济林的病虫害防治，平原与沿海地区主要是农田防护林与经济林病虫害防治。

四、工程建设内容

（一）灾害预防预警机制建设

开展全市突发性地质灾害隐患点群测群防网络建设，与气象部门实现数据共享，制定灾害应急预案及防灾指挥中心，提高应对突发性灾害的能力。建立基于地理信息系统和国际互联网的地质灾害数据库和信息管理系统，以便对各种灾害进行有效的管理和监控。

到2015年，完成针对各种灾害的应急预案的编制，以及防灾指挥中心、灾害数据信息管理系统；到2020年，建立以群测群防为基础，现代化专业监测为主导的突发性地质灾害监测网络，实现地质灾害中期预报、短期预报和临灾预报。

（二）北部山区地质灾害的治理与防御

该项建设内容主要在崩塌、滑坡、泥石流等地质灾害严重的北部低山丘陵区实施。地质灾害的防御，需要生物措施和工程措施的共同实施，首先对易发生水土流失的区域采取封山育林、植树造林等生物措施，建立起水源涵养林、水土保持林等防护林。其次将山区开发和治理结合起来，使采、选、排、覆土、植被形成一个完整循环的作业流程。国土资源部门会同有关部门和矿山企业，将全市矿山地质灾害隐患区（段、点）进行治理，树立矿业开发与生态环境保护、防灾减灾、城市建设协调发展的典范。

到2015年，需要治理或避让的地质灾害隐患点50%得到基本治理和避让，矿山废弃地治理率达到60%，新增林地面积2.8万公顷；到2020年，完成80%地质灾害隐患点的治理或避让，矿山废弃地治理率达到100%，新增林地面积1.86万公顷。

（三）市区塌陷地监测治理

主要针对平原的采空塌陷和岩溶塌陷区，建立健全唐山市塌陷监测预警网络，监测塌陷的现状，预测塌陷趋势，研究塌陷前兆信息，建立评价模型做出预测和趋势分析。在此基础上，逐步完善塌陷区的治理建设工作。

到2015年，完成80%塌陷区的监测任务，10处重点塌陷区得到治理，到2020年，完成100%塌陷区的监测工作，15处重点塌陷区得到合理治理。

（四）沿海地带地面沉降治理

在丰南、唐海、滦南、乐亭沿海地带，建立沿海地带地面沉降GPS监测网络，监测地下水位，建立GPS监测网，监测地面沉降发展趋势及危害性。并通过地下实施地下水人工回灌工程，抬高地下水位，以达到控制地面沉降，修复含水层的目的；地面实施沿岸防汛墙工程和地面垫高工程，以遏制因地面沉降和海平面上升加剧的风暴潮灾害。

到2015年，完成唐山市沿海地面沉降为主的缓变性地质灾害监测示范区的网络建设。完成唐海、南堡开发区地面沉降GPS监测网、控制网建设；到2020年，在唐海县完善1处地面沉降治理示范工程。

（五）森林防火及有害生物防治体系建设

坚持预防为主的原则，完善森林防火基础设施建设，加强森林防火机构建设和扑火队伍建设，提高森林防火的装备水平和扑救能力，加强林火监测网络、防火隔离带建设，建立森林防火预防、监测、扑救和指挥体系，提高森林防火的科学化、信息化、现代化水平。同时，加强有害生物防治基础设施建设，建设市、县、乡三级标准站和中心测报点，建立有害生物监测预警体系、检疫御灾体系、应急防控体系和支撑保障体系。提高森林病虫害预测预报水平，坚持工程治理与生物治理相结合，开展预测预报技术、标准化检疫技术、生物防治技术的研究和应用，提高森林病虫害的综合防治能力，加强森林病虫害专项治理工程，有效遏制美国白蛾、松毛虫等危险性病虫害的蔓延和外来有害生物的入侵。

到2015年，完成市、山区县、乡镇三级森林防火机构及森林有害生物防治监测站的建设，建立起林火监测网络、防火隔离带以及有害生物防治信息系统。到2020年，在防火方面，完成现代化的森林防火预防、监测、扑救和指挥体系的建设；在有害生物防治方面，建立起较为完善的森林有害生物防治体系，使森林病虫害居于可控水平，有害生物入侵得到有效控制。

（六）疏散通道及疏散场地的建设

该工程在唐山市区科学规划绿地及道路建设，构建防灾疏散通道和疏散场地。科学规划小区绿地、区域绿地、公园绿地、城市广场、运动场、学校操场、人防工事的建设和规模，构建城镇灾害紧急疏散场所、固定疏散场所和中心疏散场地。紧急疏散场所、固定疏散场所疏散服务半径以不超过500米为宜，并且远离各种灾害易发地段。其中，固定疏散场所面积不小于1公顷，中心疏散场所面积不小于50公顷。同时，合理布局和规划各级城市道路，主要由主干道、快速路和城市高速公路构成城镇灾害疏散通道，疏散通道的宽度要达到15米以上。

到2015年，唐山市固定疏散场所规模达到1500公顷，人均面积达到8平方米，建立2个面积不小于50公顷的中心疏散场所；到2020年，唐山市固定疏散场所规模达到3000公顷，人均面积达到13平方米，中心疏散场所达到4个，同时完成不符合疏散通道要求的道路的改造。

（七）生命线保障系统及次生灾害防御体系的建设

该工程在唐山市主要对城市供水、电力、交通、通信、燃气、医疗救护、食品供应、消防等设施进行抵抗城镇灾害能力的改造和提升，保证在城市灾害发生时，城市生命线系统的正常运转；同时加强易燃易爆、有毒有害及放射性物质等危险品贮存库、液化气相关设施的加固及监测，防止城镇灾害导致的次生灾害的发生。

到2015年，通过城市生命线系统以及危险品贮存的改造，使其达到抵抗8级以上地震的水平，保证在灾害发生时生命线系统能够正常运转，次生灾害发生的可能性降到最低。

第六章　投资概算与效益分析

一、工程投资估算

（一）估算依据

生态环境建设工程既包括已有生态工程的改造和升级，也包括新工程的建设，单位数量的工程投资以改造和新建的平均价格计算。估算的主要依据有：①国内外类似生态环境工程的投资标准；②国家和地方的相应政策法规；③国家林业局制定的《防护林造林工程投资估算指标》（2007）；④相关行业有关技术经济指标；⑤唐山市现有物价水平；⑥相关工程社会平均用工量等。

（二）投资估算

根据投资估算，2011~2020 年，唐山市生态环境建设重点工程的投资总额为 589.24 亿元。

二、经费来源及资金筹措

（一）经费来源

工程投资的资金来源包括财政投资、社会融资、单位和个人自筹等方面。其中，中央和市级财政投入主要用于生态工程建设中公益性基础设施建设，对于企业范围特别是矿区的植被恢复建设资金主要由企业投资解决。同时着手开展生态环境建设彩票的发行工作，以进行部分社会融资。

（二）资金筹措对策

1. 多元化矿山自然生态环境资金筹措

要建立多元化的矿山自然生态环境治理资金的投入机制，解决全市废弃矿山自然生态环境治理的经费问题。矿山整治资金主要筹措渠道为：一是从采矿权出让所得中提取。今后新的采矿权有偿出让时补偿费（用作矿区山地地面作物、附属物、耕作层的补偿，以及矿山企业车辆进出配套的主要道路，桥涵建造和维护费用等）不得高于出让金总额的 60%；二是是从收取的已关闭的矿山自然生态环境治理备用金中提取；三是分区划片，企业责任制，将各生态脆弱区、废弃地和企业直接挂钩。

2. 市县财政分类投资建设基础性设施

政府充分利用土地资金来作为资金筹措的一个杠杆，要对所开展项目进行分类，严格区分经营性和非经营性项目，以此来确定政府投入的比例和项目的管理方式，鼓励个体私营企业参与基础设施建设，并采用展板、广告等形式回馈企业，形成以社会资金为主，政府和社会共同投资的投融资机制。

3. 发行生态环境建设彩票

生态环境是一项外部性很强的公共物品，生态环境保护与建设是一项公益性很强的事业。享受良好的生态环境是每个人的意愿，涉及千家万户，但是，由于每个人都存在机会主义行为倾向，在生态环境保护与建设上，不可能每个人都能做到自觉。发行生态环境建设彩票，正是巧妙地利用个人的机会主义行为倾向，通过“博彩”筹集资金，集众人之力兴办生态环境公益事业。

三、效益分析

2011~2020年，通过生态环境建设十大工程的实施，将对唐山地区产生巨大的生态、经济和社会效益。

（一）生态效益

生态效益体现在森林生态系统的涵养水源、保持水土、固碳放氧、调节气候、净化空气、保持水土、防风固沙、美化环境等方面。唐山市生态环境建设的各项工程实施后，将增加森林面积52923公顷，由于造林持续的时间为10年，因此至2020年的效益按5年计算。

1. 净化环境效益

森林具有吸收污物、阻滞粉尘、杀除细菌、降低噪声及释放负氧离子和萜烯物质的功能，在环境保护、健康卫生和生产生活等方面具有十分重要的作用。

（1）吸收二氧化硫。根据《中国生物多样性经济价值评估》，森林对二氧化硫的吸收能力，按阔叶林为88.65公斤/（公顷·年），针叶林为215.6公斤/（公顷·年）测算，林地按针叶林、阔叶林各一半计算，据此推测，新增绿地每年可吸收二氧化硫量为8050.91吨((52923/2×215.6+52923/2×88.65)/1000)。根据《中国生物多样性国情研究报告》，在我国二氧化硫的治理费用为0.6元/公斤，则至2020年，新增绿地吸收二氧化硫的价值为2415.27万元（8050.91×0.6×5/10）。

（2）吸收二氧化氮。据测定，每公顷林木的二氧化氮吸收量为6.0公斤。吸收氮氧化物的价格，采用中国大气污染物排污收费标准的筹资型标准的平均值1.34元/公斤。则新增绿地吸收氮氧化物量达317.54吨（52923×6.0），吸收氮氧化物的价值为212.75万元（317.54×1.34×5/10）。

（3）吸收空气中总悬浮颗粒物（TSP）。城市绿地的降尘、滞尘作用有助于进一步提高唐山的空气质量。据测定，阔叶林的滞尘能力为10110公斤/公顷，针叶林的滞尘能力为32200公斤/公顷，滞尘的价格采用燃煤炉窑大气污染物排污收费等筹资型标准的平均值，即0.56元/公斤。新增林地按针叶林、阔叶林各一半计算。则新增绿地的滞尘量111.96万吨（52923/2×10110+52923/2×32200），所产生的滞尘价值为313484.10万元（111.96×0.56×5×1000）。

（4）降噪。城市中的噪声主要来自于交通运输、机器轰鸣以及繁华闹市街头的人声喧哗，各种音响设备的刺激干扰等，现代化城市噪声的污染日趋严重，已成城市环境的一大公害。绿化带被认为是自然降噪物，树木有浓密的枝叶，比粗糙的墙壁吸声能力强，能够减少声音的反射。唐山生态城市将建设绿道系统3800公里，据测定绿色植物通过吸收、反射和散射可降低1/4的音量。40米宽的林带可减低噪声10~15分贝，30米宽的林带可减低6~8分贝。按减弱噪音的单位价格是50元/（分贝·米），降噪带来的生态经济价值每年为76000万元（2800×10%×2×1000×50×20），因此至2020年，城市新增森林的降噪总价值为380000万元。

2. 固碳释氧

森林在生长过程中释放氧气、吸收二氧化碳，从而净化空气。据有关研究，森林在生长过程中吸收二氧化碳，释放氧气、从而净化空气。据研究，阔叶林固定二氧化碳量为37.5吨/（公顷·年）左右，针叶林为29.3吨/（公顷·年）左右，而阔叶林释放的氧气为27.3吨/（公顷·年）左右，针叶林为21.3吨/（公顷·年）左右；据此，唐山市新增森林所固定二氧化碳达176.76万吨/年((52923/2×37.5+ 52923/2×29.3）/10000)；所释放的氧气128.60万吨/年((52923/2×27.3+52923/2×21.3）/10000)。

固定二氧化碳的经济价值计算采用瑞典的碳税率，按二氧化碳340元/吨计算，释放氧气的经济价值采用工业制氧价格来计算，按 400 元 / 吨来计算，则至 2020 年唐山市新增森林固定二氧化碳的价值为 30.05 亿元（176.76×340×5/10000），释放氧气的价值为 25.72 亿元（128.60×400×5/10000）。

3. 涵养水源效益

森林具有涵养水源的功能。据测定，每公顷森林，可增加森林蓄水 300 立方米，唐山市新增森林每年可增加森林蓄水量 1587.69 万立方米，如按每立方米蓄水的工程蓄水价值 1.5 元计算，则至 2020 年增加的蓄水量折合价值为 11907.68 万元。与此同时，生态公益林保护和经营，也将促使森林调节地表径流、保持水土的能力提高，区域内水土流失面积将进一步减少，程度也将减轻，从而使区域内现有大中型水库、河道得到有效保护，进而提高水资源的有效利用率。

4. 净化水质

森林生态系统结构复杂、功能多样，降水或径流经过森林的过滤，其中的病原体数量、泥沙及化学成分等会发生变化，通过加强唐山地区的森林建设，可以起到水质净化的作用。据测算，林分净化水质的价格为 0.9885 元 / 立方米，因此，森林净化水质的价值为 1569.43 万元（1587.69×0.9885）。

5. 防护效益

防护效益包括农田防护林增产的价值和其他防护林的防护价值。

（1）农田防护林增产的价值。森林或林带对风速、温度、湿度等的调节，改善区域的小气候。据测定，林网削弱 1 米 / 秒风速，每公顷可增加小麦产量 187.5 公斤，土壤湿度相对增加 1%，每公顷可增加小麦产量 172.5 公斤；林网削弱 1 米 / 秒风速，相当于提高土壤湿度 1.2%。据测算，每公顷农田防护林增产的价值为 1045 元，平原地区新增农田防护林面积 2.67 万公顷。因此，农田防护林增产的价值 2790.15 万元（2.67×1045）。

（2）其他防护林的价值核算。工程实施后增加水土保持林、防风固沙林等防护林 2.60 万公顷，每公顷的价值核算为 2192.2 元计算。则价值达 5699.72 万元（2.60×2192.2）。

6. 减少土壤侵蚀

森林不仅能阻止和减小降雨对土壤的直接冲击，而且能减少地表径流对土壤的冲刷，从而保护了土壤，减少了土壤侵蚀，避免江河湖库的泥沙淤积，提高了水利设施的效用。据测算平均每公顷森林年保土达 22.5~30 吨，按下限值 22.5 吨计算，新建森林绿地面积 52923 公顷，每年可减少土壤流失 119.08 万吨，按挖取每吨泥沙费用 1.5 元 / 吨计算，至 2020 年可获得保土价值 893.08 万元。

7. 森林湿地生物多样性

通过唐山生态城市重点工程建设，区域典型森林生态系统、湿地生态系统，及其珍贵阔叶林资源和动植物资源得到保护，地带性植被得到较好的恢复和发展。林分结构更趋复杂，为各种动物、微生物、珍稀植物提供良好的生存、栖息环境，从而有效地保护生物物种及其遗传多样性。与此同时，森林生态系统中各种生物之间、生物与非生物之间的物质循环、能量流动和信息传递将保持相对稳定的平衡状态；从而有效地保护生态系统多样性，维护生态平衡。

（二）经济效益

唐山市生态产业建设工程、生态环境建设工程和生态文化建设工程的完成将产生大量的经济效益，可以分为直接效益和间接效益。

1. 直接经济效益

加强生态环境建设所带来的直接经济来源主要体现在林木蓄积增长及经济林林副产品的收

入方面。

（1）林木资源价值核算。工程实施后增加林分 52923 公顷（不含经济林面积），每公顷蓄积量按现有的生态公益林和商品林（经济林除外）平均值 35.63 立方米计算，林分蓄积为 188.56 万立方米，林木蓄积价格按目前均价 276.1 元 / 立方米计算，林木资源价值为 5.21 亿元。

（2）经济林价值核算。通过生态城市建设，唐山市将新增加 1.36 万公顷经济林，按照唐山市连年经济林果品经济收入，平均每公顷产值为 2.89 万元计算，每年经济林果品年产值 3.93 亿元。按 5 年产值计算，其价值为 19.66 亿元。

2. 间接经济效益

间接经济效益包括水土保持效益、防护功能效益、保护生物多样性效益、风景旅游效益、控制生物灾害等的效益。但生态城市建设的工程中，大部分工程主要是为服务城市发展、提供市民休闲游憩场所、改善城市生态环境、传承生态文化等方面，而进行改造和建设，如山地森林景观建设、防灾避险疏散地建设、绿色水网建设、南湖生态文化博览园、生态文化社区等工程，难以货币化计量效益。根据生态城市建设工程中增加绿地面积，可计算的净化环境、固碳释氧、水土保持等方面的效益，至 2020 年，唐山市生态城市建设工程的部分可计算效益为 127.56 亿元（表 6-1）；需要特别指出的是，生态城市建设间接效益远远不止以上几项，还有其他效益目前还难以进行效益估算，如城市森林建设提高房产价值、吸引投资、杀菌和提高空气中负氧离子浓度等，都将产生显著的间接经济效益，但由于目前尚没在比较认同的量化参数，故在此没有进行效益分析。

表 6-1　唐山生态城市建设工程部分间接效益

项目		效益（万元）
净化环境	吸收二氧化硫	2415.27
	吸收二氧化氮	212.75
	吸收空气中总悬浮颗粒物	313484.10
	绿色通道降噪作用	380000
固碳释氧	吸收二氧化碳	300496.79
	释放氧气	257205.78
涵养水源		11907.68
减少土壤侵蚀		893.08
净化水质		1569.43
防护效益	农田防护林效益	1745.15
	其他防护效益	5699.72
总计		1275629.75

（三）社会效益

唐山市生态建设工程完成后，唐山市的整体生态环境状况将得到根本性的提升，形成北部青山绿水、中部瓜果飘香、南部碧海蓝天良好局面，为建设空气清新、环境优美、生态良好、人与自然和谐，经济社会全面协调可持续发展的生态城市奠定坚实的生态环境基础。

1. 提供就业机会

10 项生态建设工程的实施，将为社会提供大量就业机会。矿山恢复、自然保护区建设、防护林的营造、城镇绿地的建设与维护，以及污水处理厂和集中供热工程的建设等，可以吸引大量劳动力就业。据测算，每进行 1 公顷城镇绿地建设可增加短期岗位 25 人、长期岗位 0.2 人、间接就业 0.3 人。

2. 调整产业结构

山地、水系、沿海地区生态环境的整体改善；城乡环境的优化美化；经济林产业带的初具规模等将带动唐山市生态旅游业的快速发展，对加快地方经济发展，增加农民收入，解决“三农”问题，构筑和谐社会具有重大意义。

3. 改善投资环境

唐山生态环境建设完成后将形成优越的环境，改善整个唐山地区的生态状况，进一步树立起具有地域特色和京津冀区域综合竞争力和影响力的唐山生态城市品牌，有效地改善唐山的投资硬件，提高城市的品牌价值和知名度，进而优化招商引资环境，促进国际国内的经济、技术合作，更好更多地引进资金、人才、技术服务。

4. 美化城乡人居环境

通过城乡一体、优化布局的森林、湿地景观建设，以及工业污染、生活垃圾、农业环境等综合治理，将显著改善城乡人居环境，为人们的生产、生活提供更好更多的休闲游憩场所，从而提高人们的生活质量，促进居民的身心健康。与此同时，滨海湿地与防护林体系的建成，防灾减灾体系的进一步完善，将有效地抵御自然灾害，减少环境污染，以及泥石流、干旱、地震、森林火灾、森林病虫害等自然灾害对人民生命财产的威胁，维护人民群众正常的生产、生活秩序和安定团结的社会局面，为构建和谐社会做出贡献。

生态产业建设篇

第一章　唐山产业生态特点和焦点

一、产业生态特点

（一）自然资源集聚度高，产业关联度大，资源产业化转化能力强

唐山市地质古老，矿产资源丰富，已发现并探明储量的矿藏有49种。煤炭保有量43亿吨，为全国焦煤主要产区；铁矿保有量50多亿吨，是全国三大铁矿区之一；冀东南堡油田三级储量达16亿吨以上。经过百年发展，唐山已形成煤炭、钢铁、电力、建材、机械、化工等优势支柱产业，成为国家重要的能源、原材料基地。钢铁工业主要集中在铁矿石比较丰富的北部县（市、区）和邻近唐钢的开平、丰南区，建材工业（水泥）等主要分布在石灰岩集中分布区。煤炭、钢铁、电力、机械、化工、建材等主要工业部门都分布有全国知名的大型企业。在政策支持和市场的拉动下，自20世纪80年代初期开始以铁矿、金矿为主的采矿业，以石材、水泥为主的建材业得到快速发展，已成为支撑全市经济发展的重要支柱。钢铁产业已形成集采矿、选矿、烧结、焦化、耐材、炼铁、炼钢、轧钢、冶金机械、金属制品和钢铁物流等主辅行业门类齐全、上下游产业链衔接完整的钢铁工业体系。

唐山湾“四点一带”地区汇集了深水大港、油田、滩涂等诸多资源禀赋，具有发展重化工业的最佳组合优势，首钢京唐钢铁公司、华润电厂2×30万千瓦机组等一批重点项目已陆续开工投产。以曹妃甸为龙头的唐山湾经济区已成为新兴产业聚集的一个高地，成为唐山新型工业化的一个重要平台。2009年，唐山湾“四点一带”完成工业增加值占全市规模以上工业的25.9%。到“十二五”末，沿海经济带的经济总量比2009年翻一番以上，将建成全市科学发展先行区、现代产业聚集区，成为唐山跨越发展的引擎。

工业上，北部山区，形成了迁安、遵化钢铁和现代装备制造业聚集区；中部平原，中心城区形成了高新技术产业园区、开平现代装备制造业聚集区，2个郊区形成了丰南陶瓷产业集聚区、丰润装备制造业聚集区；南部沿海地区，形成了曹妃甸工业园区、南堡开发区、海港开发区、汉沽管理区和芦台开发区等。总之，唐山依托本地丰厚的矿产资源已发展成超重型的产业体系。

（二）自然带梯度陡，特色生物资源丰富，初步形成本地产品特色群

唐山地势北高南低，自西、西北向东及东南趋向平缓，直至沿海，呈阶梯式下降。北部和东北部多山，海拔在300~600米之间；中部为燕山山前平原，海拔在50米以下；南部和西部为滨海盐碱地和洼地草泊，海拔在10米以下，拥有山地、丘陵、平原、沿海滩涂等地貌类型。

地貌类型的多样性，为经济、生产的多样化提供了广阔空间。北部低山丘陵，林果资源十分丰富，以板栗、苹果为主的林果业已成为支撑山区经济发展的重要产业，“京东板栗”，品质独特。市北燕山南麓石灰岩山区、半山区，是我国著名的核桃生产基地；中部平原地势平坦，土壤肥沃，气候适宜，是唐山市的重点农区，素有“冀东粮仓”之美誉，是河北省的主要商品粮油生产基地。随着农业结构的不断调整和优化，该区的农业和农村经济发生了质的飞跃，高产、高效的种、养、加工业得到了全面快速发展；南部沿海拥有丰富的滩涂、水面、土地和水生生物资源，具有发展海洋经济的独特优势和巨大潜力。既是渤海湾的重要渔场，又是原盐的集中产区。随着滩涂和水域资源的综合开发，沿海地区以对虾、贝类、海珍品、淡水鱼、虾、蟹为重点的水产养殖业飞速发展。

全市农业方面初步形成了北部山区丘陵绿色干鲜果品、中部平原高效种养和南部沿海水产养殖捕捞“三大特色农业产业带”。种植业已经形成了以乐亭、玉田、丰润为主的瓜菜产业区；以京山沿线为主的优质玉米、小麦种植区；以滦县、迁安、滦南为主的花生种植区；以北部山区为主的杂粮种植区；以迁安、滦县、迁西为主的甘薯种植区；以丰南、芦台、汉沽为主的棉花种植区；建立了无公害蔬菜、优质粮油、特色食用菌、优质杂粮四大特色产业基地；

畜禽养殖已经形成了以玉田县、遵化市为中心的瘦肉型猪特色养殖区；以丰润区、丰南区为中心的奶牛特色养殖区；以迁安市、滦县为重点的肉牛特色养殖区；以滦南县、唐海县为重点的肉鸡特色养殖区；以迁西县为重点的肉羊特色养殖区；以乐亭县为重点的珍稀毛皮动物养殖区。唐山被授予“全国牛奶生产强市”称号，丰润区成为全国奶牛养殖标准化示范区、全国奶业之乡，丰润区、滦县、滦南县被授予牛奶生产强县（区）称号。

（三）落后产能淘汰率高，提效改造快，应变能力强

近几年来，唐山先后开展了安全生产、节能减排百日攻坚和持续攻坚行动，不仅促进了企业节能减排，更为优势行业加快发展腾出了广阔的空间。2006~2009 年，唐山市单位工业增加值能耗累计降低了 28.66%。2008 年以来，唐山将 39 家民营钢铁、焦化、物流企业整合为唐山渤海、长城两大钢铁集团，总规模达到 2800 万吨，占全市地方钢铁产能的 51.7%。钢铁工业的调整转型升级，也加快了上下游关联产业发展模式的转变。

同时按年度将节能减排目标任务分解下达到各县（市）区和重点企业，实施了年度目标、累计进度、排放总量或能耗增量三重控制措施，实行节能减排“一票否决制”，严把项目节能减排关口，严格执行节能评估审查制度和环境影响评价制度。2009 年，全市共对 595 项固定资产投资项目进行了节能评估审查，对 238 个项目进行了环境影响评价，拒批高耗能、高排放项目 7 个，能评与环评执行率达到 100%。实施节能项目和重点减排项目合计 291 项，年实现节能量 99.78 万吨标准煤。2007~2009 年，累计关闭取缔 1504 家高耗能、高污染企业，淘汰落后钢铁产能 909 万吨、水泥 630 万吨、焦炭产能 55 万吨、造纸产能 31.24 万吨。特别是对小水泥企业，已全部淘汰落后的 2.9 米及以下的机立窑 62 座，淘汰落后产能 461 万吨，减少二氧化碳排放量 369 万吨，节煤 64.54 万吨。对非煤矿山企业坚持疏堵结合，取缔关闭了 750 家非法矿山企业，规范整顿各类非煤矿山企业 1897 家。

唐山资源集约利用水平已大幅度提高，先后培育了曹妃甸工业区、司家营生态工业园区、三友化纤等国家级、省级循环经济示范区和企业，创建了迁西、迁安、唐海湿地、南湖 4 个可持续发展生态示范园区和 8 家清洁生产示范企业。近年来，由于加快淘汰落后产能，灾后二次涅槃，应变反应快，为战略性新兴产业的发展腾出了广阔的空间。

（四）生态建设力度大，再生能力强，典型建设效果显著

随着《唐山科学发展示范区战略规划》《唐山市城市总体规划》《唐山市生态市建设规划》《绿化唐山攻坚行动大会战实施方案》等规划的逐步落实，以及滦河河口自然保护区、潘家口、大黑汀水库及滦河流域野生动植物自然保护区（省级）滦河套湿地自然保护区、陡河水资源自然保护区等规划的实施，唐山市生态环境建设和保护已取得显著成效。从区域上看，目前已形成了北部山区生态保护、中部平原生态恢复和南部沿海鸟类和湿地保护为主的特色生态保护区，已建成了一批不同类型、不同级别的自然保护区、森林公园、风景名胜区等，面积达到 1092.47 平方公里，占全市国土面积的 8.1%。

2008 年以来，按照唐山市委八届四次全会提出的"实施绿化唐山攻坚行动"的要求，通过组织实施城镇及周边绿化、通道绿化、村庄绿化、农田及四荒绿化、工业园区及企业绿化、矿山修复绿化等六大绿化工程，三年累计绿化面积达到 102.7 万亩，林地面积达到 500 多万亩，森林覆盖率达到 28.70%，山区森林覆盖率达到 36.4%；铁矿废弃地和采煤塌陷地进行了大量的综合整治工作，矿山复垦面积达 117 平方公里，矿山土地复垦率达 42.1%。在复垦区域因地制宜发展农、林、副、渔各业，形成了以开滦煤矿、包官营铁矿、马兰庄铁矿、王爷陵铁矿等典型矿山为代表的生态修复模式。在采煤沉降区上建成了南湖城市中央生态公园，被联合国人居署授予"HBA·中国范例卓越贡献最佳奖"；水资源污染控制力度加大。关闭取缔了陡河水库饮用水源二级保护区内 22 个工业排污口，实施了重点流域河流跨界断面水质目标责任考核并试行扣缴生态补偿金政策，排污费征收力度加大。污水处理、大气污染治理等工程建设进展顺利，环境质量有所改善。2009 年唐山市区环境空气质量二级及优于二级的天数达到 329 天，各县（市）、区环境空气质量二级及优于二级的天数为 298~334 天；13 个地表水监测断面中，8 个断面达到功能区划要求。

随着曹妃甸开发加快，沿海各区县意识到沿海生态建设产业对当地招商引资和生活质量改善的重要作用，编制了《河北省唐海县湿地和鸟类自然保护区总体规划》，大规模的生态建设也已经起步，海岸生态环境保护和生态建设产业前景广阔。

二、生态产业建设焦点分析

（一）资源增值多元化

1. 生态赤字严重

（1）工矿区生态修复任务重。矿山开发对区域生态保护与建设造成巨大破坏，矿山废弃土地面积 278 平方公里，其中煤矿塌陷区面积 224.6 平方公里，铁矿废弃地 53.4 平方公里。由于粗放式开发利用，历史遗留矿山地区生态的破坏较为严重，矿山土地复垦率仅为 42.1%。

（2）工业污染控制和减排任务大。2009 年唐山市工业二氧化硫、化学需氧量排放量分别为 26.85 万吨、8.04 万吨，整体呈现排放量减少趋势。但作为全国和华北地区的重化工和原材料基地，经济发展正处于工业化中期阶段，是工业污染较为突出的时期，在当前与将来相当长的一个工业转型期内，工业污染控制和减排任务相当艰巨，面临着包括二氧化硫、化学需氧量以及氮氧化物、氨氮等其他工业污染物的减排任务。

唐山市涉及乡镇工业企业污染村庄共 7 个，主要集中在开平区、古冶区、丰南区、丰润区、遵化市、滦南县，污染原因主要是由于乡镇工业企业布局不尽合理，生产工艺和污染防治设施相对落后，部分企业污染治理设施不完善，尤其小企业群造成集中连片区域性污染问题，部分企业主环保意识淡薄，企业存在偷排偷放等环境违法行为。

（3）城乡地区环境问题突显。2008 年唐山市城市污水集中处理率为 90.61%，生活垃圾无害化处理率为 86.86%，部分县城和大部分重点镇还没有污水集中处理厂和标准化的垃圾处置设施，医疗垃圾和危险废物还没有得到有效处置，城市环境基础设施建设相对滞后。随着唐山市城乡一体化及乡村生活城市化的发展，农村环境问题日益突出，生活污染加剧，面源污染加重。在古冶区、迁西县，饮用水源地受到严重污染威胁；在开平区、丰南区、丰润区、唐海县、乐亭县、玉田县、滦县、迁西县、遵化市、迁安市村庄生活污染普遍严重；古冶区、开平区、丰南区、乐亭县、迁安市畜禽养殖污染逐年加大。

（4）农业生态问题仍未解决。由于常年过量使用农药、化肥、塑料地膜，禽畜粪便也未得到合理利用和处理，农业面源污染问题未能得到有效控制。农田基础建设相对滞后，原农田水利设施老化，年久失修，农业抗风险能力低，常年受干旱、洪涝、大风、冰雹、霜冻等自然灾害影响面积约占农作物播种面积的28%。生态林建设缓慢，生态效果极其有限。野生资源分散，多数产品还处于天然野生资源为主的阶段。森林资源保护任务和压力较大，林业基础设施建设滞后、尚未建立起森林资源管理信息系统。森林病虫害危害仍较为严重，森林防火工作形势严峻，任务艰巨。唐山市森林资源较丰富，但野生资源分散，多数产品还处于天然野生资源为主的阶段；林产品加工业不发达，深加工率更小，低附加值初加工比例大；林产业专业人才紧缺，从林产品生物育种到产品深加工、产品市场运营多个环节都存在着人力资源不足、人才缺少的问题；林产品市场体系不健全，生产和经营处于小农经济状态，以民间零星交易为主。营销靠大户跑市场、找门路，以面对面的直销、“提篮叫卖”等传统方式为主，导致市场竞争无序，一旦销路不畅，农户间就开始互相压价和声誉上的诋毁，不利于唐山市的林产品树立自身的品牌形象，也不利于唐山林产品向国内外市场的扩张。

2. 生态建设投资严重不足，急需产业化

（1）加强规划。依据市域不同地区的地质（地球化学）、地貌、气候、水文、土壤等自然因素的差异性，选定各地区林业保护和优先发展品种，不断引进培育优良品种，建立品种相对集中的生产区域，走专业化、集约化、规模经营的发展道路。

（2）加快发展林业复合经营产业。因地制宜发展林下经济，延伸产业链条，如实施林禽模式、林畜模式、林菜模式、林药模式、林草模式等，将资源优势转化为经济优势。

（3）加快发展加工业。合理利用森林资源，加快木材加工业的发展，以林权制度改革为契机，大力发展速生丰产林，推动人造板、木浆造纸、家具等木材加工业。

（4）培植壮大龙头企业。把培植壮大龙头企业作为林业产业化的抓手，实施名牌战略；另一方面密切“公司＋基地＋农户”的关系，促进农户从“小、散、零”走向规模化、专业化的道路。

（5）开展种质资源详查，建立资源数据库，建立森林资源培育示范基地。

（6）生态建设投资要多元化，发挥政府、企业、个体的群体力量，加强对林业产业化经营的宏观管理。各级政府需要把林业产业化列入重要议事日程，纳入当地国民经济和社会发展规划。按市场经济要求，引导企业和农户组织生产，用政策来调整产业方向、产品结构和产业化经营中的各个环节的经济利益关系。各级林业部门要加强林业管理的协调服务，设专门机构、专职人员对林业产业进行行业管理，努力创造良好的林业产业化经济环境。

（二）经济增长低碳化

庄子云:“圣人者，原天地之美而达万物之理”，所谓“天地之美”指低碳发展观，“万物之理”就是和谐共生。可持续发展路径，这种穿越历史光芒照亮万物演变进化的本源，是人类现代文明发展的必须回归和救赎之道。而城市再生，不是推倒重来，仍然须立足于城市的有序生长，须尊重和延续城市固有的地理、历史、文脉、产业、人口、土地等资源的可持续发展。它强调的是城市的内涵增长、生态保护和质量提升，是一种现代低碳生态城市进化的必然途径。

唐山是典型的资源型工矿城市，以钢铁、能源、装备制造、化工及非金属矿物制品业等高能耗传统产业为经济主体，高能耗产业带来经济结构性的生态赤字，必然引发一系列生态环境问题，它们必然制约未来的产业化建设，因此今后唐山市经济增长必须走低碳化的发展道路。

1. 产业结构分析

根据表1-1可知，唐山二产比重高达57.8%（其中工业占二产91.8%，占全市生产总值的

表 1-1 2009 年唐山市产业结构

	GDP（亿元）	比重（%）
地区生产总值	3812.7	100
第一产业	360.2	9.4
第二产业	2202.1	57.8
其中：工业	2021	53
建筑业	181.1	4.8
第三产业	1250.4	32.8

53%），在国民经济中工业占首要地位。服务业比重仅占 32.8%，远远低于生态市规定指标（40%）。

2009 年规模以上工业增加值达到 1699.99 亿元，占全市工业比重的 84.1%，说明唐山工业以大中型为主体，产业规模化、聚集度较高。其中重工业约占 1628 亿元，占规模以上工业比重的 95.77%，而轻工业仅为 71.99 亿元，占 4.23%。钢铁、能源、装备制造、化工、建材五大支柱产业合计完成增加值 1560.39 亿元，占规模以上工业的比重高达 91.8%，占整个工业比重的 77.2%。其中钢铁工业完成增加值 1086.38 亿元，占五大支柱产业比重高达 63.9%，占工业总比重的 53.8%。高新技术产业增加值仅为 88 亿元，仅占工业比重的 4.4%。

2. 能耗分析

（1）唐山市的能耗水平远高于河北全省平均水平。根据表 1-2，唐山市能耗水平高于河北全省平均值。2009 年唐山 GDP 占河北省的 22%，而能耗占河北省的 32%，万元 GDP 能耗比河北省高出 50%。从万元 GDP 能耗之比可以看出，唐山的 GDP 能耗水平仍处于高位。

表 1-2 唐山市与河北省 GDP 能耗比分析

年份	GDP 之比	总能耗（万吨标准煤）		能耗之比	万元 GDP 能耗（吨标准煤）		万元 GDP 能耗之比
	唐山 / 河北	唐山	河北	唐山 / 河北	唐山	河北	唐山 / 河北
2005	0.2	5973	19745	0.3	2.95	1.96	1.505
2009	0.22	8207	25319	0.32	2.46	1.64	1.5

注：数据来源于 2005 年、2009 年唐山市统计年鉴

（2）唐山市的工业能耗水平远高于单位 GDP 能耗。根据图 1-1，从两者间关系来看，单位工业 GDP 能耗远远高于单位 GDP 能耗，因此，唐山市单位 GDP 能耗的下降，工业能耗下降是重中之重。

（3）欲降碳，首先要降低能源消费量。根据图 1-2，伴随经济的高速增长，能源消耗与 CO_2

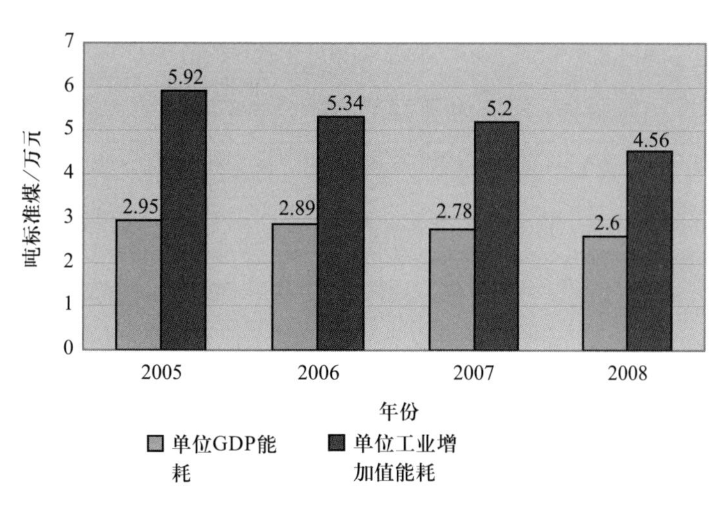

图 1-1 2005~2008 年单位工业增加值能耗与单位 GDP 能耗对比

排放总量亦持续增长，碳排放量随着能源消费量的增加而增加。由于高耗能、高排放行业占据主导，唐山规模以上工业能源消费和碳排放量居高不下。

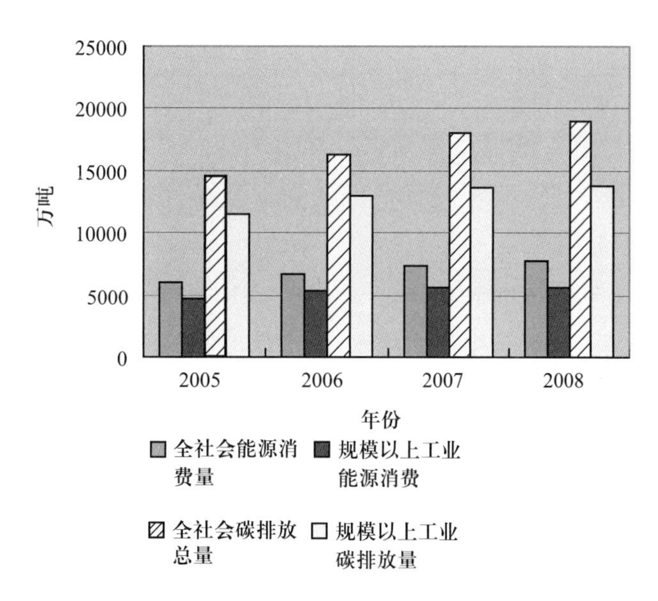

图 1-2　2005~2008 年唐山市能源消费与碳排放量变化

注：碳排放量根据能源与碳排放之间的关系转换而成

3. 高能耗行业对标诊断分析

3.1　钢铁行业单位产品能耗对标

与国家制订的标准、千家企业能源利用标准进行对比，评估唐山钢铁企业单位产品能耗水平（表 1-3）。

烧结，唐山单位产品能耗为 57.43 公斤标准煤 / 吨，低于国家限额准入值（≤60 公斤标准煤 / 吨），与限额先进值（55 公斤标准煤 / 吨）差距较小。

高炉炼铁，唐山单位产品能耗为 436.14 公斤标准煤 / 吨，接近国家限额准入值（≤430 公斤标准煤 / 吨），但与先进值差距较远。

表 1-3　唐山市钢铁及焦炭企业单位产品能耗对标　　单位：公斤标准煤 / 吨

	工序		唐山企业单位产品能耗（2008 年）（公斤标准煤 / 吨）	国家标准①（公斤标准煤 / 吨）			千家企业②（公斤标准煤 / 吨）		
				限额限定值	限额准入值	限额先进值	国内平均水平（2006 年）	千家企业平均水平（2006 年）	国际先进水平
钢铁	1. 烧结		57.43	≤65	≤60	≤55			
	2. 高炉炼铁		436.14	≤460	≤430	≤390			
	3. 转炉炼钢		13.26	≤10	≤0	≤-8			
	4. 电炉	普通电炉		≤215	≤190	≤180			
		特钢电炉		≤300	≤280	≤280			
	吨钢综合能耗		605.59				741	618	642
焦炭			189.71	≤155	≤125	≤115			

注：①钢铁行业单位产品能耗限额国家标准；②千家企业能源利用状况公报（2007 年）

转炉炼钢，唐山单位产品能耗为 13.26 公斤标准煤 / 吨，高于国家限额限定值（10 公斤标准煤 / 吨），处于被淘汰的水平。

焦炭工序，唐山单位产品能耗为 189.71 公斤标准煤 / 吨，远高于国家限额限定值（155 公斤标准煤 / 吨），处于被淘汰的水平。

3.2　化工行业产品能耗对标（表 1-4，表 1-5）

离子膜法液碱≥30%，唐山单位产品能耗为 335.52 公斤标准煤 / 吨，电耗为 2292.21 千瓦时 / 吨，均低于国家制定的限额先进值。

表 1-4　唐山市烧碱企业单位产品能耗对标

项目	唐山（2008 年）		国家标准					
	耗能（公斤标准煤 / 吨）	耗电（千瓦时 / 吨）	限额限定值		限额准入值		限额先进值	
			耗能（公斤标准煤 / 吨）	耗电（千瓦时 / 吨）	耗能（公斤标准煤 / 吨）	耗电（千瓦时 / 吨）	耗能（公斤标准煤 / 吨）	耗电（千瓦时 / 吨）
离子膜法液碱≥30%	335.52	2292.21	≤500	≤2490	≤360	≤2390	≤350	≤2340
隔子膜法液碱≥30%	851.89	2493.88	≤980	≤2570	≤800	≤2450	≤800	≤2450

隔子膜法液碱≥30%，唐山单位产品能耗为 851.89 公斤标准煤 / 吨，电耗为 2493.88 千瓦时 / 吨，均高于国家制定的限额准入值。

表 1-5　唐山市合成氨企业单位产品能耗对标

项目	唐山（2008 年）	国内平均水平	千家企业	国际先进
单位产品生产能耗（公斤标准煤 / 吨）	1659.05	1650	1453	990（气头）1570（煤头）

唐山市合成氨企业单位产品综合能耗为 1659.05 公斤标准煤 / 吨，接近于国内平均水平（1650 公斤标准煤 / 吨）。

3.3　**建材行业产品能耗对标**（表 1-6）

表 1-6　唐山市水泥企业单位产品能耗对标

项目		唐山市（2008 年）	国家标准		
			限额限定值	限额准入值	限额先进值
水泥熟料	单位产品综合能耗（公斤标准煤 / 吨）	128.13	≤134	≤128	≤120
	单位产品综合耗电(千瓦时 / 吨)	74.07	≤73	≤67	≤62
水泥	单位产品综合能耗（公斤标准煤 / 吨）	92.87	≤109	≤104	≤97
	单位产品综合电耗(千瓦时 / 吨)	80.2	≤110	≤98	≤90

（1）水泥熟料。唐山水泥熟料单位产综合能耗为 128.13 公斤标准煤 / 吨，基本与国家制定的限额准入值相等。但是，单位产品综合电耗为 74.07 千瓦时 / 吨，高于国家制定的限额定值（≤73 千瓦时 / 吨）。

（2）水泥。唐山水泥单位产品综合能耗为 92.87 公斤标准煤 / 吨，低于国家制定的限额先进值；单位产品综合能耗为 80.2 千瓦时 / 吨，低于国家制定的限额先进值（≤90 千瓦时 / 吨）。

3.4　**能源行业产品能耗对标**（表 1-7）

（1）原煤生产。唐山原煤生产单位产品生产电耗为 25.67 千瓦时 / 吨，远低于千家企业平均及国际先进水平（56 千瓦时 / 吨）。

表 1-7 唐山市原煤、原油生产及火力发电单位产品能耗对标

项目	唐山市（2008 年）	国内平均水平	千家企业平均水平	国际先进水平
原煤生产单位产品生产电耗（千瓦时 / 吨）	25.67	—	41	56
原油生产单位产品综合能耗（公斤标准油 / 吨）	92.41	104	77	73
火电单位产品标准煤耗（克标煤 / 千瓦时）	330.99	366	365	312

（2）原油生产。唐山原油生产综合能耗为 92.41 公斤标准油 / 吨，低于国内平均水平，但高于千家企业平均水平（77 公斤标准油 / 吨）。

（3）火电。唐山火力发电单位产品标准耗为 330.99 克标煤 / 千瓦时，低于千家企业平均水平（365 克标煤 / 千瓦时）。

（三）产业融合生态化

做强一产，做优二产，加速推动产业结构生态化升级、生态化融合。在产业转型、升级中，既要提高经济的数量增长，更要注重经济的生态质量的改善和提升，不断增强“三驾车”的协调拉动能力。以唐山农业为例，首先发展无公害、继而发展绿色及有机食品生产基地，形成绿色粮油、绿色林果、畜牧、水产品生产基地；创建绿色食品工业园区，进行绿色食品的加工与生产，使食品原料加工率在 70%~90%；做大三产，以产业化、社会化、市场化为方向，在食品生产过程中，包括研发、设计、原料采购、生产、销售、服务等多个链条环节，引导农业加工产品向品牌化、信息化、技术化转型升级。构建唐山食品研发与实验基地、质量监管检测基地、加工与集散基地。

立足唐山区域资源、环境区位和已有产业优势，积极引导生产要素向沿海和园区聚集，着力打造特色产业集群。曹妃甸新区增长极，港口、港区港域一体化、生态化融合发展。港口以矿石、原油、液化天然气和煤四大专业化码头为基础，同时建设杂货和集装箱码头，发展以陆海联运为特点的港口物流服务业，巩固和拓展面向“三北”的经济腹地、服务东北亚的能源材料物流中心。港区，建设具有 21 世纪国际先进水平精品钢铁基地，构建钢铁—装备制造业产业链，打造电力生产、海水淡化和“三化”（煤、油气、盐）合一一体化发展的循环经济产业链，构建包括电动汽车、新能源、新材料在内的高新技术产业；港域，加快唐山湾生态城开发建设，以科技城、滨海休闲基地等建设为主体，同步发展商住、贸易、金融、技术服务、人才交流等第三产业。

破除城乡二元结构，加快构建城乡良性互动机制，形成城乡经济、社会、环境一体化发展的新格局。首先，要推行城乡规划建设一体化，探索主体功能区规划、土地利用规划与城乡总体规划“三规合一”新机制；其二，推行城乡产业发展一体化，促进三次产业有机融合，城乡生产要素有序流动，城乡产业有效对接，实现优势互补，协调发展；其三，推进城乡基础设施建设一体化，加快城市基础向农村延伸，与农村对接；其四，推进城乡劳动力就业和社会保障制度一体化；其五，推进城乡公共服务和社会管理一体化，推动公共服务（教育文化、卫生等社会事业）向农村覆盖，城市文明向农村辐射，促进城乡公共服务均等化；其六，健全统筹城乡发展的公共财政保障机制，建立财政支农投入持续增长，严格落实中央“三个优先”，即：确保财政优先支持农业农村发展、预算内固定资产投资优先投向农业基础设施和农村民生工程、土地出让收益优先用于农业土地开发和农村基础设施建设。

第二章　唐山市生态产业发展方向与建设布局

一、生态产业发展定位

唐山经济发展仍须立足于城市的有序生长，须尊重和延续城市固有的地理、历史、文脉、产业、人口、土地、矿产、生物和海洋等资源。唐山以重工业为主，钢铁、能源、化工等构成了支柱产业，通过改变其增长、发展方式，优化岗位结构，逐步进行产业生态化改造，仍可走向生态产业；未来战略新兴产业将受国家政策强力推进，进入全面快速发展阶段。

着眼于构筑生态产业的支撑点，培育绿色新兴产业，增加社会岗位数量，是城市可持续发展必不可少的一个环节，也是产业结构转型和经济持续发展的动力；林是“生态之本”，林业也是生态产业的一个有机组成。随着林权制度改革推进和碳汇交易的引入、世界园艺博览会和中国花卉博览会的举办，发展森林生态产业，将对区域绿色经济的发展起到先导作用。

生态产业建设是生态城市建设的核心之一。根据生态城市建设总体目标以及发展生态经济的内在要求，以人为本、构建人类生态为中心，注重经济发展和岗位变化的关系，将唐山市生态产业定位于：生态产业在生态城市建设中处于驱动地位，在产业转型中处于杠杆地位，在经济增长中处于引领地位。

二、生态产业发展方向

资源型城市表现出资源型产业的产值及其对经济发展的贡献比例很高，城市发展对此依赖性也很大。严控高耗能、高排放行业的过快增长，降低资源型产业的碳排放量，实现资源增值多元化和经济增长低碳化，成为生态市建设的战略要求，也是生态产业建设的根本方向。既要加速发展新兴产业和现代服务业，又要通过产业融合，实现产业结构的不断优化和社会岗位的持续提升，充分发挥生态产业的环境生态效益，统筹经济发展、资源利用和环境保护。生态产业建设将着重以下三方面：

（一）资源增值多元化

海陆生态资源的禀赋，为唐山生态产业发展奠定了基础。作为资源型城市，首先要充分发挥资源增值多元化的巨大潜力。矿产资源的深度开发利用，可瞄准现代化建设目标，延伸产业链，朝着开发新材料（生物质材料、合成材料、有机硅、有机氟、纳米材料、先进陶瓷材料等）、新产品（精细盐化工产品、煤焦油深加工产品、煤盐油化工产品等）方向发展；生物资源的增值开发潜力更大，首先要发展食品工业，加快形成绿色食品产业链（以农林牧渔产品为原料），确保食品安全和保障供给，同时可大力发展生物医药、生物制品、生物育种等；其次，依据钢铁资源优势发展起来的传统制造业，可朝着绿色制造业、再制造业方向发展；还需要发展现代服务业来保障资源多元增值，包括信息化产业、服务型政府职能，以及依靠自然风光与古建筑为主的旅游业，应朝着开发生态、文化、科学旅游为主的生态旅游业方向发展等。通过全方位资源增值多元化发展，才能增强生态城市建设的经济实力。

（二）经济增长低碳化

唐山产业结构明显偏重，以重工业为主的高能耗导致碳排放总量居高不下，加上快速兴起的工业化和城镇化进程，碳排放总量还可能进一步增长。必须抓紧近期实现碳排放强度下降，远期才能实现碳排放总量的下降。

一方面对传统产业采用高新技术加速提升改造，进行产业生态化建设，以工业、交通、建筑业为低碳建设重点，解决石化、冶金、电力等重化工业的高能耗问题，降低单位产品的碳排放，并注重产业的横向联合和纵向延伸的发展，积极采用高新技术，发展节能环保产业、建设生态产业园等。另一方面积极开发利用可再生资源、新能源等。抓住全国新兴产业发展的新契机，在培育新兴产业的过程中，加强本土传统产业与新兴产业对接，实现新兴产业的绿色增长。

（三）产业融合生态化

产业融合是产业提高生产率和竞争力的一种发展模式和企业重组方式。在经济全球化、高新技术迅速发展的大背景下，产业融合已是生态产业与经济发展的现实选择。产业间的延伸融合，即通过产业间的互补和延伸，实现三次产业的协调发展，推动传统产业创新发展，进而促进产业的结构优化和生态化发展。

唐山可把产业间的融合互动作为推进发展方式转变的新动力，成为资源增值多元化与经济增长低碳化的主要抓手。可从产业的关联度入手，融合农业、工业、服务业，注重和本土特征、特色紧密结合，培育一批新型生态产业园、产业链示范区，提升产业层次。着力发展大集群，拉长产业链条，培植大企业，以区域和产业品牌来促进产业间的融合升级、集群发展，遵照总部经济模式，实现区域中心的极化和扩散效应。

三、生态产业发展目标

（一）总体目标

建立起高效低碳、行业关联、结构合理、特色鲜明的生态产业，并成为唐山的重要的经济支柱，引领唐山市未来。节能减排和林业碳汇稳步推进，实现经济增量碳平衡。林木蓄积量大幅度提高，林业碳汇、绿色金融市场建立；新兴产业和现代服务业快速发展，促进岗位结构得到优化，凝聚力显著增强，岗位收入达到国内外先进水平，成为资源型城市产业结构转型的典型示范；各行业、各企业全面实行低碳生产方式，相关指标全部达到生态市标准。通过生态产业建设，带动全市新增 GDP 60% 左右（表 2-1）。

表 2-1　唐山市生态产业发展目标

指标	2010 年	2015 年	2020 年	2030 年
GDP 年增长率（%）	13.4	11	8	6
GDP（亿元）	4308.4	7259.8	10667.1	17367.6
单位 GDP 能耗（吨标煤 / 万元）	2.36	1.89	1.4	0.89
化石能源占能源比重（%）	99	93	84	70
非化石能源占能源比重（%）	1	7	16	30

（续）

指标	2010 年	2015 年	2020 年	2030 年
碳排放总量（万吨）	24661.8	31230.4	30670.7	26632.9
单位 GDP 碳排放量（吨 CO_2/ 万元）	5.72	4.30	2.88	1.53
森林覆盖率（%）	29	34	35	35
森林单位面积蓄积量（万立方米 / 公顷）		12	14	20
新兴产业占 GDP 比重（%）	3	7	18	30
新兴产业增加值（亿元）	129.3	508.2	1920.1	5210.3
钢铁产业增加值（亿元）	1118	1850	2535	3960
三次产业融合占 GDP 比重（%）	9	15	25	40
三次产业融合增加值（亿元）	387.8	1089.0	2666.8	6947.0

（二）阶段目标

1. 近期目标（2011~2015 年）

到 2015 年，全面启动建设阶段。建立起一批依托当地资源的、高起点、高效益的生态产业园区及基础设施项目，逐步形成“一轴三带”的生态产业布局框架。新兴产业迅速发展，岗位数量大幅度提升，生态旅游收入达到旅游业总收入的 20%。地理标志产品快速增长，绿色及无公害食品产值达到 250 亿元；初步实现碳汇与碳排放增量平衡，吨钢能耗超国内先进水平，碳总量控制在 3.1 亿吨水平，单位 GDP 碳排放 4.3 吨 / 万元，比 2005 年降低 40%。沼气达到 4 亿立方米，新能源及可再生能源占能源总消耗的 7%。相对 2010 年碳汇量增加 50%，森林网络建设的投资主体有 10% 转移给企业或个人，并搭建起碳汇资产交易平台。

2. 中期目标（2016~2020 年）

到 2020 年，基本实现唐山市生态产业从发展阶段到成熟阶段的过渡。传统高耗能产业发生转变，单位 GDP 能耗下降到 1.4，吨钢能耗达到国际领先水平；实现传统产业与新兴产业并举的局面，产业结构性转型取得突破，岗位质量得到明显提升，生态旅游业增加值占全市 GDP 比重提高到 2%。地理标志产品群出现，绿色及无公害食品产值达到 600 亿元，林农复合产业加工产值占全市 GDP 的 2%；初步实现经济发展转型，单位 GDP 碳排放 2.8 吨 / 万元，为 2005 年的 60%，将近 2010 年的 1/2，沼气达到 8 亿立方米，新能源及可再生能源占能源总消耗的 16%。相对 2010 年，碳汇量增加 1 倍，森林网络建设的投资主体有 30% 转移给企业或个人，森林碳汇资产成功进行上市融资。

3. 远期目标（2021~2030 年）

到 2030 年，巩固和完善已进入良性循环的生态产业体系。经济增长方式完全转变，实现从资源消耗与污染环境的增长方式向资源高效利用、保护生态环境与可持续发展的增长方式转变。生态产业相关指标全面达到国家生态市建设标准，单位 GDP 碳排放 1.5 吨 / 万元，为 2005 年的 1/5。新能源及可再生能源占能源总消耗的 30%，相对 2010 年，碳汇量增加 2 倍。生态产业成为唐山市特色。

（三）目标分析

1. 能耗与碳排放情景分析

根据经济增长与能耗、碳排放量之间的关系进行情景分析，提出两种方案。

方案 1

表 2-2 经济增长与能耗、碳排放量之间的关系（方案 1）

年份	GDP（万亿元）	能源消费（亿吨）	碳排放量（亿吨）	GDP 能耗（吨标煤 / 万元）	GDP 碳排放量（吨 CO_2/ 万元）	GDP 年增长系数	GDP 能耗 5 年变化系数	化石能源比例
2005	0.20	0.60	1.47	2.95	7.23			1.00
2010	0.43	1.02	2.47	2.36	5.72	1.134	0.80	0.99
2015	0.73	1.37	3.12	1.89	4.30	1.11	0.80	0.93
2020	1.07	1.49	3.07	1.40	2.88	1.08	0.74	0.84
2025	1.43	1.60	3.01	1.12	2.11	1.06	0.80	0.77
2030	1.74	1.55	2.66	0.89	1.53	1.04	0.80	0.70

本方案：2011~2015 年、2016~2020 年、2021~2025 年、2026~2030 年 GDP 分别按 11%、8%、6%、4% 的年均增长，能耗分别降低 20%、26%、20%、20%。

方案 2

表 2-3 经济增长与能耗、碳排放量之间的关系（方案 2）

年份	GDP（万亿元）	能源消费（亿吨）	碳排放量（亿吨）	GDP 能耗（吨标煤 / 万元）	GDP 碳排放量（吨 CO_2/ 万元）	GDP 年增长系数	GDP 能耗 5 年变化系数	化石能源比例
2005	0.20	0.60	1.47	2.95	7.23			1.00
2010	0.43	1.02	2.47	2.36	5.72	1.134	0.80	0.99
2015	0.76	1.43	3.27	1.89	4.30	1.12	0.80	0.93
2020	1.22	1.71	3.52	1.40	2.90	1.10	0.74	0.84
2025	1.88	1.84	3.47	0.98	1.80	1.09	0.70	0.77
2030	2.76	1.89	3.25	0.68	1.20	1.08	0.70	0.70

本方案：2011~2015 年、2016~2020 年、2021~2025 年、2026~2030 年 GDP 分别按 12%、10%、9%、8% 的年均增长，能耗分别降低 20%、26%、30%、30%。

两方案对比情况如图 2–1、图 2–2 所示。

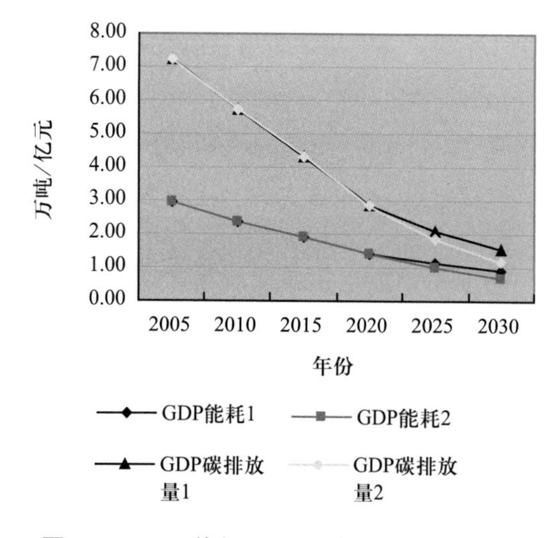

图 2-1 GDP 能耗、GDP 碳排放量方案对比

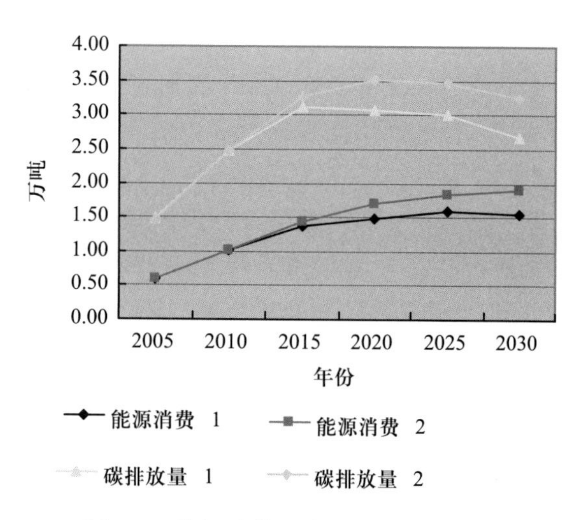

图 2-2 能源消费、碳排放量方案对比

方案 1 预计到 2030 年单位 GDP 能耗指标达到生态市标准（≤0.9），2015~2020 年期间碳排放总量达到最高值开始降低，到 2025 年能源消费量达到最高值。总体来看这套方案是经济发展的适宜情景，GDP 能耗下降趋势减缓，碳排放总量能尽早降低，有利于生态城市建设（图 2-3）。

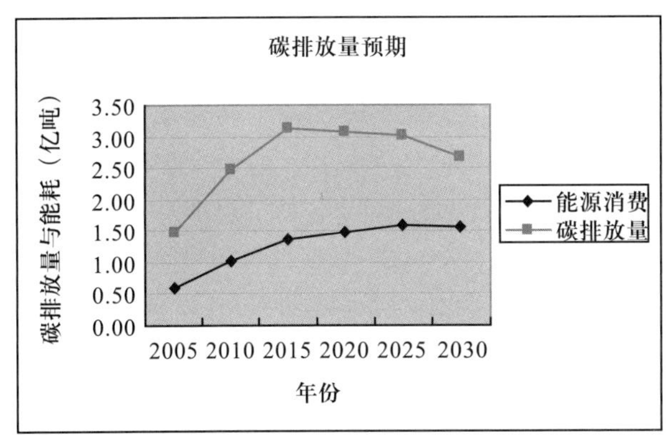

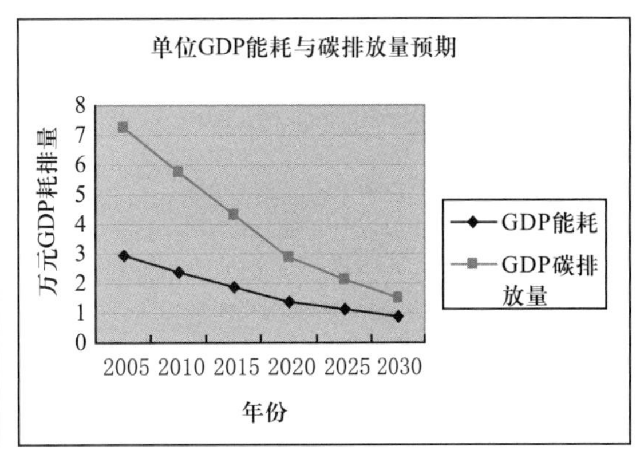

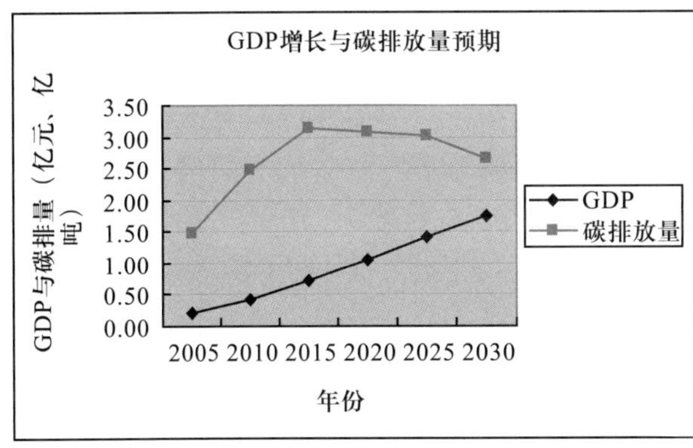

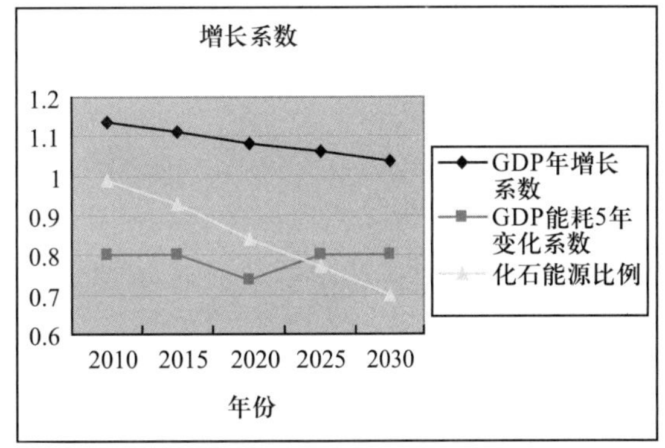

图 2-3　方案 1　GDP 增长、能耗、碳排放量变化情况

方案 2 预计到 2030 年单位 GDP 能耗指标达到生态市标准（≤0.9），2020~2025 年期间碳排放总量达到最高值开始降低，而能源消费量仍不断增加。2021~2025、2026~2030 年期间 GDP 能耗下降要求比较高，高达 30%。此方案是经济发展的惯性情景，即经济伴随能源高消费而快速发展，能源压力不利于城市的可持续发展，不利于生态城市的建设。

2. 新能源的资源分析

唐山地区可利用的新能源中，可再生资源总量相当于 3000 万吨标煤。各类资源比例见表 2-4（未包含海洋资源）。低温核能源在“十二五”规划中将投入的建设项目预计产能可占总能源生产的约 1/4。

表 2-4　唐山市新能源资源总量分析

资源类型	热值（百万吉焦）	占总量比例
秸秆	3.00	0.63%
畜禽粪便	0.01	0.001%
生活垃圾	0.68	0.14%
太阳能	102.92	21.45%
地热能	364.49	75.98%
风能	8.64	1.80%

四、生态产业建设布局

（一）布局原则

1. 战略调整、合理分工

根据唐山市自然资源分布特征和社会经济发展环境，整合原有的以县、市为依托的产业分布结构，从全市发展20年乃至更长的时间，对生态产业布局的前瞻性考虑安排。着眼于国家和唐山经济社会发展的紧迫需求，规划生态产业发展重点，立足本地区的优势，选择一批基础条件较好、技术条件成熟、成长潜力大、产业关联度高的产业重点领域和重大产品，加快做大做强。

针对产业布局现状，进行合理优化，形成各具特色、分工明确的生态产业布局。城区退出传统重工业，大力发展现代服务业和高新技术产业，提升产业层次；沿海布局数片大型园区，加速发展新兴产业；北部山区注重生态环境保护。实施严格产业准入政策，杜绝承接淘汰产能，防止污染转移。曹妃甸的发展已经成为唐山市产业集聚和发展空间外移的重要支撑，要在区域战略框架中选准定位、把握机遇、重点突破、形成特色，做大做强新兴产业，科学布局传统产业，培育开发高端产业，努力构建素质高、规模大的生态产业体系。

2. 优势立足、区域联动

唐山市的比较优势在于依赖矿产资源和生物资源的开采挖掘利用形成产业直至形成资源型城市的发展道路。在比较优势具有相对性的前提基础上发展特色经济，建立合理的经济结构，必须考虑能够比较充分地发挥地缘优势和有利条件，并能有效地利用人力、物力和自然资源。唐山市产业结构调整的方向应充分发挥比较优势，依托资源而不依赖资源，以全球的视野看待资源，形成自身优势发挥的产业类型。具体来说：一是积极发挥产业自身形成的加工优势，鼓励企业积极开展区外资源的战略性并购，激活原有资源型产业积累下的各种潜在优势；二是以生产服务业与制造业的产业融合创新为出发点，通过旧有产业间边界的浸润，形成新的高技术含量的制造业；三是以产业衰退中产业工人资源的再利用为出发点，推动熟练技术工人在更大范围内实现资源的优化配置，并促进城市劳务产业的发展；四是以唐山市矿渣、矿坑的生态修复为契机，发展特色产业。

坚持区域大小统筹并举，实现“双层”联动。唐山要积极在产业规划、基础设施建设、资源要素配置、生态环境治理上做好与周边区域的统筹协调，形成资源互补、相互促进、协调发展的格局。此外，做好唐山市域的内部小统筹，充分利用市域内不同微区之间的资源互补性，以区域资源的整合以及产业分工与技术对接为关键，实施区域小统筹战略，形成区域竞争力与城市竞争力协同提升的目标。

3. 产业集群、大小并举

集群的形成有两种，一种是以小引大，一种是以大引小。唐山市产业集群的形成更多是基于重大项目的建设链接产业链条或带动相关企业集聚。通过以大引小的发展思路，唐山市的产业竞争力和产业配套能力得到了极大的提高。但是，与此同时，各个城市对于大项目引进竞争的白热化和大项目建设对区域配套能力的较高要求，使得大项目的引进愈加困难。以小引大则是通过配套企业雄厚的加工基础和加工能力，形成完善的生产性链条以吸引大企业。对于城市闲置空间资源相对较多的唐山来说，小企业暂时无法带来土地等资源利用的规模效应。因此，需要实现由“以大引小”向“以大引小”与“以小引大”并举。对于已经具备良好配套基础且发展优势明显的产业，就将有限的资源更多集中在关键产业和高端产业，将全局的劣势转化为局部的优势，在关键领域实现快速突破和高位领先，最后做大规模；对于配套基础较差但具有发展优势的产业，着重立足发展优势，通过引进一批重大项目，以此带动一批有实力的技术含量高的中小企业进入唐山，提升产业配套能力；对于配套基础较差、大企业暂时没有发展优势但小企业具有发展潜力的产业，着重通过政府政策引导和支持小企业进入唐山，以提升产业发展基础和配套能力进而吸引大型项目为目标,积极推行“育小引大”战略。通过产业集群的上述差异化形成方式,“以小引大”与“以大引小”两种模式实现有机结合，最终在产业发展中形成“大项目吸引小项目配套，小项目集聚再吸引更多大企业”的良性循环。

4. 旗舰整合、关联发展

矿产资源日益枯竭客观实际，生物资源有待深度开发，决定了唐山市在资源利用与产业发展上更多要走资源重整、融合积聚的发展道路。旗舰整合是以若干竞争力强且关联度高的企业为核心，实施大集团战略，打造出几个实力突出的混合型产业集团，整合唐山市产业创新资源，建设行业性技术研发中心和标准制定中心，成为唐山产业创新的源头和竞争的拳头。唐山市除正在枯竭的一些传统优势资源外，还有一些潜在或正在形成的优势资源，但由于缺乏资金实力、经营能力和研发技术，使得大部分资源处于浅层次开发状态。而通过旗舰整合有助于整合松散资源，提高资源利用程度，也有助于盘活资源和提高价值。通过发挥龙头企业、名牌产品和驰名商标的带动作用，打造具有国际影响力的区域品牌，抢占国内外产业制高点和市场关键点。围绕区域生态产业园区进行规划布置，增强对产业园区外产业的吸纳、辐射带动力，推动产业关联的企业合理流动、入园发展，形成既竞争又合作的发展态势。支持园区内企业开展协作配套，推动产业、企业形成配套发展、错位发展、互补发展的良性格局，提升企业市场适应能力、反应能力和竞争能力。

5. 多点支撑、持续发展

多点支撑提升。其中，创新支撑是关键，改革支撑是推动，开放支撑是带动，联盟支撑是依托。通过创新网络建设形成城市创新型功能提升，为唐山市产业升级转型奠定基础；通过经济社会的系统改革，推动生产关系的局部调整，全面解放被束缚的生产力；通过加大对外开放合作的力度，带动资源整合层次的全球突破；通过产业联盟作用的发挥，提升产业发展的组织化程度，以应对国际产业化浪潮的冲击。

生态产业的布局必须贯彻科学发展观，实行开发与保护并重，对已规划的区域要精心组织，科学开发。同时也要为以后的发展留下一定的空间，进行严格保护，实现可持续发展。经济发展不能以生态破坏为代价，而是要随着经济的发展，加大环境保护与建设的投入，使生态环境不断改善。通过布局规划，构建项目便于基础设施配套的建设，符合国家产业政策，符合地区控制性祥规，符合环保要求，符合生态城市建设标准，确保地区健康稳定的向前发展。

（二）总体布局

根据唐山生态城发展需要及生态产业发展需求，充分考虑自然资源特征和社会经济发展现状，服从生态城市总体规划，满足城市功能需求，强化梯度集聚，构筑“一轴三带”生态产业总体布局。

1. 一轴——资源经济高度集聚的生态产业发展中心轴

贯穿唐山北部—迁安钢都、中部唐山城区、滦县西北区域及南部芦汉开发区、丰南及南部沿海部分区域与曹妃甸生态城，衔接三条生态产业带并推动唐山全域生态经济协调发展。主要实施传统高碳行业低碳化改造，大力发展新兴产业、绿色商贸、信息物流等现代服务业。

2. 三带——培育三条生态产业带

根据区域自然和人文特点的分异，以北部山区、中部平原、南部滨海为主体分别形成绿色产业带、金色产业带、蓝色产业带，充分发挥自然环境优势、资源优势、经济区位优势，充分挖掘资源增值多元化潜力，形成特色突出的生态产业集聚带。

（1）绿色产业带——该带范围主要涉及遵化、迁西、迁安区域。此带主要围绕北部低山丘陵区，生态环境较脆弱，必须坚持生态环境保护与经济效益协调发展。通过重点工程项目推动以林为主的生态建设，确保唐山市生态系统安全和农业生态环境质量的可持续。一方面以生态资源开发为重点，实现产业发展与生态建设相结合，着重进行森林资源开发产业化工程，推动资源增值多元化发展。通过产业化加速建设森林生态网络，重点建设碳汇林业基地、生态林果基地；扩大北部各县市生态林果、畜产品基地建设规模，推进生态农业产业园区建设；规模推进农村地区沼气工程建设，发展低碳循环生态农业，并逐步形成生物质能源产业；遵化市已提出打造京东旅游名城，以此为目标建设生态旅游示范基地，发展生态旅游业。另一方面，控量发展"清洁型资源类工业"。各县市现代工业园区建设要以循环经济产业链为主，强化产业融合发展；集聚规模，以重大项目建设为抓手，建设大型行业组团。打造以迁安为重点的钢铁、建材、装备制造产业集聚区，将迁安市打造成为绿色产业带上的经济增长极。

（2）金色产业带——该带范围主要涉及丰润区、古冶区、开平区、路北区、路南区、高新技术产业园区和玉田县、滦县等区域。主要围绕中部平原区域发展现代化绿色农业和食品工业，并结合城乡一体化推进森林生态网络建设。唐山市中心城区重点在于传统产业进行生态化改造，发展高科技新兴产业以及以现代商贸、商务会展、信息物流等为主的现代服务业，控制一般能源、原材料工业发展并逐步转移市区。推进建筑节能系统产业建设、分布式能源系统工程；高新技术开发区紧紧围绕培育发展新兴产业和改造提升传统产业两大任务，坚持引进与培育相结合，发展新型材料及建材、医药生物、节能环保、智能仪表等产业。丰润区要以装备制造业产业聚集区建设为契机，拉动相关联产业、配套产业的发展，建设先进制造业生产基地。同时打造建材和奶业集群区，建设绿色食品生产基地；古冶城区重点推进工业废弃地的再生利用，发展生态修复产业；路南区扩大花卉苗木生产基地建设规模；玉田以蔬菜依托，积极打造环渤海、环京津有机食品供应基地，发挥传统农业大县的资源优势；滦县全面振兴文化旅游业，重点抓好钢铁产业的整合重组和水泥产业的改造升级。

（3）蓝色产业带——该带范围主要涉及唐海县、乐亭县、曹妃甸开发区、海港经济开发区、南堡经济开发区和丰南部分区域。主要围绕南部滨海平原，以及滩涂、湿地、海洋资源，科学发展循环经济示范区。着重发展新兴产业，以本土资源开发、海陆产业联动为主引领唐山经济新发展。曹妃甸依靠资源与趣味优势，重点建设精品钢铁、装备制造、化学工业、现代物流四大循环经济产业链，建设绿色港口基地，打造成北方国际航运物流中心和国际滨海休闲观光旅游聚集区；乐亭县依托京唐、曹妃甸两大港区，发展临港产业，实施海港生态产业园工程，建设绿色交通枢纽基地、绿色港口基地和绿色物流中心；丰南区沿海建设重化工业基地，实施传统高碳行业内高效化低碳工程；海港开发区以建设河北省和京津冀都市圈对外开放窗口为目标，重点发展出口加工制造业；南堡开发区以建设区域性综合海洋产业基地为目标，建设盐化工、石油化工深加工基地，在滦南、乐亭、唐海及南堡开发区等县（区）推广生态养殖规模，扩大海水池塘、滩涂贝类、网箱养殖和稻田渔业养殖规模；在农业资源丰富且有农业精品果菜水产品特色基础的乐亭、唐海，建立农业观光采摘园和渔业休闲垂钓园，将乐亭县打造成唐山南部沿海设施蔬菜生产基地和国内滨海休闲旅游聚集区。曹妃甸生态城的带头作用将成为蓝色产业带的增长极。

五、生态产业建设主要任务

（一）传统产业

以传统工业低碳化建设为中心和突破口，强化工业、农业、服务业之间的循环经济发展，促进企业产品链延伸、产业之间耦合、区域范围循环。

工业方面，重点建设以钢铁工业为核心循环经济产业链。在巩固和壮大钢铁、化工、建材等支柱产业的同时，一方面培育深加工、精加工、高新技术等高附加值企业，另一方面抓好节能减排和环境保护，引导钢铁、建材、化工、能源等工业逐步向工业园区、资源地聚集，建设大型行业组团，建立起产业集群区或生态产业园区。

农业方面，逐步推广现代化生态种植业、生态养殖业和现代化农产品加工业，包括采用绿色农业技术、控制面源污染，发展无公害种植业、家禽生态立体养殖、猪牛羊等清洁安全养殖、水产业生态健康养殖等与生态功能区资源环境相适应的现代化生态农业模式，加快发展以产品认证为重点的绿色农产品和绿色及无公害食品，建立起完善的农业信息化服务体系和农业生产精准化管理体系。通过产业化加速建设森林生态网络，形成林业碳汇、森林生态旅游、特色林果、林下经济、木材精深加工等林产业的坚强基础，提升林业战略层次，推进生态效益商品化，发挥绿色金融功能。通过重点工程项目推动以林为主的生态建设产业化，确保唐山市生态系统安全和农业生态环境质量可持续。

服务业方面，既打“生态牌”，又打“信息牌”，不断增加服务业自主发展能力，充分发挥现代服务业在推动生态建设、吸引高端人才、促进就业、扩大经济总量、增强城市功能等方面的作用。做好传统交通运输绿色化改造，建立起清洁的交通运输体系。一方面，改变城市公交汽车、出租车等车种的燃料构成，推广使用新能源或混合能源。另一方面，建设城市、城际轨道交通及绿色公交网络，完善道路设施、车站等和港口的集疏运路线，县城与乡镇尽可能发展无红绿灯交通；物流业方面，实现信息化，建设物联网，发展第三方为主的物流配送代理网络，普遍推广条形码、电子订货系统、电子数据交换、货物溯源跟踪安全系统、配送需求计划、自动分拣系统等现代先进物流技术，加快食品的冷链物流进程，在曹妃甸港、京唐港区试点将永磁悬浮技术用于货物运输上；重点完善唐山生态旅游体系，从资源开发特色化、商品设计生态化、配套设施绿色化、线路合理游客化等方面提升服务质量；商贸业方面，充分体现都市生态性质，重要的金融、商贸、文化、办公等公共设施相对集中设置。在市中心区和各县（市）区城区内培育发展特色街、专业街、步行街，连锁企业向城镇社区和郊区农村延伸，形成商业网络新格局。

（二）新兴产业

加大新能源、新材料和新产品的产业发展，实现可再生能源跨越式发展，近期重点开发生物质能、太阳能、地热能、海岸风能和海洋能，加速发展新能源中的核电、风电、光伏产业；新材料可选择发挥唐山资源与产业优势的生物质材料、合成材料（合成树脂、合成橡胶、合成纤维及聚合物）和有机化工原料、有机硅、有机氟、纳米材料以及先进陶瓷材料，这些高端材料将为我国的国防建设发挥作用，也能促进唐山市加快产业转型、扩大就业机会。

环境产业，依据建设“生态唐山”的需要，主要发展与重工业及建筑业相配套的节能环保装备制造、产品生产和技术服务，重视环境管理和信息服务以及环境影响评价、环境监测等咨询服务。资源循环利用方面，重点推进城乡废弃物的再利用和落后淘汰产品的再制造，后者重点发展装备、汽车等领域，形成“资源—产品—废旧产品—再制造产品”的循环经济模式。

生物产业，结合唐山本地区的生物多样性优势及区位物种优势，以生物医药原料药开发为切入点，突出生物农业和海洋生物方面。推进生物技术向生物育种、传统食品、化工产业渗透，发展动植物优良品种和海洋生物制品。

海洋产业，充分发挥唐山具有的海岸线资源和深水大港等优势，承接外部相关产业转移，发展临港产业集群。沿海地区重点发展煤化工、盐化工、石油化工及“三化”有机结合的化工产业。

第三章　资源增殖多元化工程组合

作为资源型城市的生态产业建设，唐山市首先应当依靠高新技术，继续挖掘资源优势，尤其是可再生资源的深度开发与科学利用，通过发展生态型新兴产业，实现资源增值多元化，加速经济发展转型目标。

本章首先规划了“攸关民生”的绿色食品产业工程，抓住了深度开发生物资源的龙头产业，通过加快发展绿色安全食品，带动原料生产、食品加工、科技创新、冷链物流、质量监管、信息管理、招商服务等重大环节的加速发展，以保障日益增长的安全食品供给。工程采用总部经济与三次产业融合模式，产生集聚化协同效应，建设起一个闻名中外的绿色食品生产与集散枢纽基地之一。其次，特色林果与种苗花卉产业、林农复合经营、生态旅游产业、生态环境建设产业、生物质材料与能源等工程，均以森林生态资源深度开发和科学利用为中心、以产业化经营为目标，以创建碳交易产业为新手段，体现了森林对城市生态产业建设的引领作用。

第一项　绿色食品产业工程

一、工程定位

1. 绿色食品

绿色食品在中国是指按特定生产方式生产，并经国家有关的专门机构认定，准许使用绿色食品标志的无污染、无公害、安全、优质、营养型食品的总称。唐山市划分为无污染、无公害的市场准入安全食品和优质营养型绿色食品（含有机食品）两大类。

2. 发展模式

我国已经创建了“以技术标准为基础、质量认证为形式、商标管理为手段”的绿色食品发展模式。实践还告诉我们，社会上首先富起来的人群，为绿色食品献出资金、积累人才、开拓市场，成为发展绿色食品业的直接推动者，促进了绿色食品最终走进广大百姓餐桌的进程。广大百姓的食品需求将会经历“必须性食品”—“无公害食品”—“绿色食品”三个阶段。

3. 巨大市场

“民以食为天、食以安为先”。有利于人们健康的无污染、安全、优质、营养的绿色食品不仅成为人们的生活期望和追求目标，还成为一种饮食时尚，越来越受到人们的青睐。因此，开发绿色食品具有深厚的市场消费基础，无论在国内还是国外，开发潜力都十分巨大。

4. 产业定位

绿色食品产业是按照“提高食品质量安全水平，增进消费者健康；保护农业生态环境，促进可持续发展”目标而发展起来的新兴产业之一。20 年来，“绿色食品已成为具有较高公信力和影响力的精品品牌，一个极富成长性的新兴产业，是农产品质量安全工作的重要组成部分，并被纳入国民经济发展规划”（中国绿色食品发展中心，2007）。从产业链的构成来观察，绿色食品业是一个龙头产业，通过食品加工增值，推动农业环境改善、食品加工水平提高、冷链物流与物联网产业的发展；从产业关联度来看，绿色食品业与信息、生物、能源、高端装备等现代新兴产业的发展紧密相关，成为三产融合的典型之一，成为集经济、生态和社会效益于一体的典型生态产业之一，有极大的经济发展空间。

5. 工程定位

绿色食品产业工程将本着发展绿色食品的创意、决策、指挥等高端智能所有关联环节进行规模化聚集，形成了总部经济的典型模式，在统一指挥管理与规划下，围绕绿色食品原料生产、提高食品加工水平、强化研发与冷链物流、做好质量监管检测、提供信息化服务等重点进行科学布局，其中原料生产是基础，食品加工是龙头，研发创新是潜力、冷链物流是保障，信息服务是前提，从而可以产生极化与聚化效应，彻底颠覆过去的松散经营模式的低经济效能和效益状况，进而拉动整个绿色食品产业和相关领域可持续发展，从而可对唐山市经济的高速发展转型做出积极贡献。同时，凭借资源、经济、港口与交通枢纽等特殊优势，唐山市的绿色食品业必将成为建设“生态唐山”的重大抓手之一，成为实现绿色生活、绿色产业、绿色港口、绿色城市的“四绿”领军产业之一。

本工程只包含与绿色食品有关的种植业、畜牧业和渔业。绿色林果业发展规划纳入第二项工程。本工程规划中采用的基本数据与主要依据，来自于唐山市农业办公室提供的《现代农业发展战略研究》，以及绿色食品办公室提供的《城乡居民消费趋势与扩大需求》《2009 年绿色食品专项检查工作总结》《对促进绿色食品工作的几点建议》等报告。

二、发展现状与评价

（一）现状与特点

唐山市绿色食品已经推出了稻米、小米、蔬菜、板栗、肉、蛋、葡萄等 40 余种带有绿色标志产品，尤其是特色林果早就驰名中外。可见，唐山市政府十分关心百姓的健康与安全，十分重视现代农业与绿色食品业的发展。2007 年发布绿色食品标志管理办法，2008 年 7 月公布了《唐山市农产品市场准入实施方案》,2009 年组织了大检查。2010 年初做出了建设“生态唐山”决定,提出了“唐山市现代农业发展战略研究”报告，公布了标准化生产基地、龙头企业、绿色标志产品等现状与规划目标。

1. 原料基地面积（2009 年）

表 3-1 唐山市原料基地面积情况

基地类型	面积（万亩）	占耕地面积 %	占标准化基地面积 %
标准化生产基地	370.0	44.7	100.00
其中绿色食品基地	50.0	6.0	13.50
其中无公害食品基地	320.0	38.7	85.90
其中无公害蔬菜基地	128.0	15.5	34.59
其中出口基地	160.0	19.4	48.93

2. 龙头企业与品牌产品（2009年）

表3-2 唐山市龙头企业与品牌产品情况

企业类型	数量	年产值（亿元）	占GDP总量%	驰名商标	名牌产品
龙头（国家级3个、省级30个）	195	150.0	3.86	24（国家级3个、省级21个）	14（国家级3个、省级11个）
其中绿色食品	13	10.0	0.26	2	37
其中无公害食品	110	85.0	2.22	2	38
地理标志产品				2	2

3. 绿色标志产品覆盖范围较大

（1）迁安小香米、绿小米、富硒小米、白小米4个产品。

（2）遵化甘栗仁、山源馅料（栗蓉）、开口笑栗3个产品。

（3）丰润全脂奶粉、纯牛奶和高钙低脂牛乳3个产品。

（4）滦南纯牛奶、高钙低脂牛乳2个产品。

（5）滦南绿色肥料：叶面肥、冲施肥、追施肥、底施肥4个产品。

（6）唐海县12万亩水稻绿色食品基地，推出“格绿”牌小包装免淘米及其衍生产品八宝米、三合一、二合一、白香稻、白饭豆、黏高粱、珍珠米、金银米、黑香糯、紫香糯等十几种新食品。

（7）玉田县推出“玉康牌”玉田包尖白菜。

（8）古冶区推出的楼兴放心肉、楼兴鲜蛋、楼兴纯鲜奶、楼兴鸡、楼兴禽类、楼兴饲料、楼兴葡萄、楼兴水晶梨、楼兴蔬菜。

4. 绿色食品原料基地基础较好

（1）全市种植业标准化生产基地面积370万亩，占耕地总面积的44.7%，普遍采用节水灌溉技术，100%实现有效灌溉。

（2）特色林果基地208万亩，“京东板栗”“海绵核桃”“山区安梨”享誉中外。

（3）全市种植、养殖业优种覆盖率分别达到98%和95%以上。

（4）全市畜牧水产业产值占农业总产值的45.2%，养殖业（含水产品）已成为农业第一大主导产业。

（5）农业产业化经营率提高到61%；龙头企业带动农户比例提高到80%；达到国家标准的“一村一品”专业村602个，专业村人均纯收入高于一般农民的22%。

（6）已经形成“三大特色产业带”：北部山区绿色干鲜果品、中部平原高效种养和南部沿海水产养殖捕捞。

5. 食品加工初具规模

（1）已经形成“四大产业加工集群”：奶业、鲜果、板栗和肉制品。

（2）已经形成“五大新型食品”：肉牛、甘薯、花卉、食用菌、林产品。

（3）已经形成“六条龙型经济”：奶业、瘦肉型猪、果菜、花生、板栗和水产品。

6. 冷链物流发展空间巨大

冷链物流是食品质量安全的重要保障，但是，中国的食品冷链还未形成体系，无论是从中国经济发展的消费内需来看，还是与发达国家相比，差距都十分明显。目前大约90%肉类、80%水产品、大量的牛奶和豆制品基本上还是在没有冷链保证的情况下运销。唐山市在冷链物流方面也处于较为落后的状态。

7. 膳食结构悄然发生变化

随着城乡居民收入水平逐步提高和健康常识的日益普及，唐山市人民从吃饱、吃好转向吃出营养、吃出健康。在“吃”的消费结构中，主食消费支出呈下降趋势，绿色健康食品支出增幅显著。城乡居民的膳食消费日益丰富，膳食结构更趋合理，更加讲究科学营养，注重膳食结构的均衡搭配，将是“十二五”期间，饮食消费的总体趋势。预计城镇居民恩格尔系数在此期间将由小康型过渡到富裕型，农村居民恩格尔系数也将进一步降低，并开始从小康型向富裕型转化。

（二）制约因素（发展焦点）

1. 原料基地现代化建设滞后

只占耕地面积6%的绿色食品原料基地，38%的无公害原料基地有待进一步提升，因而必须加快绿色食品原料基地的现代化建设进程。

2. 绿色农业技术与信息农业技术推广滞后

绿色农业技术产业化进程滞后，包括优良品种、绿色肥料、绿色农药、绿色制剂、节水灌溉等。龙头企业要努力推进化肥、农药厂的转型和绿色农业技术的推广应用，完善“龙头企业带基地、基地带农户”的经营模式。农村与农业信息化服务尚未形成，农业生产还没有摆脱粗放经营状态。

3. 食品深加工滞后

与全国水平相比，唐山市的绿色食品品牌少、加工业规模小，深加工水平低的情况急待转变。应当学习先进地区创建绿色食品产业园经验，加快大型龙头企业建设，抓住机遇，招商引资、加快人才与技术引进，依靠科技推动加工业现代化进程。

4. 冷链物流滞后

唐山市的冷链物流业十分滞后、严重威胁到食品安全，食品损耗率高，导致食品成本提高，已经成为发展绿色食品业的重要瓶颈之一。

三、工程建设目标

（一）总体目标

随着“生态唐山”的建设进程，农业生态环境逐步改善，绿色食品原料基地逐步扩大，绿色食品数量与质量逐步提高。首先满足富裕人群需求，包括外销出口，以达到积累资金、技术和人才之目标。同时，实行绿色食品与无公害食品共同发展的方针，逐步加快广大百姓从必须性食品为主的消费状态过渡到无公害食品为主的消费水平，最终伴随“生态唐山”的建立，进一步扩大绿色食品的消费水平。

基地建设是绿色食品质量保证体系的基础，没有合格的原料基地，就没有合格的绿色食品。为此，首先要加快农业生态化与现代农业体系建设（表3-3）。

表3-3　绿色及无公害食品发展目标

主要指标	2010年	2015年	2020年
达标基地面积（万亩）	300	350	400
其中：无公害食品基地（万亩）	250	250	200
绿色食品基地（万亩）	50	100	200
无公害食品产值（亿元）	90	225	360
绿色食品产值（亿元）	20	120	800
其中：外销出口产值（亿元）	10	50	120

（续）

主要指标	2010 年	2015 年	2020 年
单位基地面积无公害食品产值（亿元 / 万亩）	0.36	0.9	1.8
单位基地面积绿色食品产值（亿元 / 万亩）	0.4	1.2	4
绿色食品供给率	—	10%	20%

同时，根据总部经济模式，形成人才、资金、技术以及指挥、决策、管理中心，开展大规模的招商引资、引进技术和人才，加快建成大型龙头企业，形成食品加工体系以及研发、物流、监管等保障体系，最终建设成为我国重要的绿色食品生产与集散枢纽地区之一。

期望绿色食品产值能够实现年增长率达到 20% 左右（相当于我国发展绿色食品初期水平），从目前占 GDP 总量的 2.48% 提升到 8% 的目标（不包括带动的冷链装备以及物联网传感器、电子标签、接口装置等制造业的新增产值），绿色食品和无公害食品产值之和与农业总产值比值从目前的 0.27：1 提升为 2：1（美国食品工业总产值与农业总产值之比为 3.7：1）。这些数据表明，发展唐山市绿色食品业的潜力很大，还能带动农业生态环境与整个食品工业的健康发展，必将能为唐山市经济转型做出贡献。

（二）近期目标（2010~2015 年）

到 2015 年，“生态唐山”初建成效，规划中的所有示范工程基本完成，初步建成绿色食品产业体系。绿色粮油原料面积扩大到 100 万亩，占总基地面积的 30% 左右，其中有机食品原料基地密集达到 10 万亩，绿色畜牧、水产基地面积与能力基本稳定。同时在大型龙头企业带动下，基地建设实现产业化经营、机械化作业、精准化管理与信息化服务的新局面，绿色农业技术产业化成果显著；绿色食品加工能力显著增强，绿色食品供应品种从现有的 47 种增长达到 100 种左右，品种与产量基本满足高端客户需求；无公害食品品种与数量可以满足百姓需求的 90% 左右；两者总和年产值增长达到 250 亿元人民币左右，比 2009 年增长近 2.5 倍，占 GDP 总量（按照 10% 增长率计算）上升到 4.0% 左右。其中外销与出口年收入达到 50 亿元人民币左右，比 2009 年增长 5 倍。同时，冷链物流发挥明显作用，依靠港口交通优势与食品产业园辐射效益，唐山市开始成为全国绿色食品生产与集散基地之一。

（三）中期目标（2016~2020 年）

到 2020 年，“生态唐山”显著生效，规划中的示范工程推广率达到 50% 以上，绿色食品产业园及其完整的产业体系，发挥了明显的总部经济规模效益。绿色粮油基地面积达到 200 万亩，占基地总面积的 65%，其中有机食品原料基地密集达到 20 万亩；绿色养殖业和水产业产品供应量继续稳定增长；绿色食品加工能力和水平显著提高，品种增加到 200 种，除满足高端客户与出口外，随着价格降低，部分绿色食品会进入百姓餐桌；无公害食品供应量达到百姓食品总量需求的 80% 左右，绿色食品满足百姓食品的 20% 需求。绿色食品（含原料食品）年产值达到 800 亿元，比 2015 年增长 3.2 倍，占 GDP 总量上升为 8% 左右，其中外销与出口年收入达到 120 亿元人民币左右，相当于 2015 年的 2.4 倍。同时，充分发挥港口交通与冷链物流的枢纽优势，唐山市绿色食品生产与集散枢纽基地在全国的影响显著增强。

四、工程建设重点

（一）绿色食品产业工程框架

唐山市绿色食品产业工程可划分三个层次（图 3-1），总部是绿色食品业的创意、决策、指挥

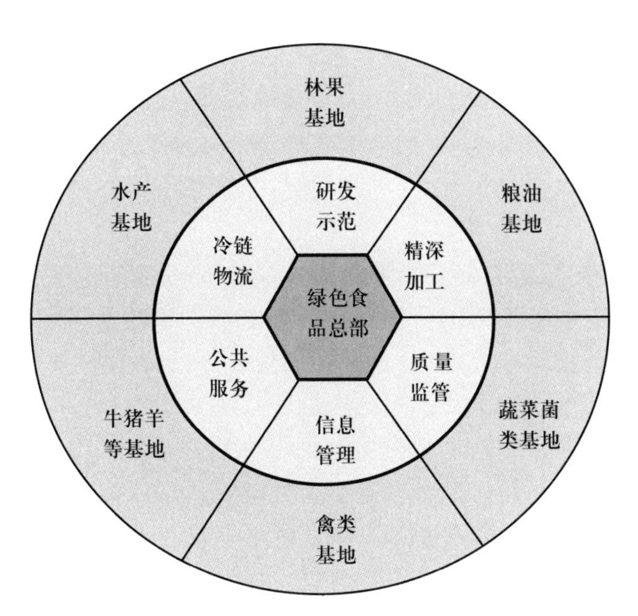

图 3-1　唐山市绿色食品总部经济框架

等高端智能中心，即绿色食品领导小组，下设常设机构——绿色食品办公室，通过信息化网络统一指挥“研发示范、精深加工、冷链物流、质量监管、公共服务、信息管理”等六大中心，其中精深加工将分别建设林果、粮油、蔬菜、畜牧、水产等五大精加工龙头企业，配套建设初加工企业群与县（区）级深加工企业群。发展绿色食品产业的基础是种植业（粮油、蔬菜菌类）、林果业、畜牧业（猪牛羊等、禽类）、渔业等原料生产基地。

（二）绿色食品产业园管理机构

绿色食品业纳入唐山市国民经济“十二五”发展计划，遵照总部经济模式建设绿色食品产业链，通过信息化网络服务体系，实现三个层次的统一高效管理（图 3-2）。

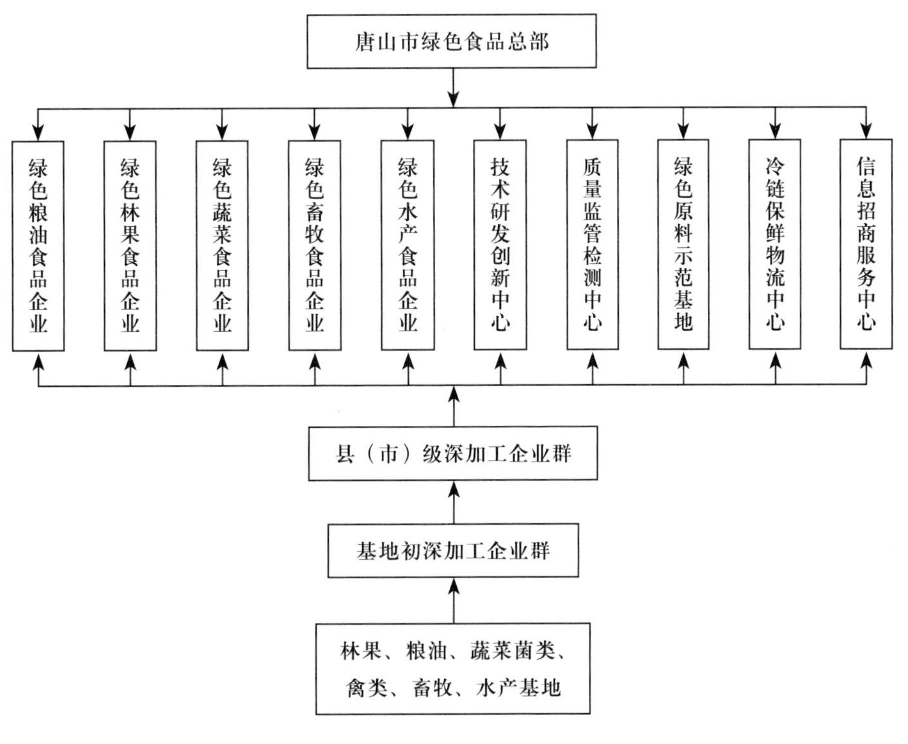

图 3-2　唐山市绿色食品产业体系

1. 唐山市绿色食品领导小组办公室

作为绿色食品产业的管理核心，负责规划编制，创新机构和岗位，招商引资，引进人才和技术，并联合相关职能部门和区（县）管理机构，通过信息网络，实现对研发中心、冷链物流、监测认证以及龙头企业、原料生产基地的统一管理；

2. 相关职能部门

（1）科技局：创建食品研发基地。

（2）工信局：安排设备制造和建设信息网络。

（3）商贸局：负责冷链物流，发展第三方物流。

（4）农牧局：负责种植业、养殖业示范基地建设和推广，抓好基地生态环境治理和质量检测。

（5）林业局：负责林果、药材与林下经济示范基地建设与推广，同时抓好基地生态环境治理和质量检测。

（6）食药监管局：联合林业局、农牧局等相关单位负责食品质量检测与认证等。

（7）龙头企业协会：协调相应龙头企业做好食品加工、营销，带动绿色及无公害食品基地示范建设与推广。

3. 原料生产示范园区

乐亭县：建设蔬菜、养殖为主的现代农牧结合生态养殖示范园以及鲜桃、葡萄以及食用菌种植示范园；

丰润区：建设小麦、玉米和花生现代化种植示范园；

唐海县，在现有绿色水稻基础上扩大水稻示范园面积；

迁安县：建设林下养殖、特色林果（板栗、核桃、安梨）、平原苹果示范园；

滦南县：建设优质沙地梨示范园；

曹妃甸中心渔港：建设工厂化海水养殖、滩涂养殖示范园。

必须确保原料产地符合绿色食品产地环境质量标准。以建设可持续发展生态环境和现代农业为目标，夯实农田基础设施，积极推广节地、节水、节肥、节药、节种等绿色农业、信息农业和精准农业技术，实现农业发展集约化，集约发展标准化。力争到2015年，完成示范园区的建设，而后逐步推广示范园区的成功模式到全部标准化生产基地，尽快建设稳定的规模化的绿色及无公害食品基地。

4. 质量监管检测中心

产业园的另一项重要任务就是绿色食品质量监管工作，以维护绿色食品品牌的公信力与美誉度。其前提是完善标准，核心是规范认证，关键是严格监管。国家发布的152项绿色食品标准，贯穿了“绿色食品产地环境监测、生产加工控制、产品质量检验和包装、保鲜、贮运规范”的全过程，覆盖上千种农产品及加工食品。从认证环节上来讲，产品或产品原料产地必须符合绿色食品产地环境质量标准；农作物与蔬菜种植、畜禽饲养、水产养殖及食品加工必须符合绿色食品的生产操作规程；产品必须符合绿色食品质量和卫生标准；仓储过程必须符合食品保鲜标准；流通过程必须发展冷链物流，从而全面达到食品安全标准。

绿色食品业必须随着不断发展壮大而始终坚持“从严从紧、宁缺毋滥”，不降低质量标准，不降低准入门槛，不降低“含金量”，规范认证，严格监管，使绿色食品始终成为我国安全优质农产品精品品牌的代表，成为引领高端农产品生产和消费的“风向标”。同时要引导和鼓励发展专业连锁经营、直销配送，积极探索和推进“农超对接”与“农工商一体化”，减少流通环节，依靠提高食品保鲜与冷链物流能力，减少流通环节食品损耗，提升品牌价值，使绿色食品永葆公信力与美誉度逐步达到98%以上，并进入“以品牌引领消费、以消费拓展市场、以市场拉动生产”持续健康发展的轨道。

5. 信息化产业园

为了确保产业园总部能够成为创意、决策、指挥等高端智能场所，必须依靠强大的信息化支撑，抓好绿色食品网、电子交易平台、物联网、信息服务中心、农工商一体化管理与决策支持平台、应急反应系统等信息化服务平台的建设与应用工作。以信息化来带动基地建设集约化、原料供应精准化、加工企业现代化、冷链物流规模化、绿色产品溯源化、管理决策智能化等现代化绿色食品产业园。

（三）食品加工创新

在发达国家，食品原料加工率一般在 70% 以上，有的高达 92%。我国经商品化处理的蔬菜仅占 30%，而欧盟、美国、日本等发达国家为 90% 以上；我国肉类工厂化屠宰率仅占上市成交量的 25% 左右，肉制品产量占肉类总产量只有 11%，而欧盟、美国、日本等发达国家已经全部实现工厂化屠宰，肉制品占肉类产量的比重达到 50%。美国目前食品工业总产值与农业总产值之比已达到 3.7∶1，而我国 2005 年只有 0.55∶1。我国食品的深加工率仅相当于发达国家水平的 40.0% 左右。唐山市落后于全国食品加工业的平均水平，必须大力推进绿色食品加工业的现代化，加快技术创新、品牌创新与装备创新。

1. 建设范围

根据国外的先进经验，通常的初加工地选择在原料基地附近，因此，建议在规划绿色食品原料基地时，尽可能安排初加工场所。深加工和精加工场所要求较高的技术装备和研发团队，可以分别建设县（区）级深加工企业和产业园精深加工龙头企业，紧紧依靠产业园的研发力量，加快步伐推进技术创新、品牌创新和装备创新。

2. 建设目标

实现原料基地的产品初加工全覆盖，即逐步建设高质量加工场所，以满足全部原料经过加工后再输出的目标。通过技术创新，实现每年增加 30 种创新品种，申报创新品牌 10 个的目标。深加工和精加工能力逐步满足唐山市绿色食品业发展的总需求。

3. 技术创新项目

当前，食品加工新技术包括超微粉碎技术、食品微胶囊技术、超临界流体萃取技术、超高压技术、生物催化、非热加工和新型杀菌技术等。产业园研发中心拟采用自主开发与引进消化吸收再创新相结合的技术路线，不断地推进技术创新，以促进食品加工的现代化进程与品牌创新。当前，要组织高端人才队伍开展上述新技术对组分的影响、营养素与功能因子的保持和增效研发，以及唐山传统食品现代化、新资源新技术利用和新型食品的制造技术研发。其重点研究内容包括：

（1）对食品组分的影响研究。特别是超高压技术和脉冲电场技术对食品体系中典型组分、微生物及酶的微观结构与宏观性能的影响，从分子水平上阐述重要理化因子对这些典型食品组分及其所构建的食品体系特性影响的内在规律；研究非热加工技术以及其他新技术对于中国传统食品大规模制造过程中的微生物、酶、营养组分和风味的影响。

（2）对营养素与功能因子的保持和增效研究。重点探讨生物催化修饰增效、微胶囊技术、新型缓释技术等各种新加工技术的特征以及对复杂食品体系中营养素和功能因子的影响，为新技术的广泛应用提供理论基础。

（3）传统食品现代化、新资源新技术利用以及新型食品的制造技术研究。重点探讨植物资源的利用、超临界萃取技术、微波辅助萃取技术新型提取分离技术生产和分离新资源食品及配料。

4. 品牌创新项目

目前，唐山市的绿色食品的品种少，品牌更少，落后于全国平均水平。应当积极推进品牌创新工作。建议在现有品牌基础上，重点开发以下方面的品牌新产品：

（1）粮食制品。重点抓好稻谷、小麦、玉米和薯类的精深加工与综合利用，兼顾杂粮的开发。小麦、稻谷加工继续以生产高质量、方便化主食食品为主，重点发展专用面粉、营养强化面粉、专用米、营养强化米、方便米面制品、预配粉等；玉米加工除继续发展高质量的主食食品、休闲食品、方便食品等外，进一步发展应用前景广、市场需求潜力大的淀粉糖、聚乳酸、燃料酒精、专用变性淀粉、多元醇等深加工产品。

（2）薯类制品。重点发展淀粉全粉、变性淀粉、薯条（片）和方便粉丝等特色产品。

（3）食用油脂。稳步发展花生油等食用油，扩大精炼油和专用油的比重，提高油料综合利用程度，开发利用油料蛋白等产品，同时推进传统豆制品工业化和新兴豆制品加工业的发展。

（4）果蔬制品。果品加工重点发展浓缩果汁、天然果肉果汁、非还原果汁、复合汁、果汁饮料、果酒以及轻糖型和混合型罐头。

（5）蔬菜制品。重点发展低温脱水蔬菜、速冻菜、蔬菜罐头、切割菜、复合果蔬汁；加快果蔬皮渣综合利用的技术研究，开发果蔬功能性产品。

（6）肉制品。加大发展冷却肉、分割肉和熟肉制品，扩大低温肉制品、功能性肉制品的生产，积极推进中式肉制品工业化生产，广泛开展畜禽血液、骨组织、脏器等副产品的综合利用研究，开发生产各种生物制品。

（7）水产品。重点发展速冻小包装、冷冻调理食品、即食性熟食水产食品，加大水产品的综合开发力度，积极推进海洋功能食品的加工。发展海洋低值水产品加工、淡水鱼分割和切片加工及贝壳调味品、动物钙源食品等深加工制品。

（8）均衡饮食和营养套餐。食物多样保均衡是饮食之道，食物的合理搭配，可帮助提高营养的吸收效率，例如粮食同肉类、蔬菜搭配进食，可相互促进吸收；牛奶煮鸡蛋有利于镇静安神易入眠；糯米大枣粥可安神补血使人沉睡；莲子桂圆百合汤可安神定胆治疗多梦；乌鸡党参黄芪可增强体质；核桃果仁瘦肉汤可益智补脑；大鱼头煲汤利于益脑等等。因而需要逐步开发营养套餐，即有针对性提供营养的饮食搭配方案，根据对象不同可有不同种类，例如：儿童营养套餐、孕妇营养套餐、老年营养套餐、特种病症营养套餐、运动员营养套餐等。随着社会化服务的高度发展，营养套餐的市场需求和研发空间很大。

5. 装备创新项目

充分利用唐山的资源与制造业优势，积极推进以下关键装备的引进应用和研发生产。

（1）粮食加工。围绕米面制品，重点发展主食加工设备和副产品综合利用设备；围绕玉米的工业化应用，发展深加工设备。

（2）油脂加工。重点发展大型制油设备、油脂精炼装备、专用油脂以及大豆蛋白分离和提取设备。

（3）畜禽屠宰加工。重点开发牲畜真空采血、电刺激、畜禽热气隧道式湿烫及连续自动去毛（羽）、多工位扒皮设备，胴体劈半和在线检测设备，高湿雾化冷却排酸设备，大型真空斩拌机、滚揉机和高速灌肠机等肉类深加工设备，实现我国畜禽屠宰加工装备的成套化、国产化。

（4）水产加工。重点发展去鳞、剖腹、去内脏、分级设备，鱼糜、鱼浆加工设备，贝类净化设备和壳肉分离设备，水产品微冻保鲜设备，鱼虾无水保活运输设备，海洋药物及天然化合物提取设备。

（5）乳制品加工。重点发展液体乳加工和无菌包装设备、干酪加工设备、乳清分离设备、超高温灭菌设备。

（6）果蔬加工。重点开发果蔬预冷和配送设备、果蔬分级包装设备、净菜加工与储运设备、冷打浆设备、大型果汁浓缩设备、柑橘半果榨汁设备。

（7）饮料制造。重点发展无菌冷罐装设备、大型饮料在线检测及自动剔除设备、全自动饮料混合设备等。

（四）冷链物流与物联网支持

冷链物流与物联网已经成为绿色食品从基地到餐桌之间确保质量安全与公信度的重要支撑，也是绿色食品产业链中的重要组成部分之一。以下分别提出冷链物流与物联网技术应用工程内容与关键技术。鉴于我国在这个领域的装备、器件与材料还处于十分滞后的状况，特建议唐山市发挥自身优势，抓住机遇，大力推动冷链物流与物联网高端装备的研发与生产。

1. 建设范围

（1）冷链物流装备与物联网配件制造业，将充分利用现有相关企业的环境与条件，进行恰当的改造与提升。

（2）充分利用产业园所在地具有的区位、交通、港口优势，拟在产业园建立第三方物流代理中心，各县建立分中心。

2. 建设目标

作为绿色食品业的支撑工程，冷链物流与物联网涉及产品溯源、食品保鲜与冷链装备以及物联网配件等。到 2015 年，产业园建立冷链物流中心，各县建立分中心，并完成产业园物联网示范项目。到 2020 年，建成唐山市绿色食品物联网系统，完善冷链物流系统，达到基地到超市或加工地或加工地到消费地或出口的过程中全部实现冷链物流。充分发挥唐山市的制造业基础优势，打造国内一流的冷链物流装备和物联网配件制造中心。预计年产值增加 100 亿元，就业岗位增加 10 万个。

3. 冷链物流与保鲜项目

3.1 冷链物流

冷链物流是确保冷藏冷冻类食品在贮藏运输过程中始终处于规定的低温环境下，以保证食品质量，减少食品损耗的一项系统工程。它是随着科学技术的进步、制冷技术的发展而建立起来的，是以冷冻工艺学为基础、以制冷技术为手段的低温物流过程；是需要特别装置，需要注意运送过程、时间掌控、运输形态、物流成本所占成本比例非常高的特殊物流形式。食品保鲜主要依靠采用冷链物流与保鲜技术。

冷链物流也是现代物流业中的一种，即要依靠现代信息技术和设备，将物品从供应地向接收地准确的、及时的、安全的、保质保量的、门到门的合理化服务模式和先进的服务流程。现代物流服务的核心目标是在物流全过程中以最小的综合成本来满足顾客的需求。尤其是全球电子商务物流更是信息化、自动化、网络化、智能化、柔性化的结合。

先进国家物流业所提供的服务内容已远远超过了仓储、分拨和运送等服务范围，物流公司提供的仓储、分拨设施、维修服务、电子跟踪和其他具有附加值的服务日益增加，物流服务商正在变为客户服务中心、加工和维修中心、信息处理中心和金融中心。根据顾客需要而增加新的服务是一个不断发展的观念，电子商务的全新物流模式是“物流代理”。物流代理（third party logistics，缩写为 TPL，即第三方提供物流服务）的定义为：“物流渠道中的专业化物流中间人，以签订合同的方式，在一定期间内，为其他公司提供的所有或某些方面的物流业务服务。”物流配送业的兴起与蓬勃发展成为第三方物流的典型模式。建议唐山市要在现有物流配送基础上，规划发展第三方物流模式与进程，加快发展冷链物流，以适应绿色食品业的发展需求。

3.2 食品保鲜

食品保鲜是冷链物流的前提，以下介绍国际上较为先进的保鲜材料与技术可供选择参考。

（1）美国专家采用 CO_2 制塑料包装材料。即使用特殊的催化剂，将 CO_2 和环氧乙烷（或环氧丙烷）等量混合，制成新的塑料包装材料，其特点具有玻璃般的透明度和不通气性；类似聚碳酸酯和聚酰胺树脂；在240℃温度下不会完全分解成气体；有生物分解性能不会污染环境与土壤等特点。

（2）我国已研究成功利用纳米技术，高效催化 CO_2 合成可降解塑料。即利用 CO_2 制取塑料的催化剂“粉碎”到纳米级，实现催化分子与 CO_2 聚合，使每克催化剂催化130克左右的 CO_2，合成含42%CO_2 的新包装材料。其作为降解性优异的环保材料，应用前景广阔。

（3）氮气（N_2）在食品包装中的应用。氮气是理想的惰性气体，在食品包装中有特有功效：不与食品起化学反应、不被食品吸收，能减少包装内的含氧量，极大地抑制细菌、真菌等微生物的生长繁殖，减缓食品的氧化变质及腐变，从而使食品保鲜。充氮包装食品还能很好地防止食品的挤压破碎、食品黏结或缩成一团，保持食品的几何形状、干、脆、色、香味等优点。目前充氮包装正快速取代传统的真空包装，已应用于油炸薯片及薯条、油烹调食品等。受到消费者特别是儿童、青年的喜爱，充氮包装可望应用于更多的食品包装。

（4）复合气体在包装食品中的应用。复合气体、保鲜包装国际上统称为MAP包装，所用的气调保鲜气体一般由 CO_2、N_2、O_2 及少量特种气体组成。CO_2 能抑制大多需氧腐败细菌和真菌的生长繁殖；O_2 抑制大多厌氧的腐败细菌生长繁殖；保持鲜肉色泽、维持新鲜果蔬富氧呼吸及鲜度；N_2 作充填气。复合气体组成配比根据食品种类、保藏要求及包装材料进行恰当选择而达到包装食品保鲜质量高、营养成分保持好、能真正达到原有性状、延缓保鲜货架期的效果。

（5）电子技术保鲜法。利用高压负静电场所发生的负氧离子和臭氧来达到目的负氧离子可以使蔬果进行代谢的酶钝化。

（6）烃类混合物保鲜法。这是英国一家塞姆培生物工艺公司研制出的一种能使番茄、辣椒、梨、葡萄等蔬果贮藏寿命延长1倍的天然可食保鲜剂。

（7）蔬菜水果保鲜柜，适用于商场或专卖店内的食品柜台。

3.3　冷链装备

中国保温车辆约有3万辆，而美国拥有20多万辆。日本拥有12万辆左右。中国冷藏保温汽车占货运汽车的比例仅为0.3%左右，美国为0.8%~1%，英国为2.5%~2.8%，德国等发达国家均为2%~3%。铁路冷藏车辆：在全国总运行车辆33.8万辆中，冷藏车只有6970辆，占2%，而且大多是陈旧的机械式速冻车皮，规范的保温式的保鲜冷藏车厢缺乏，冷藏运量仅占易腐货物运量的25%，不到铁路货运总量的1%。冷藏公路运输：欧洲各国汽车冷藏运量占比为60%~80%，中国汽车冷藏运输占比约为20%。目前，现代化的冷藏卡车严重不足。我国冷藏保温汽车占货运汽车比例仅为0.3%。而发达国家中，美国为1%，英国为2.6%、德国达到3%。食品冷藏运输率：食品冷藏运输率是指易腐食品采用冷藏运输所占的比例。欧、美、日等国则均达到80%~90%，前苏联和东欧国家约50%。目前我国每年需调运的易腐食品约4000万吨，中国的食品冷藏运输率约10%左右；我国易腐物品装车大多在露天而非在冷库和保温场所操作，80%~90%左右的水果、蔬菜、禽肉、水产品都是用普通卡车运输，至多上面盖一块帆布或塑料布。有时候，棉被成了最好的保温材料。

4. 物联网建设项目

物联网就是“物物相连的互联网”，是将各种信息传感设备通过互联网把物品与物品、物品与人结合起来而形成的一个巨大网络。其中两层意思，第一，物联网是互联网的延伸和扩展，其核心和基础仍然是互联网；第二，其用户端不仅仅是个人，还包括任何物品。

在“物联网”的构想中，关键设备包括：RFID、传感器、条形码，电子标签及配套的接口装置等。其中射频技术（RFID）标签中存储着规范而具有互用性的信息，是一种非接触式的自动识别技术，它通过射频信号自动识别目标对象并获取相关数据，通过无线数据通信网络把它们自动采集到中央信息系统，实现物品、商品的识别，进而通过开放性的计算机网络实现信息交换和共享，实现对物品的“透明”管理。

绿色冷鲜食品的特殊性，对流通链上的各个环节要求均高。很多冷冻产品一旦解冻即使再次冷冻、冷藏，都会改变食品的原有口感，甚至导致食物腐败。因此在冷冻食品供应链上，采用RFID技术的意义和作用很大。

目前，“物联网”正从一个概念逐步进入“落地”阶段，唐山市要紧紧抓住物联网产业发展的历史机遇，充分发挥自身优势，有志气投入人力与物力，参加到我国的自主知识产权的技术专利研发或引进技术后完成物联网相关配套设备的加工中去，为唐山市开拓一个新兴信息产业，为推动唐山市绿色食品物联网系统建设做出贡献。

推进冷链物流与物联网技术应用，既要规划冷链物流资源所涉及的仓储、运输、信息系统和人力资源等四个方面，又要安排冷链企业所涉及的冷库、冷藏车、信息系统、认证情况和人力资源等五个方面。因此，特别提出目前应该采取的主要措施有：

（1）组织专业人员进行冷链物流市场与物联网技术的应用需求与现状调查，编写3~5年实施计划。

（2）组织高端人才投入研发绿色食品物流信息系统，包括产品溯源系统，为创建唐山市绿色食品物流中心，建设品牌产品信息库，开展绿色食品物流服务，尤其是冷链物流与物联网技术服务。

（3）物联网配件生产。在物联网设备普及以后，用于动物、植物和机器、物品的传感器与电子标签及配套的接口装置的数量将大大超过手机的数量。按照目前对物联网设备新鲜出炉的需求，在近年内就需要按亿计的传感器和电子标签，这将大大推进信息技术元件的生产，同时增加大量的就业机会。

因此，应当充分发挥唐山资源与经济优势，抓住机遇，重点生产冷藏保温汽车、保鲜冷藏车厢、冷库、气调贮藏库等装备，打造我国冷链物流装备制造基地；加快建立食品保鲜设施研发与生产基地，实现规模化生产与销售目标；加快建立传感器、电子标签与接口装置等物联网辅助电子器件生产与销售基地。

主要采用引进消化吸收再创新技术路线，制定发展规划与计划，充分挖掘现有企业潜力，必要时创建一些新型大型企业，加快研发与生产，既能满足本市食品冷链物流、物联网应用需求，又可逐步占领全国市场，创造更好的经济与社会效益。同时要发挥唐山市的经济、交通、港口等资源优势，大力发展第三方冷链物流服务业，打造我国冷链物流集散枢纽基地。

（五）绿色粮油基地现代化建设

确保粮油产品质量与产量稳步增长的关键在于推广应用绿色农业技术和现代农业经营模式。按照唐山市现代农业发展战略报告提出的目标，唐山市政府拟从2010年开始在唐海和丰南两县（区）分别建设规模5000亩的现代生态设施农业产业园，各县（市、区）都要借鉴学习先进地区的典型经验，并结合唐山市实际尽早制定和落实各县、区现代农业产业园的建设规划，同时积极做好国家级现代农业示范产业园的申报争取工作，力争经3~5年的努力，唐山市的现代农业产业园建设和现代农业发展会取得明显实效。

1. 建设范围

根据《唐山市现代农业发展战略报告》中提出的绿色粮油基地建设范围，建议各县首先选择条件较好的基地创建现代化示范区，力争2013年完成示范区的建设任务，取得成效后，再着手进行有计划地分批推广应用。以下是粮油基地分布范围：

（1）绿色小麦生产基地，拟在丰润、玉田、滦县、滦南、丰南、遵化、乐亭、迁安等县（市、区）巩固建设。

（2）绿色玉米生产基地，拟在丰润、玉田、遵化、滦县、滦南和迁安等县（市、区）巩固建设。

（3）绿色水稻生产基地，拟在唐海、滦南、丰南、乐亭等南部滨海平原区稳步扩大。

（4）特色小杂粮种植基地，拟在迁西、迁安、遵化、滦县、玉田、丰润等北部低山丘陵区稳步扩大。

（5）绿色花生种植基地，拟在滦县、迁安、滦南、遵化、丰润、丰南等地稳定建设。

2. 建设目标

执行绿色粮油标准，以现有绿色粮油基地为基础，期望在2013年初步完成现代设施农业产业园建设任务，随后每年增加5%粮油基地实现现代化经营；2016~2020年期间，每年增加6%粮油基地实现现代化经营；实现绿色化生产、机械化作业、精细化管理、智能化决策、产业化经营等为主要特征和标志的现代化农业建设目标。现代农业建设过程中，还要探索“三农”发展、城乡与农工商一体化统筹发展的模式，以最终实现资源高效利用与生态环境保护高度一致的可持续发展目标。

3. 主要措施

（1）应用现代市场理念、经营管理知识，尽快在粮油基地建立起市场化、集约化、智能化、社会化的现代农业产业体系，实现基地生产、加工和销售相结合，产前、产后和产中相结合，生产、生活和生态相结合。

（2）加速推广有机肥、控释肥、缓释肥、生物农药与生物防治等绿色农业技术产业化应用，积极发展绿色农业。

（3）加快信息农业建设进程，提供实时农情监测速报服务和农田管理决策支持。

（4）规模化农业基地，加快实施精准化管理，逐步做到节水灌溉、配方施肥、变量作业，提高投入产出和生态效益。

（5）引进与培育优质高产耐旱抗病小麦品种，向优质化和高效化方向发展；加强优质耐旱型水稻品种的培育和推广；不断改善小杂粮的立地条件和品种结构。

（6）花生基地建设应结合沙地改良治理，引进和推广优质、高产、高效抗旱品种。拟采用地膜覆盖、机械化播种与收获，扩大有效灌溉面积，提高单产水平。

4. 绿色农业技术产业化

根据中国科学院绿色农业技术集成与发展中心和中国农业科学院相关研究所发布的信息，在唐山市推广应用绿色农业技术已经具有很好的技术基础和产业化基础。以下分别介绍多种适合唐山市需要的绿色农业技术。

4.1 品种改良技术

建议唐山市以高产、优质、资源高效利用型新品种的重大需求为导向，以小麦、水稻、大豆、玉米等农作物品种更新换代和改良为中心，推进新品种商品化和市场化进程。在此基础上，创新、发展、孵化成熟其他农作物新品种。比较成熟的优良品种有：

（1）小麦优质高产高效栽培技术体系，产品有氮高效品种科农199、高产广适品种川育20、糯麦品种糯麦12，食品专用品种科紫6061，高产抗旱品种高原142，氮高效品种科农1006等。

（2）水稻优质高产高效栽培技术体系，产品有直播型品种皖稻143号，优质耐盐品种东稻1号、东稻2号，抗病品种特优6323等。

（3）大豆优质高产高效栽培技术体系，产品有高蛋白品种科丰14，优质高产品种石豆2号，高产广适大豆新品种东生2号、东生3号等。

（4）玉米优质高产高效栽培技术体系，产品有青饲玉米 9009，爆粒玉米科爆 201 等。

4.2　抗逆制剂技术

基于植物免疫防御机理、病害流行及药物作用机理研究的植物免疫增强剂、抗逆诱导剂、疫苗等高新技术成果，主要包括：增强植物抗病、抗旱、抗寒、耐盐碱的绿色抗逆诱导剂，广谱的动物基因工程干扰素类，抗病毒蛋白质药物及免疫增强佐剂，植物疫苗等技术和产品等。目前比较成熟的技术与产品如下：

（1）“植物病毒病疫苗”研发与应用技术体系，例如“新奥霉素”。

（2）“植物真菌病疫苗”研发与应用技术体系，例如“抗 1”。

（3）植物“抗寒诱导剂”研发与应用技术体系，产品 1~2 个。

（4）植物“生长促进剂”研发与应用技术体系，产品 1~2 个。

4.3　土壤面源污染修复与地力提升

可以按“污染源—暴露途径—受体”对修复技术分类。对污染源进行处理的技术有生物修复、植物修复、生物通风、自然降解、生物堆、化学氧化、土壤淋洗、电动分离、气提技术、热处理、挖掘等；对暴露途径进行阻断的方法有稳定 / 固化、帽封、垂直 / 水平阻控系统等；降低受体风险的制度控制措施有增加室内通风强度、引入清洁空气、减少室内外扬尘、减少人体与粉尘的接触、对裸土进行覆盖、减少人体与土壤的接触、改变土地或建筑物的使用类型、设立物障、减少污染食品的摄入、工作人员及其他受体转移等。

以金属镉和铜为主题的重金属污染土壤的方法，及对作物产量、营养和重金属的植物响应规律及对植物株磷营养影响机理，科学家已经研究了黏土矿物染土壤的修复效果，揭示了菌根修复金属镉污染的土壤的效果及修复机理，开发出黏土矿物与微生物根联合修复的金属污染土壤的修复材料；针对农田有机质含量偏低，钾含量极低，耕作层较浅等地力下降等问题，唐山市已经成功地实施了秸秆还田、增施有机肥等措施。

4.4　绿色肥料

目前，我国科学家针对化肥营养元素控失机理，已经研发出安全可降解、价廉物美的缓控释材，解决缓控释化肥降低成本、提高肥料利用率的技术途径，制定了相关行业规范和技术标准，开发了产业化的关键设备和生产工艺。从而研发了新型专用型缓控释化肥及其化肥的配套使用技术，实现新型化肥的科学高效使用。这种新型高效、低成本、环境友好的控缓释化肥，已经解决了产品产业化、品种多元化和使用技术配套等关键问题。缓释型肥料通过调控土壤脲酶、（亚）硝化细菌活性，可有效稳定铵离子和提高磷活性、减少钾土壤固定，使生产的长效复（混）合肥肥效期延长，提高肥料综合利用率。控失型化肥属于内质型化肥，成本低，生产工艺简单、产品适应范围广，产品成功产业化。生产使用可以提高氮素利用率 6%~13%，增加产量 10% 以上。在降低化肥使用造成的面源污染方面效果显著：地表径流氮、磷损失比普通化肥减少 47.8%、渗漏流失减少 50%。化肥施入土壤 NH_3 挥发减少 17%~32%。

4.5　绿色农药

围绕环境友好的生物农药和生态防控技术，促进已经产业化的生物农药产品进行市场推广，最大限度地替代化学农药。比较成熟的产品有：

（1）病毒生物农药产品已获得农药登记证和市场准入。

（2）高效引诱剂及释放装置，定量缓释，持效期达 60 天以上，适用于所有小蠹类害虫的生态防控。

（3）甘蓝夜蛾核型多角体病毒和苹果蠹蛾颗粒体病毒生物农药。

（4）“解毒酶”制剂，能有效降解有机磷、氨基甲酸酯、拟除虫菊酯等农药，对蔬菜上的农药残留进行快速解毒，降低农药残留。

（5）宁南霉素技术产品已获登记并大面积推广应用。

（6）除虫菊酯技术，用国际行业先进水平的 CO_2 超临界萃取技术，生产成本大幅减少，已获相关农药证书 20 多个，结束了我国没有天然除虫菊酯农药的历史。

唐山市可组织传统农药生产企业加快产品转型速度，促成成熟的生物农药和生态防控技术尽快产业化和商品化，并与科研院所合作，加快发展、孵化有前景并且具较强技术储备的生物农药新品种。

4.6　节水设施

针对大田和设施农业发展的需要，我国科学家已经推出以滴灌精确施肥灌溉技术、滴灌咸水灌溉技术、滴灌重度盐碱地开发利用技术为核心的水肥高效利用技术体系及关键设备，完善了代表性作物的滴灌精确施肥灌溉制度，土壤及作物水分养分信息采集技术等。

5. 农业信息化服务

农业与农村信息化已经成为现代化农业发展的重大措施，包括农场、农民合作社、专业大户和散户等，他们共同需求的农业信息与信息技术会多种多样，并随着三网合一，网络进村进户工作的快速推进，开展农业信息化服务已经成为新农村建设中的当务之急。

5.1　农业信息服务网络

除了及时了解政府的指导信息外，基层农业单位或农户最想获得的信息包括：

（1）农资（新品种、肥料、农药、生长剂等）与农产品市场价格。

（2）农业新技术知识（良种、节水灌溉、绿色肥料、绿色农药、绿色饲料等）。

（3）农情（出苗率、作物长势、干旱度、肥力、病虫害、成熟期等）。

（4）农业灾害预测与灾情评估等。

为了满足基层单位或农户的上述要求，应当大力推进信息化服务系统的开发与应用：

（1）农业市场信息搜索推送系统，提供快速搜索功能，并采用短信方式发送信息到农户或基层农业单位，为他们的管理决策提供有力的信息支持。

（2）农业专家咨询系统，集中存储了各种作物的栽培与植保技术的专家解决方案，以多媒体方式模拟农田现场，并可以通过手持系统查询、短信查询、桌面查询、远程查询等服务方式快速获得农业专家（包括当地成熟经验）解决方案。

（3）农情监测速报系统，充分利用周期性卫星遥感信息，以及近地面视频实时连续监测（高架云台、移动云台与超低空飞机）信息，在预先研发的定量分析与可视化平台支持下，可以及时获得上述各种农情信息（直观图形或数据形态），并可通过网络、手机等手段快速发送到基层单位与农户，为农田管理决策提供实时信息支持。

（4）农业专家决策支持系统。对于市、县级农业主管部门来说，每年都要总结当年农业生产成绩与问题，预测来年的人口增长、粮食需求与经济效益期望，优化农业结构，编制来年投入产出计划，预测产量与效益等等。本系统依靠专家模型可以完成如此复杂任务，为主管部门提供了很实用的可视化管理与决策支持平台。

5.2　推进精准化管理

农业精准化管理技术与方法已经成为现代化农业的基本特征，也是高效生态农业的唯一途径。精准化管理的实质是依据每一块农田内部的差异性，即水分差异、肥力差异、长势差异等，实施变量灌水与配方施肥；依据病虫害分布不均匀性实施变量喷药；并依据产量不均匀性计算农田肥力差异分布为来年变量施肥提供依据。为了实施精准化变量作业，必须采用精准定位技术、农田本底信息精准检测技术、精准测产技术，农情精准监测技术，以及智能化农机及其智能化管理软件，包括配方施肥软件、节水灌溉软件、精准喷药软件等。实施变量作业可以带来以下好处：①降低肥料、农药、水的使用量，降低农业成本；②科学施肥、灌水、喷药，提高产量与质量；③显著提高农业综合经济效益和生态效益。

可视化管理（Visual Management）集成了现代管理科学中的各种方法，她利用形象直观而又色彩适宜的各种视觉感知信息（产品）来组织现场生产活动，成为实现精准化管理的最高发展阶段特征。农业精准化管理核心技术是可视化管理，在空间上，要把农田细化为每一个尽可能小的田块；在时间上，分析每一田块农田的各种因素随季、年变化的规律；在此基础上，按照每一田块的具体条件，合理施肥和喷药、灌水等。其关键是要利用高新技术的集成来挖掘可视力，实现既定性又定量、定位地可视化，一目了然地看清作物生长过程中所出现的各种问题，例如出苗率、土壤水分、病虫害、长势、肥力、成熟度等，就有可能及时地采取精确措施，实施精准作业，从而提高指挥决策水平和效率，达到提高作物产量和品质，降低成本和保护环境的目标。

（六）绿色蔬菜与食用菌生产

为了实现绿色蔬菜与食用菌的反季节供应，以及满足人们不断增长的蔬菜品种需求，品种创新已成为当前急需解决的课题之一。首先需要引进与自培建设一支创新队伍。

1. 建设范围

菜蔬品种创新主要依靠引进培育示范推广的技术路线，研发中心可以依靠高端研究实验场所开展自主创新。品种创新需结合基地示范。

以乐亭、滦南、遵化、丰南、玉田、丰润等县（区）建设绿色蔬菜基地，以“设施菜”示范区建设为指导核心，逐步向周边辐射，形成全市蔬菜的规模化特色种植区。

食用菌生产基地，拟在遵化、迁西地区建设以香菇、栗蘑等为主的木腐菌基地；拟在乐亭、玉田、滦县、滦南、丰南建设以草菇、平菇、鸡腿菇等为主的草腐菌基地。

2. 目标与任务

首先选择推进较好的基地开展品种创新示范，而后逐步推广。选择玉田蔬菜示范区与产业园研发中心合作，开展蔬菜品种创新研究与示范种植，探索出适合唐山市推广的新品种。采用自主研发与引进消化吸收再创新的两种技术路线，加快蔬菜品种创新进程。一方面提升产品品质，大力发展无公害绿色蔬菜，大力推广反季节蔬菜的种植和加工；另一方面，突出营养性增加精细品种和地方名优品种、突出效益性增加外销品种、逐步减少淘汰竞争力差的品种。到 2015 年，蔬菜标准化生产面积稳定在 280 万亩，无公害蔬菜基地 140 万亩，设施蔬菜 120 万亩。

努力调整食用菌产业结构，引进优质食用菌品种，大力发展双孢菇、栗蘑、茶树菇、鸡腿菇等品种，实现多元化可持续的发展格局。积极实施标准化生产，推广使用生物肥和安全制剂，使唐山市的食用菌初级产品达到无公害农产品质量标准，食用菌加工产品达到绿色食品标准，经过 3~5 年努力，使全市食用菌基地生产的投料规模达到 1000 万公斤，产量达到 9000 万公斤，使唐山市真正成为我国北方规模最大的食用菌生产基地，同时加大食用菌加工企业的建设力度，使食用菌产业向精、深方向发展。

3. 品种创新技术

优良品种是蔬菜产业增强竞争力的核心。有了好的品种，加上好的栽培管理措施，才能生产出优质的蔬菜，不仅不愁卖不上好价格，而且要创造出唐山特色蔬菜系列产品。引进新特优品种，需要高端人才进行品种筛选和本地化示范推广。自主研发更应当依靠高端人才与高端技术，创建组织培养与转基因品种培育实验环境和条件。

3.1 组织培养技术

组织培养技术（tissue culture technology）是在无菌的条件下将活器官、组织或细胞置于培养基内，并放在适宜的环境中，进行连续培养而成的细胞、组织或个体。这种技术已广泛应用于农业和生物、医药的研究。

美国在 20 世纪中期应用组培技术而获得的芹菜苗已成苗地取代了种子繁殖的传统方法。我国目前在番茄、辣椒、马铃薯、生菜、人参和果品生产中也已广泛投产应用。

由于生产方法独特，且都是在人工无菌操作条件下进行大规模的人工培养和工厂化生产，因此组织培养技术对食物资源的保质、保纯和反季节生产有着特殊作用，因而有望成为农产品工厂化生产的基本内容，预计在本世纪将形成大产业。

3.2 转基因技术

针对社会上对转基因技术的争论，袁隆平院士在接受媒体采访时表示，转基因在内的生物技术是农业科技的必然趋势，但人们对转基因产品不放心“可以理解”，他本人愿意试吃，并建议招募志愿者尤其是青年志愿者进行临床试验，以确定转基因食品是否安全。

蔬菜转基因育种就是将转基因技能应用于蔬菜改良。蔬菜基因工程是在重组 DNA 技能上发展起来的一门新技能，它以分子遗传学意见为根蒂根基，综合了分子生物科学、微生物科学和植物社团培养等现代技能和方法，将外源目的基因经过或不经过修改，通过生物、物理或化学的方法导入蔬菜，以改良其性状，获得优质、高产、抗病虫及抗逆性强的蔬菜新品种。

世界上第一个商业化的转基因植物品种就是转基因蔬菜，也就是 1994 年美国 Calgene 公司推出的转基因耐贮番茄品种 FlawSaw。它是通过分离一个与乙烯代谢有关的氨基环丙烷羧酸（ACC）合成酶基因之后再将其逆向（反义）导入番茄，从而抑制乙烯的合成，其果实长期保持绿色硬实，便于运输和贮藏。由于在一些蔬菜作物上建立了比较成熟的再生和转化系统，因而蔬菜作物的遗传转化进展较快。到目前为止，已进行转基因并获得转基因植株的蔬菜有番茄、马铃薯、胡萝卜、芹菜、菠菜、生菜、甘蓝、花菜、黄芽菜、油菜、黄瓜、西葫芦、豇豆、豌豆、茄子、辣椒、洋葱、石刁柏、芥菜等。所改良的农艺性状包括抗病、抗虫、抗除草剂、延熟保鲜及其他品质的改良等。所采用的转化方法有农杆菌介导的转化方法和 DNA 直接转移法，后者又包括 PEG 法、电击法、基因枪法、花粉管通道法、显微注射法、脂质体法等。

（七）绿色畜牧业生态养殖

畜牧业是现代农业产业体系的重要组成部分，是衡量唐山市现代农业发展水平的重要指标。大力发展畜牧业，对促进农业结构优化升级，增加农民收入，改善人们膳食结构，提高国民健康水平等具有重要意义。

1. 建设范围

唐山市发展畜牧业重点是改扩建一批以奶牛、猪、禽、牛、羊、鸡、鹅等优势特色品种为重点的种畜禽场、畜禽资源场。绿色奶牛乳品产业基地，拟在丰润、滦县、乐亭、迁安、滦南、丰南、开平、芦台等县（区、开发区）稳步建设；绿色瘦肉型猪产业基地，拟在玉田、丰润、滦南、遵化、迁安等地稳步建设；绿色家禽产业基地，拟在丰南、滦南、丰润、玉田、古冶等地稳步建设。建议选择条件较好基地开展设生态化养殖示范。

2. 目标与任务

按照唐山市现代农业发展战略报告，以建设全国一流的绿色奶源基地和北方一流的瘦肉型猪良种繁殖基地、生产基地、加工基地为目标，大力实施养殖业“出村进区、出户入场”工程，完善生产链条，保障养殖业健康发展。着力建设一批养殖产业园、标准化养殖小区和规模化养殖场，引导发展规模化、集约化、标准化畜禽养殖，三年内基本解决畜禽家庭散养问题。重点加快奶牛规模养殖小区（场）的新建和改扩建步伐，逐步淘汰农户散养，2010 年散养奶牛全部入区饲养，实现全市奶牛养殖方式的历史性转变。通过发展绿色食品产业，推动完善良种繁殖体系建设，逐步加大对奶牛、肉牛、生猪、蛋鸡等畜禽良繁基地建设的资金支持。以下分别介绍生态养殖的 5 项关键技术与措施。

3. 生态养殖技术体系

发展畜牧业的主要障碍是绿色饲料原料不足、环境遭到污染、畜产品药物残留严重等一系列制约因素，其关键在于如何建设畜牧企业的生态养殖环境，推广应用生态养殖新技术，以及畜牧业废弃物的资源化循环利用。

生态养殖是一种以低消耗、低排放、高效率为基本特征的可持续畜牧业发展模式。以重点加强安全环保健康养殖技术、养殖环境控制和养殖安全关键控制技术与肉产品质量可溯源性技术应用为重点，逐步建立现代集约化规模化高效健康畜牧养殖技术体系。

3.1　原生态养殖技术

有三个原生态养殖技术，一是“恢复原生态环境”，是指将整体生态环境恢复到 40~50 年代的蓝天白云、青山碧水般的无污染状态；二是“还原原生态土壤”，是指将土壤恢复到石化农业前土地松软、健康的状态；三是“打造原生态食品”，是指让农产品恢复到 40~50 年代无农药残留、有机健康的状态，即让人享受到“以前的”那种口感和营养。

3.2　微生态养殖技术

微生态学养殖技术形成的历史并不长，一般认为是近 20 多年的事，虽然起步晚，但发展迅速。

（1）微生态制剂。真正被重视并应用于养殖业是从 20 世纪六七十年代人类发现了抗生素的种种弊端之后才开始的。尤其是幼龄动物肠道微生态系统发育不完善，通过使用微生态制剂使其快速建立微生态平衡。随着免疫微生态、抗感染微生态、营养微生态的结合，赋予微生态制剂更丰富的功能才能使微生态制剂得到更大的发展。

（2）动物微生态制剂。是指在动物微生态理论指导下，采用有益微生物，经培养、发酵、干燥等特殊工艺制成的对人和动物有益的生物制剂或活菌制剂，也称益生菌剂或益生素。目前市场上能够提供的有：微生物饲料添加剂、微生物兽药、生物净化剂、生物发酵剂、生物保鲜剂等。

益生素具有抑制病原菌、调节免疫、促进消化和吸收、改善饲料转化率、降低粪便污染等多项作用，是饲用抗生素替代品重要产品。益生素不产生抗药性，可以长期使用产酶益生素治理菌群失调、混合感染和提高细胞免疫、体液免疫机能。其中产酶益生素无污染、无残留、绿色环保、符合食品卫生和饲料安全要求。给动物饲喂有益微生物后，不仅可以改善动物肠道内的生态环境：如乳酸杆菌、芽孢杆菌可产生细菌素、有机酸或过氧化氢等物质，从而形成了不利于有害菌生长繁殖的肠内环境；还能形成对动物机体更有利的平衡状态；同时，动物排泄物、分泌物中的有益微生物数量也增多，病原微生物减少，从而净化了体内外环境，减少疾病的发生。

（3）抗生素。抗生素在历史上挽救了亿万人民的生命，对畜牧业生产也起到了十分重要的作用。但是，抗生素的应用，对正常微生物群的生态平衡和生态失调问题值得注意。

（4）疫苗或菌苗。使用特定病原微生物，经减弱或灭毒制成的生物制剂，用于动物以提高机体对特定病原体的特异性免疫力。

3.3　循环高效生态养殖技术

通过生物技术把一些废物，如猪、鸡、鸭、牛等的粪便，有机垃圾等，转化成大量的动物蛋白饲料——无菌蝇蛆、蚯蚓；再用这些廉价的高蛋白饲料来代替部分或全部的商品饲料投喂经济动物，如鸡、鸭、猪、鲶鱼、鲟鱼、大口鲶、塘角鱼、黄鳝、甲鱼、鳗鱼、桂花鱼、对虾、螃蟹、蛙、蝎子、蜈蚣、蛤蚧、蛇、鸽子等。喂养经济动物后，经济动物生长速度加快，抗病能力增强，肉质质量提高，从而达到降低养殖成本、生产出绿色动物食品、提高市场竞争力的目的。如果养殖过程中再配合运用微生物技术，可使养殖场地臭味大幅度减少，畜禽鱼的疾病明显地减少，从而显著地提高养殖的经济效益。

4. 走农牧结合的生态畜牧业发展之路

农牧结合的生态畜牧业是我国农区畜牧业可持续发展的必然趋势。在合理安排粮食生产的情况下，种草养畜，以畜禽的粪便养地，种养结合的农牧业共同发展的生态畜牧业之路，是实现我国农区畜牧业可持续发展理想模式。

4.1　优先推广就地结合、就地利用的“零排放”模式

对于畜禽粪便超过周边承载量的中大型规模养殖场和专业生产区，要尽量在异地配套相应承载利用能力的种植业基地，着力培育畜禽肥水、沼液综合利用的中介服务组织，推动畜禽排泄物的异地资源化利用；对于平原、丘陵地带的中小规模散养密集地区，采取分散与集中处理相结合的办法，畜禽粪便收集后发酵处理，养殖户一户或联户建立沼气池，沼液、沼渣收集后作肥料还田；要加快推广双干模式，积极引导散养密集区异地兴建生态小区或规模场，实现人畜分离，改善村庄环境；对于资金、技术实力比较雄厚的大型养殖场，要积极提倡配套一定面积的综合性农、林、渔业生产区域，实现整个区域内资源循环、生态平衡。

4.2　依靠科技，提升农业资源循环利用水平

推进农牧结合，发展生态牧业牵涉到畜牧业、种植业、能源、环境保护等多个行业，各级农业部门及其畜牧、农作、经作、土肥、能源等各专业系统要组织力量，密切配合，加强科技创新，逐步建立不同作物、不同农时的农牧结合的科学制度与规范。要根据农作物在不同农时对肥料的需求及土壤地力情况，研究科学使用化肥和有机肥的方法，努力做到既推进农牧结合，又节约肥料资源，既改善土壤地力，又保护生态环境。要研究更加科学有效的畜禽粪便工程处理技术、环保节约型饲料技术、有机肥与化肥复配技术，科学评估农牧结合对经济效益、生态环境影响等，为推进农牧结合、建设生态牧业、促进农业循环经济发展加强科技支撑。

4.3　创新推进农牧结合建设生态畜牧业的工作机制

（1）加强示范推进。要结合高效生态农业示范产业园建设、沃土工程、测土配方、畜禽养殖场排泄物治理和农村能源建设工程等项目，扩大农牧结合、生态畜牧业发展的试点范围，采取“政府引导、项目带动、业主为主、市场运作”方式加快试点和实践。各县（市、区）要结合当地实际，结合近几年实施的相关项目，总结推出 2 个以上农牧结合的示范基地或示范点，示范推进农牧结合和生态畜牧业的健康、有序发展。

（2）优化政策导向。加强调查研究，积极争取当地政府出台扶持农牧结合、发展生态畜牧业的政策措施，加大推进力度。要重点培育农牧结合型的新型主体，对实施农牧结合的专业服务公司、合作组织和种养企业（场户）加大扶持力度，对发展生态畜牧业所需的管网设施、沼液肥水贮存池、槽罐运输专用车等加强财政补助，有条件的地区要积极争取当地相关部门出台商品有机肥推广应

用补贴政策，鼓励种植基地（大户）、专业合作社和农户使用商品有机肥。在高效生态农业示范区，建设生态规模养殖场、实施低产田改造和沃土工程项目、测土配方施肥项目和各类无公害基地（产品）认定等环节，都要把农牧结合、发展生态畜牧业作为重要内容，充分发挥好政策的引导作用，促进各类项目提升综合效益。

（3）强化协作保障。各级农业部门要切实加强领导，成立工作班子。明确牵头单位、责任单位和责任人，制定详细的工作方案、工作制度和工作措施，加强动态考核和督促检查。省厅推进农牧结合、发展生态畜牧业的牵头单位为省畜牧兽医局，农作、经作、土肥、能源等行业管理部门共同参与、紧密配合，齐抓共管，合力推进。要强化宣传引导，运用农民信箱推介各地典型，交流经验;充分发挥电视、广播、报纸杂志等各种媒体的宣传导向作用，努力营造推进农牧结合、建设生态畜牧业的良好氛围。

5. 广辟饲料资源，加大绿色饲料资源的开发力度

饲料是畜牧业发展的物质基础，是畜牧业发展的不可替代的资源。首先发展节粮型畜牧业，改变传统的粮经“二元”结构的种植制度，建立粮经饲“三元”结构的种植制度。重视开发与利用糠麸、饼粕等蛋白质饲料资源，以开发利用植物性蛋白饲料（主要指豆科牧草、豆类籽实和各种饼粕饲料）为主，动物性蛋白饲料（主要指鱼粉和畜禽加工废弃物的制品）为辅，积极抓紧氨基酸添加剂、非蛋白氮（主要指尿素）和单细胞蛋白等工业饲料的开发与利用，包括在饲料中加入适当比例的微生物除臭剂。

6. 大力推进畜禽养殖清洁生产

要加快畜禽养殖业清洁工程,改造畜禽舍“干湿分离、雨污分流”设施,建设与规模养殖场（户）相适应的堆粪池、沉淀池、厌氧发酵池、氧化池（塘）等畜禽排泄物处理设施，建设用于资源化利用所配套的灌溉管（渠）道、有机肥加工厂、消纳粪肥污水的牧草基地、沼气工程（详见生物质能源工程）、农作物秸秆和牧草青贮窖等资源化综合利用设施，尽快完成对各类畜禽养殖场（户）的畜禽排泄物进行综合治理，实现畜禽养殖排泄物资源化利用和污水达标排放。

7. 动物防疫和畜禽产品安全建设

全面加强动物防疫基础设施建设，构筑符合唐山实际的现代动物防疫体系。建成比较完备的重大动物疫情预警与指挥决策支持系统、动物疫病预防控制系统、动物检疫与监督管理系统、兽药质量检测与残留监控系统、重大动物疫病防疫物资保障和动物防疫技术支撑系统等六大动物防疫应急反应系统。以电子信息技术为依托，开展动物及其产品质量安全溯源与追踪，同时建立和完善饲料安全生产监测体系，强化饲料监管，从生产源头确保动物性食品安全，切实改善畜禽产品质量和安全卫生状况，保障人民群众的身体健康。

（八）绿色水产品生态养殖与新品种引进

唐山市南临渤海，北依燕山，渔业资源条件十分优越，全市海岸线全长 193.3 公里，沿海滩涂总面积 125.0 万亩，20 米等深线以内的浅海面积 400 万亩，内陆淡水养殖面积 28 万亩，渔业生产一直保持良好的发展势头，在全省的水产品总产量中占有半壁江山，渔业产值占农业总产值的比重是河北省唯一超过 10% 的城市。

1. 养殖现状与目标

《唐山市农业现代化发展战略报告》详细地分析了水产养殖现状，并根据水产品养殖资源提出了养殖方向和目标。

（1）海水工厂化养殖。在滦南、乐亭、丰南、唐海等县（区）及南堡开发区，将加快海水工厂化养殖步伐，使该地区养殖规模稳定在 50 万平方米左右，产量 4000 吨以上，产值 2.0 亿元。

海水工厂化养殖作为一种集约化、规模化、现代化的先进生产方式，具有占地少、高投入、高产出、人工控制程度高的优点，代表了现代海水养殖业的发展方向。2008 年，全市海水工厂化养殖面积 55.6 万平方米，产量 4478 吨，产值 2.2 亿元。要通过调整品种结构、防治病害、科学管理等手段提高经济效益。

（2）滩涂浅海养殖。在滦南县滩涂重点发展青蛤、杂色蛤、文蛤、四角蛤蜊、泥螺；乐亭县滩涂重点发展青蛤、杂色蛤、文蛤、毛蚶、泥螺及沙蚕，10 米等深线内浅海发展扇贝与魁蚶等深水抗风浪网箱养殖；丰南区、南堡开发区滩涂重点发展毛蚶、泥螺、杂色蛤、文蛤及沙蚕，浅海重点发展毛蚶养殖；唐海县滩涂重点发展青蛤、杂色蛤、文蛤、毛蚶，5 米等深线内在发展毛蚶养殖的同时，探索潮下带浅海小体积浅水小网箱鱼、贝、海参、藻等养殖模式。使该区域浅海滩涂养殖面积稳定在 50 万亩以上，产量 10 万吨以上。2008 年，全市滩涂养殖面积 52.5 万亩，浅海养殖面积 16.5 万亩，海产品产量 10.19 万吨。全市滩涂浅海养殖要因地制宜，近期以贝类养殖为主，养殖增殖并举，增加养殖品种，扩大生产领域。

（3）淡水养殖。全市有内陆可养淡水水面 35 万亩，其中已养水面 28 万亩，淡水水产品产量 18.8 万吨。潘家口、大黑汀、邱庄、陡河等 4 座水库是天津、唐山两市的重要饮用水水源，水产养殖必须切实注意生态安全，以增殖自然资源为主，严格控制网箱养鱼。在唐海、丰南、滦南、乐亭、南堡、玉田、丰润等县区要根据水源情况发展淡水池塘养殖业，在唐海、丰南、滦南等县（区）的稻区，加快稻田鱼蟹养殖模式的推广。淡水养殖要加快开发、引进和推广符合市场和加工需求的新品种和新技术，开发定向育种和规模化繁育技术，以现代科学技术和装备为支撑，使全市淡水养殖规模稳定在 25 万亩以上，产量 15 万吨以上，名优新产品占到 40%~45%。

（4）渔业资源增殖放流。渔业资源增殖放流是保证渔业生态环境、确保渔业健康可持续发展、稳定渔民收入的有效途径，2008 年，唐山市共落实渔业资源增殖放流专项资金 202.5 万元，分别用于唐山市潘家口水库、大黑汀水库和沿海地区近海渔业资源增殖放流。要继续加强渔业资源增殖放流的支持力度，保证增殖放流规模，有效保障渔业生态资源。

2. 生态养殖技术

水产生态养殖需要向包括良种化和规模化、技术生态化和设施化、产品无公害和标准化的方向发展，确保水产养殖产业的安全、高效和可持续发展。生态养殖，不仅需要上游养殖企业，还要流通领域的水产批发市场、超市、农贸市场等参与。

鱼塘是一个复杂的生态系统。水面以上有阳光，空气；塘基上有陆生植物；水里有鱼、有各种水生植物、昆虫、蚤类、藻类、真菌、细菌、病毒以及有机物和无机盐；池底有淤泥，同样也生长得上述生物及有机物和无机盐。它们之间存在着相养、相生、相帮、相克等极其复杂的关系，生态养殖就是合理利用它们之间的相生、相养、相帮、相克的关系，生产我们所需要的水产品。合理利用它们之间的关系，不管是从经济效益还是社会效益和环境效益，都能达到一个最好的结果，这就是生态养殖。生态养殖方法已经比较成熟，可分为：①人工生态环境养殖法；②多品种立体养殖法；③开放式流水或微流水养殖法；④全封闭循环水工厂化养殖法；⑤水产品与农作物共生互利养殖法；⑥使用微生物制剂养殖法。

本规划不想重复相关技术资料。如果想了解每一种生态养殖方法的详细内容，可查阅相关技术资料。

3. 名优特鱼新品种

一个新品种的引进很麻烦的，要有农业部的批文，前提是这个品种要有在试养数据，且对环境的评估等等，这一套做下来，一般最少也要 5 年。

中国科学院绿色农业技术集成与发展中心高效生态养殖分中心可以提供："大连 1 号" 杂交鲍和"中科红"海湾扇贝保种、扩繁和生态养殖技术体系、异育银鲫"中科 3 号"保种和扩繁技术体系、凡纳滨对虾优质亲本及苗种规模化生产集成与示范技术。

另外，还有黑龙江水产研究所培育的"松浦锦鲤"、黄海水产研究所培育的"清溪乌鳖"、湖南师范大学培育的"湘云鲫 2 号"、水产科学研究院淡水渔业研究中心培育的杂交青虾"施瑞 1 号"以及湖北省仙桃市水产技术推广中心培育的"匙吻鲟"等优良品种。

以下名优特鱼类新品种可供唐山市选择参考：

（1）匙吻鲟。匙吻鲟是北美（美国）产的一种名优大型的淡水经济鱼类，其食性类似我国的鳙鱼，以浮游动物为饵料，属滤食性鱼类，但也能摄食水蚯蚓和人工配合饲料。匙吻鲟是淡水鱼中生长较快的鱼类之一，10 厘米左右的鱼苗当年可达 0.5 公斤以上，是池塘，尤其是水库、湖泊养殖的优良品种。匙吻鲟具有极高的经济价值，成鱼肉多刺少，鱼肉含蛋白质 18.1%，肉质细嫩鲜美，可直接加工成菜肴或加工成高级的生鱼片；也可制作成熏鱼或罐头，其价格 70~80 美元 / 公斤，在国际市场上供不应求。成年雌鱼卵含蛋白质高达 20.6%，是名贵滋补品，可制作鱼子酱，在国际市场上畅销不衰，供不应求，售价达 400~500 美元 / 公斤，被誉为"黑色金块"。鱼鳔和脊索可制成鱼胶，鱼皮可加工成高极皮革制品。另外脊索含有抗癌因子 KH2，是鲨鱼的 4~5 倍，因此极具药物开发前景。

（2）鲥鱼。俗称迟鱼，属辐鳍鱼纲鲱形目鲱科鲥属。为中国珍稀名贵经济鱼类，1988 年被列入中国国家重点保护野生动物名录中第一级的保护物种。鲥鱼曾与黄河鲤鱼、太湖银鱼、松江鲈鱼并称中国历史上的"四大名鱼"，驰誉千百年。

鲥鱼味鲜肉细，营养价值极高，其含蛋白质、脂肪、核黄素、烟酸及钙、磷、铁均十分丰富；鲥鱼的脂肪含量很高，几乎居鱼类之首，它富含不饱和脂肪酸，具有降低胆固醇的作用，对防止血管硬化、高血压和冠心病等大有益处；鲥鱼鳞有清热解毒之功效，能治疗疮、下疳、水火烫伤等症。

（3）美国金虎斑鱼。美国虎斑鱼又称美国黄鱼，分布于美国东部各大湖泊。该鱼通体金黄，鱼体沿侧分布有墨绿色条状花纹，形态高雅优美，肉质富有弹性，肉瓣显著，润滑甘甜，无腥、异味，无肌间刺，属肉食性鱼类，生长适温在 20~28℃，极适于高密度养殖。具有适盐范围较广、喜聚群、易驯化、生长较快、抗病力强、较耐高温、对环境的适应能力强、耐低氧、极易活运等特点。在美国备受消费者青睐，具有很高的经济价值和推广价值，养殖前景十分广阔。

（4）澳洲银鲈。澳洲银鲈原产地是澳大利亚昆士兰省的 Morry-Darling 河流体系。是澳大利亚久负盛名的淡水鱼，被认为是最好的垂钓和食用鱼。银鲈性温和、不会相互蚕食、养成率高、饲料换肉系数高、生长速度较快。该鱼环境适应性强，广温广盐，易驯化。银鲈可工厂化养殖，也可在水库网箱养殖，亦适宜于在各地淡水池塘、水库养殖，并可在海涂咸淡水中养殖，某些方面与罗非鱼的网箱养殖模式极其相仿。银鲈作为新引进的食用鱼，具有优良性状，如外形美观、肉质细嫩、少肌间刺，鱼肉覆盖率达 52% 以上，含蛋白质 18.9% 以上，含 8 种以上对人体有益的氨基酸，氨基酸含量达 61.56%。同时银鲈有一块油团，出油率高。其富含高度不饱和脂肪酸，尤其是被称之为脑黄金的 DHA 和防止动脉硬化的 EPA 含量均大大地超过了真鲷、黑鲷、黄鱼等名贵鱼类。

（5）银盾鱼。银盾鱼是美国的一种高档淡水经济鱼类，其生物学特性及养殖方法、要求基本类同于我国的鳜鱼，并且其对水环境要求低，食性更广，抗病力更强。

（6）澳洲宝石鲈。澳洲宝石鲈属鲈形目鱼类，是澳大利亚久负盛名的淡水鱼，被认为是最好的垂钓和食用鱼。宝石鲈的生长速度较快，在适宜的水温条件下，其生长速度可达 800 克 /12 个月。

环境适应性强，在水温 10~38℃范围内均能生存，投饲硬颗粒料，饲料好解决。宝石鲈可工厂化养殖，也可在水库网箱养殖，亦适宜于池塘养殖。其依据是宝石鲈饲养过程中有集群抢食、生长快速、抗病力强等优良性状，某些方面与罗非鱼、建鲤的网箱养殖模式极其相仿。

（7）漠斑牙鲆。漠斑牙鲆隶属鲽形目鲆科牙鲆属。该鱼原产于美国，分布于大西洋、美国佛罗里达州北部沿海和墨西哥湾沿海。其肉质鲜美，比日本牙鲆更为细腻滑爽和富有弹性，并具有杂食性，适盐范围广，经变态后的幼鱼可直接在淡水中养殖，喜聚群，生长快，适宜条件下当年可达 1 斤，并具有抗病力强、较耐高温、对环境的适应能力强、耐低氧、易活运等特点。在美国、日本、韩国等地备受消费者青睐，具有很高的经济价值和推广价值，养殖前景十分广阔。

（8）鲻鱼。鲻鱼属鲻形目鲻科鱼类。全世界鲻科鱼类有 70 多种，我国沿海已发现 20 多种。鲻科鱼类是常见的海产鱼类，分布极广，遍及热带、亚热带、温带水域。鲻鱼虽产于海中，但对盐度的适应范围很广，在海水、咸淡水中均能正常生活，有些种类能完全适应淡水生活，是沿海海水养殖和咸淡水池塘养殖的主要鱼类。养殖的主要品种有鲻（俗称乌头鲻、青鲻）、梭鱼（俗称赤眼鲻、黄鲻）、棱梭（俗称棱鲻）等。根据文献记载，养鲻业始于明代，因鲻鱼体型细长，呈棒槌型，沿海群众又称其为“棰鱼”。鲻鱼肉质细嫩，味道鲜美，营养丰富，鲻鱼肉含蛋白质 22%，脂肪 4%。早在 3000 多年前，鲻鱼已成为王公贵族的高级食品之一。鲻鱼还有鲋舅之称，言其味若鲋鱼。特别是冬至前的鲻鱼，鱼体最为丰满，腹背皆腴，特别肥美，常被作为宾馆酒楼的海鲜佳肴。鲻鱼除了作为食品大受赞赏外，还有滋补身体的效用。明朝李时珍《本草纲目》中载有：“鲻鱼肉，气味甘平无毒，主治开胃，利五脏，令人肥健，与百药无忌。”

鲻鱼是杂食性鱼类，以底栖硅藻和有机碎屑为主，也兼食一些小型水生动物，适宜在池塘中与其他家鱼混养。一般每公顷放养 3~5 厘米的鲻鱼约 1500~3000 尾，当年可长到 400~500 克，产量 1000 公斤左右。人工饲养时，可适当投喂些糠麸、豆饼、糟渣等粮油加工副产品作饲料，以补充天然饲料之不足。鲻鱼在海洋中产卵繁殖，从沿海捕捞的鲻鱼苗，要经过暂养、淡化后才适于运输。暂养池每亩可放鲻鱼苗约 10 万尾，最初用加入 1/4 淡水的海水暂养，以后逐渐增加淡水的比例，直到最后全部使用淡水，整个过程约一星期。淡化时要适当投喂饲料，以防鱼体消瘦。在河口淡水水域捕捞的鲻鱼种，不必淡化就可放养到池塘中。

（9）黄鳝。鳝鱼中含有丰富的 DHA 和卵磷脂，它是构成人体各器官组织细胞膜的主要成分，而且是脑细胞不可缺少的营养。根据美国试验研究资料，经常摄取卵磷脂，记忆力可以提高 20%。故食用鳝鱼肉有补脑健身的功效。它所含的特种物质“鳝鱼素”，能降低血糖和调节血糖，对糖尿病有较好的治疗作用，加之所含脂肪极少，因而是糖尿病患者的理想食品。鳝鱼含有的维生素 A 量高得惊人。维生素 A 可以增进视力，促进皮膜的新陈代谢。有人说“鳝鱼是眼药”，过去患眼疾的人都知道吃鳝鱼有好处。常吃鳝鱼有很强的补益功能，特别对身体虚弱、病后以及产后之人更为明显。它的血还可以治疗口眼歪斜。中医认为，它有补气养血、温阳健脾、滋补肝肾、祛风通络等医疗保健功能。

黄鳝是当今热门养殖项目，国内市场黄鳝供求矛盾突出，日本、韩国、泰国的需求也呈增长趋势，仅韩国每年进口就达 20 万吨。野生黄鳝资源除四川、重庆、湖南、湖北、安徽等地区还有一定分布外，其他地区已被大量破坏，预计几年后将逐步绝迹。需求的增长和资源的减少使黄鳝的市场供应日趋紧张，价格稳步上升。养殖黄鳝可参照《黄鳝生态小池密养新技术》。

（10）淡水鲨鱼。学名苏氏圆腹鱼芒，又称巴丁鱼、虎头鲨等，主要分布在东南亚一带。该品种生长快、食性杂、病害少、产量高，肉质细嫩鲜美，无肌间刺，氨基酸含量丰富，营养价值高，经济效益显著。除可作为商品鱼养殖外，也是人们喜爱的垂钓对象，另外该品种外观美丽，具有极高的观赏价值，具有广阔的养殖前景。

（11）鳄龟。原产于中美洲和北美洲。鳄龟有两个品种，即大鳄龟和小鳄龟，大鳄龟体重可达100公斤以上，性凶猛会伤人，不宜养殖。通常指的鳄龟即小鳄龟，一般体重5~10公斤，性较温和，不主动伤人。

鳄龟属水陆两栖龟类，生活在浅水层或沼泽地上。喜伏于泥沙、灌木、杂草里。性温顺，互相不会攻击，不会伤人。被抓起时，能发出似麝香的气味。杂食性，采食野果、植物茎叶、小虾、小蟹、蝇蛆、蜗牛、蚯蚓、小蛙和藻类等。人工可喂养各种动物内脏、苹果、菜叶等，并可投喂人工混合饲料。

鳄龟在3~45℃水温中能正常生活，自然状态下，–5℃鳄龟冬眠不会冻死。耐饥饿，未发现突发性传染病。鳄龟体重达到1000克以上开始交配，产卵，一只雌龟年最高产卵150枚，分为3~4批产下，卵圆球形，白色，直径23~33毫米，重7.15克。孵化期40天左右。

鳄龟的主要特点如下：①生长速度奇快，自然温度下年增重高达1公斤左右，半控温养殖（气温18℃以下时加温），年增重1.5~2公斤，最高纪录年增重5公斤，其生长速度是世界上其他龟、鳖类品种无法比拟的；②耐寒、耐高温、食性杂、少病害，对环境适应能力强，在我国所有省份自然状态及控温条件下都能养殖。尤其可贵的是，鳄龟对水量要求不多，北方养殖不需担心水源不足；③集食用、药用和观赏于一身。

鳄龟的生物学特性如下：鳄龟长相奇特、粗看酷似一条鳄鱼，吻突出，头伸出体外，不能缩入甲壳内，上下颌略尖，眼短小，尾部粗长，上面长有肉突，似鳄鱼尾部。背甲短宽，成体多棕褐色（幼体黑色），背部有3条模糊棱。成体腹甲淡黄色或白色（幼体黑色），腹较小，四肢肥大粗壮，不能缩入壳内。爪较长，趾间有蹼。

3. 水产品质量安全

为确保水产品质量安全，政府首先应加强立法，提高市场准入门槛，严格执法，打击恶劣进场者。例如，政府可规定大型农贸市场、超市将配备水产品质量安全查验员，负责对水产品安全标识、标志或者产地证明、生产记录进行查验。查检范围包括鱼、虾、蟹、贝、藻类及经过分拣、剥壳、清洗、切割、冷冻、分级、分装等加工产品。

由于水产品污染多来自鱼药等投入品超标，水产品生产记录应当如实载明渔业投入品的名称、生产企业、使用日期、用法和用量、收获或者捕捞日期等信息，且保存期限不得少于两年。

水产品质溯源系统已经成为确保质量安全的重大措施，其推广的最大问题在于市场准入机制不完善，“像奥运和世博的食品质量安全保障工作就做得很好，食品准入门槛提高了，所有食品必须有标识且可溯源”。

水产品质量安全的要点如下：

- 更新质量观念、提高评价标准。
- 树立无公害标准化生产意识，加强禁止使用违禁药物的宣传。
- 严格管理制度、落实有效措施。
- 推行“从池塘到餐桌”的全程质量管理，建立水产品质量可追溯制度。
- 推行水产品质量安全市场准入制度。
- 定期开展水产养殖投入品专项检查。
- 加强产地和市场水产品药残监测。
- 依法严肃查处使用违禁药物行为和责任人。
- 建立第三方水产品质量监督检测机构，发展样品前处理和现场快检技术。

五、政府措施

唐山市绿色食品办公室提出了发展绿色食品产业的十大措施，我们认为比较切合唐山市的实际情况，现略作修改的十大措施如下。

1. 树立大局，创新绿色食品工作思路

把绿色食品工作纳入农业和农村经济工作的全局以及国民经济发展计划。绿色食品注重质量与公信度，抓好以名特优产品、精深加工产品和出口产品为主的重点产品及加工企业，通过重点地区、重点企业和重点产品的示范辐射作用，带动产业整体发展。树立发展观念，执行以政府引导与市场拉动相结合新思路。

2. 科学规划，稳步扩大绿色食品原料基地

加强规划指导，实行合理布局，统筹安排，推进绿色食品生产基地的建设。要按照全面规划、分步实施、总体布局、重点建设的思路，选择一批优势绿色食品，优先规划布局，进行重点扶持，实行规模经营。

3. 延伸产业，拓展绿色食品产业规模

产业化经营，可以有效地延长绿色食品的产业链，增加绿色食品附加值，提高绿色食品产业的综合经济效益。推进绿色食品产业化，龙头企业是关键，是实现分散经营的农户与大市场衔接的纽带，是增强绿色食品经营主体参与市场竞争的先决条件。

4. 改善条件，加快生产环境的生态化

依法治理工业污染。依靠科技增加有机肥，推广使用控释肥和缓释肥，减少化学肥料；推广“绿色”农药，推广生物防治技术，减少农业面源污染；推广节水农业技术，改善农田水分环境，逐步恢复良好的可持续农业生态环境。

5. 加强科研，创新技术、产品与装备

抢占科技制高点，发挥后发优势，依靠自身力量或借助外力，培育一批绿色食品的高新技术企业和企业集团，创建高水平研发基地，从更高层次和更广阔的空间来培植绿色食品的主导产业。

6. 严格质量监管和监测，规范市场，促进销售与交易有序化

严厉实施绿色食品市场管理与监督制度，依法查处和严厉打击制售假冒行为。推荐放心名牌产品和精品，切实保护绿色食品企业和广大消费者的合法权益。建立绿色食品质量管理体系，认真落实全程质量监控措施，重点加强对使用绿色食品原料和生产资料企业的监督管理，确保绿色食品质量，提升国内外市场信誉度。

7. 积极开拓，实现绿色食品市场国际化

绿色食品以其鲜明的形象、过硬的质量、合理的价位赢得了国内外广大消费者的好评，市场覆盖面日益扩大，市场占有率越来越高。国际市场对绿色食品的潜在需求十分可观，绿色食将成为带动农产品出口的主导力量。我们一定要抓住机遇，积极拓展国际市场，使我市绿色食品真正融入国际大市场，参与国际市场的竞争。

8. 信息引领，推进现代化管理与服务

信息化是发展绿色食品业的内在动力，依靠信息化引领绿色食品产业健康发展。首先建设信息化产业园，连接各地政府、企业和农户，形成信息高速通道。提供农资、农产品市场信息和实时农情信息服务，促进基地建设现代化；提供多媒体科学技术信息咨询和决策支持服务，提高农业生产管理水平。

9. 加大投入，建好绿色食品产业链

保证政府的导向资金投入，提高扶持资金的集中度，切实按照规划，把各部门的有效资金集中用于本绿色食品产业工程规划中的“基础设施、科技创新、示范基地和信息服务”等关键性工程或项目中。同时要利用产业链的优势，加大招商引资引进人才力度，吸引外资和高端人才，参与绿色食品长期型项目、高技术、高品位产品开发等；主要依靠企业、金融部门和广大农民投入的积极性，逐步形成多元化的绿色食品开发投入机制。

10. 加大宣传，推动绿色食品消费时尚

要利用广播、电视、报纸和网络等媒体，大力宣传绿色食品，促进政府制定绿色战略，引导企业发展绿色产业、引导人民群众消费绿色产品。

六、投入概算

直接投入总预算15亿元人民币（2011~2020），2010~2015年预算10亿元，2016~2020年预算5亿元。其中政府引导资金预计5亿元左右，2010~2015年3.5亿元，2016~2020年1.5亿元。分工程投入预算如下：

（1）原料生产基地新技术示范推广费用： 6亿元人民币（政府投入1.0亿元）
其中：粮油基地现代化建设工程 15000.0万元
蔬菜食用菌品种创新工程 15000.0万元
畜牧基地生态养殖工程 15000.0万元
水产生态养殖和新品种引进工程 15000.0万元
（2）食品加工技术研发与应用费用： 3亿元人民币（政府投入1.0亿元）
其中：技术创新项目 10000.0万元
品种创新项目 10000.0万元
装备创新项目 10000.0万元
（3）冷链物流与物联网技术应用工程费用：3亿元人民币（政府投入1.0亿元）
其中：冷链物流工程 10000.0万元
物联网应用项目 10000.0万元
物流装备生产启动项目 10000.0万元
（4）产业园建设启动工程费用： 3亿元人民币（政府投入2.0亿元）
其中：产业园基础设施建设工程 10000.0万元
科技创新实验室建设工程 10000.0万元
信息化工程 7000.0万元
招商引资与综合服务工程 3000.0万元

第二项 特色林果与种苗花卉产业工程

一、现状分析

1. 现 状

唐山市北部低山丘陵，山场广阔，林果资源十分丰富，以板栗、苹果为主的林果业发展迅速，具有独特品质的燕山板栗享誉中外，已成为支撑山区经济发展的重要产业，北部山区板栗绿色长廊、东部滦河流域的无公害鲜桃、山前平原的优质苹果、城市郊区的名优杂果、南部平原温室果树、沿海和中部平原的鲜食葡萄六大果品经济带和磨盘柿子、香白杏、金丝小枣等10个特色果品小区初步建成，燕山区—山前区—南部平原区形成了优质果品基地。

（1）燕山区板栗基地。在遵化、迁西、迁安三个县（市）长城沿线片麻岩山区巩固建设板栗生产基地。

（2）北部山区核桃、安梨特色果品基地。在遵化、迁西、迁安等北部山区发展核桃、安梨等特色果品的种植。

（3）山前平原苹果基地。在遵化、玉田、丰润、迁安、滦县等县（市）、区山前平原区建设苹果生产基地。

（4）南部平原鲜桃葡萄基地。在乐亭、唐海、开平、古冶、丰南等县（市）、区建设鲜桃和葡萄基地。

（5）东部沙地梨基地。在滦南、滦县、丰南、古冶等沙区巩固建设优质沙地梨基地。

2010年唐山市全年完成绿化造林23.86万亩，年末有林地面积609万亩，森林覆盖率达30%。果树种植面积151.4万亩，干鲜果品总产量234.4万吨（含果用瓜）。其中板栗种植面积超过100万亩，年产量5.4万吨；核桃种植面积达到16万亩，产量0.82万吨。20年来，板栗种植面积扩大了1.5倍，产量提高了2.7倍。

全市特色水果单位面积产量稳步增长。干果业方面，枣的增长速率较大，板栗和核桃两种特色林果的单位面积产量增长速率较小（图3-3、图3-4）。

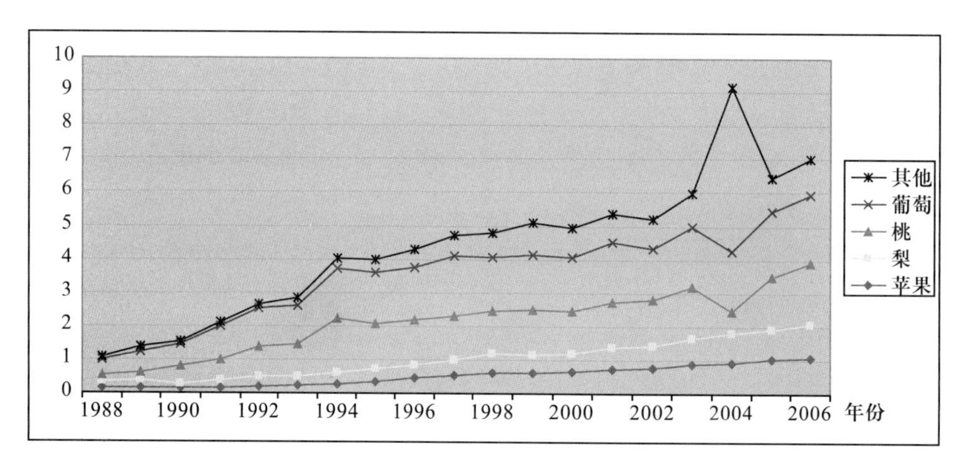

图3-3 唐山市特色水果1988~2006年单位面积产量变化图（单位：吨/亩）

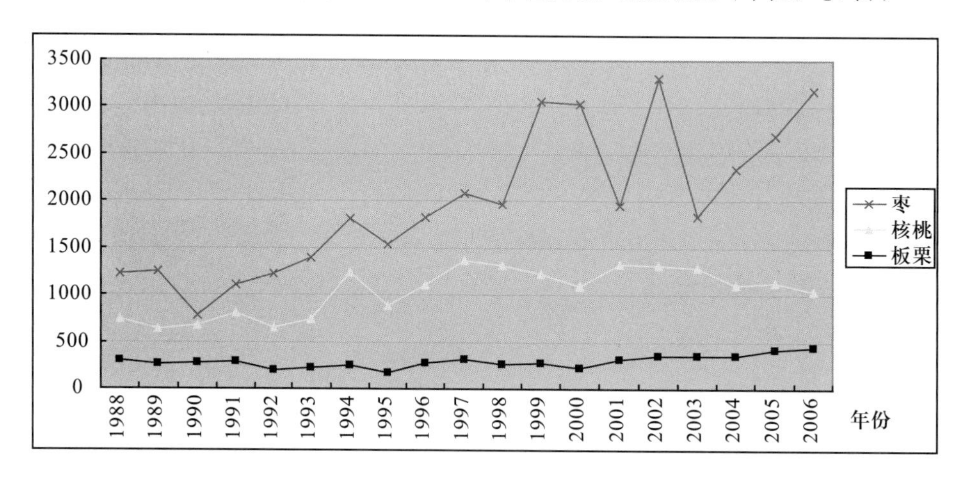

图3-4 唐山市特色干果1988~2006年单位面积产量变化图（单位：吨/万亩）

2010 年，唐山市园林花卉总面积达到 5.46 万亩，总产值 4.7 亿元，年销售额（包括工程款）5.5 亿元，建设了如古冶区和迁西县的鲜切花、路南区的盆花盆景、玉田县豪门的仙客来等一批在京津、东北市场表现良好的规模基地。花卉业常年从业人员 2.1 万余人。路北区长宁道花卉市场营业面积约 3.2 万平方米，是唐山市最大的花卉交易市场之一，年交易额近亿元。此外，唐山市林业局创新打造了以花卉生产为主的乡镇——女织寨乡花卉基地以及总占地 1050 亩的老谢庄村城郊型农民研修花卉基地等。

花卉业正成为唐山市大农业中最具发展潜力的新亮点之一。产业正向区域化、专业化方向发展，产业化程度日益提高，并且市场活跃，后劲十足。2016 年在唐山市举办的世界园博会将为花卉产业提供巨大的市场，借助园博会打造唐山花卉产业的品牌，有利于花卉产业高速发展。

2. 存在问题

（1）广大农户对森林资源的永续利用认识不足，野生资源分散，存在不合理利用的短期行为，开发利用盲目性大，管理力度不足，尚未形成规模效益，对森林资源的永续利用造成严重危害。

（2）苹果、梨等水果种植面积年际波动较大，在 2003 年和 2006 年葡萄和其他水果种植面积出现减少现象；板栗种植规模比较稳定，增长速率在减缓。枣和核桃种植规模波动较大（图 3-5，图 3-6）。

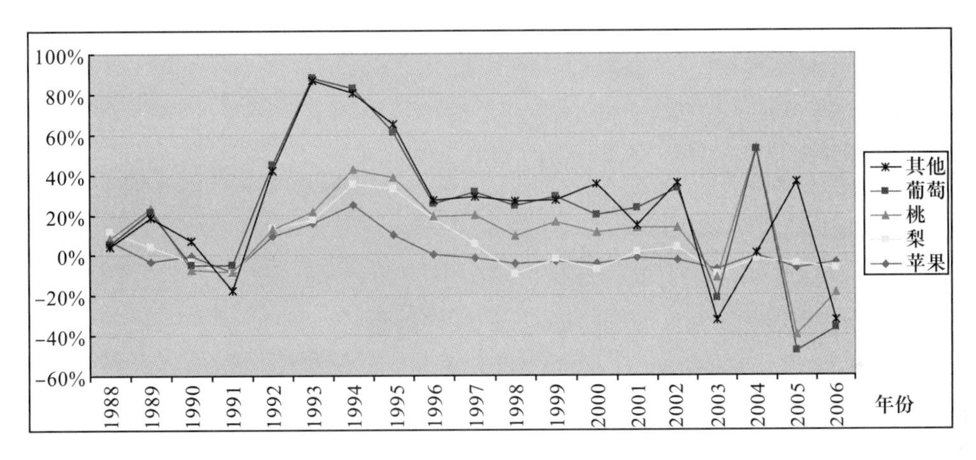

图 3-5 唐山市 1988~2006 年重点水果种植面积逐年变率

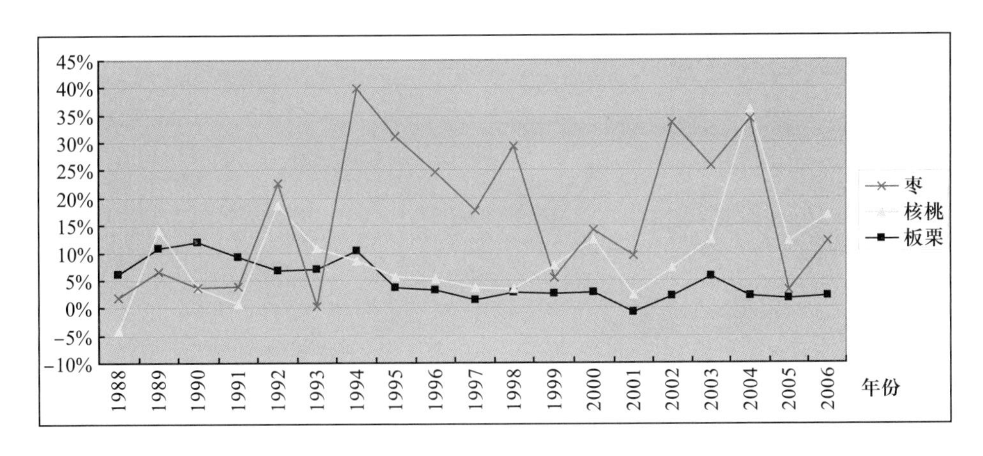

图 3-6 唐山市 1988~2006 年重点干果种植面积逐年变率

（3）林果开发市场仍处于民间零星交易为主的初级阶段，缺乏具有一定规模的从事森林资源采收、加工、销售的龙头企业。目前多数企业起步晚、规模小、生产技术落后、产品单一、档次低、特色拳头产品少。

（4）目前唐山市花卉产业的规模、知名度、发展速度等还有待提高。

二、工程建设目标

（一）总体目标

1. 壮大林果产业

充分利用已有森林调查和地质地球化学调查成果，发掘特色林果和地质地球化学环境信息之间的深层次关系（例如优质板栗与富硅钾质沙壤、薄皮核桃与富钙变质母岩等），科学合理地扩大特色林果种植面积。

2. 提升花卉产业

以2016年唐山世界园艺博览会为契机，借助世界窗口，以生态优先的原则，建设以西部花木基地、开平区凤凰花卉科技示范园和路北西郊花卉市场为核心的花木三大基地，分布在世园会园址——南湖公园周围，将花木基地与世园会的场馆设施进一步整合，最终把唐山市打造成为“中国北方花卉生产、销售中心”。

同时，借此契机加快种苗、花卉产业的产业化，将投资主体逐渐由国家变成以民间、企业为主，使花卉产业成为唐山重要的经济增长点，农民增收的新途径。

3. 建设物联网集散中心

利用特色林果产业、种苗花卉产业的基础和交通区位优势，将唐山市建设成为华北乃至东北亚特色林果和种苗花卉物联网集散中心。

（二）阶段目标

1. 近期目标（2010~2015年）

到2015年，板栗基地规模达到105万亩，结果面积超过70万亩，产量达到8万吨，单位面积产量相较当前水平（0.10吨/亩）增加10%。核桃种植面积达到12万亩，产量达到1万吨。到2015年，种苗、花卉规模达到10万亩，产值10亿元。建成以唐山凤凰花卉科技示范园和开平区花卉市场为核心的特色花卉组培研发、驯化、繁殖和销售中心。

2. 中期目标（2016~2020年）

到2020年，板栗的种植面积稳定在110万亩，结果面积超过90万亩，单位面积产量相较目前水平增加30%，产量达到12万吨，产值约16亿元。核桃种植面积达到16万亩，产量达到1.3万吨，产值约4亿元。到2020年，种苗、花卉种植规模达到15万亩，产值20亿元。

三、工程布局范围

特色林果产业工程的布局范围集中于遵化、迁西、迁安等北部山区；花卉产业率先推广范围：古冶区、开平区、路南区、路北区、玉田县、遵化市、滦县。

四、工程建设内容

（一）特色林果产业

1. 产业规模扩大

板栗、核桃与安梨早就是唐山的特色林果而享誉国内外，在遵化、迁西、迁安等北部山区的原有基础上，科学合理的扩大特色林果产业规模，基地面积扩大到235万亩。充分利用已有森林二次调查信息，开展信息整合与综合分析，发掘特色林果和地质地球化学环境信息之间的深层次关系，为扩大特色林果种植面积提供科学依据。

以果园更新改造、科技创新、精深加工为依托，重点扩大板栗、核桃和安梨的种植、生产规模。

结合农业结构调整和退耕还林工程建设板栗基地，加快外向化步伐，逐步扩大板栗种植面积，提高品质产量，增加精细加工，提升品牌效益。

以改善特色果品基地的立地条件，实现标准化、无害化管理，做好产品的精深加工，延长产业链条，增加农民收入为重点，尽快使基地核桃、安梨种植面积达到20万亩，产量3万吨。

以低产低质低效果园更新改造，大力推行标准化和无公害生产管理技术，提高苹果市场竞争力和出口创汇能力为重点，尽快使苹果栽培规模达到50万亩，产量60万吨。

以调整淘汰老化品种，大力发展名优新品种，加快果品精深加工步伐为重点，尽快使沙地梨基地规模达到20万亩，产量20万吨，并使精深加工果品占35%。

以实施无公害栽培，推行产业化和品牌化经营，搞好果品加工增值，大幅度提高生产效益为重点，尽快使基地鲜桃和葡萄种植面积稳定在35万亩左右，产量70万吨。

2. 延长产业链，建立高效木本粮油基地

进一步提高产品的科技含量，组合发展鲜桃、苹果、葡萄等水果储藏和深加工，延长林果产业链条，实行标准化的管理措施，完善“龙头企业 + 订单基地”模式，建立真正意义的地理标志产品品牌标准和品牌群落，到2020年，产品品种、功能呈数量级增加，产业链规模呈指数增长。高效木本粮油在丘岗地获得大面积发展，实现水土保持规模化、长效化的良性循环。

（二）种苗、花卉产业

深度发掘生物资源与矿物资源的内在关联，培育特色花卉苗木品种，发展种苗、花卉产业。

1. 建设特色园林苗木基地

唐山应发展壮大一些特有花卉品牌，体现区域特色，建设特色园林苗圃基地。可规划建设4类乡土特色基地：乡土树种苗木生产基地；彩叶树种生产基地；名优高档花木生产、示范基地；中、高档盆花生产基地等。实现花林互补，产业成型。

2. 创立花卉苗木特色品牌

注重唐山特色品牌的培育，建立当地乡土植物、彩叶树种、菊花等资源圃，创立花卉苗木特色品牌。重点发展以白皮松、白蜡、元宝枫、法桐、合欢、海棠、榆叶梅等为主的特色绿化苗木品牌；以菊花为主的特色盆栽品牌；以百合、玫瑰、非洲菊等为主的特色鲜切花品牌。

3. 建立苗木花卉物流集散中心

依托唐山凤凰花卉科技示范园和开平区花卉大世界，建立物流配送中心。加强与全国各地的花木中心、花木市场、连锁商店等流通企业的合作。采用拍卖、电子商务等现代化交易方式，使该物流中心吸引消费者并得到持续发展。采取将众多苗圃的苗木集中到配送中心，由该配送中心分拣、配货，然后统一向各服务对象发送的物流配送模式。

4. 组织花卉协会

组建唐山市花卉协会。为花卉生产经营者提供技术培训、信息、统计等服务，保护企业和花农的利益，实现行业的有序竞争和发展；制定行业规章、规则和行业技术标准；提高唐山市花卉苗木产业的规模化、组织化、专业化程度，推动唐山市花卉苗木产业的发展。实现“战略报告”中提出的目标，全市花卉总面积由现在的4.5万亩发展到10万亩，花卉业总产值发展到5亿元。

（三）新型地球化学背景调查与特色林果规划产业

不同果品特产区，往往受不同地质背景控制，其空间差异主要表现在气候、地貌、岩石类型、土体结构、水文结构、地球化学特征和人为扰动等因素。如浙江临安的山核桃，主要分布在浙江西北以昌化为中心的天目山区，该区主要为震旦系—奥陶系不纯碳酸盐岩、泥盆系砂砾岩类、侏罗纪流纹质溶凝灰岩、凝灰岩等火山岩，钙元素含量高；再如江西省奉新县药食两用的猕猴桃，据产区地质背景等立地条件调查，查明母岩为中细粒含黑云闪长岩及中细粒含斑黑云母英云闪长岩地区形式的红壤非常适合金魁猕猴桃的生长发育。据此，将猕猴桃种植基地由原来的 2 万 ~ 3 万亩扩大到近 10 万亩。

特色森林物种的生境有着特殊的地球化学背景。唐山市具有独特的森林资源和矿产资源，因此进行高精度的森林物种勘察与地球化学环境勘测，深入发掘森林资源与地球化学背景、矿产资源之间的关系，有利于科学的规划经济价值高的新的特色物种或者合理的开发特色物种的适宜种植环境。比如煤炭开采后，硒二次富集，滦河口铁矿开采后铁的二次富集，都会形成独特的化学环境；板栗和核桃生长的地方具有特殊的地质岩性，对地球化学生境的研究有利于发现特色物种的共生生物群落，从而可以对地理特色生物群落进行综合开发（图 3-7）。此外，新型森林勘察信息也是森林资产评估和碳资产评估与交易的重要基础。

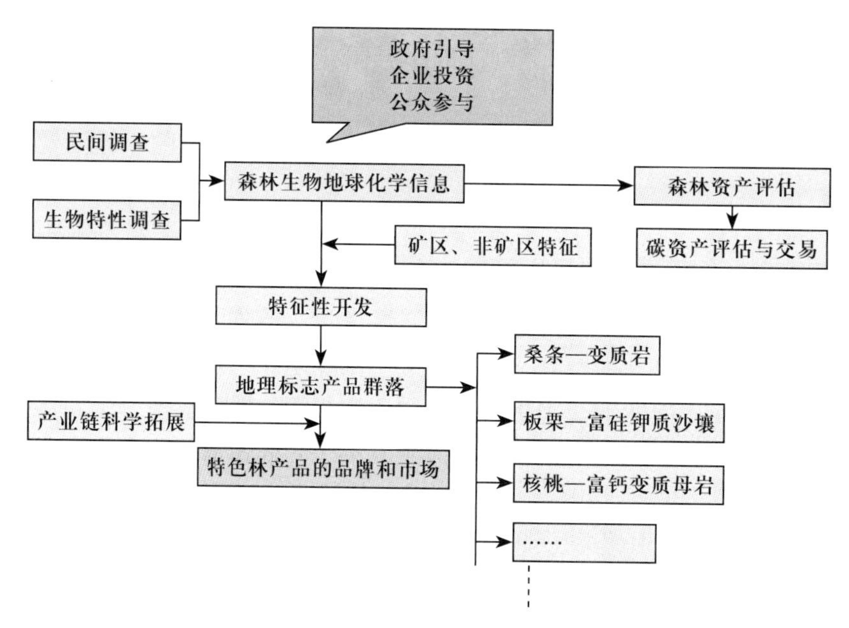

图 3-7　新型地球化学背景调查与特色林果规划产业发展路线图

1. 建立具有勘察资质的企业

由林业局和地质勘探队合作主持招标，吸引投资建立森林勘察企业，培养专业人才，申请合法勘察资质。企业经营管理范围包括对唐山市森林物种和地球化学环境进行详细勘探，建立森林地球化学信息库，进行森林开发咨询服务；以及投资特色物种开发和管理，从事森林资源实体经营。

2. 启动项目申请

河北省森林规划院承担着河北省退耕还林延伸工程的深入研究工作，新型森林勘察产业以这个工程为依托，申请勘察项目，作为企业发展的起点。

3. 开展全域森林地球化学背景调查

迁西、遵化与迁安北地球化学场数据，与森林调查小班数据匹配，开展特色林果规划设计（图 3-8、图 3-9）。

4. 招标引资

划分森林生化资产专属权，支撑和推进森林生物产业的系统深度开发。

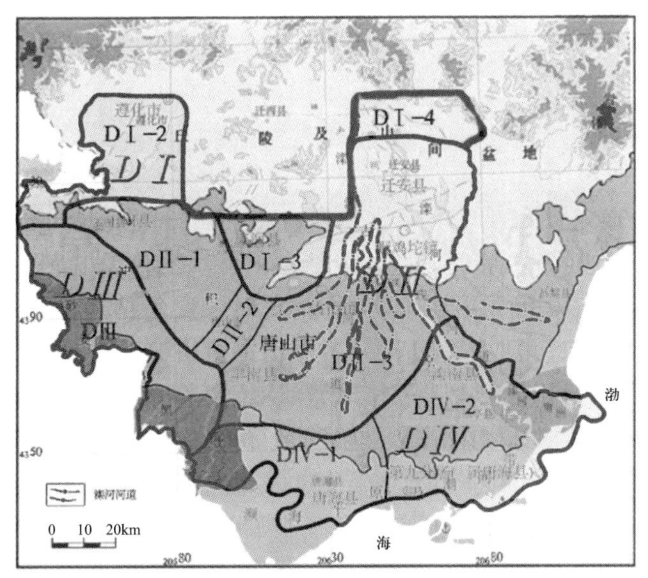

冀东山前地带高铁族元素、高锶区（DⅠ）
滦河流域砂壤多元素缺乏区（DⅡ）
农业区划 西部黏土质多元素丰富区（DⅢ）
滨海平原盐化土壤区（DⅣ）
沿海滩涂高盐非农区（DⅤ）

图 3-8 冀东平原地质地球化学环境单元格局与农业区划对照图

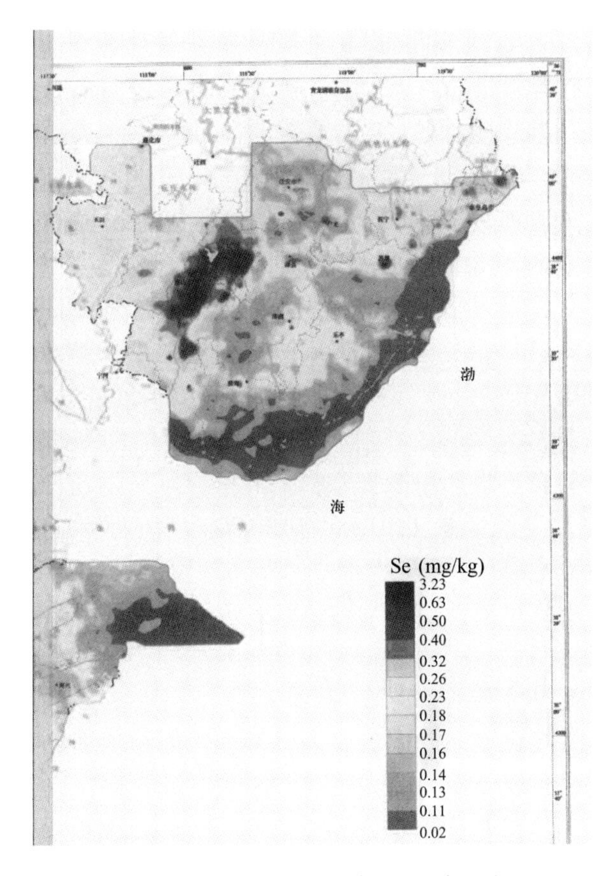

图 3-9 唐山地区表层土壤 Se 元素分布图

第三项　林农复合经营工程

一、现状分析

林农复合经营产业，是一项利用林地资源，提高土地利用率，其产品具有生态、绿色、环保，多种生物种群共存，空间上多层次，时间上多序列，物质多级循环利用的多维、高效、持续、稳定的复合产业。林农复合是森林资源增值的重要途径，也是生态型多种经营组合的典范。

在国家对粮食安全和环境质量问题高度重视的形势下，追求土地利用效益最大化的林农复合模式，正在成为林业快速发展的主要模式和新亮点，也是维护国家生态安全和粮食安全两大战略的双赢选择，将会成为农业增产、农民增收、生态环境改善的重要途径。

目前，唐山市比较有名的林农复合经营者是迁安市迁安镇杨团堡村的马印明，由于他实施的林下养鹅模式有投入少、见效快、带动能力强等优点，已成为唐山市实施林农复合经营的成功典范。

2008 年，唐山市森林资源面积为 468 万亩，适宜林农复合经营的面积约为 90.3 万亩（表 3-4）。

表 3-4　森林资源发展现状表

单位：万亩

县（区）	森林资源面积			适宜林农复合经营的面积
	合计	公益林	商品林	
玉田县	29.4	10.1	19.3	2.3
迁安市	68.8	11.2	57.6	10
遵化市	107.4	21.6	85.8	10
迁西县	126	51	75	25
滦南	34.2	21.3	23	13
乐亭	43.4	1.9	41.5	2.8
丰南区	35.5	15.5	20	16
丰润区	23.3	7.1	16.2	11.2
合计	468	139.7	338.4	90.3

2008 年唐山市的林粮复合经营面积 53300 亩，粮食产量 1145 万公斤，产值 1682 万元；林禽复合经营面积 19500 亩，存栏和出栏数量分别为 38.07 和 74.7 万只，产值 1864 万元；林菌复合经营面积 400 亩，产量 21.4 万公斤，产值 255 万元；林畜复合经营面积 160 亩，牲畜 3000 头，产值 116 万元。总之，2008 年唐山市林农复合经营的林地总面积约为 9 万亩，与适合林农复合经营的 90.3 万亩的林地面积相比，其林农复合模式的发展空间巨大。2008 年林农复合产业产值达 4819 万元，经济效益较大，若 90.3 万亩林地全部实行林农复合经营，产值将达到 5 亿元。另外，也可适当建设人工标准林地，专门用于林农复合经营。

唐山市的林农复合经营除林粮继续保持外，今后应重点发展林草、林牧、林畜、林菌、林菜和中草药产业。

二、工程建设目标

林农复合产业预期目标见表 3-5，预期 2015 年全市 GDP 达到 7000 亿元，林农复合产业加工产值将占 0.2%；预计 2020 年全市 GDP 达到 10000 亿元，林农复合产业加工产值将占全市 GDP 的 2.16%。

表 3-5　林农复合产业建设目标

年份	单位面积产值（亿元/万亩）	面积（万亩）	产值（亿元）	加工产值倍率	加工产值（亿元）
2008	0.05	9	0.48	2	1.0
2015	0.12	30	3.6	4	14.4
2020	0.48	45	21.6	10	216

三、工程建设内容

（一）林牧、林禽复合产业

发展林—草—牧模式在林下种植苜蓿、白三叶、多花黑牧草等牧草发展养殖业，同时养殖猪、牛、羊等牲畜，所产生的粪便为林草牧提供大量的有机肥料，形成一条生物产业链。

1. 林下饲草

畜牧草含有丰富的胡萝卜素、维生素等，对雏鸡等畜禽动物的生长十分重要。

目前，唐山市只有玉田县有采用林草复合模式，面积为 1000 亩，产值 120 万元。今后应继续扩大玉田县林草复合经营面积，并在遵化、迁西、迁安、滦县等地开辟新的林草经营地，重点种植白三叶、紫花苜蓿、黑麦草、卢梅克斯等优质牧草，可年收三茬。

其中，白三叶是猪、牛、羊、鹅的主要饲草，再生力强，频繁收割或放牧时仍保持草层不败；紫花苜蓿，适口好，一般牲畜均可喂养，春秋播均可；多年生黑麦草，9~10 月份播种，春季产草，适合喂养牛、羊、鹅，一般与苜蓿草同种，可提高黑麦草的产量。所选草种均是适合于林下种植的优质牧草。

2. 采用林畜、林禽模式，养殖优质牲畜和禽类

（1）基地建设：重点在遵化、迁西、迁安等地区择林冠较稀、冠层较高、郁闭度在 0.5~0.6 的树林，发展山地林禽复合经营模式，可选择的禽类有野鸡、鸭、肉鹅等。

在其他平原地区如乐亭、丰南区、丰润区、滦南县等地区发展林牧复合经营模式，可选择的畜类有肉牛、奶牛、羊、猪、肉兔等，可以自然放养、圈养或棚养。

（2）林间配套基础设施建设：在林间建设水、电、路等配套基础设施，为林下经济规模化发展、集约化经营打好基础。

（3）合同生产标准化：在企业、中介组织和种植户、养殖户之间签订合同，采用订单式生产。可应用于肉禽业、蛋业、肉猪业、肉牛业和特种作物加工业。

3. 配套畜禽产品加工厂

建设配套的畜禽产品加工厂，主要加工产品为鹅肉、鸡鸭肉、牛肉干、禽蛋等食品，或者，同时可以生产鹅肝、鹅血、鸡脑等高附加值的产品。

预计到 2015 年，林草种植面积达到 3000 亩，产值达到 400 万元；林畜和林禽复合经营占林地面积达到 90000 亩，存栏、出栏数量达到 620 万，产值达到 1.1 亿元。

到 2020 年，林草种植面积达到 6000 亩，产值达到 800 万元；林畜和林禽复合经营占林地面积达到 200000 亩，存栏、出栏数量达到 1400 万，产值达到 2.5 亿元。

（二）森林食品产业

1. 林菌复合经营

（1）基地建设：在遵化、迁西、迁安、玉田等林地较浓密的地区发展林菌复合经营模式，林

下菌种主要为平菇、双孢菇、鸡腿菇、毛木耳、白灵菇、草菇、香菇、金针菇、鲍鱼菇、木耳、栗蘑、茶树菇等食用菌，利用麦秸、玉米秸等农作物废料，一次搭棚下料，可多茬轮种。

（2）菌类加工：加工野生食用菌的保鲜、速冻、脱水、腌制、罐头、盐渍等类产品，建立研发部门，引进和开发深加工技术，研发菌类延伸的营养品和保健品等产品。

到 2015 年，林菌复合经营面积达到林地面积 1800 亩，林下菌类总产量达到 3500 吨 / 年。

到 2020 年，林菌复合经营面积达到林地面积 3000 亩，林下菌类总产量达到 6000 吨 / 年。

2. 森林蔬菜

在遵化、玉田、迁西、迁安、滦县等地重点发展林下蒜苗、菠菜、圆葱等。

拓展林下有机蔬菜供应链，蔬菜挑选和包装严格标准化，有利于占领更大的市场份额。

到 2015 年，林菜种植达到林地面积 1000 亩，林下蔬菜产量 2 万吨 / 年。

到 2020 年，林菜种植达到林地面积 2000 亩，林下蔬菜产量 5 万吨 / 年。

（三）中草药产业

在乐亭、丰南区、丰润区、遵化、玉田、迁西、迁安等地重点发展林下中草药。与林结合的草药种类基本是耐阴性的中药材，有金银花、丹参、板蓝根、柴胡、黄芩、地丁、荆芥、山杏等。

在遵化、迁西、迁安等板栗生产地区，可适当选择种植滁菊、丹参等药材；在其他盛产杨树林地区，可选择郁闭度在 0.3~0.6 的人工杨树林与决明子、白芍、丹参、板蓝根、白术等中药材复合经营。

森林药材加工厂：加工产品为中成药制品和保健品。

预计到 2015 年林下药材栽培总规模达到 3 万亩，到 2020 年达到 10 万亩。

第四项　生态旅游产业工程

生态旅游产业工程是创建生态城市的必不可少的生态工程。发掘利用产业生态、城市社区生态、文化生态、环境生态和自然生态等生态旅游资源，丰富生态旅游产品线路，不断扩大与加强旅游与区域生态经济文化的关联度，增强生态技术与生态理念的交流。编制生态旅游商业计划书，发挥生态旅游对于旅游经济发展与区域生态经济、生态文化建设的促进作用。

一、现状分析

“十一五”期间，作为生态旅游产值不足旅游业总产值的 3%，接待游客人数不足总旅游接待人数的 1%，生态旅游的年增长率约 25%，年收入约 20%。其中森林旅游直接收入近 2 亿元，创造社会总产值 10 亿元，累计接待游客 500 万人次，新建省级森林公园 1 处。现共有 7 个森林公园，其中 3 个国家级森林公园，4 个省级森林公园。

2007 年 12 月 13 日，唐山被国家旅游局命名为中国优秀旅游城市。

旅游业开发建设成效显著。2010 年旅游业总收入占全市 GDP 的 1.72%，旅游资源开发投入 37.8 亿元。2009 年末全市拥有旅行社 152 家，新增 16 家；星级饭店 58 家，新增 3 家；A 级以上景区达到 36 家，新增 3 家。全年共接待国内外游客 1538.1 万人次，比上年增长 23.1%，旅游总收入 77 亿元，增长 26.7%。

唐山现拥有星级酒店 55 家，旅行社 141 家，国家 A 级以上景区 34 个，其中国家 4A 级景区 2 家。全国工业旅游示范点 7 家，全国农业旅游示范点 1 家，省级农业旅游示范点 4 家，省级乡村旅游示范点 10 家，启动了太阳峪等 30 个乡村旅游示范点、示范基地的建设，新增乡村旅游接待户 80

家。食、宿、行、游、购、娱综合接待体系配套完善。

唐山市已开发了较多生态观光、休闲旅游项目，已经成型的产品类型有滨海休闲游、长城体验游、历史文化游、田园风光游、民俗风情游、地震科普游、城市博览游等，在建和谋划的项目有唐山陶瓷文化博览园、玉田鸦鸿桥、丰润红楼寻梦城、迁西山地运动休闲基地等，这些为今后生态旅游产业的发展奠定了基础。

二、工程建设目标

将生态旅游产业打造成唐山旅游业的支柱之一，成为推动唐山社会经济转型发展的动力型产业和对外开放的形象型产业。形成山地森林旅游、滨海湿地旅游、乡村生态旅游、城市生态旅游四大生态旅游格局。

到 2015 年，做好生态旅游策划、设计及案例工程，推广生态创意，融入生态内涵。创建 4A 级生态旅游基地，国家 A 级以上生态旅游景区达到 10 家，保障生态旅游成为旅游产业的重要类型。国内、国外接待游客规模和能力不断扩大，生态旅游经济效益显著提高，生态旅游收入达到旅游业总收入的 20%。

到 2020 年，生态旅游业增加值占全市 GDP 比重提高到 2%，占服务业增加值的比重达到 5%。生态旅游接待游客数、旅游收入成为服务业的重要增长点。城市生态、乡村生态旅游产业规模进一步扩大，山地森林、滨海湿地旅游成为唐山特色，生态旅游产业格局形成。

三、工程建设内容

（一）山地森林旅游

1. 特色森林旅游线路打造

路线设计上，依托独特的山海自然风情和历史人文景观，让游客在游览过程中有张有弛、有起伏跌宕之感，发展慢节奏休闲观光路线。森林旅游路线开发林间漫步、森林氧吧、森林浴场、山峰探险、皇家猎苑、桃源仙谷、自驾营地等路线。

2. 基础设施建设

基础设施建设与彰显公园主要生态特色相结合，在公路干道边、餐厅、宾馆周围，营造具有观赏价值的风景林带和片林，接待中心周围，依山傍林修建一些木屋、竹屋、茅屋等生态型建筑。

建设森林文化“风景道”，在护林站至接待中心路边宽阔处可考虑建苗圃，花圃、药圃；建设林荫游憩园，在林区建设休闲亭、逍遥亭，有吊床、吊椅、石桌、石凳供人小憩；建立森林旅游信息咨询中心，配置手机 GPS 服务系统、生态效益计算盘；建设节能型竹木质高档宾馆、高档休闲；开发建设亚健康体能检测中心和疗养中心。

3. 森林旅游项目开发

从森林观赏体验、森林健身活动、森林特色纪念品和养生餐饮等方面，开发出当地的森林产品，既符合森林资源的永续利用原则，又能更好地满足游客的多层次多口味需要。

打造森林会都。结合天然景观和人文古迹，建设集观光旅游、休闲度假、野外拓展为一体的森林公园。

4. 解说系统

建立交通网络导引系统解说系统，旅游者进入和中转的交通枢纽、节点和沿途设置竹木质解说和导引；宾馆、高档休闲中心、客房等接待设施建立以竹木质为主的信息服务解说系统；观光—度假区解说系统要有中英文对照的导览图、导游图、宣传画册、标识牌、指示牌、说明牌等载体。

到2015年建成10个森林公园，完善已有森林公园的生态旅游设施，探索不同地质地理环境与当地生物资源之间的关联，建立野生动物迁徙的通道，成为生态科技文化的趣味实践基地。

到2020年普及4A级森林生态旅游基地，构建起区域森林生态旅游体系，促使生态旅游成为旅游产业的主要类型。

（二）滨海湿地旅游

利用原有的水系、沼泽、水田，突出自然野趣，体现其生态关联、景观特性和游憩适宜性。在唐海、滦南、乐亭等滨海地区，推崇海洋环境资源开发与保护的理念，开展滨海湿地旅游。

1. 湿地自然保护区

以湿地的生境为核心保护对象，选取典型、珍稀动植物，建立湿地自然保护区，供游客参观、学习，让游客认识大自然、爱护大自然。制定《自然保护区条例》，保障生态安全。

2. 湿地生态游览区

以滦河口生态旅游区、曹妃甸湿地会展为依托，开展湿地观鸟、湿地探险、湿地科普、湿地摄影等活动。

3. 盐田风光区

以盐田风光为特色，结合海盐生产加工过程，建设盐博物馆；谋划康体旅游项目，开发以盐为主的旅游商品和纪念品。

4. 海滩休闲区

海滩休闲区以海滨、温泉、沙滩为背景，融入休闲娱乐项目，重点开发海滨温泉、沙滩漫步、海滨浴场、滨海渔家、度假酒店、水上游憩等内容。

5. 海岛度假区

以唐山湾国际旅游岛为依托，立足海岛、温泉、民俗文化及佛教文化资源优势，打造民俗故事观览基地、养生养老基地、游艇别墅基地、海水温泉基地以及渔、水文化基地等九大国际品牌，拟建成国家5A级景区。

依托近400平方公里的滦河三角洲，20余公里长的河口岸线，2015年完成河口建园，以“咸淡交汇，人鸟共生”为主题，形成岛滩生态旅游系统。

2020年完成湿地—海岸立体旅游工程，生态旅游引领客源消费，推动滨海旅游呈数量级增长。

（三）城市生态旅游

1. 南湖公园

南湖公园是大唐山的绿心，是融汇自然生态美、历史文化和现代文明于一体的城市森林公园，是城市形象和内在精神的典型代表，是环境友好型、社会和谐城市规划的建设的示范区。

以塌陷区、工业文明、抗震精神、现代艺术与展览为主要特色，以休闲、运动、观光为主要功能，打造国内休闲度假胜地、文化创意园区、国家城市湿地公园，建设集生态保护、休闲娱乐、旅游度假、文化会展、景观地产、商业购物为一体的城市综合景区，打造成世界一流的城市生态旅游示范基地。

2. 城市文化生态游

“一方水土养一方人”，文化是社会的DNA。丰富的文化资源和文物古迹，构成了城市文化游的主体。注重剖析人文—自然的关联性，发展城市文化生态游。

唐山市区是全市行政、金融、商务、文化等活动的中心聚集地，建设生态旅游总部，构建城市文化旅游信息平台，辐射城市文化生态游路线。

以开滦国家矿山公园为龙头，积极推进全国工业旅游示范点申报工作和工业旅游项目建设进程，充分利用工业遗迹和现有工业旅游资源，打造唐山陶瓷、启新水泥、南堡盐场、唐山丰润动车城等节点，完善旅游要素，增加工业文化元素，谋划游览内容和参与项目，成为中国近代工业文化休闲旅游目的地。挖掘评剧、大鼓、皮影等特色文化，谋划建设滦南评剧大世界等一批项目，积极培育旅游演艺、邮轮游艇等文化旅游业态。打造城市文化会展园区、城市文化休闲娱乐区、城市文化创意区等，建设文化小吃一条街、文化欣赏一条街、文化商品一条街及文化客栈一条街，实现城市文化生态游产业集群化发展。

3. 曹妃甸港区

曹妃甸工业区的港口、钢铁、石化、装备等大型企业具备工业观光条件，应开辟游览线路，集海港的工业特色、民俗风情等，与曹妃甸新区一道，让游客充分体验世界著名海港的知识和乐趣，打造“世界海港区观光基地”。

海上客运成为连接游人与景点的纽带，应配备旅游购物、餐饮、咨询、宣传等配套服务设施，打造集客运、候船、购物、休闲于一体的旅游码头。

设置参观点、体验点、摄影点，开设生态产业体验园或科普宣教基地，让游客更加深入地了解工业区的现代工业和循环经济体系，更加深入地认识科学发展的具体实践。建设面向高端游客的国际游轮港、游艇俱乐部及配套设施，为唐山打通海上游线。

4. 城市段滦河漫滩

以滦河为线索，整合滦河流域以及沿线旅游区内优势旅游资源，形成集水上游玩、科普体验、生态防洪、文化体验为一体的休闲娱乐中心，建立大型东方生态主题园，发展成中国北方城市水域旅游的重要目的地。

滦河沿线的旅游开发已具备良好基础，顺应旅游市场的需求，利用滦河下游的河流、湿地、河滩等资源，建设滦河漫滩山水休闲旅游集聚区，打造体育运动休闲区、生态景观体验区。

建设水上新城、艺术中心、水上娱乐项目等，提供丰富多样的休闲旅游设施，提升居民的福利水平和幸福指数。

将滦河景观与沿线城市景观有机融合，构建城市未来的生态新区、旅游新区。

2015 年以南湖公园为案例，筹备园博会为导向，以 10% 份额的业绩开创城市生态旅游业。

2020 年建成生态旅游总部，实现旅游经济生态化。高中低消费层次同步开拓，区别服务，让生态旅游进入企业、学校、社区、家庭，成为社会消费必需品，成为经济流通新模式，在城市 GDP 总量中占据不可忽视的地位。

（四）乡村生态旅游

在乡村生态旅游开发中，有机整合乡村旅游资源，要与资源保护和打造生态个性相结合，注意保持乡土本色，避免城市化倾向。唐山市从地形、资源、人文环境等各方面都非常适合发展乡村生态旅游。北部、东北部的群山耸翠，中部的富饶婉丽，南部沿海的水乡渔村都各具风采，为乡村生态旅游提供了广阔天地。

近期主要在玉田、迁西、迁安、遵化、唐海、乐亭、丰润等有广大地方特色的乡村地区开展，主要涉及田园风光、民俗风情、农事体验、渔猎垂钓、果树采摘等方面，完善以迁西青山关、迁安白羊峪村和遵化东陵满族乡为代表的农村文化旅游模式，远期扩至唐山整个乡村区域。

1. 乡村文化体验园

组织特色地方文化生态寻根团，创办人文地理探索业；开展地方民俗活动，生成与地质地理环境的内在关联，揭示生态文化的本质在于弘扬文化。

2. 乡村文化博物馆——生态文化收藏

传播农业文化的社会公益性科普场所，建设农业文化发展历程展示大厅，展示农业文明方面仿真科技展品。

即农业优势产业发展导向功能，新品种、新技术、新工艺展示功能，新型农民培训功能，发展方式和生活方式创新功能，新型社区建设示范功能。

3. 农家院——生态建筑雏形

针对地域特色，“住农家屋、吃农家饭、干农家活、享农家乐”为内容的民俗风情旅游，设立康体疗养、运动体验区两大功能区，体现出生态特征、方式、理念，实现自然景观与人文艺术相结合。

4. 乡村生态农业园——三农生态集约

建立生态农业观光园和现代农业示范园区。

展示农业科普示范，园内主要种植农作物新品种、试验性作物等，采摘果菜，捕捉鱼禽，体验趣味，观瞻现代化农业生产的场景。创新农业发展方式和农民生活方式，展示新品种、新技术、新工艺，设立农业科技研发中心、科研成果转化中心。

到 2015 年，呈现出产业的规模化和产品的多样化，发展乡村生态旅游村 20 个，其中建成 5 个国家级、省级乡村生态旅游示范点，农家乐生态旅游经营户达到 200 个，乡村生态旅游收入达到唐山旅游总收入 5%。

到 2020 年，乡村生态旅游村达到 50 个，其中建成 10 个国家级、省级乡村生态旅游示范点，农家乐生态旅游经营户达到 500 个，乡村生态旅游收入达到唐山旅游总收入的 10%。

（五）项目案例——迁安乡村生态旅游示范园

1. 建设理念

深入整合现有的乡村资源优势，进一步挖掘乡村文化内涵，以乡村生态农业作为生态园主要的“生态旅游”核心内容，体现“绿色、生态、示范”多种功能。在开发乡村生态旅游的同时，引导农民生产和销售农副产品，带动农民就业，促进农民增收，最终形成“以农工带旅”“以旅促工农”局面。

2. 建设目标

规划占地 8000 亩。建成后的乡村生态旅游示范园项目将成为本地区乃至全国生态旅游产业园示范工程。

到 2015 年，乡村生态旅游示范园基本建成，各功能区开始运行。

到 2020 年，把乡村生态旅游示范园打造成 A 级景区，成为唐山旅游精品。带动乡村 GDP 倍增，乡村农民收入成倍增长，辐射带动周边 8000 亩传统农业。

3. 建设内容

乡村生态旅游园区突出农业生态特色、乡村风光，分为一个核心区和四个功能区。

一个核心区即新农村社区；四大功能区，即科普教育和农业科技示范园区、乡村农副产品生产园区、乡村生活体验区、乡村休闲观光园区。

3.1　一个核心区

打造成国家级新农村示范社区：社区村貌整洁，乡风民风纯朴，交通、公共服务、农民生活面面齐全。

占地 4000 亩，建设硬件设施，包括大型沼气池、有机耕路道路硬底化、工业排污管升级、农民综合培训中心、农产品无公害产地认证中心。

社区绿化采用乔、灌、花、草相结合的多层次复合绿地系统，充分体现出绿地系统的休闲、运动等实用功能，创造绿色社区品味的绿色文化。

3.2　四大功能区

3.2.1　科普教育和农业科技园区

体现乡村生态旅游的科普功能，营造乡村生态旅游产品的精品形象。

乡村博物馆：2000 平方米的集唐山乡村文化发展历程、新农村现状、乡村生态旅游知识的乡村博物馆，作为高等院校学生实习基地和中小学生的科普教育场所。

农业文化展示大厅：1000 平方米的唐山农业文化发展历程展示大厅。

现代农业科学发展博览区：展现果园结合养殖的生态模式及“种植—养殖—沼气—有机肥料”“猪—沼—果（菜）”相结合的生态产业链发展模式；展示农业新品种、新技术、新工艺，并设立农业技术交流中心，为农业技术交流、学术会议和农技培训提供场所。

3.2.2　乡村农副产品生产园区

占地 1500 亩。统一使用超果蔬良种、生物有机肥料、技术检测指导，以有机栽培模式采用洁净生产方式生产有机农产品，并将有机农产品向有机食品转化，发展名优新特果品、高档蔬菜生产、优种畜禽养殖，形成品牌。

智能化生态温室：建设智能化生态温室 10000 平方米，利用高科技温度、湿度控制设备，并引进国内外区域特色植物进行引种和展示，供游客观光游憩氧吧。

高效果蔬栽培区：主要涉及板栗、苹果、鲜桃、梨、葡萄，占地 800 亩。配备实施现代化育苗、节水灌溉、土壤消毒、配方施肥等实用技术，配备自动化灌溉设施、自动化温控设施、小型农业机械和简易检测设备。

现代化特种奶牛养殖区：占地 100 亩。选取优质种畜和饲料，种养过程实现清洁生产的监督管理和质量控制。采取先进工艺处理粪便污水，实现畜禽养殖排泄物资源化利用和污水达标排放。

农产品精深加工区：占地 500 亩，建设生产车间、储藏室、恒温室等，选取园区内自长果蔬和家禽，发展生物食品、果汁以及精品罐头，生产有机肥料，农产品加工厂及生活污水排放管道全部接入城市活水系统。

3.2.3　乡村生活体验区

占地 1000 亩。围绕农业生产，充分利用田园景观、当地的民族风情和乡土文化，让游客参与农作等多项活动。

绿色自耕地：专业技术指导，学习耕种知识，示范机械化作业。

农家院活动园：住农家屋、吃农家饭、干农家活、享农家乐。保留乡村建筑的原汁原味，农业作坊体现特色，营造浮光掠影中捉泥鳅的欢乐天地。

风筝天地：借助乡村蓝天、白云、草地、让游客体验童年风筝时光。

采摘潜能训练区：建设 4 个观光采摘主题果园，即 50 亩板栗主题果园、50 亩核桃主题果园，50 亩苹果主题果园，50 亩安梨主题果园，让游客发挥无限潜能、进行力与汗、智能与活力的较量，体验潜能活动的刺激与乐趣。

野火乐园：让游客体验烧大锅饭的情景，感受“乡村烧烤”风情。

3.2.4　乡村休闲观光园区

占地 1000 亩，集旅游、观光、休闲、餐饮为一体；体现自然生态美，注入绿色、健康、休闲元素，让游客在完美的生态环境中尽情享受乡村田园风光。

天然鸟林生态娱乐中心：充满鸟语花香的综合功能性健身、汇演、休闲的生态娱乐中心，涉及地方民俗活动，如地秧歌、龙舞、跑旱船、拉花蹦蹦、高跷等。

百花园：占地200亩以盆栽花卉为主，以古冶非洲菊、玉田豪门仙客来为重点，打造花的海洋。

农产品品尝：以唐山特色果品为主，包括樱桃、薄皮核桃、安梨、孤树小枣、香白杏、磨盘柿子、秋红蜜桃、山地李子、马牙枣、克瑞森葡萄等。

露天茶座：全天候，全方位体现乡村自然生态，实现三维绿色生态空间。

生态餐厅：将生态餐饮理念引入餐厅，做到前厅后园，顾客享用的水果蔬菜产品主要由园区自助解决。

绿色礼品店：运用美学和园艺核心技术，开发具有特色的农副旅游产品，并进行个性化设计与包装。

第五项　生态环境建设产业工程

一、现状分析

“十一五”期间，唐山市重大基础设施建设成效显著，城镇化与城乡一体化快速发展，唐山市生态环境基础较好，2010年6月份，唐山获得“全国绿化模范城市”荣誉称号。唐山市持续开展“绿化唐山攻坚行动”，森林覆盖率由2005年的21.9%提高到28.7%。生态建设取得显著成效，到2010年底，全市建成各类自然保护区711.16平方公里，自然保护区覆盖率为5.28%，形成了北部山区生态建设、南部沿海湿地保护、中部平原生态恢复为主的生态保护模式。预计2010年城市空气质量二级及优于二级天数达到330天，比2005年增加14天。

但是唐山市生态环境保护和建设工作均由政府负责。例如林网多为公益林，林网的养护管理机制不完善。此外，林网的固碳等生态效益尚未纳入经济活动中，林网建设的生态效益没有受到普遍重视。

在生态修复、污水、固废处理等生态环境建设的过程中，部分生态效益可以商品化，拟采取市场化运作方式，拓宽投融资渠道，采用招标、股份制等形式吸引和聚集社会、民间资本乃至国外资本，推动企业和公民参与生态环境建设投资和管理，减小政府投资管理压力。

唐山钢铁、煤化工、能源等产业造成了生态的严重破坏，其中，煤炭、铁矿的开采造成的生态破坏最为严重。面对严重的生态破坏现状，唐山已经培育了成熟的生态修复技术，例如南湖公园的成功案例。生态修复产业的发展潜力较大，生态修复、垃圾处理和森林碳汇产业的发展潜力可达到数十亿元人民币。

唐山不但总体经济水平居河北省首位，分散的社会资金也很多，为生态环境建设的产业化提供了有力的经济保障。

二、工程建设目标

（一）总体目标

以2016年唐山世界园博会为契机，借助世界窗口，以生态优先的原则，通过城市生态经营的方式，加快发展生态环境建设的产业化，拓展多元融资模式和经营模式，以更低的成本打造全国卫生城市。

（二）阶段目标

1. 近期目标（2011~2015年）

经由资产评估单位评估和公众监督，到2015年，森林网络建设面积达到全市面积的10%，力争其投资主体有 10% 以上转移给企业或个人其生态效益高于平均水平；全面森林城市建设的生态效益评估工作。以生态修复为主导的企业，承担 20% 的矿山修复工程。建设全面评估森林碳汇资产，搭建碳汇资产交易平台。

2. 中期目标（2015~2020 年）

到 2020 年，在 1/3 的区县推广森林网络建设的产业化；森林网络建设的投资主体有 30% 转移给企业或个人。生态修复企业负责 50% 的矿山修复工程。森林碳汇资产成功进行上市融资。50% 以上企业投资碳汇林项目或者持有碳汇林项目的股权，部分或者全部实现自身碳平衡。50% 的农村中由企业投资建设大型沼气发电工程、大型沼气池，全市生物质发电装机容量力争达到 10 万千瓦。中水回田产业化水平达到 50%，污泥无害化率和资源化率达到 100%。产业化投资比重达 60% 以上。初步形成唐山市生态环境建设产业化模式，并获得较好的示范效果。

三、工程建设内容

（一）森林网络建设产业

1. 发展森林建设与经营公司

借助 2016 年世界园博会的有利契机，确定企业为林网建设的投资主体，按照“明晰所有权、搞活使用权、放开经营权、保护受益权”的原则，吸引社会资金的聚集，通过明晰产权，明确“谁种树归谁所有，谁投资谁受益”，逐步向成方、成片、成网的规模种植发展。

城市森林具有经济价值、生态价值和社会价值，投资主体拥有城市森林所有价值的支配权，其中，投资主体获益的主要方面为林产品、林副产品、森林旅游收益以及森林网络产生的生态效益，生态效益价值化之后和林产品一样可以作为商品在市场上流通。发展森林建设与经营公司，可由以下两种方式：

在遵化、迁安、迁西、乐亭等有一定森林基础的地区，由企业出资，购买现有林网进行管理。

在路南区、丰南区、丰润区、曹妃甸、南堡开发区、海港开发区等改造建设地区实施林网建设产权改革的示范工程。由政府规划、实施。

2. 森林资产商品化体系建设

（1）森林网络生态效益价值评估体系的建立。由林业主管部门授权，在高校、研究所、林业局等机构，组织有资质的研发团队，制定生态效益价值评估体系。生态服务功能也就是生态效益，目前，国内外对森林生态系统服务功能的价值评估已经有了一定进展。森林生态系统服务功能主要包括水源涵养、水土保持、固碳释氧、净化空气以及为动植物提供生产繁衍的环境等。

评估城市森林生态服务价值的方法有机会成本法、支付意愿法、替代、模拟市场技术评估法、市场定价法、生产率法、人力资本法和疾病成本法、享乐定价法、旅行费用法、防护成本法、重置成本法、替代成本法及意愿调查等等。目前，各种评估方法的准确性以及适用性存在较大差异。其中，中国科学院城市环境研究所的科研人员提出了比较完善的城市森林生态服务价值评估方法，分别是单株树木经济价值评估法、城市森林生态服务综合价值评估法和空间显式景观模型评估法。今后应重点推行一种通用、合理并且能得到公众认可的评估方法。

生态效益考核体系的建设，主要指标包括公众评价、面积、郁闭度、树种，碳汇量化，林斑信息展示跟踪等。

（2）生态服务功能的流通。生态服务价值的评估体系确定之后，就可以将城市森林的生态服务功能价值化，从而在市场上流通。城市森林生态服务的获益者是全体民众，而购买生态服务的部门主要包括政府、房地产开发商、企事业单位等。

（3）建立绿色基金会。在路南区建立绿色基金会，作为碳的储备银行，将绿色基金会作为生态效益的买单者之一。城市森林的投资主体在城市森林的建设养护过程中，其所产生的生态服务价值可以到绿色基金会出售，也即绿色基金会将生态服务储备起来，当某些企业出现碳赤字时，就需要到绿色基金会来购买。绿色基金会既是碳的购买者，又是碳的出售者。由基金会制定碳税和碳费，以及碳交易的其他准则。

（二）生态修复产业

唐山是一个传统的重工业城市，采煤塌陷区、铁矿开采场多，矿区面积近 1500 平方公里，河流污染严重，需生态修复的地区多，严重的污染形势催生了市场需求，推动修复行业的发展。南湖森林公园的建设为煤炭塌陷区的生态修复做出了表率。目前唐山的矿山已复垦面积达 117 平方公里，矿山土地复垦率达 42.1%，矿山修复的技术水平已成熟，使后来矿山的生态修复相对容易，而生态修复后生态效益明显，生态修复的投资回报率高，故唐山市的生态修复产业前景非常广阔。另外，专业化的修复技术的参与，完善了修复市场主体，在不久的将来环境修复必将成为环保产业新的经济增长点。随着相关政策法规的出台和市场准入机制的建立，将有更多环保企业将目光投入到修复领域，带动产业的快速发展。

1. 生态修复重点区域

土壤修复：唐山境内的水土流失主要分布范围为遵化、迁西、迁安、丰润、滦县、玉田、古冶、开平等 8 个县（市）、区，其中水土流失严重区域主要分布在遵化东南部、迁西南部和丰润北部的石灰岩地区。

矿山生态修复：北部山区铁矿开采形成的排土场、露天采矿场、尾矿库及中部平原区煤矿开采形成的采煤塌陷区。矿山废弃土地面积 278 平方公里，其中煤矿塌陷区面积 224.6 平方公里，铁矿废弃地 53.4 平方公里。

河道生态修复：唐山市河流污染和季节性断流严重，河道淤积和倾倒垃圾现象普遍。以滦河水系、沙陡河水系和蓟运河水系为主。

煤矿塌陷修复产业重点在古冶、开平；露天铁矿修复产业重点提倡跨区发展生态修复产业，并计碳资产。

2. 生态修复重点工程

（1）唐山开平区栗园镇采煤塌陷区的生态环境恢复治理工程，打造并经营唐山市北湖生态区。

（2）迁安市采矿区百里矿区生态修复绿化产业工程，以林木土地资源带动生态修复的资源化和市场化。

（3）唐山京津风沙源治理工程。工程采用政府和企业合作的形式，吸引企业投资建设和管理。

3. 发展生态修复技术

以各种环保公司为载体，结合政府对生态修复科研经费的投入，通过自主研发、引进吸收和技术创新，筛选生态修复技术，编制污染生态修复技术指南，积极探索采煤塌陷地生态治理、铁矿尾矿库治理、石灰石矿山治理有效的矿山环境恢复治理模式。

政府部门、研究机构、环保企业共同推动，培育专业化修复公司作为环境修复执行方，凭借自身经验和不断探索，在标准制定、技术转化、产业模式、产业联盟等方面发挥积极的作用。

（三）森林碳汇产业

唐山市以钢铁、装备制造、综合化工为支柱产业，是能源消耗大市，2005 年全市能耗总量和单位 GDP 能耗都高于河北省平均水平，唐山市的 GDP 占全省 1/5，但能源消耗却占到了全省 1/3，资源能源消耗高的问题在一定程度上制约着经济和社会发展。2006年，唐山市单位GDP能耗为7.13吨二氧化碳/万元，二氧化碳排放总量为1.68×10^8吨。按照我国能源发展规划战略，到2020年，我国单位GDP能耗相对2005年水平降低40%~45%，意味着到那时，我国单位GDP能耗平均水平只有0.671~0.732吨标煤/万元（2005年我国单位GDP能耗为1.22吨标煤/万元），即1.67~1.82吨二氧化碳/万元。以唐山市现阶段的GDP水平，唐山市将有高达5.25×10^7吨的碳平衡逆差，减碳需求巨大。再加上唐山市森林资源遭到破坏，如果仅依靠政府投入推动唐山市碳平衡，对政府的财政是一个严峻的挑战。

森林碳汇评估是以林业新型信息化为基础，全面评估森林的固碳能力和潜力，以此作为碳汇交易的依据，从而可以带动金融杠杆，以多元化的融资方式吸引企业或个人投资、购买或者入股碳汇项目，建立活跃、稳定、可持续的碳汇交易市场。

发挥政府领导力，以林业新型信息化为依托，在唐山市推动碳汇评估与交易，实现唐山市碳平衡市场化运作，形成企业为主体、政府支持、公众参与的碳平衡发展新局面，为唐山市的生态城市建立贡献更多力量。

碳汇评估和交易的市场驱动力主要有四点：①国际公约，《联合国气候变化框架公约》（UNFCCC）、《京都议定书》及其他缔约方会议的决定是市场发展的主要驱动力；②国内节能减排政策，节能减排已经成为我国的基本国策，2020年，中国将实现在2005年基础上单位GDP碳强度降低40%~45%的目标；③碳汇林碳补偿成本优势，利用投资碳汇林进行碳补偿的成本低于利用更先进的生产技术进行减排，这成为推动碳补偿贸易发展的成本优势；④社会推动力，非政府组织（NGO）——主要指环保组织、公众及一些受气温上升影响的私人实体（如保险公司，由于气温上升造成灾害增加导致保险公司的赔偿增加）对全球气温上升的关注也是市场发展的驱动力。

购买或者入股林业碳汇项目是区域或者个体实现碳补偿的重要途径。由于降低能耗和提高能源利用率等技术的边际成本较大，而购买碳补偿和增加碳汇的成本较低，同时还兼有慈善捐助、缓解贫穷以及改善生态环境等多重效益，因此企业提高其环境友好型形象的低成本措施就是投资碳汇林和增加碳汇的活动。

企业（尤其是工矿企业）是二氧化碳排放量最大的个体，也是碳补偿产业的最重要需求方和投资方。碳补偿产业中企业可通过投资经营碳汇产品、购买碳汇产品和入股经营碳汇产品等方式参与碳补偿交易，部分或者全部实现自身碳平衡。为了碳补偿产业可以更加有活力的发展，需要以信息平台为依托，积极开拓碳补偿产业融资的多元化战略。

本工程的建设目标是以信息平台为基础推动企业通过投资经营碳汇产品、购买碳汇产品和入股经营碳汇产品等方式参与碳补偿交易，部分或者全部实现自身碳平衡。将唐山市建设成为全国森林碳汇资产交易中心，为全国的企业、组织或个人提供碳补偿交易服务或者碳汇资产交易服务，推动全国范围的企业以更低的成本实现自身碳平衡。

工程重点布局在遵化、迁安、迁西，开平区、路南区、路北区、南堡开发区、海港开发区、曹妃甸开发区。

1. 建设森林资源信息系统

由政府主持，企业投资运营，以森林生物特征监测、碳汇监测为核心，通过搭建电子服务网络平台，建立林业资源信息、灾害信息和生物多样性信息等数据库系统，逐步形成覆盖各级林业部门、功能齐备、互通共享、高效便捷、稳定安全的林业精准信息化体系，利用空间数字技术实现森林资源清查、监测的动态化，推进林业信息资源共享，促进森林资产评估、碳汇资产评估项目的决策科学化、监督透明化和服务便捷化，建立完整、健康的森林生态网络。

森林资源信息系统的特点：

（1）信息多元化。森林资源信息系统中的监测信息不仅包括森林密度、立木高度和粗度、年龄等基础指标信息化，同时要将与生物资源、生境条件相关联的指标信息化，对森林生态系统服务功能，包括碳汇量化，实现森林生态、经济效益量化评估。

（2）信息精准化。通过物联网的实时传感采集和历史数据存储，能够摸索出植物生长对温、湿、光、土壤的需求规律，精确度达到MRV的国际标准，提升信息在公众乃至国际社会中的认可度和公信度，为差异化管理提供精准的数据基础；通过智能分析与联动控制功能，能够及时精确地满足植物生长对环境各项指标的要求，达到大幅度提升森林生产力的目的。

森林资源信息系统的职责：①建设森林生态系统信息网络，为企业和林农提供森林有形资产评估服务，并为其融资提供咨询服务。②进行碳测量和碳汇评估，发布可测量、可报告、可核查（MRV）的翔实碳汇资产数据，增加森林碳汇信息透明度以及信息和公众的关联。③制定碳汇资产交易方案，规范碳补偿合同示范文本，确立碳汇产品交易主体权责分配。

2. 唐山市森林碳汇交易所

由咨询企业主导，政府提供政策支持，在高新技术开发区建立唐山市森林碳汇交易所。主要职责是：①为碳补偿交易提供咨询服务；②进行碳基金管理，投资和增值服务；③推动林业碳汇上市。

3. 创新多元融资方式

（1）政府主导的融资。政府在碳补偿产业融资发展前期起着非常重要的引领和推动作用。政府主导的造林、再造林项目可以通过招投标的方式与企业建立合作关系。以建设—经营—转让（BOT）、建造—拥有—经营—转让（BOOT）、建设—拥有—运营（BOO）等模式带动企业参与碳补偿产业。

（2）信贷机构参与。信贷机构是企业融资的重要手段。在碳补偿产业发展中，信贷机构可以出台更多的优惠政策支持企业进行碳补偿产业投资，或者是对进行了碳补偿交易实现碳平衡的企业进行其他方面融资的优惠。从而以市场手段调动企业参与的积极性。

（3）金融市场融资。企业参与碳补偿产业还有一个重要的融资方式，就是通过金融市场融资。在建立了完善的碳补偿产业监督制度后，可以鼓励企业通过交易碳补偿产品期货、发行创业板股票、吸引风险投资等方式在金融市场中融资。

“十二五”期间，国家将继续加大节能减排的力度。唐山地区作为重工业城市，碳平衡压力非常大。全域碳补偿成为唐山市减少二氧化碳排放量的最有效、最低成本的出路。但是碳汇林项目的建设和运营需要长期投资，政府作为行政管理机构，直接投资碳汇林项目对于财政压力过大。因此政府可以充分发挥自身的制度建设功能和行政管理功能，以创新的机制，推进碳补偿理念的宣传，以碳补偿交易制度、财政和金融政策的完善为企业发展碳补偿交易创造良好的政策环境，促进碳补偿产业化发展，从而实现唐山市碳平衡。

公众生活中，出行是最大的排放源。因此积极倡导绿色出行，计算居民出行的“碳足迹”，倡导公众植树、或者购买碳汇林中的一部分实现自身碳补偿，并通过媒体报道、最佳市民评选等方式广泛创造公众效应，推动碳补偿理念的深入人心。通过公众的关注度提升，还可以促进企业对碳补偿的认可，因为公众和媒体的关注可以成为企业参与碳补偿、树立企业社会责任形象的驱动力。

（四）城乡污水、固废资源化产业

唐山市城乡地区环境问题突显。2008年唐山市城市污水集中处理率为90.61%，生活垃圾无害化处理率为86.86%，部分县城和大部分重点镇还没有污水集中处理厂和标准化的垃圾处置设施，医疗垃圾和危险废物还没有得到有效处置，城市环境基础设施建设相对滞后。

唐山市城市污水和固废，尤其是工矿企业的冷却水、污泥和固体废料是重要的可利用资源。

1. 发展资源化废水、固废产业

（1）在迁安市等工矿市镇中建设大型污水集中处理厂，并配套建设中水产业链，近期实现工矿企业的中水利用率达到30%。

（2）曹妃甸产业园区发展中水污泥和中水厂，推进曹妃甸产业园区的中水循环利用，降低单位GDP的耗水量30%。对工业污泥100%进行综合利用。利用高温锅炉资源发展污泥掺烧。

（3）依托在年产能600万吨以上的钢铁厂建设水热产业。一方面提高中水回用率，另一方面利用冷却水源热泵循环。

（4）曹妃甸产业园区中建立“可再生固废—建材”循环产业链，推进工业固废再生利用。

（5）迁安市等工矿企业密集的市镇建立固废资源化处理厂，在粉煤灰、炼焦渣、脱硫石膏、盐石膏、尾矿砂等工业固废的再生利用方面进一步提高资源综合利用率，到2015年综合利用率力争达到100%。

城市污水、固废资源化依托污水和中水集中处理厂、企业内部小循环系统和大型建筑内部小循环系统，需要从建筑和厂区的排水回水管道设计着手进行规划和管理。

2. 农村污水、垃圾处理基础设施建设

污水和垃圾处理向周边农村覆盖，构建城乡一体化的新型基础设施体系。在玉田县和乐亭县，依托新农村建设工程，以村为单位，合理配置多村共用的污水集中处理厂和垃圾处理厂，大力推进农村生活垃圾无害化处理工作，改善农村卫生环境。重点支持和鼓励林果、棉花、粮食主产县（市）区利用废弃农作物秸秆建设生物质直燃发电站，合理布局和推进城市生活垃圾发电站建设。积极推进绿色能源示范县、乡建设，推广农村户用沼气，鼓励大型养殖场建设大中型沼气工程。到2015年，全市生物质发电装机容量力争达到4.5万千瓦，沼气入户率由适宜户的60%提高到65%。

3. 畜禽粪便资源化与废弃物处理建设

本部分内容详见下节第六项工程。

第六项　生物质材料与生物质能源产业工程

一、现状分析

（一）生物质材料现状

生物质材料是以木本植物、禾本植物和藤本植物等森林植物类可再生生物质资源及其内含物与加工剩余物和林地废弃物为原材料，通过物理、化学和生物学等高技术手段，加工制造性能优异，环境友好，品种多样，附加值高，用途广泛并能替代石化、矿产资源产品，具有现代新技术特点的一类新型材料。

发展生物质材料产业是从根本上解决白色污染和应对全球石油资源短缺的策略。从20世纪80年代，国外开始研发主要的生物质材料——可生物降解塑料；至90年代末，美国、日本、比利时、意大利、德国等国家实现了生物降解塑料的规模化生产和应用。韩国在2001年也开始全面推动可生物降解塑料的发展和应用。2010年，新西兰成功研发了一种生物塑料，原材料是该国奇异果加工的剩余物。奇异果（猕猴桃）是新西兰重要的出口产品，使用其剩余物加工生物塑料不仅可以推动资源的循环利用，同时可以减少白色塑料污染。

目前生物质材料主要分为 4 大类：淀粉与可生物降解塑料混炼、二氧化碳共聚物、生物合成可生物降解塑料、生物合成前体再化学聚合生成可生物降解塑料。淀粉与可生物降解塑料混炼生物质材料目前使用最普遍。

生物质材料制品包括薄膜、包装袋、包装盒、食品容器、一次性快餐盒、饮料用瓶，甚至还有纺丝织布。有的生物质材料已经用于悉尼奥运会和日本世博会。2010 年上海世博会上，一次性餐具将不再使用传统塑料，而是用生物质材料“玉米塑料”制成，对环境没有任何污染。

国内已有生产厂家，如内蒙古的蒙西公司，开始批量生产二氧化碳共聚物产品，原料依托的是附近的二氧化碳气田。目前它的应用主要集中在包装和医用材料上，但成本还是很高。武汉华丽环保科技有限公司、福建百事达公司生产的淀粉与可生物降解高分子树脂共混的生物质材料已经形成年产万吨的生产能力，产品出口韩国、日本；此外，哈尔滨威力达公司、瑞士伊文达·菲瑟公司、杭州中化国际集团也从事生物质材料的研发和生产。

国家林业局党组成员、中国林科院院长江泽慧指出，开创生物质材料科学研究新局面，培育生物质材料新型产业，对保障经济社会发展的材料供给，建设节约型社会和环境友好型社会，推进社会主义新农村建设，实现人与自然和谐发展具有重大战略意义。

唐山市林业生物质资源储量巨大，2010 年森林面积 640 万亩，森林蓄积量 531.9 万立方米。此外，丰富的非木质森林资源以及大量的林业废弃物、加工剩余物，也将为林业生物质材料的利用提供重要资源渠道。

（二）生物质能源现状

国家发展和改革委员会 2007 年发布《可再生能源中长期发展规划》指出，根据我国经济社会发展需要和生物质能利用技术状况，重点发展生物质发电、沼气、生物质固体成型燃料和生物液体燃料。到 2020 年，沼气年利用量达到 440 亿立方米。

为了加快村镇居民实现能源现代化进程，满足农民富裕后对优质能源的迫切需求，“十二五”规划明确提出，推进农业现代化，加快社会主义新农村建设，加强农村基础设施建设和公共服务，加强农村沼气建设。

在国家政策的支持和鼓励下，农村户用沼气工程从 2003 年开始在全国范围内铺开。

唐山生物质资源丰富，主要有秸秆、林木薪材、禽畜粪便、工业有机废弃物、城市生活垃圾等。其中年产秸秆等生物质燃料 300 万吨左右，禽畜粪便总量达 6000 万吨，是唐山沼气工程建设的基础。沼气发电可解决农村绝大部分能源问题，沼渣、沼液可供生产有机肥料，大大降低环境污染，真正实现“物尽其用、地尽其利”的循环经济模式，达到环境效益与经济效益双赢。

近年来唐山市高度重视新能源的利用与产业发展，当前正在大力推广沼气、太阳能路灯、博士炉和节能吊炕四项技术。在生物质能源利用方面，博士灶项目得到大力推广，生物柴油项目也开始起步。目前已建成两处秸秆气化站并运行良好，生物质气化炉即小型户用秸秆气化炉已安装 1000 户。另外，生物炭技术取得重大突破，所取得的发明专利达到国际领先水平。

截至 2008 年 5 月底，唐山市已完成 18151 户沼气建设任务，完成全年任务的 18.2%，其中迁安市、唐海县、玉旧县、滦县、丰润区完成进度较快。农村生物质能（沼气）的使用达到 39 万户，占全市农户的 28%。

（三）评　价

现有的生物质材料和生物质能源产业以农户小型沼气池利用为主体，其层次低，利用分散。农户用小型沼气池建设和管理成本高，维修、保养等工作难以满足需要等，使得部分沼气项目无法达到规模效益，甚至出现废弃现象。

生物质能源产业工程即是针对农村户用沼气池规模小导致的诸多问题而提出的系统解决方案。本工程针对唐山市生物质能利用现状，通过建设大规模的生物气工程即沼气工厂化生产以及生物质配方管理，实现各村沼气能源的集中生产和供给，建立唐山市分布式能源供应系统，从而提升能源的管理和利用效率，实现环境效益和社会效益的最大化，为唐山生态城市建设夯实良好的能源基础。

生物质材料应就地取材，生物质能源就地利用，发展空间和潜力均很大。

二、工程建设目标

（一）总体目标

与研究机构合作，建设林业生物质材料研发基地，并联合科技企业推动林业生物质材料市场化，提升林业在国家能源战略中的地位和作用，将唐山市建设成为节约能源、减少白色污染的示范城市。

以大型沼气工厂为依托，扩大农村生物质能应用规模，提升利用水平，建设分布式能源系统。

（二）阶段目标

1. 近期目标（2011~2015 年）

到 2015 年，桑构种植规模达到 4 万亩，食用菌培养基地和生物饲料生产基地 0.9 万亩。建设示范性生物气工程，在唐山市农村畜禽场附近建设大规模沼气池，预计 2015 年，沼气 4 亿立方米，发电量 8 亿千瓦时，占当年电量的 2%。

2. 中期目标（2016~2020 年）

到 2020 年，桑构种植规模达到 8 万亩，食用菌培养基地和生物饲料生产基地 1.8 万亩。农村大规模沼气池生产沼气 8 亿立方米，发电量 16 亿千瓦时，占当年电量的 2.6%。将开发的沼气应用于社区居民的生活用能源。

建设更大规模的沼气工厂，除了供给农村生活用能，还有富余，通过甲烷压缩提纯技术，异地利用。推广天然气驱动的新能源汽车的使用，推广加气站城乡服务。初步形成唐山市生物质能源产业体系。

三、工程建设范围

构树产业工程布局范围是遵化、迁西、丰南、滦南、丰润、玉田、古冶。

沼气产业和分布式能源系统工程的建设范围：迁安、迁西、玉田、路南、路北、开平、丰润、丰南、古冶、乐亭等县、市、区的生物质资源较为集中地区。

四、工程建设内容

（一）林业生物质材料产业

1. 林业生物质材料研发基地建设

与研究所和高校等研究机构合作，进行林业生物质材料研发。同时与生物科技企业合作，提高研发的市场关联度，推动生物质材料的市场化生产和应用推广。

2. 板栗壳、核桃壳等林果加工剩余物的生物质材料应用

唐山市的林果业规模大、效益高，发展前景非常好。板栗壳和核桃壳等林果深加工的剩余物数量大，是一种非常丰富的可利用资源。引进国际先进科技，利用林果加工剩余物生产生物质材料，

将成为一个减少白色污染、促进节能减排的朝阳产业。

板栗壳热解炭技术（王明峰，2007）和微波辐照核桃壳氯化锌法（吴春华，2007）制备高吸附性活性炭技术，在唐山市具有良好的原料基础和发展前景。

3. 应用生物酶技术生产环保型复合材料项目

采用酶工程和发酵工程等生物技术，对生物质材料进行生物防治与保护、生物漂白和生物染色、生物质材料废弃物资源转化利用，以及采用酶活化制造环保型生物质复合材料是一个新的研究方向。

德国采用漆酶处理木纤维制成纤维板，纤维在25℃漆酶水溶液中处理2~7天，沥干至含水率50%左右，热压成板，其板材强度与对照试板相比略有提高；丹麦用漆酶处理山毛榉木纤维1小时，在200℃热压成3毫米的纤维板，得到静曲强度及尺寸稳定性优良的板材。目前这两项研究均进行了中试，板材性能满足欧洲标准。

在国内，对生物技术应用于生物质材料的研究也引起广泛关注，并在漆酶活化木纤维制造环保型纤维板、制浆造纸等应用技术的研究中取得进展。在常温下采用漆酶处理思茅松木纤维2小时，在140℃压制密度为1.16克/立方厘米的纤维板，板材的内结合强度可达1.536兆帕。

应用生物酶技术生产的纤维板具有无甲醛、能耗低、强度高等特性。随着能源危机及石油产品价格的不断上涨，各国纷纷制定的相关法规，限制化学有毒物质的使用，也将促使人们加快对生物质材料生物技术的研究，生产无甲醛释放的人造板。唐山市板材类企业依托自身经济和资源基础，提升科技水平，率先将无甲醛人造板工业化生产，对于树立企业品牌、抢占市场先机具有重要意义。

（二）构树产业

唐山市具有较长时间的蚕桑业发展历史，1988~2006年最繁盛的时期蚕桑种植面积达到8.3万亩。但是由于种桑养蚕的农户收入受到蚕丝价格影响较大，同时由于蚕丝市场发展不完善，价格波动较大，因此，唐山蚕桑的种植面积波动较大，1997~2002年逐年面积减少，年际缩减率最高可达50%。虽然2003年后种植面积有所增加，但是波动幅度很大，非常不稳定（图3-10）。

唐山市的地球化学环境适合桑科植物生长，因此需要寻找新的生产模式来发展桑科植物种植和较为稳定的资源开发产业链。

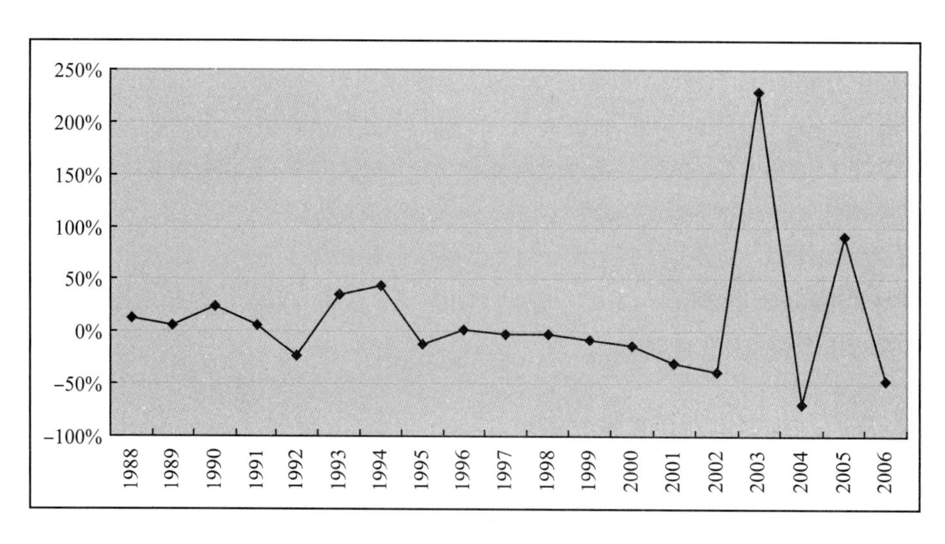

图3-10 唐山市1988~2006年蚕桑种植面积变化率

构树是一种广为人知的落叶乔木，在自然界生存适应性极强，耐干冷，耐湿热，根系发达，在各类型的土壤中几乎都能生长，极少病虫害。

构树不仅是保护生态环境和水土保持的一种优良树种，而且构树叶的蛋白质含量高达20%~30%，氨基酸、维生素、碳水化合物，微量元素等营养成分也相当高。因此，构树叶不仅是一种优质的畜禽水产饲料资源，同时也是一种新的食品资源。构树皮是一种长纤维的麻制品原料，构树枝条可加工成高密度建筑板材，构树的枝、杆、皮是造纸工业的优质原料。构树生长的速度快，其生物总量是杨树、桉树的 4 倍。总之，构树是一种具有广泛利用价值的自然资源（具体经济效益和环境效益见表 3-6）。

表 3-6　构树的经济效益和环境效益

构树特点	经济效益	环境效益
蛋白质含量高	可以替代饲料中的豆粕，有利于减少大豆的进口。发展生物饲料，可以大幅降低饲料牲畜家禽的成本，促进畜牧业发展	减少了农药及农肥等支出，减少了化肥农药等化工产品对环境的污染
根系发达	/	发挥水土保持作用，在河滩堤防种植构树，其防浪护堤作用明显好于目前常见的杨树和柳树。是退耕还林，荒山造林的好树种
生长食用菌	批量生产，有助于使食用菌更快地进入百姓家庭，食用菌的食用价值和药用价值，有利于人体健康发展，具有广阔的市场前景	/

构树具有“不与天争水，不与农争时，不与地争肥，不与粮争地”的特点，在种植地点选择方面，除选择荒山野坡大块地外，对水渠沟边，房前屋后的小块地都可以利用种植构树。但是要集约经营便于管理和采摘叶，应选择半阳坡、阳坡、坡度 35° 以下为宜，以土层深厚为好。土层深厚肥沃，海拔 800 米以下造林密度每亩 600 株左右；海拔 800 米以上，土壤瘠薄的造林密度每亩 500 株左右即可。

唐山市矿山废弃土地面积 278 平方公里，其中煤矿塌陷面积 224.6 平方公里，铁矿废弃地 53.4 平方公里，为构树规模化种植提供了广阔的空间。

利用构树的特点，构建“构树种植—食、药用菌生产加工—生物饲料生产—构树防护林”的现代生态农业经济模式，发展桑构产业链，将推动以林业为基础的“农、林、牧、副、渔”循环经济产业链发展。

桑构产业链是农民树立依靠发展种植构树致富的样板，以发展构树产业有效保护生态环境，实现人与自然协调发展，以发展养殖畜牧业，实现农民增收和农村经济的可持续发展，最终全面推动构树资源开发产业化的发展。

1. 构树枝叶为原料的食用菌、药用菌生产

食用菌生产原料主要利用构树砍下来的枝干和树叶，进行粉碎装包，添加特别提炼的菌种，在特定的环境下，加以培植生产。主要是名贵的猴头菇，或是常见的香菇、金针菇为主。

食用菌具有较高的食用价值，菇类的蛋白质含量一般为鲜菇 1.5%~6%、干菇 15%~35%，高于一般蔬菜，而且它的氨基酸组成比较全面，大多菇类含有人体必需的八种氨基酸，其中蘑菇、草菇、金针菇中赖氨酸含量丰富，而谷物中缺乏，赖氨酸有利于儿童体质和智力发育，金针菇在日本更是称为“增智菇”。菇类含有多种维生素和多种具有生理活性的矿质元素。如 VB_1、VB_{12}、VC、VK、VD及磷、钠、钾、钙、铁和许多微量元素，可以补充其他食品中的不足。

食用菌同时具有较高的药用保健价值，食用菌中含有生物活性物质如：高分子多糖、β-葡萄糖和RNA复合体、天然有机锗、核酸降解物、cAMP和三萜类化合物等对维护人体健康有重要的利用价值。

食用菌的药用保健价值包括：①抗癌作用：食用菌的多糖体，能刺激抗体的形成，提高并调整机体内部的防御能力。能降低某些物质诱发肿瘤的发生率，并对多种化疗药物有增效作用。此外栗蘑中富含的有机硒，可作补硒食品，若长期食用，几乎可以防止一切癌变。②抗菌、抗病毒作用。③降血压、降血脂、抗血栓、抗心律失常、强心等。④健胃、助消化作用。⑤止咳平喘、祛痰作用。⑥利胆、保肝、解毒。⑦降血糖。⑧通便利尿。⑨免疫调节。

随着人民生活水平的提高，以及对健康的重视，21世纪食用菌将发展成为人类主要的蛋白质食品之一。

2. 食用菌糠为原料的生物饲料生产

原料主要是利用经过生产食用菌后的菌糠，通过蛋白转换技术、酶工程技术等，添加麦麸等必要辅料，进行发酵精制加工生产。

生物饲料适用范围：蛋鸡、蛋鸭、肉鸡、肉鸭、鹌鹑、猪、兔、种禽。

构树种植不需要化肥、农药。菌糠含丰富的营养成分，生物饲料喂养，可产出风味良好的优质畜产品。这些都为饲料产业发展，提供了广阔的前景。

生物饲料的特点：①绿色环保：采用菌糠为主要原料发酵制成，不含农药、激素。②适口性好：利用生物技术发酵生产的生物饲料具有独特的清香味，家禽家畜喜吃，吃后贪睡、肯长。③利用率高：根据饲养动物品种、生长阶段的不同，饲料消化率达80%以上。④生长速度快：生物饲料经过科学配方能全方位满足家禽家畜的营养需要，动物吃后长势快，抗病力强，饲养周期短。⑤动物的形态好：使用生物饲料出栏猪形态好看、精神好、皮红毛亮、卖价高。⑥屠宰率高：使用生物饲料饲养的生猪屠宰率高、效益好。⑦瘦肉率高：用生物饲料喂养的生猪，肉质纯正，味道鲜美，回归自然品质，堪称真正的绿色食品，猪肉售价高。

（三）沼气产业

1. 沼气工厂化生产与生物质资源配方管理

1.1 关键技术

沼气工厂化生产是指对畜牧场废弃物、农作物秸秆等进行集中处理，并对其产生的甲烷压缩提纯，合理规划，异地使用的过程，从而实现生物质资源合理管理和利用。

畜禽场废弃物、农村作物秸秆沼气化等措施的应用，既可回收利用再生资源，又可减少沼气的无序排放，改善城乡生态环境，不但开辟了沼气工厂化的新领域，而且打开了甲烷压缩提纯、异地利用的新路径。这将为唐山城市废弃物资源化、生物质能源产业化拓展了思路。

沼气化的工艺流程包括五部分：原料的收集；原料的预处理；消化器（沼气池）；出料的后处理；沼气的净化、储存和输配。沼气工厂化则是改变传统农村沼气建设分散，管理障碍，无法形成规模效益的困境，建立较大规模的沼气工厂，进行原料大范围收集，从而生产更大规模的甲烷能源，并根据需求，对资源合理分配使用。

沼气工厂化开发的技术路线包括三个方面：

（1）生物气的回收技术。尽管采用驯化微生物厌氧发酵处理，生物气回收率可以达到75%，罐装式高温厌氧发酵，回收率可以达到95%以上。但目前国内常规的垃圾填埋气回收技术，气体收集率大约只有 30%~40%，其中渗滤液带走很多有机物，包含约 10% 的甲烷气量。高堆密闭填埋条件下，收集率可达 65%（如老港四期）。

（2）提纯压缩技术。采用国外先进技术对采集的填埋气进行提纯压缩，有提纯、去杂、去除硫化氢（H_2S）的功效，也增加了抽取低品位填埋气进行浓集和利用的可能性，甲烷气的回收提高约 10%~20%。

压缩气压为 24.5 兆帕，年处理量可达 2200 万立方米。

① 西班牙（康达）。沼气处理提纯压缩，去除硫化氢等主要有毒气体，氨、氮氧化物、硅氧烷等多种杂质，并在再生系统解吸出纯度≥95% 的二氧化碳气体。处理后的价值在沼气的基础上提高 20% 以上。

装置占地面积：沼气处理能力 400 万 ~800 万标准立方米 / 年的占地在 100~200 平方米之间。

压缩成本：处理每 1 立方米沼气电耗为：0.12~0.084=0.036 千瓦时。

② 丹麦（贞元）。贞元集团利用丹麦技术建立了年产甲烷气 400 万标准立方米 / 年规模的粪便沼气压缩提纯系统。示范投资 4000 万元人民币，总成本 1.7 元 / 标准立方米甲烷气，其中提纯成本 >0.1 元 / 标准立方米，压缩成本 <0.1 元 / 标准立方米。

计划开展二、三期工程，单位产气规模投资量显著降低。

1.2 输运方式

管道运输：管道运输适合于城市内输送，较为方便快捷，需要良好的规划和设计；

水路船泊运输：装备压缩天然气管束船，运输成本较低，但码头等设施要求高；

陆路车辆运输：一辆压缩天然气管束罐车的气体运量为 4000 标准立方米，日需气量按 3.2 万立方米计，需 8 车次 / 日。

1.3 建设内容

畜禽场沼气工程（图 3-11）分为两个部分：

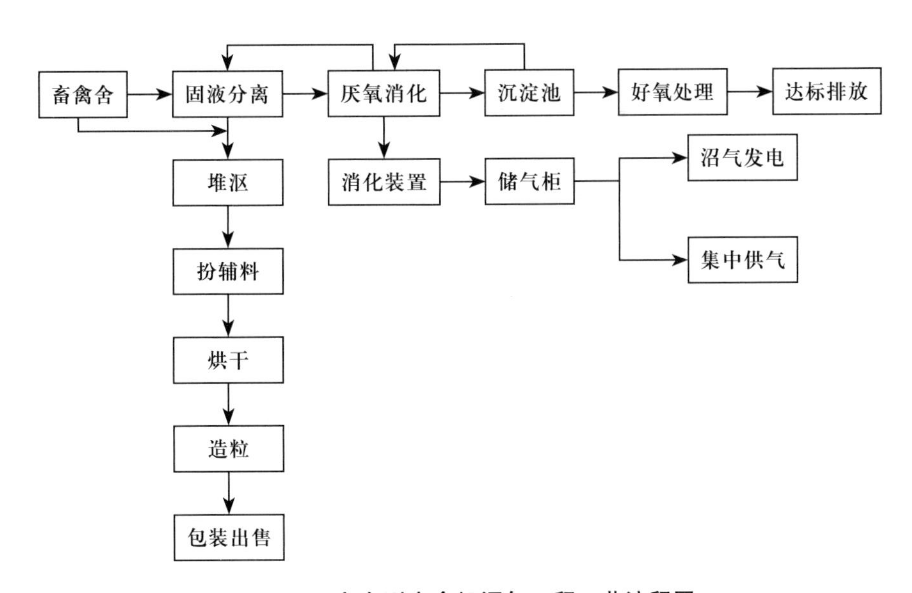

图 3-11 大中型畜禽场沼气工程工艺流程图

① 粪便真空收运系统的安装建成。它是由真空便器（或真空吸粪器）、真空破碎抽吸器（收集有机废弃物）、阀件、管网、真空泵、真空罐、排污泵及控制柜等组成。

② 原料预处理池。粪便碱性生化技术是利用混凝剂、石灰和碱性工业废料，在碱性条件下，

促进有益微生物生长，抑制并杀死病原体。

③ 农村大型沼气池建设。农村根据原料供给和用户需求建设大型沼气池，将农作物秸秆、生活垃圾等废弃物沼气化，统一供给农村生活用能，剩余的沼气还可通过压缩提纯的方式运输到其他区域异地利用，赢得额外的收益。

④ 生物质资源配方管理。生物质资源的利用根据生物质原料的不同特质，有不同的利用配方。在沼气工厂化生产中需要推动生物质资源配方管理，根据原料的厌氧性、生产环境等合理配置生产配方，可以提升原料的产气效率，减少废渣，促进资源的高效利用。

2. 分布式能源系统

分布式能源系统与传统的大型中心发电系统相对，是指非中心的、分布式的能源供给体系，是以资源、环境和经济效益最优化确定机组配置和容量规模的系统，追求终端能源利用效率最大化，满足用户多种能源需求，以及对资源配置进行供需优化整合，采用需求应对式设计和模块化组合配置的新型能源系统（图 3-12）。

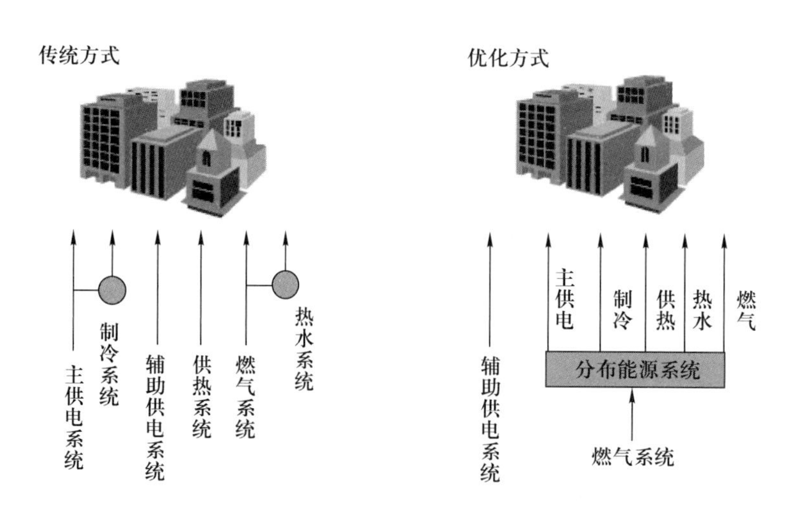

图 3-12　分布式能源系统与传统能源方式对比示意图

这个概念最早于 1996 年在美国提出，1998 年中国电力部国际合作司谢绍雄司长第一次将国际上“分布式”的电力供应的完整理念引入中国。目前，中国分布式能源总量接近 1 亿千瓦。

分布式能源系统的特征是：分散于用能或资源现场；自下而上的供能体现；更高的能源综合利用效率；用户自主的能源系统；信息化的能源系统；

唐山市可以借沼气工厂化开发的契机，建立沼气供热、发电综合利用系统，结合以余热利用为核心的冷热电联产系统和具有极高效率的新型燃料电池，组成分布式能源综合利用系统。通过能源的梯级利用来提高能源利用效率。

在分布式能源系统中，技术设备主要包括燃气轮机、蒸汽轮机，余热锅炉、压缩式制冷、吸收式制冷，蓄冷、蓄热设备，以及控制系统等。占地约 500 余亩（含余热锅炉、冷却塔等）。

分布式能源系统建设开发可以由政府主导，能源企业投资建立，建成后需要由专业的能源服务公司进行能源审计和能源管理培训，实现能源物业的专业化管理，从能源供给到能源使用多环节共同推进能源的高效利用。

第四章　经济增长低碳化工程组合

转向低碳化的经济增长模式是唐山市的战略选择。依靠不可再生资源优势所形成的支柱产业——传统重碳行业，必须依靠高新技术，走产业组合、循环经济、节能减排之路，既能实现有计划开发利用，又能达到经济增长低碳化的目标。

本章提出的两项工程组合，其重点是以钢铁为主体的重工业，需要充分利用高新技术，进行产业组合，实现单一的发展模式向横向网络方向发展目标，从而抓住了增长低碳化的突破口，达到提高能效、解决主体工业生态化的有效途径，也是完成单位GDP能耗和碳减排目标的必经之路。

同时，以综合利用信息技术、纳米技术、生物技术等高技术为核心，发展产品再制造业，是一个节约资源、能源的新兴产业方向，成为节能减排和经济增长低碳化的又一个重要途径。

在支撑城乡生活方式转型方面，建筑能耗占唐山市全部能耗30%，达到建筑节能标准的新建建筑，与传统的建筑相比将节约能源50%，建筑节能潜力极大，宜以建筑节能为经济增长低碳化的重点方向之一。

第七项　工业减排工程

一、现状分析

“十一五”期间，唐山市重点攻坚节能减排。截至2009年年底，单位GDP能耗累计降低17.32%。但是，唐山市的单位GDP能耗是全省水平的1.5倍，是全国水平的2.36倍，是世界水平的7.74倍。唐山市煤炭消费量占河北省煤炭消费总量的60%以上，新能源在能源消费中占比很小，减排压力依旧巨大。

二、工程建设目标

到2015年，吨钢能耗下降到0.7吨标煤，建立示范工程，对工程效益进行评估，计算低碳化的程度和经济效益，并对工程所带来的岗位投资环境进行系统评估。

到2020年，吨钢能耗下降到0.65吨标煤，对示范工程进行推广运用，为高碳行业大范围节能减排工程提供基础。

三、工程建设内容

（一）钢铁产业改造提升

1. 构建钢铁产业链条

淘汰落后产能和生产工艺，推广节能减排、综合利用，研究和应用钢铁生产短流程技术，促其向“品种、质量、效益”的产业链高端发展，生产汽车板、桥梁板、造船板、硅钢板等高附加值板材，培育发展钢结构、金属制品、精密铸件、机械配件等耗钢装备制造产业，形成较为完善的钢铁产业链条。

2. 原煤气化—竖炉直接还原海绵铁

预计在曹妃甸唐钢投资 20 亿 ~30 亿元，实施年产 50 万 ~120 万吨原煤气化—竖炉直接还原铁工程。选定粉煤加压气化（日投煤 2000 吨）和海绵铁（年产 80 万吨）的示范试点。竖炉在 HYL、Midrex 和 Danarex 炉之间比较、择优。

原煤气化—竖炉直接还原海绵铁：原煤气化形成煤气，作还原气，可代替天然气在竖炉中直接还原生产海绵铁。粉煤加压气化工艺生产的煤气，$CO+H_2$ 可达 90%。原煤气化—竖炉生产海绵铁的能耗只有 454.54 公斤 / 吨标准煤。

原煤气化—竖炉直接还原的新工艺的优点：

（1）采用原煤做能源，不用天然气、焦煤、焦炭，符合唐山的资源状况。

（2）竖炉还原比高炉炼铁可降低能耗 15%。

（3）钢铁生产长流程与短流程相比，因不用炼焦、烧结工艺，CO_2 排放量减少 40%，硫化物（SO_2、COS）约减少 80%~90%，排放的氮氧化物（NO_x）、二噁英等的排放量约减少 95%~98%。

（4）由于完全不用焦炭，缓解了焦煤日渐枯竭的难题。

（5）劳动生产率高，成本较低。

3. 钢铁烧结余热能源高效转换技术（图 4-1）

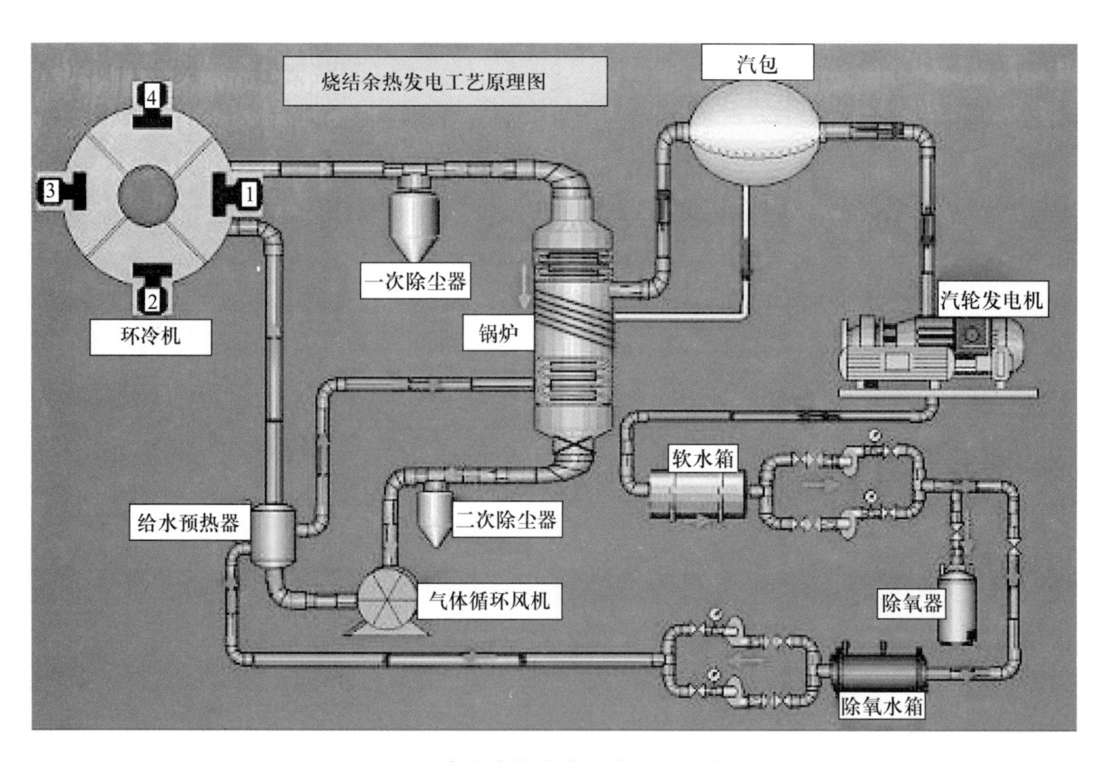

图 4-1 烧结余热发电工艺原理示意图

在曹妃甸、丰润区、开平区、迁安重点推广双压、闪蒸余热发电技术，主要建设内容包括：

改造原有余热回收系统。增建热风循环系统和高换热效率的余热锅炉，提高余热蒸汽回收量和蒸汽品质；

增建汽轮机发电机组及其附属系统。主要包括废热锅炉、蒸汽透平机、闪蒸器、发电机组及辅助附属设备；

改造或增建循环冷却水系统、电气与过程控制系统及配套外部管道等。

（二）煤、油（气）、盐化工产品转化

1. 煤高效气化制备烯烃

依托曹妃甸港区、京唐港港区大型煤炭中转港优势，重点在沿海地区和煤炭产地建设煤气化制烯烃工程，如曹妃甸、汉沽管理区、迁安、滦县等。首先在曹妃甸通过煤向石油的高效转化建成以甲醇为龙头的“煤炭—烯烃”化工产业链。与曹妃甸1000万吨炼油项目对接，年产180万吨甲醇、120万吨烯烃、225万吨丁烯醇、20万吨乙二醇、8.4亿标方氢气等产品，构成煤气化为主的煤基烯烃产业链条(图4-2)，把唐山建设成我国北方重要的煤化工产业基地和醇醚清洁燃料集散中心。

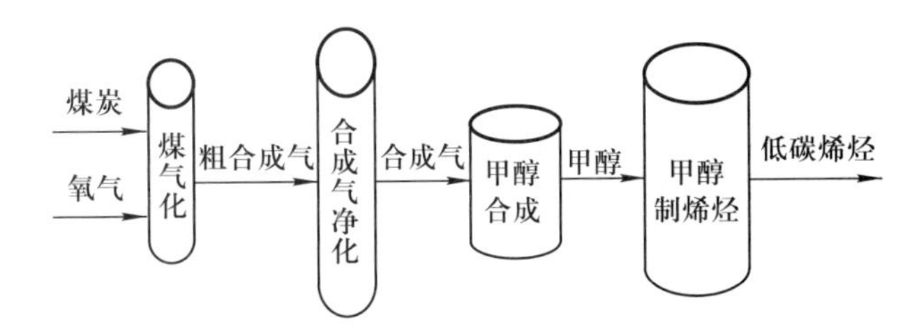

图4-2 以煤为原料经甲醇制取低碳烯烃的工艺路线示意图

2. 发展高端石化产业链

预计在南堡开发区投入120亿元，引进、开发煤焦油深加工技术，发展三大合成材料（合成树脂、合成橡胶和合成纤维及聚合物），有机化工原料以及有机硅、有机氟、纳米材料等化工新材料。

3. 开发精细盐产品

预计在南堡开发区投入70亿元，利用盐卤、天然气、苯、甲苯和动力煤等原料，将盐产品与石油化工产品相结合，开发氯化聚合物、新型高档消毒剂等系列产品。

开发精细盐产品项目的主要产品方案为15万吨/年MDI、7万吨/年TDI、10万吨/年固碱、7万吨/年液碱、2万吨/年糊树脂、17万吨/年PVC、10万吨/年有机硅和1万吨/年合成氨。

（三）再制造业

1. 汽车业再制造

我国汽车制造产业发展潜力巨大。2008年汽车保有量达4957万辆（不含低速汽车），其中大量汽车在达到报废要求后将被淘汰，新增的退役装备还在大量增加。发展汽车零部件再制造、交通运输设备再制造不仅有利于形成新的经济增长点，还为社会提供大量的就业机会。

与制造新品相比，汽车零部件再制造可节约成本50%、节能60%、节材70%。中国汽车零部件再制造的市场规模将有望在2010年内达到10亿元。

2010年末唐山市汽车保有量可能达到80.38万辆，按理论报废量计算，可能超过4.4万辆。回收、利用、再制造工作量大，按每辆1000元备件考虑，需求是8亿元，其中如果5%采用再制造产品，也需4000万元再制造产品。

2. 工程机械、机床等再制造

我国机床保有量达700多万台，14种主要型号的工程机械保有量达290万台。开发船舶装备再制造业和矿山机械设备再制造业，形成专业化配套生产企业集群。鼓励发展船舶装备再制造、成套设备再制造、焊接生产设备再制造、金属制品加工精密铸造、石油机械再制造、印刷机械再制造等机械装备深加工基地，形成一批专业化配套再制造生产企业，建立起以大带小、以小促大的产业集群。

再制造装备的全寿命周期是“研制—使用—报废—再生”，其物流是一个闭环系统（图4-3）。这是对全寿命周期理论的深化和发展。

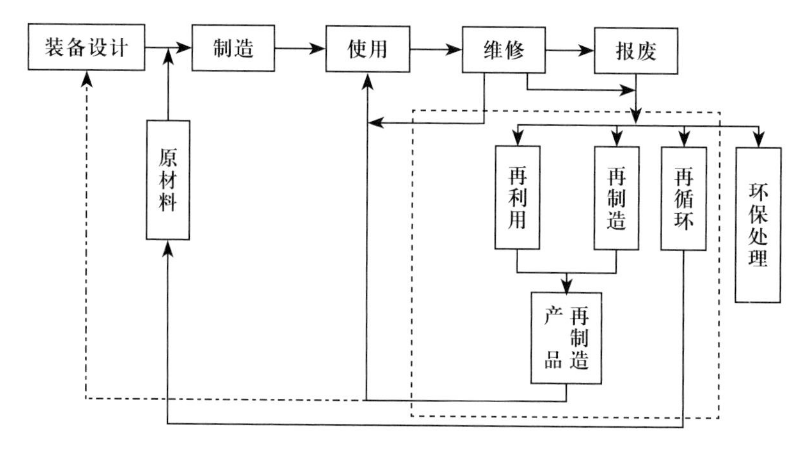

图 4-3 再制造装备闭环系统

（1）装备再制造工艺流程。废旧装备进厂—拆卸、清洗—旧品鉴定与寿命评估—再制造加工—再制造零部件的质量检测—再制造零件（即再制造之后的零件）的服役寿命预测—装配—试用—喷漆、包装。

（2）再制造工程关键技术分析。中国特色的再制造工程是在维修工程、表面工程基础上发展起来的，主要基于寿命评估技术、复合表面工程技术、纳米表面技术和自动化表面技术，这些先进的表面技术是国外再制造时所不曾采用的。其重要特征是再制造产品的质量和性能不低于新品，成本只有新品的 50%，节能 60%，节材 70%，对环境的不良影响与制造新品相比显著降低。中国特色的再制造工程可以简单概括为：再制造是废旧产品高技术修复、改造的产业化。

第八项　建筑节能产业工程

一、现状分析

唐山市从 1996 年开始，全面推进建筑节能、墙改和粉煤灰工作，取得了较好的成绩，并走在了全省乃至全国的前列。在既有居住建筑供热计量及节能改造工作也取得突破性进展。“北方采暖地区供热计量改革工作会议”和“河北省既有居住建筑节能改造工作座谈会”先后在唐山市隆重召开，得到了国家住房和城乡建设部部长姜伟新、副部长仇保兴以及省住房和城乡建设厅领导的高度肯定。成为第一批国家级可再生能源建筑应用示范城市，争得国家无偿支持资金 8000 万元。

2006 年在国内率先完成中德合作“中国既有建筑节能改造项目”示范工程，总结积累了节能改造方面的经验做法。2008 年，唐山市共完成既有居住建筑供热计量及节能改造 177 万平方米；2009 年上半年，既有居住建筑供热计量及节能改造工程已开工 506.85 万平方米。2007~2008 年采暖季实现计量收费面积 100 万平方米，2008~2009 年采暖季实现 238 万平方米。2008 年唐山市累计竣工太阳能光热、光伏应用面积 320 万平方米，地源热泵应用面积 360 万平方米。

二、工程建设目标

在城区，到 2015 年，新建建筑有 30%（约 480 万平方米）采用节能技术，已有建筑约有 20%（约

200 万平方米)进行建筑节能改造,到 2020 年,新建建筑有 80%(约 1600 万平方米)采用节能技术,已有建筑约有 50%（约 500 万平方米）进行建筑节能改造。

在乡村，到 2015 年，新建建筑有 20%（约 1120 平方米）采用节能技术，已有建筑约有 10% 进行建筑节能改造；到 2020 年，新建建筑有 50%（约 2500 万平方米）采用节能技术，已有建筑约有 30%（约 1700 万平方米）进行建筑节能改造。

三、工程建设内容

（一）建筑节能一体化

1. 地源热泵空调系统

地源热泵是一种利用地下浅层地热资源（也称地能，包括地下水、土壤或地表水等）的既可供热又可制冷的高效节能空调系统。地源热泵技术发展迅速，已成为一项成熟的应用技术。唐山市也有几家大型的地源热泵公司，技术成熟，如唐山市地源热泵有限公司等。

地源热泵空调系统具有：高效节能、舒适、节省占地面积、安全、一机多用可再生等特点。地源热泵消耗 1 千瓦的能量，用户可以得到 4 千瓦以上的热量或冷量。

2008 年，地源热泵应用面积 360 万平方米。地源热泵的污染物排放，与空气源热泵相比，相当于减少 40% 以上，与电供暖相比，相当于减少 70% 以上。（图 4-4、图 4-5）

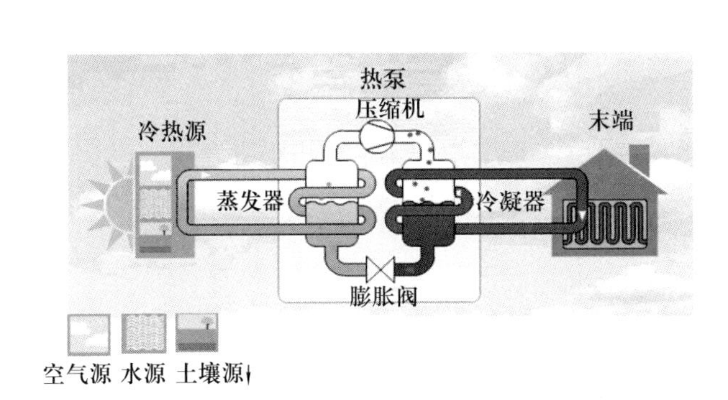

图 4-4 地源热泵的工作原理图

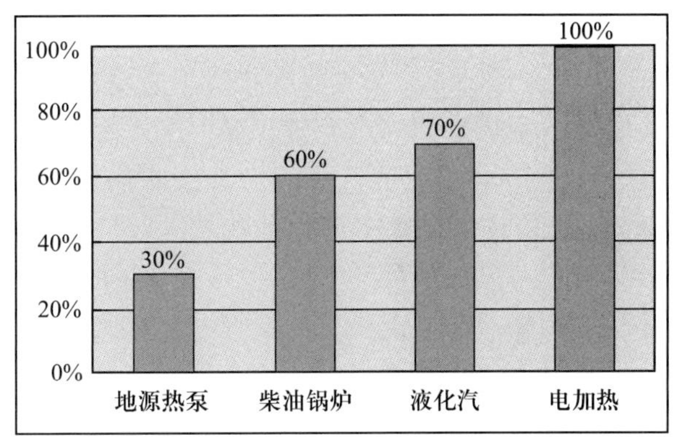

图 4-5 地源热泵与其他加热方式相比的能源消耗

2. 太阳能光伏建筑一体化系统

光伏建筑一体化（BIPV，building integrated photovoltaic）利用建筑物上空置的屋顶及空间安装光伏组件，将光伏组件与建筑材料集成化，用光伏组件代替屋顶、窗户和外墙（幕墙玻璃和大理石等），光伏建筑一体化是“新能源建筑”的典型代表，在欧美等发达国家已有广泛应用。

光伏与建筑的结合有如下两种方式。一种是建筑与光伏系统相结合，把封装好的光伏组件（平板或曲面板）安装在居民住宅或建筑物的屋顶上，组成光伏发电系统；另外一种是建筑与光伏器件相结合，是将光伏器件与建筑材料集成化，用光伏器件直接代替建筑材料，即光伏建筑一体化（BIPV），如将太阳光伏电池制作成光伏玻璃幕墙、太阳能电池瓦等。太阳能光伏建筑有如下优点：

（1）可以有效地利用建筑物屋顶和幕墙，无需占用宝贵的土地资源，这对于土地昂贵的城市建筑尤其重要。

（2）可原地发电、原地用电，在一定距离范围内可以节省电站送电网的投资。

（3）能有效地减少建筑能耗，实现建筑节能。光伏并网发电系统在白天阳光照射时发电，该时段也是电网用电高峰期，从而舒缓高峰电力需求。

（4）光伏组件一般安装在建筑的屋顶及墙的南立面上直接吸收太阳能，因此建筑集成光伏发电系统不仅提供了电力，而且还降低了墙面及屋顶的温升。

（5）并网光伏发电系统没有噪音、没有污染物排放、不消耗任何燃料，具有绿色环保概念，可增加楼盘的综合品质。

目前，太阳能光伏技术在欧美大量使用，中国太阳能与建筑一体化技术也已基本成熟。唐山有丰富的太阳能资源，年日照时数在2200小时以上。为发展太阳能光伏建筑一体化打下很好的自然基础。

3. 外围护节能技术

外围护结构节能技术主要通过改善建筑物外围护结构的热工性能，达到夏季隔绝室外热量进入室内，冬季防止室内热量泄出室外，使建筑物室内温度尽可能接近舒适温度，以减少通过辅助设备如采暖、制冷设备来达到合理舒适室温的负荷，最终达到节能的目的。而像唐山这样的北方住宅，冬季采暖是决定能耗高低的主要因素。

外墙、屋顶是围护结构中面积最大的部分，其保温性能的好坏是降低采暖能耗的重要措施。保温工艺主要有三种：外墙外保温、外墙内保温、外墙夹芯保温。

外墙外保温方式主要有以下几种形式：粘贴聚苯板外保温方式（EPS）、挤塑板外保温体系（XPS）、发泡聚氨酯（PU）和现抹聚苯颗粒外保温方式。

4. 采暖末端计量与调节

实现“热改”，按照面积收费。主要的目的是：①使得保温好、耗热量少的建筑热费减少，而保温差、耗热量大的建筑热费多，这才能促进新建建筑的保温措施的落实和既有建筑的保温改造；②避免由于末端失调造成的部分采暖房间过热和由此导致居住者开窗换气降温造成的大量热损失；③对较长时间内不使用的建筑（如寒假期间的学校、春节期间的办公室等）停止供热或降低供热参数只保证防冻的需要。

要实现上述要求，必须同时实现对热量的计量和改善末端的调控能力。

除了直接按照面积收费外，目前计量与调节的方案可分为两类：

（1）分户计量与调节方式。在每户的采暖进出口管道上安装热量计，在每个散热器处安装根据室温调节水量的恒温调节阀，从而实现对每一户的供热计量和对每一个散热器根据室温的热量调节。这一方式需要的投资是1500~2000元/户。实际的示范工程表明，通过改善调节可以有效避免个别房间的过度供热现象，降低采暖热量20%~30%。

（2）分栋计量分户分摊方式。在每栋建筑的热入口安装热量计，计量整栋建筑或部分建筑的总供热量，再通过某种分摊方式，由各户分摊总的热费。目前有很多分户调节与分摊方式，主要有：蒸发式热分配表按照房间温度分摊的方式，分户“通断调节”方式等。

（二）农村建筑节能

唐山市农村建筑用能最突出的问题是冬季采暖用能，农村采暖普遍的问题为：室内温度过低、较重的经济负担、污染严重等。

应提高传统采暖方式的采暖效率，降低能耗，同时提高各种可再生资源的使用效率，

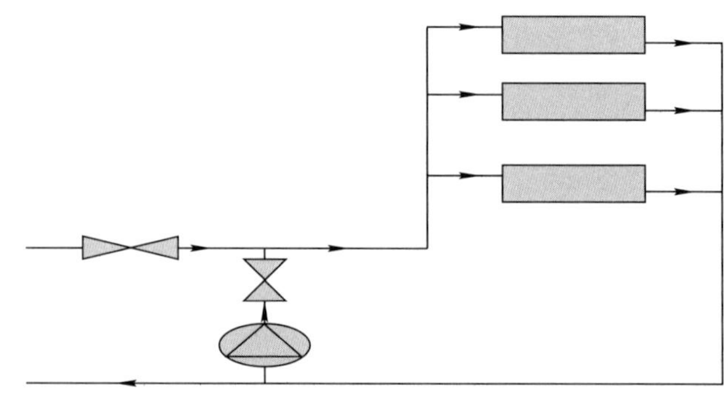

图4-6 混水泵连接方式图

推广新能源，新技术找到采暖问题的解决方案是当前农村建筑节能领域重要的课题。

首先，改善农村住宅，降低采暖负荷。改造建筑物形式，改进建筑的外墙材料，改善建筑门窗和通风形式。改善建筑的热工性能是解决唐山市农村采暖问题的基础和先决条件。

再则，采暖系统的问题。多年来在传统火炕的基础上发展出新型的“吊炕”技术，利用秸秆薪柴或秸秆压缩颗粒为燃料，改善了燃烧条件，改变了火炕表面冷热不匀的状况，提高了火炕向室内散热的能力，与好的灶具及良好保温的建筑结合，使冬季室内达到热舒适要求，并不造成室内外环境的污染。

生物质能的高效清洁利用可以采用如下方法：农林固体剩余物致密成型燃料及其燃烧技术、高效低排放户用生物质半气化炉具、沼气技术、生物质气化技术等。

第五章 生态产业园案例工程组合

倾力推进高新技术生态产业园建设，和本地特色优势相结合，帮助关联产业在本地扎根立足，在产业融合中提高自主创新能力，进行“二次创业”，成为唐山市改革发展的重要战略之一。

这里所述的“生态产业园”并非传统所指农业生态园，被产业分类割裂的“生态园”难以成功实现生态经济运行。传统重工业生态化必须是跨行业组合，走跨产业经营的道路。

本章首先提出的沿海岸带、“曹妃甸生态城”建设的海港区生态产业园工程，将通过采用全新技术集成来发展海岸滩涂—港口产业链，将原来生产和生活脱节的生态城规划连接起来，把各种企业割裂状态整合起来，建设一个跨领域产业组合的生态产业园。

标志性和引领性的都市生态产业园工程选址滦河中段，通过千米太阳能高塔热风发电和钢厂、电厂低温位余热利用，配套跨气候带“超级大棚植物园”，成为特色旅游“东北亚一绝”，三次产业融合的典型代表。

上述两个具有特色的生态产业园工程，设计规模之大，采用技术之新，预计效益之好，可称中国之最，必将闻名世界。

第九项 海港区生态产业园工程

唐山港曹妃甸港区将以港口、港区、港域一体化发展为方向，以港口为龙头，以园区为载体，以主导产业聚集为抓手，不断提高区域经济实力和综合竞争力。打造曹妃甸海港区经济增长极。该增长极是唐山湾“四点一带”经济社会发展的核心引擎、国家级循环经济示范区、新型工业化基地。

一、现状分析

港口区自然条件优越。“面向大海有深槽，背靠陆地有滩涂”，港口区有62公里岸线，可供25万吨多用途泊位群体，“十二五”期间将建设以矿石、原油、液化天然气和煤炭为主的四大专业化码头26个，同步建设散杂货和集装箱码头63个生产性泊位。油（气）、盐矿物资源和海洋生物资源、自然能源丰高。

地热资源主要集中在唐山市区和唐山市南部沿海地带，总面积835.71平方公里。其中唐山市区273平方公里，唐海县城—滨海新城424.69平方公里，南堡开发区61.93平方公里，海港工业区76.09平方公里。唐山市深层地热能分布地区包括：①属于山间断陷盆地构造带的汤泉地热异常区和滦县东安各庄地热异常区，分布面积分别为0.6平方公里和1平方公里，水温分别为62℃和52℃，涌水量分别为72立方米/日和1200立方米/日。②属于沉降平原区的唐海地热田，位于南堡断凹，马头营断凸、柏各庄断凸构造单元内，新生界地温梯度为3.0~4.0℃/100米，地热田内分布有明化镇组、馆陶组、寒武奥陶系三个热储层。唐海县的地热由蕴藏着全市可再生能源可用资源总量的3/4。唐海地热田地热流体可开采量为 18.746×10^{6} 立方米，有效利用地热资源总量为 1093.478×10^{16} 焦耳。

港口区位优势显著。曹妃甸地处唐山南部的渤海湾西岸，位于唐山市南部 70 公里，在天津港和京唐港之间，距唐山市中心区 80 公里，距北京 220 公里，距天津 120 公里，距秦皇岛 170 公里。它是沟通华北、东北和西北地区的最近出海口，背靠北京、天津、唐山、承德、张家口等 20 座工业城市，占据华北与东北的交通咽喉地带，上能同京九铁路、京沪铁路、京广铁路交通大动脉相连，下能同京哈铁路、京承铁路、京包铁路欧亚大通道相联结。腹地广阔，货源充足，交通便捷。直接经济腹地唐山是中国重要的能源、原材料基地和多种农副产品富集地区，已形成煤炭、钢铁、电力、建材、机械、化工、陶瓷、纺织、造纸、食品十大支柱产业，又是沟通东北及华北的商品集散地和运输要道，每年有大量的内外运货物。间接经济腹地可覆盖河北、北京、山西、宁夏、内蒙古和陕西等地。

港口工业对能源、淡水的需求量大：一方面工业废弃物、化学农药和各种污水，污染着这个地区本来就缺少的地下水、井水和河水等饮用水资源；另一方面，工业的发展对淡水资源和其他能源的需求量加大。

二、工程建设目标

实现港城整体开发，完成深水岸线及滩涂互补开发的系统工程。三次产业融合产值上千亿，构建生态产业主体，完成互补开发，建成绿色港城，领军唐山绿色经济。到 2015 年港区吞吐量达到 4 亿吨，集装箱达到 100 万标箱，形成 2000 万吨钢铁生产能力，1000 万吨炼油、100 万吨乙烯生产能力，初步建成绿色大港，钢化联合，大幅提升能效，建立大型保税物流；2020 年，港区吞吐量达到 6 亿吨，集装箱达到 200 万标箱。在港区打造电力（含风力）生产、海水淡化、盐油化工一体化发展的循环经济产业链。碳效率领先，率先实现碳增量平衡。

三、工程建设内容

（一）绿色集疏运系统

曹妃甸港口建成后，其年吞吐量达 4 亿吨，必须考虑要建立一种既节约用地，又更安全、更快捷的集疏运系统，永磁浮列车将是最佳的选择之一。永磁浮列车悬浮的物理原理是利用磁力线的纵向抗拉伸力和横向抗压缩力来获得悬浮力。我国科研人员考虑磁力线有纵向抗拉伸力和横向抗压缩力的性质，采用磁陈列结构，永磁浮列车每米车长的承载能力可超过 5 吨力，从而超过轮轨铁路的承载能力（3.5 吨力 / 米）。

磁啮轮—磁啮条推进（图 5-1）运行时无摩擦，几乎无能量损耗，故其效率高达 95%；结构简单，可靠性高，故障率低。

该交通系统占地少；普适性强；列车自重轻；列车和轨道造价都低；节能可达 70% 以上。

1. 工程最优路线选择

如图 5-2 所示，目前曹妃甸地区主要通过铁路、公路、海运进行运输。其中，在曹妃甸工业区，铁路运输占了很大比重。

2. 工程性价比高

单线的永磁浮列车轨道造价约 4500 万元 / 公里，10 米长的列车约 300 万元 / 辆。可以应

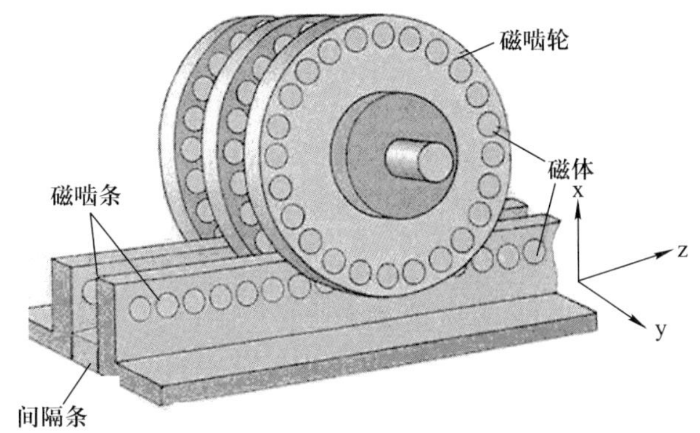

图 5-1　MAS 制磁浮列车推进系统

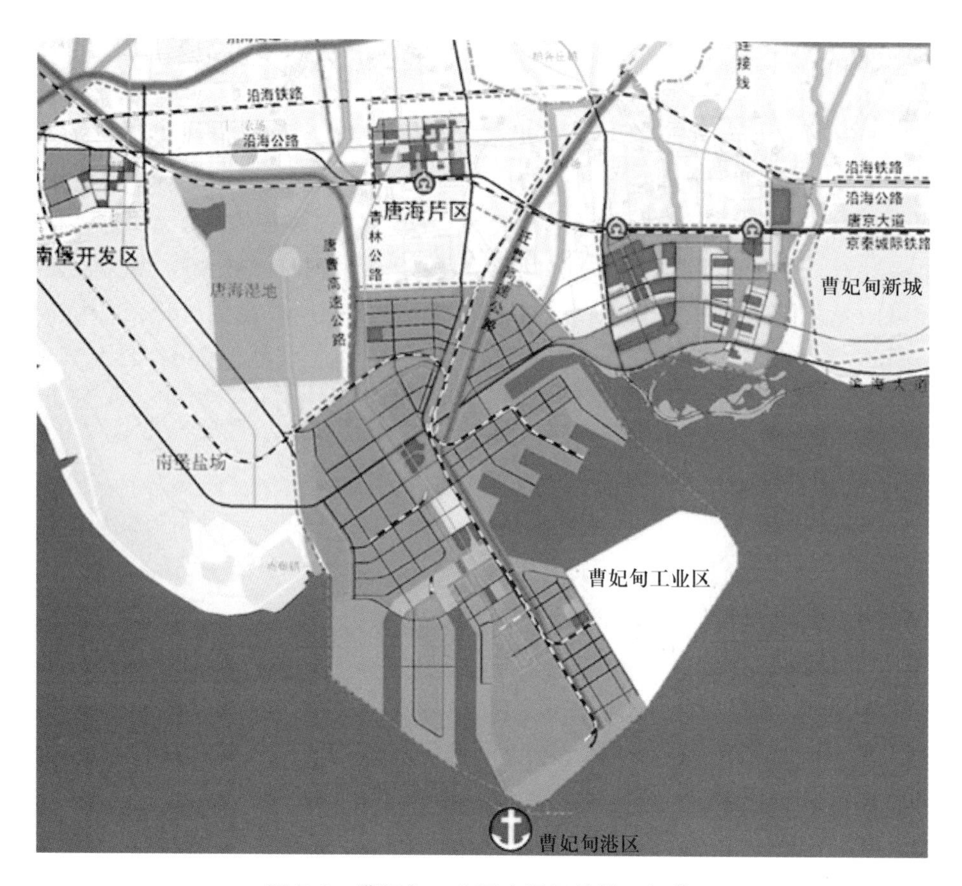

图 5-2 曹妃甸工业区交通运输情况概览

用两辆永磁浮双车进行货物集输运。图 5-2 所示粗线距离约为 30 公里（具体距离应以工程实际路线测算为准）。因此，整个工程总造价（两辆永磁浮列车和单线轨道）约为 4500×30+300×2=13.56 亿。低于高铁和地铁工程造价，性价比高。提高集疏运效率，减少海港堆场，节约港区土地。2015 年首先在唐山世园会展示应用，2020 年产业化，建成京津唐石环线，成为中国节能交通的新军。

（二）海岸风场开发

包含曹妃甸在内的唐山市渤海湾，蕴藏着巨大的风力发电资源，建设和发展海上风电场是唐山市必然的选择。目前海上风电场都建在靠近海岸的浅海区域（水深小于 50 米），又称为离岸风电，应考虑向深海发展，是大幅度提高风能利用率的新趋势。

开发风力机的多种用途是节能减排的又一措施。直驱式垂直轴飞轮风力发电机具有重心低、低风速启动、噪声小等特点，无变速箱损耗，散热要求降低，实现风能混合动力电动车船产业化。达到更加节约（常规）能源和提高车船续航力的目的。

2015 年运用自产风机实现风电 5×50 兆瓦海岸实验电站，2020 年推广开发建设 5000 兆瓦海洋风电。

（三）余热海水淡化系统

海水淡化是从海水中获取淡水的技术和过程。主要途径有两条，一是从海水中取出水，二是从海水中取出盐。前者有蒸馏法、反渗透法、冰冻法、水合物法和萃取法等，后者有离子交换法、电渗析法、电容吸附法和压渗法等。目前主要应用的为蒸馏法和反渗透膜法。

曹妃甸工业区生态产业园配套核燃料及余热海水淡化可同步发展海藻能源渔业碳汇。

目前，曹妃甸工业区正在打造以大电力为龙头电厂——海水淡化——海洋化工的循环经济产业链，产业链全部建成后，将成为国内生产规模最大、产业聚集度和关联度最高、产业链延伸最长的项目集群，对打造曹妃甸循环经济示范区示范工程具有重大支撑作用。本项目建成后，可有效利用不同能级余热，将进一步完善曹妃甸工业区的循环经济产业链，减少工业区对地表水的依赖程度，为曹妃甸工业区打造国家级循环经济示范区和科学发展示范区提供重要保障。

曹妃甸海水淡化项目，"十二五"期间，形成日产淡水30万吨，年产50万吨制盐、30万吨纯碱、40万吨烧碱的规模。配套建设10万吨合成氨和先进的煤气化装置及氧化钾、氯化镁、PVC等项目。

第十项　都市生态产业园工程

都市生态产业园是以太阳能利用、钢铁厂余热利用为基础，以发展示范性现代农业为依托，以千米高塔景观带动产业旅游为契机，创造生态农林、工矿能源、旅游会展三次产业融合的全新模式，是牵动唐山地区（选址迁安）城市转型突破的杠杆工程。这一工程是生态化产业融合的集中体现，可以推动唐山市服务业实现由单一发展物流服务业向科技创新等生产性服务业与房地产、旅游等生活性服务业多元化发展的结构转化。

一、现状分析

唐山地区的迁安市是我国重要的工矿城市，素有"钢城"之称。在能源危机的背景下，如何重构工矿城市的经济结构，转变发展方式，实现经济和社会发展的华丽转身，是迁安面临的重要挑战。

唐山世界园艺博览会将于2016年5月至10月在唐山南湖举办。以太阳能塔热气流发电为主体项目的都市生态产业园作为辅会场之一，将为迁安市构建21世纪世界级标准的繁荣、宜居的新城带来强大动力，并进一步推动迁安从重工业化城市向拥有先进的产业结构并全面发展的新型现代化城市转变。

都市生态产业园的太阳能塔技术的应用将进一步深化节能减排，带动迁安钢铁企业实现绿色转型，生态产业园将塑造崭新滦河景观，推动迁安市发展产业旅游和经济转型，是唐山市转变发展方式的重要实践案例。

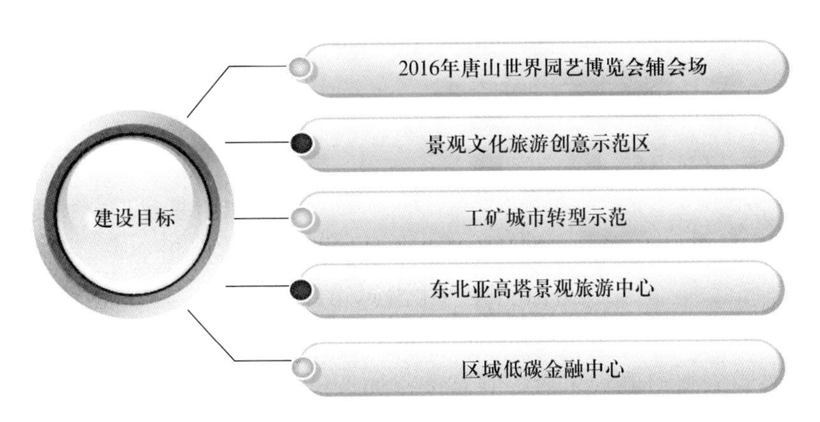

图5-3　太阳能塔都市生态产业园建设目标

二、工程建设目标

都市生态产业园将建成为2016年唐山市世界园博会的辅会场，把以太阳能利用、钢铁厂余热利用为基础的产业园区建设成为我国工矿城市转型的示范，项目核心区的跨气候带植物园，以其先进的生态、新能源和节能技术，在约10平方公里的区域内营造出不同的气候带，成为我国植物多样性和独特性的集中展示基地，并构建现代景观文化旅游创意示范区。太阳能塔设计塔高千米，建成后将成为东北亚乃至全世界最高的建筑。预计太阳能塔建成后，每年将吸引游客几百万，成为东北亚高塔景观旅游中心。

到2015年，都市生态产业园基本建成，主体项目开始运行。

到2020年，都市生态产业园配套完成，带动GDP倍增，降低碳排放，形成世界规模的产业园，以其为亮点带动唐山更多亮点的建设。

三、工程建设内容

太阳能塔都市生态产业园位于迁安市区北，滦河上游段河漫滩区，分为核心区和功能拓展区：

其中，核心区以太阳能塔（取名天元塔）及塔底特大型稀土膜大棚覆盖范围为边界，太阳能塔集热大棚内以构建跨气候带植物园为核心；核心区以外至规划边界以内的部分，为项目的功能拓展区，主要作为核心区的功能拓展与补充。

项目核心区将以千米太阳能塔为设计建设重点，通过太阳能高塔热气流发电及钢铁余热的利用，实现环境保护和能源的综合利用；约10平方公里的跨气候带植物园将成为我国植物多样性和独特性的集中展示基地，基地内将通过太阳能与钢铁余热进行保温；太阳能千米塔将以600米空

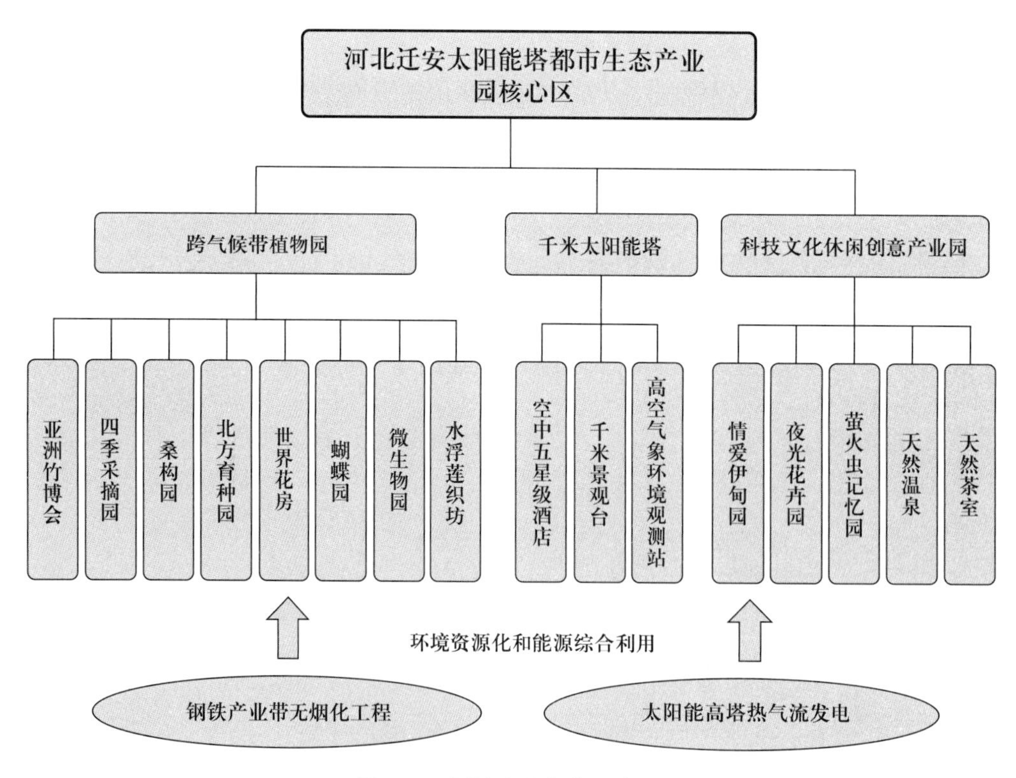

图5-4 项目建设内容示意图

中五星级宾馆、千米景观台和高空气象环境观测站为主实现功能。

（一）千米太阳能塔热风发电

千米太阳能塔，又名天元塔，登高塔顶，可以远眺长城和燕山山脉，因而又名长城景观塔。塔基占地0.5平方公里，塔身高千米。图5-5为上海世博会展出的太阳能塔仿真模型。千米太阳能高塔由国际著名高塔建筑师江欢成院士承担设计和建设。

图 5-5　上海世博会展出的太阳能塔仿真模型

太阳能千米塔将以600米空中五星级宾馆、千米景观台和高空气象环境观测站为主实现高塔旅游功能。详细如下：

1. 600米空中五星级宾馆

在千米高塔离地600米处，将建设一个空中五星级宾馆，成为中国距离地面最高的五星级宾馆，主要面向高端消费人群，紧扣其“居高临下”的消费心理，努力建设“会当凌绝顶”的居住体验。

2. 千米景观平台

千米景观平台，堪比阿拉伯联合酋长国的迪拜高塔。置身千米太阳塔顶端的观景台，可以北望塞外草原和长城，南望唐山，东望渤海，西望燕山。预计本塔建成开放后，将吸引游客300万人次 / 年。

3. 高空气象环境观测站

在塔顶建设高空气象环境监测站将十分有利于全球气候变化和大气污染防治等研究工作。

（二）环境保护和能源综合利用

1. 钢铁产业带无烟化

将10公里范围内的钢铁企业群无法利用的烟气、水汽、冷却循环水余热，送入大棚和筒塔底部，条件成熟时可利用其垂直温差上升气流旋风发电。

2. 太阳能高塔热气流发电

太阳能高塔热气流发电是一种先进的太阳能资源利用模式。在都市生态产业园中建设千米太阳能热气流发电高塔，将推动迁安市的能源综合利用。

（三）跨气候带植物园

跨气候带植物园将运用先进的生态、新能源和节能技术，在太阳能塔热气流大棚内营造出不同的气候带，将成为我国植物多样性和独特性的集中展示基地，以及我国植物资源重要的基因储存库和公共科研平台。

植物园内将根据主题分区，分为亚洲竹博园、四季采摘园、桑构经济园、北方育种园、世界花博园、有机牧场、微生物种园、水浮莲织坊等八个主体功能区（表5-1）。园区周围根据不同的主题因地制宜的建设娱乐、餐饮、休闲、购物或者会展等配套设施，深入发掘植物的文化内涵，发展从植物种植、育种、生物产业研发到参与性观赏，再到时尚消费的融生态农业、生物技术、旅游观光、文化产业为一体的完整产业链。

表 5-1　跨气候带植物园大棚中各植物园概况

<table>
<tr><th>布局</th><th colspan="2">各园占大棚的比例</th><th>气候带</th></tr>
<tr><td>塔下</td><td colspan="2">0.07 平方公里</td><td>热带</td></tr>
<tr><td>雨林</td><td>5.3%</td><td rowspan="9">总计 85%</td><td>热带</td></tr>
<tr><td>花房</td><td>13.1%</td><td>热带、南亚热带、中亚热带</td></tr>
<tr><td>笋园</td><td>3.3%</td><td>热带、南亚热带、中亚热带</td></tr>
<tr><td>亚洲竹博园</td><td>7.6%</td><td>热带、南亚热带、中亚热带</td></tr>
<tr><td>北方育种园</td><td>2.6%</td><td>热带</td></tr>
<tr><td>四季采摘园</td><td>16.5%</td><td>南亚热带、中亚热带</td></tr>
<tr><td>木本粮油</td><td>10.5%</td><td>北亚热带</td></tr>
<tr><td>桑构园</td><td>26.1%</td><td>温带</td></tr>
</table>

（四）集科技、文化、休闲和创意为一体的产业园

集科技、文化、休闲和创意为一体的产业园主要包括情爱伊甸园、萤火虫记忆园、夜光花卉园、茶园等，也是置于大棚里面。其中，情爱伊甸园是把与情爱有关的植物和花卉集中在一个园中，吸引四面八方的情侣前来；夜光花卉园在一个绿色植物环绕和绿色植物天棚遮光的封闭空间中，引进夜光花卉；在亲水植物区养殖萤火虫，唤起城市人久违的记忆。如果在植物园水面复育出萤火虫，将在延伸出一个夜项目。科技、文化、休闲、创意产业园概况见表 5-2。

表 5-2　跨气候带植物园大棚中各产业园概况

布局	各园占大棚的比例	气候带
温泉	1.7%	热带
情爱伊甸园	6.0%	北亚热带
萤火虫记忆园	0.6%	北亚热带
夜光花卉园	2.8%	北亚热带
茶园	2.8%	北亚热带
总计	13.9%	

第六章　生态产业投资估算与效益分析

一、投资估算

唐山市生态产业规划提出了十分迫切而复杂艰巨的建设任务，需要实行政府引导、招商引资和企业主办的联合方针，投资预算显得十分重要。本预算包括生态产业建设中减排投资估算与新增 GDP 投资估算以及十大产业工程建设投资预测三部分，预计总投资 2500 亿元。

（一）减排费用估算

根据第四章提出的生态产业建设目标，到 2020 年末，唐山市 GDP 将达 10667.1 亿元，能源消费达 14915.8 万吨标准煤，2010~2020 年 10 年间减排约 1 亿吨标准煤，按照吨标准煤 =2.5 吨二氧化碳的标准折算，10 年间共减排 2.5 亿吨二氧化碳（不包含能源替代部分）。参照国际上的减排费用，结合我国及唐山市的实际，按照每吨减排费用 60 美元计算，则 10 年间唐山市的减排投资为 150 亿美元，折合成人民币约 1000 亿元。

（二）新增 GDP 投资估算

除了减排投资之外，GDP 增长中还包括唐山市生态产业建设促进了 GDP 增长的投资部分，2010 年唐山市 GDP 为 4301.4 亿元，2020 年为 10667.1 亿元，10 年间增长 GDP 约 6000 亿元，规划预计生态产业建设新增 GDP 占总增长量的 50%，即约为 3000 亿元，按照投入产出比 1：2 来估算，则因此 2010~2020 年 10 年间生态产业规划总投资为 1000 亿元。

（三）十大工程建设投资预测

十大工程中包含 40 个以上子工程，工程预算包括示范工程建设投资及其推广应用投资两部分（表 6-1）。2011~2020 年间，十大工程建设项目总投资占生态产业建设总投资的 25%，即 2000 × 25%=500 亿元，其中政府引导资金按照 25% 计算共 125 亿元，社会多元化投资及招商引资占 75%，即 375 亿元。2011~2015 年间共投资 274 亿元作为示范建设投资。2016~2020 年间共投资 226 亿元作为推广应用资金。

表 6-1　十大工程投资估算（亿元）与工程内容概要

序号	工程名称	总计	2011~2015 年	2016~2020 年	工程内容概要
	十大工程	500	274	226	40 余个子工程
1	绿色食品产业	15	10	5	原料生产、食品加工、科技创新、冷链物流、认证监管、信息网络
2	特色林果与种苗花卉产业	15	10	5	特色林果、种苗花卉、地球化学信息调查

（续）

序号	工程名称	总计	2011~2015年	2016~2020年	工程内容概要
3	林农复合经营产业	15	10	5	林牧林禽、森林食品、中草药等
4	生态旅游产业	15	10	5	山地森林、滨海湿地、城市生态、乡村生态
5	生态环境建设产业	20	12	8	森林网络建设、生态修复、森林碳汇、城乡污水固废治理
6	生物质材料与能源产业	20	12	8	森林生物质材料、构树产业链、沼气生物质能源
7	工业减排	100	60	40	煤高效气化制备烯烃工程、钢铁烧结余热能源高效转换工程、煤、油（气）、盐化工产品转化工程、竖炉直接还原海绵铁工程、汽车业与工程机械机床业再制造
8	建筑节能产业	100	50	50	地源热泵空调系统工程、太阳能光伏建筑一体化系统工程、外围护节能技术、采暖末端计量与调节、农村建筑节能工程等
9	海港生态产业园工程	100	50	50	海岸风场开发与永磁飞轮垂直风机、轮毂直驱电动系统、永磁浮集疏运系统、余热海水淡化系统
10	都市生态产业园示范工程	100	50	50	跨气候带植物园、钢铁低温位余热利用与生产环境改造、太阳能塔热气流发电项目、新型旅游

（四）经费来源及资金筹措

1. 经费来源

唐山市生态产业投资由各级政府投资、社会多元化投资、招商引资相结合的方式。其中国家投资部分，中央财政根据生态产业体系的要求，设立生态产业体系专项资金，根据生态产业体系发展需要和国家财力状况确定资金规模；地方财政也要按照生态产业体系的要求，结合本地区实际，安排必要的财政资金支持生态产业体系发展。国家运用税收政策对水能、生物质能、风能、太阳能、地热能和海洋能等可再生能源、节能及新能源体系的开发利用予以支持，对可再生能源技术研发、设备制造、技术创新平台的建立等给予企业或单位所得税优惠。

其中中央及省市级投资主要用于产业结构调整、传统产业改造、林网化建设、农业生态化基地建设、绿色交通运输系统等的建设；生态产业园区建设、循环经济示范区建设、废旧产品收集处理中心、农产品物流中心和配送中心、科技创新研发、服务、合作平台、信息化、绿色物流业、生态旅游等的建设中，政府作为必要资金扶持，其他通过招商引资及社会多元化投入的形式。

2. 资金筹措对策

（1）引导金融资本投资生态产业建设工程。唐山市有大量的民间投资潜力，如何引导这些民间资本投资于生态产业是唐山市政府未来十年需重点关注的问题。针对民间资本不缺资金的情况，政府关键是制定适当的鼓励、调动民间资本政策，并给其创造好的投资环境。在市场经济下，民间资本投资往往比国家投资更能看准市场、更能把握市场，更加知道市场是否根本好转。而唐山市的生态产业建设工程项目是庞大的系统工程，需要大量的投资。因此发展唐山市生态产业项目不仅需要政府投资，还要拉动民间投资，放宽民间投资准入范围。

（2）引导非正规金融组织投入唐山市生态产业建设工程。正规金融组织由于受体制以及经营方面的种种限制，无论在资金供给还是在服务方式上，都无法完全满足生态产业建设中日益多样化的资金需求，而多样化的资金需求要求建立一种多信用机构、多信用工具、多信用形式并存的复合型的金融体系。鉴于此，需要政府采取必要的经济和行政手段引导资金回流。放宽准入限制以后，使金融机构真正使民间借贷的风险得到有效控制，同时，在放宽金融组织准入的同时加强监管，真正使非正规金融组织在唐山市生态产业建设中发挥积极作用。

（3）加大政策扶持力度，拓宽民间资本准入领域。鼓励民间资本以独资、合作、联营、参股、特许经营等方式，投资有收费机制、回报比较稳定的钢铁、煤炭、电力、交通等领域基础设施项目。对以社会效益为主，投资回报率低的基础设施项目以及生态旅游开发、生态产业基地建设等项目，可以通过财政贴息和建立合理的价格、税费机制等办法，即按补偿投资成本加合理盈利的原则，按照一定的标准，让民间投资有利可图；鼓励民间资本参与污水及垃圾处理、道路、桥梁等公共设施建设；鼓励民间资本参与开发和经营工业园区、专业市场，投资绿色建筑、绿色管理等绿色社区生态服务工程；引导民间资本进入生态产业的农业产业化经营和农业资源开发领域，投资于林网化建设、农村流通基础设施建设等领域。

（4）优化投融资环境，促进和引导民间投资健康发展。充分发挥市政府行政服务中心的作用，不断提高服务质量和水平。各职能部门应坚持以服务为重，先发展后规范，多扶持少索取。进一步规范执法行为，完善检查申报制度，强化投诉中心建设，加大投诉查处力度，对阻碍和破坏发展环境的人和事，要依法依纪严肃查处。培育民间投资大户，从产业引导、政策扶持、科技先导等方面培育唐山市优势产业、支柱产业和高新技术领域的大户和骨干企业，引导从产品经营向资本运营转变，建立企业集团，形成生产能力聚集的生力军。

（5）建立风险投资机制，引导风险资本进入唐山市生态产业建设。唐山市生态产业建设是一项长期、巨大的工程，投资期较长，耗资较大，而风险投资是一项投资周期长、风险程度高、竞争性强的特殊资本运作方式，因此唐山可引入风险投资作为建设生态产业的重要组成部分。唐山市引入风险资本投资生态产业建设中，应当鼓励以民间资本为主，政府以引导、扶持和有限参与为基本原则，避免出现单纯依靠或主要依靠政府出资建立风险投资机构的现象。

鼓励地方、企业、金融机构、个人、外商等各业投资者积极推动和参与风险投资事业的发展，拓宽市场进入渠道，对风险投资活动以及各类机构和个人对风险投资机构的投资给予必要的扶持政策。制定与风险投资有关的一系列法规和制度，建立相关的监管标准和监管系统。在推进风险投资机制建设中，要重视发挥科技创业服务中心、高新技术开发区、工业园区及其他机构的作用。

（6）发展生态保险业，引导保险业发展理念和模式。只有建立起新型的产业实践模式——生态产业系统，才能保证唐山市的发展进入经济高效性、环境低污染性、社会和谐性的可持续道路。因此必须寻找最佳的生态经济调节器。生态保险可以提供刺激投资的生态经济学方法，其保险机制可以成为使生态环境损失大大降低的风险调节器与管理手段。生态保险具有防灾减损、生态补偿和环保投资的功能。在唐山市实行生态保险制度，强制从事危险产业的经营者和有可能造成生态破坏、环境污染的企事业单位投保生态保险。生态保险转移、分摊生态经济危险，减轻企业负担，减少生态环境损失对政府的压力。开展生态保险，可以增加节能减排的投资，促进修复被破坏的生态系统和治理污染。

（7）投资与金融政策。生态经济需要政府制定适当的投资与金融政策，优化投资结构，保证生态环境投资与经济建设投资协调发展。对于关系到人民生活和环境资源保护的重大领域或项目，应首先得到资金的支持。对于有着大量的公共效益，市场机制调节失灵的公益性项目，如环境污染防治与生态治理工程，政府应成为投资的主体。而随着市场经济中政府投资范围的日趋缩小，利率政策和信贷的优先发放序列对资源配置的作用也变得更为突出。商业化银行对效益的重视降低了其对环境效益的关注。适当的金融政策就变得更为重要，一方面可以通过利率杠杆的使用和信贷的优先发放使资金倾斜到有益于资源持续、环境保护的项目上来，另一方面可以通过政策性银行和建立国家环保基金等来集聚更多的资金，支持污染防治和生态保护方面的建设。

二、效益分析

（一）环境效益

1. 改善生态环境

通过重工横向联合型生态产业、本土资源主导型生态产业、震后生态修复型生态产业、海陆资源结合型生态产业的建设，建立生态环境与城市相互支撑的平衡关系，来支持和促进城市的可持续发展。生态产业建设不仅具有保护唐山市生态环境的功能，还具有带动整个唐山市经济发展的功能。唐山市生态产业建设和经济建设是相辅相成的，生态环境的改善不仅能直接带来经济利益，还能利用其生态功能解决许多城市问题，美化城市，增强城市的综合竞争力，促进城市经济建设的健康发展。生态产业的建设对于二氧化碳排放减排的效果是十分明显的，2020 年，按照唐山市 GDP 能耗水平 1.4 吨标准煤 / 万元的标准计算，2020 年投资 176 亿元则减排量达到 5429.2 万吨标准煤，二氧化碳减排量累计 13.6 亿吨。

2. 有效缓解资源短缺问题

唐山是一座具有百年历史的沿海重工业城市，近年来也面临着资源短缺的问题。唐山市生态产业规划中，构筑以高新技术为支撑的精品钢铁、装备制造、化工产业的传统产业发展格局和新能源、环保、生物医药产业的新兴产业格局，运用高新技术、先进适用技术，特别是信息技术改造提升优势传统产业，农业生态化及服务业生态化建设等项目对于节约资源、美化环境、促进唐山的可持续发展发挥着重要的作用。以唐山市钢铁工业为例，钢铁工业是唐山市最重要的战略支撑产业，2009 年钢铁行业利润占全市总量的 77.8%，通过大型焦炉能源高效转换工程，将烧结废气余热资源转变为电力。此工程不仅不产生额外的废气、废渣、粉尘和其他有害气体，同时能够有效提高烧结工序的能源利用效率，能大量回收烧结矿所产生的烟气余热，通过此工程，不仅能实现能源的高效利用，同时又能供给新的能源。

3. 促进节能减排，缓解能源短缺

尽管唐山市煤炭资源较丰富，但全市的能源消费以煤为主，使得这种不可再生资源迅速减少，另一方面导致大气污染加剧。水资源方面，唐山属严重缺水地区城市，水资源短缺已成为严重制约唐山市经济社会未来发展的限制因素。因此，节能减排是唐山可持续发展的必然选择。要围绕资源高效循环利用，积极开展替代技术、减量技术、再利用技术、资源化技术、系统化技术等关键技术推广。通过构建技术研发服务平台，着力抓好技术标准示范企业建设。此外，构建跨产业生态链，推进行业间废物循环。要推进企业清洁生产，从源头减少废物的产生，实现由末端治理向污染预防和生产全过程控制转变，促进企业能源消费、工业固体废弃物、包装废弃物的减量化与资源化利用，控制和减少污染物排放，提高资源利用效率。

4. 充分有效利用废弃物资源，搞好城乡环境卫生

国际上通常把防治传染病、促进国民健康和加强环境污染治理作为公共卫生的重要内容。因

此，从一定意义上讲，搞好环境卫生就是通过防治环境“公害”，减少和杜绝环境污染和疾病传播，从根本上提高公共卫生突发事件的防范能力和应急能力，确保公共卫生安全，创建清洁、舒适、优美、安全的生态环境和社会环境，切实保障广大人民群众的身心健康。建立环境卫生体系对于实现人与自然和谐发展，提高城市和乡村的现代文明程度，构建社会主义和谐社会，实现全面建设小康社会的宏伟目标，具有十分重大的意义。

5. 净化空气，提高空气质量

唐山市是重工业城市，城市空气中的有害气体多种多样，植物多样性在减少大气污染，提高空气质量表现出独特的功能。绿地和绿树好比城市之“肺”，它可以吸收大量二氧化碳，放出氧气；同时能阻挡飞扬的灰尘，吸收各种有害的气体，从而起到过滤、净化空气的作用。绿地和绿树的分泌物具有一定的杀菌作用，尤其在消除城市噪音方面 功不可没。据测定，尖杂的噪声传到浓密的大草地，顿时大部分消失；雪松、龙柏和圆柏等树木的树冠大约能吸收音量的25%，其余75%的音量经过反射也减弱许多，使居民减少烦恼，感到舒适、轻松。

6. 为市民提供绿色空间，增强环境的保健功能

健康的生活离不开良好的生态环境，优美的自然环境则令人心旷神怡，舒展身心。城市绿色空间包括城市森林、园林绿地、都市农业、绿色廊道、滨水绿地以及立体空间绿化等在内的复合生态系统中的绿色空间。城市绿色空间具有重要的生态服务、景观美学、休闲娱乐等功能。一块块绿地好比镶嵌在城市里的一颗颗绿色“珍珠”，绿地为城市居民提供大自然的生活环境，长期生活在绿色幽静环境里的人，心情舒畅、疲劳消除，高血压、神经衰弱、心脏病等往往会不治而愈。

（二）社会效益

1. 利于改善环境景观，美化人居环境

植物给予人们的美感效应，是通过植物固有色彩、姿态、风韵等个性特色和群体景观效应所体现出来的。因此，城市的绿化、美化中，植物多样性起着不可替代的作用，首先植物种类繁多，每种植物都有自己的独特形态、色彩、风韵、芳香等，它们又随季节和年龄的变化而得到丰富和发展。其次，各种不同的植物组成的类型丰富的林际线、林冠外形、片林轮廓等构成了城市形式美。此外多姿多彩的绿色植被掩饰了城市建筑的僵硬外角，起到烘托建筑物的作用，与建筑物共同构成城市的形象美，展示城市的优美形象。

加强农村环境保护，改善农村人居环境，对促进农村社会、经济和环境的发展、建设社会主义新农村均有着重大意义。唐山市生态产业工程规划中，可充分利用唐山市农村废弃物资源，有效解决农村能源问题，大力发展农村可再生能源，改善农村环境，促进新农村建设。此外，大力发展循环经济发展理念，用循环经济理念指导农村经济发展，对推进农村环境保护，实现农村经济社会与生态环境协调发展。

2. 完善生态产业链，增加就业岗位

唐山市生态产业工程项目建设，包括了农业生态化中的畜禽养殖业清洁生产、生态农业产业化经营、林网化及生态农业基地建设，工业生态化中的循环经济示范区、生态工业园区、产业结构调整及传统产业改造等项目，服务业生态化建设中的清洁交通运输系统、绿色商业服务及生态旅游建设等，生态产业项目建设完成之后，大大改善唐山市的自然生态环境及投融资环境，产业发展的软硬件设施基本完善，有利于引进资金、人才、技术服务，有利于开展技术合作与交流，完善生态产业链。

项目实施后可以为唐山市增加就业机会，工业、农业及服务业的生态化建设需要培育、养护、管理方面的人才。独立于第一、二、三产业的生态环境产业，不仅直接参与废弃物回收、资源化利用和再利用，而且将带动其他产业的发展，增加社会就业。发展再制造产业也有利于形成新的经济增长点，为社会提供大量的就业机会。此外，城乡结合部经济的快速增长和各项事业的蓬勃发展，造就了丰富的就业和发展机会。如城乡结合部各种形式的工业、商业、服务业、房地产业等的迅速发展都需要劳动力的补充，城乡结合部的专业市场或综合市场也增加了大量的就业机会。

3. 提高人们的环境保护意识，提升社会的生态文明水平

唐山市生态产业工程项目的建设过程也是全市居民生态环境保护宣传、推广的过程。通过生态产业项目建设，不仅有效地提高唐山市广大干部群众的生态建设意识、环境保护观念、节能减排意识，同时也培养和锻炼了生态产业相关管理及技术人员，提高了他们的管理水平和专业技术水平，而且通过项目招投标、施工监理等一系列先进管理手段、先进管理经验的引入，从根本上改变唐山市生产和管理的综合水平。

4. 以生态产业工程为基础，带动相关产业的发展

唐山市生态产业工程项目的规划，以生态产业工程为基础，有效促进了第一、二、三产业的有机融合；其次，唐山市生态产业工程项目的实施，使唐山市的生态环境得到极大改善，可有效促进唐山市生态旅游业的全面发展，从而带动相关多个经济部门和行业的发展，如交通运输业、邮电通信业、建筑业、工商业、餐饮娱乐业以及文化教育、财政金融业等。总之，投资如此巨大的生态产业建设，必将带动全市新兴工业化的发展，增强农村经济的活力，增加地方税收，带动和促进地方经济的全面可持续发展。

5. 为市民提供更多的休闲度假空间，增加农民收入

唐山市生态产业规划完成之后，农村生态环境得到有效改善，农产品品质得到极大的提升，为市民提供更多的休闲度假空间、更丰富的优质农产品，为城市创造高质量的生活服务功能，让市民体验农耕与丰收的喜悦；让城市青少年接触耕种文化，在回归自然中受到教育。不仅为唐山市为农副产品带来销售渠道，提高当地农业产品的知名度，还可以带动相关产业的发展，促进剩余劳动力转移，扩大劳动就业，增加农民收入。

6. 普及科学知识，提高科学文化价值

优美的生态环境会提高基础科学文化价值。城市中保存下来的古树名木既是城市历史的沉淀，也是城市文明的象征，是城市文化的一部分。城市绿地系统中，植物包括花草和树木是绿地系统中有生命的题材，植物种类繁多，色彩千变万化，既具有生态的功能，也具有综合观赏和普及科学知识的特性，它不但以其本身所具有的色、香、姿作为园林造景的主题，同时还可相互衬托，形成生机盎然的画面，丰富人民的科学文化生活。

（三）经济效益

通过唐山市生态产业建设，将唐山市的工业、农业及服务业与生态产业有效结合起来发展，在改善生态环境的同时，将促进唐山市三次产业的发展，对于唐山市外部居民会有一定的吸引力，对房地产业、都市服务业等高端的产业发展会有促进作用，有利于营造和谐的社会氛围，有效提高唐山市的经济效益。力争到 2020 年，将唐山建设成为产业布局基本合理、结构稳定、管理高效、富有活力的生态产业化体系，促进唐山市三次产业可持续发展。

据调查，凡是环境绿化较好的地方，事故发生率减少 40%，工作效率可提高 15%~35%。例如，发展生态旅游的游客会提高旅游资金费用、旅游时间花费及其他费用等。良好的生态环境可吸引大批游客来唐山，并带动唐山市相关产业的发展，预计年吸引 2000 万人次的游客，按照每人次消费 500 元计算，则年生态旅游产业增加的收入达到 100 亿元。

生态文化建设篇

第一章　唐山生态文化的基本特征与主要载体

一、唐山生态文化的发展历程

文化，是人类作用于自然界和社会取得成果的总和，包括一切物质财富和精神财富。对于一座城市来说，文化又是历史与现实的融合，精神与品质的体现。一个城市只有实现经济与文化的同步发展，才会更加和谐，更加持久地发展。用历史发展的眼光看，唐山经历了原始文明、农业文明和工业文明三个阶段之后，目前正处在从工业文明向生态文明过渡的时期，与之相对应的主导文化分别是原始文化、农耕文化、工业文化和生态文化。

（一）原始文化时期

唐山是晚清洋务运动中兴起的城市，只有100多年的历史，但唐山地域却是人类古老的栖居之地，有悠久的历史文化。迁西县太平寨有36.7亿年前的麻粒岩，是中国最原始的岩石。300万~200万年前形成了冀东平原。古老的滦河发源于河北省丰宁县西北的小梁山南麓大古道沟，是唐山人的母亲河，唐山历史文化是滦河文化的一部分。发掘出来的多处旧石器时代和新石器时代原始文化遗址，展现了唐山地域的原始先民在非常艰难和险恶的环境下，通过劳动创造了多方面的物质文化和精神文化，表现出他们坚毅的开拓精神，给后人留下了“劳动创造世界”的伟大理念。

（二）农耕文化时期

大约3600年前，唐山地域进入了文明社会，农耕文化日趋繁盛。商朝初年汤王在以今卢龙为中心，包括抚宁、迁安、滦县的连片地区封建了孤竹国，有比较稳固的经济基础，有比较发达的青铜冶炼手工业，有中心城市，流行商代文字，成为一个行文章、加政教、讲礼规、蹈仁义的奴隶制侯国。农业经济的持续性是唐山传统自然经济的显著特点之一，传统农业的持续发展保证了唐山文化的绵延不绝，使其具有极大的承受力和凝聚力。从商周时代的孤竹国算起，唐山历史经历了战乱与稳定的周期性运动，特别是游牧民族的侵入，都曾经在唐山历史上掀起了悲惨壮烈的一幕。但是建立在农耕经济基础上的唐山文化却未曾被割断，相反还增强了文化的坚韧性，因此，农耕文化是唐山文化的基础。

（三）工业文化时期

唐山是以工业立市，工业发展是城市发展的主脉。在城市化的过程中，唐山形成了自己独特的工业文化。这里是中国近代工业的摇篮，相继诞生了中国大陆第一座机械化采煤矿井和我国第一条标准轨距铁路、第一台蒸汽机车、第一桶机制水泥、第一件卫生陶瓷，为中国近代工业文明谱写了光辉的一页。唐山工业文化发展经历了初长（从洋务运动到20世纪初）、进一步发展（从20世纪初到新中国成立）、成熟和创新（从新中国成立到今天）3个历史时期。唐山工业粗具规模并形成一种独特的工业文化，始于19世纪中后期洋务运动的兴起，即中国工业化初步开始的历史时期。洋务运动使得唐山走向近代化，唐山工业粗具规模，并形成以自强、求富为目的的洋务工业文化。这种官督商办的工业文化自诞生之日起就肩负兴建民族工业、与列强抗衡的历史重任。

20世纪初期，辛亥革命胜利后，唐山工业开始由民族资产阶级经营，唐山工业文化相应转变为资本主义性质，并以实业救国为目的。1948年唐山解放后，唐山工业进入了新的发展轨迹，新民主主义革命的胜利和社会主义改造的顺利完成，使唐山工业文化演变为社会主义性质。改革开放后，唐山工业面貌为之一新，新的唐山工业文化在建设社会主义家园、实现强国富民、实践科学发展观的进程中不断得以丰富和发展。由此可知，唐山工业文化的形成与发展和中华民族的探索、奋进、复兴、进取与创新的进程相吻合。正是近代工业文化的发展，才催生了唐山这座城市，其城市文化深深打着工业文化的烙印。

（四）生态文化时期

唐山经历了辉煌的工业文明阶段，取得了前所未有的成就，创造了巨大的物质文化财富，促进了社会进步与发展的同时，也遭遇了严重的生态危机。无节制地开发利用自然资源，大规模地污染破坏生态环境，以及由此而带来的气候变化、采矿区塌陷、生物多样性锐减等一系列生态问题，已经严重影响了当代人和后代人的生存环境。在全球生态环境建设的背景下，20世纪90年代我国提出了可持续发展战略。唐山经过震后十年重建、十年振兴、十年快速发展，现在已进入科学发展的黄金期，强大的产业基础和较强的城市竞争力，为创建“生态之城”提供了有力的物质支撑。以科学发展观为导向，唐山围绕转变发展方式，着力推进新型工业化，坚持绿色增长的发展方向，以节能减排为抓手，以科技创新为动力，打造具有唐山特色的新型工业体系，努力走出一条资源节约、环境友好、创新驱动的新型工业化道路。以建设生态城市为目标，唐山积极推进城市建设改造，全方位提高城镇发展水平和城镇承载能力，通过新增绿化造林、建设曹妃甸生态城、南湖生态公园等生态工程项目，将生态文化融合于城市建设和发展中，为唐山由重工业城市转变为生态城市，实现“第二次凤凰涅槃”提供了坚实的物质基础和精神支持。

二、唐山生态文化的基本特征

（一）历史遗产

唐山地区有着悠久的历史，是古代幽燕之地。大约4万年前，唐山先民就在这块土地上生活、劳动，创造了灿烂的古代物质文明和精神文明，造就了现代城市的辉煌。流淌在今唐山地区的滦河也是中华民族的母亲河，滦河流域是中国古代文化的发祥地之一。唐山境内有多处旧石器时代文化遗址，包括迁安爪村、玉田孟家泉、滦县灰山、遵化君子口等地；新石器时代文化遗址主要有迁安女新庄、迁西西寨、唐山市区欠城山等地。大约3600年前，唐山地域便进入了文明社会。古冶北寺遗址出土的大量商代磨制石器、陶器和铜器，体现了奴隶制侯国比较发达的青铜冶炼手工业。唐山得名于贞观年间，同时唐太宗东征在今唐山地区留下了许多有关地名的传说，如钓鱼台、三跳涧、擂鼓台等。明朝长城的修筑和满族八旗拥兵入关，都在唐山留下了深深的历史印记。清代这里不仅地处畿辅，“为声教之所首被”，又是皇家东陵所在地，地位更加重要。

唐山具有古代灿烂的物质文明。早在商朝时期，孤竹国人和山戎国人大豆和冬葱培植成功，距虚（驴马之属）大量饲养，体现了农业的兴旺发达。由于自古便是北方重要的粮棉产地，而今丰南的珍珠米、王兰庄的胭脂稻、迁安的板栗、遵化的核桃等闻名遐迩。两汉时期便兴起的冶铁、陶瓷、煮盐、纺织等手工业繁盛至今，为唐山的工业文明奠定了基础。

唐山也孕育了丰富的精神文明。商代孤竹国的伯夷和叔齐崇礼、守廉、尚德、求仁、重义，他们是儒学的先驱，是孔子思想的来源之一，一直受到孔子、孟子称颂。在商朝时期，唐山地域就产生过有贡献的历史学家，将卜辞刻在甲骨上，是中国最早的历史书，是史学的萌芽。历史上涌现出一大批文人墨客，其中包括文学世家曹氏家族（曹雪芹及其先祖），许多文学作品如《采薇歌》

《北迁录》《芝龛记》等至今不绝于耳。保存至今的明长城、清东陵、净觉寺、三霄宫等古建筑便是古代劳动人民勤劳和智慧的结晶。

（二）民俗文化

民俗文化，也称民间文化，是民间世代相传的文化现象的总称，包括民间风俗、习惯、风情等，涉及饮食、工艺、起居、服饰、禁忌、道德礼仪、宗教信仰、审美活动等。唐山背山面海，地方文化独特，拥有丰富多彩的民俗文化资源。

唐山戏曲艺术有着丰厚的底蕴，评剧、皮影和乐亭大鼓一直被誉为“冀东三枝花”。丰南篓子秧歌、铁画，迁安背杆、剪纸、唐海吹歌、冀东大秧歌等，都是人民群众喜闻乐见的民间艺术。此外，唐山玉田县是经文化部命名的泥塑之乡，乐亭县为曲艺之乡。

唐山历来是歌舞之乡，流传的音乐歌舞千姿百态，有广泛的群众基础和社会影响。唐山的民歌是劳动人民在长期的社会实践中创作的歌曲，具有浓郁的生活气息，在河北地方民歌中独树一帜，演唱形式可分为劳动号子、秧歌调、山歌、叫卖调、小调五大类。唐山的民间舞蹈由来已久，至清代非常兴盛。表演形式多彩多姿。有地秧歌、高跷秧歌、跑旱船、小车舞、龙灯舞、狮子舞、花灯舞、大头会、背杆、抬杆、老夫背少妻、鞑子摔跤、仙鹤会等。这些舞蹈是劳动人民的集体创作，不断加工而得流传，大凡逢年过节、举行庙会和喜庆活动时，形成民间舞蹈高潮，参加人数众多。

（三）地震遗产

1976 年 7 月 28 日，唐山发生 7.8 级大地震，是迄今为止 400 多年世界地震史上最悲惨的一页。地震使唐山城市受到全方位的、毁灭性的破坏，城市建筑及其功能几乎破坏殆尽。基于对地震历史的纪念、回忆和悼念，将真实的档案向公众开放，以满足民众的心理需要，1985 年经国务院批准，唐山共有七处地震遗址被永久保存，成为地震历史文物和世人瞩目的地震灾害档案。被保留的地震遗址包括河北理工大学原图书馆楼、原唐山机车车辆厂铸钢车间、原唐山第十中学地裂、吉祥路与牛马库树行错动、唐山陶瓷厂石头楼等。

唐山这座城市具有典型的再生城市文化特征，大地震使整座城市夷为平地，震后的新唐山是完全从一张“白纸”上重新规划和建设起来的。地震毁灭了原有城市，给唐山文化尤其是物质文化造成了断层，但精神层面的文化却并未中断。大地震是一场灾难，但也升华并催生了唐山抗震精神，那就是为世人所称颂的“公而忘私、患难与共、百折不挠、勇往直前”的唐山抗震精神，这是唐山人的优秀品格，是这座城市的灵魂所在，也是地震后留下的宝贵精神遗产。

（四）自然遗产

唐山南临渤海，北依燕山，东与秦皇岛市接壤，西与北京、天津毗邻，是连接华北、东北两大地区的咽喉要地。同时，农耕文化、中原文化、草原文化及现代海洋文化在此融合交汇，得天独厚的资源优势、厚重的文化积淀、明显的区位优势使其成为“两环”地区重要的旅游休闲地。

唐山依山傍海，拥有独具唐山特色的自然生态景观。东南部沿海有 196.5 公里的大陆海岸线，沿海岛屿众多，已开发了乐亭三岛和金沙、银沙等海滨浴场。曹妃甸湿地公园毗邻环渤海地区主要客源输出地京、津两市，利于引入客源；毗邻承德、秦皇岛，利于客源分流；是未来滨海新城——曹妃甸的腹地，对国内外游客具有很强的吸引力。中北部山区建成了以生态旅游型小区域为主的精品示范工程，享誉国内外著名的“围山转”工程、“山水田林路”立体综合型小区域和森林公园，成为山区生态保护的典范。中部主要是农村开展了以创建环境优美城镇和生态示范村为重点的“生态家园富民工程”，形成了农村循环经济模式，打造大规模的现代特色生态农业。

唐山属暖温带半湿润季风气候，气候温和，动植物资源比较丰富。其中植物资源分为陆生、水生、海洋生资源。陆生植物资源由林木、草场、野生药材、野生食用菌组成；水生植物资源由淡水藻类组成，是淡水鱼类的饵料以及副食品加工原料，共6门17目37属53种；海生植物以海水藻类为主，由圆筛藻、中肋骨条藻、棱曲舟藻等硅藻类组成，为28属76种。

唐山市矿产资源丰富，矿业经济发达，煤炭、铁、石油、金和非金属矿产为优势矿产，为重工业发展提供了丰富的能源和材料。2009年底，唐山市已发现的各类矿产资源为49种，有近30种正在被开发利用，主要有煤、铁、金、石油、天然气、石灰石、冶金白云岩等。已探明石油储量9.1亿吨、天然气储量1400亿立方米。

（五）现代文明

唐山是中国北方重要的重工业城市，是随着中国近代化的起步而发展起来的。如今的唐山，已经形成了以煤炭、钢铁、建材、化工、电力、石油、陶瓷、纺织、机械制造、交通运输等为支柱产业的工业中心城市，是京津唐经济大三角中重要的一翼。工业发展，是唐山城市发展的主脉。一个多世纪以来，伴随着近代工业的初创和发展，伴随着社会主义工业化和改革开放的进程，唐山形成了鲜明而独特的工业文化。唐山的工业文化有着深厚的底蕴和丰富的内涵，如敢为人先的开拓精神、重视科技的创新精神、开放吸纳的进取精神、脚踏实地的务实精神、为国分忧的兼济精神、勇往直前的奋进精神等。这一切，在20世纪末叶又都集中体现为“公而忘私、患难与共、百折不挠、勇往直前”的抗震精神。唐山工业文化随着唐山工业体系的形成而兴起，这种文化形态经历了形成、巩固、发展、创新四个阶段，归纳起来，呈现出如下的几个主要特征：开拓性与创新性、开放性与兼容性、传承性与继起性。

目前唐山正处于一个新的起点上，面临着千载难逢的发展机遇，概括起来有“六大机遇”：东北亚经济一体化带来的发展机遇，环渤海地区快速崛起带来的发展机遇，京津冀都市圈规划实施带来的发展机遇，国家实施新的能源和原材料战略带来的发展机遇，河北建设沿海强省带来的发展机遇，曹妃甸新区和10亿吨大油田的黄金组合带来的发展机遇。唐山在宏观区域发生重大变化的背景下，积极融入环渤海经济区，加强唐山、承德、秦皇岛区域合作，提升唐山在区域中的地位，发挥其冀东地区综合服务中心作用，实现资源共享、优势互补、分工协作、互利共赢，促进区域经济协调发展。按照国家建设“科学发展示范区”的要求，唐山在实现经济增长和产业发展的同时，在能源利用、环境治理、技术创新等多方面发挥先导、样板作用，成为全国建设资源节约型、环境友好型社会的示范城市，力争实现“第二次凤凰涅槃”，成为国家新型工业化基地，环渤海地区中心城市之一，京津冀国际港口城市。

三、唐山市生态文化的主要载体

生态文化是人与自然和谐相处、协同发展的文化，其核心思想是人与自然和谐。中国生态文化历史源远流长。从中国生态文化的主题思想来看，中华民族对“和实生物”“和而不同”“和为贵”和“天地一体、万物同源，道法自然，天人合一”等文化观念的传承，至今仍然在影响和改变着人们的价值取向和行为方式。老子在《道德经》中提出“人法地，地法天，天法道，道法自然”，就是一种尊重自然、天人合一的哲学观，突出了人与自然的和谐，同时也包含人与人、人与社会、社会与社会之间的和谐，这是生态文化的核心和本质。

生态文化作为一种文化形态的表征，需要一定的载体支撑。中国生态文化的表现形式多种多样，在居所生态文化方面，人们追求居所环境的舒适、安全、便捷，在中国传统建筑文化中有全面系统的体现，包括我们许多地区对居住环境栽植树种的选择，比如对竹子的钟爱，研究对风水树、风水林的保护等等；在皇家与私家花园的营造过程中，追求“虽由人作，宛自天开”“贵在体宜，巧于因借”等思想和做法；在利用自然资源方面，提倡以轮作方式使用土地，反对竭泽而渔，讲究“前人栽树，后人乘凉”；在文学艺术方面，诗词歌赋讲究“托物言志，借景抒情，情景交融”的艺术境界，体现在生态文化中的植物，不再是生物学意义上的植物，而是人格化了的自然，寄托和承载着中华民族丰富的情感、观念和理想。因此，蕴含丰富森林景观和动植物资源的森林是构成陆地生态系统的主体，是孕育人类生命和文明的摇篮，也是生态文化建设的主要载体。

唐山市植被资源丰富，森林类型多样，具有良好的生态文化建设背景。以森林建设为主体的城市纪念林、乡村人居林、生态风景林、森林公园、湿地公园、民俗风情园、古树名木等均为生态文化得以传承与建设的主要载体。他们体现了唐山林业发展的辉煌历程，实践了唐山林业建设的各项措施，为唐山的生态城市建设做出重要贡献。

（一）纪念林

纪念林作为生态文化的主要载体之一，是城市生态建设中构建美好生态环境的主体，反映了某一时期的城市文化特征，对彰显光辉历史、弘扬生态文明、提高城市绿化品位有着重要的意义。纪念林的形式多样，内容丰富，如成人纪念林、生日树、三八林、劳模林、共青林、国防林、爱心林、成才林、情侣林等纪念林。

以森林为载体的纪念林建设，使得森林文化、城市历史文化以及时代的精神能得以传承和弘扬，是全民参与城市绿化的一种有效方式，其意义体现在以下三个方面。

第一，彰显历史事件，加载区域文化内涵。纪念林记录着某一时段的区域文化特征或某一区域具有历史意义的事件，如 2008 年 12 月 26 日，毛泽东同志诞辰 115 周年之际，全国绿化委员会、国家林业局在韶山毛泽东广场栽植松树、玉兰、樟树、桂花、杜鹃等 115 亩，建成“毛泽东纪念林”，将其作为韶山红色旅游的主要景点。这些纪念林的建立，让有意义的事件和人物永垂不朽，进一步提高群众的爱国主义觉悟和生态文明认识水平，增强全民参与绿化和生态环境建设意识，加快推进了新时期的城市绿化和生态建设。

第二，弘扬生态文明，唤起人们的环保和生态意识。纪念林是某一历史事迹的象征，是文化内涵的现实印迹，得到有关部门的保护。人们通过参观考察、参与植树等方式，一方面加深了对历史事迹的认知，培育人们的文化素养；另一方面激发了潜在的绿化需求，提高人们的生态意识。作为区域文化传播的主要载体，纪念林在弘扬生态文明、增强绿色意识方面具有强而广泛的宣传和感化作用。

第三，催化绿化美化效果，提升城市绿化品位。以林木为主体的纪念林，绿色是永恒的色彩，不仅美化了城市环境，更是寄予城市深刻的历史、人文内涵，使绿化美化渲染浓厚的文化色彩，催化了其观赏效果，提升了城市的绿化品位。

（二）乡村人居林

建设社会主义新农村是新时期我党做出的一项重大战略决策，乡村绿化作为新农村建设的一项重要内容，对促进农村生产条件的改善、农民生活质量的提高和农村经济社会的可持续发展，均具有十分重要的意义。

乡村人居林是指在农村一定区域内，为保障乡村生活、生产安全，提高生活品质，丰富乡村文化内涵，发展农村经济，为此而进行的以林木为主体的新农村绿色家园建设的重要内容。乡村防护林、道路林、休闲林、庭院林、水岸林等不同类型的乡村人居林，既是乡村环境规划的重要内容，又是重要的森林资源。乡村人居林作为新农村生态文化建设的主体之一，在推动唐山市生态文化的发展中起着绿化美化、环境保护、生态经济等作用，具体体现在以下几个方面：

第一，发挥区域地带性生态价值。乡村人居林中蕴含了众多的乡土树种，具有适应性强、成活率高、抚育成本低等特征。从生态学的角度来看，乡村人居林范围内的乡土树种，其生物学与生态学特性均与当地自然地理等客观条件相吻合，展现了当地植被区系特征。尤其以群落形式出现的乡村人居林（如背景林等），是良好的区域地带性植被类型，具有重要的生态、科研价值。

第二，彰显浓厚的历史人文价值。乡村人居林中的树木具有浓厚的历史价值与文化底蕴，如分布于房前屋后、村庄入口、集散处的大部分树木都具有一定的年代，是前人保护或栽植至今具有较高纪念意义的古树，伴随着当地人们的居住历史代代相传，它见证了乡村自然和人文的沧桑巨变，在纪念、延续和弘扬乡村生态文化方面具有重要的意义。

第三，提升观赏游憩与生态经济价值。近年来，随着社会、经济的发展和人们消费需求的转变，林业发生了巨大的转型，林业第三产业的比重日益增加，林业的发展趋向于建设具有较高集生态、景观、经济效益为一体的森林，其中，乡村游憩林成为现代林业发展的一个重要方向。随着农家乐、采摘基地等迅速发展，乡村人居林建设与林业产业发展密切结合，在改善乡村生态环境、提高美化质量的同时，也促进了农村经济的发展。

（三）生态风景林

生态风景林是以风景林设计要求的具有专门防护功能的林种，即兼有防护功能的风景林。其具体含义是在现有山地森林残缺不全的基础上，通过树种配置和营林技术进行林相改造，使植被重新朝着地带性顶极群落演替，并具有可持续生态效益和明显景观效果的人工干预混交林。生态风景林的植物配置是选择地带性森林植被的植物群落建群种和优势种作为骨干树种，选择具有明显层次、叶色、花色和果色等景观效果的树种作为基调树种，以营造主题不同、功能各异的森林景观。生态风景林不受空间大小、周边环境的限制，讲究紧凑、随意、镶嵌、多变，虽有人工设计而又不露其痕迹的自然美、和谐美，是最富有创造天地的林种，面积不拘大小，需要留有市民进入林内散步、小憩的空间，但不必如森林公园要求那么大的容量。它是近郊、远郊的骨干林种，体现了我国城市发展特色，是现代城市林业发展的新方向。

随着唐山城市化的加剧，生态风景林成为构建城市生态安全的重要组分，担负着保护环境和美化游憩的双重功能：一方面，具有涵养水源、保持水土、调节气候、防风固尘、净化空气和降低噪声等功能，并从客观上有效保护了森林植被，改善了生态环境，极大地加强了森林的综合服务功能，实现了森林的健康发展和可持续经营；另一方面，发挥了美化市容和提供游憩空间的功能，改善了人们的生存环境，提高了生活质量，为建设京津冀国际港口城市创造了良好的社会环境。生态风景林作为培育区域生态文化的主要载体之一，通过构建优美的森林景观、建设良好生态的人居环境，可为生态文化的继承与发扬提供良好的外部条件。

（四）古树名木

古树是指树龄达100年以上的树木。由于历经沧桑，真实地记录了大自然演变过程，是活的文物和不可再生的自然文化遗产。名木是指历史上或社会上有重大影响的中外历代名人、领袖人物所植，或者具有极其重要的历史、文化价值、纪念意义的树木。名木不受年龄限制，不分级，只有当名木的树龄超过100年，古树名木才能在这棵树上得到完整的体现。唐山有诸多具有鲜明地域特色的自然生态景点和古树名木资源，它往往与古民居、古村落群融为一体，显示着自然生态与人类文化的丰厚积淀。

古树名木是国家宝贵的自然资源，具有重要的科学、文化和经济价值，因而成为生态文化建设的重要载体，其生态意义主要体现在以下几方面。

首先，古树名木是传统生态文明与现代生态文明相联系的重要纽带。它们历经时代磨炼，阅尽人间沧桑，与本地的自然、社会、经济、文化密切相关，反映环境变迁、世事兴衰，是探索自然奥秘和了解历史证据的活教材、活档案，失而不可复得，具有重要的科学、文化、经济、观赏价值。古树延续着世代生态文化建设的脚步，并不时融入现代生态理念，将传统与现代良好结合，使人们在现代生态文明建设中不忘优良的传统文明，并使传统文明得到发扬与继承，提升现代生态文明的内涵。

第二，古树名木对树立人们的生态文化理念具有重要作用。古树名木以其形象、意义，引导人们了解传统生态文明，参与生态文明建设，培养人们自觉的环境保护意识与生态文明建设思想，对保护树木、编写生态文化新篇章具有重要的意义。

第三，古树名木是重要的森林景观资源，促进森林旅游业的发展。一棵古树就是一个景点，一片古树就是一道亮丽的风景，几千棵古树点缀在城镇、乡村大地上，犹如一颗颗璀璨的明珠，其价值无可估量。古树名木强烈明显的文化色彩、历史效应，是最为吸引游客的景观资源，对推动森林旅游业的发展具有重要的促进作用。

（五）森林公园

森林公园指在城市边缘或郊区的森林环境中为城市居民提供较长时间的游览休息，可开展多种森林游憩活动的绿地。它面积大，有特定的休闲功能，适度的活动空间，，环境宁静，结构简明。森林公园是以大面积人工林或天然林为主体而建设的公园，除具有森林景色自然特征外，并根据造园要求适当加以整顿布置。公园内的森林，普通只采用抚育采伐和林分改造等措施，不进行主伐。

森林公园是经过修整可供短期自由休假的森林，或是经过逐渐改造使它形成一定的景观系统和森林。森林公园是一个综合体，它具有建筑、疗养、林木经营等多种功能，同时，也是一种以保护为前提利用森林的多种功能为人们提供各种形式的旅游服务和可进行科学文化活动的经营管理区域。在森林公园里可以自由休息，也可以进行森林浴等。建立森林公园的目的是保护其范围内的一切自然环境和自然资源，并为人们游憩、疗养、避暑、文化娱乐和科学研究提供良好的环境。

森林公园作为林业生态文化建设的主要载体，作用有三。第一，保护森林资源与改善生态环境。森林公园以森林作为背景依托，可以对现有的森林资源进行整合管理，使森林有序健康地发展，充分发挥其对大气、水、土壤等生态环境的改善作用。第二，打造高品位、高质量的森林旅游产品，提升人们的生活质量，增加旅游业的经济创收，调整林业产业结构，开发林业第三产业经济。森林公园的营建，一方面加强了对森林这一生态资源的保护，另一方面又是一项新兴的、环保的、绿色的旅游产品，带动了整个森林经济的发展的同时，给人们营造了健康舒适的游憩环境。第三，培养人们保护环境、热爱森林的自觉意识。通过森林公园的建设，可以促进人与森林的共融、人与环境的共融，提高人们的环保意识。

（六）湿地公园

湿地是一类特殊的生境，与森林、海洋并称为全球三大生态系统，越来越受到重视。湿地公园是指生态旅游和生态环境教育功能的湿地景观区域兼有物种及其栖息地保护。湿地公园保持了湿地区域独特的近自然景观特征，维持系统内部不同动植物物种的生态平衡和种群协调发展，并在不破坏湿地生态系统的基础上建设不同类型的辅助设施。湿地公园是集湿地生态保护、生态观光休闲、生态科普教育、湿地研究等多功能为一体的生态型主题公园，在满足人们游憩、观赏需求的同时，也为生态文化的发展提供良好的条件，是生态文化建设的重要载体。

湿地公园将生态保护、生态旅游和生态教育的功能有机结合，突出主题性、自然性和生态性三大特点。它的宗旨在于：科学合理地利用湿地资源，充分发挥湿地的生态、经济和社会效益，为人们提供游憩和享受优美的自然景观的场所。城市湿地公园规划应以湿地的自然复兴、恢复湿地的领土特征为指导思想，以形成开敞的自然空间和湿地公园的定义与概念地带、接纳大量的动植物种类、形成新的群落生境为主要目的，同时为游人提供生机盎然的、多样性的游憩空间。

湿地公园可有效地保护湿地。从生物学意义上分析，维护了物种生境的多样性，为生物的多样性发展提供了保证，有力地促进了自然生态系统的协调稳定发展。从文化层面上分析，湿地公园为湿地文化的发展提供新途径、新思路，是生态文化建设的主要载体，这一载体为生态文化的发展提供坚实的物质基础——自然界的生物及其生境，及丰富的精神内涵，即透过优美、生态的自然景观而产生的生态美、生态艺术等。

（七）民俗风情园

民俗文化，也称民间文化，是民间世代相传的文化现象的总称。民俗文化旅游资源包括民间风俗、习惯、风情等，涉及饮食、工艺、起居、服饰、禁忌、道德礼仪、宗教信仰、审美活动等。“民俗风情园”是以林区丘岗地带原生态古村名镇为背景，以民众的生产、生活活动为民俗旅游资源载体，以森林自然景观为依托的一种乡村生态旅游。

民俗风情园推动了两个文明的建设。一是增强了文化意识。风情园的创意、规划和建设的过程，就是渤海文化、少数民族文化、建筑、政治、军事、宗教、餐饮等系列文化符号的提炼和再现的过程。人们进入民俗风情园，重温远远逝去的一幅幅历史的、民俗的、生态环境的画卷，感受到祖国历史各民族文化的辉煌。这种文化内涵是景区的灵魂，达到了文化与旅游互为载体、紧密结合、相得益彰的效果。二是增强了开放意识。外地旅游者的考察和观光，增加了本地的开放程度和与外界的沟通。三是提供和增加了就业机会。民俗风情园的开展为当地劳动力提供了就业岗位和经济收入。四是带动了相关产业的发展。民俗风情园旅游产业的开发带来了人流、物流、资金流和信息流，使当地驰名的土产、特产知名度更加远播，拉动经济作物面积增加，建筑业、运输业、养殖业和服务业也有了更大的收益。五是推动了社会事业进步。有力地改善了交通，加强了文明村镇建设。

唐山拥有众多绚丽多彩、极具地方特色的民俗文化旅游资源。但从整体效果看，开发不全面，缺少文化氛围，没有创造出自己的特色，对民众的吸引力不足。今后民俗风情园的建设要突出古代人文景观，近现代工业文明景观，地震科普资源等，强调唐山的民俗文化内涵，建设反映区域文化特色的民俗风情园旅游精品。

第二章 唐山生态文化的建设实践

一、全国首个生态文化基地——南湖

（一）发展历程

南湖生态城距离唐山市中心区仅1公里，规划总面积91平方公里，其中核心景区28平方公里。唐山南湖因位于市中心区南部而得名。南湖生态城的建设，象征着唐山这座震后重建城市的又一次“凤凰涅槃”，标志着唐山城市属性的历史性嬗变。

1. 因煤而建的“中国近代工业摇篮”

唐山因煤而建。130年前，清政府设立开平矿务局，办矿挖煤，后发展为开滦煤矿。随着煤矿的开采和工业的兴起，唐山发展成为北方工业重镇，被誉为“中国近代工业摇篮”。

2. 百年“疮疤”

经过长期的煤炭开采和1976年大地震的破坏，唐山市区周边形成了200平方公里的采煤下沉区，造成村庄迁移、农田废弃、坑洼遍布。特别是在中心城区南部的南湖区域，28平方公里的采沉区成为建筑生活垃圾、粉煤灰的堆积地，工厂排放污水，农民养猪养鸡，被人们称作城市的丑陋疮疤。

伴随着城市的发展，唐山市委、市政府开始对南部采煤沉降区进行治理，造林绿化和综合整治初见成效。然而，多年积累的痼疾依然存在。2007年以前，大南湖区域仍有废弃地22平方公里，生活垃圾、建筑垃圾800万立方米，粉煤灰800万立方米，煤矸石400万立方米，违章建筑60万平方米，各种养殖棚舍25处。50多米高的巨型垃圾山令人望而却步，450万吨的生活垃圾触目惊心，臭气熏天、蚊蝇扑面。丑陋的疮疤严重影响了城市形象，严重影响了人民生活，迟滞了城市发展的脚步。

3. 资源型城市向生态转型的美丽嬗变

2006年7月，胡锦涛总书记亲临唐山视察，首次提出了建设科学发展示范区的战略构想。为落实总书记的重要指示，唐山市委、市政府决定，举全市之力把唐山建成科学发展示范区、建成人民群众的幸福之都。南湖生态城建设就成为这项战略工程的一项重要内容。

2007年1月开始，唐山市委、市政府在听取群众献计献策意见的基础上，进行了历时一年的缜密论证，专门委托国家地震局、煤炭科学总院等权威机构，对南部采煤塌陷地的地质构造进行了缜密的分析与研究，先后形成了3份评价报告。得出的结论令人振奋：南湖生态城的大部分区域正处于地表下沉的稳定期，坚实而牢固，已经具备了成熟的开发建设条件。科学的论证，打破了采煤塌陷地不能被开发利用的误区与禁锢。

2008年1月，唐山市委八届四次全会做出了加速资源型城市转型、建设城市四大功能区的战略部署，决定整合南部采煤塌陷地及其周边地区、开发建设南湖生态城。根据市委、市政府决策，南湖生态城的开发建设迅速展开。聘请美国龙安公司、德国意厦公司、中国城市规划院、清华规划设计研究院共同编制了南湖生态城总体规划。

南湖生态城规划总面积91平方公里,其中核心景观区28平方公里,其开发建设将以生态修复、景观绿化、湖面拓展和历史文化遗产挖掘为先导，着力打造世界一流的休闲旅游度假胜地、文化创意产业园区和国家城市湿地公园，进而拓展城市发展空间，延续城市文脉、提高城市宜居程度、带动第三产业以及周边区域的快速发展。

经过科学的论证与规划，2008年3月1日，南湖生态城正式开工建设，推土机、挖掘机昼夜轰鸣,运输车辆川流不息,上万名建设者日夜奋战,荒芜的南部采煤塌陷地终于从沉寂中醒来。在扩湖工地，集中了100多台挖掘机和推土机、500多台运输车辆，工程技术人员将采煤塌陷地中的零散水面进行了整合，同时对水面周边的粉煤灰池、煤矸石场及大片废弃地进行了挖掘和拓展，垃圾、沙石、泥土被日夜不停地搬运，地下水源源不断地涌出，一座巨大的人工湖跃然而出。仅用一年多时间，就累计挖掘粉煤灰800万立方米、煤矸石350万立方米，拆除违章建筑60万平方米，养殖棚舍25处，挖掘、捣运建筑、生活垃圾800万立方米，绿化覆土80万立方米。

历经22年形成的硕大垃圾山被整体封闭，山体覆盖土壤、栽种树木、营造景观，绿化面积已达13万平方米。同时，对沼气、渗滤液进行了收集和处理，使各种污染物达到了零排放。昔日藏污纳垢、恶臭熏天的垃圾山，如今有了一个美丽的名字：凤凰台。气势恢宏的山体上，一条精致的景观小路曲径通幽，直达山顶，在这里举目远眺，整个南湖尽收眼底。

在唐河、青龙河畔，综合整治工程建设正酣，一个融防洪排涝、休闲健身和生态绿化为一体的滨水绿色长廊将与大南湖连缀在一起，共同组成57公里的环城水系，从而使一汪流动的清水与整个城市融会贯通。唐山市打造“华北水城”的鸿篇巨制也将从这里泼墨起笔。

南湖生态城的开发建设对于唐山进行科学发展示范区建设，建设生态文明具有极为重要的意义。南湖的开发建设彻底改善了唐山的城市生态环境，拓展了城市空间，有力地提升了城市品位。

（二）生态建设示范

唐山南湖生态城以生态修复、历史文化遗产挖掘、景观绿化、湖面拓宽为契机，着力打造集生态保护、休闲娱乐、旅游度假、文化会展、住宅建设、商业购物、高新技术产业为一体的新城区，使之成为资源型城市转型的典范、生态重建的旗帜，着力打造休闲度假胜地、文化创意园区、国家城市湿地公园，推动景观地产开发、促进城市结构更新。

1. 南湖生态城概念规划

（1）规划定位

城市副中心绿色生态核。其职能定位为：新行政中心城市生态绿核商贸物流集散地，文化创意产业中心商务休闲中心生态休闲基地，生态居住组团生态产业园生态农业示范地。

（2）规划目标

生态城市：打造循环经济型生态城市。南湖生态城将成为“生态、绿色新城”，在资源、能源利用、生态、环境保护、绿色产业和绿色交通，以及生态化的生活方式都表现出示范效应。

宜居城市：在可持续发展理念下，利用其自然优势以建设适宜居住城市为目标，以人为本，让城市的环境优美和谐，让城市的服务完善提升，让城市的交通高效便捷，使居住者感觉到“城市让生活更美好”。

安全城市：南湖地区的特殊地理环境和历史背景决定了生态城要特别注意城市安全，既包括人居系统的安全，又涵盖自然生态系统的安全，同时提出预防地震灾害、地面沉降预警系统的安全体系。

唐山南湖生态城鸟瞰效果图

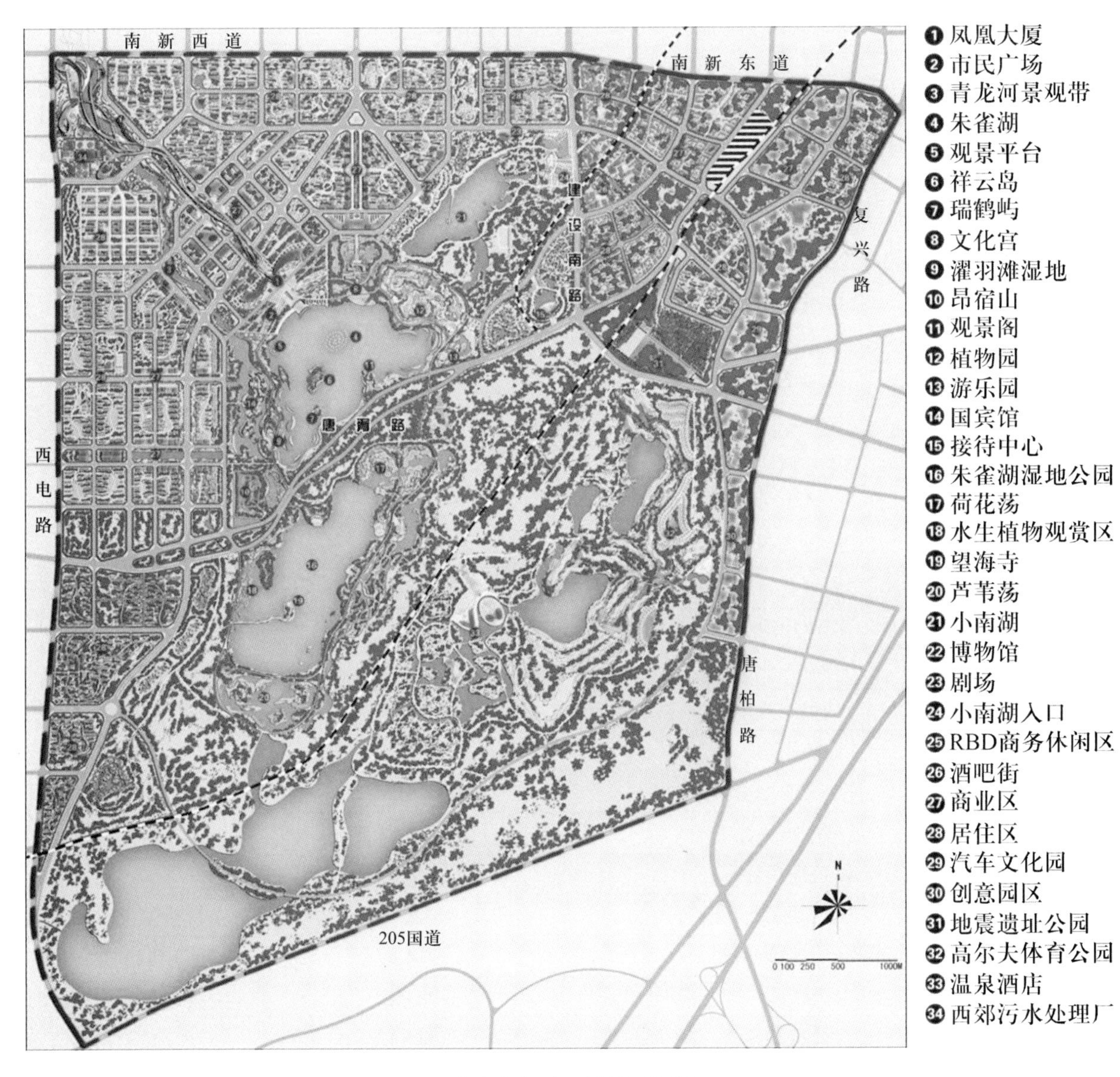

唐山南湖生态城总平面图

（3）总体规划

行政办公：主要指各片区的政府以及相关行政办公用地，分布于各大片区中心或临近生态廊道。

商务金融：位于南湖西片区行政中心西侧，承接城市商务、金融等现代服务功能，打造新的城市经济增长极。

商业服务：各大片区设片区级商业中心，同时设置面向南湖的轴向商业步道以公共活动与南湖产生联动效应。

文化娱乐：主要设于火车站文化商业区，以现有文化资源为依托发展以文化为主题的城市功能区；各大片区设服务性文化娱乐用地，提升城市活力。

文化创意产业用地：以小山文化创意产业为基础打造区域性文化创意产业总部基地。

工业用地：主要布置于丰南工业区，以现有工业为基础打造城市生态产业园；小山片区保留部分工业与物流用地，发展高新产业。

居住用地：以 TOD 模式进行居住区开发，住区中心设服务设施，构建一个以行人为主导的、多样开发便于使用的、邻里关系密切的、可步行的和谐住区。

表 2-1　唐山总体规划用地表

序号	用地性质		面积（公顷）	比（%）
1	居住用地		1508.53	31.02
	其中	一类居住用地	163.65	3.37
		二类居住用地	1344.88	27.65
2	公共设施用地		807.27	16.60
	其中	行政办公用地	102.12	2.10
		商业金融业用地	364.73	7.50
		文化娱乐用地	204.25	4.20
		体育用地	7.29	0.15
		医疗卫生用地	53.49	1.10
		教育科研用地	75.38	1.55
3	文化创意用地		63.43	1.30
4	工业用地		456.00	9.38
	其中	一类工业用地	258.22	5.31
		二类工业用地	197.78	3.98
5	仓储用地		149.78	3.08
6	对外交通用地		15.23	0.31
7	道路广场用地		823.81	16.94
	其中	道路用地	815.32	16.77
		广场用地	8.49	0.17
8	市政公用设施用地		14.87	0.31
9	绿地		1024.17	21.06
	其中	公共绿地	623.13	12.81
		生产防护绿地	401.04	8.25

（续）

序号	用地性质		面积（公顷）	比（%）
10	城市建设总用地		4863.09	100
11	非城市建设用地		5557.47	—
	其中	水域	746.25	—
		村镇建设用地	51.48	—
		发展备用地	368.86	
		郊野公园用地	1124.41	
		体育公园用地	828.62	—
		生态农业用地	1211.10	—
		生产防护绿地	978.95	—
		道路用地	247.81	—
12	规划总用地		10420.56	—

2. 生态超越五部曲

填埋废弃地、大量栽种树木、无害化处理垃圾山、还清湖面，同时尽量减少人工建筑，这是唐山治理采煤沉降区因地制宜的主要方法。这就需要对沉降区内的垃圾填埋厂、粉煤灰排放场、湖水、采煤塌陷废弃地和环城水系等 5 个方面进行生态重建。

（1）垃圾填埋厂生态重建

垃圾填埋厂经过十几年的填埋，已经形成了高 20 多米的垃圾山。改造垃圾山要重点解决垃圾残余渗液和垃圾产生的余热。对此，唐山的治理方案采取了堆砌假山的方法，在垃圾山东侧堆砌了南北长 80 余米、高近 10 米的假山，高低起伏的假山像一道挡土墙，有效阻挡了垃圾渗液的外溢。同时，在山上每隔 15~20 米打一个 10 米深的通气孔，孔内安放具有良好透水透气性的水泥管，对山体内部的沼气进行有效疏导。在此基础上，将垃圾山表面 20 厘米覆土碾压，覆盖上 80~100 厘米的好土作为植物生长的基础土壤，栽种了火炬树、柳树等落叶乔灌木和生命力旺盛的野牛草等草种。

（2）粉煤灰排放场生态重建

对造成扬尘污染的粉煤灰的治理，唐山采取了栽种紫穗槐等适宜树种的做法。如今，在南湖公园南侧 6 公顷的紫穗槐林，生长得十分茂盛。

（3）污水坑生态重建

因采煤塌陷形成的污水坑是一个主要的污染源，是唐山有名的“南大坑”，是唐山污水的主要汇集地，臭气熏天，严重影响着周围居民的正常生活。对此，唐山的做法分为四个步骤。首先堵住排污口，埋设污水管网 5300 多米，把沉降坑的污水引入污水处理厂。其次建污水沉淀池，实现污水的分级沉淀，并将污水引入池塘北侧的香蒲、芦苇等植物，达到自然隔离、过滤、吸附污水的目的。治理后，水质从原来的Ⅳ、Ⅴ类提高到Ⅲ类。第三，将原有分隔的污水坑打通，连成一个整体的大湖面，使得鱼类等动物可以隐藏在湖的中心区和深水处，减少人为因素的干扰。改造后，湖中的生物明显增多，特别是野鸭子从最初的十几只发展到目前的 600 多只。最后，修建具备游览价值的湖面景观，利用原有池塘的堤坝建设了面积 2000 平方米的湖心岛，在湖的东侧修建游船码头，人们可以在湖面上荡舟，并种植了 5000 平方米的荷花，既净化了湖水，又形成了一个特色鲜明的赏花景点。

（4）采煤塌陷废弃地生态重建

在对采煤沉降区废弃地的治理上，唐山人用建筑垃圾、废矸石填埋后，调运可种植土壤进行覆盖，并创造出高低起伏、富于变化的地形。在此基础上，大量栽种乔木、灌木、草本植物，引入各类昆虫、鸟类及动物，形成一个良好的生态系统。同时，考虑到沉降区的地质特点，在南湖公园的基础建设中，尽量少用重型机械、钢铁、水泥和沥青，尽量减少土方量，道路都采用水泥连锁块砖或碎石子铺就。除了景观建设中必需的亭、廊、桥和游船码头外，人工建筑很少，同时保留了大面积的蒲草、芦苇等，为野禽、野鸟保留栖息空间。

（5）环城水系生态重建

南湖公园治理中的一个缺憾就是水没有“活”起来。目前，唐山市正在全面开工的唐山环城水系工程将彻底解决这一问题。唐山环城水系工程将城中现有的唐河、青龙河等与南湖等湖泊相连，形成环绕中心城区 57 公里的环城水系。整个工程建成后，唐山将实现“城在水中”，中心城区生态景观蓄水面积达到 13 平方公里。

（三）南湖生态文化内涵

1. 生态文明南湖：“化腐朽为神奇”，演绎唐山“凤凰”传奇

如果说震后重建是唐山这只凤凰的第一次涅槃的话，城市转型则是唐山发展的第二次涅槃，唐山市以南湖生态城建设为突破口，从传统发展转向科学发展，以凤凰涅年的奇迹，演绎了“化腐朽为神奇”的唐山“凤凰”传奇。

（1）南湖是生态的铺张

南湖的开发建设，以水为脉，以绿为魂，因势设景，突出生态修复改造，实施生态体系重构，用湖水、湿地、花草、森林创造出巨大的生态效益。经过治理，原来采煤沉降区内尘土飞扬的景象已经一去不复返，天蓝了、地绿了、水净了，经环保部门检测，空气质量全年可达二级以上。南湖公园所产生吸毒抗污、除尘杀菌、减弱噪声、改善小气候、制造氧气的生态效益都是巨大的。现在，这里成了鸟的天堂，湖面上有结队的野鸭子，天空中成群的沙鸥在飞翔，树林中喜鹊、布谷鸟在歌唱。在南湖生态城的设计中，还将大量提倡利用可再生能源，包括太阳能、生物制能、风能。可再生能源的利用率，要达到或超过欧洲、美国这些先进国家的水平。

（2）南湖是文化的积淀

一个城市的环境资源不仅体现在山清水秀，鸟语花香，同样体现在一个城市的人文环境营造上。工业是唐山的特色，这座城市独特的工业发展历史也是极为丰富的人文资源。在南湖生态城，自然与人文、环境与历史、遗产相融一体，全面而细腻地展示出百年历史文化的发展脉络。通过对整个区域内文化要素进行提炼，对地段原有的矿井、粉煤灰场、铁路、老交大遗址等凸显城市特色的文化要素、历史遗迹，进行合理规划，融入新的文化、艺术功能，使之形成有机的整体，成为整个南湖地区的核心和灵魂。唐山南湖生态城依托良好的生态人文环境，重点培育和发展旅游产业、休闲娱乐产业、房地产业、创意文化产业等，带动了周边土地升值，原来的废弃地真正地“化腐朽为神奇”，并实现资源型城市产业转型。

（3）南湖是精神的张扬

南湖生态城这项造福子孙万代的工程始终牵动着决策者和建设者们的目光和心力，唐山市委、市政府主要领导在一年多时间里 150 多次现场办公，广大建设者发扬“五加二、白加黑、三班倒”的精神，埋头苦干、忘我工作。多少人放弃了与家人的团聚，日夜奋战在工地上；多少人不计个人得失，一心扑在事业上，以最快速度、最短工期完成预定的目标任务。“唐山效率”在南湖生态城建设工地上得到了生动诠释。全市人民高度关注，提出了许多好的建议。

（4）南湖的开发是践行科学发展观的一个生动范例

南湖的开发，还探索了采煤塌陷区治理的经验，创造了资源型城市转型的崭新模式，更是践行科学发展观的一个生动范例。南湖生态城的建设不仅改善了城市环境，提升了城市品位，核心景区的形成还带动了周边63平方公里区域土地的不断增值，由原来的每亩几万元提高到现在的每亩200万元左右，增长了数十倍，吸引了新加坡和美等多家国内外知名企业进驻南湖。同时，南湖的开发使市区面积扩大了一倍，也使更多的村民提前实现了城市化，成了资源型城市向生态城市转型的典范。唐山南湖生态城的完美变身使其先后获得了"中国人居环境范例奖"、联合国"迪拜国际改善居住环境最佳范例奖"。2009年7月，在印度新德里获得联合国人居署"HBA·中国范例卓越贡献最佳奖"。2009年10月19日，中国生态文化协会授予唐山南湖城市中央生态公园首批第一个"全国生态文化示范基地"称号。

2. 唐山人民魂牵梦绕的幸福家园：好玩南湖、生态南湖、神奇南湖

"建设南湖城市中央生态公园，就是要造福子孙后代，打造幸福之都"，"饱经磨难的唐山人民，应该享有更多的幸福！"时任唐山市市委书记的赵勇同志的这番话道出了建设南湖的主旨，更温暖了700余万唐山人的心。

南湖成为了人们休闲娱乐的好去处。人工湖、人工岛、人工河、人工森林，构成一幅幅层次鲜明的画屏：树绕湖畔、岛在湖中，亭台拥翠，灰鹤低吟，白鹭浅唱……唐河、青龙河水系改造后形成的50公里的环城水系，使"华北水城"渐行渐近。

南湖成为了城市的天然氧吧和"绿肺"。南湖将使唐山市目前的极端最低气温升高3~4℃，极端最高气温降低3~4℃。南湖水面形成的湖陆风，将加快周边地区的空气流动，使唐山更加宜居。

南湖成为了一座镌刻幸福的丰碑。"南有杭州西湖，北有唐山南湖！"当人们泛舟于南湖千顷碧波之上，览青山绿水，观红花绿柳，幸福感变得如此的具体而实在。建成当年的"五一"节，30多万人游南湖，30多万张笑脸和南湖的湖光山色相映成趣。"我们的南湖能与西湖媲美，面积比西湖还大！"百姓无比荣光和自豪。

一位文学爱好者站在由垃圾山改造而来的凤凰台上极目四望，写下了这样一段文字："凤凰台上没有箫声，有的是从塌陷坑连成一片的湖上，从野生和天然的桃树、柳树、紫荆和人工栽种的油松、日本樱花、西府海棠树干和树梢中穿过的一阵阵怡人的和风声，从不远处热火朝天施工进行中的市民广场传来的轧路机、巨型塔吊的轰鸣和悬臂的起吊声，有隐在林间、掠过水面的白天鹅，卧在梨花树杈、桃花树枝、柳树树干上的一对对喜鹊的应答声，有提着拖地白纱裙摆在绿树碧水旁拍照的准新郎新娘开心的笑声，还有摄影发烧友手中的相机发出的连拍声……城市真的长大了，长得那么舒展，那么从容，那么富有韵味，那么清澈水灵。"

如今的南湖生态城已经拥有9座人工大湖，总计11.5平方公里的澄澈水面，相当于两个杭州西湖，让人感受着南湖的博大与壮阔；一个个婀娜多姿的人工小岛、一处处精巧别致的景观节点，又为南湖增添了几分江南水乡的清秀隽永。在湖畔，19.5公里长的环湖公路全线贯通，平坦宽阔。这一条大路，在湖区里蜿蜒前行，穿针引线，将湖水、风景与游人融为一体，浑然天成。在明净湛蓝的天空下，人们或闲庭信步、或骑游驾车，呼吸着清新的空气，守望着粼粼的湖水、坐拥着迷人的湿地，尽情享受着融入自然的舒适与惬意。而电瓶车、热气球、跑马场、高尔夫、水上游船、双人自行车等一批独具匠心的游乐项目，让人们在静谧的南湖中享受着生活的甜美。

同时，随着地震遗址公园、市民中心广场和环城水系等建设工程的陆续完工和全面铺开，南湖生态城90多平方公里的土地正在发生脱胎换骨的巨大变化，宏伟的蓝图正在一天天变得生动、一步步接近现实。这里将成为唐山新的市中心，一座生态新城三年之内将在这里矗立。在这里沧海桑田已经不再是漫长的自然物化，而是凝聚着建设者力量与精神的人间奇迹。曾经广袤而荒芜的采煤塌陷地，已经成为中国最大的城市中央生态公园，成为唐山资源型城市转型的发动机。

二、环渤海生态港区——曹妃甸

（一）发展历程

1. 沉睡的“国宝之地”：百年深水良港

唐山曹妃甸新区位于唐山南部沿海，总面积1943.7平方公里。曹妃甸原是一座东北、西南走向的带状沙岛，为古滦河入海冲积而成，至今已有5500多年的历史，因岛上原有曹妃庙而得名。

历经岁月的沉淀，这个小岛终于带着她古老的气息，渐渐苏醒。也许，曹妃甸早在千年前的“显赫”身份，便注定了她日后的辉煌。孙中山先生在上世纪初便有了宏图设想，要把曹妃甸建成北方大港。21世纪的曙光来临之时，这个宏图便成为了现实，大规模的开发建设，终于如泱泱潮水般滚滚而来。

曹妃甸港区气象、水文、地质条件非常好，开发建设的工程量较小。“面向大海有深槽，背靠陆地有浅滩”是这里最明显的自然地理特征。曹妃甸水深岸陡，不淤不冻，岛前500米水深即达25米，深槽达36米，是渤海最深点，由曹妃甸向渤海海峡延伸，有一条水深27米的天然水道直通黄海，使曹妃甸成为渤海沿岸唯一不需开挖航道和港池、不需疏浚即可建设30万吨级大型深水泊位的天然港址。曹妃甸岛后方滩涂广阔且与陆域相连，浅滩、荒地面积达1100平方公里，为发展临港产业和城市建设提供了广阔的空间。

2. 环渤海地区的耀眼明珠：曹妃甸国际生态城

开发建设曹妃甸是中共中央、国务院作出的重大战略决策。胡锦涛总书记、温家宝总理对曹妃甸的开发建设都做出了明确指示。胡锦涛总书记于2006年7月29日亲临曹妃甸视察时指示：“曹妃甸是一块黄金宝地，是唐山和河北发展的潜力所在，在我国的整个生产力布局中占有重要地位。环渤海地区是我国继珠江三角洲、长江三角洲后正在迅速崛起的重要区域，曹妃甸对于环渤海地区的发展具有十分重要的意义。要按照科学发展观的要求，高起点、高质量、高水平地把曹妃甸规划好、建设好、使用好，使之成为科学发展的示范区、样板区。”温家宝总理于2007年5月1日视察曹妃甸时指示：“发展循环经济是曹妃甸的立区之本，要积极发展循环经济，着力推进体制创新，加强协调合作，把曹妃甸建设成为一流的国际大港，建设成为环渤海地区的耀眼明珠。”

为了推动曹妃甸的开发建设，唐山市进行了长达10多年的前期科学论证，先后组织全国30余家甲级设计、勘测、科研单位，聘请14名院士，邀请专家、学者3500多人次，召开各类会议100多次，完成了50多项工作成果和科研课题，为国家科学决策提供了大量翔实的科学依据和定性结论。

曹妃甸从2003年开始进行基础设施建设。目前，曹妃甸新区水、电、路、信等基础设施日臻完善。已经建成两座25万吨级矿石码头，累计接卸进口铁矿石2000多万吨。5万~10万吨散杂货码头日前已建成通航。煤炭码头、30万吨级原油码头、15万吨级液化天然气（LNG）码头及储罐区工程建设正在加速推进。随着首钢京唐钢铁厂、华润曹妃甸电厂、德龙集团公司修造船和海洋工程等一批项目的陆续开工建设，曹妃甸新区已进入大规模产业聚集阶段。

根据发展规划，唐山市将按照港口、港区、港城统筹发展的理念，建成年吞吐量5亿吨的国际一流大港，集中培育发展具有世界先进水平的精品钢材、装备制造、化学工业、现代物流四大产业基地，建设成为科学发展示范区、循环经济示范区和综合改革试验区。到2010年，曹妃甸新区将完成投资2000亿元，经济总量达到1000亿元。

曹妃甸的大规模开发建设迫切需要一座现代化港城作为支撑和依托，随着曹妃甸附近海域10吨以上整装优质大油田的发现，使港城建设更为紧迫。2007年1月，唐山市委托清华大学等规划设计单位进行港城空间布局规划。

3. 未来跨越

近期（2008~2010年），为基础设施和起步区建设阶段，起步区规划面积12平方公里，坚持依港建城、以城促港，快速推进基础设施建设，初步形成6万人左右的人口规模。

中期（2011~2020年），为加速建设阶段，在74.3平方公里的建设区内完成生态城建设示范模式，构建起唐山南部核心城市的雏形，形成80万人左右的人口规模。

远期（2020年以后），全面完成曹妃甸新城建设规划内容，城市功能进一步完善，形成100万人口、150平方公里面积的城市规模。

（二）生态建设示范

1. 生态城空间布局

曹妃甸生态城起步区30平方公里的空间总体布局，城市绿化率将达到50%以上，并通过绿色植被和城市水系构筑完善的城市生态景观网络。生态景观网络不仅是城市的“绿色骨架”，还是空间自然分区。具体是“一轴、一带、三大中心、八大板块”的城市布局。

（1）一轴：一轴是生态城市景观轴。将进入曹妃甸生态城的主要道路（现在的纬三路）沿线，打造成体现曹妃甸作为新时代生态城的景观轴线，形成曹妃甸生态城对外展示的重要窗口。

（2）一带：一带是生态城市发展带。这条南北向的发展带，贯穿商务中心、城市中心、智慧中心，而且众多的核心项目，如可持续发展中心、新信息媒体中心、生态科技公园、湿地公园等，都位于其中。生态城的各个侧面都在生态城市发展带上得到体现。

（3）三大中心：三大中心是城市中心、商务中心、智慧中心。

城市中心在中央行政板块、科技研发板块和生态居住板块Ⅰ的结合区域，集中布置城市主要的商业、娱乐、公园等公共设施，形成城市中心。将把水系引进来，围成一个湖泊（暂名：梦茵湖），造出七个“小岛”，每个小岛上设置一个核心项目，形成曹妃甸生态城独具特色的“群岛型”城市中心（暂名：七星岛）。城市中心将建设湿地公园、生态学校、海员俱乐部、信息媒体中心、生态示范社区、城市医院。

商务中心位于金融商贸板块、滨海休闲板块、中央行政板块和科技研发板块的结合区域。主要的商务办公、城市接待、科研支持、生态理念的展示等都集中于此，是城市最重要的标志性区域。该地将建高层的双子座的金融办公中心，主要吸引银行、保险等金融服务机构和企业进入，形成商务办公的聚集区。双子座写字楼也是生态城标志性建筑。还将建设一个能容纳上千人的大型会议厅和若干中小型会议室构成的会议中心，为各种会议、活动、论坛等提供场所。会议中心与行政办公板块相邻，便于为政府部门举行各种政务会议和活动提供服务。科技中心主要是为科技研发企业提供技术支持，包括为企业提供公共的技术服务平台和远程工作会所等。科技中心与科技研发板块相邻，科技研发企业和研发人员可以更方便地利用其技术平台进行工作。

智慧中心在教育培训板块Ⅰ、教育培训板块Ⅱ和生态居住板块Ⅱ的结合区域，设置教育培训相关的公共项目，成为生态城的教育培训的中心枢纽。该中心由智慧公园、运动公园、商业公园构成。

（4）八大板块：八大板块是中央行政板块、金融商贸板块、滨海休闲板块、科技研发板块、教育培训板块（Ⅰ、Ⅱ）、生态居住板块（Ⅰ、Ⅱ）。

中央行政板块在沿河区域以环境生态化和人文生态化的理念进行规划，打造环境良好的、体现曹妃甸历史、展示唐山文化的板块。

金融商贸板块吸引曹妃甸港区内已有企业的商贸部门、管理部门，以及为港区工业区配套的金融机构、中介机构等进入，打造曹妃甸生态城市的现代服务业发展板块。

滨海休闲板块利用滨海沿河的优美环境，提供高端的休闲产品，打造以商务会议、休闲度假为主导的滨海休闲板块，努力构筑世界级的高端休闲度假平台。

科技研发板块主要吸引曹妃甸港区内大企业的科研机构、全国从事环保产业的研究企业，以及从事港口信息服务的科技企业等进入，通过新型的办公空间及创新空间的提供，打造科技研发板块。

生态居住板块Ⅰ、生态居住板块Ⅱ现有的规划中设计了从工业区贯穿生态城的快速公交或轻轨线路，在紧邻此线路的区域，规划两大居住板块。既为工业区的人群服务，也是曹妃甸生态城相对集中的居住片区。

教育培训板块Ⅰ、教育培训板块Ⅱ是集高等教育、职业培训、科技园区、生活居住等功能于一体的曹妃甸新区的知识聚集高地。而智慧公园是教育板块的知识服务中心，包括了重要的公共设施和服务平台，也是整个板块的中心枢纽。

在区域的北部，以唐山工业职业技术学院和河北理工大学为基础，以国际化的教育理念为指导，打造教育培训板块。为曹妃甸工业区及曹妃甸生态城的企业员工提供职业教育、岗位培训等服务。

2. 绿色产业体系

根据生态经济产业发展的趋势，结合曹妃甸工业区的临港产业特征，曹妃甸国际生态城的产业发展，将以高端产业特别是高新技术和现代服务业集群为主导，国际教育、滨海休闲旅游和城市服务业为辅助，推动城市经济持续快速发展。

（1）港口服务业：依托北方第一大港——曹妃甸港国际港口的资源优势，大力发展以国际物流、国际贸易、国际金融服务和中介服务等功能的港口服务业，主要包括物流、加工、贸易、金融、保险、代理、信息、口岸等相关服务，以满足港口和临港大工业的配套要求。在空间上规划国际商务港，主要吸引国内外银行、保险公司、国际物流企业、国际贸易企业和大量中介企业。

（2）高科技产业：曹妃甸钢铁、石化、船舶、海洋工程等临港工业制造企业的研发部门或相关联的研发企业，将成为曹妃甸生态城高科技研发的重要组成部分。这些研发部门或企业的不断创新，是制造企业“造血”的核心地带。利用曹妃甸新区建设循环经济工业区、国际生态城市和唐山节能减排的战略机遇，“以市场换技术”，吸引跨国公司的经营和研发机构进行环保和新能源产品的营销、技术推广与产品研制。例如节能建筑材料、太阳能应用技术、水和废水处理技术、大气污染控制技术、固体废弃物处理技术等。

吸引国内生态产业的科技研发创业企业，不断利用并转化科技和创新的新成果，生产高科技新产品，来提升城市的综合竞争力。

（3）国际教育产业：曹妃甸国际生态城将以进入办学机构（唐山工业职业技术学院及河北理工大学）为依托，以满足曹妃甸区域未来发展需求为目标，从整体出发进行教育产业的发展。

曹妃甸的教育发展，首先要和港口区和工业区的产业需求相结合，为港区工业区的企业和员工提供相应的教育和职业培训，保障港口和工业区的发展和升级中有足够的人才资源；同时吸引国内外在钢铁炼造技术研发、港口物流信息技术等相关领域领先的教育机构和学校进入，为港区、工业区相关的高端产业的发展提供相应的教育支持。

（4）休闲会议产业：高端人群对休闲环境的要求越来越高，休闲和商务、休闲和政务等已越来越紧密地结合在一起，效益和舒适、工作和休闲相结合已成为一种趋势。在这种背景下，曹妃甸将利用良好的滨海优势，通过各种高端的休闲项目的打造，营造优美的休闲环境。从而成为企业进行商务会议、机构进行学术交流、政府进行高端会议等的好选择。

在曹妃甸生态城市试验中，曹妃甸将努力成为全世界生态城市的前沿发布地、生态城市高层论坛召开地、环境产业的展览展示中心等等。

（5）城市服务业：根据曹妃甸国际生态城初期规划，到2010年，曹妃甸地区能够聚集44万人口；到2020年，聚集的人口城市规模将达到60万。毫无疑问，曹妃甸国际生态城将是这些人口居住生活的城市。

生态城的服务业的发展，主要包括与人们生活相关的服务业，如城市商业、文化、教育、会议接待、休闲娱乐等，并且尽量根据不同特征人群所形成的不同“亚文化圈”，提供相应的城市服务。

（6）行政管理服务：在曹妃甸国际生态城的开发中，要注意为行政管理部门提供发展空间。努力打造具有自然环境良好、资源可持续利用等特色的曹妃甸行政管理中心。

3. 生态环境策略设计

（1）水资源利用：

雨水收集：城市建筑安装屋顶雨水收集系统，小区院内设计草沟自然排水系统，以收集小区内路面及停车场的雨水。每个街区内各有一个存水设施，透过屋顶集水装置、街道排水收集等设施将雨水集中储存，可提高收集雨水总量。收集到的雨水能提供自然通风、消防和植物灌溉的功能。

海水淡化：利用国际低成本、高效率的海水淡化新技术，进行海水淡化，将海水转化为饮用水。

污水处理：利用生物反应膜技术，进行污水来源分离处理，从废物及污水中回收资源等方式，进行污水处理，以及实现水资源最大限度的再利用。

节水设备：在城市中大力推进家庭节水设施的使用，如节水型洗衣机和马桶等。而在城市设计相关节水装置，如防火用雨水储存、中水利用系统、真空下水系统、通透式排水路面等。

（2）节能设计：城市建筑物通过对建筑分布、朝向、结构、体量、外立面的设计，减少使用空调和取暖设备的天数，降低取暖制冷的能源需求。设计适当的照明水平，选用低能耗装置、节能电器，减少用电需求。

鼓励使用节能电器、利用太阳能发电、垃圾焚烧发电、风力发电、复合保温墙体、太阳能热水器、太阳能街灯、燃料电池、地区供给热水系统等，节约能源。建筑的设计留有一定的灵活度，以满足未来用途转换，及适应其他改变的需求。

太阳能应用：利用太阳能光伏发电技术、全玻璃真空太阳能集热技术等，实现太阳能的充分利用。在部分楼群进行零能耗的试验，即在没有电源的情况下，利用太阳能实现建筑“零能耗”。甚至蓄的电还可供应家庭的电动汽车使用。

地热能利用：利用地热能进行建筑供暖，用石油开采业所形成的热能为农业温室提供热能等。

（3）废弃物利用：打造循环经济链条，实现工业废弃物的再利用，变废为宝，变污染物为原料。

（4）交通指导：确立公共交通的主导地位，公交分担率达到50%以上；创造适宜步行和非机动交通的设施环境，步行和非机动交通分担率不低于35%；个体机动交通分担率低于15%，且必须使用清洁能源。城市内部公交系统发达，通过公交体系半小时内可达城市任何地点。

（5）生态社区：利用温室来获取额外太阳能，为住宅提供所需要的能源。温室保持封闭性，夏季热量被传输到地下水，随后再被加热（温室也是居住空间）；冬季有冷却塔保存部分蓄水层的冷水，夏季为温度较高的居住空间降温。从其他废物中提取产生的二氧化碳沼气，可为阳光社区生产电和热水使用。

保证微风廊道畅通，引导夏季主导风进入，创造良好区域微风环境。以最大化夏季风可进入的有效深度达到约1公里为规划指标。组团由南至北通过建筑布局控制保证通风廊道的通畅。居住组团内北高南低的空间布局，以利于阻挡西北风，引入东南风。北紧南松的建筑布局，北侧多单元拼接，由北至南拼接单元逐渐减少，以利于优化空间风环境。主要道路朝向为南偏东15~30度左右，利用主要道路布局构筑通风廊道。

（三）绿色港城生态文化内涵

曹妃甸国际生态城是环渤海地区的一颗耀眼明珠，曹妃甸国际生态城建设起点高、质量高、水平高，必将很快建设成为一流的国际大港，成为我国科学发展的示范区、样板区，将对环渤海地区的发展具有十分重要的意义。曹妃甸国际生态城的建设充分体现了“人与自然和谐发展”的生态文化内涵。

1. 绿色之城

曹妃甸国际生态城是一个“人与自然相和谐，人与社会相和谐，人与人相和谐”的城市。生态城在环境营造上，通过建设大量的植被及水系等自然景观，勾勒出网络状的城市生态系统，生态景观网络又将城市自然分割为若干组团（板块），各个组团内部也绿茵环绕，使得生态城里面的每一个人都极为方便地接近大自然,每一户居民都能够与绿色为邻。同时,在城市建筑的开发中，采用资源保护技术，利用环保材料，尽可能减少污染物和危险品的排放；同时充分利用清洁能源，如地热能、太阳能、风能等。生态城实现人文环境上的“绿色”和“生态”,是一座生态的、环保的、可持续发展的“深绿城市”。

2. 未来之城

未来的生态城要在世界未来城市发展中引领新理念、新技术、新材料、发展新产业。将建设成为一座国际性城市，高度开放、高度繁荣、高度文明的国际大都市。未来的生态城将建设成为环渤海中心城市，实现区域带动、区域辐射，成为整个环渤海区域崛起的强大引擎。

3. 创新之城

未来的生态城将营造浓厚的创新文化氛围，营造有利于创新的体制机制环境，集聚多种创新要素，产生集群效应。

4. 幸福之城

未来的生态城将使每个城市个体都充分感受到梦想实现的快乐，建设成临海而居、推窗见海、风景秀丽的滨海新城。具体内涵为：

以人为本的城市：曹妃甸国际生态城是处处体现以人为本、科学发展的示范性城市，将集规划学、建筑学、社会学、人类学于一体，处处体现科学发展。

资源节约的城市：曹妃甸国际生态城的建筑是建立在利用新型能源、新型材料基础上的崭新的城市，处处体现比传统城市的资源节约。

环境优美的城市：通过水系规划、土壤治理、景观设计等建成环境优美、乐水亲水的滨海型城市。

视野开放的城市：曹妃甸国际生态城是颠覆传统城市理念的创新型城市，用全新的思维模式来谋划建设的未来之城。

文化融合的城市：曹妃甸国际生态城是融合世界文化、各国建筑风格于一体的交汇型城市，将充分展示世界文化的交流与合作。

充满创意的城市：曹妃甸国际生态城是一座处处充满创意、遐想的梦幻之城，将给人们以充足的想象空间，到处都有创意的惊喜。

区域循环的城市：曹妃甸国际生态城是置身于大区域经济基础上的循环型城市，将带动曹妃甸新区整个区域大的循环体系框架的形成和完善。

科技支撑的城市：曹妃甸国际生态城是以高新技术产业为支撑的特色城市，在新型建材、新型能源等方面处处体现高科技特征。

组团发展的城市：曹妃甸国际生态城的空间布局和开发时序应遵循“功能分区、分散布局、综合配套、组团发展、有机融合，由西向东，由南到北”的原则，逐步推进，最终完成150平方公里的规模。

新能源利用与电力供应：积极鼓励开发和使用风能、太阳能、地热能等可再生能源。

绿色建筑与人居环境：各建筑物都要求使用节能环保的新型建筑材料，严格限制使用秦砖汉瓦式的传统建筑材料。

三、山区生态文化建设典型——迁西

迁西县地处河北省东北部，总面积1439平方公里，人口37.5万，辖17个乡镇、1个街道办事处，417个行政村，是个“七山一水分半田，半分道路和庄园”的纯山区县，境内山水旅游资源丰富，森林覆盖率达60%。

（一）发展历程

1.“有水快流”：盲目开采，坐吃山空

迁西地处燕山南麓，属于革命老区，曾是国家重点贫困县。县域经济越是贫穷，政府和群众就越是急于脱贫，于是不少人就把眼睛盯到了资源性开采工业上，特别是该县4.7亿吨的铁矿石储量就成了香饽饽。

“有水快流”虽然在一定程度上使县域经济有了一定好转，但没有精深加工的产业格局只能使当地获取初级利润，并不能使本地财政真正强大起来。与之相反，粗放野蛮的开采模式造成了铁矿石资源的浪费，截至2000年年初，全县开采和毁坏铁矿资源已占到全县可开采储量的一半以上，有专家预测，十几年后，迁西将无矿可采。更为严重的是盲目开采造成的环境污染，特别是铁矿开发中毁林占地、破坏植被，选铁、烧结、铸造过程中污染了河流、大气。

2.“细水长流”：精深加工，持续发展

严峻的现实引起了迁西县领导的思考：靠出卖资源，虽然解决了目前财政上的无米之炊，但要付出失去生态环境毁坏的沉重代价。同时，从持续发展的眼光来看，这种坐吃山空的开发模式，从长远意义上说更是得不偿失。

迁西从科学发展观角度出发，果断改变开发模式，变有水快流到细水长流，变盲目开采到精深加工。力求实现有效资源最大限度合理的利用，使县域经济走上健康发展、财政状况走向良性增长的轨道，他们采取了一系列应对措施：延伸产业链条，提高铁矿产业效益；大力整顿规范铁矿开采秩序，关停高耗能、高污染、低收益的小炼铁、小铸造、小烧结企业；以发展新型产业项目为载体调整产业结构，延长铁矿产业链条，充分依靠科技进步提高科技对经济增长贡献率。目前，迁西资产亿元以上的企业集团近20家，形成了强大的财政支撑。

3. 绿色发展：产业转型　科学发展

工业强只能富财政，农业火才能富百姓，三产活才能兴全县。近年来，迁西县以科学发展观统领全局，立足矿产、林果、旅游三大资源优势，把新的发展目标放到统筹协调上，通过抓绿色迁西、

生态迁西、环保迁西建设，让绿色成为品牌，把生态做成产业，强化旅游带动，坚持把生态休闲产业作为全县的第二大产业来谋划，促进第三产业不断发展壮大。县域经济实力不断增强，社会事业全面发展，先后成为“中国板栗之乡”“国家级生态示范区”。2009 年，全年实现地区生产总值 289.5 亿元，城镇居民人均可支配收入 17361 元，农民人均纯收入 7348 元。经济实力日益雄厚，成为华北地区发达富裕适合投资的好地方。全年实现旅游综合收入 4.2 亿元，共接待游客超过 106 万人次。

（二）生态建设示范

1. 生态旅游产业带建设

（1）一核：“滦水湾”龙头旅游项目。“滦水湾”龙头旅游项目初步选址依托滦河，借助迁西新城的建设机遇，将滦河之水引入城区，营造滨水休闲游憩环境和景观，打造一座具有完善旅游集散服务功能的迁西新城、旅游新城。该项目在严重缺水的华北地区将独树一帜，成为近期迁西的核心旅游吸引物及核心旅游品牌，并将对其他区域形成旅游辐射作用。

（2）一带：“潘家口—栗乡湖”休闲旅游带。在政策允许的条件下，本着“零污染、无污染、少污染（降低污染）”的原则，以“潘家口—栗乡湖”沿线的水库为依托，以分布在水库周边的乡村、田园、果林为节点，以库区休闲渔业为特色，开辟“山水画廊·滦河人家”滦河风景旅游带，打造“塞上水乡、滦水渔村、滦河人家、滨水度假”等特色休闲体验项目。

（3）四节点：青山关、景忠山、五虎山、凤凰山。青山关、景忠山、五虎山、凤凰山是目前迁西县 4 个主要旅游景点，具有很大的发展潜力和发展空间。随着新的旅游发展战略构想的不断深化，要加大上述四个景区的转型提升力度，使其成为迁西的四大特色旅游项目。

2. 生态休闲旅游目的地网络系统建设

结合旅游交通旅游网络建设，迁西县构建了“一核两翼·水陆并进·五子连珠·七星伴月”的精品旅游线路，形成了生态休闲旅游目的地网络系统。

（1）一核：“塞上水城”。在中远期，随着迁西新城的龙头项目建设完成，旅游集散中心功能作用的不断完善，旅游服务设施的配套完善，迁西新城将充分发挥其旅游核的集聚功能，最终成为迁西县城集聚“旅游吸引功能、旅游集散功能、旅游服务功能”三大功能于一体的生态新城、塞上水城、旅游名城。

（2）滦河旅游经济带：“五子连珠”。进一步丰富县域内滦河库区的旅游项目，使滦河的三大地段彼此衔接，形成“潘家口、滦水渔村、栗乡湖、滦水湾项目、五虎山旅游区”五子连珠的滦河旅游经济带，将水源水库景观、河流湿地景观、水乡田园景观、滨水新城景观融合起来，并使周边各类资源在旅游产业的统领下协调发展。滦河旅游带将成为与滦河生态环境高度契合，和谐发展的滦河风景带、滦河经济带。

（3）迁西旅游风景带：“七星伴月”。在建设精品景区的基础上，形成“喜峰口—青山关—金厂峪—太平寨—凤凰山—迁西新城—景忠山—板栗风情园”迁西陆路旅游风景带，该条旅游风景带将集中体现迁西的长城文化、民俗文化、工业文化、宗教文化，并结合迁西四条旅游景观路的打造，最终形成一条旅游产品线路与旅游风景廊道相结合的陆路旅游风景带。

3. 新农村“围山转”开发模式

迁西是山区县，人均耕地不足 1 亩，山场却 5 亩有余。为摆脱贫困，迁西人做出很多努力和探索，最终得出“要发展和振兴迁西经济，让广大山区农民脱贫致富，必须在山上找出路，向荒山要效益”的结论。改革开放以来，迁西县委、县政府组织广大农民群众向荒山宣战，明确了以林兴县、以果致富的工作方针。为了寻求加快山区林业经济发展的良策，县委、县政府对全县荒山绿化状况进行深入的调查研究，对曾经实施过的多种造林绿化模式进行分析和比较，科学地总结出“围山转”整地造林的方法，并于1987年春把“围山转”板栗工程造林作为全县实施造林绿化工程的优化模式大力推广。

迁西的“围山转”曾是闻名全国的整地造林样板模式，即在25度以下的荒坡，按3~4米的行距，沿等高线，开挖成1米深、1米宽的环山水平梯田，尔后在水平梯田里种植板栗树。当时正值迁西被列入“三北”造林二期工程伊始，模式有了，机遇有了，迁西迅速在全县掀起了以“围山转”为主的工程造林热潮。仅1987~1991年的5年间，迁西县便涌现出了“杨家峪的模式、小寨的规模、孟子岭的速度、前河东寨的质量”等造林示范典型。

1987年以来的20余年，迁西依托“三北”等造林工程，累计完成造林51.58万亩，其中以板栗为主的“围山转”造林40.38万亩，河系防护林11.2万亩，森林覆盖率以每年1.2个百分点的速度递增，跃居为河北省林业重点县、全国造林绿化百佳县。现在每年5万吨果品产量、6亿多的林果社会产值、占农民收入40%以上的比例，使林业成为迁西县域农业经济的支柱产业。

同时，大规模的工程造林将工程措施和生物措施融为一体，解决了山区水土流失的难题，使全县的生态环境得以明显改善。县内呈现出“小雨中雨不下山，大雨暴雨缓出川”的良性自然态势。如今，在迁西417个行政村中，有60%的村营造出了“村在林中、人在绿中”的良好人居环境。

（三）迁西发展生态文化内涵

1. 大景区融合发展：诗意山水、画境栗乡、休闲天堂

迁西是唐山唯一的纯山区县和生态大县，境内山清水秀，森林茂盛，有京东名岫景忠山、潘家口水库风景区及水下长城等众多自然、人文景观。发挥迁西山清水秀、天然氧吧的生态优势，要把迁西县作为一个大景区来打造，把生态产品作为主导产业来谋划。

迁西县依托“青山、秀水、古长城”的良好自然禀赋，结合“打造环京津冀山水风情休闲旅游城市”的城市发展定位，不断强化青山绿水是迁西生命线的理念，使“捍卫绿水青山，打造秀美山川”逐渐成为全县人民的共识。不断树立“绿水青山就是金山银山”，“打造大景区，空气也卖钱”的新理念，提出以“诗意山水、画境栗乡、休闲天堂”为品牌支撑，逐步形成以4A级景区景忠山、青山关和喜峰雄关大刀园、栗香湖、塞上海、五虎山、凤凰山景区为主，以农家乐休闲旅游为补充，融自然山水景观、生态休闲景观、历史人文景观为一体的旅游格局。

2. 生态经济和谐发展：打造“燕山绿色明珠、唐山后花园”

迁西县以通道、荒山、厂企、村庄绿化为重点，通过实施滦水湾义务植树基地工程、通道绿化提升工程、通道美化工程、村庄绿化精品工程、荒山坡地绿化拓展工程、矿企修复披绿工程等几大工程，全力开展生态建设工作。

大规模植树造林不仅带动了经济发展，也奠定了迁西发展生态旅游的基础。打造“青山绿水古长城”的生态森林旅游景观已经不再只是一种畅想，目前迁西依托森林生态景观，已初步建成了景忠山、青山关、大刀风情园、五虎山等多个旅游景区。“春有百花争艳，夏有绿荫如伞，秋有硕果红叶，冬有青松傲雪”，一幅动人的生态画卷已经在迁西徐徐展开；“花果生态乡，京津后花园”，一颗璀璨的绿色明珠已经让迁西绽放出辐射京津唐的夺目光彩。

3. 生态文明新农村：乡村、乡风、乡情、乡韵

迁西县把新农村建设与发展乡村旅游紧密结合起来，以“乡村、乡风、乡情、乡韵”为主题，积极打造主题鲜明、特色突出、生态良好的农家旅游示范村和“农家乐”旅游示范户，实现“零距离就业，不出户赚钱”。并与矿山开发有机结合，把保护绿水青山放在首位，实现矿山绿色发展。

同时积极探索利用开发的矿山，发展独具特色的矿山游和绿色企业游。加快实现乡村旅游产品从观光型向休闲型方向转变，从以餐饮住宿收入为主向以旅游综合收入为主转变，注重本土化开发和特色化开发，推进乡村旅游产业链本地化和乡村旅游经营者的共生化，逐步培育和发展中高端乡村旅游市场，重点发展家庭旅游、特色餐饮、观光农园、观光果园、休闲渔场、民俗节庆等六大乡村旅游产品系列。

第三章　唐山市生态文化建设目标与总体布局

一、建设目标

以建立文明和谐的生态文化体系为核心，通过生态文化工程建设，挖掘生态文化底蕴，丰富生态文化载体，创建生态文化基地，发展生态文化产业，倡导低碳生活方式，建设生态文明社会，全面推进城乡生态文化建设，形成覆盖全市、贴近自然、贴近生活、贴近百姓、引领潮流，提升整个城市品位和全民素质的生态文化体系。

到2015年，建设完善南湖生态文化博览园、滨海湿地休闲旅游体验园、山地森林浴场体验园等3大生态文化主题园区，建立10处城市纪念林公园，建设绿色社区60个，市级生态文化村25个，国家生态文明村5个，农林产业园100个，基本建成覆盖全市、特色鲜明、形式多样、参与面广、辐射周边的生态文化载体系统。

到2020年，形成比较完整的市、县、乡、村四级生态文化体系架构，建设绿色社区100个，市级生态文化村50个，国家生态文明村10个，农林产业园达到160个，建成山地森林运动基地和山地森林理疗基地10处以上，丰富和完善中国近代工业博览园建设，形成具有一定品牌和影响力的生态文化节庆活动，基本建成比较繁荣的城乡生态文化体系。让生态融入生活，用文化凝聚力量，使唐山市在由资源型向生态型城市转型的过程中，真正实现生态、经济、政治、文化整个社会的蜕变，走生态现代化的发展道路。

二、布局依据

经过多年的发展，唐山环境经济社会全面进步，城乡人民生活水平显著提高，已具备大力发展生态文化的内、外部基础条件。生态文化作为一种体现人与自然关系的文化形式，是依附于地域文化、生态环境、产业发展等现实的载体而存在的。因此，其布局应该遵循本区域整体文化、生态、产业格局，同时，它又有其以人为本的特质，必须考虑人的主体性。客观上说，生态文化布局依据包括地域文化、生态环境资源、产业发展和人类需求等依据。

（一）地域文化背景的基本特征

唐山的文化源于煤炭资源的开发，具有浓厚的矿山文化特色。而1976年唐山大地震的发生，一方面形成了抗震精神，另一方面震后恢复重建过程中，以唐山市区为中心的移民发展也带来的各种文化交融。纵观唐山文化发展历程，开矿、移民、方言是形成唐山文化格局的主导因素。①矿山开发对文化格局的影响；②方言对文化格局的影响；③地理区位对文化的影响。

（二）承载生态文化的环境资源状况

地域环境是承载外来文化的载体，也是本土文化孕育的温床。唐山市山、田、城、海交融，赋予了唐山市深厚的生态文化特质。从生态文化的现实与潜在环境载体资源来看，唐山市的山川、河流、森林、湿地等自然资源，为发展丰富多彩的生态文化提供了良好的环境资源基础。

（三）城乡居民对生态文化的需求

唯物主义认为物质是第一性，精神是第二性，世界的本原是物质，精神是物质的产物和反映。当人们的物质需求得到满足后，必然产生对精神文明的意识追求。这种精神追求集中体现在人们对森林环境的向往、对大自然清新气息的渴望，反映了现阶段人们对森林生态文化的追求，体现了区域文化发展的方向。随着唐山市以及北京、天津等周边地区环境经济社会全面快速发展，人们对绿色、健康、休闲、环保等生态文化建设有了更多更高的需求。

（四）生态文化的产业化发展格局

生态文化发展的动力在于产业化，根本目的在于惠民。因此，生态文化建设布局要服务于生态文化产业的发展，要与《唐山市文化产业发展规划（2008年）》《河北省唐山市旅游发展总体规划（2008年）》等相结合，大力发展生态文化旅游产业。

三、布局原则

1. 依托资源——唐山生态文化发展的基石

依托资源是唐山生态文化发展的基石。山川、河流、森林、草地、湖泊、滩涂、海洋等丰富多样的自然资源是唐山生态文化的重要自然资源基础，而矿山开发、机车制造、陶瓷生产等近代工业发展，以及红色历史、地震精神、民俗风情等历史文化，都是唐山生态文化的珍贵文化资源。

2. 挖掘潜力——唐山生态文化发展的动力

挖掘潜力是唐山生态文化发展的动力。生态文化是一种人与自然和谐发展文化。其内涵和形式十分丰富，需要结合本地特点，借鉴国内外生态文化发展的先进经验和成功模式，深入挖掘唐山生态文化的发展潜力。

3. 突出特色——唐山生态文化发展的魅力

突出特色是唐山生态文化发展的魅力。一个地区的生态文化有着深厚的资源基础和历史积淀，无论对本地区还是周边地区的吸引力，其活力都在于突出特色，突出唐山资源和历史文化特色，注重内涵与形式的结合。

4. 注重效益——唐山生态文化发展的保障

注重效益是唐山生态文化发展的保障。无论是有形的山川河流、森林湿地、海洋湖泊、历史古迹等载体，还是无形的历史故事传说、重大事件、诗词歌赋、地方戏曲等载体，都可以开发其经济社会效益，服务于社会和地区经济发展。

5. 城乡一体——唐山生态文化发展的要求

城乡一体是唐山生态文化发展的要求。城市是文化的中心，乡村是文化的发源地和新领地。随着城镇化的快速发展，城乡一体发展成为一个必然趋势，这个过程中，城市中环保、科普、卫生等生态文化向乡村渗透，乡村的自然、民俗、低碳等特色生态文化得到进一步张扬，趋同与趋异并存。

四、总体布局

根据唐山市生态文化发展背景与需求分析，结合《唐山市文化产业发展规划（2008年）》《河北省唐山市旅游发展总体规划（2008年）》，提出生态文化发展布局框架为“**四大生态文化功能区、六大生态文化产业链、九大生态文化核心品牌、百个生态文化特色园区**”。

（一）四大生态文化功能区

生态文化是一种依托自然环境资源和人文历史特色而融合发展的文化类型。唐山市山、田、城、海的自然与人文景观发展格局，产生了各具特色的生态文化。因此，将唐山市划分为 4 个生态文化功能区，即山地森林休闲文化区、平原观光农业体验区、城市综合文化展示区和滨海湿地文化建设区。

1. 北部山地森林休闲文化区

该区位于京哈公路以北，海拔 50 米以上，包括遵化市、迁西县、迁安市、丰润区及滦县的 64 个乡镇。该区以低山、丘陵地貌为主，是全市主要的森林资源分布区和特色经济林果种植区，有油松、侧柏等天然次生林，有清东陵、古长城等著名历史文化景观。生态文化建设的重点是：以山地森林资源和地貌景观资源为依托，结合清东陵、古长城等历史文化遗迹，山区土地综合开发等典型模式，京东板栗、团城酸梨、山野菜等特色森林食品，加快森林公园、森林休闲山庄建设，适度开展生态旅游，形成具有山区特色的森林休闲文化区。

2. 平原观光农林业体验区

该区共包括玉田、遵化、滦县、乐亭、滦南、迁安、丰润、丰南、唐海、芦台、汉沽等市县区的 74 个乡镇，土地总面积 51.21 万公顷，以山前洪积平原为主，有耕地、草泊、草场、坑塘和洼淀等多种土地类型，是唐山市蔬菜、果品、粮食的集中产区。生态文化建设的重点是：以农田防护林网、鲜桃和葡萄等特色林果、设施与生态农业园区等平原生态景观为依托，加快集村镇生态环境改善、休闲旅游等功能于一体的生态文化村建设，推进乡村生态文化发展；结合无公害、绿色及有机农产品生产和深加工为主的生态农业发展，推进观光农业发展。

3. 城市综合文化展示区

该区包括唐山市中心区及其周围的 34 个乡镇，土地总面积 18.23 万公顷，是唐山市经济社会文化中心，也是生态文化建设的重点地区。该区人口密集、土地开发程度高、自然景观与人文资源长期融合发展，特别是近年来对城市森林、园林绿化、水系整治等生态治理力度的加大，城市生态文化的基础得到了明显加强。生态文化建设的重点是：依托厚重的城市人文历史、近代工业、地震恢复、城市发展等文化资源，结合生态城市建设，通过南湖生态城、环城水系治理、环城林带建设等生态治理工程，加快生态文化基础设施建设，丰富生态文化内涵，把该区建设成具有唐山城市生态文化魅力的综合展示区，推动旅游产业发展，提高城市品位和综合竞争力。

4. 滨海湿地文化建设区

该区位于唐山市南部沿海，包括乐亭、滦南、唐海、丰南 4 县（区）的 24 个乡镇（场）和曹妃甸港口及其工业区规划范围，以及海岸线以外的近海海域和沿海潮间带、滩涂等，是唐山市沿海城镇带主要建设区、曹妃甸港口和工业区主要建设区。该区滩涂、滨海湿地、岛屿、生态港城等滨海自然与人文景观特色鲜明，是唐山市未来发展的新的增长极。生态文化建设的重点是：依托丰富的湿地资源，在保护好以唐海湿地和鸟类自然保护区为主的湿地生态系统基础上，把湿地资源保护、湿地景观开发、生态港区建设、岛屿保护与开发等结合起来，加快湿地自然保护区和湿地公园建设，促进湿地生态文化载体建设和旅游产业发展。

（二）六大生态文化产业链

充分发挥唐山文化资源优势、区位优势和经济优势，加快发展文化主导产业链。

（1）以矿山开发、港区建设和陶瓷发展为主线，结合开滦国家矿山公园、曹妃甸湿地公园和唐山陶瓷文化博览区建设，打造工业生态创业文化产业链。

（2）以展示唐山生态城市和城市发展成果为主旨，突出南湖生态城、凤凰山、环城水系景观等典型，打造城市生态建设文化产业链。

（3）以震惊中外的 1976 年唐山大地震为背景事件，结合唐山大地震遗址纪念公园、抗震纪念馆和地震科普研讨活动，打造地震生态重建文化产业链。

（4）以山地丰富多彩的森林景观资源为依托，结合世界文化遗产清东陵和人类遗址、古长城，打造森林休闲文化产业链。

（5）以唐山河流、湖泊、滨海湿地和海岛资源保护和景观开发为抓手，建设湿地公园、生态海岛，打造湿地生态文化产业链。

（6）以生态文明村为代表，结合乡村围村林、庭院林和公共休闲区建设，发展特色民俗文化村、农家乐生态旅游村等，打造乡村特色文化产业链。

（三）九大生态文化核心品牌

1. 南湖生态城

南湖生态城建设是唐山市城市发展转型的一项重要成果，也是生态城市建设的一个标志性项目。它在建设过程中体现的理念、技术、精神等等都是唐山市生态文化的一个缩影，成为其最具特色的生态文化品牌。因此，应该在前期建设成果的基础上，进一步丰富生态文化内涵，重点建设塌陷区修复展示区、垃圾山处理展示区、粉煤灰治理展示区、休闲游憩文化体验区、唐山生态文化综合馆等 5 个生态文化项目。

2. 曹妃甸生态港

曹妃甸生态港建设是唐山市未来发展的新增长极，也是京津地区出海的重要水上通道，其资源节约、环境友好的发展模式，以及作为国家科学发展综合试验区的优势，使其有机会成为一个生态现代化发展的典范，成为唐山市的一个生态文化品牌。因此，在现有港区规划建设的基础上，进一步挖掘港区生态文化的内涵，并在生产、管理和建设中体现，重点展示环境优美、资源节约、循环经济等港区生态文化内容。

3. 清东陵生态文化

位于遵化市境内的清东陵景区，是著名的历史文化景点，也是皇家墓地风水文化的体现，是唐山市生态旅游和生态文化的一大特色。因此，结合景区保护与旅游开发，进一步挖掘展示陵区自然与人文景观相结合的墓地生态文化、古树文化等。

4. 地震生态文化

以 1976 年唐山大地震为背景事件，结合唐山大地震遗址纪念公园和抗震纪念馆建设，挖掘地震前后自然环境变化、灾后生态环境重建等素材，强化建设以地震科普为主的生态文化品牌。

5. 冀东山地森林文化

冀东山地森林是唐山市重要的生态屏障，也是生态文化的主要载体和生态文化旅游的重要资源。在森林资源保护、森林资源恢复、矿山退化土地治理、森林景观资源开发过程中，都具有挖掘生态文化内涵和打造特色生态文化载体的潜力。近期可以重点开展山地森林运动基地、森林休闲养生基地、森林自然教育园区等建设，培育对唐山乃至北京地区具有特色和吸引力的森林生态文化基地。

6. 滨海湿地文化

唐山市依山傍海，其滨海湿地资源是城市发展重要的环境依托，也是湿地生态文化发展的资源基础。因此，要结合滨海湿地生物多样性保护、湿地公园建设和滨海生态养殖产业发展，建设具有北方滨海特色的湿地生态文化综合展示、体验区，推动沿海湿地旅游业发展，也促进滨海城镇带的科学发展。

7. 岛屿生态文化

唐山滨海有许多岛屿资源，其中由菩提岛、月岛、祥云岛组成的唐山湾国际旅游岛开发潜力巨大。2010 年 5 月，唐山市委市政府提出，以休闲、养生、避暑为主要特点，要把唐山湾国际旅游岛旅游区打造成“世界一流、国内知名海岛旅游胜地”，使其成为河北旅游开发一个重要增长极。因此，要针对这一发展形势，结合岛屿自然资源保护、景观资源开发等建设具有北方岛屿特色的生态文化综合展示与体验区，使其成为距离北京最近的岛屿生态文化基地。

8. 冀东乡村生态文化

近年来以城市居民为主的乡村旅游蓬勃发展，而乡村旅游的实质是一种生态文化旅游，是城乡文化交流的重要途径。唐山乡村生态文化建设要突出冀东地区的文化特色，一是以自然风景和田园风光为依托，挖掘蕴含在其中的生态美、自然美和科学知识；二是展示乡村的历史文化遗存和农业发展成果，包括传统民居、古镇、庙宇、石拱桥、古代水利工程、少数民族村寨、宗教信仰、传统民俗、特色食品、手工艺品、民间文艺以及现代农业设施和农业科技新成果等。

9. 唐山工业生态文化

唐山钢铁集团有限责任公司是特大型钢铁企业，河北钢铁集团的骨干企业，地处全国三大铁矿带之一的冀东地区，环渤海湾京津冀经济隆起带。唐钢始建于 1943 年，是我国碱性侧吹转炉炼钢的发祥地。2008 年以来，不断提升理念、强化管理，实现了城区老钢铁企业向生态、科技、效益、和谐的现代化一流企业的全新蜕变，2010 年，唐山钢铁集团有限责任公司被中国生态文化协会授予“全国生态文化示范企业”称号。唐钢的生态文化建设主要包括：转向资源节约与环境友好发展的低碳企业理念；实施清洁生产与厂区环境美化相结合的绿色厂区建设管理理念；重视改善生产环境与促进职工职业健康的人文理念。

（四）百个生态文化特色园区

生态文化基地是承载生态文化的核心载体，也是发展生态文化产业的实体依托。唐山市生态文化基地建设既要立足于服务当地城乡居民的需求，也要着眼于服务整个京津唐地区的潜在需求。因此，要在上述特色品牌的基础上，布局建设一批类型多样、覆盖全市的生态文化基地，使之与旅游景点、文化景点相互补充、相互促进、相互融合。

从建设布局来看，要在唐山市域范围内，以满足城乡居民休闲游憩为目标，在现有森林、湿地等林业生态休闲资源的基础上，进一步加大林业游憩资源的开发力度，并结合本地历史、人文等文化资源的开发，加快生态文化基地的建设，使全市森林公园、湿地公园、生态农庄、森林人家等休闲游憩文化场所达到 100 处以上。

五、建设任务

生态城市就是要协调各种关系，使城市环境经济社会实现全面协调可持续发展。物质层面，生态文化的物质内涵要求摒弃一切掠夺自然的行为，以欣赏自然、构建人与自然和谐关系为主题，在生产、生活上倡导环保、绿色、节约等行为意识，它要求一切的社会活动要遵循生态、和谐的原则。在精神层面，精神是一种意识形态、行为反应的概况，融入文明的内涵，便是精神文明，是人类社会发展进程中所创造的精神财富，包括教育、素质、科学技术、道德水平等。精神层次的生态文化，在意识形态上，表征为对生态理论、生态艺术、生态美学、生态教育等形态要素的追求。从唐山市来看，既要强调生态文化体系建设的完整性，也要考虑工程建设的可行性，量力而行地设置工程。

（一）挖掘生态文化底蕴

一是要深刻反思工业文明给唐山带来严重的生态危机。在工业文明阶段，特别是改革开放三十年来，唐山在经济、政治、文化等各领域都取得了举世瞩目的辉煌成就，创造了巨大的物质文化财富，促进了人类社会进步与发展的同时，也遭遇了前所未有的生态危机。无节制地开发利用煤矿、铁矿等自然资源，大规模地污染破坏生态环境，以及由此而带来的水土流失、土地退化、生物多样性锐减等一系列生态问题，已经严重影响了当代人和后代人的生存发展，引发了人们对唐山发展方式的深刻反思。二是要继承和发展“天人合一”的生态文化传统。中国“天人合一”的哲学观，突出了人与自然的和谐，同时也包含人与人、人与社会、社会与社会之间的和谐。这是生态文化的核心和本质，体现了一种高尚的精神境界和科学的发展理念。在唐山，就是要深入挖掘灾后重建美化家园的唐山精神，转型城市的生态文化脉络，形成具有唐山特色和时代特征的唐山生态文化体系。

（二）丰富生态文化载体

一个地区的生态文化建设首先要挖掘具有本地特色的生态文化底蕴，并通过完善载体建设来传播生态文化。生态文化载体分为有形载体和隐形载体两大类。有形载体包括：森林、湿地、草原、荒漠绿洲、山川湖泊、海洋岛屿等自然生态系统，城市、乡村、田园等人工生态系统，以及持续农业、持续林业等绿色行业和一切不以牺牲资源环境为代价的生态产业、生态工程、绿色企业等。隐形载体包括：生态制度文化（法律法规、生活制度、家庭制度、社会制度等）、生态心理文化（思维方式、宗教信仰、审美情趣等）以及有绿色象征意义的生态哲学、环境美学、生态文学艺术、生态伦理、生态教育等。从目前唐山市的实际需求来看，就是要加强森林公园、森林人家、森林博物馆、自然保护区等主要生态文化载体的建设。

（三）创建生态文化基地

随着全社会对生态问题的日益关注，近几年来，各级政府和国家有关部门紧密结合行业特点和实际需求，组织开展了绿色家园、森林城市、生态省市、生态乡村等系列创建活动，有力地促进了生态文化的传播和全社会文明素质的提高。同时，大力发展循环经济，推进节能减排以及全民义务植树、部队造林等活动蓬勃开展，呈现出全社会参与生态建设的喜人局面。因此，唐山市要以生态城市建设为契机，认真借鉴和运用这些好做法、好经验和好典型，组织动员和吸引全社会各方面的力量广泛参与，丰富生态文化活动内容，充实生态文化宣教队伍，加大生态文化传播力度，不断扩大创建活动成效。中国生态文化协会于 2009 年首次组织开展了“全国生态文化示范基地”和“全国生态文化村”的评选、命名活动，国家林业局也会同有关部门共同开展“全国生态文明示范基地”创建活动，对在全国范围内建设一批体现区域特点和民族文化特色的生态文化示范基地和生态文化村，发挥了示范带动作用，加快了生态文明建设进程。唐山的南湖就是首批“全国生态文化示范基地”。2010 年，乐亭县乐亭镇赵蔡庄村和唐山钢铁集团有限责任公司又分别被授予“全国生态文化村”和“全国生态文化示范企业”称号。今后可以在森林城市、森林村镇、生态文明村、全国优美乡村等创建活动中有更多的收获。

（四）发展生态文化产业

以历史文化为传承，普查、收集、整理省直林区丰富的森林生态文化资源，挖掘一批具有重要价值和影响力的森林生态文化产业，普及生态知识，宣传生态典型，增强生态意识，倡导生态理念，弘扬生态文化。生态文化产业是以精神产品为载体，视生态环保为最高意境，向消费者传递生态的、环保的、健康的、文明的信息与意识。如生态影视书刊出版、绿色广告包装策划、生态环保会议会展、生态旅游纪念用品、生态工艺绘画雕刻、生态艺术歌舞等等。它们既是一种文化，也是一种新型经济，更是一种可持续发展的产业。

森林、湿地旅游是生态文化产业发展的主体。它把森林、湿地的自然景观与人文景观融为一体，并上升到包括美学、哲学、文学、伦理学、音乐、美术等在内的文化层次上，通过各种有目的的、多形式的森林与湿地旅行、游憩活动，融入自然，回归自然，崇尚自然，享受自然，最大限度地满足人们生理、心理、伦理、保健和精神等方面的享受与需求。森林与湿地旅游是其他任何形式的野外休闲活动所无可替代的。森林与湿地旅游作为当今世界发展势头最强劲的“绿色产业”，必将成为21世纪人们提高生活质量，追求回归自然的新时尚。在唐山，就要依托丰富的历史文化资源、多样的自然景观资源发展生态文化旅游产业，包括历史文化、乡村文化、渔家文化、矿山文化、灾后重建文化等生态旅游产业。

（五）倡导低碳生活方式

“低碳生活”是以节约、环保、健康为标志，将先进的生态文化理念融入我们日常的衣食住行和全部社会生活的一种文明生活方式。它要求每一个社会成员从自身做起，带动家庭，推动社会，创造一种有利于保护生态环境、节约资源能源、维持生态平衡的生产方式和生活方式。倡导低碳生活，必须遵循“5R”原则：一是节约资源，减少污染（reduce），如节水、节纸、节能、节电、多用节能灯，外出时尽量骑自行车或乘公共汽车等；二是绿色消费，环保选购（reevaluate），如选择低污染低消耗的绿色产品，以扶植绿色市场，支持发展绿色技术；三是重复使用，多次利用（reuse），如尽量自备购物包，自备餐具，尽量少用一次性用品；四是分类回收，循环再生（recycle），如实行垃圾分类，循环回收，在生活中尽量地分类回收可重新利用的资源；五是保护自然，万物共存（rescue），如救助物种，拒绝食用和使用野生动物及制品，制止偷猎和买卖野生动物的行为。

（六）建设生态文明社会

建设生态文明，首先要增强全社会的生态意识、忧患意识和责任意识。要针对唐山市转型发展和跨越式发展的过程中所面临的生态环境问题，充分利用唐山市各类自然保护区、森林公园、湿地公园、海洋公园、自然博物馆、科技馆、城市森林与园林等文化载体和学校、研究院所、企业、社区等宣传阵地，紧密结合世界“地球日”“世界环境日”“地震纪念日”“湿地日”和全国“植树节”“爱鸟周”“科普活动日”等节庆或纪念活动，综合运用电视、广播、报纸、图书、网络等媒体，有效借助科普画廊、宣传栏等设施，积极开展经常性的生态文化宣传、教育和普及活动，在全社会牢固树立关注生态、热爱自然的生态文明观念，养成珍惜自然资源、保护生态环境的良好习惯，切实把构建资源节约型、环境友好型社会的各项任务，落实到每一个工作单元、生产单元，乃至每一个家庭和个人，让全社会每个成员都自觉承担生态责任和生态义务。

第四章　唐山市生态文化建设重点工程

一、南湖生态文化博览园

（一）建设理念

废墟上崛起的城市中央生态公园。

（二）建设目标

唐山是在地震废墟上浴火重生的凤凰新城，而南湖则是在生态破坏、环境污染、污水横流、垃圾遍地的城市废墟上崛起的生态新城。南湖生态城建设和唐山生态城市建设，使这里成为资源型城市转型的旗帜和“化腐朽为神奇”的典范。要依托森林、湿地等生态资源和各种文化设施，继续丰富其生态文化内涵，把它建设成为综合展示生态建设成就和弘扬生态文化的城市文化博览园，建设品味低碳生活文化的综合体验馆，充分发挥其生态效益、社会效益、经济效益、对外宣传效益和示范效益，为唐山市乃至全国生态文化建设做出贡献。

（三）建设内容

1. 塌陷区修复展示区

采煤塌陷区是许多煤矿地区特别是煤矿资源型城市面临的生态难题。南湖水面就是在塌陷区基础上发展起来的，这种因势利导的治理模式，以及水岸处理、水体治理、水系设计等等建设与技术环节，都体现了一种全新的塌陷区治理模式。因此，结合现有的塌陷区治理成果，规划建设集中体现唐山塌陷区治理模式的生态文化展示区。

2. 垃圾山处理展示区

城市垃圾是城市环境污染的主要来源，严重影响堆放区及其周边的生态环境。南湖在建设之初也是垃圾遍地的景象。目前已经把垃圾堆放与绿化覆盖、污水治理有机结合起来，把垃圾山变成了绿色之山。因此，可以借鉴韩国首尔垃圾山治理中的科普教育与生态文化展示模式，使凤凰台成为垃圾山治理的生态科普展示区。

3. 粉煤灰治理展示区

粉煤灰是城市热电厂的主要产物，不仅是堆放区空气粉尘的主要来源，威胁周边居民的身心健康，也直接影响该地区农业生产环境。南湖粉煤灰山的多途径处理方式，使这一问题得到了彻底解决。因此，在粉煤灰治理区，结合现有建设成果，通过现场和展板、展室集中展示粉煤灰的生态治理模式。

4. 休闲游憩文化体验区

南湖生态公园的主要功能是满足市民休闲游憩的需求。因此，在休闲游憩体验自然、感受自然，从而激发热爱自然、保护自然、建设生态环境的热情，是其生态文化价值的重要体现。因此，可以借鉴台湾溪头自然教育园区模式，在森林游乐区、植物物种收集园、湿地生态系统展示区，采取展板、展室等多种形式，科普宣传森林、湿地生态系统和各种植物的生态功能，传播生态文化。

5. 唐山生态文化综合馆

南湖的生态建设是生态系统保护、退化土地修复、矿区生态恢复、污染区植被修复等多种生态建设的集成，也是多种生态文化的综合展示。因此，借鉴台湾保育教育馆、韩国首尔森林博览城等经验，规划建设综合体现唐山生态建设成就的生态文化展室馆，为中小学生和社会人群提供一个可以系统学习生态科普知识的教育园地，根植绿色环保理念，唤起爱绿的意识。

6. 低碳文化馆

以主题展示的方式对公众阐明"低碳"成为现代社会发展的一种必然选择方式的原因和从生活细节到经济方面的"低碳"途径，树立公众的"低碳"意识；以公众互动参与的形式，增强公众的"低碳"意识；同时立足唐山，公示唐山低碳社会建设的建设成果和规划方案以及政策制度，引发公众对"低碳"的实时关注。具体包括：

（1）主题展示厅：一是主要展示在现代社会的人口、水和土地等资源、空气和噪声等污染的巨大压力下，高能耗、高排放的生产生活方式带来的各种危机，以说明"低碳"的必然，并唤起参观者对于"低碳"的强烈共鸣；二是主要从低碳经济和低碳生活两个方面展示。

（2）公众体验厅：激发公众的互动，让参观者在参与娱乐身心的同时接受到低碳的教育。公众体验厅建设包括留言墙、影音室、访谈室、绘画屋、发明屋、艺术吧、游戏吧等几大主体。

（3）低碳公示厅：立足于唐山的实际情况，一方面将唐山低碳社会建设成果和循环经济取得的效果向公众详细展示，具体到某个社区的建设模式、某项节能减排技术；另一方面将新出台的相关方面的规划方案、政策制度第一时间向市民公示。

二、纪念林与纪念树

（一）建设理念

种下的是树木，生长的是文化。

（二）建设目标

以路南区、路北区、开平区为主要建设重点地区，在唐山市域范围内的区县建立城市纪念林。到 2015 年，初步建成 10 处城市纪念林公园；到 2020 年，各个地区根据自身具体需求完善纪念林的规划建设。

（三）建设内容

1. 营造纪念林

在市域范围内营造纪念林，每个纪念林面积不少于 5 公顷，具体造林地点应根据纪念林的纪念目的纪念意义、城市总体土地利用和城市绿地系统规划进行合理选择。每年都有目的倡导和组织学校、部队、各机关企事业单位、社会团体植树造林，并通过挂牌立碑设标语等手段宣扬其纪念意义。各机关、事业单位、军队应在最需要造林的地区和城市开放空间的公共绿地中营造机关林、公仆林，友好城市纪念林、城市名人纪念林、军民共建纪念林，让人们感受到唐山的政治文明和精神文明。各学校及其相关机构应广泛组织青少年种植青年林，使其在自觉参与中培养和用实际行动体现青少年植树爱绿护绿的情操；各企业应主动参与纪念林的营造，投入人力物力，有意识地进行企业公益林的营造，提升企业总体社会形象。

2. 认养树木、林地

在市域范围内推行认养树木、林地的政策。

（1）划定明确的认养基地，在市域范围，根据城市总体的林业发展布局规划的框架和城市的建设发展要求，结合具体地域的因素（诸如气候、土壤等自然因素和交通、人力、物力等社会因素），对城市公共绿地、道路绿地、防护绿地、风景林地、古树名木进行分析评估建，确定合理的养林基地。

（2）出台相应的认养章程。

• 认养的原则：在自愿原则的基础上，明确树木、林地的所有权和养护权的归属。

• 认养的程序：明确认养申请、审核、确定的方法。

• 认养的条件：明确任何合法公民个人、组织、单位可根据自身的合理理由进行认养。

• 认养的树种：根据树木和林地自身生长状况和其对地区生态效应的影响，明确那些具体树木或者林地可以参与认养。

• 认养者的权利和义务：明确规定认养者的权利（包括对可认养的期限、认养者对认养及其后续养护管理的知情权反映权、认养者对所认养的树木、林地能够做出的行为的详细规定）和义务（详细规定收取费用的标准）。

• 相关认养统一管理部门权利和义务，明确认养的管理运作方式以及相关激励和处理问题的办法。

3. 认捐公园绿地公共服务设施

以自愿为前提，在市域范围内倡导合法公民个人、组织、企事业单位认捐公园绿地公共服务设施并拟写认捐的政府倡议书，通过电视、网络等进行必要的社会宣传。同时制定认捐实施办法，对认捐的步道、休闲亭桥、花架花廊、坐椅、园灯、饮水设施的费用、权属等做出明确规定，另外创立一些合理的激励机制，比如以颁发荣誉证书等途径调动社会参与的热情。

4. 认建科普设施

在市域范围内加大科普设施的认建工作，认建的实施形式可以多样化，如机关事业单位认建，企业、组织、个人冠名独资或者联合认建，其参与度也可根据自身情况而有所不同，在科普实施建设从设计到施工到管理的任何一个阶段均可出资出力。认建的科普设施必须均能满足不同尺度和层面的需求的，中心城市应该拥有一个综合性的科普教育基地，每个区县应该拥有综合性科普馆，每个社区和街道至少应该拥有一处科普设施，比如科普展板、科普报廊等。

5. 栽植纪念树

在市域范围提倡市民栽植纪念树，使市民这种主动参与的个人行为同城市纪念林建设形成良好的互动关系，在管理层面上应明确植树的地点，植树的种类，植树后的后期管理方式等问题，为市民创造良好的植树氛围，使市民可以用这种特别的方式纪念他们人生中重要的历程，如出生、成年、毕业、结婚等和一些如为亲人祈福等的情感行为，让树木的繁茂为他们延续这些意义和情感，让城市的生活氛围更加浓郁，更加具有归属感，最终达到人和城市生态系统间的良性循环。

6. 古迹古树文化

唐山拥有众多的历史文化遗迹，古树成为其中重要的文化符号。因此，结合这些名胜古迹古树资源的调查与保护，深入挖掘古树的历史文化内涵，在古迹保护、旅游资源开发等方面进一步突出古树文化特色。

三、生态文化社区

（一）建设理念

让生态融入生活，生态文化改变社区面貌。

（二）建设目标

在城市地区，依托居住区、学校、机关、军营等场所，开展以“弘扬生态文明，共建绿色社区”为主题的生态文化活动与载体建设，增强生态文化对广大群众特有的亲和力、凝聚力和生命力，向广大市民宣传生态文化，倡导绿色生活理念，普及低碳的生活方式。到2015年，建设绿色社区60个；到2020年，建设绿色社区100个。

在乡村开展生态文化建设，增强村民的生态保护意识，养成文明行为，珍惜自然资源，发展绿色产业，建设绿色家园。到2015年，建设市级生态文化村25个，国家生态文明村5个。到2020年，建设市级生态文化村50个，国家生态文明村10个。

（三）建设内容

1. 城市生态文化社区

（1）社区生态科普。以机关单位、军营、学校和居住型社区为重点区域，通过构建生态文化长廊、开展生态文化讲座、植物挂牌和树木领养等生态科普实践活动，向广大市民宣传普及生态文化知识，培养市民对社区绿色环境的认识与参与热情（表4-1）。

表4-1 社区生态科普建设内容

建设内容	建设方式	建设主题	重点建设区域
生态文化长廊	在社区公共活动区开辟专栏，宣传以低碳生活、绿色消费、爱护自然等为主题的展览活动	宣传普及生态文化知识，倡导绿色生活理念，普及低碳生活方式	机关单位、军营、学校和居住型社区
生态文化讲座	由社区与有关部门联合举办定期或不定期的以环境保护、低碳生活、植物养护、园林花卉文化等为主题的生态文化知识讲座	宣传普及生态文化知识，倡导绿色生活理念，普及低碳生活方式	机关单位、军营、学校和居住区
植物挂牌	标注植物名称，主要用途、花期等基本特征	普及植物学知识，培养市民对社区绿色环境的认识与参与热情	机关单位、军营、学校和大型居住型社区
树木领养（社区绿色奖章）	为认植树木挂牌，或为领养人颁发绿色奖章	培养市民的爱绿意识和参与环境建设的热情	居住型社区

（2）社区公共生态文化体验空间。依托现有居住型社区，按照社区居民的数量比例需求，专门设置供儿童进行植物种植活动的自然生活体验区，以及适宜社区居民开展群体性文化娱乐活动的林荫花香游憩区，丰富社区居民的公共生态文化休闲空间（表4-2）。

表4-2 社区公共生态文化体验空间内容

建设内容	建设方式	建设主题	重点建设区域
自然生活体验区	在有条件的社区开辟一定面积的自然场地，为儿童进行草本花草植物种植提供体验区 最低面积要求：10平方米	儿童体验自然生活的最佳场所，培养少年儿童的“爱绿、护绿”意识，进一步影响成年人的绿化意识形态	居住型社区
林荫花香游憩区	按居住区人口密度要求，建立和改造现有公共活动场地，建设具有林荫花香环境、适宜社区居民开展群体性文化娱乐活动的文化阵地	在健康的自然环境中进行有氧锻炼与游憩，让自然环境为人们的紧张生活舒压	居住型社区 按1个/1000人设置，每个活动区域面积不小于100平方米

（3）地域生态文化社区公园。为弘扬传播素有“冀东三枝花”美誉的评剧、皮影和乐亭大鼓等唐山戏曲艺术，以及丰南篓子秧歌、铁画，迁安背杆、剪纸、唐海吹歌、冀东大秧歌等人民群众喜闻乐见的民间艺术。依托现有城市公园，建立民俗文化展示窗，开发民俗文化工艺品，搭建群众表演小舞台，进一步打造具有地域生态文化社区公园。

（4）绿色消费行为引导行动。在居住型社区，通过形式多样的载体平台建设和宣传活动，开展以绿色出行、绿色购物、垃圾分类等绿色消费行为为主导内容的社区生态文化活动，引导居民改变消费观念，逐步养成绿色环保的生活和消费习惯。

2. 生态文化村

（1）建设生态环境。加强围村林、道路林、庭院林建设，村庄林木覆盖率达到35%以上；生活垃圾、人畜粪便、农业废弃物等得到有效处理，村容整洁，环境优美，空气清新。

（2）传承民俗与文化。具有民族特色或地方特色的生态文化传统得到有效保护与传承。这些文化传统在村落布局、民居建筑、庭院设施、文物古迹、生态景观、历史典故、文献资料、口碑传说等方面得到充分体现。

（3）健全乡规民约。建立比较完善的乡规民约，传承良好的环保习俗，农田、林地及自然资源得到有效保护和合理开发利用。

（4）发展生态产业。因地制宜，采取生态经济型、生态景观型、生态园林型等多种模式，发展立体种植、养殖业，发展乡村旅游、观光休闲、花卉苗木等生态产业。

四、观光农林产业园

（一）建设理念

品味农耕文化，享受田园生活。

（二）建设目标

在唐山全市范围内，依托经济林果基地和农家乐、林家乐等农村经济第三产业的发展，以生态、阳光、健康、科普、民俗为特色，调整、完善和新建不同规模、形式多样的农林产业园，充分发挥其农业生产、生态平衡、休闲观光、科普教育和经济增收的综合效益。在农林产业园定期举办不同主题的活动，发挥宣传作用的同时，也丰富了生态文化的内涵。至2015年使唐山市域内的农林产业园的数量达到100个以上，每年举办观光采摘、休闲健身、民俗文化展示等活动30次以上。至2020年使唐山市域内的农林产业园的数量达到160个以上，每年举办观光采摘、休闲健身、民俗文化展示等活动50次以上。

（三）建设内容

1. 特色农林产业观光园

唐山是我国板栗、核桃、鲜桃、苹果等优质水果的高产区，一批县（市、区）由国家、部委、省、市等先后被评为中国板栗之乡、中国鲜桃之乡、“围山转”山区综合治理模式发源地、全省果品产业化经营先进县，具有发展农林产业园的巨大潜力和优厚条件。通过发挥片区优势、突出特色与品质，在唐山各区市县近郊地区，特别是旅游景点沿线、休闲中心周围打造农林产业园基地。在不同地区利用优势水果品种，建立特色鲜明的农林产业园，如迁西的板栗园、玉田的核桃园、乐亭的仙桃园等。农林产业园的项目设计以传统文化为内涵，以休闲、求知、观光、采摘为载体，建立：

- 观光采摘园（如特色果园、农业大棚）；
- 民俗生态园（如生态餐厅、民俗体验、特色戏剧）；

- 农事体验园（如人拉犁、牛拉磨、水冲碾米、人踩水车提水）；
- 休闲健身园（如垂钓、滑草、拓展训练）；
- 山地治理园（如“围山转”山区综合治理模式）；
- 科普教育园（如设施农业园、生态恢复区）。

2. 农林产业园标示引导系统

建立生态旅游网站、农林产业园的标示引导和解说系统等具有特色的咨询服务系统，建立完善的信息系统。每年举办不同类型的采摘节，如板栗节、仙桃节、苹果节等，使之与唐山地域文化、农业文化和现代文化相结合。

五、滨海湿地文化

（一）建设理念

风情唐山湾。

（二）建设目标

结合唐海县、曹妃甸新城、乐亭县滨海度假休闲旅游带开发，深入挖掘滨海湿地资源的自然景观、人文文化特征和富有生态文化内涵的开发利用途径，将唐山市的滨海湿地打造成集自然科普教育、野趣文化深层体验、湿地观鸟文化猎奇和湿地观光休闲旅游等多种功能于一体的综合性湿地生态人文和谐之区。构建自然风光旖旎，生态环境佳绝，水文景观、生物景观、工程景观、文化景观等资源组合时空分布有序，烘托和谐，富有特色，滩涂、湿地、小岛交相辉映滨海湿地景观生态文化走廊。

（三）建设内容

1. 唐山湾三岛生态休闲文化开发

依托菩提岛、月岛（月坨岛）、祥云岛（打网岗岛）的综合开发，结合爱情湾、天使园、海上观光主题公园、生态度假酒店、民俗文化风情园、军事主题公园、体育主题公园、鸟类博览馆等生态休闲文化载体建设，丰富三岛资源的自然景观、人文文化特色（表 4-3）。

表 4-3 唐山湾三岛生态休闲文化开发建设内容

	建设区域	建设主题	建设载体
1	菩提岛	■ 佛国净土、鸟类天堂 ■ 孤悬于海上的天然动、植物园 ■ 回归自然，寻找野趣的世外桃源	国际观鸟基地（鸟类博览馆、百鸟园、鸟语（文化）广场、鸥影湖（北海道、昆湖概念）、潮音寺、朝阳庵、佛文化论坛永久会址、菩提镇等
2	月岛（月坨岛）	世界一流的蜜月岛、出生岛	爱情湾、天使园、五彩滩湿地公园、红月亮广场、国际沙滩 VIP 俱乐部、浪漫水世界、海岛游艇、别墅社区等
3	祥云岛（打网岗岛）	生态体育休闲之地 生态理疗养生场所	军事主题公园、体育主题公园、海上观光主题公园，生态度假酒店、四季温泉海水浴场、民俗文化风情园、海上温泉基地等

2. 滨海湿地科普文化综合公园

以滨海湿地科普文化展示为特色，通过构建和完善原生态盐生湿地公园、唐海湿地和滦河口湿地公园的建设，将滨海湿地打造成富含湿地自然科普教育特色的户外教育、休闲、度假基地（表 4-4）。

表 4-4　唐山市滨海湿地科普文化综合公园建设

	科普公园	建设区域	建设主题
1	原生态盐生湿地公园	祥云岛西北部	展示滨海盐生植物自然湿地的特有植物和景观特色，凸显“水、绿、鸟”主题
2	唐海湿地	曹妃甸新区人民的后花园，放松心灵的天然驿站	以保护为主，大力种植湿地植物，营建林水相依，集游憩与科普、净水与蓄水等多功能于一体的城市滨海湿地森林景观
3	滦河口湿地公园	滦河口	观鸟基地，湿地生态文化体验（垂钓、渔船、宿营等）、滦河入海文化展示

六、山地森林浴场

（一）建设理念

在绿色消费中收获生态文明。

（二）建设目标

以现有森林公园和生态旅游区为基础，融合山水与文化、运动与休闲，科普与教育，保健与理疗，进行富有人文参与和生态文化内涵的游憩化改造与建设，打造别具风格的山地综合型运动休闲基地和山地森林理疗基地（表 4-5），以生态教育产业和生态健身产业带动生态文化产业的发展。到 2015 年，建成山地森林运动基地和山地森林理疗基地 5 处以上；到 2020 年，建成山地森林运动基地和山地森林理疗基地 10 处以上。

表 4-5　唐山市山地森林运动休闲基地建设

	建设地点	建设理念	参考模式
1	城市周边山体	氧吧里的健身馆	加拿大班夫国家山地公园、纽约中央公园、大连西郊国家森林公园等
2	白羊峪长城		
3	鹫峰山省级森林公园		
4	徐流口省级森林公园		
5	御岱山省级森林公园		

（三）建设内容

1. 山地森林运动休闲基地

结合唐山城市周边、北部山区特色和景观资源，选择适宜区域，规划建设迂回于山地森林间的运动路线，开展健步、登山、自行车、攀岩、赛马、滑雪、溪谷漂流等山地运动，开发山地森林的生态环境效益。

2. 山地森林理疗保健基地

根据森林所具有的植物精气、负氧离子及景观魅力对人类在高血压、神经衰弱、心脏病、偏头痛、肥胖症、慢性支气管炎、慢性鼻炎、肾病以及焦虑症、忧郁症等疾病上的间接治疗作用，结合享受森林浴已经成为都市人亲近自然的时尚需求，在现有森林公园和生态旅游区的基础上，选择适当林型、树种，建设负氧离子和植源性保健气体丰富、具有华北森林特色的森林理疗保健基地（表 4-6）。

表 4-6　唐山市山地森林理疗保健基地建设

	建设地点（初步）	建设理念	参考模式
1	景忠山省级森林公园	在氧吧里洗森林浴 洗心（感悟大自然）、洗胃（吃森林食品）、洗肾（喝山泉水）、洗肺（呼吸洁净空气）	德国山区森林保养站、日本森林医院、瑞典园艺理疗公园等
2	灵山生态旅游区		
3	青龙山生态旅游区		
4	金银滩国家级森林公园		
5	清东陵国家级森林公园		

七、生态文化走廊

（一）建设理念

绿荫碧水相映成趣，历史文脉源远流长。

（二）建设目标

依托城市环城水系、运河、滦河等水系，开展绿化、彩化等生态景观建设，结合历史文化、地域民俗文化等挖掘展示城市文脉，形成集滨水景观与沿河历史人文景点于一体，纳交通、生态、景观、休闲、文化于一系，营建出彰显唐山城市风貌和人文精神的生态文化走廊，使唐山的历史文脉以水文化为载体得以传承。

（三）建设内容

1. 环城水系文化走廊

环城水系工程主要包括唐河、青龙河、李各庄河改造，凤凰河道，唐河水库引水工程和滨河景观道路建设四项内容，连接南湖、东湖和凤凰湖，形成环绕中心城区长约 57 公里的环城水系景观带。该工程将唐山市的地域文化、历史文化、工业文化融入到水系的不同区段，共分为 8 个功能区。通过完善防洪排水体系、延伸河道功能、提升景观品质，打造融市民休闲、娱乐、健身和生态绿化为一体的滨水文化长廊，构筑起“城在水中”“水清、岸绿、景美、人水和谐”的滨水生态景观（表 4-7）。

表 4-7　唐山市环城水系文化走廊建设

功能分区	建设方式	建设主题	建设区域
郊野自然生态区	景观以自然原生为主，保护河岸植被，水岸绿化贴近自然	使久居城市的人们亲近自然	唐河上游自然段
城市形象展示区	设园林小品、雕塑等构建城市入口标识物	印象从绿色开始，给人耳目一新之感	由市郊进入市区的过渡段
工业文化生活区	滨河绿化与保留工业历史遗迹，同时配合景观改造	使唐河焕发出唐山母亲河的新活力，体现后工业文明	唐河中游段
湿地生态恢复区	营造以湿地植物为主的滨水景观区	美化环境的同时也净化水质	唐河下游及南湖补水渠
现代都市文化景观区	河岸摆放鲜花，塑造富有现代感的小品和雕塑	反映唐山的都市现代化进程	穿越凤凰新城的北段水系
滨河大道景观区	利用乡土植物构建乔、灌、草相结合的生态景观绿化带	体现城市的现代活力	西段新修水系连接西二环和站前路段

（续）

功能分区	建设方式	建设主题	建设区域
都市休闲生活区	搭建亲水平台和木栈道，利用立体绿化构建具有垂直披挂效果的生态河岸	为河岸居民提供亲水娱乐、休闲空间	青龙河中上游改造段两岸
湿地修复景观区	通过对塌陷区修复、垃圾山改造绿化等措施，恢复湿地和滨水自然植被景观	展现生态修复治理成效，注重自然生态的景观营造	青龙河下游及南湖公园

2. 运河文化走廊

围绕丰南区“打造经济强区、建设生态水城”的目标，走治理与建设并重的路线，实施津唐运河景观工程。该工程北起京山铁路西侧带状公园，南至么家泊大桥，经南孙庄乡、唐坊镇、东田庄乡 3 个乡镇，全长 25 公里。依托唐津运河两岸固有的植被、岸堤形状，通过建设橡胶坝、枢纽扬水站、文化大街跨唐津运河桥、民俗商业区及运河两侧带状公园等工程，将唐津运河沿岸建设成自然和谐、文化浓郁的生态带状公园，使运河文化得以传承。

修建津唐运河节制闸枢纽和橡胶坝，并与两岸防护堤、景观绿化带完美融合，使西城区水系整体形成梯级景观效果。运河民俗商业区采用仿明清古建筑，结合现代功能，将唐山传统的戏曲文化、茶文化和饮食文化融入其中，通过市楼、码头、水巷、商业街和临水建筑，再现繁荣的古代商业景象。在体育运动休闲区设置大众户外运动场所及篮球、羽毛球等运动休闲场地，建设供大众健身娱乐的体育运动公园。生态休闲体验区则以自然生态为设计目标，采用乡土植物为主，营造近自然的复合群落景观林，林中设置步道系统，林缘滨水处搭建亲水平台，使人们更易亲近自然和感受运河文化。

3. 滦河生态文化走廊

将滦河作为纽带，以滦河水为魂，依滦文化为脉，重点打造迁西、迁安、滦县和乐亭境内的滦河沿岸景观和生态文化产业带，使之形成一条自北而南的滦河生态文化彩带。

（1）迁西——滦河谷旅游集聚区。依托迁西独特的自然和人文资源优势，围绕滦河文化旅游带建设，在迁西县的滦河水域及滩涂区域，建设集旅游观光、运动休闲、滨水度假、旅游地产、商务会展等功能于一体的滦河谷旅游集聚区。该工程以罗家屯镇为中心，西起长河口，东至高台子大桥，南起滦河中心河道以南 1000 米，北至罗家屯镇墙板峪。项目对区域内的旅游资源进行科学整合和统一规划，开发以生态文化展示和生态休闲观光为主题的多元化旅游产品，总体布局框架为“一带、四区、多点”。

一带：即滦河带状旅游廊道，在建设两岸景观生态林带的基础上，突出迁西的滦河文化、长城文化、板栗文化等特色生态文化，构建民俗文化广场、健康乐园、码头、喷泉等景观节点。

四区：即栗香湖滨水休闲区、滦水湾城市休闲区、滦河湿地生态休闲区、滦河谷运动休闲区。栗香湖滨水休闲区包括金水湾游艇俱乐部、亚滦湾度假村、莲花峰山地度假营地、欧洲风情小镇等滨水休闲项目及 48 公里的环湖旅游绿道。滦水湾城市休闲区总体布局为“一岛、两带、三区”。“一岛”指建设五彩泉、滦河草原、荷香苑、观光塔等景观，打造栖凤岛城市客厅；“两带”是建设滦河南北两岸景观绿化林带，并结合栗乡画境广场、浮水码头、大型音乐喷泉、沙滩浴场、观鱼池、荷塘园等节点景观的点缀；三区是通过建设溢流堰、橡胶坝等水利工程，形成湿地生态景观区、浅水观光游览区和水上休闲娱乐区。滦河湿地生态休闲区包括月牙湾观鸟基地、湿地观光区等生态休闲项目。滦河谷运动休闲区设有五虎山山地运动休闲基地、河心岛高尔夫以及飞翔运动、自驾车运动、漂流溯溪、山地越野等运动休闲项目。

多点：指整个项目区域分布的濡水古渡、莲花峰山地度假营地、南团汀生态庄园、金水湾游艇俱乐部、城市中央游憩区、山地运动休闲基地、异域风情小镇等旅游开发项目和景区景点。

（2）迁安三里河生态文化走廊。迁安历史源远流长，具有丰富的生态文化资源。在迁安市滦河生态防洪水利风景区建设的基础上，重点打造三里河生态文化走廊，以滨水生态文化公园为依托，融入其浓厚的文化内涵，可提升滨水景观走廊的景观效果和文化底蕴，将三里河生态文化走廊打造成集历史与现代、景观与生态、休闲与文化为一体的多功能滨水景观带，营造“人在廊中走，宛如画境行”的意境（表 4-8）。

表 4-8　三里河生态文化走廊建设内容

<table>
<tr><th colspan="2">功能分区</th><th>建设项目</th><th>建设方式</th></tr>
<tr><td colspan="2" rowspan="2">新开河段</td><td>生态水源区</td><td>营造绿色廊道和景观生态苗圃，为三里河景观用水提供水源</td></tr>
<tr><td>涌泉广场</td><td>作为三里河水源头的象征，设置石头滩层层跌落的效果，增强亲水性；广场四周由高大树阵形成廊下休息空间；涌泉使三里河引水段成为灵动的源头；广场背景由大片疏林草地所围，形成绿色背景</td></tr>
<tr><td rowspan="6">城区段</td><td rowspan="2">工业文化段</td><td>旧华丰造纸厂景观改造</td><td>进行水岸及环境景观设计，展示迁安悠久的造纸文化</td></tr>
<tr><td>临水听槐广场</td><td>植物配置多采用片植，体现工业文化简洁整齐的特点</td></tr>
<tr><td rowspan="2">城市休闲段</td><td>蟹园广场</td><td>作为三里河生态文化象征，以景观塔为中心，在广场上设置形态各异的蟹形构筑物；河边设置细沙池，成为孩童亲水的乐园；绿化采用树阵栽植形式；水生植物、花卉与树林构建丰富景观层次，缔造景观的生态性和趣味性</td></tr>
<tr><td>木栈观荷广场</td><td>广场以水车为特色，体现农耕文化；设置亲水平台并通往水中木栈道；设置景观塔形成观景亮点；在河道东侧设茶室等休闲设施</td></tr>
<tr><td rowspan="2">生态湿地段</td><td>清河映柳广场</td><td>场地中的休息区、景观盒采用折纸的方式点明主题，把“郊野之美”作为设计的主导思想</td></tr>
<tr><td>沿河生态湿地林带</td><td>在保留原有树林的基础上，配置湿地植物，重建湿地林带；把水系中的现状树保留下来形成水面的“树岛”</td></tr>
<tr><td colspan="2" rowspan="2">下游区段</td><td>生态林段</td><td>在商业用地内设置生态餐厅；打造景观生态公园，在东北部大面积营造近自然森林</td></tr>
<tr><td>河道清理段</td><td>拓宽河道，沿岸种植湿地植物，两岸绿地种植乡土树种，绿带宽 50 米以上</td></tr>
</table>

（3）滦县——滦河生态文化产业带。由于滦县的山水文化资源禀赋天成，着力打造滦河文化生态产业带，北起横山、经紫金山、过古城、绕研山，形成 16 公里长的生态文化彩带，构成“两带、两岛、两园、六区”的总体布局，使滦河成为集生态防洪、休闲娱乐、旅游观光、科普教育、文化体验于一体的冀东旅游“新驿站”。

两带：滦河西侧变坝为岸，岸路合一，形成双向 4 车道 I 级景观大道；滦河东侧建设湿地候鸟带和景观绿化带。

两岛：河道中间构筑两个人工生态岛。

两园：生态森林公园和万亩湿地景观公园。

六区：滦河沿岸修建度假休闲区、旅游观光区、生态农业区、河间开发区，以及由滦河生态防洪工程形成的两个蓄水区。

（4）乐亭。

古滦河生态文化公园：古滦河生态文化公园建于乐亭县城东北部，作为古滦河生态水系的中间节点，使废弃多年的古河道重现生机，是一个集自然风景、生态功能、湿地体验、科普教育、康体养生、休闲旅游等多种功能的生态文化综合体。乐湖、乐山、园林绿地系统是该公园的三大主体工程（表4-9）。

表4-9　古滦河生态文化公园建设内容

工程名称	建设项目	建设主题	建设规模
乐湖	游船泊靠区、栈桥听澜区、百荷清韵区、垂钓亲水区、田园风情区	体现水、桥、亭、驳岸、湖岛的完美结合，集游憩、观赏和水上活动于一体的水上乐园	水域面积540亩
乐山	山体绿化、山顶平台、盘山路	利用建筑垃圾造"山"，体现废物利用和保护生态环境	东西长290米，南北宽140米，山体高度达50米
园林绿地	义务植树基地、景观苗圃	打造乐亭城区的天然绿色屏障	绿化面积2360亩

滦河口生态文化旅游区：滦河口生态文化区位于乐亭县城东南部二滦河分支与滦河入海口之间，该区域兼具河口、湿地、森林、温泉、滨海沙滩等多种自然资源和人文资源优势。建设项目包括滦河口湿地公园、姜各庄森林公园、温泉养生园、文化产业创意园、滨海休闲产业带、时尚体育休闲区、军事体验区、滦河文化展示区、滨海风情小镇等多个生态文化功能区，以生态、健康、文化、休闲作为主题，展现海洋文化、生态文化、养生文化、滦河文化和乐亭文化，使其成为具有北方文化特色的滨海生态旅游景区。

八、工业生态文化

（一）建设理念

变化中的工业，变化中的环境，变化中的唐山。

（二）建设目标

唐山是随着中国近代工业化的起步而发展起来的重要重工业城市，如今形成以煤炭、钢铁、建材、化工、电力、石油、陶瓷、纺织、机械制造、港口物流等为支柱产业的工业中心城市，具有鲜明而独特的工业文化和丰富的工业遗产。通过保护工业遗产，改造工业遗址，建立工业生态文化博览园和主题博物馆，展现唐山工业发展与资源环境的关系及其变迁史，倡导和宣传唐山的工业生态文化，同时也促进唐山工业遗产旅游的发展，充分发挥工业遗产的生态、文化、社会和经济价值。

（三）建设内容

1. 唐山市"五个第一"博物馆

唐山"五个第一"博物馆主要展示唐山工业的发展和转型历程，开创"五个第一"的辉煌成就以及工业生态文化的内涵。在规划选址上，在原址利用工业遗存建设博物馆；在建设内容上，既要展示以遗址、作坊、器物等为代表的物质文化，也要展示工业发展过程形成的工艺、民俗、制度、意识等非物质文化。此外，加强对工业生态文化的科普教育和宣传，重视人们的参与性和认知感。

（1）唐山工业博物馆总馆。

唐山近代工业发展展示厅：唐山近代工业以采矿业、制造业等重工业为主，均源自于对自然资源的开发与利用。通过展示中国第一佳矿、中国第一条准轨铁路、“龙号”机车、原唐山细绵土厂等代表性工业遗迹的仿制模型，生动再现唐山近代工业的历史源泉。以图片、纪录片、音影设备等方式展现开滦开采地下储存的原煤，启新以及其他陶瓷企业开采大城山山麓的石灰石和黏土，钢铁企业和电力企业对煤炭的大量消耗等。通过展示唐山近代工业发展留存下来的机械设备、办公用品、产品样品、工艺流程等工业遗产，反映当时的工业生产力水平及其对自然资源的消耗情况。

唐山生态环境变迁展示厅：主题为唐山工业发展与生态环境之间的关系，主要包括两大板块：一是展示唐山近代工业高投入、高消耗、高污染的粗放型生产方式，导致对资源的过度开发和生态环境的严重破坏，例如引起采煤区塌陷、空气和水资源受到严重污染、矿山呈现出“千疮百孔”等。二是展示唐山近年来通过重点行业清洁生产和循环经济改造，进行生态工业体系建设，使企业发展与能源消耗及资源利用和谐统一，实现资源依赖型向生态集约型的发展模式转变；同时也控制工业污染物排放、加强矿区生态恢复、进行采煤塌陷区生态重建等，使已被破坏的生态环境得到重生。

唐山现代工业与环境展示厅：主要展示内容为唐山现代工业在能源利用、环境治理、技术创新等方面所取得的成就，突出“资源节约型、环境友好型”的现代工业发展模式。以大型沙盘模型模拟规划的唐山市北部县域工业区、中部都市工业区、南部临港工业区，以及生态示范型工业园区（曹妃甸、南堡、海港、高新技术开发区等），展示唐山未来工业发展的生态适宜性格局。将绿色矿山、多种复垦模式的采煤塌陷区生态重建、理想型矿山生态治理模式等环境治理工程以模型展出，使人们更形象地认识到现代工业发展与环境保护并举的重要性。

（2）水泥博物馆。创办于1889年的启新水泥厂是中国第一家机械化生产水泥的企业，被称为“中国水泥工业的摇篮”。在启新水泥厂旧址上修建水泥博物馆，保留原厂区东侧占地100亩的百年老窑，最古老的两条生产线，以及一些有历史价值、文物价值、能够见证中国水泥工业发展历程的各类历史文物，使人们重温中国水泥工业的发展历史。同时也展示现代水泥工业的最新技术设备及工艺流程，在保证水泥产品质量的前提下，使生产逐步向节能、利废、环保方向发展，体现现代水泥工业的循环经济发展模式。

（3）铁路机车博物馆。在南湖生态城内建立总用地面积9万多平方米的唐山铁路机车博物馆，其原址为唐山机车车辆厂属地。该工程主体由两部分组成：一是机车博物馆及附属用房，主要包括机车文化厅、唐山专题厅、科普知识厅，以及饮品区、商店、办公及服务用房；二是机车展览厅，铺有铁轨直通室外，并展示“我国第一辆蒸汽机车”和现今时速350公里的“和谐号”动车组，人们可以在车厢电影馆欣赏电影，参加模拟驾驶、乘坐火车及车厢涂鸦等娱乐项目，同时也体验现代交通工具节能减排的发展趋势。两大重点板块由廊道相连，围合出中心庭院，形成相对独立的功能分区，修建成室外休闲娱乐场所。

（4）陶瓷博物馆。在原唐山第三陶瓷厂、第五陶瓷厂和第十陶瓷厂的基础上，挖掘唐山独特的陶瓷历史文化，聚集生态文化要素，增加创意产业项目，建立唐山陶瓷博物馆。博物馆主要包括陶瓷历史陈列馆、陶瓷工艺展示馆、陶瓷生态文化展示馆、游客制陶体验馆、陶瓷商品展销中心等，重点展示唐山的陶瓷文化，制陶工艺的发展，现代建筑陶瓷的环保与节水产品，开采制陶黏土后的矿山生态恢复，并鼓励公众的参与。

（5）开滦矿山博物馆。博物馆修建于开滦矿区内，占地面积15000平方米，以展示开滦矿业历史、煤炭开采知识、地质构造、矿山生态治理与恢复、循环经济型现代煤炭工业、科普教育等为主要内容。展示单元分为“煤的史话”“洋务运动与中国近代煤炭工业兴起”“一座煤矿托起两座城市”“他们特别能战斗”和“百年基业长青”5个部分，并设立“中国第一佳矿 1878”“蒸汽时代 1881”和“电力纪元老派 906”3个分展厅。展览方式除了采用传统的陈列文物、专人解说等，还利用多媒体幻影成像、160°大型环幕数字视屏等高科技展示手段。

2. 开滦国家矿山公园

被堪称为中国煤炭工业活化石的开滦煤矿，历经130多年的沧桑历史后，留下了许多工业历史文化和矿业遗存。借鉴德国鲁尔工业区、广东中山岐江公园等建设模式，通过生态恢复、保留遗存、景观打造等形式，将开滦煤矿建设成集文化、娱乐等为一体的国家矿山公园，让人们回味和体验中国煤炭工业文明走过的不凡历程。开滦国家矿山公园（表4-10）主要由开滦的百年采矿遗迹组成，其空间布局为“东北—西南”方向的哑铃型格局：将位于东北部的唐山矿建成“中国近代工业博览园”，位于西南部的原储煤场建成“生态休闲娱乐区园”，两大片主题园区中间由复古的旅游小火车专用线路连接。

表 4-10 开滦国家矿山公园建设内容

功能分区		建设方式	建设主题	建设区域
中国近代工业博览园	矿业生态文化博览区	建立开滦矿山博物馆、主碑和文化雕塑群等，以展示矿业历史、进行科普教育与探险游乐，设计以历史感、机械感、工业感、真实感为基调	展现煤文化	东北部的唐山矿A区
	矿山遗迹及生产流程展示区	由中国第一佳矿、百年达道、中国第一条准轨铁路、“龙号”机车等矿业遗迹，以及按相关技术要求设置的标识性说明系统串联组成	深藏地下千余米的煤炭是怎样开采出来的	
	安全文化体验区	运用安全模拟与安全仿真学技术，透视煤矿灾害的成因，展示仿真技术在煤矿安全多领域、多层面的作用。利用模拟技术再现事故现场，向游客们展示防灾避灾的技术手段	宣传煤矿开采安全防灾技术，增强抗御自然灾害的能力	
	井下生产工艺探秘区	在井下“半道巷”重现开滦从原始到现代采煤工艺和生产设备的演变过程，让人感受矿山开发的过程	煤海探秘	
生态休闲娱乐园	西洋风韵	保留与改造相结合，建设老开滦酒店、花园洋房度假会议酒店等，营造具有怀旧情调的西洋风韵景区	西风东入	西南部的唐山矿储煤场（大白井）原址
	民俗风情	仿建广东会馆与广东街，重现唐山开发者的历史踪迹，复原老矿山商业街区风情	体现唐山中西、南北文化相融的民俗特色	
	靓城风采	修建庆典广场、大礼堂、小教堂、花烛洞房、露天剧场、水乐园等，打造轻松、靓丽的环境	在文化氛围中嵌入现代时尚元素	

九、生态文化节庆

（一）建设理念

宣传生态文化，让绿色走进生活。

（二）建设目标

增强公众对城市生态及可持续问题的共识，自觉形成健康的低碳生活方式。到 2015 年，实现每年举办生态文化活动 30 次以上，到 2020 年，实现每年举办生态文化活动 50 次以上。

（三）建设内容

1. 节庆活动

通过设立折射出人类活动与人类文明同自然协调交融的生态文化节庆，创造良好的生态文化氛围，让市民有所感知，有所体会，有所共鸣。

（1）桃花节：每年定期在迁西举办桃花节，以桃花的美丽和浪漫为观赏亮点为市民提供一个陶冶情操、休憩身体、拍摄艺术照的平台，充分发掘桃花的观赏美学价值、休闲娱乐价值形成以桃花节为主体带动形成赏花、摄影、度假、民俗活动于一体的高品质旅游节庆。

（2）采摘节：结合唐山市生态新农村建设，建立内容和形式多样、布局合理、管理科学、园内园外交通便利、服务设施配套的生态采摘园，种植新鲜绿色有机蔬菜瓜果。每年每季在瓜果蔬菜成熟时，定期举办采摘节，使游人在栽种、采撷的过程中获得收获的喜悦，同时还可以配合周围农家乐的发展，为游人提供自助的绿色有机餐饮、农家住宿等服务，使其在返璞归真时体验到农耕文明中人与自然和谐依存的简单快乐。

（3）山花节：每年春季举办山花节，以“山花烂漫——乐动人心”为主题，结合露营音乐节，以赏花、交友、郊游、篝火晚会、露天音乐会、歌舞表演作为活动形式，用最自然的景致，最自然的声音突出体现节庆特色。

（4）红叶节：每年十月在遵化鹫峰山举办的红叶节，以鹫峰山广阔的森林，多样的珍稀植物群落及野生动物，完好的生态环境及、教寺庙为载体的深远的文化底蕴为依托，结合鹫峰山国内现存规模最大的千年古银杏园，加大宣传力度，改善交通，完善服务设施，打造以“赏鹫峰红叶—读历史文脉—感佛教文化”为核心的能够代表唐山城市形象的红叶节。

（5）月季节：月季花作为唐山市市花，一方面外形美丽、品种繁多数以千计且特别适合唐山市的环境，另一方面月季具有较强的生命力符合唐山人的精神，所以深受市民喜爱。每年应以月季为主题，举办月季花节。在花节期间举办月季花会，满足市民赏花的需求，同时举办以月季为主题的诗词歌会与民同庆打造精品月季花节。

2. 环保节日科普宣传

以环保节日为载体和契机，开展一系列科普宣传活动，使生态环保意识深入人心，使公民从日常生活的点滴开始做起，积极主动促进人类社会与自然的和谐发展。

2.1　**植树节**（3 月 12 日）

• 在市域各区县开展全民义务植树活动，为城市增绿创造绿色环境。

• 每年在植树节定期举办宣讲访谈会，邀请政府官员概述市域绿化现状和林业相关政策，学者解读林业对于人类栖居环境、城市发展等的重要作用，民间人士讲述植树造林、保护山林的亲身经历。

• 建立植树节基金，每年植树节向社会提供低成本的树苗，浅显易见但实用性强的技术教材、植树节纪念品（如植树节徽章）等资源，并评选绿化贡献荣誉单位和个人。

2.2　**爱鸟周**

• 在南湖生态湿地等鸟类栖息地开展面向社会的观鸟活动，并配备专业的解说员，让公众亲近鸟类、了解鸟类。

• 举办文娱活动，如音乐会以歌曲、舞剧等多种形式宣传爱鸟护鸟的主题，游园会以趣味性的活动普及鸟类知识，群众集会观看鸟类科教影片、幻灯片。

• 组织市民亲自参与鸟类保护，争做爱鸟志愿者协助鸟类保护工作，建鸟巢挂鸟箱等。

• 发布鸟类保护通告，强化法律意识保护珍稀的鸟类品种保护。

2.3 **湿地日**（2 月 2 日）

• 在湿地日期间举办科普摄影展，在市域各个区县巡回展览，影展主要通过从各界征集的优秀摄影作品来反映湿地之美、湿地之伤、湿地保护成果这三大主题，唤起人们对湿地的关注、情感、忧患和保护行动。

• 每年定期在湿地日举办对公众开放的湿地论坛，一方面向公众普及湿地相关知识，另一方面政府向公众汇报本市湿地建设和保护情况。

• 在湿地日开展青少年湿地教育，由学校牵头开展相关主题的征文比赛、组织青少年参观湿地，调查湿地保护现状，指导青少年走出校园对公众对湿地的认识和态度进行社会调研，鼓励青少年协同家人从不食湿地水禽等生活小细节做起保护湿地。

2.4 **地球日**（4 月 22 日）

• 根据当年地球日的主题举办全市范围的演讲比赛，鼓励各行各业，各个层次的人积极参加，围绕地球日主题，谈谈对生存环境的认识。

• 每年定期在地球日由政府牵头各个环保组织在车站、广场、公园等城市开放生活空间举行大型宣传活动，免费发放宣传资料，介绍环境与人类的相互关系、全球环境问题等，以覆盖面最广阔的宣传方式让市民认识到地球环境需要关爱，人与自然和谐需要每个人的努力。

• 呼吁在地球日当天市民进行绿色生活体验，吃素、步行、白天尽量日光照明、减少生活用水等，从衣食住行各方面感受自然生活状态。

3. 凤凰生态文化论坛

生态文化要在思想和行为上影响人、塑造人，必须调动社会各界参与生态文化建设的积极性，通过多种形式普及生态文化知识，传播人与自然和谐的生态文化理念。建议以南湖生态文化基地为依托，每年举办以生态文化为主题的城市发展论坛。

十、花鸟鱼虫文化

（一）建设理念

养鸟养花养文化，平心静气享生活。

（二）建设目标

将唐山建设成满城飘香，鸟语宜人，并拥有京津唐地区具有领先地位的现代化的集生态环保、休闲消费于一体的花鸟专业市场。

（三）建设内容

1. 花文化

（1）在南湖生态园和其他现有建成的公园栽设花境、开辟花径让市民在户外放松身心回归自然的同时观赏到花之美，花之意境。改建或者扩建植物园，在其中加大对花卉植物的展出，让市民在探索学习了解植物的同时感受花之奇、花之奥妙，同时在宅旁绿化、道路绿化中加大花卉应用的比例，将花卉渗透到城市生活的每一个市民可见可感的角落，让市民在日常生活中感受到花之亲，花之灵气。

（2）在唐山总体规划和各项具体规划的框架下，结合景观节点和交通道路，规划打造花卉大道作为城市形象的特色线性景观和连接其他的景观节点的纽带。

（3）在居住区开展屋顶、居室、阳台的美化、绿化、香化，改善市民最直接接触的小环境的温度、湿度等条件，并尝试推广具有保健作用和特殊功能的花卉植物，真正让低碳与绿色走进生活。

（4）结合举办年度花展和花卉博览会，在花博会会址区选择合适地点建立花文化科普馆，普及花卉知识，并为市民提供养花方面的专业指导。

（5）开设花卉园艺场，为市民提供租地、花种、肥料、园艺器具等服务，使其能够亲自体验种花的快乐，感受到和花卉之间建立起来的感情。

2. 鸟文化

（1）摸清市域范围内鸟类动态，包括在市域范围内的鸟类的生存现状以及经过市域范围内的迁移的鸟类的路线等情况，并据此结合城市总体规划框架，依托南湖生态区在森林和湿地内建立鸟类生态栖息园，在鸟类迁徙路线上的关键地点建立适合的生境环境。

（2）在不干扰鸟类正常生存的前提下，开放部分鸟类栖息地，建立观鸟平台让市民能够在自然的环境中真切地观看到鸟类的活动。

（3）建立鸟文化科普馆，可以联合鸟类栖息地和观鸟平台一体建设，普及鸟类的基本知识，重点介绍鸟类对于地球环境、人类生存发展、人类社会文明的重要意义，让市民了解鸟类对于整个生态环境和人类的重要性，从而主动爱鸟、护鸟，在市域内形成良好的鸟文化良好氛围，让鸟传递着的与自然和谐的讯息在每一个市民的观念里延续。

3. 园林文化

依托唐山市举办2016年世界园艺博览会，结合园博园的规划，建设以北方园林造园思想和造园艺术为主、具有唐山地域特色的园博园和园林博物馆，综合展示花卉造型、奇石、根雕、盆景等园林文化。同时，广泛借鉴世界园林发展的先进理念和技术，不断创新唐山园林文化的弘扬形式，丰富园林文化的弘扬内容，建设具有唐山特色的现代城市园林文化教育园区。

4. 花鸟鱼虫市场

花鸟市场建设主体分为花市和鸟市两个部分，花市建设可采用温室结构或者采用控温措施，利于植物生长和延长鲜切花的保持时间。高档花市可以引进特色植物、开发新品种向特色经营方向发展。花市要结合花卉交易会等提高知名度，吸引资金以求更长远发展。同时可以设立专门区域，供从事花卉养护等服务的商家入住。鸟市可丰富经营内容，将经营范围扩大到虫鸟、观赏鱼、渔具、宠物等领域，全方位满足现代都市人需求，同时特别注意处理鸟市对周围环境产生的噪声和污染。另外，花鸟市场的建筑风格应该与城市总体设计协调的前提下突出特色成为城市的景观新亮点。

第五章　投资估算与效益分析

一、估算依据

由于生态文化建设项目大多数是在现有旅游景区、活动基地和公共服务场所的基础上进行的，这些地区大多已形成良好的生态人文景观，本部分投资仅指用于开展和组织生态文化活动相关的部分投入，以及部分尚未建成或待建项目的投资。

估算依据主要有：①国内外类似生态文化项目工程的投资标准；②国家和地方的相应政策法规；③唐山市相关行业有关技术经济指标；④现行市场价格；⑤社会平均用工量等。

二、投资估算

根据估算，唐山市生态文化建设重点工程投资总额为106.75亿元。其中，2011~2015年投资55.25亿元，占总投资的51.8%；2016~2020年投资51.5亿元，占总投资的48.2%。具体测算见表5-1。

表5-1　唐山市生态文化建设工程投资概算

序号	项目名称	投资金额（万元）			工程内容概要
		总计	2011~2015	2016~2020	
	合计	1067500	552500	515000	
1	南湖生态文化博览园	57800	35800	22000	塌陷区修复展示区、垃圾山处理展示区、粉煤灰治理展示区、休闲游憩文化体验区、唐山生态文化综合馆、低碳文化馆
2	纪念林与纪念树	51000	28000	23000	营造纪念林，认养树木、林地，认捐公园绿地公共服务设施，认建科普设施，栽植纪念树，古迹古树文化
3	生态文化社区建设	190000	95000	95000	城市生态文化社区、生态文化村
4	观光农林产业园	156500	80500	76000	特色农林产业观光园、农林产业园标示引导系统
5	滨海湿地文化	157200	92200	65000	唐山湾三岛生态休闲文化开发、滨海湿地科普文化综合公园
6	山地森林浴场	156500	68500	88000	山地森林运动休闲基地、山地森林理疗保健基地
7	生态文化走廊	49400	27400	22000	环城水系文化走廊、运河文化走廊、滦河生态文化走廊
8	工业生态文化	50000	27000	23000	唐山市“五个第一”博物馆、开滦国家矿山公园
9	生态文化活动	108000	52000	56000	节庆活动、凤凰生态文化论坛
10	花鸟鱼虫文化	91100	46100	45000	花文化、鸟文化、园林文化、花鸟鱼虫市场

三、资金筹措

（1）需要政府投入40亿元，占总投入的37.5%左右，主要用于南湖生态文化博览园、生态文化社区、滨海湿地文化、生态文化走廊等工程建设。

（2）动员社会力量投入生态城市建设，招商引资、项目融资，全民义务植树，鼓励企业个人积极参与、投入。

（3）动员全市人民积极参与，捐资建设生态城市。

四、效益分析

唐山生态文化城市建设重点工程的实施，对加快地方经济发展，增加城乡居民收入，促进城乡统筹，构筑和谐社会具有重大意义。此外，由于森林、湿地等生态资源的保护和增加，生态文化载体的进一步丰富和社会文明程度的不断提高，将使投资环境大为改善，吸引更多国内外许多投资者和更优良的投资项目落户唐山。由此带来的社会效益至少体现在以下几个方面。

1. 为社会提供就业机会

实施生态文化城市建设工程，可以为当地居民提供许多直接和间接就业机会，如南湖生态文化博览园、观光农林产业园、工业生态文化、花鸟鱼虫文化等工程的实施工作，就需要投入大量人力、物力，在一定程度上可以缓解剩余劳动力出路问题。此外，项目开展后将直接带动交通、建材、物流等相关产业的发展，从而带来更多间接的就业机会。

2. 有利于改善人文投资环境

唐山生态文化建设工程完成后将形成优越的环境，改善整个唐山地区的生态人文状况，进一步树立起具有地域特色和京津冀区域综合竞争力和影响力的唐山生态城市品牌，有效地改善唐山的投资硬件，提升唐山知名度，从而有利于扩大对外开放，促进国际国内的经济、技术合作，更多更好地引进资金、人才、技术服务。

3. 提高城乡居民的生态意识

唐山生态文化工程作为生态文明建设的重要载体，对促进生态文化的传播有重要意义。在人类中心主义观念仍然盛行的今天，生态文化的首要任务是启蒙，通过文化启蒙教育将生态意识和责任意识渗入公众的心灵。保护和建设生态环境，既需要法律法规的“硬约束”，也需要生态道德的“软约束”，更需要生态文化的呼唤引导和扶正祛邪。这些工程实施的过程也是一个宣传教育的过程，通过项目建设，一方面可培养公众的生态道德意识和责任意识，提高他们履行生态道德准则和规范的能力，在全社会形成人与自然和谐的生产方式和生活方式；另一方面也将培养和锻炼一大批生态文化专业技术人员，提高他们的专业技术水平，而且通过项目招投标、施工监理等一系列先进管理手段、先进管理经验的引入，将从根本上改变区域生态文化建设和管理的综合水平。

4. 带动其他行业部门的发展

唐山市生态文化建设将进一步有效促进第一、二、三产业的有机融合。生态旅游和生态文化载体建设将形成新的生态文化创意产业板块，从而带动交通运输业、邮电通信业、建筑业、工商业、餐饮娱乐业以及文化教育、财政金融业等众多部门和行业的发展。

政策保障篇

第一章 生态城市建设保障体系概述

一、生态城市保障体系建设的内涵和意义

（一）概念与内涵

1. 生态城市保障体系的概念

20 世纪 70 年代联合国教科文组织“人与生物圈计划”研究过程中将生态城市定义为“从自然生态和社会心理两方面去创造一种能充分融合技术与自然的人类活动的最优环境，诱发人的创造力和生产力，提供高水平的物质和生活方式。”[1] 城市生态学家亚尼茨基（1981）、雷吉斯特（1987）、罗斯兰（1997）等学者从不同角度对生态城市进行界定。我国学者认为生态城市是基于生态学原理建立的自然和谐、社会公平和经济高效的复合系统（黄光宇，1992），更是具有自身人文特色的自然与人工协调、人与人之间的和谐的理想人居环境（黄肇义、杨东援，2001），还是把环境保护、资源合理开发利用和高效生态产业发展有机结合起来，以自然生态的良性循环和可承载力为基础，以可持续的经济发展为核心，以全面的社会进步为标志的生态、经济、社会三大系统相互协调的一种城市形态（姜作培，2009）。原国家环保总局则把生态城市定义为“生态市（含地级行政区）是社会经济和生态环境协调发展，各个领域基本符合可持续发展要求的地市级行政区域”。

生态城市建设是一个复杂的系统工程，既需要有充足的资金、人才、技术和自然资源等要素作为支撑，还需要有强有力的组织机构来实施建设任务，需要社会公众的广泛参与，更需要建立有效政策法规来调动各方的积极性。为了推进生态城市建设，确保实现生态城市建设目标，需要建立有效的保障体系。生态城市保障体系作为一种社会制度，一般指要求大家共同遵守的办事规程或行动准则，也指在一定历史条件下形成的法令、礼俗等规范或一定的规章。

生态城市建设保障体系作为一种社会制度，包括三种类型，即生态城市正式规则、生态城市非正式规则和这些生态城市规则的执行机制。生态城市非正式规则是人们在长期实践中无意识形成的，具有持久的生命力，并构成世代相传的生态城市文化的一部分，包括生态城市价值信念、生态城市伦理规范、生态城市道德观念、生态城市风俗习惯及意识形态等因素；生态城市正式规则是政府、国家或统治者等按照建设生态城市的规律和程序有意识创造的一系列的政治、经济规则及契约等法律法规，以及由这些规则构成的社会的等级结构、管理机构，及相应的激励和约束机制；生态城市实施机制是为了确保上述规则得以执行的相关制度安排，它是制度安排中的关键一环。

具体而言，生态城市保障体系是指为确保完成生态城市建设任务而建立的权责明确、高效运转的组织实施体系以及导向明确、科学合理的政策法规体系资金、人才与技术等要素供给体系，

1 杨荣金，舒俭民 . 生态城市建设与规划 [N]. 北京：经济日报出版社，2007.

资源环境、基础设施与信息平台等基本条件体系，社会公众与企业积极参与的社会支持体系。

2. 生态城市保障体系的内涵

生态城市保障体系的内涵丰富，主要是通过创新与完善体制机制，整合资源，调动各方的积极性，创造良好的平台条件与环境，为生态城市建设任务的落实，实现从传统城市向生态城市转变提供全方位、长期的保障，具体如图 1-1 所示。

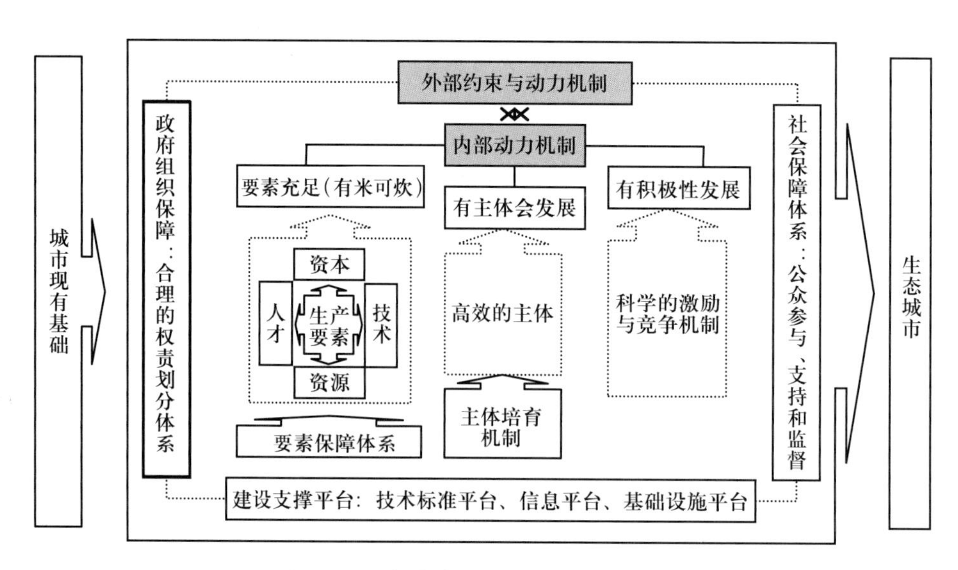

图 1-1　生态城市建设保障体系的要求

生态城市保障体系的基本内涵包括以下方面：

第一，保障体系需要能确保生态城市建设要素供应。“巧妇难为无米之炊”，人才、资金、技术与自然资源环境等各种要素是生态城市建设的“原材料”，是生态城市建设的前提和基础，也是影响生态城市建设质量的基础元素。这些要素多数难以替代，只有保障各类要素均充分供应，生态城市建设才能顺利进行。资金是生态城市建设的关键要素，生态城市建设任务需要的资金投入量巨大，调结构、转方式、引人才、引技术等需要一定的资金条件。人才是生态城市建设中的核心要素，是将其他要素转化为现实生产力的承担者。生态城市建设需要大量生态规划、生态监测、生态修复、生态产业等方面的人才，多数城市原有的人才储备和积累不足，迫切需要有一定机制来保障。科学技术是第一生产力，技术是生态城市建设的重要因素。生态城市规划、生态环境建设、生态修复、污染治理、清洁生产、循环经济、绿色交通、绿色建筑和生态文化等技术在生态城市建设过程中具有举足轻重的作用。自然资源与环境是生产与生活的基本条件，是生态城市建设的前提和约束要素。人才、资金、技术以及自然资源环境等要素都是生态城市建设不可或缺和难以替代的要素，生态城市建设保障体系必须能够确保持续不断地供应各种要素，满足生态城市建设的需要。

第二，保障体系需要切实将生态城市建设任务落实到位。建设生态城市，重点在落实，难点也在落实。生态城市的建设和管理过程同时也是各项环保政策、法律、措施不断贯彻落实的过程。要把生态城市建设的总体目标进行层层分解与细化，落实到具体的职能部门，落实到具体的责任人，做到有目标，有措施，有责任，有奖励，形成合理的权责划分体系，提供有力的政府组织保障，确保生态城市建设的各项预定目标全面推进。

第三，保障体系需要能有效调整各种社会主体的积极性。生态市建设是个大平台，是一项长期工作，需要全社会共同参与，各部门协调统一，形成合力。国外在城市规划、建设与管理中有着成熟的公众参与机制与做法，表现在公众参与具有法律保障、参与方式多样及公众参与面广、程度深等。现尽管其城市政府是最终的决策者，但由于决策建立在广大市民、各种组织、专业人员与政府的广泛合作的基础上，从而使得其决策具有科学性、现实性和可行性。有了广泛的公众参与，使国外生态城市实践能得到城市内各利益群体的支持，并能更快地收集到反馈信息，保证了生态城市发展的可持续性。可见，公众的参与、支持与监督对于生态城市建设的推进具有重大的意义，反之，如果没有公众的参与、支持与监督，生态城市建设将难以完成。因此，生态城市建设必须建立完善的社会保障体系，为公众参与、支持与监督生态城市建设提供条件，调动各种社会主体的积极性，吸收整个社会的力量建设生态城市。

第四，保障体系需要能提供生态城市建设发展的平台和条件。生态城市建设的顺利进行需要平台和条件的支撑。技术标准平台、信息平台及基础设施平台是建设生态城市必要的三大平台，是生态城市建设的条件和保障。技术标准平台能够提供为生态城市建设服务的科学技术支撑体系，其围绕当前生态建设、环境保护、清洁生产、资源综合利用等领域的重点、难点问题所形成的较为权威的技术标准，或者自身进行研究开发，制定相应的技术标准，为生态城市建设提供参考。建立生态市建设信息平台，可以及时发布各类生态市建设市场信息，为各企业间实现废弃物再利用、能量交换提供信息帮助；同时，为积极开展生态城市建设的国际技术合作和交流提供条件；此外，有利于政府建立合作、协商、包容、透明、信息共享的办事平台，在政府与民众、企业之间形成合作互动、平等交流的新型关系，共同建设生态城市。生态城市建设，必须完善城市基础设施，使之能够修复经济发展对环境的破坏，这就需要把城市的交通系统、能源系统、废水处理系统和食物供应等系统结合起来，要遵循生态原则和文化原则，从最大限度地改善生态环境出发，完成基础设施建设，改善和提高整个城市的绿化品位和档次。基于技术标准平台、信息平台及基础设施平台对生态城市建设中扮演的重要角色分析可知，生态城市建设的保障体系必须建立和完善各支撑平台，为生态城市建设提供平台和条件。

（二）生态城市保障体系的重要意义

唐山市生态城市建设离不开一系列保障体系的构建。一方面，保障体系的构建是生态城市建设的先决条件，它将有利于指导唐山市政府对于整个城市进行生态化的规划、建设和管理，也将有利于培养城市居民的生态意识和生态价值观，引导城市居民为建设生态城市而共同努力；另一方面，保障体系的构建是唐山生态城市建设的重要支撑和补充。唐山市是重工业城市，在生态城市建设过程中经济发展与环境问题之间的潜在矛盾尤为突出。生态城市建设的一个重要评价标准就是环境污染程度。然而，对于工业型城市，尤其是重工业型城市而言，其经济要发展，不可避免地要引起污染。因此，为了实现生态城市的建设目标，不可避免地要降低经济发展速度以缓解对环境的承载量。然而，随着生态城市建设的进一步深入，必然需要大量的资金投入作为保障，而大量的建设资金又反过来需要经济发展来提供。此外，保障体系的构建将有利于一些先进生态技术的发展，进而通过提升环境的承载能力和资源的利用效率，调和经济发展和环境问题间的矛盾，达到以最小的环境和资源损失获得最大的收益的目标。因此需要通过构建一系列的保障体系来缓解二者之间的冲突，实现环境与经济发展的和谐统一。由此，保障体系的构建在生态城市建设的整个过程中既发挥着支撑作用，同时也是对其的一种重要补充。

1. 保障体系是生态城市建设的关键支撑

自 2006 年唐山市提出建设生态城市的目标至今，仅仅不到 5 年的时间，以重工业为主的唐山市的产业结构向低污染无污染的生态工业转型的城市生态化道路还是相当漫长。当前唐山市生态环境形势十分严峻，环境污染严重。由于治理速度赶不上破坏的速度，生态破坏程度在不断加剧，资源衰竭与浪费现象相当严重，城市生态化建设刻不容缓。然而，生态城市建设并非是一件简单的事情，需要大量的人力、物力和资金作为支撑，才能够保障整个生态城市建设项目的顺利实施。因此，生态城市建设必须着重建立起能够充分利用基地外溢效应的科技人才体系，水网林网一体化的基本能力保障体系以及能够多渠道灵活筹资的建设资金保障体系等三大支撑体系。

2. 保障体系建设是生态城市建设的重要内容

生态城市的建设不仅仅需要人力、物力和资金等实物作为支撑，而且还需要一系列的外部力量作为补充，以巩固并促进前阶段的建设成果，进而加快产业结构升级调整的步伐，最终促进唐山市生态城市建设继续向前发展。这一系列外部力量主要包括：建立一个权责划分清晰的组织机构来落实和监督项目的开展；营造一个良好的法制环境，从政策法规上保障建设有条不紊地进行；构建监测、预警与公共信息一体化的信息网络体系，提高环境污染的预防和治理效率；制定出有效的生态品牌宣传与推广体系，以扩大唐山市生态城市建设的影响力。

（三）生态城市保障体系研究的主要内容

唐山市生态城市保障体系建设研究的基本内容包括以下几个方面：

第一，保障体系的基本框架。生态城市保障体系建设的研究首要的任务是形成保障体系的基本框架，主要的内容是：一是保障体系的组成部分，即各个保障层；二是各保障层在保障体系中扮演的角色；三是各保障层之间的关系；四是各保障层包括的具体要素，以及要素所需的保障。

第二，保障体系建设的重点任务和切入点。生态城市保障体系建设的研究要明确建设过程中的重点任务及切入点。对唐山市生态城市建设保障体系发展的现状与问题、生态城市建设的条件、机遇和挑战进行深入分析，并以此为依据，明确生态城市保障体系建设中的重点任务及具体切入点。唐山生态城市建设保障体系建设的重点任务是建立保障体系的框架，以政府权责划分为切入点。

第三，保障体系建设的机制与体制。在明确保障体系的基本框架、重点任务及切入点的基础上，形成唐山生态城市保障体系构建的总体目标与基本思路。总目标与基本思路的完成需要相应的机制与体制的支撑，因此，应当系统地探索生态城市保障体系建设的机制与体制，继而形成完整的生态城市建设保障体系。唐山生态城市建设保障体系建设的机制与体制主要应围绕组织领导与协调、资金投入、政策体系、人才支撑、科技创新及基础条件等方面制定。

第四，推进保障体系建设的具体措施。完成生态城市建设保障体系建设形成的各种机制与体制，必须落实成为各项具体的措施。因此，需通过拟定配套于各种机制与体制的具体措施推进生态城市保障体系建设。也即落实组织领导与协调、资金投入、政策体系、人才支撑、科技创新及基础条件等六方面机制与体制所采取的具体措施。

（四）生态城市保障体系建设的基本框架

生态城市保障体系是分层形成的综合体系，总体来说包括要素保障层、主体保障层和政策保障层三层。要素保障层主要是提供人力、资金、技术、信息、环境及设施等基本要素。相关要素必须通过主体保障层中企业、政府以及公众的共同努力才能真实发挥其作用。各主体的积极性与要素的利用效率等最终需要落实到政策层，要素保障层与主体保障层最终通过政策保障层实现（图 1-2）。

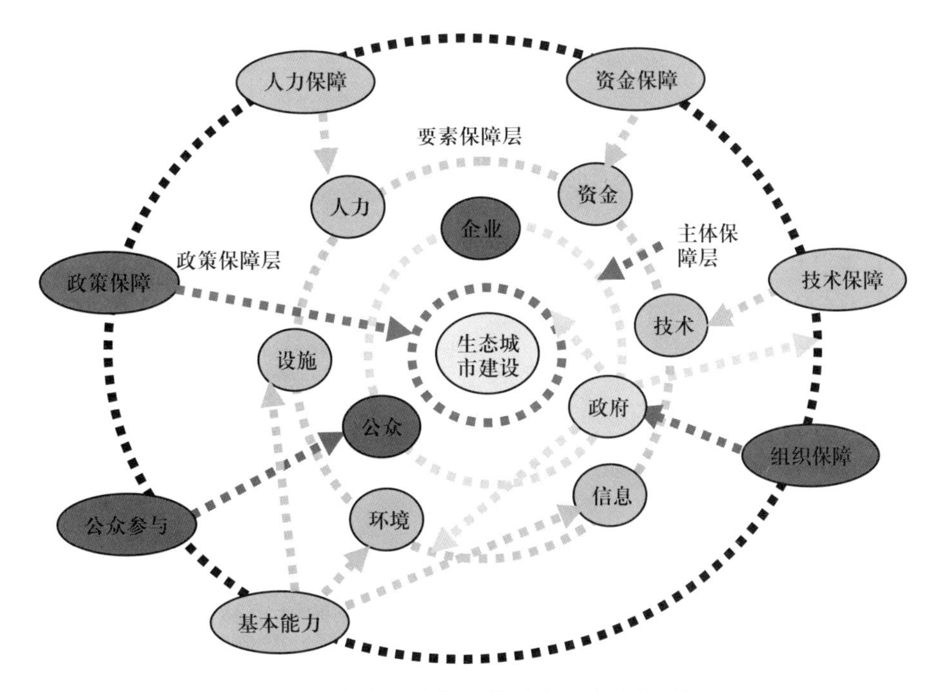

图 1-2　生态城市保障体系建设的基本框架

第一，要素保障层。要素保障层是生态城市建设保障体系最基本的组成部分，巧妇难为无米之炊，没有要素保障，生态城市建设将无法进行。要素保障层要为生态城市的建设提供人力、资金、技术、信息、环境及设施。保障体系应当为要素保障层提供充分的人力保障、资金保障和技术保障，同时还应完善其基本能力，即设施建设、环境营造以及信息提供。

第二，主体保障层。主体保障层是生态城市建设保障体系的枢纽部分，是政策、要素利用与完成生态城市建设的纽带，只有主体充分发挥政策及要素的效用，才能进行生态城市建设。政府、公众与企业是建设生态城市的三大主体。相应地，保障体系需提供组织保障，形成政府合理的权责划分体系；并且形成公众和企业的参与、支持与监督体系。三大主体形成合力，促进生态城市建设。

尤其是在社会主义国家，政府在公用事业的推动与建设中具有明显的制度优越性。首先，社会主义国家把人民的利益放在第一位，社会主义国家发展的根本目的是实现人的全面发展，基于人民的长远利益，我国适时提出转变经济增长方式，实现科学发展。其次，社会主义国家政府有较强的计划性，具有集中调配财权、人事权、政策权的能力，对于一些紧急性、规划性、复杂性的公用事业项目建设具有明显优势，近几年来我国在地震救灾、奥运会、世博会、高铁网络等公用事业项目建设中取得了令人瞩目的成就即是例证。事实上，即使与发达国家相比，对生态文明城市的建设较为滞后，但我国已经在某些地方取得了不菲的成就，为其他国家生态文明城市建设提供有益的借鉴，证明了社会主义制度在生态文明城市建设也有其特有的优势。所以，唐山生态文明城市建设中，政府相关机构及部门的努力是主要推动力量，是政策的制定者和执行者，是要素保障的推动者。

第三，政策保障层。政策保障层是生态城市建设保障体系最核心的部分。政策是为了实现一定历史时期的路线和任务而制定的行动准则，是生态城市建设的依据与保证。要素保障层与主体保障层都需要政策保障层的充分支持，才能真正发挥其作用。政策保障层通过对主体在生态城市建设过程中职责、分工、企业支持、公众参与激励的规定，以及各种要素提供的政策支持，实现生态城市的建设。

二、国际生态城市保障体系建设的主要模式

（一）主要模式

1. 以循环经济技术人才与产业发展政策为核心的保障体系（日本北九州市）

日本北九州以建立新型生态工业循环体系为核心，以环境产业的建设（建设包括家电、废玻璃、废塑料等回收再利用的综合环境产业区）、以环境新技术的开发（建设以开发环境新技术、并对所开发的技术进行实践研究为主的研究中心）、社会综合开发（建设以培养环境政策、环境技术方面的人才为中心的基础研究及教育基地）为规划建设内容，分别为推动循环型生态城市建设提供资源、技术及人才等要素保障，由此构建生态城市建设保障体系。

2. 以打造“绿色交通”为核心的保障体系（巴西库里蒂巴市）

交通是城市重要的基础设施，对区域产业发展与生活行为影响较大，是生态城市建设的重要切入点和保障。巴西库里蒂巴市通过打造低成本（经济成本和环境成本）的交通方式和人与自然和谐的生态城市发展道路，解决城市中人们过度依赖机动车所带来的局限及环境问题，以改造内城，对交通轴线进行高密度线状开发，优先发展公共交通及步行交通为手段，以科学激励的内部动力机制以及公众参与、支持和监督的社会保障体系推进“绿色交通”模式的生态城市保障体系的建设。

3. 以公众参与为核心的保障体系（澳大利亚怀阿拉市）

以社会群众、社会组织、单位或个人作为生态城市建设的主体，以提高生态城市建设决策的科学性、现实性和可行性及实现生态城市发展的可持续性为目标，以随时完整地将项目、计划、规划或政策制定和评估活动中的有关情况及其含义通报给公众及征求公众意见为手段，调动公众参与生态城市建设积极性，形成生态城市的设计与建设的公众参与、支持和监督的保障体系。澳大利亚怀阿拉生态城市咨询项目的中标方在各种场合宣传怀阿拉的生态城市项目，频繁在怀阿拉中小学宣传怀阿拉生态城市项目的内容和意义，并开展由年轻一代参与的短故事竞赛，让他们想象怀阿拉市的未来生态城市图景，以便从中获知年轻人的需要，从而有利于进行生态城市的设计。

4. 社区驱动的保障体系（加拿大哈利法克斯市）

以社区为主体，以社区自助性的开发及社区居民参与社区的规划、设计、建设、管理和维护全过程为重点，通过社区驱动来保障生态城市建设。加拿大的哈利法克斯市创立了社区驱动的一切程序，并在社区的设计、建设、管理等各个方面邀请社区居民参加，包括对生态城市的项目建设决策以及投资资源等都交由社区社团来进行投票和管理。社区还设有城市生态中心作为公共教育场所，公众在这里通过图书馆、展览、咨询、报告等方式可方便地知晓城市生态的有关知识，了解生态城市规划、设计和建设进展。这种广泛的和深度的公众参与使得生态城市建设获得了巨大的成功。

（二）启示与借鉴

为了确保生态城市建设目标的实现，政府从各个层面进行各种尝试，形成了各种类型的保障体系。综合这些相对成功的保障体系可以得到以下启示：

1. 生态城市保障体系建设的关键是得到社会公众的认同和支持

一方面，生态城市的大量建设任务需要各种社会主体去完成，认同和支持生态城市建设任务的社会公众将会积极参与建设，为生态城市建设带来劳动力、资本等要素，营造出良好的文化氛围和建设环境。另一方面，社会公众是生态城市建设的最终的受益主体，也是最有权利决定建设什么、如何建设的。没有得到社会公众认同和支持的生态城市建设无法持续。因此，构建生态城

市保障体系应始终坚持服务民生的导向，坚持民建民享原则。

2. 生态城市保障体系构建一定要遵循经济社会的发展规律

生态城市建设的本质是通过转变城市生产与生活方式，有效地改善城市生态环境，在不同时空尺度实现生产、生活与生态的均衡。城市生产与生活方式的转变以及大量生态环境建设工程的实施都是一个复杂的社会系统工程，应遵循经济社会的发展规律。既需要充分发挥市场机制在配置资源方面主体作用，又需要发挥公民在建设决策方面的主观能动作用，还需要整合各方面的资源和力量，使各种建设要素能源源不断流入，并能得到充分高效的利用，支撑各项生态城市建设任务的完成，推动城市向生态城市方向持续转变。

3. 生态城市保障体系构建一定要立足实际，取长补短

生态城市是一个理想的城市经济社会生态大系统，不同城市现有的条件和基础不一样，建设任务和重点也不一样，保障的重点也应有所不同。因此，生态城市保障体系构建一定要立足于当地的实际情况，根据自身的特点和条件确定不同时期的建设目标和重点任务，再根据完成建设任务的要求与保障体系的基础，发挥自身的长处，逐步形成特色，着力改善自身的短处和不足，提高保障体系的总体水平。

三、唐山生态城市建设的保障体系分析

（一）唐山生态城市保障体系发展现状与存在的问题

生态城市建设保障体系的构建旨在保证生态城市建设顺利进行并不断完善。保障体系的构建是由多个密切联合、相互作用的子系统组成的一个整体。整个体系主要包括组织机构保障体系、政策法规体系、建设资金保障体系、人才保障体系、技术保障体系、基本能力保障体系与社会公众参与体系等七大子系统。

1. 唐山生态城市保障体系发展现状

1.1　组织机构保障体系雏形已初步形成

生态城市建设是一项涉及各级、各部门、各行业的综合性系统工程，必须切实加强组织领导，协调联动。截至目前为止，唐山虽然没有成立生态城市建设工作的专门组织机构，但是存在一些相似的相关机构，正发挥着生态城市建设的组织机构保障功能。

第一，成立了唐山市创建全国文明城市工作领导小组。以市委、市政府的“一把手”为总负责的领导小组，切实将生态文明城市建设工作作为“一把手”工程来抓，将其列入重要议事日程，集中时间、集中精力，带头履行职责，全力以赴抓好落实。

第二，实施目标逐级分解与目标考核机制。将每年既定的各项工作目标任务分解到市直各部门和各县（市）区，并进行逐级细化分解，明确工作标准、时限要求、具体措施和责任人，形成一级抓一级、层层抓落实的责任体系。并加大考核力度，把工作成效作为衡量各级党委、政府以及领导班子和领导干部政绩的重要标准。对责任落实、成绩突出的单位和个人，要给予表彰；对措施不力、行动迟缓、推诿扯皮，影响工作的单位和个人，要严肃追究责任。

第三，着重加强各部门之间的协调配合。唐山市委、市政府要求各级各部门一定要强化大局意识、主动配合意识，立足本职，协同配合，形成合力。对属于自己职责范围内的事情，要认真负起责任抓好落实；对需要本单位参与的工作，要积极配合，搞好协作；对管理职能有交叉的工作，要加强协调，防止推诿扯皮。

第四，实施环境保护目标责任制。自 2002 年以来，唐山市政府每年都与其下属的 19 个市直部门、8 个重点企业和 20 多个县（市、区）的主要负责人签订了环境保护目标责任状，并印发了

《唐山市环境保护工作目标考核办法》，将环保工作纳入到各级各部门党政领导班子考核内容，实行环保“一票否决”制度对各县（市、区）、市直部门和重点企业领导班子及其成员政绩进行评价。

1.2 政府财政支持力度逐渐加大，资金来源渠道不断拓宽

生态城市建设保障体系的关键部分是建设资金问题。建立政府与其他投资主体多元化的投资体制。在合理利用和增加政府投入的同时，积极吸引社会资金投入生态城市建设十分必要。目前，财政支持唐山生态城市建设的力度逐渐加，资金来源渠道也不断拓宽。

第一，政府财政支持力度不断加大。近年来唐山政府不断的加大在生态城市建设方面的财政投入，提高建设资金预算，地方财政支出从 2005 年的 97.56 亿元，上升到 2008 年的 257.04 亿元，涨幅高达 263.47%，表明了唐山市政府建设生态城市的雄心与决心。

第二，资金来源渠道不断拓宽。唐山市政府建立起多元投融资机制，通过多种渠道的筹集生态城市建设资金，鼓励和支持社会民间资金投入到生态城市建设中，采用 BT（建设—转让）、BOT（建设—经营—转让）、BOO（建设—拥有—经营）、BOOT（建设—拥有—经营—转让）等先进的经营运作模式吸引民间资金兴建道路、桥梁、广场等重点基础设施和市政公用设施建设项目，加快了重点工程项目建设速度。2008 年唐山市城镇建设资金总额为 1048.47 亿元，其中国家预算内资金仅为 17.093 亿元，国内贷款为 301.19 亿元，发行各种政府债券筹得资金 4.5 亿元，利用外资 18.81 亿元，其余 706.88 亿元均来源社会民间投资。

1.3 人才保障体系建设已具备一定的基础

生态城市建设最终决定于人的因素。城市生态化首先建立在人的思维、意识的生态化基础之上的。而且生态城市的组织、建设、管理都要靠人进行（叶蔓、王要武，2003），尤其是要靠那些具有专业知识的专门人才。所以，在生态城市的建设中应当进一步加强与高等院校和职教机构资源环境领域的合作建设，将院校培养与定向培训相结合、本地培养与引进人才相结合，设立专项人才引进、培训等计划，有计划地培养生态区建设和循环经济专门技术人才，壮大生态建设和环境保护工程技术队伍（王千，2007）。

在人才方面，唐山市具有一定的基础。唐山市拥有各级各类学校 2188 所，在校生 120.50 万人，教职工 9.59 万人，其中专任教师 7.73 万人，其中共有中专以上院校 96 所，科研院所 60 多个，这些院校和科研院校都为唐山市的城市生态化建设培养了一大批人才。近年来，唐山市委、市政府大力实施人才强市战略，不断强化人才引进、培养、选拔、使用和管理，人才队伍迅速壮大，人才实力逐步增强。截至 2009 年年底，全市人才资源总量 73.4 万人，其中党政人才 3.6 万人，企事业经营管理人才 8.44 万人，专业技术人才 43.66 万人，高技能人才 11.8 万人，农村实用人才 5.9 万人。人才队伍的组成结构上较为合理，其中，硕士研究生以上学历的 3639 人（博士 303 人，硕士 3336 人），具有高级职称的 2.2 万人，享受政府特殊津贴专家 229 人，省有突出贡献的中青年专家 61 人，河北省“三三三人才工程”一、二、三层次人选 323 人，市管优秀专家 105 人。同时，唐山市政府聘用特邀院士 37 名，各县（市）区、各单位长年聘用近百名留学人员和 1800 余名国内外专家。

1.4 科技创新保障体系建设卓有成效

唐山市科技工作坚持以科学发展观为指导，按照“科学发展，科技先行”的理念，以建设国家创新型城市为目标，深入开展引进消化吸收再创新、大力实施集成创新、创造条件推进原始性创新，努力打造以科技进步和创新为主导的核心竞争优势，科技创新能力显著提升。2009 年被确定为国家创新型试点城市，成为河北省首个国家创新型试点城市，在各个产业的科技保障体系构建上做出了许多努力。

一是规划了高新技术产业发展布局。编制了《环京津高新技术产业带发展规划（唐山卷）》，推进了唐山湾“四点一带”高新技术产业隆起带、市区高新技术产业聚集带的布局与发展，促进了曹妃甸高新技术产业园区建设；培育了高速动车组、矿用抢险探测机器人、纯电动汽车、焊接机器人等拥有自主知识产权的高新技术产品。

二是重大关键技术创新取得新进展。多向模锻液压机研制、大型卧式振动卸料离心脱水机研究及产业化等一批具有较高技术含量和较强带动力的科技项目取得突破性成果。按照新标准认定高新技术企业达到 38 家。

三是组织编制了钢铁、化工、环保、装备等四个主导产业创新发展技术路线图。搭建了钢铁产业技术创新联盟，引导推动钢铁行业产学研协作创新，建立了较完善的钢铁产业研发应用服务平台。深孔绳索取芯钻技术装备、金山迷宫式高炉送风装置、单元式多变流量地源热泵机组、无压给料有压分选三产品旋流器等 7 个项目列入国家创新基金计划。

四是大力实施节能减排技术创新示范工程。钢铁企业低压余热蒸汽发电和钢渣改性气淬处理技术研发，列入“十一五”国家科技支撑计划，项目实施示范效果明显。钢铁企业烧结烟气脱硫关键技术开发与应用示范积极推进，密相塔半干法烟气脱硫技术、湿式镁法烧结机脱硫工艺、脱硫废液处理技术等分别在钢铁企业示范应用。

五是积极为发展现代农业、建设新农村提供科技支持。盐碱地绿化技术开发列入省重大科技支撑计划；规模化生态养殖畜禽粪污无害化与资源化利用技术开发、燕山采矿迹地绿色产业生态重建等项目取得突破性进展。深入推进了徐流口村等科技先导型新农村建设示范工作，探索出一条科技支撑新农村建设新模式。

六是大力发展民生科技。制定了《唐山市节能与新能源汽车示范推广试点实施方案》，建成唐山电动汽车工程技术研究中心。组织实施纯电动公交车关键技术研发、海水淡化关键技术研发示范、民生科技与安全生产应用研究与示范以及临床应用技术研发项目 155 项，取得科技成果 190 项。

七是扩大科技开放交流，引进优质科技资源。中科院唐山高新技术研究与转化中心建设深入推进，中科院过程工程、微生物、理化、电工、植物等 5 个研究所进驻，与力学所、软件所成功开展项目合作，建成生态冶金、功能陶瓷材料、酶工程等实验室，与企业合作开展的钢坯高温防氧化涂料研发、冶金废弃物综合开发利用、空气燃烧合成精细陶瓷粉体材料等一批项目取得阶段性成果。成功举办了冀东经济区高新技术成果暨科技合作洽谈会。

八是区域科技创新体系进一步完善。出台了《关于深化科技体制改革的意见》《唐山市科技计划项目招标投标管理暂行办法》《关于加强知识产权工作的若干意见》等一批规范性文件，建立了县域科技工作会商机制。培育建设了100家市级及以上企业工程技术研发中心、行业重点实验室，重型装备预应力制造、水泥装备、省高速动车组、卫生陶瓷等进入省级企业工程技术研发中心行列。各类科技研发机构实施关键技术研发 182 项，取得科研成果 51 项，获专利 57 项。唐山国家知识产权试点城市工作通过国家验收。丰润区生产力促进中心被晋级为国家级示范生产力促进中心。

1.5　基本能力保障体系建设已全面铺开

基本能力保障体系主要包括三个方面：基础设施体系建设、生态环保体系建设和社会保障体系建设。基础设施体系建设主要包含交通系统、能源系统、水系统、建筑系统等四大子系统，生态环保体系建设则由城市绿化建设和环境污染治理等两方面组成。

第一，基础设施体系建设成果丰硕。

交通系统：交通是城市发展的重要基础设施，要以城市远期发展的人口规模和经济社会的发展需要，从保证城市交通运输安全、畅通、舒适、节能、无污染、节约用地出发，在充分考虑城市整体景观的基础上，设计城市道路的布局网络（杨洁等，2009）。在"十五"期间，唐山市完成公路交通基础设施建设投资54.4亿元，完成了两条高速公路的修建，高速公路通车里程达到288公里；完成11项，242.4公里新改工程和75项、1142公里大中修工程，一般干线公路通车里程达到1216.3公里，"四纵四横"干线公路骨架进一步完善；完成客、货运输站场建设投资6376万元，新改建主枢纽站场5个，站场布局进一步网络化，逐步形成以运输站场为节点、四通八达、功能齐全、内通外联的运输体系。

能源系统：能源是一个城镇生产生活正常运行的动力和重要基础，要大力开展节能降耗工作，推行再生能源。唐山市能源行业以电力和煤炭生产为主，石油和天然气开采也形成一定规模，拥有开滦集团、陡河发电厂、大唐王滩发电厂、冀东油田等国家大型能源企业。2009年，能源行业实现增加值202亿元，同比增长0.8%，占规模以上工业增加值12.6%。截至2009年年底，唐山地区并网运行的电厂达到50座，装机容量7024.65兆瓦，其中火电装机6499.90兆瓦，水电装机475.25兆瓦，风电装机49.5兆瓦。唐山电网110千伏及以上变电站204座。2009年全市累计完成发电量322亿千瓦，同比增长11.08%，完成供热量4.2×10^{16}焦，同比增长15.88%，供热面积3849万平方米，集中供热普及率达到76%，比上年提高6个百分点。现有煤炭储量45亿吨，2009年生产原煤3399万吨，同比增长24%。产天然气47171万立方米，同比增长47.2%，重点实施了冀东天然气、永唐秦天然气入唐工程和扩供8698户的居民惠民工程。城市燃气普及率达到99.8%，比上年提高0.3个百分点；产原油173万吨，同比下降13.6%（缺少可再生能源的利用数据，例如沼气、太阳能的建造和使用的相关数据）。

水系统：随着城市水供需矛盾不断加剧，水越来越成为城市发展制约因素，单纯依靠"开源"已经无法满足城市水的需求，节约用水的强化管理也难以继续有效发挥作用，城市节水管理必须从传统的管理模式转变为循环经济的科学管理模式，尽可能增加城市可供水量，不断提高水的利用效率，降低需求量的科学管理阶段（杨洁等，2009）。截至2008年年底，唐山市整个城市现有排水管道2048公里，供水总量达到20044万吨，城市日供水能力达到118.01万吨，自来水普及率为100%，服务人群可达197.08万人。

建筑系统：2009年唐山市全市城镇建设投资达到510亿元，是历年来投入最多、城市面貌变化最大的一年。"四城一河"建设取得突破。南湖生态城开发建设加速推进，扩湖工程形成11.5平方公里水面，栽植全冠大树7.6万株、造林4100亩、种植草坪和灌木3100亩，地震遗址公园、市民广场等工程完工，紫天鹅庄酒店基本建成；曹妃甸生态城完成起步区造地7平方公里，假日酒店、信息大厦等一批项目开工，规划展厅建成，央企服务基地一期具备入住条件；凤凰新城市政基础设施进一步完善，开发建设全面展开，交通路网基本形成，新唐山一中、新青少年宫、香格里拉大酒店等一批项目加紧建设；空港城起步区村庄搬迁改造、市政基础设施建设逐步展开，军民两用机场航站区主体工程完工；陡河青龙河改造全面启动，环城水系供水管线工程全面完工。旧城改造力度加大，拆违拆迁556万平方米；震后危旧平房改造新开工安置住房251万平方米，累计达到570万平方米，竣工200万平方米；实施城中村改造项目19个；既有居住建筑节能改造完成510万平方米。打通了光明路、大里路等13条断头路，完成了机场连接线、唐丰路入市通道建设和景观改造。"绿、美、亮、净"工程深入实施，城市形象和品位显著提升。组织开展了声势浩大的绿化攻坚行动，新增造林绿化面积60.5万亩，全市森林覆盖率提高2.25个百分点，顺利通过全国绿化模范城市验收。完成了全部县城和19个中心镇规划修编工作，县城扩容和小城镇建设加快推进。全市城镇化率达到53%，同比提高2个百分点，城镇化发展指数位居河北省首位。

第二，生态环保体系建设成效斐然。城市绿化建设：城市绿化建设中要注重建立完善的绿地生态系统。不仅注重提高绿地指标，如绿地覆盖率、人均绿地面积和人均公共绿地面积。2009 年唐山市城市公园绿地面积 2718.31 公顷，比上年增长 31.0%；人均公园绿地面积 13.79 平方米；建成区绿化覆盖面积 10080 公顷，增长 6.8%，绿化覆盖率达到 45%。凤凰山公园完成扩容绿化改造，南湖城市中央生态公园被联合国人居署授予“HBA 中国范例卓越贡献最佳奖”，并被中国生态文化协会授予首批“全国生态文化示范基地”称号。环境污染治理：2009 年唐山市全年完成重点污染源治理项目 900 个，投入治理资金 60 亿元。主要污染物排放强度明显下降。单位 GDP 能耗降低率达到 5.21%。污水日处理能力 78.9 万吨，污水处理率 92.5%。全市生活垃圾无害化处理率 91.13%，比上年提高 4.9 个百分点，其中市中心区生活垃圾无害化处理率达到 100%。城市空气环境质量二级及优于二级天数达到 329 天。

第三，社会保障体系建设步伐加快。2009 年唐山市社会保障体系建设步伐加快。年末全市参加城镇基本养老保险人数 151.86 万人，比上年增加 24.91 万人，其中参保职工 109.71 万人，参保离退休人员 42.15 万人。参加城镇基本医疗保险人数 197.7 万人，增加 10.4 万人，其中参加城镇职工基本医疗保险人数 130.2 万人，参加城镇居民基本医疗保险人数 67.5 万人。参加失业保险人数 74.25 万人，增加 0.65 万人。参加工伤保险人数 79.26 万人，增加 7.19 万人。参加农村养老保险人数 124.3 万人，增加 54.5 万人。参加农村新型合作医疗农民 468.64 万人，参合率达到 96.06%（不包括参加城镇居民医保农民），在全省率先实现了“农民进城医疗报销无障碍”。全市享受城市最低生活保障居民 5.4 万人，比上年减少 0.4 万人；享受农村最低生活保障农民 11.7 万人，增加 0.9 万人。市区、城镇低保标准由每人每月 270 元和 205 元统一提高到 285 元，农村低保标准由每人每年 1200 元提高到 1300 元，惠及全市 62715 户、116902 人。社会救助事业稳步发展。年末全市拥有收养性社会福利单位 129 个，提供床位 1.9 万张，收养各类人员 1.5 万人。全年销售社会福利彩票 3.29 亿元；直接接收社会各界捐赠款物 965.2 万元。

1.6　相关的政策法规正逐步完善

生态城市建设离不开一系列与之相关的政策法规。完善健全的政策法规保障体系有利于调整现有城市的运行模式，进入促使其向城市生态化发展。政策法规主要包括两个层次：国家法规和地方法规。

第一，国家法规层次。国家法规在内容上主要涉及城市环境保护方面，以及与生态城市建设相关各行业，如清洁生产，环保产业、资源能源再利用产业等的经济、技术政策和管理规定（叶蔓、王要武，2003）。目前，唐山市实施的与生态城市建设的相关的国家政策主要有：1989 年实施的《环境保护法》、1990 年的《城市规划法》、1991 年《水土保持法》、1996 年的《环境噪声污染防治法》和《水污染防治法》、2000 年的《大气污染防治法》、2002 年的《清洁生产促进法》、2005 年的《固体废物污染环境防治法》和《可再生能源法》等国家级的法律法规。除此之外，还有一些具体的政策文件：环境保护部办公厅发布的《关于印发〈生态县、生态市、生态省建设指标（试行）〉的通知》（2003 年）、《生态县、生态市建设规划编制大纲（试行）》（2004 年）、《关于调整《生态县、生态市建设指标》的通知》（2005 年）等，国务院颁布的《全国生态环境建设规划》（1998 年）、《全国生态环境保护纲要》（2000 年）等。

第二，地方法规层次。在地方法规建设上，自 2002 年以来唐山市自身也做了一定程度的努力，也取得了不小的成效。2002 年，唐山市为了进一步加强环保法制建设。一方面，围绕环保中心工作，完成起草 3 个管理规定，修改了一部地方法规。即：出台了《唐山市加强城市扬尘污染控制实施意见》、起草完成了《唐山市饮食服务行业油烟污染防治管理办法》。完成起草《唐山市陡河水库饮用水水污染防治管理条例》修订稿,列入了市人大2003年地方法规立法或修改计划。除此之外,在保护水资源方面,实施碧水工程。制定《陡河水库污染整治实施方案》并组织实施,取缔取水口附近的坑塘养鱼。同时加强近岸海域水质保护工程。大力开展禁磷工作,下发了《唐山市人民政府关于在全市范围内禁止销售使用含磷洗涤用品的通告》,并对禁磷情况进行不定期检查;制定《唐山市建筑工地施工现场文明施工管理规定》,并狠抓落实,从而有效控制了建筑工地二次扬尘;制定《唐山市禁止燃用高硫分煤炭管理办法》,限制高硫煤在市区的使用。

2003年唐山市认真贯彻落实《海河流域水污染防治计划》和《渤海碧海行动计划》,在完善城市污水处理厂和污水管网建设的基础上,全面启动各县区污水处理厂建设,并完成《唐山市陡河水库饮用水水污染防治管理条例》修正案的修改工作,并于2003年9月26日河北省第十届人大常委会第五次会议批准颁布实施;此外,完成《唐山市大气环境容量研究》工作,制定实施《唐山市大气环境质量达标规划》《唐山市两控区二氧化硫污染防治计划》,有效地控制了废气污染源的排放,起草下发了《关于加强对畜禽养殖场治理整顿的通知》,规范全市畜禽养殖业的监督管理。

2004年,唐山市起草完成了《唐山市市区禁止燃用高硫分煤炭管理办法》,并将在2005年作为行政规章颁布实施。

2005年,唐山市制定并实施了行政五年规划,修改并出台了《唐山市陡河水库饮用水水源保护区污染防治管理办法》,制定并实施了《唐山市防止扬尘污染管理实施意见》《唐山市防治燃煤二氧化硫污染管理办法》。

2006年,唐山市制定下发了《关于加强重点流域水污染防治确保饮用水安全的通知》,对唐山市饮用水源地和重点流域滦河、陡河、黎河和还乡河等水系范围内的水污染源进行全面调查摸底,以保证饮用水源安全,杜绝饮用水源发生环境事件。下发了《关于2006年度生态建设和重点工业污染源总量限期治理工作的通知》,对相关县(市)、区生态建设和重点工业污染源总量限期治理项目提出明确具体要求,全年生态治理项目完成率为84.21%,重点工业污染源治理项目完成率为89.36%,河流水质较2005年有明显好转。此外,还制定下发了《关于加强对畜禽养殖场治理整顿的通知》,通过沼气池建设、粪尿干湿分离等措施,有效减轻对农村环境的污染。

2007年,唐山市与河北省环境地质勘察院、河北省环境科学研究院合作编制《唐山市市区饮用水水源保护区划分技术报告》,有效保障了全市饮用水安全,同时制定并下发《唐山市2007年清洁生产审核工作方案》,并组织实施。完成清洁生产审核并通过验收的企业共计34家;并完成《曹妃甸工业区循环经济试点实施方案》和《曹妃甸循环经济示范区产业发展总体规划》。

2008年,唐山市制定下发了《唐山市迎奥运空气质量保障方案》,加强大气环境综合整治,拆除废弃烟囱283根,对131根超标烟囱进行限期治理,162台4吨及以下燃煤锅炉改用清洁能源,247台4吨以上取暖锅炉实施并网或高效除尘脱硫,圆满完成了奥运空气质量保障任务。制定《陡河水库饮用水源地取缔、关闭工业污水排污口工作方案》,对滦县榛子镇韩家哨炼铁厂等4家非法反弹企业实施取缔拆除。

2009年,唐山市制定了《唐山市重点流域综合整治方案》,并结合省跨界断面水质考核,明确工业污染源深度治理及总量控制、畜禽养殖面源治理、主要河流生态环境综合整治、专项执法检查等主要工作任务。此外,唐山市环保局起草下发了〈唐山市环境保护局关于转发《河北省环境保护厅加强重点企业清洁生产审核工作的通知》的通知〉(唐环发〔2009〕88号),对唐山市2009年清洁生产审核工作的步骤、工作内容、各阶段时间安排、保障措施等具体事项进行了明确规定。

1.7 品牌宣传与推广体系建设正有条不紊地展开

唐山市自2006年确定提出建设生态市的战略目标以来，不仅在生态城市建设的实体方面取得了令人瞩目的成就，在宣传唐山上也是不留余力。具体举措主要是通过各种渠道大力打造生态唐山、绿色唐山、文明唐山等品牌，将唐山推向全国、乃至全球，让社会各界更了解唐山、感知唐山、走进唐山，使唐山更好地走向世界。目前，唐山市对于生态城市的品牌宣传和打造上主要从理念层面入手，通过开展一系列的项目，向世人展现唐山市生态文明建设的成果。

2006年唐山市环保局抓住唐山抗震三十年和唐山环保三十年这一契机举行了“生态安全与环境友好型社会”——第35个世界环境日纪念活动。由中国环境科学出版社结集出版了《绿色的旋律》，该书以报告文学的形式记录了三十年来唐山市的环境变化、唐山市环保人孜孜以求的奋斗历程和普通人保护家乡环境的感人事迹，向全世界人民展示了唐山市三十年来环保工作取得的成就。

2007年10月，唐山市就“采煤沉降区生态治理”项目向上海世博会城市最佳实践区遴选委员会提出申报。在2008年2月召开的遴选委员会第三次会议上，项目从全世界110多个报名参选“城市发展实践”的案例中脱颖而出，获准以“其他展示方式”进行展示，并拟在2010年10月24~31日于上海世博会闭幕式上展出。该项目向全世界展示了唐山市生态城市建设的具体成效。

2008年8月，唐山市政府根据自身的市情，将城市发展目标定位为建设一座凤凰涅槃的生态城市，并制作了《唐山——凤凰涅槃的生态城市》的宣传片，让世人对于唐山的过去和现在有了更深层次的了解，并将生态唐山的印象深深地留在了每个人的心中；2008年12月，唐山市文明办、唐山市晚报评选出了“唐山十大名片”：城市精神——以“感恩、博爱、开放、超越”为核心内涵的新唐山人文精神，地域标志——曹妃甸，艺术种类——评剧，历史人物——李大钊，工矿企业——开滦矿务局，城标建筑——唐山抗震纪念碑，生态园林——南湖生态城，工业产品——“和谐号”CRH3动车组，土产风味——京东板栗，旅游景区——清东陵。此次活动向人们展示了唐山市政治、经济、文化生活等各个领域中所独具的城市内涵和特色。

2009年首届曹妃甸论坛在唐山举办。曹妃甸论坛以全球化为背景，以可持续发展为永久主题，以中外城市市长为主要对象，共邀请国内外嘉宾约300多人，其中外宾约100人。此次论坛良好展示唐山市生态城市建设的成果，并得到了国内外嘉宾的一致好评：全国政协主席贾庆林同志出席该论坛并给予唐山市的生态城市建设高度的评价；联合国前副秘书长莫里斯·斯特朗盛赞唐山是世界最好生态城市之一。新西兰前总理詹妮·希普莉认为唐山将是世界很好的城市发展公式；美国加利福尼亚州阿卡迪亚市市长约翰·沃则为唐山的远见、勇气、魄力和毅力喝彩。本次论坛将生态唐山的名片传播到了全球各个角落。

2010年8月，《中国青年报》记者会在唐山召开，唐山市市长陈国鹰利用此次契机，恳请《中国青年报》一如既往地关心唐山、关注唐山、宣传唐山，让世界更加全面地了解唐山、感知唐山、走进唐山，使唐山更好地走向世界。

2. 保障体系存在的问题

（1）组织机构保障体系还有待进一步完善。第一，组织机构的大体框架虽已建成，但却没有成立一个真正意义上的专门机构；第二，各部门、各县市之间的默契还不够，对于某些职能交叉的工作或者管理权责较为模糊的地区，各个部门、县市之间还是出现推诿扯皮的现象；第三，某些政府工作人员的工作理念、方式、作风还不能适应新形势的要求和人民群众的期望，服务意识不强、不作为、乱作为现象依然存在；第四，组织机构保障体系的涉及面不够宽。目前，唐山市生态城市建设的相关组织机构的工作重点还仅仅停留在城市面貌整治和城市文明精神建设上，对于更为重要的生态城市的总体规划建设，以及中长期发展规划等都没有成立专门的机构部门加以负责。

（2）社会民间资本参与度低，政府的财政压力大。唐山市生态城市建设资金主要还是以政府的财政支出为主，2008 年唐山市城镇建设资金仅有 69.21% 是直接来源于社会民间资金，远低于河北省的平均水平 85.81%，这表明社会民间资金的参与程度依然还很低。这种现象的延续必然加重唐山市的财政负担，不利于生态城市建设的可持续发展。

（3）人才支撑能力不足。按照建设科学发展示范区和实现资源型城市转型的要求，唐山市的人才支撑能力仍存在明显不足，人才队伍建设和人才工作的任务仍十分艰巨。具体体现在：①人才总量不足。人才资源总量占人力资源总量的比例，反映了一个地区人力资源向人才资源转化的程度，以及人才资源的拥有量，与该地区经济发达程度密切相关。唐山市这一比例较低，为 15%，而深圳为 30%，大连为 33%。②高层次人才奇缺。目前唐山市万人拥有本科以上学历人才 187 人（其中研究生 5 人），而深圳 420 人（其中研究生 98 人），大连 568 人（其中研究生 33 人）。除少数与传统产业相关的专业外，能够进入国家和省级领军人才的几乎是空白，尤其缺少具有国际视野和战略开拓能力的复合型、创新型高级管理人才。③人才结构和分布不尽合理。从行业结构看，教育、卫生、文化、城管等事业单位占 53%，而企业仅占 30%，农业仅占 3%。博士研究生及省以上专家 80% 以上集中在教育、卫生行业，企业不足 20%。从专业结构看，与传统产业相对应的专业技术人才和技能型人才相对充足，而新兴产业、高新技术产业人才相对薄弱，尤其经营管理、外经外贸、投融资、先进制造业、新能源、新材料以及现代服务业人才奇缺。从区域分布看，沿海地区尚未形成人才密集区，“四点一带”地区平均人才密度只有 7.4%，只有全市平均水平的一半。④人才整体创新能力偏低。目前唐山市专利申请量不足全国总量的 0.3%；科技成果转化率仅为 15%，低于全国 20% 的平均水平；万名劳动力中研发人员为 16 人年，低于全国 22.1 人年的平均水平。⑤人才环境不够优化。人才政策不够配套，人才投入不足并且缺乏政策和制度保障，人才配置机制、流动机制、激励机制、分配机制不够完善，现有人才的活力还没有充分激发出来，创新创业氛围不够浓厚。

（4）科技创新能力较弱。目前，唐山市生态城市建设的突出问题是科技创新能力较弱，尤其是重大技术瓶颈难以突破，企业自主创新水平不高。而且，政府对新科技的推广力度也需要进一步提升。

（5）基础设施能力有待加强。第一，交通基础设施不够完善。唐山市交通基础设施建设虽然有了一定程度的发展，但与经济社会发展需求还存在一定的差距，公路网整体服务水平还不能完全适应发展需要，交通信息化还处在起步阶段，这些问题会随着经济和社会的发展会逐步凸显出来。干线公路网布局尚未最终形成。反映在北部山区路网间距过大；中部地区穿城路段过长，街道化现象严重；近海地区骨架单薄，两港区对外联系线路单一，横向联系迂回，疏港能力不足，尤其曹妃甸港区尚未接入高速公路网络。干线公路网等级水平偏低。由于路网调整，唐山市干线公路中还存在三、四级公路 233.3 公里，占干线公路总里程的 15.5%；部分二级以上公路拥挤堵塞，行车速度降低，服务水平低下；同一公路通行能力和服务水平缺乏连贯性，严重影响整体运输效益。部分干线公路超期服役现象严重。由于经济持续快速发展，汽车保有量迅速增长，车与路的矛盾日益突出，超期服役路段技术等级低、路面破损加剧，瓶颈现象严重。农村公路服务水平亟待提高。农村公路建设、养护尚未达到稳定平衡，建成农村公路技术等级偏低，大量早期农村公路破损严重，建设改造任务依然繁重。站场布局还没有最终形成。市域范围内的主枢纽站场建设还没有完成，尤其围绕两港区的运输站场建设亟待启动；农村客运站点建设也正在进行当中。

公路运输管理水平有待于进一步提高。运输管理信息化水平还远落后于硬件建设水平，物流业发展尚处于理论探索阶段。第二，可再生能源的开发利用程度低。目前，唐山市的能源仍然还是以电力和煤炭等不可再生能源为主，对于沼气、太阳能、风能等可再生能源的开发和利用程度不高。

（6）政策法规的落实力度不够。政策法规，尤其是关于环境污染整治的相关法规的落实力度不够。一是执行人员对于政策法规的解读不够深入，导致在落实时出现偏差；二是有少部分政策法规的制定的超前意识较强，与现实实际有所不符合，难以在现实生活中将其实现；三是一些规范性的政策法规在执行上的难度系数较大，尤其是在环境污染整治上，相当一部分不法企业存在侥幸心理，无视相关的政策法规，屡教不改，违法乱纪现象层出不穷，使得执行人员疲于劝说、整治，这些都在一定程度上加重了执行人员的工作难度。

（7）生态唐山品牌宣传与推广缺乏系统性和层次性。虽然唐山市政府在不同的场合利用各种渠道对生态唐山的理念进行了大力的宣传。但是，从某种意义上看，生态唐山这一品牌并非真正地确立起来，仅仅还是停留在一种观念，并未将此品牌运作起来，充分发挥其潜在的市场价值，并通过各种营销策略在市场中推广开来。生态唐山品牌的宣传与推广缺乏一种核心理念作为指导，无法让他人直截了当地领会到唐山市生态城市建设的精髓；在对外宣传上没有系统性和整体统筹性，盲目性较强，各个部门都各自为政，缺乏相互的有效的协商沟通，无法将宣传与推广的效用提高到最大。

（二）生态城市保障体系建设的条件

1. 具备雄厚的经济基础

唐山市生态城市建设体系的构建离不开经济上的强大支持。唐山市是河北省经济中心，也是北方经济中心城市，有北方深圳之称，具有很强的经济实力。2008 年，唐山市实现地区生产总值 3561.19 亿元，排名全国第 19 名，比上年增长 13.1%，全部财政收入实现 405.82 亿元，增长 22.7%。唐山首次与广州、深圳、杭州、青岛、宁波、南京、成都、武汉、大连等城市并肩进入中国 GDP“3000 亿元俱乐部”，成为河北省首个跻身“3000 亿元俱乐部”的城市，富可敌省。2009 年，唐山市完成地区生产总值 3800 亿元，排名全国第 18 名，同比增长 11% 以上；全部财政收入 413.3 亿元，剔除增值税转型政策影响，按上年可比口径增长 14.1%，其中一般预算收入 169.7 亿元，同比增长 15.8%。由于受经济危机和唐山市产业结构调整的双重影响，唐山经济出现暂时的放缓。2010 年上半年，唐山市完成地区生产总值接近 2100 亿元，同比增长约 16.2%，实现财政收入 245.1 亿元，同比增长 8.7%。2010 年唐山市将会毫无疑问地进入与上海、北京、广州、青岛等城市并列的全国屈指可数的 4000 亿元俱乐部。唐山雄厚的经济实力，是唐山进行生态城市保障体系构建的经济基础。

2. 良好的区位优势

唐山市可以发挥环京津区位优势，吸引大量的资金、科技、人才，推动唐山生态城市建设保障体系构建。唐山市地处环渤海湾中心地带（南部为著名的唐山湾），南临渤海，北依燕山，东与秦皇岛市接壤，西与北京、天津毗邻，是连接华北、东北两大地区的咽喉要地和极其重要的走廊。既临近两个人口超千万的大都市，又接壤秦皇岛、承德两个旅游城市，可以说，唐山处在中国北方人口最密集的区域核心地带。这是唐山市无与伦比的区位优势。如此绝佳区位给唐山市生态城市建设保障体系的构建，提供了大量科技、人才、资金、信息的支撑优势。

此外，唐山长期的历史沉积，使得唐山不仅是历史名城，而且是国家自主创新城市和中国第一批科学发展示范区试点之一，这为唐山生态城市保障体系构建提供了科技和人才的支撑。

（三）挑 战

1. 资源型城市生态城市建设任务重，保障体系构建成本高

唐山市是中国近代工业的摇篮、河北省的老工业基地，历史上是典型的资源型城市，借助丰富的矿产资源和基础雄厚的传统工业，以沉重的生态环境代价，换取了经济的高速增长。要进行生态城市建设，必然要付出比其他城市更加高昂的成本，这就注定了唐山生态城市建设必定困难重重，从而进行生态城市所需的保障体系就必然是强有力的，而这种强有力的保障体系将意味着昂贵的构建和维护成本。唐山市生态城市建设的保障体系在成本方面具有天然的缺陷和不足。

2. 经济增长的压力

生态城市的建设损害了部分人的利益，至少在短期内损害了他们的利益，尤其是一些造成生态压力的产业和企业，生态城市的建设可能增加了他们的成本，从而使他们在激烈的市场竞争中处于不利地位。生态生产还没有成为普遍行为时，在全国强制实施生态建设标准之前，唐山的许多产业和企业在市场上可能会缺乏足够的竞争力。产业之间、企业之间在市场上的竞争，导致唐山生态城市建设保障体系的构建会产生重重障碍。

3. 探索创新的风险

到目前为止国内生态城市建设仍然处于探索和初步发展阶段，经验不足，城市生态建设保障体系的构建没有足够的先例可以借鉴。这就对唐山城市建设保障体系的构建和完善提出了挑战和很高的要求，有许多地方需要创新和大胆尝试，这注定了唐山城市生态建设保障体系的发展之路不可能一蹴而就，需要在不断的摸索和实践中走向成熟。

（四）机 遇

1. 绿色理念深入人心

随着人类对工业文明的罪恶所进行反思不断深入，整个社会对生态经济、循环经济、低碳经济、绿色经济等理念的认同度不断提高，人们倾心追求的绿色理念和行为，已逐渐深入人心，这为唐山生态城市建设保障体系构建提供了思想准备。

唐山打造南湖生态公园推进生态城市建设的实践，更是为唐山生态城市建设保障体系提供了强有力的思想支持。2008 年年初，唐山市提出了“打造南湖生态城”的战略构想，整合南部采煤塌陷地及其周边地区，建设 91 平方公里的南湖生态城，把南湖这片曾经的城市“疮疤”，打造成城市中央生态公园，实现了南湖从“工业疮疤”到“城市绿肺”的巨大转变。南湖生态城的成功建设，使得人们从思想上认同和支持唐山生态城市建设及其保障体系的构建。

2. 宏观政策背景良好

（1）科学发展观的贯彻落实创造了良好的宏观政策背景。科学发展观是坚持以人为本，全面、协调、可持续的发展观。以人为本，就是要把人民的利益作为一切工作的出发点和落脚点，不断满足人们的多方面需求和促进人的全面发展；全面，就是要在不断完善社会主义市场经济体制，保持经济持续快速协调健康发展的同时，加快政治文明、精神文明的建设，形成物质文明、政治文明、精神文明相互促进、共同发展的格局；协调，就是要统筹城乡协调发展、区域协调发展、经济社会协调发展、国内发展和对外开放；可持续，就是要统筹人与自然和谐发展，处理好经济建设、人口增长与资源利用、生态环境保护的关系，推动整个社会走上生产发展、生活富裕、生态良好的文明发展道路。唐山市生态城市建设在本质上与科学发展观是一致的。科学发展观的提出和贯彻落实，为唐山市生态城市建设战略的实施及其保障体系的构建提供了良好的宏观政策背景。

（2）河北省生态省建设从省级层面创造了良好的政策环境。2005 年 9 月，经国家环保总局批

准，河北省被正式列为全国生态省建设试点省份，2008 年河北省政府提出的“三年大变样”加快了河北各地区进行生态城市建设的步伐。河北省编制了《河北省生态环境建设规划》和《河北省生态省建设规划纲要》，为唐山生态城市建设保障体系构建提供了思想借鉴和宏观层面的支持。

3. 信息化建设提供重要支撑

信息化是当代国际社会发展的大趋势，唐山市和曹妃甸新区被国家列为信息化与工业化融合试验区，这为唐山生态城市建设保障体系构建提供了重要的机遇。从本质上看，信息化是以信息资源开发和应用为核心的新技术推广和扩散应用的过程，并通过这个过程逐步实现产业结构和社会经济结构的变化。信息化的对象包括社会、经济、文化等，从管理到服务，从政府、社区、企业到个人，从投资、贸易到消费等领域。可以说，信息技术将改变我们的生产方式、工作方式、学习方式、交往方式、生活方式以至思维方式。

生态经济城市，实际上是生态经济和生态城市的叠加。生态经济城市是按可持续发展的理论、生态经济学原理，建设社会经济发达、产业结构合理、生态环境良好、自然资源得到充分合理的利用与保护，实现了经济和生态两个良性循环的生态经济系统。它是以循环再生的生态工艺为基础，以协调共生的生态体制为经脉，以持续自主的生态活力作调控，使区域内的物质能量得到高效利用，部门和地区间和谐共生并不断实现趋优调控，人与自然友好和谐的生产与生活环境。

城市信息化就是以城市信息基础设施建设为平台，开发、整合、利用各类信息资源，实现城市的经济、社会、生态各个运作层面的智能化、网络化、数字化。城市信息化为生态经济城市建设提供强有力的支持，并发挥越来越重要的作用：

政府管理的信息化，包括电子政务、电子查询等。可提高政府管理水平，促进管理现代化，有效降低管理成本，增强城市竞争力。如在招商引资、为企业办理有关手续等方面，可通过联网，在一个大厅中集中有关部门联合办事，将大大方便群众，提高办事效率，同时可使政务更加公开透明。另外通过对有关政策的电子查询，可大大减少人力，提高政府服务效率。

城市管理的信息化。借助信息化，城市交通通讯、水气管网等基础设施管理，对市政工程设计的优化与评估，商贸、文教、医疗等服务中心的建设，城市局域地理信息系统等的计算机辅助设计和办公自动化，均由静态纪录提高到动态监测与模拟。目前城市管理信息化已深入到消防、交通、自来水、各种收费等。

简而言之，信息化主要从提高政府管理水平和优化城市管理手段两个方面为唐山生态城市建设保障体系提供技术和手段支持。

四、唐山生态城市保障体系构建的总体思路

（一）总体目标

在政府和市场的相互协调地发生作用下，构建推进唐山市生态城市建设的保障体系，以调动各方力量保证唐山生态城市建设事业健康、有序、持续地发展，为实现“生态唐山”提供强大的保障。

（二）基本思路

紧密围绕唐山生态城市建设的目标，根据生态城市建设保障体系的框架：以主体层相关主体作为生态城市建设的主导者和执行者，充分发挥社会主义制度的优越性，整合政府在生态城市建设中自上而下的计划性主导力量和社会公众自下而上的参与性主要力量，以政府权责划分以及相关机构的确立为切入点分解落实生态城市建设任务，以社会公众的积极参与为根本立足点实现全员参与；以要素层相关要素作为生态城市建设的着力对象，围绕资金、人才、科技、组织、基本

能力等基本要素，为生态城市建设构造要素保障体系；以政策层的政策作为生态城市建设的主要手段和工具，核心任务在于制定《唐山生态城市建设条例》，完善生态城市建设中要素层和主体层涉及的政策法规，构建生态城市建设政策法规体系的保障功能。总体上，唐山生态城市建设中，应该明确主体层、要素层和政策层的职责分工，加强三者的有效融合，实现层层联动，交互综合交错，构建完整的生态城市保障体系建设。

1. 主体层

（1）组织机构建设：建立合理科学的权责关系图。生态城市建设是一项复杂的系统工程，必须有一个强有力的组织机构才能保证唐山市生态城市建设事业得以有序地进行。社会主义国家政府不可推卸的是生态城市建设中自上而下推动的主导力量。然而，基于生态城市建设的全面性和综合性，生态城市的建设要突破传统金字塔式政府组织机构，建立适合于现代生态城市建设需要的立体状政府组织管理机构，包括领导机构、理论及技术研究机构和专家咨询机构。此外，唐山生态城市建设还是一项长期的系统工程，这要求生态城市建设中的主导机构需要与时俱进，根据机构职能需要进行适时调整，并且遵循权责一致的原则。

（2）公众参与导向：构建广泛健全的公众参与渠道。诚然，政府是唐山生态城市建设中自上而下的主导推动力量，但我国改革开放三十多年的成功经验告诉我们，自上而下的推动和自下而上的互动是建设复杂性、长期性和动态性项目的成功法宝之一。唐山生态城市建设是为唐山人民而建，也得由唐山人民来建。企业、民间机构以及当地居民作为公众的主要力量，应该在唐山生态城市建设中发挥其应有的作用。一方面，通过民主力量，监督自上而下的力量在唐山生态城市建设中的规范性与科学性，甚至反馈基层的有益信息，调整生态城市的目标。另一方面，公众是推动社会进步的根本力量，唐山生态城市的建设需要社会公众的积极参与，才能实现相关政策与要素落实到位,才能为生态唐山建设提供源源不断的创造力和创新点。因此,唐山生态城市建设中，需要在政策上落实公众的信息权利和参与权利，构建健全广泛的公众参与渠道。

2. 政策层

明确的法律地位是唐山市生态城市建设事业能够持续进行下的最基本保证，完整的政策体系是实现唐山生态城市建设目标的有效手段，是唐山生态城市建设中各要素发挥保障作用的依据。要建立以《唐山市生态城市建设条例》为主的法规体系，并且完善相关的政策法规，尤其是完善以政府为主导的生态城市政策、以发挥市场调配为主体地位的生态产业政策、制定落实行业减排政策、区域碳与污水排放权的交易政策和生态城市建设第三方评估与信息公开政策及生态技术标准体系等方面的政策法规。

3. 要素层

完备的要素是唐山生态城市建设的基础。即使有了目标明确、执行力高效的政府部门和积极参与的社会公众，也有了健全的政策法规体系，但如果缺乏相关的要素支撑，唐山生态城市建设也将变成巧妇的无米之炊。所以,在唐山生态城市建设中,应该在全局观念的引导下运用既有资源,互相整合，完善人力资源、科技、资金、基本能力等要素体系的建设，为建设生态唐山创造充足的要素基础。

（1）人力资源保障体系。唐山生态城市建设中，应该强化人才意识，强化人才资源是第一资源和人人都可以成才等观念，以人为本，统筹规划，分类指导，做好人力资源规划，为唐山生态城市建设提供人力资源保障。掌握先进生态技术的专业化人才，较强协调能力的管理专家，前瞻性的规划人员和科研人才，是唐山生态城市建设的主力军。这要求通过优化人力资源结构、提高人力资源素质、完善人才开发机制、激发现有人力资源潜能等手段来实现主力军的主导作用。

（2）科技创新保障体系。科技创新是解决城市经济社会发展与生态环境建设之间矛盾的需要。可以说，没有科技的强有力支撑，唐山市生态城市建设的许多关键点是难以突破的。科技创新需要有强大的科技创新能力、适合的科研环境和创新合作平台、良好的政策支持、顺畅的推广服务体系。

（3）建设资金保障体系。不论是生态城市建设的规划，还是组织机构的构建，也不论是人力资源的供给，还是科技的创新，都离不开资金的支持。可见，没有资金保障，城市生态建设将寸步难行，更不可能长久持续地进行下去。唐山生态城市建设资金投入保障的构建应该重点做好以下工作：一是健全政府公共投入长效机制，加强基础投入导向；二是全方位拓宽生态唐山投融资渠道；三是建立生态城市建设投融资服务体系。

（4）基本能力保障体系。基本能力保障体系构建既是唐山市生态城市建设的核心内容之一，也是保障体系建设的重要组成部分，是其他保障体系发挥作用的基础。它主要包括“身体器官”式的基础设施与社会支撑，保障资源环境“元气”安全的监督管理体系和“神经枢纽”式的信息技术支撑三大方面。

第二章　强有力的组织领导和协调机制

唐山生态城市建设首要解决的是组织领导和协调机制的建设。组织和领导是生态城市建设的最重要推动主体，有了高效的组织和领导，才有生态城市的发展，与这一主体相对应的是组织和动员能力；生态城市的建设又是需要发挥全体社会的力量，只有发挥全社会建设生态城市的合力，才可能将各种资源和要素都充分利用起来，这就必然要求有完善的协调机制。基于这样的判断，构建起组织领导和协调机制的体系，详见图 2-1。

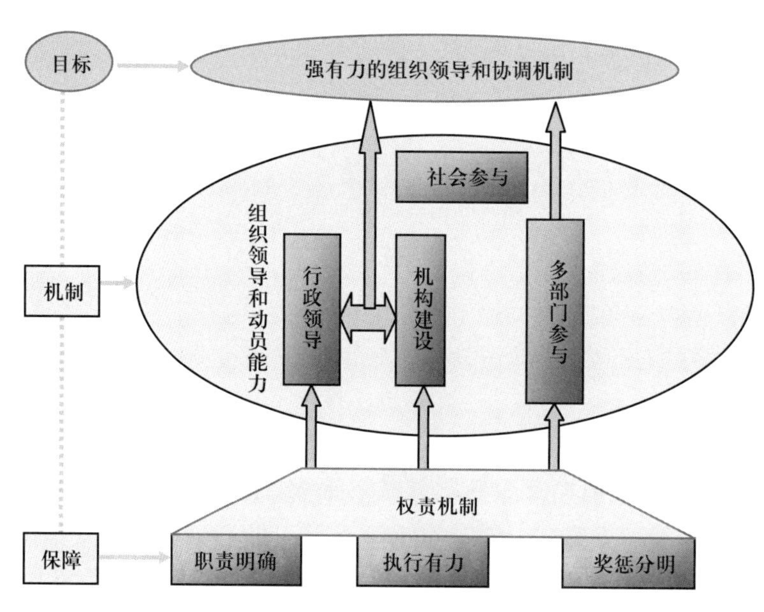

图 2-1　组织领导和协调机制建设图

一、组织领导和动员能力

（一）行政领导和决策

紧密围绕唐山生态城市建设中资源节约型城市、环境友好型城市、经济高效持续型城市、社会和谐型城市、生态文化型城市的目标，各类行政领导者通过决策、指挥、监督、协调及控制等职能活动，依法行使其权利，发挥其影响，确定并实现生态城市目标。党委、政府在生态城市建设中处于主导地位，主要领导应亲自抓、负总责。切实抓好生态城市建设重大决策的策划、重大政策的制订、重点工作落实；对生态产业发展、节能减排、环境保护等全局性问题，更应直接抓在手上，落实到规划编制、财政预算、科技开发、结构调整和政绩考核等各项工作中去。可根据需要建立由党委、政府牵头，相关部门参与的生态城市的组织领导机构，加强统一领导、统筹工作安排、协调各方力量。

生态城市建设是一项全局性的系统工程，城市各级决策部门要认识和了解自己在3个生态区、9个生态亚区、36个生态功能区中定位，根据功能区的区域主导生态功能和生态环境问题，科学合理地进行决策。

北部长城沿线水源涵养生态亚区，要加强生态环境建设，充分发挥森林水土保持、水源涵养和生物多样性保持的生态服务功能，严格保护良好的森林生态系统；加强水环境治理；加大矿山开采区的生态恢复力度，统筹协调发展与环境的关系。

北部丘陵森林系统保护生态亚区，要重点实行林业与农业耕作相结合、治坡与治沟相结合的措施，加强小流域综合治理，彻底治理水土流失；严格限制采矿点数量，严禁滥采乱挖，加强矿山生态恢复；大力发展节水农业，合理利用水资源；利用丰富自然人文景观，适度开展生态旅游。

西北部山麓平原集约型农业生态亚区，要着眼于生态农业建设，扩大无公害、绿色及有机食品生产，提高畜禽养殖粪便处理率和资源化水平；加大工业污染源治理，推进清洁生产和循环经济；加大矿区生态恢复治理，加快“绿色矿山”建设进程；完善城镇基础设施建设，提高绿化水平，改善城镇生态环境。

中部平原生态城镇建设生态亚区，要着力建设以服务城市为特征的“都市型”“城郊型”生态农业，不断提高无公害、绿色农产品的比重，调整产业结构，努力发展轻污染的第二产业和无污染的第三产业；进一步加大对各种工业污染源的治理力度，加快对矿区的生态恢复治理；全面开展森林城市建设，改善人居生态环境。

东部沙地改良综合治理生态亚区，要着力于加快本区水土综合治理工程和土壤改良工程建设，调整用地结构，增加林、灌、草地面积比重，加速营造防风固沙生态经济防护林体系；大力开展节水农业，提高无公害、绿色农产品的比重。

西南部低平原水土综合治理生态亚区，要着眼于生态环境治理，加大生态防护林网建设，改善土壤耕性，提高抗旱、治涝能力；从整体上改善工农业发展条件，大力发展无公害、绿色农产品生产；优化工业生产布局、推广循环经济、开展清洁生产。

东南部冲积平原设施农业生态亚区，要着力于设施农业建设，完善农业基础设施，以绿色果蔬生产为核心，建成唐山南部绿色及有机农产品生产和供应基地；加大对焦化、水泥等重点工业污染源的综合治理，采取行之有效的措施，减少污染物排放；改善城镇人居生态环境，提高人民生活质量。

低平原湿地生态系统保护生态亚区，要坚持“生态保护优先，农、渔、旅游并重”的方针，切实保护好以唐海湿地和鸟类自然保护区为主的湿地生态系统；调整发展玉米、花生、棉花、特色小杂粮和牧草等作物，促进农业节水技术的普及；实行海洋捕捞与人工养殖相结合的方针，大力发展水产业。

曹妃甸循环经济与生态港城建设生态亚区，要着力打造曹妃甸新区农副产品供应基地。曹妃甸港建设成国际性能源原料集疏大港和战略资源流通储备配送中心、京津冀地区大流通贸易体系的重要战略支点。曹妃甸工业区建设成为世界级重化工基地和国家级循环经济示范区。

（二）机构建设和行政体系

生态城市建设作为一项复杂的系统工程，需组建专业班子或机构（例如生态城市建设领导小组）。该机构应具有传统的垂直指挥职能，也具有横向联络职能，同时兼管理论研究和实际操作职能。垂直指挥功能是对增设的机构上级对下级具有垂直指挥功能；横向联络要统筹联系各个职能部门。基于生态城市建设规划的实施组织涉及各个不同的部门，具有很强的综合性，建议建立生态城市委员会，该机构是一个横向机构，负责协调国土局、环保局、规划局、住建局、城管局、交通局、水务局、农牧局、林业局等部门。

在人员组成方面，管理机构有决策权，人员构成应由城市最高决策领导挂帅，各区、县（市）、局一把手为成员。专业化运作班子有最高权威性，人员构成为行业专家与各有关职能部门和组织的技术型领导。该班子目前急需开展的工作包括：进一步明确生态城市建设的目的、意义、宗旨、目标和原则，在各级领导中统一认识；制定生态城市建设方案和运作管理办法；根据城市的总体规划，制定阶段性发展目标和行动方案，动员全民一起建设生态城市。

具体职能有如下几个方面：

（1）贯彻执行国家、省、市有关生态城市建设的法律、法规和政策，起草相关法规、规章；负责建立健全生态城市的基本制度；组织拟订并监督实施生态城市建设发展战略、中长期规划和政策，实现与国民经济和社会发展规划、城市总体规划等的衔接，促进经济社会发展与环境保护、生态建设的统一。

（2）承担生态城市建设的统筹协调责任。组织实施生态市建设，牵头开展生态文明示范城市建设试点工作；组织拟订并实施城市建设管理各行业各领域有关人居环境保护的标准和技术规范；组织研究生态城市建设与保护工作中的重大问题，提出优化城市人居环境的目标和对策建议；承担环境保护实绩考核工作。

（3）承担从源头上预防、控制环境污染和生态破坏的责任。负责建立生态环境评价体系；加强和完善环境影响评价制度，组织实施政策环境影响评价和规划环境影响评价，组织审查政策和规划环境影响评价文件；承担废气排放监管责任，确保空气质量逐年提高；组织编制并监督实施全市污染物排放总量控制计划，实施污染减排考核；制定水体、大气、土壤、噪声、光、恶臭、固体废物、化学品、机动车等的污染防治管理制度并组织实施，会同有关部门监督管理饮用水水源地环境保护工作；组织制定并监督实施水环境综合整治规划，负责跨界河流水质达标管理工作；统筹环境安全和环境应急管理工作。

（4）组织、指导和协调人居环境宣传教育工作，开展对外交流与合作。

（5）承办市政府和上级部门交办的其他事项。

（三）全社会支持和参与机制

1. 营造生态民间机构良好发展的法律环境

明确环境非政府组织应有的法律地位。首先，拓宽瓶颈，消除环境非政府组织设立的法律障碍，提供生态民间机构设立的效率；其次，为环境非政府组织制定组织法，设立理事会。规定生态建设民间机构在立法、执法及环境决策中的参与权，为其公众参与行为提供具体的、可操作的程序性规定，建立生态民间机构意见的信息回馈机制，加强其公众监督能力。赋予环境非政府组织参与环境公益诉讼的原告主体资格。

2. 鼓励生态民间机构发挥好自身优势功能

生态民间机构一方面有利于克服政府失灵，一方面还有利于克服市场失灵，与公众联系紧密，尤其是当前网络、手机等社会工具的广泛使用，使生态民间机构的反应速度和办事效率大为增加，政府应该为这些机构在环境保护、节能减排、城市森林、生态文明建设、绿色生活观念倡导等方面的活动创造良好的政治环境，并且给予一定的财政和基金上的支持。

二、权责划分机制

（一）职责界定明确

实现纵向管理与横向管理的统一。组织结构形式涉及管理的幅度与层次、管理权限与责任的分配等问题。它是一个组织正常运转的基础框架，也是组织运作效率和创新能力集中体现。努力实现生态城市建设发展过程中机构间的有效沟通和相互协调，进一步明确了各自的权限和责任，推动唐山生态城市的整体发展。一是必须按照唐山生态城市建设的政策措施来进一步明确各部门职能，使其合理分担生态城市建设中的职责，明确经济综合管理部门在制定国民经济和社会发展规划时提出明确的环保目标和任务的职能；林业、农业、水利、国土资源等部门管好各部门范围内的某些特殊职能；国家环境保护行政主管机构制定法规、环境监测、管理、监督和执法的职能等。二是各政府部门必须改革部门治理分割的管理模式，协调各部门管理职责与合作关系，并做到多部门同时行动，相互配合，有效协助。三是必须规范部门行为。由于生态城市建设由各政府部门分别履行不同的职责，难免打上部门利益的烙印。因此有必要在地方法规上明确各有关部门在必要时对其他部门给予行政协助的义务，并对各政府部门的行为做出符合生态目标的强制性规范，对违规者进行严惩，以确保生态城市建设目标的实现。四是创新区域联合管理体制与机制，积极推动区域环境综合治理。通过常规性区域协调机构，保持信息交流畅通，为促进双边或多边合作推进生态城市建设提供良好平台。生态环境边界往往与行政边界并不重合，在目前政府条块分割的管理体制下，往往导致一些环境可持续发展问题难以协调解决。

具体的职责界定有以下几个方面：

（1）水资源环境。针对目前水资源环境存在的问题：水资源时间分布不均，供水结构不合理、开发利用程度过高、地下水供水量比重逐年增加；总体用水效率和效益还处于较低水平，区域缺水与用水浪费并存；水污染加剧的态势尚未得到有效遏制。点源污染时造成地表和地下水污染的主要原因，但非点源污染的影响不容忽视。着重于以下几个方面职责界定：①水资源的合理配置和布局，区域间的水资源的调配要依靠包括调水工程在内的统一规划和合理布局。经济发展与生产力布局考虑水资源条件；降低城市自来水管网跑、冒、滴、漏损失率；由水利局统一组织，拟定水长期供求计划，制定科学的年度水量分配方案和调度计划，并监督实施。城建部门要强化城市规划、重大建设项目的水资源和防洪论证工作。②建立合理的水资源价格体系，优化配置水资源。探索建立水资源有偿占有制度，出台唐山市水资源费征收办法，合理确定水资源费征收标准和水价。农业、工业、商业用水要有区别，用地表水、地下水要有区别，用优质水、劣质水要有区别。强化取水许可管理和水资源费征收工作。③资源管理部门、环保部门等密切配合，齐心协力，投入人力、物力、财力开展科学研究工作，推广运用新理论、新技术控制污染，实现污水资源化，达到城乡计划用水、科学用水和节约用水，为水资源统一管理提供科学依据。依靠科技进步，发展环保事业，提高污染防治水平，逐步实现废水资源化。组织拟定唐山市水功能区划，核定水域的纳污能力，严格控制排污口的设置。

（2）水土保持环境。唐山境内的水土流失主要分布范围为遵化、迁西、迁安、丰润、滦县、玉田、古冶、开平等8个县（市）、区，其中水土流失严重区域主要分布在遵化东南部、迁西南部和丰润北部的石灰岩地区。这些地区的各级政府要提高对水土流失的治理力度，强化和落实领导责任制。根据自然规律，在全面规划的基础上，因地制宜、因害设防，合理安排工程、生物、蓄水保土三大水土保持措施，实施山、水、林、田、路综合治理，最大限度地控制水土流失，从而达到保护和合理利用水土资源，实现经济社会的可持续发展。

（3）矿山生态恢复。唐山市矿山废弃地包括北部山区铁矿开采形成的排土场、露天采矿场、尾矿库及中部平原区煤矿开采形成的采煤塌陷区。坚持“谁开发,谁恢复”和“奖惩结合”的原则，进行唐山市矿山地质环境保护立法；综合利用财政、税收等手段推进矿山生态恢复工作；国土局牵头，联合林业局、农业局、水利局及相关部门共同对现有矿山废弃地进行限期整理恢复，由市政府委托第三方进行考核。

（4）市区环境空气质量。市区环境空气质量尚未达到国家二级标准，各县（市）、区大气环境中首要污染物均为颗粒物，其中迁安市、丰南市、玉田县、丰润区、滦南县空气质量达到二级标准，其余县（区）达到三级标准。各县（市）、区根据当前空气质量状况科学合理制定排放指标，特别是对于未达到二级标准的地区。市环保局、交通局、绿化办等相关部门共同协作，齐抓共管。大力推广汽车“油改气”，改善机动车燃料结构，推广使用清洁燃料；加强市区绿化工作，增加绿化面积和树木品种；加强道路管理，做到道路保洁，减少道路扬尘；加强对进入市区道路车辆管理；加强对建筑场地的管理，对建筑垃圾进行合理的清运；加强房屋拆迁管理，进一步规范房屋拆迁过程中污染控制。

（5）噪声环境。城市区域环境噪声声源分为交通噪声、工业噪声、生活噪声。生活噪声是唐山市声环境影响最广的噪声源，污染强度最大的是交通噪声。2008 年唐山市交通噪声监测均值为 67.1 分贝，达到国家功能区标准。唐山市中心区环境噪声主要来源于社会生活噪声，占噪声源构成的 58.4%，其次为交通噪声、工业噪声和施工噪声。

环保部门对全市环境噪声污染防治实施统一管理，会同规划部门划定城市市区环境噪声级别区域，环保和有关部门有权依据各自职责对管辖范围内排放噪声的单位和个人进行现场检查，被检查者应如实反映情况、提供必要的资料。公安部门对交通噪声和社会生活噪声实施具体监督管理，同时公安部门连同交通部门应把机动车辆的噪声指标列入机动车辆年检和技术等级标准评定内容。文化、工商、建设、规划、交通等部门协同环保部门实施管理。

（6）农业面源污染治理。唐山市 2005 年施用化肥、农药和农膜的施用强度分别为为 624.9 公斤 / 公顷、9.7 公斤 / 公顷和 19.1 公斤 / 公顷，均高于河北省平均水平。畜禽粪便总量达到 2544.64 万吨，无害化处理滞后。农业局要加快实施农村沼气项目，发展户用沼气，支持大中城市郊区重要的水源地等区域的畜禽养殖场建设大中型的沼气工程。建设家园、田园的清洁设施，积极推进散养户的畜禽粪便、农作物秸秆等其他污染物的资源化利用。科技局要加强农业科技指导提高化肥农药的利用率，防治流失污染。

（二）执行顺畅有力

围绕务实、高效做到政令畅通、执行有力，把高效执行作为工作效能的主观评价标准，注重正确领会各种政策精神、路线、方针，始终使各级部门对政策理解保持高度的一致性。

各区县、各部门要根据本地以及本部门涉及的主要生态建设问题，着眼于区域、流域和行业的环境综合整治和大环境的改善，对生态建设目标实行定量化管理、确定科学的责任制的指标体系。把环境质量指标、主要污染物排放总量控制指标、环境保护投入指标、污染防治工程、生态环境建设与保护等形象化目标作为政府环保目标责任制的主要内容，使之目标化、定量化、制度化管理。

在当前的生态城市建设目标责任制体系中，将环境成本纳入到经济发展消耗的总成本中。并且把生态经济、生态政治、生态文化、生态环境等方面的建设指标化，综合反映唐山市生态建设情况，并且把这些指标具体落实到区县、镇街道各级政府考核中。

（三）考核奖惩兑现

唐山市各级政府要高度重视生态城市建设工作，将其纳入重要议事日程，并通过建立健全目标责任制，确保方案目标和任务的完成。完善法律后果相对应的法律规范，全面建立生态建设责任追究制。制定《唐山生态城市建设行政责任追究办法》，明确实施过程中的操作方法，从内容、形式到法律责任。由新组建的机构负责统筹规划，并做好组织协调工作；经贸、财政、金融、税务、科技、教育等部门从政策、资金、技术、人才等方面给予支持；水利、建设、农业、环保、林业等行业主管部门按照各自职能分工，明确责任，通力合作，加强行业指导和项目管理；其他各相关部门积极参与，全力配合。对生态城市建设中做出特殊贡献的政府负责人，要给予相应的奖励和提升；对包庇、纵容、放任环境违法行为和决策错误导致辖区环境质量恶化的地方政府领导，对不履行环保职责、不作为、乱作为的有关政府负责人要追究责任。

1. 建立相应的激励制度

（1）利用经济手段和市场机制激励环境行政管理部门主动进行综合决策。要建立资源账户、环境资源价格体系，改革传统的以经济绩效来衡量干部的方式，把环境的“价值”列入考核的范围中，作为衡量地方政绩和评定干部优劣的重要条件。

（2）建立和强化环境行政管理综合决策目标责任制。各级政府及相关部门领导要对本辖区内的环境质量负责。要建立和不断完善综合决策目标责任制，实行“党政人大一把手亲手抓、负总责”，切实做到“领导到位、责任到位、措施到位、投入到位”。对于重大环境行政管理综合决策事故进行责任追究，并实行量化考核。

2. 制定增量考核指标

（1）因地制宜地制定增量考核指标。在制定考核指标时，应充分考虑不同行业的经济技术条件的差异，淡化存量差异，着重增量考核。考核目标既要符合国家和地方的相关法律法规、政策和标准，又要因地制宜、分类指导。考核指标要有可操作性和可比性，既能单项考评，又能综合考核；既能纵向对比，又能横向比较，从而保证考核的公正性。在具体指标选择方面，根据唐山生态市建设核心指标体系，包括唐山市总体和四个分区的指标体系，其中唐山总体51项，山区53项，平原和丘陵区53项，沿海区50项，经济开发区及唐山市区60项。唐山生态城市建设指标核算基础包括：生态足迹、资源容量、建设潜力、生态城市建设需求四个内容。

（2）增强考核的社会性和透明度。目标责任状的考核应完善社会监督机制。社会组织和公民个人实施环保目标责任制得到充分有效实施的重要力量。检查考核人员的组成除人大、组织、纪检等部门外，还应邀请社会人士和群众的参与、吸收直接受到环境质量影响的群众参加检查考核。此外，还应公布考核结果，使信息公开化，使公众了解真实的情况，促进公众主动关心和参与生态城市建设工作中。

（3）完善区县政府官员绩效考核的生态内容。目标责任制完成的好坏，应作为领导政绩的重要依据之一，实行党政一把手亲自抓，负总责。要将污水排放量、废弃物回收率、生态产业增长率、城市生态景观情况、公众生态诉求事件发生等指标纳入政府官员考核指标，作为职务晋升和奖惩的重要依据，将考核结果与干部奖惩直接挂钩。

3. 生态环境保护一票否决制

为保障唐山生态城市的良好建设，要扩大生态环境保护应一票否决制的范围：一是没有完成年度生态建设目标的区县或者是企业，就视为没有完成生态建设任务；二是对发生重大生态安全事故、或对环境产生严重破坏的地方或企业，对这个地区和这个企业要上的高耗能项目或是污染比较大的项目要停止审批；三是对没有完成任务的区县政府和重点企业的领导人，要取消当年评先选优的资格。

当然，在唐山生态城市建设中，在实行生态环境保护一票否决制时，一方面要扩大“一票否决制”的决定范围，其执行权由中上层领导集体讨论决定，并广泛征求群众意见，确保制度客观公正执行；另一方面，一票否决制的结果，要与单位、个人的绩效挂钩。

三、综合协调机制

（一）多部门积极参与

1. 建立区域决策管理机构

根据唐山生态城市建设的目标和要求，建立区域决策管理机构，梳理其与各确定集权与分权的协调与处理机制，明确各部门决策权力的界限和责任，明确各机构的法律地位，消除权力设置的重复或空白，发挥环境行政管理综合决策机制的功能。保证综合决策机制的顺利运行。另外，建立强有力的统一监督管理机构，以环境监察部门为主体、司法部门相协助、社会公众广泛参与的统一监督管理机制，实行决策失误责任追究制，并使之制度化、规范化；对政府决策和管理行为进行有效的监督和制约，真正落实环境与发展的综合决策。

2. 建立合作与协商制度

政府部门之间以及各种利益群体的合作与协商制度，是环境与发展综合决策支持系统的重要组成部分：一是参与综合决策的不论是政府各部门还是各种利益群体，都要考虑他们在综合决策中的实际利益，这是他们作为参与者的激励所在；二是在迅速发展的形势下，必须考虑综合决策的变通问题；三是一旦执行综合决策的行动开始，就会出现既得利益者和受损者，如果一部分人拒绝接受这一现实，就需要与其协商，建立合作关系；四是决策体制和决策方法的设计，包括责任的划分、政策的制定、计划过程本身的程序以及将环境因素纳入宏观和微观决策的程序和方法；五是在众多的部门、利益群体之间建立沟通的方式，提供沟通机会和公众参与环境保护的途径等。

3. 充分发挥环保部门的作用

环保部门是推动一座城市环境保护事业发展的总体设计师，生态城市建设中其所处的职能地位更加重要、工作任务更加艰巨、现实责任更加突出，迫切需要加强环保部门的机构、队伍和能力建设，提高其在政府决策中的地位，进一步强化其在统筹协调中的职责

（二）社会广泛动员

一是应当通过立法，确定公众直接参与和间接参与环境行政管理综合决策的范围，即明确哪些事项的综合决策、哪些层次的综合决策需要公众参与。二是建立并逐步实行票决制度，特别是低层次的综合决策，要扩大公众通过投票表决的方式直接参与综合决策的范围。三是建立综合决策听证制度，把公众听证作为综合决策过程的一个必要环节。这其中包括，听证法律程序的完善，公众可以参与的听证综合决策的范围的确定等。四是完善政务公开制度及环境公告制度，这分别是针对决策主体和公众主体而言的，强化对决策主体的公众监督和保障公众的环境知情权。

（三）发挥整体合力

树立绿色观念，摒除观念上的障碍。首先引导公众树立资源环境有价的观念，鼓励引导企业在成本费用核算和会计信息披露中，反映出其中用于环境保护与治理的成本支出。其次，改革传统的以经济绩效来衡量干部的方式，把环境的“价值”列入考核的范围中，将生态环境完好程度、地区可持续发展能力等作为重要的考核指标，作为衡量地方政绩和评定干部优劣的重要条件，避免凭资源消耗片面追求产值和速度的做法，进而从根本上改变地方政府决策，发挥政府的整体合力。

第三章 多元化的资金投入保障

资金是生态城市建设重要因素，正如前所述，“巧妇难为无米之炊”，仅有强有力的组织领导和协调机制仍然无法有效推进生态城市建设。资金保障是“米”的保障。本规划从长效机制、融资渠道和基础投入三个领域建设多元化的资金投入保障对策。具体而言，长效机制包括投入机制和投入力度两个方面；融资渠道则重点强调多元化，同时注重机制的创新和联合合作；基础投入是前提，包括基础条件、条件支持和资金的安全。

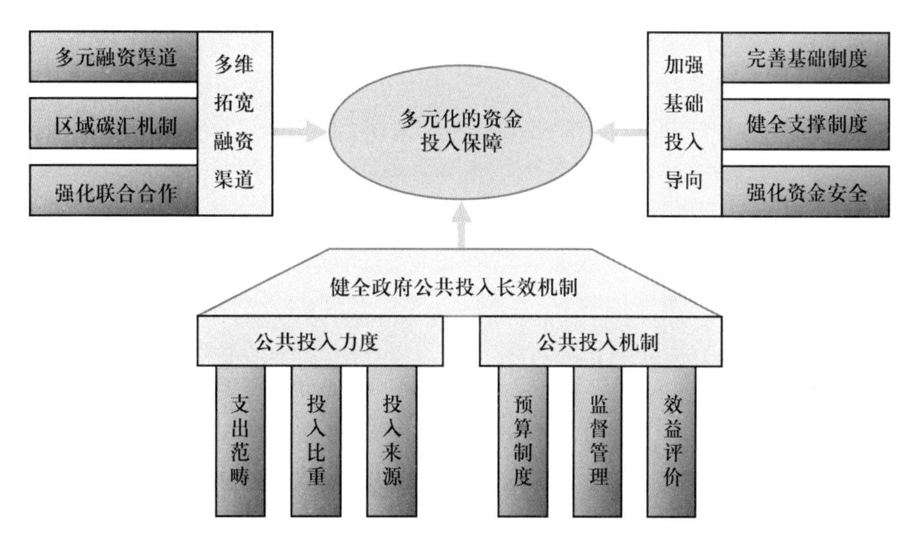

图 3-1 多元化资金投入保障体系图

一、健全政府公共投入长效机制

（一）加大公共投入力度

1. 明确政府公共投入生态支出的范畴

在生态城市建设中，政府公共投入生态支出除了包括重点污染防治、区域性污染防治，比如城市水流和海域的水质污染治理、矿区植被破坏和水土流失、生态社区综合改造、农村生态防护体系，还得包括污染防治新技术、新工艺的开发示范和应用，更应注重支持和发展节能领域，开发可再生能源技术。另外，生态城市建设的基础设施建设（绿地系统、中水处理系统、雨水收集系统、固废收集处理系统、交通干道绿化、水网林网一体化建设）、活动经费、职能机构经费以及人才培养与引进经费等，都需要政府公共投入的关注和强力支持。再有，生态文化建设也得列入公共财政的生态支出，比如体现现代生态景观文化的公园建设，体现现代工业景观文化的矿产、钢铁、陶瓷、水泥博物馆建设，体现抗震景观文化的地震遗址建设，体现现代城市景观文化的凤凰城中心、会展中心和唐山北站建设。另外，构建生态产业发展的基础设施条件，包括都市生态产业园和海港生态产业园，重点建设生态工业园区和生态办公区。

2. 增加政府公共投入生态支出的比重

把生态支出项目作为政府预算支出科目，提高生态支出的比重，构建生态支出与 GDP、财政收入增长的双联动机制，确保生态支出额的增幅高于 GDP 和财政收入的增长速度，并将新增财力更多地用于生态城市建设。同时，为了保证这一经费增长机制的顺利实施，应将这一机制指标化，作为官员政绩考核的指标之一，并配合相应的奖惩制度。

3. 扩大生态城市建设政府公共投入的来源

在财政资源许可的条件下，应加快建立一个长期稳定的财政生态投资体系，使财政资金能够长期有效地投入到生态环境建设上。具体而言，可以从以下两点进行突破：首先，完善与生态建设相关的财税政策。制定和实施有关的税收优惠政策，以扶持和促进生态城市建设，在规定期限内对生态产业的相关企业减免或逐步降低增值税和企业所得税。其次，根据生态城市建设需要，在国家税法体系下完善能源、水资源、矿产资源、森林资源和废弃物回收等资源类税费政策。

（二）完善公共投入机制

1. 完善生态城市建设资金投入预算制度

设定具有约束力的投入目标要求；预算安排和执行的环节，要严格相关制度和操作规程，确保环保预算资金安全、有效地用于环保支出。

各项费用应实行严格的独立核算，即哪个项目的费用就在哪个项目开支，不允许混淆。具体实行中，要制定项目执行各项开支标准如人员经费支出定额、办公费定额、通讯费定额、运输费定额、水电费定额、设备购置费定额、其他费用定额，明确项目的主要内容、项目本身的预期环境效益，以及各项费用占整个资金的比例。

2. 加强生态城市建设资金投入监督管理

结合项目预算，采用核对法，对生态城市建设投入的资金数是否存在被截留或被挪用的行为，以及是否存在资金预算安排不够合理的问题，予以判断，最后做出审查结论。保证专项资金和转移支付资金切实、全部、有效地运用到生态城市建设项目的支出上。

3. 进行生态城市建设资金投入效益评价

对生态城市建设资金投入的绩效进行评价时，应首先查明资金在使用方面的经济性和效率性，关注其是否存在实际支出严重超出预算或存在大量的铺张浪费问题，以及项目的建设是否严格按照有关技术规程及规划设计进行，是否确保了工程质量。然后通过唐山生态城市建设指标体系对生态城市建设相关项目的绩效进行评价。

二、全方位拓宽投融资渠道

（一）建立多元化投融资渠道

1. 设立生态唐山建设投资中心

借此通道，能够实现城市建设投资融资渠道的多元化，让市场在资源的长期配置方面发挥主要和关键的作用，实现基础设施项目和资本市场的有机结合，有利于形成适应市场经济要求的多元化基础设施投融资机制。

城市建设投资中心具有城市基础设施和生态建设的经营权，作为政府的投资主体在城市建设的投融资中发挥核心和主导作用，成为城市吸引社会资源投入城市建设的平台和载体。该公司运用市场手段向银行、社会、企业等进行项目融资，依托地方政府信用或财政信用，发行中长期、低利率的“绿色”债券和“绿色”股票，在筹集大型环保和生态工程建设所需资金的同时，促进资本、资产跨地区、跨行业、跨部门、跨所有制的流动，提升资本运作和资产经营的层次、能级和效益，也可以提高全民建设生态城市的意识。

2. 实现生态唐山建设投融资主体多元化

（1）充分调动资本市场的力量。对于生态城市建设中的某些公益性强的、有一定资产回报的项目，不一定要财政投资单独承担，可以运用一定的财政预算采取贴息、担保、BOT、TOT、PPP（公私合营）、PFI（私人资本参与）的建设方式，扩大生态城市建设投资主体的多元化，使有限的预算资金通过乘数效应放大投资效果。

（2）积极寻求外界资金的援助。另外，可以利用国际环境保护资金，包括国际环境保护组织基金、外国政府专项资金、跨国企业投入和国际资本市场筹资等支持唐山生态城市建设。

3. 试验生态唐山基金计划

（1）基金设立。可以由唐山生态城市建设投资中心与唐山生态城市建设主管部门，以及其他民间投资主体设立生态唐山基金管理公司，然后由管理公司联合其他企业集团和机构发起设立生态唐山基金，这些基金以投资公司的形式存在。基金的资金来源包括境内和境外的机构。而管理公司不仅是这些基金公司的投资者之一，也是基金公司的管理人。

（2）基金运行。管理公司的资本金并不承担投资具体项目的任务，而是发起设立投资公司（基金），并受托运作投资公司（基金）投资于项目。管理公司和基金公司的责权明晰、关系顺畅。

（3）发行生态唐山基金彩票。在唐山区域内部，研究发行生态唐山基金彩票。该项资金的安排使用，应重点向重要生态功能区、水系源头地区、煤矿废置区和自然保护区倾斜，优先支持生态保护作用明显的区域性、流域性重点环保项目，加强生态城市的基础设施建设，加大对区域性、流域性污染防治及污染防治新技术新工艺开发和应用的资金支持力度。

（二）创新投融资机制——倡导建立区域碳汇机制

1. 区域碳汇机制的合理性

在唐山生态城市建设中，通过植树造林、退耕还林、还草、还湖、保护湿地、生态生产、净化空气，不仅造福了唐山人民，也给周边城市带来了“生态外溢”，在生产外部性内部化机制逐渐成熟的时代背景下，生态唐山可以倡导建立省内甚至周边城市之间的碳汇交易机制。生态受益区拿出享用“外部效益”溢出的合理份额对生态建设区实行支付，一方面可以激励和巩固生态城市建设成果，还可以监督生态城市建设。生态碳汇售卖方可用所得碳汇款项补偿对资源的损耗，发展循环经济，研究开发新的替代资源，治理和恢复对环境的污染，实现可持续发展。也可以用于某些生态功能区生态建设、移民、脱贫等项目的资助、信贷、信贷担保和信贷贴息等。

2. 区域碳汇机制的实施重点

在林业碳汇管理运行机制方面，通过建设唐山市林业碳汇基金会、林业碳汇计量核算标准体系、林业碳汇交易中心构建林业碳汇发展及管理运行机制。

首先，由于涉及不同城市甚至不同省份之间的利益关系，并且生态外溢互相交叉，生态外溢的货币评估仍缺乏标准，因此在区域碳汇机制的建立过程中，重中之重是建立区域性协调机构。

其次，成立唐山市林业碳汇基金会，募集企业和个人的资金，用于以增加碳汇为目标的碳汇造林、森林经营等活动，为企业和公众搭建通过林业措施吸收二氧化碳、抵消温室气体排放、实践低碳生产和低碳生活、展示捐资方社会责任形象的专业性平台。

再有，确定统一的碳汇标准，唐山市应该制定符合唐山市地域特征及生态条件的、国际认可的碳汇计量核证标准体系，以使唐山市的碳汇实业达到国际上可计量、可核查、可报告的“三可”标准。确定生态外溢的项目与受益项目是确定统一碳汇标准的基础，起步阶段生态外溢项目可以用造林面积作为基准衡量单位，受益项目则可依据人口和工业总产值综合确定，随着碳汇机制的城市再逐渐向其他领域扩展。

还有，建立林业碳汇交易中心。唐山市是河北省最大的工业城市，也是碳排放大市，其单位能耗及单位工业增加值能耗都远远大于河北省及周围其他省市，因此唐山市减排增汇的压力很大。在唐山市建立林业碳汇交易中心为林业碳汇提供交易平台。

最后，重点建设碳汇林。在碳汇林建设方面，在北部山区，结合退耕还林、封山育林、荒山绿化、矿山生态恢复等工程，在中部平原区，通过城镇绿化、四旁绿化、农田林网及绿色廊道及速生用材林建设，在沿海地区结合沿海防护林建设，大力进行植树造林，增加森林面积，提高唐山市森林的碳汇作用。

（三）强化联合合作

基于生态城市的复杂性和融资渠道的多样性的特点，必然要求生态城市多种融资渠道要加强相互之间的配合协调。要明确不同融资渠道的特点并确定各自的侧重点，以投资中心为主导，引导投融资主体多元化，积极试验基金计划；同时针对生态城市不同领域和不同阶段的特点，引导不同的投融资主体进入生态城市建设领域。

三、加强资金对生态基础领域的投入导向

（一）完善基础制度

1. 生态经济的市场化

生态经济的市场化是生态投融资市场化机制的基础和前提。首先需要建立生态经济市场和生态建设项目市场。其次，建立生态投融资市场，采取有效措施将市场要素和规则引入生态建设中，形成有足够数量的自由投资者，并且有可供选择的成熟投资方式和工具。再有，构建生态工业园区。扶持钢铁、煤炭、电力等相关重点产业，严格企业准入条件。

2. 生态效益补偿机制的完善

生态效益补偿机制是生态投融资机制的技术基础。主要包括：①生态价值如何计算，这是生态投融资激励机制建立的基础，是解决市场失灵的基本条件；②生态价值如何实现，主要应考虑实现生态价值的成本。

（二）健全支撑制度

1. 转变政府职能角色

首先，政府要将生态项目分隔出经营性项目和纯公益项目，将可经营性项目交给市场。其次，制定合理的政策，推动企业积极进入到生态投融资领域。第三，政府要当好管理者和监督者，为生态投融资机制服好务。

2. 建立生态基础导向的投融资政策支持系统

在生态经济市场化的前提下，要实现除了公共投入之外的其他资金投向生态基础设施，就得充分发挥投融资政策支持系统的导向作用。在生态城市建设保障体系的构建中，典型的需要注入资金的生态基础领域包括水网林网一体化建设、生态科技创新联盟平台建设、人才培育基地建设、信息集成服务平台建设、城市废置区的生态景观改造、生态环境监测信息平台建设、生态文化设施、民间生态组织机构。

为了引导其他资金投入生态基础设施，生态投融资机制的政策支持系统包括：①财政投入政策：收支、转移支付、补贴、扶持等，比如用排污费和其他财政资金对企业生态科研机构建设、人才培育基地建设乃至信息平台建设等技术性项目进行贴息，鼓励企业资金投入科研与人才培养；②税收政策：生态减免、差别、累进等政策，如对于投资于垃圾处理产业的企业实行减免税、税前还贷；③金融政策：生态优惠利率、优惠信贷条件（尤其是期限）、还贷条件、折旧优惠，通过生态金融机构的建立与准入，鼓励生态投资金融工具的创新（生态债等），辅助建设生态科技创新联盟平台；④生态修复投资项目的灵活审批制度：比如对于城市废置区的土地给予优惠出售，并且对于这些废置区生态景观建设的改造给予灵活审批，提高城市废置区生态景观改造的效率；⑤生态建设特定区域的产权、使用权交易转让：比如水网林网一体化建设由政府统一规划，然后采取 BOT 形式，分区承包给企业建设与经营，企业可自行对污水道排污权、干净水道以及林道使用权进行交易，并且减免其经营收益的税收；⑥价格政策：完善生态资源价格体系，生态创新作为稀缺的资源，应需能给企业带来经济收益，把生态监测信息纳入生态资源产品体系，推动企业或私人进行生态环境监测信息搜集；⑦市场化政策导向：比如以会展中心和生态景观公园为代表的生态文化基础设施建设，以生态工业园区和生态办公区为代表的生态产业基础设施建设，可以通过股份制形式，唐山市国资委主导，吸引其他民间资本加入，通过市场化手段运作会展中心项目和公园项目，实现资金来源多元化，经营运作高效化。

3. 完善生态城市建设土地拍卖制度

在生态城市建设中，会涉及大量的土地流转问题，尤其是在近年来唐山城市化和工业化进程中，城镇与工业挤占农用地现象严重，土地拍卖将成为土地储备制度中土地供应的主要方式。唐山市应在土地拍卖方面形成一整套齐备有效的制度，并由唐山土地储备中心来实施，包括土地储备和收购、土地整理和前期开发，最后才进入到公开挂牌、拍卖的程序。完善的土地拍卖制度，一方面可以把土地拍卖金用于生态城市建设中，另一方面可以吸引有实力的房地产开发商参与生态城市建设。

（三）强化资金安全运行

生态城市建设资金量大，必须规范运作，确保资金安全和投资效益。要从资金实施全过程管理。

首先，在资金管理制度上，实行专户管理，专款专用。设立“城市建设资金”财政专户，用于归集和拨付生态城市建设项目融资资金、还本付息资金和生态城市建设配套资金。

其次，在预算领域，实行生态城市建设资金预算管理。生态城市建设项目业主单位必须根据批准的项目投资概算编制项目建设的详细预算，送财政部门审核后报市政府批准，项目单位必须严格执行市政府批准的项目预算，不得突破。因特殊情况超预算的，必须事先另行报市政府批准。

第三，在拨款程序上，严格项目资金的拨付程序。项目业主单位需要资金时，必须向财政部门填报申请拨款单和经工程监理签字认定的工作进度表。财政部门严格按市政府批准的项目预算和工程进度拨款。首次办理生态城市建设资金拨付时，项目业主单位需提交招标文件、中标通知书、施工合同、设备购置合同、监理合同。

第四，在保障机制方面，实行预留工程款制度。为了确保工程质量和工程进度，财政部门办理生态城市建设资金拨付时，对每个项目预留 20% 或 20% 以上的工程款，保证工程竣工验收合格，决算审核、审计完成后，视验收、审核、审计情况拨付。

第五，在决算环节，严格工程决算制度。工程竣工验收合格后，项目单位要及时编制工程决算，送财政部门审核后，按审核数办理工程结算。凡造价在一定额度以上（建议以 1000 万元为准）的工程项目，必须经审计部门进行工程决算审计。

第四章　适应需求的人才支撑制度

在唐山生态城市建设中，应该强化人才意识，强化人才资源是第一资源和人人都可以成才等观念，以人为本，统筹规划，分类指导，做好人力资源规划，为唐山生态城市建设提供人力资源保障。

生态城市的建设实质上是对人居环境的一场技术与材料领域的重大革新。其中涉及许多重点技术，例如，建筑结构、形态、功能和生态整合技术；建筑用地生产与服务功能的空间生态恢复与补偿技术；废弃物的就地经济处理、循环再生技术；绿化的入户、上楼和屋顶景观、水泥景观的设计技术，以及小区环境的适应性进化式生态管理技术等。因此，掌握先进生态技术的专业化人才，较强协调能力的管理专家，前瞻性的规划人员和科研人才，是唐山生态城市建设的主力军。这要求通过培育人才建设和开发利用的多元模式、优化人才结构、完善人才开发机制和激发人才资源活力等手段来实现主力军的主导作用。图 4-1 是唐山生态城市建设人才保障体系示意图。

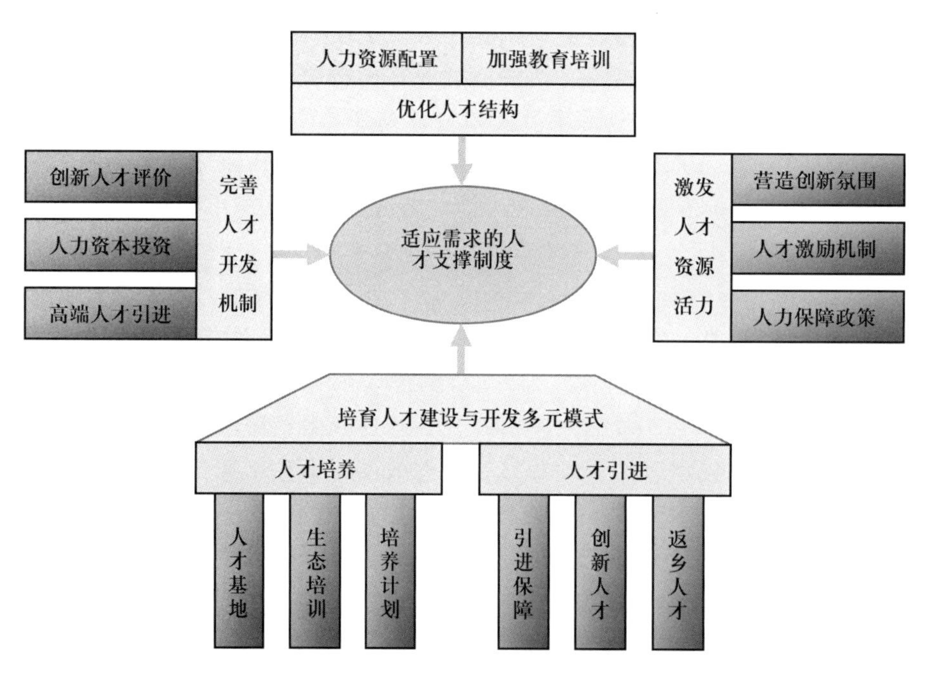

图 4-1　生态城市建设人才保障体系

一、培育人才建设和开发利用的多元模式

（一）借助人才培育基地建设，聚集人才

1. 引进生态城市建设科研机构

积极与国内外高校、科研机构合作，引导高校、科研机构将唐山市设为科教基地。

2. 鼓励引导企业设立环境保护研究机构

采用财政、税收等各种手段鼓励支持企业设立环境保护研究机构，将科研基地设在唐山市。

通过以上这些机构，聚集大量唐山生态城市建设的必备人才。

（二）充分利用现有教育资源开展生态城市人才培训

在九年义务教育中，把生态文明知识贯穿于学生的基础教育中，从娃娃抓起，树立生态文明理念，培养生态文明习惯。在高职教育中，根据生态城市建设需要，扩大高职招生规模，设置相关专业，提升技术人才的基本技能。在高等学校教育中，加强现有环境专业的建设，努力提高教育水平和人才培养质量，对于省内国内高校，实行专业亟需人才的委培定向培养制度，为唐山生态城市建设储备人才。

加强各级政府及有关部门领导干部的可持续发展理论和循环经济知识培训。党校、行政院校和环保培训基地要把环境科学知识和法律知识，实施可持续发展战略，提高环境与发展综合决策能力的内容纳入培训计划，并逐步开展环保课程。重视学校学生和社会各层次人士的生态城市建设基础教育和专业教育，建立生态环境教育中心。

（三）实施生态城市建设专业型人才培养计划

建立和完善优秀企业经营管理人才成长的激励机制和管理机制、企业经营管理人任职资格制度和信用体系，引导和鼓励他们把精力集中到经营企业上。充分利用好现有科研机构和高等院校的资源，通过项目合作、委托培养等方式，把各行业的技术骨干培养成为本行业的带头人。加强企业博士后科研工作站建设，建立风险基金解决科研成果转化利用难题，为高层次人才提高知识和能力搭建平台。要以适应生态城市建设的需求为目标，抓好复合型人才的培养。采取换岗交流、挂职锻炼、互派兼职、学习深造等形式，提高人才队伍的综合素质。通过实施继续教育，更新知识，提升创新能力，制定并实施“新世纪百千万人才工程”，制定高新技术人才培养规划，大力培养环境工程、信息技术、新材料、城市规划等领域的人才，努力改变高新技术产业人才短缺现象。重视企业岗位培训和对广大农民的环境教育，把环境教育同提高农民素质、科技兴农和脱贫致富结合起来，自觉地参与环境保护。

（四）探索人才引进的保障制度

建立引进人才的绿色通道，制定有利于人才合理流动的政策，创造“拴心留人”的社会环境。研究制定符合生态城市建设需要的各类人才引进、培养、使用、奖励、流动、保障等整体配套的人才队伍建设新体制，逐步实现人才管理的制度化、规范化和法制化。对于生态城市建设中紧缺的各类优秀人才，坚持一人一议，实行“先入户、再创业”的人才储备政策，并提供其发展所需的各种基础条件，为人才的柔性流动提供方便；在工资制度方面实行一流人才、一流岗位、一流业绩、一流待遇，让一流人才享受与发达地区同等甚至是略高的待遇，从而提高唐山市对各类优秀人才的吸引力。

（五）创新人才引进的柔性制度

创新人才管理方式，按照“不求所有、但求所用、来去自由”的原则，促进人才的柔性流动。企业要加强与高等院校和科学研究所的合作，用“借脑袋”的方法，不拘一格地引进人才和智力。鼓励政府部门、科研机构、高校、企事业单位聘请院士、专家作为本部门的兼职人员，充分利用外来人才的智力资源。

（六）优待返乡人才

对回乡工作的毕业生给予相应的优惠政策，包括创业优惠、落户优惠、甚至购房优惠，积极鼓励他们回家乡建功立业。通过宣传优秀人才、树立人才典型等方式，在全省上下营造尊重知识、尊重人才的舆论环境，在各级领导中牢固树立“以人为本”“人才资源是第一资源”的理念，让人才真正体会到全社会的关心和重视，创造一个民主、自由、开放、和谐、有利于回乡人才成长的社会环境。

二、优化人才结构

（一）优化人力资源配置

1. 依托产业结构调整，重组人力资源

在唐山生态城市建设中，需要对原有的传统优势产业进行调整，使其走生态产业路线。当前，根据唐山产业发展规划，应着重加强先进制造业、现代服务业、环保产业、高新技术产业等方面人才的培养和引进，根据不同区域经济发展和人才布局特点，尽快改变地区间人才资源布局不合理的现象，着重培养造就高层次科技人才，稳定和提高现有人才队伍，保障新兴生态产业发展和产业升级的需要，鼓励和激励人才向基层流动。

2. 发挥市场配置作用，调整人才结构

以市场为基础，合理配置人才，按照人才的专业取向与价值取向建立相应的激励机制与评价系统,为人才优化与开发创造良好的条件。以市场为导向,人才结构调整在产业上要突出高新技术、文教、旅游等支柱产业或新兴产业，在区域上要突出经济、城市发展规划要求，注意以优势产业聚集人才，提高人才密集度和层次。完善开放、灵活的人才市场配置机制，培育形成与其他要素市场相贯通的人才市场，建立人才结构调整和经济结构调整相协调的动态机制。

3. 加强个体能力建设，优化人才结构

人力资源结构的调整，除了优化人力资源总体结构，还须优化人才个体能力结构。打破体制惯性和思维定势，创新人力资源开发和使用的管理机制，使之与唐山生态城市战略及人力资源的特征相适应。在提高思想道德素质、科学文化素质和健康素质的基础上,重点培养人才的学习能力、实践能力，着力提高人才的创新能力。要围绕创新能力建设，根据各类人才的特点，研究制定人才资源能力建设标准。

（二）加强教育培训

1. 调整教育结构

唐山地方高等院校人才的培养要逐步转向高新技术行业、生态技术行业和现代服务业，提高金融、保险、法律、信息服务等高层次人才的比重，造就一大批高素质人才，按照经济结构战略性调整和唐山市生态城市建设对人才的实际要求，深化高等教育体制改革，加强高等教育与经济社会的紧密结合，调整学科和专业结构，创新人才培养模式，使教育培养适应人才需求结构。在人才结构调整优化的过程中，尤其要重视发展职业技术教育，大量培养适用性技术操作工人，提高高级技工比重。将大力发展各项职业技术教育，作为调整教育结构、优化人才结构的重要举措。

2. 建立生态型公务员培训机制

在唐山生态城市建设中，公务员队伍是最重要力量之一。由于生态城市建设是对传统城市建设的革命，这对公务员战略思路和基础行政能力都是一个挑战。因此，应该开展多职能部门多层级的公务员培训活动，甚至使培训常规化和制度化，形成长期规范的培训机制。培训主要负责部门可以以各层级的宣传部门为主导，培训内容主要应该包括生态文明理念、生态城市建设法规、生态城市建设规划内容以及生态城市建设的相关重点政策和重点技术，甚至包括生态城市建设的创新规则，鼓励公务员在生态城市建设中发挥创新能力。

3. 构建生态型企业家培训机制

通过政府搭台，企业唱戏，根据市场需求，与国内外知名培训机构合作，聘请专业培训大师，定期不定期地开展企业家培训活动，培训内容主要包括生态文明理念、现代知识结构、组织创新能力养、市场开发能力等。

4. 开展生态型技术人才培训机制

生态城市建设成功的关键在于辛勤工作于各个岗位的一线技术人才。技术人才的培训既可以是企业自发组织的，也可以相关主管部门主导下的用人单位与行业协会合作，分行业、分专业展开。实施培训中，要掌握了解该类岗位国际化的标准素质、现有的差距、提高的途径。因此，市、县（区）和各行业适应各类企业基础性培训需求，建立多学科、多层次的优势教育资源共享网络体系。同时促进培训资源的横向合作，拓展与省内高校、国内培训机构的合作空间，建立紧密的校企人才培养合作关系。

5. 加强企业人力资源经理人培训

真正的企业人力资源部门应是一个专业的技术性部门，优秀的企业人力资源部门不但能有力实施企业人力资源规划和促进企业人才发展，也是企业掌握和衔接政府人才人事政策的有力渠道。因此，有必要重视和加强人力资源经理人的能力培训，加快经理人提升素质、拓展技术，以充分发挥人力资源部门在开发生态城市建设人才的基础作用。重点是要将人力资源经理人培养成既具有现代科学管理知识，又熟知生态城市建设内容的专业管理人才。

三、完善人才开发机制

（一）创新人才评价机制

建立人力资源评价指标体系，制定分类分层次的人力资源评价序列。改进人力资源评价方式，提高人才测评的科学性。探索建立以业绩考核为导向、全社会共同参与、体现生态建设和正确政绩观要求的考核量化测评体系，实行分类分层量化考核，增强考核工作科学性。

（二）创新人力资本投资机制

政府在加大对人才开发的公共投资和重点投资的同时，还需健全企业、社团、民间机构、外资机构、个人等多元投资主体参与的人力资本投资机制，通过政策引导，对社会投资人力资本形成有效激励，促进人才培训的市场化、产业化水平。

本着“优秀人才优先培养、关键人才重点培养、急需人才加快培养、年轻人才全面培养”的原则，优化人力资本投资结构，鼓励高新技术企业在省内外大专院校设立人才奖励基金，加速培养新生力量，以不断满足企业发展的需要；鼓励科研机构、大专院校和国有大中型企业走产、学、研相结合的道路，自主创办或联合创办高新技术企业；对人才进行“终身设计”，根据其发展前景进行定向培养，对人才进行有目的、针对性强的继续培养。

（三）设立引进高端人才机制

生态城市建设中，生态技术创新起着关键作用。政府对具有创新思想、创新能力的顶尖人才成长要给予特殊的超常规支持，设立引进高端人才机制。当前主要是依托生态产业园区，设立专门的“生态创新园区”。“生态创新园区”应能起到技术进步“加速器”作用，为高端创新人才提供宽松的创新环境，包括五种平台功能：①梯队架构的助手平台，为创新型科技领军人才配套相应的创新团队；②保障服务平台，提供优良的物业服务和重大技术装备及高档仪器仪表共享服务；③创业咨询平台，提供政策、法律、产业与市场信息和公共关系等必需的服务；④资本服务平台，管理国家投入、吸引社会资金、连接风险投资等资金和资本运作层面的服务；⑤评估和评价管理平台，对创新技术活动提供科学的评估管理与决策机制。

四、激发人才资源活力

（一）营造良好的创新氛围

生态城市的建设毕竟是人类发展史上的新课题，除了需要各个行业各个层次人才的常规性工作外，更需要各层次人才的创新性行为来推动，实现新的突破。基于此，政府应该营造良好的创新氛围，使人才在“在其位，谋其职”的基础上，能够“担其职，创其新”，充分发挥人才资源的潜能。

为激发人才资源潜能而营造的创新氛围是一个多维度多层面的宏观工作，政府应该努力建设社会和谐发展与个人能力充分发挥的人文环境，保护和优化人才生态环境：包括尊重人才；提高全民的知识产权意识，完善知识产权保护的法律和技术支持系统，鼓励重点改造行业企业对生态技术的研发与专利申请；建立以信誉与职业道德为基础、以能力和贡献为准则的用人机制；强化人力资源在企业经营中的核心要素地位。

另外，政府可以在地方性媒体倡导创新意识，通过举办生态城市创新活动、鼓励企业内部生态技术创新、创建唐山生态创新中心等手段，营造良好的创新氛围，激发人才潜能。比如可以通过绿色建筑设计比赛、绿色材料开发比赛、煤炭低耗竞争等方式，激发相关专业人才在生态城市建设重点领域的创新。

（二）完善人才激励机制

1. 选人用人机制

建立动态管理的人才选拔机制。健全完善机关事业单位人员考录制度，提升工作人员整体素质。改进公务员选拔任用机制，大力推行民主推荐、民主测评和任前公示制。探索企业经营人才选用机制。实行企业经营者聘任制和任期制，逐步实现企业经营人才的身份职业化、配置市场化、素质现代化。创新人才引进制。积极实行以项目引人才、以课题引人才，促进人才引进与项目对接、与产业互动。坚持“不求所有，但求所用”，扎实推进“院士联谊”“假日博士”等形式的借智工作。

2. 分配激励机制

创新分配制度，积极探索管理、技术、知识等要素按贡献参与分配的方式和途径。对于带资金、技术、项目、产品、专利等来唐创业，或以其他方式将技术成果转让给唐山市企事业单位的各类人才予以奖励。设立“建设生态唐山杰出人才奖”“新唐山建设卓越功勋奖”“科学发展创新奖”“凤凰友谊奖”，对有突出贡献的人才给予重奖。完善外国专家准入制度，畅通吸引高层次人才特别是海外高层次留学人才来唐创业的绿色通道。

（三）保障人才队伍政策

1. 构建人力资源市场服务体系

逐步建成以中国唐山企业家市场、唐山人才市场为龙头，以县（市）区人才市场为侧翼的有形的，统一开放、协调有序、运作高效的人才市场体系。坚持市场化运作，推动人才配置业务完全进入市场，结合网上人才市场建设，构建产业化人才市场，实行市场资源的有机整合。推进机制健全、运行规范、服务周到、指导监督有力的人才市场服务体系建设，加强人才的自由流动和有效配置。

2. 健全城市人力资源管理机制

立足生态城市建设的需要，各单位可以根据人才的不同个性和不同需求，制定灵活、优惠的政策，真正落实“感情留人、事业留人、适当的待遇留人”等举措。同时，还应引入人才进入和退出的机制，使人才由“单位的人”转变为“社会的人”。

3. 加强人力资源市场服务功能

在人力资源市场建设中，政府部门应不断增强为生态城市建设服务、为用人单位服务、为各类人力资源服务的意识，不断改进服务手段，拓宽服务范围，形成多层次、多功能的覆盖全社会的人力资源流动社会化服务体系。具体而言，可以实施以下措施：一是投资兴建人力资源市场基础设施；二是发展以服务为宗旨的中介组织，推进人事代理制，探索人才中介机构产业化发展方向，加强对人才市场中介服务机构的服务和监管；三是为人力资源市场提供信息服务，及时了解和发放人才需求信息，减少人才市场的“摩擦性”因素。

第五章　强大的科技创新引领

科技是第一生产力，人类社会的每次进步都依赖于同时代的科技发展，耕作工具的发明使人类从畜牧社会转型向农业社会，蒸汽动力革命使人类从农业社会进入工业社会，信息革命使人类步入后工业阶段，生态时代的到来对以新能源技术、环保技术、生物多样性保护技术、应用于生态社会建设的信息技术等为代表的生态技术具有强劲的需求。可以说，科技也是生态城市建设的第一生产力，谁能够创新生态科技，谁将在生态城市建设中捷足先登。生态科技创新需要有强大的科研能力、适合的科研环境、良好的政策支持以及顺畅的推广体系，如图 5-1 所示。

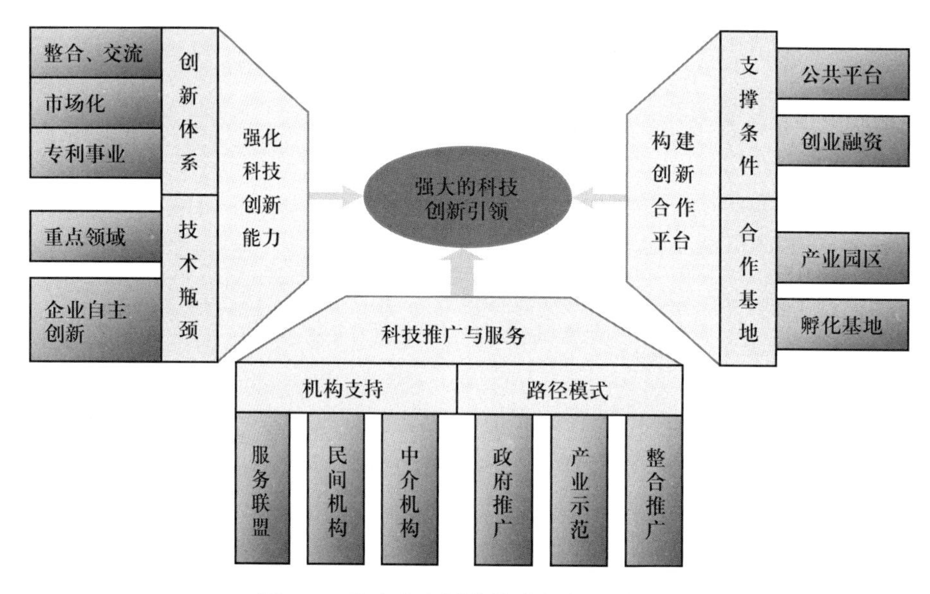

图 5-1　唐山生态城市技术创新保障体系

一、强化科技创新能力

（一）完善科技创新体系

1. 增强科技创新内部整合能力

首先，进一步发挥高校、科研院所带头作用。鼓励高校重点学科、重点实验室、研究所和研究中心积极申报国家“863”计划、“973”计划、国家科技攻关计划，充分利用有限的科技资源，积极开展突破性、具有重大带动作用的高新技术项目的研发，以推进唐山市经济快速向前发展；其次，优化企业工程技术研究中心管理架构和体制，从激励和约束两个方面创新中心运行机制；再则，充分整合高校、科研院所和企业的科技成果、人才资源，联合建立研发机构、产业技术联盟等技术创新组织，大力推进产学研相结合的进程。通过与海内外尤其是京津知名高校、研究院所、企业建立联合开发机制，利用唐山市产业的发展优势，组织开展前瞻性、共性和关键性技术的联合攻关，推动唐山市技术创新从应用技术研究向应用基础研究延伸。

2. 推进科技创新对外合作交流

广泛开展国内外科技交流与合作，坚持“引进来”和“走出去”相结合，努力实现科技合作外向化。首先，总结归纳中国科学院唐山高新技术研究与转化中心的新型产学研协作新模式的成功经验，继续支持和鼓励国内外高校、科研单位、科技公司通过多种方式在唐山建立技术转移中心、科技中介机构、分支机构，加快科技技术在区域间的交流与合作；其次，坚持双向开放，加大对内科技合作与交流的力度。围绕两环、两洲（长江三角洲和珠江三角洲）、一部（西部），充分发挥唐山市区位优势，积极承接京津、“两洲”的科技成果和产业技术转移，实行“拿来主义”，实现技术和产业的优势互补。建立京津唐三地互认制度，共享研究实验基地、大型科学仪器、科技文献等基础资源，建立常年性、宽领域、多层次的项目对接机制，推动建设统一有序的跨区域知识交易网络，建设网上技术市场，建立唐山技术市场实体网络，积极争取北京技术市场、天津北方技术交易市场来唐设立分市场；加强与国际知名科研机构、实验室和知名院校的人才和技术交流，不断拓宽合作广度和深度。再则，加强技术及技术产品出口，提高企业在国际市场的竞争力。鼓励和扶植有条件的企业，以专有技术和技术产品为依托，在国外建立科技中介机构和生产企业，实现对外集市贸易额的跨越式增长。

3. 提高科技创新市场化水平

以河北（唐山）网上技术市场为重点，加快培育技术咨询、技术转让、无形资产评估、知识产权代理等科技服务中介机构和行业协会，完善技术交易服务体系；丰富市场功能，规范非市场行为，活跃市场交易；健全科技资本市场，建立健全以财政投入为引导，企业投入为主体，银行贷款为支撑，社会资金、风险投资和引进外资为重要来源的科技投入体系；加强“四大载体”建设，由政府搭台，企业承接，科研院所和高等院校提供知识支撑，强化研发载体、孵化载体、中介服务载体和成果转化示范载体建设，提高知识产权交易的市场化水平。

4. 促进知识产权的创造和应用

一方面，加大对知识产权创造、管理、保护和应用的投入。将获取自主知识产权作为科技计划项目立项和验收的重要指标。大力支持和鼓励企业购买、引进国内外发明专利；通过设定和实施《唐山市专利申请资助办法》，加大对企业、高校、科研机构在专利项目申请和实施上的扶持；大力实施名牌战略，强化企业品牌意识和商标意识，争创名牌产品。将那些已获得或新获得国家驰名商标、省著名商标、省名牌产品称号的企业优先列入科研开发或技术改造计划，并给予一定的研发经费加以支持；另一方面，加强知识产权的管理、利用与保护。大力加强知识产权法律的宣传和人才培训工作，努力提高全社会的知识产权意识和法制观念。把知识产权法律知识纳入干部培训计划和普法内容。推动企业、科研院所和高等院校建立健全知识产权管理制度，开发拥有自主知识产权的技术、项目和产品。在进行新技术、新产品、新工艺的研究开发，技术改造和技术、设备引进时，要充分利用知识产权信息资源。各级知识产权管理机构和人民法院要加大知识产权保护和执法力度，坚决查处和制裁各种侵权行为，保护知识产权所有者的合法权益。

（二）突破重大技术瓶颈

1. 实施重点领域技术攻关

以钢铁、建材、化工、陶瓷、装备制造等重点行业为主要发展领域，以加快传统产业优化升级和高新技术成果产业化为重点，实施高新技术研发和产业化工作。首先，以曹妃甸京唐钢铁公司、唐山钢铁集团等大型企业为龙头，推广新型的可循环钢铁工艺流程技术，重点攻克钢铁生产过程中的节能减排以及循环利用等先进工艺技术，开发高附加值钢铁产品；其次，依托唐山市的海洋和煤炭资源优势，以煤化工、盐化工和石油化工三大化工产业链向精细化工产业链的延伸为主线，重点攻克各产业链延伸过程中的关键技术，并且围绕南堡10亿吨大油田开发建设、曹妃甸工业区千万吨炼油和百万吨乙烯炼化一体化项目建设，积极进行重大项目相关配套产业技术的前期研究及高附加值产品开发，大力推动化工产业技术创新；再则，积极推进与各大高等院校和科研单位建立合作联盟，引进尖端人才，通过整合优势资源，创建多层次、多学科技术融合的重化工业循环经济型产业体系和共性关键技术研发共享平台。针对资源型城市转型重大技术需求，重点开展循环经济政策与法规研究、重化工业生态工业研究与评价、新能源开发与能源梯级利用技术研究、资源节约与循环利用技术研究、逆向物流规划与技术研究、钢铁产业生态技术研究、技术集成、成果推广与示范应用等工作，最终在钢铁、建材、化工、陶瓷、装备制造等行业开发一批拥有自主知识产权的循环经济核心技术，搭建“技术—工艺—人才—应用”系统化支撑体系，为重化工业循环经济型产业体系提供重要的技术支撑，争取使得唐山市成为“国家节能与新能源技术推广试点城市”。

2. 加强企业自主创新能力

一方面，深入推进科研体制改革，建设以企业为主体、市场为导向、产学研相结合的技术创新体系，促进研究开发和生产应用紧密结合。采取更加有力的措施，鼓励企业成为研发投入的主体、技术创新活动的主体和创新成果转化应用的主体，从而形成一批拥有自主知识产权和知名品牌、市场竞争力较强的优势企业。坚持以大企业为主体，大量进行集成创新。积极支持有条件的企业、行业创建工程技术研究中心和企业技术中心，支持有条件的大企业创建国家级工程技术研究中心和博士后工作站，并给予相应的政策优惠。

另一方面，通过政策的导向作用，引导企业增强研发投入，扶持企业技术中心、工程（技术研究）中心建设，鼓励企业在最接近技术源头的地方建立研发机构。支持企业开展国际科技合作和区域技术合作，吸引国内外大集团、大企业来唐设立研发机构。对符合国家规定条件的企业技术中心、国家工程（技术研究）中心等进口规定范围内的科学研究和技术开发用品，对承担国家重大科技专项、科技计划重点项目、重大技术装备研发项目和重大引进消化吸收再创新项目的企业进口国内不能生产的关键设备、原材料及零部件，免征进口关税和进口环节增值税。

二、提升科技推广和服务能力

（一）完善技术推广和服务的机构支持

1. 组建唐山技术推广服务联盟

在市、县、乡镇构建起多层次、权责明确的、由政府、高等院校、科研院所及其企业联合起来的技术推广服务联盟（包括技术应用企业、行业协会、生产力促进中心等），遵循“统一规划、各自执行”的基本原则，在各县市（区）、乡镇中，提供以信息推广为核心的技术协调服务。

2. 积极培育特色民间科研机构

进一步支持和鼓励本地科技人员以面向区域特色经济、优势产业、提供配套科技研发服务为宗旨，领办、创办各类科技研发服务机构和民营科技特色产业基地，立足钢铁、建材、化工和机械制造等传统产业，培育新能源、电子元件、生物工程、新型材料等高新技术产业经济增长点，加速科研成果向现实生产力的转化，开启社会化科技创新的源头，为科技创新服务体系的建设提供强大的市场需求和支撑。

3. 加快技术服务中介机构发展

按照专业化、市场化、社会化的发展方向，进一步理顺政府与科技中介机构的关系，形成定位明确、监管完善、平等竞争的政策体系，引导各类科技中介服务机构的建设和发展，培育一批服务专业化、经营市场化、发展规模化、运行规范化的科技中介服务机构。首先，以唐山市技术市场建设为突破口，重点抓好“一网三库”建设，即大型科研仪器公共服务网、国际技术标准库、科技信息资源库、项目储备库。将信息推向社会，将项目提供给投资者，促进唐山科技资源（包括技术信息、仪器设备、共性技术、技术标准）的社会化共享。以生产力促进中心建设为重点，搭建科技中介服务、技术贸易交易和公共技术服务平台；谋划制定唐山市科技中介服务机构的暂行管理办法，进一步发挥科技中介服务机构的社会作用；其次，政府应从制度建设方面加强中介服务体系建设，建立技术市场准入制度和统一的行业管理机构，促进中介机构向专业化方向发展。把一部分原本属于政府的职能（如行业管理、项目评估、市场监管等）委托给中介机构承担，通过对科技中介服务机构的监督和管理，提升技术推广能力，加速科技成果转移和新型企业孵化；再则，对以向社会提供公共服务为主的中介组织，政府部门应制定优惠政策以促进其发展。对符合国家规定条件的科技企业孵化器、国家大学科技园自认定之日起一定期限内免征营业税、所得税、房产税和城镇土地使用税。对其他符合条件的科技中介机构开展技术咨询和技术服务的，按国家规定给予税收扶持。鼓励市外有资质的中介服务组织在唐设立分支机构。

（二）探索技术推广和服务的路径模式

1. 政府主导作用的公益化推广模式

政府应该抓好公益性技术推广结构建设，通过建立基金或政府补贴等方法，保障公益性技术推广机构的正常运行；抓好基层技术培训，提高技术接受能力；对基础设施、环境、公共（信息、检验、测试、服务等）中心等建设加大投入力度；建立激励机制，提高生态技术人员参与生态技术推广的积极性；实施科技特派员制度，围绕生态城市建设的重点产业和行业，到各高校和科研机构甚至行政部门里面选拔具有一定技术专长的科技人员，下放到地方基层和企业生产一线，提升先进技术的推广和服务能力。

2. 产业示范作用的试验性推广模式

一方面，进一步提高高新区、开发区等园区的综合服务水平和能力，充分发挥其技术创新、科技成果产业化、高新技术产业重要基地和国际产业转移的先进示范作用，充分利用现有的各类园区建立中小企业技术创新基地、产业化基地，树立先进典型，强化产业推广示范作用；另一方面，继续完善和丰富推广中心（站）要采取与龙头企业结合、与技术园区结合、与示范基地结合等多种形式，建立技术供求一体化的新通道。

3. 合理分工协作的整合性推广模式

科技推广不应当仅限在政府或企业独立运行的模式，应根据不同技术的特点，将各推广主体的利益目标有机结合，进行适当分工，通过良性循环的利益驱动机制，使参加技术推广的各方从各自利益出发，争相把人力、物力、财力投入到共同的推广事业。如政府利用开发项目立项、审批、经费支持等各种方式，鼓励科研院所开发公益生产技术，再通过各级推广部门，无偿推广到广大企业实际生产应用中。可以产业化的技术由科研院所和龙头企业根据市场需要开发，通过行业协会或直接有偿转让给产业化经营龙头企业或科研单位直接创办科技型龙头企业，龙头企业以龙头带相关产业链。除此以外，不能形成产业化生产但能产生一定的经济效益的新技术，通过有偿转让给中介组织，通过专业协会推广到企业中，也可以由科研院所、大学直接同专业协会进行联系向企业推广。

4. 国际合作交流的吸收性推广模式

西方发达国家在生态城市建设上已经积累了大量的经验，包括理念的、管理的、制度的等方面，尤其是科技方面。在唐山生态城市建设中，一方面可以和国际上先进生态城市建设合作，直接把其生态城市建设的科技应用引进到生态城市建设中；另一方面，可以依托相关高校和研究机构，主动走出去，与国际先进的研究机构或大学进行合作，针对唐山生态城市建设的特殊情况展开科技合作研发、科技引进与消化吸收、科技集成与推广，充分利用他山之石，实现国际先进科研成果为我所用的高效率推广模式。

三、构建新型创新合作平台

（一）完善创新合作平台的支撑条件

1. 加快公共创新平台建设

首先，重点培育一批服务专业化、发展规模化、运行市场化、管理规范化的科技中介机构，造就一支具有较高专业素质的科技中介队伍，逐步建立起以国家重点实验室和工程中心为核心的公共创新平台，为社会提供信息共享服务，为社会各界提供个性化信息需求服务；其次，以产业集聚基地为主要依托，建设以高新技术改造传统产业为重点的公共技术平台，提高行业技术水平和竞争力；再则，依托现有质量检测机构，合理整合资源，建设公共检测平台，提供全方位的检测服务；最后，依托现有科技情报机构、标准研究机构、高等院校和图书馆，建设专业化的科技图书馆和科技信息平台，提供科技文献、标准、情报、信息服务。

2. 改善企业创业融资条件

一方面，政府应当营造一个良好的创业融资环境。制定促进创业投资企业发展的实施办法及其相关配套政策，设立市创投引导基金，在现有基础上增加市财政的投入，用于市高新技术风险投资公司的资本金投入和对市政府认定的创投企业开展业务的奖励补贴，完善监督考核办法，提高资金使用效果。积极创造有利条件，推动一批高新技术企业优先进入国内、国际证券市场进行融资，或通过资产重组进入证券市场。鼓励和支持已上市公司通过资产重组、股权转让、收购兼并或在证券市场上再筹资等方式，集聚技术、资产、人才优势，发展高新技术产业；另一方面，完善企业创业风险机制。设立创新型企业担保体系建设专项资金，鼓励各类担保机构支持创新型企业的发展，扩大担保机构业务补贴范围，对租赁设备、委托贷款等其他为创新型企业提供融资服务的业务一并给予补贴。健全发展担保市场，进一步落实税收优惠，降低担保机构的资本金设立门槛，强化其对创新型企业的融资担保服务。设立再担保资金，吸引社会资金和外资参与担保市场，逐步建立多种资金来源、多种组织形式、多层次结构的担保体系。建立政策性信用担保机构风险准备金制度，完善担保代偿评估体系，实行财政有限补偿担保代偿损失。

（二）建立新型创新合作基地

1. 培育系列高新技术产业化基地

进一步建设和完善唐山高新技术产业园区、唐山钢铁材料产业化基地、高速动车组产业化基地等创新基地，充分发挥其先锋带头示范作用，加快建立起特殊新材料成果产业化基地，努力整合各种类型产业化基地，实现创新资源的优化配置和创新成果的充分利用。充分发挥唐山作为国家钢铁材料、陶瓷材料、产业基地和制造业信息化重点城市的积极作用，重点实施新型钢铁材料、新型陶瓷材料、制造业信息技术以及低碳技术。实施先进研发项目和产业化项目。

2. 加强唐山高新技术创业服务中心的孵化地位

完善高新技术创业服务平台，建成集综合孵化楼、留学生创业园、软件园、环保科技园、新材料孵化园及配套服务建筑于一体的高新技术创业服务中心，为入孵企业提供全方位高质量服务。进一步发挥唐山国家级高新技术创业服务中心的作用，除了为科技成果持有者在商品化创业阶段提供政策扶持、孵化场地、资金筹措、人才培训和管理咨询等综合性服务外，还需加强中心与高校科研单位的合作，创建国家级高新技术创业服务中心，建成高新技术企业孵化平台和开放式研发平台。建立完善高新技术产品展示馆、高新技术项目库、专家库和高新技术网站，切实做好科技评估、科技咨询、企业诊断、科技信息服务、科技人才培训和网上技术市场交易工作。

延长服务链条，发挥唐山高新创业投资有限公司的作用，对亟待孵化的企业进行投融资、企业包装、人力资源培训等全方位创业服务，加快科技企业的培育和成长，继续鼓励和支持投资创办的社会公益性科技企业孵化器，同时鼓励向政府引导，高等学校、科研院所、企业和投资机构多元化投资的方向发展。孵化器的建设要与高新技术产业园区、经济技术开发区结合起来，充分利用产业园区的基础设施，注意挖掘和盘活社会存量资产，特别是要积极利用现有企事业单位闲置厂房和其他已有的建筑物建立孵化设施。

3. 加强科普力度，促进创新合作基地作用的有效发挥

通过新型创新合作基地的建设，为生态城市建设中的生态科技创新提供良好的平台基础。但创新合作基地要发挥作用，得依托整个社会的科技创新意识，科学知识的普及和推广是培育民众科技创新意识有效手段。加强科普力度可通过如下途径实现：首先，建立科普宣传平台，依托相关部门，和电视、壁报、报纸、媒体等合作，开辟生态科技创新专栏；其次，制定科学合理的科普创新步骤，有条不紊地展开科普宣传工作，比如，可以以全民式推广为起点，包括学校科普教育、社区居民科普学习，然后逐步深入，针对不同的群体和不同的受众对象，进行更为专业化的、更为深入的科普宣传，包括企业管理者、企业投资者、科技创新人才等；再次，科普宣传手段可以多样化，既可以运用电视、报纸和网络的宣传模式，也可以运用网络社区、论坛的线上交流模式，还可以运用小区宣传活动的面对面沟通交流方式。

第六章　完善的基础条件支撑

生态城市既有建设目标的实现，除了上述保障体系外，城市基本能力是其他保障体系发挥作用的基础。一个城市的基本能力包括“身体器官式”的硬能力和“精神面貌式”的软能力，以及分别作为基本能力根源和保障的“元气”与“神经枢纽”。其中硬能力主要是城市既有民生基础设施和生态基础设施建设，包括绿色交通体系、能源体系、资源体系、景观体系、防灾体系，软能力主要指城市产业体系及基本经济水平，整个城市属于和谐的社会状态；城市的资源与环境要素是生态城市建设的根本“元气”，从而，生态安全具有举足轻重的作用；除此之外，作为一个有机系统，生态城市应该得有反应及时准确的“神经枢纽”，即信息网络，这需要把信息网络技术推广运用于保障生态城市建设中（图 6-1）。

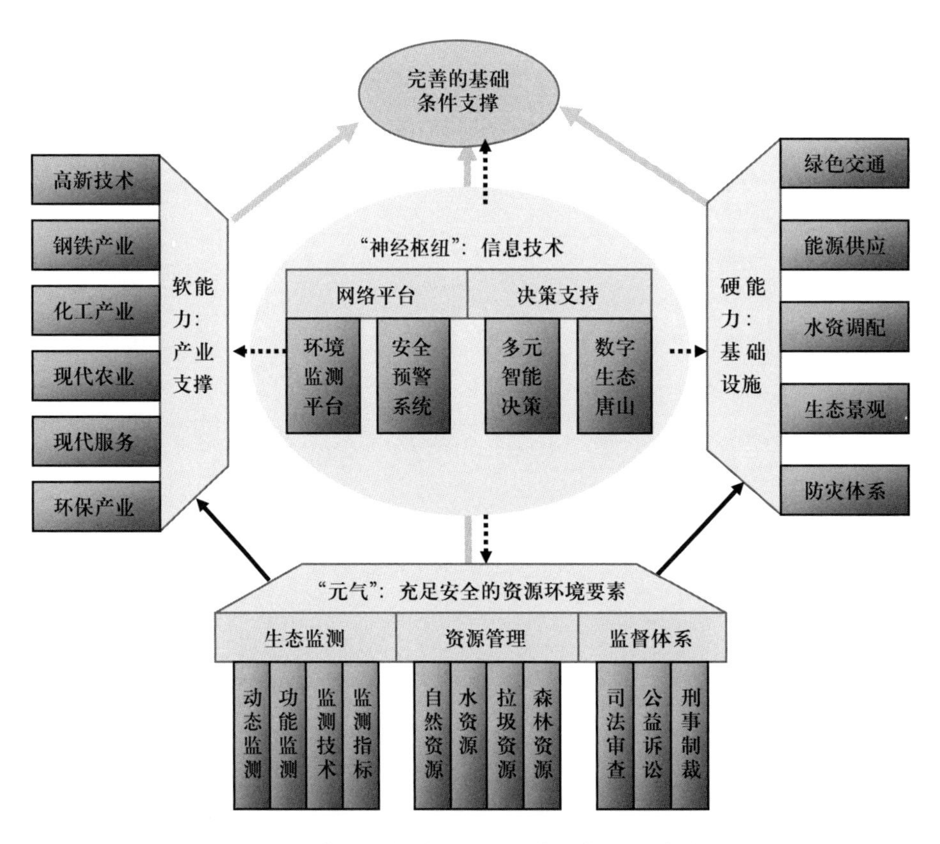

图 6-1　唐山生态城市建设的基础条件支撑体系

一、基础设施和产业支撑

（一）生态环境基础设施

1. 建设绿色交通体系

（1）制定绿色交通发展规划。借鉴国内外绿色交通的先进经验，对唐山城市交通发展趋势进行审视和论证，按照“运行高效、社会协和、环境优化、资源节约”的绿色交通准则，制定一个具有前瞻性和可靠性的交通发展目标，明确唐山市城市交通发展政策，具体包含城市建设发展与交通指引、交通环境生态、交通需求管理、车辆更新要求、运输系统整合、道路使用方式、交通财务政策、建设融资方式以及近期实施计划等内容。此外，还应当抢抓北京地铁延伸河北的重大战略时机，参考上海虹桥枢纽，把唐山北站建设成为集火车体系、轨道交通、长途客运站、公交系统，甚至旅游购物为一体的交通枢纽中心。

（2）建立先进的绿色交通管理系统。首先，从交通政策、全市交通的供需分析、投资分配和建设顺序以及综合布局等方面加以协调，建立一个科学的决策和管理程序。其次，依托交通高新技术，建立唐山绿色智能交通系统结构体系，包括先进的交通信息系统、交通诱导和控制系统、公共交通系统、紧急交通救援管理系统、新物流交通系统等。

此外，构建起基于导航技术、通信技术以及信息技术等高科技技术基础上的城市全球卫星定位综合服务系统（智能交通信息系统），改变传统的城市交通管理。通过该系统可对城市路况进行实时的信息采集、处理和分析，及时发布路况现状通报，帮助车辆选择最佳路线，为远行车辆防盗与报警。通过其系统为公安、消防和突发事件用紧急车辆进行调度与指挥，为公交车辆运行提供信息服务，为交通管理部门对车辆的控制与合理的调度提供方便。

（3）优化交通用地规划布局。不合理的城市用地布局，将使得城市交通面临更大的压力。城市人口密度过大，建设用地开发强度过高，也会导致交通流拥挤。因此，优化用地布局，适当疏散过密人口，降低建设强度，是解决城市交通问题“釜底抽薪”之策。唐山生态城市建设过程中，对于中心市区的交通路线用地规划，应遵循“低密度、低强度”原则。

（4）优先发展公共交通。优先发展公共客运交通，树立公交优先思想，配合现有公交系统扩大建设唐山轻轨，大力改善城市现有地面公交系统，控制中心市区小汽车交通量的增长，并且大量引进使用低能耗新能源公交车，减少城市汽车污染排放量，改善生态唐山的空气。

（5）合理规划对外交通。唐山与北京、天津构成城市三角带，唐山的对外交通规划必须与京津交通轨道并轨。另外，唐山作为能源材料和新兴工业为主的城市，凭借其在环渤海湾的重要经济位置，应该重点解决铁路对外通道问题，加强港口建设，扩大对外航线，为生态唐山的建设发展提供对外交通支撑。支持国铁干线提速改造，谋划发展城际铁路，融入京津冀都市圈城际轨道交通网。合理协调布局火车站、港口、汽车站，减少交通车辆的迂回路线，实现经济效益的同时实现生态效益。

2. 加强能源供应体系建设

（1）合理规划能源供应体系。结合唐山生态城市建设总体规划，制定协调一致的供热规划、供燃气规划和电力规划；充分考虑北方城市特点及城市基础设施服务于民的理念，制定合理的供暖消费政策；对于新建建筑强制执行节能建筑热工标准，对于原有建筑积极进行改造；坚持集中供热为主的方针，提高集中供热率。

（2）优化能源结构。应当优化唐山市能源结构，合理配置各种能源资源，逐步提高洁净能源在能源消费中的比重。积极推广天然气应用；同时，鼓励新能源与可再生能源的利用，大力开发本地丰富的风能、太阳能等资源，支持新能源与可再生能源产业的健康快速发展。积极支持和鼓励可再生能源利用技术和高效能设备的研究，如热泵技术（空气、水源、地热、余热），新能源（太阳能、核能、生物能）开发与推广应用。

（3）加强城市电网建设。电力是城市能源的主要形式，应该进一步加强城市电网建设，扩充电网容量，以逐步缓解电力紧缺现象。大力发展以热电联产、燃料电池和可再生能源（太阳能、风能等）为基础的分布式电源。

3. 建设水资源调配体系

（1）选择多种供水水源。可以将符合各种用水标准的淡水（地表水和地下水）、海水及经过处理后符合用水标准的废水、雨水作为不同用水的供水水源，各用水单位尽量有相对独立的水源地。把二次供水的建设、运行管理、维修纳入城市供水体系，由城市供水单位统一归口操作。这样才有可能从根本上提高二次供水的安全性。

（2）合理布局城市供水管网。以多水库串联、多水系连接、地表水与地下水联调为原则，加快城市输配水管网的建设，提高城市供水安全的应急保障水平。把城市各水厂的供水管网都互相联通，从而便于各水厂出水的互相补充和统一调度。

应结合河道整治、景观生态建设、城市防洪工程等综合需要建设应急输水系统，如利用现有水环境良好的河道为输水载体，建设维护成本会大大降低，在需要输水时，沿线实施封闭管理，确保输水受污染的可能性最大限度地减少。

（3）保证城市供水管网设备质量。供水保障要求管网设备具有较强的耐腐蚀性、耐压性、抗剪切破坏性；管道的连接要严密、各控制件（阀门、水表）要严密；管道的材质选择、管道内外防腐施工质量等要符合安全供水的要求。

（4）加强城市供水的维护修理。城市供水系统具有隐蔽部分多、分布广等特点。要搞好它的维护修理工作，不可能在发生故障时全面检查。因此，建立有效的检测、监控网点是提高维护修理经济效益、快捷程度的要求。对这些网点的控制，既要根据城市的地质构造特征、地貌特征、城市的地形情况，又要根据供水系统的整体布局来考虑。并且，供水系统的故障诊断、故障位置确定、维修的快捷性、维修技术的要求都是保证安全供水所需要的。

（5）科学规划城市排水设施。首先，出于污水资源化的考虑，污水处理设施建设要适应分散化发展的趋势，从实际出发，因地制宜，合理布局，厂址选择要上中下游结合。其次，规模确定上要大中小结合，污水处理厂规模大，其单方造价、运行和管理费用都比修建小型污水处理厂显得经济。但是，要修建大型污水处理厂，需要建设一个庞大的排水系统，包括长距离输送管道及许多中途泵站，才能将污水收集后集中输送到污水处理厂，这个污水收集系统的投资较大。再次，完善城市排水管网，管网建设应本着既节约投资、又形成汇水能力的原则，充分利用现有合流制管道，重点建设截取城市主要排污口的截污干管，其他管网随着市政道路建设和改造逐步完善，新区建设和旧城区改造应按雨污分流的办法进行规划和建设。

4. 生态规划城市景观

（1）实现水网林网一体化的绿色走廊景观。依托水资源调配体系，实现“江河岸边绿，污水地上树，海湾森林护”的水网林网一体化建设，发展城市森林，构筑山水城市景观格局。具体上包括：河系绿化要与河道清淤疏浚、水系治理美化相结合建设绿色走廊，比如在陡河、青龙河、李各庄河改造基础上，根据57公里环城水系完成全线景观改造和绿化建设，打造滨水生态景观带。在唐山湾海岸线植树造林，既具有防护林功能，又具有城市景观功能。

（2）通过绿化建设，保护和恢复城市湿地。加强城市湿地生境的绿化建设，植物的选择既要体现植物种类的多样性，又要以乡土植物为主。湿地生境及其植被都有其自然演替过程，任一湿地生境类型都处于一定的演替阶段，应该采取一定的生态管理措施保证其自然演替和自然恢复过程；并且，绿化植物群落的物种及其组成要与湿地生境的自然演替过程相符合，这样才能有效促进和加速其恢复过程。

（3）建设人工湿地处理城市污水。人工湿地系统处理污水具有投资低、出水水质好、抗冲击力强、操作简单、维护和运行费用低等优点，可作为传统的污水处理技术的一种有效替代方案。它是由一些适合污染环境条件下生存的以水生植物为主的高、低等生物和处于水饱和状态的基质组成的人工复合体。特别是其中的水生植物群落，可增加绿地面积、改善和美化生态环境，起到了绿化、美化和净化环境的作用。

（4）城市废置区的生态景观改造。根据城市废置地区的地理基础，对其进行改造，改造成公共活动空间、休闲绿地、公园、风景旅游区。唐山的一个重要特色是绿化煤矿区，对处于城市中心的废置地区改造成与购物旅游相结合的公共场所；也可对有些废置厂房改造成文化创意产业园区，提升城市文化品位，结合公共需要改造成博物馆；有的保留比较好的甚至可以改造新型居住区、新型工业区和办公区。

5. 防灾体系建设

（1）成立一元化综合管理机构，充实城市综合防灾标准体系。构建城市综合防灾标准体系需要突破传统体制下形成的单灾种防御格局，在充实综合防灾标准体系的单项防灾标准的基础上，制定不仅涉及洪水、地震、地质、海洋等传统自然灾害，并且包括火灾、爆炸、暴雨、冰冻、恐怖袭击、城市拥挤、温室效应、环境污染、传染病等非传统灾害的综合防灾标准。该标准应与现有的工程抗灾设计标准、重大灾害应急管理制度、灾害调查以及恢复重建的规定相协调，形成完备的城市综合防灾技术标准体系。

（2）防灾绿地建设。防灾绿地（也称防灾公园）可以防止火灾发生和延缓火势蔓延，减轻或防止因爆炸而产生的损害，成为临时避难场所（紧急避难场所、发生大火时的暂时集合场所、避难中转点等）。根据综合规划、均衡布局、平灾结合、步行通达原则，防灾绿地系统主要包括中心防灾公园和中心固定防灾公园、紧急防灾公园三类，防灾公园还可作救援直升机的起降场地，平时则作为学习有关防灾知识的场所。每类防灾公园应该包括防灾路径、防灾空间、防火绿道和缓冲绿地等，可作为防空、避灾的紧急避难场所。

中心防灾公园必须拥有较完善的设施及可供庇护的场所，如需要有较完善的“生命线”工程要求的配套设施，包括公用电话、消防器材、厕所等。另外，还要预留安排救灾指挥房、卫生急救站及食品等物资储备库的用地、直升机停机坪等。固定防灾公园用作灾害时人们较长时间避难和进行集中救援的重要场所，应配备自来水管、地下电线等基本设施。紧急防灾公园以指定区域内现有的开放空间为主要对象，设置在居民区、商业区等人员聚集区附近。各级防灾公园用地可以各自连成一片，也可以由毗邻的多片用地构成。

（3）紧急避难场所及设施。这里的紧急避难场所是指除上述防灾公园外的城市及社区公共设施，如广场、体育场馆、社区活动中心、停车场、学校、医院、人防工程、寺庙、空地等都可以选作避难场所。为保证一级避灾据点的安全性和可达性，需保证其与地质危险地带及洪水淹没地带的距离在500米以上，至少有两条以上避难通道连接。

紧急避难场所建设中，急需加强如下建设：对学校、医院、体育场馆等公共设施进行普查，建立信息档案；适当提高学校、医院、体育场馆的安全标准，加强防灾技术措施，确保安全；引进先进的抗震抗强风建筑技术，如耐震、制震和隔震（免震）技术等；地震预测警报器与防灾中心联网，灾难来临之时可关闭煤气，防止火灾发生，等等；根据建筑的抗震和防火、防涝性能，编制抗灾地图，明确综合危险指数、避难场所和疏散通道。

（4）避难通道及救灾通道。

避难通道：利用城市次干道及支路将一级、二级避灾据点连成网络，形成避灾体系。同时，为防止城市民居避灾地、城市自身救灾和对外联系等发生冲突，避难通道应尽量不占用城市主干道。为保证灾害发生后避难道路的畅通和避灾据点的可达性，沿路的建筑应后退道路红线5~10米，高层建筑后退红线的距离还要加大。

救灾通道：灾害发生时城市与外界的交通联系，也是城市自身救灾的主要线路。主要救灾通道的红线两侧，应规划宽度10~30米不等的绿化带，保证发生灾害时道路通畅。避难通道和救灾通道设计应注意：选择合理的流线使居民从住宅到紧急防灾公园再到固定防灾公园和中心防灾公园为路线最短、障碍最少，道路根据功能设定分别满足救援、消防、紧急避难等的不同功能要求，通达相应的公园出入口，路边建筑及构筑物必须后退相应距离；植物的配置和选择应注意植物的防火功能；与防灾公园组合成一个系统统一规划与设计，同时还要最大限度地发挥道路系统平时的商业、交通等功能；城市避难及救灾通道必须有两个以上内部接口及外部出口，宜成环状布置。

（5）生命线工程。包括自来水、煤气、电力、通讯、排污排水等多个系统，各系统相互影响；生命线工程防灾应注意：①电厂、降压站、自来水厂、污水处理厂、煤气站等城市基础设施建设应尽可能避开地质上有危险及易受水淹的低洼地带；②所有新建的公用设施线路都建成闭环系统，确保双源供应；③在所有煤气管线上均安装安全阀，以防止灾后火灾蔓延；④所有新建的煤气管线、电力传输、分配线路和系统均配有易操作的功能断开关或受灾自动断开的智能化系统，以避免发生次生灾害；⑤尽量将公用设施管线（如供水、污水、雨水排水管、蒸汽和煤气管线、电力、电话及弱电线路等）埋在地下。

（二）产业体系基础

在唐山生态城市建设中，应该根据其特有的产业基础，发展生态城市相关产业链条，为生态城市建设提供坚实的产业体系基础。根据唐山产业特色基础以及城市战略规划，遵循产业链经济发展规律，其应该建立完善的产业体系包括如下几个重点产业链。

1. 发展以钢铁深度加工、资源深度利用为重点的精品钢材产业链

首先，抓好钢铁生产中各类资源的小、中、大循环。“小循环”是在企业内部广泛应用节能、节水、节材工艺技术，优化工艺配置，建立紧凑、连续、循环、高效的钢铁生产流程，通过技术改造，加快淘汰落后工艺，形成节约型钢铁生产模式。“中循环”是以大型钢铁联合企业为核心，聚集相关配套产业，形成闭合型产业链条，使上游产业的废料、余能成为下游产业的原料和动力，实现各种废弃物资源化利用。“大循环”是对社会生产和消费过程中产生的废旧物资进行回收和再利用，使钢铁厂成为社会大宗废弃物的无害化处理中心；其次，整合钢铁产业，施行“优胜劣汰”。推进钢铁企业整合重组，淘汰落后产能，整合地方钢铁企业，成立具有全球竞争力的地方钢铁集团。鼓励钢铁企业向沿海地区发展，加快钢铁产业结构和产品结构战略调整，以钢铁深加工为主攻方向，做大做强钢铁产业集群；再则，抓好重大钢铁循环经济示范项目建设。全力搞好曹妃甸精品钢铁基地建设，按照工艺技术一流、品种质量一流、经济效益一流和生态环境一流的总体要求，建成具有21世纪国际先进水平的钢铁循环经济示范工厂，并带动曹妃甸工业区新型建材、煤化工、大型装备制造等相关产业和发展。加快实施唐钢结构优化产业升级总体规划，推广节能、综合利用和环保技术，力争实现“负能”炼钢、废水“零排放”和废渣全利用，成为发展循环经济的典型企业。

2. 发展循环性的化学工业产业群

以唐山海港经济开发区为核心，依托大油田和大型原油码头，以大型石油炼化一体化项目为依托，紧紧围绕“打造沿海经济隆起带重要支撑”这一主题，大力实施产业区战略，全力建设世界级石化产业基地；依赖开滦煤矿、佳华煤化工、中润煤化等大型企业的带头辐射效应，积极拓展盐化工、氯碱化工及其衍生产品发展领域，实现石油化工、煤化工、盐化工的“三化融合”，打造化工产业链和循环经济链。

3. 发展生态高效型的现代农业产业

首先，加快实施以设施蔬菜棚室、设施花果、设施渔业等多种形式的设施农业拓展工程、以奶业、瘦肉型猪和禽类为重点的规模养殖推进工程、以绿化有机、生态循环、立体节约为核心的生态农业推广工程、以农家乐、绿色高效农业、休闲农业等多种模式共同发展的休闲观光农业示范工程、农民专业合作规范工程、以“集中、连片、规模、高效”为准则的土地流转加速工程、以替身龙头企业的规模实力和带动能力为主要目的的龙头企业提升和食品加工业工程、以打造唐山农业品牌集群为最终目的的农业品牌创新工程、以城乡绿化为核心内容的绿化唐山持续攻坚工程、以完善农业基础设施为主的农业生产条件改善工程等现代农业发展“十大工程”建设，推进唐山市农业由数量型向质量型、生产型向生态型、产品型向服务型转变，构建现代农业产业链条。其次，大力发展农产品加工产业。按照龙型经济发展模式，培养发展粮食、乳业、肉类、蔬菜、水产品、林产品深加工产业，提升农业产业化发展水平。依托港口资源，谋划实施一批农产品临港加工项目，发展外向型加工产业。采取“基地+农户”“公司+农户”“协会+农户”等多种方式促进农产品向下游产业延伸，推进一体化经营，提升农副产品综合效益。加强农业服务体系建设，深入推进科技兴农。加快一、二、三产业融合发展，延长现代农业产业链条。

4. 发展现代服务产业

第一，优先发展现代物流业，继续结合城市“三年大变样”的指导方针，调整和优化物流资源布局，依托港口及临港工业区的区位和资源优势，尽快形成曹妃甸港区、京唐港区、空港城等一批物流产业集聚区。围绕钢铁、煤炭、水泥、装备制造、化工、陶瓷六大行业，谋划建设一批生产性服务业的物流中心。努力培育壮大唐山北方物流等一批第三方物流企业，提高信息化、标准化水平。第二，大力发展新型流通业。一是继续实施“万村千乡市场工程”，大力支持发展连锁经营。推广八方、华盛、金客隆等连锁企业的经验，支持消费品、农业生产资料、医药、餐饮等优势企业采用连锁、超市、便利店、专业店、专卖店等现代流通方式到社区、县镇和农村设立连锁网点，延伸经营网络。二是大力实施“双百市场”工程，稳步发展电子商务，支持玉田金玉、荷花坑等大型农产品批发市场，建立和完善自己的电子商务网站，通过网上交易实现加快流通、降低成本，达到为农民提供优质的服务目的。第三，鼓励发展新型高端服务业。积极引进国内股份制商业银行和国际著名银行进驻唐山市，加快唐山商业银行和其他地区商业银行的战略合作。大力发展资本市场，积极支持和鼓励企业上市和发行公司债券。第四，加快激活房地产业。根据国家、省宏观调控政策，结合唐山市房地产业实际，研究制定出台唐山市促进房地产业健康发展的政策措施。加大保障性住房投资，加快震后危旧平房改造步伐，努力增加廉租房、经济适用房，增加中低价位、中小套型普通商品房供应，引导房地产商降价促销，满足不同层次住房消费需求。第五，推进发展旅游业。贯彻落实《河北省环京津休闲旅游产业带发展规划》，以打造休闲旅游产品、构建冀东旅游区、开发京津客源市场、完善地接服务体系为重点，不断巩固中国优秀旅游城市形象，推动旅游业又好又快健康发展。加快乐亭三岛旅游城、丰润红楼寻梦城、遵化福泉新宫度假村、御汤泉旅游度假区、迁西栗香湖、要塞海等旅游项目开发进程；推进开滦国家矿山公园、陶瓷文化旅游博览园、地震遗址公园等项目建设。积极推动乡村旅游发展，以迁西和乐亭为试点，谋划自驾游基地建设。

5. 发展高新技术产业

重点在电子信息、智能机械、新材料、新能源、生物医药、现代农业等领域，培育一批具有较强市场竞争力的优势产业群体。继续发挥唐山市国家钢铁材料、陶瓷材料产业基地和制造业信息化重点城市等传统产业的优势，努力打造河北省电子元器件特色产业基地、河北省盐化工特色产业基地、河北省冶金矿山装备特色产业基地、河北省现代工程机械制造特色产业基地、河北省镁合金制品特色产业基地等5个省级特色产业基地，提升重点领域研发和自主创新能力。坚持用高新技术和先进适用技术改造传统产业，协调推进高新技术产业化、传统产业高新技术化、优势农业产业化。

6. 发展环保产业

积极引进瑞士、日本等发达国家先进科技，重点开发大气、水和固体废弃物污染防治，清洁生产，循环经济和资源再利用技术与工艺设备等产业，向发达国家看齐，实现产业的跨越发展。将环保理念贯穿于钢铁、煤炭、化工等传统资源型产业，改革生产工艺及设备，升级传统产业结构，以污水处理设备、海水淡化设备、可再生能源设备、高效除尘脱硫设备以及保温墙体材料等新型建材生产加工为重点，加速推进环保产业园建设。推广循环经济发展模式，推进生态农业、生态工业、生态服务业、生态城市和生态农场建设，积极发展静脉产业。

二、 监督管理体系

生态城市建设其特有的内涵决定了生态安全在生态城市建设中的重要作用。只有充足生态资源、美好生态环境，生态城市建设才可以避免“无米之炊”现象的出现。因此，需立足于生态补偿机制和生态保护法律的监督体系，依赖于健全的生态监测体系，实现资源管理与环境管理，达到保障生态城市建设中的生态安全。

（一）生态监测体系

1. 生态系统及其动态变化的监测

生态系统及其动态变化的监测内容包括：城市的生态历史、现状和水平的监测；城市化对自然环境影响的监测；城市化对生物影响及生物反馈作用的监测；对区域范围内珍贵的生态类型包括珍稀物种以及因人们活动所引起的重要生态问题的发生面积及数量在时间以及空间上动态变化的监测；珍稀濒危动植物种的分布及其栖息地的监测；水土流失的面积及其时空分布和环境影响的监测；城市化对人的健康和心理影响的监测；各个生态系统中微量气体的释放量与吸收的监测。

2. 生态系统功能的监测

生态系统功能监测包括城市生态系统中生产和生活功能；生态系统中能量转化、物质循环和信息传递的监测；人们活动对陆地生态系统结构和功能的影响监测；环境污染物对生态系统的组成、结构和功能的影响及其在生物链中传递的监测；对破坏的生态系统在治理过程中的生态平衡恢复过程的监测；水环境污染对水体生态系统包括湖库、河流和海洋等结构和功能的影响监测。

3. 生态监测技术的运用

唐山生态城市建设中，充分利用先进技术于生态监测中，并以最少费用获得必要的生态环境信息，可以采用如下技术方法：

地面监测：城市生态系统的地面监测是生态监测的重要手段，地面监测结果可证实飞机和卫星提供的大部分“遥感”数据的准确性，并用来帮助解释这些数据。

空中监测：应用目视观察和从低空拍摄垂直照片的抽样技术进行系统侦察，以量化土地利用空间的分布参数，这种技术在目前是最为经济有效的。

遥感监测：遥感技术在生态与环境监测领域中的应用最为重要。将遥感、地理信息系统与全球定位一体化的高新技术（3S 技术）应用于生态监测，有助于高效、快速掌握区域生态环境的动态变化。

4. 生态监测指标体系的构建

（1）简明科学性原则。生态监测的项目很多，涉及面广。但由于条件限制，应生态学和环境科学的角度，根据指标的可操作性、压力敏感性、反映可预见性、综合性、变异较小等要求，筛选出能客观真实地反映唐山城市生态系统各方面状况的核心生态因子。

（2）区域性和动态性原则。考虑到不同区域生态因子的差异与变化，对生态监测指标的设计，可作适当调整。同时每一个具体的指标反映待评价的领域，也应体现静态与动态的统一。

（3）目的性原则。唐山生态监测指标体系的构建是为唐山生态城市建设提供信息参考的，因此，指标体系指标的选择应该是围绕生态城市建设展开的。

（4）指标体系内容：包括气象、水文、土壤、植物、动物、微生物、底质、地质、人类活动。

（二）资源安全管理体系

1. 提高自然生态系统可持续利用管理水平，确保自然生态系统安全

（1）生态系统结构功能管理。对自然资源的开发应遵循其特有的时空结构，生态城市建设中，加强生态景观和生态建筑，充分利用既有的光、热、水、土等单项自然资源。根据生态系统功能原理，加速物质循环和能量转移的周期，提高转化效率，多级利用。发展唐山生态资源产业，开发生态工业园区，促进循环经济的发展。

（2）生态效率管理。首先，进行资源消费导向，兼备心理导向和意识形态教育，倡导生态消费，鼓励人们增加植物产品消费，主动移到食物链中的前端位置，便可减少资源能量在食物链转换中的浪费。其次，发展生态产业，缓解经济发展与资源利用、环境保护的矛盾，实现自然资源的持续利用，比如在燃煤电站的发电生产中，通过提高燃煤发电流程改造与优化，提高发电的生态效率。

（3）生物多样性保护管理。生物多样性是人类生存和发展的物质基础，对生物多样性的保护也是自然资源管理的重要内容。在唐山生态城市建设中，应该加强湿地保护管理，谨慎开发利用滩涂，建立生态景观，使其成为生物多样性续存的良好载体。

2. 扎实推进集体林权制度改革，促进林业健康持续发展

（1）扎实推进集体林权制度改革。以科学发展观为指导，进一步明晰集体林业产权，林权证换发到户，放活林地经营权，促进经营权的有序规范流转，落实林木资产处置权，确保农民林业收益权，提高农民种植经营林业的积极性，为提高森林唐山建设提供坚实的林业基础，为生态唐山建设提供天然屏障与绿色名片。

（2）建立全面的森林资源管理机制。在市林业局设立林政科，镇、街道有林技员，村有护林员，承担着全市森林资源调查和林政管理工作，上下形成了一个行之有效的管理机制，使森林资源得到了有效的保护。落实编制，建立和健全林政执法队伍，落实执法经费，配备执法用车，给执法人员创造一个良好的执法环境，使执法人员能够安心地、有力地进行执法。

（3）完善林木采伐审批和种植鼓励制度。进一步做好林木采伐的伐前设计、伐中监督、伐后验收工作，确保限额采伐扎根在源头。实施征占用林地公示制和林地用途管制，及时做好征占用林地的异地森林植被恢复工作，并做好后续抚育、管理。推动城市森林规划和发展，建立唐山生态城市建设的森林资源保障。

（4）加强唐山城市森林系统的生态安全建设。立足唐山原有森林基础，运用生态系统观构建唐山城市林业。在城市林业系统布局中，以城市主干道林带为主，水土保持林、水源涵养林、防风固沙林、社区绿化林、矿山修复林、农田防护林、生态果园等互相结合，乔灌草搭配种植，逐步建设成由主干道林带构成的多林种、多树种、多层次、多功能的复合型生态型城市林业体系。在沿海防护林体系建设过程中，实现从结构相对单一的防护林体系，向"点、线、面""带、网、片"等有机配置的综合防护林体系扩展；注重把自然景观和人文景观结合起来，在建立起良好生态环境的同时建设休闲景观林带，与城区景观树种相融合，形成风景亮丽、森林生态系统安全的唐山城市森林系统。

3. 加强森林资源"三防"体系建设

（1）加强森林病虫害防治工作。加强森林病虫害的预测预报。建立健全地面调查监测预报系统。主要是建立以村、乡、县三级林业有害生物监测的基础数据采集网络。建立航空调查监测预报系统，依托现有的轻型飞机和直升机，建立能对重点预防区、外来有害生物入侵疫点和重大常发性有害生物灾害地区进行快速实时监测系统。建立健全信息传输系统，利用光纤数字电路专线网、唐山林业基础地理信息系统及基于其上的森林资源信息库、林业 Web 平台，建立基于 GIS 上的林业有害生物数据库和 GPS 数据（录入、传输）管理系统，增强唐山森林病虫害信息处理、监测预警、减灾指挥的能力。

全面提高防治能力。建立健全林业有害生物防治体系。主要建立林业有害生物监测预警体系、检疫御灾体系、防治减灾体系、应急反应体系，实现林业有害生物防治标准化、规范化、科学化、法制化、信息化。完善配套性基础设施，包括林用机场、新农药试验基地、药械维修中心、森防标准站等的建设。

努力开展林业检疫。加强检疫御灾体系建设。通过林业有害生物风险评估中心、林业有害生物鉴定中心、检疫检验室、检疫实验室、森林植物检疫检查站等建设和完善，形成布局合理、内容齐备、监管有效的检疫御灾体系。认真开展林业有害生物普查，继续查清有害生物的种类、分布及危害状况。全面开展产地检疫，引导鼓励苗圃和苗木生产基地创建无检疫对象种苗繁育基地。

（2）加强森林防火工作。由于气候干燥，群众防火意识薄弱，并且进入林区的群众较多，导致火源管理难度加大，为唐山森林防火带来难度。为实现唐山森林防火：

首先，加强森林防火的组织力量。加强森林消防指挥中心建设、森林消防队伍建设和森警部队建设。落实地方行政首长的责任，把行政一把手的责任贯穿到森林防火工作的全过程。落实林业主管部门的责任，把森林防火工作纳入林业局局长、林场场长、护林员的年度目标管理，进行严格考核，实行一票否决，并且每一个山头每一块林地都有专门负责人员。落实林区群众的责任，把林区相邻的农户"捆绑"在一起，轮流担任小组长，相互约束、相互监督。

其次，保障森林防火经费来源，建立系列森林防火工程：森林重点火险区综合治理工程，支持典型森林重点火险区开展综合治理工作；林火阻隔系统建设工程，建设标准的防火隔离带，营造生物防火林带，设置森林防火安全标识；林火监控与通讯建设工程，建立起微波图像传输、数据通讯和卫星监控、视频监控与地面瞭望台哨相结合的监控与通信系统；森林防火物资储备库建设工程和航空护林工程等。

再有，积极防火，防火于未"燃"是森林防火的基本点。切实加强林区野外火源管理，严格限制用火，对森林用火实行严格审批、监督和指导。充分利用现代预测预报手段，加强火险气象和火险等级预测工作，采用视频监控、高山瞭望、地面巡逻等手段，对森林火情进行全方位、全时段监控，做到早发现、早扑灭。

（3）加强森林防盗工作。当前森林防盗工作主要表现在打击各类破坏森林和野生动植物资源的违法犯罪活动，打击毁林违法犯罪专项整治行动，遏制乱砍滥伐森林歪风。这些工作主要是由森林公安完成的，所以，加强森林防盗的主要任务是加强森林公安队伍建设。

加大对森林公安队伍的装备和基础设施建设的投入，全面推进“金盾工程”，建立健全现代化森林公安综合信息网络；建立森林公安培训中心，严格实行民警培训和轮训制度，努力提高干警综合素质；切实加强基层森林公安派出所建设，全面提高森林公安派出所的整体作战能力。积极协调当地政府有关部门，统一森林公安机关机构名称，规范设置森林公安机构及其内设部门。认真做好理顺森林公安机关经费渠道工作，建立森林公安经费保障机制。

（4）发挥民间“三防”力量。人民群众是社会主义建设的主体力量。森林“三防”建设只有依靠人民群众的力量才能达到最好的效果。在唐山生态城市建设中，可充分发挥群众力量，鼓励创建“三防”协会，让民间力量主导三防的工作。可尝试建立森林防火基金会，由各林权单位按所拥有林地面积进行基金筹措，为森林防火提供资金保障。根据森林资源的不同条件，尝试创建个体营林大户为主的护林联防协会、村组护林联防协会、行政村片区护林联防协会等。

4. 加快防护林体系建设，构建沿海绿色屏障

唐山市地处渤海之滨，沿海辖区总面积 8.29 万公顷，海岸线总长 196.5 公里；共涉及 9 个行政区域，61 个乡镇、1956 个行政村。建设高标准的沿海防护林体系，不仅是改善沿海地区生态状况，实现经济社会的协调可持续发展的重要基础；而且是实现生态文明、发展生态文化、实现农村“生产发展、生活宽裕、乡风文明、村容整洁、管理民主”的必然选择，是加快推进城乡一体绿化进程的重要手段。

（1）要坚持先易后难。从浅海水域向内陆延伸，分层次建设三道防线。第一道防线位于海岸线以下潮间带地带。由具有观赏价值的草本植物和观赏型灌木（如柽柳等）和湿地构成，目的是抵御海啸和风暴潮等自然灾害向内陆侵害，减缓土壤盐渍侵蚀和沙化，这一层植被主要以退养还滩、封滩育林为主。第二道防线为海岸基干林带。位于最高潮位以上，在自然立地条件下适宜植树的近海岸陆地，由乔木树种组成的与海岸线平行、具有一定宽度的防护林带。唐山市沿海基干林带已有一定基础，建设重点是，林带加宽，断带补缺，改造修复，提高标准。第三道防线为沿海纵深防护林。从海岸基干林带外侧向内陆延伸到工程规划范围内的广大区域，按照“以面为主、点线结合、因害设防”的原则，进行造林绿化。乡（镇）村为“点”栽植高大乔木；道路为“线”建设护路林；广大工程区域为“面”，在宜林地营造防风固沙林，在平原农区建设高标准农田防护林和名优果品基地。同时，应强化保护管理设施建设，对自然湿地进行保护和恢复。

（2）要坚持工程带动。按照唐山市滨海地区的生态条件，突出滨海防护林的生态主导功能，构建“1 带 1 区多廊”的建设布局。“1 带”是指滨海防护林主干林带，由西部的泥质海岸基干林带和东部沙质基干林带构成。“1 区”是指滨海地区主干林带内侧的广大区域。在该区域构建生态经济型纵深防护林体系，由近海地区农田防护林网、水系林网、用材林基地、近海地区优质果品基地及村镇绿化等构成。“多廊”是指在滨海地区沿滨海高速公路及其他各级道路所进行的通道绿化。可以通过以下工程带动，协调推进。一是沿海基干林带恢复和建设工程。对现有的基干林带，断带要补齐，宽度要增加，长度要延伸，完善提高标准。二是农田防护林网恢复和建设工程。依据原有基础，全面恢复和新建高标准网格化农田林网。要搞好土地置换，合理解决占地胁地问题。要坚持适地适树，经济林与生态林相结合，乔灌木相结合，宜林则林、宜果则果，优先使用乡土树种。三是耐盐种苗基地工程。大力引进具有一定经济价值或生态价值的耐盐植物资源，筛选出适应能力和抗盐碱能力强，经济价值或生态价值较高的品种类型进行深度开发。四是湿地自然保护区工程。利用好唐山市丰富的沿海湿地资源，搞好综合开发，重点加强湿地植被生态恢复与重建，合理规划浅滩湿地保护区、划定禁渔区、珍稀鸟类放养区、湿地野生动植物种苗繁育基地，努力恢复和保护湿地生态系统。五是通道绿化工程。在辖区内所有高速公路、铁路和各级干线公路两侧，实施以增加森林植被、减少空气污染、降低噪音危害，集景观、生态和社会效益为一体的道路林网工程。六是村庄绿化工程。继续按照全市文明生态村镇建设规划要求，大力推进村庄绿化达标。

（3）要坚持机制创新。要将沿海防护林体系建设纳入公共财政预算，不断增加投入力度，保证有一个稳定的投资渠道。探索将基干林带划定为国家公益林，纳入国家和地方生态补偿范围。积极探索由沿海造林受益主体直接进行补偿的新机制，使沿海造林建设有可靠的资金保障。坚持物质利益原则，引进市场机制，广泛吸纳社会资金，扩大对外交流与合作，让各种资金、各种所有制主体共同投入沿海防护林体系建设，努力形成多元化投资的新机制，推进沿海防护林体系建设快速健康发展。

（4）要强化科技支撑。在沿海防护林体系建设中，必须强化科技支撑作用。突出做好新品种、新技术、新设施的引进、示范和推广，加强与国家级科研院所大专院校的合作，组织好关键技术的科研攻关，力争取得突破。要充分发挥唐山市科技机构和科技人员的力量，组装现有的科研成果，开展多层次、多形式的技术培训，努力培养一批基层技术骨干。要切实加强监测体系建设，尽快形成规范、完善的调查监测网络，为沿海防护林的科学建设和管理提供依据。

（5）要加强组织领导。要深入推行沿海防护林体系建设任期目标责任制，实行目标管理，严格考核，奖惩分明，纳入到地方政府政绩考核之中。对沿海防护林发展的各种资源进行有效整合，统筹规划，分工负责，通力协作，形成合力，推动沿海防护林体系建设又好又快发展。加强沿海防护林建设的宣传力度，宣传沿海防护林建设在改善生态、防灾减灾、促进经济社会发展等方面的作用，宣传沿海防护林建设紧迫性，宣传有关法律法规，不断提高民众的生态意识，增强参与的自觉性，为唐山市沿海防护林体系建设营造良好的社会氛围。

5. 加快水利改革发展，确保水资源安全与可持续利用

（1）加快农田水利等水利设施建设，构建唐山水网设施体系。根据《中共中央国务院加快水利改革发展的决定》，大力加强农田水利、排涝抗旱水利等设施建设，根据唐山市生态城市建设林网水网一体化的总体布局要求，构建唐山水网化设施体系。

（2）强化水资源管理基础工作。以《唐山市水资源综合规划》为蓝图，加强对河流水资源的基础调查、信息收集和专题研究，研究水资源开发与河流健康生命规律，建立水资源信息系统和水资源定期评价制度，为实现水资源开发利用管理提供科学依据。

（3）完善水资源市场配置制度。完善水资源有偿利用制度和市场配置制度，形成反哺机制，促进开发和保护的良性循环。加强对自来水公司的统筹和管理，实行生活用水与工业用水价格双轨制。

（4）建立水资源循环利用系统。根据不同用水对水资源净化指数的要求差异，对水资源进行等级划分，高净化级别如生活用水使用处在使用的最高级，其次按不同净化级别依序使用。发展循环经济，建立全市水资源循环利用系统；加强节水技术的开发与利用，实现小型水资源循环利用系统。

（5）加强水资源保护节约工作。完善排污权交易，对污染源征收生态补偿费，甚至对没有经过审批的非法污染水源的个体或单位进行相应的法律追究，减少废弃物对江河海等水资源的污染，实现对水源的保护。通过相关公共活动，如学校教育、社区教育，树立全民节水理念，从生活点滴做到对水的保护和节约。

6. 大力推进垃圾资源化管理

（1）增强垃圾资源化管理的意识。政府本身应当高度重视，进行广泛的宣传教育，使群众明白垃圾资源生态化处理的必要性和重要意义，自觉遵守垃圾分类处理制度；倡导与自然和谐相处的生活方式，注重精神生活和社会责任，减少物质的不合理消费，进而减少垃圾的产生。

（2）推行垃圾资源化管理的政策。制定相关的法规政策并成立垃圾分类处理的环保监察执法队伍，对不按规定进行分类等行为，应给予行政处罚，确保政策法规的贯彻执行。政府应采取相关措施，实行城市生活垃圾按量收费政策，制定垃圾产生量的限量指标，改变城市居民的燃料结构，尽量使用天然气、电、太阳能和生物能等清洁能源，减少煤炭和炉渣等废物的产生，提倡净菜上市等。

（3）完善垃圾的分选和回收制度。一方面，推广分类垃圾桶，实行垃圾分选制度，既有利于有用资源的回收，也可分选出危险废物，减少垃圾对环境的影响；垃圾经分选后，某些使用过的包装材料经过一定的处理可以重复使用，如可作为新型建筑材料；另一方面，推行垃圾的全资源化制度：对垃圾后续处理中按其性质不同进行科学化处理，做到“物尽其用”，实现垃圾资源化充分利用，将塑料、废纸、金属、玻璃、橡胶、废电池等可回收利用的垃圾送往专业生产厂或处理厂回收利用。将厨余垃圾混合其他城市污染和固化粪便，或经粉碎后的农业废弃物，进行堆肥处理，制成有机肥或复合肥，用于农田或园林绿化，改良土壤，将垃圾中可燃有机物送入焚烧厂焚烧发电或供热，不可燃无机垃圾可进行填海造田，堆山造景，筑路填坑或卫生填埋等处理。

（4）推进城市垃圾处理产业发展。依靠企业的力量进行垃圾产业发展和高新技术开发，从而推进垃圾资源化技术发展，吸收国外先进经验和技术，开发垃圾综合利用技术和产品。此外，也可通过生态产业创新实现垃圾处理产业化，比如把蚯蚓引进城市垃圾处理过程，不仅能够有效地处理垃圾中的有机废物，而且能够产生绿色生物肥料，同时可以延长地区产业链，形成“城市生活垃圾—蚯蚓养殖—粪肥料深加工—蚯蚓蛋白饲料加工”的多层次产业结构。

（5）建立城市垃圾综合处理系统。市政部门应该建立垃圾综合处理系统，建设专门的垃圾综合处理站对产生的固体废物做出全面的综合性处理规划。采取市场化运作手段，使垃圾产权在不同行业和企业与垃圾综合处理站之间进行转移，既能够实现技术上的规模优势，也能实现经济投资的规模优势。

7. 科学合理进行矿山资源监管

唐山矿产资源丰富，是唐山国民经济发展的有利条件，目前有矿山开采企业1300多家。然而，由于矿产资源的相对不可再生性以及矿产开发对环境的负外部性，矿产资源开发过程中应该注意两个方面：一是要维护矿产资源的国家所有权益，保护和合理利用矿产资源，保证国民经济建设和社会可持续发展；二是要对矿产开发进行适当的开发管理，最大程度控制矿产资源开发带来的环境负外部性。因此，在唐山生态资源监管中，不可忽视对矿产资源开发的监管。主要应该依托《唐山市矿产资源开采条例》和《唐山市矿产资源总体规划》，从储量评审工作、储量动态监管、环境损害补偿制度等方面着手进行唐山矿产资源监管。

（1）高度重视矿产资源储量评审工作。矿产资源是国家重要的有限的自然资源实物资产，矿产开发有可能给国家带来安全、环境或资源破坏等一系列与政府、社会、公众直接或间接相关的重大问题，而不是简单的经济风险问题。矿产资源储量评审起着类似于技术监督、对资源储量“审计”的作用，对矿产资源储量把关，维护国家资源资产权益，维护社会利益、公共利益有着明显的作用。因此，在矿产资源国家所有的原则下，在国家政策法规和地方相关法规的指导下，唐山应加强对对矿产资源储量的评审监管，进一步根据开采实践活动完善矿产资源储量评审管理制度，加强对评估机构和评估师的监管。

（2）依靠科技进步，建立完善的矿山储量动态监管制度。依靠有资质的机构，采用先进的、国际通行的三维矿业软件，依据矿产资源管理的法律法规、地质技术规程及标准以及设计、开采技术规范，对采矿权人动用矿产资源储量按年度进行核准、注销，并对采矿权人动用资源情况进行定期和不定期跟踪监督核查。通过培育规范服务的矿山地质测量机构，建立公开有序规范的矿山储量监测市场，健全严格的矿山地质监测和质量监管体系。

建议主要使用经济手段促进保护和合理利用矿产资源，对矿产资源开发所占用的资源储量进行边际成本核算，并体现在有偿使用制度中，促使采矿权人节约和合理利用矿产资源。比如可以开发使用与国际惯例接轨的“权利金”制度，明示各种情形、各矿种的“权利金”征收办法，为保护和合理利用资源、为探矿权采矿权市场建设，为矿业发展和矿业开放创造公正、公开、透明的政策法制环境。

（3）建立矿产开发环境损害补偿制度。矿产资源在开发过程中会给矿区居民带来人身、财产及环境权益损害。为此，可以建立矿产环境损害行政补偿制度。矿业行政管理部门建立环境损害行政补偿金，资金来源于矿产资源的开采者、政府财政收入或专项资金等。此外，在开采者进行矿产开采前，应该事先建立矿产开采环境治理恢复补偿保证金，用于对污染和破坏的治理与恢复。依据“谁开采，谁治理”的原则，保证金由开采者筹集，资金多少主要取决于生产规模大小、自然环境条件、开采技术条件等因素条件。同时，资金要保证足额到位，专项使用于治理和恢复生态环境以及居民的补偿。此项基金可由环保部门进行监督，承担监管责任。

（三）监督体系

1. 建立资源保护司法审查制度

在生态城市建设中，如果主事机关没有依照法律法规进行公众参与程序，造成信息损害或程序损害，存在潜在环境危害和资源损害，对行政机关的任何行为原则上均可以审查，有关利害关系人均可以依法申请司法审查。

2. 完善自然资源公益诉讼制度

环境公益诉讼是法院在当事人及其他参与人的参加下，按照法定程序，依法对于个人或组织提起的违法侵犯国家环境权益、社会公共环境权益的诉讼进行审理并判决，以处理违法行为的活动。公益诉讼的提起及最终裁决并不要求一定有损害事实发生，只要能根据有关情况合理判断有社会公益侵害的潜在可能，即可提起诉讼，由违法行为人承担相应的法律责任。赋予一切单位和个人以“控告权”，不仅仅是一种宣告的权利，还是一种直接的诉权，是赋予国家机关、有关组织、公民个人的环境公益诉权。因此，环境公益诉讼对自然资源保护具有预防性。

3. 加强对自然资源破坏的刑事制裁

除了对造成资源破坏结果的行为进行刑事制裁和惩罚外，也可参考国外，对污染或破坏环境的行为，依法追究刑事责任和刑事处罚。

三、信息技术保障

随着新兴信息技术的开发与推广，信息化社会成为社会的主流形态，信息与技术逐渐成为人类生活的重要利器。唐山生态城市建设应该充分发挥信息技术的作用，提高生态城市建设的效率，使生态城市建设动力系统柔性运行。主要内容应该包括构建能够集成监测、预警和公共信息于一体的信息网络平台，实现多元化智能决策，构建数字生态唐山。

（一）网络信息平台

1. 建立生态城市环境监测平台

（1）建立生态环境监测信息平台。为了能够对城市环境的保护、监测和管理提供客观的信息参考，以唐山环保局为主导，建立唐山生态城市环境地理信息系统，建设遥感解析实验室，利用计算机技术、空间卫星定位技术、卫星航空航天遥感摄影技术及网络多媒体等方面的技术，获取、存储、管理和输出各种环境信息，并且对环境进行有效的监测、模拟、分析和评价，建立污染源清单库和现代化的在线监测网络平台，从而对城市环境资料提供全面、及时、准确、客观可靠的信息。

（2）开通污染源自动监控系统。确定监控范围和监控项目，对占全市 70% 以上 COD 排放量、SO_2 排放量的市控以上重点企业实施相应的 COD、pH、流量、氨氮和烟气污染在线自动监控，建立企业及主要交通干道噪声自动监控系统，完成机动车尾气简易自动检测系统建设，在饮用水源、主要入境、入海断面、海滨休闲等重点敏感水域增设水质自动监测站，扩展监测项目，完善近岸海域监测网络。实现与中心控制系统的联网和应用，全面发挥自动监控系统在环境管理与执法、排污收费及总量监测统计中的作用。

（3）加快应急监测。由环境监测站负责对辖区内事故隐患进行调查登记，并提出有效的事故防范和应急响应措施，建立有毒化学品属性数据库和专家支持系统，编写各类风险源应急监测预案。一旦发生环境污染事故，能迅速启动应急监测程序，在规定时间内向环保行政主管部门、政府其他相关部门及事故可能影响的单位和人群发出监测快报，最大限度地减少事故损失和对人体的危害，为政府履行环境保护职责提供决策依据和技术支持。

（4）加强室内污染物现场快速测定。生态城市的建设，室外环境的生态化固然重要，室内环境的绿色化更不可少。当前，装修装饰的不当严重影响室内空气的清洁度。因此，相关部门应充分利用当前信息技术平台，加强对室内污染物现场快速测定方法的研究与应用，推动室内环境监测与治理，综合提高建筑、建材、装饰业的环保水平，保障生态城市居民的身体健康。

2. 构建全程化的生态安全预警系统

（1）确定生态安全预警的重点内容体系。唐山生态城市建设中，生态安全建设要从生态承载力、环境容量、人口承载力的预警等方面，加强生态安全的极限预警、生态环境要素阈值预警、重大环境灾难事故预警；区域内各个地区的生态安全预警要确立重点内容，特别是唐山市的水资源与水环境保护、大气污染防治、重要矿产资源保护、土地资源保护、农业生态环境保护以及生物多样性保护等。对地下水枯竭、渤海严重污染、城市大气污染等突出的资源环境要素的生态安全预警更要特别重视。

全面推进建立包括地质灾害信息系统、监测子系统、气象预警子系统、预报预警子系统和应急处理子系统等五个子系统组成的群测群防网络系统。建立地质灾害动态信息数据库和由市区（县）街道（镇）居委会（村）四级组成的群测群防系统，对全市重要地质灾害隐患区进行动态监测，并结合气象统计分析评价地质灾害点的稳定性、危害性和危险性，进行预报预警，制定应急处理预案，对突发灾害事件即时采取紧急防治措施和紧急救护，最大限度地降低灾害损失，不断提高全市地质灾害防范与事件应急处理能力。

（2）强化生态安全监管与准入。唐山科学发展示范规划中，将从传统的内陆资源型向沿海开放型城市转变，资源粗放利用向循环利用转变，所以生态城市建设中，将限制高耗能、高耗材、高耗水产业的发展，对区域发展，资源开发和城市建设规划要依法进行环境影响评价，从源头保证生态安全的预警。在生态安全保护及预警方面，按照“谁开发、谁保护”“谁破坏、谁恢复”“谁受益、谁补偿”的责任原则，开征生态补偿费。实施严格的淘汰制度，对达不到规模经济、污染严重的造纸、冶炼、建材等行业和企业进行强制淘汰，同时实施污染物总量控制制度。

（3）运用 GIS 技术构建生态安全预警系统。在 GIS 系统中，将地形、地质以及气象资料建立数据库，在此基础上，根据已有的资料建立地质灾害和气象灾害模型，以便更好地提供科学、及时的信息。卫星遥感不受自然条件限制和人为干扰，可实时、宏观、大面积、客观地反映地表信息，可应用于洪涝灾害监测评估，流域生态承载力等研究。通过卫星影像像元灰度值与水体污染相关性分析，提取水污染遥感指数，可实施快速监测水体受污染程度。

（4）建设先进的生态安全预警体系。进一步整合社会及监测系统资源，突出功能建站，以环境监测站为依托，在环境监测站设立生态安全预警机构，提高生态安全预警技术和水平，创新生态安全预警管理体制，建立起唐山生态城市建设中监测与预警互动的良好体制，既减少建设成本，又提高预警能力。

构建起生态城市建设中突发性环境污染事故快速响应监测预警系统，加强应急现场监测调查和实验室分析能力建设。配置应急监测车及车载实验仪器设备，完善现场监测设备、人员防护及通讯设备，建立实验室管理系统，逐步开展毒性检测，及时准确地监测预警各类环境突发事件，满足环境管理的需要。

（二）支撑系统

1. 建立多元化智能决策平台

（1）运用先进技术采集生态城市建设数据。用3S、宽带网络、多媒体及虚拟仿真等关键技术，服务于生态城市建设信息采集、处理、城市规划、城市建设和管理。应用遥感技术，获取卫星遥感数据，利用专门的图像处理系统进行分析处理，并借助GPS导航系统和辅助数据采集系统对信息进行分析加工处理。通过网络浏览到WebGIS站点中的相关信息资源，并利用这些数据作专题图、进行空间分析，从而为生态城市各要素的调查、整理工作提供便捷服务，提高生态规划的时效性。

（2）运用虚拟现实技术促进公众参与生态规划。利用虚拟现实技术，规划设计者可在计算机模拟的虚拟环境中感知空间设计的合理性，人们能够在一个虚拟的三维环境中用动态的交互式的方式对未来城市的效果进行全方位的体验，如临其境；公众在理解规划意图的基础上，可以通过互联网发表个人意见，与规划管理人员进行直接对话，使公众参与更为有效。另外，为生态城市规划提供纯三维的逼真场景和漫游，实现多种方案的对比，不同时期生态城市发展的对比，对方案实时展示，可以满足规划要求。

（3）建立生态城市建设综合决策支持系统。在城市空间数据、信息基础设施的建设和生态城市的人居环境建设基础上，运用遥感（RS）、遥测（TM）、地理信息系统（GIS）、互联网（Internet）—万维网（Web）、仿真（Simulation）和虚拟现实技术（VR）等，实现不同功能的子系统在数字平台上集成，对生态城市进行多分辨率、三维数字化、网络化、智能化与可视化的虚拟表达，建立生态城市综合决策支持系统，形成对生态城市的管理、监控，并在模型库的支持下，将数据库转变成信息和知识，直接支持生态城市的宏观决策，对整个城市建设进行动态监测和仿真模拟，实施相应于各层次的可持续发展决策，并服务于生态城市建设的科学决策和管理，包括城市的生态资源监测、城市规划决策等。

2. 构建“数字生态唐山”

（1）建立正确的领导机制。领导的重视和支持是数字城市建设的前提条件。数字生态城市的建设涉及社会各种资源的重新配置和各种利益关系的重新调整，在某种意义上说是一项社会“改造”工程，各级党委、政府和有关部门要进一步提高对数字城市发展的认识，建立强有力的各级数字生态城市组织管理体系和工作机构，加强对数字城市发展的宏观调控和综合指导。

（2）加强信息技术的应用。数字生态城市的建设需要许多高端的信息技术，既包括数字技术，也包括生态技术。唐山生态城市建设中，需要根据唐山生态城市建设的实际需要，将技术引进与技术开发结合起来。对于基础性技术，可以参考其他数字城市建设，直接引进并应用；对于一些特殊性技术，应充分发挥智力资源，与知名院校和机构合作，对引进的技术加以集成和开发，使其数字技术兼具唐山生态化特征。总体上，“数字生态唐山”需要加强的技术包括信息高速公路与计算机网络技术、高分辨对地观测技术、GIS 技术、虚拟现实技术（VR）等。

（3）优化信息资源的配置。唐山生态城市建设中，及时生态信息对于生态城市建设具有重要的作用。因此应加强信息资源的规划，加大信息资源的开发力度，运用经济、行政和法律的手段优化信息资源的配置，使信息资源在地区之间、行业之间达到均衡，满足社会大众的各种信息需求。

（4）加强信息标准化建设。数字城市所涉及的数据量大，覆盖面广，类型各异，加强标准化建设是实现资源共享的前提。因此，必须通过数据标准化工作提高生态城市信息共享的水平和层次，为“数字生态唐山”的建设提供强有力的支持。

（5）营造信息共享化环境。加强人们的信息素质的培养，强化人们的信息意识，让每个人都能够从数字化城市建设中得到利益。将信息技术应用、生态建设与人本主义结合起来，培养能适应数字化时代、具有生态文明理念的一代新人，提高人们利用信息技术的能力。同时，应该加强信息化人才的培养，建立有效的吸引人才的机制，为“数字生态唐山”的建设提供充足的智力储备。最后，发展信息产业，形成支持数字化社会发展的信息环境。

第七章　广泛健全的公众参与渠道

唐山生态城市建设是为唐山人民而建，也应该由唐山人民来建。唐山生态城市建设中，公众包括政府、企事业单位、民间机构、当地居民、外来人口等，其中，企业、民间机构以及当地居民是公众的主要力量。公众对唐山生态城市建设参与的积极性，一定程度上左右着唐山生态建设成功率。一方面，只有公众参与，唐山生态城市建设的目标才会更具民主性和科学性，其次，众人拾柴火焰高，只有公众的积极参与，生态城市建设的相关政策与技术才能落实到位，尤其是生态监测、资源管理等才得以低成本实现。要实现健全广泛的公众参与渠道，需要在政策上落实公众的信息权利和参与权利（图 7-1）。

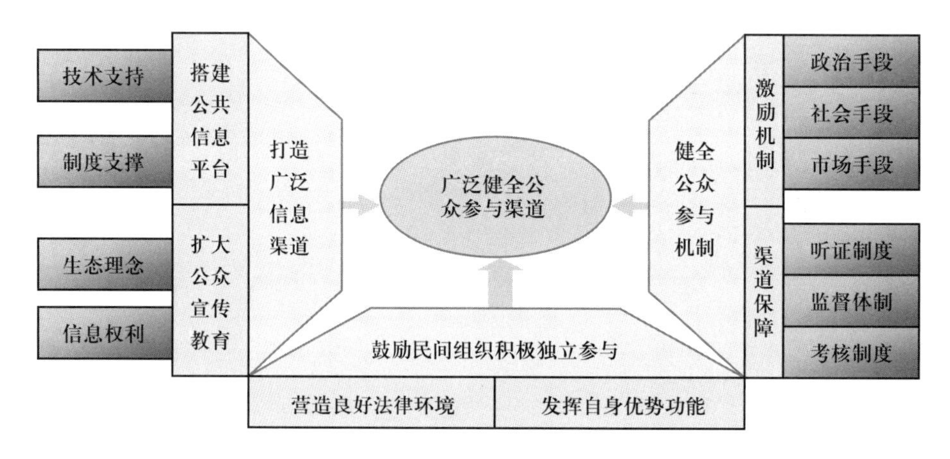

图 7-1　唐山生态城市建设的公众参与体系

一、广泛的信息渠道

（一）公共信息平台

无论是生态城市建设的环境监测平台，还是生态安全预警系统，都得和生态城市建设的公共信息平台互相兼容，让城市公众及时获取信息。尤其是环境监测信息和安全预警信息能够及时通过公共信息平台传播到城市的每个角落，给予城市居民充分的知情权，发挥应有的警示作用。

1. 完善公共信息平台的技术支持

公共信息平台的基础设施主要包括公用电信网、专用通信网、广播电视网、计算机互联网以及城市公共场所信息网等信息网络资源，所以必须采取现有的技术优化布局，完善网络结构，实现三网的融合。建设完备的空间地理设施，使网络基础设施延伸到城市的每个角落，提高城市居民与网络的接触密度。推进城市空间基础信息平台建设，推广数据中心、基础网络、数据库、应用服务系统等在公共信息平台的应用。

2. 建立公共信息平台的制度支撑

完善生态唐山公共信息管理制度，加快外网、门户网站的升级改造步伐，创造健康良好的公共信息环境。整合相关部门的公共信息，建设“生态唐山网站”，既及时发布生态城市建设相关政策、环境监测信息、生态功能区信息、生态改善信息，也为公众监督和参与生态唐山建设提供良好的信息渠道。打造并规划新的电子政务平台，创造智能化办公环境，强化辅助办公手段的应用，创建统一的办公助手。鼓励各企业、单位建设外网，及时把单位、企业非机密的与生态城市建设相关的信息公布并接受公众的监督，创造一个和谐、通畅的公共信息平台。

（二）公众宣传教育

1. 发挥新闻媒介导向作用，培育公众生态理念

充分发挥新闻媒介的舆论监督和导向作用。可以充分利用广播、电视、网络多种形式继续大力开展公众教育，提高各级领导和广大民众对生态环境保护的认识。例如，规划展览、公众会议、专项讲座、专题讨论会、公众咨询会、听证会、电视专题节目、互动性强的网站等，使社会公众可以清楚地了解有关城市规划、节能减排、绿色生产、绿色消费等方面的法律法规，熟知基本概念的涵义和常见问题的解释。与此同时，展开对生态理念的宣传，加强消费引导，推行绿色消费方式，在全社会形成遵守环保法规、自觉保护环境的良好风尚。

通过出版《生态城市建设公民手册》，在公益媒体上做公益广告，大力加强对《中华人民共和国环境保护法》《中华人民共和国环境影响评价法》《中华人民共和国城乡规划法》等法律法规的宣传教育，或开展学术研讨与经验交流活动，培养公众自觉的生态意识，创造一个平等、自由、公正的社会环境。

2. 运用政府及企事业信息平台，提升公众信息权力

构建生态城市建设信息共享平台，增加环境与发展方面的决策透明度，促进生态环境保护领域的决策和管理的科学化和民主化，使其真正及时地发挥作用。要使社会公众能够及时了解政府的有关政策信息，了解生态城市建设的进展情况，了解参与的具体途径和方法；对重点城市饮用水的水质和一些重点排污企业的环境行为进行每周公布。不断加强信息公开的广度和深度，加强有关部门公开信息的能力建设，鼓励相关企业及时通过自身的网络平台公开环保信息，保证信息透明化、公开制度化，利用信息手段来保障和推动公众参与机制作用的发挥。

二、健全的参与机制

（一）公众参与生态建设的激励机制

唐山生态城市的建设主体应该是全体唐山市民，因此，在唐山生态城市建设中，虽然仍需要政府制定规划、宏观指导、提供信息技术和必要的市场服务，但政府不能包办一切，一定要尊重群众志愿，发动和组织好群众，这关键是要运用市场机制，把实体带动力、能人带动力、机关推动力和公众自身努力整合起来，让公众成为决策的主体。

1. 运用政治手段，建立公众参与环保决策的机制

首先，打破生态建设中的政府集权行为，还权还利于民，政府设计政策、步骤和方法，特别是制度，使公众和市民成为生态建设的决策者和保护者，把生态建设同群众全面发展有机结合起来，通过生态城市建设使群众增益增效、增收得利，群众才有热情，才有干劲，才能够长期坚持下去，才有可能真正实现经济效益、生态效益和社会效益的协调与统一。

其次，政府有关部门在制定环保决策时，要采取多种形式广泛征求意见，如召开听证会、抽样调查、通过媒体征求、接待来信来访等。在集思广益的基础上制定排污收费标准及处罚措施，

广泛的群众基础保证了政策的执行；同时，主管部门要及时向社会通报环境情况，如大气、水体、气候、植被、野生动植物等公众关注的生态环境问题。

2. 运用市场手段，建立公众参与生态建设的激励机制

使民众的生态效益和经济效益结合起来。通过发展循环经济，使垃圾能够回购，建立健全垃圾回收制度；通过排污权收费，建设污水排放和行车汽油使用数量；运用水电煤油等能源的生态价格等方式，建设公众生活的能源消耗。

3. 运用社会手段，建立公众参与生态城市建设的激励机制

使民众的社会效益和生态效益互相结合。比如通过唐山生态城市建设十大人物等公众活动、生态城市建设十佳单位等公众活动的评选，让公众积极参与生态建设，既能调动其积极性，还能扩大生态建设的公众宣传。倡导绿色消费理念，使公众把生态城市建设和健康生活方式统一起来。

（二）公众参与生态建设的渠道保障

公众参与生态建设需要有合法合理高效的渠道，首先应当通过立法，确定公众直接参与和间接参与环境行政管理综合决策的范围，即明确哪些事项、哪些层次的综合决策需要公众参与。其次建立并逐步实行票决制度，特别是低层次的综合决策，要扩大公众投票决策的范围，并且完善政务公开制度及环境公告制度，这分别是针对决策主体和公众主体而言的，强化对决策主体的公众监督和保障公众的环境知情权。在此基础上，通过下列渠道实现公众参与生态建设。

1. 建立健全城市规划公众参与的听证制度

对切实关系社会公众生态环境权益的规划或政策措施以论证会、专题听证会、公众代表“参政议政”会议等形式,召集有关社会公众深入论证。把公众听证作为综合决策过程的一个必要环节。这其中包括，听证法律程序的完善，公众可以参与的听证综合决策的范围的确定等。以此，保障社会公众的参与权和监督权。

2. 建立健全生态城市建设公众参与的监督机制

通过电话、信函与意见箱、领导接访、网络等渠道搭设公众参与的平台，使社会公众及时反映情况，提合理化建议。监督内容主要包括合理化决策执行中的不到位情况和原定决策在执行中的不适应情况等，还包括个人和企业有意无意地不遵守环保法律法规，任意排放或者未达标排放“三废”，非法猎取野生动植物，非法生产有毒有害物质等破坏生态环境系统等非法行为。

3. 建立健全生态城市建设领导政绩考核制度

政绩考核应由原来的以经济发展一维为主转为包含经济发展、环境保护、社会进步三个方面，以此降低破坏生态求发展的政府选择几率。可以采取由社会公众参与的定期考评方式，使政绩考核真正成为生态城市建设的助推器。

三、鼓励民间组织积极独立参与

（一）充分发挥生态民间机构的优势功能

生态民间机构与公众联系紧密，往往更加聚集和代表民意，更加关注全体社会的公共权益最大化，他们也往往容易得到相关领域专家的支持，并且对涉及公众权益的事件更加敏感，更容易迅速发现问题，并为解决问题作出积极的努力。生态民间机构一方面有利于克服政府失灵，一方面还有利于克服市场失灵，尤其是当前网络、手机等社会工具的广泛使用，使生态民间机构的反应速度和办事效率大为增加。

（二）为生态民间机构发展营造良好的法律环境

明确生态民间机构应有的法律地位。首先，拓宽瓶颈，消除环境非政府组织设立的法律障碍，提供生态民间机构设立的效率；其次，为生态民间机构制定组织法，设立理事会；再次，规定生态民间机构在立法、执法及环境决策中的参与权，为其公众参与行为提供具体的、可操作的程序性规定，建立生态民间机构意见的信息回馈机制，加强其公众监督能力；最后，赋予生态民间机构参与环境公益诉讼的原告主体资格。

（三）鼓励生态民间机构发挥好自身优势功能

鉴于生态民间机构的特殊职能，应该构建政府主导和民间独立两者相结合的机制，优势互补，相得益彰。首先，政府应该为这些机构在环境保护、节能减排、城市森林、生态文明建设、绿色生活观念倡导等方面的活动创造良好的政治环境；其次，政府应该加大对民间组织的扶持、引导和管理力度，加大彼此之间的沟通与交流，必要时以适当的方式协助其筹措一定的活动资金，以使其在宣教、听证、政策制定等方面发挥更加积极的作用。

第八章　导向明确的政策法制体系

政策体系是生态城市建设得以持续有效推进的制度保证。根据生态城市建设要求和唐山市实际情况制定唐山市生态城市建设各项政策，具体可以从以下几个方面进行：规范政府的政策、引导产业的政策、调动公众的政策、优化平台的政策、保护生态的政策。而一个完善的政策体系得以实施需要一个完善的法制体系，这一体系包括法规体系、综合执法、执法监督和执法队伍（图 8-1）。

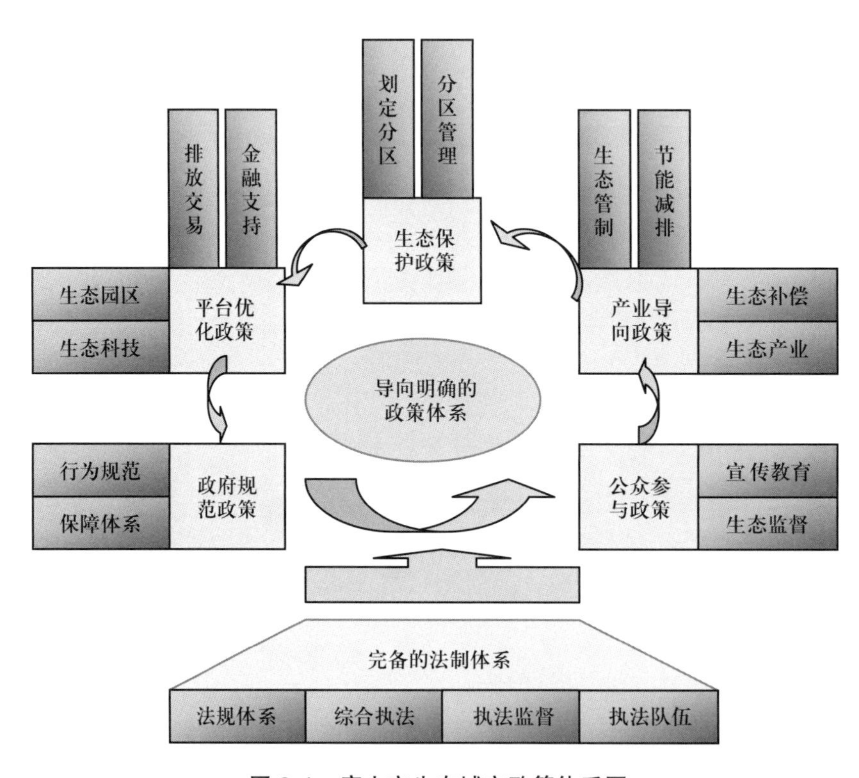

图 8-1　唐山市生态城市政策体系图

一、完善生态城市建设的政策体系

（一）规范政府的政策

由于生态城市建设的复杂性和长期性，要保障生态城市建设稳定持续地进行下去，首先要规范政府的行为和相关政策，以使社会各主体能明确政府的意图，从而保持生态城市建设保障体系的连贯性和总体稳定性。规范政府的政策主要包括两个方面：规范政府相关行为的政策和保持生态城市建设保障体系稳定性的政策。

1. 规范政府相关行为的政策

政府是生态城市建设的最重要主体之一，是生态城市建设成败的关键所在。一个强有力的政府是生态城市建设得以有效实施的基本前提，政府的行为直接影响着生态城市建设的方向、速度和可持续性。因此，在生态城市建设中一定要规范政府的行为。而规范政府行为的最具有保障性的措施是制定相关的政策法规，强调行政行为的法律授权，政府行为的规范都要求有明确的法律规定。即加强依法行政，制定相关的法律、法规来明确规定，各级政府及各个相关部门在唐山市生态城市建设过程中的职能、权限、义务和责任，从而使得政府在生态城市建设的直接参与和间接干预都有法可依。

首先，强化并明确各级政府和各个部门在直接推动生态城市发展中的责任，政府在推动生态城市建设中具有不可推卸的责任。可以说，没有政府的积极推动，带有明显公共性质的生态城市建设是不可能顺利地进行下去的。

其次，强化政府的公共服务职能，即强化政府为其他主体进行生态城市建设提供良好的外部环境的职能。政府在生态城市建设中除了承担直接的任务外，还应该尽可能为其他主体进行生态城市建设提供外部保障。

最后，弱化政府直接干预微观主体的行为。过多的政府干预企业和公众不仅会降低生态城市的建设速度和效率，而且会使生态城市偏离正确的方向。

2. 保持生态城市建设保障体系稳定性的政策。

唐山生态城市建设，不仅要构建强有力的保障体系，而且要在此基础上通保持这些保障体系的连贯性和可持续性。只有从制度上，尤其是从政策法规层面上将生态城市建设保障体系的建设和完善制度化，才能保证保障体系的稳定性，因此，必须制定一系列保持生态城市建设保障体系稳定性的政策，即应该针对保障体系的各个组成部分，分别制定保障其稳定性的政策法规。

（二）引导产业的政策

1. 促进生态产业发展的产业支持政策

在尊重市场经济规律的基本前提下，制定相应的产业政策，引导社会生产力要素向有利于生态城市建设的方向流动。编制并发布鼓励生态产业发展和生态环境建设的优先项目目录，并对这类项目提供优惠政策。尤其是借助财政这一重要杠杆，加大对生态产业的财政支持，对生态产业的财政支持政策可体现在以下几个方面：

一是要在税收上给予优惠，在一定时期内，对生态产业企业可以减征或免征增值税，对企业新开发的“绿色产品”也可以缓征所得税，对绿色产品加工企业进口加工设备和引进先进技术，在关税和增值税上给予优惠，以此增强绿色产品加工企业自我积累、自我发展的能力；先期在污染严重的工业企业中，试行部分消费型增值税制度，对企业和个体经营者购置的用于防治污染的设备和设施、无公害生产设备、特定基础材料、废弃物再生处理设备的投资允许一次性进入抵扣增值税额。

二是要通过财政补贴，对生态产业在成长初期，特别是因新产品的研发而出现的暂时亏损，或新产品为打入市场而出现的暂时亏损予以财政补贴；通过特别折旧方法，对生态产业的技术装备实行加速折旧，促进其现代化技术水平的不断提高。

三是要加大政府采购中本地区“绿色产品”的比重，通过政府购买产生的乘数效应拉动生态产业的发展，政府应对“生态 BOT”项目予以优先考虑，利用外资改善生态，发展生态产业。

2. 增进核心产业节能减排的产业调整政策

节能减排需要落实到具体的行业，特别是城市核心组成的城市支柱产业。唐山市要从一个工业城市向生态城市转变，作为城市核心部分，城市支柱产业的节能减排不可或缺。对城市现有支柱产业进行逐一建立节能减排政策是生态城市建设的内在要求。钢铁、装备制造、化工是唐山市的三大支柱产业。

（1）钢铁产业。按照“控制总量、淘汰落后、企业重组、技术改造、优化布局”的思路，消除过剩落后产能，将控制总量与布局调整结合起来，切实推进钢铁产业布局调整。以首钢、唐钢、渤海、长城、津西等大型骨干企业集团为龙头，加快整合重组步伐，引导产业向南部沿海地区转移、向各类园区集聚，构建起产业集群化、装备现代化、产品精品化、资源利用循环化的现代钢铁产业体系，使单位钢铁产值能耗和资源消耗达到世界先进水平。

（2）装备制造业。装备制造业本身的能源消耗和资源消耗占据比例很小，但是其生产的产品却是能源消耗“大户”。发电设备和工业锅炉是两个耗煤大户，其装备都产自于装备制造业，相关数据表明，发电设备和锅炉消耗占到了我国能源消耗的三分之二，其中装备制造业生产的工业锅炉相比国际的耗煤水平明显偏高。装备制造业本身在生产过程中减少资源的消耗和污染是走低碳经济最直接的路线，因此更需要利用一些技术手段，来保证其过程中的消耗和浪费。唐山市在建设国家重型装备制造基地和现代制造业配套基地的同时，要有效地解决产能过剩问题，走“低碳经济”路线，阻止粗放的追求发展规模和低水平的重复开发，加强企业的自主创新能力和国际竞争力。在丰润中国动车城、开平现代装备制造园和曹妃甸装备制造园等产业园区建设中，要求企业提供资源综合利用设备和环境保护末端的治理及回收再利用设备，同时不断加大科研力度，发明新能源装备。

（3）化工产业。要发展循环经济和促进企业转型升级。发展循环经济，促进化工产业节能减排。分为两个层次来进行：第一，企业间循环，提高企业对资源的循环利用率，特别是提高废弃物的资源化水平；第二，企业间的循环，调整企业布局，促进企业间相互合作，共同使用资源、优化资源配置。当前，应积极发展高附加值、精深加工特色产品链，加快构建石化、煤化、盐化“三化合一”产业新格局。推动水泥、陶瓷等传统产业技术改造升级，降低产业的单位产值能耗和排污量，提高资源利用率。

3. 完善生态环境建设和污染防治的管制政策

唐山生态城市的建设，污染防治是基础也是起点，应该以预防和治理河流污染、大气污染及土壤污染为切入点，严格执行生产经营企业污染达标排放制度，特别要重视资源利用中的监控性法规的制定，通过审批、监管等行政手段，关闭或者禁止存在重大污染隐患的“五小”企业；推进城市垃圾的无害化处理和资源合理化利用，在所得税上，对实行企业化管理的污水处理厂、垃圾处理厂实行加速折旧；将一些不符合生态标准的高能耗产品、高原生资源消耗品纳入消费税征税范围，在调整成品油消费税的基础上，应进一步提高成品油的消费税率，力争在较短时间内使城市生态环境质量有根本好转。

4. 建立健全生态补偿机制

生态补偿机制是生态城市建设的内在要求。所谓生态环境补偿，是指影响或破坏生态环境、无偿占有自然资源者，包括生产者、开发者、经营者应对环境污染、生态破坏进行补偿，对环境资源由于现在的使用而放弃的未来价值进行补偿。生态环境补偿手段，目前普遍采用的是要求生产者、开发者、经营者支付信用基金、缴纳意外收益、生态资源、排污等费税。建立健全生态补偿的运作机制，这是创造生态城市的内在要求，有利于从生产源头上推进环境保护，从经济利益上迫使企业采取措施减少对环境资源的破坏、污染；有利于政府为生态环境建设筹措资金，加大生态建设的投入力度；有利于全面增强公众生态意识，在对各种资源税费征收过程中，使保护环境、节约资源的生态意识深入到人们生产、生活、消费的各个环节，深深地影响每个人的理念和行为。

（三）调动公众的政策

1. 加强生态环境保护的宣传教育工作，鼓励公众参与生态城市建设

利用广播、电视、网络等手段对公民进行环境保护方面的知识教育，提高各级领导和广大民众对生态环境保护的认识。加强消费引导，推行绿色消费方式，在全社会形成遵守环保法规、自觉保护环境的良好风尚。完善生态环境信息发布制度，拓宽公众参与和监督渠道，充分发挥新闻媒介的舆论监督和导向作用。增加环境与发展方面的决策透明度，促进生态环境保护领域的决策和管理的科学化和民主化。

2. 提供公众直接参与生态环境保护监督的机会

一方面加强生态建设政策方案可行性第三方评估制度，对新申报的生态建设项目严格审查其地域范围、生态问题、措施手段、预期效益、社会影响等。将政策效益评价与完善政策体系研究结合在一起，加强政策执行力度的监测，逐渐建立操作简便、不重叠、无漏洞的生态建设政策体系。另一方面，加强生态城市建设相关重要指标的第三方评估和信息公开制度。

3. 建设生态文化推广政策

生态文化的推广是生态城市建设的重要组成部分。政府增强全民的生态环保意识的政策主要包括：通过学校教育中的教育政策，灌输青少年的生态环境意识，增强生态伦理观，讲求人类与自然互促共荣、共同发展演进的生态道德，社会成员应善待生物、善待生态、善待环境；通过宣传部门、文化局、团委、工会等部门举办相关活动，一方面提高公务员、企事业单位员工的生态环保意识，一方面发展生态文艺，鼓励文艺工作者采取文学、戏剧、歌曲、摄影、影视等多种文艺形式，弘扬保护、善待生态环境的先进典型，鞭挞破坏生态环境的不文明行为；通过各种地方新闻媒体广泛宣传生态建设和环境保护的重要性及相关知识，努力提高广大市民的生态环境意识，使保护生态环境逐渐成为人们的自觉行动，要共建唐山生态文明，共享唐山生态成果。

（四）优化平台的政策

生态城市建设的良好平台，是生态城市建设得以顺利展开的基本外部条件，是政府、产业和公众参与生态城市建设的重要依靠，而这种平台的建设离不开政府相关政策的保障和支持，因此，政府有必要制定优化平台的相关政策。

1. 健全生态技术研发与推广的鼓励政策

政府应该对绿色生产技术、环境保护技术等研发和推广提供支持，通过奖励手段鼓励本区域高校、科研机构以及企事业单位对生态技术进行研发甚至推广，尤其是积极鼓励相关企业承接科技课题，提高企业生态技术研究能力和“消化吸收再创新”的能力。政府可以立项生态技术攻关项目，吸引区域内甚至区域外高校、科研机构进行项目申报和技术攻关。另外，政府也可以通过高新技术开发区的建设，对具有先进生态技术的产业项目进行招商引资，促使先进生态技术在区域内产业链上的扩散与推广，此时，政府必须建立和完善相应的生态技术承接机制，以相关产业共性的节能减排技术、循环利用技术、污染防治技术、生态保护技术为研究攻关方向，实践中可围绕引进中相关重大的生态技术问题，优先安排项目，优先落实资金、优先配备研究人员。

对于从事生态产业关键技术研究开发人员的技术开发和咨询收入，免征个人所得税。对符合国家规定的高科技企业，不分中外给予同等税收优惠；对企业中间试验品免税；对高新技术企业的机器、设备等允许加速折旧，提高进行技术创新和技术改造财力；对高新技术转让、进口给予税收优惠等。

2. 推行生态园区建设规划政策

唐山生态城市建设应该是由大大小小无数个生态园区块组成的。在唐山生态城市建设的实施期间，各级政府、各部门必须根据自身的部门性质，围绕唐山生态城市建设总体规划政策，进行合理分工，以“刚性”制度化安排，从政策层面大力推进生态环境保护园区建设，积极创办和建设各种类型的生态园区，建设城市绿化广场，开展绿色居民小区、绿色社区创建活动，建设生态产业园区。

3. 探索唐山生态城市建设中的碳排放权交易政策

目前，我国还处在碳排放权现货市场阶段经历较长的实验和积累阶段。2008 年 8 月中国在北京和上海相继成立环境交易所，9 月天津排放权交易所也在滨海新区正式揭牌。唐山拟在生态城市建设中，充分利用已经成立的排放权交易所，探索碳排放权交易政策，力争走在全国前列：完善温室气体排放量的测算技术以及减排潜力的计算；根据生态城市建设的目标，规定单位减排总量、时间限度和初始排放权的获取方案。除了鼓励大企业项目参与碳排放交易，更应该鼓励民间力量参与，并且尝试在唐山金融系统内把环境权益作为金融机构可以投资的产品，使银行可以直接购买交易所开发的标准化产品，或者为企业提供贷款。

4. 完善唐山生态城市建设中的污水排放权交易政策

一是实行进入排污权交易市场的资格认定。唐山生态城市的排污权交易市场实行会员制，由唐山市排污权交易市场管理部门（设有环保监督管理机构）对所有交易主体进行资格审查。排污权出售方与购买方提出交易申请，提供企业生产状况、交易的必要性及可行性说明。流域排污权交易市场管理部门在对交易双方有所了解的前提下进行审核。审核包括交易双方资质的审核和对交易本身的审核。

二是尝试建立基于网络技术的交易平台，为排污权交易双方提供方便、快捷的交易渠道。通过电子商务的贸易方式，可以实现商流与物流的分离，以商流促进物流，更好地实现水环境容量资源的合理配置。而且，通过公开、公平、公正地竞争所形成的排污权价格真实、透明，有效地解决了信息分散、交易规模小及暗箱操作的弊端，从而实现整个流域内排污权流通的组织化、规范化和现代化程度，促进竞争有序、统一开放的排污权市场的形成。

三是明确污水排放权的转让权。成交的排污权订单在未到期前可以转让，包括全部转让和部分转让。转让订单重新参与竞价交易。通过转让，排污权出让方将权利义务转让给受让方，但转让不得变更原订单条款。为便于订单转让的顺利进行，参加排污权交易的供求双方应同意订单相对人将订单转让给第三方，并继续履行责任。排污权的订单转让必须通过订单转让专项操作进行；不通过订单转让专项操作达成的、与原成交订单买卖方向相反的订单，不视为订单转让，而作为新的成交订单。

四是完善排污权交易的结算。唐山排污权交易市场可在指定银行开设结算专用账户，对排污权交易资金进行结算。排污权交易双方应提供本单位银行账户，买卖双方的出金只能通过该账户划转。唐山排污权交易市场定期向交易双方提供“资金结算对账单”，企业应及时查询账户资金及结算数据，如对资金及结算数据有异议，应在下一交易日与排污权交易市场核对，否则视作认可。此外，为保障排污权交易双方的履约程度，唐山排污权交易市场可实行保证金制，保证金用于支付交易中可能出现的违约费用。而且，按照排污权交易细则规定，唐山排污权交易市场应向成交的交易双方收取一定数量的手续费。

五是出台相应的管理法规，推动企业进场交易，并为进场企业提供税收优惠；通过制定有效的游戏规则，加强政府对唐山排污权交易市场的宏观调控及监管力度。

5. 金融政策支持生态产业

金融对生态产业的支持，其政策目标是扩大生态产业的投资需求与消费需求，提高其供给能力，保障其市场需求，从而拉动生态产业的成长。

一是通过城市商业银行和专业投资银行为生态产业的有关发展项目进行融资，对其贷款实行政策担保、贴息、延期还款等优惠政策，大力发展“绿色消费”信贷，鼓励信用消费生态产业生产的“绿色产品”。

二是鼓励本地较有实力的生态产业企业通过资本市场发行股票或债券直接融资，促进以出口为导向的生态产业企业的发展，并为其外向型发展提供有力的金融支持。

三是建立生态产业发展基金，其资金来源于政府财政划拨、企业排污费的收取，包括“绿化”彩票的发行、生态税收及其他有效手段，全方位筹集资金，实行封闭运行，对生态产业项目和生态产业的基础设施进行投入。

6. 拓宽融资渠道

拓宽融资渠道，保证生态城市建设投入的不断增长多渠道、多层次、多方位筹集生态城市建设资金，并将该资金纳入财政预算。争取政策性银行专项优惠贷款，补充重点建设项目的配套资金。通过股票上市等融资形式支持生态城市建设项目及相关产业发展。积极采取有效措施，促进矿山生态环境的恢复治理与土地复垦。采取优惠的投资导向政策，扩大引进国外资金和技术的力度，鼓励外商直接投资于先进环保设备制造、技术开发、环保信息服务、重大生态建设和环境污染治理等。

（五）保护生态的政策

1. 建立市域建设限制性分区

为保护市域生态环境，协调城镇发展与生态环境保护，综合生态资源保护，生态敏感性分析及生态安全等方面因素，划定禁止建设区和限制建设区，为市域城镇开发建设提供用地指引。

将饮用水源一级保护区、河流湿地、河口湿地、水库、基本农田、自然保护区的核心区和缓冲区、水土流失重点治理区、森林公园、风景名胜区、国家及省、市级重点文物保护单位、地质遗址区、活动断裂带、矿产资源禁采区、大型市政基础设施廊道及交通干线绿化带等划定为禁止建设区。

将饮用水源二级保护区和准保护区、自然保护区的实验区、水土流失重点监督区、泥石流、采空塌陷、岩溶塌陷等地质灾害的高易发区和重点防治区、崩塌、滑坡等地质灾害的中易发区和次重点防治区、地面沉降的高易发区和重点防治区、地下水降落漏斗区、矿产资源限制开采区和允许开采区等划定为限制建设区。

当市域建设限制性分区范围发生重合时，其控制等级按高控制等级确定。

市域建设限制性分析见表 8-1。

表 8-1 市域建设限制性分区

类型	要素	禁建区	限建区	说明
水源保护	地表饮用水源保护区	一级保护区	二级保护区及准保护区	陡河水库
	地表水源保护区	水库及周边地区		潘家口水库、大黑汀水库、丘庄水库、般若院水库
河库湿地	河流湿地	水面及两侧绿带		市域各级河流，按等级两侧绿带分别按各 600 米、200 米和 100 米控制（建成区以外）
	河口湿地	保护区		滦河口、陡河沙河河口、双龙河、小青龙河、大清河、老米河
	水库	水域范围		草泊水库和油葫芦泊水库
耕地	农田	基本农田保护区		
自然与文化遗产	自然保护区	核心区和缓冲区	实验区	石臼坨 - 月坨野生生物保护区（省级）；唐海湿地鸟类自然保护区
	森林公园	保护区		景忠山、御带山、鹫峰山、金银滩森林公园
	风景名胜区	保护区		清东陵
	地质遗址区	保护区		迁西太古界地层保护区
	重点文物保护单位	保护区		李大钊故居、西寨遗址、爪村遗址、天宫寺塔、寿峰寺、净觉寺、丰润中学校旧址、潘家峪惨案遗址、古长城等
水土保持	山体	重点治理区：坡度大于 25°、相对高度超过 250 米	重点监督区：坡度介于 15° ~25° 的山体	
地质灾害与工程地质	泥石流	高易发区 / 重点防治区		
	采空塌陷		高易发区 / 重点防治区	
	岩溶塌陷		高易发区 / 重点防治区	
	崩塌		中易发区 / 次重点防治区	
	滑坡		中易发区 / 次重点防治区	
	地面沉降		高易发区 / 重点防治区	
	地质断裂带	活动断裂带两侧 100 米；推断断裂带两侧 70 米		
	地下水超采		地下水降落漏斗区	
资源开发利用	矿产资源区	禁采区	限制开采区、允许开采区	
其他	大型市政基础设施通道	大型市政通道控制带		
	交通干线绿化带	铁路、公路及城市干道两侧绿化带		

2. 制定实施分区生态保护政策

禁止建设区是生态培育、生态建设的首选地，原则上禁止任何与保护功能无关的开发建设活动。

限制建设区是自然条件较好的生态重点保护地区或敏感区，应遵循保护优先、限制开发的原则，不宜安排城镇开发建设项目。对确有建设必要的地区，必须通过充分论证；执行严格的限制建设条件，遵守国家、省、市相关的法律、法规；科学确定开发模式、项目性质、规模和强度，制定相应的生态补偿措施。

二、构建完备的法制体系

（一）完善法规体系

在执行现行法律法规的同时，加快生态资源保护和防治环境污染的地方性立法。唐山生态城市建设必须加快制定以《唐山生态城市建设条例》为主的法规体系，与已颁布的国家环保法律和资源保护法律相互配套，并且对现有的地方环保法规予以充实和完善。这个法规体系主要应该包括发展循环经济、推广清洁生产、控制农业面源污染、资源可持续利用、饮用水安全、生态防护林建设、管理排污权交易、湿地保护、环境风险防范、景观建设规划等地方性规章；建立健全资源管理保护、环境与资源综合决策、环境影响评价、生态约束、生态补偿、自然资源使用权管理、生态安全管理等制度，必要时上升为地方立法，为生态城市建设提供强有力的法律保证。

同时，构建绿色经济标准地方性法规，积极推行建立绿色经济标准体系，包括绿色经济界定和分类标准，认证程序和机构以及绿色核算制度。

（二）强化综合执法

首先，加强综合执法制度化建设，完善生态城市建设制度体系。这些体系包括：①绿色秩序制度，包括自然资源产权制度、绿色市场制度、绿色产业制度、绿色技术制度、绿色产销制度，废物回收利用制度等；②生态激励制度，包括绿色财政制度、绿色金融制度、绿色投资制度、绿色税收制度、绿色统计制度、绿色审计制度、绿色会计制度等；③绿色社会制度，包括绿色教育制度、绿色宣传制度、绿色行政制度、绿色采购制度、公众参与制度等。

其次，整合生态行政执法力量，提升执法效果。为避免出现多头执法、重复执法、推诿执法的现象，整合生态行政执法力量，可以成立唐山生态建设委员会，负责协调、指挥全市生态城市建设的行政稽查工作，组织、指导、督促案件调查，负责立案、复核及行政处罚的执行。

最后，推行生态执法责任制量化考核制度，制定一套符合实际的生态执法责任制考核量化指标。

（三）加强执法监督

首先，紧跟新法律，试创新机制。继续建立健全法律、法规体系，密切跟踪国家环境影响评价法、清洁生产法等法律的立法进程。进一步完善环境标准，修改不合理的污染物排放标准，制定有关生态环境保护的新标准。同时，在进行经济开发和项目建设时必须严格执行有关法律、法规，坚持先评价后建设，坚决控制新污染和破坏的产生，加大监督执法力度，严厉打击违法犯罪活动。强化流域机构在水资源管理方面的权威性，积极试行资源环境核算制度，保护和合理利用水、耕地、草地和林地等自然资源的新机制、新办法。

其次，完善行政监察，加强各方监督。完善政府内部的行政监察制度。进一步完善各级政府内部的监察制度，加强对各级领导干部执行环境、资源等方面法律规章情况的监察，实施责任追究制度，以保证各项法律、法规、规章和计划与规划的落实。同时，充分发挥各级人大和政协组织的监督作用。加强立法、执法和工作监督是生态城市建设一项重要的保证措施。要加强各级人大、政协的监督力度，同时也要充分发挥社会监督、新闻媒介监督的作用，以保证生态城市建设的健康发展。强化对建设项目立项、资源开发利用和生态环境保护的法律法规和政策执行情况的监督。此外，建立和疏通投诉举报渠道，鼓励广大群众检举揭发污染环境、破坏生态的违法行为，充分发挥新闻媒介和公众的监督作用；全面推行执法复查复核制、部门执法责任制、执法定期报告制，严格执法程序和责任追究制度，加大对资源环境执法机构和人员的执法监督力度。

最后，优化执法监督机制，严惩违法犯罪行为。必须建立一套完整、严密、可操作的适应生态城市建设的执法监督体系，包括严格的法规制度、环境标准，训练有素的执法队伍，行之有效的执法手段，以杜绝一切环境违法行为。切实做到凡是污染严重的落后工艺、技术、装备、生产能力和产品一律淘汰；凡是不符合环保要求的建设项目一律不允许新建；凡是超标或超总量控制指标的排污工业企业一律停产治理；凡是破坏环境的违法犯罪行为一律受到严惩。只有这样，生态城市建设才能纳入健康发展的轨道。

（四）建设高素质执法队伍

整合执法力量，建立稽查队伍，为生态文明建设提供执法保障。一是从大中专院校引进各种层次的技术化、专业化的人才加入唐山生态城市建设的执法队伍，为生态城市建设的执法队伍注入新血液，提高执法队伍的素质结构。二是加强执法队伍培训，主要是要不断改善培训方式，更新培训方法，切实达到培训、提高的目的。在时间上采取定期与不定期相结合，使培训时间与课程内容灵活变通，在内容上采取理论与实战相结合，包括生态观念、唐山生态城市建设内容、执法技能等方面。三是加强生态执法人员法律法规知识的考核，提高执法队伍的素质和执法质量。考核不合格的人员不能上岗，对知法犯法、贪赃枉法者，坚决清理出队伍。

第九章　推进生态城市建设的十条建议

一、设立唐山生态城市建设协调委员会

生态城市建设是一项全局性的系统工程，需要组建一个专门的权威机构来负责统一领导和协调，因此建议成立唐山生态城市建设协调委员会，由市委书记和市长亲自挂帅，各区、县（市）、局一把手为主要成员。协调委员会下设办公室，办公室人员由相关行业专家和各有关职能部门专家型领导组成，负责生态城市建设相关的协调工作和日常管理工作。目前急需开展的工作包括：制定生态城市建设方案和运作管理办法；根据生态城市建设的总体规划，制定阶段性发展目标和行动方案，动员全民一起行动建设生态城市。

生态城市建设协调委员会的主要职能包括：

（1）贯彻执行国家、省、市有关生态城市建设的法律、法规和政策，起草相关法规、规章；负责建立健全生态城市的基本制度；组织拟订并监督实施生态城市建设发展战略、中长期规划和政策，实现与国民经济和社会发展规划、城市总体规划等的衔接，促进经济社会发展与环境保护、生态建设的统一。

（2）承担生态城市建设的统筹协调责任。组织实施生态市建设，牵头开展生态文明示范城市建设试点工作；组织拟订并实施城市建设管理各行业各领域有关人居环境保护的标准和技术规范；组织研究生态城市建设与保护工作中的重大问题，提出优化城市人居环境的目标和对策建议；承担环境保护实绩考核工作。

（3）承担从源头上预防、控制环境污染和生态破坏的责任。负责建立生态环境评价体系；加强和完善环境影响评价制度，组织实施政策环境影响评价和规划环境影响评价，组织审查政策和规划环境影响评价文件；承担废气排放监管责任，确保空气质量逐年提高；组织编制并监督实施全市污染物排放总量控制计划，实施污染减排考核；制定水体、大气、土壤、噪声、光、恶臭、固体废物、化学品、机动车等的污染防治管理制度并组织实施，会同有关部门监督管理饮用水水源地环境保护工作；组织制定并监督实施水环境综合整治规划，负责跨界河流水质达标管理工作；统筹环境安全和环境应急管理工作。

（4）组织、指导和协调人居环境宣传教育工作，开展对外交流与合作。

二、建立生态城市建设领导班子任期目标责任制

一是确定任期目标，将主要指标列入政府任期考核。将生态城市建设目标完成情况作为领导政绩的重要依据之一，实行党政一把手亲自抓，负总责。要将污水排放量、废弃物回收率、生态产业增长率、城市生态景观情况、公众生态诉求事件发生等指标纳入政府官员考核指标，作为职务晋升和奖惩的重要依据，将考核结果与干部奖惩直接挂钩。

二是合理制定增量目标与考核指标。充分考虑不同行业的经济技术条件的差异，淡化存量差异，

着重增量考核。考核指标要有可操作性和可比性，既能单项考评，又能综合考核；既能纵向对比，又能横向比较，从而保证考核的公正性。在具体指标选择方面，结合国务院节能减排指标和生态城市建设内在要求，根据上述原则，可选择单位国内生产总值能耗、化学需氧量排放总量、二氧化硫排放总量、城市建成区绿化率、城市园林绿地面积、人均园林绿地面积、污水收集率、污水处理率、污水排放量、废弃物回收率、生态产业增长率、城市生态景观情况、公众生态诉求事件发生等。

三是增强考核的社会性和透明度。目标责任状的考核应完善社会监督机制。社会组织和公民个人是环保目标责任制得到充分有效实施的重要力量。检查考核人员的组成除人大、组织、纪检等部门外，还应邀请社会人士和群众的参与、吸收直接受到环境质量影响的群众参加检查考核。此外，还应公布考核结果，使信息公开化，使公众了解真实的情况，促进公众主动关心和参与生态城市建设工作中。

三、制定出台《唐山生态城市建设条例》

为加快唐山生态城市建设进程，确保实现生态城市中长期发展目标，提供更加权威和稳定的决策依据，逐步建立城市生态化发展的长效机制，唐山要在生态城市地方立法方面先行一步，在全国率先制定《唐山市生态城市建设条例》。

《唐山生态城市建设条例》以《中华人民共和国环境保护法》《中华人民共和国清洁生产促进法》《中华人民共和国循环经济促进法》等国家环境与资源保护法律为指导，突出以增加和保护森林与绿色植被，扩大生态环境建设容量、增加生态承载力为主要内容，结合唐山生态城市建设中生态环境建设、绿色经济与生态文化的目标任务与中长期发展需求，对现有的地方政策规章进行梳理、充实、完善和提升，形成规范和刚性制约的唐山生态城市建设的地方法规。这个法规体系主要包括构建林网水网一体化生态安全体系、发展循环经济、推广清洁生产、控制农业面源污染、建设生态文化、资源可持续利用、饮用水安全、生态防护林建设、排污权交易、碳汇交易、湿地保护、地质灾害风险防范、环境风险防范、景观建设规划等地方性规章；科学合理的城市规划与建设、生态环境建设、产业绿色化转型与升级、生态文化与生态文明创建等综合决策机制；完善的环境影响评价、生态保护、生态补偿、自然资源使用权管理、生态安全管理等制度，进而为唐山生态城市建设提供强有力的法律保证。

四、构建生态城市建设多元化投融资体系

一是加大政府公共投入力度，明确生态支出范畴、增加生态支出比重。政府公共投入生态支出除了包括重点污染防治、区域性污染防治，比如城市水流和海域的水质污染治理、矿区植被破坏和水土流失、生态社区综合改造、农村生态防护体系，还包括污染防治新技术、新工艺的开发示范和应用，更应注重支持和发展节能领域，开发可再生能源技术。另外，生态城市建设的基础设施建设（绿地系统、中水处理系统、雨水收集系统、固废收集处理系统、交通干道绿化、水网林网一体化建设）、活动经费、职能机构经费以及人才培养与引进经费等，都需要政府公共投入的关注和强力支持。再有，生态文化建设以及构建生态产业发展的基础设施条件，也要列入公共财政的生态支出。增加政府公共投入生态支出的比重。把生态支出项目作为政府预算支出科目，提高生态支出的比重，构建生态支出与 GDP、财政收入增长的双联动机制，确保生态支出额的增幅高于 GDP 和财政收入的增长速度，并将新增财力更多地用于生态城市建设。

二是推进生态唐山建设投融资主体多元化。对于生态城市建设中的某些公益性强的、有一定资产回报的项目，不一定要财政投资单独承担，可以运用一定的财政预算采取贴息、担保、BOT、TOT、PPP（公私合营）、PFI（私人资本参与）的建设方式，扩大生态城市建设投资主体的多元化，

使有限的预算资金通过乘数效应放大投资效果；另外，可以利用国际环境保护资金，包括国际环境保护组织基金、外国政府专项资金、跨国企业投入和国际资本市场筹资等支持唐山生态城市建设。

三是试验生态唐山基金计划。可以由唐山生态城市建设投资中心与唐山生态城市建设主管部门，以及其他民间投资主体设立生态唐山基金管理公司，然后由管理公司联合其他企业集团和机构发起设立生态唐山基金，这些基金以投资公司的形式存在。基金的资金来源包括境内和境外的机构。而管理公司不仅是这些基金公司的投资者之一，也是基金公司的管理人。管理公司的资本金并不承担投资具体项目的任务，而是发起设立投资公司（基金），并受托运作投资公司（基金）投资于项目。管理公司和基金公司的责权明晰、关系顺畅。在唐山区域内部，研究发行生态唐山基金彩票。该项资金的安排使用，应重点向重要生态功能区、水系源头地区、煤矿废置区和自然保护区倾斜，优先支持生态保护作用明显的区域性、流域性重点环保项目，加强生态城市的基础设施建设，加大对区域性、流域性污染防治及污染防治新技术新工艺开发和应用的资金支持力度。

四是设立生态唐山建设投资中心。城市建设投资中心具有城市基础设施和生态建设的经营权，作为政府的投资主体在城市建设的投融资中发挥核心和主导作用，成为城市吸引社会资源投入城市建设的平台和载体。该公司运用市场手段向银行、社会、企业等进行项目融资，依托地方政府信用或财政信用，发行中长期、低利率的“绿色”债券和“绿色”股票，在筹集大型环保和生态工程建设所需资金的同时，促进资本、资产跨地区、跨行业、跨部门、跨所有制的流动，提升资本运作和资产经营的层次、能级和效益，也可以提高全民建设生态城市的意识。

五、构建生态城市建设技术支撑体系

一是充分发挥唐山地理优势，与中央科研院所、京津知名高校联合共建创新机构和平台，加快区域间的科技交流与合作。总结中国科学院唐山高新技术研究与转化中心的新型产学研协作新模式的成功经验，加大中央科研院所、京津知名高校联合共建创新平台的力度，与继续支持和鼓励国内外高校、科研单位、科技公司通过多种方式在唐山建立技术转移中心、科技中介机构、分支机构，加快科技技术在区域间的交流与合作；建立京津唐三地互认制度，共享研究实验基地、大型科学仪器、科技文献等基础资源，建立常年性、宽领域、多层次的项目对接机制，推动建设统一有序的跨区域知识交易网络，建设网上技术市场，建立唐山技术市场实体网络，积极争取北京技术市场、天津北方技术交易市场来唐设立分市场。

二是发挥唐山产业优势，形成具有唐山特色的研究领域和优势科技产业。以钢铁、建材、化工、陶瓷、装备制造等重点行业为主要发展领域，以加快传统产业优化升级和高新技术成果产业化为重点，实施高新技术研发和产业化工作。首先，以曹妃甸京唐钢铁公司、唐山钢铁集团等大型企业为龙头，推广新型的可循环钢铁工艺流程技术，重点攻克钢铁生产过程中的节能减排以及循环利用等先进工艺技术，开发高附加值钢铁产品；其次，依托唐山市的海洋和煤炭资源优势，以煤化工、盐化工和石油化工三大化工产业链向精细化工产业链的延伸为主线，重点攻克各产业链延伸过程中的关键技术，并且围绕南堡10亿吨大油田开发建设、曹妃甸工业区千万吨炼油和百万吨乙烯炼化一体化项目建设，积极进行重大项目相关配套产业技术的前期研究及高附加值产品开发，大力推动化工产业技术创新。

三是组建中国（唐山）生态环境服务技术创新与应用联盟。依托唐山生态城市建设的巨大技术需求，组建中国（唐山）生态环境服务技术创新与应用联盟。由技术推广服务联盟秘书处负责建立一个面向联盟成员单位（包括技术应用企业、行业协会、科研机构等），以信息服务为核心的生态技术综合服务平台，负责把相关科研机构的科技创新介绍推广到应用企业，并且构建稳定的科技创新提供者与需求者的关系。借助现有唐山国家级高新技术创业服务中心平台，除了为科技成果持有者在商品化创业阶段提供政策扶持、孵化场地、资金筹措、人才培训和管理咨询等综合性服务外，还应该建立完善高新技术项目库、专家库和高新技术网站，充分发挥其孵化作用，并且加强孵化基地与产业化基地、高校和科研机构的关系，进一步完善唐山高新技术产业园区、唐山钢铁材料产业化基地、高速动车组产业化基地等创新基地作用，进一步建立特殊新材料成果产业化基地，并整合各种类型产业化基地，实现创新资源的优化配置和创新成果的充分利用。

六、激励公众参与生态城市建设

一是加大公共信息平台建设，加强公众宣传教育，培育公众生态理念。完善生态唐山公共信息管理制度，加快外网、门户网站的升级改造步伐，创造健康良好的公共信息环境。整合相关部门的公共信息，建设“生态唐山网站”，及时发布生态城市建设相关政策、环境监测信息、生态功能区信息、生态改善信息，为公众监督和参与生态唐山建设提供良好的信息渠道。

二是保障公众参与渠道，健全参与的激励机制。运用市场手段，建立公众参与生态建设的激励机制，使民众的生态效益和经济效益结合起来。通过发展循环经济，使垃圾能够回购，建立健全垃圾回收制度；通过排污权收费，建设污水排放和行车汽油使用数量；运用水电煤油等能源的生态价格等方式，建设公众生活的能源消耗。运用社会手段，建立公众参与生态城市建设的激励机制，使民众的社会效益和生态效益互相结合。比如通过唐山生态城市建设十大人物等公众活动、生态城市建设十佳单位等公众活动的评选，让公众积极参与生态建设，既能调动其积极性，还能扩大生态建设的公众宣传。倡导绿色消费理念，使公众把生态城市建设和健康生活方式统一起来。

三是推进低碳社区创建与评比。根据唐山生态城市建设的目标要求与城乡统筹发展的需要，设立低碳社区（包括城乡社区）评建标准，在全市范围推进低碳社区创建活动，鼓励社区开展各种类型的低碳文化创建活动，定期评比，对达到市级以上低碳社区标准的社区给予奖励与表彰，对低碳社区评分排位前十名的社区负责人给予重点奖励。

四是全方位塑造生态唐山品牌，包括构建生态唐山品牌识别系统、内部体验系统和外部营销系统。构建生态唐山品牌识别系统。弘扬冀东地域文化，把生态文化、工业文化、抗震文化、现代文化融为一体，提炼一个能够综合地体现唐山生态化发展和独特城市文化形象的品牌定位，表达生态唐山核心理念。从市民素质规范（观念、行为、风俗习惯、道德风尚、交往方式等）、管理制度规范（政府、组织的管理行为、管理手段、服务方式、目标效果等）和城市品牌传播规范（知名人物、知名企业、知名产品、知名活动、广告传媒等）构建生态唐山城市行为识别系统。从象征性标志（市树、市花、市鸟、市徽、主色调、吉祥物等）、景观性标志（自然景观、建筑景观、街区景观、空间景观等）和文化性标志（城市传统、文物遗存、名人事迹、文化活动等）等层面构建生态唐山城市形象识别系统。构建生态唐山品牌内部体验系统。从林网水网一体化的角度构建唐山林水山海一体的五彩唐山内部体验系统，提高城市宾馆、饭店、公园、商场、车站、旅游景点、文化娱乐场所等公共服务系统的生态品味与服务质量。构建生态唐山品牌外部营销系统。成立生态唐山品牌推广的专业机构，邀请专家组对城市形象和品牌进行专项规划，制定专门的行动计划，协调好宣传部门、旅游部门、招商部门等政府职能部门的关系。对唐山十大名片的跟踪挖掘，进一步推广《唐山——凤凰涅槃的生态城市》，打造主题突出、内涵深刻的媒体宣传精品。主办推广力强、影响面宽的生态主题展览活动。

七、完善生态安全监管和污染管制政策

一是要强化生态安全监管。限制高耗能、高耗材、高耗水产业的发展，实施严格的淘汰制度

和污染物总量控制制度，对达不到规模经济、污染严重的造纸、冶炼、建材等行业和企业进行强制淘汰。

二是完善污染管制政策。唐山生态城市的建设，污染防治是基础也是起点，应该以预防和治理河流污染、大气污染及土壤污染为切入点，严格执行生产经营企业污染达标排放制度，特别要重视资源利用中的监控性法规的制定，通过审批、监管等行政手段，关闭或者禁止存在重大污染隐患的“五小”企业；制定规范详细的污染奖惩标准，建议将降污环保技术开发纳入科技进步奖范围，对污染控制成绩显著的部门、企业和个人给予奖励，包括荣誉奖励和奖金奖励；而对于污染控制不力的相关单位给予通报批评，对于造成严重污染的企事业单位和个人则给予一定资金数额的惩罚。推进城市垃圾的无害化处理和资源合理化利用，在所得税上，对实行企业化管理的污水处理厂、垃圾处理厂实行加速折旧；将一些不符合生态标准的高能耗产品、高原生资源消耗品纳入消费税征税范围，在调整成品油消费税的基础上，应进一步提高成品油的消费税率，力争在较短时间内使城市生态环境质量有根本好转。

三是通过税收优惠、财政补贴、政府采购等引导生态产业发展。在尊重市场经济规律的基本前提下，制定相应的产业政策，引导社会生产力要素向有利于生态城市建设的方向流动。编制并发布鼓励生态产业发展和生态环境建设的优先项目目录，并对这类项目提供优惠政策。在税收上给予优惠。在一定时期内，对生态产业企业可以减征或免征增值税，对企业新开发的“绿色产品”也可以缓征所得税，对绿色产品加工企业进口加工设备和引进先进技术，在关税和增值税上给予优惠，以此增强绿色产品加工企业自我积累、自我发展的能力；先期在污染严重的工业企业中，试行部分消费型增值税制度，对企业和个体经营者购置的用于防治污染的设备和设施、无公害生产设备、特定基础材料、废弃物再生处理设备的投资允许一次性进入抵扣增值税额。通过财政补贴，对生态产业在成长初期，特别是因新产品的研发而出现的暂时亏损，或新产品为打入市场而出现的暂时亏损予以财政补贴；通过特别折旧方法，对生态产业的技术装备实行加速折旧，促进其现代化技术水平的不断提高；加大政府采购中本地区“绿色产品”的比重，通过政府购买产生的乘数效应拉动生态产业的发展，政府应对“生态 BOT”项目予以优先考虑，利用外资改善生态，发展生态产业。

八、规划实施生态城市重点人才工程

掌握先进生态技术的专业人才，较强协调能力的生态管理人才，前瞻性的生态规划和创新人才，是唐山生态城市建设的主力军。

一是培养人才。首先要调整教育结构。唐山地方高等院校人才的培养要逐步转向高新技术行业、生态技术行业和现代服务业，提高金融、保险、法律、信息服务等高层次人才的比重。其次要建立生态型公务员培训机制。应该开展多职能部门多层级的公务员培训活动，甚至使培训常规化和制度化，形成长期规范的培训机制。要构建生态型企业家培训机制。通过政府搭台，企业唱戏，根据市场需求，与国内外知名培训机构合作，聘请专业培训大师，定期不定期地开展企业家培训活动。要开展生态型技术人才培训机制。市、县（区）和各行业要适应各类企业基础性培训需求，建立多学科、多层次的优势教育资源共享网络体系。同时促进培训资源的横向合作，拓展与省内高校、国内培训机构的合作空间，建立紧密的校企人才培养合作关系。最后还要加强企业人力资源经理人培训。要重视和加强人力资源经理人的能力培训，加快经理人提升素质、拓展技术，以充分发挥人力资源部门在开发生态城市建设人才的基础作用。

二是引进人才。建立引进人才的绿色通道，制定有利于人才合理流动的政策，创造“拴心留人”的社会环境。研究制定符合生态城市建设需要的各类人才引进、培养、使用、奖励、流动、保障

等整体配套的人才队伍建设新体制，逐步实现人才管理的制度化、规范化和法制化。对于生态城市建设中紧缺的各类优秀人才，坚持一人一议，实行“先入户、再创业”的人才储备政策，并提供其发展所需的各种基础条件，为人才的柔性流动提供方便；在工资制度方面实行一流人才、一流岗位、一流业绩、一流待遇，让一流人才享受与发达地区同等甚至是略高的待遇，从而提高唐山市对各类优秀人才的吸引力。创新人才管理方式，按照“不求所有、但求所用、来去自由”的原则，促进人才的柔性流动。企业要加强与高等院校和科学研究所的合作，用“借脑袋”的方法，不拘一格地引进人才和智力。鼓励政府部门、科研机构、高校、企事业单位聘请院士、专家作为本部门的兼职人员，充分利用外来人才的智力资源。

三是激励机制。建立动态管理的人才选拔机制。健全完善机关事业单位人员考录制度，提升工作人员整体素质。改进公务员选拔任用机制，大力推行民主推荐、民主测评和任前公示制。探索企业经营人才选用机制。实行企业经营者聘任制和任期制，逐步实现企业经营人才的身份职业化、配置市场化、素质现代化。创新人才引进制。积极实行以项目引人才、以课题引人才，促进人才引进与项目对接、与产业互动。坚持“不求所有，但求所用”，扎实推进“院士联谊”“假日博士”等形式的借智工作。创新分配制度，积极探索管理、技术、知识等要素按贡献参与分配的方式和途径。对于带资金、技术、项目、产品、专利等来唐创业，或以其他方式将技术成果转让给唐山市企事业单位的各类人才予以奖励。设立“建设生态唐山杰出人才奖”“新唐山建设卓越功勋奖”“科学发展创新奖”“凤凰友谊奖”，对有突出贡献的人才给予重奖。

九、提升“国家科学发展示范区”试验示范水平

一是建议成立“国家科学发展示范区”咨询专家委员会，请国内外高层专家为示范区建设把脉和咨询；二是率先开展政策突破和试验，如制定绿色环境制度和绿色激励制度，推行国民经济资源环境核算体系，明确资源生产率、资源消耗降低率、资源回收率、资源环境利用率、废弃物最终处理降低率等主要指标体系；制定并实施促进循环经济的奖励政策、收费减免政策、税收减免政策、贷款优惠政策；如对采用闭路循环、资源再生等企业，在污染排放配额分配、环境预算等方面予以支持，起到循环经济的政策导向作用。三是加快产业升级的示范效应，发展以钢铁深度加工、资源深度利用为重点的精品钢材产业链，发展循环性的化学工业产业群，扶持发展高新技术产业、生物产业、现代林业产业，农业产业、现代服务产业、环保产业等，为生态唐山建设构建坚实的产业体系基础。

十、突出林业在生态城市建设中的主体作用

一是健全生态补偿机制。依据国家《生态补偿条例》，利用唐山财力比较充裕的优势，率先完善唐山生态城市建设的生态补偿机制，将森林生态、矿山恢复、水资源分配、公共绿地等生态事业，纳入生态补偿范围，建设合理科学的补偿标准体系，开发灵活多样的补偿形式，多渠道拓宽补偿资金来源。二是探索生态建设制度创新。实行分类经营，对于商品林，可以放活经营权提高农民营林的积极性，对于生态公益林，则以政府统一经营的形式进行管理，对于兼有公益性质的商品林则可以实行农民经营，给予一定的生态补偿和补贴。此外，还可以探索设立市级生态公益林，并将其纳入生态公益林建设总体规划中。三是深化集体林权制度配套改革。重点在建立健全林业支持保护制度、林木采伐管理制度、集体林权流转制度、林业金融支撑制度和林业社会化服务体系等方面试点先行。四是努力提供翔实的林业运营管理信息、生态改善信息，提高唐山林业运营管理水平和综合实力，塑造唐山（生态、生活、生产）“三生”林业的形象，为生态唐山建设提供天然屏障与绿色名片。

参考文献

REFERENCE

1. 新华社．胡锦涛盛夏考察新唐山［N］，人民日报海外版，2006-07-31
2. 中国可持续发展林业战略研究项目组．中国可持续发展林业战略研究［M］．北京：中国林业出版社，2003.
3.《中共中央 国务院关于加快林业发展的决定》［EB］．2003.
4. 江泽慧．世界竹藤［M］．沈阳：辽宁科学技术出版社，2000.
5. 江泽慧，等．中国现代林业［M］．北京：中国林业出版社，1995.
6. 江泽慧．加快城市森林建设，走生态化城市发展道路［J］．中国城市林业，2003，1（1）：4~11.
7. 彭镇华．中国城市森林［M］．北京：中国林业出版社，2003.
8. 彭镇华．中国城乡乔木［M］．北京：中国林业出版社，2003.
9. 彭镇华．林网化与水网化——中国城市森林建设的核心理念［J］，中国城市林业，2003，1（2）：4~12.
10. 彭镇华．乔木在城市森林建设中的空间效益［J］，中国城市林业，2004，2（3）：1~7.
11. 彭镇华．中国森林生态网络系统工程［J］．应用生态学报，1999（10）.
12. 彭镇华．上海现代城市森林发展研究［M］．北京：中国林业出版社，2003.
13. 彭镇华，王成．论城市森林的评价指标［J］．中国城市林业，2003，1（3）：4~9.
14. 王成，彭镇华，陶康华．中国城市森林的特点及发展思考［J］．生态学杂志，2004，23（3）.
15. 王成．城镇不同类型绿地生态功能的对比分析［J］，东北林业大学学报 2002，3：111~114.
16. 曹妃甸工业区门户网站．曹妃甸循环经济示范区产业发展总体规划［EB/OL］.
17. 陈国鹰．健康唐山让人民生活更幸福［J］．健康大视野，2010（20）：64~65.
18. 陈国鹰．唐山 2010 年政府工作报告［EB/OL］．http://www.tangshan.gov.cn/html/xinxigongkai/gzbg/2010/0427/319.shtml.2010-4-27
19. 费世民，徐嘉，孟长来，等．城市森林的兴起及其概念［J］．四川林业科技，2010，31（3）：37~42.
20. 冯贵宗．生态经济理论与实践［M］．北京：中国农业大学出版社，2010.
21. 高超．环渤海地区港口城市体系等级规模结构研究［J］．唐山师范学院学报，2011，33（1）：116~119.
22. 高静，刘文燕，杨艳慧．基于资源转型的唐山生态城市的构建［J］．当代经济，2010（9）：100~101.
23. 郭丕斌．新型城市化与工业化道路——生态城市建设与产业转型［M］，北京：经济管理出版社，

2006.5.
24. 郝卫国 . 一座凤凰涅槃的生态城市——走进唐山市城市展览馆［J］. 城市规划，2009（8）：I0003~I0004
25. 黄光宇，陈勇 . 生态城市理论与规划设计方法［M］. 北京：科学出版社，2002.
26. 霍晓姝，武志勇，刘家顺，等 . 唐山市城市化水平分析［J］，河北理工大学学报（社会科学版），2010，10（3）：51~54.
27. 金迎春，刘桂芳 . 加快唐山生态市建设步伐浅议［J］. 河北水利，2008（2）：41~42.
28. 孔繁德 . 城市生态环境建设理论［M］. 北京：中国环境科学出版社，2001.
29. 李俊义，曲澜娟 . 从“工业疮疤”到“城市绿肺”——河北唐山打造南湖生态公园推进生态城市建设［EB/OL］.http：//news.163.com/09/0505/16/58IH54G3000120GU.html.2009-5-5
30. 李松志，董观志 . 城市可持续发展理论及其对规划实践的指导［J］. 城市问题，2006（7）：14~21.
31. 李兆清 . 应将唐山建设成为东北亚能源战略枢纽［J］. 唐山经济，2008（7）：24~29.
32. 林澎 . 唐山曹妃甸国际生态城规划［J］. 建设科技，2009（15）：38~39.
33. 莫罹，王林超，孔彦鸿，等 . 生态指引下的区域规划——以唐南发展战略研究为例［J］. 城市发展研究，2008（5）：93~99.
34. 平川 . 唐山：“生态城市”建设高歌猛进［EB/OL］.http://www.citure.net/info/200919/200919141910-2.shtml.2009-1-9
35. 钱文婧，李燕 . 知识城市：中心城市发展与转型的选择［J］. 城市观察，2009，（2）.
36. 史宝娟，刘家顺 . 唐山市循环经济系统规划研究［J］. 集团经济研究 .2007（03Z）：155~156.
37. 宋智勇，李志红 . 唐山在环渤海地区的发展战略定位分析［J］. 中国经贸导刊，2010（23）：48.
38. 唐山市环境保护局 . 唐山“十一五”：健全和发展综合交通体系［EB/OL］，www.jctrans.com，2006-8-8.
39. 唐山市统计局，国家统计局唐山调查队 . 唐山市 2010 年国民经济和社会发展统计公报［EB/OL］. http：//www.tstj.com/liu/2010gongbao.htm.2010-4-27
40. 唐山市统计局，国家统计局唐山调查队 . 唐山统计年鉴［M］.2010，北京：中国统计出版社，2010. 10.
41. 王发曾，我国生态城市建设的时代意义、科学理念和准则［J］. 地理科学进展，2006（3）.
42. 王军 . 唐山市委书记赵勇：科学发展是唐山第二次凤凰涅槃［N］. 南方日报，2010-07-17.
43. 卫绍明 . 论唐山市南湖开发建设的生态意义［J］. 河北能源职业技术学院学报 .2010，10（3）：23~24.
44. 邬建国 . 景观生态学——概念与理论［J］. 生态学杂志，2000（1）：42-45.
45. 肖欣洁 . 唐山市采煤塌陷土地复垦与生态重建研究［J］. 今日国土，2010（8）：38~40.
46. 薛波 . 唐山曹妃甸国际生态城指标体系［J］. 建设科技 .2010（13）：64~65.
47. 杨洁，刘彩霞，孟祥霞 . 唐山市生态城市建设［J］. 河北理工大学学报：社会科学版，2009（1）：54~57.
48. 于明言，臧学英 . 构建环渤海战略性新兴产业发展框架探究——基于系统论视角［J］. 理论学刊 .2011（2）：37~41.
49. 于山 . 唐山：构筑开放型经济发展新优势［J］. 宁波经济：财经视点，2008（7）：39~39.
50. 张彩霞，唐山市城市生态水平及调控建议［J］. 浙江化工，2007，38（11）：23~25.

51. 张成 . 唐山市生态农业旅游发展浅析［J］. 河北农业科技，2007（12）: 6~6.
52. 张逢春，张贺凤 . 浅谈唐山沿海林业的发展［J］. 河北林业，2010（3）: 17~18.
53. 张广威 . 论环渤海区域经济合作的制度安排［J］. 山东工商学院学报，2011，25（1）: 23~26，54.
54. 张国栋 . 唐山 2007 年政府工作报告［EB/OL］.http: //www.tangshan.gov.cn/html/xinxigongkai/gzbg/2010/0427/296.shtml.2010-4-27
55. 郑金宝 . 树立科学发展观 加快唐山市生态城市建设［J］. 华北煤炭医学院学报，2005，7（4）: 536~537.
56. 中国科学院地理科学与资源研究所,河北唐山海港开发区"十一五"规划编制工作领导小组 . 河北唐山海港开发区国民经济和社会发展"十一五"规划纲要［OL］，2005，12.
57. 沈国舫 . 对世界造林发展新趋势的几点看法［J］. 世界林业研究，1988，1（1）: 21~27.
58. 黄鹤羽 . 我国林业科技的发展趋势与对策［J］. 世界林业研究，1997，（1）: 43~51.
59. 沈照仁，人工造林与持续经营［J］. 世界林业研究，1994，7（4）: 8~13.
60. 中华人民共和国林业部林业区划办公室 . 中国林业区划［M］. 北京 : 中国林业出版社 . 1987.
61. 雷加富 . 中国森林资源［M］. 北京 : 中国林业出版社，2005.
62. 陈晓倩 . 论林业可持续发展中的资金运行机制［M］. 北京 : 中国林业出版社，2002.
63. 陈幸良 . 国家机构改革的基本取向与林业行政体系的建立［J］. 林业经济，2003，2，49~51.
64. 张颖 . 循环经济与绿色核算［M］. 北京 : 中国林业出版社，2006.
65. 郝燕湘 . 中国林业产业发展方向及政策要点［M］. 中国林业产业，2005.
66. 国家林业局 . 林业经济统计资料汇编［M］. 北京 : 中国林业出版社，2003.
67. 刘德弟,沈月琴,李兰英 . 市场经济下林业社会化服务体系建设研究［J］. 技术经济,2001（2）.
68. 桂来庭 . 从我国的城市化看我国城市森林的发展 . 中南林业调查规划［J］. 1995，（4）: 24~31.
69.（美）理查德·瑞杰斯特 . 生态城市伯克利: 为一个健康的未来建设城市［M］. 北京: 中国建筑工业出版社，2005.
70. Gregory E Nowak，David Heisler，Gordon Grimmond，et al. Quantifying urban forest structure，function and value［J］. the Chicago urban forest Climate Project McPherson，Urban Ecosystems. 1997. 1 : 49~61.
71. Hornsten L. Outdoor recreation in Swedish forests［J］. Doctoral dissertation. Department of Forest Management and Products，Swedish University of Agricultural Sciences. Forest resource trends in Illinois. 2000. 13 : 4~23.
72. Johnston M. A brief history of urban forestry in the United States［J］. Arboricultural Journal. 1996. 20 : 257~278.
73. Johonson D W. The effects of harvesting intensity on nutrient depletion in forests［C］// R. Ballard，S. P. Gessel（Ed.）. IUFRO Symposium on Forest Site and Continuous Productivity. USDA Forest Service，Pacific Northwest Range Experiment Station，Portland，OR.，General Technical Report PNW-163，1983 : 157~166.
74. Konijnendijk C C. Urban Forestry in Europe : A Comparative Study of Concepts，Policies and Planning for Forest Conservation，Management and Development in and Around Major European Cities［J］. Doctoral dissertation. 1999. Research Notes No. 90.
75. Louis R I，Elizabeth A. C. Urban forest cover of the Chicago region and its relation to household

density and income [J] . Urban Ecosystems. 2000. 4 : 105~124.

76. McPherson E G, Simpson J R. Carbon dioxide Reductions through Urban Forestry : Guidelines, for Professional and Volunteer Tree Planters [M] . General Technical Report USDA Forest Service, Pacific Southwest Research Station, Albany, CA. 1999.

77. Messina M G, Dyck W J, Hunter I R. The nutritional consequences of forest harvesting with special reference to the exotic forests in New Zealand [J] . IEA/FE Project CPC-10 Report No. 1, 1985 : 57.

78. Miller R W. Urban Forestry : Planning and Managing Urban Green Spaces [J] . New Jersey. 1997.

79. Morris A A. Long-term site productivity research in the U. S. Southeast : experience and futu redirections [J] . IEA/BEA3 ReportNo. 8. Forest Research Institute, NewZealand, FRIBulletin152, 1989 : 221~235.

80. Reinhard F Huttle, et al. Forest ecosystem degradation and rehabilitation strategies [J] . IUFRO, the 20th world congress, 1995.

附　件
APPENDIX

"唐山生态城市建设规划"项目人员名单

一、领导小组

组长：江泽慧　　国际竹藤网络中心
　　　赵　勇　　唐山市委书记
成员：陈幸良　　中国林业科学研究院
　　　董秀峰　　唐山市林业局
　　　费本华　　国际竹藤网络中心

二、专家组

组长：彭镇华　　国际竹藤网络中心
成员：陈幸良　　中国林业科学研究院
　　　王　成　　中国林业科学研究院
　　　李智勇　　中国林业科学研究院
　　　贾宝全　　中国林业科学研究院
　　　张志强　　北京林业大学
　　　黄选瑞　　河北农业大学
　　　陶康华　　上海师范大学
　　　樊宝敏　　中国林业科学研究院
　　　蔡春菊　　国际竹藤网络中心
　　　邱尔发　　中国林业科学研究院
　　　谢宝元　　北京林业大学
　　　李玉灵　　河北农业大学
　　　郄光发　　中国林业科学研究院
　　　董建文　　福建农林大学
　　　林　群　　中国林业科学研究院
　　　苏时鹏　　清华大学

专题分工及主要完成人员名单

专题一 建设理念篇				
负责人	李智勇	研究员	林业政策	中国林业科学研究院科技信息所
	樊宝敏	研究员	林业战略	中国林业科学研究院科技信息所
参加人员	张德成	博士	林业经济	中国林业科学研究院科技信息所
	刘勇	副研究员	林业经济	中国林业科学研究院科技信息所
	于天飞	博士	林业经济	中国林业科学研究院科技信息所
	刘畅	硕士	园林	中国林业科学研究院科技信息所
	包英爽	硕士	林业经济	中国林业科学研究院荒漠化防治所

专题二 总体布局篇				
负责人	贾宝全	研究员	景观生态	中国林业科学研究院林业研究所
	蔡春菊	副研究员	城市林业	国际网络竹藤中心
	邱尔发	副研究员	森林培育	中国林业科学研究院林业研究所
参加人员	詹晓红	助理研究员	城市林业	中国林业科学研究院林业研究所
	李娟	博士	城市林业	国际竹藤网络中心
	仇宽彪	硕士	植被生态	中国林业科学研究院林业研究所
	牟少华	博士	森林培育	国际竹藤网络中心
	汪瑛	硕士	城市规划	中国林业科学研究院林业研究所
	王旭军	博士	景观规划	中国林业科学研究院林业研究所
	王荣芬	硕士	城市林业	中国林业科学研究院林业研究所

专题三 建设指标篇				
负责人	张志强	教授	城市林业	北京林业大学
	谢宝元	教授	城市林业	北京林业大学
参加人员	王盛萍	讲师	能源环境	华北电力大学
	查同刚	副教授	土壤环境	北京林业大学
	郭军庭	博士	自然地理	北京林业大学
	郭婷	硕士	城市林业	北京林业大学
	韩晓文	硕士	城市林业	北京林业大学
	陈立欣	博士	城市林业	北京林业大学
	周洁	博士	自然地理	北京林业大学
	仇宽彪	博士	景观生态	北京林业大学

专题四　生态环境建设篇				
负责人	黄选瑞	教授	森林经营规划	河北农业大学
	李玉灵	教授	植被恢复	河北农业大学
参加人员	李春友	副教授	园林、景观规划	河北农业大学
	李永宁	副教授	森林资源经营管理	河北农业大学
	许中旗	教授	森林生态	河北农业大学
	马长明	讲师	森林培育	河北农业大学
	徐学华	讲师	城市林业	河北农业大学
	张培	讲师	园林规划	河北农业大学
	贾彦龙	研究生	生态学	河北农业大学

专题五　生态产业建设篇				
负责人	陶康华	教授	区域地质、生态学	上海师范大学城市信息中心、上海人类生态科技发展中心
参加人员	周国祺	教授	生态学	上海人类生态科技发展中心
	王延波	教授	农学、生态学	上海人类生态科技发展中心
	徐希燕	研究员	产业发展规划	中国社会科学院产业经济所
	梁启章	研究员	地理信息系统	上海人类生态科技发展中心
	张莉侠	博士	农业经济学	上海农业科学院经济研究所
	卢艳梅	硕士	环境规划与管理	上海师范大学城市信息中心
	梅晶	硕士	环境规划与管理	上海师范大学城市信息中心
	孙小明	硕士	自然地理学	上海人类生态科技发展中心
	祖燕婷	学士	生物科学	上海人类生态科技发展中心
	陈铁军	学士	计算机信息	上海人类生态科技发展中心
	严斌	硕士	城市信息系统	上海师范大学城市信息中心
	施昌林	学士	统计信息	上海人类生态科技发展中心

专题六　生态文化建设篇				
负责人	王成	研究员	城市林业	中国林业科学研究院林业研究所
	郄光发	博士	城市林业	中国林业科学研究院林业研究所
	董建文	教授	风景园林	福建农林大学
参加人员	古琳	博士	城市林业	中国林业科学研究院林业研究所
	董建华	硕士	城市林业	中国林业科学研究院林业研究所
	任露洁	硕士	城市林业	中国林业科学研究院林业研究所
	张晶	硕士	城市林业	中国林业科学研究院林业研究所
	张昶	硕士	风景园林	中国林业科学研究院林业研究所
	孙朝晖	工程师	经济	中国林业科学研究院林业研究所

专题七　政策保障篇				
负责人	陈幸良	研究员	林业经济与政策	中国林业科学研究院
	林群	博士	林业经济管理	中国林业科学研究院
	苏时鹏	副教授	环境政策	福建农林大学
参加人员	钟丽锦	助理研究员	环境社会学	清华大学环境系
	黎莹	助理研究员	技术经济	清华大学环境系
	欧阳正芳	博士	林业经济管理	中国农业大学
	熊璐璐	硕士	林业经济管理	中国林业科学研究院
	吴海龙	硕士	林业经济管理	中国林业科学研究院
	王琼	硕士	林业经济管理	中国林业科学研究院
	孙小霞	讲师	生态学	福建农林大学
	郑晶	讲师	生态经济	福建农林大学
	黄安胜	讲师	环境经济	福建农林大学
	黄森慰	讲师	林业经济管理	福建农林大学

在《唐山生态城市建设总体规划》项目评审会上的讲话

全国政协人资环委副主任、国际竹藤组织董事会联合主席
国家林业局科技委常务副主任、国际木材科学院院士
江泽慧 教授

（2011 年 9 月 18 日）

尊敬的王久宗副市长，

各位院士、专家，同志们：

由唐山市人民政府和中国林业科学研究院、国际竹藤网络中心共同组织开展的《唐山生态城市建设总体规划》项目，在国家林业局的直接关心和悉心指导下，在河北省委、省政府以及唐山市委、市政府的高度重视和全力支持下，经过项目组全体专家两年多的攻关研究，已完成各项预期研究任务，取得了重要进展。今天，很高兴邀请到各位院士专家和主管部门领导参加项目成果审定会，听取各位专家和领导的宝贵意见。

当前，我国现代化建设已经进入了加快推进的重要时期。党中央做出了全面落实科学发展观、构建社会主义和谐社会、建设社会主义新农村、推进生态文明建设等一系列重大战略决策，赋予现代林业建设新的使命，对林业发展提出了新的要求。党中央、国务院高度重视林业工作和生态建设。2009 年 9 月，胡锦涛主席在联合国气候变化峰会上作出了“大力增加森林碳汇，争取到 2020 年森林面积比 2005 年增加 4000 万公顷，森林蓄积量比 2005 年增加 13 亿立方米”的庄严承诺。在 9 月 6 日召开的首届亚太经合组织林业部长级会议上，胡锦涛主席再次指出，我国高度重视林业建设，把发展林业作为实现科学发展的重大举措、建设生态文明的首要任务、应对气候变化的战略选择。

河北省内环京津，东临渤海，地理位置优越，是京城通往外地的门户，自古就是京畿要地。改革开放以来，河北省林业建设取得了丰硕成果。随着我国城市化进程的加快，城市经济发展与生态环境之间的矛盾日益显著，建立社会和谐、环境优美的宜居环境，实现社会、经济、环境的协调发展已经成为国内外许多城市建设发展的目标。2005 年 9 月，经国家环保总局批准，河北省被正式列为全国生态省建设试点省份，2008 年河北省政府提出了“三年大变样”的重要决策，加快了河北各地区进行生态城市建设的步伐。2000 年，河北省政府就与中国林科院签订了全面科技合作协议，院省双方在科技创新、技术推广和人才培养等方面开展了卓有成效的合作，取得了可喜的成果。

河北唐山是一座具有百年历史的沿海重工业城市，是一座“凤凰涅槃”的城市，具有在废墟中建设新家园的坚强勇气和人文精神。唐山地处环渤海湾中心地带，是联接华北、东北两大地区的咽喉要地和走廊。唐山的林业生态建设起点高、基础好，已初步形成了生态城市的雏形。唐山

市认真落实科学发展观，制定科学发展战略。加强城市生态建设和环境治理，在寸土寸金的城市用地中规划出四大城市生态园林，集中力量建设了一批重点工程。先后实施了“蓝天、碧水、绿地、生态环境”四大工程建设，共建成12个自然保护区、森林公园等受保护地。推进资源型城市转型，确定了打造七大主导产业链，建设曹妃甸生态城、凤凰新城、南湖生态城和空港城“城市四大功能区”，构筑唐山市新型城镇化，大胆探索推进农村现代化的科学发展模式。已摸索推出了新型工业化、新型城市化、农村现代化、社会管理创新等科学发展的具体模式。1990年唐山在全国第一个荣获联合国“人居荣誉奖”，并先后荣获全国创建文明城市工作先进市、全国卫生城、全国园林绿化先进城市等国家荣誉称号。去年10月6日，唐山成功获得了2016年世界园艺博览会的承办权，成为国内首个承办世园会的地级市。2016年恰逢唐山抗震40周年，在唐山南湖举办世园会，可以向世人展示唐山抗震重建和生态治理恢复成果，表明唐山人民保护环境、修复生态、实现资源型城市转型和建设生态城市的决心。

在全面推进唐山生态城市建设的过程中，我们与唐山市开展了长期而富有成效的合作。今天，《唐山生态城市建设总体规划》项目的参研专家，在充分借鉴国际国内生态城市建设与发展经验的基础上，结合唐山市经济社会发展和生态城市建设的实际，经过历时两年多的研究，形成了比较系统的成果。明确了“绿色发展领军、北方山水宜居、包容增长乐业、生态文明示范、绿色港口开放”的生态城市的战略定位；提出了“绿色唐山、幸福家园”的生态城市建设核心理念；强调了要坚持走沿海工业城市绿色转型发展道路，通过建设“健康安全的生态环境体系、绿色发展的生态产业体系、文明和谐的生态文化体系”来实现这一新理念；布局了“两核、一带、二区、七极、多点”的生态城市建设格局，提出了若干重大对策建议。这是我们双方合作的又一个重要成果。

《唐山生态城市建设总体规划》项目，提出要把唐山建成科学发展的示范区、生态文明的先行区、和谐社会的样板区，不仅较好的研究回答了在我国环境经济社会全面发展、城市化和城乡一体化进程进一步加快的时代背景下，如何全面推进生态城市建设，实现社会、经济、环境协调发展的问题，同时也为全国其他地方的生态城市建设提供了重要的发展理念和实践经验。

各位领导、各位专家：

通过这次项目研究成果的评审，广泛听取各位专家和相关部门领导的意见、建议，在进一步加大现有研究成果运用力度的同时，继续深化后续研究，力争使项目研究取得更大的成果。

《唐山生态城市建设总体规划》作为一个把理论与实践紧密结合的探索性研究和重要规划，涉及部门多、范围广，政策性强，研究难度较大。我相信，有国家发改委、国家林业局等部门的关心和支持，有河北省委、省政府以及唐山市委、市政府的高度重视，有项目组全体参研人员的通力合作，“唐山生态城市建设总体规划”项目一定能够实现预期研究目标，为唐山生态城市建设发挥更大作用，做出更大的贡献！

谢谢大家！

在“河北唐山森林生态城市建设规划”项目启动会上的讲话

全国政协人资环委副主任、中国生态文化协会会长、
中国林学会理事长、中国林科院首席科学家
江泽慧　教授

（2009 年 8 月 5 日）

尊敬的赵勇书记，

各位领导、各位专家、同志们：

今天，我们很高兴在这里举行“河北唐山森林生态城市建设规划”项目启动会议，正式开展这项工作。这是落实河北省人民政府与中国林科院林业科技合作协议的重要举措，充分体现了河北省委、省政府以及唐山市委、市政府对林业的高度重视，也标志着唐山市建设森林生态城市的战略部署又迈出了重要步伐，这必将对唐山市乃至河北全省林业和生态建设产生积极的影响。

不久前召开的中央林业工作会议，是新中国成立 60 年来，首次以中央名义召开的林业工作会议，这次会议，不仅是全面推进集体林权制度改革、进一步解放和发展农村生产力、建设社会主义新农村的一个里程碑，而且对发展现代林业、建设生态文明、推动科学发展、促进社会和谐都将产生巨大的推动作用。这次历史性的会议，科学分析了林业改革发展的新形势，明确了林业的新定位、新任务、新要求，提出了全面推进集体林权制度改革的重大举措。温家宝总理在接见会议全体代表时指出，林业在贯彻可持续发展战略中具有重要地位，在生态建设中具有首要地位，在西部大开发中具有基础地位，在应对气候变化中具有特殊地位。回良玉副总理指出，林业既是一项重要的基础产业，又是一项具有特殊功能的公益事业。发展林业是实现科学发展的重大举措，是建设生态文明的首要任务，是应对气候变化的战略选择，是解决“三农”问题的重要途径。

这次会议强调指出，我国正处于继续全面建设小康社会的重要战略机遇期，建设生态文明已成为我国现代化建设的战略任务，维护生态安全已成为全球面临的重大课题，林业工作肩负着更加重大的历史使命。现在的林业与过去的林业已大不相同，社会对林业的需求日趋多样，林业的内涵外延日益丰富，林业的多种功能空前凸显。过去林业主要是保障木材等林产品供给，现在正在向开发生物产业、森林观光、保健食品等制高点进军；过去林业主要是简单地发挥防风固沙、水土保持等作用，现在正在向森林固碳、物种保护、生态疗养等新领域延伸；过去林业主要是着眼发展经济，现在正在向改善人居、传承文化、提升新形象等高层次推进。因此，我们要充分认识新时期加快林业改革发展的重大意义，准确把握新时期林业在经济社会发展全局中的战略地位，切实增强紧迫感和责任感，坚定不移地推进林业改革，毫不动摇地加快林业发展。

河北省内环京津，东临渤海，地理位置优越，是京城通往外地的门户，自古就是京畿要地。改革开放以来，河北省林业建设取得了丰硕成果，造林绿化、防沙治沙、资源管护等各方面建设

步伐加快，特别是在维护首都周边地区的生态安全中，作出了突出贡献，这与省委、省政府长期重视林业发展是分不开的。在推进林业和生态建设工作中，省政府高度重视科技兴林、科技强林。2000 年，河北省政府就与中国林科院签订了全面科技合作协议，院省双方在林业科技创新、技术推广和人才培养等方面开展了卓有成效的合作，取得了可喜的成果。

唐山是一座具有百年历史的沿海重工业城市，地处环渤海湾中心地带，是联接华北、东北两大地区的咽喉要地和走廊。唐山市委市政府高度重视林业和生态建设，努力建设宜居优美的新唐山。整个工作基础好、起点高，已初步形成了生态城市的雏形。唐山市能在寸土寸金的城市用地中规划出四大城市生态园林，可见市委、市政府的谋略深远、工作力度大。1990 年唐山在全国第一个荣获联合国“人居荣誉奖”，并先后荣获全国创建文明城市工作先进市、全国卫生城、全国园林绿化先进城市等国家荣誉称号，这将为唐山申报 2014 年世界园艺博览会奠定良好的基础。

为了进一步推进唐山市的林业和生态建设，市委、市政府决定，由中国林科院和国际竹藤网络中心牵头，组织力量开展“唐山生态城市建设规划”。项目将重点围绕唐山森林生态城市建设理念、现状与需求、潜力与发展指标、总体布局、重点工程规划、关键技术以及保障体系等方面开展研究，并在充分研究的基础上，制定《唐山森林生态城市建设规划》。中国林科院和国际竹藤网络中心将组织精干队伍，与河北省及唐山市相关部门密切配合，认真搞好研究，做出规划。

各位领导、各位专家，“河北唐山森林生态城市建设规划”，既有很强的理论性，又是具体的建设规划，涉及的部门多、范围广、政策性强。为保障项目顺利实施，我们将成立项目领导小组和阵容强大的专家组，切实加强项目的领导和研究力量，会后将尽快制定具体工作方案和实施计划。我相信，有河北省委省政府、唐山市委市政府的大力支持，通过我们的精诚合作，这项工作一定能够实现预期的目标，为建设唐山森林生态城市、顺利申报 2014 年世界园艺博览会做出积极的贡献！

谢谢大家！

在《唐山生态城市建设总体规划》项目评审会上的讲话

唐山市副市长　王久宗

（2011 年 9 月 18 日）

尊敬的江泽慧主任，尊敬的各位领导、各位专家，同志们：

大家好！今天，就《唐山生态城市建设总体规划》聆听了专家组对项目研究成果的介绍和各位专家的评审讨论意见，深受启发，倍感振奋。在此，我代表中共唐山市委、唐山市人民政府和 735 万唐山人民，向各位领导、各位专家长期以来对唐山生态建设的关心与支持表示衷心的感谢！对各位专家所付出的辛勤劳动表示诚挚的慰问！

唐山是中国现代工业的摇篮，创造出中国大陆第一台蒸汽机车、第一桶机制水泥、第一件卫生陶瓷等许多现代中国发展历史的第一。近年来，我们认真贯彻落实胡锦涛总书记视察唐山重要指示精神，坚持以科学发展示范区建设为总揽，紧扣科学发展的主题和加快转变经济发展方式的主线，统筹推进各项工作，科学发展示范区建设取得了积极成果。2010 年，全市地区生产总值达到 4469.08 亿元，实现全部财政收入 438.95 多亿元，已成为河北第一经济强市和全国较大城市。作为一座传统的资源型城市，唐山的生态环境基础较为薄弱，发展与环境的矛盾相对突出。在加快资源型城市转型、推进科学发展的实践中，我们按照"环境优先、生态立市"的要求，坚持把生态发展作为推进唐山科学发展示范区建设的十条路径之一，把造林绿化作为科学发展示范区建设的基础工作、作为提高人民群众幸福指数的德政工程，举全市之力组织实施了绿化唐山攻坚和持续攻坚行动、绿色家园创建活动等生态绿化工程建设，在三年的时间里，完成造林绿化 140 万亩，2010 年被全国绿化委员会授予"全国绿化模范城市"。同时，我们还大力组织实施了节能减排、淘汰落后产能、生态新城建设、绿色新兴产业发展等工作，全市生态环境得到明显改善，人居质量得到明显提升。在此基础上，为了在更高层次上推进唐山生态建设，唐山市政府联合中国林科院和国际竹藤网络中心，于 2009 年 8 月开始启动了《唐山生态城市建设总体规划》的编制工作。规划编制项目组在江泽慧主任的亲自率领下，在彭镇华教授的直接指导下，各课题组深入调查，认真研究，广泛讨论，科学规划，最终完成了本次《唐山生态城市建设总体规划》。

通过听取介绍和认真研读，总体感觉《规划》底数清晰、站位高远、视野宽阔、观点新颖，系统性强、指导性好。《规划》不仅包括林业，而且涉及环保、农业、水利、城建、工业和新型产业等多个领域，内涵非常丰富，纲领作用明显。应该说，这个规划是一个高水平、有特色、符合唐山实际、引领唐山未来生态建设发展的大纲。

下一步，我市将按照"规划引领、工作带动、生态支撑、环境保障"的原则，把规划成果与唐山"十二五"发展战略有机结合，制定出落实的政策措施，筹集好建设的所需资金，形成坚强有力的保障机制，真正把高水平的规划成果转化为实实在在的生态城市建设实践，努力把唐山建成凤凰涅槃的现代化生态城市,让广大人民群众享受到生态城市建设的成果。同时,也希望《规划》项目组尽快按照各位专家的意见和建议，进一步完善规划成果，使我们的规划站位更高远、内容更丰富、结构更系统、覆盖更全面、更具指导意义。

最后，祝本次评审会圆满成功！祝各位领导、各位专家身体健康，工作顺利！

谢谢大家！

唐山生态城市建设总体规划

中国林业科学研究院　首席科学家　彭镇华

（2011 年 9 月 18 日）

尊敬的各位领导、各位专家：

上午好！

在我国环境经济社会全面发展、城市化和城乡一体化进程进一步加快的时代背景下，生态城市建设是建设生态文明社会的一个重要抓手，是在人口密集区、生态敏感区、污染严重区追求人与自然和谐的过程。

为了充分利用唐山得天独厚的优势，全面推进唐山生态城市建设，2009 年 8 月，受唐山市委市政府委托，由国际竹藤网络中心和中国林科院牵头，组织有关专家开展了唐山生态城市建设总体规划。本项目分列发展理念、发展指标、总体布局、生态环境建设、生态产业建设、生态文化建设和保障体系等 7 个专题开展了研究。由于时间关系，在这里我代表项目组主要介绍九个方面的内容：

一、唐山生态城市建设背景

唐山地处环渤海中心地带，西与天津市毗邻，南临渤海，北依燕山隔长城与承德市接壤，是环渤海经济圈、京津冀都市圈的重要组成部分。全市总面积 17168.65 平方公里，其中陆域面积 13472 平方公里，海域面积 3696.65 平方公里。

唐山市是我国内地典型的资源型城市，作为河北省的重要沿海城市，在河北建设沿海经济社会发展强省中发挥着龙头作用。2010 年全市实现地区生产总值 4469.08 亿元，约占河北省的 22.1%。财政收入达到 438.95 亿元，全市人均生产总值达到 59667 元，城市居民年人均可支配收入 19556 元，是全省城市居民人均可支配收入的 1.2 倍，农民人均纯收入达到 8310 元，是全省农民人均纯收入的 1.4 倍。钢铁、装备制造、建材、化工、能源是唐山的五大主导产业。

（一）唐山生态城市建设的内涵

生态城市（ecological city）是建立在人类对人与自然关系更深刻认识基础上的新的城市形态，是按照生态学原则建立起来的社会、经济、自然协调发展的新型社会关系载体，是有效地利用环境资源实现可持续发展的新的生产和生活方式产物。唐山生态城市建设内涵：

- 具有健康稳定的生态系统
- 具有低碳循环的产业体系
- 具有繁荣和谐的生态文化
- 具有统筹协调的发展格局

（二）唐山生态城市建设特点

- 工业转型，低碳循环
- 依托资源，集约发展

- 新兴产业，绿色港城
- 山水城乡，宜居宜业
- 凤凰涅槃，跨越发展

二、唐山生态城市建设的基本理念

（一）指导思想

以邓小平理论、“三个代表”重要思想和科学发展观为指导，以人与自然和谐发展为主线，以提高人民群众生活质量为根本出发点，按照“绿色唐山，幸福家园”的建设理念，立足于绿色发展领军、北方山水宜居、包容增长乐业、生态文明示范、绿色港口开放的城市战略定位，坚持走沿海工业城市绿色转型发展道路，着力开展生态环境、生态产业和生态文化建设，努力把唐山建成科学发展的示范区、生态文明的先行区、和谐社会的样板区——人民群众安居乐业的幸福家园。

（二）基本原则

①以人为本，生态优先；②林水结合，系统优化；③绿色转型，产业驱动；④文化引领，特色鲜明；⑤城乡统筹，行业协同；⑥科技支撑，法制保障；⑦政府主导，全民参与。

（三）发展定位

1. **绿色发展领军城市**：促进绿色低碳发展；建设资源节约型城市；建设环境友好型城市。

2. **北方山水宜居城市**：充分发挥自然山水优势；提升生态系统功能；促进生态与文化的结合。

3. **包容增长乐业城市**：拓展生态就业岗位；提升社会生态参与能力；提高居民生态幸福指数。

4. **生态文明示范城市**：提高生态意识；倡导生态行为；繁荣生态文化。

5. **绿色港口开放城市**：用生态思维打造绿色港口；用绿色工业促进开放合作；用高效物流带动区域发展。

（四）建设理念

唐山生态城市建设的基本理念是**“绿色唐山，幸福家园”**。其基本内涵是**“实现四个发展，构建三大体系”**。

1. 实现四个发展：

一是人与自然和谐发展。二是环境、经济、社会全面发展。三是城乡统筹协调发展。四是生态城市建设和管理并重发展。

2. 构建三大体系：

- 健康安全的生态环境体系：节约和集约利用土地资源，强化森林、湿地生态系统功能，加强矿山生态恢复，防止各类生态灾害。
- 绿色发展的生态产业体系：通过生态产业建设，为唐山人民增加就业、提高收入创造条件；建设资源节约型和环境友好型城市；鼓励企业循环式生产，加快生态园区建设，开发清洁能源，发展低碳循环的生态工业。
- 文明和谐的生态文化体系：通过生态社会和文化建设，使唐山人民过上幸福美好生活；全面提升居民的生态文明意识，建设生态型社会。建设低碳环保的生态市区，创造良好的人居环境；保护和建设生态文化载体，发展繁荣生态文化。

三、唐山生态城市建设目标与指标

（一）建设目标

从唐山生态城市的发展理念出发，基于资源环境的承载能力与潜力，以及需求与加速发展的可能，通过全面实施生态环境、生态产业、生态文化三大体系工程建设，分阶段实现以下目标：

1. 第一阶段

到2015年底，把新唐山基本建成科学发展示范区，展现唐山“文化名城、经济强城、宜居靓城、滨海新城”特色，初步建成生态城市。

- 实现GDP与城乡居民收入同步增长，与2010年相比，增长率超过50%；
- 单位GDP能耗降低26.6%，超过国家“十二五”的能耗削减规定目标10个百分点以上；
- 提前五年实现国家降低单位GDP碳排放目标；
- 建成覆盖城乡的森林生态网络体系，森林覆盖率达34%；
- 城市人均公园绿地面积稳定在30平方米以上；
- 实现城市生活垃圾无害化处理率100%；
- 城市空气质量好于或等于2级标准的天数稳定在330天；
- 完成唐山世界园艺博览会园建设。

2. 第二阶段

到2020年，全面建成科学发展示范区，实现生态优美、经济发达、社会和谐、文化繁荣、宜居宜业，建成生态城市。

- 继续保持GDP与城乡居民收入同步增长，比2010年翻一番；
- 与2010年比，单位GDP能耗削减40%；
- 森林质量明显提高，与2010年相比，森林蓄积量增加50%；
- 生态用地稳定在6500平方公里以上；
- 各级各类公园总数超过100个；
- 实现安全饮用水的人口比例100%；
- 行政村全部建成文明生态村；
- 城镇生态住区比例达到1/4；
- 城市空气质量好于或等于二级标准的天数稳定在335天；
- 实现水系水质达到Ⅳ类以上比率100%；
- 实现城市污水达标处理率100%；
- 矿山废弃地治理面积率达80%；
- 绿色无公害食品供给率达100%；
- 确立完备的生态城市法律政策体系；
- 形成完备达标的旅游设施、旅游产品和服务网络体系，年旅游人数达到2500万人以上。

3. 第三阶段

到2030年，继续提升生态城市建设水平，建成生态体系完备、生态产业发达、生态文化繁荣的特色生态城市，使唐山生态城市建设处于我国大城市的前列。

（二）指标体系

唐山生态城市的指标体系，既要明确唐山市的未来发展方向，也要反映唐山的建设现状和成果。我们在构建指标体系的基础上，通过生态足迹分析、资源容量分析、资源环境潜力分析等方法，对指标进行了测算，参照国家环境保护总局生态县、生态市、生态省建设指标，并结合唐山市的社会、经济和环境现状，最终确定了50个生态城市建设核心指标，并采用趋势分析法、案例对比法、运筹学法、统计学法测算确定各阶段指标值。在此基础上进行了唐山生态城市建设水平的评价和指标可达性分析。

表 唐山生态城市建设总体核心指标

一级指标	二级指标	序号	三级指标	单位	国家标准	2015年目标	2020年目标	2030年目标
绿色经济	经济结构	1	耕地保有量	万亩		710	710	710
		2	第三产业产值占GDP的比重	%	≥45	35.41	37.66	42.16
		3	高新技术产业增加值	亿元		365	591	1376
		4	生态旅游产值增长率	%		17	10	10
		5	绿色食品供给率	%		60	100	100
		6	可再生能源占总能耗（标煤）比率	%		1.6	4.0	10.5
	经济增长	7	GDP增长率	%		11.33	9.89	7.0
		8	科技贡献率	%		61.4	63.5	67.6
	经济水平	9	人均地区生产总值	元/人	≥33000	9997	13464	20397
		10	农民年人均纯收入	元/人	≥8000	12952	17137	25509
		11	城镇居民年人均可支配收入	元/人	≥16000	29158	37352	53299
	资源利用	12	万元GDP综合能耗（标煤）	吨/万元	≤0.9	1.74	1.35	0.65
		13	节能建筑面积率	%		25	30	70
		14	万元GDP用水量（工业）	立方米/万元	≤150	30.0	28.5	25.8
		15	农业灌溉有效利用系数			0.6	0.65	0.7
	企业管理	16	规模化企业通过ISO-14000认证比率	%	≥20	90	95	100
		17	规模化企业通过ISO-18000认证比率	%		30	50	90
生态环境	生态建设	18	森林覆盖率	%	≥30	34	35	35
		19	森林蓄积量	万立方米		617.2	719.0	975.7
		20	生态用地保有量	公顷		6313	6582	6582
		21	绿色通道率	%		80	85	95
		22	矿山废弃地治理率	%		60	80	90
		23	农业面源污染控制率	%		60	80	90
	大气环境	24	城市空气质量好于或等于2级标准的天数	天/年	≥280	333	335	340
		25	万元GDP二氧化硫排放	公斤/万元	<5.0	5.46	4.66	3.89
		26	万元GDPCO2排放	公斤/万元	<5.0	3	2.7	2

（续）

一级指标	二级指标	序号	三级指标	单位	国家标准	2015年目标	2020年目标	2030年目标
生态环境	水环境	27	万元GDP工业污水排放量	吨/万元		7.61	7.18	6.78
		28	工业污水排放达标率	%		96.32	98	100
		29	城镇生活污水处理率	%	100	98	100	100
		30	农村生活污水处理率	%	≥90	75	85	95
		31	近岸海域水环境质量达标率	%	100	100	100	100
		32	获得安全饮用水的人口比例	%		97	100	100
	声环境	33	居民区环境噪声平均值	分贝/年	55（昼）	50.8	49.9	48.1
					45（夜）	45	44.4	43.2
	固体废物排放	34	万元GDP固体废物排放量	公斤/万元		7.56	7.03	6.54
		35	城镇生活垃圾无害化处理率	%	100	100	100	100
		36	农村生活垃圾无害化处理率	%	≥90	95	98	100
生态文化	生态文化建设与保护	37	非物质文化遗产保护		完好	完好	完好	完好
		38	博物馆/纪念馆/生态科普基地/生态文化园/生态文化产业基地/公园数量	个		10	15	20
		39	城镇人均公园绿地面积	平方米/人	≥11	16.1	18.7	23.6
社会进步	城市公共事业建设	40	生态城市法律政策健全配套状况			基本完备	完备	完备
		41	社会公益性支出占一般预算财政支出比例	%		44.8	50.8	61.7
		42	城市生命线系统完好率	%	≥80	95	98	100
	城乡社会发展水平	43	城市化水平	%	≥55	59.65	64.9	74.9
		44	新农村建设（文明生态村占行政村总数比例）	%		98	100	100
		45	城镇生态住区比例	%		20	25	40
		46	恩格尔系数（城）	%	<40	32.3	30.5	26.8
			恩格尔系数（乡）			32.5	29.9	25.0
		47	基尼系数		0.3~0.4	0.45	0.38	0.3
		48	城镇登记失业率	%	4.20	3.79	3.71	3.63
		49	就医保障	医生/万人		22.2	23.8	26.8
		50	公众对环境的满意率	%	>90	95	96	98

四、唐山生态城市建设总体布局

运用城市生态学、中国森林生态网络体系、城市功能区位、生态景观规划、恢复生态学、生态经济管理、人地关系可持续发展及城市灾害学等理论，进行了唐山生态功能区划、景观格局动态、植被与热场分布变化、环境负荷及经济社会发展等分析。

在这些研究分析的基础上，结合唐山城市发展规划及自然地理地貌，唐山未来发展需要，提出“两核、一带、二区、七极、多点”的建设布局。

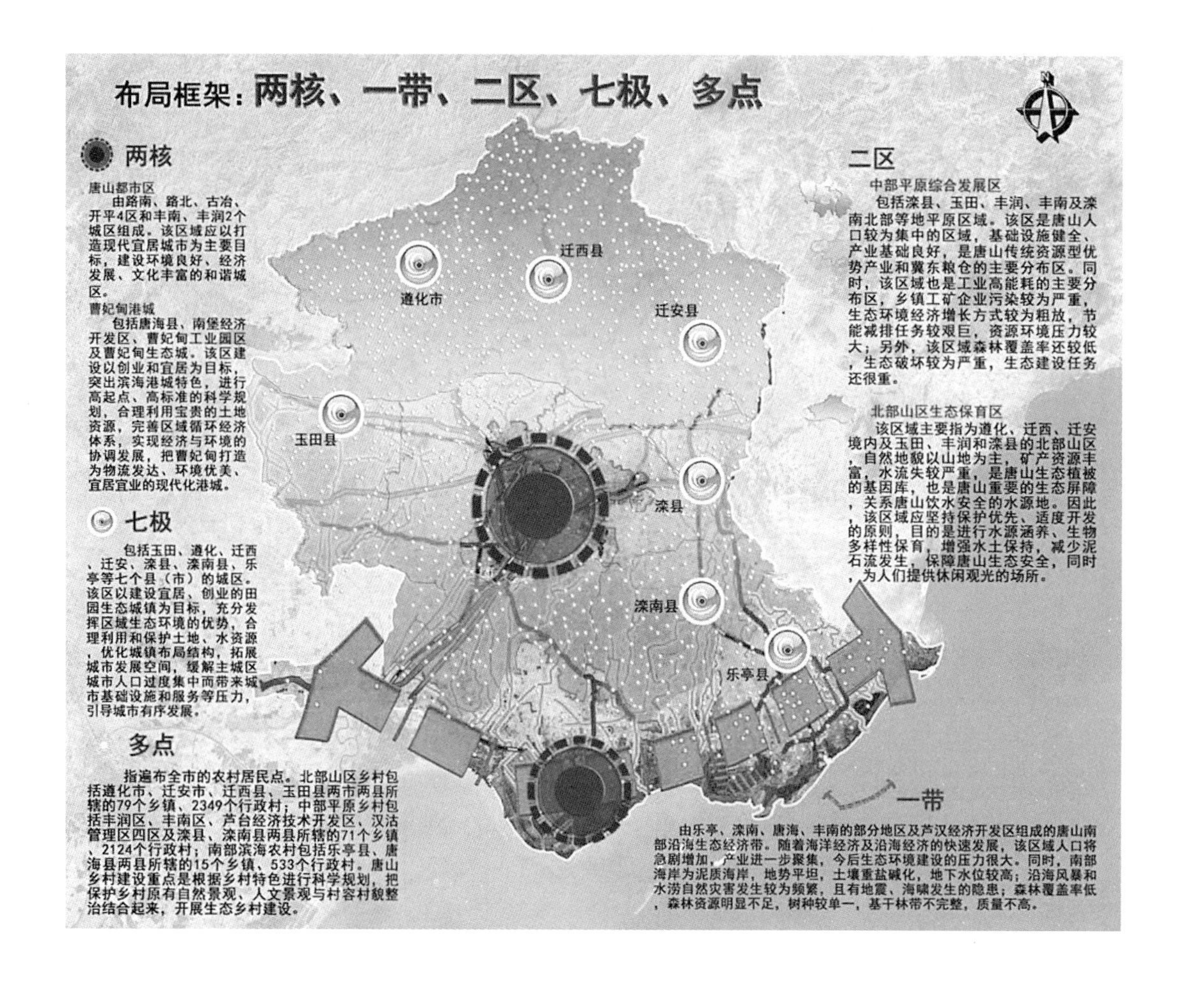

（一）总体布局

1．两核

（1）唐山都市区：由路南、路北、古冶、开平 4 区和丰南、丰润 2 个城区组成。

◆ 生态环境建设重点：生态公园、环城水系、绿色交通、生态社区。

◆ 生态产业建设重点：降低资源消耗，减小能耗；调整产业结构；培育电子、信息、机车等先进的制造业，发展物流、商贸、金融等现代服务业。

◆ 生态文化建设重点：现代生态景观文化；现代工业景观文化；抗震景观文化；现代城市景观文化。

（2）曹妃甸港城：包括唐海县、南堡经济开发区、曹妃甸工业园区及曹妃甸生态城。

◆ 生态环境建设重点：生态社区；绿色厂区；绿地系统；绿色建筑；环境治理；滨海湿地保护。

◆ 生态产业建设重点：曹妃甸港口建设；生态产业发展；生态工业区建设。

◆ 生态文化建设重点：生态工业科技文化建设；会议会展文化；唐海湿地文化。

2. 一带：由乐亭、滦南、唐海、丰南的部分地区及芦汉经济开发区组成的唐山南部沿海生态经济带。

◆ 生态环境建设重点：湿地生态环境保护；沿海防护林；农田防护林。

◆ 生态产业建设重点：京唐港物流业发展；开发区产业园建设；滨海养殖业；生态农业。

◆ 生态文化建设重点：滨海湿地生态文化；滨海渔家文化；滦河口湿地文化；盐生湿地公园

3. 二区：包括中部平原综合发展区和部山区生态保育区

（1）中部平原综合发展区：包括滦县、玉田、丰润、丰南及滦南北部等地平原区域。

◆ 生态环境建设重点：水网建设；骨干生态走廊建设；道路林网建设；农田林网建设；面源污染控制。

◆ 产业建设的重点：工业产业集群建设；生态农业产业发展；现代服务业发展。

◆ 生态文化建设重点：冀东农耕文化；特色农林产业观光园。

（2）北部山区生态保育区：该区域主要指为遵化、迁西、迁安境内及玉田、丰润和滦县的北部山区。

◆ 生态环境建设重点：生物多样性保护；水源地植被保护；矿山植被恢复；风景林的改造。

◆ 生态产业建设重点：发展特色林果；林下经济；生态旅游

◆ 生态文化建设重点：森林休闲生态文化基地；历史名胜文化

4. 七极：包括玉田、遵化、迁西、迁安、滦县、滦南县、乐亭等七个县（市）的城区。

该区以建设宜居、创业的田园生态城镇为目标，充分发挥区域生态环境的优势，合理利用和保护土地、水资源，优化城镇布局结构，拓展城市发展空间，缓解主城区城市人口过度集中而带来城市基础设施和服务等压力，引导城市有序发展。我们从生态环境、生态产业、生态文化方面提出了各极建设重点。

5. 多点：指遍布全市的农村居民点。

由于唐山农村地貌类多样，按区域将其分为北部山区、中部平原区和南部滨海三种类型，进行分类建设。唐山乡村建设重点是根据乡村特色进行科学规划，把保护乡村原有自然景观、人文景观与村容村貌整治结合起来，开展生态乡村建设。另外，针对各区存在的问题，也从生态乡村建设、生态休闲产业发展和乡村生态文化传承与发展方面提出了建设重点。

（二）唐山生态城市建设分体系布局

1. 生态环境建设布局

基于唐山市生态城市建设理念，按照唐山生态城市建设总体布局，提出唐山市生态环境建设布局框架为**“一大环境、两大系统、三项治理和一个体系”**。

◆ 一大环境——人居环境，包括唐山都市区、曹妃甸港城宜居环境，县城宜居环境和乡村宜居环境。

◆ 两大系统——森林与湿地生态系统。

◆ 三项治理——矿山、工业、农业环境治理

◆ 一个体系——防灾避险体系。一是北部山区灾害防治区，范围包括迁西、迁安、遵化等暴雨中心泥石流、崩塌、滑坡高易发区。二是冀东平原地面塌陷灾害防治区。三是沿海地面沉降及海岸蚀退灾害防治区。

2. 生态产业建设布局

按照唐山生态城市建设总体布局，结合唐山市产业建设现状和今后的产业布局重点与空间分

布，提出唐山市生态产业建设局框架为**“一个生态产业轴、三条生态产业带”**。

◆ 一个生态产业轴：中心轴属于唐山的资源经济高度集聚地区，贯穿唐山北部 - 迁安钢都、中部唐山城区、滦县西北区域及南部芦汉开发区、丰南及南部沿海部分区域，衔接三条生态产业带并推动唐山全域生态经济协调发展。主要实施传统高碳行业低碳化改造，发展绿色商贸、信息物流等现代服务业。

◆ 三条生态产业带：北部山区绿色生态产业带（主要涉及遵化、迁西、迁安等区域）；中部平原金色生态产业带（主要涉及中心城区、古冶区、开平区、路北区、路南区、高新技术产业园区、丰润区和玉田、滦县等区域）；南部滨海蓝色生态产业带（主要涉及唐海县、乐亭县、滦南、曹妃甸工业区曹妃甸工业区、海港经济开发区、南堡经济开发区和丰南部分区域）

3. 生态文化建设布局

根据唐山市生态文化发展背景与需求分析，结合《唐山市文化产业发展规划（2008 年）》，提出生态文化发展布局框架为**“四大生态文化功能区、六大生态文化产业链、九大生态文化核心品牌、百个生态文化特色园区”**。

◆ 四大生态文化功能区：山地森林休闲文化区、平原观光农业体验区、城市综合文化展示区和滨海湿地文化建设区。

◆ 六大生态文化产业链：工业生态创业文化产业链；城市生态建设文化产业链；地震生态重建文化产业链；森林休闲文化产业链；湿地生态文化产业链；乡村特色文化产业链。

◆ 九大生态文化核心品牌：南湖生态城；妃甸生态港；清东陵生态文化；地震生态文化；冀东山地森林文化；滨海湿地文化；岛屿生态文化；冀东乡村生态文化；唐山工业生态文化。

◆ 百个生态文化特色园区：以满足城乡居民休闲游憩为目标，在现有森林、湿地等林业生态休闲资源的基础上，进一步加大林业游憩资源的开发力度，并结合本地历史、人文等文化资源的开发，加快生态文化基地的建设，使全市森林公园、湿地公园、生态农庄、森林人家等休闲游憩文化场所达到 100 处以上。

五、生态环境建设工程

（一）平原防护林建设工程

这是工程建设示意图，内容包括：①农田防护林网；②绿色通道；③局部退化土地的植被建设；④防护林网的更新与改造。

（二）北部山区森林生态建设工程

这是工程建设示意图，内容包括：①北部深山区水源涵养型防护林建设；②北部低山缓坡区生态经济型防护林建设；③北部山区生态公益林中幼林抚育；④长城沿线自然保护区建设。

（三）滨海生态防护工程

这是工程建设示意图，内容包括：①沿海防护林体系建设；②北方耐盐植物培育基地建设；③滨海湿地资源监测体系建设；④滨海湿地生态系统的恢复和保护。

（四）绿色水网建设工程

这是工程建设示意图，内容包括：①重点水源地保护；②水系防护林网建设；③淡水湿地自然保护区建设。

（五）宜居生态城镇建设工程

这是工程建设示意图，内容包括：①唐山都市区生态环境建设；②曹妃甸港城生态环境建设；③县级宜居生态城镇建设。

（六）乡村人居环境建设工程

这是工程建设示意图，内容包括：①北部山区绿色乡村建设；②中部平原生态家园建设；③中部平原都市周边绿色乡村建设；④南部滨海生态渔村建设。

（七）矿山废弃地生态恢复治理工程

这是工程建设示意图，内容包括：①北部山区矿山废弃地富山保绿生态屏障建设；②中部平原区矿山废弃地绿色生态农业建设；③“两线”沿途绿色景观再造。

（八）工业环境污染治理工程

这是工程建设示意图，内容包括：①北部山前产业带污染防控；②中部都市工业污染防控；③南部沿海工业污染防控。

（九）农业面源污染防控工程

这是工程建设示意图，内容包括：①种植业清洁生产；②养殖业清洁生产。

（十）防灾避险体系建设工程

这是工程建设示意图，内容包括：①灾害预防预警机制；②北部山区地质灾害的治理与防御；③市区塌陷地监测治理；④沿海地带地面沉降治理；⑤森林防火及有害生物防治体系；⑥疏散通道及疏散场地；⑦生命线保障系统及次生灾害防御体系。

六、唐山市生态产业建设工程

（一）绿色食品产业工程

这是工程建设示意图，内容包括：①绿色食品产业总部园区；②食品加工创新；③冷链物流与物联网支持；④绿色粮油基地现代化建设；⑤绿色蔬菜与食用菌生产基地；⑥绿色畜牧业生态养殖；⑦绿色水产品生态养殖。

（二）特色林果与种苗花卉产业工程

这是工程建设示意图，内容包括：①特色林果产业；②种苗花卉产业；③特色地理标识生物产品。

（三）林农复合经营工程

这是工程建设示意图，内容包括：①林牧、林禽复合经营；②食用菌；③中草药。

（四）生态旅游产业工程

这是工程建设示意图，内容包括：①山地森林旅游；②滨海湿地旅游；③城市生态旅游；④乡村生态旅游。

（五）生态环境建设产业工程

这是工程建设示意图，内容包括：①森林生态网络建设产业；②生态修复产业；③森林碳汇产业；④城乡污水、固废资源化产业。

（六）生物质材料与生物质能源产业工程

这是工程建设示意图，内容包括：①林业生物质材料产业；②构树产业；③沼气产业。

（七）工业减排工程

这是工程建设示意图，内容包括：①煤高效气化制备烯烃；②钢铁烧结余热能源高效转换；③煤、油（气）、盐化工产品转化；④原煤气化—竖炉直接还原海绵铁；⑤车辆零部件再制造；⑥工程机械、机床等装备再制造。

（八）建筑节能产业工程

这是工程建设示意图，内容包括：①建筑节能一体化；②农村建筑节能。

（九）海港区生态产业园工程

这是工程建设示意图，内容包括：①绿色集疏运系统；②临海地热及海岸风场开发；③余热海水淡化系统。

（十）都市生态产业园工程

这是工程建设示意图，内容包括：①千米太阳能塔热风发电；②跨气候带植物园；③创意生态产业园。

七、唐山市生态文化建设重点工程

（一）南湖生态文化博览园

这是工程建设示意图，内容包括：①塌陷区修复展示区；②垃圾山处理展示区；③粉煤灰治理展示区；④休闲游憩文化体验区；⑤唐山生态文化综合馆；⑥低碳文化馆。

（二）纪念林与纪念树

这是工程建设示意图，内容包括：①营造纪念林；②认养树木、林地；③认捐公园绿地公共服务设施；④认建科普设施；⑤栽植纪念树；⑥古迹古树文化。

（三）生态文化社区

这是工程建设示意图，内容包括：①城市生态文化社区；②生态文化村。

（四）观光农林产业园

这是工程建设示意图，内容包括：①特色农林产业观光园；②农林产业园标示引导系统。

（五）滨海湿地文化

这是工程建设示意图，内容包括：①唐山湾三岛生态休闲文化开发；②滨海湿地科普文化综合公园。

（六）山地森林浴场

这是工程建设示意图，内容包括：①山地森林运动休闲基地；②山地森林理疗保健基地。

（七）生态文化走廊

这是工程建设示意图，内容包括：①环城水系文化走廊；②运河文化走廊；③滦河生态文化走廊。

（八）工业生态文化

这是工程建设示意图，内容包括：①唐山市"五个第一"博物馆；②开滦国家矿山公园。

（九）生态文化节庆

这是工程建设示意图，内容包括：①节庆活动；②环保节日科普宣传；③凤凰生态文化论坛。

（十）花鸟鱼虫文化

这是工程建设示意图，内容包括：①花文化；②鸟文化；③园林文化；④花鸟鱼虫市场。

八、投资估算与效益分析

唐山生态城市重点建设工程投资总额为1205.99亿元。其中，2011~2015年投资643.83亿元，占总投资的53.4%；2016~2020年投资562.16亿元，占总投资的46.6%。三大体系建设工程投资情况具体如下：

- 生态环境建设工程总投资599.24亿元。其中，2011~2015年投资314.58亿元，占总投资的52.5%；2016~2020年投资284.66亿元，占总投资的47.5%。
- 生态产业建设工程总投资500亿元。其中，2011~2015年投资274亿元，占总投资的

54.8%；2016~2020 年投资 226 亿元，占总投资的 45.2%。

◆ 生态文化建设工程总投资 106.75 亿元。其中，2011~2015 年投资 55.25 亿元，占总投资的 51.8%；2016~2020 年投资 51.5 亿元，占总投资的 48.2%。

同时我们对生态城市建设的的综合效益进行了分析。

九、唐山生态城市建设保障体系

为了推进生态城市建设，确保实现生态城市建设目标，从组织领导、资金、人才、科技、基础条件、公众参与以及政策法规等七个方面构建唐山生态城市建设保障体系，并提出推进生态城市建设的十条建议。

（一）设立唐山生态城市建设协调委员会

由市委书记和市长亲自挂帅，各县（区、市）、局一把手为主要成员。协调委员会下设办公室，办公室人员由相关行业专家和各有关职能部门专家型领导组成，负责生态城市建设相关的协调工作和日常管理工作。目前急需开展的工作包括：制定生态城市建设方案和运作管理办法；根据生态城市建设的总体规划，制定阶段性发展目标和行动方案，动员全民一起行动建设生态城市。

（二）建立生态城市建设领导班子任期目标责任制

一是确定任期目标，将主要生态建设指标列入政府任期考核，纳入政府官员考核指标，作为职务晋升和奖惩的重要依据。二是合理制定增量目标与考核指标，淡化存量差异，着重增量考核，考核指标要有可操作性和可比性，保证考核的公正性。三是增强考核的社会性和透明度，目标责任状的考核应完善社会监督机制，社会组织和公民个人应该成为有效实施环保目标责任制的重要力量。

（三）制定出台《唐山生态城市建设条例》

在全国率先制定《唐山市生态城市建设条例》。该条例要突出以增加和保护森林与绿色植被，扩大生态环境建设容量、增加生态承载力为主要内容，结合唐山生态城市建设中生态环境建设、绿色经济与生态文化的目标任务与中长期发展需求，对现有的地方政策规章进行梳理、充实、完善和提升，形成规范和刚性制约的唐山生态城市建设地方法规。

（四）构建生态城市建设多元化投融资体系

一是加大政府公共投入力度，明确生态支出范畴、增加生态支出比重，构建生态支出与 GDP、财政收入增长的双联动机制，确保生态支出额的增幅高于 GDP 和财政收入的增长速度。二是实现生态唐山建设投融资主体多元化，运用一定的财政预算采取贴息、担保、BOT、TOT、PPP（公私合营）、PFI（私人资本参与）的建设方式，利用国际环境保护资金，扩大生态城市建设投资主体的多元化。三是设立可以发行“绿色”债券和“绿色”股票的生态唐山建设投资中心，作为政府的投资主体，成为城市吸引社会资源投入城市建设的平台和载体。

（五）构建生态城市建设技术支撑体系

一是充分发挥唐山地理优势，与中央科研院所、京津知名高校联合共建创新机构和平台。建立经济转型、绿色经济、循环经济与低碳经济等目标相对应的自主创新和研发机构，并将唐山作为森林主导型生态城市建设的典型模式。二是发挥唐山产业优势，形成具有唐山特色的研究领域和优势科技产业。比如可以曹妃甸京唐钢铁公司、唐山钢铁集团等大型企业为龙头，推广新型的可循化钢铁工艺流程技术。三是发挥唐山科技和人才优势，组建中国（唐山）生态环境服务技术创新与应用联盟。

（六）激励公众参与生态城市建设

加强公众宣传教育，培育公众生态理念，保障公众参与渠道，加大公共信息平台建设，健全参与的激励机制，主要可通过倡导绿色理念、发展循环经济、举办公众活动等。推进低碳社区创建活动，设立低碳社区（包括城乡社区）评建标准，鼓励社区开展各种类型的低碳文化创建活动。全方位塑造生态唐山品牌，包括构建生态唐山品牌识别系统、内部体验系统和外部营销系统。

（七）完善生态安全监管和污染管制政策

首先，要强化生态安全监管，限制高耗能、高耗材、高耗水产业的发展，实施严格的淘汰制度和污染物总量控制制度，对达不到规模经济、污染严重的造纸、冶炼、建材等行业和企业进行强制淘汰。其次，要完善污染管制政策，严格执行生产经营企业污染达标排放制度，严格控制农业面源污染，重视资源利用中的监控性法规的制定，规范详细的污染奖惩标准，建设绿色税务体系。再次，通过税收优惠、财政补贴、政府采购等引导生态产业发展。

（八）规划实施生态城市重点人才工程

一是"人才基础工程"，调整教育结构，促进培训资源的横向合作，开展生态城市建设所需的技术人才和管理人才培训，大力培养本地区留得住、用得上的人才；二是"人才引进工程"，制定人才引进计划，利用毗邻京津地区的独特优势，引进高层次人才和急缺人才。三是"人才整体开发工程"，制定有利于人才合理流动的政策，建立动态管理的人才选拔机制，设立"建设生态唐山杰出人才奖"、"凤凰友谊奖"等奖项活动。

（九）提升"国家科学发展示范区"试验示范水平

一是建议成立"国家科学发展示范区"咨询专家委员会，请国内外高层专家为示范区建设把脉和咨询；二是率先开展政策突破和试验，如制定绿色环境制度和绿色激励制度，推行国民经济资源环境核算体系，明确资源生产率、资源消耗降低率、资源回收率、资源环境利用率、废弃物最终处理降低率等主要指标体系。三是加快产业升级的示范效应，发展以钢铁深度加工、资源深度利用为重点的精品钢材产业链，发展循环性的化学工业产业群，扶持发展高新技术产业、现代服务产业、环保产业等，为生态唐山建设构建坚实的产业体系基础。

（十）突出林业在生态城市建设中的主体作用

一是健全生态补偿机制。二是探索生态建设制度创新。实行分类经营，对于商品林，可以放活经营权提高农民营林的积极性，对于生态公益林，则以政府统一经营的形式进行管理，对于兼有公益性质的商品林则可以实行农民经营，给予一定的生态补偿和补贴。三是深化集体林权制度配套改革。重点在建立健全林业支持保护制度、林木采伐管理制度、集体林权流转制度、林业金融支撑制度和林业社会化服务体系等方面试点先行。四是努力提供翔实的林业运营管理信息、生态改善信息，提高唐山林业运营管理水平和综合实力，塑造唐山（生态、生活、生产）"三生"林业的形象，为生态唐山建设提供天然屏障。

各位领导、各位专家：

唐山作为我国京津冀地区主要的中心城市，要在全国生态城市建设中走在前列。我们相信，唐山生态城市建设总体规划的大力实施，必将在改善唐山市生态环境的同时，也会为唐山的经济社会发展注入新的生机，为全国的生态城市建设做出表率。

谢谢大家！

唐山市人民政府
中国林业科学研究院
国际竹藤网络中心
关于开展《唐山市生态城市总体规划》的
协议书

甲方：唐山市人民政府

乙方：中国林业科学研究院　国际竹藤网络中心

为了贯彻落实科学发展观，推动生态文明，科学实施唐山生态城市建设，唐山市人民政府拟组织编制唐山市生态城市建设总体规划，为建设以林为主的生态城市提供科学指导和依据。2009年8月5日，唐山市人民政府（甲方）委托中国林业科学研究院、国际竹藤网络中心（乙方）开展此项工作，达成以下协议：

一、为保障项目的顺利实施，双方共同成立项目领导小组和项目管理办公室，组织领导项目工作。在领导小组领导下成立项目专家组开展具体业务工作。

二、项目针对唐山市域城乡范围，重点开展以林为主的唐山市生态城市的定位与发展理念、发展指标、总体布局、重点工程、保障体系等方面的研究与规划。由项目专家组据此提出项目研究计划。

三、中国林业科学研究院、国际竹藤网络中心为主组织研究力量开展项目工作，在2010年5月前完成。

四、唐山市人民政府将为项目提供七百万元的研究经费。

五、唐山市人民政府负责组织协调市林业、城建、环保、水利、农业等有关部门，为开展项目工作提供便利条件。

六、研究成果的知识产权双方共有。

七、有关未尽事宜，在项目研究计划中统一安排。

八、本协议一式三份，唐山市人民政府、中国林业科学研究院、国际竹藤网络中心各执一份，具有同等效力。

甲方：唐山市人民政府

代表人（签字）

2009年8月2日

乙方：中国林业科学研究院

国际竹藤网络中心

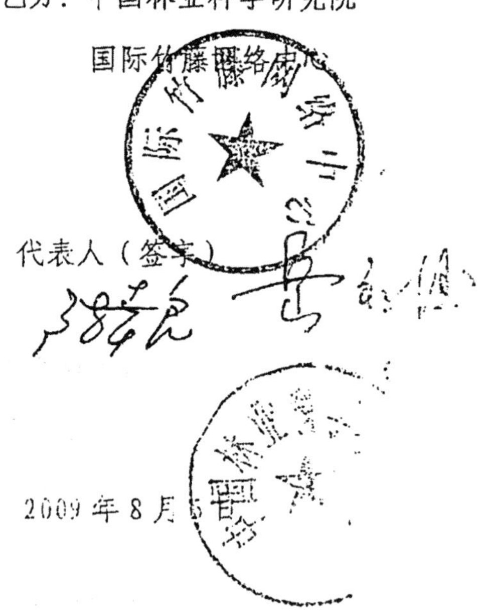

代表人（签字）

2009年8月5日

《唐山生态城市建设总体规划》专家评审意见

2011 年 9 月 18 日，唐山市人民政府、国际竹藤网络中心、中国林业科学研究院邀请中国科学院、中国工程院、国务院研究室、国务院参事室、国家发改委、国家环境保护部、国家林业局、中国林业科学研究院、中国农业大学、北京林业大学、南京林业大学、河北省林业局、河北农业大学等有关部门和单位的院士、专家，对《唐山生态城市建设总体规划》项目进行了评审。评审委员会听取了汇报并审阅了规划文本，经讨论形成评审意见如下：

一、《规划》以科学发展观为指导，以建设唐山生态城市为目标，以人与自然和谐发展为主线，结合唐山经济社会发展对生态环境的需求，开展了唐山生态城市发展理念、发展指标、总体布局研究，进行了生态建设、生态产业发展、生态文化建设的工程规划，提出了生态城市建设的保障体系与对策，对唐山生态城市发展建设具有重要的意义和实践价值。

二、《规划》提出了“绿色唐山，幸福家园”的发展理念，明确了唐山生态城市发展的战略定位，确定了不同时期的发展目标，构建了评价与发展指标体系，强调了生态城市建设在促进唐山经济社会科学发展方面的特殊作用。理念先进，定位准确，指标合理，符合实际，具有创新性。

三、《规划》根据唐山自然地理特征、资源环境现状、产业发展需要、生态文化特色、城市群发展趋势，提出了“两核、一带、二区、七极、多点”为一体的生态城市建设总体空间格局，并在此基础上，按照生态环境、生态产业、生态文化三大体系提出 30 项重点工程和布局，科学合理，具有较强的可操作性。

四、《规划》从组织领导、资金、人才、科技、基础条件、公众参与以及政策法规等七个方面明确了保障措施，提出了设立唐山生态城市建设协调委员会、实行生态城市建设任期目标责任制、出台《唐山生态城市建设条例》等建议，具有较强的针对性、前瞻性。

评审委员会一致通过该《规划》的评审，建议修改完善，尽快组织实施。

主任委员：

2011 年 9 月 18 日

“唐山生态城市建设总体规划”项目评审专家

姓 名	职务/职称	单 位	签 字
蒋有绪	院士、研究员	中国科学院	
尹伟伦	院士、教授	中国工程院	
杨雍哲	原副主任	中央政策研究室	
盛炜彤	研究员	中国林业科学研究院	
吴晓松	副司长	国家发改委农业司	
王景福	研究员	国家环境保护部中国生态文明研究促进会	
封加平	司 长	国家林业局发展规划与资金管理司	
彭有冬	司 长	国家林业局科技司	
王祝雄	司 长	国家林业局植树造林司	
吴 斌	教 授	北京林业大学	
孟 平	研究员	中国林业科学研究院	
吴文良	教 授	中国农业大学	
王如松	研究员	中国科学院生态环境中心	
曹福亮	教 授	南京林业大学	
闫铁龙	副局长	河北省林业局	
王志刚	教 授	河北农业大学	

附　图

APPENDED FIGURE

附图1

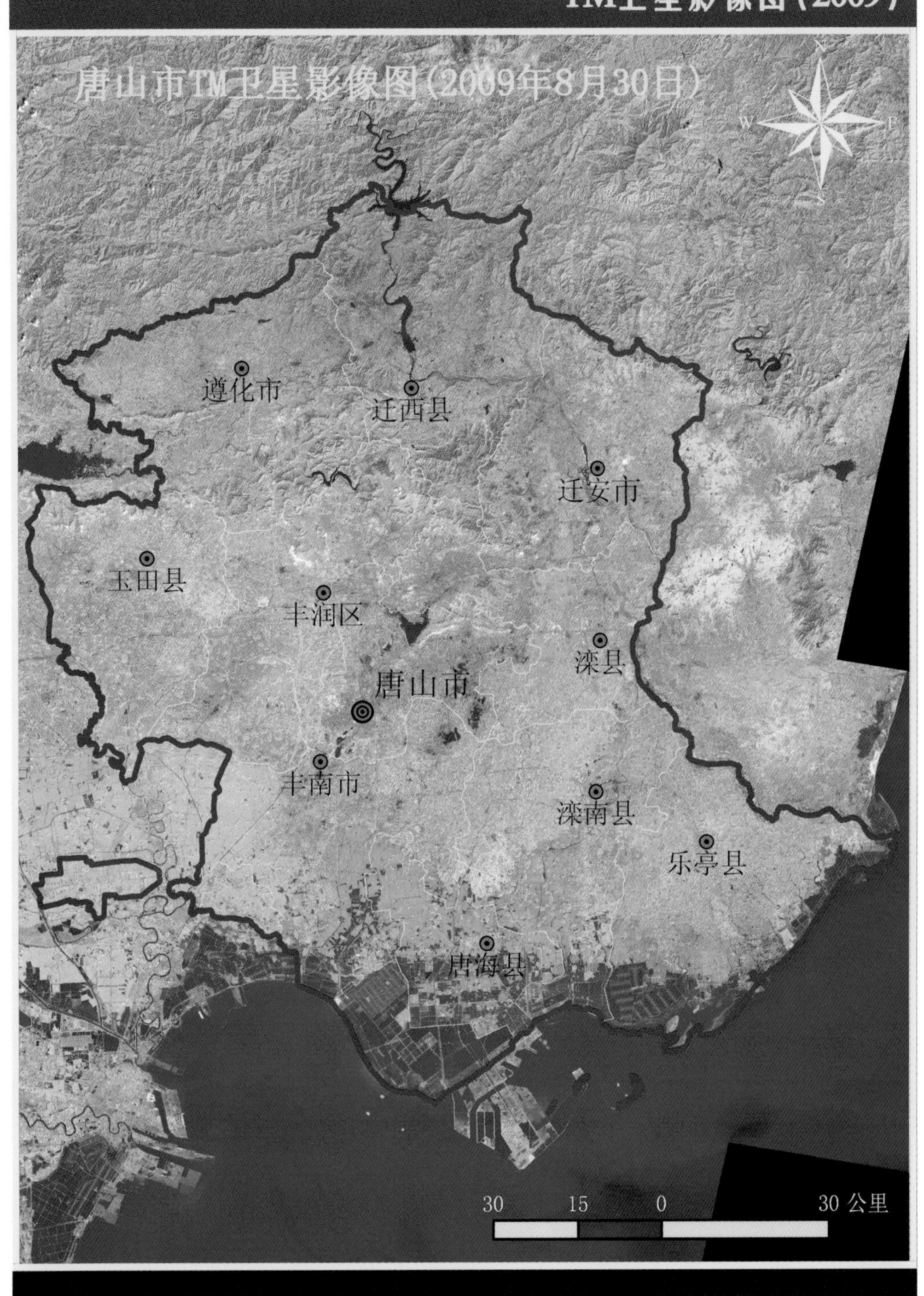

附图2

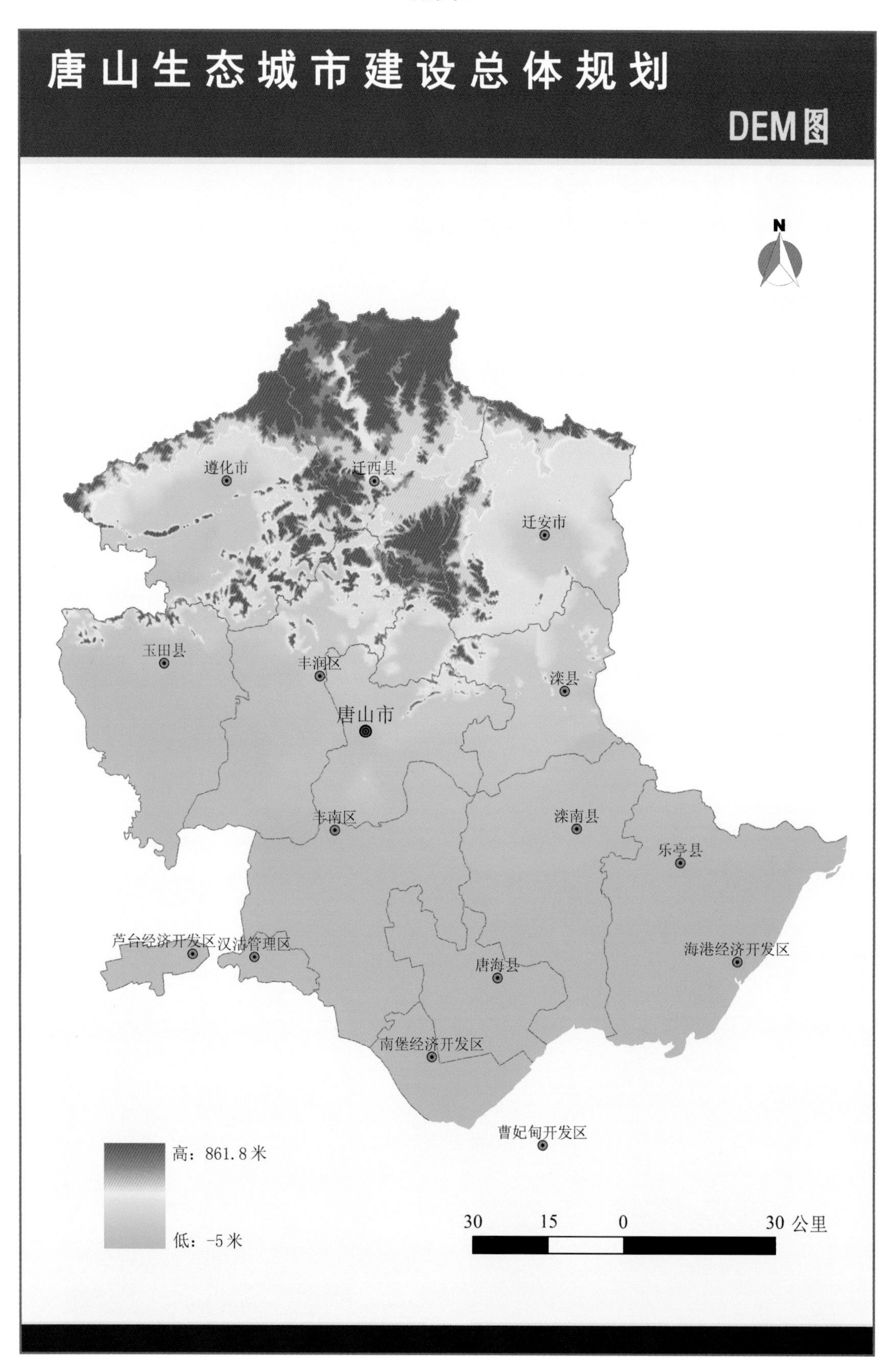
唐山生态城市建设总体规划
DEM图
N
遵化市
迁西县
迁安市
玉田县
丰润区
滦县
唐山市
丰南区
滦南县
乐亭县
芦台经济开发区
汉沽管理区
唐海县
海港经济开发区
南堡经济开发区
曹妃甸开发区
高：861.8米
低：-5米
30
15
0
30 公里

附图3

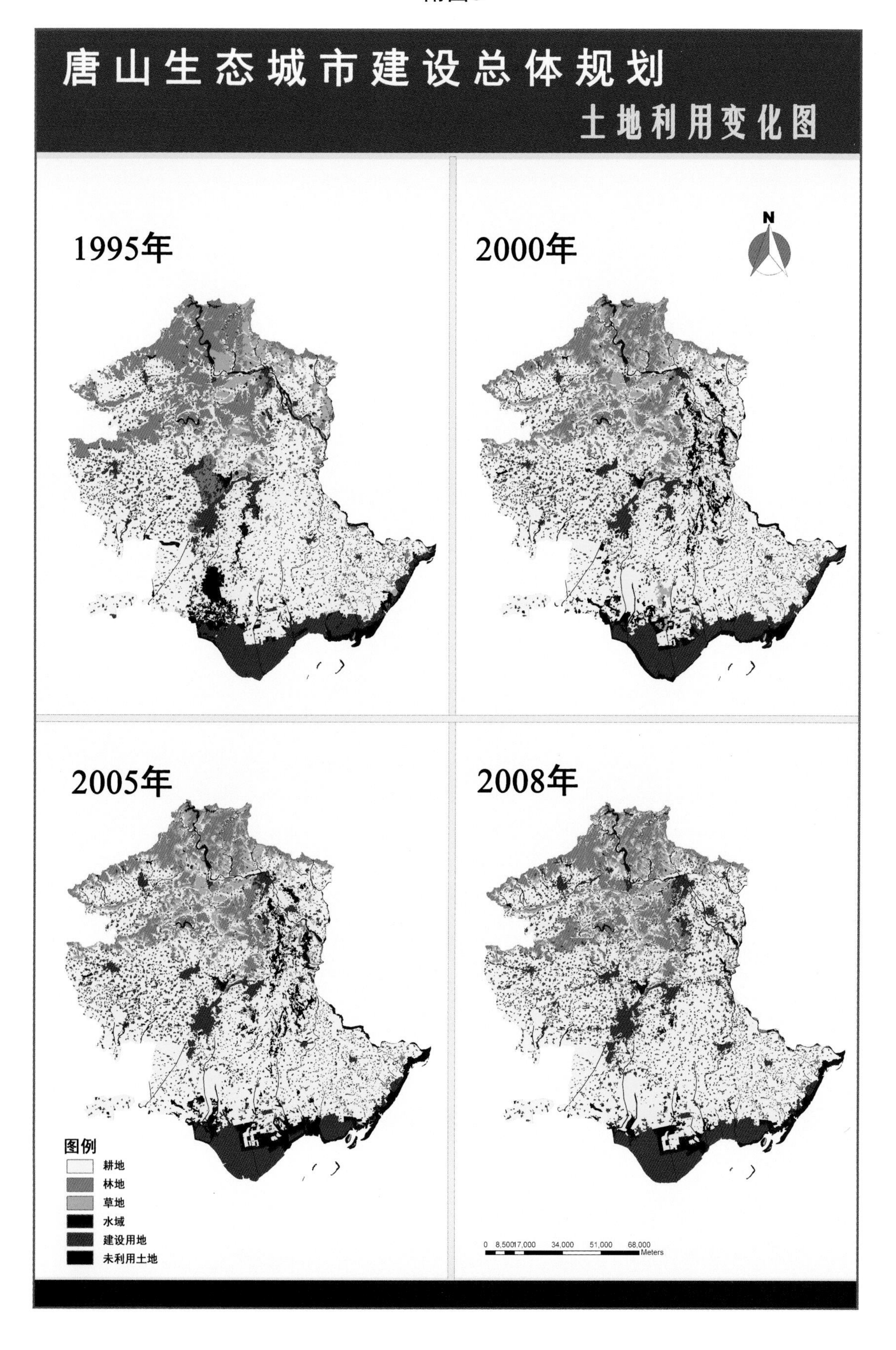
唐山生态城市建设总体规划
土地利用变化图
1995年
2000年
N
2005年
2008年
图例
耕地
林地
草地
水域
建设用地
未利用土地
0 8,500 17,000 34,000 51,000 68,000
Meters

附图 4

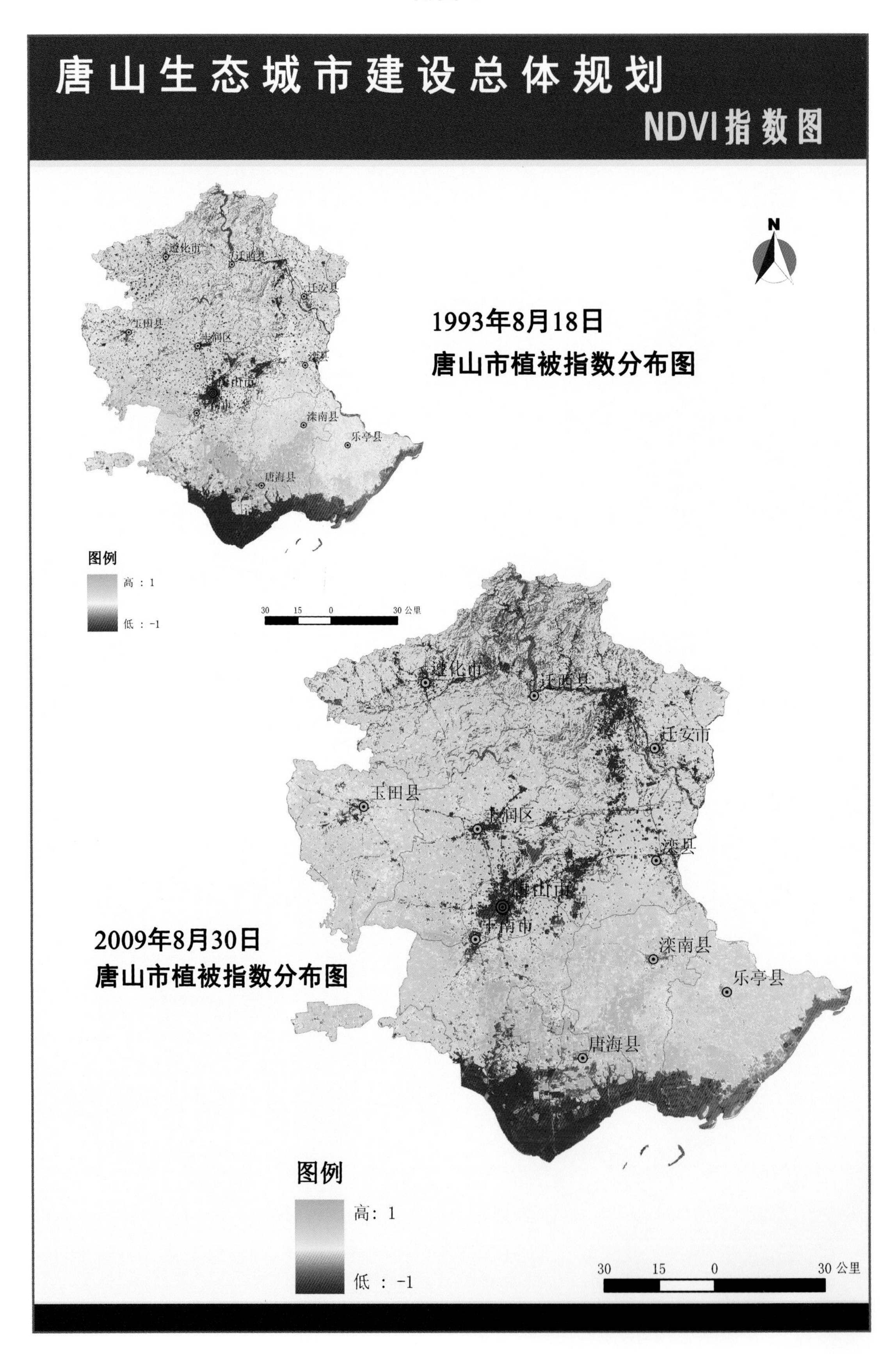
唐山生态城市建设总体规划
NDVI指数图
N
1993年8月18日
唐山市植被指数分布图
遵化市
迁西县
迁安县
玉田县
丰润区
滦县
唐山市
丰南市
滦南县
乐亭县
唐海县
图例
高 : 1
低 : -1
30 15 0 30 公里
遵化市
迁西县
迁安市
玉田县
丰润区
滦县
唐山市
丰南市
滦南县
乐亭县
唐海县
2009年8月30日
唐山市植被指数分布图
图例
高: 1
低 : -1
30 15 0 30 公里

附图 5

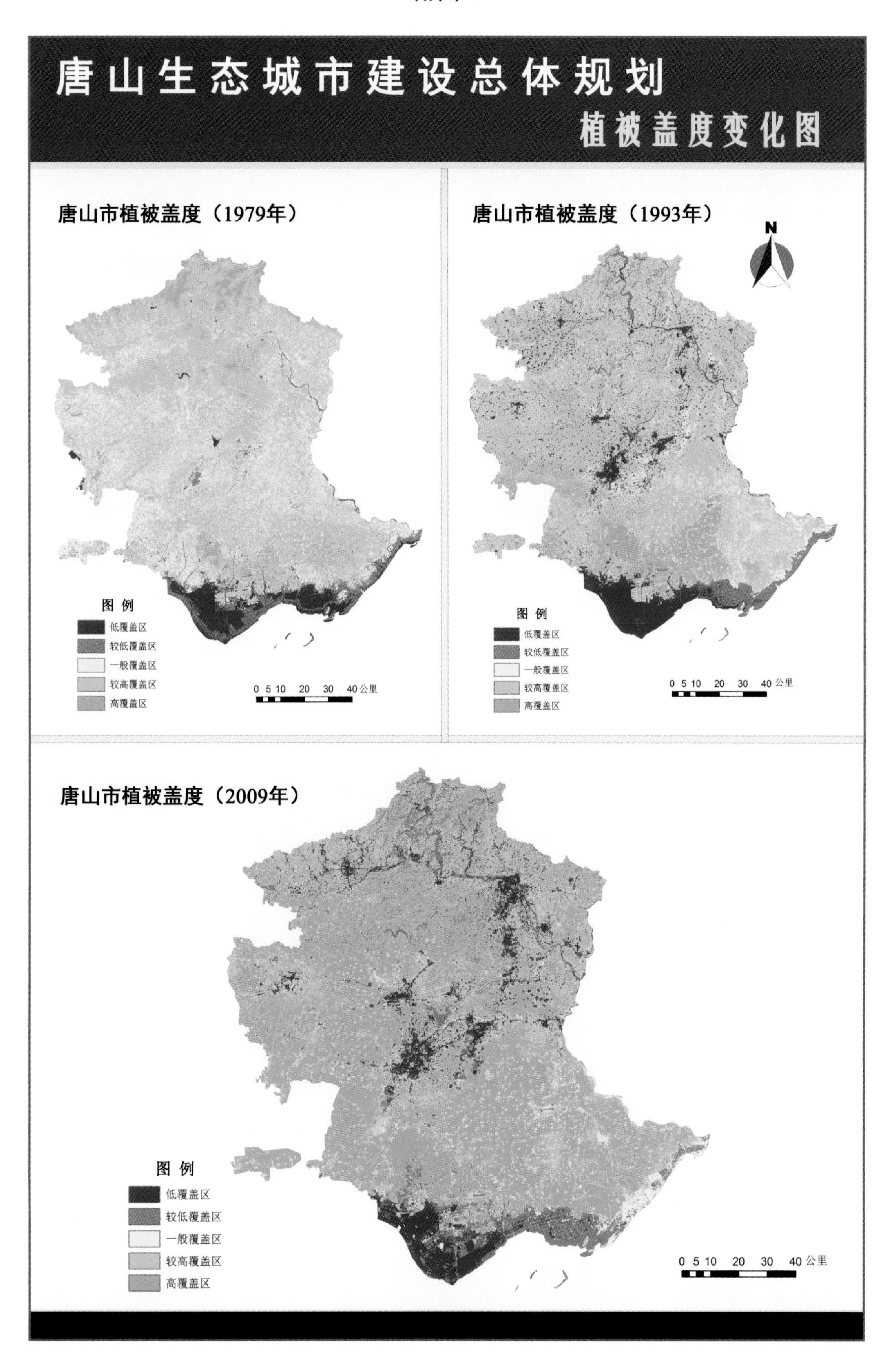
唐山生态城市建设总体规划
植被盖度变化图
唐山市植被盖度（1979年）
图例
低覆盖区
较低覆盖区
一般覆盖区
较高覆盖区
高覆盖区
0 5 10 20 30 40 公里
唐山市植被盖度（1993年）
N
图例
低覆盖区
较低覆盖区
一般覆盖区
较高覆盖区
高覆盖区
0 5 10 20 30 40 公里
唐山市植被盖度（2009年）
图例
低覆盖区
较低覆盖区
一般覆盖区
较高覆盖区
高覆盖区
0 5 10 20 30 40 公里

附图 6

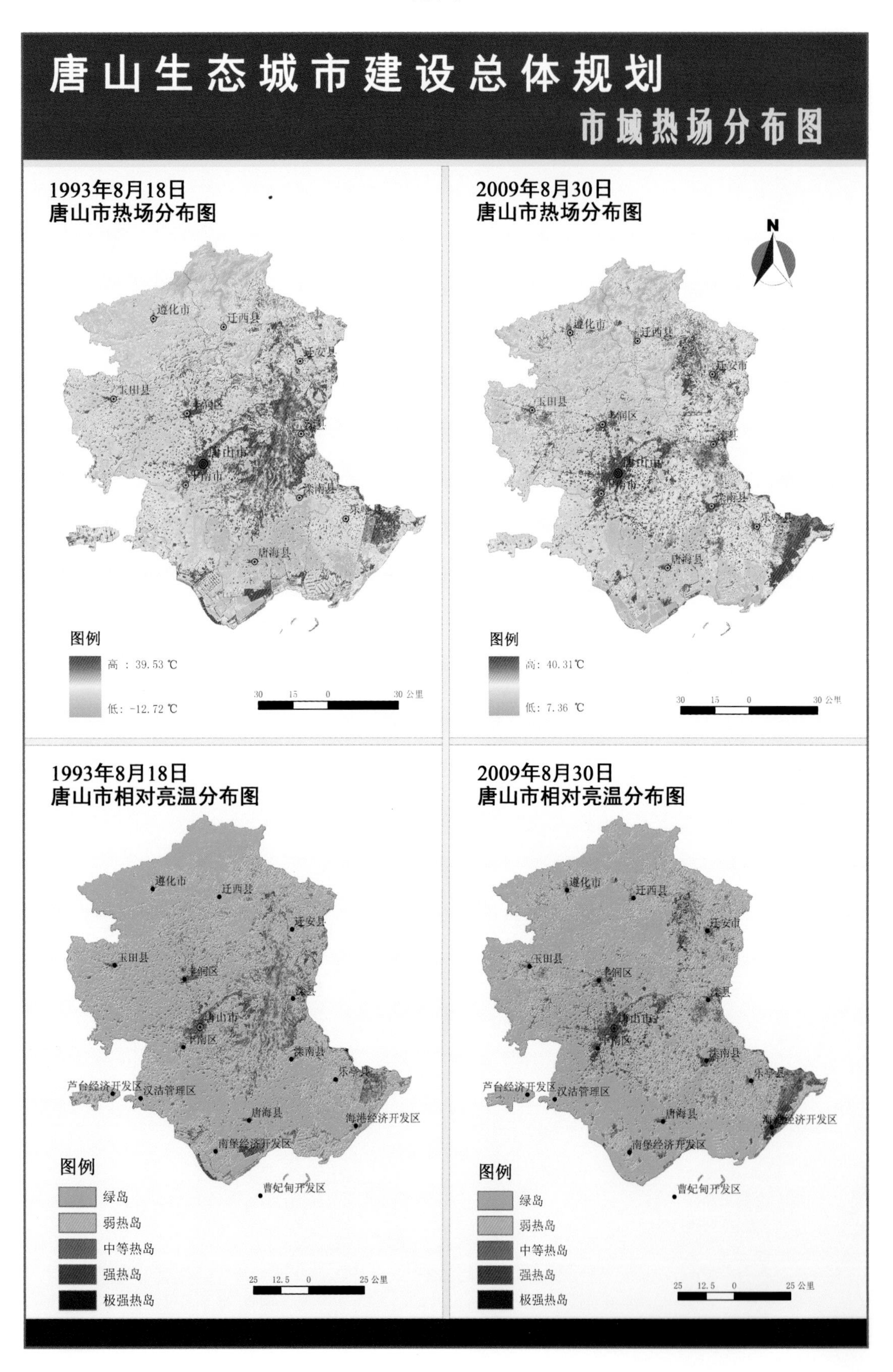
唐山生态城市建设总体规划
市域热场分布图
1993年8月18日
唐山市热场分布图
2009年8月30日
唐山市热场分布图
N
遵化市
迁西县
迁安市
玉田县
丰润区
唐山市
丰南市
滦南县
唐海县
图例
高：39.53℃
低：-12.72℃
高：40.31℃
低：7.36℃
30 15 0 30 公里
1993年8月18日
唐山市相对亮温分布图
2009年8月30日
唐山市相对亮温分布图
迁西县
迁安县
丰润区
丰南区
滦南县
乐亭县
芦台经济开发区
汉沽管理区
海港经济开发区
南堡经济开发区
曹妃甸开发区
图例
绿岛
弱热岛
中等热岛
强热岛
极强热岛
25 12.5 0 25 公里

附图 7

唐山生态城市建设总体规划
总体布局示意图
布局框架：两核、一带、二区、七极、多点
N
迁西县
遵化市
迁安市
玉田县
滦县
滦南县
乐亭县
图例：
两核
唐山都市区
由路南、路北、古冶、开平4区和丰南、丰润2个城区组成。该区域应以打造现代宜居城市为主要目标，建设环境良好、经济发展、文化丰富的和谐城区。
曹妃甸港城
包括唐海县、南堡经济开发区、曹妃甸工业园区及曹妃甸生态城。该区建设以创业和宜居为目标，突出滨海港城特色，进行高起点、高标准的科学规划，合理利用宝贵的土地资源，完善区域循环经济体系，实现经济与环境的协调发展，把曹妃甸打造为物流发达、环境优美、宜居宜业的现代化港城。
一带
由乐亭、滦南、唐海、丰南的部分地区及芦汉经济开发区组成的唐山南部沿海生态经济带。随着海洋经济及沿海经济的快速发展，该区域人口将急剧增加，产业进一步聚集，今后生态环境建设的压力很大。同时，南部海岸为泥质海岸，地势平坦，土壤重盐碱化，地下水位较高；沿海风暴和水涝自然灾害发生较为频繁，且有地震、海啸发生的隐患；森林覆盖率低，森林资源明显不足，树种较单一，基干林带不完整，质量不高。
七极
包括玉田、遵化、迁西、迁安、滦县、滦南县、乐亭等七个县（市）的城区。该区以建设宜居、创业的田园生态城镇为目标，充分发挥区域生态环境的优势，合理利用和保护土地、水资源，优化城镇布局结构，拓展城市发展空间，缓解主城区城市人口过度集中而带来城市基础设施和服务等压力，引导城市有序发展。
多点
指遍布全市的农村居民点。北部山区乡村包括遵化市、迁安市、迁西县、玉田县两市两县所辖的79个乡镇、2349个行政村；中部平原乡村包括丰润区、丰南区、芦台经济技术开发区、汉沽管理区四区及滦县、滦南县两县所辖的71个乡镇、2124个行政村；南部滨海农村包括乐亭县、唐海县两县所辖的15个乡镇、533个行政村。唐山乡村建设重点是根据乡村特色进行科学规划，把保护乡村原有自然景观、人文景观与村容村貌整治结合起来，开展生态乡村建设。
二区
中部平原综合发展区
包括滦县、玉田、丰润、丰南及滦南北部等地平原区域。该区是唐山人口较为集中的区域，基础设施健全、产业基础良好，是唐山传统资源型优势产业和冀东粮仓的主要分布区。同时，该区域也是工业高能耗的主要分布区，乡镇工矿企业污染较为严重，生态环境经济增长方式较为粗放，节能减排任务较艰巨，资源环境压力较大；另外，该区域森林覆盖率还较低，生态破坏较为严重，生态建设任务还很重
北部山区生态保育区
该区域主要指为遵化、迁西、迁安境内及玉田、丰润和滦县的北部山区，自然地貌以山地为主，矿产资源丰富，水流失较严重，是唐山生态植被的基因库，也是唐山重要的生态屏障，关系唐山饮水安全的水源地。因此，该区域应坚持保护优先、适度开发的原则，目的是进行水源涵养、生物多样性保育，增强水土保持，减少泥石流发生，保障唐山生态安全，同时，为人们提供休闲观光的场所。

附图 8

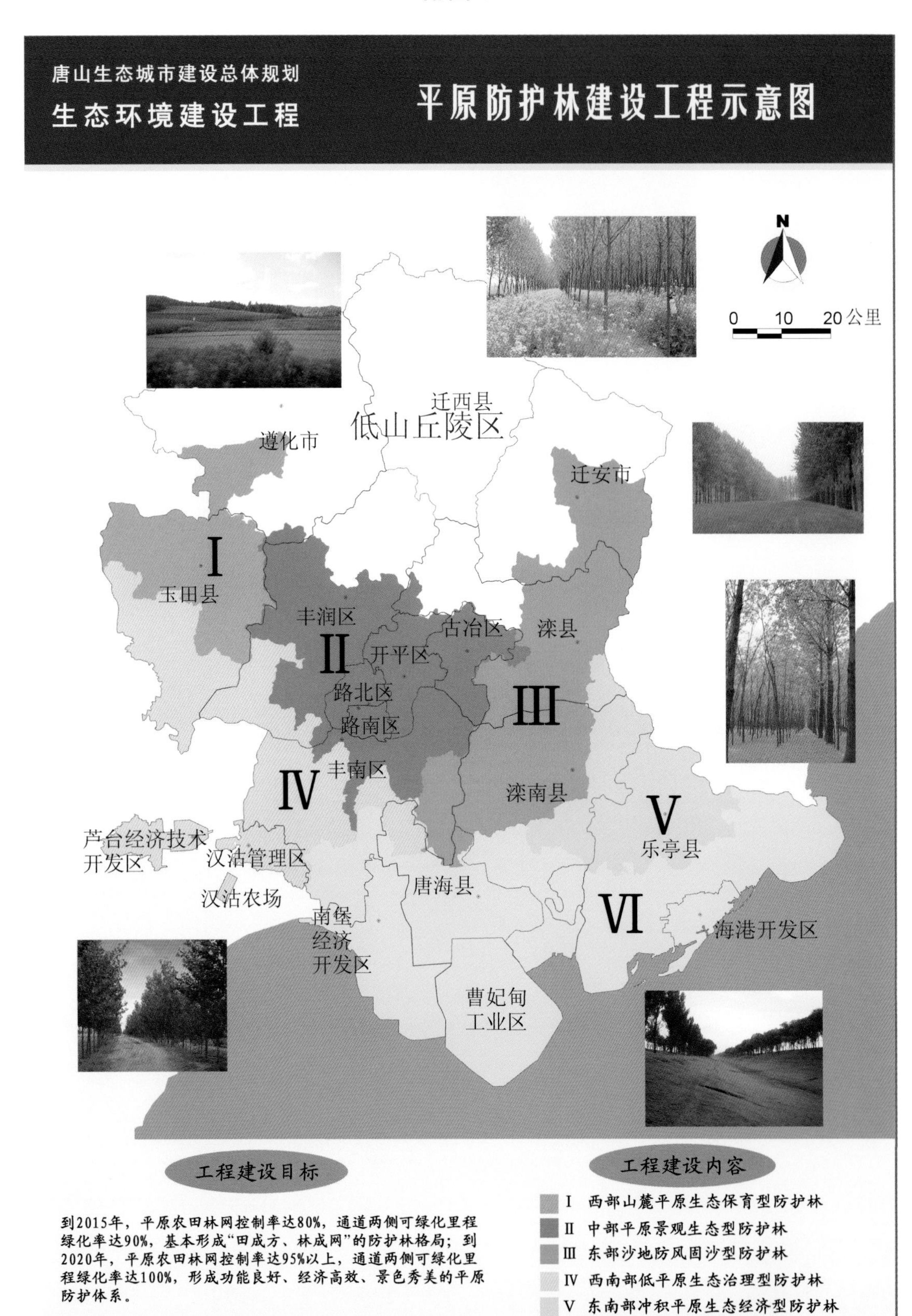
唐山生态城市建设总体规划
生态环境建设工程
平原防护林建设工程示意图
N
0 10 20 公里
迁西县
低山丘陵区
遵化市
迁安市
I
玉田县
丰润区
古冶区
滦县
II
开平区
路北区
路南区
III
IV
丰南区
滦南县
V
乐亭县
芦台经济技术
开发区
汉沽管理区
汉沽农场
唐海县
南堡
经济
开发区
VI
海港开发区
曹妃甸
工业区
工程建设目标
到2015年，平原农田林网控制率达80%，通道两侧可绿化里程绿化率达90%，基本形成"田成方、林成网"的防护林格局；到2020年，平原农田林网控制率达95%以上，通道两侧可绿化里程绿化率达100%，形成功能良好、经济高效、景色秀美的平原防护体系。
工程建设内容
I 西部山麓平原生态保育型防护林
II 中部平原景观生态型防护林
III 东部沙地防风固沙型防护林
IV 西南部低平原生态治理型防护林
V 东南部冲积平原生态经济型防护林
VI 南部滨海平原湿地型防护林

附图 9

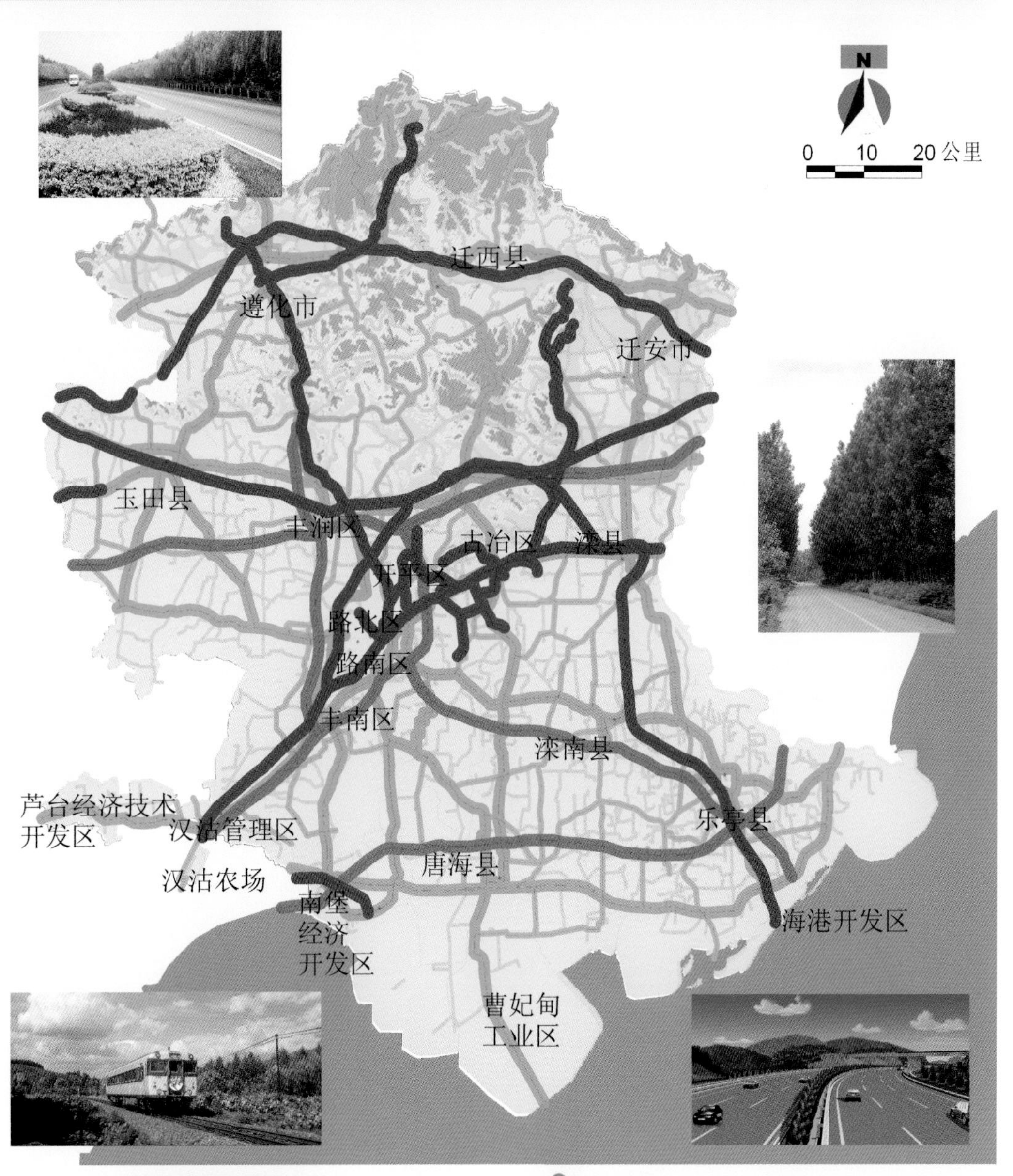

工程建设目标

到2015年，平原农田林网控制率达80%，通道两侧可绿化里程绿化率达90%，基本形成“田成方、林成网”的防护林格局；到2020年，平原农田林网控制率达95%以上，通道两侧可绿化里程绿化率达100%，形成功能良好、经济高效、景色秀美的平原防护体系。

附图 10

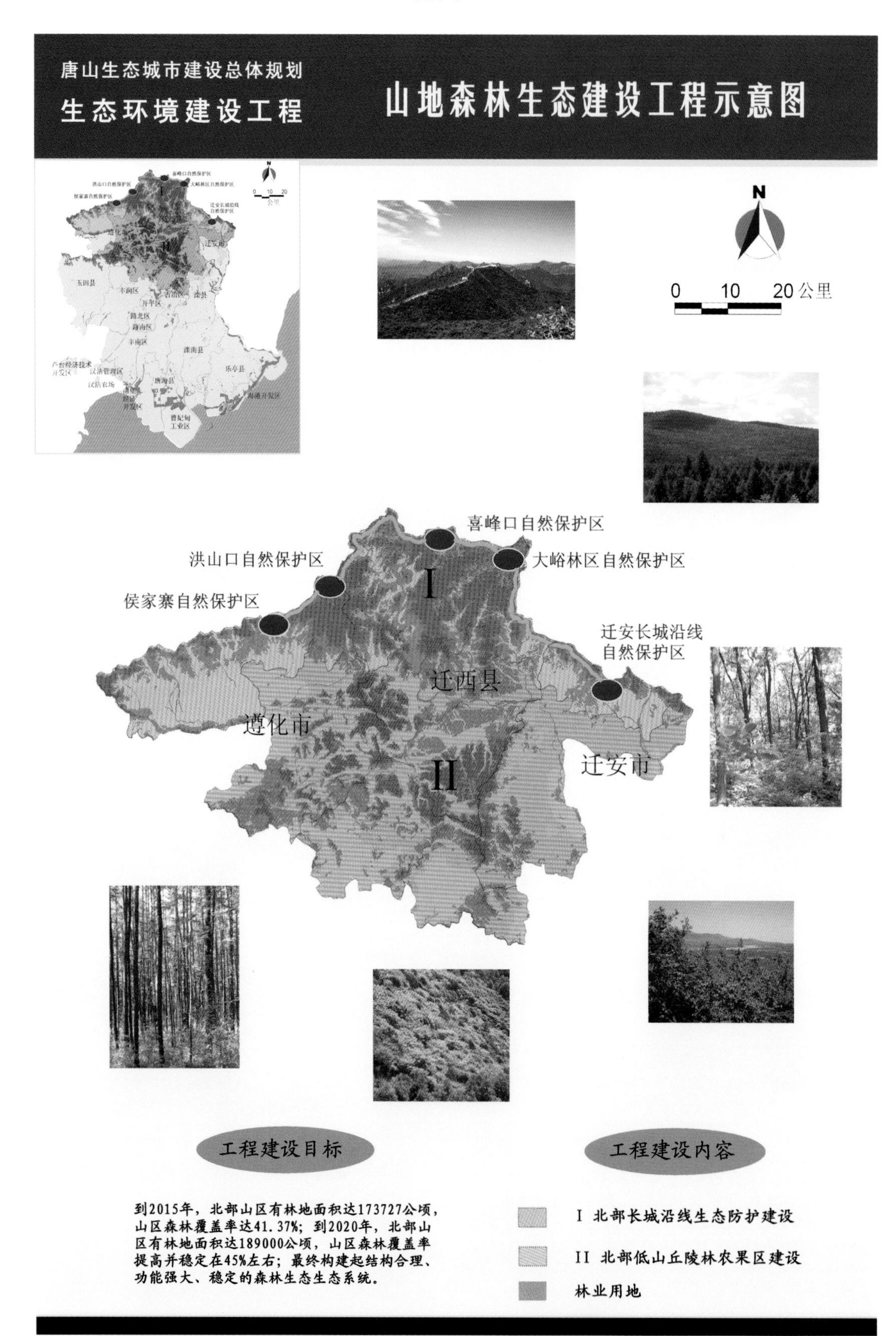

唐山生态城市建设总体规划
生态环境建设工程
山地森林生态建设工程示意图
N
0 10 20 公里
喜峰口自然保护区
洪山口自然保护区
大峪林区自然保护区
侯家寨自然保护区
I
迁安长城沿线
自然保护区
迁西县
遵化市
II
迁安市
工程建设目标
工程建设内容
到2015年，北部山区有林地面积达173727公顷，山区森林覆盖率达41.37%；到2020年，北部山区有林地面积达189000公顷，山区森林覆盖率提高并稳定在45%左右；最终构建起结构合理、功能强大、稳定的森林生态生态系统。
I 北部长城沿线生态防护建设
II 北部低山丘陵林农果区建设
林业用地

附图 11

唐山生态城市建设总体规划

生态环境建设工程

滨海生态防护工程示意图

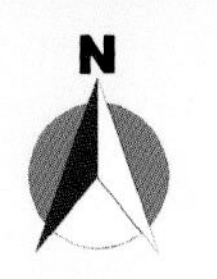

0 10 20公里

近海河流

滨海湿地（秋）

乐亭县

唐海县

滦河口湿地公园

南堡经济开发区

唐海湿地国家级自然保护区

海港开发区

南堡滨海湿地公园

石臼坨湿地国家级自然保护区

曹妃甸工业区

河流入海口

沿海防护林

滨海湿地（春）

沿海防护林

工程建设目标

到2015年，对现有的129公里基干林带进行改造；沿海地区林网控制率达70%，完成唐海湿地国家级自然保护区及滦河口滨海湿地公园的建设。到2020年，完成基干林带的建设，沿海地区林网控制率达85%，完成石臼坨列岛海洋自然保护区和南堡滨海湿地公园的建设。

工程建设内容

- 沙质海岸基干林带建设
- 泥质海岸基干林带建设
- 沿海纵深防护林建设
- 滨海湿地分布区建设
- 北方耐盐植物培育基地建设

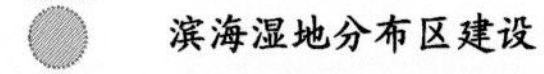

附图 12

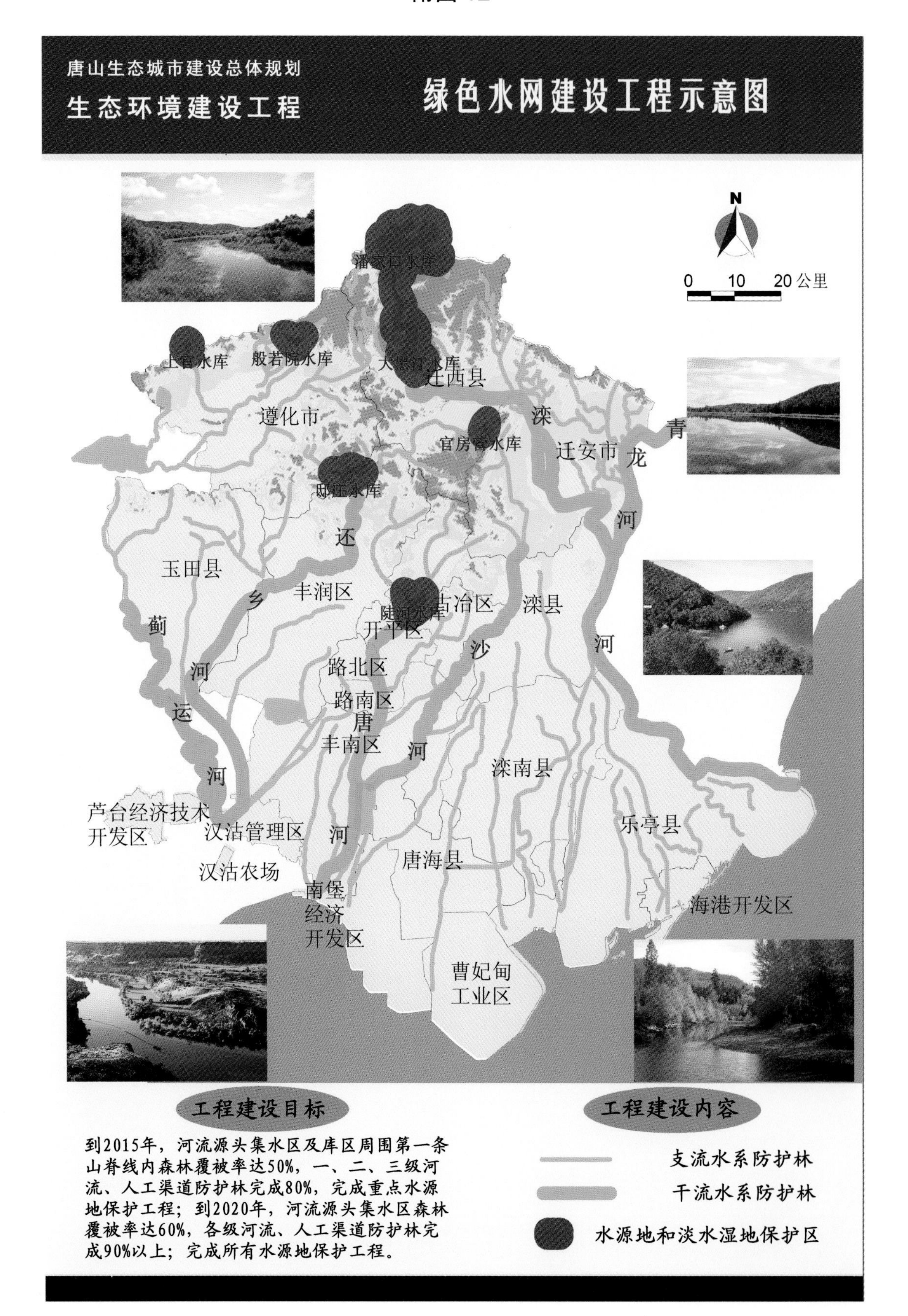
唐山生态城市建设总体规划
生态环境建设工程
绿色水网建设工程示意图
N
0 10 20 公里
潘家口水库
上官水库
般若院水库
大黑汀水库
迁西县
遵化市
官房营水库
滦
迁安市
青
龙
河
邱庄水库
还
玉田县
乡
丰润区
陡河水库
古冶区
滦县
开平区
蓟
沙
河
路北区
河
运
路南区
唐
丰南区
河
滦南县
河
芦台经济技术
开发区
汉沽管理区
河
乐亭县
唐海县
汉沽农场
南堡
经济
开发区
海港开发区
曹妃甸
工业区
工程建设目标
到2015年，河流源头集水区及库区周围第一条山脊线内森林覆被率达50%，一、二、三级河流、人工渠道防护林完成80%，完成重点水源地保护工程；到2020年，河流源头集水区森林覆被率达60%，各级河流、人工渠道防护林完成90%以上；完成所有水源地保护工程。
工程建设内容
支流水系防护林
干流水系防护林
水源地和淡水湿地保护区

附图 13

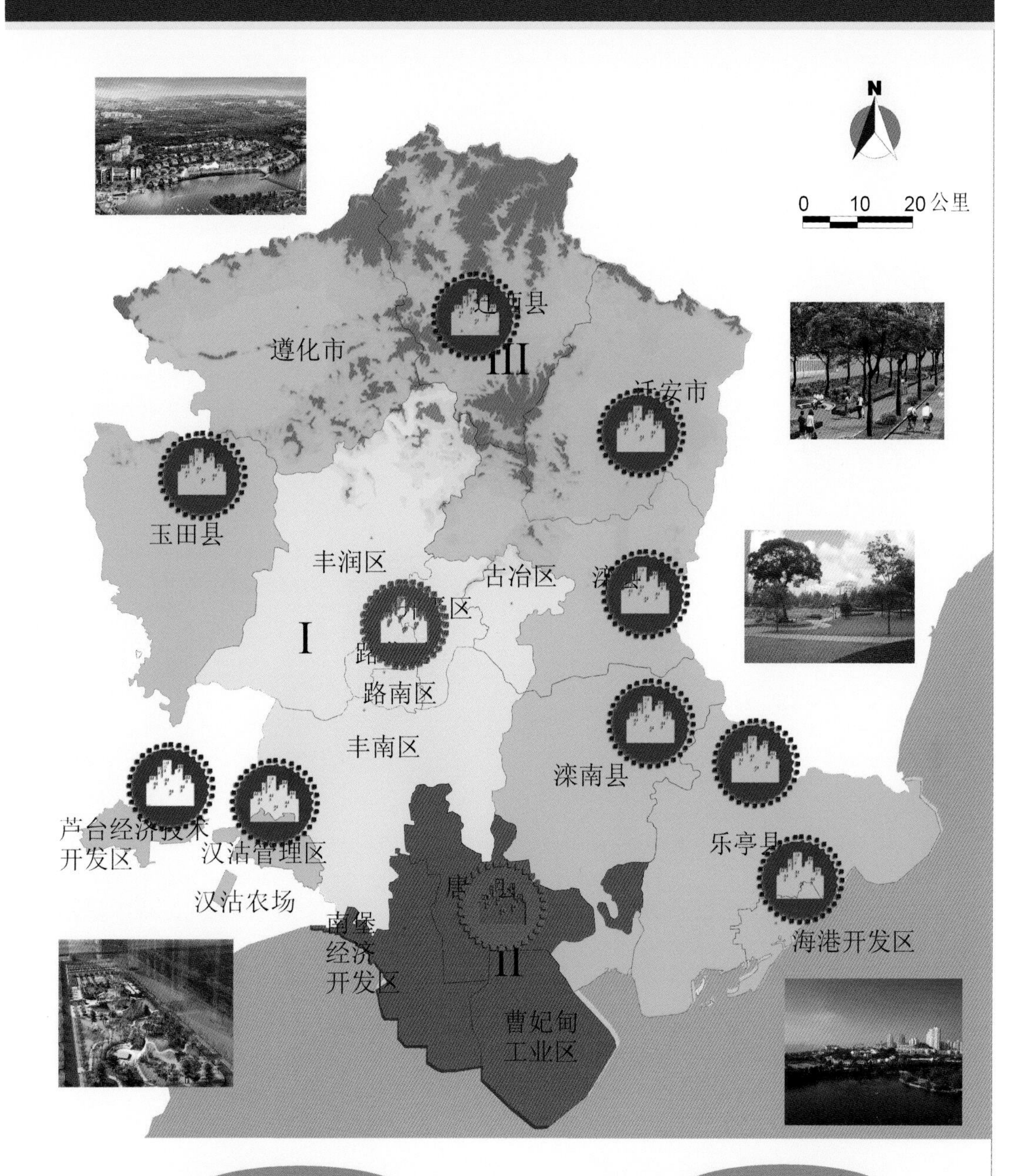
唐山生态城市建设总体规划
生态环境建设工程
宜居生态城镇建设工程示意图
N
0 10 20 公里
遵化市
III
玉田县
丰润区
古冶区
I
路南区
丰南区
滦南县
芦台经济技术
开发区
汉沽管理区
汉沽农场
南堡
经济
开发区
II
曹妃甸
工业区
乐亭县
海港开发区
工程建设目标
2015年，各级城镇绿地系统基本完善，各县城的建成区范围内绿化指标全部达国家园林城市标准；2020年，各级城镇生态环境良好，各县城的建成区范围内环境指标全部达国家生态城市标准。
工程建设内容
I 唐山都市区生态环境建设
II 曹妃甸港城生态环境建设
III 县级宜居生态城镇建设
中心城区

附图 14

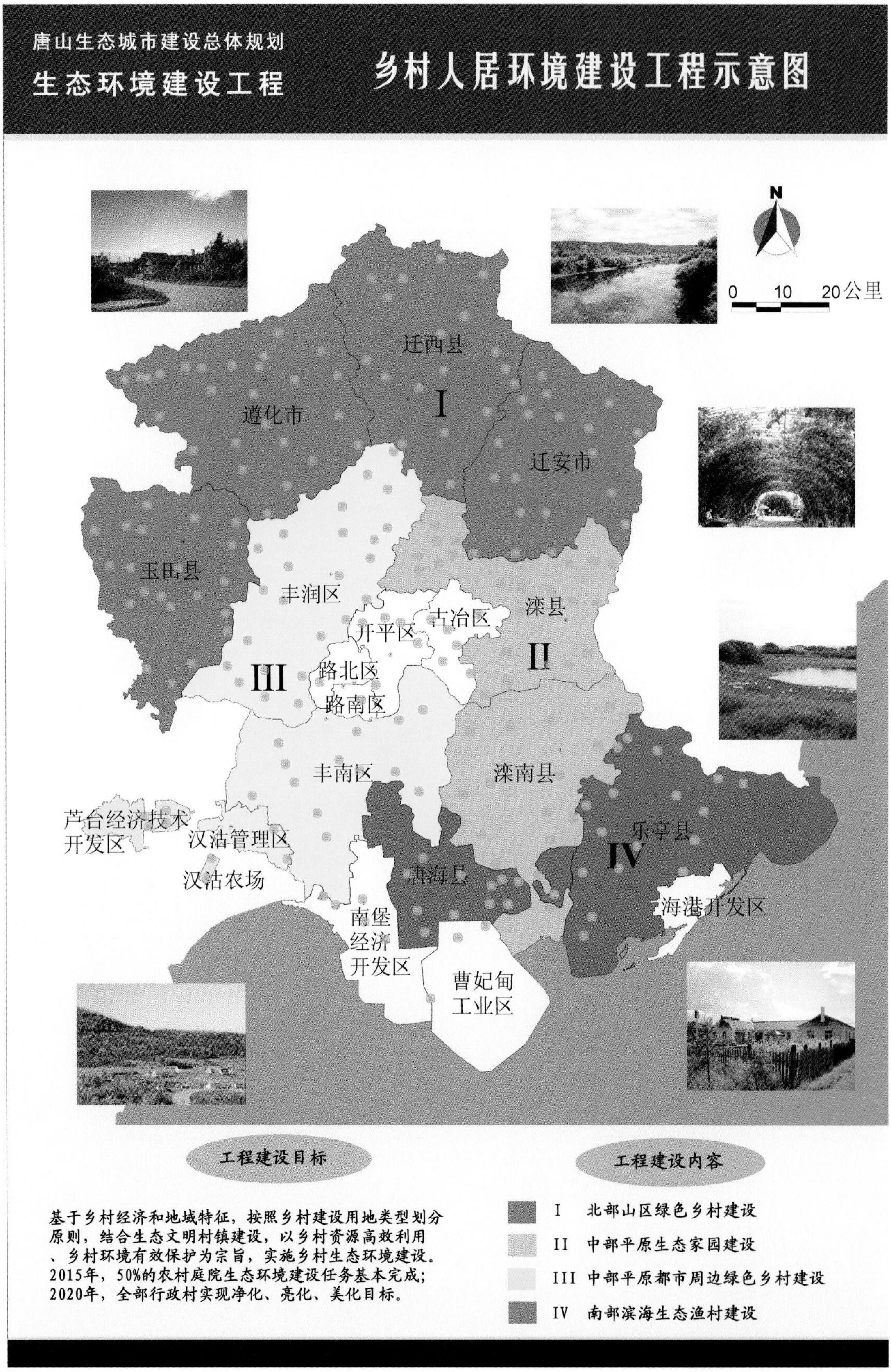

唐山生态城市建设总体规划
生态环境建设工程

乡村人居环境建设工程示意图

N
0 10 20公里

迁西县
I
遵化市
迁安市
玉田县
丰润区
古冶区
滦县
开平区
II
III
路北区
路南区
丰南区
滦南县
芦台经济技术开发区
汉沽管理区
乐亭县
IV
汉沽农场
唐海县
海港开发区
南堡经济开发区
曹妃甸工业区

工程建设目标

基于乡村经济和地域特征，按照乡村建设用地类型划分原则，结合生态文明村镇建设，以乡村资源高效利用、乡村环境有效保护为宗旨，实施乡村生态环境建设。2015年，50%的农村庭院生态环境建设任务基本完成；2020年，全部行政村实现净化、亮化、美化目标。

工程建设内容

- I 北部山区绿色乡村建设
- II 中部平原生态家园建设
- III 中部平原都市周边绿色乡村建设
- IV 南部滨海生态渔村建设

附图 15

唐山生态城市建设总体规划
生态环境建设工程　矿山废弃地生态恢复治理工程示意图

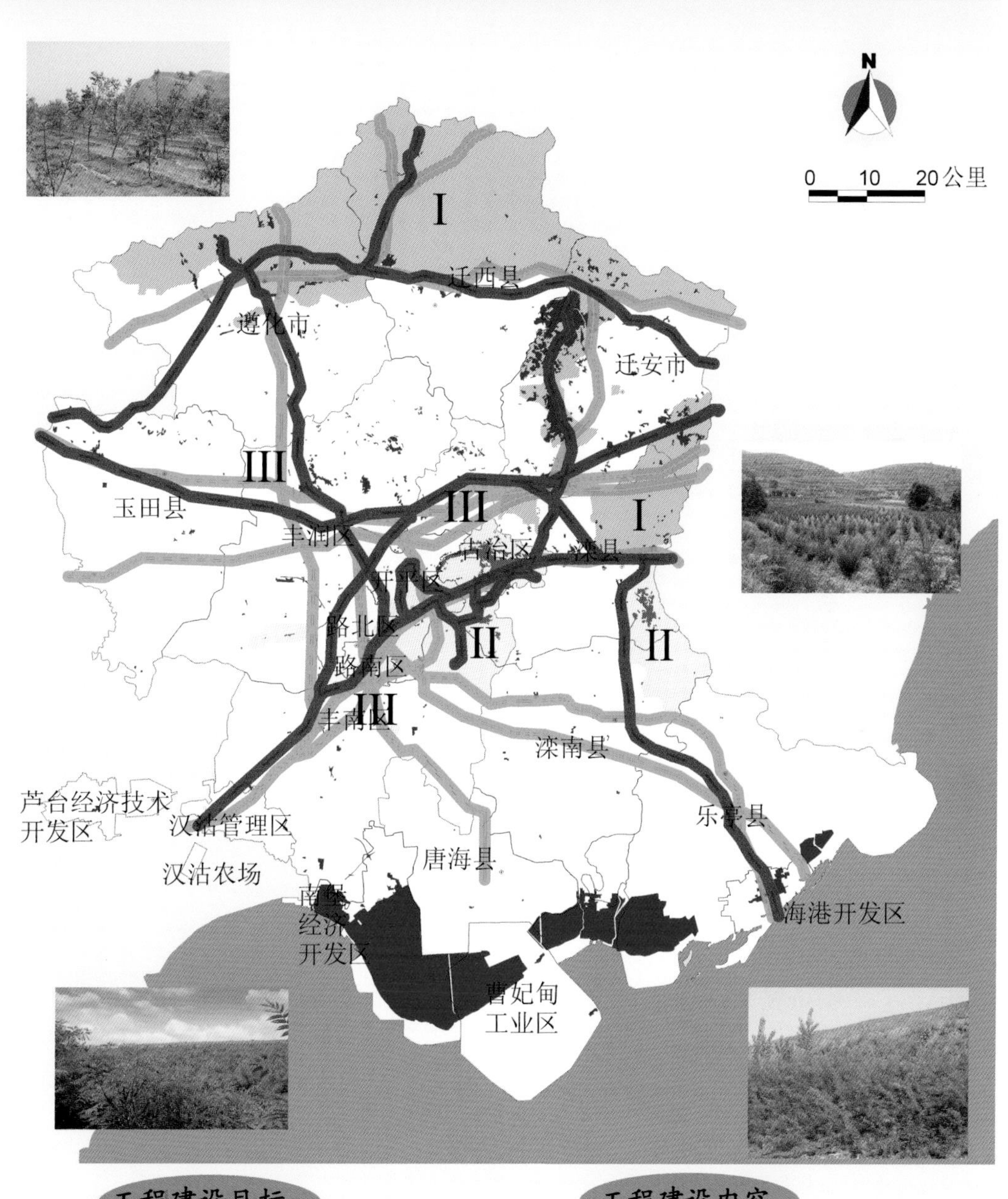

工程建设目标

到2015年，完成南湖工程、北部山区百矿披绿等重点工程，使矿山环境治理率达60%；到2020年，完成矿山废弃地生态复绿工作，矿山环境治理率达100%。建立生态功能强大、水土资源高效利用、经济效益和景观效益好的生态恢复工程体系。

工程建设内容

I 北部山区矿山废弃地富山保绿生态屏障建设

II 中部平原矿山废弃地绿色生态农业建设

III 铁路、公路 “两线”沿途绿色景观再造

附图 16

工程建设目标

到2015年，化学需氧量和二氧化硫削减率各达到10%；氮氮氧化物达到国家标准；空气质量标准天数保持在310天以上；工业固体废弃物利用率和污水、垃圾集中处理率以及噪声达标率分别达到90%、100%和90%。到2020年，以上达标指标分别提高5%，5%，3%，10%和10%。

工程建设内容

- 北部山前产业带污染防控
- 中部都市工业污染防控
- 南部沿海工业污染防控

附图 17

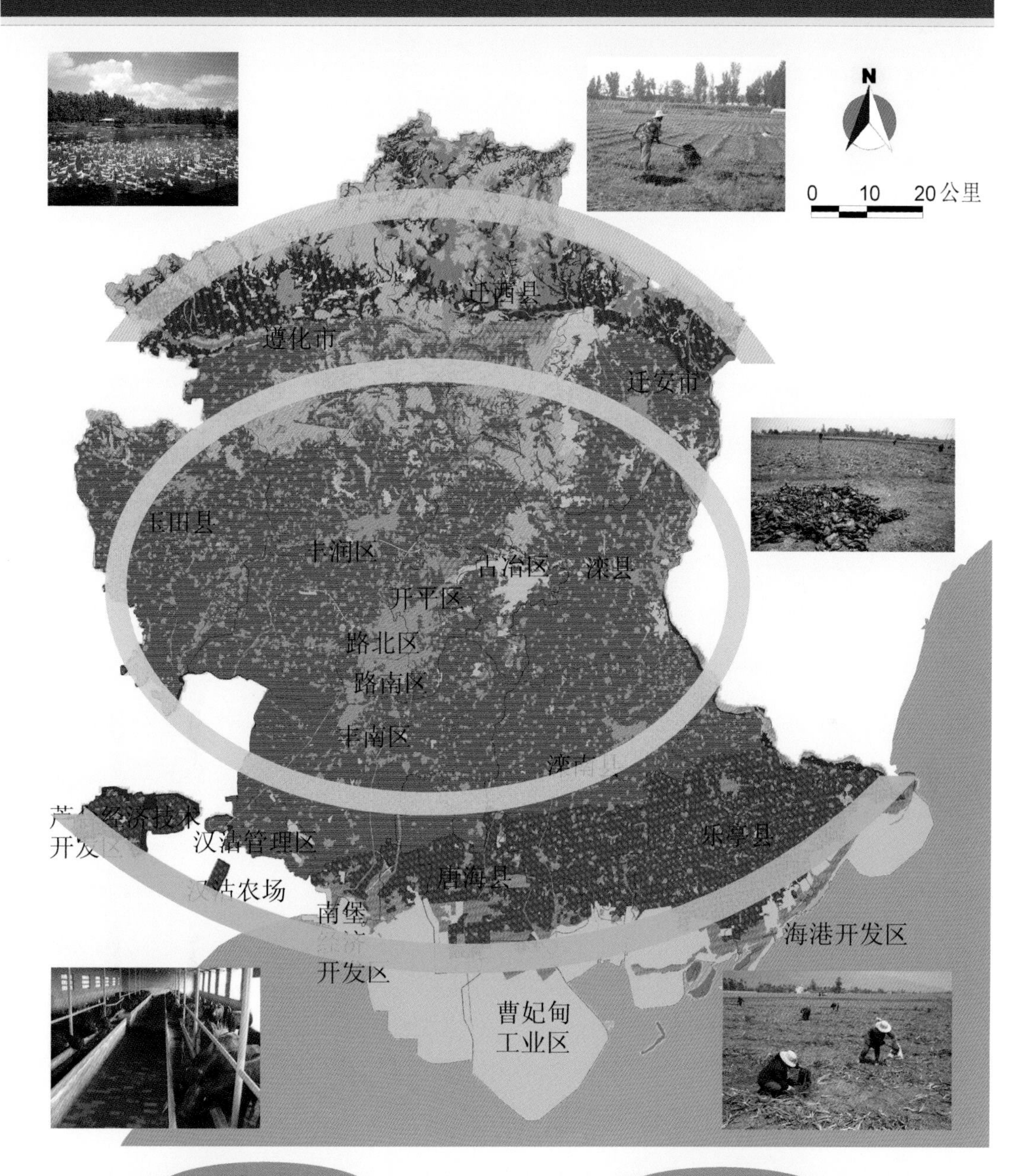

工程建设目标

到2015年，农药、化肥施用量减少20%，高效、低毒、低残留农药推广面积提高20%；规模化畜禽养殖场粪便综合利用率达70%，水产养殖区域监测面积占总养殖面积的40%；到2020年，以上达标指标分别提高10%，10%，20%和10%。

工程建设内容

- 北部山区林果杂粮种植污染防控带建设
- 中部平原现代农业综合污染防控圈建设
- 南部沿海水产养殖污染防控带建设

附图 18

唐山生态城市建设总体规划

生态环境建设工程

防灾避险体系建设工程示意图

工程建设目标

到2015年，灾害预测预报成功率达50%，构建完善的灾害预警机制，地质灾害治理和避让率达50%，灾害损失降低50%，开展城镇灾害疏散道路及疏散地建设；到2020年，上述各达标指标分别提高10%、30%、30%，完成疏散通道、疏散地及生命线保障系统建设。

工程建设内容

- 北部山区崩塌、滑坡、泥石流、地面塌陷灾害防治区
- 冀中平原地面塌陷灾害防治区
- 沿海地带沉降及海岸蚀退灾害防治区
- 城镇灾害重点防治区
- 高火险等级和病虫害防治区

附图 19

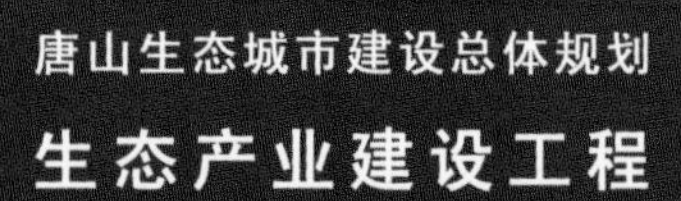

绿色食品产业工程示意图

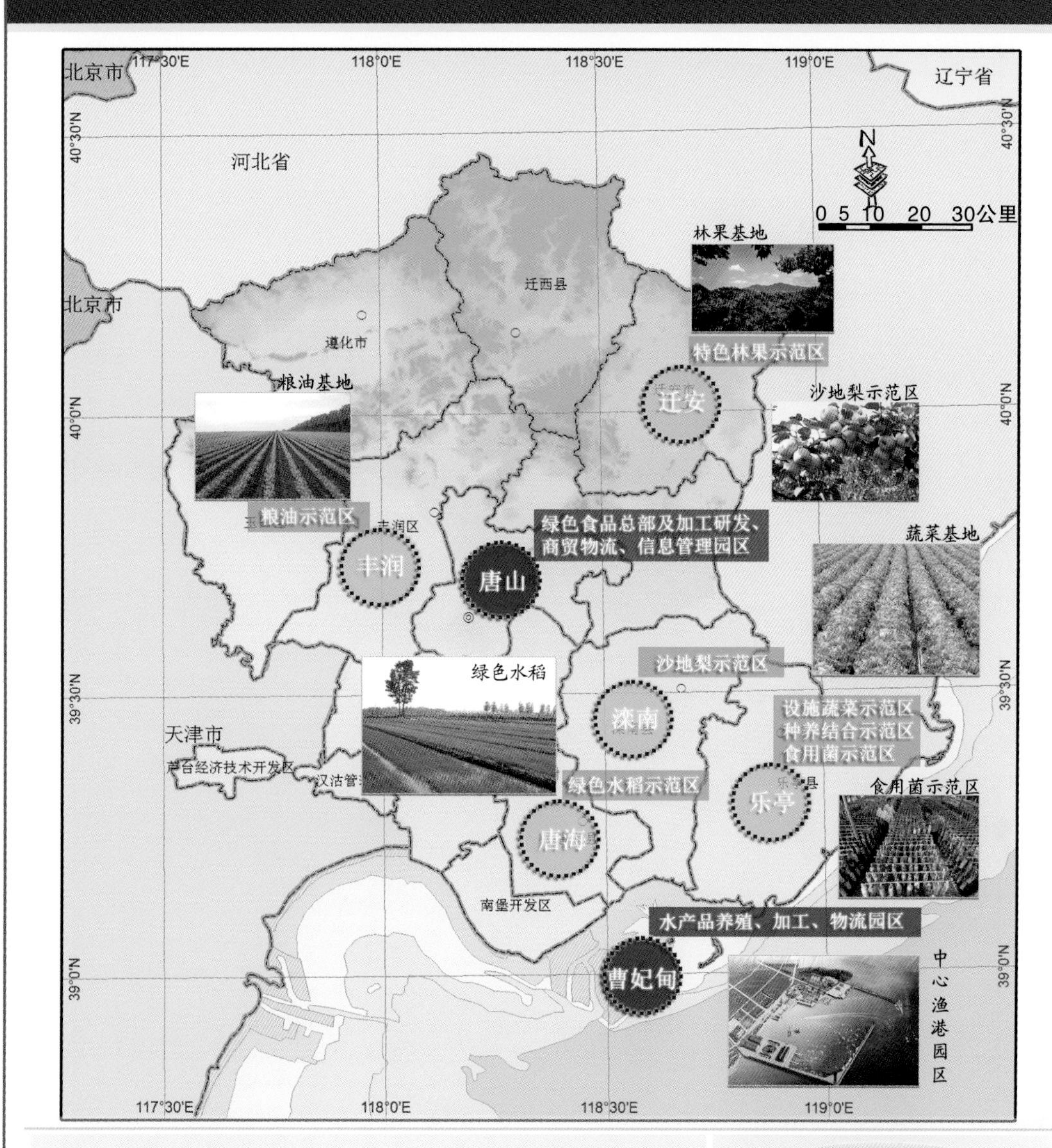

工程建设目标

主要指标	2010年	2015年	2020年
达标基地面积（万亩）	300	350	400
其中：无公害食品级基地（万亩）	250	250	200
绿色食品级基地（万亩）	50	100	200
无公害食品产值（亿元）	90	225	360
绿色食品产值（亿元）	20	120	800

工程建设内容

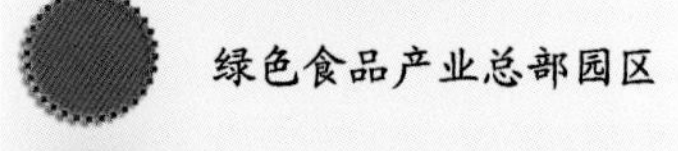
绿色食品产业总部园区

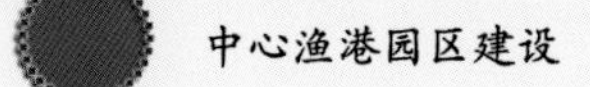
中心渔港园区建设

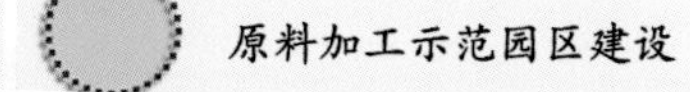
原料加工示范园区建设

附图 20

唐山生态城市建设总体规划

生态产业建设工程

特色林果与种苗花卉产业工程

工程建设内容

- 板栗、核桃基地
- 沙梨基地
- 苹果基地
- 葡萄基地
- 花卉基地

工程建设目标 到2015年，板栗种植面积达到105万亩，结果面积超过70万亩，产量达到8万吨，单位面积产量较当前水平（0.10吨/亩）增加10%。核桃种植面积达到12万亩，产量达到1万吨。到2020年，板栗的种植面积稳定在110万亩，结果面积超过90万亩，单位面积产量较目前水平提高30%，产量达到12万吨，产值约16亿元。其他林果稳定发展，尽快实现《战略报告》目标，其中苹果50万亩，产量60万吨；沙地梨20万亩，产量20万吨，并使精深加工果品占35%； 35万亩左右，产量70万吨；核桃16万亩，产量1.3万吨；安梨4万亩，产量1.7万吨。

附图 21

唐山生态城市建设总体规划

生态产业建设工程

林农复合产业工程

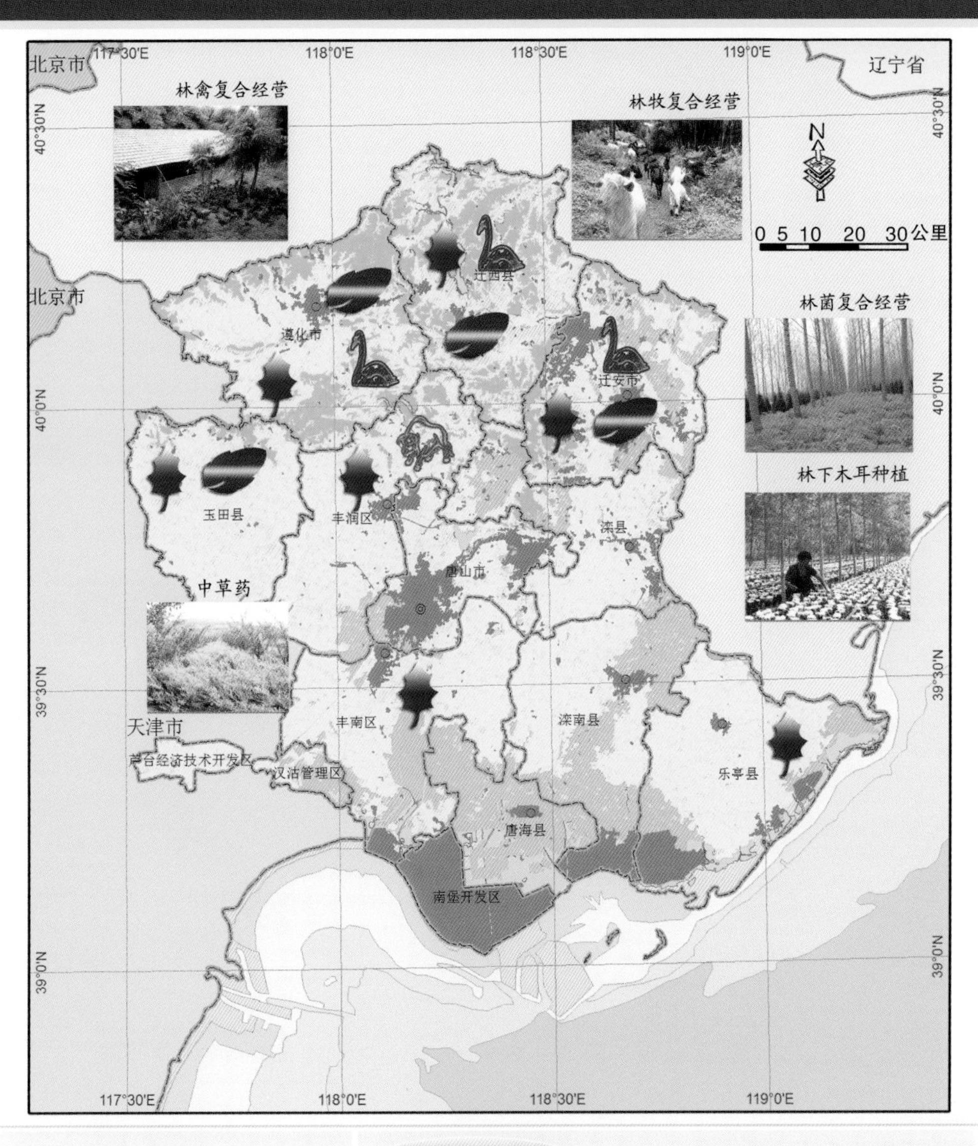

工程建设内容

林菌复合经营模式

林牧复合经营模式

林禽复合经营模式

中草药产业

工程建设目标

林农复合产业预期完成目标，预期2015年全市GDP达到7000亿元，林农复合产业加工产值将占2%；预计2020年全市GDP达到10000亿元，林农复合产业加工产值将占全市GDP的2.16%。

附图 22

唐山生态城市建设总体规划

生态产业建设工程

生态旅游产业工程

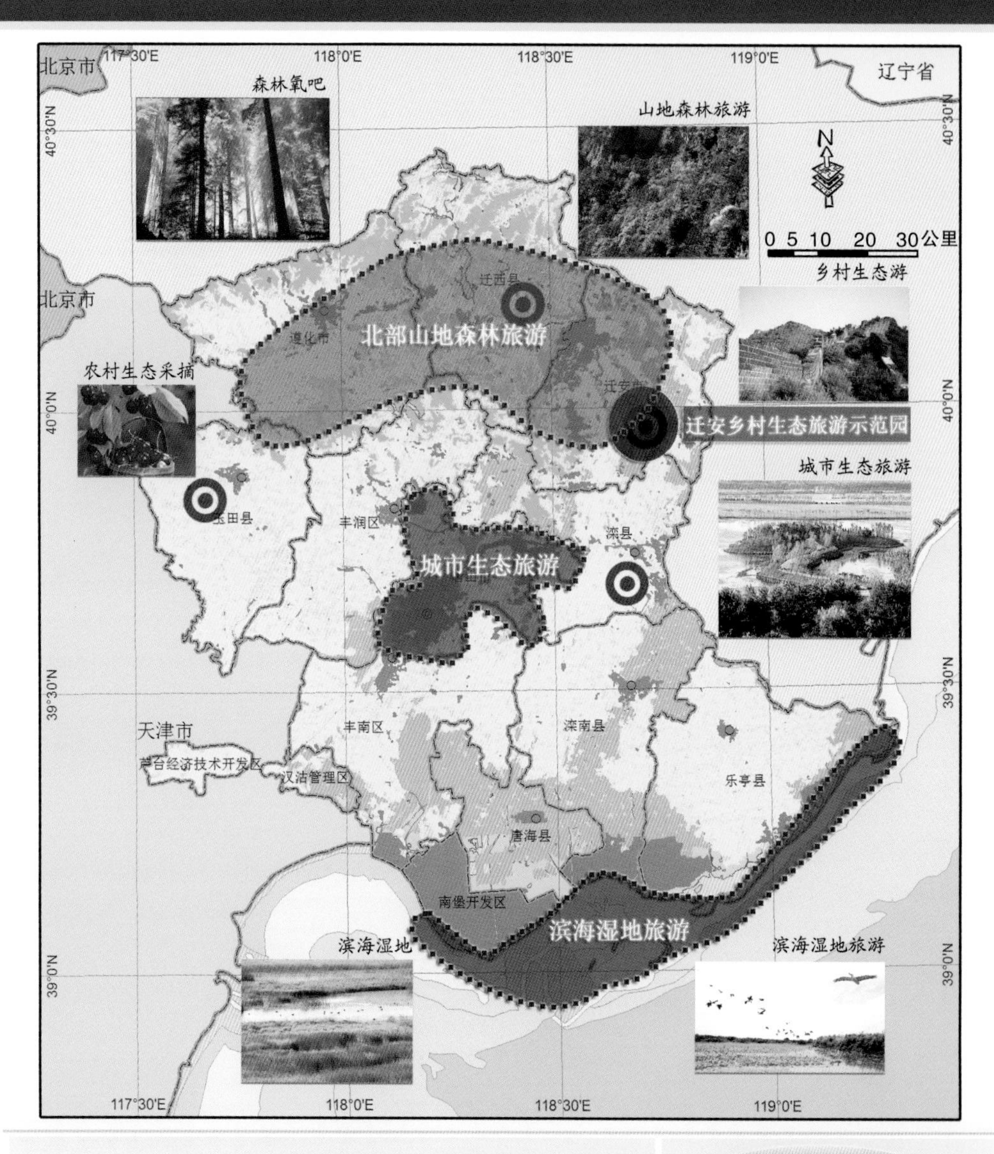

工程建设目标

到2015年，做好生态旅游策划、设计及案例工程，推广生态创意，融入生态内涵。生态旅游收入达到旅游业总收入的20%。到2020年，生态旅游业增加值占全市GDP比重提高到2%，占服务业增加值的比重达到5%。生态旅游接待游客数、旅游收入成为服务业的重要增长点。城市生态、乡村生态旅游产业规模进一步扩大，山地森林、滨海湿地旅游成为唐山特色，生态旅游产业格局形成。

工程建设内容

- 山地森林旅游
- 城市生态旅游
- 滨海湿地旅游
- 乡村特色旅游

附图 23

唐山生态城市建设总体规划

生态产业建设工程

生态环境建设产业工程

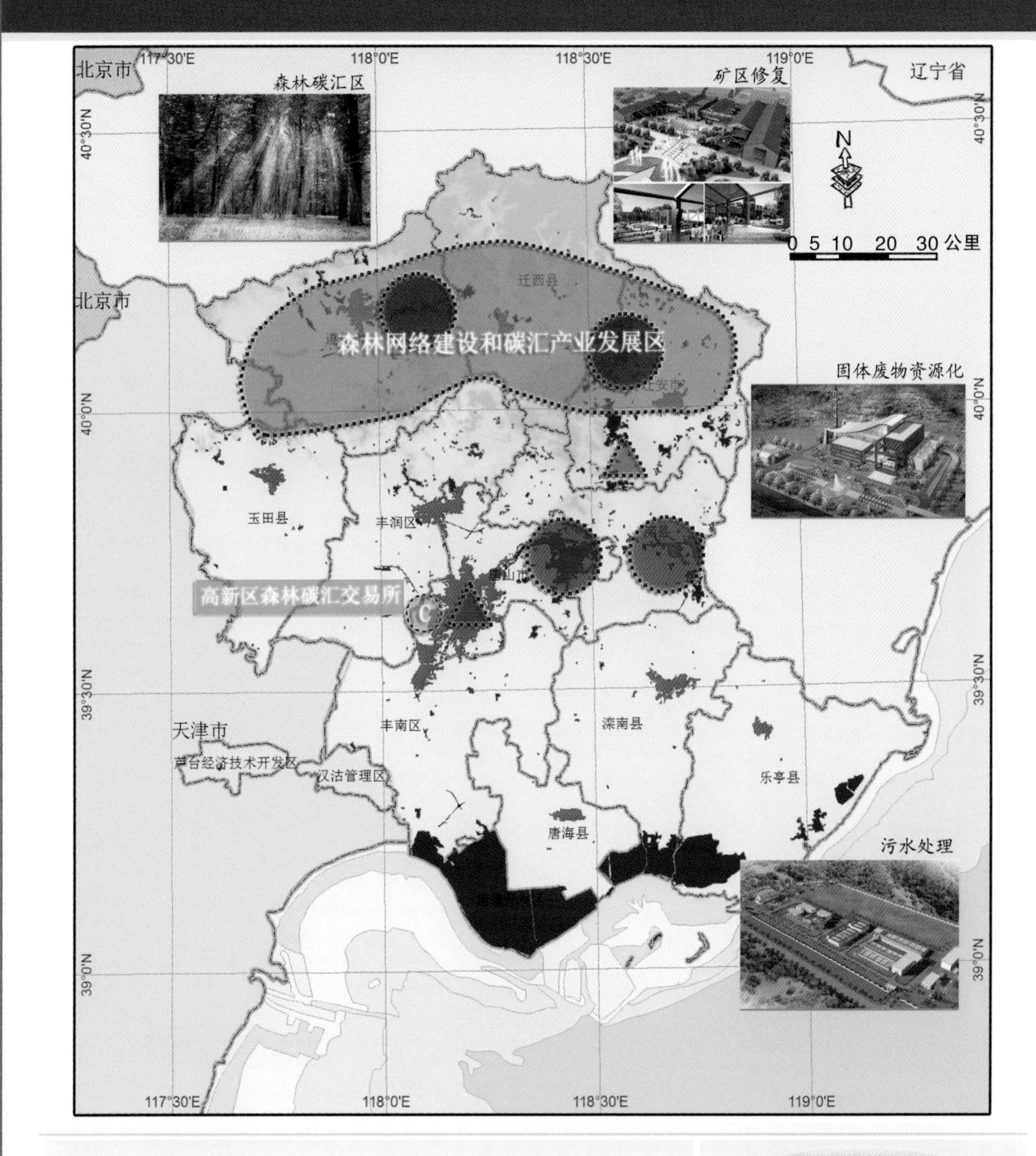

工程建设目标

到2015年，森林网络建设面积达到全市面积的10%，力争其投资主体有10%以上转移给企业或个人其生态效益高于平均水平；

到2020年，在1/3的区县推广森林网络建设的产业化；森林网络建设的投资主体有30%转移给企业或个人。生态修复企业负责50%的矿山修复工程。

工程建设内容

森林网络建设和碳汇产业

生态修复产业

城乡污水、固废资源化产业

附图 24

唐山生态城市建设总体规划

生态产业建设工程

生物质材料与生物质能源产业工程

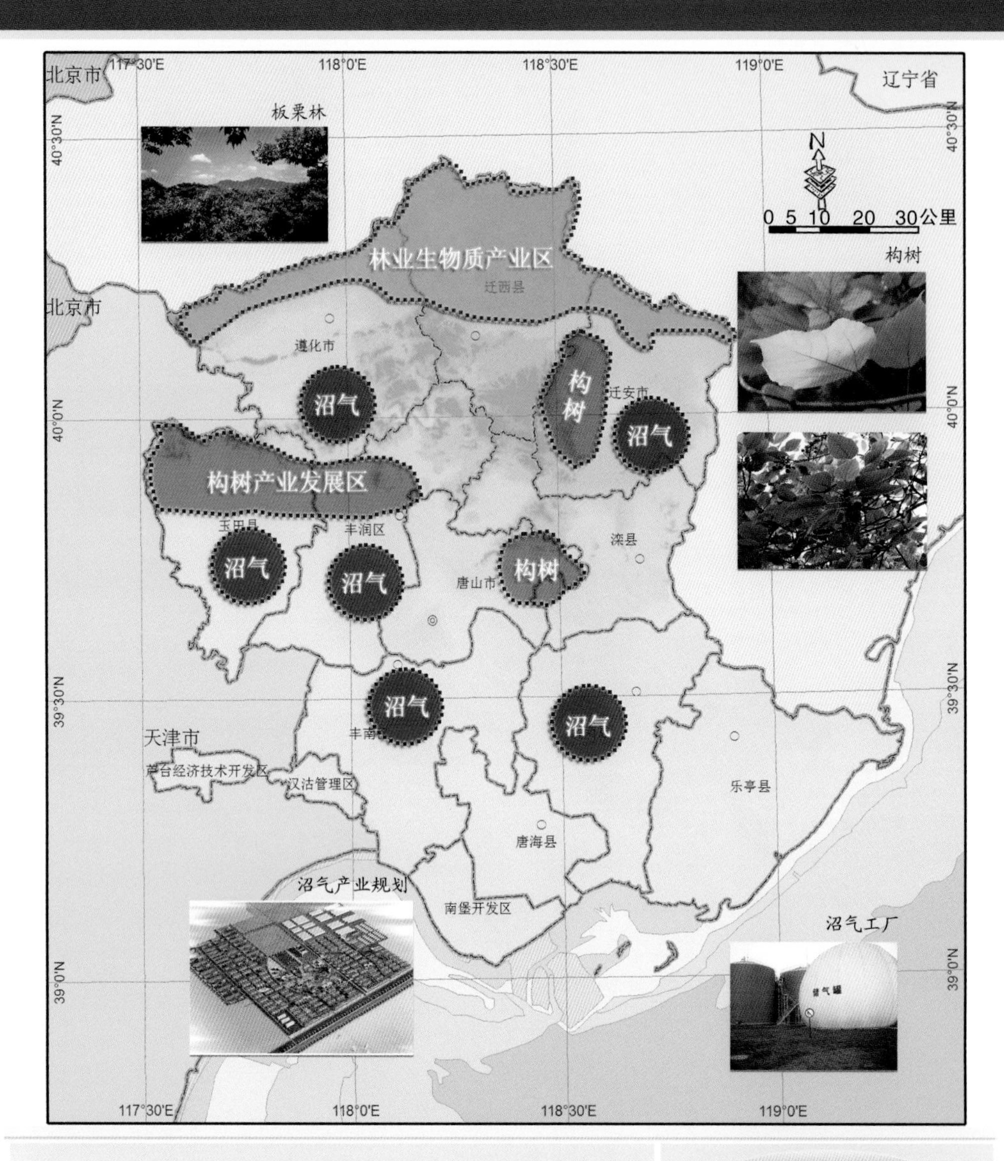

工程建设目标

到2015年，桑构种植规模达到4万亩，食用菌培养基地和生物饲料生产基地0.9万亩；到2020年，桑构种植规模达到8万亩，食用菌培养基和生物饲料生产基地1.8万亩。建设示范性生物气工程，在唐山市农村畜禽场附近建设大规模沼气池，预计2015年，沼气4亿立方米，发电量8亿度，占当年电量的2%；预计2020年，沼气8亿立方米，发电量16亿度，占当年电量的2.6%。将开发的沼气应用于社区居民的生活用能源。

工程建设内容

- 林业生物质材料产业
- 构树产业
- 沼气产业

附图 25

唐山生态城市建设总体规划

生态产业建设工程

工业减排产业工程

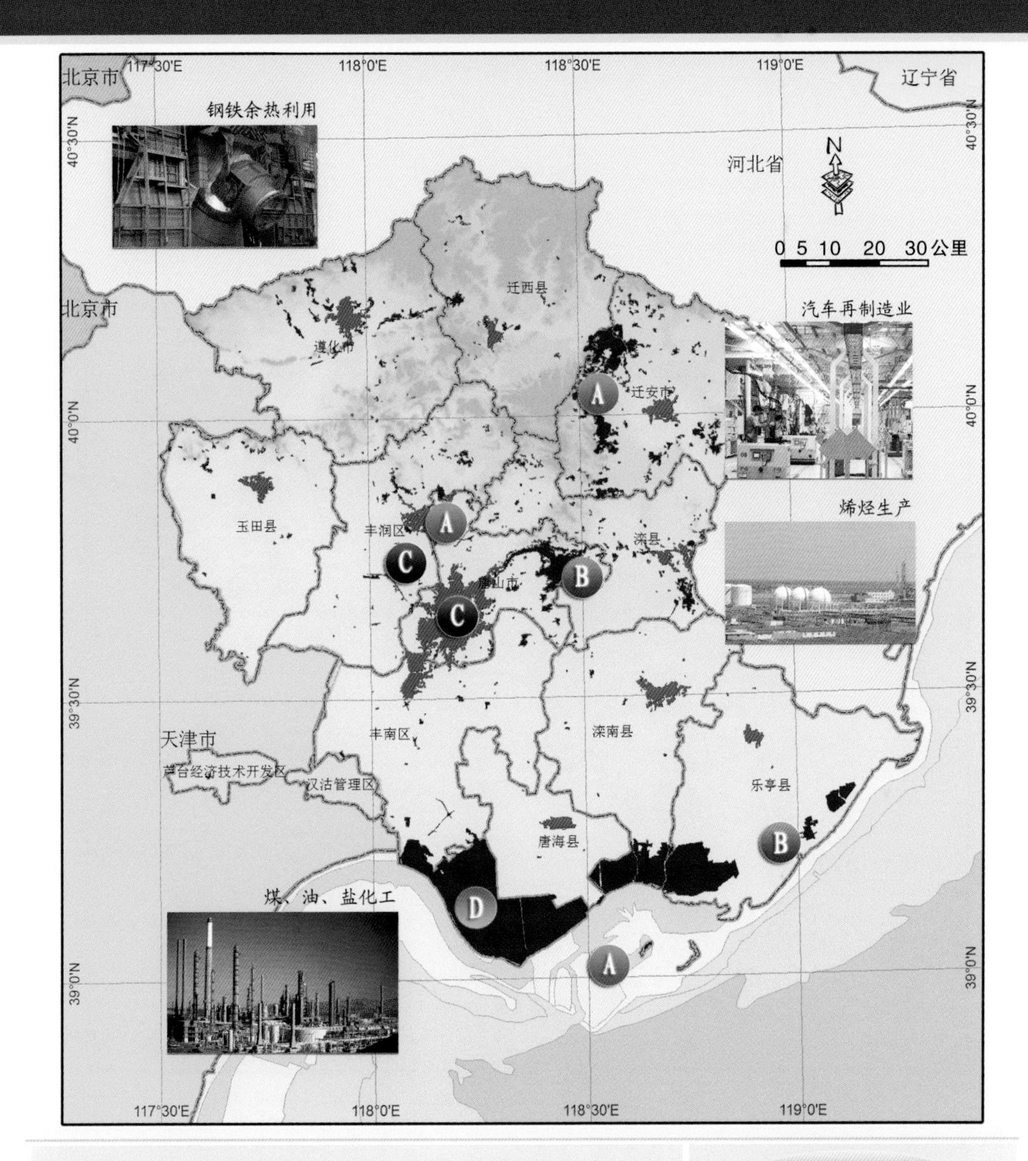

工程建设目标

到2015年，吨钢能耗下降到0.7吨标煤，建立示范工程，对工程效益进行评估，计算低碳化的程度和经济效益，并对工程所带来的岗位投资环境进行系统评估。到2020年，吨钢能耗下降到0.65吨标煤，对示范工程进行推广运用，为高碳行业大范围节能减排工程提供基础。

工程建设内容

- A 钢铁余热及还原铁
- B 煤气化制备烯烃
- C 再制造业工程
- D 煤、油、盐化工

附图 26

唐山生态城市建设总体规划

生态产业建设工程

建筑节能产业工程

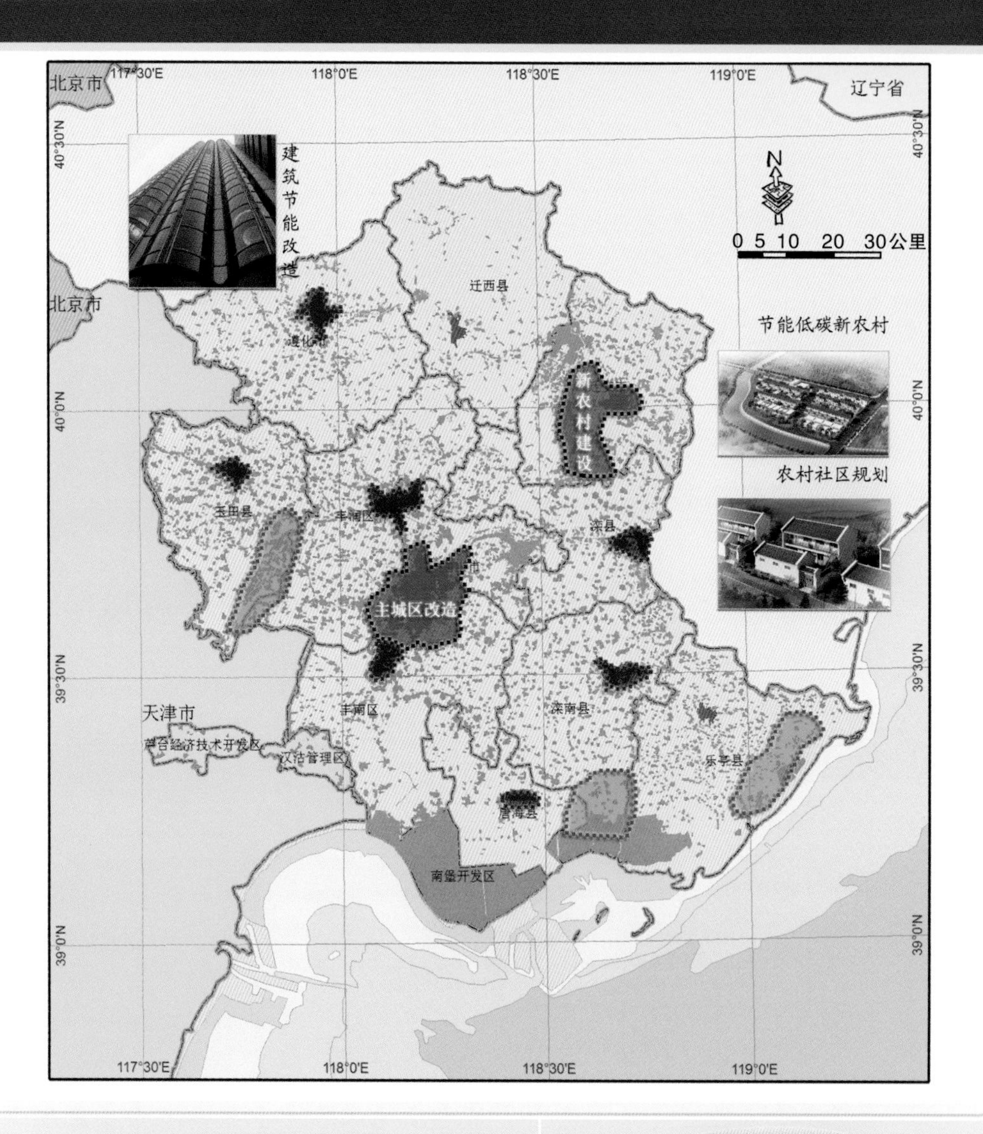

工程建设目标

在城区，到2015年，新建建筑30%采用节能技术，已有建筑约20%进行建筑节能改造，到2020年，新建建筑有80%采用节能技术，已有建筑约有50%进行建筑节能改造。

在乡村，到2015年，新建建筑有20%采用节能技术，已有建筑约有10%进行建筑节能改造；到2020年，新建建筑有50%采用节能技术，已有建筑约有30%进行建筑节能改造。

工程建设内容

主城区改造、新建及边缘新农村发展带

县级城市新建改造区

沿海及密集农村发展带

附图 27

唐山生态城市建设总体规划

生态产业建设工程

都市生态及海港区生态产业园工程

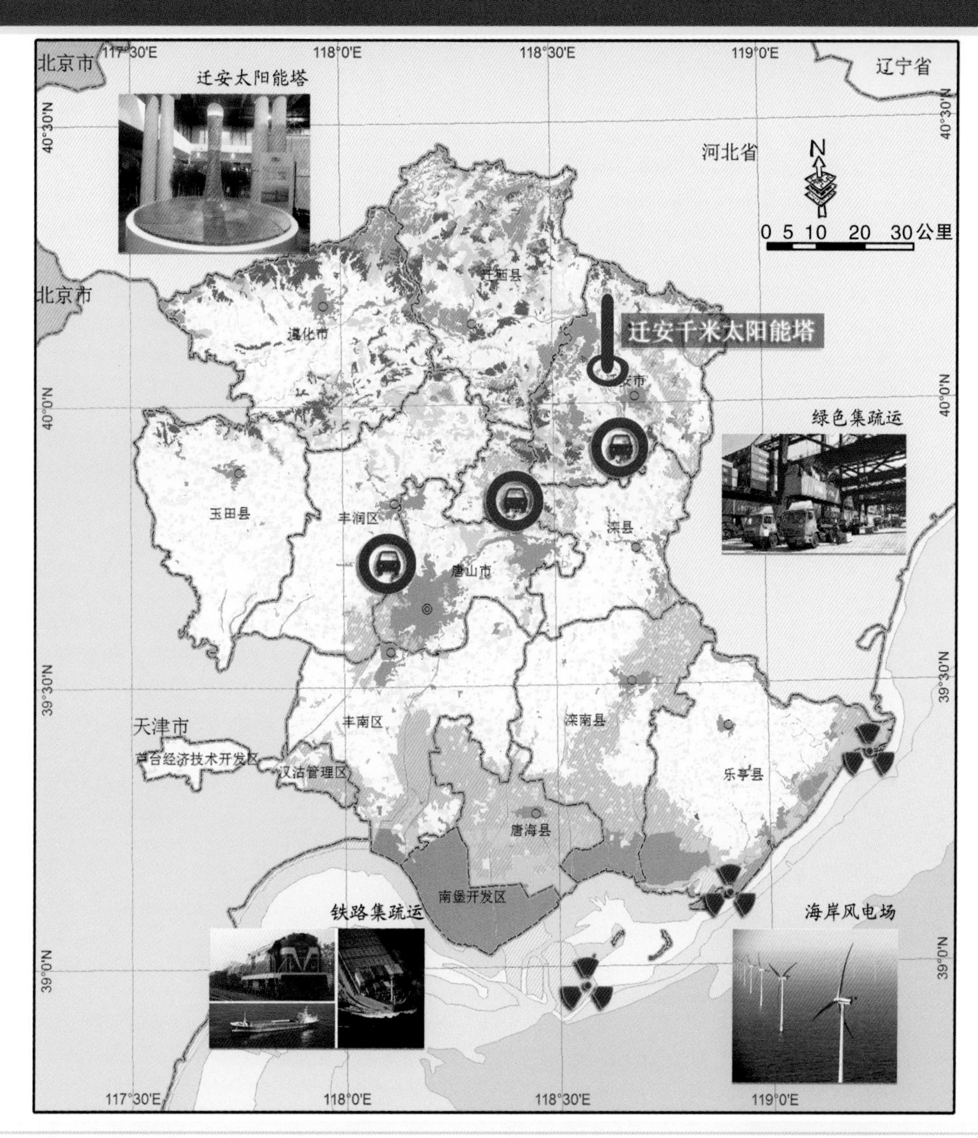

工程建设目标

海港区生态产业园工程目标：三次产业融合产值上千亿，到2015年，港区初步建成绿色大港，钢化联合，大幅提升能效；2020年，在港区打造电力（含风力）生产、海水淡化、盐油化工一体化发展的循环经济产业链。碳效率领先，率先实现碳增量平衡。

都市生态产业园工程目标：到2015年，都市生态产业园基本建成，主体项目开始运行。到2020年，都市生态产业园配套完成，带动GDP倍增，降低碳排放，形成世界规模的产业园，以其为亮点带动唐山更多亮点的建设。

工程建设内容

- 绿色集疏运系统
- 千米太阳能塔热风发电
- 临海地热及海岸风场开发

附图 28

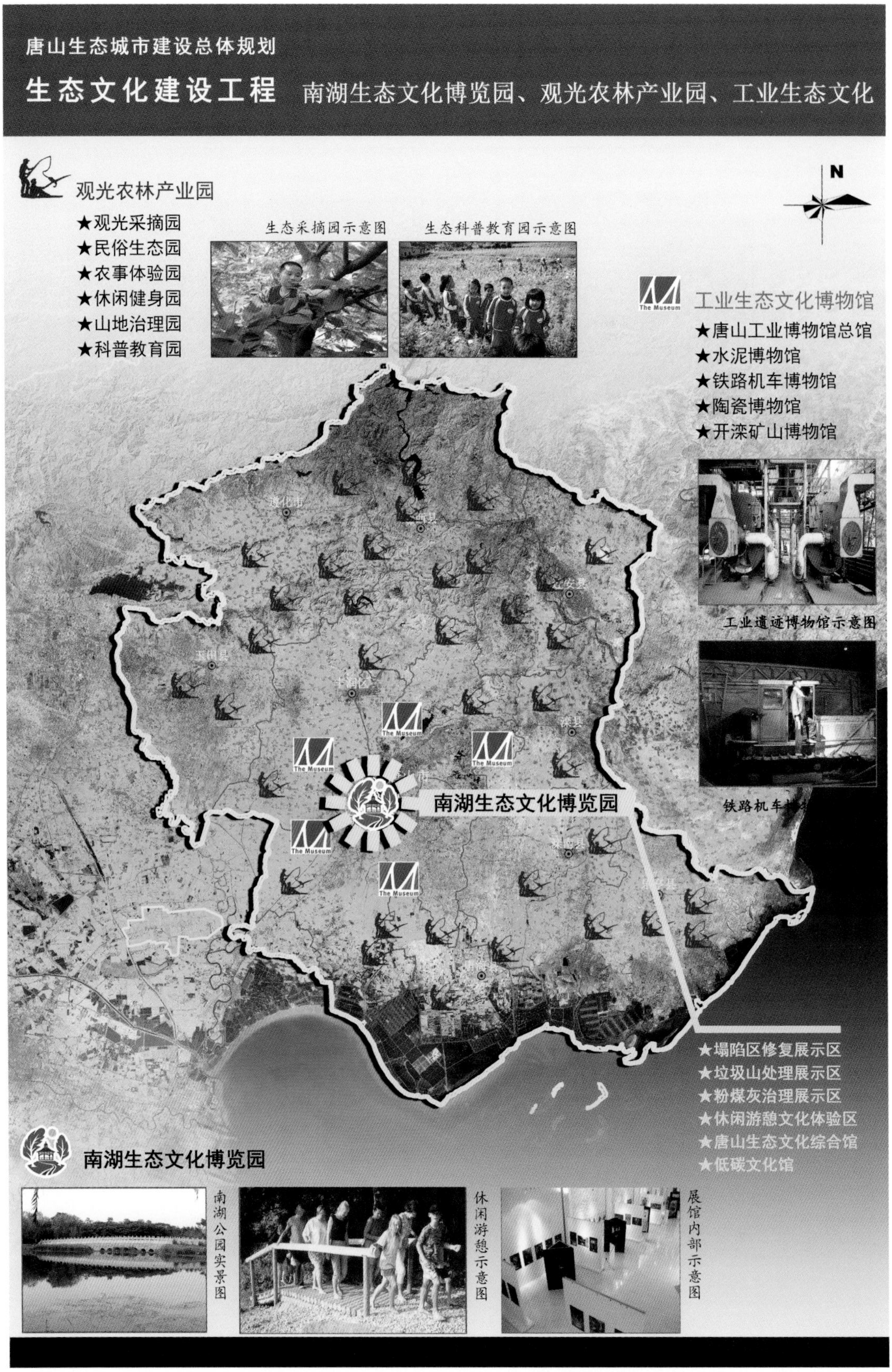

唐山生态城市建设总体规划

生态文化建设工程 南湖生态文化博览园、观光农林产业园、工业生态文化

观光农林产业园

★观光采摘园
★民俗生态园
★农事体验园
★休闲健身园
★山地治理园
★科普教育园

生态采摘园示意图

生态科普教育园示意图

N

工业生态文化博物馆

★唐山工业博物馆总馆
★水泥博物馆
★铁路机车博物馆
★陶瓷博物馆
★开滦矿山博物馆

工业遗迹博物馆示意图

铁路机车

南湖生态文化博览园

★塌陷区修复展示区
★垃圾山处理展示区
★粉煤灰治理展示区
★休闲游憩文化体验区
★唐山生态文化综合馆
★低碳文化馆

南湖生态文化博览园

南湖公园实景图

休闲游憩示意图

展馆内部示意图

附图 29

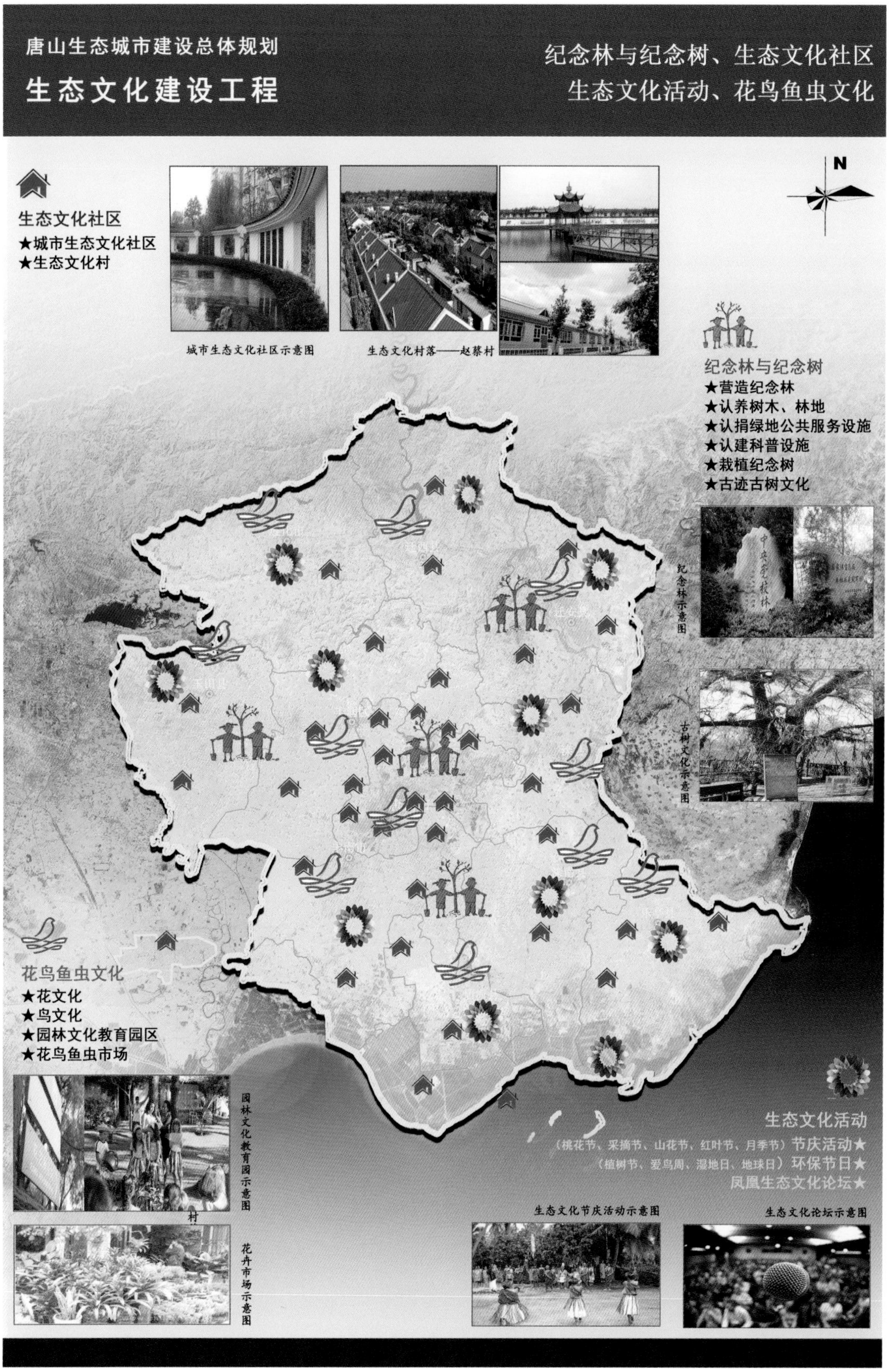

唐山生态城市建设总体规划

生态文化建设工程

纪念林与纪念树、生态文化社区
生态文化活动、花鸟鱼虫文化

生态文化社区
★城市生态文化社区
★生态文化村

城市生态文化社区示意图

生态文化村落——赵蔡村

纪念林与纪念树
★营造纪念林
★认养树木、林地
★认捐绿地公共服务设施
★认建科普设施
★栽植纪念树
★古迹古树文化

纪念林示意图

古树文化示意图

花鸟鱼虫文化
★花文化
★鸟文化
★园林文化教育园区
★花鸟鱼虫市场

园林文化教育园示意图

花卉市场示意图

生态文化活动
（桃花节、采摘节、山花节、红叶节、月季节）节庆活动★
（植树节、爱鸟周、湿地日、地球日）环保节日★
凤凰生态文化论坛★

生态文化节庆活动示意图

生态文化论坛示意图

附图 30

唐山生态城市建设总体规划
生态文化建设工程
滨海湿地文化、山地森林浴场、生态文化走廊
山地森林浴场
★山地森林运动休闲基地
★山地森林理疗保健基地
山地运动示意图
森林氧吧示意图
N
环城水系景观
滨水湿地生态文化公园
环城水系文化走廊
滦河生态文化走廊
运河生态文化走廊
生态文化走廊
★环城水系文化走廊
★运河文化走廊
★滦河生态文化走廊
湿地公园示意图
风情唐山湾示意图
滨海湿地文化
★唐山湾三岛
★原生态盐生湿地公园
★唐海湿地
★滦河口湿地公园

国家林业局重点出版工程　国家出版基金资助项目

"十二五"国家重点图书出版规划项目——中国森林生态网络体系建设出版工程

内容简介

党的十八大把生态文明建设放在突出地位，将生态文明建设提高到一个前所未有的高度，并提出建设美丽中国的目标，通过大力加强生态建设，实现中华疆域山川秀美，让我们的家园林荫气爽、鸟语花香，清水常流、鱼跃草茂。

2002年，在中央和国务院领导亲自指导下，中国林业科学研究院院长江泽慧教授主持《中国可持续发展林业战略研究》，从国家整体的角度和发展要求提出生态安全、生态建设、生态文明的"三生态"指导思想，成为制定国家林业发展战略的重要内容。国家科技部、国家林业局等部委组织以彭镇华教授为首的专家们开展了"中国森林生态网络体系工程建设"研究工作，并先后在全国选择25个省(自治区、直辖市)的46个试验点开展了试验示范研究，按照"点"(北京、上海、广州、成都、南京、扬州、唐山、合肥等)"线"(青藏铁路沿线，长江、黄河中下游沿线，林业血防工程及蝗虫防治等)"面"(江苏、浙江、安徽、湖南、福建、江西等地区)理论大框架，面对整个国土合理布局，针对我国林业发展存在的问题，直接面向与群众生产、生活，乃至生命密切相关的问题；将开发与治理相结合，及科研与生产相结合，摸索出一套科学的技术支撑体系和健全的管理服务体系，为有效解决"林业惠农""既治病又扶贫"等民生问题，优化城乡人居环境，提升国土资源的整治与利用水平，促进我国社会、经济与生态的持续健康协调发展提供了有力的科技支撑和决策支持。

"中国森林生态网络体系建设出版工程"是"中国森林生态网络体系工程建设"等系列研究的成果集成。按国家精品图书出版的要求，以打造国家精品图书，为生态文明建设提供科学的理论与实践。其内容包括系列研究中的中国森林生态网络体系理论，我国森林生态网络体系科学布局的框架、建设技术和综合评价体系，新的经验，重要的研究成果等。包含各研究区域森林生态网络体系建设实践，森林生态网络体系建设的理念、环境变迁、林业发展历程、森林生态网络建设的意义、可持续发展的重要思想、森林生态网络建设的目标、森林生态网络分区建设；森林生态网络体系建设的背景、经济社会条件与评价、气候、土壤、植被条件、森林资源评价、生态安全问题；森林生态网络体系建设总体规划、林业主体工程规划等内容。这些内容紧密联系我国实际，是国内首次以全国国土区域为单位，按照点、线、面的框架，从理论探索和实验研究两个方面，对区域森林生态网络体系建设的规划布局、支撑技术、评价标准、保障措施等进行深入的系统研究；同时立足国情林情，从可持续发展的角度，对我国林业生产力布局进行科学规划，是我国森林生态网络体系建设的重要理论和技术支撑，为圆几代林业人"黄河流碧水，赤地变青山"梦想，实现中华民族的大复兴。

作者简介

彭镇华教授，1964年7月获苏联列宁格勒林业技术大学生物学副博士学位。现任中国林业科学研究院首席科学家、博士生导师。国家林业血防专家指导组主任，《湿地科学与管理》《中国城市林业》主编，《应用生态学报》《林业科学研究》副主编等。主要研究方向为林业生态工程、林业血防、城市森林、林木遗传育种等。主持完成"长江中下游低丘滩地综合治理与开发研究""中国森林生态网络体系建设研究""上海现代城市森林发展研究"等国家和地方的重大及各类科研项目30余项，现主持"十二五"国家科技支持项目"林业血防安全屏障体系建设示范"。获国家科技进步一等奖1项，国家科技进步二等奖2项，省部级科技进步奖5项等。出版专著30多部，在《Nature genetics》《BMC Plant Biology》等杂志发表学术论文100余篇。荣获首届梁希科技一等奖，2001年被授予九五国家重点攻关计划突出贡献者，2002年被授予"全国杰出专业人才"称号。2004年被授予"全国十大英才"称号。